Manual de Tecnologia Metal Mecânica

Blucher

Ulrich Fischer
Roland Gomeringer
Max Heinzler
Roland Kilgus
Friedrich Näher
Stefan Oesterle
Heinz Paetzold
Andreas Stephan

Manual de Tecnologia Metal Mecânica

Tradução da 43ª edição alemã

Tradução: Helga Madjderey
Revisão técnica: Ingeborg Sell

2ª edição brasileira

Título original
TABELLENBUCH METALL
A edição em língua alemã foi publicada pela
Verlag Europa-Lehrmittel, Nourney, Vollmer GmbH

Manual de tecnologia metal mecânica

2ª edição brasileira - 2011
3ª reimpressão - 2016

Blucher

Rua Pedroso Alvarenga, 1245, 4º andar
04531-934 - São Paulo - SP - Brasil
Tel.: 55 11 3078-5366
contato@blucher.com.br
www.blucher.com.br

Segundo o Novo Acordo Ortográfico, conforme 5. ed. do *Vocabulário Ortográfico da Língua Portuguesa*, Academia Brasileira de Letras, março de 2009.

FICHA CATALOGRÁFICA

Manual de tecnologia metal mecânica / [traduzido por Helga Madjederey]. - 2. ed. - São Paulo: Blucher, 2011.

Título original: Tabellenbuch metall
Vários autores.
ISBN 978-85-212-0594-4

1. Banco de dados 2. Educação profissional 3. Mecânica 4. Metalurgia.

11-03132 CDD-669

Índices para catálogo sistemático:
1. Tecnologia metal mecânica: manual 669

Prefácio

O Manual de Tecnologia Metal Mecânica é indicado para a qualificação profissional, em especial no ensino organizado por temas específicos, para o aprofundamento de estudos e para a prática empresarial, nas profissões da Engenharia Mecânica e das Técnicas de Fabricação.

Grupos Alvo

- Mecânicos nas indústrias e nos ofícios manuais
- Mecânicos na fabricação
- Mecânicos na usinagem
- Desenhistas técnicos
- Instrutores técnicos
- Práticos nos ofícios manuais e na indústria
- Estudantes de Engenharia Mecânica

Notas para o Usuário

Este manual contém tabelas e fórmulas em sete capítulos, além de sumário, índice remissivo e índice de normas.

As **tabelas** contêm as orientações mais importantes sobre regras, design, tipos, dimensões e valores padrão dos assuntos tratados.
As unidades não são especificadas nas legendas das **fórmulas** quando várias forem possíveis. Entretanto, nos exemplos de cálculo são utilizadas as unidades normalmente usadas na prática. As **"Fórmulas para profissões nas áreas dos metais"**, frequentemente usadas em conjunto com este manual, informam as unidades, sobretudo para auxiliar profissionais principiantes nos cálculos.
No site: www.blucher.com.br, a versão digital do Manual de Tecnologia Metal Mecânica, o usuário pode converter as fórmulas e unidades.
Os **exemplos de designação**, incluídos para todas as peças padronizadas, para os materiais e as siglas em desenhos, são destacados por uma seta vermelha (⇒).
Antes de cada capítulo há um índice parcial, uma expansão do **Índice** no início do manual.
O **Índice remissivo** no final do livro (páginas 404 – 412) é extensivo.
O **Índice de Normas** (páginas 399 – 403) relaciona todas as normas e regulamentações atuais mencionadas no manual. Em muitos casos, as normas anteriores também são relacionadas para facilitar a transição de normas mais antigas e familiares para as atuais.

Nota sobre a Edição 43

O rápido avanço tecnológico e a internacionalização das Normas exigiram uma profunda revisão. Nela também foram consideradas muitas sugestões dos nossos leitores e aperfeiçoamos a forma clara de apresentar a informação. A Editora e os autores terão prazer em receber observações e sugestões de melhoria no endereço lektorat@europa-lehrmittel.de.

Verão de 2005 Autores e Editora

Sumário

3 Comunicação técnica 57

4 Ciência dos materiais 115

5 Elementos de máquinas 201

6 Técnicas de fabricação 273

7 Automação e tecnologia da informação 345

Índice de normas 399...403

Índice remissivo 404...412

Normas e outras regulamentações

Normalização e Termos Padrão

Normalização é a uniformização planejada de objetos materiais e não materiais, tais como componentes, métodos de cálculo, fluxos de processos e serviços, tudo em benefício do público em geral.

Termos e Normas	Exemplo	Explicação
Norma	DIN 7157	A norma é o resultado publicado do trabalho de normalização, p. ex., a seleção de certos encaixes na DIN 7157.
Parte	DIN 30910-2	A parte de uma norma está associada a outras partes com o mesmo número principal. DIN 30910-2, a parte 2 da norma, por exemplo, descreve materiais sinterizados para filtros, enquanto as partes 3 e 4 descrevem materiais sinterizados para rolamentos e para peças perfiladas.
Suplemento	DIN 55350 Suplemento	Um suplemento contém informações para uma norma, mas não especificações adicionais. Por exemplo, o suplemento 1 da DIN 55350 contém um índice abrangente de palavras-chave para as definições dos termos da garantia da qualidade contida na DIN 55350.
Minuta	E DIN EN 10025-1	Uma minuta de norma contém os resultados preliminares de uma normalização; esta versão da norma pretendida é disponibilizada ao público para comentários. Por exemplo, a DIN-EN 10025-1 para condições de entrega de produtos de aço estrutural laminados a quente está disponível em forma de Minuta (E DIN EN 10025-1), desde dezembro de 2000.
Norma preliminar	DIN V 17006-100 (1999-04)	Uma norma preliminar contém os resultados da normalização que, devido a reservas, não serão expedidos como norma pelo DIN. A DIN V 17006-100, por exemplo, trata de símbolos complementares para os sistemas de designação de aços.
Data de emissão	DIN 76-1 (2004-06)	Data em que a publicação é disponibilizada para o público, no guia de publicações DIN; é a data em que a norma se torna válida. DIN-76-1, que define recuos para as roscas métricas ISO é válida desde junho de 2004, por exemplo.

Tipos de Normas e Regulamentações (Seleção)

Tipo	Sigla	Explicação	Propósito e conteúdos
Normas Internacionais (ISO)	ISO	**I**nternational **O**rganization for **S**tandardization, Genebra (Organização Internacional para Normalização, O e S estão invertidos na sigla).	Simplifica a troca internacional de mercadorias e serviços, assim como a cooperação na área científica, técnica e econômica.
Normas Europeias (normas EN)	EN	CEN – **C**omité **E**uropéen de **N**ormalisation, Bruxelas (Comitê Europeu de Normalização).	Harmonização técnica e consequente redução de barreiras comerciais para o avanço do mercado europeu e a união da Europa.
Normas Alemãs (Normas DIN)	DIN	**D**eutsches **I**nstitut für **N**ormung e.V., Berlim (Instituto Alemão para Normalização).	A normalização nacional facilita a racionalização, garantia da qualidade, proteção ambiental e entendimento comum em economia, tecnologia, ciência, gestão e relações públicas.
	DIN EN	Norma europeia para a qual a versão alemã atingiu o status de uma norma alemã.	
	DIN ISO	Norma alemã para a qual uma norma internacional foi adotada sem modificação.	
	DIN EN ISO	Norma europeia para a qual uma norma internacional foi adotada sem modificação e a versão alemã tem o status de uma norma alemã.	
	DIN VDE	Publicação impressa da VDE que tem o status de norma alemã.	
Instruções VDI	VDI	**V**erein **D**eustcher **I**ngenieure e.V, Düsseldorf (Sociedade de Engenheiros Alemães).	Estas instruções consideram a última geração em áreas específicas e contêm, por exemplo, instruções de procedimentos concretos para cálculo ou projeto de processos de engenharia mecânica ou elétrica.
Publicações impressas VDE	VDE	**V**erband **D**eustcher **E**lektrotechniker e.V, Frankfurt (Organização dos Engenheiros Eletrecistas Alemães)	
Publicações DGQ	DGQ	**D**eustche **G**esellschaft für **Q**ualität e.V, Frankfurt (Associação Alemã da Qualidade).	Recomendações na área de tecnologia da qualidade.
Folhas REFA	REFA	Associação para o Estudo do Trabalho e a Organização Empresarial REFA e.V, Darmstadt.	Recomendações na área de produção e planejamento de trabalho.

1 Matemática

d	$\sqrt{d}$	$A = \frac{\pi \cdot d^2}{4}$
1	1,0000	0,7854
2	1,4142	3,1416
3	1,7321	7,0686

Seno = Cateto oposto / Hipotenusa
Cosseno = Cateto adjacente / Hipotenusa
Tangente = Cateto oposto / Cateto adjacente
Cotangente = Cateto adjacente / Lado oposto

$$\frac{3}{x} + \frac{5}{x} = \frac{1}{x} \cdot (3+5)$$

$$1\ \text{kW} \cdot \text{h} = 3{,}6 \cdot 10^6\ \text{W} \cdot \text{s}$$

m' em $\frac{\text{kg}}{\text{m}}$ 1 m d

y S_2 S S_1 x_s y_s x

Raiz quadrada, área de um círculo

d	$\sqrt{d}$	$A=\frac{\pi \cdot d^2}{4}$	d	$\sqrt{d}$	$A=\frac{\pi \cdot d^2}{4}$	d	$\sqrt{d}$	$A=\frac{\pi \cdot d^2}{4}$	d	$\sqrt{d}$	$A=\frac{\pi \cdot d^2}{4}$
1	1,0000	0,7854	51	7,1414	2042,82	101	10,0499	8011,85	151	12,2882	17907,9
2	1,4142	3,1416	52	7,2111	2123,72	102	10,0995	8171,28	152	12,3288	18145,8
3	1,7321	7,0686	53	7,2801	2206,18	103	10,1489	8332,29	153	12,3693	18385,4
4	2,0000	12,5664	54	7,3485	2290,22	104	10,1980	8494,87	154	12,4097	18626,5
5	2,2361	19,6350	55	7,4162	2375,83	105	10,2470	8659,01	155	12,4499	18869,2
6	2,4495	28,2743	56	7,4833	2463,01	106	10,2956	8824,73	156	12,4900	19113,4
7	2,6458	38,4845	57	7,5498	2551,76	107	10,3441	8992,02	157	12,5300	19359,3
8	2,8284	50,2655	58	7,6158	2642,08	108	10,3923	9160,88	158	12,5698	19606,7
9	3,0000	63,6173	59	7,6811	2733,97	109	10,4403	9331,32	159	12,6095	19855,7
10	3,1623	78,5398	**60**	7,7460	2827,43	**110**	10,4881	9503,32	**160**	12,6491	20106,2
11	3,3166	95,0332	61	7,8102	2922,47	111	10,5357	9676,89	161	12,6886	20358,3
12	3,4641	113,097	62	7,8740	3019,07	112	10,5830	9852,03	162	12,7279	20612,0
13	3,6056	132,732	63	7,9373	3117,25	113	10,6301	10028,7	163	12,7671	20867,2
14	3,7417	153,938	64	8,0000	3216,99	114	10,6771	10207,0	164	12,8062	21124,1
15	3,8730	176,715	65	8,0623	3318,31	115	10,7238	10386,9	165	12,8452	21382,5
16	4,0000	201,062	66	8,1240	3421,19	116	10,7703	10568,3	166	12,8841	21642,4
17	4,1231	226,980	67	8,1854	3525,65	117	10,8167	10751,3	167	12,9228	21904,0
18	4,2426	254,469	68	8,2462	3631,68	118	10,8628	10935,9	168	12,9615	22167,1
19	4,3589	283,529	69	8,3066	3739,28	119	10,9087	11122,0	169	13,0000	22431,8
20	4,4721	314,159	**70**	8,3666	3848,45	**120**	10,9545	11309,7	**170**	13,0384	22698,0
21	4,5826	346,361	71	8,4261	3959,19	121	11,0000	11499,0	171	13,0767	22965,8
22	4,6904	380,133	72	8,4853	4071,50	122	11,0454	11689,9	172	13,1149	23235,2
23	4,7958	415,476	73	8,5440	4185,39	123	11,0905	11882,3	173	13,1529	23506,2
24	4,8990	452,389	74	8,6023	4300,84	124	11,1355	12076,3	174	13,1909	23778,7
25	5,0000	490,874	75	8,6603	4417,86	125	11,1803	12271,8	175	13,2288	24052,8
26	5,0990	530,929	76	8,7178	4536,46	126	11,2250	12469,0	176	13,2665	24328,5
27	5,1962	572,555	77	8,7750	4656,63	127	11,2694	12667,7	177	13,3041	24605,7
28	5,2915	615,752	78	8,8318	4778,36	128	11,3137	12868,0	178	13,3417	24884,6
29	5,3852	660,520	79	8,8882	4901,67	129	11,3578	13069,8	179	13,3791	25164,9
30	5,4772	706,858	**80**	8,9443	5026,55	**130**	11,4018	13273,2	**180**	13,4164	25446,9
31	5,5678	754,768	81	9,0000	5153,00	131	11,4455	13478,2	181	13,4536	25730,4
32	5,6569	804,248	82	9,0554	5281,02	132	11,4891	13684,8	182	13,4907	26015,5
33	5,7446	855,299	83	9,1104	5410,61	133	11,5326	13892,9	183	13,5277	26302,2
34	5,8310	907,920	84	9,1652	5541,77	134	11,5758	14102,6	184	13,5647	26590,4
35	5,9161	962,113	85	9,2195	5674,50	135	11,6190	14313,9	185	13,6015	26880,3
36	6,0000	1017,88	86	9,2736	5808,80	136	11,6619	14526,7	186	13,6382	27171,6
37	6,0828	1075,21	87	9,3274	5944,68	137	11,7047	14741,1	187	13,6748	27464,6
38	6,1644	1134,11	88	9,3808	6082,12	138	11,7473	14957,1	188	13,7113	27759,1
39	6,2450	1194,59	89	9,4340	6221,14	139	11,7898	15174,7	189	13,7477	28055,2
40	6,3246	1256,64	**90**	9,4868	6361,73	**140**	11,8322	15393,8	**190**	13,7840	28352,9
41	6,4031	1320,25	91	9,5394	6503,88	141	11,8743	15614,5	191	13,8203	28652,1
42	6,4807	1385,44	92	9,5917	6647,61	142	11,9164	15836,8	192	13,8564	28952,9
43	6,5574	1452,20	93	9,6437	6792,91	143	11,9583	16060,6	193	13,8924	29255,3
44	6,6332	1520,53	94	9,6954	6939,78	144	12,0000	16286,0	194	13,9284	29559,2
45	6,7082	1590,43	95	9,7468	7088,22	145	12,0416	16513,0	195	13,9642	29864,8
46	6,7823	1661,90	96	9,7980	7238,23	146	12,0830	16741,5	196	14,0000	30171,9
47	6,8557	1734,94	97	9,8489	7389,81	147	12,1244	16971,7	197	14,0357	30480,5
48	6,9282	1809,56	98	9,8995	7542,96	148	12,1655	17203,4	198	14,0712	30790,7
49	7,0000	1885,74	99	9,9499	7697,69	149	12,2066	17436,6	199	14,1067	31102,6
50	7,0711	1963,50	**100**	10,0000	7853,98	**150**	12,2474	17671,5	**200**	14,1421	31415,9

Os valores de $\sqrt{d}$ e de A foram arredondados.

Valores das funções trigonométricas seno e cosseno

Seno de 0° a 45°

Graus ↓ \ Minutos →	0′	15′	30′	45′	60′	
0°	0,0000	0,0044	0,0087	0,0131	0,0175	89°
1°	0,0175	0,0218	0,0262	0,0305	0,0349	88°
2°	0,0349	0,0393	0,0436	0,0480	0,0523	87°
3°	0,0523	0,0567	0,0610	0,0654	0,0698	86°
4°	0,0698	0,0741	0,0785	0,0828	0,0872	85°
5°	0,0872	0,0915	0,0958	0,1002	0,1045	84°
6°	0,1045	0,1089	0,1132	0,1175	0,1219	83°
7°	0,1219	0,1262	0,1305	0,1349	0,1392	82°
8°	0,1392	0,1435	0,1478	0,1521	0,1564	81°
9°	0,1564	0,1607	0,1650	0,1693	0,1736	**80°**
10°	0,1736	0,1779	0,1822	0,1865	0,1908	79°
11°	0,1908	0,1951	0,1994	0,2036	0,2079	78°
12°	0,2079	0,2122	0,2164	0,2207	0,2250	77°
13°	0,2250	0,2292	0,2334	0,2377	0,2419	76°
14°	0,2419	0,2462	0,2504	0,2546	0,2588	75°
15°	0,2588	0,2630	0,2672	0,2714	0,2756	74°
16°	0,2756	0,2798	0,2840	0,2882	0,2924	73°
17°	0,2924	0,2965	0,3007	0,3049	0,3090	72°
18°	0,3090	0,3132	0,3173	0,3214	0,3256	71°
19°	0,3256	0,3297	0,3338	0,3379	0,3420	**70°**
20°	0,3420	0,3461	0,3502	0,3543	0,3584	69°
21°	0,3584	0,3624	0,3665	0,3706	0,3746	68°
22°	0,3746	0,3786	0,3827	0,3867	0,3907	67°
23°	0,3907	0,3947	0,3987	0,4027	0,4067	66°
24°	0,4067	0,4107	0,4147	0,4187	0,4226	65°
25°	0,4226	0,4266	0,4305	0,4344	0,4384	64°
26°	0,4384	0,4423	0,4462	0,4501	0,4540	63°
27°	0,4540	0,4579	0,4617	0,4656	0,4695	62°
28°	0,4695	0,4733	0,4772	0,4810	0,4848	61°
29°	0,4848	0,4886	0,4924	0,4962	0,5000	**60°**
30°	0,5000	0,5038	0,5075	0,5113	0,5150	59°
31°	0,5150	0,5188	0,5225	0,5262	0,5299	58°
32°	0,5299	0,5336	0,5373	0,5410	0,5446	57°
33°	0,5446	0,5483	0,5519	0,5556	0,5592	56°
34°	0,5592	0,5628	0,5664	0,5700	0,5736	55°
35°	0,5736	0,5771	0,5807	0,5842	0,5878	54°
36°	0,5878	0,5913	0,5948	0,5983	0,6018	53°
37°	0,6018	0,6053	0,6088	0,6122	0,6157	52°
38°	0,6157	0,6191	0,6225	0,6259	0,6293	51°
39°	0,6293	0,6327	0,6361	0,6394	0,6428	**50°**
40°	0,6428	0,6461	0,6494	0,6528	0,6561	49°
41°	0,6561	0,6593	0,6626	0,6659	0,6691	48°
42°	0,6691	0,6724	0,6756	0,6788	0,6820	47°
43°	0,6820	0,6852	0,6884	0,6915	0,6947	46°
44°	0,6947	0,6978	0,7009	0,7040	0,7071	45°
	60′	45′	30′	15′	0′	↑
	← Minutos					Graus

Cosseno de 45° a 90°

Seno de 45° a 90°

Graus ↓ \ Minutos →	0′	15′	30′	45′	60′	
45°	0,7071	0,7102	0,7133	0,7163	0,7193	44°
46°	0,7193	0,7224	0,7254	0,7284	0,7314	43°
47°	0,7314	0,7343	0,7373	0,7402	0,7431	42°
48°	0,7431	0,7461	0,7490	0,7518	0,7547	41°
49°	0,7547	0,7576	0,7604	0,7632	0,7660	**40°**
50°	0,7660	0,7688	0,7716	0,7744	0,7771	39°
51°	0,7771	0,7799	0,7826	0,7853	0,7880	38°
52°	0,7880	0,7907	0,7934	0,7960	0,7986	37°
53°	0,7986	0,8013	0,8039	0,8064	0,8090	36°
54°	0,8090	0,8116	0,8141	0,8166	0,8192	35°
55°	0,8192	0,8216	0,8241	0,8266	0,8290	34°
56°	0,8290	0,8315	0,8339	0,8363	0,8387	33°
57°	0,8387	0,8410	0,8434	0,8457	0,8480	32°
58°	0,8480	0,8504	0,8526	0,8549	0,8572	31°
59°	0,8572	0,8594	0,8616	0,8638	0,8660	**30°**
60°	0,8660	0,8682	0,8704	0,8725	0,8746	29°
61°	0,8746	0,8767	0,8788	0,8809	0,8829	28°
62°	0,8829	0,8850	0,8870	0,8890	0,8910	27°
63°	0,8910	0,8930	0,8949	0,8969	0,8988	26°
64°	0,8988	0,9007	0,9026	0,9045	0,9063	25°
65°	0,9063	0,9081	0,9100	0,9118	0,9135	24°
66°	0,9135	0,9153	0,9171	0,9188	0,9205	23°
67°	0,9205	0,9222	0,9239	0,9255	0,9272	22°
68°	0,9272	0,9288	0,9304	0,9320	0,9336	21°
69°	0,9336	0,9351	0,9367	0,9382	0,9397	**20°**
70°	0,9397	0,9412	0,9426	0,9441	0,9455	19°
71°	0,9455	0,9469	0,9483	0,9497	0,9511	18°
72°	0,9511	0,9524	0,9537	0,9550	0,9563	17°
73°	0,9563	0,9576	0,9588	0,9600	0,9613	16°
74°	0,9613	0,9625	0,9636	0,9648	0,9659	15°
75°	0,9659	0,9670	0,9681	0,9692	0,9703	14°
76°	0,9703	0,9713	0,9724	0,9734	0,9744	13°
77°	0,9744	0,9753	0,9763	0,9772	0,9781	12°
78°	0,9781	0,9790	0,9799	0,9808	0,9816	11°
79°	0,9816	0,9825	0,9833	0,9840	0,9848	**10°**
80°	0,9848	0,9856	0,9863	0,9870	0,9877	9°
81°	0,9877	0,9884	0,9890	0,9897	0,9903	8°
82°	0,9903	0,9909	0,9914	0,9920	0,9925	7°
83°	0,9925	0,9931	0,9936	0,9941	0,9945	6°
84°	0,9945	0,9950	0,9954	0,9958	0,9962	5°
85°	0,9962	0,9966	0,9969	0,9973	0,9976	4°
86°	0,9976	0,9979	0,9981	0,9984	0,9986	3°
87°	0,9986	0,9988	0,9990	0,9992	0,9994	2°
88°	0,9994	0,9995	0,9997	0,9998	0,99985	1°
89°	0,99985	0,99991	0,99996	0,99999	1,0000	**0°**
	60′	45′	30′	15′	0′	↑
	← Minutos					Graus

Cosseno de 0° a 45°

Os valores das funções trigonométricas da tabela foram arredondados para quatro casas decimais.

Valores das funções trigonométricas tangente e cotangente

Tangente de 0° a 45°

Graus ↓	0′	15′	30′	45′	60′	
0°	0,0000	0,0044	0,0087	0,0131	0,0175	89°
1°	0,0175	0,0218	0,0262	0,0306	0,0349	88°
2°	0,0349	0,0393	0,0437	0,0480	0,0524	87°
3°	0,0524	0,0568	0,0612	0,0655	0,0699	86°
4°	0,0699	0,0743	0,0787	0,0831	0,0875	85°
5°	0,0875	0,0919	0,0963	0,1007	0,1051	84°
6°	0,1051	0,1095	0,1139	0,1184	0,1228	83°
7°	0,1228	0,1272	0,1317	0,1361	0,1405	82°
8°	0,1405	0,1450	0,1495	0,1539	0,1584	81°
9°	0,1584	0,1629	0,1673	0,1718	0,1763	**80°**
10°	0,1763	0,1808	0,1853	0,1899	0,1944	79°
11°	0,1944	0,1989	0,2035	0,2080	0,2126	78°
12°	0,2126	0,2171	0,2217	0,2263	0,2309	77°
13°	0,2309	0,2355	0,2401	0,2447	0,2493	76°
14°	0,2493	0,2540	0,2586	0,2633	0,2679	75°
15°	0,2679	0,2726	0,2773	0,2820	0,2867	74°
16°	0,2867	0,2915	0,2962	0,3010	0,3057	73°
17°	0,3057	0,3105	0,3153	0,3201	0,3249	72°
18°	0,3249	0,3298	0,3346	0,3395	0,3443	71°
19°	0,3443	0,3492	0,3541	0,3590	0,3640	**70°**
20°	0,3640	0,3689	0,3739	0,3789	0,3839	69°
21°	0,3839	0,3889	0,3939	0,3990	0,4040	68°
22°	0,4040	0,4091	0,4142	0,4193	0,4245	67°
23°	0,4245	0,4296	0,4348	0,4400	0,4452	66°
24°	0,4452	0,4505	0,4557	0,4610	0,4663	65°
25°	0,4663	0,4716	0,4770	0,4823	0,4877	64°
26°	0,4877	0,4931	0,4986	0,5040	0,5095	63°
27°	0,5095	0,5150	0,5206	0,5261	0,5317	62°
28°	0,5317	0,5373	0,5430	0,5486	0,5543	61°
29°	0,5543	0,5600	0,5658	0,5715	0,5774	**60°**
30°	0,5774	0,5832	0,5890	0,5949	0,6009	59°
31°	0,6009	0,6068	0,6128	0,6188	0,6249	58°
32°	0,6249	0,6310	0,6371	0,6432	0,6494	57°
33°	0,6494	0,6556	0,6619	0,6682	0,6745	56°
34°	0,6745	0,6809	0,6873	0,6937	0,7002	55°
35°	0,7002	0,7067	0,7133	0,7199	0,7265	54°
36°	0,7265	0,7332	0,7400	0,7467	0,7536	53°
37°	0,7536	0,7604	0,7673	0,7743	0,7813	52°
38°	0,7813	0,7883	0,7954	0,8026	0,8098	51°
39°	0,8098	0,8170	0,8243	0,8317	0,8391	**50°**
40°	0,8391	0,8466	0,8541	0,8617	0,8693	49°
41°	0,8693	0,8770	0,8847	0,8925	0,9004	48°
42°	0,9004	0,9083	0,9163	0,9244	0,9325	47°
43°	0,9325	0,9407	0,9490	0,9573	0,9657	46°
44°	0,9657	0,9742	0,9827	0,9913	1,0000	45°
	60′	45′	30′	15′	0′	↑ Graus

← Minutos — **Co-tangente de 45° a 90°**

Tangente de 45° a 90°

Graus ↓	0′	15′	30′	45′	60′	
45°	1,0000	1,0088	1,0176	1,0265	1,0355	44°
46°	1,0355	1,0446	1,0538	1,0630	1,0724	43°
47°	1,0724	1,0818	1,0913	1,1009	1,1106	42°
48°	1,1106	1,1204	1,1303	1,1403	1,1504	41°
49°	1,1504	1,1606	1,1708	1,1812	1,1918	**40°**
50°	1,1918	1,2024	1,2131	1,2239	1,2349	39°
51°	1,2349	1,2460	1,2572	1,2685	1,2799	38°
52°	1,2799	1,2915	1,3032	1,3151	1,3270	37°
53°	1,3270	1,3392	1,3514	1,3638	1,3764	36°
54°	1,3764	1,3891	1,4019	1,4150	1,4281	35°
55°	1,4281	1,4415	1,4550	1,4687	1,4826	34°
56°	1,4826	1,4966	1,5108	1,5253	1,5399	33°
57°	1,5399	1,5547	1,5697	1,5849	1,6003	32°
58°	1,6003	1,6160	1,6319	1,6479	1,6643	31°
59°	1,6643	1,6808	1,6977	1,7147	1,7321	**30°**
60°	1,7321	1,7496	1,7675	1,7856	1,8040	29°
61°	1,8040	1,8228	1,8418	1,8611	1,8807	28°
62°	1,8807	1,9007	1,9210	1,9416	1,9626	27°
63°	1,9626	1,9840	2,0057	2,0278	2,0503	26°
64°	2,0503	2,0732	2,0965	2,1203	2,1445	25°
65°	2,1445	2,1692	2,1943	2,2199	2,2460	24°
66°	2,2460	2,2727	2,2998	2,3276	2,3559	23°
67°	2,3559	2,3847	2,4142	2,4443	2,4751	22°
68°	2,4751	2,5065	2,5386	2,5715	2,6051	21°
69°	2,6051	2,6395	2,6746	2,7106	2,7475	**20°**
70°	2,7475	2,7852	2,8239	2,8636	2,9042	19°
71°	2,9042	2,9459	2,9887	3,0326	3,0777	18°
72°	3,0777	3,1240	3,1716	3,2205	3,2709	17°
73°	3,2709	3,3226	3,3759	3,4308	3,4874	16°
74°	3,4874	3,5457	3,6059	3,6680	3,7321	15°
75°	3,7321	3,7983	3,8667	3,9375	4,0108	14°
76°	4,0108	4,0876	4,1653	4,2468	4,3315	13°
77°	4,3315	4,4194	4,5107	4,6057	4,7046	12°
78°	4,7046	4,8077	4,9152	5,0273	5,1446	11°
79°	5,1446	5,2672	5,3955	5,5301	5,6713	**10°**
80°	5,6713	5,8197	5,9758	6,1402	6,3138	9°
81°	6,3138	6,4971	6,6912	6,8969	7,1154	8°
82°	7,1154	7,3479	7,5958	7,8606	8,1443	7°
83°	8,1443	8,4490	8,7769	9,1309	9,5144	6°
84°	9,5144	9,9310	10,3854	10,8829	11,4301	5°
85°	11,4301	12,0346	12,7062	13,4566	14,3007	4°
86°	14,3007	15,2571	16,3499	17,6106	19,0811	3°
87°	19,0811	20,8188	22,9038	25,4517	28,6363	2°
88°	28,6363	32,7303	38,1885	45,8294	57,2900	1°
89°	57,2900	76,3900	114,5887	229,1817	6	**0°**
	60′	45′	30′	15′	0′	↑ Graus

← Minutos — **Co-tangente de 0° a 45°**

Os valores das funções trigonométricas da tabela foram arredondados para quatro casas decimais.

Funções Trigonométricas de triângulos retângulos

Definições

Designações em um triângulo retângulo	Definições dos coeficientes dos lados		Aplicações para ∢ α	Aplicações para ∢ β
c hipotenusa; *a* cateto oposto de α; *b* cateto adjacente de α	**Seno**	= $\frac{\text{Cateto oposto}}{\text{Hipotenusa}}$	$\text{sen}\ \alpha = \frac{a}{c}$	$\text{sen}\ \beta = \frac{b}{c}$
	Cosseno	= $\frac{\text{Cateto adjacente}}{\text{Hipotenusa}}$	$\cos\alpha = \frac{b}{c}$	$\cos\beta = \frac{a}{c}$
c hipotenusa; *a* cateto adjacente de β; *b* cateto oposto de β	**Tangente**	= $\frac{\text{Cateto oposto}}{\text{Cateto adjacente}}$	$\tan\alpha = \frac{a}{b}$	$\tan\beta = \frac{b}{a}$
	Cotangente	= $\frac{\text{Cateto adjacente}}{\text{Cateto oposto}}$	$\cot\alpha = \frac{b}{a}$	$\cot\beta = \frac{a}{b}$

Gráfico das funções trigonométricas entre 0° e 360°

Representação em um círculo de raio = 1 | Gráfico das funções trigonométricas

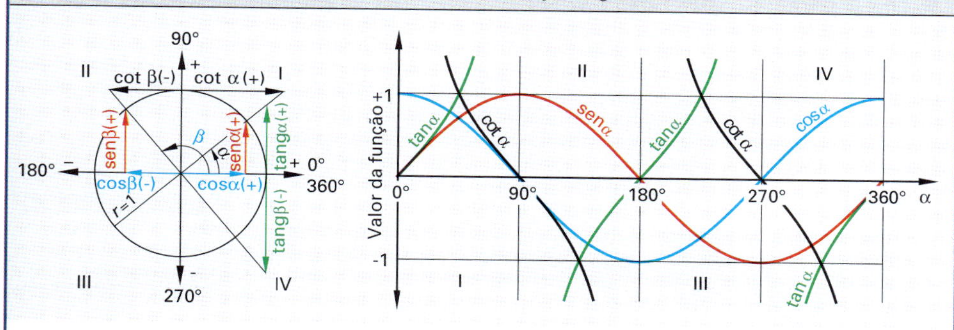

Os valores das funções trigonométricas de ângulos > 90° podem ser derivados dos ângulos entre 0° e 90° e, em seguida, lidos nas tabelas (páginas 11 e 12). Consultar as curvas do gráfico das funções trigonométricas para ver o sinal correto. As calculadoras com funções trigonométricas exibem o valor e o sinal para o ângulo desejado.

Exemplo: Relações para o Quadrante II

Relações	Exemplo: Valores de função para o ângulo de 120° (= 30° nas fórmulas)	
$\text{sen}\ (90° + \alpha) = +\cos\alpha$	sen (90° + 30°) = sen 120° = +0,8660	cos 30° = +0,8660
$\cos\ (90° + \alpha) = -\text{sen}\ \alpha$	cos (90° + 30°) = cos 120° = −0,5000	−sen 30° = −0,5000
$\tan\ (90° + \alpha) = -\cot\alpha$	tan (90° + 30°) = tang 120° = −1,7321	−cot 30° = −1,7321

Valores de função para ângulos selecionados

Função	0°	90°	180°	270°	360°	Função	0°	90°	180°	270°	360°
sen	0	+1	0	−1	0	tan	0	∞	0	∞	0
cos	+1	0	−1	0	+1	cot	∞	0	∞	0	∞

Relações entre as funções de um ângulo

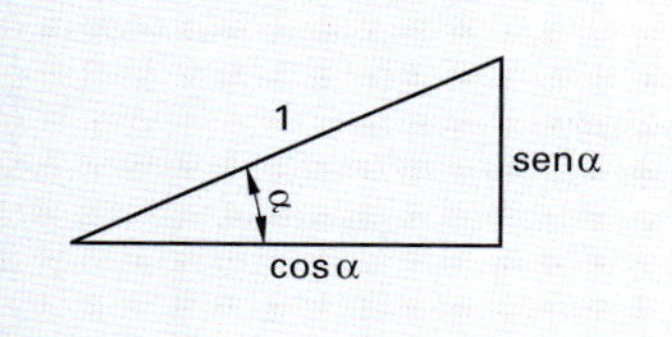

$\text{sen}^2\ \alpha + \cos^2\alpha = 1$	$\tan\alpha \cdot \cot\alpha = 1$
$\tan\alpha = \frac{\text{sen}\ \alpha}{\cos\alpha}$	$\cot\alpha = \frac{\cos\alpha}{\text{sen}\ \alpha}$

Exemplo: Cálculo de tan α a partir de sen α e cos α para $\alpha = 30°$:
$\tan\alpha = \text{sen}\ \alpha/\cos\alpha = 0{,}5000/0{,}8660 = 0{,}5774$

Funções trigonométricas de triângulos oblíquos, ângulos, Teorema de linhas de intersecção

Lei dos senos e Lei dos cossenos

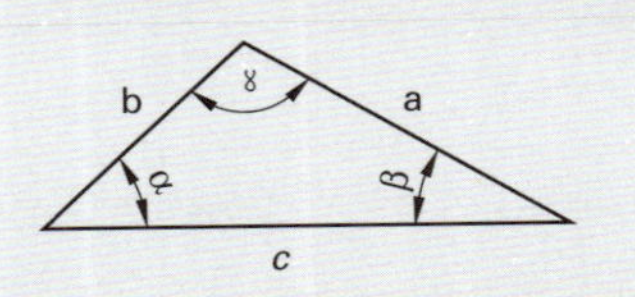

Lei dos senos	Lei dos cossenos
$a : b : c = \text{sen}\,\alpha : \text{sen}\,\beta : \text{sen}\,\gamma$ $\frac{a}{\text{sen}\,\alpha} = \frac{b}{\text{sen}\,\beta} = \frac{c}{\text{sen}\,\gamma}$	$a^2 = b^2 + c^2 - 2 \cdot b \cdot c \cdot \cos\alpha$ $b^2 = a^2 + c^2 - 2 \cdot a \cdot c \cdot \cos\beta$ $c^2 = a^2 + b^2 - 2 \cdot a \cdot b \cdot \cos\gamma$

Aplicação no cálculo de lados e ângulos

Cálculo de lados		Cálculo de ângulos	
usando a Lei dos senos	usando a Lei dos cossenos	usando a Lei dos senos	usando a Lei dos cossenos
$a = \frac{b \cdot \text{sen}\alpha}{\text{sen}\beta} = \frac{c \cdot \text{sen}\alpha}{\text{sen}\gamma}$	$a = \sqrt{b^2 + c^2 - 2 \cdot b \cdot c \cdot \cos\alpha}$	$\text{sen}\,\alpha = \frac{a \cdot \text{sen}\,\beta}{b} = \frac{a \cdot \text{sen}\,\gamma}{c}$	$\cos\alpha = \frac{b^2 + c^2 - a^2}{2 \times b \times c}$
$b = \frac{a \cdot \text{sen}\beta}{\text{sen}\alpha} = \frac{c \cdot \text{sen}\beta}{\text{sen}\gamma}$	$b = \sqrt{a^2 + c^2 - 2 \cdot a \cdot c \cdot \cos\beta}$	$\text{sen}\,\beta = \frac{b \cdot \text{sen}\,\alpha}{b} = \frac{b \cdot \text{sen}\,\gamma}{c}$	$\cos\beta = \frac{a^2 + c^2 - b^2}{2 \times a \times c}$
$c = \frac{a \cdot \text{sen}\gamma}{\text{sen}\alpha} = \frac{b \cdot \text{sen}\gamma}{\text{sen}\beta}$	$c = \sqrt{a^2 + b^2 - 2 \cdot a \cdot b \cdot \cos\gamma}$	$\text{sen}\,\gamma = \frac{c \cdot \text{sen}\,\alpha}{b} = \frac{b \cdot \text{sen}\,\beta}{c}$	$\cos\gamma = \frac{a^2 + b^2 - c^2}{2 \times a \times b}$

Tipos de ângulos

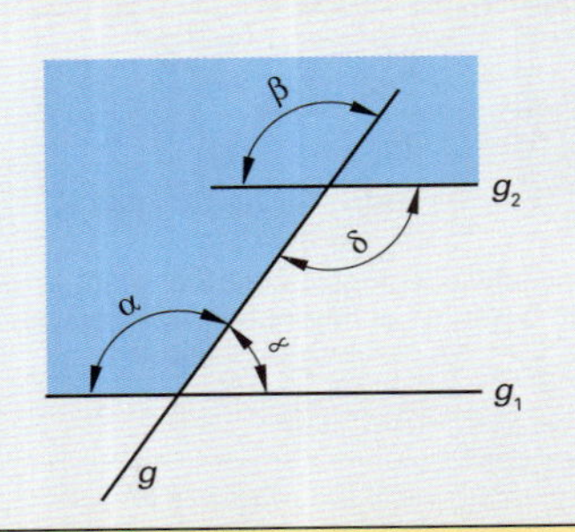

Se suas paralelas g_1 e g_2 forem cortadas por uma linha reta g, existem relações geométricas entre os ângulos opostos correspondentes, alternados e adjacentes.

Ângulos correspondentes

$\alpha = \beta$

Ângulos opostos

$\beta = \delta$

Ângulos alternados

$\alpha = \delta$

Ângulos adjacentes

$\alpha + \gamma = 180°$

Soma dos ângulos em um triângulo

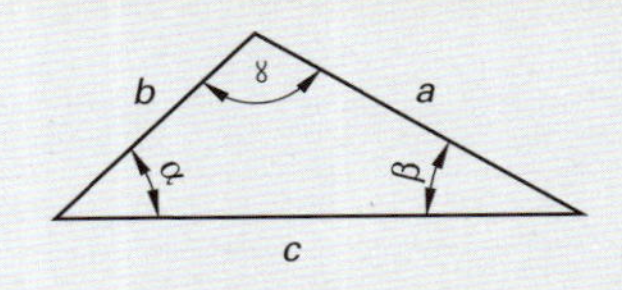

Em cada triângulo, a soma dos ângulos internos é igual a 180°.

Soma dos ângulos em um triângulo

$\alpha + \beta + \gamma = 180°$

Teorema de linhas de intersecção (proporcionalidade)

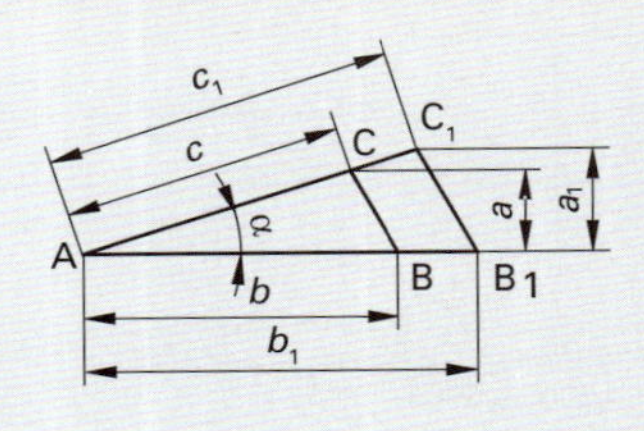

Se duas linhas que se estendem a partir do Ponto A forem cortadas por duas linhas paralelas BC e B_1C_1, os segmentos das linhas paralelas e os segmentos de raio correspondentes das linhas que se estendem a partir de A formam quocientes iguais.

Teorema de linhas de intersecção

$\frac{a}{a_1} = \frac{b}{b_1} = \frac{c}{c_1}$

$\frac{a}{b} = \frac{a_1}{b_1}$ $\frac{b}{c} = \frac{b_1}{c_1}$

Uso de parênteses, potências e raízes

Cálculos com parênteses

Tipo	Explicação	Exemplo
Fatoração	Na adição e subtração, os fatores comuns (divisores) são colocados antes de um parêntese.	$3 \cdot x + 5 \cdot x = x \cdot (3 + 5) = 8 \cdot x$ $\frac{3}{x} + \frac{5}{x} = \frac{1}{x} \cdot (3 + 5)$
	Uma barra de fração combina termos do mesmo modo que os parênteses.	$\frac{a+b}{2} \cdot h = (a+b) \cdot \frac{h}{2}$
Expansão de termos entre parênteses	Um termo entre parênteses é multiplicado por um valor (número, variável, um termo entre parênteses), multiplicando-se cada termo dentro dos parênteses por este valor.	$5 \cdot (b + c) = 5b + 5c$ $(a + b) \cdot (c - d) = ac - ad + bc - bd$
	Um termo entre parênteses é dividido por um valor (número, variável, um termo entre parênteses), dividindo-se cada termo dentro dos parênteses por este valor.	$(a + b) : c = a : c + b : c$ $\frac{a-b}{5} = \frac{a}{5} - \frac{b}{5}$
Fórmulas binomiais	Uma fórmula binomial é uma fórmula na qual o termo $(a + b)$ ou $(a - b)$ é multiplicado por ele mesmo.	$(a + b)^2 = a^2 + 2ab + b^2$ $(a - b)^2 = a^2 - 2ab + b^2$ $(a + b) \cdot (a - b) = a^2 - b^2$
Cálculos de multiplicação e adição e suas inversas	Em equações mistas, os termos entre parênteses devem ser calculados primeiro. Em seguida, são feitos os cálculos de multiplicação e divisão e finalmente, de adição e de subtração.	$a \cdot (3x - 5x) - b \cdot (12y - 2y)$ $= a \cdot (-2x) - b \cdot 10y$ $= -2ax - 10by$

Potências

Tipo	Explicação	Exemplo
Definições	a base; x expoente; y valor de potência Produto de fatores iguais	$a^x = y$ $a \cdot a \cdot a \cdot a = a^4$ $4 \cdot 4 \cdot 4 \cdot 4 = 4^4 = 256$
Adição Subtração	Potências com a mesma base e os mesmos expoentes são tratadas como números iguais.	$3a^3 + 5a^3 - 4a^3$ $= a^3 \cdot (3 + 5 - 4) = 4a^3$
Multiplicação Divisão	Potências com a mesma base são multiplicadas (divididas) adicionando-se (subtraindo-se) os expoentes e mantendo-se a base.	$a^4 \cdot a^2 = a \cdot a \cdot a \cdot a \cdot a \cdot a = a^6$ $2^4 \cdot 2^2 = 2^{(4+2)} = 2^6 = 64$ $3^2 : 3^3 = 3^{(2-3)} = 3^{-1} = 1/3$
Expoente negativo	Números com expoentes negativos também podem ser escritos como frações. A base recebe um expoente positivo e é colocada no denominador.	$m^{-1} = \frac{1}{m^1} = \frac{1}{m}$ $a^{-3} = \frac{1}{a^3}$
Frações em expoentes	Potências com expoentes fracionários também podem ser escritas como raízes.	$a^{\frac{4}{3}} = \sqrt[3]{a^4}$
Zero em expoentes	Toda potência com expoente zero tem o valor um.	$(m + n)^0 = 1$ $a^4 : a^4 = a^{(4-4)} = a^0 = 1$ $2^0 = 1$

Raízes

Tipo	Explicação	Exemplo
Definições	x índice da raiz; a radicando; y valor da raiz	$\sqrt[x]{a} = y$ ou $a^{1/x} = y$
Sinais	Índices de raiz pares resultam em valores positivos e negativos, se o radicando for positivo. Um radicando negativo resulta em um número imaginário.	$\sqrt[2]{9} = \pm 3$ $\sqrt[2]{-9} = +3i$
	Índices de raiz ímpares resultam em valores positivos se o radicando for positivo e em valores negativos se o radicando for negativo.	$\sqrt[3]{8} = 2$ $\sqrt[3]{-8} = -2$
Adição Subtração	Expressões com raiz idêntica podem ser adicionadas ou subtraídas.	$\sqrt{a} + 3\sqrt{a} - 2\sqrt{a} = 2\sqrt{a}$
Multiplicação Divisão	Raízes com os mesmos índices são multiplicadas (divididas) tomando-se a raiz do produto (quociente) dos radicandos.	$\sqrt[n]{a} \cdot \sqrt[n]{b} = \sqrt[n]{ab}$ $\frac{\sqrt[3]{a}}{\sqrt[3]{n}} = \sqrt[3]{\frac{a}{n}}$

Tipos de Equações, Regras de transformação

Equações

Tipo	Explicação	Exemplo
Equação com grandezas	Termos equivalentes (termos da fórmula de igual valor) geram relações entre grandezas (ver também Regras de transformação).	$v = \pi \cdot d \cdot n$ $(a + b)^2 = a^2 + 2ab + b^2$
Equação com unidades compatíveis	Conversão imediata de unidades e constantes para uma unidade SI do resultado. Usada apenas em casos especiais, p. ex., se forem especificados parâmetros de engenharia, ou para simplificação.	$P = \frac{M \cdot n}{9550}$; *P* em kW, quando *n* em 1/min e *M* em *Nm*
Equação com variável única	Cálculo do valor de uma variável.	$x + 3 = 8$ $x = 8 - 3 = 5$
Equação de funções	Equação de função atribuída: *y* é uma função de *x*, que é a variável independente; *y* é a variável dependente. O par de números (*x*,*y*) de uma tabela de valores forma o gráfico da função no sistema de coordenadas (*x*,*y*).	$y = f(x)$ $\Re \rightarrow$ números reais
	Função constante O gráfico é uma linha paralela ao eixo *x*.	$y = f(x) = b$
	Função linear (proporcional) O gráfico é uma linha reta que passa pela origem.	$y = f(x) = mx$ $y = 2x$
	Função linear O gráfico é uma linha reta com inclinação m e que corta o eixo y em b (exemplo abaixo).	$y = f(x) = mx + b$ $y = 0{,}5x + 1$
	Função quadrática O gráfico da função quadrática é uma parábola (exemplo abaixo).	$y = f(x) = x^2$ $y = a_2x^2 + a_1x + a_0$

Função linear $y = mx + b$

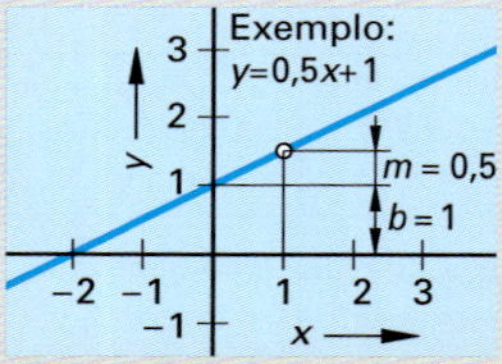

Função quadrática $y = x^2$

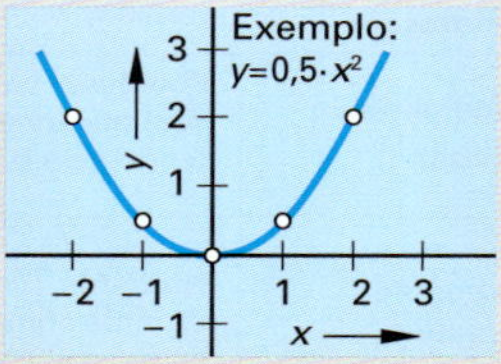

Regras de transformação

Equações são, vide de regra, transformadas de modo a poder-se isolar a grandeza procurada.

Adição **Subtração**	O mesmo número pode ser adicionado ou subtraído de ambos os lados. Nas equações $x + 5 = 15$ e $x + 5 - 5 = 15 - 5$, *x* tem o mesmo valor, i.e., as equações são equivalentes.	$x + 5 = 15 \quad \vert -5$ $x + 5 - 5 = 15 - 5$ $x = 10$ $y - c = d \quad \vert +c$ $y - c + c = d + c$ $y = d + c$
Multiplicação **Divisão**	É possível multiplicar ou dividir ambos os lados da equação pelo mesmo número.	$a \cdot x = b \quad \vert :a$ $\frac{a \cdot x}{a} = \frac{b}{a}$ $x = \frac{b}{a}$
Potenciação	As expressões nos dois lados da equação podem ser elevadas à mesma potência.	$\sqrt{x} = a + b \quad \vert ()^2$ $(\sqrt{x})^2 = (a + b)^2$ $x = a^2 + 2ab + b^2$
Radiciação	A raiz das expressões nos dois lados da equação pode ser tirada usando-se o mesmo índice da raiz.	$x^2 = a + b \quad \vert \sqrt{}$ $(\sqrt{x})^2 = \sqrt{a + b}$ $x = \pm\sqrt{a + b}$

Potências de dez, cálculo de juros

Múltiplos decimais e fatores de unidade

DIN 1301-1 (2002-10)

Matemática			Unidades SI			
Potência de dez	Nome	Fator de multiplicação	Prefixo Nome	Prefixo Símbolo	Exemplo Unidade	Exemplo Significado
10^{18}	Quintilhão	1 000 000 000 000 000 000	Exa	E	Em	10^{18} Metros
10^{15}	Quatrilhão	1 000 000 000 000 000	Peta	P	Pm	10^{15} Metros
10^{12}	Trilhão	1 000 000 000 000	Terá	T	TV	10^{12} Volts
10^{9}	Bilhão	1 000 000 000	Giga	G	GW	10^{9} Watts
10^{6}	Milhão	1 000 000	Mega	M	MW	10^{6} Watts
10^{3}	Mil	1 000	Quilo	k	KN	10^{3} Newtons
10^{2}	Cem	100	Hecto	h	hl	10^{2} Litros
10^{1}	Dez	10	Deca	da	dam	10^{1} Metros
10^{0}	Um	1	–	–	m	10^{0} Metros
10^{-1}	Décimo	0,1	Deci	d	dm	10^{-1} Metros
10^{-2}	Centésimo	0,01	Centi	c	cm	10^{-2} Metros
10^{-3}	Milésimo	0,001	Mili	m	mV	10^{-3} Volts
10^{-6}	Milionésimo	0,000 001	Micro	µ	µA	10^{-6} Amperes
10^{-9}	Bilionésimo	0,000 000 001	Nano	n	nm	10^{-9} Metros
10^{-12}	Trilionésimo	0,000 000 000 001	Pico	p	pF	10^{-12} Farad
10^{-15}	Quatrilionésimo	0,000 000 000 000 001	Femto	f	fF	10^{-15} Farad
10^{-18}	Quintilionésimo	0,000 000 000 000 000 001	Atto	a	am	10^{-18} Metros

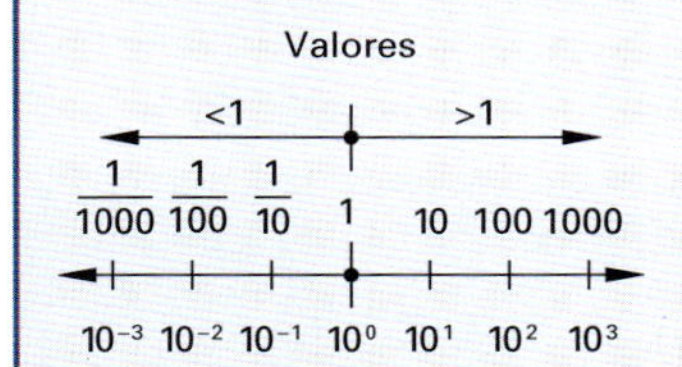

Números maiores que 1 são expressos com **expoentes positivos**, e números menores que 1 são expressos com **expoentes negativos**.

Exemplo: $4300 = 4{,}3 \cdot 1000 = 4{,}3 \cdot 10^3$

$14638 = 1{,}4638 \cdot 10^4$

$0{,}07 = \frac{7}{100} = 7 \cdot 10^{-2}$

Juros simples

K_0 *capital inicial* — Z juros — K_t *capital após período t* — p taxa de juros por ano — t tempo em dias, período de juros

Juros

$$Z = \frac{K_0 \cdot p \cdot t}{100\,\% \cdot 360}$$

1º Exemplo:

$K_0 = 2800{,}00\ €;\ p = 6\frac{\%}{a};\ t = {}^1\!/_2\ a;\ Z = ?$

$$\boldsymbol{Z} = \frac{2800{,}00\ € \cdot 6\frac{\%}{a} \cdot 0{,}5a}{100\,\%} = \mathbf{84{,}00}$$

2º Exemplo:

$K_0 = 4800{,}00\ €;\ p = 5{,}1\frac{\%}{a};\ t = 50\ d;\ Z = ?$

$$\boldsymbol{Z} = \frac{4800{,}00\ € \cdot 5{,}1\frac{\%}{a} \cdot 50\ d}{100\,\% \cdot 360\frac{d}{a}} = \mathbf{34{,}00}$$

1 ano de juros (1a) = 360 dias (360 d)
360 d = 12 meses
1 mês de juros = 30 dias

Cálculo de juros compostos para pagamento único

K_0 *capital inicial* — K_n montante acumulado (capital final) — Z juros — p taxa de juros por ano — n tempo (anos) — q fator de cálculo de juros compostos

Montante acumulado

$$K_n = K_0 \cdot q^n$$

Fator composto

$$q = 1 + \frac{p}{100\,\%}$$

Exemplo:

$K_0 = 8000{,}00\ €;\ n = 7\ \text{anos};\ p = 6{,}5\%;\ K_n = ?$

$q = 1 + \frac{6{,}5\,\%}{100\,\%} = 1{,}065$

$\boldsymbol{K_n} = K_0 \cdot q^n = 8000{,}00\ € \cdot 1{,}065^7 = 8000{,}00\ € \cdot 1{,}553986$
$= \mathbf{12\,431{,}89\ €}$

Cálculo de Porcentagem, Cálculo de Proporções

Cálculo de porcentagem

A **porcentagem** fornece a fração do valor base em centésimos.

Sobre o **valor base** a porcentagem deve ser aplicada.

P_r porcentagem (%) P_v valor percentual G_v Valor base

Valor percentual

$$P_v = \frac{G_v \cdot P_r}{100\ \%}$$

Porcentagem

$$P_r = \frac{P_v}{G_v} \cdot 100\%$$

1º Exemplo:

Peso da peça bruta 250 kg (valor base); perda de material num processo 2% (porcentagem); perda do material em kg = ? (valor percentual)

$$\mathbf{P_v} = \frac{G_v \cdot P_r}{100\,\%} = \frac{250\text{ kg} \cdot 2\,\%}{100\,\%} = \mathbf{5\ kg}$$

2º Exemplo:

Peso bruto de uma peça fundida 150 kg; peso depois de usinagem 126 kg; porcentagem de peso (%) de perda de material?

$$\mathbf{P_r} = \frac{P_v}{G_v} \cdot 100\,\% = \frac{150\text{ kg} - 126\text{ kg}}{150\text{ kg}} \cdot 100\,\% = \mathbf{16\,\%}$$

Cálculo de proporções

Três passos para calcular proporções diretas

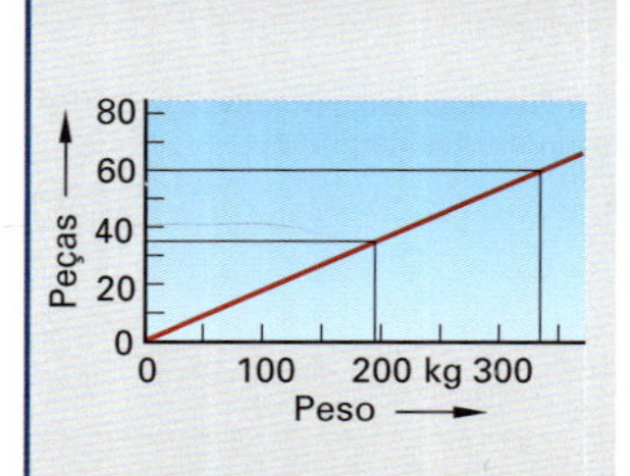

Exemplo:

60 cotovelos pesam 330 kg. Qual é o peso de 35 cotovelos?

1º passo: Dados conhecidos — 60 cotovelos pesam 330 kg

2º passo: Calcular o peso unitário dividindo

1 cotovelo pesa $\frac{330\text{ kg}}{60}$

3º passo: Calcular o peso total multiplicando

35 cotovelos pesam $\frac{330\text{ kg} \cdot 35}{60} = \mathbf{192{,}5\ kg}$

Três passos para calcular proporções indiretas

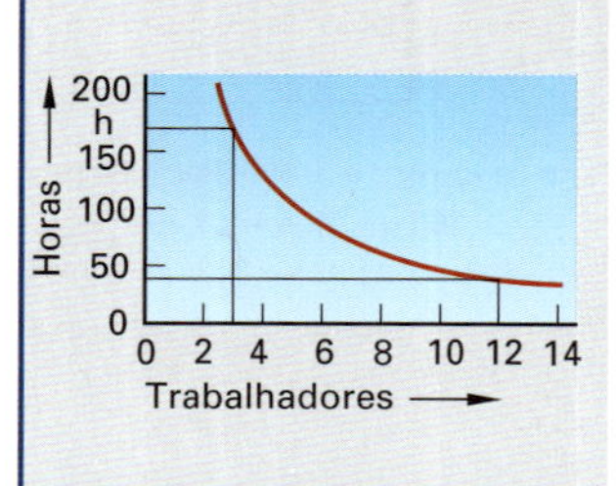

Exemplo:

São necessários 3 trabalhadores e 170 horas para processar um pedido. Quantas horas 12 trabalhadores precisam para processar o mesmo pedido?

1º passo: Dados conhecidos — 3 trabalhadores necessitam de 170 horas

2º passo: Calcular a unidade multiplicando

1 trabalhador necessitaria $3 \cdot 170$ h

3º passo: Calcular o tempo para 12 trabalhadores dividindo

12 trabalhadores necessitam de $\frac{3 \cdot 170\text{ h}}{12} = \mathbf{42{,}5\ h}$

Aplicação dos três passos para cálculo de proporções diretas e indiretas

Exemplo:

660 peças são fabricadas por 5 máquinas em 24 dias.

Quanto tempo é necessário para que 9 máquinas produzam 312 peças do mesmo tipo?

1ª aplicação dos 3 passos:

5 máquinas produzem 660 peças em 24 dias

1 máquina produz 660 peças em $24 \cdot 5$ dias

9 máquinas produzem 660 peças em $\frac{24 \cdot 5}{9}$ dias

2ª aplicação dos 3 passos:

9 máquinas produzem 660 peças em $\frac{24 \cdot 5}{9}$ dias

9 máquinas produzem 1 peça em $\frac{24 \cdot 5}{9 \cdot 660}$ dias

9 máquinas produzem 312 peças em $\frac{24 \cdot 5 \cdot 312}{9 \cdot 660} = \mathbf{6{,}3\ dias}$

Símbolos em fórmulas, símbolos matemáticos

Símbolos em fórmulas

Símbolo em fórmulas	Significado	Símbolo em fórmulas	Significado	Símbolo em fórmulas	Significado
Comprimento, Área, Volume, Ângulo					
l	Comprimento	r, R	Raio	α, β, γ	Ângulo plano
b	Largura	d, D	Diâmetro	Ω	Ângulo sólido
h	Altura	A, S	Área, Área transversal	λ	Comprimento de onda
s	Distância linear	V	Volume		
Mecânica					
m	Massa	F	Força	G	Módulo de cisalhamento
m'	Massa por unidade de comprimento	F_G, G	Força gravitacional, peso	μ, f	Coeficiente de atrito
m''	Massa por unidade de área	M	Torque	W	Momento de resistência
ρ	Densidade	T	Momento de torção	I	Momento de área, 2º grau
J	Momento de inércia	M_b	Momento de flexão	W, E	Trabalho, Energia
p	Pressão	σ	Tensão normal	W_p, E_p	Energia potencial
p_{abs}	Pressão absoluta	τ	Tensão de cisalhamento	W_k, E_k	Energia cinética
p_{amb}	Pressão ambiente	ε	Dilatação	P	Potência
p_e	Pressão de manômetro	E	Módulo de elasticidade	η	Grau de eficiência
Tempo					
t	Tempo, Duração	f, v	Frequência	a	Aceleração
T	Duração de ciclo	v, u	Velocidade	g	Aceleração gravitacional
n	Frequência de rotação, Número de rotação	ω	Velocidade angular	α	Aceleração angular
				$Q, \dot{V}, q_v$	Fluxo volumétrico
Eletricidade					
Q	Carga elétrica, Quantidade de eletricidade	L	Indutância	X	Reatância
U	Tensão	R	Resistência	Z	Impedância
C	Capacidade	ϱ	Resistência específica	φ	Ângulo de diferença de fase
I	Intensidade de corrente elétrica	γ, χ	Condutividade elétrica	N	Número de giros
Calor					
T, Θ	Temperatura termodinâmica	Q	Calor, Quantidade de calor	$\Phi, \dot{Q}$	Fluxo de calor
$\Delta T, \Delta t, \Delta\vartheta$	Diferença de temperatura	λ	Condutividade térmica	a	Difusividade térmica
t, ϑ	Temperatura Celsius	α	Coeficiente de transição de calor	c	Calor específico
α_l, α	Coeficiente de expansão linear	k	Coeficiente de transmissão de calor	H_u	Valor calorífico específico
Luz, Radiação eletromagnética					
E_v	Iluminância	f	Distância focal	I_e	Intensidade luminosa
		n	Índice de refração	Q_e, W	Energia radiante
Acústica					
p	Pressão sonora	L_P	Nível de pressão sonora	N	Altura
c	Velocidade acústica	I	Intensidade do som	L_N	Nível de altura

Símbolos matemáticos

Símbolo matem.	Falado	Símbolo matem.	Falado	Símbolo matem.	Falado
$\approx$	Aproximadamente, em torno de,	–	Proporcional	log	Logaritmo (geral)
$\triangleq$	equivalente a	a^x	a elevado a x, x-ésima potência de a	lg	Logaritmo decimal
$\dots$	Etc.	$\sqrt{}$	Raiz quadrada de	ln	Logaritmo natural
∞	Infinito	$\sqrt[n]{}$	Raiz n-ésima de	e	Numero Euler (e=2,718281...)
$=$	Igual a	$\lvert x \rvert$	Valor absoluto de x	sen	Seno
$\neq$	Diferente de	$\perp$	Perpendicular a	cos	Cosseno
$\stackrel{def}{=}$	É igual por definição	$\parallel$	Paralelo a	tan	Tangente
$<$	Menor que	$\uparrow\uparrow$	Paralelo na mesma direção	cot	Cotangente
$\leqslant$	Menor ou igual a	$\uparrow\downarrow$	Paralelo na direção oposta	(), [], {}	Parênteses, colchetes e chaves
$>$	Maior que	$\sphericalangle$	Ângulo		
$\geqslant$	Maior ou igual a	$\triangle$	Triângulo	π	pi (constante de círculo = 3,14159...)
$+$	Mais	$\cong$	Congruente com		
$-$	Menos	Δx	Delta x (diferença entre dois valores)	$\overline{AB}$	Segmento de linha AB
$\cdot$	Vezes, multiplicado por			$\overset{\frown}{AB}$	Arco AB
$-, /, :$	Dividido por, para	%	Porcentagem, de cem	a', a''	a linha, a duas linhas
Σ	Sigma (soma)	‰	Por mil, de mil	a_1, a_2	a um, a dois

Unidades SI e de medição

SI[1] Grandezas e unidades básicas

Cf. DIN 1301-1 (2002-10), -2 (1978-02), -3 (1979-10)

Grandezas	Comprimento	Massa	Tempo	Corrente Elétrica	Temperatura termo-dinâmica	Quantidade de substância	Intensidade luminosa
Unidades	Metro	Quilograma	Segundo	Ampére	Kelvin	Mole	Candela
Símbolo da unidade	m	kg	s	A	K	mol	cd

[1] As unidades de medição são definidas no International System of Units (Sistema Internacional de Unidades). Ele se baseia nas sete unidades básicas (unidades SI), das quais se derivam as outras unidades.

Grandezas básicas, grandezas derivadas e suas unidades

Grandeza	Símbolo	Unidade Nome	Unidade Símbolo	Relações	Observações e Exemplos
Comprimento, Área, Volume, Ângulo					
Comprimento	l	**metro**	m	1 m = 10 dm = 100 cm = 1000 mm 1 mm = 1000 µm 1 km = 1000 m	1 polegada = 25,4 mm Em aplicações de aviação e náuticas, o seguinte se aplica: 1 milha náutica internacional = 1852 m.
Área	A, S	metro quadrado are hectare	m^2 a ha	$1\ m^2 = 10000\ cm^2 = 1000000\ mm^2$ $1\ a = 100\ m^2$ $1\ ha = 100\ a = 10000\ m^2$ $100\ ha = 1\ km^2$	Símbolo S apenas para áreas transversais Are e hectare apenas para terra.
Volume	V	metro cúbico litro	m^3 l, L	$1\ m^3 = 1000\ dm^3 = 1000000\ cm^3$ $1\ l = 1\ L = 1\ dm^3 = 10\ dl = 0{,}001\ m^3$ $1\ ml = 1\ cm^3$	Principalmente para fluidos e gases.
Ângulo plano (ângulo)	$\alpha, \beta, \gamma...$	radiano grau minuto segundo	rad ° ' "	$1\ rad = 1\ m/m = 57{,}2957...° = 180°/\pi$ $1° = \frac{\pi}{180}\ rad = 60'$ $1' = 1°/60 = 60''$ $1'' = 1'/60 = 1°/3600$	1 rad é o ângulo formado pela intersecção de um círculo em torno do centro de um radio de 1 m, com arco com comprimento de 1 m. Em cálculos técnicos, é melhor usar $\alpha = 33{,}291°$ do que $\alpha = 33°\ 17'\ 27{,}6''$.
Ângulo sólido	Ω	esteradiano	sr	$1\ sr = 1\ m^2/m^2$	Um objeto cuja extensão mede 1 grau em um sentido e perpendicularmente a este também mede 1 grau, cobre um ângulo sólido de 1 sr.
Mecânica					
Massa	m	**quilograma** grama megagrama tonelada	kg g Mg t	1 kg = 1000 g 1 g = 1000 mg 1 t = 1000 kg = 1 Mg 0,2 g = 1 ct	Massa no sentido de um resultado de pesagem, é uma quantidade do tipo de massa (unidade kg). A massa para pedra preciosa é quilate (ct).
Massa por unidade de comprimento	m'	quilograma por metro	kg/m	1 kg/m = 1 g/mm	Para cálculo da massa de barras, perfis, tubulações
Massa por unidade de área	m''	quilograma por metro quadrado	kg/m^2	$1\ kg/m^2 = 0{,}1\ g/cm^2$	Para calcular a massa de chapas.
Densidade	ϱ	quilograma por m^3	kg/m^3	$1000\ kg/m^3 = 1\ t/m^3 = 1\ kg/dm^3 = 1\ g/cm^3 = 1\ g/ml = 1\ mg/mm^3$	A densidade é uma grandeza independente da localização.

Unidades SI e de medição

Grandezas e Unidades (Continuação)

Grandeza	Símbolo	Unidade Nome	Unidade Símbolo	Relações	Observações e Exemplos
Mecânica					
Momento de inércia, 2º momento de massa	J	quilograma x metro quadrado	$kg \cdot m^2$	O seguinte se aplica a corpos homogêneos: $J = \varrho \cdot r^2 \cdot V$	O momento de inércia (2º momento de massa) depende da massa total do corpo, assim como de sua forma e posição do eixo de rotação.
Força Peso	F F_G, G	Newton	N	$1\ N = 1\ \frac{kg \cdot m}{s^2} = 1\ \frac{J}{m}$ $1\ MN = 10^3\ kN = 1\,000\,000\ N$	A força de 1 N realiza uma mudança na velocidade de 1 m/s em 1 s em uma massa de 1 kg.
Torque Momento de flexão Momento de Torção	M M_b T	Newton x metro	$N \cdot m$	$1\ N \cdot m = 1\ \frac{kg \cdot m^2}{s^2}$	1 N . m é o momento que uma força de 1 N gera com um braço de alavanca de 1 m.
Impulso	p	quilograma x metro por segundo	$kg \cdot m/s$	$1\ kg \cdot m/s = 1\ N \cdot s$	O impulso é o produto da massa e da velocidade. Ele tem o sentido da velocidade.
Pressão Tensão mecânica	p σ, τ	Pascal Newton por milímetro quadrado	Pa N/mm^2	$1\ Pa = 1\ N/m^2 = 0{,}01\ mbar$ $1\ bar = 100\,000\ N/m^2 = 10\ N/cm^2 = 10^5\ Pa$ $1\ mbar = 1\ hPa$ $1\ N/mm^2 = 10\ bar = 1\ MN/m^2 = 1\ MPa$ $1\ daN/cm^2 = 0{,}1\ N/mm^2$	Pressão se refere à força por unidade de área. É usado o símbolo p_g para superpressão (DIN 1314). 1 bar = 14,5 psi (libras por polegada quadrada)
2º momento de área	I	metro à quarta potência centímetro à quarta potência	m^4 cm^4	$1\ m^4 = 100\,000\,000\ cm^4$	Anteriormente: Momento geométrico de inércia de área
Energia, Trabalho, Quantidade de calor	E, W	Joule	J	$1\ J = 1\ N \cdot m = 1\ W \cdot s = 1\ kg \cdot m^2/s^2$	Joule para todas as formas de energia, kW . h preferencial para energia elétrica.
Potência Fluxo de calor	P Φ	Watt	W	$1\ W = 1\ J/s = 1\ N \cdot m/s = 1\ V \cdot A = 1\ m^2 \cdot kg/s^3$	Potência descreve o trabalho realizado num tempo especificado.
Tempo					
Tempo, Período de tempo, Duração	t	segundo minuto hora dia ano	s min h d a	$1\ min = 60\ s$ $1\ h = 60\ min = 3600\ s$ $1\ d = 24\ h = 86\,400\ s$	3 h significam um período de tempo 3^h significam um ponto no tempo (3h) Se os pontos no tempo forem escritos de uma forma mista, p. ex., $3^h\ 24^m\ 10^s$, o símbolo min pode ser abreviado para m.
Frequência	f, ν	Hertz	Hz	$1\ Hz = 1/s$	1 Hz ≅ 1 ciclo em 1 segundo.
Velocidade rotacional, Frequência rotacional	n	1 por segundo 1 por minuto	1/s 1/min	$1/s = 60/min = 60\ min^{-1}$ $1/min = 1\ min^{-1} = \frac{1}{60\ s}$	O número de rotações por unidade de tempo fornece a frequência de rotação, também chamada de rpm.
Velocidade	v	metro por segundo metro por minuto quilômetro por hora	m/s m/min km/h	$1\ m/s = 60\ m/min = 3{,}6\ km/h$ $1\ m/min = \frac{1\ m}{60\ s}$ $1\ km/h = \frac{1\ m}{3{,}6\ s}$	Velocidade náutica em nós (kn): 1 kn = 1,852 km/h milhas por hora = 1 milha/h = 1 mph 1 mph = 1,60934 km/h
Velocidade angular	ω	1 por segundo radiano por segundo	1/s rad/s	$\omega = 2\ \pi \cdot n$	Para rpm de $n = 2/s$, velocidade angular $\omega = 4\ /s$.
Aceleração	a, g	metro por segundo quadrado	m/s^2	$1\ m/s^2 = \frac{1\ m/s}{1\ s}$	Símbolo g apenas para aceleração da gravidade. $g = 9{,}81\ m/s^2 \approx 10\ m/s^2$

Unidades SI e de medição

Grandezas e Unidades (Continuação)

Grandeza	Símbolo	Unidade Nome	Unidade Símbolo	Relações	Observações e Exemplos
Eletricidade e Magnetismo					
Corrente Elétrica Tensão elétrica Resistência elétrica Condutância elétrica	I U R G	**Ampère** Volt Ohm Siemens	A V Ω S	1 V = 1 W/1 A = 1 J/C 1 Ω = 1 V/1 A 1 S = 1 A/1 V = 1/Ω	O movimento de uma carga elétrica é chamado de fluxo. A tensão é igual à diferença do potencial de dois pontos em um campo elétrico. A recíproca da resistência elétrica é chamada de condutância elétrica
Resistência específica Condutividade	ϱ γ, χ	Ohm x m Siemens por metro	Ω · m S/m	$10^{-6}\ \Omega \cdot m = 1\ \Omega \cdot mm^2/m$	$\varrho = \frac{1}{\varkappa}$ em $\frac{\Omega \cdot mm^2}{\varkappa}$ $\varkappa = \frac{1}{\varrho}$ em $\frac{m}{\Omega \cdot mm^2}$
Frequência	f	Hertz	Hz	1 Hz = 1/s 1000 Hz = 1 kHz	Frequência da rede elétrica pública: EU 50 Hz, EUA/Canadá 60 Hz
Energia elétrica, trabalho	W	Joule	J	1 J = 1 W · s = 1 N · m 1 kW · h = 3,6 MJ 1 W · h = 3,6 kJ	Na física atômica e nuclear é usada a unidade eV (eletrovolt)
Ângulo de diferença de fase	φ	–	–	Para corrente alternada: $\cos\varphi = \frac{P}{U \cdot I}$	O ângulo entre a corrente e a tensão sob carga indutiva ou capacitiva.
Força do campo elétrico Carga elétrica Capacitância elétrica Indutância	E Q C L	Volt x m Coulomb Farad Henry	V/m C F H	1 C = 1 A · 1 s; 1 A · h = 3,6 kC 1 F = 1 C/V 1 H = 1 V · s/A	$E = \frac{F}{Q}$, $C = \frac{Q}{U}$, $Q = I \cdot t$
Potência Potência efetiva	P	Watt	W	1 W = 1 J/s = 1 N · m/s = 1 V · A	Na engenharia de energia elétrica: Potência aparente S em V . A
Termodinâmica e Transferência de calor					
Temperatura termodinâmica Temperatura Celsius	T, Θ t, ϑ	**Kelvin** Graus Celsius	K °C	0 K = −273,15 °C 0 °C = 273,15 K 0 °C = 32 °F 0 °F = −17,77 °C	Kelvin (K) e graus Celsius (°C) são usados para temperaturas e diferenças de temperatura. $t = T - T_0$; $T_0 = 273{,}15$ K Graus Fahrenheit (°F): 1,8 °F = 1 °C
Quantidade de calor	Q	Joule	J	1 J = 1 W · s = 1 N · m 1 kW · h = 3600000 J = 3,6 MJ	1 kcal = 4,1868 kJ
Valor calorífico específico	H_u	Joule por quilograma Joule por metro cúbico	J/kg J/m³	1 MJ/kg = 1000000 J/kg 1 MJ/m³ = 1000000 J/m³	A energia térmica liberada por kg de combustível menos o calor de vaporização do vapor de água contido nos gases de escapamento.

Unidades não SI

Comprimento	Área	Volume	Massa	Energia, Potência
1 polegada = 25,4 mm 1 pé = 0,3048 m 1 jarda = 0,9144 m 1 milha náutica = 1,852 km 1 milha = 1,609 km	1 polegada quadrada = 6,452 cm² 1 pé quadrado = 9,29 dm² 1 jarda quadrada = 0,8361 m² **Pressão** 1 bar = 14, 5 psi	1 polegada cúbica = 16,39 cm³ 1 pé cúbico = 28,32 dm³ 1 jarda cúbica = 764,6 dm³ 1 galão EUA = 3,785 dm³ 1 Galão Imperial = 4,536 dm³ 1 barril = 158,8 dm³	1 onça = 28,35 g 1 libra = 453,6 g 1 tonelada métrica = 1000 kg 1 tonelada americana = 907,2 kg 1 quilate = 0,2 g	1 PSh = 0,735 kWh 1 PS = 735 W 1 kcal = 4186,8 Ws 1 kcal = 1,166 Wh 1 kpm/s = 9,807 W 1 Btu = 1055 Ws 1 hp = 754,7 W

Prefixos de fatores decimais e múltiplos

Prefixo	pico	nano	micro	mili	centi	deci	deca	hecto	quilo	mega	giga	tera
Simbolo do prefixo	P	N	μ	m	c	d	da	h	k	M	G	T
Potência de dez	10^{-12}	10^{-9}	10^{-6}	10^{-3}	10^{-2}	10^{-1}	10^{1}	10^{2}	10^{3}	10^{6}	10^{9}	10^{12}

← Partes | Múltiplos →

1 mm = 10^{-3} m = 1/1000 m, 1 km = 1000 m, 1 kg = 1000 g, 1 GB (Gigabyte) = 1000000000 Byte

Cálculos em um triângulo retângulo

Teorema de Pitágoras

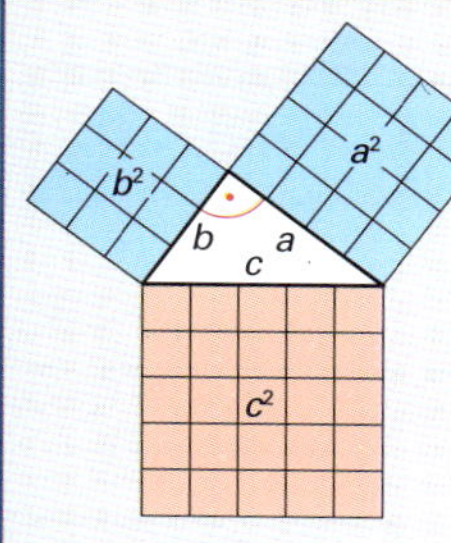

Em um triângulo retângulo, o quadrado da hipotenusa é igual à soma dos quadrados dos dois lados.

a lado

b lado

c hipotenusa

1 Exemplo:

$c = 35$ mm; $a = 21$ mm; $b = ?$

$b = \sqrt{c^2 - a^2} = \sqrt{(35\text{ mm})^2 - (21\text{ mm})^2} = 28$ mm

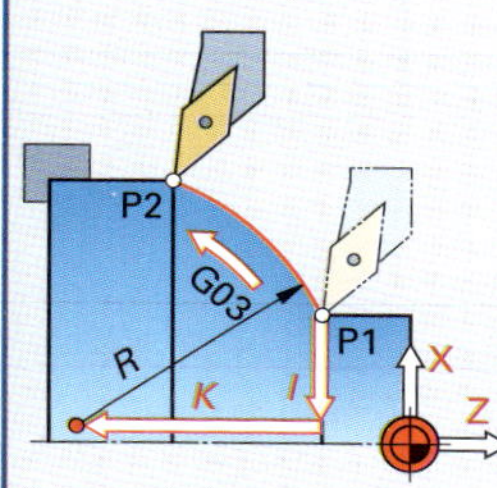

1 Exemplo:

Programa CNC com R = 50 mm e *I* = 25 m.

$K = ?$

$c^2 = a^2 + b^2$

$R^2 = I^2 + K^2$

$K = \sqrt{R^2 - I^2} = \sqrt{50^2\text{ mm}^2 - 25^2\text{ mm}^2}$

$\mathbf{K = 43,3\text{ mm}}$

Quadrado da hipotenusa

$$c^2 = a^2 + b^2$$

Comprimento da hipotenusa

$$c = \sqrt{a^2 + b^2}$$

Comprimento dos lados

$$a = \sqrt{c^2 - b^2}$$

$$b = \sqrt{c^2 - a^2}$$

Teorema de Euclides (Teorema dos catetos)

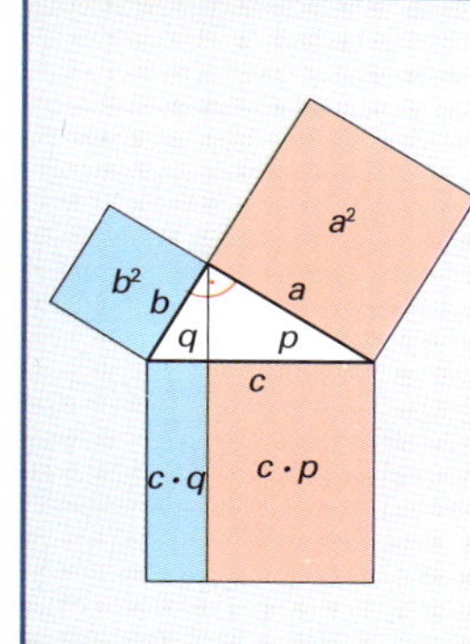

O quadrado de um lado é igual à área do retângulo formado pela hipotenusa e pelo segmento adjacente da hipotenusa.

a,b catetos (lados)

c hipotenusa

p,q segmentos da hipotenusa

Exemplo:

Um retângulo com $c = 6$ cm e $p = 3$ cm deve ser transformado em um quadrado com a mesma área. Qual é o comprimento do lado do quadrado a?

$a^2 = c \cdot p$

$\mathbf{a} = \sqrt{c \cdot p} = \sqrt{6\text{ cm} \cdot 3\text{ cm}} = \mathbf{4,24\text{ cm}}$

Quadrados dos catetos

$$b^2 = c \cdot q$$

$$a^2 = c \cdot p$$

Teorema das alturas

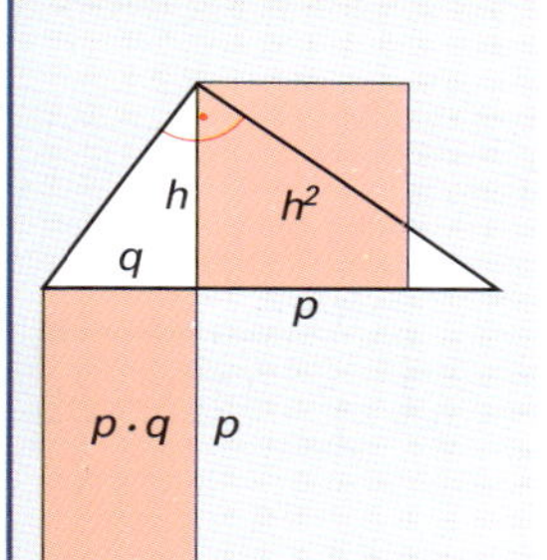

O quadrado da altura *h* é igual à área do retângulo formado pelos segmentos da hipotenusa *p* e *q*.

h altura

p, q segmentos da hipotenusa

Exemplo:

Triângulo retângulo

$p = 6$ cm; $q = 2$ cm; $h = ?$

$h^2 = p \cdot q$

$\mathbf{h} = \sqrt{p \cdot q} = \sqrt{6\text{ cm} \cdot 2\text{ cm}} = \sqrt{12\text{ cm}^2} = \mathbf{3,46\text{ cm}}$

Quadrado da altura

$$h^2 = p \cdot q$$

Divisão de comprimentos, Comprimento de arco, Comprimento composto

Subdivisão de comprimentos

Distância da extremidade = espaçamento

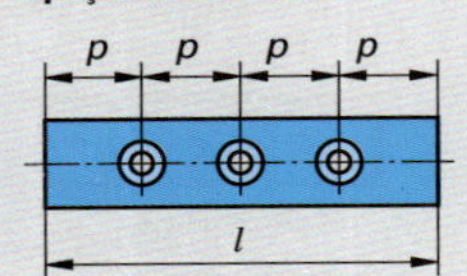

l comprimento total
p espaçamento
n número de furos

Exemplo:

l = 2 m; n = 24 furos n; p = ?

$$p = \frac{l}{n+1} = \frac{2000 \text{ mm}}{24+1} = 80 \text{ mm}$$

Espaçamento

$$p = \frac{l}{n+1}$$

Distância da extremidade ≠ espaçamento

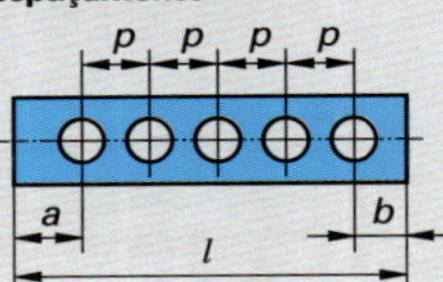

l comprimento total
p espaçamento
n número de furos
a,b distância da extrem.

Exemplo:

l = 1950 mm; a = 100 mm; b = 50 mm;
n = 25 furos n; p = ?

$$p = \frac{l-(a+b)}{n-1} = \frac{1950 \text{ mm} - 150 \text{ mm}}{25-1} = 75 \text{ mm}$$

Espaçamento

$$p = \frac{l-(a+b)}{n-1}$$

Corte em peças

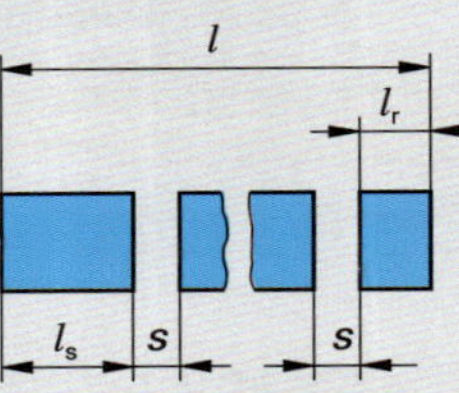

l comprimento barra
z número de peças
l_s comprimento da peça
s largura corte de serra
l_r comprimento restante

Exemplo:

l = 6 mm; l_s = 230 mm; s = 1,2 mm; z = ?; l_R = ?

$$z = \frac{l}{l_s + s} = \frac{6000 \text{ mm}}{230 \text{ mm} + 1{,}2 \text{ mm}} = 25{,}95 = 25 \text{ Teile}$$

$$l_r = l - z \cdot (l_s + s) = 6000 \text{ mm} - 25 \cdot (230 \text{ mm} + 1{,}2 \text{ mm}) = 220 \text{ mm}$$

Número de peças

$$z = \frac{l}{l_s + s}$$

Comprimento remanescente:

$$l_r = l - z \cdot (l_s + s)$$

Comprimento de arco

Exemplo: Mola de torção

l_B comprimento do arco
r raio
α ângulo no centro
d diâmetro

Exemplo:

r = 36 mm; α = 120°; l_B = ?

$$l_B = \frac{\pi \cdot r \cdot \alpha}{180°} = \frac{\pi \cdot 36 \text{ mm} \cdot 120°}{180°} = 75{,}36 \text{ mm}$$

Comprimento de arco

$$l_B = \frac{\pi \cdot r \cdot \alpha}{180°}$$

$$l_B = \frac{\pi \cdot d \cdot \alpha}{360°}$$

Comprimento composto

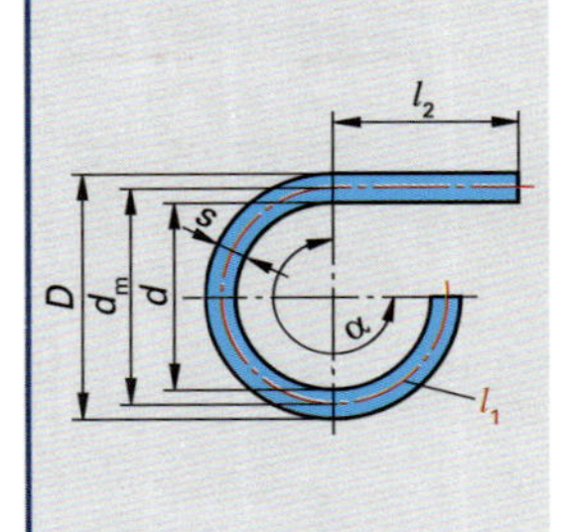

D diâmetro externo
d_m diâmetro médio
l_1, l_2 comprimentos dos segmentos
d diâmetro interno
s espessura
L comprimento composto
α ângulo no centro

Exemplo: Mola de torção

D = 360 mm; s = 5 mm; α = 270°; l_2 = 70 mm;
d_m = ?; L = ?

$$d_m = D - s = 360 \text{ mm} - 5 \text{ mm} = 355 \text{ mm}$$

$$L = l_1 + l_2 = \frac{\pi \cdot d_m \cdot \alpha}{360°} + l_2$$

$$= \frac{\pi \cdot 355 \text{ mm} \cdot 270°}{360°} + 70 \text{ mm} = 906{,}45 \text{ mm}$$

Comprimento composto

$$L = l_1 + l_2 + \ldots$$

Comprimento efetivo, Comprimento do arame da mola, Comprimento bruto

Comprimentos efetivos

Anel circular

Setor do anel circular

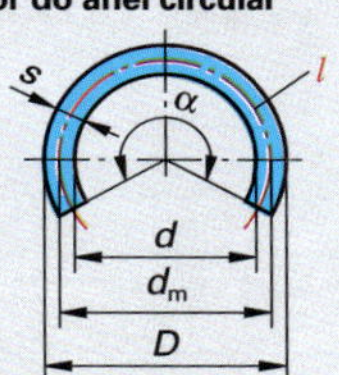

D	diâmetro externo
d	diâmetro interno
d_m	diâmetro médio
s	espessura
l	comprimento efetivo
α	ângulo no centro

Exemplo:

$D = 36$ mm; $s = 4$ mm; $\alpha = 240°$; $d_m = ?$; $l = ?$

$d_m = D - s = 36\text{ mm} - 4\text{ mm} = 32\text{ mm}$

$$l = \frac{\pi \cdot d_m \cdot \alpha}{360°} = \frac{\pi \cdot 32\text{ mm} \cdot 240°}{360°} = \mathbf{67{,}02\ mm}$$

Comprimento efetivo de um anel circular

$$l = \pi \cdot d_m$$

Comprimento efetivo de um setor do anel circular

$$l = \frac{\pi \cdot d_m \cdot \alpha}{360°}$$

Diâmetro médio

$$d_m = D - s$$

$$d_m = d + s$$

Comprimento do arame da mola

Exemplo: Mola de compressão

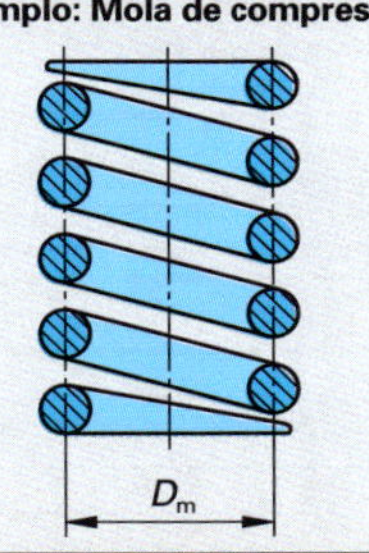

l	comprimento efetivo da espiral
d_m	diâmetro médio da espira
i	número de espiras ativas

Exemplo:

$D_m = 16$ mm; $i = 8{,}5$; $l = ?$

$l = \pi \cdot D_m \cdot i + 2 \cdot \pi \cdot D_m$

$= \pi \cdot 16\text{ mm} \cdot 8{,}5 + 2 \cdot \pi \cdot 16\text{ mm} = \mathbf{528\ mm}$

Comprimento efetivo da espiral

$$l = \pi \cdot D_m \cdot i + 2 \cdot \pi \cdot D_m$$

$$l = \pi \cdot D_m \cdot (i + 2)$$

Comprimento bruto de peças forjadas e peças prensadas

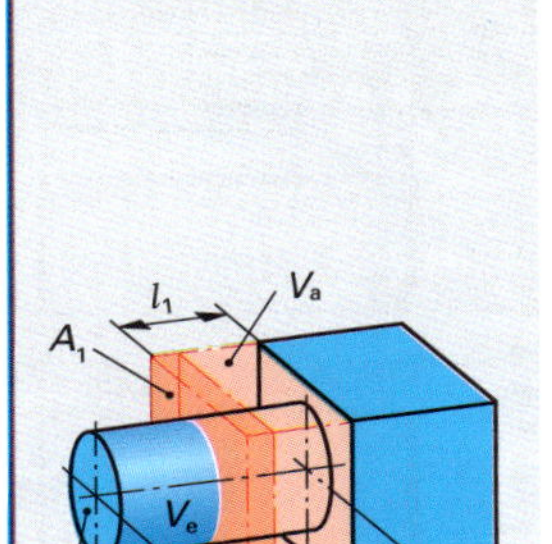

Na conformação sem perda, o volume da peça bruta é igual ao volume da peça acabada. Se houver perda (cavacos) ou formação de rebarbas, o volume inicial terá de ser tanto maior.

V_a	Volume da peça bruta
V_e	Volume da peça acabada
q	Fator de perda
A_1	Área da seção transversal da peça bruta
A_2	Área da seção transversal da peça acabada
l_1	Comprimento da peça bruta com adição para perdas
l_2	Comprimento da peça forjada

Exemplo:

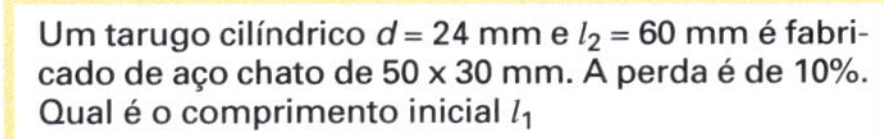
Um tarugo cilíndrico $d = 24$ mm e $l_2 = 60$ mm é fabricado de aço chato de 50 x 30 mm. A perda é de 10%. Qual é o comprimento inicial l_1

$$V_a = V_e \cdot (1 + q)$$

$$A_1 \cdot l_1 = A_2 \cdot l_2 \cdot (1 + q)$$

$$l_1 = \frac{A_2 \cdot l_2 \cdot (1 + q)}{A_1} =$$

$$= \frac{\pi \cdot (24\text{ mm})^2 \cdot 60\text{ mm} \cdot (1 + 0{,}1)}{4 \cdot 50\text{ mm} \cdot 30\text{ mm}} = \mathbf{20\ mm}$$

Volume sem perda

$$V_a = V_e$$

Volume com perda

$$V_a = V_e + q \cdot V_e$$

$$V_a = V_e \cdot (1 + q)$$

$$A_1 \cdot l_1 = A_2 \cdot l_2 \cdot (1 + q)$$

Áreas retangulares

Quadrado

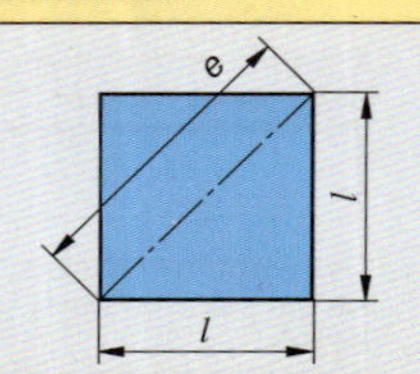

A área
l comprimento do lado
e comprimento da diagonal

Exemplo:

l = 14 mm; A = ?; e = ?

$\mathbf{A} = l^2 = (14\text{ mm})^2 = \mathbf{196\ mm^2}$

$\mathbf{e} = \sqrt{2} \cdot l = \sqrt{2} \cdot 14\text{ mm} = \mathbf{19{,}8\ mm}$

Área

$$A = l^2$$

Comprimento da diagonal

$$e = \sqrt{2} \cdot l$$

Losango

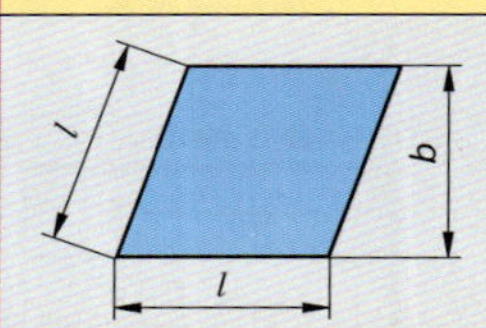

A área
l comprimento do lado
b largura

Exemplo:

l = 9 mm; b = 8,5 mm; A = ?

$\mathbf{A} = l \cdot b = 9\text{ mm} \cdot 8{,}5\text{ mm} = \mathbf{76{,}5\ mm^2}$

Área

$$A = l \cdot b$$

Retângulo

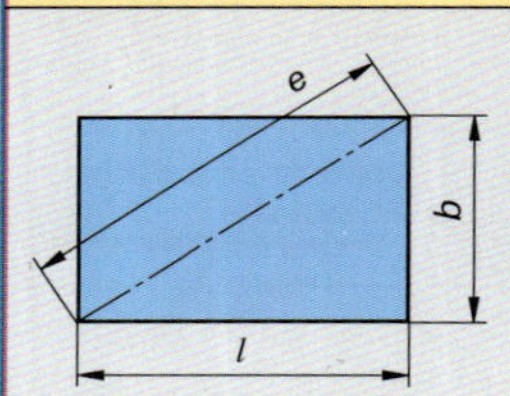

A área
l comprimento
b largura
e comprimento da diagonal

Exemplo:

l = 12 mm; b = 11 mm; A = ?; e = ?

$\mathbf{A} = l \cdot b = 12\text{ mm} \cdot 11\text{ mm} = \mathbf{132\ mm^2}$

$\mathbf{e} = \sqrt{l^2 + b^2} = \sqrt{(12\text{ mm})^2 + (11\text{ mm})^2} = \sqrt{265\text{ mm}^2}$
$= \mathbf{16{,}28\ mm}$

Área

$$A = l \cdot b$$

Comprimento da diagonal

$$e = \sqrt{l^2 + b^2}$$

Paralelogramo

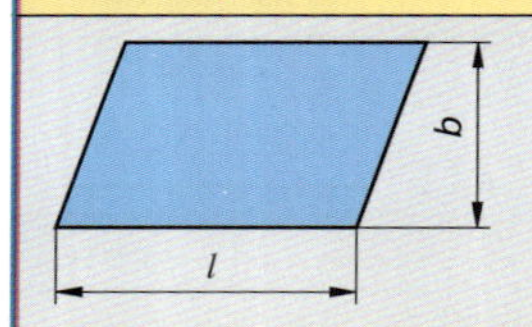

A área
l comprimento do lado
b largura

Exemplo:

l = 36 mm; b = 15 mm; A = ?

$\mathbf{A} = l \cdot b = 36\text{ mm} \cdot 15\text{ mm} = \mathbf{540\ mm^2}$

Área

$$A = l \cdot b$$

Trapézio

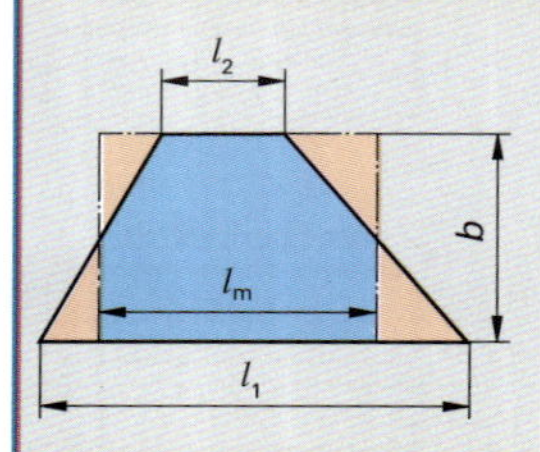

A área
l_1 comprimento maior
l_2 comprimento menor
l_m comprimento médio
b largura/altura

Exemplo:

l_1 = 23 mm; l_2 = 20 mm; b = 17 mm; A = ?

$\mathbf{A} = \frac{l_1 + l_2}{2} \cdot b = \frac{23\text{ mm} + 20\text{ mm}}{2} \cdot 17\text{ mm}$
$= \mathbf{365{,}5\ mm^2}$

Área

$$A = \frac{l_1 + l_2}{2} \cdot b$$

Comprimento médio

$$l_m = \frac{l_1 + l_2}{2}$$

Triângulo

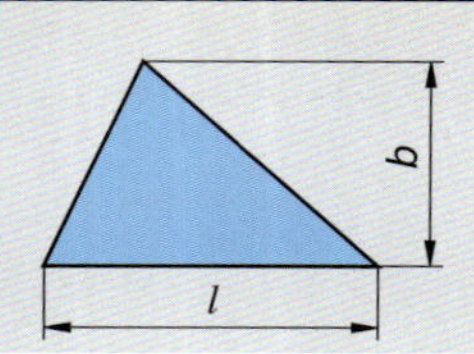

A área
l comprimento do lado
b largura/altura

Exemplo:

l_1 = 62 mm; b = 29 mm; A = ?

$\mathbf{A} = \frac{l_1 \cdot b}{2} = \frac{62\text{ mm} \cdot 29\text{ mm}}{2} = \mathbf{899\ mm^2}$

Área

$$A = \frac{l \cdot b}{2}$$

Triângulo, Polígono, Círculo

Triângulo eqüilátero

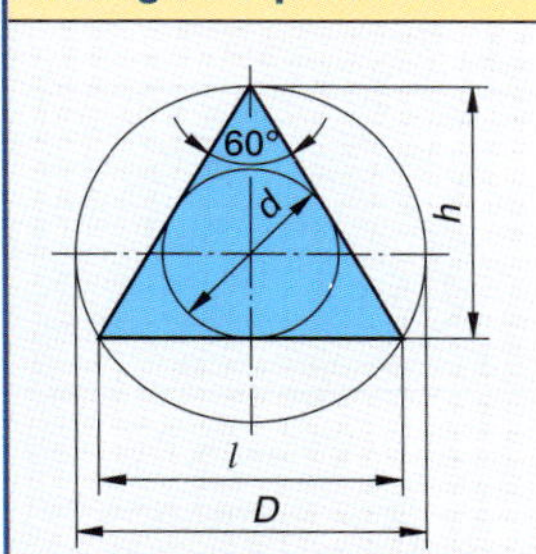

A área
d Diâmetro da circunferência inscrita
l comprimento do lado
h altura
D diâmetro da circunferência circunscrita

Exemplo:

l = 42 mm; A = ?; h = ?

$\mathbf{A} = \frac{1}{4} \cdot \sqrt{3} \cdot l^2 = \frac{1}{4} \cdot \sqrt{3} \cdot (42\ \text{mm})^2$

$= \mathbf{763{,}9\ mm^2}$

Diâmetro da cincunferência circunscrita

$$D = \frac{2}{3} \cdot \sqrt{3} \cdot l = 2 \cdot d$$

Área

$$A = \frac{1}{4} \cdot \sqrt{3} \cdot l^2$$

Diâmetro da cincunferência inscrita

$$d = \frac{1}{3} \cdot \sqrt{3} \cdot l = \frac{D}{2}$$

Altura

$$h = \frac{1}{2} \cdot \sqrt{3} \cdot l$$

Polígonos regulares

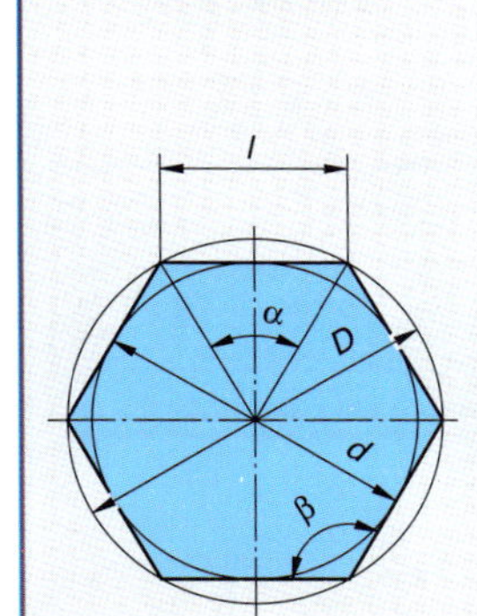

A área
l comprimento do lado
D diâmetro da circunferência circunscrita
d diâmetro da circunferência inscrita
n nº de vértices
α ângulo no centro
β ângulo nos vértices

Exemplo:

Hexágono com D = 80 mm; l = ?; d = ?; A = ?

$l = D \cdot \text{sen}\left(\frac{180°}{n}\right) = 80\ \text{mm} \cdot \text{sen}\left(\frac{180°}{6}\right) = \mathbf{40\ mm}$

$\mathbf{d} = \sqrt{D^2 - l^2} = \sqrt{6400\ \text{mm}^2 - 1600\ \text{mm}^2} = \mathbf{69{,}282\ mm}$

$\mathbf{A} = \frac{n \cdot l \cdot d}{4} = \frac{6 \cdot 40\ \text{mm} \cdot 69{,}282\ \text{mm}}{4} = \mathbf{4156{,}92\ mm^2}$

Diâmetro da cincunferência inscrita

$$d = \sqrt{D^2 - l^2}$$

Área

$$A = \frac{n \cdot l \cdot d}{4}$$

Diâmetro da cincunferência circunscrita

$$D = \sqrt{d^2 + l^2}$$

Comprimento do lado

$$l = D \cdot \text{sen}\left(\frac{180°}{n}\right)$$

Ângulo no centro

$$\alpha = \frac{360°}{n}$$

Ângulo nos vértices

$$\beta = 180° - \alpha$$

Cálculo de polígono regular usando valores de tabela

Nº de vértices n	Área A ≈			Diâmetro da cincunferência circunscrita D ≈		Diâmetro da cincunferência inscrita d ≈		Comprimento do lado l ≈	
3	$0{,}325 \cdot D^2$	$1{,}299 \cdot d^2$	$0{,}433 \cdot l^2$	$1{,}154 \cdot l$	$2{,}000 \cdot d$	$0{,}578 \cdot l$	$0{,}500 \cdot D$	$0{,}867 \cdot D$	$1{,}732 \cdot d$
4	$0{,}500 \cdot D^2$	$1{,}000 \cdot d^2$	$1{,}000 \cdot l^2$	$1{,}414 \cdot l$	$1{,}414 \cdot d$	$1{,}000 \cdot l$	$0{,}707 \cdot D$	$0{,}707 \cdot D$	$1{,}000 \cdot d$
5	$0{,}595 \cdot D^2$	$0{,}908 \cdot d^2$	$1{,}721 \cdot l^2$	$1{,}702 \cdot l$	$1{,}236 \cdot d$	$1{,}376 \cdot l$	$0{,}809 \cdot D$	$0{,}588 \cdot D$	$0{,}727 \cdot d$
6	$0{,}649 \cdot D^2$	$0{,}866 \cdot d^2$	$2{,}598 \cdot l^2$	$2{,}000 \cdot l$	$1{,}155 \cdot d$	$1{,}732 \cdot l$	$0{,}866 \cdot D$	$0{,}500 \cdot D$	$0{,}577 \cdot d$
8	$0{,}707 \cdot D^2$	$0{,}829 \cdot d^2$	$4{,}828 \cdot l^2$	$2{,}614 \cdot l$	$1{,}082 \cdot d$	$2{,}414 \cdot l$	$0{,}924 \cdot D$	$0{,}383 \cdot D$	$0{,}414 \cdot d$
10	$0{,}735 \cdot D^2$	$0{,}812 \cdot d^2$	$7{,}694 \cdot l^2$	$3{,}236 \cdot l$	$1{,}052 \cdot d$	$3{,}078 \cdot l$	$0{,}951 \cdot D$	$0{,}309 \cdot D$	$0{,}325 \cdot d$
12	$0{,}750 \cdot D^2$	$0{,}804 \cdot d^2$	$11{,}196 \cdot l^2$	$3{,}864 \cdot l$	$1{,}035 \cdot d$	$3{,}732 \cdot l$	$0{,}966 \cdot D$	$0{,}259 \cdot D$	$0{,}268 \cdot d$

Exemplo: Octógono com l = 20 mm A = ? D = ?

$\mathbf{A} \approx 4{,}828 \cdot l^2 = 4{,}828 \cdot (20\ \text{mm})^2 = \mathbf{1931{,}2\ mm^2}$; $D \approx 2{,}614 \cdot l = 2{,}614 \cdot 20\ \text{mm} = \mathbf{52{,}28\ mm}$

Círculo

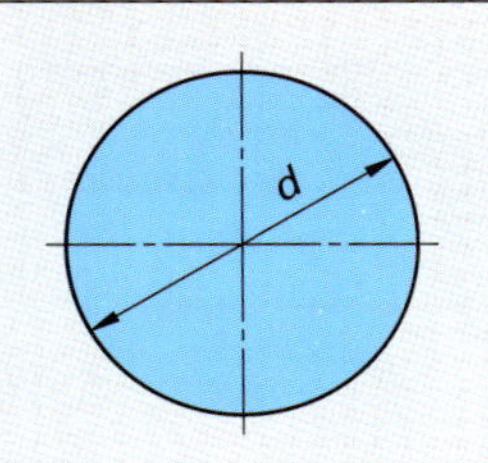

A área
D diâmetro
C circunferência

Exemplo:

d = 60 mm; A = ?; U = ?

$\mathbf{A} = \frac{\pi \cdot d^2}{4} = \frac{\pi \cdot (60\ \text{mm})^2}{4} = \mathbf{2827\ mm^2}$

$\mathbf{U} = \pi \cdot d = \pi \cdot 60\ \text{mm} = \mathbf{188{,}5\ mm}$

Área

$$A = \frac{\pi \cdot d^2}{4}$$

Circunferência

$$U = \pi \cdot d$$

Setor circular, Segmento Circular, Anel circular

Setor circular

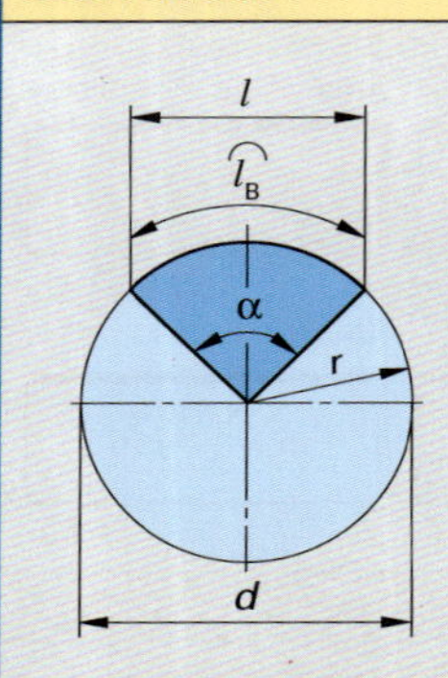

A área
d diâmetro
l_B comprimento do arco
l comprimento da corda
r raio
α ângulo no centro

Exemplo:

d = 48 mm; α = 110°; l_B = ?; A = ?

$$l_B = \frac{\pi \cdot r \cdot \alpha}{180°} = \frac{\pi \cdot 24\text{ mm} \cdot 110°}{180°} = \mathbf{46{,}1\ mm}$$

$$A = \frac{l_B \cdot r}{2} = \frac{46{,}1\text{ mm} \cdot 24\text{ mm}}{2} = \mathbf{553\ mm^2}$$

Área

$$A = \frac{\pi \cdot d^2}{4} \cdot \frac{\alpha}{360°}$$

$$A = \frac{l_B \cdot r}{2}$$

Comprimento da corda

$$l = 2 \cdot r \cdot \text{sen}\frac{\alpha}{2}$$

Comprimento do arco

$$l_B = \frac{\pi \cdot r \cdot \alpha}{180°}$$

Segmento circular

Segmento circular com α < 180°

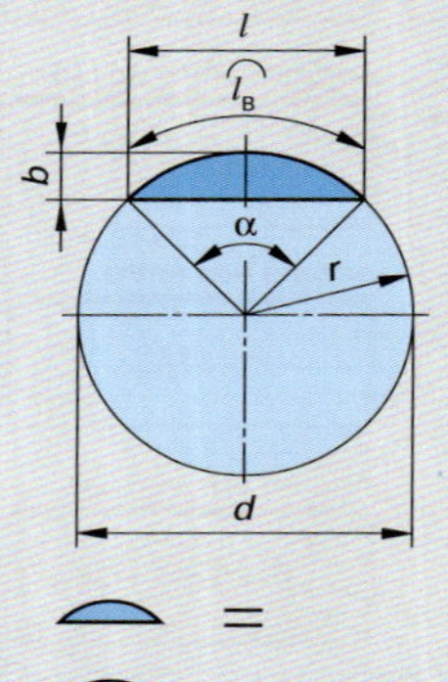

=

−

Segmento circular com α > 180°

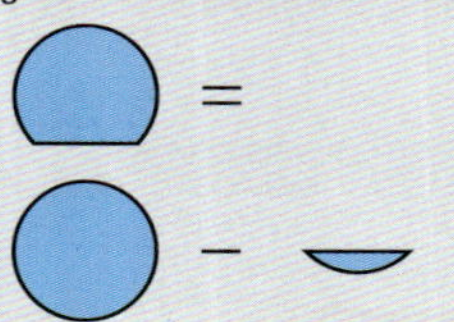

=

−

A área
d diâmetro
l_B comprimento do arco
l comprimento da corda
b largura do segmento
r raio
α ângulo no centro

Exemplo:

b = 15,1 mm; l = 52 mm; l_B = 62,83 mm;
r = ?; A = ?

$$\boldsymbol{r} = \frac{b}{2} + \frac{l^2}{8 \cdot b}$$

$$= \frac{15{,}1\text{ mm}}{2} + \frac{(52\text{ mm})^2}{8 \cdot 15{,}1\text{ mm}}$$

$$= 29{,}93\text{ mm} = \mathbf{30\ mm}$$

$$\boldsymbol{A} = \frac{l_B \cdot r - l \cdot (r - b)}{2}$$

$$= \frac{(62{,}83 \cdot 30)\text{ mm}^2 - 52 \cdot (30 - 15{,}1)\text{ mm}^2}{2}$$

$$= \mathbf{555{,}1\ mm^2}$$

Área

$$A = \frac{\pi \cdot d^2}{4} \cdot \frac{\alpha}{360°} - \frac{l \cdot (r - b)}{2}$$

$$A = \frac{l_B \cdot r - l \cdot (r - b)}{2}$$

Comprimento da corda

$$l = 2 \cdot r \cdot \text{sen}\frac{\alpha}{2}$$

$$l = 2 \cdot \sqrt{b \cdot (2 \cdot r - b)}$$

Comprimento do arco

$$b = \frac{l}{2} \cdot \tan\frac{\alpha}{4}$$

$$b = r - \sqrt{r^2 - \frac{l^2}{4}}$$

Área

$$l_B = \frac{\pi \cdot r \cdot \alpha}{180°}$$

Raio

$$r = \frac{b}{2} + \frac{l^2}{8 \cdot b}$$

Anel circular

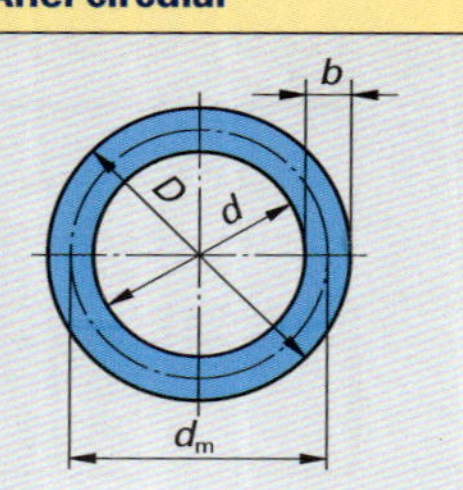

A área
D diâmetro externo
d diâmetro interno
d_m diâmetro médio
b largura

Exemplo:

D = 160 mm; d = 125 mm; A = ?

$$\boldsymbol{A} = \frac{\pi}{4} \cdot (D^2 - d^2)$$

$$= \frac{\pi}{4} \cdot (160^2\text{ mm}^2 - 125^2\text{ mm}^2) = \mathbf{7834\ mm^2}$$

Área

$$A = \pi \cdot d_m \cdot b$$

$$A = \frac{\pi}{4} \cdot (D^2 - d^2)$$

Cubo, Prisma, Cilindro, Cilindro Oco, Pirâmide

Cubo

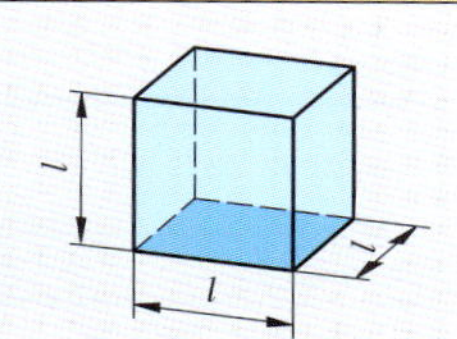

V volume
A_s área da superfície
l comprimento do lado

Exemplo:

l = 20 mm; V = ?; A_O = ?

$V = l^3 = (20\ \text{mm})^3 = \mathbf{8000\ mm^3}$

$A_O = 6 \cdot l^2 = 6 \cdot (20\ \text{mm})^2 = \mathbf{2400\ mm^2}$

Volume

$$V = l^3$$

Área da superfície

$$A_O = 6 \cdot l^2$$

Prisma

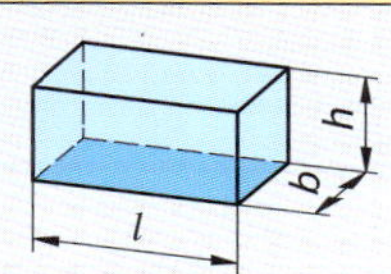

V volume
A_O área da superfície
l comprimento do lado
h altura
b largura

Exemplo:

l = 6 cm; b = 3 cm; h = 2 cm; V = ?

$V = l \cdot b \cdot h = 6\ \text{cm} \cdot 3\ \text{cm} \cdot 2\ \text{cm} = \mathbf{36\ cm^3}$

Volume

$$V = l \cdot b \cdot h$$

Área da superfície

$$A_O = 2 \cdot (l \cdot b + l \cdot h + b \cdot h)$$

Cilindro

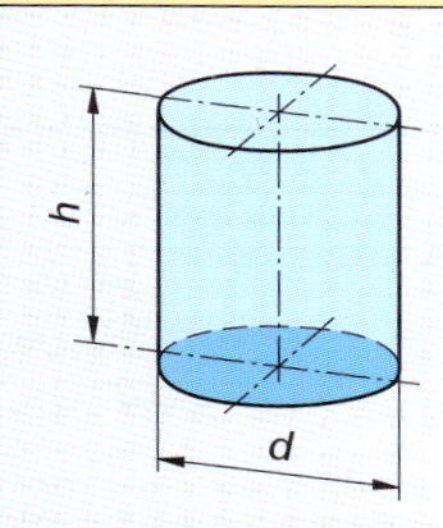

V volume
A_O área da superfície
A_M área da superfície lateral
d diâmetro
h altura

Exemplo:

d = 14 mm; h = 25 mm; V = ?

$V = \frac{\pi \cdot d^2}{4} \cdot h$

$= \frac{\pi \cdot (14\ \text{mm})^2}{4} \cdot 25\ \text{mm}$

$= \mathbf{3848\ mm^3}$

Volume

$$V = \frac{\pi \cdot d^2}{4} \cdot h$$

Área da superfície

$$A_O = \pi \cdot d \cdot h + 2 \cdot \frac{\pi \cdot d^2}{4}$$

Área da superfície lateral

$$A_M = \pi \cdot d \cdot h$$

Cilindro oco

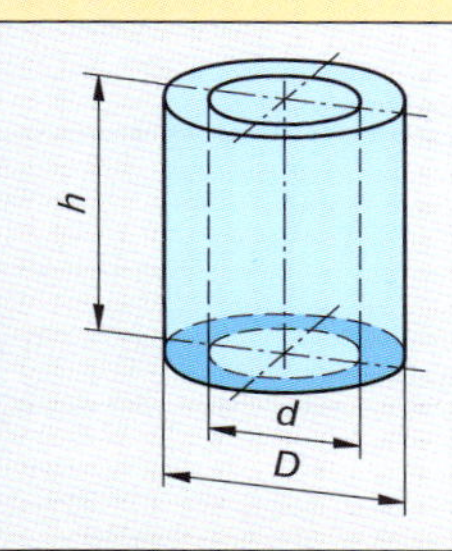

V volume
A_O área da superfície
D, d diâmetro
h altura

Exemplo:

D = 42 mm; d = 20 mm; h = 80 mm; V = ?

$V = \frac{\pi \cdot h}{4} \cdot (D^2 - d^2)$

$= \frac{\pi \cdot 80\ \text{mm}}{4} \cdot (42^2\ \text{mm}^2 - 20^2\ \text{mm}^2)$

$= \mathbf{85\,703\ mm^3}$

Volume

$$V = \frac{\pi \cdot h}{4} \cdot (D^2 - d^2)$$

Área da superfície

$$A_O = \pi \cdot (D + d) \cdot \left[\frac{1}{2} \cdot (D - d) + h\right]$$

Pirâmide

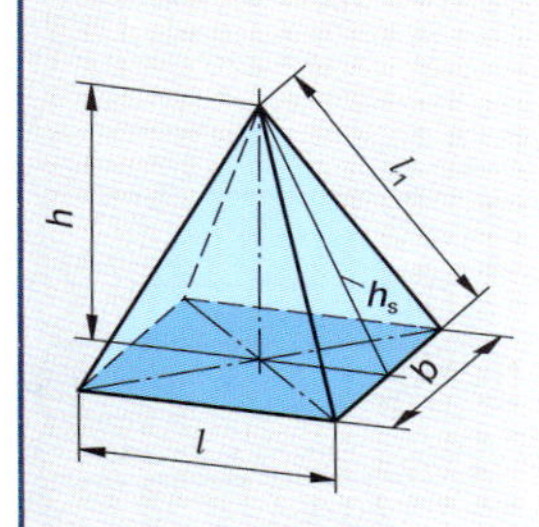

V volume
h altura
h_s apótema
l comprimento da base
l_1 comprimento da aresta
b largura da base

Exemplo:

l = 16 mm; b = 21 mm; h = 45 mm; V = ?

$V = \frac{l \cdot b \cdot h}{3} = \frac{16\ \text{mm} \cdot 21\ \text{mm} \cdot 45\ \text{mm}}{3}$

$= \mathbf{5040\ mm^3}$

Volume

$$V = \frac{l \cdot b \cdot h}{3}$$

Comprimento da aresta

$$l_1 = \sqrt{h_s^2 + \frac{b^2}{4}}$$

Apótema

$$h_s = \sqrt{h^2 + \frac{l^2}{4}}$$

Pirâmide truncada, Cone, Cone Truncado, Esfera, Segmento esférico

Pirâmide truncada

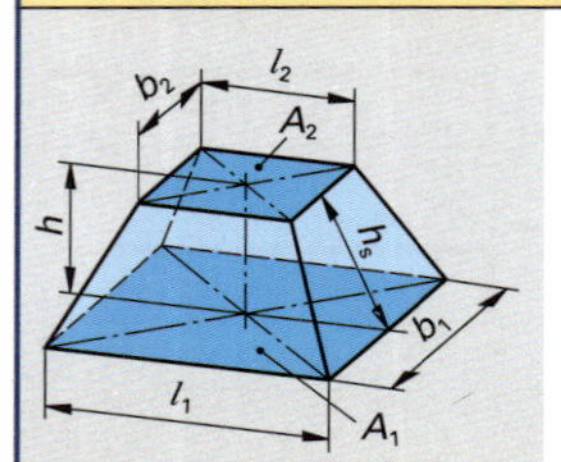

V volume A_1 área da base
h_s apótema l_1, l_2 *comprimentos dos lados*
A_2 área do topo h altura b_1, b_2 larguras

Exemplo:

$l_1 = 40$ mm; $l_2 = 22$ mm; $b_1 = 28$ mm;
$b_2 = 15$ mm; $h = 50$ mm; $V = ?$

$$\boldsymbol{V} = \frac{h}{3} \cdot (A_1 + A_2 + \sqrt{A_1 \cdot A_2})$$

$$= \frac{50\,\text{mm}}{3} \cdot (1120 + 330 + \sqrt{1120 \cdot 330})\,\text{mm}^3$$

$$= \mathbf{34\,299\ mm^3}$$

Volume

$$V = \frac{h}{3} \cdot (A_1 + A_2 + \sqrt{A_1 \cdot A_2})$$

Apótema

$$h_s = \sqrt{h^2 + \left(\frac{l_1 - l_2}{2}\right)^2}$$

Cone

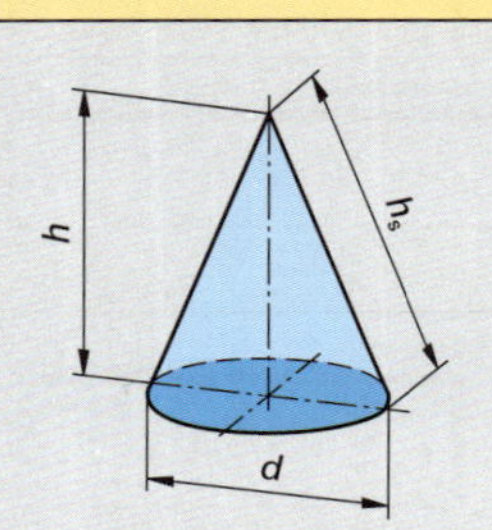

V *volume* h altura
A_M área da superfície latera h_s apótema
d diâmetro

Exemplo:

$d = 52$ mm; $h = 110$ mm; $V = ?$

$$\boldsymbol{V} = \frac{\pi \cdot d^2}{4} \cdot \frac{h}{3}$$

$$= \frac{\pi \cdot (52\,\text{mm})^2}{4} \cdot \frac{110\,\text{mm}}{3}$$

$$= \mathbf{77\,870\ mm^3}$$

Volume

$$V = \frac{\pi \cdot d^2}{4} \cdot \frac{h}{3}$$

Área da superfície lateral

$$A_M = \frac{\pi \cdot d \cdot h_s}{2}$$

Apótema

$$h_s = \sqrt{\frac{d^2}{4} + h^2}$$

Cone truncado

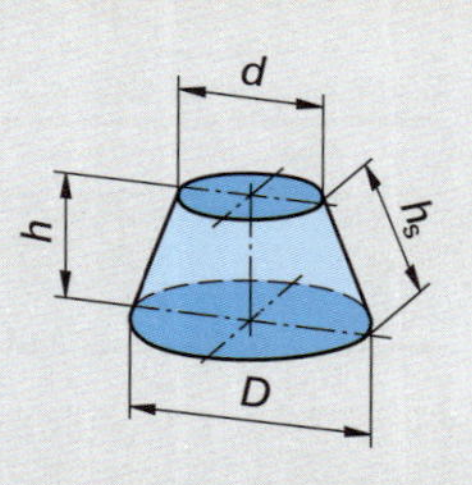

V volume d diâmetro do topo
A_M área da superfície lateral h altura
d diâmetro da base h_s *apótema*

Exemplo:

$D = 100$ mm; $d = 62$ mm; $h = 80$ mm; $V = ?$

$$\boldsymbol{V} = \frac{\pi \cdot h}{12} \cdot (D^2 + d^2 + D \cdot d)$$

$$= \frac{\pi \cdot 80\,\text{mm}}{12} \cdot (100^2 + 62^2 + 100 \cdot 62)\,\text{mm}^2$$

$$= \mathbf{419\,800\ mm^3}$$

Volume

$$V = \frac{\pi \cdot h}{12} \cdot (D^2 + d^2 + D \cdot d)$$

Área da superfície lateral

$$A_M = \frac{\pi \cdot h_s}{2} \cdot (D + d)$$

Apótema

$$h_s = \sqrt{h^2 + \left(\frac{D - d}{2}\right)^2}$$

Esfera

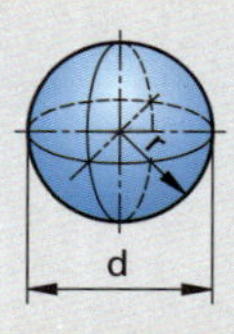

V volume d diâmetro da esfera
A_O área da superfície

Exemplo:

$d = 9$ mm; $V = ?$

$$\boldsymbol{V} = \frac{\pi \cdot d^3}{6} \cdot \frac{\pi \cdot (9\,\text{mm})^3}{6} = \mathbf{382\ mm^3}$$

Volume

$$V = \frac{\pi \cdot d^3}{6}$$

Área da superfície

$$A_O = \pi \cdot d^2$$

Segmento esférico

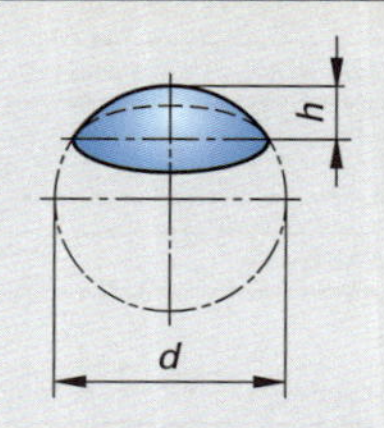

V volume d diâmetro da esfera
A_M área da superfície lateral h altura
A_O área da superfície

Exemplo:

$d = 8$ mm; $h = 6$ mm; $V = ?$

$$\boldsymbol{V} = \pi \cdot h^2 \cdot \left(\frac{d}{2} - \frac{h}{3}\right)$$

$$= \pi \cdot 6^2\ \text{mm}^2 \cdot \left(\frac{8\text{mm}}{2} - \frac{6\text{mm}}{3}\right)$$

$$= \mathbf{226\ mm^3}$$

Volume

$$V = \pi \cdot h^2 \cdot \left(\frac{d}{2} - \frac{h}{3}\right)$$

Área da superfície

$$A_O = \pi \cdot h \cdot (2 \cdot d - h)$$

Área da superfície lateral

$$A_M = \pi \cdot d \cdot h$$

Volume de sólidos compostos, Cálculo da massa

Volume de sólidos compostos

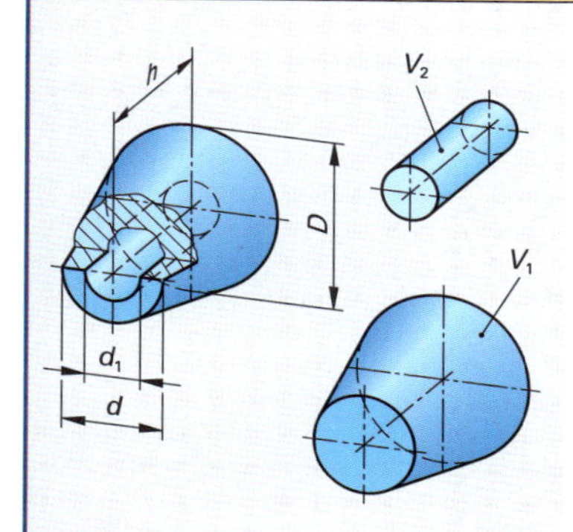

V volume total

V_1, V_2 volumes parciais

Volume total

$$V = V_1 + V_2 + \ldots - V_3 - V_4$$

Exemplo:

Manga cônica; $D = 42$ mm; $d = 26$ mm; $d_1 = 16$ mm; $h = 45$ mm; $V = ?$

$$V_1 = \frac{\pi \cdot h}{12} \cdot (D^2 + d^2 + D \cdot d)$$

$$= \frac{\pi \cdot 45\ \text{mm}}{12} \cdot (42^2 + 26^2 + 42 \cdot 26)\ \text{mm}^2$$

$$= 41\,610\ \text{mm}^3$$

$$V_2 = \frac{\pi \cdot d_1^2}{4} \cdot h = \frac{\pi \cdot 16^2\ \text{mm}^2}{4} \cdot 45\ \text{mm} = 9048\ \text{mm}^3$$

$$\mathbf{V} = V_1 - V_2 = 41\,610\ \text{mm}^3 - 9048\ \text{mm}^3 = \mathbf{32\,562\ mm^3}$$

Cálculo da massa

Massa, geral

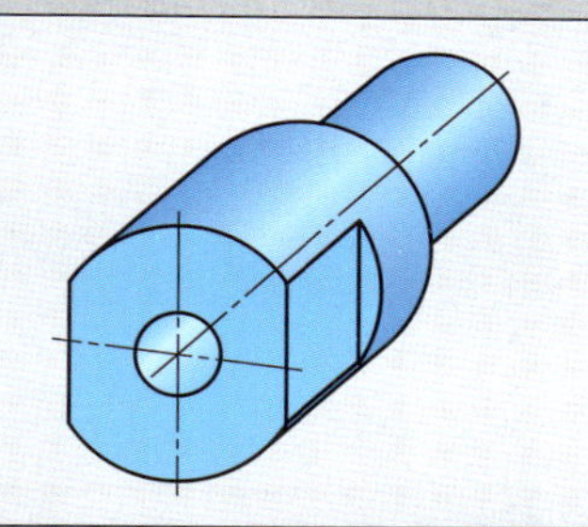

m massa

V volume

ϱ densidade

Massa

$$m = V \cdot \varrho$$

Valores para densidade de sólidos, líquidos e gases: páginas 116 e 117.

Exemplo:

Peça de alumínio:
$V = 6{,}4\ \text{dm}^3$; $\varrho = 2{,}7\ \text{kg/dm}^3$; $m = ?$

$$\mathbf{m} = V \cdot \varrho = 6{,}4\ \text{dm}^3 \cdot 2{,}7\ \frac{\text{kg}}{\text{dm}^3}$$

$$= \mathbf{17{,}28\ kg}$$

Massa por unidade de comprimento

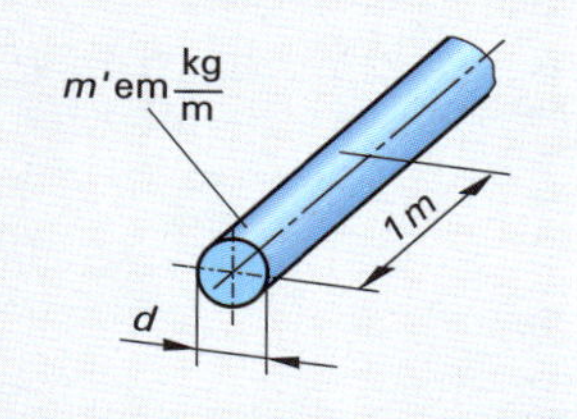

m massa

m' massa por unidade de comprimento

l comprimento

Massa

$$m = m' \cdot l$$

Aplicação: Cálculo da massa de seções de perfil, tubulações, arames etc., usando os valores de tabela para m'.

Exemplo:

Barra de aço com $d = 15$ mm;
$m' = 1{,}39$ kg/m; $l = 3{,}86$ m; $m = ?$

$$\mathbf{m} = m' \cdot l = 1{,}39\ \frac{\text{kg}}{\text{m}} \cdot 3{,}86\ \text{m}$$

$$= \mathbf{5{,}37\ kg}$$

Massa por unidade de área

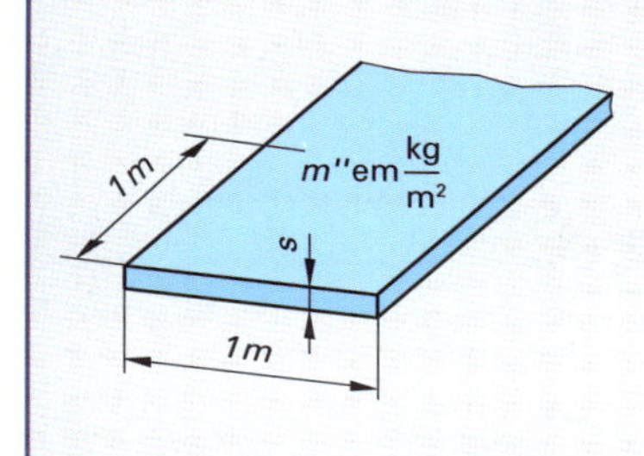

m massa

m'' massa por unidade de área

A área

s espessura

Massa

$$m = m'' \cdot A$$

Exemplo:

Chapa de aço
$s = 1{,}5$ mm; $m'' = 11{,}8\ \text{kg/m}^2$;
$A = 7{,}5\ \text{m}^2$; $m = ?$

$$\mathbf{m} = m'' \cdot A = 11{,}8\ \frac{\text{kg}}{\text{m}^2} \cdot 7{,}5\ \text{m}^2$$

$$= \mathbf{88{,}5\ kg}$$

Centroides de linhas e áreas planas

Centroides de linhas

l, l_1, l_2	comprimentos das linhas	C, C_1, C_2	centroides das linhas
x_c, x_1, x_2	distâncias horizontais dos centroides da linha a partir do eixo y		
y_c, y_1, y_2	distâncias verticais dos centroides da linha a partir do eixo x		

Segmento da linha

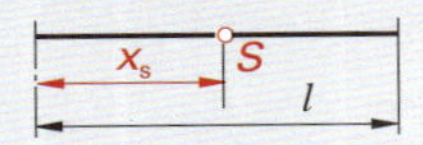

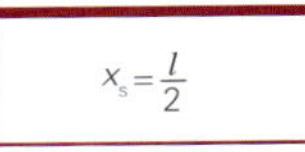

$$x_s = \frac{l}{2}$$

Arco circular

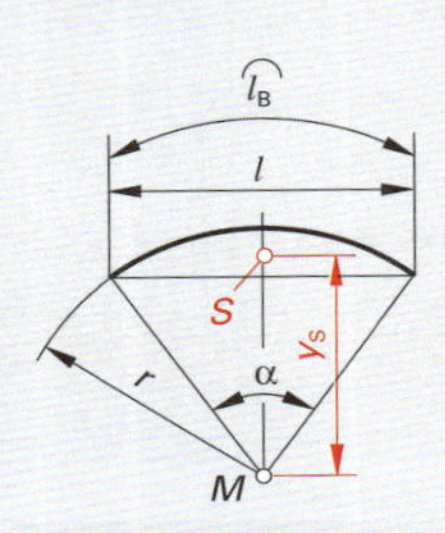

Cálculo de l e l_B: Página 28

Geral

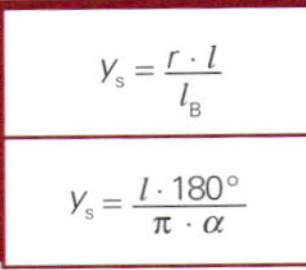

$$y_s = \frac{r \cdot l}{l_B}$$

$$y_s = \frac{l \cdot 180°}{\pi \cdot \alpha}$$

Semicircunferência

$$y_s \approx 0{,}6366 \cdot r$$

1/4 de circunferência

$$y_s \approx 0{,}9003 \cdot r$$

Linhas contínuas compostas

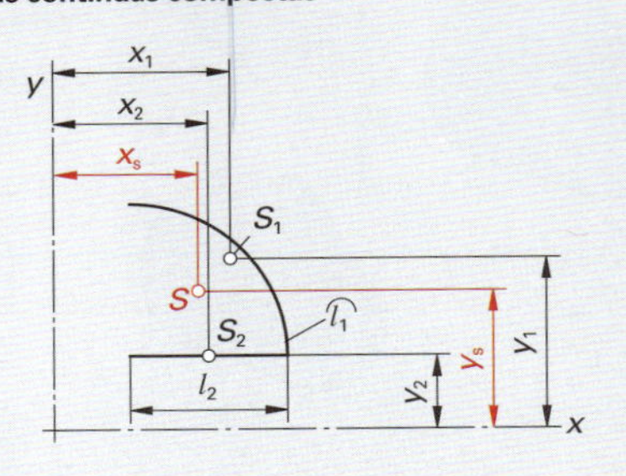

$$x_s = \frac{l_1 \cdot x_1 + l_2 \cdot x_2 + \ldots}{l_1 + l_2 + \ldots}$$

$$y_s = \frac{l_1 \cdot y_1 + l_2 \cdot y_2 + \ldots}{l_1 + l_2 + \ldots}$$

Centroides de áreas planas

A, A_1, A_2	áreas	S, S_1, S_2	centroides
x_s, x_1, x_2	distâncias horizontais entre o centroide e o eixo y		
y_c, y_1, y_2	distâncias verticais entre o centroide e o eixo x		

Retângulo

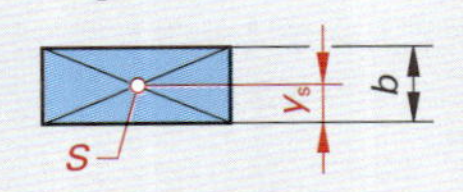

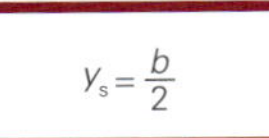

$$y_s = \frac{b}{2}$$

Triângulo

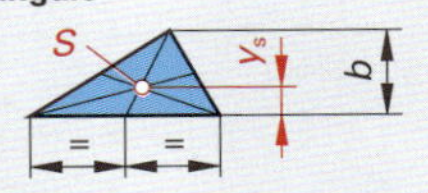

$$y_s = \frac{b}{3}$$

Setor circular

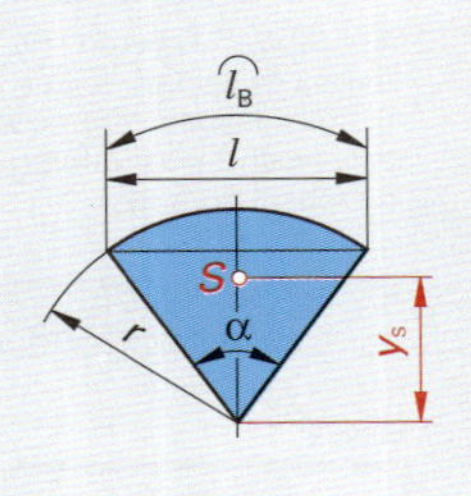

Geral

$$y_s = \frac{2 \cdot r \cdot l}{3 \cdot l_B}$$

Semicírculo

$$y_s \approx 0{,}4244 \cdot r$$

1/4 de círculo

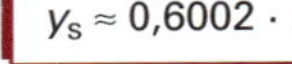

$$y_s \approx 0{,}6002 \cdot r$$

Áreas compostas

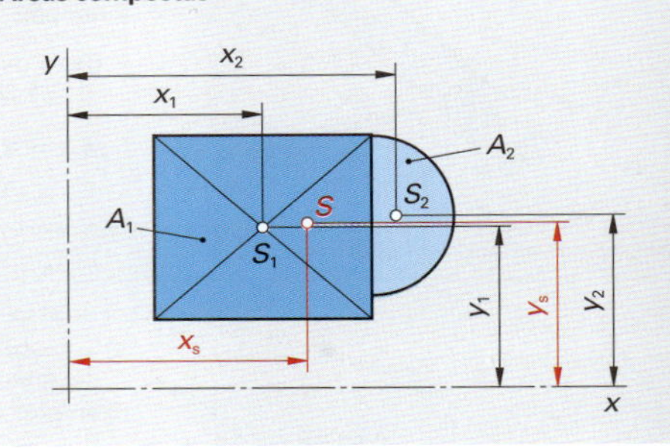

$$x_s = \frac{A_1 \cdot x_1 + A_2 \cdot x_2 + \ldots}{A_1 + A_2 + \ldots}$$

$$y_s = \frac{A_1 \cdot y_1 + A_2 \cdot y_2 + \ldots}{A_1 + A_2 + \ldots}$$

Segmento circular

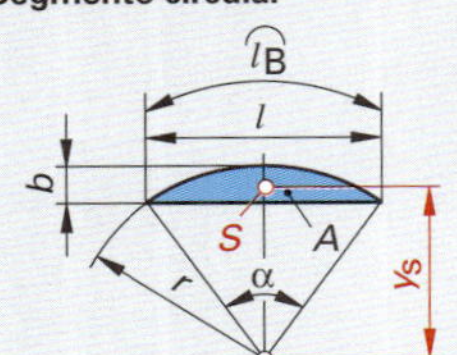

$$y_s = \frac{l^3}{12 \cdot A}$$

2 Física

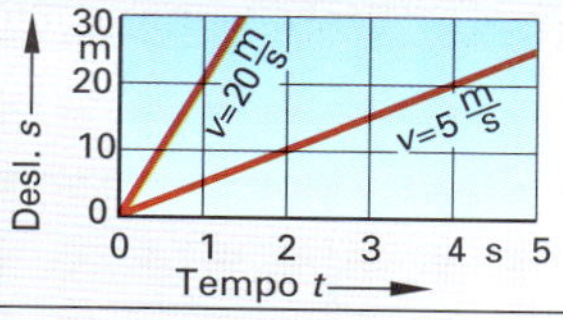

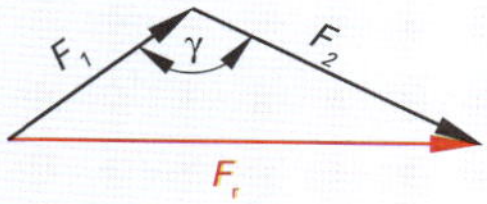

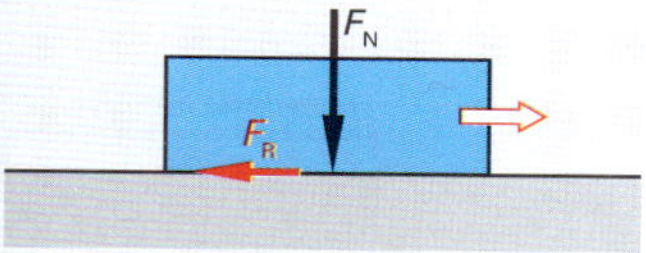

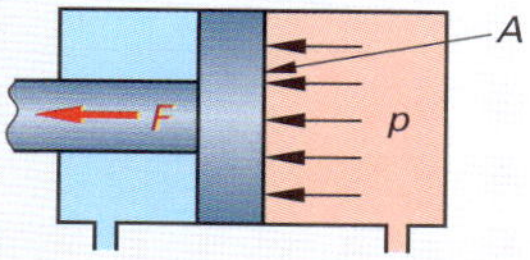

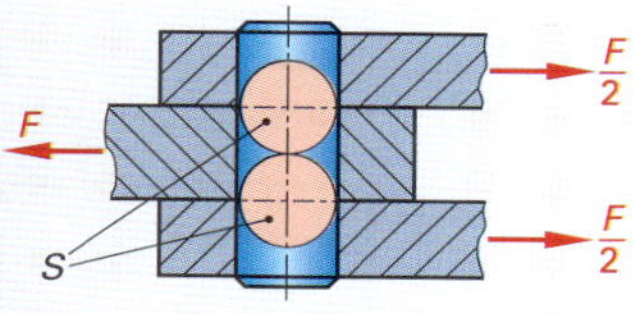

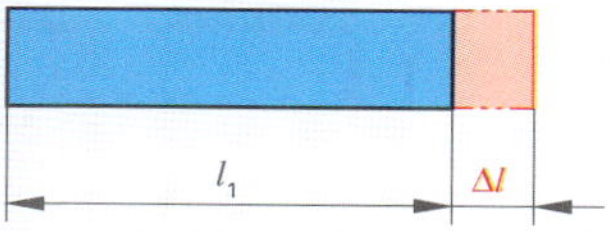

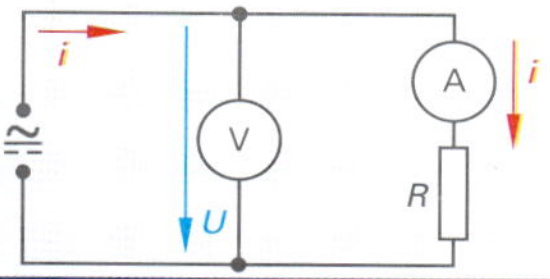

Movimento uniforme e movimento uniformemente acelerado

Movimento uniforme

Movimento linear

Diagrama de tempo de deslocamento

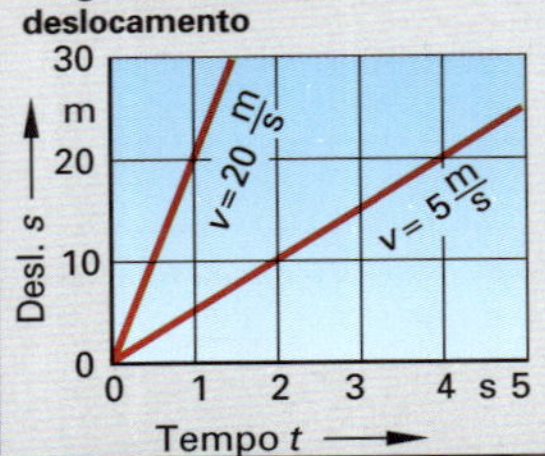

v velocidade
t tempo
s deslocamento/distância

Exemplo:

$v = 48$ km/h; $s = 12$ m; $t = ?$

Transformação: $48\,\frac{km}{h} = \frac{48000\,m}{3600\,s} = 13{,}33\,\frac{m}{s}$

$t = \frac{s}{v} = \frac{12\,m}{13{,}33\,m/s} = \mathbf{0{,}9\,s}$

Velocidade

$$v = \frac{s}{t}$$

$1\,\frac{m}{s} = 60\,\frac{m}{min} = 3{,}6\,\frac{km}{h}$

$1\,\frac{km}{h} = 16{,}667\,\frac{m}{min}$

$= 0{,}2778\,\frac{m}{s}$

Movimento circular

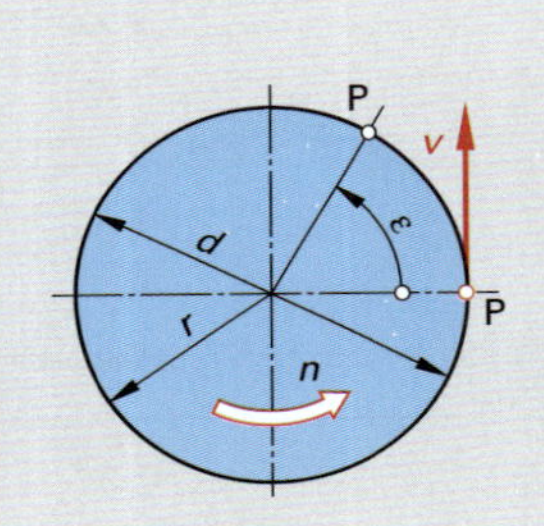

v velocidade circunferencial, velocidade de corte
t tempo
ω velocidade angular
n número de rotações
r raio
d diâmetro

Exemplo:

Polia, $d = 250$ mm; $n = 1400\,min^{-1}$; $v = ?$; $\omega = ?$

Transformação: $n = 1400\,min^{-1} = \frac{1400}{60\,s} = 23{,}33\,s^{-1}$

$v = \pi \cdot d \cdot n = \pi \cdot 0{,}25\,m \cdot 23{,}33\,s^{-1} = \mathbf{18{,}3\,\frac{m}{s}}$

$\omega = 2 \cdot \pi \cdot n = 2 \cdot \pi \cdot 23{,}33\,s^{-1} = \mathbf{146{,}6\,s^{-1}}$

Para velocidade de corte com movimento de corte circular, ver página 35.

Velocidade circunferencial

$$v = \pi \cdot d \cdot n$$

$$v = \omega \cdot r$$

Velocidade angular

$$\omega = 2 \cdot \pi \cdot n$$

$\frac{1}{min} = min^{-1} = \frac{1}{60\,s}$

Movimento uniformemente acelerado

Movimento acelerado linear

Diagrama velocidade – tempo

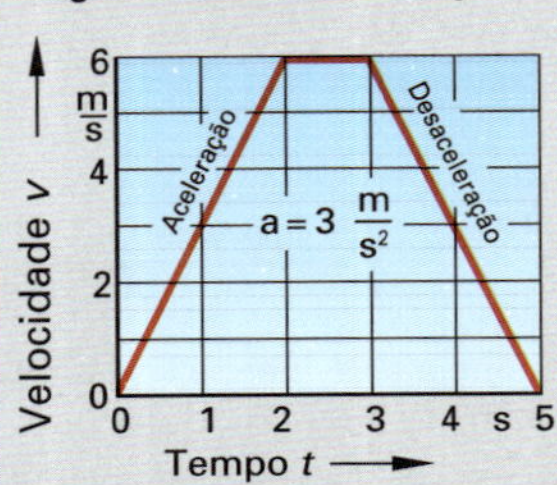

Diagrama deslocamento – tempo

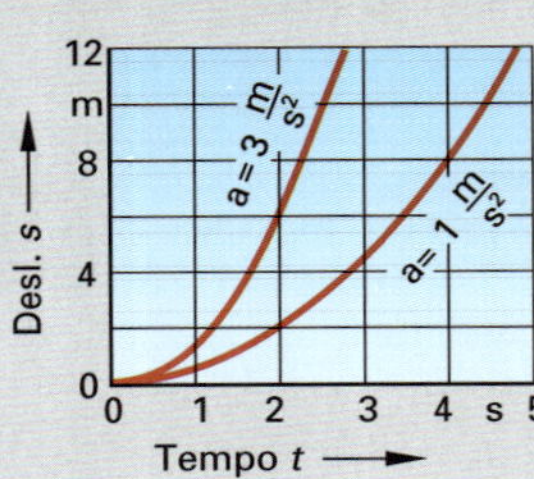

O aumento da velocidade por segundo é chamado de aceleração e uma diminuição de desaceleração. Queda livre é o movimento uniformemente acelerado no qual a aceleração gravitacional está agindo.

v velocidade final (com aceleração) ou velocidade inicial (com desaceleração)
s deslocamento
t tempo
a acelereção
g aceleração gravitacional

1º Exemplo:

Objeto, queda livre a partir de s = 3m; v =?

$a = g = 9{,}81\,\frac{m}{s^2}$

$v = \sqrt{2 \cdot a \cdot s} = \sqrt{2 \cdot 9{,}81\,m/s^2 \cdot 3\,m} = \mathbf{7{,}7\,\frac{m}{s}}$

2º Exemplo:

Veículo, v = 80 km/h; a = 7 m/s²
Distância de frenagem s = ?

Transformação: $v = 80\,\frac{km}{h} = \frac{80000\,m}{3600\,s} = 22{,}22\,\frac{m}{s}$

$v = \sqrt{2 \cdot a \cdot s}$

$s = \frac{v^2}{2 \cdot a} = \frac{(22{,}22\,m/s)^2}{2 \cdot 7\,m/s^2} = \mathbf{35{,}3\,m}$

O seguinte se aplica à aceleração a partir da posição de repouso ou à desaceleração para posição de repouso.

Velocidade final ou inicial

$$v = a \cdot t$$

$$v = \sqrt{2 \cdot a \cdot s}$$

Deslocamento com aceleração ou desaceleração

$$s = \frac{1}{2} \cdot v \cdot t$$

$$s = \frac{1}{2} \cdot a \cdot t^2$$

$$s = \frac{v^2}{2 \cdot a}$$

Velocidades em máquinas

Taxa de avanço

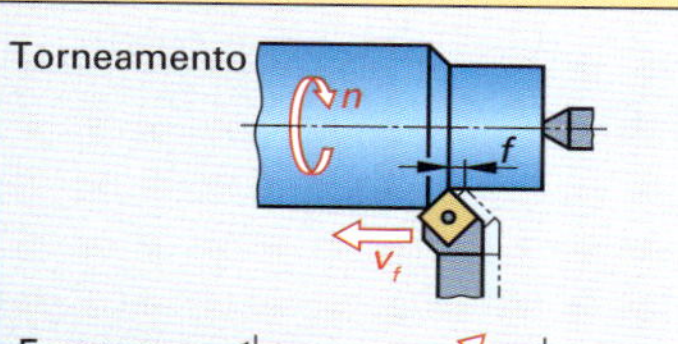

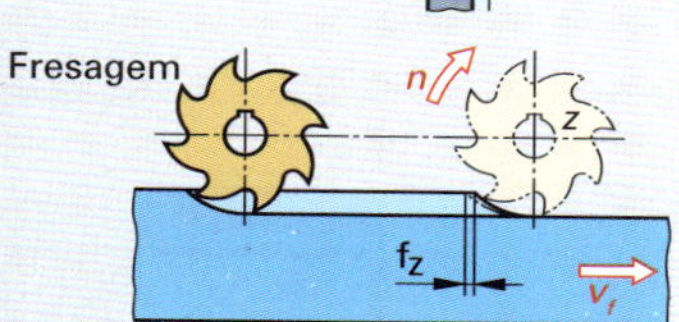

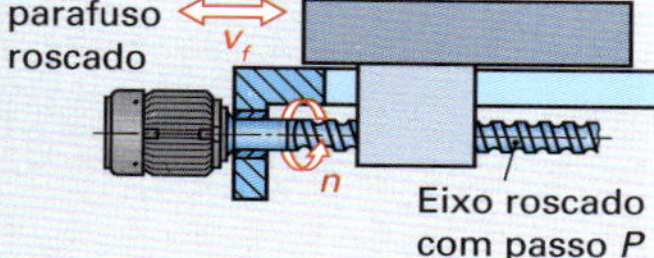

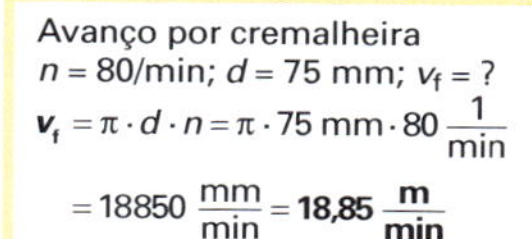

v_f velocidade de avanço
n número de rotações
f avanço
f_z avanço por corte
Z número de cortes ou número de dentes no pinhão/na engrenagem
P passo de rosca
p passo de cremalheira

1º Exemplo:

Fresa cilíndrica, $z = 8$; $f_z = 0{,}2$ mm; $n = 45/\text{min}$; $v_f = ?$

$$\mathbf{v_f} = n \cdot f_z \cdot z = 45\,\frac{1}{\text{min}} \cdot 0{,}2\ \text{mm} \cdot 8 = \mathbf{72\,\frac{mm}{min}}$$

2º Exemplo:

Avanço com eixo roscado, $P = 5$ mm; $n = 112/\text{min}$; $v_f = ?$

$$\mathbf{v_f} = n \cdot P = 112\,\frac{1}{\text{min}} \cdot 5\ \text{mm} = \mathbf{560\,\frac{mm}{min}}$$

3º Exemplo:

Avanço por cremalheira $n = 80/\text{min}$; $d = 75$ mm; $v_f = ?$

$$\mathbf{v_f} = \pi \cdot d \cdot n = \pi \cdot 75\ \text{mm} \cdot 80\,\frac{1}{\text{min}}$$

$$= 18850\,\frac{\text{mm}}{\text{min}} = \mathbf{18{,}85\,\frac{m}{min}}$$

Velocidade de avanço na perfuração, no torneamento

$$v_f = n \cdot f$$

Velocidade de avanço na fresagem

$$v_f = n \cdot f_z \cdot z$$

Velocidade de avanço com acionamento por parafuso roscado

$$v_f = n \cdot P$$

Velocidade de avanço da cremalheira

$$v_f = n \cdot z \cdot p$$

$$v_f = \pi \cdot d \cdot n$$

Velocidade de corte, velocidade circunferencial

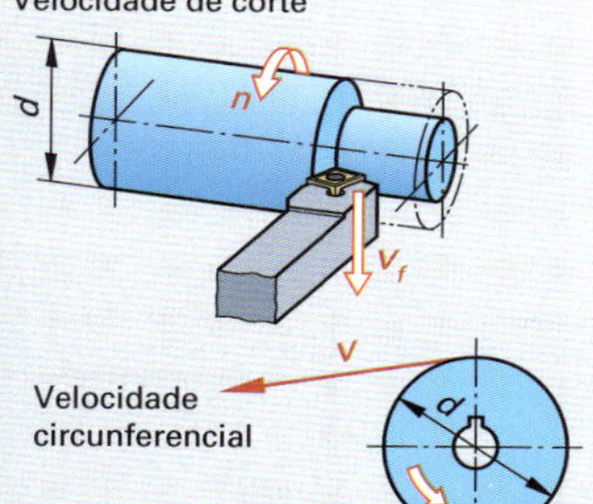

v_c velocidade de corte
v velocidade circunferencial
d diâmetro
n número de rotações

4º Exemplo:

Torneamento, $n = 1200/\text{min}$; $d = 35$ mm; $v_c = ?$

$$\mathbf{v_c} = \pi \cdot d \cdot n = \pi \cdot 0{,}035\ \text{m} \cdot 1200\,\frac{1}{\text{min}}$$

$$= \mathbf{132\,\frac{m}{min}}$$

Velocidade de corte

$$v_c = \pi \cdot d \cdot n$$

Velocidade circunferencial

$$v = \pi \cdot d \cdot n$$

Velocidade média com mecanismo de manivela

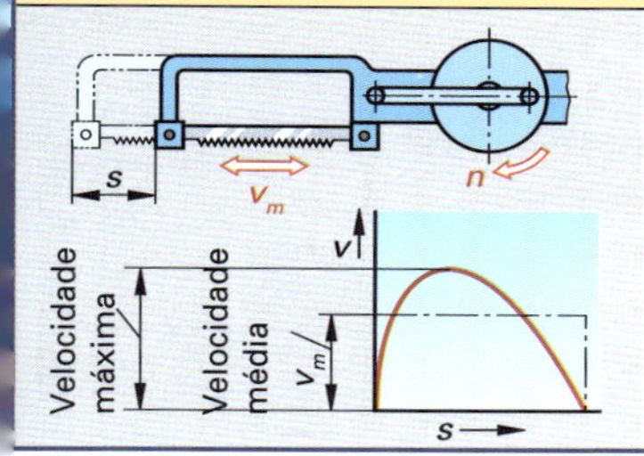

V_m velocidade média
n número de cursos duplos
s comprimento do curso/elevação

Exemplo:

Serra de arco elétrica
$s = 280$ mm; $n = 45/\text{min}$; $v_m = ?$

$$\mathbf{v_m} = 2 \cdot s \cdot n = 2 \cdot 0{,}28\ \text{m} \cdot 45\,\frac{1}{\text{min}}$$

$$= \mathbf{25{,}2\,\frac{m}{min}}$$

Velocidade média

$$v_m = 2 \cdot s \cdot n$$

Tipos de forças

Composição e decomposição de força

Para os seguintes exemplos $M_k = 10 \dfrac{\text{N}}{\text{mm}}$

A $F = M_k \cdot l$ l

F_1, F_2 forças componentes
l magnitude do vetor (comprimento)
F_r força resultante
M_k escala de forças

Representação de forças

As forças são representadas por vetores. O comprimento do vetor corresponde à magnitude da força F.

Magnitude do vetor

$$l = \frac{F}{M_k}$$

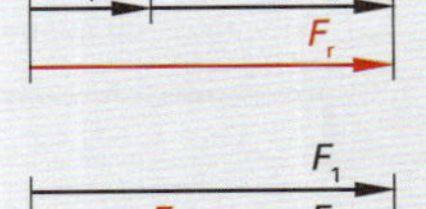

Adição de forças colineares que agem no mesmo sentido

Exemplo: $F_1 = 80$ N; $F_2 = 160$ N; $F_r = ?$
$\mathbf{F_r} = F_1 + F_2 = 80\ \text{N} + 160\ \text{N} = \mathbf{240\ N}$

Adição

$$F_r = F_1 + F_2$$

Subtração de forças colineares que agem no sentido oposto

Exemplo: $F_1 = 240$ N; $F_2 = 90$ N; $F_r = ?$
$\mathbf{F_r} = F_1 - F_2 = 240\ \text{N} - 90\ \text{N} = \mathbf{150\ N}$

Subtração

$$F_r = F_1 - F_2$$

Adição/Composição

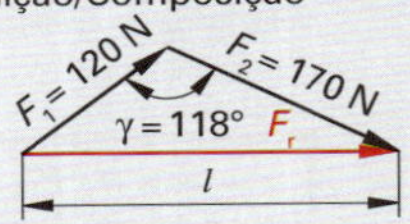

Decomposição

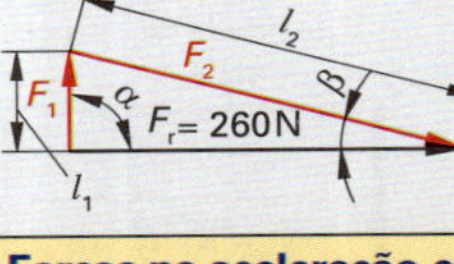

Composição e decomposição de forças cujas linhas de ação se interceptam:

Exemplo de composição gráfica

$F_1 = 120$ N; $F_2 = 170$ N; $\gamma = 118°$;
$M_k = 10$ N/mm; $F_r = ?$; Medido: $l = 25$ mm
$\mathbf{F_r} = l \cdot M_k = 25\ \text{mm} \cdot 10\ \text{N/mm} = \mathbf{250\ N}$

Exemplo de decomposição gráfica

$F_r = 260$ N; $\alpha = 90°$; $\beta = 15°$; $M_k = 10$ N/mm;
$F_1 = ?$; $F_2 = ?$; Medido: $l_1 = 7$ mm; $l_2 = 27$ mm
$\mathbf{F_1} = l_1 \cdot M_k = 7\ \text{mm} \cdot 10\ \text{N/mm} = \mathbf{70\ N}$
$\mathbf{F_2} = l_2 \cdot M_k = 27\ \text{mm} \cdot 10\ \text{N/mm} = \mathbf{270\ N}$

Resolução de um diagrama de forças, por adição ou de composição (vetores de força)	
Formato do diagrama de forças	Função trigonométrica requerida
Diagrama de forças com ângulos retos	seno, cosseno, tangente
Diagrama de forças com ângulos oblíquos	Lei de senos, Lei de cossenos

Forças na aceleração e desaceleração

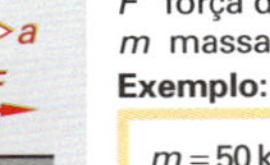

É necessária uma força para acelerar ou desacelerar uma massa.

F força de aceleração
a aceleração
m massa

Exemplo:

$m = 50\ \text{kg}$; $a = 3\ \dfrac{\text{m}}{\text{s}^2}$; $F = ?$

$\mathbf{F} = m \cdot a = 50\ \text{kg} \cdot 3\ \dfrac{\text{m}}{\text{s}^2} = 150\ \text{kg} \cdot \dfrac{\text{m}}{\text{s}^2} = \mathbf{150\ N}$

Força de aceleração

$$F = m \cdot a$$

$1\ \text{N} = 1\ \text{kg} \cdot \dfrac{\text{m}}{\text{s}^2}$

Peso

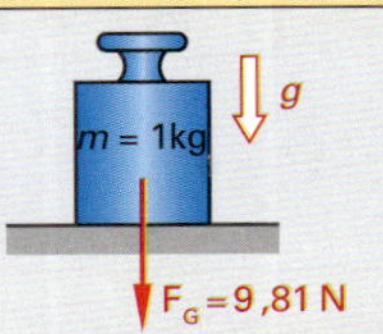

A gravidade gera uma força ou peso sobre uma massa

F_G, G peso
g aceleração gravitacional
m massa

Exemplo:

Viga de aço, $m = 1200$ kg; $F_G = ?$

$\mathbf{F_G} = m \cdot g = 1200\ \text{kg} \cdot 9{,}81\ \dfrac{\text{m}}{\text{s}^2} = \mathbf{11\,772\ N}$

Peso

$$F_G = m \cdot g$$

$g = 9{,}81\ \dfrac{\text{m}}{\text{s}^2} \approx 10\ \dfrac{\text{m}}{\text{s}^2}$

Cálculo de massa: página 31

Forças de molas (lei de Hooke)

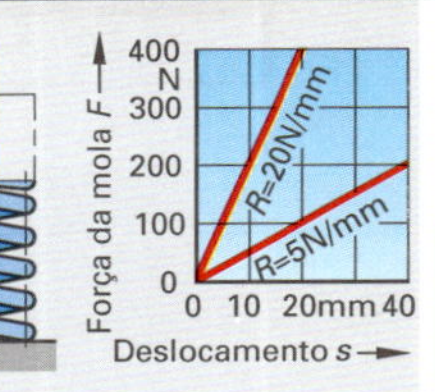

A força e a expansão linear correspondente de uma mola são proporcionais dentro da faixa de elasticidade.

F força de mola
s deslocamento da mola
R constante da mola

Exemplo:

Mola de compressão, $R = 8$ N/mm; $s = 12$ mm; $F = ?$

$\mathbf{F} = R \cdot s = 8\ \dfrac{\text{N}}{\text{mm}} \cdot 12\ \text{mm} = \mathbf{96\ N}$

Força da mola

$$F = R \cdot s$$

Mudança na força da mola

$$\Delta F = R \cdot \Delta s$$

Momento de giro, Alavancas, Força centrífuga

Momento de giro e alavancas

Uma alavanca

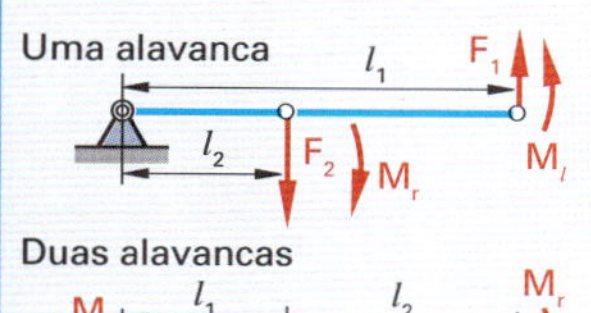

Duas alavancas

Alavancas em ângulo

O braço efetivo de alavanca é a distância entre o fulcro e a linha de aplicação da força. Em peças giratórias em forma de disco, o braço de alavanca corresponde ao raio r.

M Momento
F força
l Braço efetivo de alavanca
ΣM_l Soma de todos os momentos anti-horários
ΣM_r Soma de todos os momentos horários

Exemplo:

Alavancas em ângulo, $F_1 = 30$ N; $l_1 = 0{,}15$ m; $l_2 = 0{,}45$ m; $F_1 = ?$

$$F_2 = \frac{F_1 \cdot l_1}{l_1} = \frac{30\ \text{N} \cdot 0{,}15\ \text{m}}{0{,}45\ \text{m}} = \mathbf{10\ N}$$

Momento

$$M = F \cdot l$$

Princípio de alavanca

$$\Sigma M_l = \Sigma M_r$$

Princípio de alavanca com apenas 2 forças aplicadas

$$F_1 \cdot l_1 = F_2 \cdot l_2$$

Forças de apoio

Exemplo para forças de apoio

Um ponto de apoio é considerado fulcro para cálculo de forças de apoio.

F_A, F_B forças de apoio
l, l_1, l_2 braços efetivos de alavanca
F_1, F_2 forças

Exemplo:

Ponte rolante, $F_1 = 40$ kN; $F_2 = 15$ kN; $l_1 = 6$ m; $l_2 = 8$ m; $l = 12$ m; $F_A = ?$

Solução: ponto de giro selecionado -B; a força F_A está na extremidade livre da alavanca.

$$F_A = \frac{F_1 \cdot l_1 + F_2 \cdot l_2}{l} = \frac{40\ \text{kN} \cdot 6\ \text{m} + 15\ \text{kN} \cdot 8\ \text{m}}{12\ \text{m}} = \mathbf{30\ kN}$$

Princípio de alavanca

$$\Sigma M_l = \Sigma M_r$$

Força de apoio em A

$$F_A = \frac{F_1 \cdot l_1 + F_2 \cdot l_2 \ldots}{l}$$

$$F_A + F_B = F_1 + F_2 \ldots$$

Momento de giro em acionamentos por engrenagem

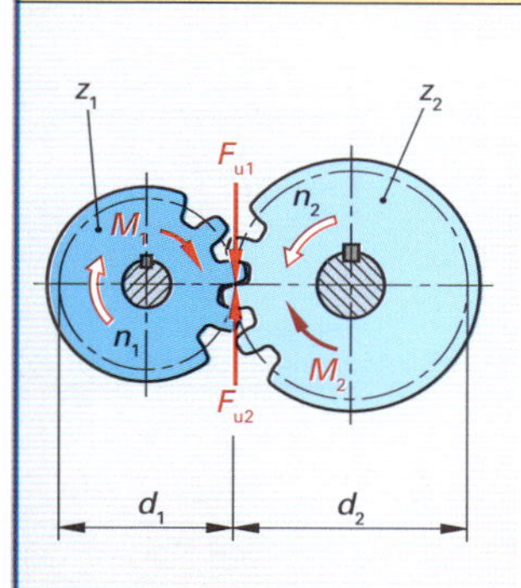

O braço de alavanca em uma engrenagem corresponde à metade de seu diâmetro d. Ocorrerão torques diferentes se duas engrenagens de engate não tiverem o mesmo número de dentes.

Engrenagem de acionamento

Fu_1 força tangencial
M_1 momento de giro
d_1 diâmetro
z_1 número de dentes
n_1 número de rotações
i relação de transmissão

Engrenagem acionada

Fu_2 força tangencial
M_2 momento de giro
d_2 diâmetro
z_2 número de dentes
n_2 número de rotações

Exemplo:

Engrenagem, $i = 12$; $M_1 = 60$ N · m; $M_2 = ?$

$M_2 = i \cdot M_1 = 12 \cdot 60\ \text{N} \cdot \text{m} = \mathbf{720\ N \cdot m}$

Transmissão em engrenagens: página 259

Torques

$$M_1 = \frac{F_{u1} \cdot d_1}{2}$$

$$M_2 = \frac{F_{u2} \cdot d_2}{2}$$

$$M_2 = i \cdot M_1$$

$$\frac{M_2}{M_1} = \frac{z_2}{z_1}$$

$$\frac{M_2}{M_1} = \frac{n_1}{n_2}$$

Força centrífuga

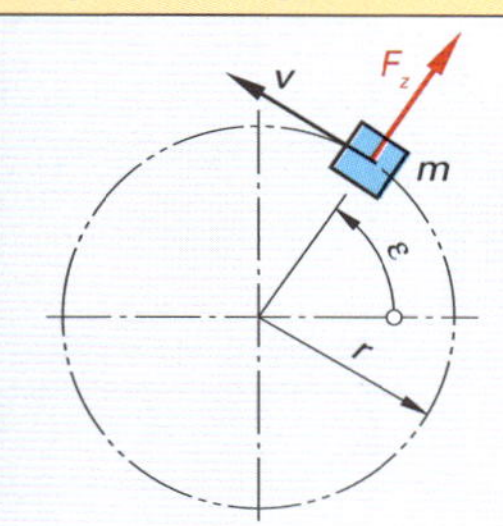

Força centrífuga F_c é gerada quando uma massa é deslocada sobre um percurso curvilíneo, ex.: uma circunferência

F_c força centrífuga
m massa
r raio
ω velocidade angular
v velocidade circunferencial

Exemplo:

Pá de turbina, $m = 160$ g; $v = 80$ m/s; $d = 400$ mm; $F_z = ?$

$$F_z = \frac{m \cdot v^2}{r} = \frac{0{,}16\ \text{kg} \cdot (80\ \text{m/s})^2}{0{,}2\ \text{m}} = 5120\ \frac{\text{kg} \cdot \text{m}}{\text{s}^2} = \mathbf{5120\ N}$$

Força centrífuga

$$F_z = m \cdot r \cdot \omega^2$$

F $m \cdot v^2$

Trabalho e Energia

Trabalho mecânico, trabalho de levantamento e trabalho de atrito

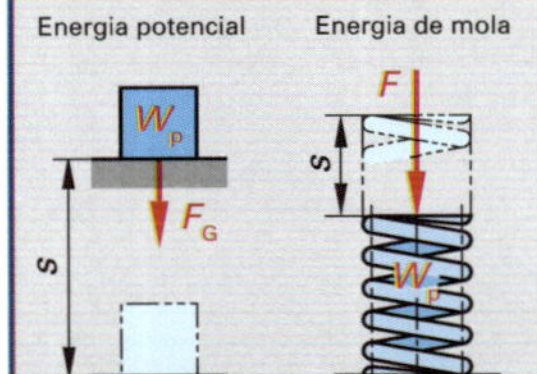

O trabalho é realizado quando uma força age ao longo de uma distância.

F	força no sentido de percurso	W	trabalho
F_W, W	peso	s	distância
F_R	força de atrito	s, h	altura de levantamento
F_N	força normal	μ	coeficiente de atrito

1º Exemplo:

$F = 300$ N; $s = 4$ m; $W = ?$

$\boldsymbol{W} = F \cdot s = 300\ \text{N} \cdot 4\ \text{m} = 1200\ \text{N} \cdot \text{m} = \mathbf{1200\ J}$

2º Exemplo:

Trabalho de atrito, $F_N = 0{,}8$ kN; $s = 1{,}2$ m; $\mu = 0{,}4$; $W = ?$

$\boldsymbol{W} = \mu \cdot F_N \cdot s = 0{,}4 \cdot 800\ \text{N} \cdot 1{,}2\ \text{m} = 384\ \text{N} \cdot \text{m} = \mathbf{384\ J}$

Trabalho

$$W = F \cdot s$$

Trabalho de levantamento

$$W = F_G \cdot h$$

Trabalho de atrito

$$W = \mu \cdot F_N \cdot s$$

$1\ \text{J} = 1\ \text{N} \cdot 1\ \text{m} = 1\ \text{W} \cdot \text{s} = 1\ \frac{\text{kg} \cdot \text{m}^2}{\text{s}^2}$

$1\ \text{kW} \cdot \text{h} = 3{,}6\ \text{MJ}$

Energia potencial

Energia potencial / Energia de mola

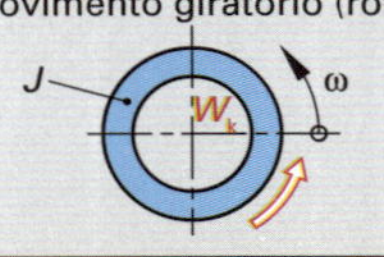

A energia potencial é o trabalho armazenado (energia armazenada, energia de mola)

E_p, W_p	energia potencial	R	constante da mola
F_W, W	peso	S,h	percurso, altura de levantamento, queda, deslocamento de mola

Exemplo:

Martelo de queda, $m = 30$ kg; $s = 2{,}6$ m; $W_p = ?$

$\boldsymbol{W_p} = F_G \cdot s = 30\ \text{kg} \cdot 9{,}81\ \frac{\text{m}}{\text{s}^2} \cdot 2{,}6\ \text{m} = \mathbf{765\ J}$

$R = \frac{F}{s}$

Energia potencial

$$W_p = F \cdot s$$

Energia de mola

$$W_p = \frac{R \cdot s^2}{2}$$

Energia cinética

Movimento linear

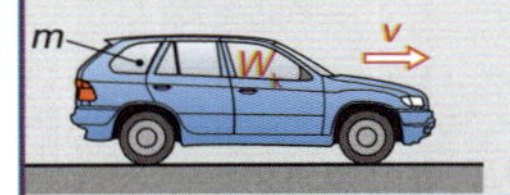

Movimento giratório (rotação)

A energia cinética é a energia de movimento.

E_k, W_k	energia cinética ou trabalho	v	velocidade
ω	velocidade angular	m	massa
J	momento de inércia		

Exemplo:

Martelo de queda, $m = 30$ kg; $s = 2{,}6$ m; $W_k = ?$

$v = \sqrt{2 \cdot g \cdot s} = \sqrt{2 \cdot 9{,}81\ \text{m/s}^2 \cdot 2{,}6\ \text{m}} = 7{,}14\ \text{m/s}$

$\boldsymbol{W_k} = \frac{m \cdot v^2}{2} = \frac{30\ \text{kg} \cdot (7{,}14\ \text{m/s})^2}{2} = \mathbf{765\ J}$

Energia cinética — movimento linear

$$W_k = \frac{m \cdot v^2}{2}$$

Energia cinética — movimento giratório

$$W_k = \frac{J \cdot \omega^2}{2}$$

Regra de Ouro Mecânica

"O que é ganho em força é perdido em distância".

W_1	trabalho realizado	W_2	trabalho efetivo
F_1	força aplicada	F_2	força efetiva
s_1	deslocamento da força F1	s_2	deslocamento da força F_2
F_G, G	peso	η	grau de eficiência
h	altura de levantamento		

Exemplo:

Dispositivo de levantamento, $F_G = 5$ kN; $h = 2$ m; $F_1 = 300$ N; $s = ?$

$\boldsymbol{s_1} = \frac{F_G \cdot h}{F_1} = \frac{5000\ \text{N} \cdot 2\ \text{m}}{300\ \text{N}} = \mathbf{33{,}3\ m}$

"Regra de Ouro" da Mecânica

$$W_1 = W_2$$

$$F_1 \cdot s_1 = F_2 \cdot s_2$$

$$F_1 \cdot s_1 = F_G \cdot h$$

Considerando o atrito

$$W_1 = \frac{W_2}{\eta}$$

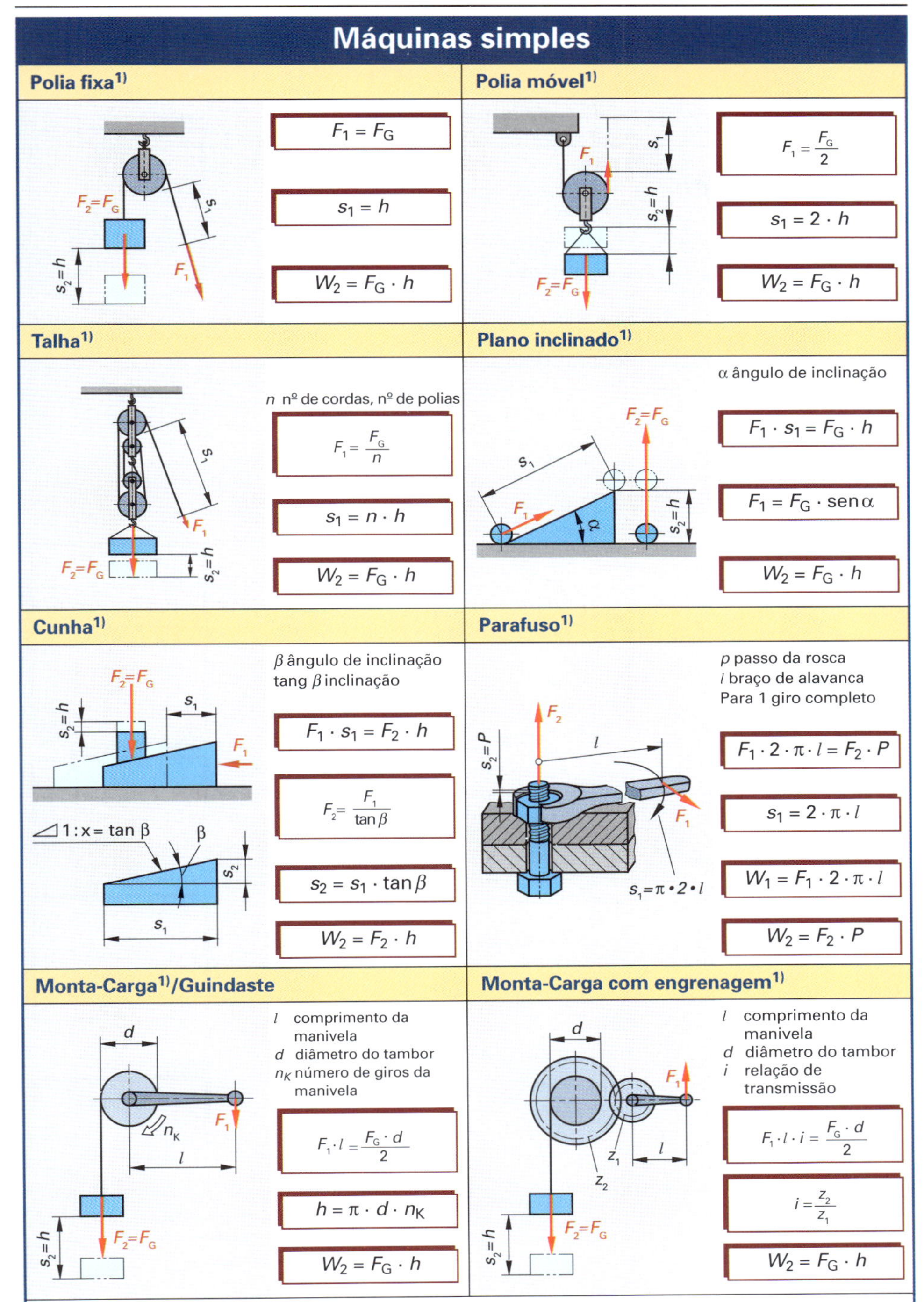

[1] As fórmulas se aplicam na condição hipotética sem atrito, onde o trabalho efetivo W_2 é igual ao trabalho realizado W_1.

Potência e Eficiência

Potência em movimento linear

Potência é o trabalho por unidade de tempo

P potência
s deslocamento no sentido da força
W trabalho
t tempo
v velocidade

1º Exemplo:

Empilhadeira, $F = 15$ kN; $v = 25$ m/min; $P = ?$

$$\boldsymbol{P} = F \cdot v = 15\,000\ \text{N} \cdot \frac{25\ \text{m}}{60\ \text{s}} = 6250\ \frac{\text{N} \cdot \text{m}}{\text{s}} = 6250\ \text{W} = \mathbf{6{,}25\ kW}$$

Potência

$$P = \frac{W}{t}$$

$$P = \frac{F \cdot s}{t}$$

$$P = F \cdot v$$

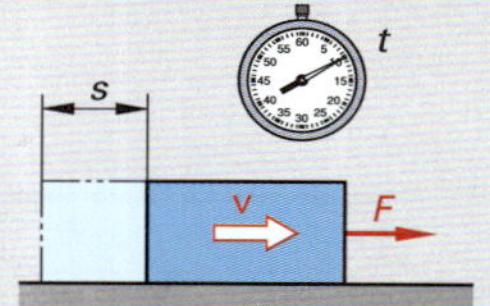

2º Exemplo:

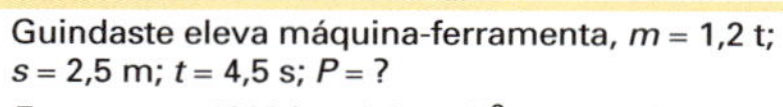

Guindaste eleva máquina-ferramenta, $m = 1{,}2$ t; $s = 2{,}5$ m; $t = 4{,}5$ s; $P = ?$

$F_G = m \cdot g = 1200\ \text{kg} \cdot 9{,}81\ \text{m/s}^2 = 11772\ \text{N}$

$$\boldsymbol{P} = \frac{F_G \cdot s}{t} \cdot \frac{11772\ \text{N} \cdot 2{,}5\ \text{m}}{4{,}5\ \text{s}} = 6540\ \text{W} = \mathbf{6{,}5\ kW}$$

$1\ \text{W} = 1\ \frac{\text{J}}{\text{s}}$

$= 1\ \frac{\text{N} \cdot \text{m}}{\text{s}}$

$1\ \text{kW} = 1{,}36\ \text{PS}$

Para potência em bombas e cilindros, ver página 371.

Potência em movimento circular

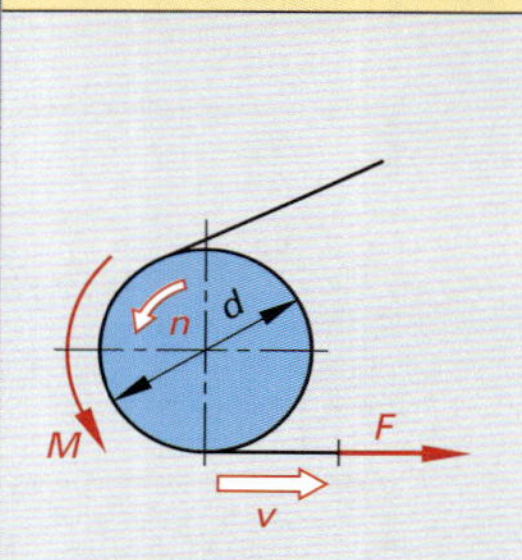

P potência
s deslocamento no sentido da força
M Momento de giro
t tempo
F força
n número de rotações
v velocidade
velocidade angular

Exemplo:

Acionamento por correia, $F = 1{,}2$ kN; $d = 200$ mm; $n = 2800$/min; $P = ?$

$\boldsymbol{P} = F \cdot \pi \cdot d \cdot n$

$$= 1{,}2\ \text{kN} \cdot \pi \cdot 0{,}2\ \text{m} \cdot \frac{2800}{60\ \text{s}} = 35{,}2\ \frac{\text{kN} \cdot \text{m}}{\text{s}} = \mathbf{35{,}2\ kW}$$

Transformação numérica :
Usando M em N . m, n em 1/min
Resultado: P em kW

Potência de corte em máquinas-ferramentas: páginas 299 e 300

Potência

$$P = F \cdot v$$

$$P = F \cdot \pi \cdot d \cdot n$$

$$P = M \cdot 2 \cdot \pi \cdot n$$

$$P = M \cdot \omega$$

ou

Potência

$$P = \frac{M \cdot n}{9550}$$

Eficiência

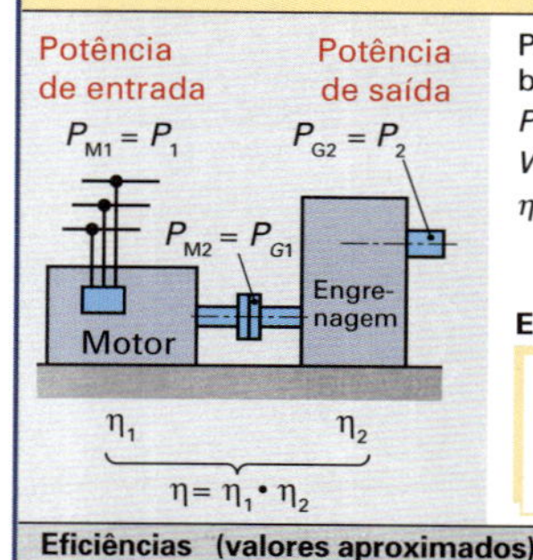

Por eficiência entende-se a relação entre potência ou trabalho efetivo e potência ou trabalho realizado.

P_1 potência de entrada
P_2 potência de saída
W_1 trabalho realizado
W_2 trabalho efetivo
η eficiência total
η_1, η_2 eficiências parciais

Exemplo:

Acionamento, $P_1 = 4$ kW; $P_2 = 3$ kW; $\eta_1 = 85\%$; $\eta = ?$; $\eta_2 = ?$

$$\eta = \frac{P_2}{P_1} = \frac{3\ \text{kW}}{4\ \text{kW}} = \mathbf{0{,}75}; \qquad \eta_2 = \frac{\eta}{\eta_1} = \frac{0{,}75}{0{,}85} = \mathbf{0{,}88}$$

Grau de Eficiência

$$\eta = \frac{P_2}{P_1}$$

$$\eta = \frac{W_2}{W_1}$$

Eficiência total

$$\eta = \eta_1 \cdot \eta_2 \cdot \eta_3 \ldots$$

Eficiências (valores aproximados)

Usina termoelétrica – lignita	0,32	Veículo com motor a Diesel (carga parcial)	0,24	Rosca	0,30
Usina termoelétrica – carvão mineral	0,41	Veículo com motor a Diesel (carga total)	0,40	Engrenagem	0,97
Usina termoelétrica – gás natural	0,50	Motor a diesel grande (carga parcial)	0,33	Engrenagem helicordal (rosca sem-fim) i = 40	0,65
Turbina a gás	0,38	Motor a diesel grande (carga total)	0,55	Roda atritada	0,80
Turbina a vapor (alta pressão)	0,45	Motor trifásico – corrente alternada	0,85	Correia	0,90
Turbina a água	0,85	Máquina-ferramenta	0,75	Correia trapezoidal	0,85
Cogeração (força e calor)	0,75			Engrenagem hidrostática	0,75
Motor otto (a gasolina)	0,27				

Tipos de atrito, Coeficientes de atrito

Força de atrito

Atrito estático, atrito deslizante

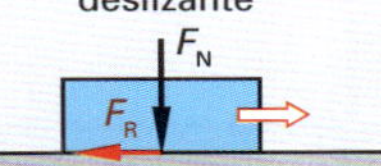

Atrito estático, atrito deslizante

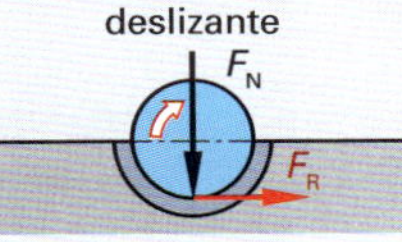

Atrito de rolamento

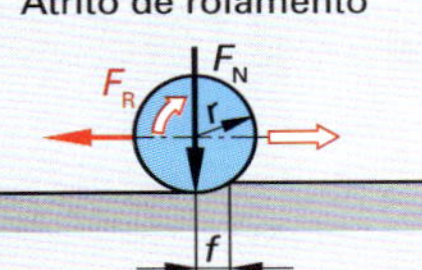

A força de atrito resultante depende da força normal F_N e do:

- tipo de atrito, i.e., atrito estático, deslizante ou de rolamento
- condição do atrito (condição de lubrificação)
- rugosidade da superfície
- par de materiais envolvidos

Estes efeitos são incorporados no coeficiente de atrito μ, determinado experimentalmente.

F_N força normal
F_F força de atrito
r raio
f coeficiente de atrito rolante
μ coeficiente de atrito

1º Exemplo:

Mancal deslizante, $F_N = 100$ N; $m = 0{,}03$; $F_R = ?$

$\mathbf{F_R} = m \cdot F_N = 0{,}03 \cdot 100 \text{ N} = \mathbf{3\ N}$

2º Exemplo

Roda de guindaste em trilho de aço, $F_N = 45$ kN; $d = 320$ mm; $f = 0{,}5$ mm; $F_R = ?$

$$F_R = \frac{f \cdot F_N}{r} = \frac{0{,}5 \text{ mm} \cdot 45\,000 \text{ N}}{160 \text{ mm}} = \mathbf{140{,}6\ N}$$

Força de atrito para atritos estáticos e deslizantes

$$F_R = \mu \cdot F_N$$

Força de atrito para atrito de rolamento[1]

$$F_R = \frac{f \cdot F_N}{r}$$

[1] causado por deformação elástica entre o corpo do rolo e a superfície de rolamento

Coeficientes de atrito (valores para orientação)

Par de materiais	Exemplo de aplicação	Coeficiente de atrito estático μ		Coeficiente de atrito deslizante μ	
		Seco	Lubrificado	Seco	Lubrificado
Aço/aço	Guia de morsa	0,20	0,10	0,15	0,10...0,05
Aço/ferro fundido	Guia de máquina	0,20	0,15	0,18	0,10...0,08
Aço/liga Cu-Sn	Eixo em mancal deslizante maciço	0,20	0,10	0,10	0,06...0,03[2]
Aço/liga Pb-Sn	Eixo em mancal deslizante multicamada	0,15	0,10	0,10	0,05...0,03[2]
Aço/poliamida	Eixo em mancal deslizante PA	0,30	0,15	0,30	0,12...0,03[2]
Aço/PTFE	Mancal para baixa temperatura	0,04	0,04	0,04	0,04[2]
Aço/revestimento para fricção	Freio com sapata	0,60	0,30	0,55	0,03...0,02
Aço/madeira	Peça em um pedestal de montagem	0,55	0,10	0,35	0,05
Madeira/madeira	Blocos de contracamada	0,50	0,20	0,30	0,10
Ferro fundido/liga Cu-Sn	Cunha de ajuste	0,28	0,16	0,21	0,20...0,10
Borracha/ferro fundido	Correias em uma polia	0,50	–	–	–
Elemento de rolamento/aço	Mancal de rolamento[3], guia[3]	–	–	–	0,003...0,001

[2] A importância do pareamento de material diminui com a velocidade crescente de deslizamento e a presença de atrito misto e viscoso.
[3] Os cáculos são realizados como no caso de atrito estático e deslizante, apesar do movimento de rolar.

Coeficientes de atrito de rolamento (valores para orientação)

Par de materiais	Exemplo de aplicação	Coeficiente de atrito de rolamento *f* em mm
Aço/aço	Roda de aço sobre um trilho de aço	0,05
Borracha/concreto	Rodízios sobre piso de concreto	0,15
Borracha/asfalto	Pneus de carro sobre rua	4,5

Momento de atrito e potência de atrito em rolamentos

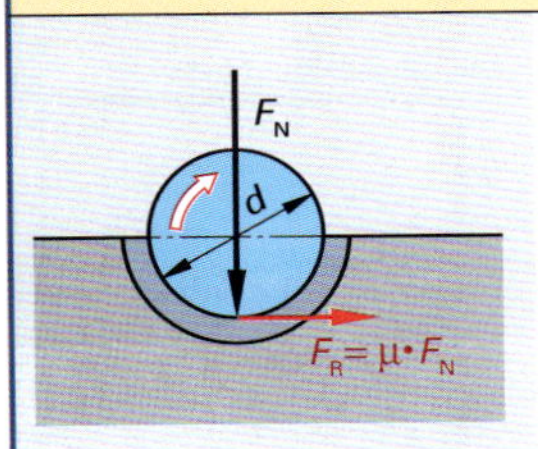

M momento de atrito
F_N força normal
P potência de atrito
μ coeficiente de atrito
d diâmetro
n número de rotações

Beispiel:

Eixo de aço em um mancal liso Cu-Sn, $\mu = 0{,}05$; $F_N = 6$ kN; $d = 160$ mm; $M = ?$

$$\mathbf{M} = \frac{\mu \cdot F_N \cdot d}{2} = \frac{0{,}05 \cdot 6000 \text{ N} \cdot 0{,}16 \text{ m}}{2} = \mathbf{24\ N \cdot m}$$

Momento de atrito

$$M = \frac{\mu \cdot F_N \cdot d}{2}$$

Potência de atrito

$$P = \mu \cdot F_N \cdot \pi \cdot d \cdot n$$

Tipos de Pressão

Pressão

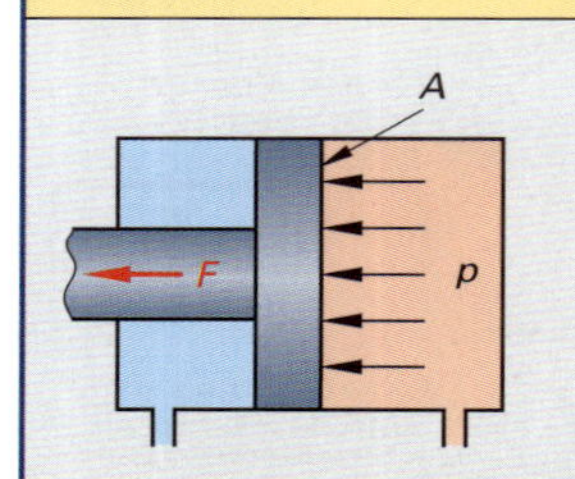

p pressão
F força
A área

Exemplo:

F = 2 MN; êmbolo - d = 400 mm; p = ?

$$\boldsymbol{p} = \frac{F}{A} = \frac{2000000\ \text{N}}{\frac{\pi \cdot (40\ \text{cm})^2}{4}} = 1591\,\frac{\text{N}}{\text{cm}^2} = \mathbf{159{,}1\ bar}$$

Para cálculo de hidráulica e pneumática, ver página 370

Pressão

$$p = \frac{F}{A}$$

Unidades de pressão

1 Pa $= 1\,\frac{\text{N}}{\text{m}^2} = 0{,}00001$ bar

1 bar $= 10\,\frac{\text{N}}{\text{cm}^2} = 0{,}1\,\frac{\text{N}}{\text{mm}^2}$

1 mbar = 100 Pa = 1 hPa

Sobrepressão, pressão de ar, pressão absoluta

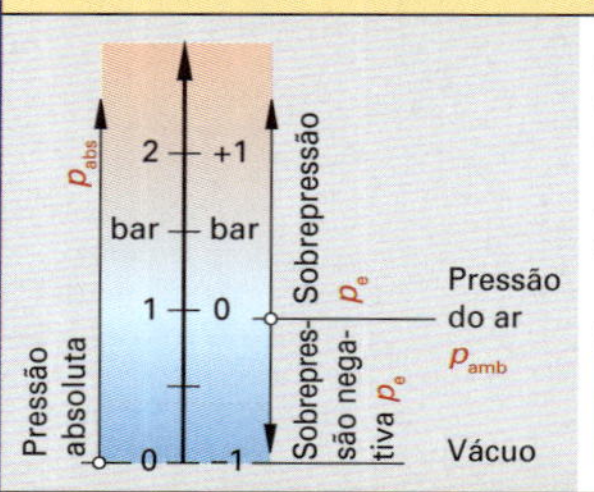

p_e Sobrepressão
p_{amb} pressão do ar (ambiente, circundante)
p_{abs} pressão absoluta

A Sobrepressão é positiva, se $p_{abs} > p_{amb}$ e negativa se $p_{abs} < p_{amb}$ (vácuo).

Exemplo:

Pneus de carro, p_e = 2,2 bar; p_{amb} = 1 bar; p_{abs} = ?
$\boldsymbol{p_{abs}} = p_e + p_{amb}$ = 2,2 bar + 1 bar = **3,2 bar**

Sobrepressão

$$p_e = p_{abs} - p_{amb}$$

p_{amb} = 1,013 bar ≈ 1 bar (pressão do ar padrão)

Pressão hidrostática, flutuação/impulsão

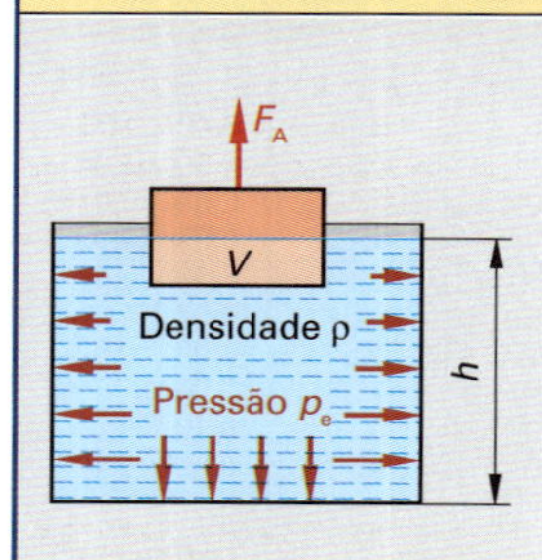

p_e pressão hidrostática, pressão inerente
F_A força de flutuação
V volume deslocado/submerso
g *aceleração gravitacional*
ϱ densidade do líquido
h profundidade do líquido

Exemplo:

Qual é a pressão em uma profundidade de água de 10 m?

$$\boldsymbol{p_e} = g \cdot \varrho \cdot h = 9{,}81\,\frac{\text{m}}{\text{s}^2} \cdot 1000\,\frac{\text{kg}}{\text{m}^3} \cdot 10\ \text{m}$$

$$= 98100\,\frac{\text{kg}}{\text{m} \cdot \text{s}^2} = 98100\ \text{Pa} \approx \mathbf{1\ bar}$$

Pressão hidrostática

$$p_e = g \cdot \varrho \cdot h$$

Força de flutuação

$$F_A = g \cdot \varrho \cdot V$$

$g = 9{,}81\,\frac{\text{m}}{\text{s}^2} \approx 10\,\frac{\text{m}}{\text{s}^2}$

Valores de densidade página 117

Mudança de pressão em gases

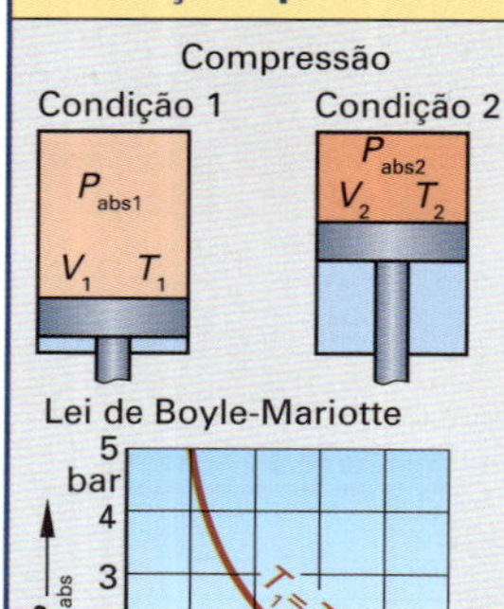

Condição 1

p_{abs1} pressão absoluta
V_1 volume
T_1 temperatura absoluta

Condição 2

p_{abs2} pressão absoluta
V_2 volume
T_2 temperatura absoluta

Exemplo:

Um compressor aspira V_1 = 30 m³ de ar a p_{abs1} = 1 bar e t_1 = 15°C e comprime para V_2 = 3,5 m³ e t_2 = 150°C.

Qual é a pressão p_{abs2}?

Cálculo de temperaturas absolutas (página 51):

$T_1 = t_1 + 273 = (15 + 273)\ \text{K} = 288\ \text{K}$

$T_2 = t_2 + 273 = (150 + 273)\ \text{K} = 423\ \text{K}$

$$\boldsymbol{p_{abs2}} = \frac{p_{abs1} \cdot V_1 \cdot T_2}{T_1 \cdot V_2}$$

$$= \frac{1\ \text{bar} \cdot 30\ \text{m}^3 \cdot 423\ \text{K}}{288\ \text{K} \cdot 3{,}5\ \text{m}^3} = \mathbf{12{,}6\ bar}$$

Lei de gás ideal

$$\frac{p_{abs1} \cdot V_1}{T_1} = \frac{p_{abs2} \cdot V_2}{T_2}$$

Casos especiais: temperatura constante

$$p_{abs1} \cdot V_1 = p_{abs2} \cdot V_2$$

Volume constante

$$\frac{p_{abs1}}{T_1} = \frac{p_{abs2}}{T_2}$$

Pressão constante

$$\frac{V_1}{T_1} = \frac{V_2}{T_2}$$

Cargas, Solicitações, Caracteríticas quantitativas de materiais, Tensão-limite

Casos de carga

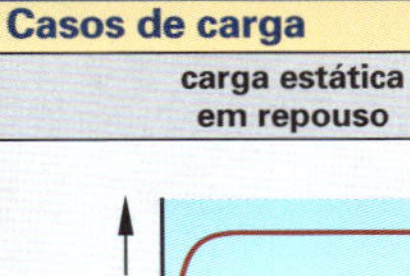
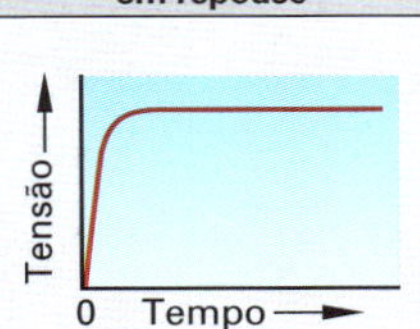

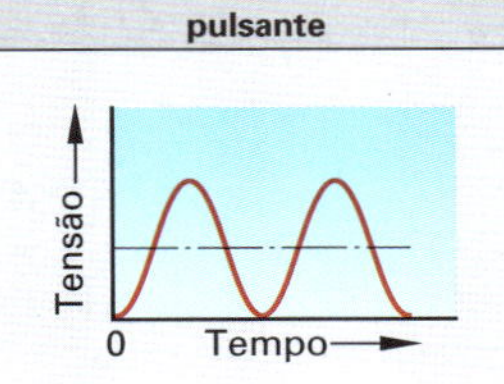

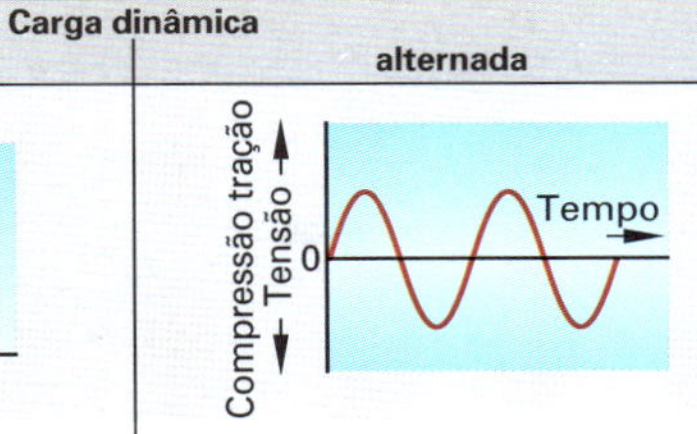

carga estática em repouso	Carga dinâmica pulsante	Carga dinâmica alternada
Caso de carga I A magnitude e o sentido da carga permanecem os mesmos, p. ex., para uma carga sobre colunas.	**Caso de carga II** A carga aumenta para um valor máximo e em seguida diminui até zero, p. ex., cabos de guindaste e molas.	**Caso de carga III** A carga se alterna entre um valor máximo positivo e um negativo de igual magnitude, p. ex., para eixos giratórios.

Tipos de solicitação, características quantitativas de materiais, tensão-limite

Tipo de solicitação	Tensão	Características quantitativas de materiais: Resistência	Características quantitativas de materiais: Valores-limite para deformação plástica	Características quantitativas de materiais: Deformação	Tensaõ-limite σ_{lim} para caso de carga: I	II	III
Tração	Tração σ_z	Resistência à tração R_m	Limite de elasticidade R_e Limite de elasticidade 0,2% $R_{p0,2}$	Alongamento ε Alongamento na ruptura A	Material Dútil (aço): R_e, $R_{p0,2}$ Frágil (ferro fundido): R_m	Resistência à tração pulsante σ_{zSch}	Resistência à tração alternada σ_{zW}
Compressão	Compressão σ_c	Resistência à compressão σ_{dB}	Limite de compressão σ_{dF} resistência a recalque 0,2% $\sigma_{d0,2}$	Recalque ε_d recalque na ruptura ε_{dB}	Material Dútil (aço): σ_{dF}, $\sigma_{d0,2}$ Frágil (ferro fundido): σ_{dB}	Resistência à compressão pulsante σ_{dSch}	Resistência à compressão alternada σ_{dW}
Flexão	Flexão σ_b	Resistência à flexão σ_{bB}	Limite de flexão σ_{bF}	Flexão f	Limite de flexão σ_{bF}	Resistência à flexão pulsante σ_{bSch}	Resistência à flexão alternada σ_{bW}
Cisalhamento	Cisalhamento τ_a	Resistência a cisalhamento τ_{aB}	–	–	Resistência a cisalhamento τ_{aB}	–	–
Torção	Torção τ_t	Resistência à torção τ_{tB}	Limite de torção τ_{tF}	Ângulo de torção φ	Limite de torção τ_{tF}	Resistência à torção pulsante τ_{tSch}	Resistência à torção alternada τ_{tW}
Empenamento	Empenamento σ_k	Resistência a empenamento σ_{kB}	–	–	Resistência a empenamento σ_{kB}	–	–

Propriedades de resistência mecânica, esforços permissíveis, fatores de segurança

Propriedades de resistência mecânica com carga estática e dinâmica[1]

Tipo de solicitação	Tração, Compressão			Cisalhamento	Flexão			Torção		
Caso de carga	I	II	III	I	I	II	III	I	II	III
Limite de tensão σ_{lim}	R_e, $R_{p0,2}$ σ_{dF}, $\sigma_{d0,2}$	σ_{zSch} σ_{dSch}	σ_{zW} σ_{dW}	τ_{aB}	σ_{bF}	σ_{bSch}	σ_{bW}	τ_{tF}	τ_{tSch}	τ_{tW}
Material	Tensão-limite σ_{lim} em N/mm²									
S235	235	235	150	290	330	290	170	140	140	120
S275	275	275	180	340	380	350	200	160	160	140
E295	295	295	210	390	410	410	240	170	170	150
E335	335	335	250	470	470	470	280	190	190	160
E360	365	365	300	550	510	510	330	210	210	190
C15	440	440	330	600	610	610	370	250	250	210
17Cr3	510	510	390	800	710	670	390	290	290	220
16MnCr5	635	635	430	880	890	740	440	360	360	270
20MnCr5	735	735	480	940	1030	920	540	420	420	310
18CrNiMo7-6	835	835	550	960	1170	1040	610	470	470	350
C22E	340	340	220	400	490	410	240	245	245	165
C45E	490	490	280	560	700	520	310	350	350	210
C60E	580	580	325	680	800	600	350	400	480	240
46Cr2	650	630	370	720	910	670	390	455	455	270
41Cr4	800	710	410	800	1120	750	440	560	510	330
50CrMo4	900	760	450	880	1260	820	480	630	560	330
30CrNiMo8	1050	870	510	1000	1470	930	550	735	640	375
GS-38	200	200	160	300	260	260	150	115	115	90
GS-45	230	230	185	360	300	300	180	135	135	105
GS-52	260	260	210	420	340	340	210	150	150	120
GS-60	300	300	240	480	390	390	240	175	175	140
EN-GJS-400	250	240	140	400	350	345	220	200	195	115
EN-GJS-500	300	270	155	500	420	380	240	240	225	130
EN-GJS-600	360	330	190	600	500	470	270	290	275	160
EN-GJS-700	400	355	205	700	560	520	300	320	305	175

[1] Os valores foram determinados usando-se amostras cilíndricas com $d \leq 16$ mm, com superfície polida. Eles se aplicam a aços estruturais com recozimento normal; aços cementados para garantir a resistência do núcleo, depois de cementação e refinamento de grão; aços temperados e revenidos.
A resistência à compressão do ferro fundido com grafite laminar é $\sigma_{dB} \approx 4 \cdot R_m$.
Para construções de aço na superfície devem ser usados os valores da DIN 18800.

Tensão permissível para-(pré) dimensionamento de peças de máquinas

Por razões de segurança, as peças só podem ser submetidas a uma fração do limite de tensão σ_{lim}, que levará à deformação permanente, fratura ou fratura por fadiga.

σ_{zul} tensão permissível

v fator de segurança (tabela abaixo)

σ_{lim} limite de tensão, dependendo do tipo de solicitação e de carga

Tensão permissível (projeto preliminar)

$$\sigma_{zul} = \frac{\sigma_{lim}}{v}$$

Exemplo:

Qual é o esforço de tração permissível σ_{zul} para um parafuso hexagonal ISO 4017 – M12 x 50 – 10.9, se com carga estática for necessário um fator de segurança de 1,5?

$$\sigma_{lim} = R_e = 1000 \frac{\text{N}}{\text{mm}^2} \cdot 0{,}9 = 900 \frac{\text{N}}{\text{mm}^2}; \quad \sigma_{zzul} = \frac{\sigma_{lim}}{v} = \frac{900\ \text{N/mm}^2}{1{,}5} = \mathbf{600} \frac{\mathbf{N}}{\mathbf{mm^2}}$$

Para propriedades de resistência mecânica de parafusos, ver página 211

Fatores de segurança v para(pré) dimensionamento de peças de máquinas

Caso de solicitação	I (estático)		II e III (dinâmico)	
Tipo de material	Materiais dúteis, ex.: aço	Materiais frágeis, ex.: ferro fundido	Materiais dúteis, ex.: aço	Materiais frágeis, ex.: ferro fundido
Fator de segurança v	1,2...1,8	2,0...4,0	3...4[1]	3...6[1]

[1] As altas margens de segurança no dimensionamento de peças quanto aos limites de esforço servem para compensar os efeitos de redução de resistência que ainda não são conhecidos, devido ao formato da peça (para fatores de resistência relativos ao formato, ver página 48).

Esforço de tração, Esforço compressivo, Pressão superficial

Solicitação por tração

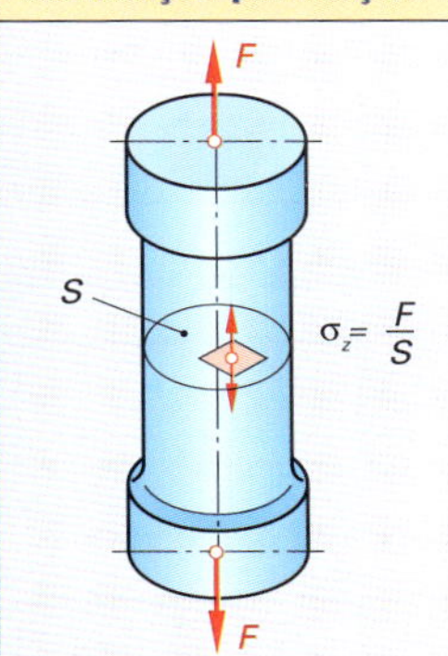

O cálculo da tensão permissível aplica-se apenas à carga estática (Caso de carga I).

σ_t	tensão de tração	R_e	resistência à fratura
F	força de tração	R_m	resistência à tração
S	área transversal	v	fator de segurança
σ_{zzul}	tensão de tração permissível	F_{zul}	força de tração permissível

Exemplo:

Aço de barra redonda, σ_{zzul} = 130 N/mm² (S235JR, ν = 1,8); F_{zul} = 13,7 kN; d = ?

$$S = \frac{F_{zul}}{\sigma_{zzul}} = \frac{13\,700\ \text{N}}{130\ \text{N/mm}^2} = 105\ \text{mm}^2$$

$\boldsymbol{d} = \mathbf{12\ mm}$ (Tabela p. 10)

Resistência mecânica R_e e R_m, ver páginas 130 a 138. Para cálculo do alongamento elástico, ver página 190.

Tensão de tração

$$\sigma_z = \frac{F}{S}$$

Força de tração permissível

$$F_{zul} = \sigma_{zzul} \cdot S$$

Tensão de tração permissível

para aço

$$\sigma_{zzul} = \frac{R_e}{v}$$

para ferro fundido

$$\sigma_{zzul} = \frac{R_m}{v}$$

Solicitação por compressão

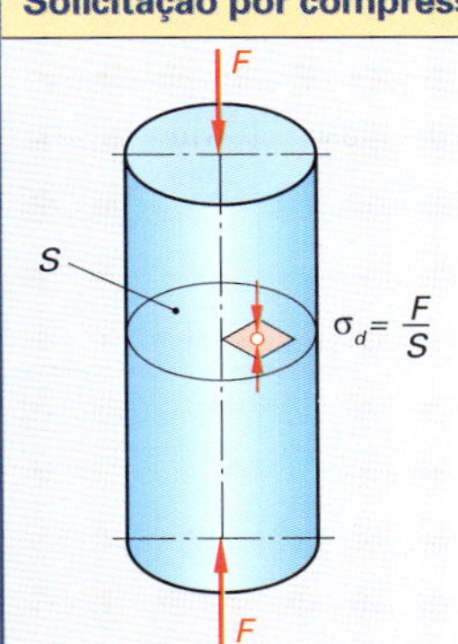

O cálculo da tensão permissível aplica-se apenas à carga estática (Caso de carga I).

σ_{dF} tensão de compressão limite
F força de compressão
σ_d tensão de compressão
S área transversal
F_{zul} força de compressão permissível
R_m resistência à tração
σ_{dzul} tensão de compressão permissível
v fator de segurança

Exemplo:

Cremalheira feita de EN-GJL-300;
S = 2800 mm²; v = 2,5; F_{allow} = ?

$$F_{zul} = \sigma_{dzul} \cdot S = \frac{4 \cdot R_m}{v} \cdot S$$

$$= \frac{4 \cdot 300\ \text{N/mm}^2}{2{,}5} \cdot 2800\ \text{mm}^2 = 1\,344\,000\ \text{N}$$

Resistência mecânica ver página 40 e páginas 160-161.

Tensão de compressão

$$\sigma_d = \frac{F}{S}$$

Força de compressão permissível

$$F_{zul} = \sigma_{dzul} \cdot S$$

Tensão de compressão

para aço

$$\sigma_{dzul} = \frac{\sigma_{dF}}{v}$$

para ferro fundido

$$\sigma_{dzul} \approx \frac{4 \cdot R_m}{v}$$

Solicitação por pressão superficial

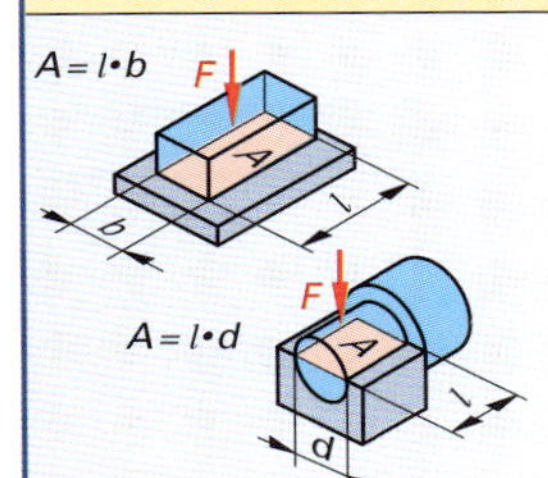

F força
A superfície de contato, área projetada
p pressão superficial

Exemplo:

Duas chapas de metal, com 8 mm de espessura cada, são unidas com um parafuso DIN 1445-10h11x 16 x 30. Qual deve ser a força a ser aplicada, com uma pressão superficial máxima permissível de 280 N/mm²?

$$F = p \cdot A = 280\ \frac{\text{N}}{\text{mm}^2} \cdot 8\ \text{mm} \cdot 10\ \text{mm}$$

$= \mathbf{22\,400\ N}$

Pressão superficial

$$p = \frac{F}{A}$$

Pressão superficial permissível para junção com pinos e parafusos de aço (valores padrão)

Tipo de montagem	Pino liso para encaixe por prensa			Encaixe com peça entalhada			Parafuso liso para encaixe deslizante		
Caso de carga	I	II	III	I	II	III	I	II	III
Material componente	Falta Tradução								
S235	100	70	35	70	50	25	30	25	10
E295	105	75	40	75	55	30	30	25	10
Aço fundido	85	60	30	60	45	20	30	25	10
Ferro fundido	70	50	25	50	35	20	40	30	15
Liga CuSn, CuZn	40	30	15	30	20	10	40	30	15
Liga AlCuMg	65	45	25	45	35	15	20	15	10

Para valores de referência de carga específica permissível de vários materiais de mancais, ver página 261.

Solicitação por cisalhamento e empenamento

Solicitação por cisalhamento

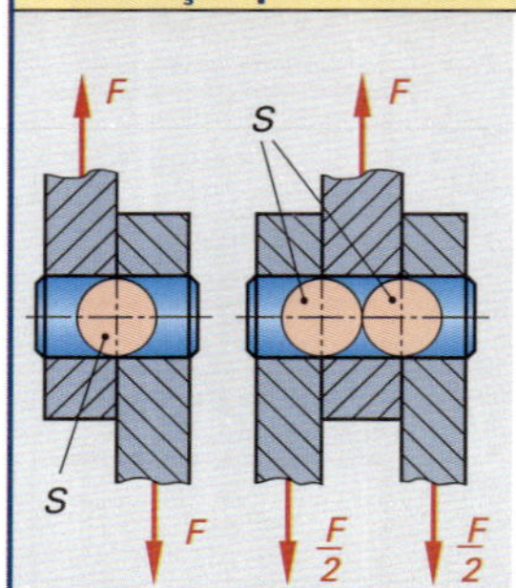

Cisalhamento único　Cisalhamento duplo

A seção transversal não deve ser cisalhada.

τ_a tensão de cisalhamento
τ_{azul} esforço de cisalhamento permissível
τ_{aB} resistência a cisalhamento
F_{zul} força de cisalhamento permissível
S área transversal　v fator de segurança

Exemplo:

Pino de trava 6 mm, carga única de cisalhamento, E 295, $v = 3$; $F_{zul} = ?$

$$\tau_{a\,azul} = \frac{\tau_{aB}}{v} = \frac{390\ \text{N/mm}^2}{3} = 130\ \frac{\text{N}}{\text{mm}^2}$$

$$S = \frac{\pi \cdot d^2}{4} = \frac{\pi \cdot (6\ \text{mm})^2}{4} = 28{,}3\ \text{mm}^2$$

$$F_{zul} = S \cdot \tau_{a\,azul} = 28{,}3\ \text{mm}^2 \cdot 130\ \frac{\text{N}}{\text{mm}^2} = \mathbf{3679\ N}$$

Para propriedades de resistência mecânica τ_{aB} e fatores de segurança, ver página 44.

Tensão de cisalhamento

$$\tau_a = \frac{F}{S}$$

Tensão de cisalhamento permissível

$$\tau_{a\,zul} = \frac{\tau_{aB}}{v}$$

Força de cisalhamento permissível

$$F_{zul} = S \cdot \tau_{a\,zul}$$

Corte de materiais

F
d
s

S= U•s
=π• d•s

U=π• d
s

A seção transversal deve ser cisalhada.

$\tau_{aB}max$ máxima resistência a cisalhamento
S área de cisalhamento
R_{mmax} máxima resistência à tração　F força de corte

Exemplo:

Punção em uma chapa de metal com 3 mm de espessura S235JR; $d = 16$ mm; $F = ?$

$R_{m\,max} = 470\ \text{N/mm}^2$ (Tabela página 130)

$\tau_{aB\,max} \approx 0{,}8 \cdot R_{m\,max} = 0{,}8 \cdot 470\ \text{N/mm}^2 = 376\ \text{N/mm}^2$

$S = \pi \cdot d \cdot s = \pi \cdot 16\ \text{mm} \cdot 3\ \text{mm} = 150{,}8\ \text{mm}^2$

$F = S \cdot \tau_{aB\,max} = 150{,}8\ \text{mm}^2 \cdot 376\ \text{N/mm}^2 = 56701\ \text{N}$
$= \mathbf{56{,}7\ kN}$

Resistência mecânica R_{mmax} para aços, ver páginas 130 a 138

Resistência máxima a cisalhamento

$$\tau_{aB\,max} \approx 0{,}8 \cdot R_{m\,max}$$

Força de corte

$$F = S \cdot \tau_{aB\,max}$$

Solicitação por empenamento (Segundo Euler)

Casos de carga e comprimentos livres de empenamento (colunas Euler)

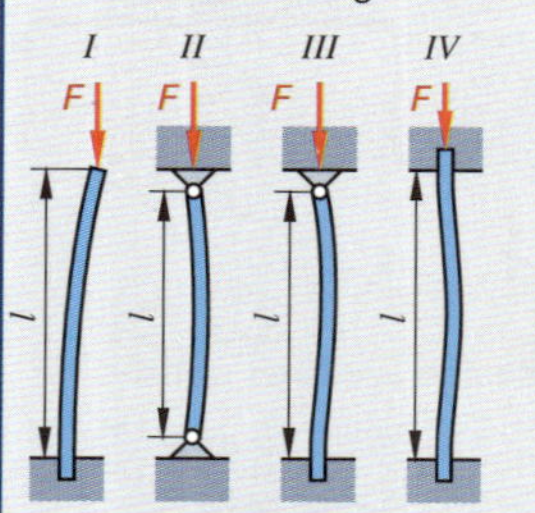

Comprimentos de empenamento livres

$l_k = 2 \cdot l$　$l_k = l$　$l_k = 0{,}7 \cdot l$　$l_k = 0{,}5 \cdot l$

O cálculo de empenamento de colunas Euler se aplica apenas a peças finas e dentro da faixa elástica da peça.

F_{kzul} força de empenamento permissível
E módulo de elasticidade
l comprimento
I momento de área 2º grau
l_k comprimento de empenamento livre
v fator de segurança (em construção de máquina ≈ 3-10)

Exemplo:

Viga IPB200, $l = 3{,}5$ m; fixada nas duas extremidades; $v = 10$; $F_{kzul} = ?$; $E = 210000\ \text{N/mm}^2 = 21 \cdot 10^6\ \text{N/cm}^2$ (Tabela abaixo); I[1] = 2000 cm⁴

$$F_{k\,zul} = \frac{\pi^2 \cdot E \cdot I}{l_k^2 \cdot v} = \frac{\pi^2 \cdot 21 \cdot 10^6\ \frac{\text{N}}{\text{cm}^2} \cdot 2000\ \text{cm}^4}{(0{,}5 \cdot 350\ \text{cm})^2 \cdot 10}$$

$$= 1{,}35 \cdot 10^6\ \text{N} = \mathbf{1{,}35\ MN}$$

[1] Para momentos de área (2º grau), ver páginas 49 e 146-151. Métodos especiais de cálculo são definidos para aço estrutural nas normas DIN 18800 e DIN 4114.

Resistência máxima a empenamento

$$F_{k\,zul} = \frac{\pi^2 \cdot E \cdot I}{l_k^2 \cdot v}$$

Módulos de elasticidade E em kN/mm²

Aço	EN-GJL-150	EN-GJL-300	EN-GJL-400	GS-38	EN-GJMW-350-4	CuZn-40	Liga Al	Liga Ti
196...216	80...90	110...140	170...185	210	170	80...100	60...80	112...130

Solicitação por flexão e torção

Solicitação por flexão

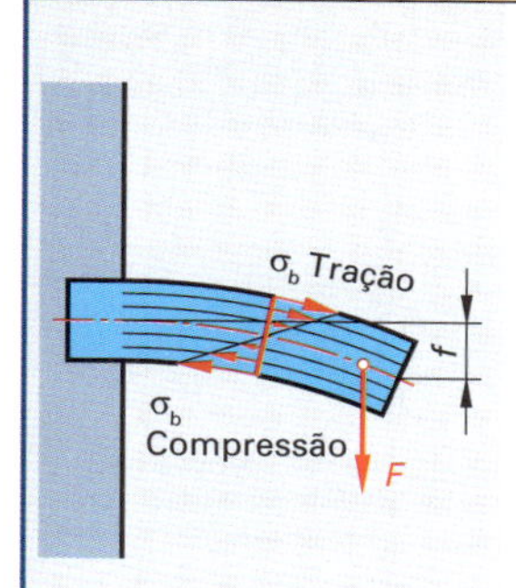

Na solicitação por flexão ocorrem tensões de tração e de compressão na peça. Calcula-se a tensão máxima de borda; ela não deve sobrepujar a tensão de flexão permissível.

σ_b tensão de flexão

M_b momento de flexão

W momento de resistência axial

F força de flexão

f deformação por flexão

Exemplo:

Viga IPE-240, , $W = 324\ \text{cm}^3$ (página 149), fixada em uma extremidade, carga concentrada $F = 25\ \text{kN}$; $l = 2{,}6\ \text{m}$, ; $\sigma_b = ?$

$$\sigma_b = \frac{M_b}{W} = \frac{F \cdot l}{W} = \frac{25\,000\ \text{N} \cdot 260\ \text{cm}}{324\ \text{cm}^3}$$

$$= 20\,061\ \frac{\text{N}}{\text{cm}^2} = \mathbf{200}\ \frac{\mathbf{N}}{\mathbf{mm^2}}$$

Tensão de flexão

$$\sigma_b = \frac{M_b}{W}$$

Tensão de flexão permissível σ_{bzul} da p. 44.

Casos de carga de flexão em vigas

Viga carregada com uma carga concentrada

fixada em uma extremidade

$$M_b = F \cdot l$$

$$f = \frac{F \cdot l^3}{3 \cdot E \cdot I}$$

apoiada nas duas extremidades

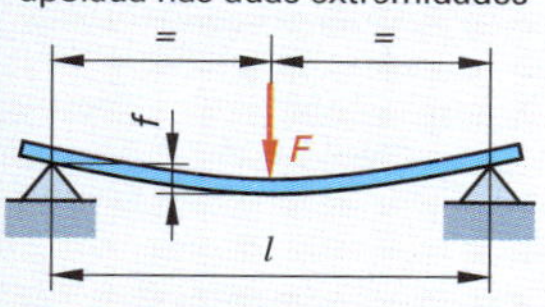

$$M_b = \frac{F \cdot l}{4}$$

$$f = \frac{F \cdot l^3}{48 \cdot E \cdot I}$$

fixada nas duas extremidades

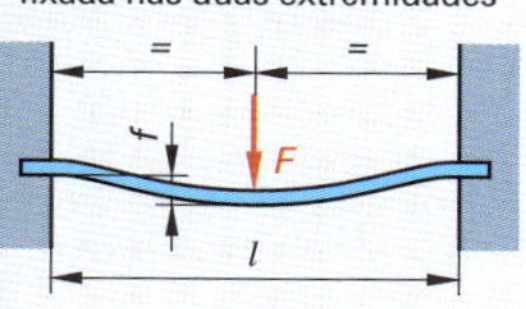

$$M_b = \frac{F \cdot l}{8}$$

$$f = \frac{F \cdot l^3}{192 \cdot E \cdot I}$$

Viga carregada com uma carga uniformemente distribuída

fixada em uma extremidade

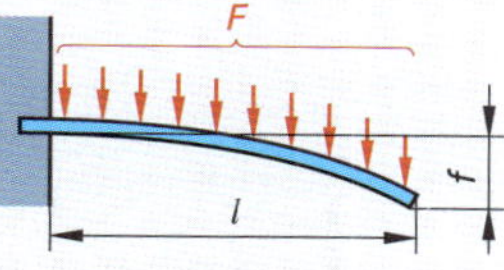

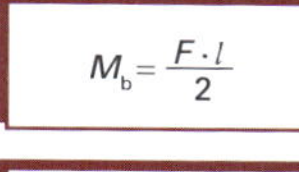

$$M_b = \frac{F \cdot l}{2}$$

$$f = \frac{F \cdot l^3}{8 \cdot E \cdot I}$$

apoiada nas duas extremidades

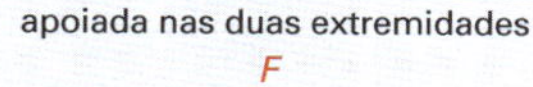

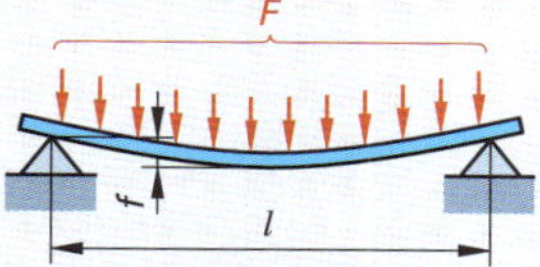

$$M_b = \frac{F \cdot l}{8}$$

$$f = \frac{5 \cdot F \cdot l^3}{384 \cdot E \cdot I}$$

fixada nas duas extremidades

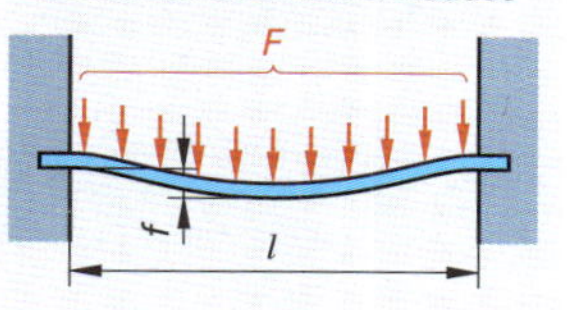

$$M_b = \frac{F \cdot l}{12}$$

$$f = \frac{F \cdot l^3}{384 \cdot E \cdot I}$$

E módulo de elasticidade; valores: página 46 I momento de área (2º grau); fórmulas: página 49; valores: páginas 146 a 151

Solicitação por torção

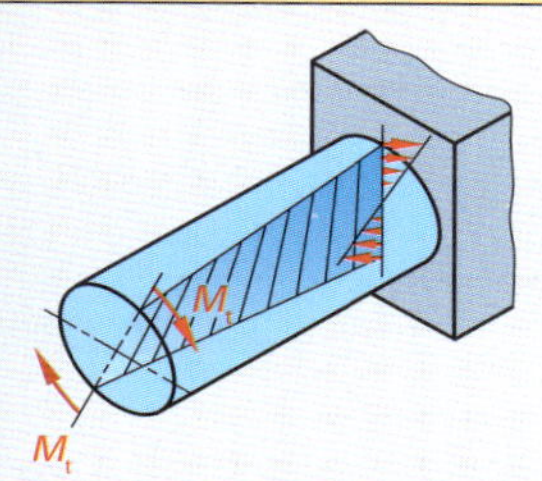

M_t momento de torção

W_p momento de resistência polar

τ_t tensão de torção

Exemplo:

Eixo, $d = 32\ \text{mm}$; $M_t = 420\ \text{N} \cdot \text{m}$; $\tau_t = ?$

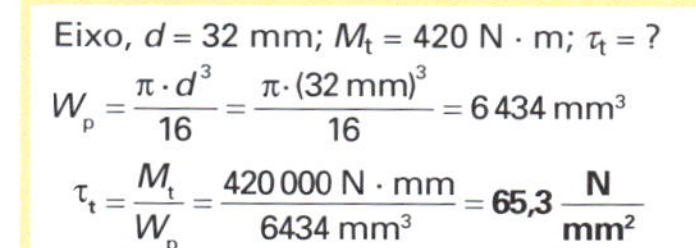

$$W_p = \frac{\pi \cdot d^3}{16} = \frac{\pi \cdot (32\ \text{mm})^3}{16} = 6\,434\ \text{mm}^3$$

$$\tau_t = \frac{M_t}{W_p} = \frac{420\,000\ \text{N} \cdot \text{mm}}{6434\ \text{mm}^3} = \mathbf{65{,}3}\ \frac{\mathbf{N}}{\mathbf{mm^2}}$$

Tensão de torção

$$\tau_t = \frac{M_t}{W_p}$$

Tensão de tração permissível τ_{tzul} da página 44 ou página 48

Momentos de resistência polar, ver páginas 49 e 151

Resistência relacionada ao formato

Resistência relacionada ao formato e tensão permissível para solicitação dinâmica

A resistência relacionada ao formato é a resistência à fadiga da seção transversal de um componente sob solicitação dinâmica, considerando-se também os efeitos de redução devidos ao formato do componente. Os fatores importantes incluem:

- o formato do componente
- qualidade da usinagem (rugosidade da superfície)
- dimensões do material (espessura do componente)

Sob consideração de um fator de segurança, obtém-se a tensão permissível para comprovação da resistência de uma seção transversal de uma peça sob solicitação dinâmica.

σ_G resistência relacionada ao formato
σ_{lim} tensão-limite de seção transversal não entalhada, ex.: σ_{bw} ou τ_{tsch} (p. 44)
β_k grau de efeito de entalhe
b_1 fator de condição superficial
b_2 fator de tamanho
$\sigma(\tau)_{zul}$ tensão permissível
v_D segurança contra ruptura por fadiga

Exemplo:

Eixo rotativo, E335, furo transversal, rugosidade da superfície R_Z = 25 m, diâmetro bruto da peça d = 50 mm, fator de segurança v_D = 1,7; σ_S = ?; σ_{zul} = ?

σ_{bW} = 280 N/mm² (página 44); b_1 = 0,8 (R_m = 570 N/mm², diagrama abaixo);
b_2 = 0,8 (diagrama embaixo); β_k = 1,7 (tabela embaixo)

$$\sigma_G = \frac{\sigma_{bW} \cdot b_1 \cdot b_2}{\beta_k} = \frac{280\ \text{N/mm}^2 \cdot 0{,}8 \cdot 0{,}8}{1{,}7} = \mathbf{105\ N/mm^2}$$

$$\sigma_{zul} = \sigma_G / v_D = 105\ \text{N/mm}^2 / 1{,}7 = \mathbf{62\ N/mm^2}$$

Resistência relacionada ao formato (solicitação dinâmica)

$$\sigma_G = \frac{\sigma_{lim} \cdot b_1 \cdot b_2}{\beta_k}$$

$$\tau_G = \frac{\tau_{lim} \cdot b_1 \cdot b_2}{\beta_k}$$

Tensão permissível (solicitação dinâmica)

$$\sigma_{zul} = \frac{\sigma_G}{v_D}$$

$$\tau_{zul} = \frac{\tau_G}{v_D}$$

v_D para aço ≈ 1,7

Efeito de entalhe e fatores deste efeito β_k para aço

Exemplo: distribuição de tensão com solicitação por tração

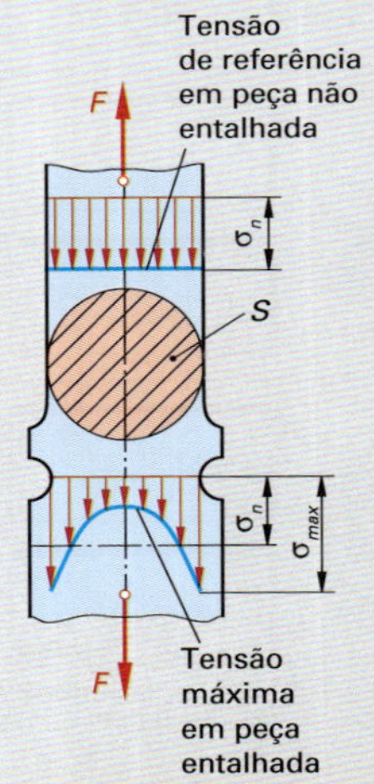

Seções transversais não entalhadas têm um fluxo de forças não perturbado e, assim, uma distribuição uniforme de tensão. Mudanças nas seções transversais geram concentração de linhas de força e, com isso, a picos de tensão. A consequente redução de resistência é influenciada principalmente pelo formato do entalhe, mas também pela sensibilidade ao entalhe do matrial.

Formato do entalhe	Material	Fator de concentração de esforço β_K Flexão	Torção
Eixo com degrau	S185...E335	1,5... 2,0	1,3...1,8
Eixo com entalhe circular	S185...E335	1,5... 2,2	1,3...1,8
Eixo com ranhura para anel de segurança	S185...E335	2,5...3,0	2,5...3,0
Ranhura para chaveta no eixo	S185...E335	1,9...1,9	1,5...1,6
	C45E+QT	1,9...2,1	1,6...1,7
Ranhura para mola de disco	50CrMo4+QT	2,1...2,3	1,7...1,8
no eixo	S185...E335	2,0...3,0	2,0...3,0
Eixo ranhurado	S185...E335	–	1,6...1,8
Interface do eixo com o cubo fixo	S185...E335	2,0	1,5
Eixo ou árvore com furo transversal	S185...E335	1,4...1,7	1,4...1,8
Barra chata com furo	S185...E335	1,3...1,5	carga de tração 1,6...1,8

Fator de condição superficial b_1 e fator de tamanho b_2 para aço

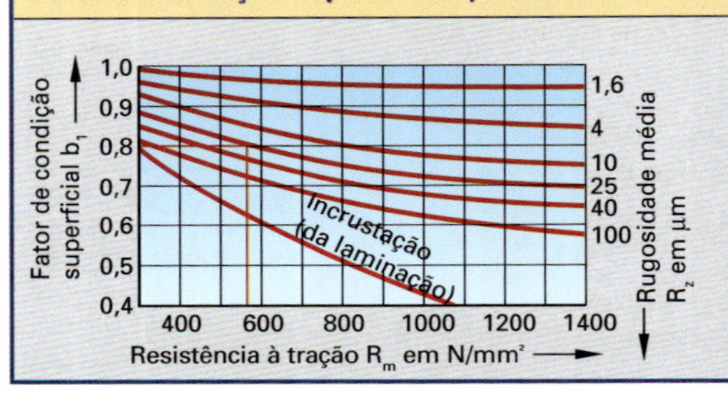

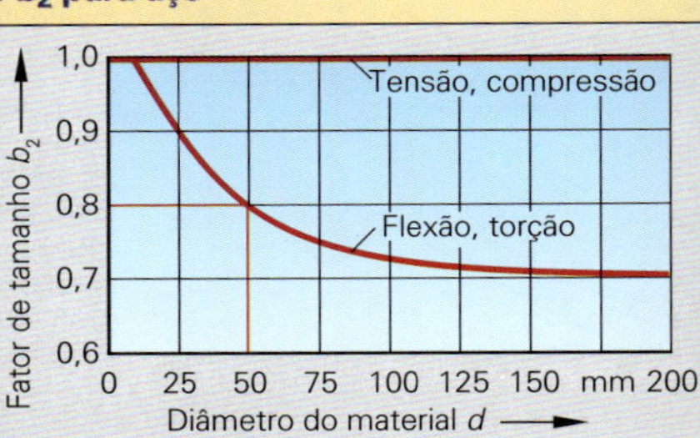

Momentos de área e Momentos de resistência[1]

Formato da seção transversal	Flexão e Empenamento Momento de área (2º grau)	Momento de resistência axial W	Torção Momento de resistência polar Wp
	$I = \frac{\pi \cdot d^4}{64}$	$W = \frac{\pi \cdot d^3}{32}$	$W_p = \frac{\pi \cdot d^3}{16}$
	$I = \frac{\pi \cdot (D^4 - d^4)}{64}$	$W = \frac{\pi \cdot (D^4 - d^4)}{32 \cdot D}$	$W_p = \frac{\pi \cdot (D^4 - d^4)}{16 \cdot D}$
	$I = 0{,}05 \cdot D^4 - 0{,}083\ d \cdot D^3$	$W = 0{,}1 \cdot D^3 - 0{,}17\ d \cdot D^2$	$W_p = 0{,}2 \cdot D^3 - 0{,}34\ d \cdot D^2$
	$I = 0{,}003 \cdot (D + d)^4$	$W = 0{,}012 \cdot (D + d)^3$	$W_p = 0{,}2 \cdot d^3$
também se aplica a mais ranhuras	$I = 0{,}003 \cdot (D + d)^4$	$W = 0{,}012 \cdot (D + d)^3$	$W_p = 0{,}006 \cdot (D + d)^3$
	$I_x = I_z = \frac{h^4}{12}$	$W_x = \frac{h^3}{6}$ $W_z = \frac{\sqrt{2} \cdot h^3}{12}$	$W_p = 0{,}208 \cdot h^3$
	$I_x = I_y = \frac{5 \cdot \sqrt{3} \cdot s^4}{144}$ $I_x = I_y = \frac{5 \cdot \sqrt{3} \cdot d^4}{256}$	$W_x = \frac{5 \cdot s^3}{48} = \frac{5 \cdot \sqrt{3} \cdot d^3}{128}$ $W_y = \frac{5 \cdot s^3}{24 \cdot \sqrt{3}} = \frac{5 \cdot d^3}{64}$	$W_p = 0{,}188 \cdot s^3$ $W_p = 0{,}123 \cdot d^3$
	$I_x = \frac{b \cdot h^3}{12}$ $I_y = \frac{h \cdot b^3}{12}$	$W_x = \frac{b \cdot h^2}{6}$ $W_y = \frac{h \cdot b^2}{6}$	$W_p = \eta \cdot b^2 \cdot h$ Valores para η veja tabela abaixo
	$I_x = \frac{B \cdot H^3 - b \cdot h^3}{12}$ $I_y = \frac{H \cdot B^3 - h \cdot b^3}{12}$	$W_x = \frac{B \cdot H^3 - b \cdot h^3}{6 \cdot H}$ $W_y = \frac{H \cdot B^3 - h \cdot b^3}{6 \cdot B}$	$W_p = \frac{t \cdot (H + h) \cdot (B + b)}{2}$

[1] Momentos de área (2º grau) e axial para perfis, ver páginas 146 a 151

Valor auxiliar η para momentos de resistência polar de seções retangulares

h/b	1	1,5	2	3	4	6	8	10	6
η	0,208	0,231	0,246	0,267	0,282	0,299	0,307	0,313	0,333

Comparação de vários formatos de seção transversal

Seção transversal		Massa por unidade de comprimento		Momentos de resistência ou de área por tipo de solicitação							
				Flexão				Empenamento		Torção	
Formato	Designação padrão	m'		W_x		W_y		I_{min}		W_p	
		kg/m	Fator[1]	cm³	Fator[1]	cm³	Fator[1]	cm³	Fator[1]	cm³	Fator[1]
	Barra redonda EN 10060 - 100	61,7	1,00	98	1,00	98	1,00	491	1,00	196	1,00
	Barra quadrada En 10059 – 100	78,5	1,27	167	1,70	167	1,70	833	1,70	208	1,06
	Tubo EN 10220 – 114,3 x 6,3	16,8	0,27	55	0,56	55	0,56	313	0,64	110	0,56
	Perfil oco EN 10210-1 100 x 100 x 6,3	18,3	0,30	67,8	0,69	67,8	0,69	339	0,69	110	0,56
	Perfil oco En 10058 – 100 x 50	16,1	0,26	59	0,60	38,6	0,39	116	0,24	77	0,39
	Barra chata EN 10055 – T100	39,3	0,64	83	0,85	41,7	0,43	104	0,21	–	–
	Perfil T EN 10055 – T100	16,4	0,27	24,6	0,25	17,7	0,18	88,3	0,18	–	–
	Perfil U EN 1026 – U100	10,6	0,17	41,2	0,42	8,5	0,08	29,3	0,06	–	–
	Perfil I DIN 1025 – I100	8,3	0,13	34,2	0,35	4,9	0,05	12,2	0,02	–	–
	Perfil I DIN 1025-IPB100	20,4	0,33	89,9	0,92	33,5	0,34	167	0,34	–	–

[1] Fator de referência da barra redonda EN 10060-100 (seção transversal na primeira linha da tabela)

Efeitos de mudanças de temperatura

Temperatura

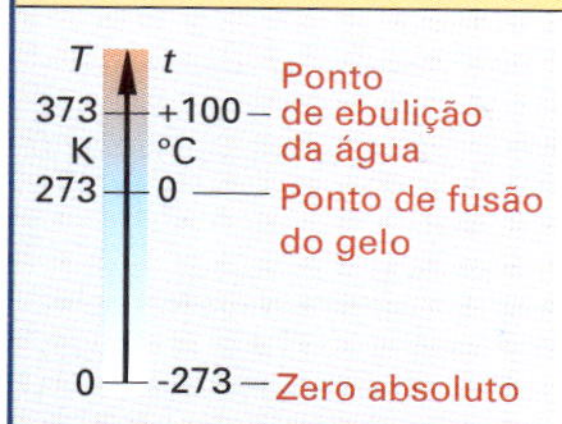

As temperaturas são medidas em Kelvin (K), graus Celsius (Centígrado, °C) ou graus Fahrenheit (°F). A escala Kelvin inicia na mais baixa temperatura possível, o zero absoluto; a origem da escala Celsius é o ponto de fusão do gelo.

T temperatura em K (temperatura termodinâmica)
t_ϑ temperatura em °C
t_F temperatura em °F

Exemplo:

$t = 20\,°C$; $T = ?$
$T = t + 273 = (20 + 273)\ K = \mathbf{293\ K}$

Temperatura em Kelvin

$$T = t + 273$$

Temperatura em graus Fahrenheit

$$t_F = 1{,}8 \cdot t + 32$$

Expansão linear, Mudança no diâmetro

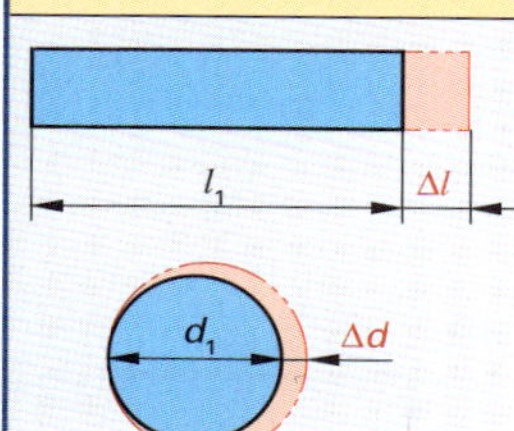

Δ_l coeficiente de expansão linear
Δl expansão linear
Δt, $\Delta\vartheta$ mudança de temperatura
Δd mudança no diâmetro
l_1 comprimento inicial
d_1 diâmetro inicial

Exemplo:

Chapa de aço, $l_1 = 120$ mm; $\alpha_l = 0{,}000\,012\,\frac{1}{°C}$
$\Delta t = 800\,°C$; $\Delta l = ?$
$\Delta l = \alpha_l \cdot l_1 \cdot \Delta t$
$= 0{,}000\,012\,\frac{1}{°C} \cdot 120\ mm \cdot 800\,°C = \mathbf{1{,}15\ mm}$

Expansão linear

$$\Delta l = \alpha_1 \cdot l_1 \cdot \Delta t$$

Mudança no diâmetro

$$\Delta d = \alpha_1 \cdot d_1 \cdot \Delta t$$

Para coeficientes de expansão linear, ver páginas 116 e 177.

Mudança de volume

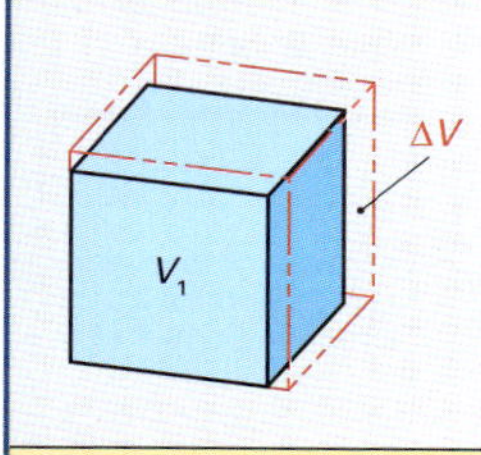

α_V coeficiente de expansão volumétrica
ΔV expansão volumétrica
V_1 volume inicial
Δt, $\Delta\vartheta$ mudança de temperatura

Exemplo:

Gasolina, $V_1 = 60\ l$; $\alpha_V = 0{,}001\,\frac{1}{°C}$; $\Delta t = 32\,°C$; $\Delta V = ?$
$\Delta \mathbf{V} = \alpha_V \cdot V_1 \cdot \Delta t = 0{,}001\,\frac{1}{°C} \cdot 60\ l \cdot 32\,°C = \mathbf{1{,}9\ l}$

Mudança de volume

$$\Delta V = \alpha_V \cdot V_1 \cdot \Delta t$$

Para sólidos: $\alpha_V = 3 \cdot \alpha_1$

Para coeficientes de expansão volumétrica, ver página 117.
Para expansão volumétrica de gases, ver página 42

Retração

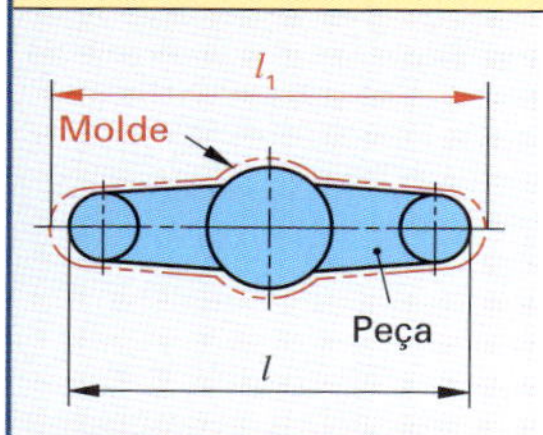

S medida de retração em %
l_1 comprimento *do molde*
l comprimento da peça

Exemplo:

Peça fundida de alumínio, $l = 680$ mm; $S = 1{,}2\%$; $l_1 = ?$
$l_1 = \frac{l \cdot 100\,\%}{100\,\% - S} = \frac{680\ mm \cdot 100\,\%}{100\,\% - 1{,}2\,\%}$
$= \mathbf{688{,}2\ mm}$

Comprimento do molde

$$l_1 = \frac{l \cdot 100\%}{100\ \% - S}$$

Para retração, ver página 163

Quantidade de calor com mudança de temperatura

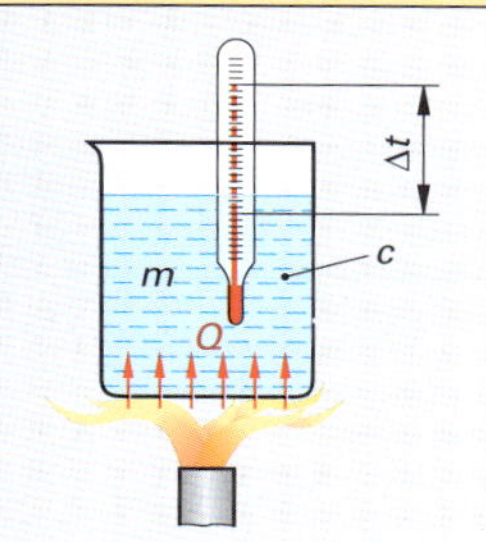

A capacidade de **calor específico c** indica quanto calor é necessário para aquecer 1 kg de uma substância em 1°C. A mesma quantidade de calor é liberada novamente durante o resfriamento.

c capacidade de calor específico
Δt, $\Delta\vartheta$ mudança de temperatura
Q quantidade de calor
m massa

Exemplo:

Eixo de aço, $m = 2$ kg; $c = 0{,}48\,\frac{kJ}{kg \cdot °C}$;
$\Delta t = 800\,°C$; $Q = ?$
$\mathbf{Q} = c \cdot m \cdot \Delta t = 0{,}48\,\frac{kJ}{kg \cdot °C} \cdot 2\ kg \cdot 800\,°C = \mathbf{768\ kJ}$

Quantidade de calor

$$Q = c \cdot m \cdot \Delta t$$

$1\ kJ = \frac{1\ kW \cdot h}{3600}$

$1\ kW \cdot h = 3{,}6\ MJ$

Para capacidade de calor específico ver páginas 116 e 117.

Calor para Fusão, Vaporização, Combustão

Calor de fusão, Calor de vaporização

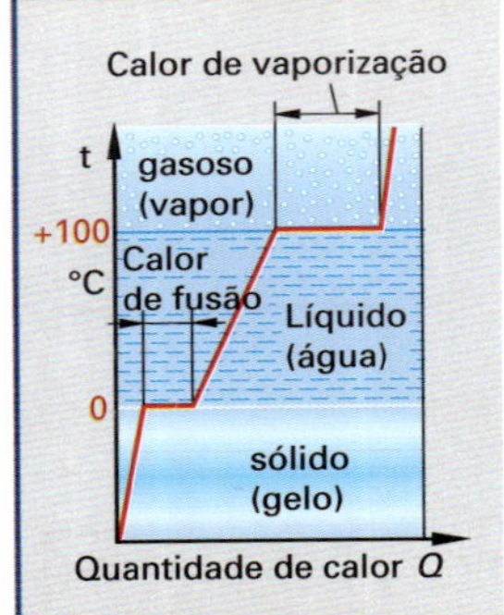

Para mudar o estado de agregação de substâncias (sólido em líquido e líquido em gás) é necessário calor – o calor de fusão e o calor de vaporização, respectivamente.

- Q calor de fusão, calor de vaporização
- q calor específico de fusão
- r calor específico de evaporação
- m massa

Exemplo :

Cobre, $m = 6{,}5$ kg; $q = 213 \frac{\text{kJ}}{\text{kg}}$; $Q = ?$

$\mathbf{Q} = q \cdot m = 213 \frac{\text{kJ}}{\text{kg}} \cdot 6{,}5 \text{ kg} = 1384{,}5 \text{ kJ} \approx \mathbf{1{,}4 \text{ MJ}}$

Calor de fusão

$$Q = q \cdot m$$

Calor de vaporização

$$Q = r \cdot m$$

Para calor de fusão e calor de evaporação, ver páginas 116 e 117

Fluxo de calor

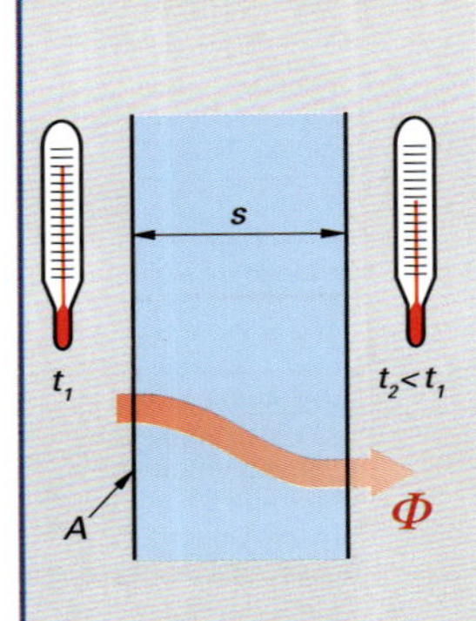

O fluxo de calor ∅ ocorre continuamente dentro de uma substância, de temperaturas mais altas para as mais baixas.

O **coeficiente de transmissão de calor k** considera, junto com a condutividade térmica da peça, a resistência à transmissão de calor nas bordas da peça.

- ∅ fluxo de calor
- λ condutividade térmica
- k coeficiente de transmissão de calor
- Δt, $\Delta\vartheta$ Diferença de temperatura
- s Espessura do componente
- A área do componente

Exemplo:

Vidro protetor, $k = 1{,}9 \frac{\text{W}}{\text{m}^2 \cdot °\text{C}}$; $A = 2{,}8 \text{ m}^2$; $\Delta t = 32\,°\text{C}$; $\Phi = ?$

$\Phi = k \cdot A \cdot \Delta t = 1{,}9 \frac{\text{W}}{\text{m}^2 \cdot °\text{C}} \cdot 2{,}8 \text{ m}^2 \cdot 32\,°\text{C} = \mathbf{170 \text{ W}}$

Fluxo de calor por condução

$$\Phi = \frac{\lambda \cdot A \cdot \Delta t}{s}$$

Fluxo de calor por transmissão

$$\Phi = k \cdot A \cdot \Delta t$$

Para valores de condutividade térmica λ: ver páginas 116 e 117. Para coeficientes de transmissão de calor k, ver abaixo.

Calor de combustão

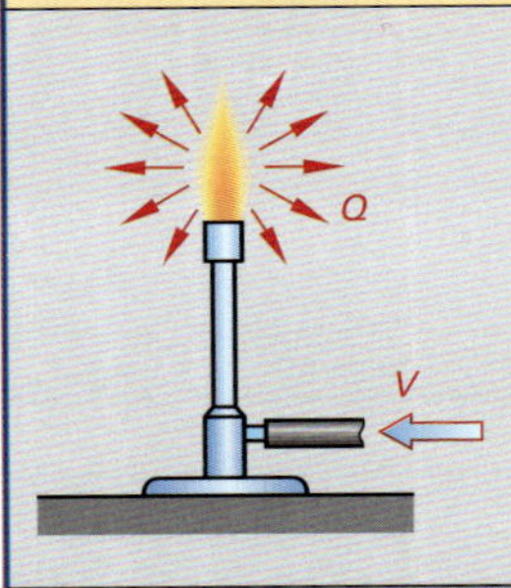

O valor **calorífico líquido H_u (H)** de uma substância se refere à quantidade de calor liberada durante a combustão completa de 1 kg ou 1 m³ daquela substância.

- Q calor de combustão
- H_u, H valor calorífico líquido
- m massa de combustíveis sólidos ou líquidos
- V volume de gás combustível

Exemplo:

Gás natural, $V = 3{,}8 \text{ m}^3$; $H_u = 35 \frac{\text{MJ}}{\text{m}^3}$; $Q = ?$

$\mathbf{Q} = H_u \cdot V = 35 \frac{\text{MJ}}{\text{m}^3} \cdot 3{,}8 \text{ m}^3 = \mathbf{133 \text{ MJ}}$

Calor de combustão de substâncias sólidas e líquidas

$$Q = H_u \cdot m$$

Calor de combustão de gases

$$Q = H_u \cdot V$$

valor calorífico líquido H_u (H) para combustíveis

Combustíveis sólidos	H_u MJ/kg	Combustíveis líquidos	H_u MJ/kg	Combustíveis gasosos	H_u MJ/kg
Madeira	15...17	Álcool	27	Hidrogênio	10
Biomassa (seca)	14...18	Benzeno	40	Gás natural	34...36
Linhito	16...20	Gasolina	43	Acetileno	57
Coque	30	Diesel	41...43	Propano	93
Hulha	30...34	Óleo combustível	40...43	Butano	123

Coeficiente de transmissão de calor k para materiais e peças de construção

Elementos de construção	s mm	k $\frac{\text{W}}{\text{m}^2 \cdot °\text{C}}$
Porta externa, aço	50	5,8
Janela dupla	12	1,3
Parede de tijolo	365	1,1
Teto de construção	125	3,2
Painel de isolamento térmico	80	0,39

Grandezas e Unidades Lei de Ohm, Resistência

Grandezas e unidades elétricas

Grandeza		Unidade	
Nome	Símbolo	Nome	Símbolo
Tensão elétrica (voltagem)	U	Volt	V
Intensidade de corrente elétrica	I	Ampère	A
Resistência elétrica	R	Ohm	Ω
Condutância elétrica	G	Siemens	S
Energia elétrica	P	Watt	W

$$1\,\Omega = \frac{1\,\text{V}}{1\,\text{A}}$$

$$1\,\text{W} = 1\,\text{V} \cdot 1\,\text{A}$$

Lei de Ohm

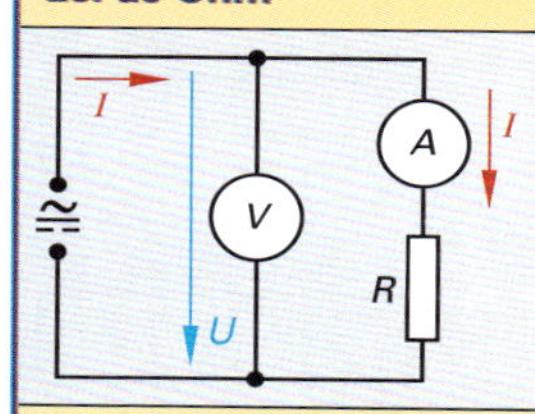

U Voltagem em V
I Corrente elétrica em A
R Resistência em Ω

Exemplo:

$R = 88\,\Omega$; $U = 230$ V; $I = ?$

$$\boldsymbol{I} = \frac{U}{R} = \frac{230\,\text{V}}{88\,\Omega} = \mathbf{2{,}6\,A}$$

Intensidade de corrente elétrica

$$I = \frac{U}{R}$$

Para símbolos de circuito, ver página 351.

Resistência e condutância elétrica

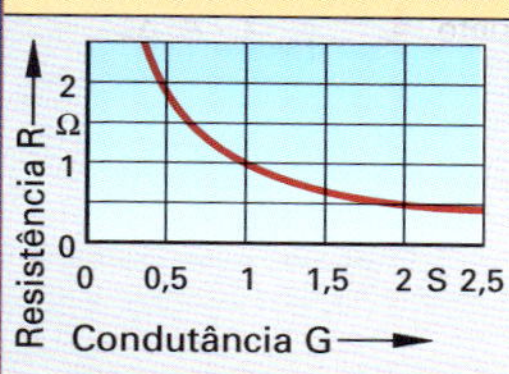

R Resistência em Ω
G Condutância em S

Exemplo:

$R = 20\,\Omega$; $G = ?$

$$\boldsymbol{G} = \frac{1}{R} = \frac{1}{20\,\Omega} = \mathbf{0{,}05\,S}$$

Resistência

$$R = \frac{1}{G}$$

Condutância

$$G = \frac{1}{R}$$

Resistividade elétrica, condutividade elétrica, resistência de condutor

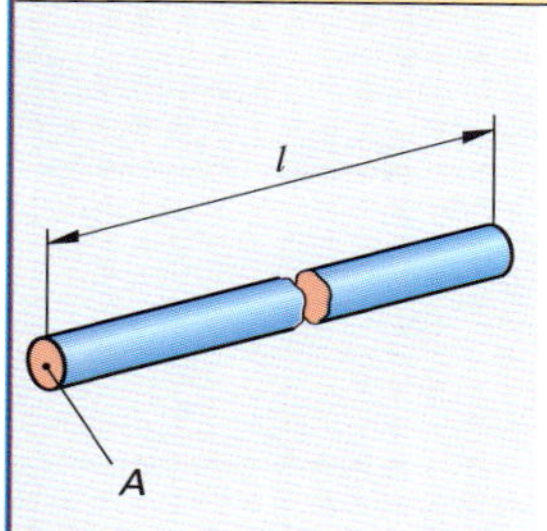

ϱ resistividade elétrica em Ω · mm²/m
γ Condutividade elétrica em m/(Ω . mm²)
R resistência em Ω
A seção transversal de arame em mm²
l comprimento do arame em m

Exemplo:

Arame de cobre, $l = 100$ m;

$A = 1{,}5\,\text{mm}^2$; r $= 0{,}0179\,\frac{\Omega \cdot \text{mm}^2}{\text{m}}$; $R = ?$

$$\boldsymbol{R} = \frac{\text{r} \cdot l}{A} = \frac{0{,}0179\,\frac{\Omega \cdot \text{mm}^2}{\text{m}} \cdot 100\,\text{m}}{1{,}5\,\text{mm}^2} = \mathbf{1{,}19\,\Omega}$$

Resistividade elétrica: páginas 116-117.

Resistividade elétrica

$$\varrho = \frac{1}{\gamma}$$

Resistência de condutor

$$R = \frac{\varrho \cdot l}{A}$$

Resistência e temperatura

Material	Valor Tk em 1/K
Alumínio	0,0040
Chumbo	0,0039
Ouro	0,0037
Cobre	0,0039
Prata	0,0038
Tungstênio	0,0044
Estanho	0,0045
Zinco	0,0042
Grafita	– 0,0013
Constantano	± 0,00001

ΔR Mudança na resistência em Ω
R_{20} Resistência a 20°C em Ω
R_t Resistência na temperatura t em Ω
α Coeficiente de temperatura (valor T_k) em 1/K
Δt Diferença de temperatura em K

Exemplo:

Resistência de Cu; $R_{20} = 150$; $t = 75$°C; $R_t = ?$

$\boldsymbol{\alpha} = \mathbf{0{,}0039\ 1/K}$; $\Delta \boldsymbol{t} = 75\,°\text{C} - 20\,°\text{C} = 55\,°\text{C} \triangleq \mathbf{55\,K}$

$\boldsymbol{R_t} = R_{20} \cdot (1 + \text{a} \cdot \Delta t)$

$= 150 \cdot (1 + 0{,}0039\ 1/\text{K} \cdot 55\ \text{K}) = \mathbf{182{,}2}$

Variação de resistência

$$\Delta R = \alpha \cdot R_{20} \cdot \Delta t$$

Resistência na temperatura t

$$R_t = R_{20} + \Delta R$$

$$R_t = R_{20} \cdot (1 + \alpha \cdot \Delta t)$$

Densidade de corrente, ligação em série e paralela de resistores

Densidade de corrente em condutores

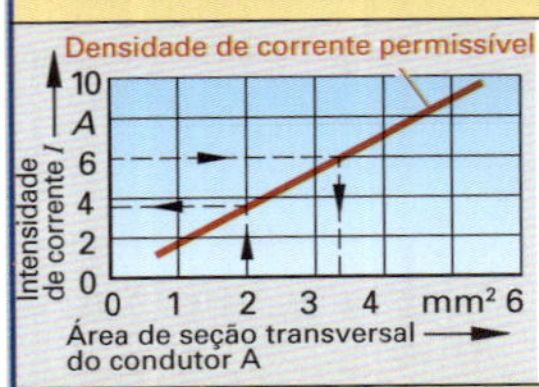

J Densidade de corrente em A/mm²
I Corrente elétrica em A
A Seção transversal do condutor em mm²

Exemplo:

$A = 2{,}5\ \text{mm}^2;\ I = 4\ \text{A};\ J = ?$

$$J = \frac{I}{A} = \frac{4\ \text{A}}{2{,}5\ \text{mm}^2} = \mathbf{1{,}6\ \frac{A}{mm^2}}$$

Densidade de corrente

$$J = \frac{I}{A}$$

Queda de tensão em fios

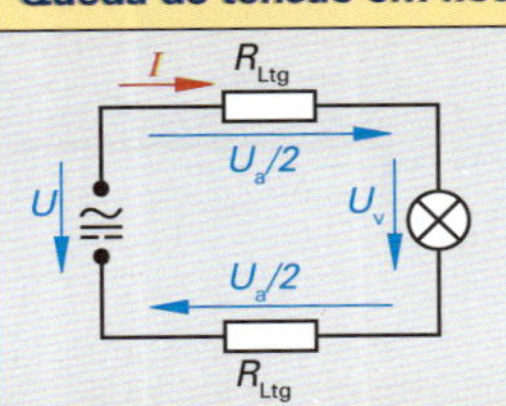

U_a Queda de tensão no condutor em V
U Diferença de potencial entre os terminais em V
U_v Tensão disponível em V
I Intensidade de corrente em A
R_{Ltg} Resistência do condutor (nos dois sentidos) em Ω

Queda de tensão

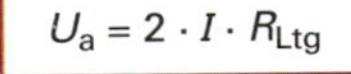

$$U_a = 2 \cdot I \cdot R_{Ltg}$$

Tensão disponível

$$U_v = U - U_a$$

Circuito com resistores em série

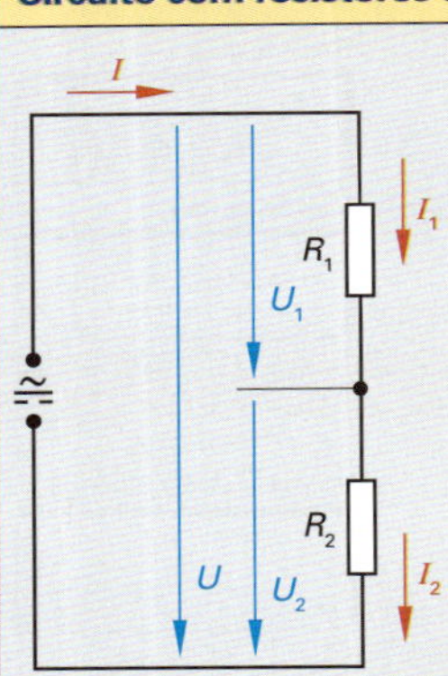

R Resistência total, resistência equivalente em Ω
I Corrente total em A
U Tensão total em V
R_1, R_2 Resistências individuais em Ω
I_1, I_2 Correntes parciais em A
U_1, U_2 Tensões parciais em V

Exemplo:

$R_1 = 10\ \Omega;\ R_2 = 20\ \Omega;\ U = 12\ \text{V};\ R = ?;\ I = ?;$
$U_1 = ?;\ U_2 = ?$

$$\mathbf{R} = R_1 + R_2 = 10\ \Omega + 20\ \Omega = \mathbf{30}\ \text{V}$$

$$\mathbf{I} = \frac{U}{R} = \frac{12\ \text{V}}{30\ \Omega} = \mathbf{0{,}4\ A}$$

$$\mathbf{U_1} = R_1 \cdot I = 10\ \Omega \cdot 0{,}4\ \text{A} = \mathbf{4\ V}$$

$$\mathbf{U_2} = R_2 \cdot I = 20\ \Omega \cdot 0{,}4\ \text{A} = \mathbf{8\ V}$$

Resistência total

$$R = R_1 + R_2 + \ldots$$

Tensão total

$$U = U_1 + U_2 + \ldots$$

Corrente total

$$I = I_1 = I_2 = \ldots$$

Tensão parcial

$$\frac{U_1}{U_2} = \frac{R_1}{R_2}$$

Circuito com resistores em paralelo

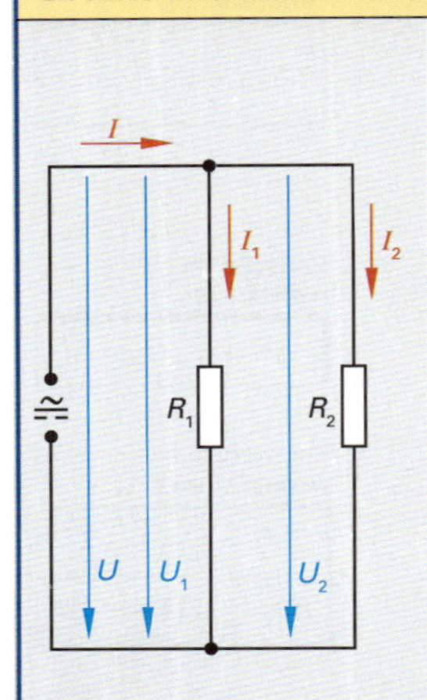

R Resistência total, resistência equivalente em Ω
I Corrente total em A
U Tensão total em V
R_1, R_2 Resistências individuais em Ω
I_1, I_2 Corrente parcial em A
U_1, U_2 Tensões parciais em V

Exemplo:

$R_1 = 15\ \Omega;\ R_2 = 30\ \Omega;\ U = 12\ \text{V};\ R = ?;\ I = ?;$
$I_1 = ?;\ I_2 = ?$

$$\mathbf{R} = \frac{R_1 \cdot R_2}{R_1 + R_2} = \frac{15\ \Omega \cdot 30\ \Omega}{15\ \Omega + 30\ \Omega} = \mathbf{10}\ \text{V}$$

$$\mathbf{I} = \frac{U}{R} = \frac{12\ \text{V}}{10\ \Omega} = \mathbf{1{,}2\ A}$$

$$\mathbf{I_1} = \frac{U_1}{R_1} = \frac{12\ \text{V}}{15\ \Omega} = \mathbf{0{,}8\ A};\qquad \mathbf{I_2} = \frac{U_2}{R_2} = \frac{12\ \text{V}}{30\ \Omega} = \mathbf{0{,}4\ A}$$

1) Usar esta fórmula somente com dois resistores em paralelo no circuito.

Resistência total

$$\frac{1}{R} = \frac{1}{R_1} + \frac{1}{R_2} + \ldots$$

$$R^{1)} = \frac{R_1 \cdot R_2}{R_1 + R_2}$$

Voltagem total

$$U = U_1 = U_2 = \ldots$$

Corrente total

$$I = I_1 + I_2 + \ldots$$

Correntes parciais

$$\frac{I_1}{I_2} = \frac{R_2}{R_1}$$

Tipos de corrente

Corrente contínua[1] (CC, símbolo —), tensão contínua CC

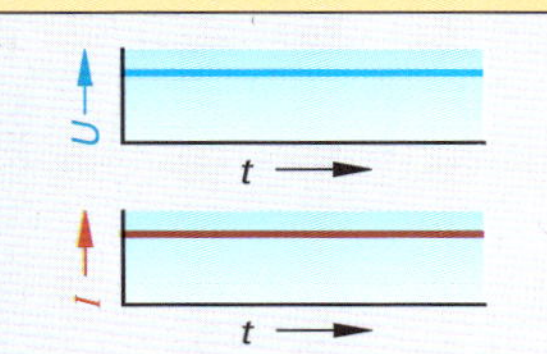

A corrente contínua flui apenas em um sentido e mantém um nível constante. A tensão também é constante.

- I Corrente elétrica em A
- U Tensão em V
- t Tempo em s

[1] DC – Direct Current (em inglês)

Intensidade de corrente elétrica

$$I = \text{constante}$$

Tensão

$$U = \text{constante}$$

Corrente alternada[2] (CA, símbolo ~), tensão alternada

Duração de ciclo e Freqüência

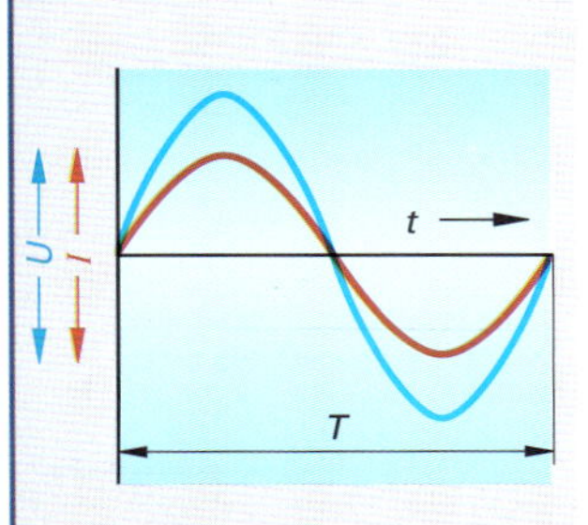

Enquanto a tensão muda continuamente em forma de senoide, os elétrons livres também alternam continuamente seu sentido de fluxo.

- f Frequência em 1/s, Hz
- T Período em s
- ω Frequência angular em 1/s
- I Corrente elétrica em A
- U Tensão em V
- t Tempo em s

Exemplo:

Frequência 50 Hz; $T = ?$

$$T = \frac{1}{50\,\frac{1}{s}} = \mathbf{0{,}02\ s}$$

[2] AC – Alternating Current (em inglês)

Duração do ciclo/período

$$T = \frac{1}{f}$$

Frequência

$$f = \frac{1}{T}$$

Frequência angular

$$\omega = 2 \cdot \pi \cdot f$$

$$\omega = \frac{2 \cdot \pi}{T}$$

1 Hertz = 1 Hz = 1/s
1 período por segundo

Valor máximo e valor efetivo de fluxo e tensão

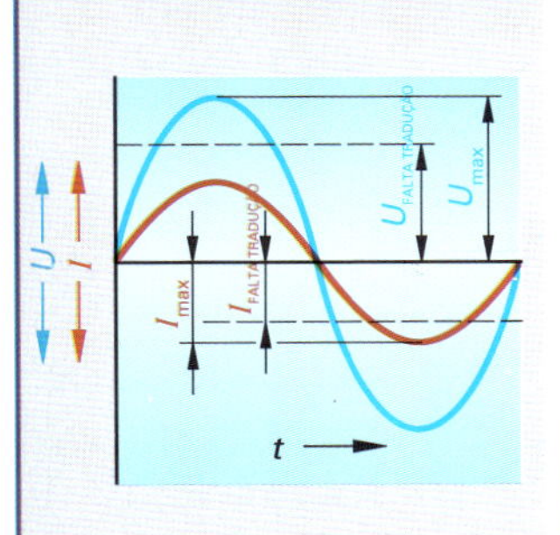

- I_{max} Valor máximo da corrente elétrica em A
- I_{eff} Valor efetivo da corrente elétrica em A
- U_{max} Valor máximo da tensão em V
- U_{eff} Valor efetivo da tensão em V (tensão que produz a mesma potência que uma tensão contínua idêntica através de um resistor ôhmico)
- I Corrente elétrica em A
- U Tensão em V
- t Tempo em s

Exemplo:

$U_{eff} = 230$ V; $U_{max} = ?$

$$\mathbf{U_{max}} = \sqrt{2} \cdot 230\ \text{V} = \mathbf{325\ V}$$

Valor máximo da corrente elétrica

$$I_{max} = \sqrt{2} \cdot I_{eff}$$

Valor máximo da tensão

$$U_{max} = \sqrt{2} \cdot U_{eff}$$

Corrente alternada trifásica

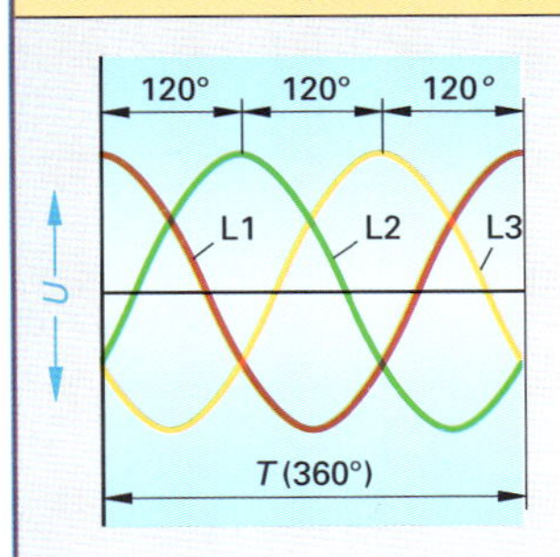

A corrente trifásica é gerada a partir de três tensões alternadas, defasadas em 120°.

- U Voltagem em V
- T Período em s
- L1 Fase 1
- L2 Fase 2
- L3 Fase 3
- U_{eff} Tensão efetiva entre o fio da fase e o fio neutro = 230 V
- U_{eff} Tensão efetiva entre os dois fios da fase = 440 V

Valor máximo da tensão

$$U_{max} = \sqrt{2} \cdot U_{eff}$$

Trabalho Elétrico e Potência, Transformadores

Trabalho elétrico

W Trabalho elétrico em kW · h
P Potência elétrica em W
t Tempo em h

Exemplo:

Chapa quente, $P = 1{,}8$ kW; $t = 3$ h;
$W = ?$ em kW · h e MJ

$W = P \cdot t = 1{,}8 \text{ kW} \cdot 3 \text{ h} = \mathbf{5{,}4 \text{ kW} \cdot h = 19{,}44 \text{ MJ}}$

Trabalho elétrico

$$W = P \cdot t$$

1 kW · h = 3,6 MJ
= 3 600 000 W · s

Potência elétrica com corrente contínua e corrente alternada ou trifásica sem indução[1]

Corrente contínua ou alternada

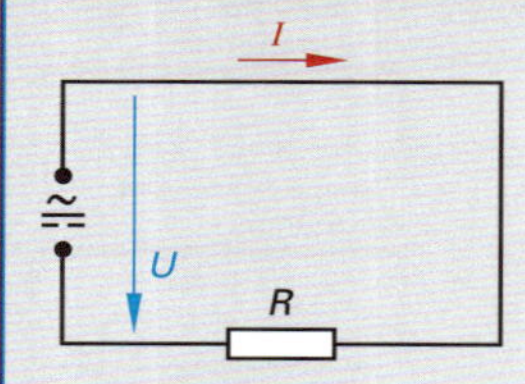

Corrente trifásica

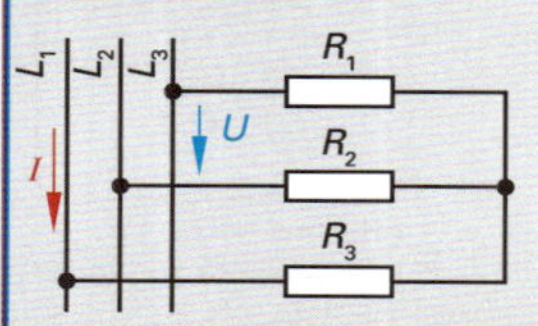

P potência elétrica em W
U tensão em V
I corrente elétrica em A
R resistência em Ω

1º Exemplo:

Lâmpada incandescente, $U = 6$ V; $I = 5$ A; $P = ?$; $R = ?$

$P = U \cdot I = 6 \text{ V} \cdot 5 \text{ A} = \mathbf{30 \text{ W}}$

$R = \frac{U}{I} = \frac{6 \text{ V}}{5 \text{ A}} = \mathbf{1{,}2\ \Omega}$

2º Exemplo:

Chapa de fogão elétrico, corrente trifásica,
$U = 400$ V; $P = 12$ kW; $I = ?$

$I = \frac{P}{\sqrt{3} \cdot U} = \frac{12\,000 \text{ W}}{\sqrt{3} \cdot 400 \text{ V}} = \mathbf{17{,}3 \text{ A}}$

Potência com corrente contínua ou alternada

$$P = U \cdot I$$
$$P = I^2 \cdot R$$
$$P = \frac{U^2}{R}$$

Potência elétrica com corrente trifásica

$$P = \sqrt{3} \cdot U \cdot I$$

[1] i.e. apenas para dispositivos de aquecimento (resistores ôhmicos)

Potência elétrica com corrente alternada e trifásica com componente de carga indutiva[2]

Corrente alternada

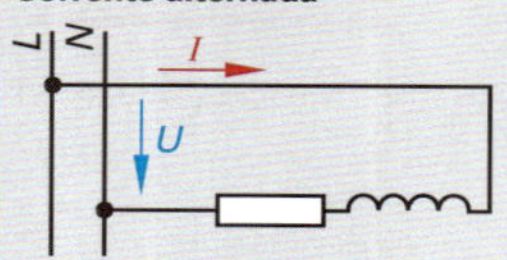

Corrente trifásica

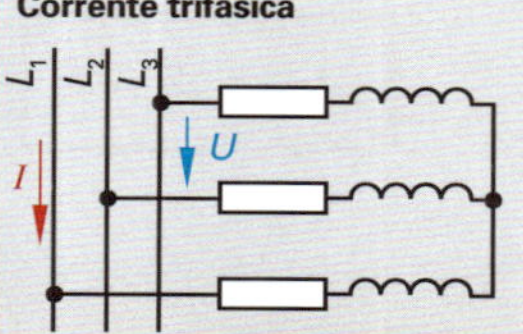

P Potência elétrica em W
U Tensão em V
I Corrente elétrica em A
cos φ Fator de potência

Exemplo:

Motor trifásico, $U = 400$ V; $I = 2$ A;
cos $\varphi = 0{,}85$; $P = ?$

$P = \sqrt{3} \cdot U \cdot I \cdot \cos \varphi = 3 \cdot 400 \text{ V} \cdot 2 \text{ A} \cdot 0{,}85$
$= 1178 \text{ W} \approx \mathbf{1{,}2 \text{ kW}}$

Saída de energia elétrica com corrente alternada

$$P = U \cdot I \cdot \cos \varphi$$

$$P = \sqrt{3} \cdot U \cdot I \cdot \cos \varphi$$

[2] i.e. em motores e geradores elétricos

Transformadores

Lado de entrada (bobina primária) — **Lado de saída** (bobina secundária)

I_1, I_2, N_1, N_2, U_1, U_2

N_1, N_2 Número de giros
I_1, I_2 Nível de corrente em A
U_1, U_2 Tensões em V

Exemplo:

$N_1 = 2875$; $N_2 = 100$; $U_1 = 230$ V; $I_1 = 0{,}25$ A; $U_2 = ?$; $I_2 = ?$

$U_2 = \frac{U_1 \cdot N_2}{N_1} = \frac{230 \text{ V} \cdot 100}{2875} = \mathbf{8 \text{ V}}$

$I_2 = \frac{I_1 \cdot N_1}{N_2} = \frac{0{,}25 \text{ A} \cdot 2875}{100} = \mathbf{7{,}2 \text{ A}}$

Tensões

$$\frac{U_1}{U_2} = \frac{N_1}{N_2}$$

Corrente elétrica

$$\frac{I_1}{I_2} = \frac{N_2}{N_1}$$

3 Comunicação Técnica

Segmentos de Linha, Perpendiculares e Ângulos

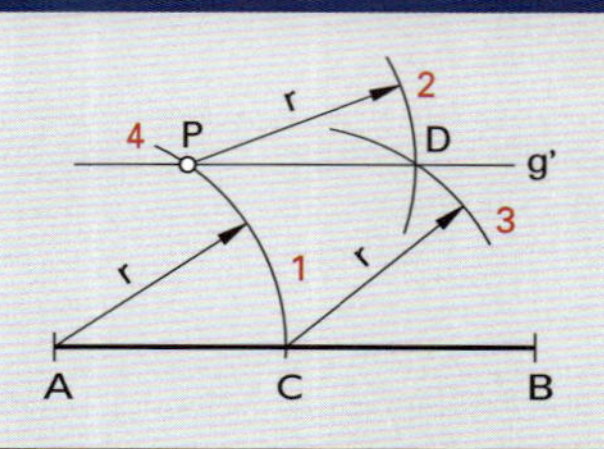

Paralelas a uma linha

Dado: Segmento de linha $\overline{AB}$ e ponto P na linha paralela desejada g'

1. Arco com raio *r* com centro em A gera o ponto de intersecção C.
2. Arco com raio *r* com centro em P.
3. Arco com raio *r* com centro em C gera o ponto de intersecção D.
4. O segmento de linha $\overline{PD}$ é a linha paralela g' a $\overline{AB}$.

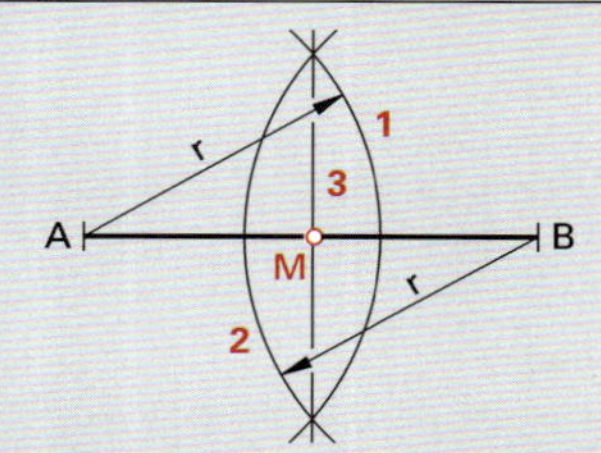

Dividir uma linha em duas partes iguais

Dado: Segmento de linha $\overline{AB}$

1. Arco 1 com raio *r* com centro em A; $r > \frac{1}{2}\,\overline{AB}$.
2. Arco 2 com raio *r* igual com centro em B.
3. A linha que liga os pontos de intersecção é a bissetriz perpendicular ou a bissetriz do segmento de linha $\overline{AB}$.

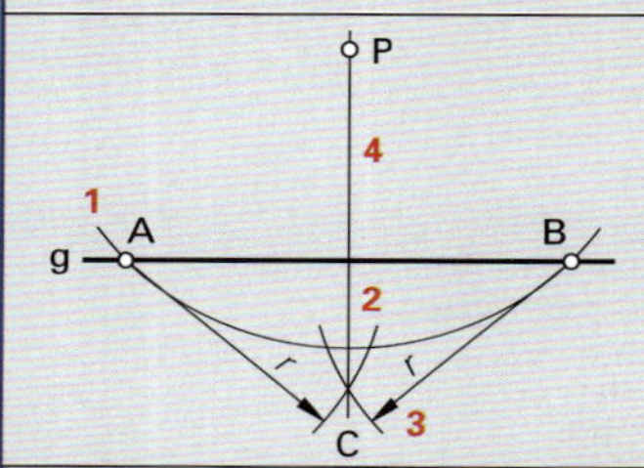

Descer uma perpendicular

Dado: linha reta g e ponto P

1. Qualquer arco 1 com centro em P resulta nos pontos de intersecção A e B.
2. Arco 2 com raio r com centro em A; $r > \frac{1}{2}\,\overline{AB}$.
3. Arco 3 com raio r igual com centro em B (ponto de intersecção C).
4. A linha que une o ponto de intersecção C a P é a perpendicular desejada.

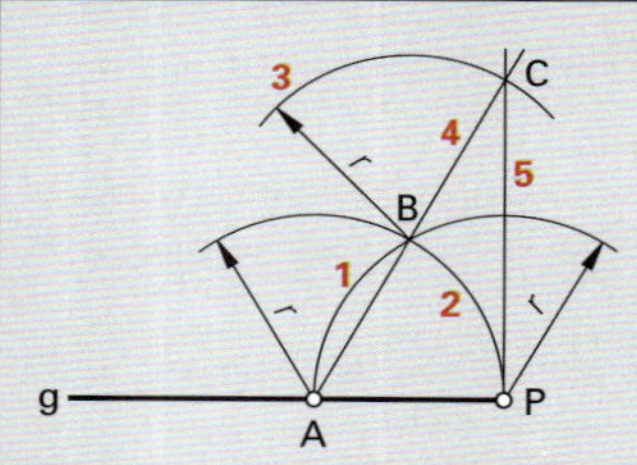

Construir uma linha vertical no ponto P

Dado: Linha reta g e ponto P

1. Arco 1 com centro em P com qualquer raio *r* gera o ponto de intersecção A.
2. Arco 2 com o mesmo raio *r* com centro em A gera o ponto de intersecção B.
3. Arco 3 com raio r igual com centro em B.
4. Traçar uma linha de A a B e prolongá-la para o ponto de intersecção C.
5. Unir P com C.

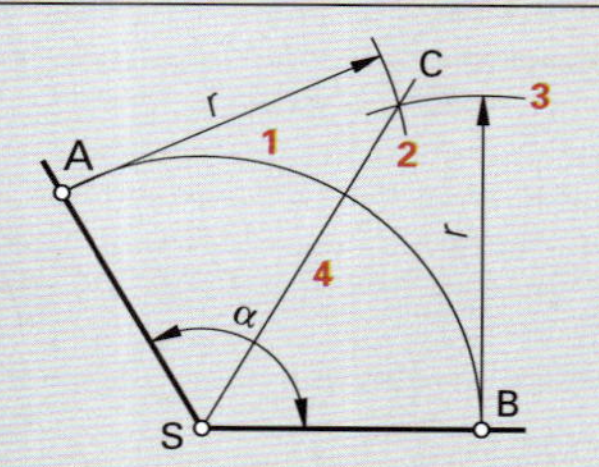

Dividir um ângulo em duas partes iguais

Dado: Ângulo α

1. Qualquer arco 1 com centro em S gera os pontos de intersecção A e B.
2. Arco 2 com raio *r* com centro em A; $r > \frac{1}{2}\,\overline{AB}$.
3. Arco 3 com raio *r* igual com centro em B gera o ponto de intersecção C.
4. A linha que une o ponto de intersecção C a S é a divisão do ângulo desejada.

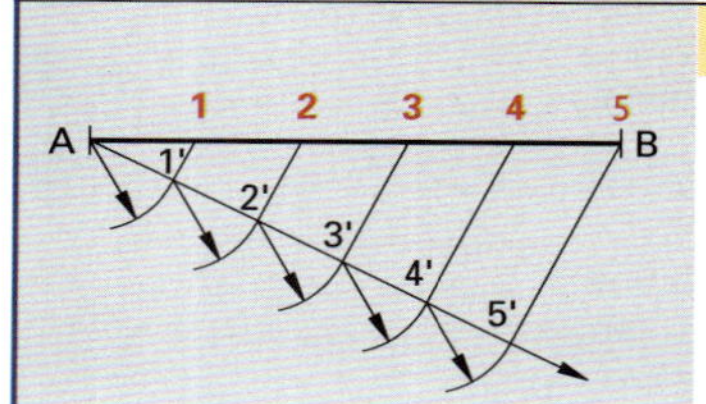

Dividir uma linha

Dado: A linha $\overline{AB}$ deve ser dividida em 5 partes iguais.

1. Traçar um raio a partir de A em qualquer ângulo.
2. Marcar sobre este raio 5 comprimentos iguais com um compasso, a partir de A.
3. Unir 5' a B.
4. Traçar paralelas a $\overline{5'B}$ através dos outros pontos de divisão 1' – 4'.

Tangentes, Arcos circulares, Polígonos

Tangente através do ponto P em um círculo

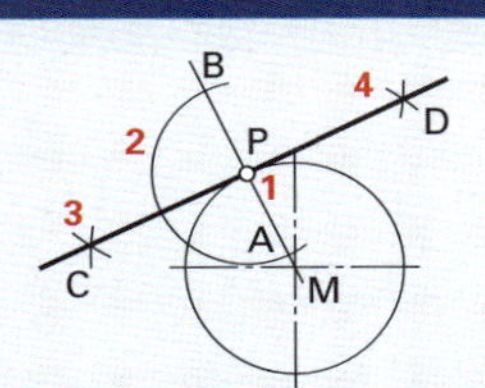

Dado: Círculo e ponto P

1. Traçar um segmento de linha $\overline{MP}$ e prolongá-lo.
2. Arco com centro em P gera os pontos de intersecção A e B.
3. Arcos com centro em A e B com o mesmo raio geram os pontos de intersecção C e D.
4. A linha que passa através de C e D é perpendicular a $\overline{PM}$.

Tangente a um círculo passando por P

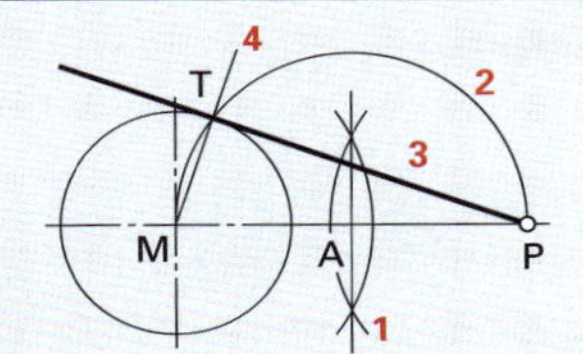

Dado: Círculo e ponto P

1. Dividir $\overline{MP}$ em partes iguais. A é o ponto médio.
2. Arco com centro em A com raio $r = \overline{AM}$ resulta no ponto de intersecção P. T é o ponto tangente.
3. Ligar T e P
4. $\overline{MT}$ é perpendicular a $\overline{PT}$.

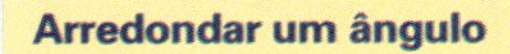

Arredondar um ângulo

Dado: Ângulo ASB e raio r

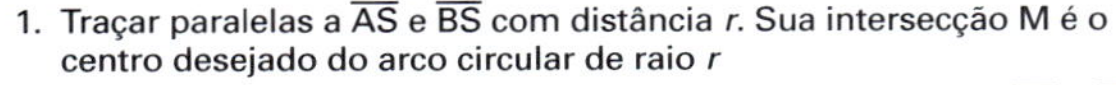

1. Traçar paralelas a $\overline{AS}$ e $\overline{BS}$ com distância r. Sua intersecção M é o centro desejado do arco circular de raio r
2. A intersecção das perpendiculares aos segmentos de linha $\overline{AS}$ e $\overline{BS}$ passando por M são os pontos de transição C e D para o arco.

Ligar dois círculos por arcos

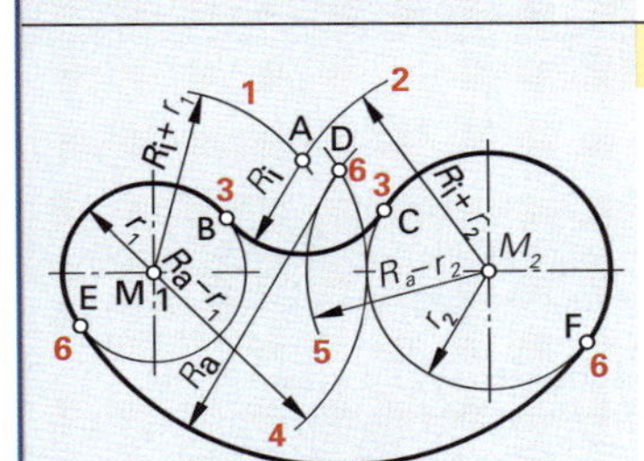

Dado: Círculo 1 e círculo 2, raios R_i e R_a

1. Círculo em torno de M_1 com raio $R_i + r_1$.
2. Círculo em torno de M_2 com raio $R_i + r_2$ interseciona com 1 para gerar o ponto de intersecção A.
3. A ligação de M_1 e M_2 a A resulta nos pontos de contato B e C para o raio interno R_i.
4. Círculo em torno de M_1 com raio $R_a - r_1$.
5. Círculo em torno de M_2 com raio $R_a - r_2$, corta 4 gerando o ponto de intersecção D.
6. D ligado a M_1 e a M_2 e prolongado fornece os pontos de contato E e F para o raio externo R_a

Polígono regular circunscrito (ex.: pentágono)

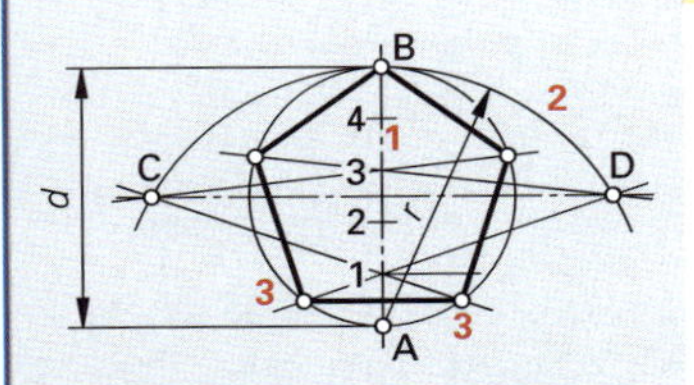

Dado: Círculo de diâmetro d

1. Dividir $\overline{AB}$ em 5 partes iguais (página 58).
2. Um arco centralizado em A com raio $r = \overline{AB}$ resulta nos pontos C e D.
3. Traçar linhas de C e D a 1,3, etc (todos os números ímpares). Os pontos de intersecção no círculo geram os vértices desejados do pentágono.
   Para polígonos com número par de ângulos, C e D são ligados a 2, 4, 6, etc. (todos os números pares).

Hexágono, dodecágono circunscritos

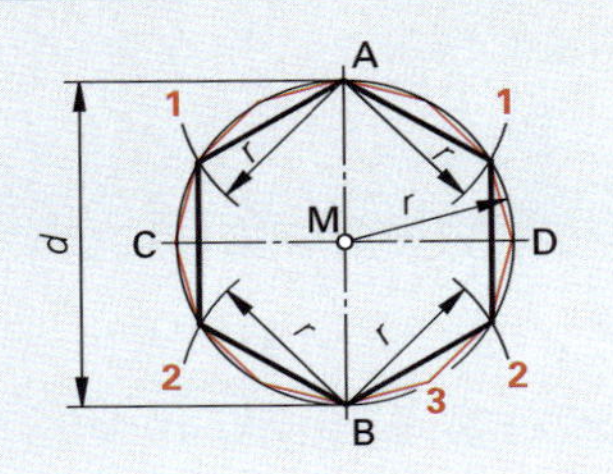

Dado: Círculo com diâmetro d

1. Arcos centralizados em A com raio $r = \frac{d}{2}$.
2. Arcos com raio r com centro em B.
3. Traçar segmentos de linha ligando os pontos de intersecção para gerar o hexágono.
   Para um dodecágono, encontrar os pontos intermediários, incluindo intersecções em C e D.

Círculos inscritos e circunscritos em triângulos, Ponto central do círculo, Elipse, Espiral

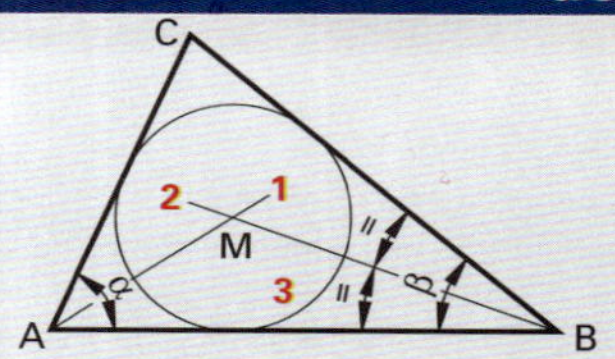

Círculo inscrito em um triângulo

Dado: Triângulo A, B, C

1. Dividir o ângulo α em partes iguais.
2. Dividir o ângulo β em partes iguais (intersecção no ponto M).
3. Círculo inscrito com centro em M.

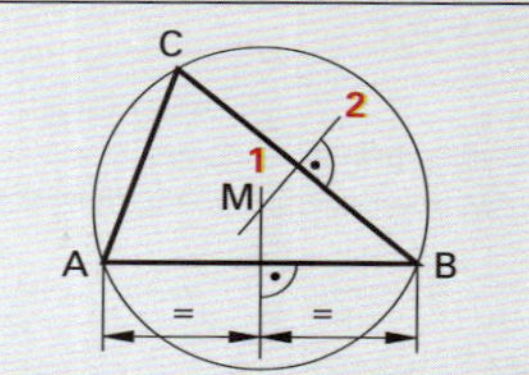

Círculo circunscrevendo um triângulo

Dado: Triângulo A, B, C

1. Traçar a bissetriz perpendicular do segmento de linha $\overline{AB}$.
2. Traçar a bissetriz perpendicular do segmento de linha $\overline{BC}$ (intersecção no ponto M).
3. Círculo circunscrito com centro em M.

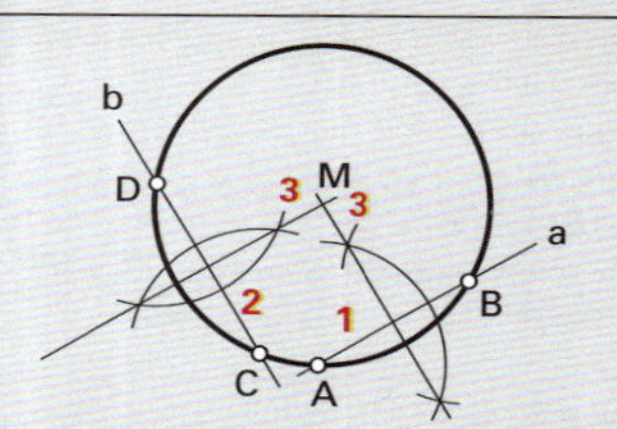

Encontrar o centro de um círculo

Dado: Círculo

1. Traçar linha reta a que interseciona o círculo em dois pontos: A e B.
2. A linha reta b (aproximadamente perpendicular à linha reta a) interseciona o círculo em C e D.
3. Traçar bissetrizes perpendiculares sobre os segmentos de linha $\overline{AB}$ e $\overline{CD}$
4. O ponto de intersecção das bissetrizes perpendiculares é o centro *M*.

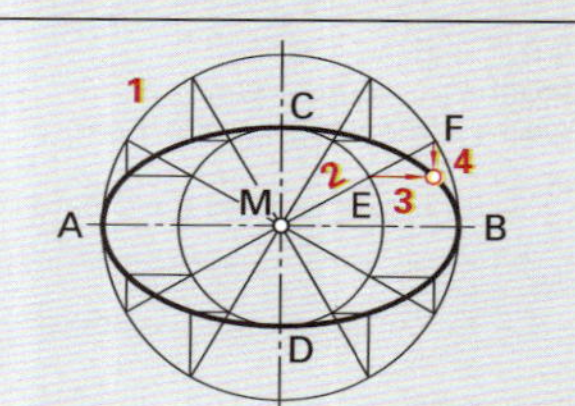

Construir uma elipse a partir de dois círculos

Dado: Eixos $\overline{AB}$ e $\overline{CD}$

1. Dois círculos com centro em M com diâmetros $\overline{AB}$ e $\overline{CD}$, respectivamente.
2. Traçar vários raios a partir de M que intersecionam os dois círculos (E, F).
3. Traçar paralelas aos dois eixos de princípio $\overline{AB}$ e $\overline{CD}$ através de E e F. Os pontos de intersecção são pontos na elipse.

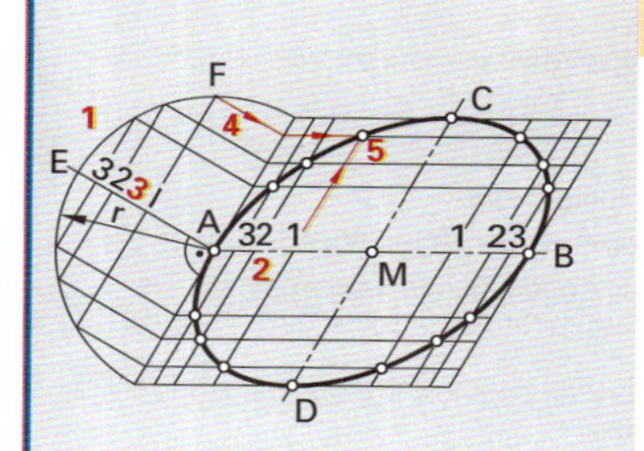

Construir uma elipse em um paralelogramo

Dado: Paralelogramo com eixos $\overline{AB}$ e $\overline{CD}$

1. Um semicírculo com raio $r = \overline{MC}$ centrado em A gera o ponto E.
2. A divisão de $\overline{AM}$ (e $\overline{BM}$) em metades, quartos e oitavos gera os pontos 1, 2 e 3. Traçar paralelas ao eixo $\overline{CD}$ através destes pontos.
3. A divisão de $\overline{EA}$ em metades, quartos e oitavos gera os pontos 1, 2 e 3 no eixo AE. As paralelas ao eixo $\overline{CD}$ por estes pontos fornecem pontos de intersecção F no arco circular.
4. Traçar paralelas a $\overline{AE}$ através dos pontos de intersecção no semicírculo; a partir daí, traçar paralelas ao eixo $\overline{AB}$.
5. Os pontos de intersecção da paralela dos números correspondentes são pontos na elipse.

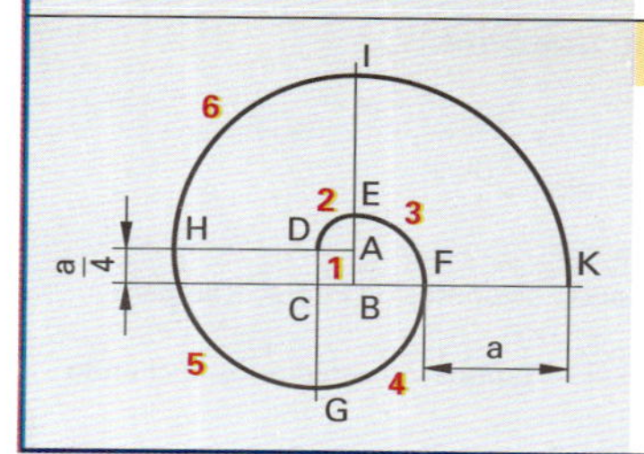

Espiral (Construção aproximada usando um compasso)

Dado: Elevação *a*

1. Construir quadrado ABCD com a/4.
2. Um quarto de círculo com raio $\overline{AD}$ centralizado em A gera E.
3. Um quarto de círculo com raio $\overline{BE}$ centralizado em B gera F.
4. Um quarto de círculo com raio $\overline{CF}$ centralizado em C gera G.
5. Um quarto de círculo com raio $\overline{DG}$ centralizado em D gera H.
6. Um quarto de círculo com raio $\overline{AH}$ centralizado em A gera I (etc.).

Cicloide, Curva Evolvente, Parábola, Hipérbole, Hélice

Ciclóide

Dado: Círculo rolante de raio *r*

1. Dividir o círculo rolante em um número de partes de igual tamanho, ex.: 12.
2. Dividir a linha de base (≙ extensão do círculo rolante = $\pi \cdot d$) em partes iguais, neste caso, 12.)
3. As linhas verticais dos pontos de segmento 1-12 na linha de base cortam o prolongamento do diâmetro horizontal do círculo rolante gerando os pontos médios M_1 a M_{12}.
4. Construir círculos auxiliares centrados em M_1 a M_{12} com raio *r*.
5. Os pontos de intersecção destes círculos auxiliares, com as paralelas através dos pontos no círculo rolante com os mesmos números, fornecem os pontos do cicloide.

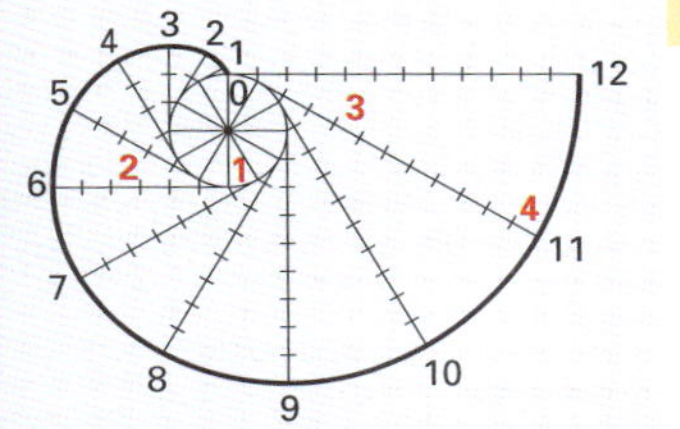

Evolvente

Dado: Círculo

1. Dividir o círculo em número desejado de partes de igual tamanho, ex.: 12.
2. Traçar tangentes para o círculo em cada seção.
3. Marcar sobre cada tangente o comprimento da circunferência desenrolada a partir de seu ponto de contato.
4. A curva através dos pontos das extremidades forma a curva evolvente.

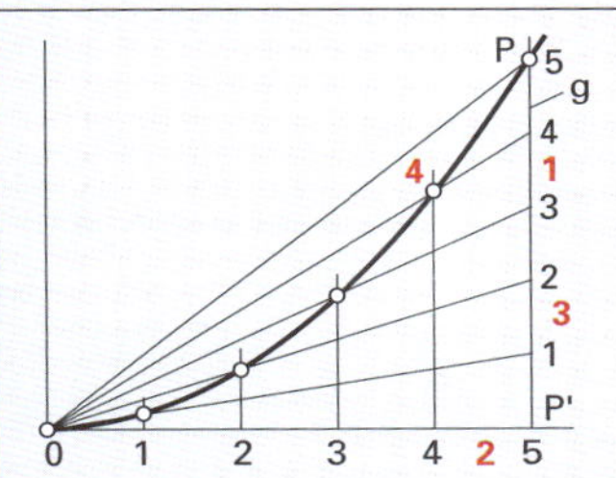

Parábola

Dado: Eixos ortogonais da parábola e ponto da parábola P

1. A paralela g ao eixo vertical, através do ponto P, fornece P'.
2. Dividir a distância $\overline{0P'}$ no eixo horizontal no número desejado de partes (ex.: 5) e traçar paralelas ao eixo vertical por estes pontos.
3. Dividir o segmento $\overline{PP'}$ no mesmo número de segmentos e ligar à origem em 0.
4. Os pontos de intersecção das linhas com os números correspondentes geram os pontos na parábola.

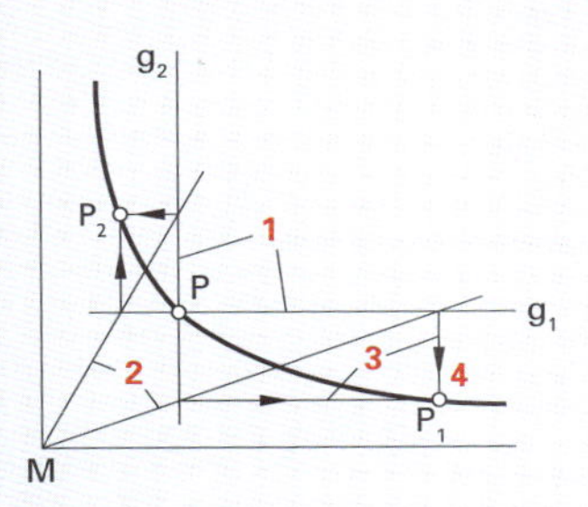

Hipérbole

Dado: Assíntotas ortogonais através de M e ponto P na hipérbole

1. Traçar linhas g_1 e g_2 paralelas às assíntotas, através do ponto P na hipérbole.
2. Traçar um número desejado de raios a partir de M.
3. Traçar linhas através das intersecções dos raios com g_1 e g_2, paralelas às assíntotas.
4. Os pontos de intersecção das linhas paralelas (P_1, P_2,...) são pontos na hipérbole.

Linha helicoidal (Hélice)

Dado: Círculo de diâmetro d e passo ou elevação *P*

1. Dividir o semicírculo em partes iguais, ex.: 6.
2. Dividir o passo P em duas vezes o número de partes iguais, ex.: 12.
3. Prolongar as linhas horizontais e verticais para intersecção. Os pontos de intersecção das linhas de mesmo número geram os pontos na linha helicoidal.

Sistema de coordenadas cartesianas

Cf.DIN 461 (1973-03)

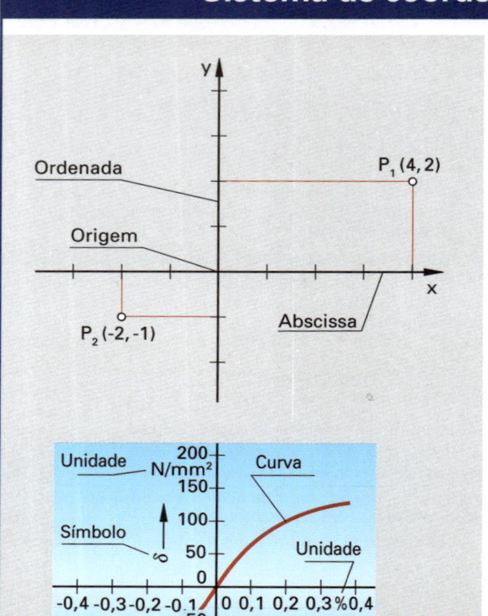

Eixos das coordenadas

- abscissa (eixo horizontal; eixo *x*)
- ordenada (eixo vertical; eixo *y*)

Marcar pontos no plano

- positivos: da origem em direção à direita ou para cima
- negativos: da origem em direção à esquerda ou para baixo

Marcação do sentido do eixo positivo com

- setas nos eixo, ou
- setas paralelas aos eixos

Os símbolos de fórmulas são inseridos em itálico na

- abscissa abaixo do ponto da seta
- ordenada à esquerda, próxima do ponto da seta

Normalmente, as **escalas** são lineares, mas algumas vezes elas são divididas logaritmicamente.

Magnitude de valores. Eles são colocados próximos das divisões da escala. Todos os valores negativos têm um sinal de menos.

As **unidades** são colocadas entre os dois últimos números positivos na abscissa e ordenada ou depois do símbolo da fórmula.

Linhas de grade simplificam a marcação de pontos.

Linhas (curvas) ligam os valores que foram plotados no gráfico.

Larguras da linha. As linhas são desenhadas na seguinte proporção:

Linhas da grade: eixos : curvas = 1 : 2 : 4

Seções de gráfico são construídas se não houver pontos a serem marcados nos dois sentidos, a partir da origem. A origem também pode ser ocultada.

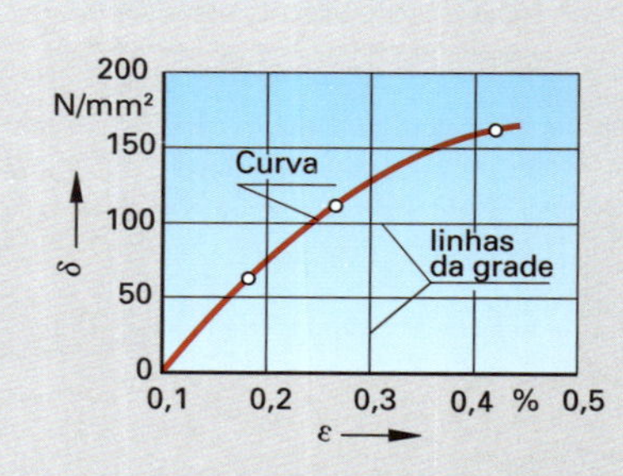

Exemplo (curva característica de mola)

Os seguintes valores de mola de disco são conhecidos:

Deslocamento da mola *s* em mm	0	0,3	0,6	1,0	1,3
Força da mola *F* em N	0	600	1000	1300	1400

Qual é a força F da mola com um deslocamento da mola de s = 0,9 mm

Solução:
Os valores são plotados em um gráfico e os pontos são ligados por uma curva. Uma linha vertical em *s* = 0,9 mm interseciona a curva no ponto A.
Com a ajuda de uma linha horizontal através de A, uma força de mola de F ≈ 1250 N pode ser lida a partir da ordenada.

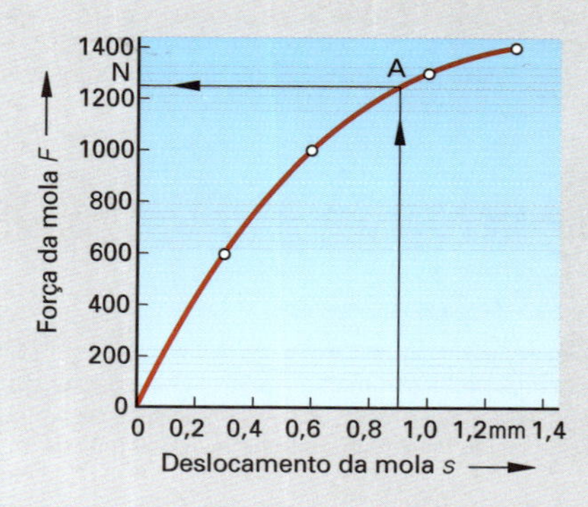

[1)] Os gráficos são usados para representar relações numéricas entre variáveis em mudança.

Sistemas de coordenadas, Gráficos de área

Sistema de coordenadas cartesianas (Continuação) Cf.DIN 461 (1973-03)

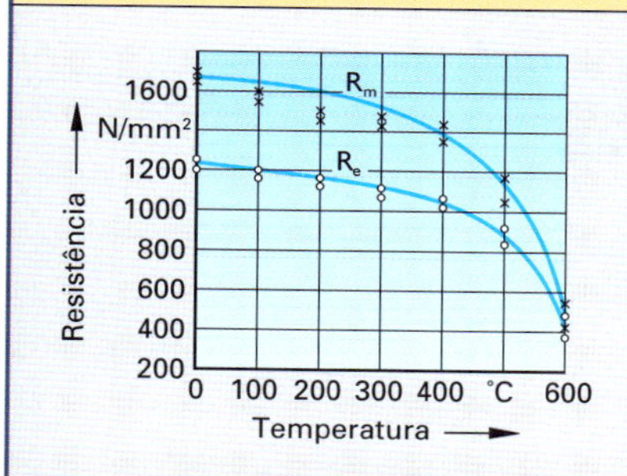

Gráficos com múltiplas curvas
Quando os valores medidos forem muito esparsos, é usado um símbolo especial diferente para cada curva, ex.: ○, X, □

Marcação de curvas
- com o mesmo tipo de linha, usando o nome ou o símbolo da fórmula da variável
- por diferentes tipos de linhas

Sistema de coordenadas polares Cf.DIN 461 (1973-03)

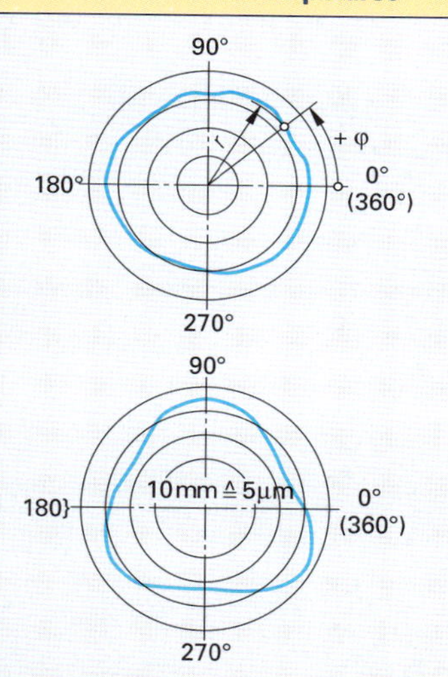

Os sistemas de coordenadas polares têm uma divisão dos 360° da circunferência.

Origem (polo). Intersecção dos eixos horizontal e vertical.

Alocação do ângulo inicial. O ângulo 0° é atribuído ao eixo horizontal à direita da origem.

Alocação dos ângulos. Ângulos positivos são marcados no sentido anti-horário.

Raio. Os raios podem ser plotados com a ajuda de círculos concêntricos centrados na origem.

Exemplo:

A redondez de uma bucha torneada é verificada com auxílio de uma máquina de medição, para verificar se ela está dentro da tolerância requerida.

A falta de redondez foi causada, provavelmente, pela fixação forçada da bucha na mordaça.

Gráficos de área

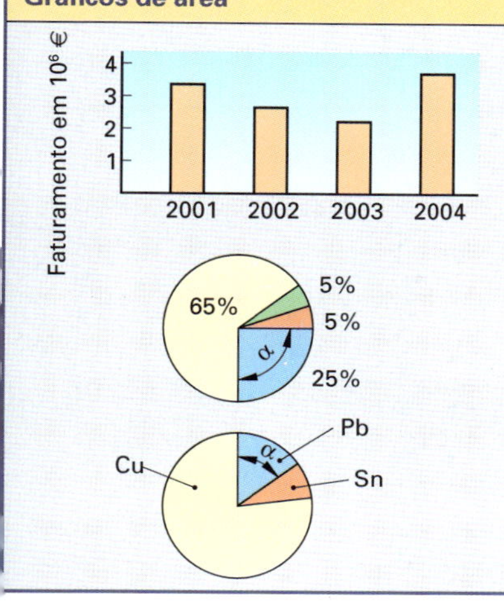

Gráficos de barra

Nos gráficos de barra, as quantidades são representadas por colunas horizontais ou verticais com a mesma largura.

Gráficos de setores circulares (pizza)

Normalmente, os valores em porcentagens são representados por gráficos pizza. Nestes, a área do círculo corresponde a 100% (360°).

Ângulo central. A porcentagem x que deve ser plotada determina o ângulo central correspondente:

$$\alpha = \frac{360° \cdot x\,\%}{100\%}$$

Exemplo:

Qual é o ângulo central para a porcentagem de chumbo na liga CuPb15Sn8?

Solução $\alpha = \frac{360° \cdot 15\,\%}{100\%} = 54°$

Fontes

Escrita, fontes

Cf. DIN EN ISO 3098-0 (1998-04) e DIN EN ISO 3098-2. (2000-11)

A escrita em desenhos técnicos pode ser feita com caracteres do estilo de fonte A (espaçamento reduzido) ou estilo de fonte B. Os dois estilos podem ser verticais (V) ou inclinados em 15° à direita (I). Para assegurar uma boa legibilidade, a distância entre os caracteres deve ter a largura de duas linhas. Este espaçamento pode ser reduzido à largura de uma linha, se alguns caracteres estiverem juntos, ex.: LA, TV, Tr.

Estilo de fonte B, V (vertical)

ABCDEFGHIJKLMNOPQRSTUVWXYZ

abcdefghijklmnopqrstuvwxyz§

1234567890 ¡! Ç[(!?:;"- =+¤*·:√% &)]ϕ

Estilo de fonte B, I (Itálico)

ABCDEFGHIJ abcdefghij 1234567890 ϕ §

Estilo de Fonte A, V (vertical)

ABCD efghijk 123456 ∅□

Estilo de fonte A, I (itálico)

ABCD efghijk 123456 ∅□

Dimensões

Cf. DIN EN ISO 3098-0 (1998-04)

b_1 com caracteres diacríticos[1)]
b_2 sem caracteres diacríticos
b_3 com letras maiúsculas e números

[1)] Diacrítico = usado para maior diferenciação, especialmente para letras

Altura dos caracteres *h* ou altura das letras maiúsculas (tamanho nominal) em mm	1,8	2,5	3,5	5	7	10	14	20

Relação entre dimensões e altura *h*

Cf. DIN EN ISO 3098-3 (1998-04)

Estilo de fonte	a	b_1	b_2	b_3	c_1	c_2	c_3	d	e	f
A	$\frac{2}{14}\cdot h$	$\frac{25}{14}\cdot h$	$\frac{21}{14}\cdot h$	$\frac{17}{14}\cdot h$	$\frac{10}{14}\cdot h$	$\frac{4}{14}\cdot h$	$\frac{4}{14}\cdot h$	$\frac{1}{14}\cdot h$	$\frac{6}{14}\cdot h$	$\frac{5}{14}\cdot h$
B	$\frac{2}{10}\cdot h$	$\frac{19}{10}\cdot h$	$\frac{15}{10}\cdot h$	$\frac{13}{10}\cdot h$	$\frac{7}{10}\cdot h$	$\frac{3}{10}\cdot h$	$\frac{3}{10}\cdot h$	$\frac{1}{10}\cdot h$	$\frac{6}{10}\cdot h$	$\frac{4}{10}\cdot h$

Alfabeto grego

Cf. DIN EN ISO 3098-3 (1998-04)

Α	α	Alfa	Ζ	ζ	Zeta	Λ	λ	Lambda	Π	π	Pi	Φ	ϕ	Fi
Β	β	Beta	Η	η	Eta	Μ	μ	Mi	Ρ	ρ	Rô	Χ	χ	Qui
Γ	γ	Gama	Θ	θ	Teta	Ν	ν	Ni	Σ	σ	Sigma	Ψ	ψ	Psi
Δ	δ	Delta	Ι	ι	Iota	Ξ	ξ	Csi	Τ	τ	Tau	Ω	ω	Ômega
Ε	ε	Epsilon	Κ	κ	Capa	Ο	ο	Ômicron	Υ	υ	Ipsilon			

Numerais romanos

I = 1	II = 2	III = 3	IV = 4	V = 5	VI = 6	VII = 7	VIII = 8	I = 9
X = 10	XX = 20	XXX = 30	XL = 40	L = 50	LX = 60	LXX = 70	LXXX = 80	XC = 90
C = 100	CC = 200	CCC = 300	CD = 400	D = 500	DC = 600	DCC = 700	DCCC = 800	CM = 900
M = 1000	MM = 2000	Exemplos: MDCLXXXVII = 1687			MCMXCIX = 1999		MMIV = 2004	

Números normalizados, Raios, Escalas

Números normalizados e séries de números normalizados[1]

Cf. DIN 323-1 (1974-08)

R 5	R 10	R 20	R 40
1,00	1,00	1,00	1,00
			1,06
		1,12	1,12
			1,18
	1,25	1,25	1,25
			1,32
		1,40	1,40
			1,50
1,60	1,60	1,60	1,60
			1,70
		1,80	1,80
			1,90
	2,00	2,00	2,00
			2,12
		2,24	2,24
			2,36
2,50	2,50	2,50	2,50
			2,65
		2,80	2,80
			3,00
	3,15	3,15	3,15
			3,35
		3,55	3,55
			3,75

R 5	R 10	R 20	R 40
4,00	4,00	4,00	4,00
			4,25
		4,50	4,50
			4,75
	5,00	5,00	5,00
			5,30
		5,60	5,60
			6,00
6,30	6,30	6,30	6,30
			6,70
		7,10	7,10
			7,50
	8,00	8,00	8,00
			8,50
		9,00	9,00
			9,50
10,00	10,00	10,00	10,00

Série	Multiplicador
R 5	$q_5 = \sqrt[5]{10} \approx 1{,}6$
R 10	$q_{10} = \sqrt[10]{10} \approx 1{,}25$
R 20	$q_{20} = \sqrt[20]{10} \approx 1{,}12$
R 40	$q_{40} = \sqrt[40]{10} \approx 1{,}06$

Raios

Cf. DIN 250 (2002-04)

						0,2				0,3		**0,4**		0,5		**0,6**		0,8	
1		1,2		**1,6**		2		**2,5**		3		**4**		5		**6**		8	
10		12		**16**	18	**20**	22	**25**	28	**32**	36	**40**	45	**50**	56	**63**	70	**80**	90
100	110	**125**	140	**160**	180	**200**	Os valores mostrados em negrito na tabela são valores preferenciais.												

Fatores de escala[2]

Cf. DIN 5455 (1979-12)

Tamanho real	Fatores de redução				Fatores de ampliação		
1 : 1	1 : 2 1 : 5 1 : 10	1 : 20 1 : 50 1 : 100	1 : 200 1 : 500 1 : 1000	1 : 2000 1 : 5000 1 : 10000	2 : 1 20 : 1	5 : 1 50 : 1	10 : 1

[1] Números normalizados são números preferenciais, p. ex., para comprimentos e raios. Seu uso evita graduações arbitrárias. Na série de números normalizados (série básica R5 a R40), cada número da série é obtido multiplicando-se o número anterior pelo multiplicador constante daquela série. A série 5 (R 5) é preferível a R 10, R 10 é preferível a R 20 e R 20 é preferível a R 40. Os números de cada série podem ser multiplicados por 10, 100, 1000, etc. ou divididos por 10, 100, 100, etc.

[2] Para aplicações especiais, os fatores de redução ou ampliação podem ser expandidos multiplicando-os por múltiplos inteiros de 10.

Folhas de desenho

Tamanhos do papel

Cf. DIN EN ISO 54573 (1999-7) e DIN EN ISO 216

Formato	A0	A1	A2	A3	A4	A5	A6
Dimensões em mm[1]	841 x 1189	594 x 841	420 x 594	297 x 420	210 x 297	148 x 210	105 x 148
Área do papel em mm x mm	821 x 1159	574 x 811	400 x 564	277 x 390	180 x 277	–	–

[1] Relação entre altura e largura das folhas para desenho técnico: $1 : \sqrt{2}$ (= 1 : 1,414).

Dobragem para formato A 4

Cf. DIN 824 (1981-0)

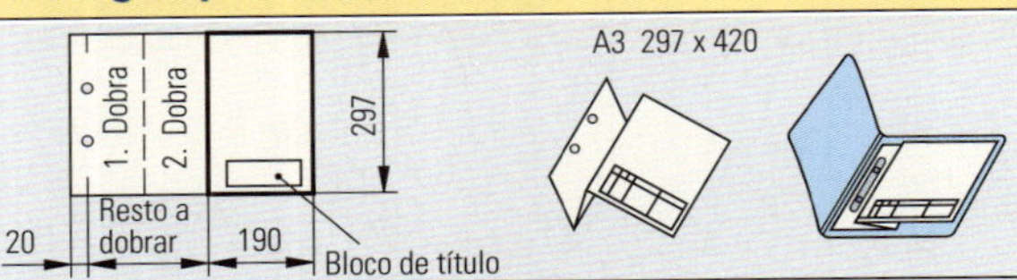

1ª Dobra: Dobrar a borda direita (largura 190 mm) para trás.

2ª Dobra: Dobrar o resto da folha de modo que a extremidade da 1ª dobra esteja a 20 mm da extremidade esquerda do papel.

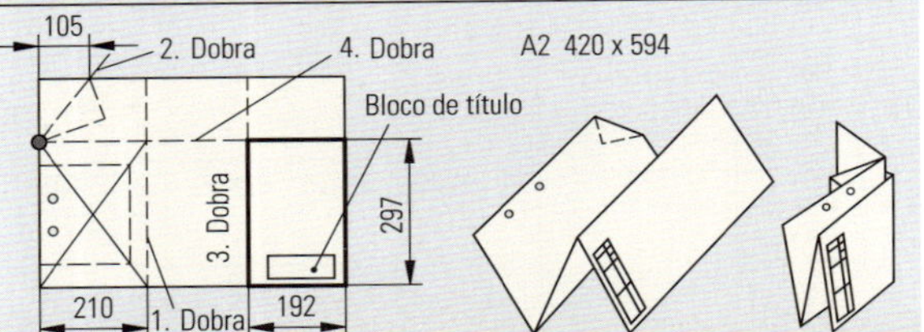

1ª Dobra: Dobrar a borda esquerda (largura 210 mm) para a direita.

2ª Dobra: Dobrar um triângulo com altura 297 mm e largura de 105 mm para a esquerda.

3ª Dobra: Dobrar a borda direita (largura 192 mm) para trás.

4. Falte: Dobrar o pacote a altura de 297 mm para trás.

Bloco de título

Cf. DIN EN ISO 7200 (2004-05), Substitui DIN 6771-1

A largura do bloco de título é 180 mm. Os tamanhos dos campos individuais de dados (larguras e alturas do campo) não são especificados. A tabela abaixo mostra exemplos de possíveis tamanhos de campos.

Exemplo de um bloco de título:

Depto. Responsável AB 131 **11**	**Referência técnica** Susanne Müller **12**	**Elaborado por** Christiane Schmidt **13**	**Aprovado por** Wolfgang Maier **14**	**15**
Schuler AG Bergstadt **1**		**Tipo de documento** Desenho de montagem **9**	**Status do documento** liberado **10**	
		Título, título adicional **2** **3** Eixo de serra circular / completo com rolamento	A 225-03300-012 **4**	
			Modificação **5** A | Data da liberação **6** 2005-01-15 | L **7** de | Folha **8** 1/3	

As referências específicas do desenho, tais como escala, símbolo de projeção, tolerâncias e especificações de superfície devem ser indicadas no desenho, fora do bloco de título.

Campos de dados no bloco de título

Campo nº	Nome do campo	Nº máximo de caracteres	Nome do campo Obrigatório	Opcional	Tamanho (mm) Largura	Altura
1	Dono do desenho	não especificado	sim	–	69	27
2	Título (nome do desenho)	25	sim	–	60	18
3	Título adicional	25	–	sim	60	
4	Número do desenho	16	sim	–	51	9
5	Símbolo de modificação (versão do desenho)	2	–	sim	7	
6	Data de emissão do desenho	10	sim	–	25	
7	Identificação de idioma (de = alemão)	4	–	sim	10	
8	Número de página e número de páginas	4	–	sim	9	
9	Tipo de documento	30	sim	–	60	
10	Situação do documento	20	–	sim	51	
11	Departamento responsável	10	–	sim	25	
12	Referência técnica	20	–	sim	43	
13	Criador do desenho	20	sim	–	43	
14	Pessoa que autoriza	20	sim	–	43	
15	Classificação/ palavras-chaves	não especificado	–	sim	19	

Linhas

Linhas em desenhos de engenharia mecânica

Cf. DIN ISO 128-24 (119-12)

Nº.	Nome, representação	Exemplos de aplicação	
01.1	Linha cheia, fina	• linhas de dimensionamento e auxiliar de dimensionamento • linhas guias e de referência • raiz de rosca • hachuras • sentido de posição de camadas (ex.: laminação) • contorno de corte dobrado • linhas curtas de centro • linhas de luz em penetrações • círculos de origem e marcas de fim de linha de dimensão	• cruzes diagonais para marcas superfícies planas • detalhes de estrutura • linhas de projeção e grade • linhas de deflexão em peças brutas e usinadas • marcação de detalhes repetidos (ex.: diâmetro da raiz de engrenagem com dentes)
	Linha à mão livre, fina[1]	• Preferivelmente desenhada à mão, representando a borda de vistas e seções parciais ou interrompidas, desde que a borda não seja uma linha de simetria ou uma linha central.	
	Linha quebrada, fina[1]	• Preferivelmente em desenho automatizado, representando a borda de vistas e seções parciais ou interrompidas, desde que a borda não seja uma linha de simetria ou uma linha central.	
01.2	Linha cheia, grossa	• extremidades visíveis e contornos • crista de roscas • limite do comprimento de rosca utilizável • linhas de seta de corte • estruturas de superfície (ex.: recartilhado)	• representações principais em gráficos, extremidades e fluxogramas • linhas de sistema (construção de aço) • linhas de separação de molde em vistas
02.1	Linha tracejada, fina	• extremidades ocultas	• contornos ocultos
02.2	Linha tracejada, grossa	• Identifica áreas passíveis de tratamento superficial (ex.: tratamento térmico)	
04.1	Linha traço-ponto (traço longo), fina	• Linhas de centro • Linhas de simetria	• Segmento circular em engrenagens • Furos
04.2	Linha traço-ponto, grossa	• Marcação de áreas de tratamento superficial (delimitado) (ex.: tratamento térmico)	• Marcação de planos de seção
05.1	Linha traço-dois pontos, fina	• Contornos de peças adjacentes • Posição final de peças moveis • Eixos centroides • Contornos antes de dar forma • Porções em frente do plano de corte	• Esboços de design alternativo • Contornos de peças acabadas em peças brutas • Delimitação de áreas ou campos especiais • Zona de tolerância projetada

[1] Os tipos de linha à mão livre e quebrada não devem ser usados juntos no mesmo desenho.

Comprimentos de elementos da linha

Elemento da linha	Tipo de linha nº	Comprimento	Elemento da linha	Tipo de linha nº	Comprimento
Traços longos	04.1 e 05.1	$24 \cdot d$	Lacunas	02.1, 02.2, 04.1, 04.2 e 05.1	$3 \cdot d$
Traços curtos	02.1 e 02.2	$12 \cdot d$	**Exemplo: Tipo de linha 04.2**		
Pontos	04.1, 04.2 e 05.1	$< 0{,}5 \cdot d$	d; 24•d; 3•d; 0,5•d; 3•d		

Linhas

Espessuras de linhas e grupos de linhas

Cf. DIN ISO 128-24 (1999-12)

Espessuras de linha. Normalmente, são usados dois tipos de linha em desenhos. Sua relação é de 1:2.

Grupos de linhas. Os grupos de linhas estão numa relação de (1: $\sqrt{2}$ ($\approx$1 : 1,4))

Seleção. As espessuras e os grupos de linha são selecionados de acordo com o tipo e o tamanho do desenho, a escala do desenho e as exigências de microfilmagem e/ou método de reprodução.

Grupo de linha	Espessuras relacionadas da linha (dimensões em mm) para		
	Linhas grossas	**Linhas finas**	**Referências de dimensão e tolerância, símbolos gráficos**
0,25	0,25	0,13	0,18
0,35	0,35	0,18	0,25
0,5	0,5	0,25	0,35
0,7	0,7	0,35	0,5
1	1	0,5	0,7
1,4	1,4	0,7	1
2	2	1	1,4

Exemplos de linhas em desenhos técnicos

Cf DIN ISO 128-24 (1999-12)

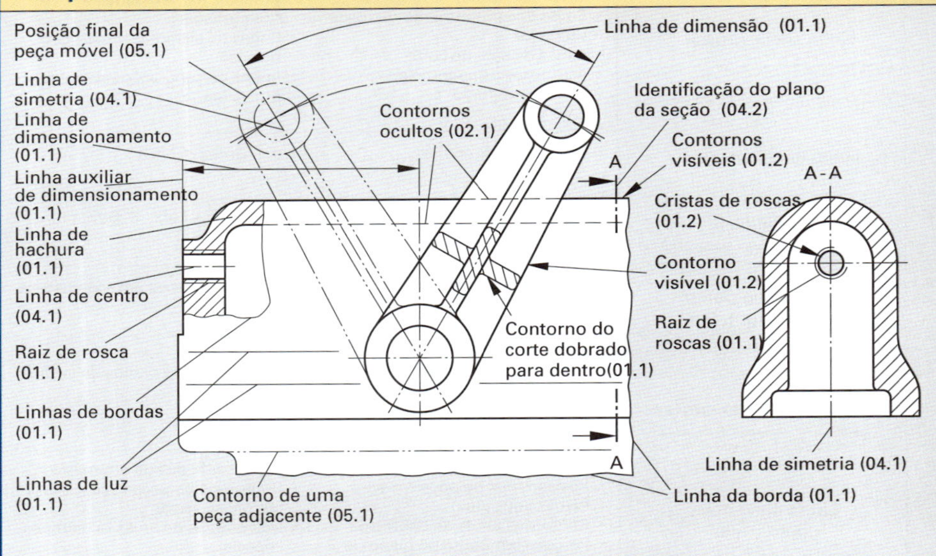

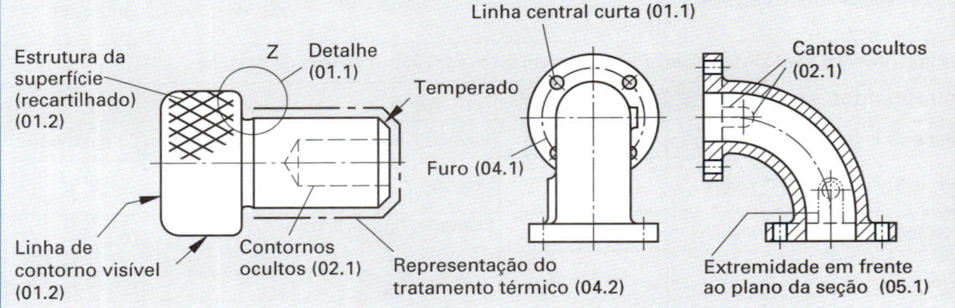

Regras gerais de representação, Métodos de projeção

Regras gerais de representação

Cf. DIN ISO 128-30 (2002-05) e DIN ISO 5456-2 (1998-04)

Seleção da vista frontal. Vista frontal é aquela que fornece o maior número de informações em relação à forma e às dimensões.

Outras vistas. Se forem necessárias outras vistas para uma representação clara ou para o dimensionamento completo de uma peça, deve-se observar:

- A seleção das vistas deve se limitar àquelas que são mais imprescindíveis.
- Vistas adicionais devem conter o menor número possível de extremidades e contornos ocultos.

Posição das outras vistas. A posição das outras vistas depende do método de projeção. Para desenhos baseados nos métodos de projeção 1 e 3 (p. 70), é necessário colocar o símbolo do método de projeção no bloco de título.

Representação axonométrica[1)]

Cf. DIN ISO 5456-3 (1998-04)

Projeção isométrica

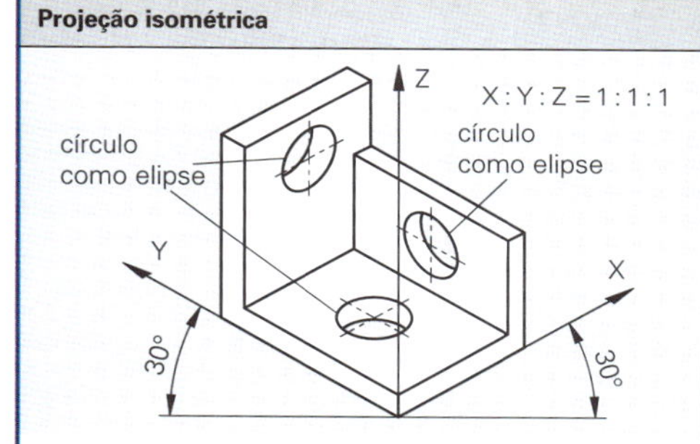

Construção aproximada da elipse:

1. Construir um losango tangencial ao furo. Dividir os lados do losango em partes iguais para gerar os pontos de intersecção M_1, M_2 e N.
2. Desenhar linhas de ligação de M_1 a 1 e de M_2 a 2 para gerar os pontos de intersecção 3 e 4.
3. Construir arcos circulares com raio *R* centrados em 1 e 2 e com raio *r* centrados em 3 e 4.

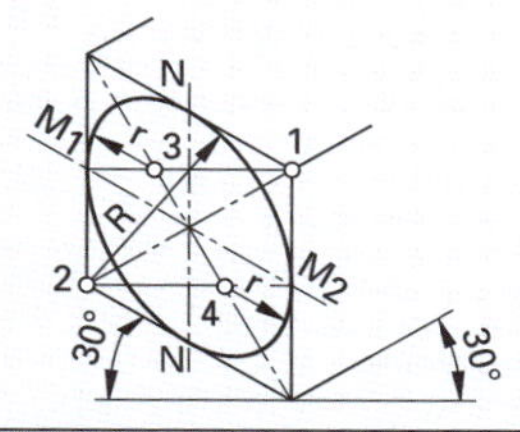

Projeção dimétrica

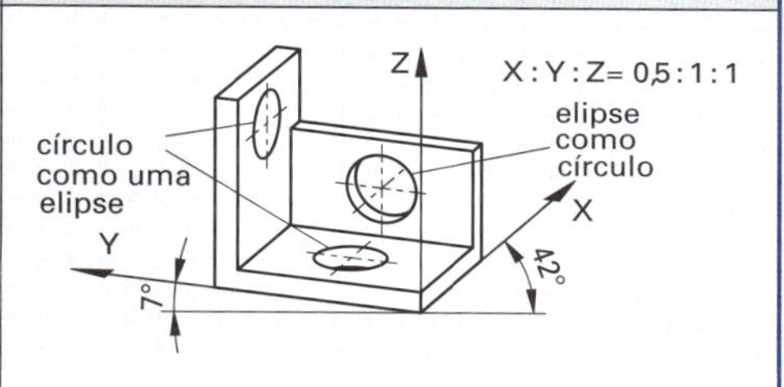

Construção de elipses:

1. Construir um círculo auxiliar com raio $r = d/2$.
2. Dividir a altura h em segmentos iguais e traçar grades (1 a 3).
3. Dividir o diâmetro do círculo auxiliar no mesmo número de grades.
4. Transferir os comprimentos do segmento *a*, *b*, etc. do círculo auxiliar para o losango.

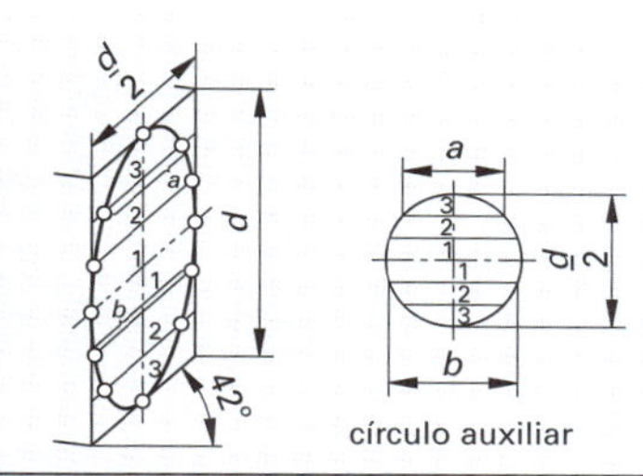

Projeção isométrica

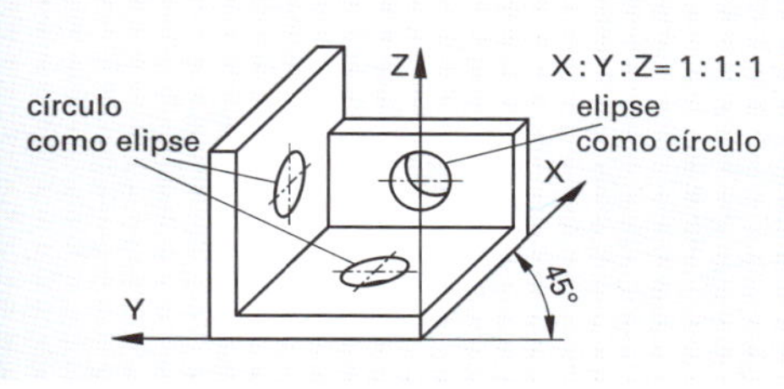

Construção da elipse idêntica à da página 60 (construção de elipse em um paralelogramo).

Projeção dimétrica

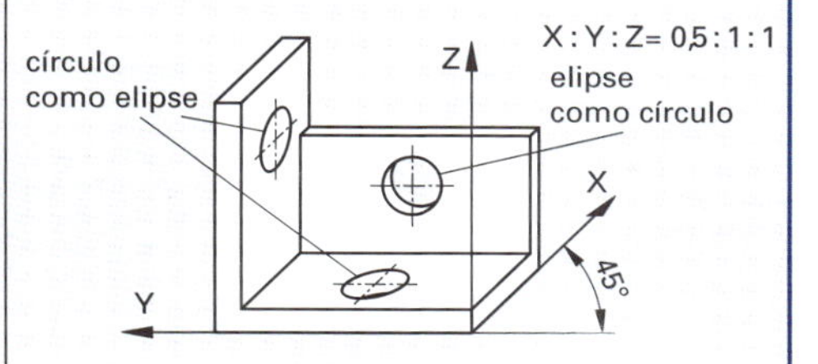

Construção da elipse idêntica àquela da projeção dimétrica (acima)

1) Representações axonométricas: representações gráficas simples.

Métodos de projeção

Cf. DIN ISO 128-30 (2002-05) e DIN ISO 5456-2 (1998-04)

Método de projeção com seta

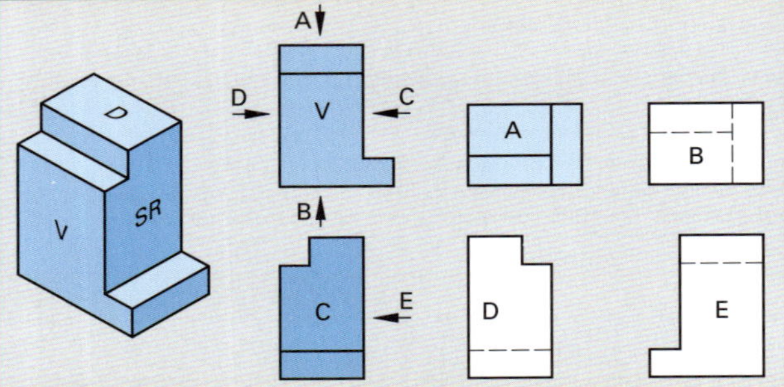

Marcação do sentido de observação:

- com linhas de seta e letras maiúsculas

Marcação das vistas:

- com letras maiúsculas

Localizações das vistas:

- qualquer localização em relação à vista frontal

Alocação das letras maiúsculas

- acima das vistas
- vertical, no sentido da leitura
- acima ou à direita das linhas de seta

Método de projeção 1

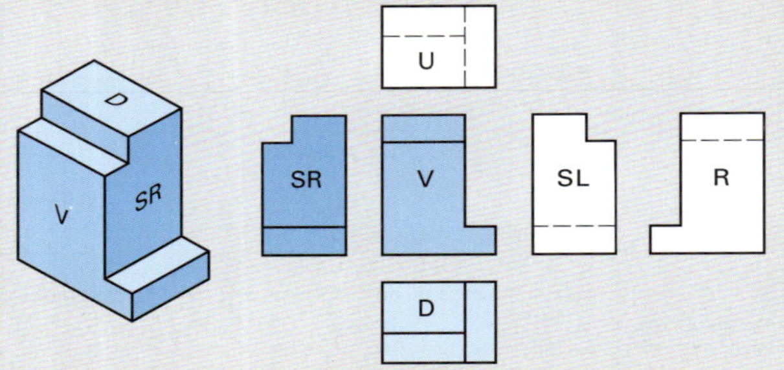

Localização em relação à vista frontal V

D	Vista de cima (topo)	Abaixo de V
SL	Vista lateral esquerda	à direita de V
SR	Vista lateral direita	à esquerda de V
U	Vista da parte inferior	acima de V
R	vista de trás	à esquerda ou direita de V

Símbolo

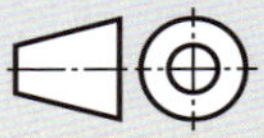

Método de projeção 3 [1]

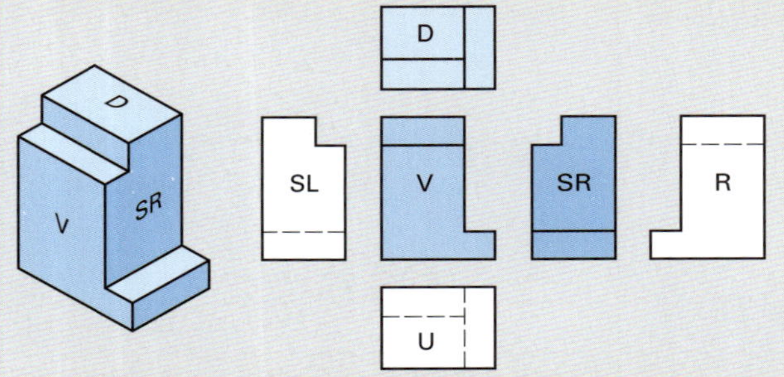

Localização em relação à vista frontal V

D	Vista de cima (topo)	acima de V
SL	Vista lateral esquerda	à direita de V
SR	Vista lateral direita	à esquerda de V
U	Vista da parte inferior	abaixo de V
R	Vista de trás	à esquerda ou direita de V

Símbolo

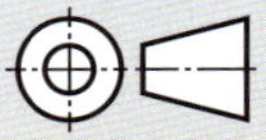

Símbolos para métodos de projeção

Símbolo[2] para

Método de projeção 1 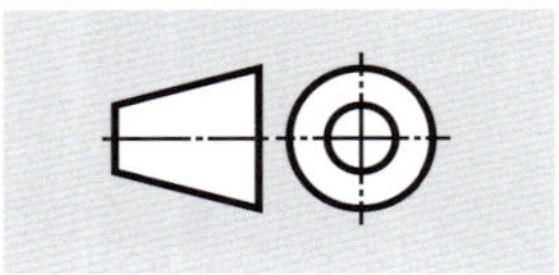	Método de projeção 3 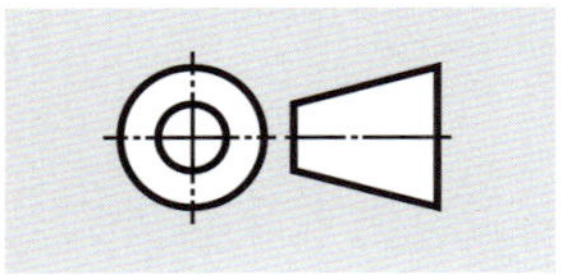
Aplicação	
Alemanha e a maioria dos países europeus	Países de língua inglesa, ex.: EUA

Símbolos para método de projeção 1

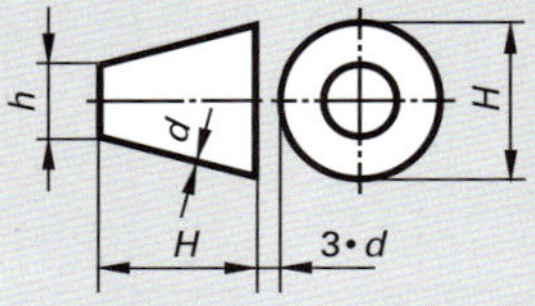

h altura da fonte em mm (página 64)

$H = 2 \cdot h$

$d = 0{,}1 \cdot h$

[1] Não há um método de projeção 2.

[2] O símbolo para o método de projeção é incluído no desenho técnico (página 66).

Vistas

Cf. DIN ISO 128-30 e 34 (2002-05)

Vistas parciais

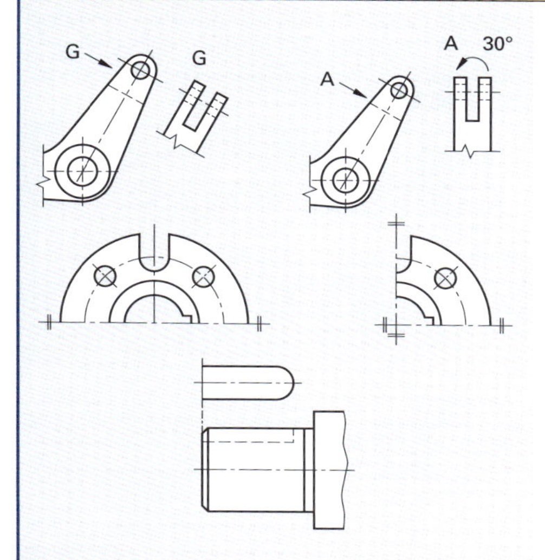

Aplicação. As vistas parciais são usadas para evitar projeções inadequadas ou representações reduzidas.
Posição. A vista parcial é mostrada no sentido da seta ou girada. O ângulo de rotação deve ser especificado.
Limite. Este é identificado por uma linha quebrada (zigue-zague).

Aplicação. Na falta de espaço, pode ser possível representar apenas uma parte da peça.
Marcação. Com duas linhas inteiras, paralelas e curtas, através da linha de simetria no lado externo da vista.

Aplicação. Se a representação for inequívoca, uma vista parcial pode substituir uma vista completa.

Representação. A vista parcial (método de projeção 3) é ligada à vista principal por uma linha traço-ponto fina.

Peças adjacentes

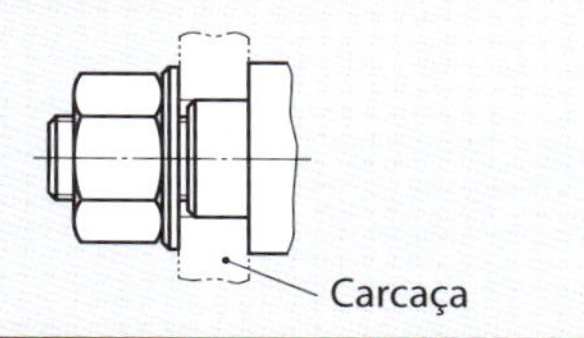

Aplicação. Peças adjacentes são desenhadas, quando elucidam o desenho.

Representação. Isto é feito com linhas traço-dois pontos. As peças adjacentes secionadas não são hachuradas.

Penetrações simplificadas

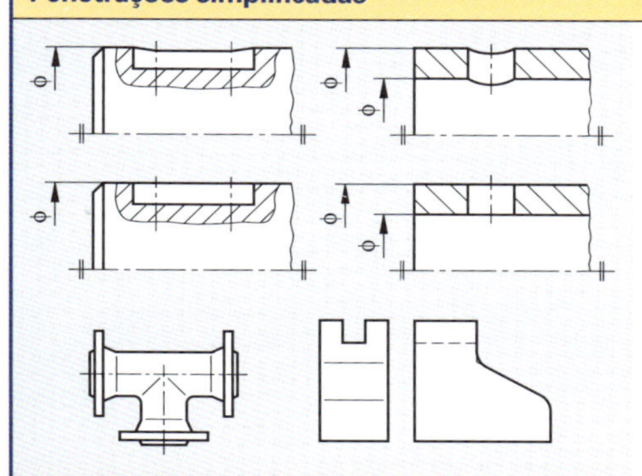

Aplicação. Desde que isto não afete a compreensão do desenho, as linhas arredondadas que representam penetração podem ser substituídas por linhas retas.

Representação. Linhas arredondadas inteiras e grossas são usadas para representar ranhuras em eixos e penetração de furos de brocas, cujos diâmetros sejam significativamente diferentes.

Com linhas cheias e finas são desenhadas linhas de penetração e cantos arredondados, no local em que seria o canto agudo na transição. As linhas finas não contatam o contorno.

Vistas descontínuas

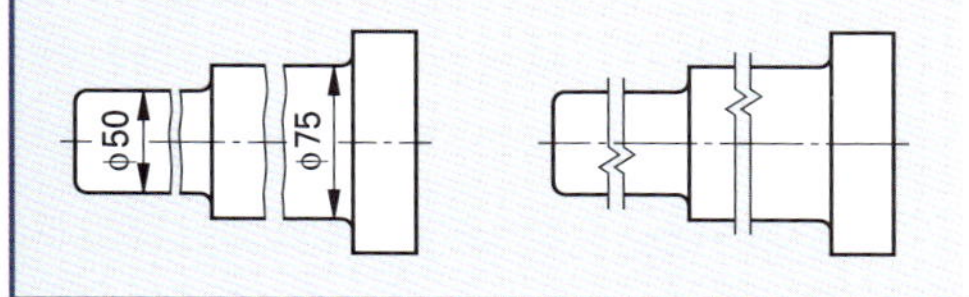

Aplicação. Para economizar espaço, pode-se limitar a representação às partes importantes da peças.

Representação. O limite das peças remanescentes é representado por linhas à mão livre ou linhas quebradas. As peças devem ser desenhadas próximas umas às outras.

Vistas

Cf. DIN ISO 128-30 e 34 (2002-05)

Elementos geométricos repetidos

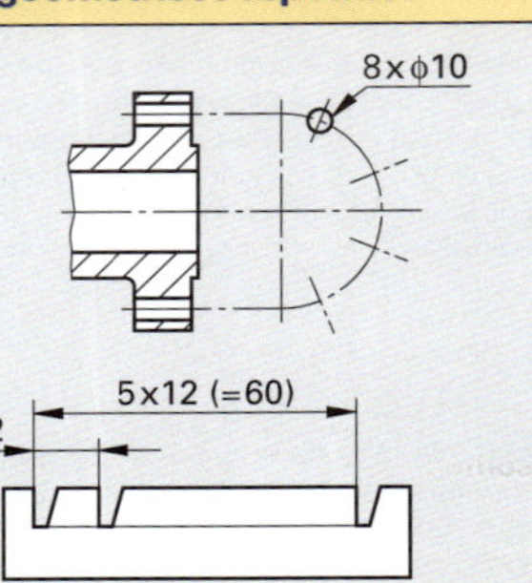

Aplicação. Para elementos geométricos que se repetem regularmente, basta elaborar o desenho uma vez só.

Representação. Para elementos geométricos que não são desenhados,

- As posições dos elementos geométricos simétricos são marcadas por linhas traço-ponto finas;
- A área em que os elementos geométricos assimétricos se encontram é marcada por linhas cheias finas.

O número de repetições de um elemento deve ser fornecido junto com o dimensionamento dele.

Peças em uma escala maior (detalhes)

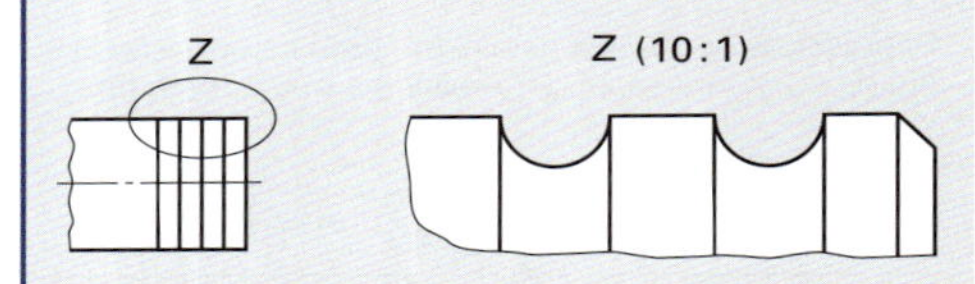

Aplicação. Partes da peça, que não podem ser representadas claramente na escala usada, podem ser desenhadas em uma escala maior.

Representação. A parte é circulada com uma linha cheia fina e uma letra maiúscula.

A parte representada em escala maior é identificada com a mesma letra maiúscula. A escala da ampliação é também informada.

Pequenos declives / inclinações

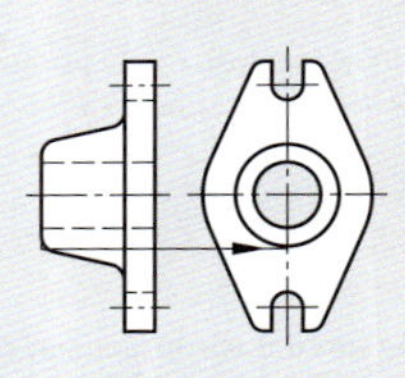

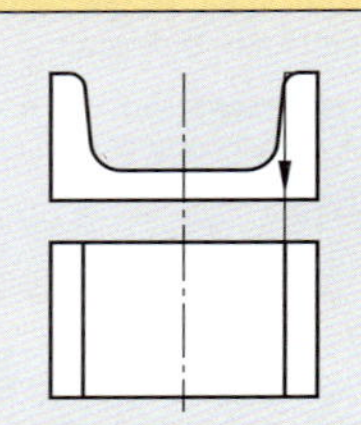

Aplicação. Pequenas inclinações, p. ex., em cones e pirâmides que são difíceis de mostrar com clareza não têm que ser desenhados na projeção da peça.

Representação. Com uma linha cheia grossa é representada a extremidade da projeção com a menor dimensão.

Partes móveis

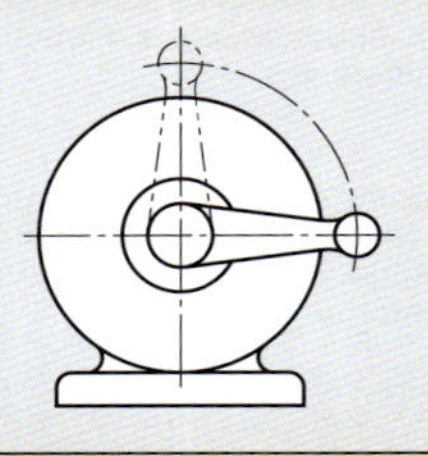

Aplicação. Mostrar posições alternativas e limites de movimento das peças em desenhos de conjunto.

Representação. Peças em posições alternativas e limítrofes são desenhadas com linhas traço-ponto.

Estruturas de superfície

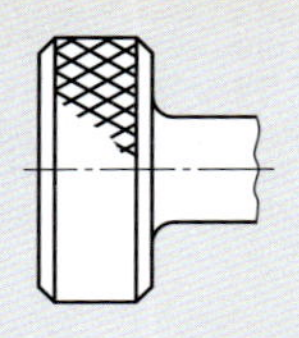

Representação. Estruturas tais como recartilhados e estampados são representadas com linhas cheias grossas; representa-se, preferencialmente, a estrutura só em parte da peça.

Representação de cortes ou de seções

Cf. DIN ISO 128-40, -44 e -50 (2002-05)

Tipos de seção/cortes

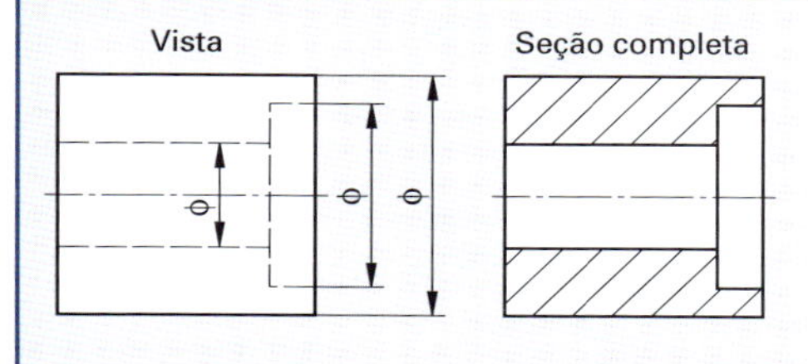

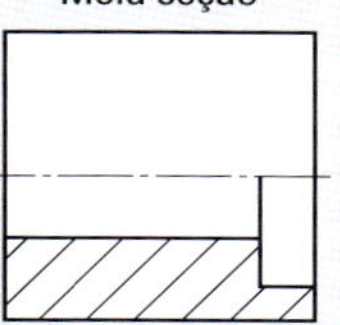

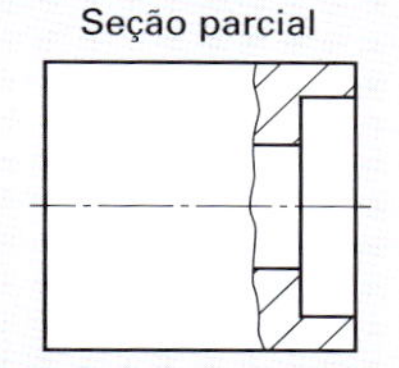

Seção. O interior de uma peça pode ser mostrado com uma seção. A parte frontal da peça, que oculta a visão de seu interior, imagina-se cortada.

Em uma seção, é possível representar:

- O plano de corte e contornos adicionais da peça que estão atrás do plano de corte;
- Apenas o plano de corte.

Seção completa. A seção completa mostra a peça secionada em um plano.

Meia seção. De uma peça simétrica, uma metade é representada como vista, a outra metade como seção.

Seção parcial. Uma seção parcial mostra apenas parte da peça em seção.

Definições

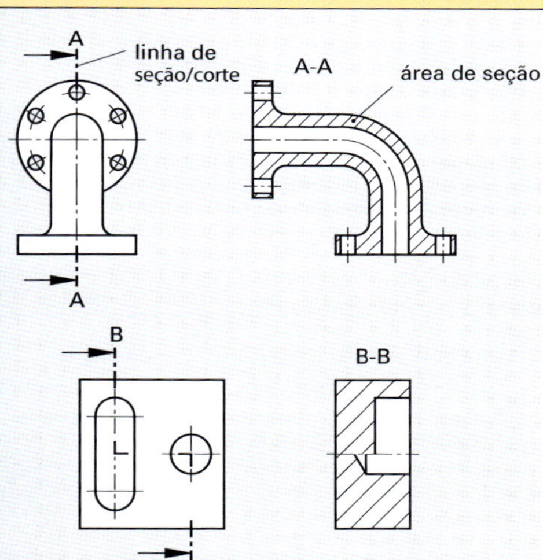

Plano de corte. O plano de corte é o plano imaginário em que a peça é secionada. Peças complicadas podem ser representadas em dois ou mais planos de corte.

Área de seção. É formada pela seção imaginária da peça. A área da seção é marcada com hachuras(ver abaixo e a página 75).

Linha de seção. Ela marca a posição do plano de corte; para dois ou mais planos de corte, ela marca o percurso de corte. A linha de seção é desenhada com uma linha traço-ponto grossa.

Para dois ou mais planos de corte, o percurso da linha de seção é enfatizado nas extremidades do plano correspondente através de linhas cheias grossas.

Marcação da linha de seção. É feita através das mesmas letras maiúsculas. Setas desenhadas com linhas cheias grossas indicam o sentido para visualização do plano de corte.

Marcação da seção. A seção é marcada com as mesmas letras maiúsculas das linhas de seção.

Hachura de seções

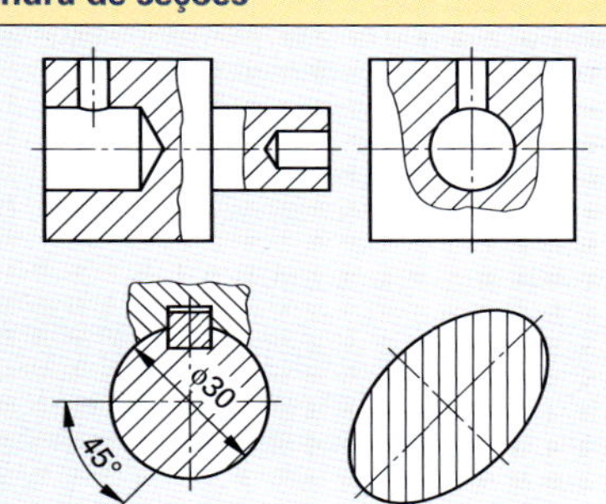

Hachuramento. As hachuras consistem de linhas cheias paralelas, de preferência em um ângulo de 45° em relação à linha central ou contornos principais da peça. As hachuras são interrompidas para colocação de dados.

Hachuras são usadas em:

- peças individuais: em todas as áreas de seção as linhas devem estar na mesma direção e ter o mesmo espaçamento;
- peças adjacentes: nas diferentes peças as linhas devem ter direções ou espaçamentos diferentes.
- Áreas de seção grandes: hachurar, sobretudo as bordas.

Representação de cortes ou seções

Cf. DIN ISO 128-40, -44 e -50 (2002-05)

Seções especiais

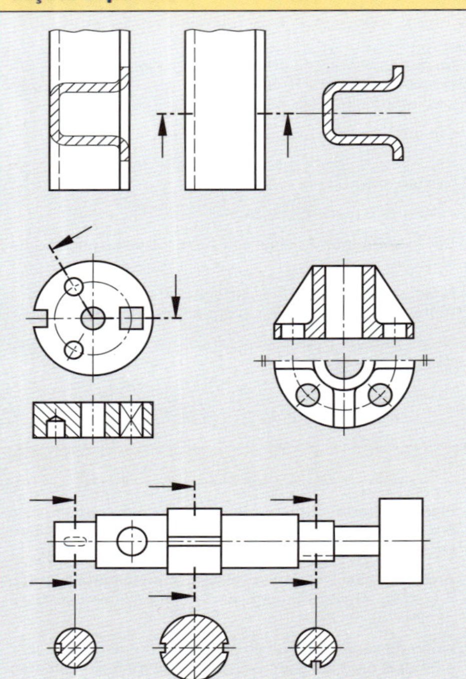

Seções de perfis. Elas podem ser

- Desenhadas giradas em uma vista.

  As linhas de contorno da seção são representadas com linhas cheias finas e são desenhadas no interior da peça.
- Removidas de uma vista.

  A seção deve ser ligada à vista por uma linha traço-ponto fina.

Seções de planos que se intersecionam. Se dois planos se intersecionam, um plano de seção pode ser girado no plano de projeção.

Detalhes de peças giradas. Detalhes dispostos uniformemente fora da área de seção, p. ex., furos, podem ser girados no plano de corte.

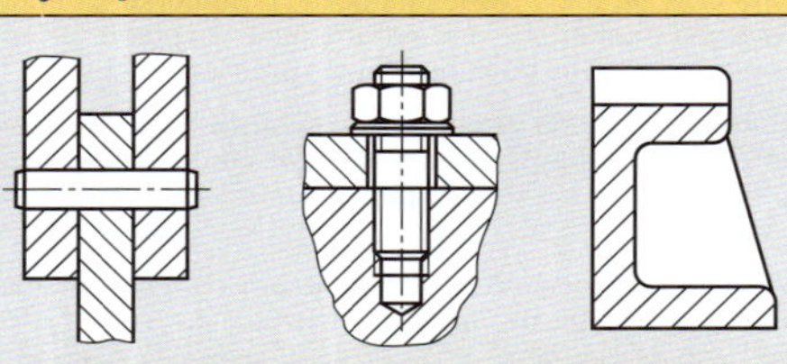

Contornos e bordas. Contornos e bordas que estão atrás do plano de corte são desenhados apenas se facilitarem a compreensão do desenho.

Peças que não são secionadas

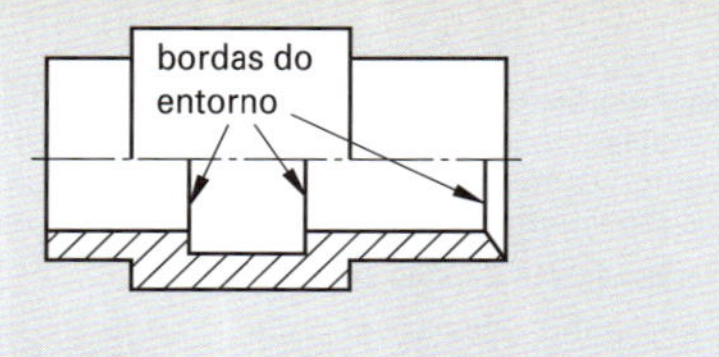

Não se deve secionar na direção do comprimento:

- Peças que não são ocas, p. ex., parafusos, pinos, eixos;
- Partes de uma peça que devem ser destacadas do corpo dela, p. ex., nervuras

Notas no desenho

bordas do entorno

Bordas em ferramentas

- **Bordas de contorno.** Bordas que se tornaram visíveis pela seção devem ser representadas.
- **Bordas ocultas.** Bordas ocultas não são representadas em seções.
- **Bordas na linha central.** Bordas, que na seção caírem sobre a linha central, são representadas.

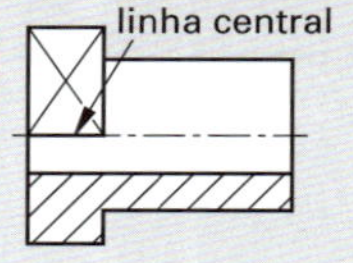

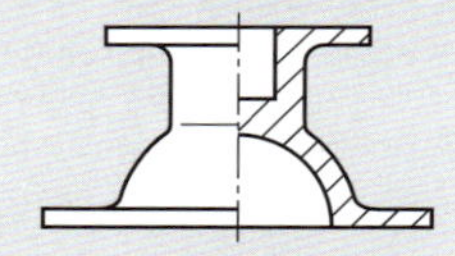

Meias seções em peças simétricas

As metades da seção da peça simétrica são desenhadas, de preferência, em relação à linha central

- Abaixo, no caso de linhas centrais horizontais
- À direita, no caso de linhas centrais verticais

Hachuras, Sistemas de inserção de dimensões

Hachuras/Sombreamento

Cf. DIN ISO 128-50 (2002-05)

Geralmente, as áreas de seção são marcadas com sombreamento básico, sem levar em consideração o material da peça. Peças, cujos materiais devem ser destacados, podem receber hachuras específicas.

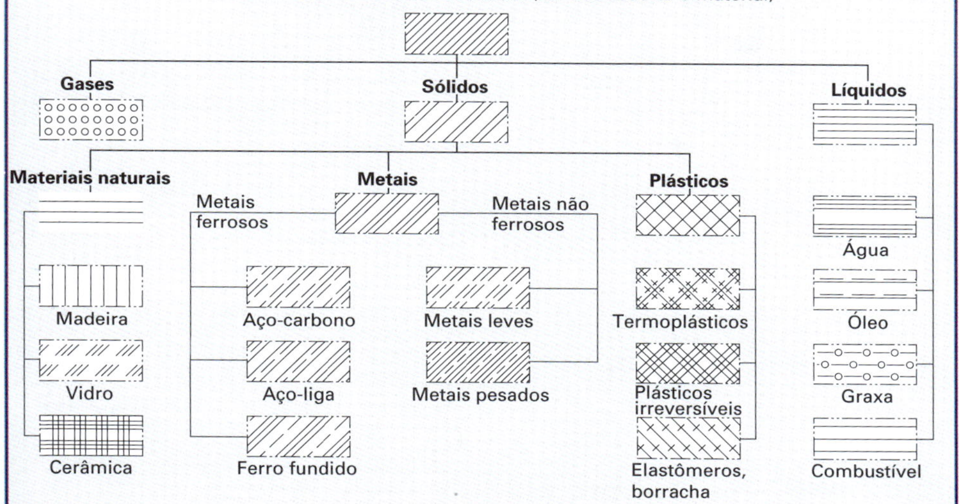

Sistemas para inserção de dimensões

Cf. DIN 406-10 (1992-12)

O **dimensionamento e a tolerância da peça** podem basear-se em:

- função.
- fabricação ou
- teste

Podem ser usados vários sistemas de inserção de medidas em um único desenho.

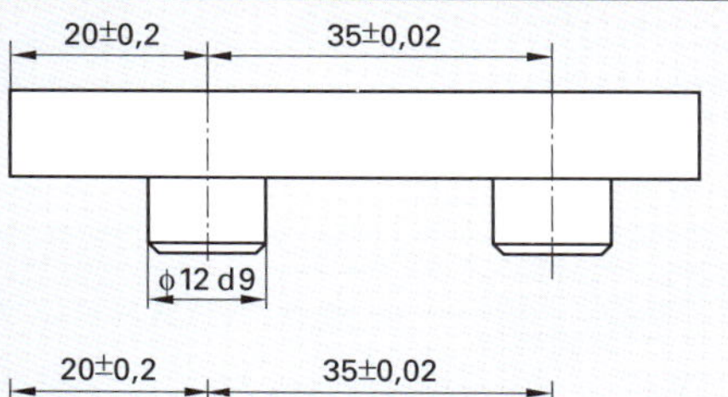

Inserção de medidas baseada na função

Característica. Seleção, inserção e tolerância das dimensões de acordo com as exigências de projeto.

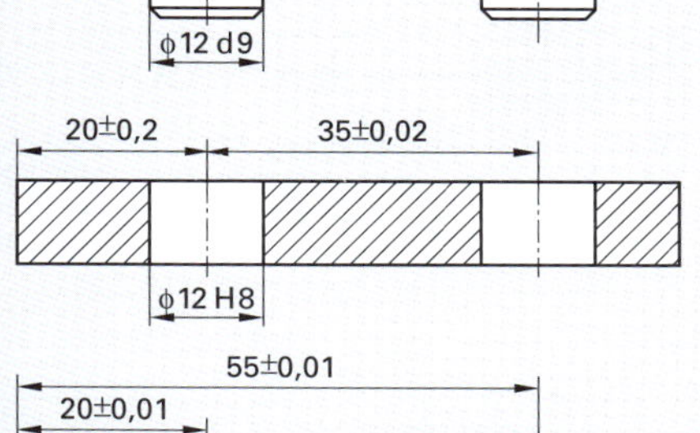

Inserção de medidas baseada na fabricação

Característica. As dimensões que são necessárias para a fabricação são calculadas a partir das dimensões baseadas na funcão.

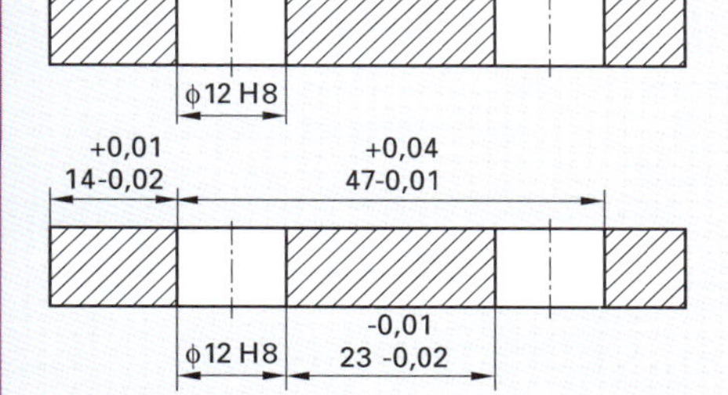

Inserção de medidas baseada em teste

Característica. As dimensões e tolerâncias são inseridas no desenho de acordo com o teste planejado.

Inserção de medidas ou dimensões em desenhos

Linhas de dimensionamento, marcas de fim de linha de dimensionamento, linhas auxiliares, números de dimensionamento

Cf. DIN 406-11 (1192-12)

Linhas de dimensionamento

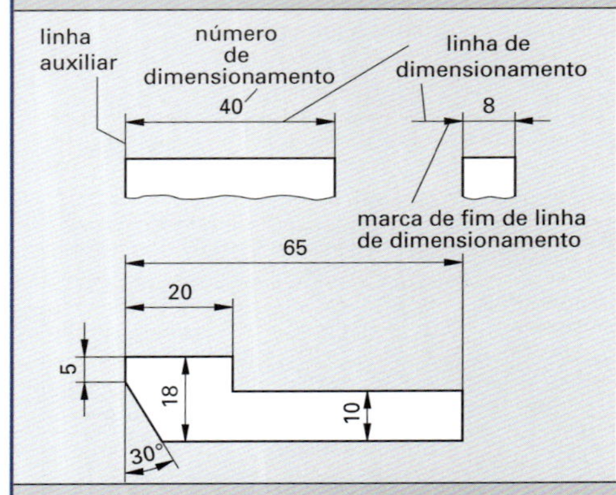

Design. As linhas de dimensionamento são desenhadas como linhas cheias finas.

Inserção. As linhas de dimensionamento são desenhadas:

- paralelas aos comprimentos para dimensionamento de comprimentos;
- em seção circular no dimensionamento de ângulos e arcos.

Espaço limitado. Se o espaço for limitado, as linhas de dimensionamento podem ser.

- externamente com linhas auxiliares
- inseridas na peça
- alocadas nas bordas do corpo da peça.

Espaçamento. As linhas de dimensionamento devem ter uma distância mínima de

- 10 mm da borda das peças e
- 7 mm entre si.

Marca de fim de linha de dimensionamento

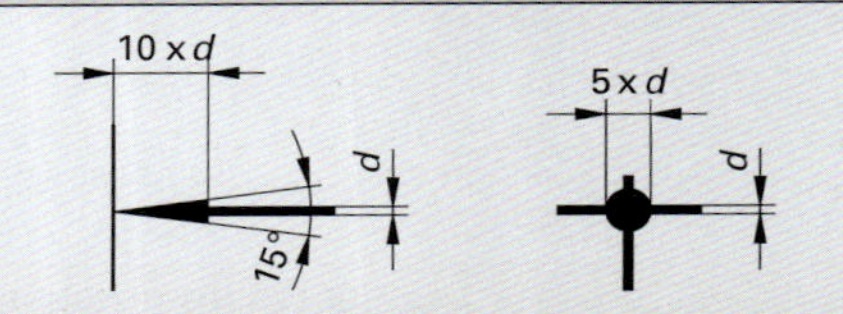

Setas de dimensionamento. Geralmente, são usadas setas para marcar os limites de linhas de dimensionamento.

- Comprimento da cabeça da seta: 10 x largura da linha de dimensionamento.
- Ângulo 15°.

Linhas de dimensionamento auxiliares

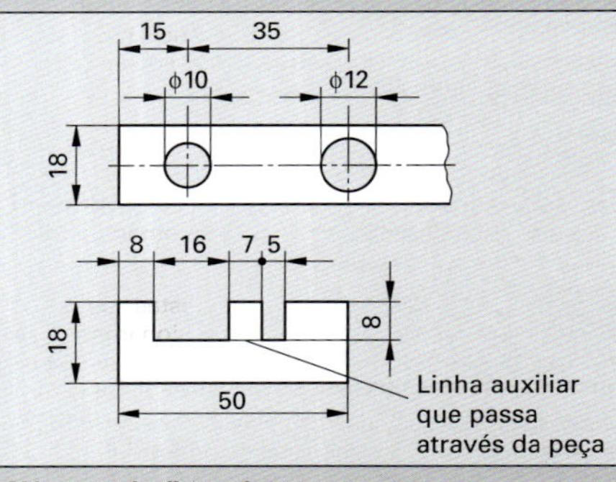

Design. As linhas auxiliares são desenhadas perpendicularmente ao comprimento que deve ser dimensionado, com linhas cheias finas.

Características especiais

- **Elementos simétricos.** Linhas centrais podem ser usadas como linhas auxiliares em elementos simétricos.
- **Linhas auxiliares podem ser quebradas**, p. ex., para inserir dimensões.
- **Dentro de uma vista,** as linhas auxiliares podem ser desenhadas para separar espacialmente elementos de formato igual ou similar.
- As linhas auxiliares não podem ser estendidas **de uma vista para uma outra vista**.

Números de dimensionamento

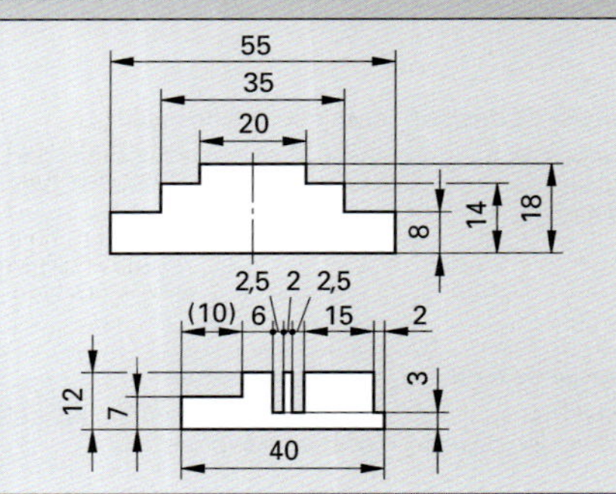

Inserção. Os números de dimensionamento são inseridos

- em letreiro padrão de acordo com DIN EN ISO 3098
- com um tamanho mínimo de 3,5 mm
- acima da linha de dimensionamento
- de modo que possam ser lidos a partir de baixo e da direita.
- para linhas de dimensionamento múltiplas e paralelas: defasadas entre si.

Espaço limitado. Se o espaço for limitado, os números de dimensionamento podem ser inseridos.

- em uma linha de indicação
- sobre a extensão da linha de dimensionamento.

Inserção de medidas ou dimensões em desenhos

Regras de dimensionamento, linhas de indicação e de referência, dimensões de ângulos, quadrados e abertura de chaves

Cf. DIN 406-11 (1992-12)
DIN ISO 128-22 (1999-11)

Regras de dimensionamento

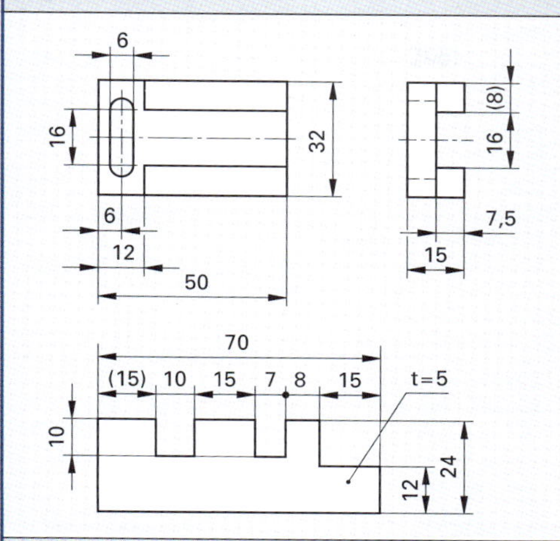

Inserção de dimensões

- Cada dimensão é inserida apenas uma vez. Dimensões iguais de elementos diferentes são inseridas em cada elemento. Se forem desenhadas múltiplas vistas, as dimensões devem ser inseridas onde o formato da peça é reconhecido com mais facilidade.
- Peças simétricas. A posição da linha central não é dimensionada.

Dimensões encadeadas. Deve-se evitar séries de dimensões encadeadas. Caso sejam necessárias para a fabricação, uma dimensão da cadeia deve ser colocada entre parênteses.

Peças chatas. Para peças chatas que são desenhadas em apenas uma vista, a dimensão da espessura pode ser inserida com a letra de referência *t*

- na vista ou
- próxima à vista

Linhas de indicação e de referência

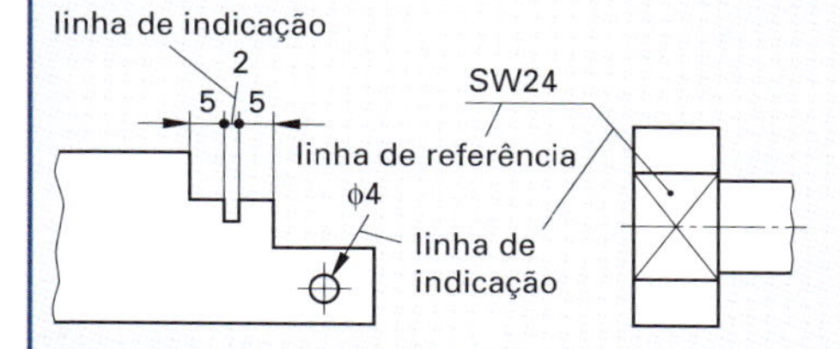

Linhas de indicação. As linhas de indicação são desenhadas como linhas cheias finas. Elas terminam

- com setas, se apontarem para bordas;
- com um ponto, se apontarem para uma superfície.
- sem marcação, se apontarem para outras linhas.

Linhas de referência. As linhas de referência são desenhadas no sentido de leitura, com linhas cheias finas. Elas podem ser ligadas a linhas indicação.

Dimensões angulares

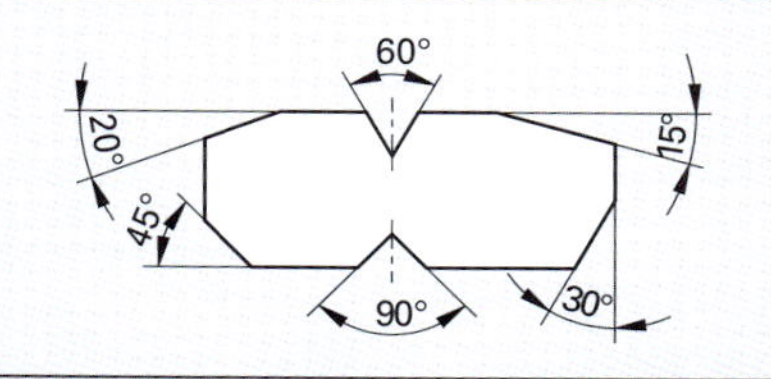

Linhas auxiliares. As linhas auxiliares apontam na direção do vértice do ângulo.

Números de dimensão. Normalmente, estes são inseridos tangencialmente à linha de dimensionamento, de modo que sua extremidade inferior aponte para o vértice do ângulo, se eles estiverem acima da linha central horizontal; sua extremidade superior aponta para o vértice do ângulo, caso estejam abaixo desta linha.

Quadrado, abertura de chaves

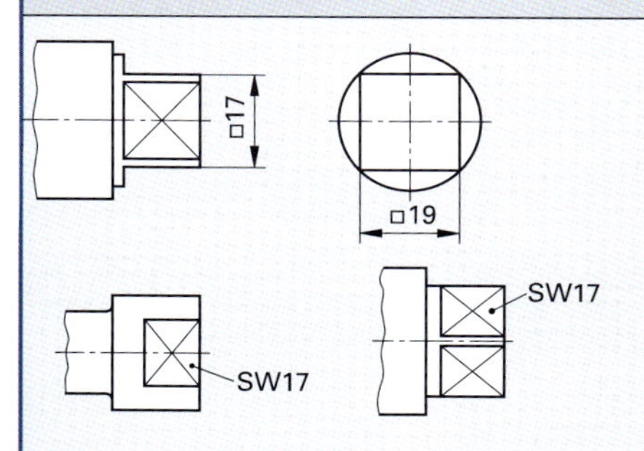

Quadrado

Símbolo. Para elementos com formato quadrado, o símbolo é colocado em frente do número de dimensionamento. O tamanho do símbolo corresponde ao tamanho das letras pequenas.

Dimensionamento. Formatos quadrados devem de preferência ser dimensionados na vista em que seu formato é reconhecível. Apenas o comprimento de um lado do quadrado deve ser inserido.

Abertura de chaves

Símbolo. No dimensionamento de aberturas de chaves são colocadas as letras maiúsculas SW diante do número.

Inserção de medidas ou dimensões em desenhos

Diâmetros, raios, esferas, chanfros, inclinações, estreitamentos, dimensões de arco

Cf. DIN 406-11 (1992-12)

Diâmetro, raio, esfera

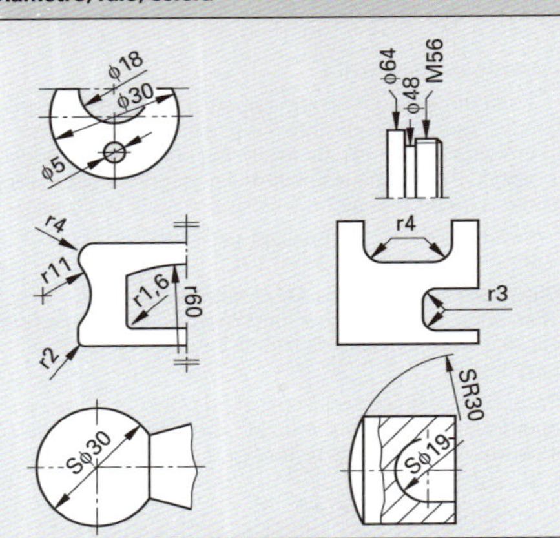

Diâmetro

Símbolo. Para todos os diâmetros, o símbolo é colocado antes do número de dimensão. Sua altura global corresponde à altura do número de dimensionamento.

Espaço limitado. Caso o espaço seja limitado, as dimensões são colocadas fora da peça.

Raio

Símbolo. A letra maiúscula R é colocada antes do número de dimensionamento.

Linhas de dimensionamento. As linhas de dimensionamento devem ser desenhadas.

- a partir do centro do raio ou
- na direção do ponto médio

Esfera

Símbolo. Para peças com formato esférico, a letra maiúscula S é colocada antes do símbolo de diâmetro ou raio.

Chanfros, rebaixamentos/escareamentos

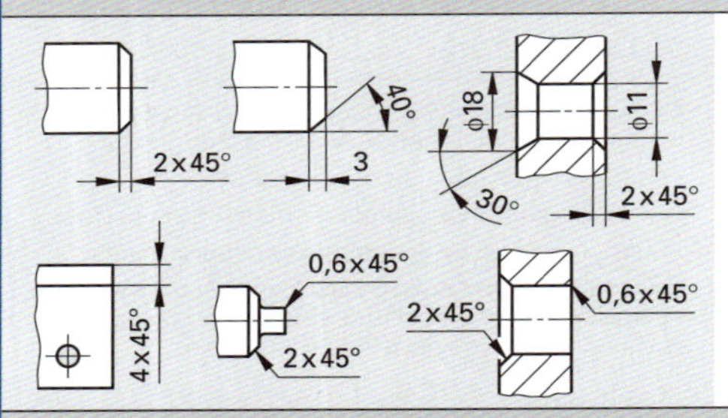

Chanfros de 45° e escareamentos de 90° podem ser dimensionados indicando-se simplesmente o ângulo e a largura do chanfro. As medidas de um chanfro desenhado ou não podem ser inseridas com ajuda de linhas auxiliares.

Outros ângulos de chanfro. Para chanfros com um ângulo diferente de 45° devem ser inseridos

- o ângulo e a largura do chanfro ou
- o ângulo e o diâmetro do chanfro.

Inclinações, estreitamentos

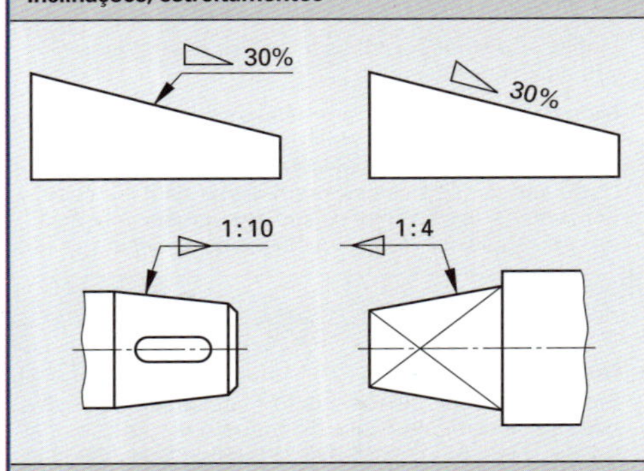

Inclinação

Símbolo. O símbolo ⊿ é inserido antes dos números de dimensionamento.

Localização do símbolo. O símbolo é orientado de modo que sua inclinação está paralela à inclinação da peça. De preferência, o símbolo é ligado à superfície inclinada com uma linha de referência ou de indicação.

Estreitamento

Símbolo. O símbolo ▷ é inserido antes dos números de dimensionamento sobre uma linha de referência.

Localização do símbolo. O símbolo deve ser colocado de modo a estreitar no sentido do estreitamento da peça. A linha de referência com o símbolo é ligada ao contorno da peça.

Dimensões de arco

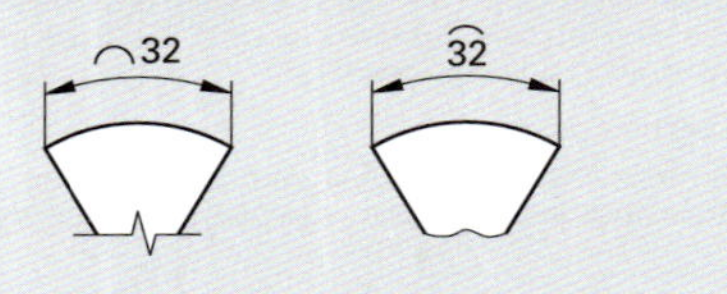

Símbolo. O símbolo ⌒ é inserido antes dos números de dimensionamento. Em desenho manual, pode-se colocar o símbolo sobre o número de dimensionamento.

Inserção de dimensões em desenhos

Entalhes, roscas, parcelamentos

Cf. DIN 406-11 (1992-12) e DIN ISO 6410-1 (1193-12)

Entalhes

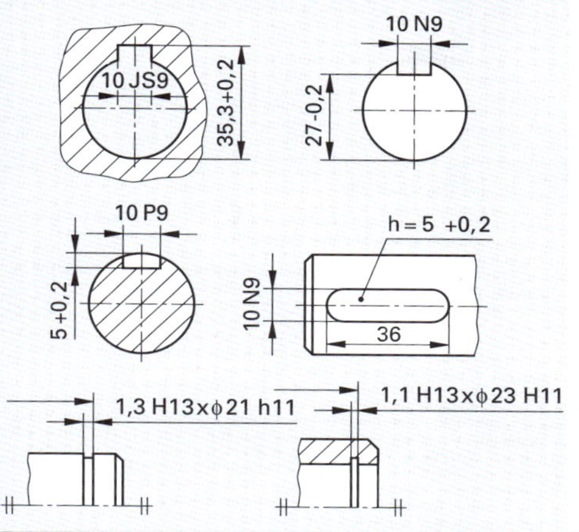

Profundidade do entalhe. A profundidade do entalhe é medida.

- a partir da lateral do rasgo para entalhes fechados.
- a partir do lado oposto para entalhes abertos.

Dimensionamento simplificado. Pra entalhes representados apenas na vista superior, é inserida a medida da profundidade do entalhe.

- com a letra h ou
- combinada com a largura do entalhe

Em ranhuras com anel de segurança pode-se inserir a profundidade em combinação com a largura delas.

Dimensões de entalhe para:
Cunhas, ver página 239;
Chavetas, ver página 240;
Anéis de retenção, ver página 269.

Roscas

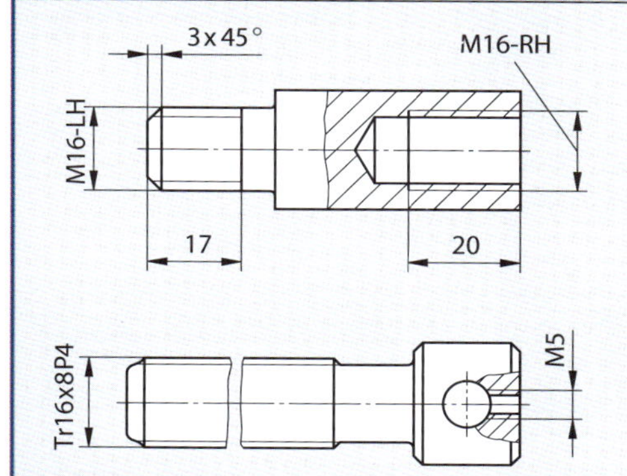

Designação reduzida. Para roscas normalizadas usam-se designações reduzidas.

Roscas esquerdas e direitas. Roscas esquerdas são marcadas com LH; roscas direitas, com RH.

Roscas com passos múltiplos. Para roscas com passos múltiplos, o passo e o espaçamento são inseridos atrás do diâmetro nominal.

Especificações de comprimento. Estas fornecem o comprimento útil da rosca. Normalmente, a profundidade do furo básico (página 211) não é dimensionada.

Chanfros. Os chanfros em roscas só devem ser dimensionados se seus diâmetros não corresponderem ao diâmetro da rosca.

Parcelamento

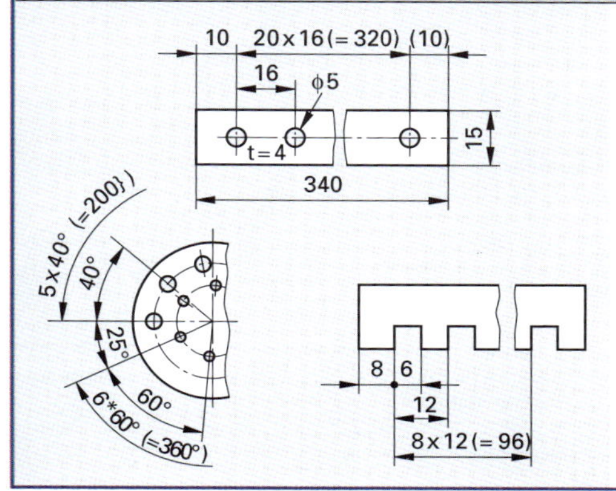

Elementos com design idêntico. No parcelamento de elementos que apresentam espaçamentos ou ângulos iguais entre si, são especificados:

- o número de elementos
- a distância entre os elementos
- o comprimento global ou o ângulo global (entre parênteses)

Inserção de dimensões em desenhos

Especificações de tolerância

Cf. DIN 406-12 (1192-12), DIN ISO 2768-1 (1991-06) e DIN ISO 2768-2 (1991-04)

Especificações de tolerância utilizando desvios

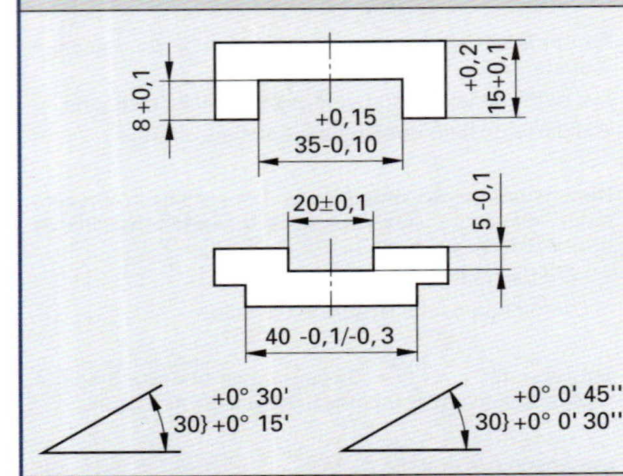

Inserção. Os desvios são inseridos

- atrás da dimensão nominal
- no caso de dois desvios, o para mais é colocado acima do para menos
- para desvios para mais e para menos iguais o valor é precedido pelo sinal ± e escrito só uma vez.
- no dimensionamento de ângulos com a especificação das unidades.

Especificações de tolerância utilizando classes de tolerância

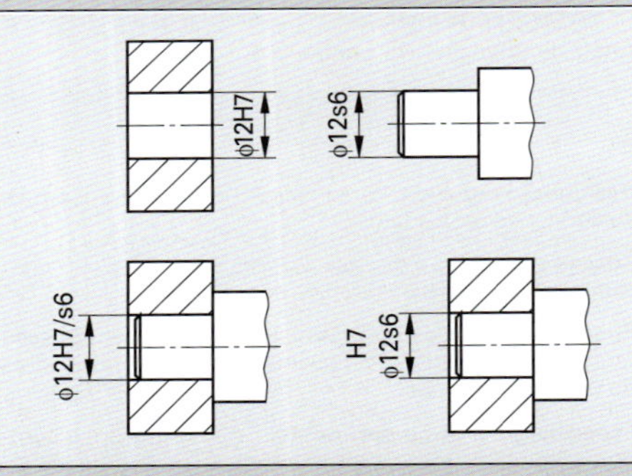

Inserção. As classes de tolerância são inseridas para:

- medidas nominais: atrás delas.
- medidas em peças desenhadas encaixadas: a classe de tolerância da dimensão interna (furo) é colocada antes ou sobre a classe de tolerância da dimensão externa (eixo).

Especificações de tolerância para partes específicas da peça

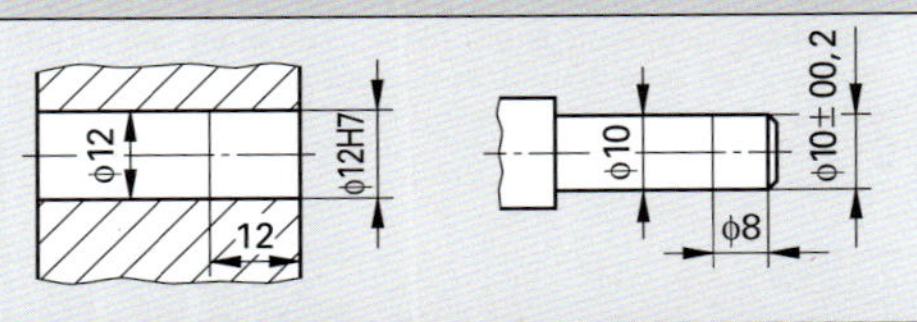

Validade. A parte à qual a tolerância se aplica é limitada por uma linha cheia fina.

Especificações de tolerância utilizando tolerâncias gerais

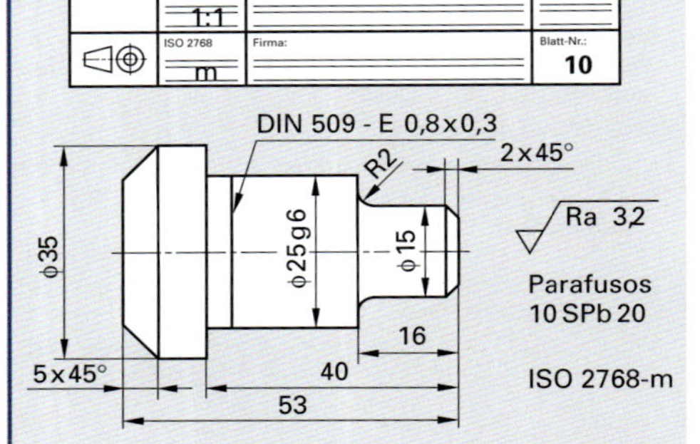

Aplicação. As tolerâncias gerais são usadas para:

- dimensões de comprimento e ângulos.
- forma e posição.

Inserção no desenho. A indicação das tolerâncias gerais (página 110) pode ser localizada:

- próxima dos desenhos da peça individual
- para blocos de título, de acordo com DIN 6771 (retraído): no bloco de título.

Dados. São fornecidos:

- o número da página da norma
- a classe de tolerância para dimensões de comprimento e de ângulos
- a classe de tolerância para forma e posição, caso necessário.

Inserção de dimensões em desenhos

Dimensões

Cf. DIN 406-10 e -11 (1992-12)

Tipos de dimensões

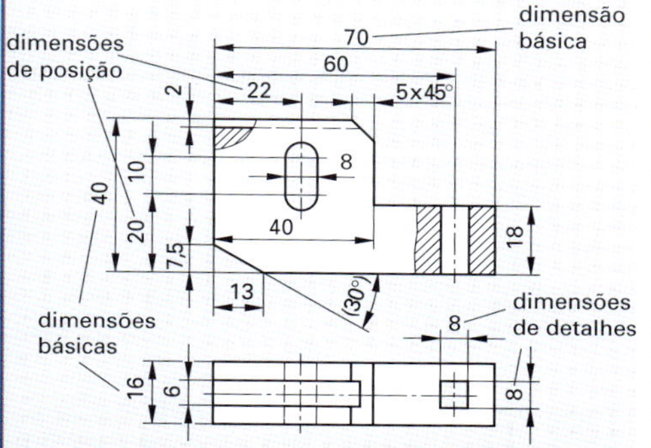

Dimensões básicas. As dimensões básicas de uma peça são:

- comprimento total
- largura total
- altura total.

Dimensões de detalhes. As dimensões de detalhes definem, por exemplo:

- dimensões de entalhes/ranhuras
- dimensões de ressaltos

Dimensões de posição. Estas são usadas para especificar a localização de:

- furos
- entalhes
- furos alongados, etc.

Dimensões especiais

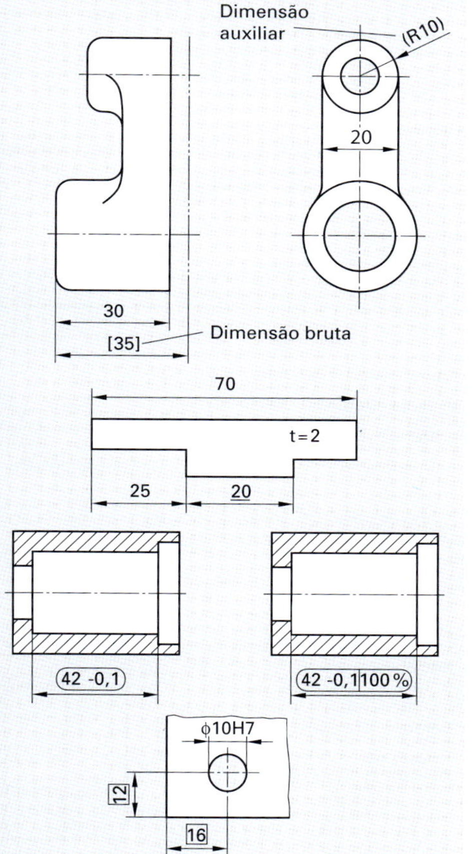

Dimensões brutas

Função. As dimensões brutas informam, p. ex., as dimensões de peças fundidas ou forjadas, antes da usinagem.

Identificação. As dimensões brutas são colocadas entre colchetes.

Dimensões auxiliares

Função. As dimensões auxiliares fornecem informações adicionais; não são necessárias para definir geometricamente a peça. Dimensões auxiliares são colocadas entre parênteses, sem a especificação de tolerâncias.

Dimensões não desenhadas em escala

Identificação. As dimensões não desenhadas na escala podem ser usadas para mudanças no desenho, p. ex., e são sublinhadas.

Em desenhos realizados com auxílio de computador (CAD), as dimensões sublinhadas são **proibidas**.

Dimensões de teste

Função. Deve-se observar que estas dimensões são verificadas pelo comprador. Se necessário, uma inspeção de 100% será realizada.

Identificação. As dimensões de teste são colocadas em molduras com cantos arredondados.

Dimensões teoricamente precisas

Função. Estas dimensões fornecem a posição geométrica ideal (teoricamente precisa) do detalhe de uma peça.

Identificação. As dimensões são colocadas em uma moldura , sem especificação de tolerâncias.

Tipos de dimensionamento

Dimensionamento paralelo, dimensionamento de cursos ascendentes, dimensionamento por coordenadas[1]

Cf. DIN 406-11 (1992-12)

Dimensionamento paralelo

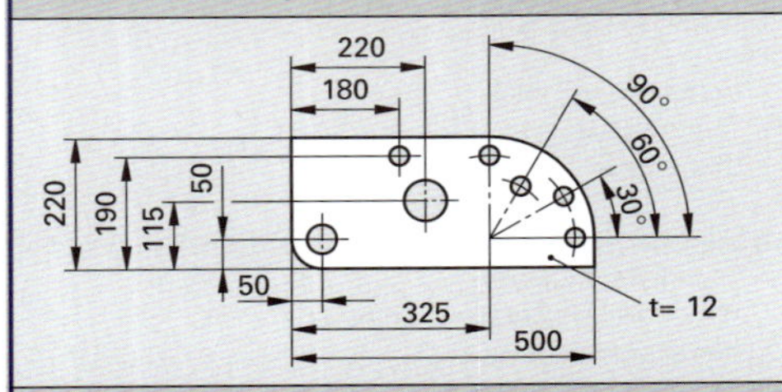

Linhas de dimensionamento. Várias linhas de dimensionamento são inseridas juntas para:

- dimensões lineares paralelas.
- dimensões angulares concêntricas.

Dimensionamento de cursos ascendentes

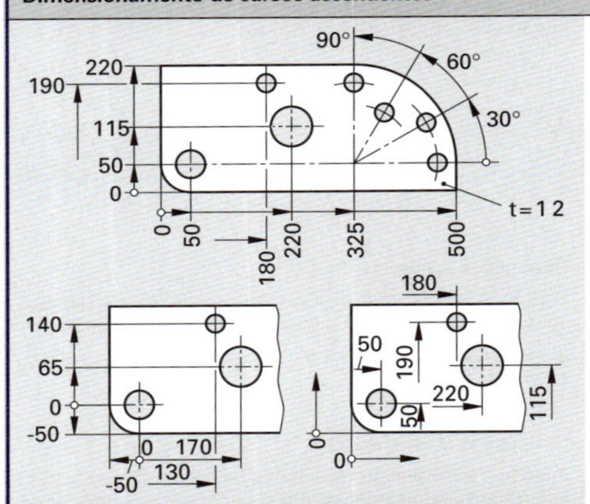

Origem. As dimensões são inseridas a partir da origem, representada por um pequeno círculo, em cada um dos três sentidos possíveis.

Linhas de dimensionamento. Para a inserção vale:

- Como uma regra, apenas uma linha de dimensionamento é usada para cada sentido.
- Podem ser usadas duas ou mais linhas de dimensionamento se o espaço for limitado; estas linhas também podem ser quebradas.

Dimensões

- Devem ter um sinal de menos, caso sejam inseridas no sentido oposto.
- Também podem ser inseridas no sentido da leitura.

Dimensionamento de coordenadas

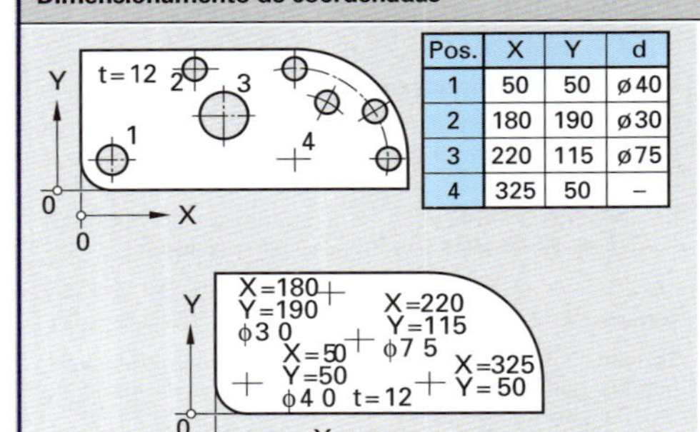

Pos.	X	Y	d
1	50	50	ø40
2	180	190	ø30
3	220	115	ø75
4	325	50	–

Coordenadas cartesianas (página 63)

Valores de coordenadas. Estes são:

- inseridos em tabelas ou
- inseridos próximos aos pontos no plano de coordenadas

Ponto de origem. O ponto de origem

- é marcado com um círculo pequeno
- pode ser localizado em qualquer lugar no desenho

Dimensões. Estas devem ser precedidas por um sinal de menos, caso sejam inseridas a partir da origem no sentido oposto ao sentido positivo.

t=12

Pos.	r	*f*	d
1	140	0°	ø30
2	140	30°	ø30
3	100	60°	ø30
4	140	90°	ø30

Coordenadas polares (páginas 63)

Valores das coordenadas. Os valores das coordenadas são inseridos em tabelas.

[1] O dimensionamento paralelo, dimensionamento de cursos e dimensionamento de coordenada podem ser combinados entre si.

Simplificação de desenhos

Representação simplificada de furos

Cf. DIN 6780 (2000-10)

Base do furo, larguras das linhas para representação simplificada

Representação completa, dimensionamento completo	Representação completa, dimensionamento simplificado	Representação simplificada, dimensionamento simplificado

Base do furo

O formato da base do furo é fornecido por um símbolo, se necessário.

O **símbolo U**, por exemplo, significa uma **base chata do furo** (rebaixamento cilíndrico).

Larguras das linhas

Para furos com representação simplificada, é preciso desenhar com linha cheia grossa:

- a cruz dos eixos na vista de cima
- a posição dos furos.

Furos escalonados, escareamentos e chanfros, roscas internas

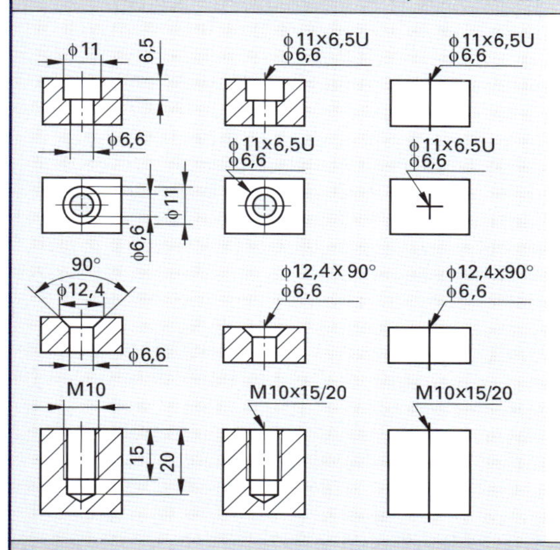

Furos escalonados

Para furos com dois ou mais degraus, as dimensões são escritas uma abaixo da outra. O diâmetro maior é escrito na primeira linha.

Escareamentos e chanfros

Para escareamentos e chanfros de furo, são fornecidos o maior diâmetro e o ângulo de escareamento.

Roscas internas

O comprimento da rosca e a profundidade do furo são separados por uma barra. Furos sem especificação de profundidade perfuram a peça totalmente.

Exemplos

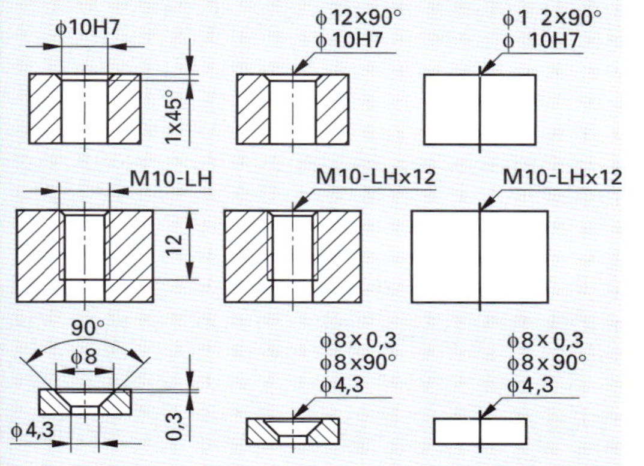

Furo ∅ 10H7
Furo total
Chanfro 1 x 45°

Rosca esquerda M10
Comprimento da rosca 12 mm
Furo total

Escareamento cilíndrico ∅ 8
Profundidade do rebaixamento 0,3 mm
Furo toral ∅ 4,3 com rebaixamento em formato de cone de 90°
Diâmetro de rebaixamento ∅ 8

Tipos de engrenagem

Representação de engrenagens

Cf. DIN ISO 2203 (1976-06)

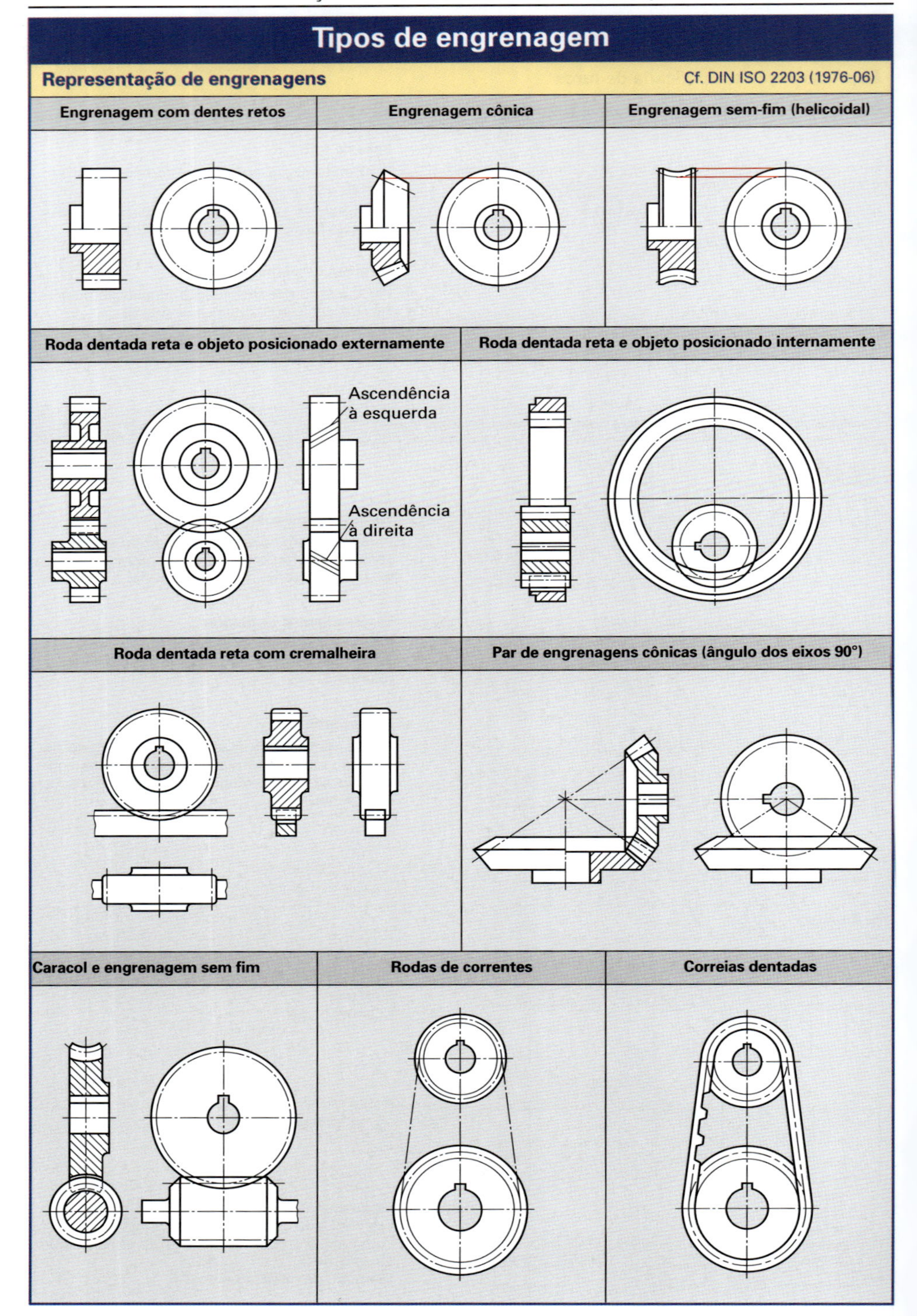

Representação de mancais de rolamentos

Representação de mancais de rolamentos

Cf. DIN ISO 8826-1 (1990-01) e DIN ISO 8826-2 (1995-10)

Representação simplificada	Representação gráfica	Explicação
		No geral, um mancal de rolamento é representado por um quadrado ou retângulo e uma cruz.
		Se necessário, o mancal de rolamento pode ser representado por seu contorno e a cruz.

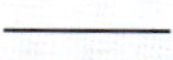

Elementos de uma representação detalhada simplificada

Elemento	Explicação, aplicação
	Linha reta longa, para representar o eixo do rolamento com apoio sem ajustes.
	Linha longa curva, para representar o eixo do rolamento, com apoios ajustáveis (apoio de pêndulo).
	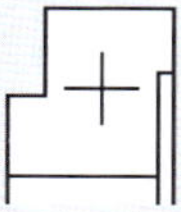 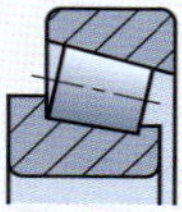 Linha reta curta, usada para representar a posição e o número de séries de elementos do rolagem.
	Círculo, para representação de elementos de rolagem (esfera, rolo), que são desenhados perpendicularmente a seu eixo.

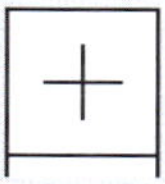

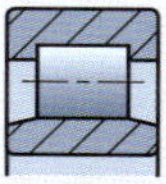

Exemplos de representação detalhada simplificada de mancais de rolamentos

Representação de mancais de rolamentos (uma fileira)

detalhada simplificada	gráfica	Designação
		Rolamento radial de esferas ranhurado, rolamento de rolos cilíndrico.
		Rolamento axial de rolos autocompensador
		Rolamento de esferas oblíquo, rolamento de rolos cônico
		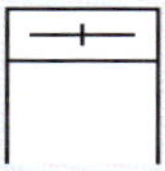 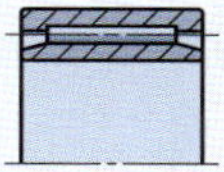 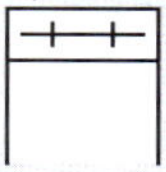 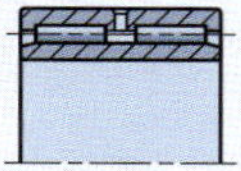 Rolamento de agulhas, conjunto de rolamentos de agulhas
		Rolamento axial de esferas ranhurado, rolamento axial de rolos
		Rolamento axial de rolos autocompensador

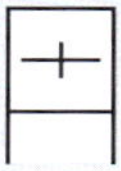

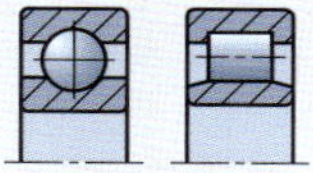

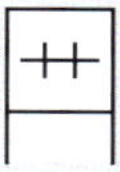

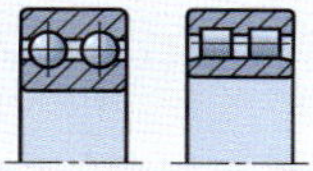

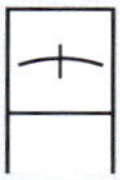

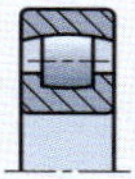

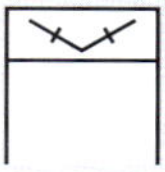

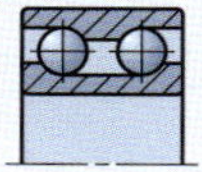

Representação de mancais de rolamentos (fileira dupla)

detalhada simplificada	gráfica	Designação
		Rolamento radial de esfera ranhurado, rolamento de rolos cilíndrico
		Rolamento de esferas (duas filas) oscilante, rolamento de rolos radial autocompensador
		Rolamento de esferas oblíquo
		Rolamento de agulhas, conjunto de rolamentos de agulhas
		Rolamento axial de esferas ranhurado, bilateral
		Rolamento axial de esferas ranhurado, com assento esférico, bilateral

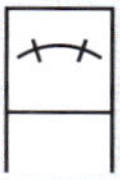

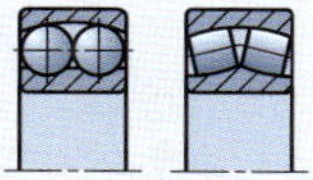

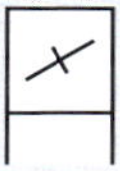

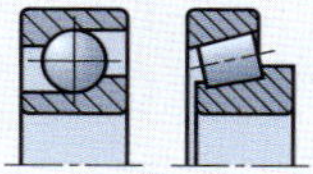

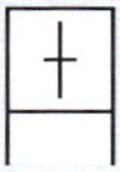

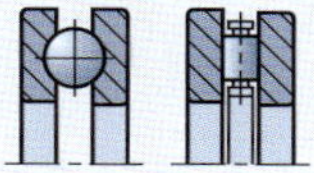

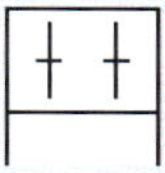

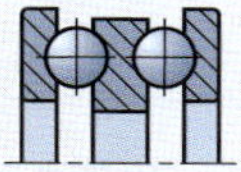

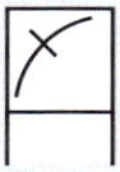

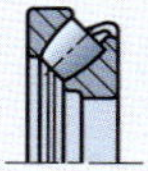

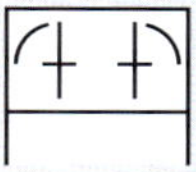

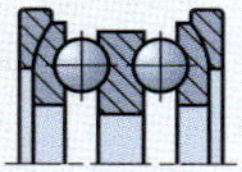

Rolamentos combinados

		Rolamento radial de agulhas combinado com rolamento de esferas oblíquo
		Rolamento axial de esferas combinado com rolamento radial de agulhas

Representação perpendicular ao eixo do elemento de rolagem

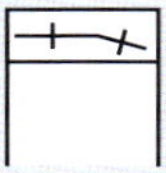

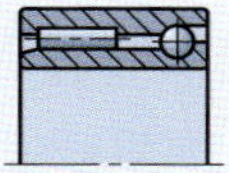

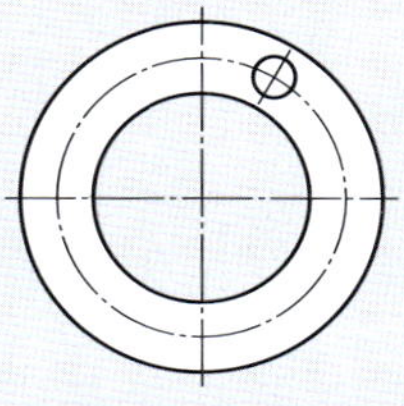

	Rolamento de rolos com qualquer tipo de formato de elementos de rolagem (esferas, rolos, agulhas)

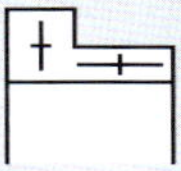

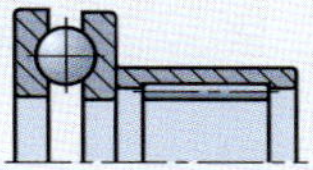

Representação de vedações e mancais de rolamentos

Representação simplificada de vedações

Cf. DIN ISO 9222-1 (1990-12) e DIN ISO 9222 (1991-03)

Representação simplificada	Representação gráfica	Explicação
		Em geral, uma vedação é representada por um quadrado ou retângulo e uma cruz em diagonal. O sentido da vedação pode ser comunicado por uma seta.
		Se necessário, a vedação pode ser representada por seu contorno e uma cruz em diagonal.

Elementos de uma representação detalhada simplificada

Elemento	Explicação, aplicação
	Linha longa paralela à superfície de vedação, para elemento de vedação fixo (estático)
	Linha diagonal longa, para elementos de vedação dinâmicos, por exemplo, o lábio de vedação. O sentido da vedação pode ser comunicado por uma seta.
	Linha diagonal curta, para lábios recolhedores de pó, anéis recolhedores de óleo
	Linhas curtas que apontam para o meio do símbolo, para peças estáticas de anéis U e V e guarnição.
	Linhas curtas que apontam para o meio do símbolo, para lábios de vedação de anéis em U e V, guarnição.
T U	T e U, para vedações sem contato.

Exemplos de representação detalhada simplificada de vedações

Anéis de vedação de eixos e vedações de haste de pistão

detalhada simplificada	gráfica	Designação para Rotação	Designação para Movimento linear
		Anel de vedação de eixo sem lábio recolhedor de pó	Vedação de haste sem recolhedor
		Anel de vedação de eixo com lábio recolhedor de pó	Vedação de haste com recolhedor
		Anel de vedação de eixo, dupla ação	Vedação de haste, dupla ação

Vedações de perfil, conjuntos de guarnição, vedações de labirinto

detalhada simplificada	gráfica	detalhada simplificada	gráfica

Exemplos de representação simplificada de vedações e rolamentos

Rolamento de esferas com ranhuras e anel de vedação de eixo radial com lábio recolhedor de pó[1)]

Rolamento de esferas (duas fileiras) com ranhuras e anel de vedação de eixo radial[2)]

Conjunto de guarnição[2)]

[1)] Metade superior: representação simplificada; metade inferior: representação gráfica.
[2)] Metade superior: representação detalhada simplificada; metade inferior: representação gráfica.

Representação de anéis de segurança entalhes para anéis de segurança, molas, eixos ranhurados, e denteação por entalhe

Representação de anéis de segurança e entalhes para anéis de segurança

	Representação	Dimensão de montagem	Limites de tolerância
Anéis de segurança para eixos (página 269)		t n a; d_1 d_2; mH13; l; Plano de referência para dimensionamento[1]; a = largura do rolamento largura do anel de segura	Tolerâncias para d_2: Limite superior de tolerância: 0 (zero) limite inferior de tolerância: negativo Tolerâncias para a: Limite superior de tolerância: positivo Limite inferior de tolerância: 0 (zero)
Anéis de segurança para furos (página 269)		mH13; a; d_2 d_1; t; n; l; Plano de referência para dimensionamento[1]	Tolerâncias para d_2: Limite superior de tolerância: positivo Limite inferior de tolerância: 0 (zero) Tolerâncias para a: Limite superior de tolerância: positivo Limite inferior de tolerância: 0 (zero)

[1] Por razões funcionais, o plano de referência para o dimensionamento de entalhes é a superfície de contato da peça a assegurar.

Representação de molas

Cf. DIN ISO 2162-1 (1994-08)

Nome	Representação Vista	Representação Seção	Símbolo	Nome	Representação Vista	Representação Seção	Símbolo
Mola de compressão helicoidal cilíndrico (arame redondo)			ϕ	Mola de tração helicoidal cilíndrica			
Mola de torção helicoidal cilíndrica				Mola de compressão helicoidal cilíndrica (arame quadrado)			□
Mola de disco (simples)				Conjunto de molas de disco (discos em camadas em posições alternadas			
Conjunto de molas de disco (discos na mesma posição							

Representação de eixos ranhurados e denteação por entalhe

Cf. DIN ISO 6413 (1990-03)

	Eixo	Cubo	Junção
Eixos ou cubos ranhurados com flancos retos Símbolo: ⊓	⊓...	⊓...	⊓...
Eixos ou cubos dentados com flancos evolventes ou denteação por entalhe Símbolo: ⋀	⋀...	⋀...	⋀...

⇒ Eixo ranhurado ISO 14-6 x 26 f7 x 30: Perfil do eixo ranhurado com flancos retos de acordo com ISO 14, número de cunhas N = 6, diâmetro interno *d* = 26f7, diâmetro externo D = 30 (página 241)

Saliências em peças torneadas, cantos em peças

Saliências em peças torneadas

Cf. DIN 6785 (1991-11)

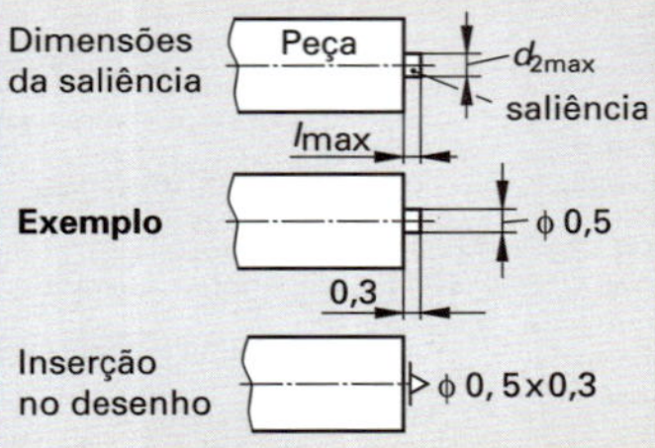

Dimensões da saliência: Peça, d_{2max}, saliência, l_{max}

Exemplo: ϕ 0,5; 0,3

Inserção no desenho: ϕ 0,5×0,3

Dimensões da saliência	Maior diâmetro da peça acabada em mm							
	até 3	acima de 3 até 8	acima de 5 até 8	acima de 8 até 12	acima de 12 até 18	acima de 18 até 26	acima de 26 até 40	acima de 40 até 60
d_{2max} em mm	0,3	0,5	0,8	1,0	1,5	2,0	2,5	3,5
$l d_{2max}$ em mm	0,2	0,3	0,5	0,6	0,9	1,2	2,0	3,0

Cantos em peças

Cf. DIN ISO 13715 (2000-12), substitui DIN 6784

Canto	Canto está localizado em relação à forma geométrica ideal da peça		
	interiormente	**exteriormente**	**na área**
Canto externo 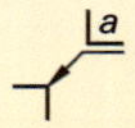	**Remoção de material** 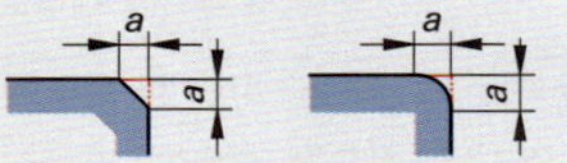	**Rebarba** 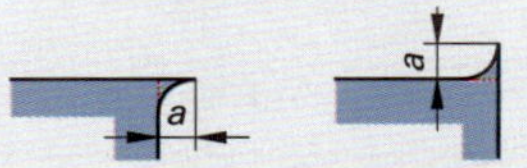	**Aresta viva**
Canto interno 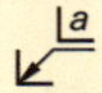	**Remoção de material**	**Transição**	**Aresta viva** 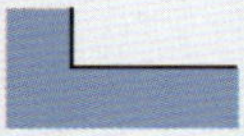
Medida a (mm)	−0,1; −0,3; −0,5; −1,0; −2,5	+0,1; +0,3; +0,5; +1,0; +2,5	−0,05; −0,02; +0,02; +0,05

Símbolo para marcar cantos em peças	Elemento do símbolo	Significado para canto externo	Significado para canto interno
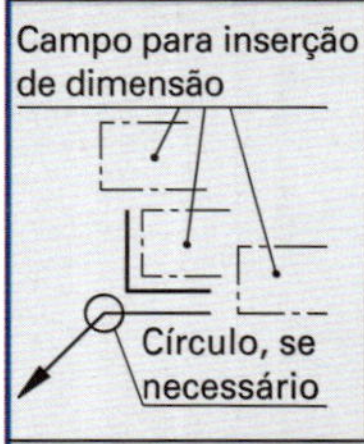 Campo para inserção de dimensão; Círculo, se necessário	+	Rebarba permitida, remoção de material não permitida	Transição permitida, remoção de material não permitida
	–	Remoção de material requerida, rebarba não permitida	Remoção de material requerida, transição não permitida
	± [1]	Rebarba ou transição permitidas	Remoção de material ou transição permitidas

[1] permitida apenas com uma especificação de medida

Sentido de rebarba e remoção de material	Canto externo	Canto interno
Especificação permitida para	Rebarba	Remoção de material
Exemplo	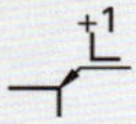 +1	 -1
Significado	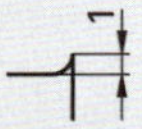 1	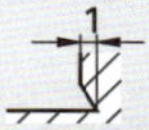 1

Identificação de cantos em peças

Indicações coletivas

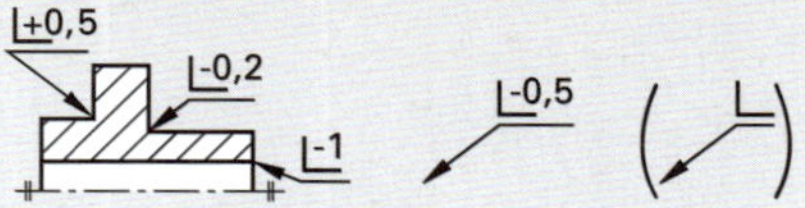

+0,5; -0,2; -1; -0,5

Indicações coletivas se aplicam a todos os cantos para os quais não houver indicações específicas.
Os cantos para os quais a indicação coletiva não se aplica devem ser marcados no desenho.
As exceções são colocadas entre parênteses depois da indicação coletiva ou indicadas pelo símbolo básico.

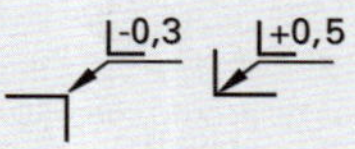

-0,3; +0,5

Indicações coletivas que são válidas apenas para cantos internos ou externos são inseridas pelos símbolos correspondentes.

Exemplos

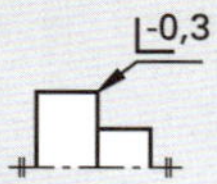

-0,3 — Canto externo sem rebarba
A remoção de material permissível situa-se entre 0 e 0,3 mm

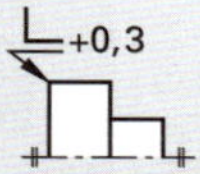

+0,3 — Canto externo com rebarba permissível de 0 a 0,3 mm
(sentido da rebarba especificado)

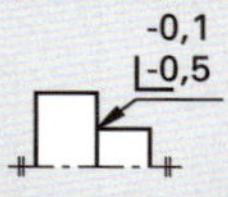

-0,1 / -0,5 — Canto interno com remoção de material permissível entre 0,1 e 0,5 mm (sentido de remoção não especificado)

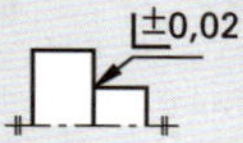

±0,02 — Canto interno com remoção de material permissível entre 0 e 0,02 mm ou transição permissível de até 0,02 mm (aresta viva)

Terminais de rosca, recuo de rosca

Terminais de roscas métricas ISO

Cf. DIN 76-1 (2004-06)

Rosca externa

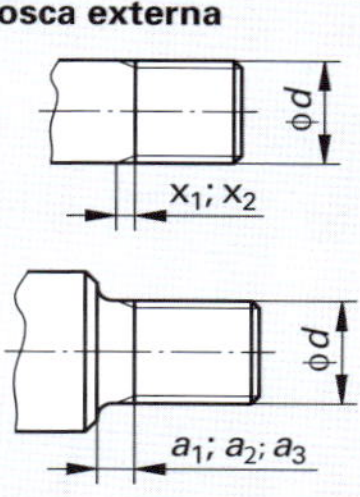

Rosca interna

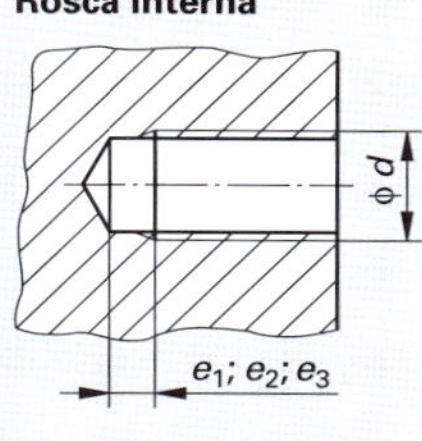

Passo[1] P	Rosca norma ISO d	Terminal de rosca[2] x_1 max.	a_1 max.	e_1	Passo[1] P	Rosca norma ISO d	Terminal de rosca[2] x_1 max.	a_1 max.	e_1
0,2	–	0,5	0,6	1,3	1,25	M8	3,2	3,75	6,2
0,25	M1	0,6	0,75	1,5	1,5	M10	3,8	4,5	7,3
0,3	–	0,75	0,9	1,8	1,75	M12	4,3	5,25	8,3
0,35	M1,6	0,9	1,05	2,1	2	M16	5	6	9,3
0,4	M2	1	1,2	2,3	2,5	M20	6,3	7,5	11,2
0,45	M2,5	1,1	1,35	2,6	3	M24	7,5	9	13,1
0,5	M3	1,25	1,5	2,8	3,5	M30	9	10,5	15,2
0,6	–	1,5	1,8	3,4	4	M36	10	12	16,8
0,7	M4	1,75	2,1	3,8	4,5	M42	11	13,5	18,4
0,75	–	1,9	2,25	4	5	M48	12,5	15	20,8
0,8	M5	2	2,4	4,2	5,5	M56	14	16,5	22,4
1	M6	2,5	3	5,1	6	M64	15	18	24

[1] Para roscas finas, as dimensões do terminal de rosca são selecionadas de acordo com o passo P.

[2] Regra, vale sempre que não houver outras especificações.
Se for necessário um curto terminal de rosca, aplica-se:
$x_2 \approx 0,5 \cdot x_1$; $a_2 \approx 0,67 \cdot a_1$; $e_2 \approx 0,625 \cdot e_1$
Para terminais de rosca longos vale:
$a_3 \approx 1.3 \cdot a_1$; $e_3 \approx 1,6 \cdot e_1$

Recuos de roscas métricas ISO

Cf. DIN 76-1 (2004-06)

Rosca externa
forma A e forma B

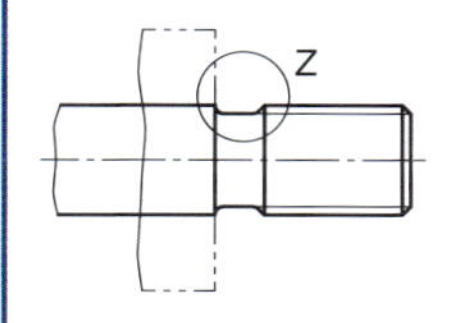

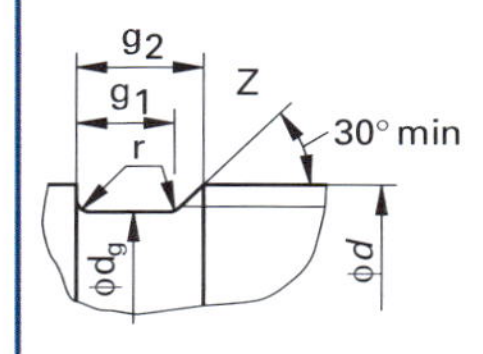

Rosca interna
forma C e forma D

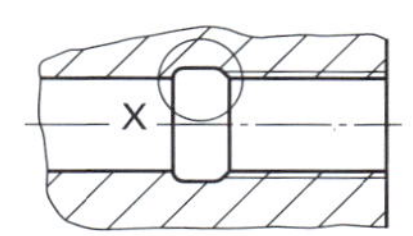

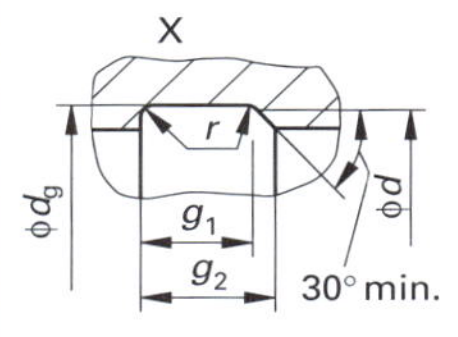

Passo[1]	Rosca norma ISO		Rosca externa					Rosca interna				
				Forma A[2]		Forma B[3]			Forma C[2]		Forma D[3]	
P	d	r	d_g h13	g_1 min.	g_2 max.	g_1 min.	g_2 max.	d_g H13	g_1 min.	g_2 max.	g_1 min.	g_2 max.
0,2	–	0,1	$d-0,3$	0,45	0,7	0,25	0,5	$d+0,1$	0,8	1,2	0,5	0,9
0,25	M1	0,12	$d-0,4$	0,55	0,9	0,25	0,6	$d+0,1$	1	1,4	0,6	1
0,3	–	0,16	$d-0,5$	0,6	1,05	0,3	0,75	$d+0,1$	1,2	1,6	0,75	1,25
0,35	M1,6	0,16	$d-0,6$	0,7	1,2	0,4	0,9	$d+0,2$	1,4	1,9	0,9	1,4
0,4	M2	0,2	$d-0,7$	0,8	1,4	0,5	1	$d+0,2$	1,6	2,2	1	1,6
0,45	M2,5	0,2	$d-0,7$	1	1,6	0,5	1,1	$d+0,2$	1,8	2,4	1,1	1,7
0,5	M3	0,2	$d-0,8$	1,1	1,75	0,5	1,25	$d+0,3$	2	2,7	1,25	2
0,6	–	0,4	$d-1$	1,2	2,1	0,6	1,5	$d+0,3$	2,4	3,3	1,5	2,4
0,7	M4	0,4	$d-1,1$	1,5	2,45	0,8	1,75	$d+0,3$	2,8	3,8	1,75	2,75
0,75	–	0,4	$d-1,2$	1,6	2,6	0,9	1,9	$d+0,3$	3	4	1,9	2,9
0,8	M5	0,4	$d-1,3$	1,7	2,8	0,9	2	$d+0,3$	3,2	4,2	2	3
1	M6	0,6	$d-1,6$	2,1	3,5	1,1	2,5	$d+0,5$	4	5,2	2,5	3,7
1,25	M8	0,6	$d-2$	2,7	4,4	1,5	3,2	$d+0,5$	5	6,7	3,2	4,9
1,5	M10	0,8	$d-2,3$	3,2	5,2	1,8	3,8	$d+0,5$	6	7,8	3,8	5,6
1,75	M12	1	$d-2,6$	3,9	6,1	2,1	4,3	$d+0,5$	7	9,1	4,3	6,4
2	M16	1	$d-3$	4,5	7	2,5	5	$d+0,5$	8	10,3	5	7,3
2,5	M20	1,2	$d-3,6$	5,6	8,7	3,2	6,3	$d+0,5$	10	13	6,3	9,3
3	M24	1,6	$d-4,4$	6,7	10,5	3,7	7,5	$d+0,5$	12	15,2	7,5	10,7
3,5	M30	1,6	$d-5$	7,7	12	4,7	9	$d+0,5$	14	17,7	9	12,7
4	M36	2	$d-5,7$	9	14	5	10	$d+0,5$	16	20	10	14
4,5	M42	2	$d-6,4$	10,5	16	5,5	11	$d+0,5$	18	23	11	16
5	M48	2,5	$d-7$	11,5	17,5	6,5	12,5	$d+0,5$	20	26	12,5	18,5
5,5	M56	3,2	$d-7,7$	12,5	19	7,5	14	$d+0,5$	22	28	14	20
6	M64	3,2	$d-8,3$	14	21	8	15	$d+0,5$	24	30	15	21
⇒	DIN 76-C: Recuo de rosca forma C											

[1] Para roscas finas, as dimensões do recuo devem ser selecionadas de acordo com o passo P.

[2] Regra, vale sempre que não houver outras indicações.

[3] Apenas para casos em que um curto recuo de rosca for requerido.

Representação de roscas e junções por parafusos

Representação de roscas

Cf. DIN ISO 6410-1 (1993-12)

Rosca interna

d

b e_1

e_1 de acordo com DIN 76-1. Normalmente, o terminal da rosca não é desenhado.

Rosca em parafuso

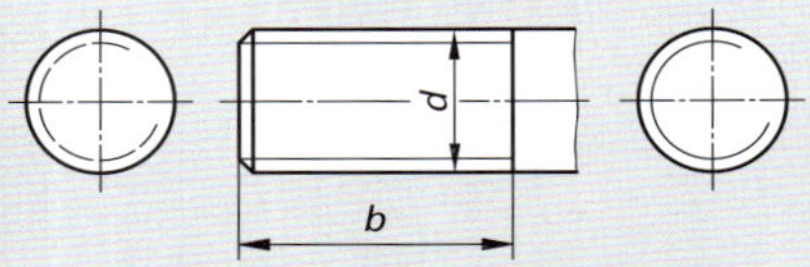

d

b

Parafusos em rosca interna

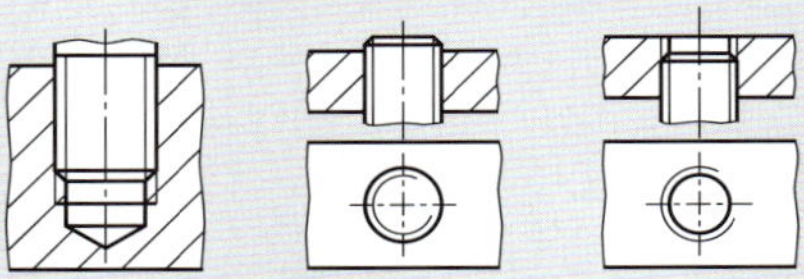

Recuo de rosca

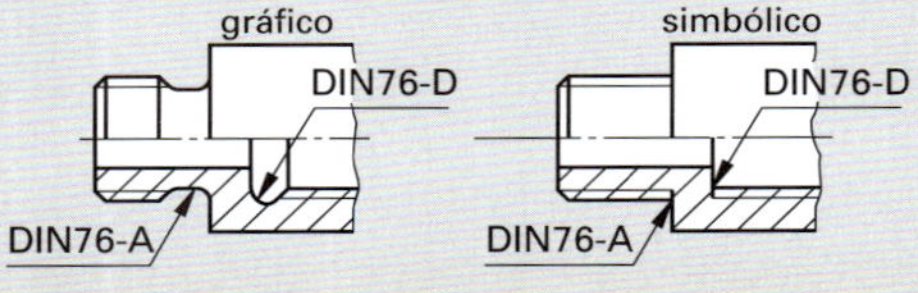

gráfico

DIN76-D

DIN76-A

simbólico

DIN76-D

DIN76-A

Roscas em tubos e junção de tubos por parafusos

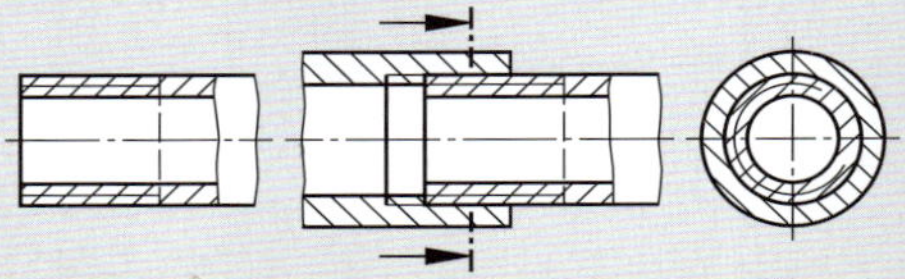

Representação de junções por parafusos

Parafuso e porca sextavados

completa

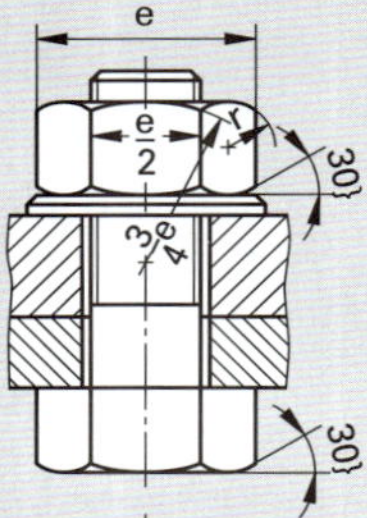

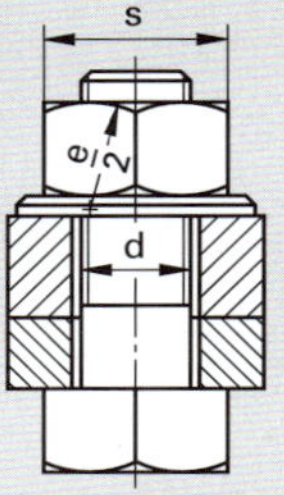

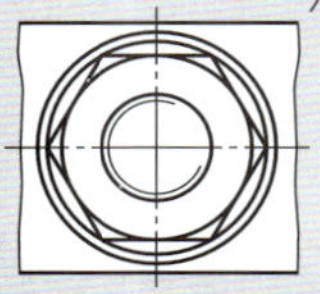

e

$\frac{e}{2}$

r

30°

$\frac{3}{4}e$

s

$\frac{e}{2}$

d

simplificada

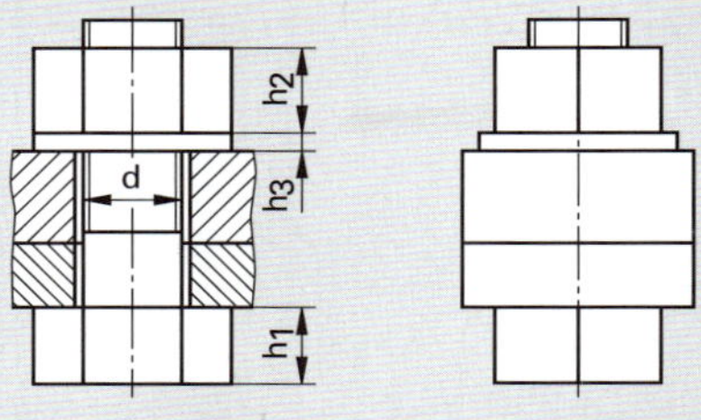

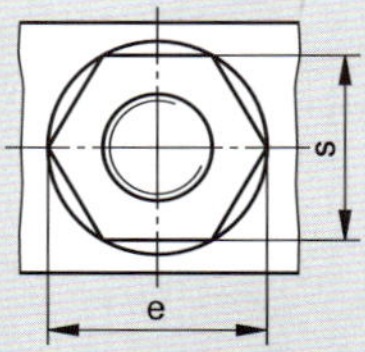

d

h_2

h_3

h_1

s

e

h_1 altura da cabeça do parafuso
h_2 altura da porca
h_3 espessura da arruela
e medida dos cantos
s abertura de chave
d nominal da rosca ϕ

$h_1 \approx 0{,}7 \cdot d$
$h_2 \approx 0{,}8 \cdot d$
$h_3 \approx 0{,}2 \cdot d$
$e \approx 2 \cdot d$
$s \approx 0{,}87 \cdot e$

Junção com parafuso cilíndrico

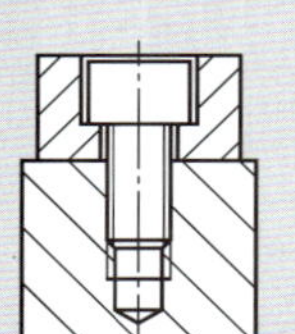

Junção com parafuso sextavado

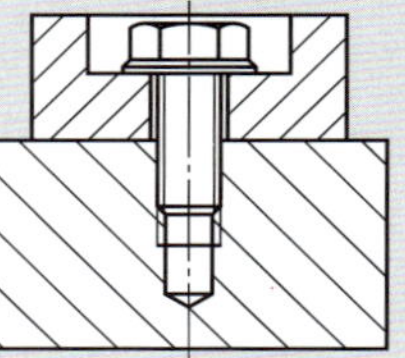

Junção com parafuso de cabeça escareada

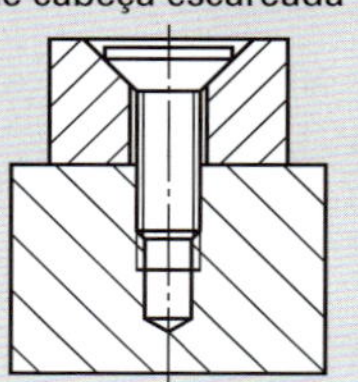

Junção com prisioneiro

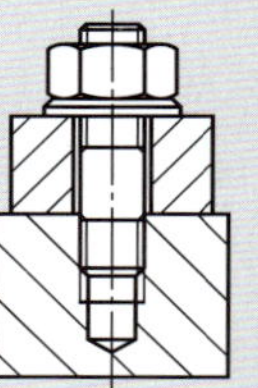

Furação centralizadora, serrilha

Furação centralizadora

veja DIN 332-1 (1986-04)

Forma R, Forma A, Forma B, Forma C

Forma		Dimensões nominais									
	d_1	1	1,25	1,6	2	2,5	3,15	4	5	6,3	8
	d_2	2,12	2,65	3,35	4,25	5,3	6,7	8,5	10,6	13,2	17
R	t_{min}	1,9	2,3	2,9	3,7	4,6	5,8	7,4	9,2	11,4	14,7
	a	3	4	5	6	7	9	11	14	18	22
A	t_{min}	1,9	2,3	2,9	3,7	4,6	5,9	7,4	9,2	11,5	14,8
	a	3	4	5	6	7	9	11	14	18	22
B	t_{min}	2,2	2,7	3,4	4,3	5,4	6,8	8,6	10,8	12,9	16,4
	a	3,5	4,5	5,5	6,6	8,3	10	12,7	15,6	20	25
	b	0,3	0,4	0,5	0,6	0,8	0,9	1,2	1,6	1,4	1,6
	d_3	3,15	4	5	6,3	8	10	12,5	16	18	22,4
C	t_{min}	1,9	2,3	2,9	3,7	4,6	5,9	7,4	9,2	11,5	14,8
	a	3,5	4,5	5,5	6,6	8,3	10	12,7	15,6	20	25
	b	0,4	0,6	0,7	0,9	0,9	1,1	1,7	1,7	2,3	3
	d_4	4,5	5,3	6,3	7,5	9	11,2	14	18	22,4	28
	d_5	5	6	7,1	8,5	10	12,5	16	20	25	31,5

Forma
R: superfície de rodagem curva, sem escareamento de proteção
A: superfície de rodagem reta, sem escareamento de proteção
B: superfície de rodagem reta, escareamento de proteção cônico
C: superfície de rodagem reta, escareamento de proteção cônico truncado

Referência no desenho para furação centralizadora

veja DIN ISO 6411 (1997-11)

Furação centralizadora **é** requerida para a peça	Furação centralizadora pode ser **permitida** na peça	Furação centralizadora **não é** permitida na peça
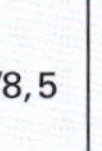 ISO 6411-A4/8,5	ISO 6411-A4/8,5	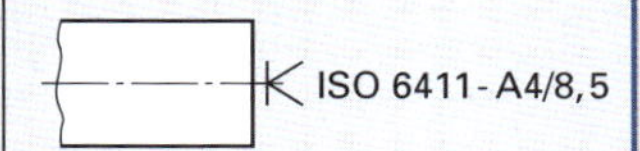 ISO 6411-A4/8,5

⇒ **<ISO 6411 – A4/8,5:** furação centralizadora ISO 6411: furação centralizadora é necessária na peça. Forma e dimensões da furação centralizadora de acordo com DIN 332; forma A; d_1 = 4 mm; d_2 = 8,5 mm.

Serrilha

Cf. DIN 82 (1973-01)

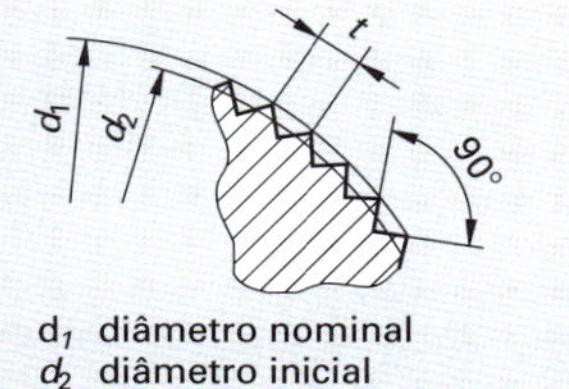

d_1 diâmetro nominal
d_2 diâmetro inicial
t espaçamento

Valores de espaçamento padrão
t: 0,5; 0,6; 0,8; 1,0; 1,2; 1,6 mm

Inserção no desenho (exemplo)
DIN 82-RGE 0,8

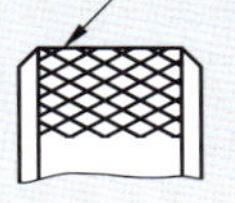

Símbolo	Representação	Nome	Formato das pontas	Diâmetro inicial d_2
RAA		Serrilha com entalhes paralelos ao eixo central	–	$d_2 = d_1 - 0,5 \cdot t$
RBR	30°	Serrilha à direita	–	$d_2 = d_1 - 0,5 \cdot t$
RBL	30°	Serrilha à esquerda	–	$d_2 = d_1 - 0,5 \cdot t$
RGE	30°	Serrilha à esquerda/ à direita	levantado	$d_2 = d_1 - 0,67 \cdot t$
RGV			rebaixado	$d_2 = d_1 - 0,33 \cdot t$
RKE		Serrilha axial e circunferencial	levantado	$d_2 = d_1 - 0,67 \cdot t$
RKV			rebaixado	$d_2 = d_1 - 0,33 \cdot t$
⇒	DIN 82-RGE 0,8: serrilha à direita/à esquerda, ponta levantada, t = 0,8 mm			

Recuos

Recuos[1]

vgl. DIN 509 (1998-06)

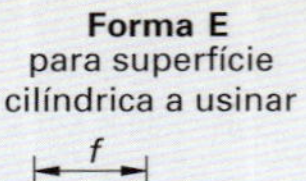

Forma E para superfície cilíndrica a usinar

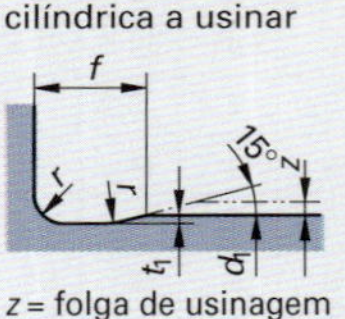

z = folga de usinagem

Forma F para superfícies planas e cilíndricas a usinar

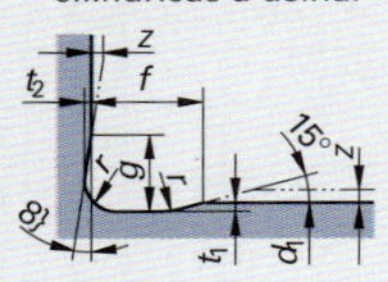

Forma G para transição pequena (com carga leve)

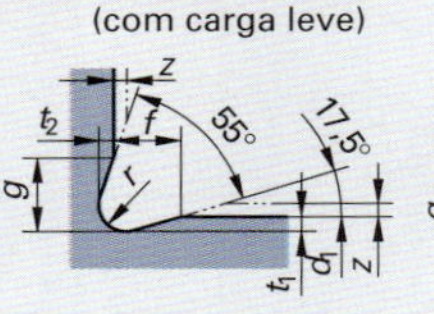

Forma H para transição mais arredondada

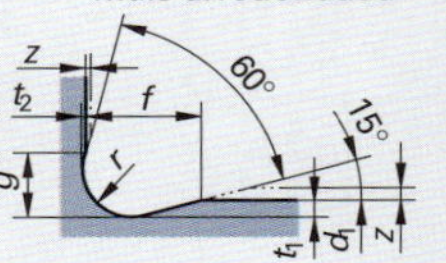

⇒ **Recuo DIN 509 – E 0,8 x 0,3:** forma E, raio r = 0,8 mm, profundidade do recuo t_1 = 0,3 mm

Dimensões do recuo e dimensão do escareamento

Forma	$r^2 \pm 0,1$ Série R1	R2	t_1 + 0,1	f + 0,2	g	t_2 + 0,05	Associação com o diâmetro d_1[3] para peças com: Solicitação normal	Resistência alternativa	Dimensão mínima de a para escareamento na peça oposta[4]: Recuo $r \times t_1$	Forma E	F	G	H
E e F	–	0,2	0,1	1	(0,9)	0,1	> 1...3	–	0,2 x 0,1	0,2	0	–	–
	0,4	–	0,2	2	(1,1)		> 3... 18	–	0,4 x 0,2	0,4	0	–	–
G	0,4	–	0,2	1	(1,2)	0,2	> 3... 18	–	0,4 x 0,2	–	–	0	–
E e F	–	0,6	0,2	2	(1,4)	0,1	> 10... 18	–	0,6 x 0,2	0,8	0,2	–	–
			0,3	2,5	(2,1)	0,2	> 18...80	–	0,6 x 0,3	0,6	0	–	–
	0,8	–			(2,4)			–	0,8 x 0,3	1,0	0	–	–
H	0,8	–	0,3	2	(1,1)	0,05	> 18...80	–	0,8 x 0,3	–	–	–	0,8
E e F	–	1	0,2	2,5	(1,8)	0,1	–	> 18... 50	1,0 x 0,2	1,6	0,8	–	–
			0,4	4	(3,2)	0,3	> 80	–	1,0 x 0,4	1,2	0	–	–
	1,2	–	0,2	2,5	(2)	0,1	–	> 18... 50	1,2 x 0,2	2,0	0,5	–	–
			0,4	4	(3,4)	0,3	> 80	–	1,2 x 0,4	1,6	0	–	–
H	1,2	–	0,3	2,5	(1,5)	0,05	–	> 18... 50	1,2 x 0,3	–	–	–	1,5
E e F	1,6	–	0,3	4	(3,1)	0,2	–	> 50...80	1,6 x 0,3	2,6	1,1	–	–
	2,5		0,4	5	(4,8)	0,3		> 80... 125	2,5 x 0,4	4,0	1,7	–	–
	4		0,5	7	(6,4)			> 125	4,0 x 0,5	7,0	4,0	–	–

[1] Todas as formas de recuo se aplicam a eixos e a furos.

[2] Preferir recuos com raios de acordo com DIN 250 (página 65).

[3] A associação com o intervalo do diâmetro não se aplica a ressaltos curtos e peças com paredes finas. Para peças com diâmetros diferentes, pode ser adequado projetar todos os recuos para todos os diâmetros com a mesma forma e o mesmo tamanho.

[4] Dimensão de escareamento a na peça oposta

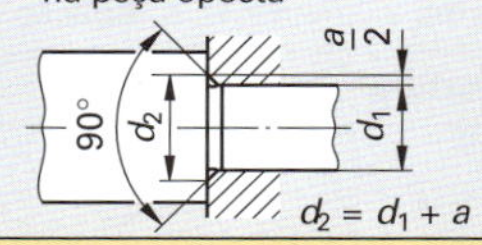

Indicação de recuos no desenho

Normalmente, os recuos são representados em desenhos de forma simplificada; podem também ser desenhados e dimensionados completamente.

Exemplo: Recuo DIN 509 – F1,2 x 0,2

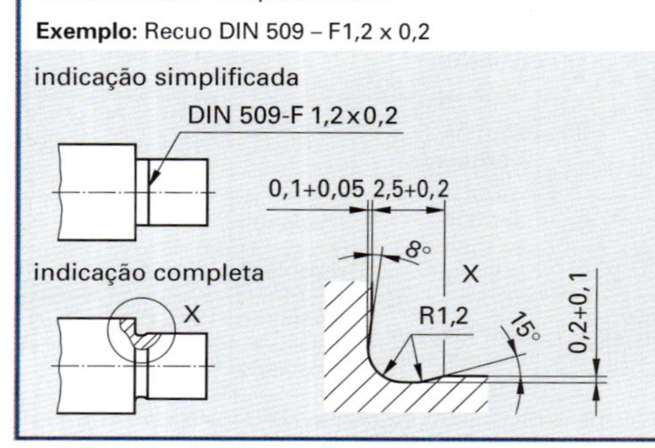

Exemplo: Recuo DIN 509 – E1,2 x 0,2

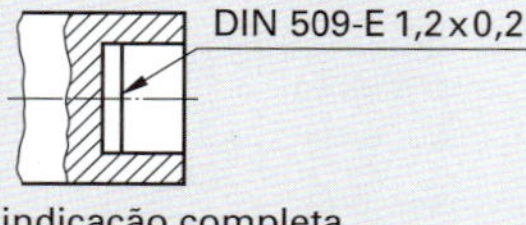

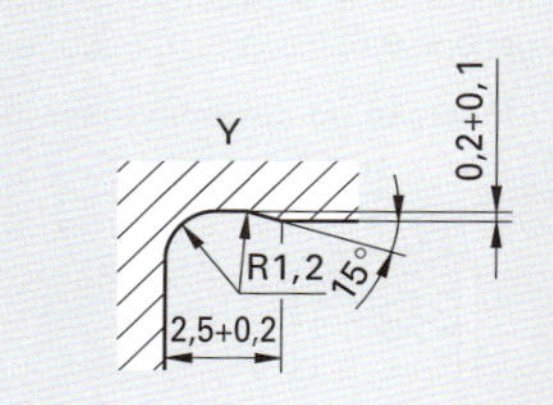

Símbolos para Solda e Estanhagem

Posicionamento de símbolos de solda em desenhos

Cf. DIN EN 22553 (1997-03)

Termos básicos

linha inteira de referência
linha de seta
Símbolo de costura de solda
garfo
Junção (ex.: junta truncada)
Linha de referência tracejada

Linha de referência. Compreende as linhas de referência cheia e pontilhada. A linha de referência pontilhada é paralela à linha de referência cheia, acima ou abaixo dela. A linha pontilhada é omitida no caso de costuras simétricas.

Linha de seta. Ela liga a linha inteira de referência à junção.

Garfos. Neles podem ser inseridas informações adicionais sobre

- Método, processo
- Grupo de avaliação
- Posição de trabalho
- Material adicional

Junção. Posição das peças a serem unidas.

Indicação de costura de solda

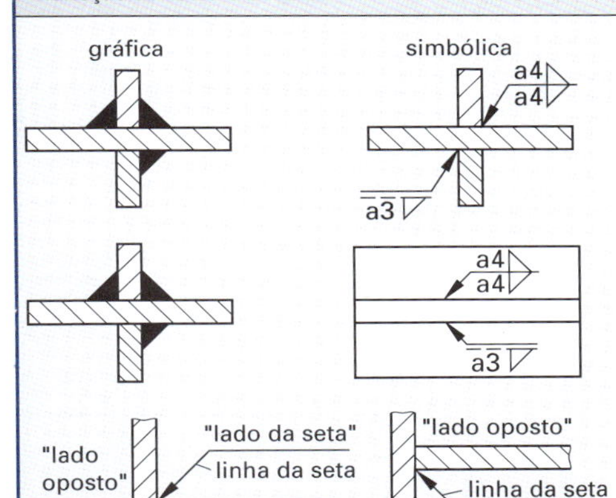

Símbolo. O símbolo identifica a forma da costura. De preferência, ele é colocado na vertical sobre a linha de referência cheia ou, se necessário, na linha de referência pontilhada.

Alocação do símbolo de solda	
Posição do símbolo de solda	posição da costura (superfície de solda)
Linha de referência cheia	"Lado da seta"
Linha de referência pontilhada	"Lado oposto"

Para soldas representadas em seção ou vistas, a posição do símbolo deve corresponder à seção transversal da solda.

Lado da seta. O lado da seta é o lado da junção que a seta indica.

Lado oposto. O lado oposto da junção, oposto ao lado da seta.

Símbolos adicionais e complementares

Cf. DIN EN 22553 (1997-03)

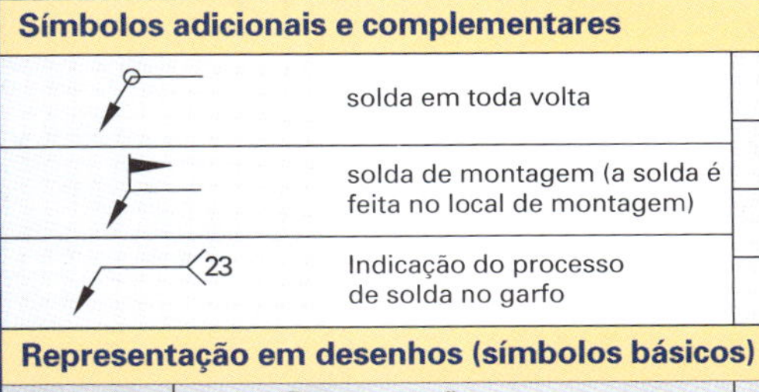

Símbolo	Significado
	solda em toda volta
	solda de montagem (a solda é feita no local de montagem)
	Indicação do processo de solda no garfo

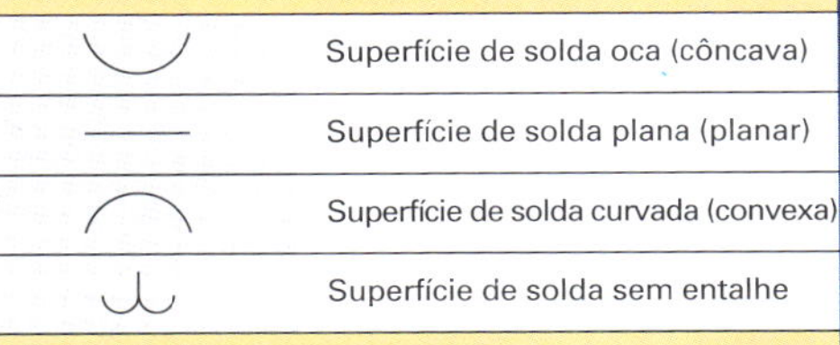

Símbolo	Significado
	Superfície de solda oca (côncava)
	Superfície de solda plana (planar)
	Superfície de solda curvada (convexa)
	Superfície de solda sem entalhe

Representação em desenhos (símbolos básicos)

Cf. DIN EN 22553 (1997-03)

Tipo/Símbolo de solda	Representação gráfica	Representação simbólica	Tipo/Símbolo de solda	Representação gráfica	Representação simbólica
Solda II costura em I			Solda V costura em V		

Símbolos para Solda e Estanhagem

Representação em desenhos (símbolos básicos)

Cf. DIN EN 22553 (1997-03)

Tipo/Símbolo de costura	Representação gráfica / simbólica	Tipo/Símbolo de costura	Representação gráfica / simbólica
Costura em bordo revirado	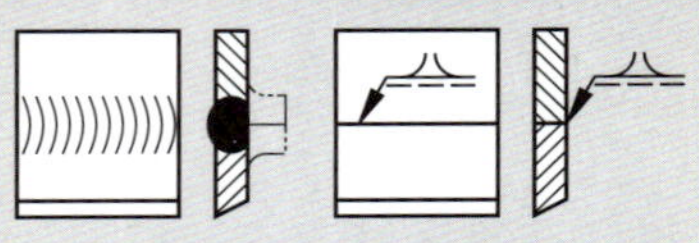	Costura HV	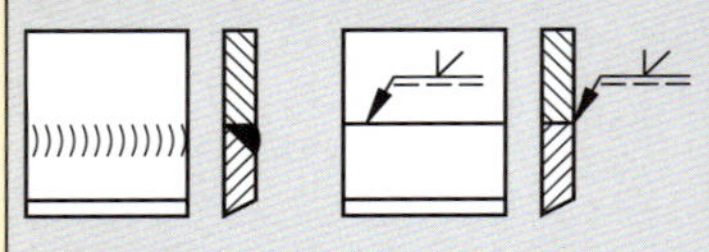
Costura quadrada	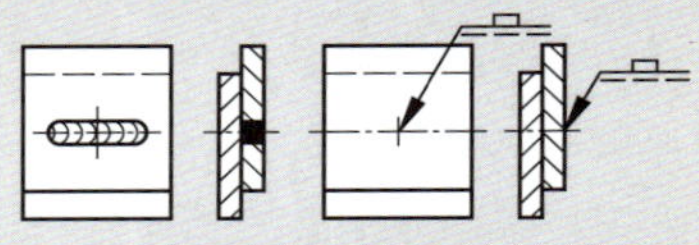		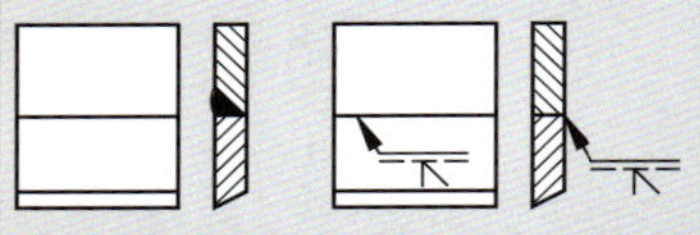
Costura frontal plana	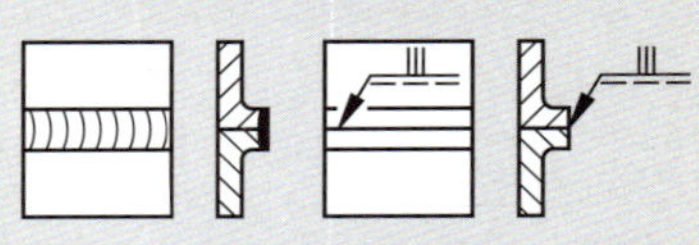	Costura Y	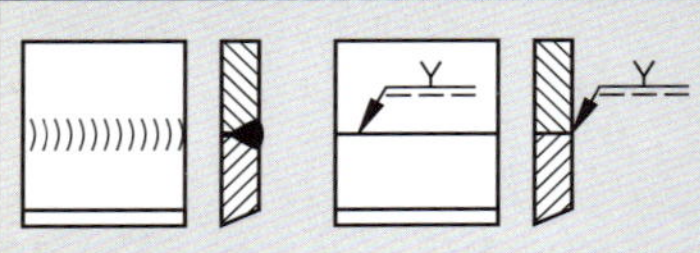
Costura em flanco escalonado	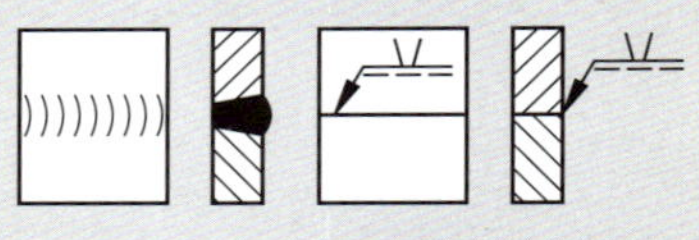	Costura HY	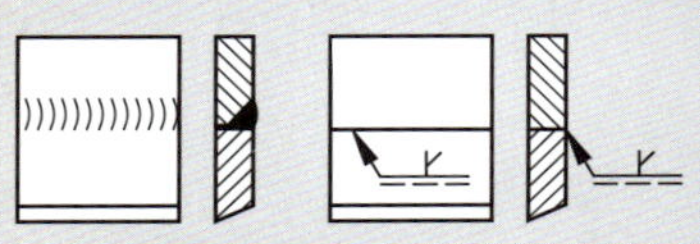
Costura com deposição	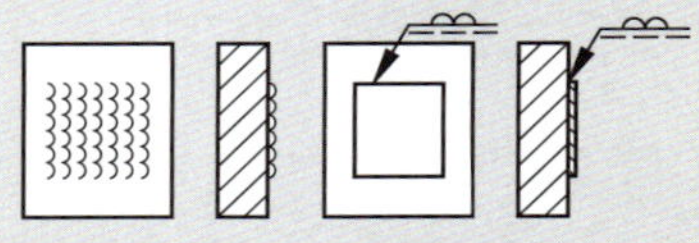	Costura U	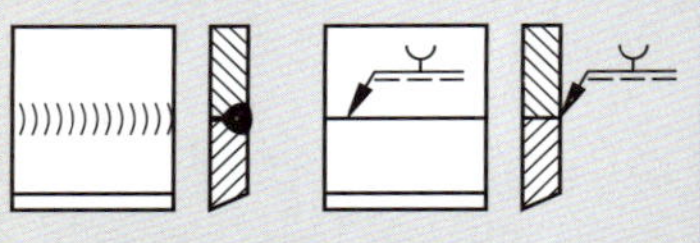
Costura em dobradura	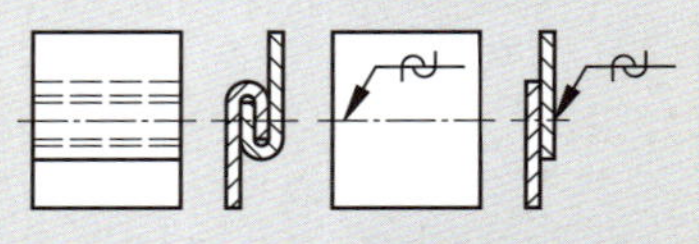	Costura HU	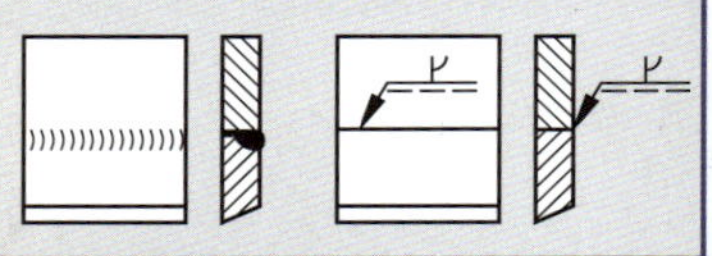
Costura em toda a volta	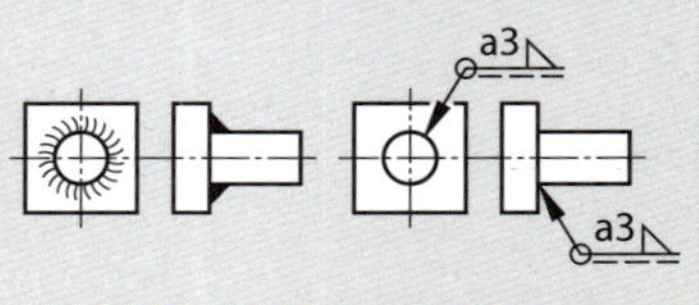 a3	Costura por pontos (solda ponto)	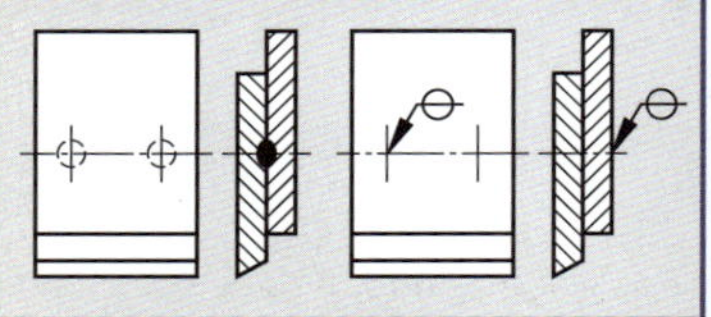
Costura acanalada	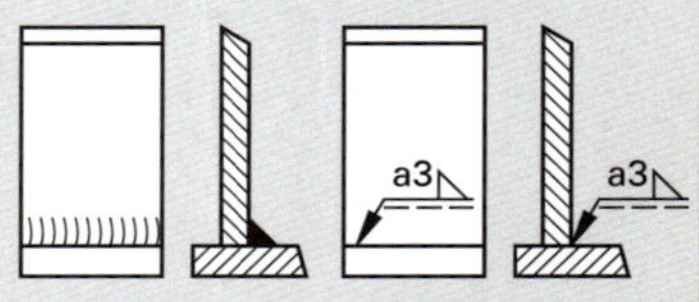 a3	Costura em linhas	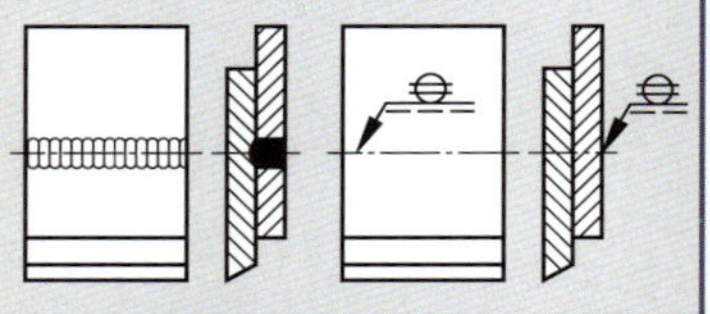
Costura na montagem com 3 mm de espessura	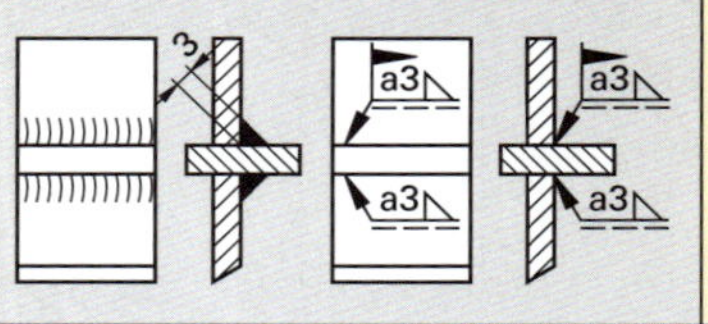 3; a3	Costura de superfície	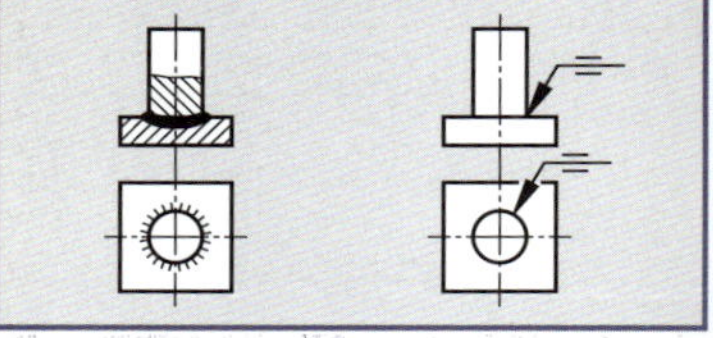

Símbolos para Solda e Estanhagem

Símbolos compostos para soldas simétricas[1] (Exemplos)

Cf. DIN EN 22553 (1997-03)

Tipo de costura	Símbolo	Representação	Tipo de costura	Símbolo	Representação
Costura V dupla (Costura X)	X		Costura HY dupla	K	
Costura HV dupla	K		Costura U dupla		
Costura Y dupla	 Y		[1] os símbolos são localizados simetricamente em relação à linha de referência. Exemplo:	gráfica 	simbólica 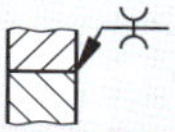

Exemplos de aplicação para símbolos adicionais

Cf. DIN EN 22553 (1997-03)

Tipo de costura	Símbolo	Representação	Tipo de costura	Símbolo	Representação
Costura V plana			Costura V com acabamento plano		
Costura V dupla convexa			Costura V plana com apoio plano		
Costura Y com apoio			Costura acanalada oca, transição pela costura sem entalhe		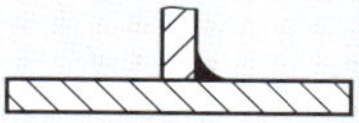

Exemplos de dimensionamento

Cf. DIN EN 22553 (1997-03)

Tipo de costura	Representação gráfica	Representação simbólica	Significado da inserção simbólica de dimensão
Costura I (de ponta a ponta)	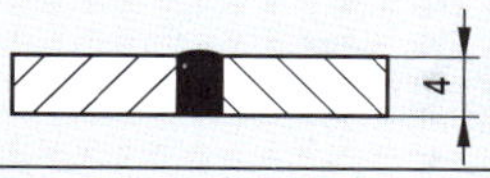 4	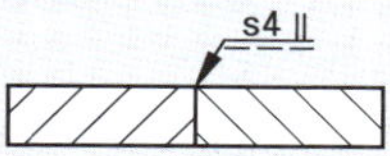 s4	Costura I, de ponta a ponta, espessura s = 4 mm
Costura I (não de ponta a ponta)	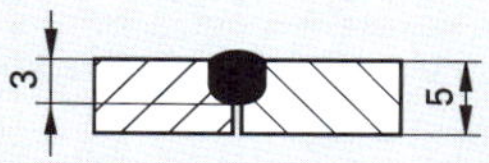 3; 5	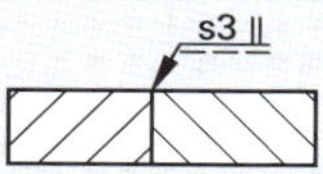 s3	Costura I, não de ponta a ponta, espessura s = 3 mm, por todo o comprimento da peça
Costura em bordo revirado	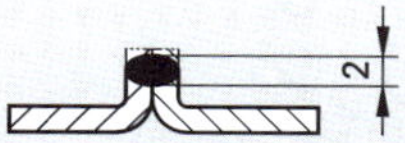 2	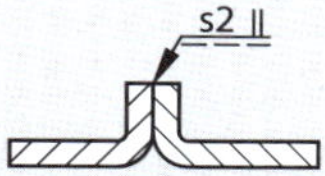 s2	Costura em bordo revirado, não completamente fundida, espessura s = 2 mm
Costura V (de ponta a ponta) com apoio	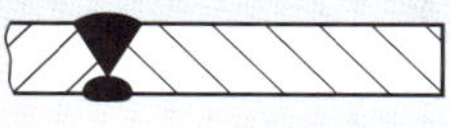	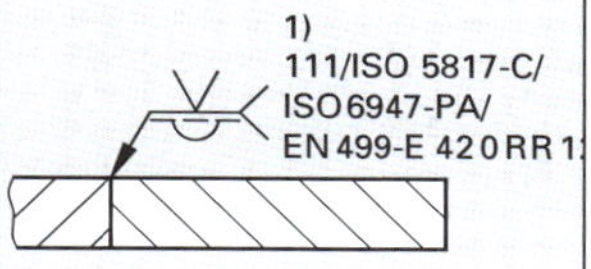 1) 111/ISO 5817-C/ ISO6947-PA/ EN499-E 420RR1	Costura V de ponta a ponta com apoio, através de solda por arco manual (código 111 conforme DIN EN ISO 4063), grupo de avaliação requerido C, de acordo com ISO 5817; posição da cuba PA, de acordo com ISO 6947; eletrodos E 42 RR 12, de acordo com DIN EN 499

[1] Exigências complementares podem ser inseridas no garfo no final da linha de referência.

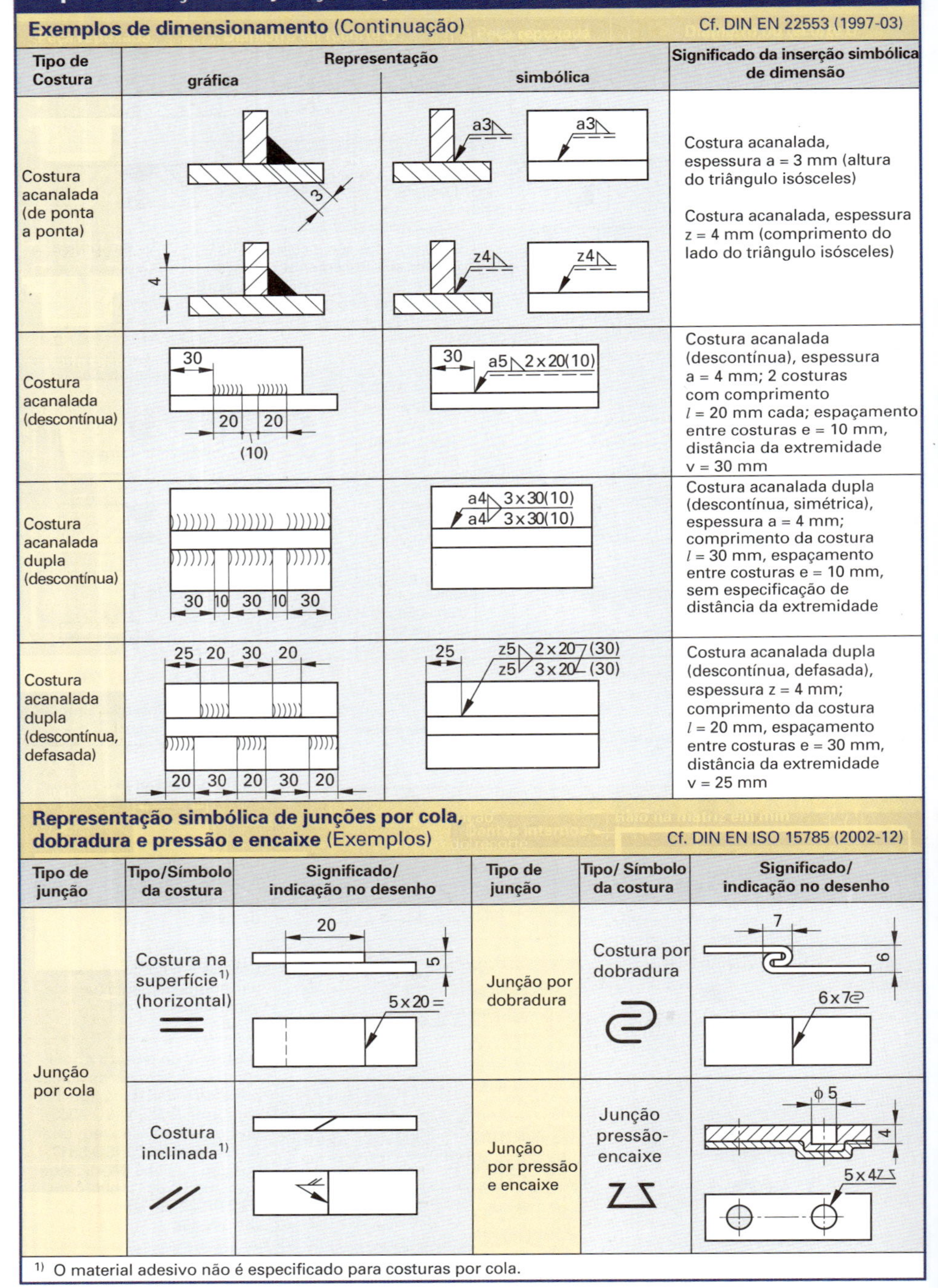

Símbolos para Solda e Estanhagem, Representação de junções por cola, dobradura e pressão e encaixe

Exemplos de dimensionamento (Continuação)

Cf. DIN EN 22553 (1997-03)

Tipo de Costura	Representação gráfica	Representação simbólica	Significado da inserção simbólica de dimensão
Costura acanalada (de ponta a ponta)	3; 4	a3; z4	Costura acanalada, espessura a = 3 mm (altura do triângulo isósceles) Costura acanalada, espessura z = 4 mm (comprimento do lado do triângulo isósceles)
Costura acanalada (descontínua)	30; 20 20; (10)	30 a5 2 x 20(10)	Costura acanalada (descontínua), espessura a = 4 mm; 2 costuras com comprimento *l* = 20 mm cada; espaçamento entre costuras e = 10 mm, distância da extremidade v = 30 mm
Costura acanalada dupla (descontínua)	30 10 30 10 30	a4 3 x 30(10); a4 3 x 30(10)	Costura acanalada dupla (descontínua, simétrica), espessura a = 4 mm; comprimento da costura *l* = 30 mm, espaçamento entre costuras e = 10 mm, sem especificação de distância da extremidade
Costura acanalada dupla (descontínua, defasada)	25 20 30 20; 20 30 20 30 20	25 z5 2 x 20 (30); z5 3 x 20 (30)	Costura acanalada dupla (descontínua, defasada), espessura z = 4 mm; comprimento da costura *l* = 20 mm, espaçamento entre costuras e = 30 mm, distância da extremidade v = 25 mm

Representação simbólica de junções por cola, dobradura e pressão e encaixe (Exemplos)

Cf. DIN EN ISO 15785 (2002-12)

Tipo de junção	Tipo/Símbolo da costura	Significado/ indicação no desenho	Tipo de junção	Tipo/ Símbolo da costura	Significado/ indicação no desenho
Junção por cola	Costura na superfície[1] (horizontal)	20; 5; 5 x 20 =	Junção por dobradura	Costura por dobradura	7; 6; 6 x 7
	Costura inclinada[1]		Junção por pressão e encaixe	Junção pressão-encaixe	ϕ 5; 4; 5 x 4

[1] O material adesivo não é especificado para costuras por cola.

Peças submetidas a tratamento térmico – Especificações de dureza

Indicação em desenhos de peças tratadas termicamente

Cf. DIN EN 22553 (1997-03)

Construção das indicações de tratamento térmico

Termo(s) para condição do material	Parâmetros mensuráveis da condição do material			Informações adicionais
Exemplos: temperado e revenido; endurecido; endurecido e recozido; recozido; nitretado	Valor de dureza	HRC HV HB	Dureza Rockwell Dureza Vickers Dureza Brinell	**Pontos de medição.** Inserção e dimensionamento no desenho com símbolo (⏚)
	Profundidade da dureza	Eht Nht Rht	Profundidade da dureza na cementação Profundidade da dureza na nitretação Profundidade efetiva de endurecimento	**Diagrama de tratamento térmico.** Representação simplificada da peça, normalmente em escala reduzida, próxima do bloco de título.
			Profundidade de deposição de carbono Espessura da camada de união	**Resistência mínima à tração ou estado da estrutura.** Se for possível testar uma peça do lote.
	Todas as indicações são feitas com tolerâncias para mais			

Identificação de áreas da superfície com tratamento térmico localizado

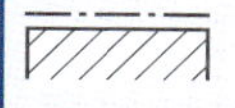
A área deve ser submetida a tratamento térmico

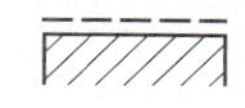
A área pode ser submetida a tratamento térmico

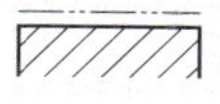
A área não pode ser submetida a tratamento térmico

Especificações de tratamento térmico em desenhos (Exemplo)

Processo	Tratamento térmico da peça inteira – mesmas exigências	Tratamento térmico da peça inteira – exigências diferentes	Tratamento térmico localizado
Têmpera e revenido, Endurecimento, Endurecimento e recozimento	temperado e revenido 350 + 50 HB 2,5/187,5	endurecido e recozido 58 + 4HRC ① 40 + 5 HRC	—·— endurecido, peça inteira recozida 60 + 3 HRC
Nitretação, cementação	nitretado > 900 HV 10 Nht = 0,3 + 0,1	Cementado e recozido ① 60 + 4 HRC Eht = 0,5 + 0,3 ② ≤ 52 HRC	—·— cementado e recozido 700 + 100 HV 10 Eht = 1,2 + 0,5
Endurecimento das bordas	—·— Bordas endurecidas 620 + 120 HV 50 Rht 500 = 0,8 + 0,8	—·— Bordas endurecidas e peça inteira recozida ① 54 + 6 HRC ② ≤ 35 HRC ③ ≤ 30 HRC	—·— Bardas endurecidas e recozidas 61 + 4 HRC / Rht 600 = 0,8 + 0,8

Profundidades de endurecimento e tolerâncias em mm

Profundidade de cementação Eht	0,05+0,03	0,1+0,1	0,3+0,2	0,5+0,3	0,8+0,4	1,2+0,5	1,6+0,6
Profundidade de nitretação Nht	0,05+0,02	0,1+0,05	0,15+0,02	0,2+0,1	0,25+0,1	0,3+0,1	0,35+0,15
Profundidade de endurecimento por indução Rht	0,2+0,2	0,4+0,4	0,6+0,6	0,8+0,8	1,0+1,0	1,3+1,1	1,6+1,3
Profundidade de endurecimento por feixe de laser/elétrico	0,2+0,1	0,4+0,2	0,6+0,3	0,8+0,4	1,0+0,5	1,3+0,6	1,6+0,8

Durezas limites nas profundidades de endurecimento especificadas

Profundidade de cementação Eht	550 HV 1
Profundidade de nitretação Nht	Dureza do núcleo + 50 HV 0,5
Profundidade de endurecimento efetiva Rht	Dureza superficial mínima de 0,8, calculada em HV.

Desvios de forma e parâmetros de rugosidade

Desvios de forma

Cf. DIN 4760 (1982-06)

Desvios de forma são os desvios da superfície real (superfícies que podem ser verificadas por medição), em relação à superfície geometricamente ideal, cujo formato padrão é definido pelo desenho.

Graus de desvio de forma (representação exagerada de seção de perfil)	**Exemplos**	**Causas possíveis**
1º grau: desvio de forma	Desvio de prumo, arredondamento	Deflexão da peça ou da máquina durante a fabricação da peça, defeito ou desgaste nas guias da máquina-ferramenta.
2º grau: ondulações	Ondas	Vibrações da máquina, deformação ou desvio da fresadora durante a fabricação da peça.
3º grau: rugosidade	Entalhes ranhuras	Geometria da ferramenta de corte, avanço ou profundidade da ferramenta durante a fabricação da peça.
4º grau: rugosidade	Sulcos, estrias, escamas, amassados	Processo de formação de cavacos (p. ex., por rasgo), deformação da superfície por raios durante a fabricação da peça.
5º e 6º graus: rugosidade Não podem ser representadas como uma seção de perfil simples	Textura, estrutura de treliça	Processo de cristalização, mudanças na estrutura por solda, transformações a quente ou efeitos de produtos químicos, p. ex., corrosão, decapagem.

Perfis e parâmetros de textura de superfície

Cf. DIN EN ISO 4287 (1998-10) e DIN EN ISO 4288 (1998-04)

Perfil da superfície	**Parâmetros**	**Explicações**
Perfil primário (perfil real, perfil P)	**Altura total do perfil *Pt***	O **perfil primário** é o fundamento para o cálculo dos parâmetros do perfil primário e é a base para os perfis de ondulação e rugosidade. A **altura total do perfil *Pt*** é a soma da altura do pico mais alto do perfil *Zp* com a maior profundidade do perfil *Zv* dentro do comprimento total de avaliação l_n.
Perfil de ondulação (perfil W)	**Altura total do perfil *Wt***	O **perfil de ondulação** é gerado, excluindo-se as partes com ondas menores. A **altura total do perfil *Wt*** é a soma da altura do pico mais alto do perfil *Zp* é a profundidade do perfil mais baixo através de *Zv* dentro do comprimento total de avaliação l_n.
Perfil de rugosidade (Perfil R)	**Altura total do perfil Rt**	O perfil de rugosidade é gerado, excluindo-se as partes com ondas de comprimento maiores. A **altura total do perfil *Rt*** é a soma da altura do pico mais alto do perfil *Zp* com a maior profundidade do perfil *Zv* dentro do comprimento total de avaliação l_n.
	Rp, Rv	**Altura do pico de perfil mais alto *Zp*, profundidade da maior depressão do perfil *Zv*,** dentro do comprimento de avaliação unitário l_r.
	Maior altura do perfil Rz[1]	A maior altura **do perfil *Rz*** é a soma da altura do pico mais alto *Zp* com a profundidade da maior depressão *Zv*, dentro do comprimento total de avaliação l_n.
	Média aritmética das ordenadas do perfil Ra[1]	A **média aritmética das ordenadas do perfil *Ra*** é a média aritmética de todos os valores de ordenada Z (x), dentro do comprimento de avaliação l_n.
	Relação de material do perfil *Rmr*	**A porcentagem de material do perfil *Rmr*** é coeficiente entre soma dos materiais numa dada altura de seção e o comprimento de avaliação total l_n.
	Linha central (eixo x) *x*	A **linha central (eixo x) *x*** é a linha que corresponde às partes do perfil com comprimento de onda longo, suprimidas na avaliação da ondulação e rugosidade.

Z(x) altura do perfil em *x*; valor da ordenada

l_n comprimento de avaliação total

l_r comprimento de avaliação unitário

[1] Para parâmetros definidos sobre um comprimento de avaliação unitário, usa-se a média aritmética de 5 comprimentos de avaliação unitários – conforme DIN EN ISO 4288 – para determinar os parâmetros.

Teste de superfície, Indicações de superfície

Seções de medição para rugosidade

Cf. DIN EN ISO 4288 (1998-04)

Perfis periódico (ex.: perfis de torneamento)	Perfis não periódicos (ex.: perfis de retífica e polimento)		Comprimento de onda limite	Comprimento de avaliação unitário/total	Perfis periódicos (ex.: perfis de torneamento)	Perfis não periódicos (ex.: perfis de retífica e polimento)		Comprimento de onda limite	Comprimento de avaliação unitário/total
Largura do entalhe RSm mm	*Rz* µm	*Ra* µm	µm	l_r, l_n mm	Largura do entalhe *RSm* mm	*Rz* µm	*Ra* µm	µm	l_r, l_n mm
> 0,01...0,04	até 0,1	até 0,02	0,08	0,08/0,4	> 0,13...0,4	> 0,5...10	> 0,1...2	0,8	0,8/4
> 0,04...0,13	> 0,1...0,5	> 0,02...0,1	0,25	0,25/1,25	> 0,4...1,3	> 10...50	> 2...10	2,5	2,5/12,5

Indicação de acabamento da superfície

Cf. DIN EN ISO 1302 (2002-06)

Símbolo	Significado
√	Todos os processos de fabricação são permitidos.
√ (com traço)	Remoção de material especificada, ex.: torneamento, fresagem.
√ (com círculo)	Remoção de material não permitida ou a superfície deve permanecer nas condições de entrega.
√ (com círculo no traço)	Todas as superfícies em torno do contorno devem ter o mesmo acabamento superficial.

Indicações adicionais

c
a
e √ d b

- a parâmetro de superfície[1] com valor numérico em µm, característica de transferência[2]/comprimento de avaliação unitário em mm
- b segunda exigência de acabamento da superfície (como descrito para a)
- c processo de fabricação
- d símbolo para o sentido requerido do entalhe (tabela página 100)
- e acréscimo para usinagem em mm

Exemplos

Símbolo	Significado
Rz 10	• Usinagem para remoção de material não permitida • *Rz* = 10 µm (limite superior) • Característica[3]) de transferência padrão • Comprimento de avaliação padrão[4]) • regra dos 16% [5])
Ra 3,5	• Usinagem liberada • Característica[3]) de transferência padrão • *Ra* = 3,5 µm (limite superior) • Comprimento de avaliação padrão[4]) • "regra dos 16%"[5])
Rzmax 0,5	• Usinagem para remoção de material • *Rz* = 0,5 µm (limite superior) • Característica[3]) de transferência padrão • Comprimento de avaliação padrão[4]) • "regra do máximo"[6])
Ra 8	• Usinagem para remoção de material • *Ra* = 8 µm (limite superior) • Característica[3]) de transferência padrão • Comprimento de avaliação padrão[4]) • "regra dos 16%"[5]) • Aplica-se em toda a volta do contorno
esmerilhado 0,008-4/Ra 1,6 0,5 ⊥ 0,008-4/Ra 0,8	• Usinagem para remoção de material • Processo de fabricação retífica • Ra = 1,6 µm (limite superior) • Ra = 0,8 µm (limite inferior) • Para os dois valores ra: "regra dos 16%"[5]) • Característica de transferência Cada 0,008 a 4 mm • Comprimento de avaliação padrão[4]) • Acrescimo para usinagem 0,5 mm • Entalhes verticais da superfície

[1] **Parâmetro de superfície**, ex.: *Rz* compreende o perfil (no caso, de rugosidade *R*) e do parâmetro (no caso, *z*).
[2] **Característica de transferência:** amplitude dos comprimentos das onda remanescentes, não excluídas pelos filtros λ_s λ_c. O comprimento de onda do filtro de comprimento de onda longo corresponde ao comprimento de avaliação unitário l_r. Se nenhuma característica de transferência for indicaida, aplica-se a característica[3] de transferência padrão.
[3] **Característica de transferência padrão:** Os comprimentos de onda limites para medição dos parâmetros de rugosidade dependem do perfil de rugosidade e são tomados de tabelas.
[4] **Comprimento de avaliação padrão** l_n = 5 x o comprimento de avaliação unitário l_r.
[5] **"Regra dos 16%":** apenas 16% de todos os valores medidos podem exceder o parâmetro selecionado.
[6] **"Regra do máximo" ("regra do valor mais alto"):** nenhum valor medido pode exceder o valor mais alto especificado.

Indicações de superfícies

Indicação de acabamento de superfície

Cf. DIN EN ISO 1302 (2002-06)

Símbolos para direção de entalhes

Representação da direção do entalhe							
Símbolo	=	⊥	X	M	C	R	P
Direção do entalhe	paralelo ao plano de projeção	perpendicular ao plano de projeção	cruzado em duas direções oblíquas angulares	multidirecional	aproximadamente concêntrico em relação ao centro	aproximadamente radial em relação ao centro	superfície não entalhada, irregular

Tamanhos dos símbolos

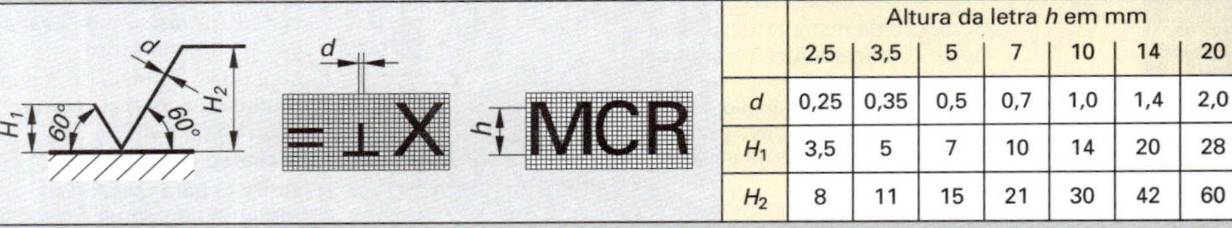

	Altura da letra h em mm						
	2,5	3,5	5	7	10	14	20
d	0,25	0,35	0,5	0,7	1,0	1,4	2,0
H_1	3,5	5	7	10	14	20	28
H_2	8	11	15	21	30	42	60

Alocação de símbolos em desenhos

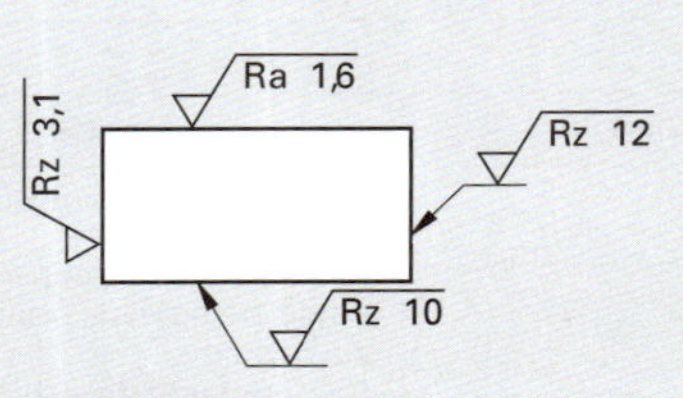

Legibilidade
para olhar de baixo ou da direita

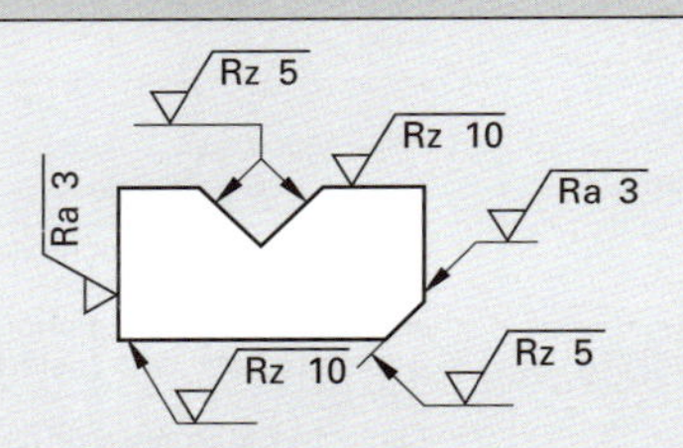

Alocação
diretamente na superfície ou com linhas de referência ou de indicação

Exemplos de inserções em desenhos

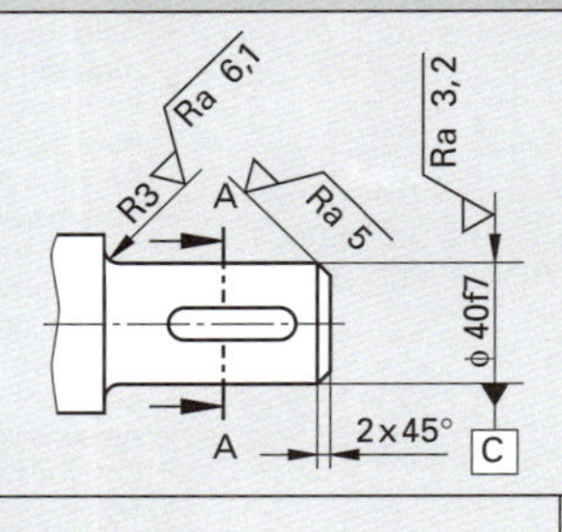

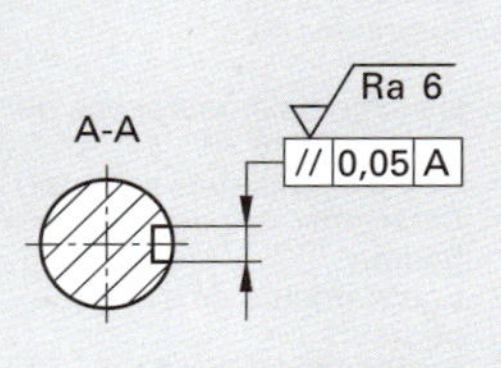

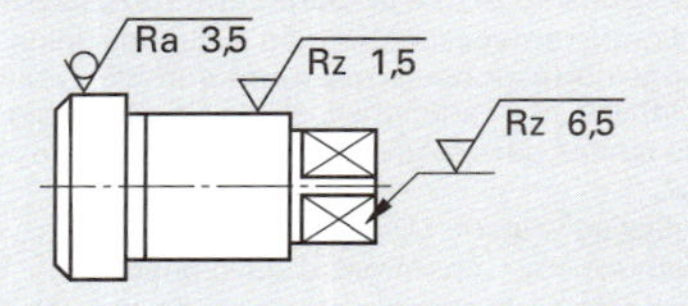

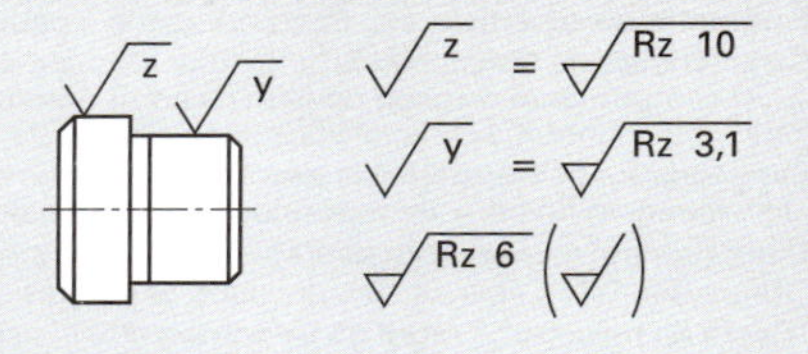

Rugosidade de superfícies

Associação recomendada entre valores de rugosidade e graus de tolerância ISO[1]

Faixa de medida nominal acima de...até mm	Valores recomendados de *Rz* e *Ra* µm	Grau de tolerância ISO						
		5	6	7	8	9	10	11
1 a 6	*Rz*	2,5	4	6,3	6,3	10	16	25
	Ra	0,4	0,8	0,8	1,6	1,6	3,2	6,3
6 a 10	*Rz*	2,5	4	6,3	10	16	25	40
	Ra	0,4	0,8	0,8	1,6	3,2	6,3	12,5
10 a 18	*Rz*	4	4	6,3	10	16	25	40
	Ra	0,8	0,8	0,8	1,6	3,2	6,3	12,5
18 a 80	*Rz*	4	6,3	10	16	16	40	63
	Ra	0,8	0,8	1,6	3,2	3,2	6,3	12,5
80 a 250	*Rz*	6,3	10	16	25	25	40	63
	Ra	0,8	1,6	1,6	3,2	3,2	6,3	12,5
250 a 500	*Rz*	6,3	10	16	25	40	63	100
	Ra	0,8	1,6	1,6	3,2	6,3	12,5	25

Rugosidades de superfícies possíveis de obter[1]

	Processo de fabricação	*Rz* em µm para tipo de fabricação			*Ra* em µm para tipo de fabricação		
		preciso min.	normal de...a	grosseiro max.	preciso min.	normal de...a	grosseiro max.
Formação primária	Fundição: Fundição sob pressão	4	10...100	160	–	0,8...30	–
	Fundição em coquilha	10	25...160	250	–	3,2...50	–
	Fundição em molde de areia	25	63...250	1000	–	12,5...50	–
	Sinterização: Sinter liso	–	2,5...10	–	–	0,4...1,6	–
	Graduado, liso	–	1,6...7	–	–	0,3...0,8	–
Transformação	Extrusão	4	25...100	400	0,8	3,2...12,5	25
	Prensar em molde	10	63...400	1000	0,8	2,5...12,5	25
	Prensar por extrusão	4	25...100	400	0,8	3,2...12,5	25
	Embutidora profunda (chapa de metal)	0,4	4...10	16	0,2	1...3,2	6,3
	Laminação: Polimento	0,1	0,5...6,3	10	0,025	0,06...1,6	2
Separação	Remoção de material: Erosão por fio	0,8	2,8...10	16	0,1	0,4...1	3,2
	Erosão	1,5	5...10	31	0,2	0,45	6,3
	Operações de corte: Corte com oxiacetileno	16	40...100	1000	3,2	8...16	50
	Corte a laser	–	10...100	–	–	1...10	–
	Corte a plasma	–	6...280	–	–	1...10	–
	Cisalhamento	–	10...63	–	–	1,6...12,5	–
	Corte com jato de água	4	16...100	400	1,6	6,3...25	50
	Operações de usinagem — Perfuração: Sólido	16	40...160	250	1,6	6,3...12,5	25
	Mandrilagem	0,1	2,5...25	40	0,05	0,4...3,2	12,5
	Escareamento	6,3	10...25	40	0,8	1,6...6,3	12,5
	Fricção	0,4	4...10	25	0,2	0,8...2	6,3
	Torneamento: Longitudinal	1	4...63	250	0,2	0,8...12,5	50
	Faceamento	2,5	10...63	250	0,4	1,6...12,5	50
	Fresagem: Periférica, de face	1,6	10...63	160	0,4	1,6...12,5	25
	Brunimento: Brunir (curso curto)	0,04	0,1...1	2,5	0,006	0,02...0,17	0,34
	Brunir (curso longo)	0,04	1...11	15	0,006	0,13...0,65	1,6
	Esmerilhar com movimento planetário	0,04	0,25...1,6	10	0,006	0,025...0,2	0,21
	Polir com movimento planetário	–	0,04...0,25	0,4	–	0,005...0,035	0,05
	Retificar	0,1	1,6...4	25	0,012	0,2...0,8	6,3

[1] Valores de rugosidade, que não estiverem contidos em DIN 4766-1 (cancelada), conforme especificação pela indústria.

Exemplo de leitura: fricção (para característica de superfície Rz)

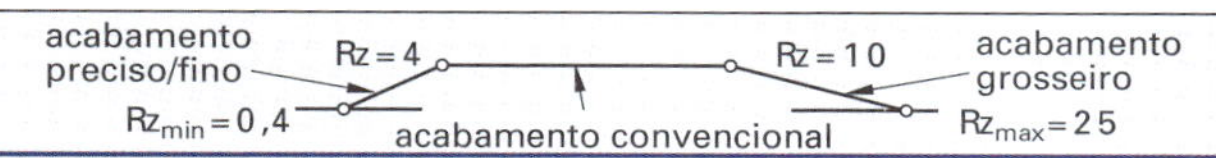

Sistema ISO para medidas limites e ajustes

Termos

Cf. DIN ISO 286-1 (1990-11)

Furação

- N Tamanho nominal
- G_{oB} Dimensão máxima do furo
- G_{uB} Dimensão mínima do furo
- ES Limite superior de tolerância do furo
- EI Limite inferior de tolerância do furo
- T_B Tolerância do furo

Eixo

- N Dimensão nominal
- G_{oW} Dimensão máxima do eixo
- G_{uW} Dimensão mínima do eixo
- es Limite superior de tolerância do eixo
- ei Limite inferior de tolerância do eixo
- T_W Tolerância do eixo

zona de tolerância do furo; linha zero; Furação; eixo; zona de tolerância do eixo

ϕ 20H7 — dimensão nominal; classe de tolerância; grau de tolerância; desvio de referência

ϕ 20s6 — dimensão nominal; classe de tolerância; grau de tolerância; desvio de referência

Designação	Explicação	Designação	Explicação
Linha zero	Ela representa a dimensão nominal em relação a que são dados os desvios e as tolerâncias.	**Grau de tolerância de referência**	Grupo de tolerâncias atribuído a um mesmo nível de precisão, p. ex., IT7
Desvio de referência	O desvio de referência determina a posição da zona de tolerância em relação à linha zero.	**Grau de tolerância**	Número do grau de tolerância de referência, p. ex., 7, para o grau de tolerância de referência IT7.
Tolerância	Diferença entre a dimensão máxima e mínima ou entre os limites superior e inferior de tolerância.	**Classe de tolerância**	Nome de uma combinação de desvio de referência e um grau de tolerância, p. ex., H7.
Tolerância de referência	Tolerância atribuída ao grau de tolerância de referência, p. ex., IT7 a uma faixa de dimensão nominal, p. ex., 30 a 50 mm.	**Ajuste**	Condição planejada da união entre o furo e o eixo.

Limites, desvios e tolerâncias

Cf. DIN ISO 286-1 (1990-11)

Furação

$$G_{oB} = N + ES$$

$$G_{uB} = N + EI$$

$$T_B = ES - EI$$

$$T_B = G_{oB} - G_{uB}$$

Exemplo: Furo ∅ 50 + 0,3/+ 0,1; G_{oB} = ?, T_B = ?

$G_{oB} = N + ES$ = 50 mm + 0,3 mm = 50,30 mm

$T_B = ES - EI$ = 0,3 mm − 0,1 mm = 0,2 mm

Eixo

$$G_{oW} = N + es$$

$$G_{uW} = N + ei$$

$$T_W = es - ei$$

$$T_W = G_{oW} - G_{uW}$$

Exemplo: Eixo ∅ 20e8; G_{uW} = ?, T_W = ?

Para valores de ei e es, ver página 107.

ei = −73 µm = −0,073 mm; es = −40 µm = −0,040 mm

$G_{uW} = N + ei$ = 20 mm + (−0,073 mm) = 19,927 mm

$T_W = es - ei$ = −40 µm − (−73 µm) = 33 µm

Ajustes

Cf. DIN ISO 286-1 (1990-11)

Ajuste com folga

P_{SH} folga máxima

P_{SM} folga mínima

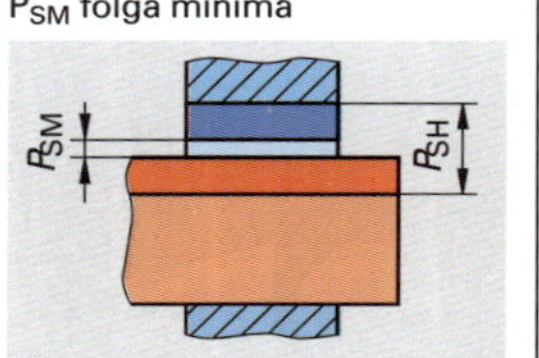

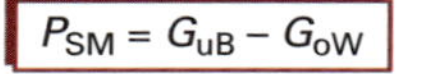

$$P_{SM} = G_{uB} - G_{oW}$$

$$P_{SH} = G_{oB} - G_{uW}$$

Ajuste intermediário

P_{SH} folga máxima

$P_{ÜH}$ sobremedida máxima

$$P_{ÜH} = G_{uB} - G_{oW}$$

Ajuste com sobremedida

$P_{ÜH}$ sobremedida máxima

$P_{ÜM}$ sobremedida mínima

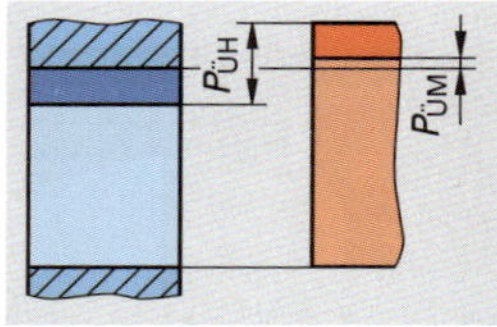

$$P_{ÜM} = G_{oB} - G_{uW}$$

Exemplo: Ajuste ∅ 30 H8/f7, P_{SH} = ?; P_{SM} = ?

Valores para ES, EI, es, ei: página 107

$G_{oB} = N + ES$ = 30 mm + 0,033 mm = 30,033 mm

$G_{uB} = N + EI$ = 30 mm + 0 mm = 30,000 mm

$G_{oW} = N + es$ = 30 mm + (−0,020 mm) = 29,980 mm

$G_{uW} = N + ei$ = 30 mm + (−0,041 mm) = 29,959 mm

$P_{SH} = G_{oB} - G_{uW}$ = 30,033 mm − 29,959 mm = 0,074 mm

$P_{SM} = G_{uB} - G_{oW}$ = 30,000 mm − 29,980 mm = 0,02 mm

Sistema ISO para medidas limites e ajustes

Sistemas de ajuste

Cf. DIN ISO 286-1 (1990-11)

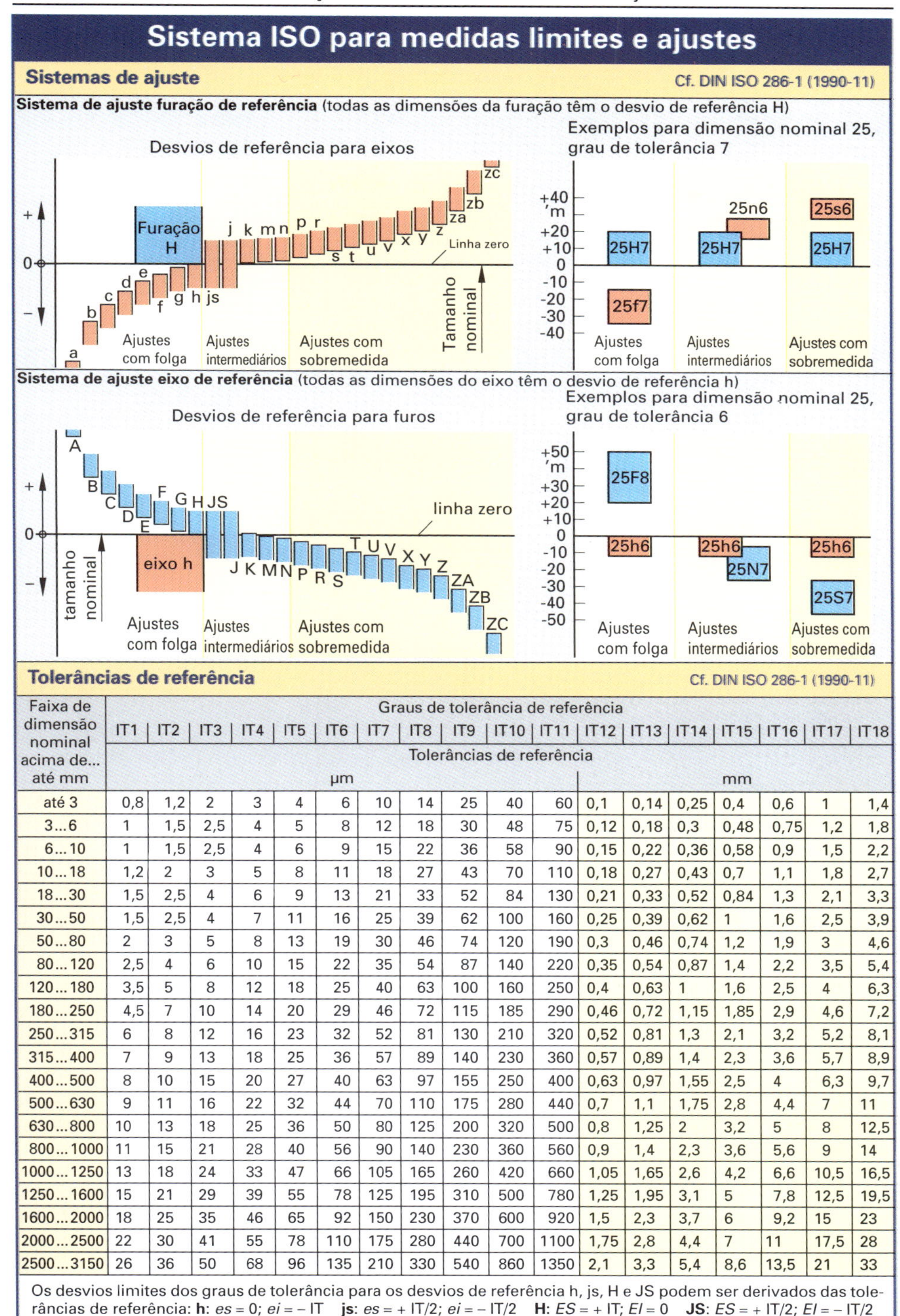

Tolerâncias de referência

Cf. DIN ISO 286-1 (1990-11)

Faixa de dimensão nominal acima de... até mm	Graus de tolerância de referência																	
	IT1	IT2	IT3	IT4	IT5	IT6	IT7	IT8	IT9	IT10	IT11	IT12	IT13	IT14	IT15	IT16	IT17	IT18
	Tolerâncias de referência µm											Tolerâncias de referência mm						
até 3	0,8	1,2	2	3	4	6	10	14	25	40	60	0,1	0,14	0,25	0,4	0,6	1	1,4
3...6	1	1,5	2,5	4	5	8	12	18	30	48	75	0,12	0,18	0,3	0,48	0,75	1,2	1,8
6...10	1	1,5	2,5	4	6	9	15	22	36	58	90	0,15	0,22	0,36	0,58	0,9	1,5	2,2
10...18	1,2	2	3	5	8	11	18	27	43	70	110	0,18	0,27	0,43	0,7	1,1	1,8	2,7
18...30	1,5	2,5	4	6	9	13	21	33	52	84	130	0,21	0,33	0,52	0,84	1,3	2,1	3,3
30...50	1,5	2,5	4	7	11	16	25	39	62	100	160	0,25	0,39	0,62	1	1,6	2,5	3,9
50...80	2	3	5	8	13	19	30	46	74	120	190	0,3	0,46	0,74	1,2	1,9	3	4,6
80...120	2,5	4	6	10	15	22	35	54	87	140	220	0,35	0,54	0,87	1,4	2,2	3,5	5,4
120...180	3,5	5	8	12	18	25	40	63	100	160	250	0,4	0,63	1	1,6	2,5	4	6,3
180...250	4,5	7	10	14	20	29	46	72	115	185	290	0,46	0,72	1,15	1,85	2,9	4,6	7,2
250...315	6	8	12	16	23	32	52	81	130	210	320	0,52	0,81	1,3	2,1	3,2	5,2	8,1
315...400	7	9	13	18	25	36	57	89	140	230	360	0,57	0,89	1,4	2,3	3,6	5,7	8,9
400...500	8	10	15	20	27	40	63	97	155	250	400	0,63	0,97	1,55	2,5	4	6,3	9,7
500...630	9	11	16	22	32	44	70	110	175	280	440	0,7	1,1	1,75	2,8	4,4	7	11
630...800	10	13	18	25	36	50	80	125	200	320	500	0,8	1,25	2	3,2	5	8	12,5
800...1000	11	15	21	28	40	56	90	140	230	360	560	0,9	1,4	2,3	3,6	5,6	9	14
1000...1250	13	18	24	33	47	66	105	165	260	420	660	1,05	1,65	2,6	4,2	6,6	10,5	16,5
1250...1600	15	21	29	39	55	78	125	195	310	500	780	1,25	1,95	3,1	5	7,8	12,5	19,5
1600...2000	18	25	35	46	65	92	150	230	370	600	920	1,5	2,3	3,7	6	9,2	15	23
2000...2500	22	30	41	55	78	110	175	280	440	700	1100	1,75	2,8	4,4	7	11	17,5	28
2500...3150	26	36	50	68	96	135	210	330	540	860	1350	2,1	3,3	5,4	8,6	13,5	21	33

Os desvios limites dos graus de tolerância para os desvios de referência h, js, H e JS podem ser derivados das tolerâncias de referência: **h**: $es = 0$; $ei = -\text{IT}$ **js**: $es = +\text{IT}/2$; $ei = -\text{IT}/2$ **H**: $ES = +\text{IT}$; $EI = 0$ **JS**: $ES = +\text{IT}/2$; $EI = -\text{IT}/2$

Ajustes ISO

Desvios de referência para eixos (Seleção)

Cf. DIN ISO 286-1 (1990-11)

Desvios de referência	a	c	d	e	f	g	h	j	k		m	n	p	r	s
Graus de tolerância de referência	IT9 até IT13	IT8 até IT12	IT5 até IT13	IT5 até IT10	IT3 até IT10	IT3 até IT10	IT1 até IT18	IT5 até IT8	IT3 até IT13		IT3 até IT9	IT3 até IT9	IT3 até IT10		
A tabela se aplica a	todos os graus de tolerância de referência							IT7	IT4 a IT7	Acima de IT7	todos os graus de tolerância de referência				
Dimensão nominal acima de ... até (mm)	Desvio superior *es* em µm							Desvio inferior *ei* em µm							
até 3	−270	−60	−20	−14	−6	−2	0	−4	0	0	+2	+4	+6	+10	+14
3...6		−70	−30	−20	−10	−4	0	−4	+1	0	+4	+8	+12	+15	+19
6...10	−280	−80	−40	−25	−13	−5	0	−5	+1	0	+6	+10	+15	+19	+23
10...18	−290	−95	−50	−32	−16	−6	0	−6	+1	0	+7	+12	+18	+23	+28
18...30	−300	−110	−65	−40	−20	−7	0	−8	+2	0	+8	+15	+22	+28	+35
30...40	−310	−120	−80	−50	−25	−9	0	−10	+2	0	+9	+17	+26	+34	+43
40...50	−320	−130													
50...65	−340	−140	−100	−60	−30	−10	0	−12	+2	0	+11	+20	+32	+41	+53
65...80	−360	−150												+43	+59
80...100	−380	−170	−120	−72	−36	−12	0	−15	+3	0	+13	+23	+37	+51	+71
100...120	−410	−180												+54	+79
120...140	−460	−200	−145	−85	−43	−14	0	−18	+3	0	+15	+27	+43	+63	+92
140...160	−520	−210												+65	+100
160...180	−580	−230												+68	+108
180...200	−660	−240	−170	−100	−50	−15	0	−21	+4	0	+17	+31	+50	+77	+122
200...225	−740	−260												+80	+130
225...250	−820	−280												+84	+140
250...280	−920	−300	−190	−110	−56	−17	0	−26	+4	0	+20	+34	+56	+94	+158
280...315	−1050	−330												+98	+170
315...355	−1200	−360	−210	−125	−62	−18	0	−28	+4	0	+21	+37	+62	+108	+190
355...400	−1350	−400												+114	+208
400...450	−1500	−440	−230	−135	−68	−20	0	−32	+5	0	+23	+40	+68	+126	+232
450...500	−1650	−480												+132	+252

Cálculo de desvios a partir dos desvios de referência, para eixos (tabela acima) ou furos (tabela da página 105) e tolerâncias de referência (tabela da página 103).

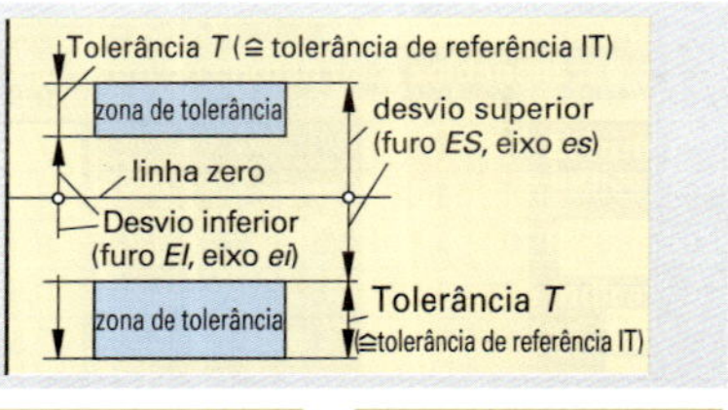

$ES = EI + IT$

$EI = ES - IT$

$es = ei + IT$

$ei = es - IT$

Exemplo 1: Eixo (dimensão externa) ∅ 40g5; *es* = ?; *ei* = ?

es (Tabela acima) = −9 µm
IT5 (Tabela página 103) = 11 µm
ei = *es* − IT = −9 µm − 11 µm = −20 µm

Exemplo 2: Furo (dimensão interna) ∅ 200F7; EI = ?; ES = ?

EI (Tabela da página 105) = +50 µm
IT7 (Tabela da página 103) = 46 µm
ES = *EI* + IT = 50 µm + 46 µm = 96 µm

Exemplo 3: Furo (dimensão interna) ∅ 100K6; EI = ?; ES = ?

ES (Tabela da página 105) =
−3 µm + Δ = −3 µm + 7 µm = +4 µm
(valor de Δ da tabela da página 105: 7 µm)
IT6 (Tabela da página 103) = 22 µm
EI = *ES* − IT = 4 µm − 22 µm = −18 µm

Ajustes ISO

Desvios de referência para furos (Seleção)[1]

Cf. DIN ISO 286-1 (1990-11)

Desvios de referência	A	C	D	E	F	G	H	J	K	M	N	P, R, S	P	R	S
Grau de tolerância de referência	IT9 a IT13	IT8 a IT13	IT6 a IT13	IT5 a IT10	IT3 a IT10	IT3 a IT10	IT1 a IT18	IT6 a IT8	IT3 a IT10	IT3 a IT10	IT3 a IT11	IT3 a IT10			
A tabela se aplica a	todos os graus de tolerância de referência							IT8	IT3 a IT8			a IT7	IT 8 a IT10		
Dimensão nominal acima de... até (mm)	Desvio inferior *EI* em µm							Desvio superior *ES* em µm							
até 3	+ 270	+ 60	+ 20	+ 14	+ 6	+ 2	0	+ 6	0	−2	−4	Valores para os desvios superiores ES: os mesmos dos graus de tolerância de referência IT8 a IT 10, mais Δ	− 6	− 10	− 14
3...6		+ 70	+ 30	+ 20	+10	+ 4	0	+10	−1 +Δ	− 4 +Δ	− 8 +Δ		−12	− 15	− 19
6...10	+ 280	+ 80	+ 40	+ 25	+13	+ 5	0	+12	−1 +Δ	− 6 +Δ	−10 +Δ		−15	− 19	− 23
10...18	+ 290	+ 95	+ 50	+ 32	+16	+ 6	0	+15	−1 +Δ	− 7 +Δ	−12 +Δ		−18	− 23	− 28
18...30	+ 300	+110	+ 65	+ 40	+20	+ 7	0	+20	−2 +Δ	− 8 +Δ	−15 +Δ		−22	− 28	− 35
30...40	+ 310	+120	+ 80	+ 50	+25	+ 9	0	+24	−2 +Δ	− 9 +Δ	−17 +Δ		−26	− 34	− 43
40...50	+ 320	+130													
50...65	+ 340	+140	+100	+ 60	+30	+10	0	+28	−2 +Δ	−11 +Δ	−20 +Δ		−32	− 41	− 53
65...80	+ 360	+150												− 43	− 59
80...100	+ 380	+170	+120	+ 72	+36	+12	0	+34	−3 +Δ	−13 +Δ	−23 +Δ		−37	− 51	− 71
100...120	+ 410	+180												− 54	− 79
120...140	+ 460	+200	+145	+ 85	+43	+14	0	+41	−3 +Δ	−15 +Δ	−27 +Δ		−43	− 63	− 92
140...160	+ 520	+210												− 65	−100
160...180	+ 580	+230												− 68	−108
180...200	+ 660	+240	+170	+100	+50	+15	0	+47	−4 +Δ	−17 +Δ	−31 +Δ		−50	− 77	−122
200...225	+ 740	+260												− 80	−130
225...250	+ 820	+280												− 84	−140
250...280	+ 920	+300	+190	+110	+56	+17	0	+55	−4 +Δ	−20 +Δ	−34 +Δ		−56	− 94	−158
280...315	+1050	+330												− 98	−170
315...355	+1200	+360	+210	+125	+62	+18	0	+60	−4 +Δ	−21 +Δ	−37 +Δ		−62	−108	−190
355...400	+1350	+400												−114	−208
400...450	+1500	+440	+230	+135	+68	+20	0	+66	−5 +Δ	−23 +Δ	−40 +Δ		−68	−126	−232
450...500	+1650	+480												−132	−252

Valores para Δ[1] em µm

Grau de tolerância de referência	**Dimensão nominal acima de ... a em (mm)**											
	3 a 6	**6 a 10**	**10 a 18**	**18 a 30**	**30 a 50**	**50 a 80**	**80 a 120**	**120 a 180**	**180 a 250**	**250 a 315**	**315 a 400**	**400 a 500**
IT3	1	1	1	1,5	1,5	2	2	3	3	4	4	5
IT4	1,5	1,5	2	2	3	3	4	4	4	4	5	5
IT5	1	2	3	3	4	5	5	6	6	7	7	7
IT6	3	3	3	4	5	6	7	7	9	9	11	13
IT7	4	6	7	8	9	11	13	15	17	20	21	23
IT8	6	7	9	12	14	16	19	23	26	29	32	34

[1] Para exemplos de cálculo, ver página 104

Ajustes ISO

Sistema de furo básico Cf. DIN ISO 286-1 (1990-11)

Faixa de dimensão nominal acima de ... até (mm)	Desvios limites em µm para classes de tolerância[1]															
	para furo	para eixos — no encaixe em furo H6 resulta um ajuste					para furo	para eixos — no encaixe em furo H7 resulta ajuste								
		com folga	intermediário			com sobremedida		com folga			intermediário				com sobremedida	
	H6	h5	j5	k6	n5	r5	H7	**f7**	g6	**h6**	j6	k6	m6	**n6**	**r6**	s6
até 3	+ 6 0	0 − 4	± 2	+ 6 0	+ 8 + 4	+ 14 + 10	+ 10 0	− 6 − 16	− 2 − 8	0 − 6	+ 4 − 2	+ 6 0	+ 8 + 2	+ 10 + 4	+ 16 + 10	+ 20 + 14
3...6	+ 8 0	0 − 5	+ 3 − 2	+ 9 + 1	+ 13 + 8	+ 20 + 15	+ 12 0	− 10 − 22	− 4 − 12	0 − 8	+ 6 − 2	+ 9 + 1	+ 12 + 4	+ 16 + 8	+ 23 + 15	+ 27 + 19
6...10	+ 9 0	0 − 6	+ 4 − 2	+ 10 + 1	+ 16 + 10	+ 25 + 19	+ 15 0	− 13 − 28	− 5 − 14	0 − 9	+ 7 − 2	+ 10 + 1	+ 15 + 6	+ 19 + 10	+ 28 + 19	+ 32 + 23
10...14 14...18	+ 11 0	0 − 8	+ 5 − 3	+ 12 + 1	+ 20 + 12	+ 31 + 23	+ 18 0	− 16 − 34	− 6 − 17	0 − 11	+ 8 − 3	+ 12 + 1	+ 18 + 7	+ 23 + 12	+ 34 + 23	+ 39 + 28
18...24 24...30	+ 13 0	0 − 9	+ 5 − 4	+ 15 + 2	+ 24 + 15	+ 37 + 28	+ 21 0	− 20 − 41	− 7 − 20	0 − 13	+ 9 − 4	+ 15 + 2	+ 21 + 8	+ 28 + 15	+ 41 + 28	+ 48 + 35
30...40 40...50	+ 16 0	0 − 11	+ 6 − 5	+ 18 + 2	+ 28 + 17	+ 45 + 34	+ 25 0	− 25 − 50	− 9 − 25	0 − 16	+ 11 − 5	+ 18 + 2	+ 25 + 9	+ 33 + 17	+ 50 + 34	+ 59 + 43
50...65	+ 19 0	0 − 13	+ 6 − 7	+ 21 + 2	+ 33 + 20	+ 54 + 41	+ 30 0	− 30 − 60	− 10 − 29	0 − 19	+ 12 − 7	+ 21 + 2	+ 30 + 11	+ 39 + 20	+ 60 + 41	+ 72 + 53
65...80						+ 56 + 43									+ 62 + 43	+ 78 + 59
80...100	+ 22 0	0 − 15	+ 6 − 9	+ 25 + 3	+ 38 + 23	+ 66 + 51	+ 35 0	− 36 − 71	− 12 − 34	0 − 22	+ 13 − 9	+ 25 + 3	+ 35 + 13	+ 45 + 23	+ 73 + 51	+ 93 + 71
100...120						+ 69 + 54									+ 76 + 54	+ 101 + 79
120...140	+ 25 0	0 − 18	+ 7 − 11	+ 28 + 3	+ 45 + 27	+ 81 + 63	+ 40 0	− 43 − 83	− 14 − 39	0 − 25	+ 14 − 11	+ 28 + 3	+ 40 + 15	+ 52 + 27	+ 88 + 63	+ 117 + 92
140...160						+ 83 + 65									+ 90 + 65	+ 125 + 100
160...180						+ 86 + 68									+ 93 + 68	+ 133 + 108
180...200	+ 29 0	0 − 20	+ 7 − 13	+ 33 + 4	+ 51 + 31	+ 97 + 77	+ 46 0	− 50 − 96	− 15 − 44	0 − 29	+ 16 − 13	+ 33 + 4	+ 46 + 17	+ 60 + 31	+ 106 + 77	+ 151 + 122
200...225						+ 100 + 80									+ 109 + 80	+ 159 + 130
225...250						+ 104 + 84									+ 113 + 84	+ 169 + 140
250...280	+ 32 0	0 − 23	+ 7 − 16	+ 36 + 4	+ 57 + 34	+ 117 + 94	+ 52 0	− 56 − 108	− 17 − 49	0 − 32	+ 16 − 16	+ 36 + 4	+ 52 + 20	+ 66 + 34	+ 126 + 94	+ 190 + 158
280...315						+ 121 + 98									+ 130 + 98	+ 202 + 170
315...355	+ 36 0	0 − 25	+ 7 − 18	+ 40 + 4	+ 62 + 37	+ 133 + 108	+ 57 0	− 62 − 119	− 18 − 54	0 − 36	+ 18 − 18	+ 40 + 4	+ 57 + 21	+ 73 + 37	+ 144 + 108	+ 226 + 190
355...400						+ 139 + 114									+ 150 + 114	+ 244 + 208
400...450	+ 40 0	0 − 27	+ 7 − 20	+ 45 + 5	+ 67 + 40	+ 153 + 126	+ 63 0	− 68 − 131	− 20 − 60	0 − 40	+ 20 − 20	+ 45 + 5	+ 63 + 23	+ 80 + 40	+ 166 + 126	+ 272 + 232
450...500						+ 159 + 132									+ 172 + 132	+ 292 + 252

[1] As classes de tolerância em negrito correspondem à série 1 da norma DIN 7157 e são preferenciais.

Ajustes ISO

Sistema de furação de referência

Cf. DIN ISO 286-1 (1990-11)

Faixa de dimensão nominal acima de ... até (mm)	Desvios limites em μm para classes de tolerância[1]													
	para furo	para eixos – no encaixe em furo H8 resulta ajuste						para furo	para eixos – no encaixe em furo H11 resulta ajuste					
		Com folga				Com sobremedida			Com folga					
	H8	d9	e8	**f7**	**h9**	**u8**[2]	**x8**[2]	**H11**	a11	c11	d9	**d11**	**h9**	**h11**
até 3	+14 / 0	-20 / -45	-14 / -28	-6 / -16	0 / -25	+32 / +18	+34 / +20	+60 / 0	-270 / -330	-60 / -120	-20 / -45	-20 / -80	0 / -25	0 / -60
3...6	+18 / 0	-30 / -60	-20 / -38	-10 / -22	0 / -30	+41 / +23	+46 / +28	+75 / 0	-270 / -345	-70 / -145	-30 / -60	-30 / -105	0 / -30	0 / -75
6...10	+22 / 0	-40 / -76	-25 / -47	-13 / -28	0 / -36	+50 / +28	+56 / +34	+90 / 0	-280 / -370	-80 / -170	-40 / -76	-40 / -130	0 / -36	0 / -90
10...14 14...18	+27 / 0	-50 / -93	-32 / -59	-16 / -34	0 / -43	+60 / +33	+67 / +40 +72 / +45	+110 / 0	-290 / -400	-95 / -205	-50 / -93	-50 / -160	0 / -43	0 / -110
18...24 24...30	+33 / 0	-65 / -117	-40 / -73	-20 / -41	0 / -52	+74 / +41 +81 / +48	+87 / +54 +97 / +64	+130 / 0	-300 / -430	-110 / -240	-65 / -117	-65 / -195	0 / -52	0 / -130
30...40 40...50	+39 / 0	-80 / -142	-50 / -89	-25 / -50	0 / -62	+99 / +60 +109 / +70	+119 / +80 +136 / +97	+160 / 0	-310 / -470 -320 / -480	-120 / -280 -130 / -290	-80 / -142	-80 / -240	0 / -62	0 / -160
50...65 65...80	+46 / 0	-100 / -174	-60 / -106	-30 / -60	0 / -74	+133 / +87 +148 / +102	+168 / +122 +192 / +146	+190 / 0	-340 / -530 -360 / -550	-140 / -330 -150 / -340	-100 / -174	-100 / -290	0 / -74	0 / -190
80...100 100...120	+54 / 0	-120 / -207	-72 / -126	-36 / -71	0 / -87	+178 / +124 +198 / +144	+232 / +178 +264 / +210	+220 / 0	-380 / -600 -410 / -630	-170 / -390 -180 / -400	-120 / -207	-120 / -340	0 / -87	0 / -220
120...140 140...160 160...180	+63 / 0	-145 / -245	-85 / -148	-43 / -83	0 / -100	+233 / +170 +253 / +190 +273 / +210	+311 / +248 +343 / +280 +373 / +310	+250 / 0	-460 / -710 -520 / -770 -580 / -830	-200 / -450 -210 / -460 -230 / -480	-145 / -245	-145 / -395	0 / -100	0 / -250
180...200 200...225 225...250	+72 / 0	-170 / -285	-100 / -172	-50 / -96	0 / -115	+308 / +236 +330 / +258 +356 / +284	+422 / +350 +457 / +385 +497 / +425	+290 / 0	-660 / -950 -740 / -1030 -820 / -1110	-240 / -530 -260 / -550 -280 / -570	-170 / -285	-170 / -460	0 / -115	0 / -290
250...280 280...315	+81 / 0	-190 / -320	-110 / -191	-56 / -108	0 / -130	+396 / +315 +431 / +350	+556 / +475 +606 / +525	+320 / 0	-920 / -1240 -1050 / -1370	-300 / -620 -330 / -650	-190 / -320	-190 / -510	0 / -130	0 / -320
315...355 355...400	+89 / 0	-210 / -350	-125 / -214	-62 / -119	0 / -140	+479 / +390 +524 / +435	+679 / +590 +749 / +660	+360 / 0	-1200 / -1560 -1350 / -1710	-360 / -720 -400 / -760	-210 / -350	-210 / -570	0 / -140	0 / -360
400...450 450...500	+97 / 0	-230 / -385	-135 / -232	-68 / -131	0 / -155	+587 / +490 +637 / +540	+837 / +740 +917 / +820	+400 / 0	-1500 / -1900 -1650 / -2050	-440 / -840 -480 / -880	-230 / -385	-230 / -630	0 / -155	0 / -400

[1] As classes de tolerância em negrito correspondem à série 1 da norma DIN 7157 e são preferenciais.

[2] DIN 7157 recomenda: dimensões nominais de até 24 mm: H8/x8; dimensões nominais acima de 24 mm: H8/u8.

Ajustes ISO

Sistema eixo de referência Cf. DIN ISO 286-2 (1990-11)

Desvios limites em μm para classes de tolerância[1]

Faixa de dimensão nominal acima de... até (mm)	para eixo	para furos — no encaixe com eixo h5 resulta ajuste					para eixo	para furos — no encaixe com eixo h6 resulta ajuste								
		Com folga	Intermediário		Com sobremedida			Com folga			Intermediário				Com sobremedida	
	h5	H6	J6	M6	N6	P6	**h6**	**F8**	G7	**H7**	J7	K7	M7	N7	R7	S7
até 3	0 −4	+6 0	+2 −4	−2 −8	−4 −10	−6 −12	0 −6	+20 +6	+12 +2	+10 0	+4 −6	0 −10	−2 −12	−4 −14	−10 −20	−14 −24
3...6	0 −5	+8 0	+5 −3	−1 −9	−5 −13	−9 −17	0 −8	+28 +10	+16 +4	+12 0	+6 −6	+3 −9	0 −12	−4 −16	−11 −23	−15 −27
6...10	0 −6	+9 0	+5 −4	−3 −12	−7 −16	−12 −21	0 −9	+35 +13	+20 +5	+15 0	+8 −7	+5 −10	0 −15	−4 −19	−13 −28	−17 −32
10...18	0 −8	+11 0	+6 −5	−4 −15	−9 −20	−15 −26	0 −11	+43 +16	+24 +6	+18 0	+10 −8	+6 −12	0 −18	−5 −23	−16 −34	−21 −39
18...30	0 −9	+13 0	+8 −5	−4 −17	−11 −24	−18 −31	0 −13	+53 +20	+28 +7	+21 0	+12 −9	+6 −15	0 −21	−7 −28	−20 −41	−27 −48
30...40	0 −11	+16 0	+10 −6	−4 −20	−12 −28	−21 −37	0 −16	+64 +25	+34 +9	+25 0	+14 −11	+7 −18	0 −25	−8 −33	−25 −50	−34 −59
40...50																
50...65	0 −13	+19 0	+13 −6	−5 −24	−14 −33	−26 −45	0 −19	+76 +30	+40 +10	+30 0	+18 −12	+9 −21	0 −30	−9 −39	−30 −60	−42 −72
65...80															−32 −62	−48 −78
80...100	0 −15	+22 0	+16 −6	−6 −28	−16 −38	−30 −52	0 −22	+90 +36	+47 +12	+35 0	+22 −13	+10 −25	0 −35	−10 −45	−38 −73	−58 −93
100...120															−41 −76	−66 −101
120...140	0 −18	+25 0	+18 −7	−8 −33	−20 −45	−36 −61	0 −25	+106 +43	+54 +14	+40 0	+26 −14	+12 −28	0 −40	−12 −52	−48 −88	−77 −117
140...160															−50 −90	−85 −125
160...180															−53 −93	−93 −133
180...200	0 −20	+29 0	+22 −7	−8 −37	−22 −51	−41 −70	0 −29	+122 +50	+61 +15	+46 0	+30 −16	+13 −33	0 −46	−14 −60	−60 −106	−105 −151
200...225															−63 −109	−113 −159
225...250															−67 −113	−123 −169
250...280	0 −23	+32 0	+25 −7	−9 −41	−25 −57	−47 −79	0 −32	+137 +56	+69 +17	+52 0	+36 −16	+16 −36	0 −52	−14 −66	−74 −126	−138 −190
280...315															−78 −130	−150 −202
315...355	0 −25	+36 0	+29 −7	−10 −46	−26 −62	−51 −87	0 −36	+151 +62	+75 +18	+57 0	+39 −18	+17 −40	0 −57	−16 −73	−87 −144	−169 −226
355...400															−93 −150	−187 −244
400...450	0 −27	+40 0	+33 −7	−10 −50	−27 −67	−55 −95	0 −40	+165 +68	+83 +20	+63 0	+43 −20	+18 −45	0 −63	−17 −80	−103 −166	−209 −272
450...500															−109 −172	−229 −292

[1] As classes de tolerância em negrito correspondem à série 1 da DIN 7157 e são preferenciais.

Ajustes ISO

Sistema eixo de referência

Cf. DIN ISO 286-1 (1990-11)

Faixa de dimensão nominal acima de .... até (mm)	Desvios limites em µm para classes de tolerância[1]													
	para eixos	para furos no encaixe com eixo h9 resulta ajuste								para eixos	para furos no encaixe com eixo h11 resulta ajuste			
		Com folga						Intermediário			Com folga			
	h9	**C11**	**D10**	**E9**	**F8**	**H8**	H11	J9/JS9[2]	P9	**h11**	A11	C11	D10	H11
até 3	0 − 25	+ 120 + 60	+ 60 + 20	+ 39 + 14	+ 20 + 6	+ 14 0	+ 60 0	+ 12,5 − 12,5	− 6 − 31	0 − 60	+ 330 + 270	+ 120 + 60	+ 60 + 20	+ 60 0
3...6	0 − 30	+ 145 + 70	+ 78 + 30	+ 50 + 20	+ 28 + 10	+ 18 0	+ 75 0	+ 15 − 15	− 12 − 42	0 − 75	+ 345 + 270	+ 145 + 70	+ 78 + 30	+ 75 0
6...10	0 − 36	+ 170 + 80	+ 98 + 40	+ 61 + 25	+ 35 + 13	+ 22 0	+ 90 0	+ 18 − 18	− 15 − 51	0 − 90	+ 370 + 280	+ 170 + 80	+ 98 + 40	+ 90 0
10...18	0 − 43	+ 205 + 95	+ 120 + 50	+ 75 + 32	+ 43 + 16	+ 27 0	+ 100 0	+ 21,5 − 21,5	− 18 − 61	0 − 110	+ 400 + 290	+ 205 + 95	+ 120 + 50	+ 110 0
18...30	0 − 52	+ 240 + 110	+ 149 + 65	+ 92 + 40	+ 53 + 20	+ 33 0	+ 130 0	+ 26 − 26	− 22 − 74	0 − 130	+ 430 + 300	+ 240 + 110	+ 149 + 65	+ 130 0
30...40	0 − 62	+ 280 + 120	+ 180 + 80	+ 112 + 50	+ 64 + 25	+ 39 0	+ 160 0	+ 31 − 31	− 26 − 88	0 − 160	+ 470 + 310	+ 280 + 120	+ 180 + 80	+ 160 0
40...50		+ 290 + 130									+ 480 + 320	+ 290 + 130		
50...65	0 − 74	+ 330 + 140	+ 220 + 100	+ 134 + 60	+ 76 + 30	+ 46 0	+ 190 0	+ 37 − 37	− 32 − 106	0 − 190	+ 530 + 340	+ 330 + 140	+ 220 + 100	+ 190 0
65...80		+ 340 + 150									+ 550 + 360	+ 340 + 150		
80...100	0 − 87	+ 390 + 170	+ 260 + 120	+ 159 + 72	+ 90 + 36	+ 54 0	+ 220 0	+ 43,5 − 43,5	− 37 − 124	0 − 220	+ 600 + 380	+ 390 + 170	+ 260 + 120	+ 220 0
100...120		+ 400 + 180									+ 630 + 410	+ 400 + 180		
120...140	0 − 100	+ 450 + 200	+ 305 + 145	+ 185 + 85	+ 106 + 43	+ 63 0	+ 250 0	+ 50 − 50	− 43 − 143	0 − 250	+ 710 + 460	+ 450 + 200	+ 305 + 145	+ 250 0
140...160		+ 460 + 210									+ 770 + 520	+ 460 + 210		
160...180		+ 480 + 230									+ 820 + 580	+ 480 + 230		
180...200	0 − 115	+ 530 + 240	+ 355 + 170	+ 215 + 100	+ 122 + 50	+ 72 0	+ 290 0	+ 57,5 − 57,5	− 50 − 165	0 − 290	+ 950 + 660	+ 530 + 240	+ 355 + 170	+ 290 0
200...225		+ 550 + 260									+ 1030 + 740	+ 550 + 260		
225...250		+ 570 + 280									+ 1110 + 820	+ 570 + 280		
250...280	0 − 130	+ 620 + 300	+ 400 + 190	+ 240 + 110	+ 137 + 56	+ 81 0	+ 320 0	+ 65 − 65	− 56 − 186	0 − 320	+ 1240 + 920	+ 620 + 300	+ 400 + 190	+ 320 0
280...315		+ 650 + 330									+ 1370 + 1050	+ 650 + 330		
315...355	0 − 140	+ 720 + 360	+ 440 + 210	+ 265 + 125	+ 151 + 62	+ 89 0	+ 360 0	+ 70 − 70	− 62 − 202	0 − 360	+ 1560 + 1200	+ 720 + 360	+ 440 + 210	+ 360 0
355...400		+ 760 + 400									+ 1710 + 1350	+ 760 + 400		
400...450	0 − 155	+ 840 + 440	+ 480 + 230	+ 290 + 135	+ 165 + 68	+ 97 0	+ 400 0	+ 77,5 − 77,5	− 68 − 223	0 − 400	+ 1900 + 1500	+ 840 + 440	+ 480 + 230	+ 400 0
450...500		+ 880 + 480									+ 2050 + 1650	+ 880 + 480		

[1] As classes de tolerância em negrito correspondem à série 1 de DIN 7157 e são preferenciais.
[2] As zonas de tolerância J9/JS9, J10/JS10, etc são iguais em valor e são simétricas em relação à linha zero.

Tolerâncias gerais

Tolerâncias gerais para dimensões de comprimento e de ângulos

Cf. DIN ISO 2768-1 (1991-06)

Classe de tolerância	Dimensões de comprimento – Desvios limites em mm para faixas de dimensão nominal							
	0,5 a 3	3 a 6	6 a 30	30 a 120	120 a 400	400 a 1000	1000 a 2000	2000 a 4000
f (fina)	± 0,05	± 0,05	± 0,1	± 0,15	± 0,2	± 0,3	± 0,5	–
m (média)	± 0,1	± 0,1	± 0,2	± 0,3	± 0,5	± 0,8	± 1,2	± 2
c (grosseira)	± 0,2	± 0,3	± 0,5	± 0,8	± 1,2	± 2	± 3	± 4
c (muito grosseira)	–	± 0,5	± 1	± 1,5	± 2,5	± 4	± 6	± 8

Classe de tolerância	Raios e chanfros – Desvios limites em mm para faixas de dimensão nominal			Dimensões angulares – Desvios limites em graus e minutos para faixas de dimensão nominal (menor ângulo)				
	0,5 a 3	3 a 6	6	até 10	10 a 50	50 a 120	120 a 400	400
f (fina) / m (média)	± 0,2	± 0,5	± 1	± 1°	± 0° 30′	± 0° 20′	± 0° 10′	± 0° 5′
c (grosseira)	± 0,4	± 1	± 2	± 1° 30′	± 1°	± 0° 30′	± 0° 15′	± 0° 10′
c (muito grosseira)	± 0,4	± 1	± 2	± 3°	± 2°	± 1°	± 0° 30′	± 0° 20′

Tolerâncias gerais para forma e posição

Cf. DIN ISO 2768-2 (1991-06)

Classe de tolerância	Tolerâncias em mm para – Linearidade e planidade (Faixas de dimensão nominal em mm)						Retangularidade (Faixa de dimensão nominal em mm (ângulo menor))				Simetria (Faixas de dimensão nominal mm (característica menor))				Curso
	até 10	10 a 30	30 a 100	100 a 300	300 a 1000	1000 a 3000	até 100	100 a 300	300 a 1000	1000 a 3000	até 100	100 a 300	300 a 1000	1000 a 3000	
H	0,02	0,05	0,1	0,2	0,3	0,4	0,2	0,3	0,4	0,5	0,5				0,1
K	0,05	0,1	0,2	0,4	0,6	0,8	0,4	0,6	0,8	1	0,6		0,8	1	0,2
L	0,1	0,2	0,4	0,8	1,2	1,6	0,6	1	1,5	2	0,6	1	1,5	2	0,5

Tolerâncias gerais para dimensões de comprimentos e de ângulos, forma e posição não para projetos novos

Cf. DIN 7168 (1991-04)[1]

Classe de tolerância	Dimensões de comprimento – Desvios limites em mm para faixas de dimensão nominal								
	0,5 a 3	3 a 6	6 a 30	30 a 120	120 a 400	400 a 1000	1000 a 2000	2000 a 4000	4000 a 8000
f (fina)	± 0,05	± 0,05	± 0,1	± 0,15	± 0,2	± 0,3	± 0,5	± 0,8	–
m (média)	± 0,1	± 0,1	± 0,2	± 0,3	± 0,5	± 0,8	± 1,2	± 2	± 3
g (grosseira)	± 0,15	± 0,2	± 0,5	± 0,8	± 1,2	± 2	± 3	± 4	± 5
sg (muito grosseira)	–	± 0,5	± 1	± 1,5	± 2	± 3	± 4	± 6	± 8

Classe de tolerância	Raios e chanfros – Desvios limites em mm para faixas de dimensão nominal					Dimensões angulares – Desvios limites em graus e minutos para faixas de dimensão nominal (menor ângulo)				
	0,5 a 3	3 a 6	6 a 30	30 a 120	120 a 400	a 10	10 a 50	50 a 120	120 a 400	até 400
f (fina) / m (média)	± 0,2	± 0,5	± 1	± 2	± 4	± 1°	± 30′	± 20′	± 10′	± 5′
g (grosseira)	± 0,2	± 1	± 2	± 4	± 8	± 1° 30′	± 50′	± 25′	± 15′	± 10′
sg (muito grosseira)	± 0,2	± 1	± 2	± 4	± 8	± 3°	± 2°	± 1°	± 30′	± 20′

Classe de tolerância	Tolerâncias em mm para – Linearidade e planidade (para dimensões nominais)							Simetria	Curso
	até 6	6 a30	30 a 120	120 a 400	400 a 1000	1000 a 2000	2000 a 4000	Característica menor	
R	0,004	0,01	0,02	0,04	0,07	0,1	–	0,3	0,1
S	0,008	0,02	0,04	0,08	0,15	0,2	0,3	0,5	0,2
T	0,025	0,06	0,12	0,25	0,4	0,6	0,9	1	0,5
U	0,1	0,25	0,5	1	1,5	2,5	3,5	2	1

[1] O objetivo da aplicação desta norma é preservar a clareza e a legibilidade dos desenhos existentes.

Recomendações de ajustes, seleção de ajustes

Recomendações de ajuste[1]

Cf. DIN 7157 (1996-01)

Da série 1	C11/h9, D10/h9, E9/h9, F8/h9, H8/f7, F8/h6, H7/f7, H8/h9, H7/h6, H7/n6, H7/r6, H8/x8 ou u8
Da série 2	C11/h11, D10/h11, H8/d9, H8/e8, H7/g6, G7/h6, H11/h9, H7/j6, H7/k6, H7/s6

Ajustes possíveis (Exemplos)

Furação de referência[1]		Característica/exemplos de aplicação	Eixo de referência[2]	
Ajustes com folga				
0 H8 / d9	H8/d9	**Ajuste com grande folga** Letras para distâncias sobre eixos	**D10/h9**	D10 / 0 h9
0 H8 / e8	H8/e8	**Ajuste com folga perceptível:** As peças podem ser muito facilmente deslocadas umas em relação às outras manualmente: anéis de ajustamento em eixos, mancal em alavanca.	**E9/h9**	E9 / 0 h9
0 H8 / f7	**H8/f7**	**Ajuste com folga maior:** As peças podem ser facilmente deslocadas umas em relação às outras manualmente: mancal liso de eixo.	**F8/h9**	F8 / 0 h9
0 H7 / f7	**H7/f7**	**Ajuste com pequena folga:** As peças ainda podem ser facilmente deslocadas umas em relação às outras manualmente: mancal liso, roda de arraste, pistão em cilindro.	**F8/h6**	F8 / 0 h6
0 H7 / g6	H7/g6	**Ajuste com folga pequena:** As peças ainda podem ser deslocadas umas em relação às outras manualmente: eixo em mancal liso, pino de absorção em furação.	G7/h6	G7 / 0 h6
0 H8 / h9	**H8/h9**	**Ajuste com folga muito pequena:** As peças podem ser deslocadas umas em relação às outras com força manual: buchas de espaçador, anéis de retenção em eixos.	**H8/h9**	0 H8 / h9
0 H7 / h6	**H7/h6**	**Ajuste com folga mínima:** Eventualmente, as peças ainda podem ser deslocadas com força manual: puncionador em chapa a puncionar, centralização de tampa de mancal.	**H7/h6**	0 H7 / h6
Ajustes intermediários				
0 H7 / j6	H7/j6	**Ajuste com folga antes de ajuste com sobremedida:** Eventualmente, as peças ainda podem ser deslocadas com força manual: engrenagens em eixos.	não especificado	
n6 / 0 H7	**H7/n6**	**Ajuste com sobremedida antes de ajuste com folga:** Para deslocar as peças, é necessária uma pequena força de pressão: bucha de furação, pino de suporte em dispositivo.		
Ajustes com sobremedida				
r6 / 0 H7	**H7/r6**	**Ajuste com pequena sobremedida:** Para deslocar as peças, é necessária uma força de pressão maior: buchas em caixas.	não especificado	
s6 / 0 H7	H7/s6	**Ajuste com sobremedida significativa:** Para deslocar as peças é necessária uma grande força de pressão: buchas de mancal liso, coroa em corpo de roda helicoidal.		
u8 / 0 H8	**H8/u8**	**Ajuste com sobremedida grande** : As peças só podem ser encaixadas por estiramento ou contração: rodas em eixos, anéis contraídos em eixos, embreagens em eixos.		
x8 / 0 H8	**H8/x8**	**Ajuste com sobremedida muito grande:** As peças só podem ser encaixadas por estiramento ou contração: rodas em eixos, anéis contraídos em eixos, embreagens em eixos.		

[1] Desviar-se destas recomendações, só em casos excepcionais, p. ex., na instalação de mancal de rolamentos.
[2] Os ajustes em negrito são combinações de tolerância, de acordo com a série 1. Seu uso é preferencial.

Ajustes de mancal de rolamento, tolerância de forma e posição

Tolerâncias para instalação de mancais de rolamentos

Cf. DIN 5425-1 (1984-11)

Rolamento radial

Anel interno (eixo)					Anel externo (caixa, carcaça)				
Caso de carga	Ajuste	Carga	Desvios de referência para eixos com: Rolamento de esferas	Rolamento de rolos	Caso de carga	Ajuste	Carga	Desvios de referência para eixos com: Rolamento de esferas	Rolamento de rolos
Carga circurferencial 	Ajuste intermediário ou com sobremedida necessário	baixa	h, k	k, m	Carga de ponto 	Ajuste com folga permissível	Arbitrariamente grande	J, H, G, F	
		alta	j, k, m	k, m, n, p					
		média	m, n	n, p, r					
Carga de ponto 	Ajuste com folga permissível	Arbitrariamente grande	j, h, g, f		Carga circurferencial 	Ajuste intermediário ou com sobremedida necessário	alta	J	K
							média	K, M	M, N
							baixa	–	N, P

Rolamento axial

Tipo de carga	Construção do rolamento	Arruela de eixo (eixo): Caso de carga	Desvios de referência para eixos	Chapa de alojamento (alojamento): Caso de carga	Desvios de referência para caixas
Carga axial/ radial combinada	rolamento de esferas oblíquo rolamento de rolos autocompensador	carga circunfencial	j, k, m	carga de ponto	H, J
		carga de ponto	j	carga circunferencial	K, M
Carga axial pura	rolamento de esferas rolamento de rolos	–	h, j, k	–	H, G, E

Tolerância de forma e posição

Cf. DIN ISO 1101 (1985-03)

Referência	Elemento tolerado
• **Identificação**	• Identificação

Referência

- **Identificação**

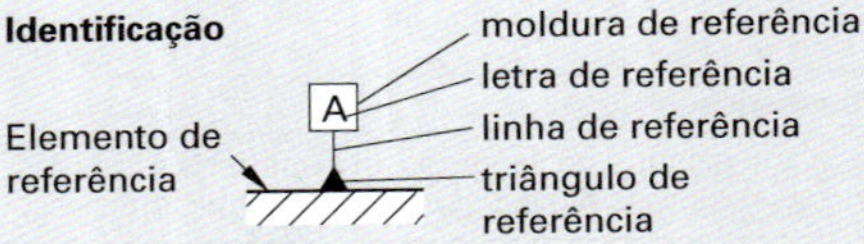

Elemento de referência — moldura de referência; letra de referência (A); linha de referência; triângulo de referência

- **A referência** é

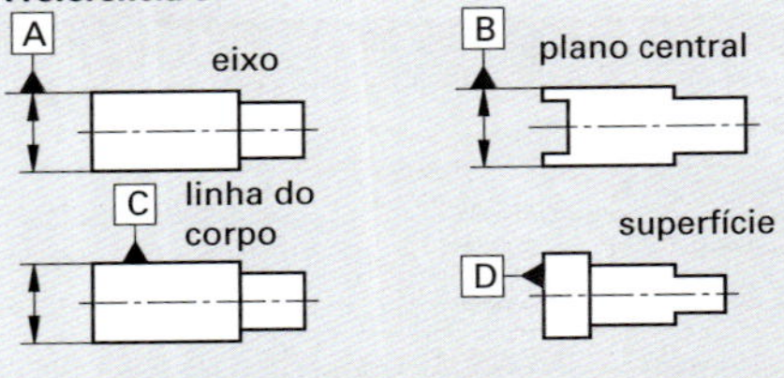

A eixo; B plano central; C linha do corpo; D superfície

Elemento tolerado

- Identificação

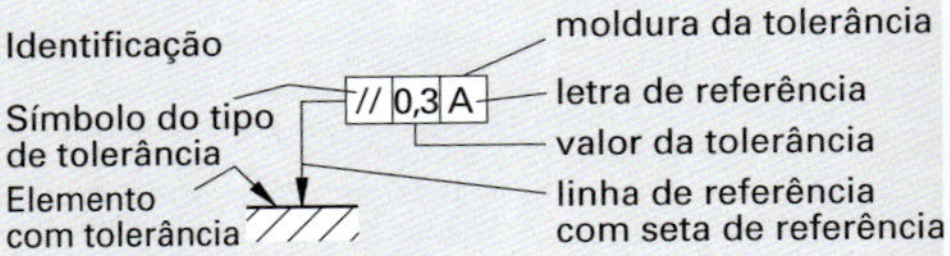

Símbolo do tipo de tolerância (//); moldura da tolerância; valor da tolerância (0,3); letra de referência (A); Elemento com tolerância; linha de referência com seta de referência

- **Tolerância** vale para

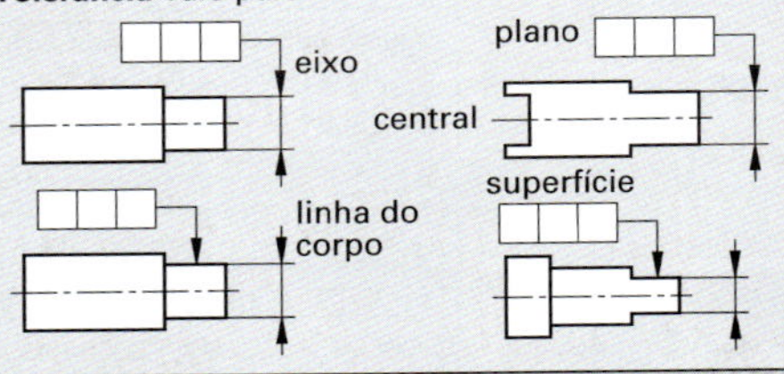

eixo; plano central; linha do corpo; superfície

Exemplos

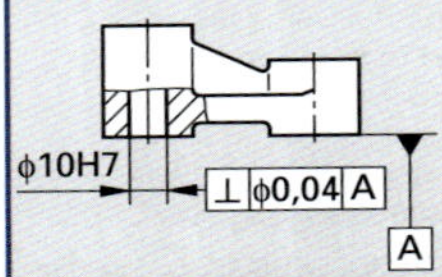

φ10H7 ⊥ φ0,04 A; A

O eixo da perfuração deve ser perpendicular (valor de tolerância 0,04 mm) à superfície de apoio.

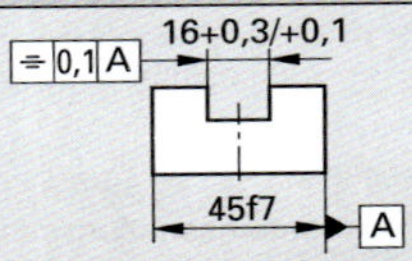

⌯ 0,1 A; 16+0,3/+0,1; 45f7; A

O plano central do rasgo deve ser simétrico em relação ao plano central da superfície exterior (valor de tolerância 0,1 mm).

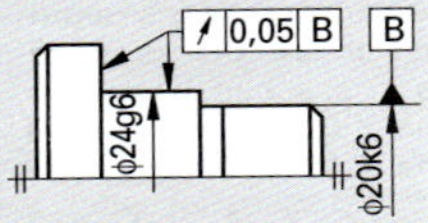

↗ 0,05 B; B; φ24g6; φ20k6

Em relação ao eixo ∅ 20k6 a superfície cilíndrica deve correr em círculo e a superfície chata, transversal (valor de tolerância 0,05 mm).

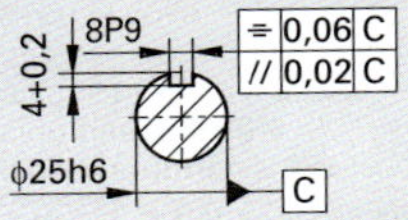

4+0,2; 8P9; ⌯ 0,06 C; // 0,02 C; φ25h6; C

O rasgo deve ser simétrico (valor de tolerância 0,06 mm) e paralelo (valor de tolerância 0,02 mm) ao eixo φ 25h6.

Tolerância de forma e posição

Indicação em desenhos

Cf. DIN 1101 (1985-03)

Tipo de tolerância		Símbolos e característica com tolerância		Indicação no desenho	Explicação	Zona de tolerância
Tolerância de forma		—	Linearidade	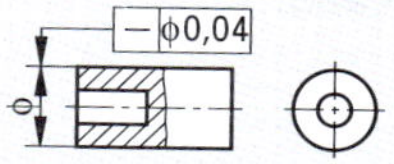 — ϕ0,04	O eixo com sua tolerância deve caber dentro de um cilindro com diâmetro r = 0,04 mm.	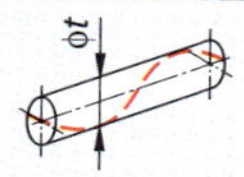 ϕt
		⏥	Planidade	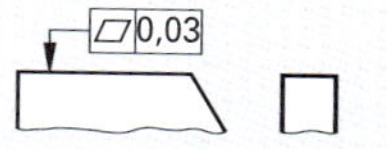 ⏥ 0,03	A superfície com sua tolerância deve caber entre dois planos paralelos com distância t = 0,03 mm entre eles.	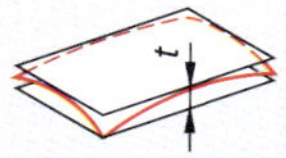 t
		○	Circularidade	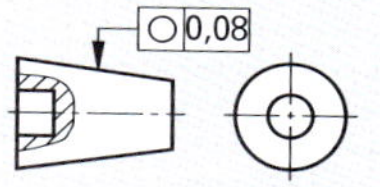 ○ 0,08	Em todo plano de corte perpendicular ao eixo, a linha circunferencial com sua tolerância deve situar-se entre dois círculos concêntricos com distância de t = 0,2 mm entre eles.	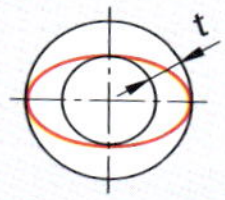 t
		⌭	Cilindricidade	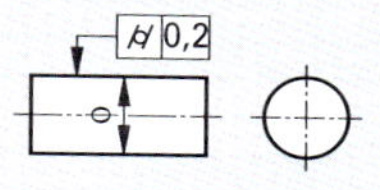 ⌭ 0,2	O corpo do cilindro com sua tolerância deve situar-se entre dois cilindros coaxiais com distância de t = 0,2 mm entre eles.	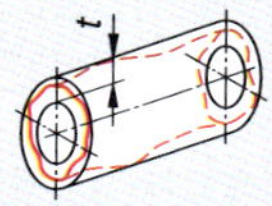 t
		⌒	Forma linear	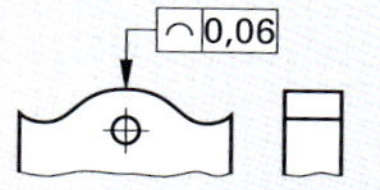 ⌒ 0,06	O perfil com sua tolerância deve situar-se entre duas linhas envolventes, cujo afastamento é limitado por círculos com diâmetro t = 0,06 mm. Os centros destes círculos situam-se na linha geometricamente ideal.	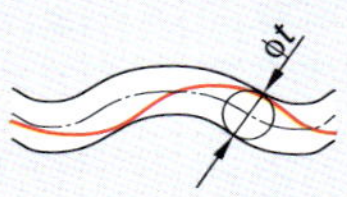 ϕt
		⌓	Forma de superfície	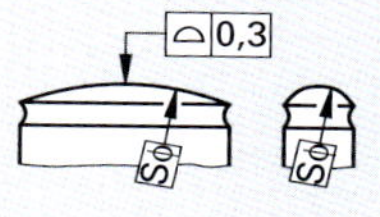 ⌓ 0,3; Sϕ	A superfície com sua tolerância deve situar-se entre duas superfícies envolventes, cujo afastamento é limitado por esferas com diâmetro t = 0,3 mm. Os centros das esferas situam-se na superfície geometricamente ideal.	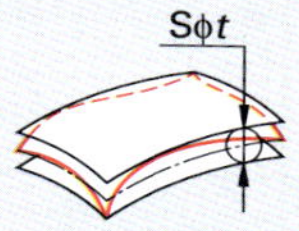 Sϕt
Tolerância de posição	Tolerância de direção	//	Paralelismo	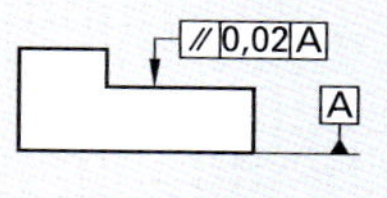 // 0,02 A; A	A superfície com sua tolerância deve situar-se entre dois planos paralelos ao plano de referência A com distância de t = 0,02 mm entre eles.	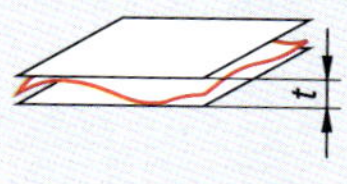 t
				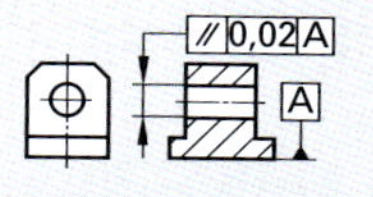 // 0,02 A; A	O eixo com sua tolerância deve situar-se entre dois planos paralelos ao plano de referência A com distância de t = 0,02 mm entre eles.	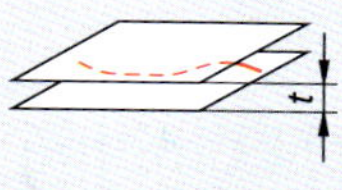 t
				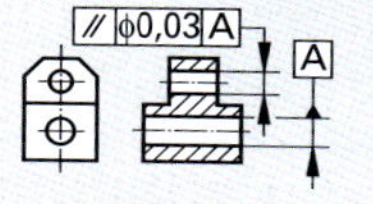 // ϕ0,03 A; A	O eixo com sua tolerância deve situar-se dentro de um cilindro com diâmetro t = 0,03 mm, que é paralelo ao eixo de referência A.	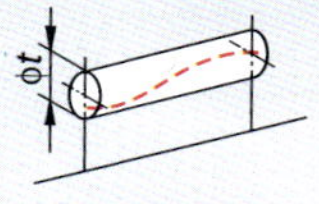 ϕt
		⊥	Perpendicularidade	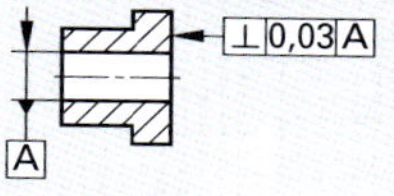 ⊥ 0,03 A; A	A superfície com sua tolerância deve situar-se entre dois planos perpendiculares ao eixo de referência A com distância de t = 0,03 mm entre eles.	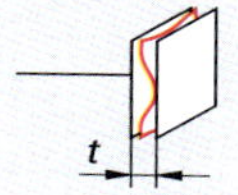 t
				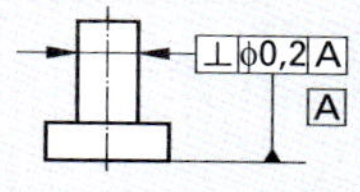 ⊥ ϕ0,2 A; A	O eixo com sua tolerância deve situar-se dentro de um cilindro com diâmetro t = 0,2 mm, que é perpendicular à superfície de referência A.	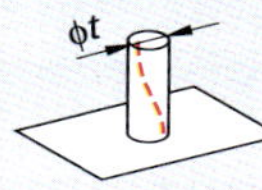 ϕt

Tolerância de forma e posição

Indicação em desenhos

Cf. DIN ISO 1101 (1985-03)

Tipo de tolerância		Símbolos e característica com tolerância		Indicação no desenho	Explicação	Zona de tolerância
Tolerância de Posição	Tolerância de direção	∠	Angularidade	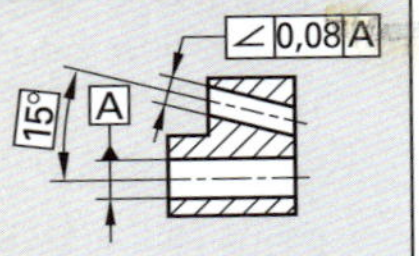 ∠ 0,08 A; A; 15°	O eixo com sua tolerância deve situar-se entre duas linhas paralelas com distância t = 0,08 mm entre elas, que são inclinadas em 15° em relação à linha de referência A.	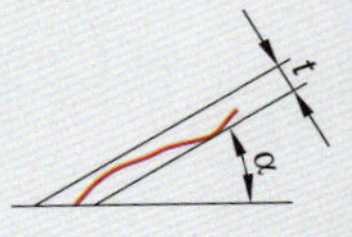 t; α
				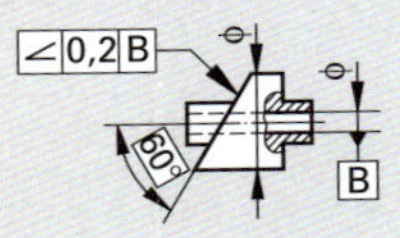 ∠ 0,2 B; 60°; B	A superfície inclinada com sua tolerância deve situar-se entre dois planos paralelos, inclinados em relação ao eixo de referência B com distância t = 0,2 mm entre eles. O ângulo geométrico ideal deve ter uma inclinação de 60°.	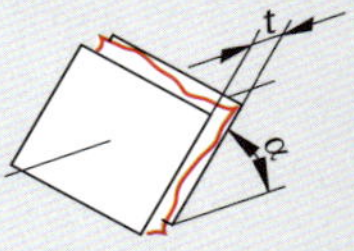 t; α
	Tolerância de localização	⌖	Posição	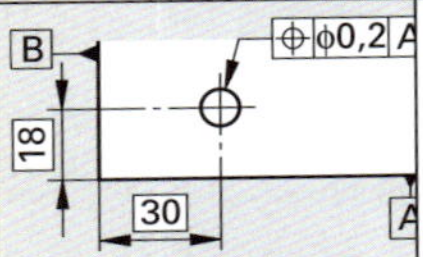 ⌖ ϕ0,2 A; B; 18; 30; A	O centro real do furo deve situar-se em um círculo com diâmetro t = 0,2 mm, cujo centro coincide com a localização precisa do ponto.	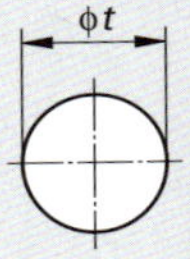 ϕt
		◎	Concentricidade (coaxialidade)	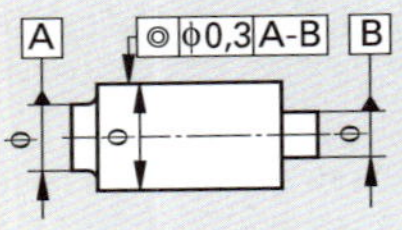 A; ◎ ϕ0,3 A-B; B	O eixo da peça com sua tolerância deve situar-se dentro do cilindro coaxial em relação ao eixo de referência A-B, com diâmetro t = 0,3 mm.	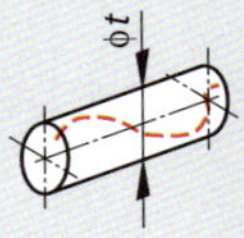 ϕt
		⌯	Simetria	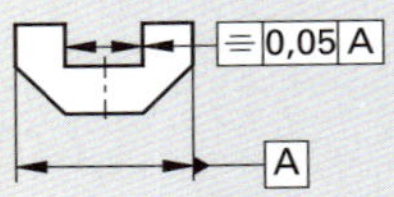 ⌯ 0,05 A; A	O plano central do rasgo com sua tolerância deve situar-se entre dois planos paralelos com distância de t = 0,05 mm entre eles, localizados simetricamente em relação ao plano central das duas superfícies externas.	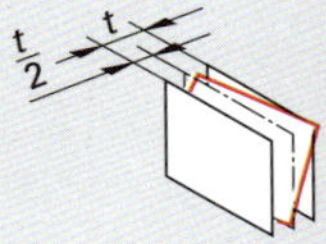 $\frac{t}{2}$; t
	Tolerância de curso	↗	Curso circular	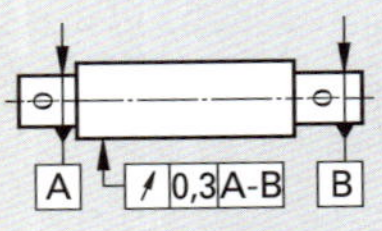 A; ↗ 0,3 A-B; B	Em cada rotação do eixo sobre o eixo de referência A-B, o desvio do curso circular em cada plano perpendicular ao eixo não deve exceder t = 0,3 mm.	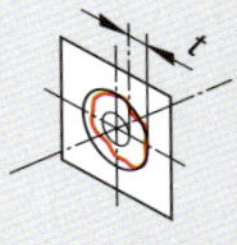 t
			Curso linear	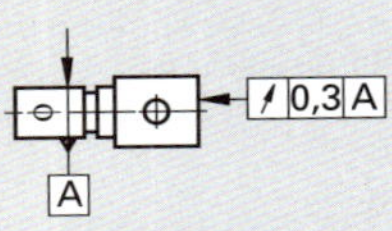 ↗ 0,3 A; A	Em cada rotação do eixo sobre o eixo de referência A, o desvio do curso linear em qualquer ponto de medição não deve exceder t = 0,3 mm.	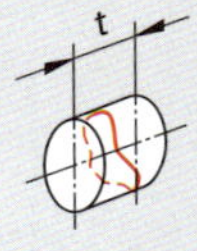 t
	Tolerância de curso total	⌰	Curso circular	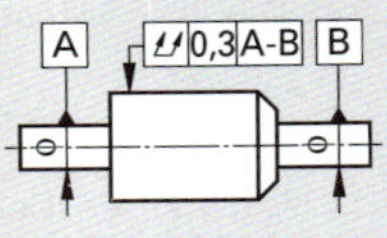 A; ⌰ 0,3 A-B; B	Com mais rotações sobre o eixo de referência A-B **e** com desvio axial, todos os pontos na superfície devem situar-se dentro da tolerância circular total t = 0,3 mm.	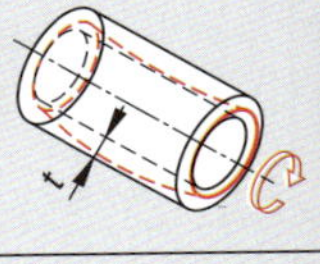 t
			Curso linear	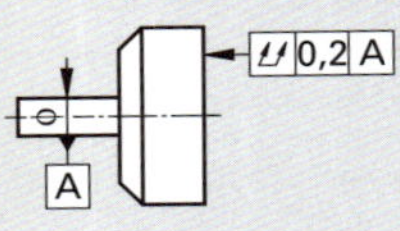 ⌰ 0,2 A; A	Com mais rotações sobre o eixo de referência A **e** com desvio radial, todos os pontos na superfície devem situar-se dentro da tolerância de curso total t = 0,2 mm.	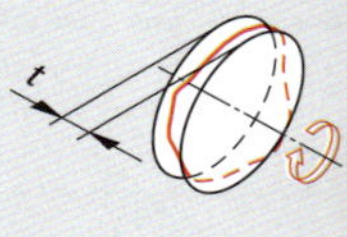 t

4 Ciência dos materiais

Tungstênio (W)	19,27	3390
Zinco (Zn)	7,13	419,5
Estanho (Sn)	7,29	231,9

Aços-carbono | Aços de liga | Aços inoxidáveis

S235 | 16MnCr5 | C60E
31CrMo12 | Cf45 | 35S20
60WCrV8 | X12Cr13 | 38Si7

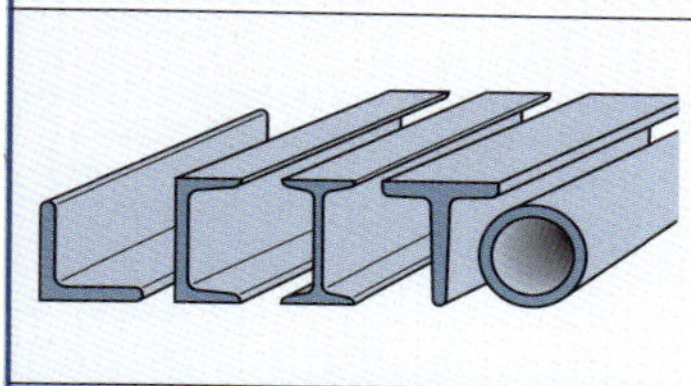

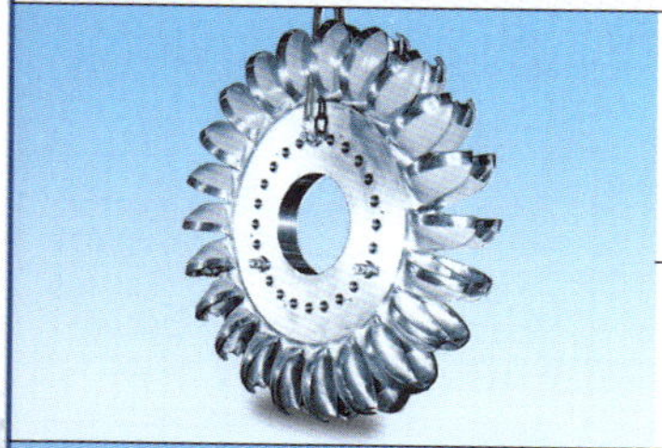

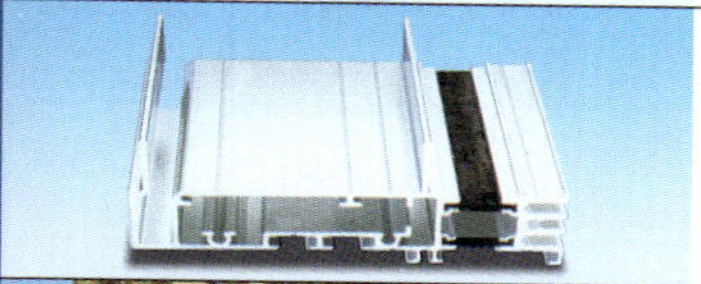

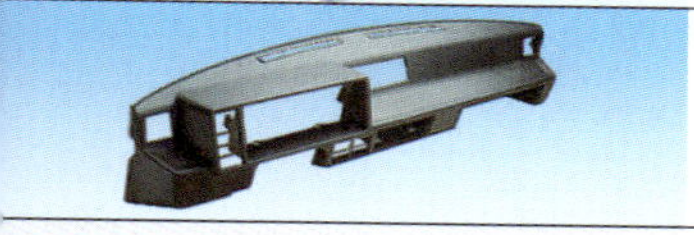

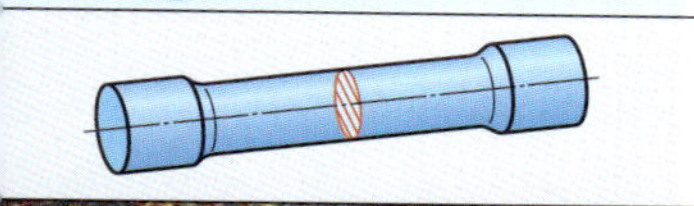

Características quantitativas de materiais sólidos

Material sólido

Material	Densidade ϱ kg/dm³	Temperatura de fusão a 1,013 bar ϑ °C	Temperatura de ebulição a 1,013 bar ϑ °C	Calor de fusão a 1,013 bar q kJ/kg	Condutividade térmica a 20°C λ W/(m · K)	Capacidade térmica específica (média) a 0 ... 100°C c kJ/(kg · K)	Resistênsia específica a 20°C ϱ_{20} Ω · mm²/m	Coeficiente de expansão linear 0 ... 100°C α_l 1/°C ou 1/K
Alumínio (Al)	2,7	659	2467	356	204	0,94	0,028	0,0000238
Antimônio (Sb)	6,69	630,5	1637	163	22	0,21	0,39	0,0000108
Amianto	2,1...2,8	≈ 1300	–	–	–	0,81	–	–
Berílio (Be)	1,85	1280	≈ 3000	–	165	1,02	0,04	0,0000123
Concreto	1,8...2,2	–	–	–	≈ 1	0,88	–	0,00001
Bismuto (Bi)	9,8	271	1560	59	8,1	0,12	1,25	0,0000125
Chumbo (Pb)	11,3	327,4	1751	24,3	34,7	0,13	0,208	0,000029
Cádmio (Cd)	8,64	321	765	54	91	0,23	0,077	0,00003
Cromo (Cr)	7,2	1903	2642	134	69	0,46	0,13	0,0000084
Cobalto (Co)	8,9	1493	2880	268	69,1	0,43	0,062	0,0000127
Liga CuAl	7,4...7,7	1040	2300	–	61	0,44	–	0,0000195
Liga CuSn	7,4...8,9	900	2300	–	46	0,38	0,02...0,03	0,0000175
Liga CuZn	8,4...8,7	900...1000	2300	167	105	0,39	0,05...0,07	0,0000185
Gelo	0,92	0	100	332	2,3	2,09	–	0,000051
Ferro puro (Fe)	7,87	1536	3070	276	81	0,47	0,13	0,000012
Óxido de ferro (ferrugem)	5,1	1570	–	–	0,58 (pulv.)	0,67	–	–
Graxas	0,92...0,94	30...175	≈ 300	–	0,21	–	–	–
Gesso	2,3	1200	–	–	0,45	1,09	–	–
Vidro (de quartzo)	2,4...2,7	520...550[1]	–	–	0,8...1,0	0,83	10^{18}	0,000009
Ouro (Au)	19,3	1064	2707	67	310	0,13	0,022	0,0000142
Grafite (C)	2,26	≈ 3550	≈ 4800	–	168	0,71	–	0,0000078
Ferro fundido	7,25	1150...1200	2500	125	58	0,50	0,6...1,6	0,0000105
Metal duro (K 20)	14,8	> 2000	≈ 4000	–	81,4	0,80	–	0,000005
Madeira (seca ao ar livre)	0,20...0,72	–	–	–	0,06...0,17	2,1...2,9	–	≈ 0,00004[2]
Irídio (Ir)	22,4	2443	> 4350	135	59	0,13	0,053	0,0000065
Iodo (I)	5,0	113,6	183	62	0,44	0,23	–	–
Diamante (carbono)	3,51	≈ 3550	–	–	–	0,52	–	0,00000118
Coque	1,6...1,9	–	–	–	0,18	0,83	–	–
Constantano	8,89	1260	≈ 2400	–	23	0,41	0,49	0,0000152
Cortiça	0,1...0,3	–	–	–	0,04...0,06	1,7...2,1	–	–
Corindo (Al_2O_3)	3,9...4,0	2050	2700	–	12...23	0,96	–	0,0000065
Cobre (Cu)	8,96	1083	≈ 2595	213	384	0,39	0,0179	0,0000168
Magnésio (Mg)	1,74	650	1120	195	172	1,04	0,044	0,000026
Liga de magnésio	≈ 1,8	≈ 630	1500	–	46...139	–	–	0,0000245
Manganês (Mn)	7,43	1244	2095	251	21	0,48	0,39	0,000023
Molibdênio (Mo)	10,22	2620	4800	287	145	0,26	0,054	0,0000052
Sódio (Na)	0,97	97,8	890	113	126	1,3	0,04	0,000071
Níquel (Ni)	8,91	1455	2730	306	59	0,45	0,095	0,000013
Nióbio (Nb)	8,55	2468	≈ 4800	288	53	0,273	0,217	0,0000071
Fósforo (P) (amarelo)	1,82	44	280	21	–	0,80	–	–
Platina (Pt)	21,5	1769	4300	113	70	0,13	0,098	0,000009
Poliestireno	1,05	–	–	–	0,17	1,3	10^{10}	0,00007
Porcelana	2,3...2,5	≈ 1600	–	–	1,6[3]	1,2[3]	10^{12}	0,000004
Quartzo (SiO_2) (pederneira)	2,1...2,5	1480	2230	–	9,9	0,8	–	0,000008
Borracha esponjosa	0,06...0,25	–	–	–	0,04...0,06	–	–	–
Enxofre (S)	2,07	113	344,6	49	0,2	0,70	–	–
Selênio (Se) (vermelho)	4,4	220	688	83	0,2	0,33	–	–
Prata (Ag)	10,5	961,5	2180	105	407	0,23	0,015	0,0000193

[1] temperatura de transformação [2] perpendicular à fibra [3] a 800°C

Características quantitativas de materiais sólidos, líquidos e gasosos

Material sólido (continuação)

Material	Densidade ϱ kg/dm³	Temperatura de fusão a 1,013 bar ϑ °C	Temperatura de ebulição a 1,013 bar ϑ °C	Calor de fusão a 1,013 bar q kJ/kg	Condutividade térmica a 20°C λ W/(m · K)	Capacidade térmica específica (média) a 0...100°C c kJ/(kg · K)	Resistência específica a 20°C ϱ_{20} Ω · mm²/m	Coeficiente de expansão linear 0 ... 100°C α_l 1/°C ou 1/K
Silício (Si)	2,33	1423	2355	1658	83	0,75	2,3 · 10⁹	0,0000042
Carbureto de silício (SiC)	2,4	Desintegra-se em C e Si acima de 3.000°C			9[1]	1,05[1]	–	–
Aço carbono (sem liga)	7,85	≈ 1500	2500	205	48...58	0,49	0,14...0,18	0,0000119
Aço-liga	7,9	≈ 1500	–	–	14	0,51	0,7	0,0000161
Carvão mineral	1,35	–	–	–	0,24	1,02	–	–
Tântalo (ta)	16,6	2996	5400	172	54	0,14	0,124	0,0000065
Titânio (Ti)	4,5	1670	3280	88	15,5	0,47	0,08	0,0000082
Urânio (U)	19,1	1133	≈ 3800	356	28	0,12	–	–
Vanádio (V)	6,12	1890	≈ 3380	343	31,4	0,50	0,2	–
Tungstênio (W)	19,27	3390	5500	54	130	0,13	0,055	0,0000045
Zinco (Zn)	7,13	419,5	907	101	113	0,4	0,06	0,000029
Estanho (Sn)	7,29	231,9	2687	59	65,7	0,24	0,114	0,000023

Materiais líquidos

Material	Densidade a 20°C ϱ kg/dm³	Temperatura de ignição ϑ °C	Temp. de fusão ou congelamento a 1,013 bar ϑ °C	Temperatura de ebulição a 1,013 bar ϑ °C	Calor de vaporização[2] r kJ/kg	Condutividade térmica a 20°C a 20°C λ W/(m · K)	Capacidade térmica específica a 20°C c kJ/(kg · K)	Coeficiente de expansão de volume α_V 1/°C ou 1/K
Éter etílico $(C_2H_5)_2O$	0,71	170	– 116	35	377	0,13	2,28	0,0016
Gasolina	0,72...0,75	220	–30...–50	25...210	419	0,13	2,02	0,0011
Óleo Diesel	0,81...0,85	220	– 30	150...360	628	0,15	2,05	0,00096
Óleo combustível EL (pesado)	≈ 0,83	220	– 10	> 175	628	0,14	2,07	0,00096
Óleo de máquina	0,91	400	– 20	> 300	–	0,13	2,09	0,00093
Petróleo	0,76...0,86	550	– 70	> 150	314	0,13	2,16	0,001
Mercúrio (Hg)	13,5	–	– 39	357	285	10	0,14	0,00018
Álcool etílico 95%	0,81	520	– 114	78	854	0,17	2,43	0,0011
Água destilada	1,00[3]	–	0	100	2256	0,60	4,18	0,00018

[1] acima de 1000°C [2] na temperatura de ebulição e 0,013 bar [3] a 4°C

Materiais gasosos

Material	Densidade a 0°C e 1,013 bar ϱ kg/m³	Densidade específica[1] ϱ/ϱ_L	Temperatura de fusão a 1,013 bar ϑ °C	Temperatura de ebulição a 1,013 bar ϑ °C	Condutividade térmica a 20°C λ W/(m · K)	Condutividade térmica específica[2] λ/λ_L	Capacidade térmica específica a 20°C e 1,013 bar c_p[3] kJ/(kg · K)	c_v[4]
Acetileno (C_2H_2)	1,17	0,905	– 84	– 82	0,021	0,81	1,64	1,33
Gás amoníaco (NH_3)	0,77	0,596	– 78	– 33	0,024	0,92	2,06	1,56
Butano (C_4H_{10})	2,70	2,088	– 135	– 0,5	0,016	0,62	–	–
Freon (CF_2CL_2)	5,51	4,261	– 140	– 30	0,010	0,39	–	–
Monóxido de carbono (CO)	1,25	0,967	– 205	– 190	0,025	0,96	1,05	0,75
Dióxido de carbono (CO_2)	1,98	1,531	– 57[5]	– 78	0,016	0,62	0,82	0,63
Ar	1,293	1,0	– 220	– 191	0,026	1,00	1,005	0,716
Metano (CH_4)	0,72	0,557	– 183	– 162	0,033	1,27	2,19	1,68
Propano (C_3H_8)	2,00	1,547	– 190	– 43	0,018	0,69	–	–
Oxigênio (O_2)	1,43	1,106	– 219	– 183	0,026	1,00	0,91	0,65
Nitrogênio (N_2)	1,25	0,967	– 210	– 196	0,026	1,00	1,04	0,74
Hidrogênio (H_2)	0,09	0,07	– 259	– 253	0,180	6,92	14,24	10,10

[1] Densidade específica = densidade específica do gás/densidade do ar
[2] Condutividade térmica específica = condutividade térmica do gás/condutividade térmica do ar
[3] em pressão constante [4] em volume constante [5] a 5,3 bar

Sistema periódico dos elementos (tabela)

Número atômico (= número de prótons) — 11 **Na** — Símbolos químico

Sódio — **Nome do elemento**; nas condições: 273 K (0°C) e 1.013 bar

Massa atômica relativa — 22.989

sólido: em preto
líquido: em marrom
gasoso: em azul

Elementos radioativos em vermelho, ex.: 222
Elementos sintéticos entre parênteses, ex.: (261)

Pe-ríodo	Grupos principais I A	II A	III B	IV B	V B	VI B	VII B	VIII B	VIII B	VIII B	I B	II B	Grupos principais III A	IV A	V A	VI A	VII A	VIII A
1	1 **H** Hidro-gênio 1,008																	2 **He** Hélio 4,002
2	3 **Li** Lítio 6,941	4 **Be** Berílio 9,012											5 **B** Boro 10,811	6 **C** Carbono 12,011	7 **N** Nitrogê-nio 14,007	8 **O** Oxigênio 15,999	9 **F** Flúor 18,998	10 **Ne** Neônio 20,179
3	11 **Na** Sódio 22,989	12 **Mg** Magnésio 24,305											13 **Al** Alumínio 26,982	14 **Si** Silício 28,086	15 **P** Fósforo 30,974	16 **S** Enxofre 32,066	17 **Cl** Cloro 35,453	18 **Ar** Argônio 39,948
4	19 **K** Potássio 39,102	20 **Ca** Cálcio 40,078	21 **Sc** Escâdio 44,950	22 **Ti** Titânio 47,880	23 **V** Vanádio 50,942	24 **Cr** Cromo 51,996	25 **Mn** Manga-nês 54,938	26 **Fe** Ferro 55,847	27 **Co** Cobalto 58,933	28 **Ni** Níquel 58,690	29 **Cu** Cobre 63,546	30 **Zn** Zinco 65,390	31 **Ga** Gálio 69,732	32 **Ge** Germâ-nio 75,590	33 **As** Arsênio 74,922	34 **Se** Selênio 78,960	35 **Br** Bromo 79,904	36 **Kr** Criptônio 83,800
5	37 **Rb** Rubídio 85,468	38 **Sr** Estrôncio 87,620	39 **Y** Ítrio 88,906	40 **Zr** Zircônio 91,224	41 **Nb** Nióbio 92,906	42 **Mo** Molib-dênio 95,940	43 **Tc** Tecnécio (98)	44 **Ru** Rutênio 101,070	45 **Rh** Ródio 102,906	46 **Pd** Paládio 106,420	47 **Ag** Prata 107,868	48 **Cd** Cádmio 112,410	49 **In** Índio 114,820	50 **Sn** Estanho 118,710	51 **Sb** Antimô-nio 121,750	52 **Te** Telúrio 127,600	53 **I** Iodo 126,905	54 **Xe** Xenônio 131,290
6	55 **Cs** Césio 132,905	56 **Ba** Bário 137,340	71 **Lu** Lutécio 174,967	72 **Hf** Háfnio 178,490	73 **Ta** Tantálio 180,948	74 **W** Tungs-tênio 183,850	75 **Re** Rênio 186,207	76 **Os** Ósmio 190,200	77 **Ir** Irídio 192,200	78 **Pt** Platina 195,080	79 **Au** Ouro 196,967	80 **Hg** Mercú-rio 200,590	81 **Tl** Tálio 204,383	82 **Pb** Chumbo 207,200	83 **Bi** Bismuto 208,980	84 **Po** Polônio 210	85 **At** Astato 210	86 **Rn** Radônio 222
7	87 **Fr** Frâncio 223	88 **Ra** Rádio 226,025	103 **Lr** Lawrên-cio (260)	104 **Rf** Ruther-fórdio* (261)	105 **Db** Dúbnio* (262)	106 **Sg** Seabór-gio* (263)	107 **Bh** Bóhrio* (264)	108 **Hs** Hássio* (265)	109 **Mt** Meitné-rio* (266)									

* **Existem apenas sugestões de nomes para os elementos 104 a 109.**
* **Elemento 104:** também Kurtschatovio (**Ku**) ou Dúbnio (**Db**)
* **Elemento 105:** também Joliotio
* **Elemento 106:** também Unilhexio (**Unh**)
* **Elemento 107:** também Bohriu (**Bh**) ou Unilsptio (**Uns**)
* **Elemento 108:** também Hahnio (**Hn**) ou Uniloctio (**Uno**)
* **Elemento 109:** também Unilenneadio (**Une**)

Lantanídios 57 ... 71	57 **La** Lantânio 138,906	58 **Ce** Cério 140,120	59 **Pr** Praseo-dímio 140,908	60 **Nd** Neodí-mio 144,240	61 **Pm** Promé-cio 145	62 **Sm** Samário 150,360	63 **Eu** Európio 151,960	64 **Gd** Gadolí-nio 157,250	65 **Tb** Térbio 158,925	66 **Dy** Dispró-sio 162,500	67 **Ho** Hólmio 164,930	68 **Er** Érbio 167,260	69 **Tm** Túlio 168,934	70 **Yb** Itérbio 173,040
Actinídios 89 ... 103	89 **Ac** Actínio 227,028	90 **Th** Tório 232,038	91 **Pa** Protactí-nio 231,036	92 **U** Urânio 238,029	93 **Np** Netúnio 237	94 **Pu** Plutônio 244	95 **Am** Amerí-cio (243)	96 **Cm** Cúrio (247)	97 **Bk** Berqué-lio (247)	98 **Cf** Califór-nio (251)	99 **Es** Einstênio (252)	100 **Fm** Férmio (257)	101 **Md** Mende-lévio (258)	102 **No** Nobélio (260)

Não metais
Semimetais (Metaloides)
Metais leves
Metais pesados
Metais nobres
Halógenos/ halogênios
Gases nobres

Produtos químicos usados em tecnologia de metal, grupos moleculares, valor de pH

Produtos químicos importantes usados no tratamento de metais

Designação técnica	Designação química	Fórmula	Características	Aplicações
Acetona	Acetona propanona	$(CH_3)_2CO$	Líquido inodoro, combustível, bastante volátil	Solvente para tintas, acetileno e plástico
Acetileno	Acetileno, Etano	C_2H_2	Gás muito reativo, incolor e altamente explosivo	Combustível para solda, matéria-prima para plásticos
Produtos para limpeza a frio	Soluções orgânicas	C_nH_{2n+2}	Líquidos incolores, em parte, facilmente inflamáveis	Solvente de gorduras e óleos, produtos de limpeza
Sal de cozinha	Cloreto de sódio	$NaCl$	Sal cristalino, incolor, pouco solúvel em água	Condimento, resfriamento, obtenção de cloro
Dióxido de carbono	Dióxido de carbono	CO_2	Gás solúvel em água, não inflamável, solidifica-se a -78°C	Gás de proteção na solda MAG, meio refrigerante (em neve)
Corindo	Óxido de alumínio	Al_2O_3	Cristais incolores e muito duros, ponto de fusão 2050°C	Agente para lixar e polir, materiais cerâmicos oxidados
Vitríolo azul	Sulfato de cobre	$CuSO_4$	Cristais azuis, solúveis em água, moderadamente tóxicos	Banhos de galvanização, controle de pragas, marcação e traçado
Solução de amoníaco	Hidróxido de amônia	NH_4OH	Líquido incolor com odor penetrante, lixívia fraca	Produto de limpeza (solvente de gorduras), neutralização de ácidos
Ácido nítrico	Ácido nítrico	HNO_3	Ácido muito forte, dissolve metais, exceto os nobres	Causticação e decapagem de metais, fabricação de produtos químicos
Ácido clorídrico	Ácido clorídrico	HCl	Ácido forte incolor, com odor penetrante	Causticação e decapagem de metais, fabricação de produtos químicos
Ácido sulfúrico	Ácido sulfúrico	H_2SO_4	Ácido forte, líquido incolor, inodoro e oleoso	Decapagem de metais, banho de galvanização, acumuladores
Soda	Carbonato de sódio	Na_2CO_3	Cristais incolores, pouco solúvel em água, efeito básico	Banhos de limpeza e desengraxante, abrandamento de água
Álcool	Álcool etílico (desnaturado)	C_2H_5OH	Líquido incolor, facilmente inflamável, ponto de ebulição 78°C	Solvente, produto de limpeza, aquecimento, combustível
Tetracloreto de carbono	Tetracloreto de carbono	CCl_4	Líquido incolor, não inflamável, perigoso para a saúde	Solvente para óleos, gorduras e tintas
Soluções aquosas	Diversos surfactantes	--COO– --OSO_3– --SO_3–	Várias substâncias solúveis em água	Solventes, produtos de limpeza; agentes emulsionantes e espessantes

Grupos moleculares que ocorrem frequentemente

Grupo molecular		Descrição	Exemplo	
Designação	Fórmula		Designação	Fórmula
Carboneto	≡C	Compostos de carbono; muito duros	Carbureto de silício	SiC
Carbonato	$=CO_3$	Compostos de ácido carbônico; sob a ação de calor liberam CO_2	Carbonato de cálcio	$CaCO_3$
Cloreto	–Cl	Sais do ácido clorídrico, normalmente se dissolvem rapidamente em água	Cloreto de sódio	$NaCl$
Hidróxido	–OH	Os hidróxidos são produzidos a partir de óxidos de metais e água; comportam-se como básicos	Hidróxido de cálcio	$Ca(OH)_2$
Nitrato	$-NO_3$	Sais do ácido nítrico, normalmente se dissolvem rapidamente em água	Nitrato de potássio	KNO_3
Nitreto	≡N	Compostos de nitrogênio, alguns deles são muito duros	Nitreto de silício	SiN
Óxido	=O	Compostos de oxigênio; o grupo molecular de maior ocorrência na terra	Óxido de alumínio	Al_2O_3
Sulfato	$=SO_4$	Sais do ácido sulfúrico; normalmente se dissolvem rapidamente em água	Sulfato de cobre	$CuSO_4$
Sulfeto	=S	Compostos de enxofre; minérios importantes; quebra de aparas em aços de corte livre	Sulfeto de ferro (II)	FeS

valor de pH

Tipo de solução aquosa	← crescentemente ácido							neu-tro	crescentemente básico →						
Valor de pH	0	1	2	3	4	5	6	7	8	9	10	11	12	13	14
Concentração H^+ em g/*l*	10^0	10^{-1}	10^{-2}	10^{-3}	10^{-4}	10^{-5}	10^{-6}	10^{-7}	10^{-8}	10^{-9}	10^{-10}	10^{-11}	10^{-12}	10^{-13}	10^{-14}

Definição e classificação de aços

Cf. DIN EN 10020 (2000-07)

Aço — Liga com ferro como componente principal e teor de carbono inferior a 2%

Estrutura — Os componentes estruturais (ex., ferrita, perlita, carbonetos) e a própria estrutura (ex., tamanho do grão, alinhamentos) determinam as propriedades do aço, por exemplo, resistência, tenacidade, maleabilidade, usinabilidade, soldabilidade.

Influenciado por

Fabricação do aço

Composição	Grau de pureza	Desoxidação
– teor de carbono – elementos de liga	– Presença de não metais – Teor de fósforo e enxofre	Fundido e acalmado, semiacalmado ou totalmente acalmado

Processamento subseqüente

Por exemplo:

- **Transformação:** laminagem, estampagem, estiramento, flexão etc.
- **Tratamento térmico:** têmpera e revenido, têmpera superficial etc.
- **Recozimento:** esferoidização, recozimento total, recozimento isotérmico etc.
- **Junção:** solda, estanhagem etc.
- **Revestimento:** zincagem, galvanização etc.

Classificação

Aços carbono

Nenhum elemento de liga atinge o valor-limite, de acordo com a **Tabela 1**

Aços de liga/aços-liga

- no mínimo, um elemento de liga atinge o valor limite, de acordo com a **Tabela 1**
- Tipos de aço não conformes com a definição de aços inoxidáveis

Aços inoxidáveis[1)]

- teor de cromo de, no mínimo, 10,5%
- teor de carbono de, no máximo, 1,2%

Classificação por características principais em:

- aços resistentes à corrosão
- aços resistentes a altas temperaturas
- aços estáveis sob calor

Classificação

Aços de Qualidade | Aços nobres

Os aços nobres diferem dos aços de qualidade devido a:

- produção mais cuidadosa
- maior grau de pureza
- melhor desoxidação
- composição mais precisa
- melhor temperabilidade

Tabella 1: Valores-limite para aço carbono (sem liga)

Elemento	%	Elemento	%	Elemento	%
Al	0,30	Mn	1,65	Se	0,10
Bi	0,10	Mo	0,08	Si	0,60
Co	0,30	Nb	0,06	Ti	0,05
Cu	0,40	Ni	0,30	V	0,10
Cr	0,30	Pb	0,40	W	0,30

Principais classes de qualidade

Aços-carbono de qualidade

Grupo de aço (extrato)	Exemplo
Aços estruturais	S235JR
Aços para refino	C45
Aços de corte livre	10S20
Aços de grão fino soldáveis	S275N
Aços para vasos de alta pressão	P235GH

Aços-liga de qualidade

Grupo de aço (extrato)	Exemplo
Aços para trilhos	R0900Mn
Chapas e tiras de aço eletrolítico	M390-50E
Aços microliga, com altas resistências	H180P
Aços liga de fósforo,com altas resistências à ruptura	H400M

Aços carbono nobres

Grupo de aço (extrato)	Exemplo
Aços-carbono para têmpera e revenido	C45E
Aços-carbono cementados	C15E
Aços-carbono para ferramentas	C45U
Aços-carbono para endurecimento por chama e indução	Cf53

Aços-liga nobres

Grupo de aço (extrato)	Exemplo
Aços-liga para têmpera e revenido	42CrMo4
Aços-liga cementados	16MnCr5
Aços nitretados	34CrAlNi7
Aços-liga para ferramentas	X40Cr14
Aços rápidos	HS6-5-2-5

1) Os aços inoxidáveis têm o seu próprio grupo. Eles são aços-liga, assim não são classificados como aços de qualidade ou nobres.

Designação de aços utilizando números

Números do material

Cf. DIN EN 10027 (1992-09), substitui DIN 17007[1]

Para identificar e diferenciar os aços são usados nomes resumidos (p. 122) ou números.

Designação de aço (exemplos)

Designação (nome resumido)		**Número do material** (com símbolo adicional +N)
42CrMo4+N	**ou**	**1.7225+N**

Os números do material consistem de uma combinação com 6 caracteres (cinco caracteres numéricos e um ponto). Eles são mais adequados no processamento de dados do que os nomes resumidos.

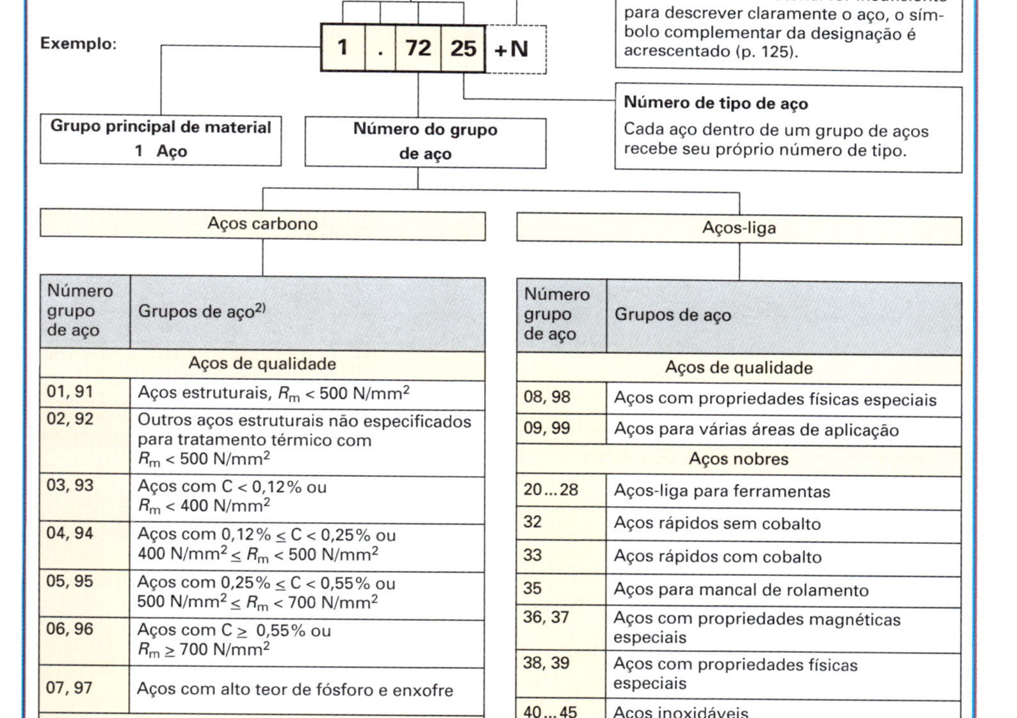
Número do material
Exemplo:
1 . 72 25 +N
Símbolo complementar
Se o número do material for insuficiente para descrever claramente o aço, o símbolo complementar da designação é acrescentado (p. 125).
Número de tipo de aço
Cada aço dentro de um grupo de aços recebe seu próprio número de tipo.
Grupo principal de material
1 Aço
Número do grupo de aço
Aços carbono
Aços-liga

Aços carbono

Número grupo de aço	Grupos de aço[2]
Aços de qualidade	
01, 91	Aços estruturais, R_m < 500 N/mm²
02, 92	Outros aços estruturais não especificados para tratamento térmico com R_m < 500 N/mm²
03, 93	Aços com C < 0,12% ou R_m < 400 N/mm²
04, 94	Aços com 0,12% ≤ C < 0,25% ou 400 N/mm² ≤ R_m < 500 N/mm²
05, 95	Aços com 0,25% ≤ C < 0,55% ou 500 N/mm² ≤ R_m < 700 N/mm²
06, 96	Aços com C ≥ 0,55% ou R_m ≥ 700 N/mm²
07, 97	Aços com alto teor de fósforo e enxofre
Aços nobres	
10	Aços com propriedades físicas especiais
11	Aços estruturais, para máquinas e vasos, com C < 0,5%
12	Aços para máquinas com C ≥ 0,5%
13	Aços estruturais, para máquinas e vasos, com requisitos especiais
15...18	Aços carbono para ferramentas

Aços-liga

Número grupo de aço	Grupos de aço
Aços de qualidade	
08, 98	Aços com propriedades físicas especiais
09, 99	Aços para várias áreas de aplicação
Aços nobres	
20...28	Aços-liga para ferramentas
32	Aços rápidos sem cobalto
33	Aços rápidos com cobalto
35	Aços para mancal de rolamento
36, 37	Aços com propriedades magnéticas especiais
38, 39	Aços com propriedades físicas especiais
40...45	Aços inoxidáveis
46	Ligas de níquel, resistentes a produtos químicos e estáveis sob calor
47, 48	Aços resistentes a calor
49	Materiais estáveis sob calor
50...84	Aços estruturais, para máquinas e vasos, com várias combinações de liga
85	Aços nitretados
87...89	Aços soldáveis de alta resistência

[1] Os números dos materiais permaneceram inalterados com a conversão de DIN 17007 para DIN EN 10027-2.

[2] C carbono, R_m Resistência à tração.
Os valores para resistência à tração R_m e teor de carbono C são valores médios.

Sistema de designação para aços

Cf. DIN EN 10027-1 (1992-90 e DIN V 17006-100 (1993-11)

As designações para aços e aço fundido consistem de símbolos principais (DIN-EN 10027-1) e símbolos complementares (DIN V 17006-100), que são justapostos, sem espaços entre eles.

Grupos principais

- Aços carbono → Designação no símbolo principal por → Aplicação (Ver p. 122-124)
- Aços-liga / Aços inoxidáveis → Designação no símbolo principal por → Composição química (Ver p. 125)

Designação por aplicação; exemplos e sistemática

Aplicação	Símbolos principais		Símbolos Complementares Grupo 1	Símbolos Complementares Grupo 2	Símbolos Complementares para produtos de aço
Aços para construção	S	235	J2G3		
Aços para construção de máquinas	E	360	G	C	
Aços para construção de vasos de pressão	P	265	N	H	
Produtos laminados chatos de aços de alta resistência	H	420	M		
Produtos laminados chatos para transformação a frio	DX	52	D	–	+Z
Aços para embalagens, chapas e tiras	T	660	–	–	+SE
Aços para tubulação	L	360	N		
Aços para concreto	B	500	H	–	
Aços tensionados	Y	1770	C		
Aços elétricos, chapas e tiras	M	400	–50A		
Aços para trilhos	R	0880	Mn		

Símbolos Principais		Símbolos complementares Grupo 1	Símbolos complementares Grupo 2	Símbolos adicionais para produtos de aço
Letra de código para grupo de aço	Caracteres alfanuméricos, p. ex., para designar propriedades mecânicas	Caracteres alfanuméricos, para designar, por exemplo: – energia de impacto para entalhar – tratamento térmico – aplicação – desoxidação	Caracteres alfanuméricos, permitidos apenas em combinação com o Grupo 1, p. ex., para designar a maneabilidade.	Caracteres alfanuméricos delimitados em relação ao símbolo anterior com sinal de mais (+)

Aços estruturais

S — Mínima resistência à ruptura R_e em N/mm² — para a menor espessura do produto

Grupo 1:

Energia de impacto para entalhar em joules 27 J	40 J	60 J	Temperatura de teste em °C
JR	KR	LR	+ 20
J0	K0	L0	0
J2	K2	L2	– 20
J3	K3	L3	– 30
J4	K4	L4	– 40
J5	K5	L5	– 50
J6	K6	L6	– 60

A: para têmpera por precipitação

G1-G4: para explicação, ver Aços para construção de máquinas, página 123

Grupo 2:

- C com maneabilidade a frio especial
- D para revestimentos com material em fusão
- E para esmaltação
- F para forja
- L para baixas temperaturas
- M tratamento termomecânico
- N recozimento normal ou normalizado após tratamento
- O para alto mar (aplicações no mar)
- Q refinado
- S para construção naval
- T para tubulação
- W resistente ao clima

Símbolos adicionais: Tabelas A, B e C, página 124.
Ex.: + C, +F, +H, +Z, +ZE

⇒ **S235J2G3:** Aço para construção (S), R_e = 235 N/mm² (235), energia de impacto 27 J a – 20°C (J2), fundido, totalmente acalmado (G3, página 123)

Sistema de designação para aços

Cf. DIN EN 10027-1 (1992-90 e DIN V 17006-100 (1993-11)

Designação por aplicação (continuação)

Símbolos Principais – Letra	Símbolos Principais – Propriedades	Símbolos complementares – Grupo 1	Símbolos complementares – Grupo 2	Símbolos adicionais para produtos de aço
Aços para construção de máquinas				
E	Mínima resistência à ruptura R_e em N/mm² — para a menor espessura do produto	G1 fundido, não acalmado G2 fundido, acalmado G3 fundido, totalmente acalmado G4 fundido, totalmente acalmado e no estado prescrito	C maneabilidade especial a frio	Tabela B, página 124 Ex.: +A +QT
⇒	**E360C:** Aço para construção de máquinas (E), R_e = 360 N/mm² (360), com especial maneabilidade a frio (C)			
Aços para construção de vasos de pressão				
P	Mínima resistência à ruptura R_e em N/mm² — para a menor espessura do produto	M tratamento termomecânico N normal ou normalizado Q refinado B cilindros de gás S Vasos de pressão simples	H aplicação em temperaturas altas L aplicação em temperaturas baixas R aplicação na temperatura ambiente X aplicação em temperaturas altas e baixas	Tabelas A, B e C, página 124 Ex.: +T
⇒	**P265NH:** Aço para vaso de pressão (P), R_e = 265 N/mm² (265), recozimento normal ou normalizado após tratamento (N), adequado para altas temperaturas (H)			
Produtos chatos laminados a frio de aços de alta resistência				
H	Mínima resistência à ruptura R_e em N/mm²	M laminado termomecanicamente e laminado a frio B temperado P em liga com fósforo X fase dupla Y aço livre de interstícios (interstitial free steel (IF-Steel)	D revestimento com material em fusão	Da tabela C, página 124 Ex.: + ZE
HT	Mínima resistência à tração R_m em N/mm²			
⇒	**H420M:** Produto chato, laminado a frio de aço de alta resistência (H), R_e = 420 N/mm² (420), laminado termomecanicamente e a frio (M)			
⇒	**HT560M+ZE:** Produto chato, laminado a frio, de aço de alta resistência (HT), R_m = 560 N/mm² (560), laminado termomecanicamente e a frio (M), galvanizado (+ZE)			
Produtos chatos para processamento a frio				
D	Código de duas letras	D revestimento com material em fusão EK para esmaltação convencional ED para esmaltação direta T para tubulações Símbolos químicos para elementos especificados, ex.: Cu	Símbolos não previstos	Tabelas B e C, página 124 Ex.: +ZE +Z
DC	Laminado a frio, código de duas letras			
DD	Laminado a quente, código de duas letras			
DX	Condição de laminação não especificada, código de duas letras			
⇒	**DX52D+Z:** Produto chato para processamento a frio (D), sem especificação de laminação (X), código 52, para revestimentos com material em fusão (D), galvanização a fogo (+Z)			
⇒	**DC02+ZE:** Produto chato para processamento a frio (D), laminado a frio (C), código 02, galvanização eletrolítica (+ZE)			
Aços para reforço de concreto				
B	Mínima resistência à ruptura R_e em N/mm², para a menor espessura do produto	N alongamento uniforme normal H alongamento uniforme alto	Símbolos não previstos	Tabela C, página 124
⇒	**B500H:** Aço para reforço de concreto (E), R_e = 500 N/mm² (500), alongamento uniforme alto (H)			

Sistema de designação para aços

Cf. DIN EN 10027-1 (1992-90 e DIN V 17006-100 (1993-11)

Designação por aplicação (continuação)

Símbolos Principais		Símbolos complementares		Símbolos adicionais para produtos de aço
Letra	Propriedades	Grupo 1	Grupo 2	
Aços para embalagens, chapas e tiras				
T	Limite nominal de elasticidade $R_{p0,2}$ em N/mm², para produtos duplamente reduzidos	Símbolos não previstos	Símbolos não previstos	Tabelas B e C, ver abaixo Ex.: +SE +CE
TH	Dureza média prescrita para produtos reduzidos.			
⇒	**T660+SE:** Chapa estanhada (folha de flandres), duplamente reduzida (T), Rp0,2 = 660 N/mm², estanhagem eletrolítica(+SE)			
⇒	**TH52+CE:** Chapa finíssima (TH), grau de dureza 52, reduzida, revestida com cromo especial (cromada) (+CE)			
Aço para tubulações				
L	Limite mínimo de elasticidade R_e em N/mm², para a menor espessura do produto	M tratamento termomecânico N recozido normal ou normalizado na transformação Q refinado	Classes de requisitos, se necessários, com um caracter	Tabelas A, B e C Nesta página
⇒	**L360N:** Aço para tubulações (L), R_e = 360 N/mm² (360), recozimento normal (N)			

Símbolos complementares para produtos de aço

Cf. DIN V 17006-100 (1993-11)

A norma DIN V 17006-100 fornece os símbolos complementares nas tabelas A, B, C.

As normas para os diferentes produtos de aço, p. ex., chapas ou tubos, podem conter símbolos complementares adicionais.

Tabela A: Para requisitos especiais

+C	Aço de grão grosso	+F	Aço de grão fino	+H	Com temperabilidade especial
+Z15	Mínima contração de ruptura perpendicular à superfície 15%	+Z25	Mínima contração de ruptura perpendicular à superfície 25%	+Z35	Mínima contração de ruptura perpendicular à superfície 35%

Tabela B: Para condição de tratamento[1)]

- +A Recozimento brando
- +AC Recozido para criar carburetos esféricos
- +AT Recozido em solução
- +C Estabilizado a frio
- +Cnnn Estabilizado a frio para uma resistência à tração mínima de nnn N/mm²
- +CR Laminado a frio
- +HC processamento frio-quente
- +LC estiramento leve a frio (passada superficial)
- +M Laminado termomecanicamente
- +N Recozido normal
- +NT Recozido normal e temperado
- +Q Temperado
- +QA Temperado a ar
- +QO Temperado a óleo
- +QT Temperado e revenido
- +QW Temperado na água
- +S Tratado para cisalhamento a frio
- +ST Recozido em solução
- +T Calcinado
- +U Nãotratado

1) Para evitar confusão com outros símbolos das tabelas A e C, os símbolos complementares para a condição de tratamento podem ser precedidos pela letra T, p. ex., +TA.

Tabela C: Para o tipo de revestimento[2)]

- +A Revestido com alumínio a fogo
- +AR Revestido com alumínio laminado achatado
- +AS Revestido com liga Al-Si
- +AZ Revestido com liga Al-Zn
- +CE Eletrodeposição com cromo especial
- +CU Revestimento de cobre
- +IC Revestimento inorgânico
- +OC Revestimento orgânico (revestimento de película)
- +S Estanhado a fogo
- +SE Estanhado eletrolíticamente
- +T Revestido em banho quente com liga Pb-Sn (folha de flandres)
- +TE eletrodeposição com liga de Pb-Sn
- +Z Zincagem a fogo
- +ZA Revestido com liga Zn-Al
- +ZE Eletrodeposição de zinco
- +ZF Eletrodeposição de Zn – recozido por difusão
- +ZN Revestimento Zn-Ni

2) Para evitar confusão com outros símbolos das tabelas A e B, os símbolos complementares para o tipo de revestimento podem ser precedidos pela letra S, p. ex., +SA.

Sistema de designação para aços

Cf. DIN EN 10027-1 (1992-90 e DIN V 17006-100 (1993-11)

Designação por composição química: exemplos e classificação

Composição química	Símbolos principais		Símbolos adicionais	Símbolos adicionais para produtos de aço
Aços-carbono com teor de Mn < 1%, exceto aços de corte livre	C	35	E4	+QT
Aços-carbono com teor de Mn > 1%	–	28Mn6	–	
Aços-carbono de corte livre para torno automático	–	11SMn30	–	
Aços-liga com teores de elementos de liga individuais inferiores a 5%	–	31CrMoV5-9	–	
Aços-liga (exceto aços rápidos), cujo teor médio de no mínimo, um elemento de liga é superior a 5%	X	5CrNi18-10	–	+AT
Aços de transformação rápida	HS	2-9-1-8	–	

Símbolos principais		Símbolos adicionais		Símbolos adicionais para produtos de aço
Código de letra para grupo de aço	Caracteres alfanuméricos para designar – Teor de carbono – Elementos de liga	Caracteres alfanuméricos, p. ex., para designar a aplicação		Caracteres alfanuméricos separados dos números precedentes por um sinal de mais (+)
Aços carbono com teor de Mn < 1%, exceto aços de corte livre				
C	Código para teor de carbono, código = 100 x teor C médio	E teor de S max. especificado[1] R faixa especificada do teor de S[1] D para estiramento de arame G1...G4 Explicações veja em aços para construção de máquinas, p. 123 [1] Número atrás de E e R = teor de enxofre x 100	C Maneabilidade, deformabilidade a frio especial S para molas U para ferramentas W para arame de solda	Tab. B, página 124 Ex.: +QT +A
⇒	**C35E4+QT**: Aço carbono, teor de C 0,35% (C35), teor máximo de S = 0,04% (E4), revenido (+QT)			
Aços carbono com teor de Mn > 1%, aços carbono de corte livre, aços-liga (exceto aços rápidos), com teor de elementos de liga inferior a 5%				
–	Código para teor de carbono, código = 100 x teor C médio	Símbolos para elementos de liga, códigos para o teor médio dos elementos, código = teor médio x fator	Símbolos não previstos	Tab. A e B, página 124, Ex.: +U +A +N +QT
⇒	**28Mn6+QT**: Aço-carbono, teor de C 0,28% (28), teor de Mn 1,5% (6), revenido (+QT)			
Aços-liga (exceto aços rápidos). **O teor médio de, no mínimo, um elemento de liga é superior a 5%.**				
X	Código para teor de carbono, código = 100 x teor C médio	Símbolos para elementos de liga, códigos para o teor médio dos elementos separados por hífens	Símbolos não previstos	Tab. A e B, página 124, Ex.: +A +AT
⇒	**X5CrNi18-10+A**: Aço-liga, teor de C 0,05%, teor de Cr 18%, teor de Ni 10%, recozimento brando (A)			
Aços rápidos				
HS	–	Números separados por hífen indicam o teor em porcentagem na seguinte sequência: tungstênio – molibdênio – vanádio – cobalto	Símbolos não previstos	Tab. A, página 124 Ex.: +QA
⇒	**HS2-9-1-8**: Aço rápido, teor de W 2%, teor de Mo 9%, teor de V 1%, teor de Co 8%			

Elemento	Fator
Cr, Co, Mn, Ni, Si, W	4
Al, Be, Cu, Mo, Nb, Pb, Ta, Ti, V, Zr	10
C, Ce, N, P, S	100
B	1000

Aços – Apresentação

Subgrupos, condições de entrega	Norma	Características principais	Áreas de aplicação	Formas do produto[1]			
				B	S	P	D
Aços-carbono estruturais, laminados a quente							página 130
Aços para construção civil e de máquinas	DIN EN 10025	• boa usinabilidade • soldável, exceto S 185 • processável a frio e a quente	Construções em aço soldadas, peças simples de máquinas	•	•	•	•
Aços para construção de máquinas	DIN EN 10025	• pode ser usinado • não é soldável • processável a quente e a frio	Peças de máquina sem tratamento térmico, p. ex., endurecimento, cementação e têmpera	•	•	–	•
Aços de grão fino adequados para solda							página 131
Recozido normal	DIN EN 10113-1	• soldável • processável a quente	Construções soldadas com alta robustez, não frágeis e resistentes ao tempo para construção civil e de máquinas	•	•	•	•
Laminado termomecanicamente	DIN EN 10113-2	• soldável • não processável a quente		•	•	–	•
Aços estruturais refinados com alta resistência à ruptura							página 131
Aços-liga	DIN EN 10113-1	• soldável • não processável	Construções soldadas altamente resistentes para construção civil e de máquinas	•	–	–	–
Aços refinados							página 133
Aços carbono de qualidade	DIN EN 10083-2	• boa usinabilidade com recozimento brando • processável a quente • pode ser refinado (resultados incertos com aços carbono de qualidade)	Peças de alta resistência que não são refinadas	•	•	–	•
Aços carbono nobres	DIN EN 10083-1		Peças de alta resistência e boa tenacidade	•	•	–	•
Aços-liga			Peças submetidas a alto esforço, com boa tenacidade	•	•	–	•
Aços cementados							página 132
Aços carbono	DIN EN 10083-2	• boa usinabilidade sem têmpera • processável a quente • a superfície pode ser endurecida depois de carburização da superfície	Peças pequenas com superfície resistente a desgaste	•	•	–	•
Aços-liga			Peças submetidas a esforço dinâmico com superfície resistente a desgaste	•	•	–	•
Aços para endurecimento por chama e indução							página 134
Aços carbono	DIN 17212	• boa usinabilidade com recozimento brando • processável a quente • diretamente endurecível; possibilidade de endurecer partes de peças, p. ex. faces de dentes • beneficiamento de peças antes da têmpera	Peças com baixa resistência do núcleo e endurecimento de partes	•	•	–	•
Aços-liga			Peças maiores com alta resistência do núcleo e endurecimento de partes	•	•	–	•
Aços nitretados							página 134
Aços-liga	DIN EN 10085	• boa usinabilidade com recozimento brando • processável a quente • endurecível por geradores de nitritos, rapidez na têmpera • beneficiamento de peças antes da nitrificação	Peças com maior resistência à fadiga, peças submetidas a desgaste, peças submetidas a temperaturas de até 500°C	•	•	–	•
Aços para molas							página 138
Aços-carbono e aços-liga	DIN EN 10270, DIN EN 10089	• processável a frio ou a quente • alta elástica • alta resistência à fadiga	Molas em lâminas, molas helicoidais, molas de disco, barras de torção	–	–	–	•

[1] Formas do produto: B chapas, tiras; D arames; S barras, p. ex., barras chatas, retangulares e redondas; P perfis, p. ex., em U, L e T

Aços - Apresentação

Subgrupos, condições de entrega	Norma	Características principais	Áreas de aplicação	Formas do produto[1] B	S	P	D
Aços de corte livre			página 134				
Aços sem tratamento térmico	DIN EN 10087	• ótima usinabilidade com remoção de cavacos • não soldável • pode não responder uniformemente ao tratamento térmico com cementação ou refino	Peças torneadas produzidas em massa com requisitos baixos de resistência	–	•	–	•
Aços cementados de corte livre	DIN EN 10087		Como aços-carbono cementados; melhor usinabilidade com remoção de cavacos	–	•	–	•
Aços refinados de corte livre	DIN EN 10087		Como aços-carbono refinados; boa usinabilidade com remoção de cavacos, menor estabilidade	–	•	–	•
Aços para ferramentas			págna 135				
Aços-carbono para transformação a frio	DIN EN ISO 4957	• com recozimento doce, boa usinabilidade com remoção de cavacos • transformável a quente e a frio sem remoção de cavacos • endurecimento total até o diâmetro máximo de 10 mm	Ferramentas submetidas a baixa solicitação para transformação com ou sem remoção de cavacosem temperaturas de serviço de até 200°C.	•	•	•	•
Aços-liga para transformação a frio	DIN EN ISO 4957	• com recozimento doce, boa usinabilidade com remoção de cavacos • transformável a quente • maior profundidade de endurecimento, maior resistência, resistência maior ao desgaste que de aços-carbono com processamento a frio	Ferramentas submetidas a alto esforço para formação por corte e sem corte em temperaturas de serviço acima de 200°C.	•	•	–	•
Aços para processamento a quente	DIN EN ISO 4957	• boa usinabilidade na condição esferoidizada • pode ser processado a quente • endurece em toda seção transversal	Ferramentas para formação sem corte em temperaturas de serviço acima de 200°C.	•	•	–	•
Aços rápidos	DIN EN ISO 4957	• boa usinabilidade na condição esferoidizada • transformável a quente • endurece em toda seção transversal	Materiais de corte para ferramentas de corte, temperaturas de serviço de até 600°C, ferramentas para transformação submetidas a solicitações maiores	•	•	–	•
Aços inoxidáveis			páginas 136, 137				
Aços ferríticos	DIN 10022-2, DIN EN 10088-3	• usinável com remoção de cavacos • boa transformação a frio • soldável • o tratamento térmico não aumenta a resistência	Peças que não oxidam, submetidas a baixas solicitações; peças com alta resistência à corrosão por cloro	•	•	•	•
Aços austeníticos	DIN 10022-2, DIN EN 10088-3	• usinável com remoção de cavacos • muito boa transformação a frio • soldável • o tratamento térmico não aumenta a resistência	Peças que não oxidam com alta resistência à corrosão, faixa mais ampla de aplicação de todos os aços inoxidáveis	•	•	•	•
Aços martensíticos	DIN 10022-2, DIN EN 10088-3	• usinável com remoção de cavacos • transformável a frio na condição recozido doce • soldável com baixo teor de carbono • refinável	Peças que não oxidam submetidas a altas solicitações, que também podem ser refinadas	•	•	•	•

[1] Formas do produto: B chapas, tiras; D arames; S barras, p. ex., barras chatas, retangulares e redondas; P perfis, p. ex., em U, L e T

Seleção de aços estruturais por aplicação

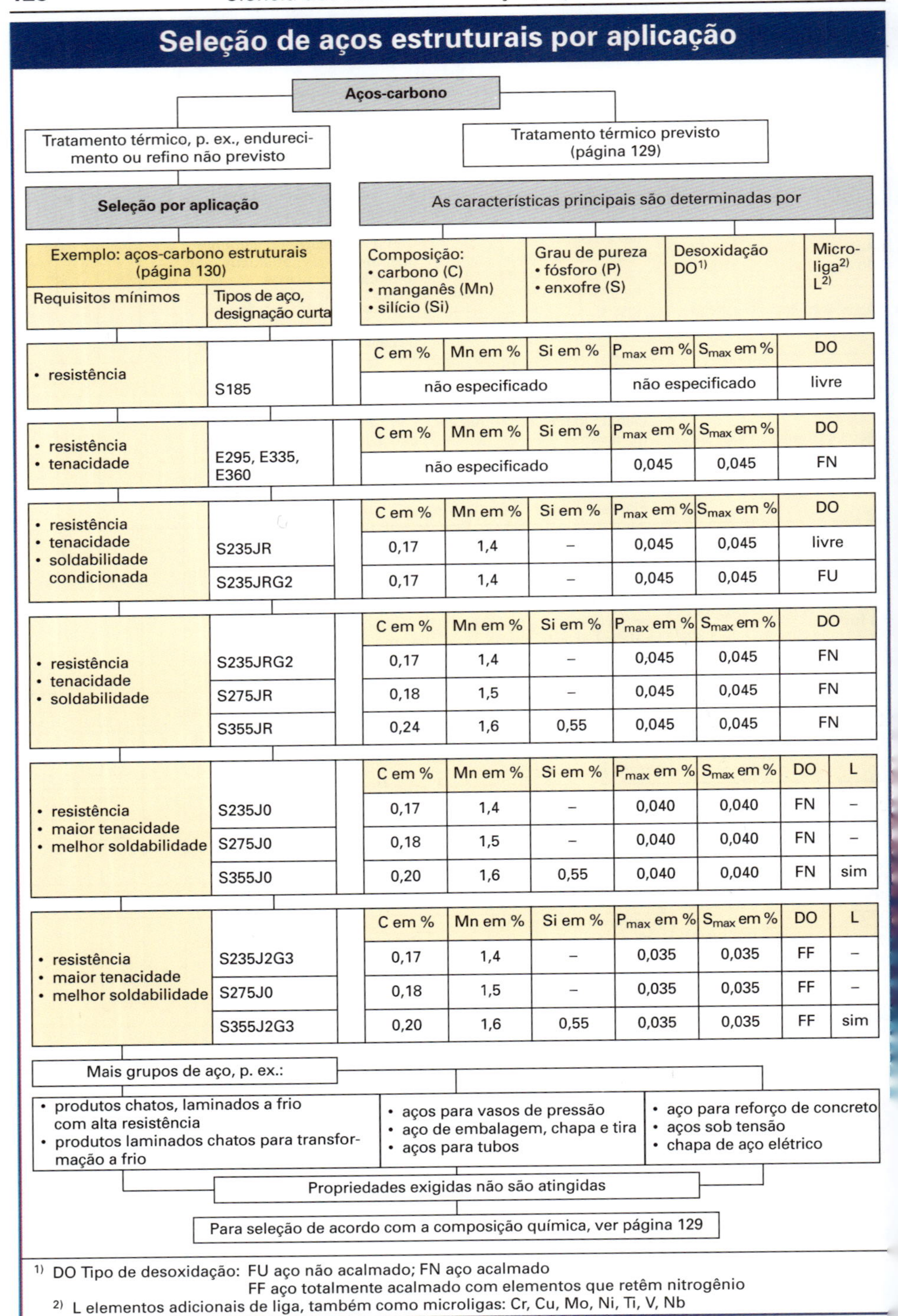

Requisitos mínimos	Tipos de aço, designação curta	C em %	Mn em %	Si em %	P_{max} em %	S_{max} em %	DO	L
• resistência	S185	não especificado			não especificado		livre	
• resistência • tenacidade	E295, E335, E360	não especificado			0,045	0,045	FN	
• resistência • tenacidade • soldabilidade condicionada	S235JR	0,17	1,4	–	0,045	0,045	livre	
	S235JRG2	0,17	1,4	–	0,045	0,045	FU	
• resistência • tenacidade • soldabilidade	S235JRG2	0,17	1,4	–	0,045	0,045	FN	
	S275JR	0,18	1,5	–	0,045	0,045	FN	
	S355JR	0,24	1,6	0,55	0,045	0,045	FN	
• resistência • maior tenacidade • melhor soldabilidade	S235J0	0,17	1,4	–	0,040	0,040	FN	–
	S275J0	0,18	1,5	–	0,040	0,040	FN	–
	S355J0	0,20	1,6	0,55	0,040	0,040	FN	sim
• resistência • maior tenacidade • melhor soldabilidade	S235J2G3	0,17	1,4	–	0,035	0,035	FF	–
	S275J0	0,18	1,5	–	0,035	0,035	FF	–
	S355J2G3	0,20	1,6	0,55	0,035	0,035	FF	sim

[1] DO Tipo de desoxidação: FU aço não acalmado; FN aço acalmado
FF aço totalmente acalmado com elementos que retêm nitrogênio

[2] L elementos adicionais de liga, também como microligas: Cr, Cu, Mo, Ni, Ti, V, Nb

Seleção de aços estruturais por composição química

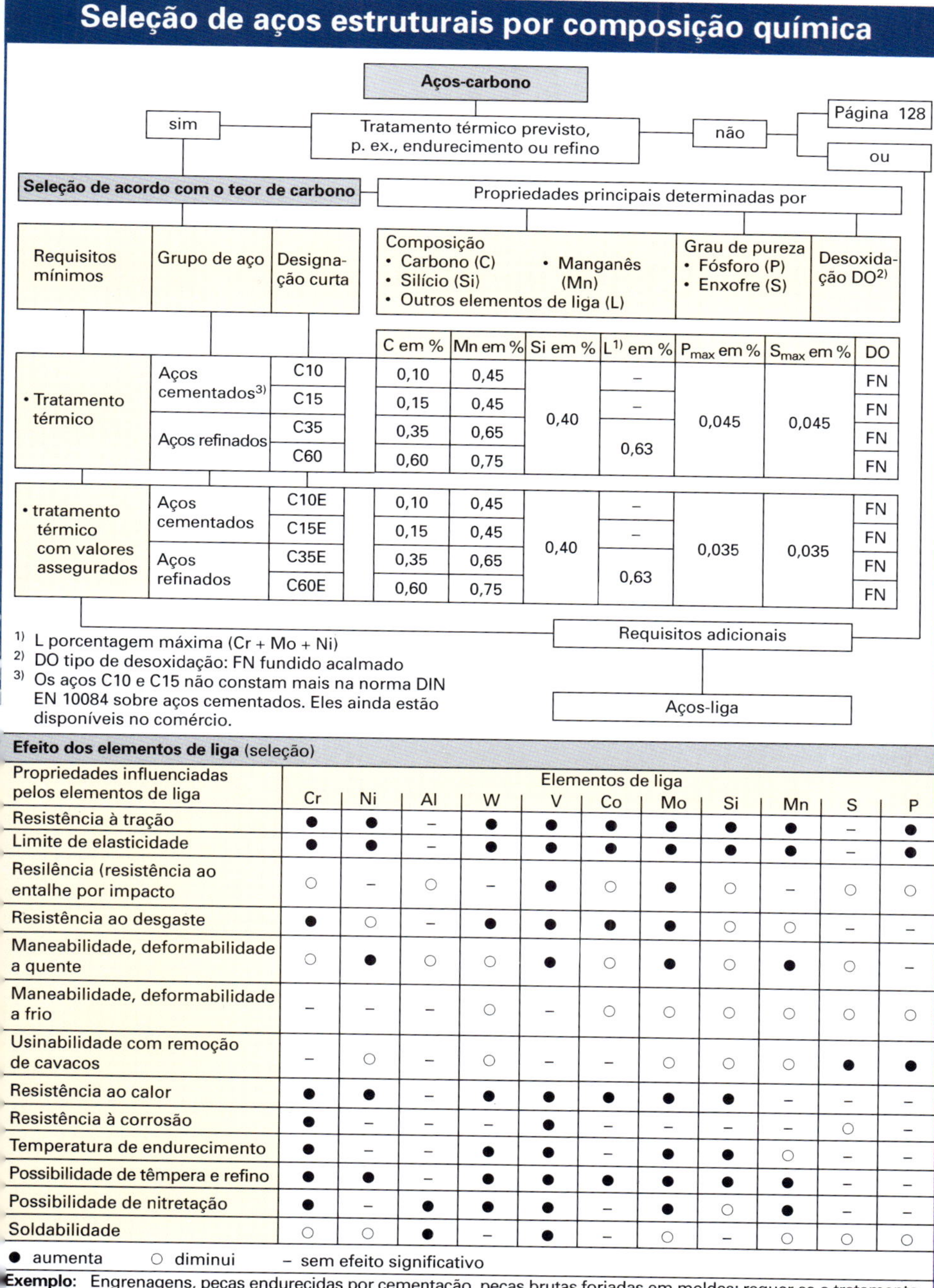

Requisitos mínimos	Grupo de aço	Designação curta	C em %	Mn em %	Si em %	L[1] em %	P_{max} em %	S_{max} em %	DO
• Tratamento térmico	Aços cementados[3]	C10	0,10	0,45	0,40	–	0,045	0,045	FN
		C15	0,15	0,45		–			FN
	Aços refinados	C35	0,35	0,65		0,63			FN
		C60	0,60	0,75					FN
• tratamento térmico com valores assegurados	Aços cementados	C10E	0,10	0,45	0,40	–	0,035	0,035	FN
		C15E	0,15	0,45		–			FN
	Aços refinados	C35E	0,35	0,65		0,63			FN
		C60E	0,60	0,75					FN

1) L porcentagem máxima (Cr + Mo + Ni)
2) DO tipo de desoxidação: FN fundido acalmado
3) Os aços C10 e C15 não constam mais na norma DIN EN 10084 sobre aços cementados. Eles ainda estão disponíveis no comércio.

Efeito dos elementos de liga (seleção)

Propriedades influenciadas pelos elementos de liga	Cr	Ni	Al	W	V	Co	Mo	Si	Mn	S	P
Resistência à tração	●	●	–	●	●	●	●	●	●	–	●
Limite de elasticidade	●	●	–	●	●	●	●	●	●	–	●
Resilência (resistência ao entalhe por impacto	○	–	○	–	●	○	●	○	–	○	○
Resistência ao desgaste	●	○	–	●	●	●	●	○	○	–	–
Maneabilidade, deformabilidade a quente	○	●	○	○	●	○	●	○	●	○	–
Maneabilidade, deformabilidade a frio	–	–	–	○	–	○	○	○	○	○	○
Usinabilidade com remoção de cavacos	–	○	–	○	–	–	○	○	○	●	●
Resistência ao calor	●	●	–	●	●	●	●	●	–	–	–
Resistência à corrosão	●	–	–	–	●	–	–	–	–	○	–
Temperatura de endurecimento	●	–	–	●	●	–	●	●	○	–	–
Possibilidade de têmpera e refino	●	●	–	●	●	●	●	●	●	–	–
Possibilidade de nitretação	●	–	●	●	●	–	●	○	●	–	–
Soldabilidade	○	○	●	–	●	–	○	–	○	○	○

● aumenta ○ diminui – sem efeito significativo

Exemplo: Engrenagens, peças endurecidas por cementação, peças brutas forjadas em moldes; requer-se o tratamento térmico seguro.

Procura-se: Aços adequados

Solução: Tratamento térmico (endurecimento por cementação) previsto → aço cementado, C $\leq$ 0,2%
As propriedades de aços-carbono de qualidade ou nobres são insuficientes → aços de liga
Aumento da maneabilidade a quente: Mn, V; aumento da temperabilidade: Cr, Ni
Seleção de aço: 16MnCr5, 10MnCr5, 15NiCr13 (página 132)

Aços carbono estruturais

Aços carbono estruturais, laminados a quente

Cf. DIN EN 10025 (1994-03)03)

Tipo de aço Designação	Número do material	DO[1]	Energia de impacto de entalhe a °C	 KV J	Resistência à tração R_m[2] N/mm²	Limite de elasticidade R_e em N/mm² para espessura de produto em mm ≤ 16	 > 16 ≤ 40	 > 40 ≤ 63	 > 63 ≤ 80	Alongamento na ruptura A[3] %	Propriedades, aplicações
Aços estruturais para construção civil e de máquinas											
S185	1.0035	–	–	–	290...510	185	175	–	–	18	Não soldável, construções simples com aço
S235JR S235JRG1	1.0037 1.0036	– FU	20 20	27 27	340...470	235	225	–	–	26	Construções soldadas em aço (construção civil e de máquinas); alavancas, pinos , árvores, eixos sujeitos a baixas solicitações
S235JRG2 S235J0	1.0038 1.0114	FN FN	20 0	27 27	340...470	235	225	215	215	26	
S235J2G3 S235J2G4	1.0116 1.0117	FF FF	−20 −20	27 27	340...470	235	225	215	215	26	
S275JR S275J0	1.0044 1.0143	FN FN	20 0	27 27	410...560	275	265	255	245	22	
S275J2G3 S275J2G4	1.0144 1.0145	FF FF	−20 −20	27 27	410...560	275	265	255	245	22	
S355JR S355J0 S355J2G3	1.0045 1.0553 1.0570	FN FN FF	20 0 −20	27 27 27	490...630	355	345	335	325	22	Construções soldadas em aço (construção civil, pontes, guindastes) submetidas a altas solicitações
S355J2G4 S355K2G3 S355K2G4	1.0577 1.0595 1.0596	FF FF FF	−20 −20 −20	27 40 40	490...630	355	345	335	325	22	
Aços para construção de máquina											
E295	1.0050	FN	–	–	470...610	295	285	275	265	20	Árvores, eixos, pinos
E335	1.0060	FN	–	–	570...710	335	325	315	305	16	Peças de desgaste; roda dentada, pinhão, parafusc sem-fim, árvore roscada
E360	1.0070	FN	–	–	670...830	360	355	345	335	11	

[1] DO Tipo de desoxidação – a critério do fabricante; FN aço fundido acalmado; FU aço fundido não acalmado; FF aço fundido totalmente acalmado

[2] Os valores se aplicam a espessuras de produto de 3 mm a 100 mm.

[3] Os valores se aplicam a peças de teste longitudinais e espessuras de material de 3 mm a 40 mm.

Símbolos adicionais G1 a G4, condição de entrega[1]

Símbolo adicional	DO[2]	Condição de entrega para chapa, tira, barras chatas e redondas	Símbolo adicional	DO[2]	Condição de entrega para chapa, tira	Barras redondas e chata
G1	FU	através de acordo	G3	FF	Recozido normal, N	através de acordo
G2	FN	através de acordo	G4	FF	selecionada pelo fabricante	

[1] Se a condição de entrega não for acordada no pedido, ela fica a critério do fabricante

[2] DO Tipo de desoxidação: FU aço fundido não acalmado ; FN fundido acalmado; FF fundido totalmente acalmado

Propriedades técnicas

Soldabilidade	Deformabilidade a quente	Deformabilidade Maneabilidade a frio
Aços dos grupos de qualidade JR – J0 – J2G3 – J2G4 – K2G3 – K2G4 são soldáveis após todos processos. Para aço S235JR, é preferível o tipo de aço acalmado S235JRG2	Aços são processáveis ou transformáveis a quente se forem fornecidos recozidos normal ou laminados e normalizados.	A maneabilidade ou deformabilidade a fri (flexão, dobra, estiramento) é garantida se os aços forem encomendados com o símbolo adicional C, ex.: S235JRC, S355J2G3 O aço S185 não pode ser processado a fri

Aços estruturais de grão fino soldáveis e aços estruturais refinados

Aços estruturais de grão fino soldáveis

Cf. DIN EN 10113 (1993-04)

Tipo de aço: Designação curta	Tipo de aço: Número do material	DC[1]	Energia de impacto de entalhe $KV^{2)}$ em J a temperaturas em °C: +20	0	−20	Resistência à tração R_m N/mm²	Limite de elasticidade R_e em N/mm² para espessura nominal em mm: ≤16	> 16 ≤ 40	> 40 ≤ 63	Alongamento na ruptura A %	Propriedades, aplicações
Aços-carbono de qualidade											
S275N S275M	1.0490 1.8818	N M	55	47	40	370...510 360...510	275	265	255	24	Alta tenacidade, resistente à quebra e ao envelhecimento; construções soldadas em máquinas, guindastes, pontes, veículos, transportadores
S355N S355M	1.0545 1.8823	N M	55	47	40	470...630 450...610	355	345	335	22	
Aços-liga nobres											
S420N S420M	1.8902 1.8825	N M	55	47	40	520...680 500...660	420	400	390	19	
S460N S460M	1.8901 1.8827	N M	55	47	40	550...720 530...720	460	440	430	17	

[1] DC Condição de entrega: N Normalizado/laminado e normalizado; M laminado termomecanicamente
[2] Os valores se aplicam a peças de teste longitudinais com entalhe em V
Todos os aços também podem ser fornecidos com valores mínimos para energia de impacto para entalhe em baixas temperaturas. Neste caso, os nomes curtos dos grupos de qualidade N e M são substituídos por NL ou ML, p. ex., 275NL, 275ML.

Propriedades técnicas

Soldabilidade	Deformabilidade a quente	Deformabilidade a frio
Os aços podem ser soldados por métodos convencionais. Rachaduras por frio podem ocorrer com a espessura nominal crescente e resistência crescente. Recomenda-se o planejamento de parâmetros de solda.	Aços na condição de entrega N podem ser deformados a quente. Aços laminados termomecanicamente, com condição de entrega M, não podem ser transformados a quente.	Para espessuras nominais ≤ 12 mm, a deformabilidade a frio é garantida, se tiver sido especificada no pedido.

Aços estruturais refinados com limite de elasticidade maior (seleção)

Cf. DIN EN 10137-2 (1995-11)

Tipo de aço: Designação curta[1]	Tipo de aço: Número do material	Energia de impacto de entalhe $KV^{2)}$ em J a Temperaturas em °C: 0	−20	−40	Resistência à tração R_m N/mm²	Limite de elasticidade R_e em mm para espessura nominal em mm: > 3 ≤ 50	> 50 ≤ 100	> 100 ≤ 150	Alongamento na ruptura A %	Propriedades, aplicações
S460Q S460QL	1.8908 1.8906	40 50	30 40	– 30	550...720	460	440	400	17	Alta tenacidade, resistente à quebra e ao envelhecimento; construções soldadas em máquinas, guindastes, pontes, fabricação automotiva, transportadores
S500Q S500QL	1.8924 1.8909	40 50	30 40	– 30	590...770	500	480	440	17	
S620Q S620QL	1.8914 1.8927	40 50	30 40	– 30	700...890	620	580	560	15	
S890Q S890QL	1.8940 1.8983	40 50	30 40	– 30	940...1100	890	830	–	11	
S960Q S960QL	1.8941 1.8933	40 50	30 40	– 30	980...1150	960	–	–	10	

[1] Q refinado; QL refinado, valores mínimos garantidos para energia de impacto para entalhe até – 40°C

Propriedades técnicas

Soldabilidade	Deformabilidade a quente	Deformabilidadea frio
Os aços podem ser soldados por métodos convencionais. Rachaduras podem ocorrer com a espessura nominal crescente e resistência crescente. Recomenda-se bom planejamento dos parâmetros de solda.	Os aços podem ser transformados a quente até o limite de temperatura para recozimento para alívio de tensões.	A deformabilidade a frio é garantida, se tiver sido especificada no pedido.

Aços-carbono e aços-liga cementados

Aços cementados (Seleção) Cf. DIN EN 10084 (1998-06)

Tipo de aço: Designação[1]	Tipo de aço: Número do material	Dureza HB na condição de entrega[2]: +A	Dureza HB na condição de entrega[2]: +FP	Propriedades básicas depois do endurecimento por cementação[3]: Resistência à tração R_m N/mm²	Limite de elasticidade R_e N/mm²	Alongamento na ruptura A %	Método de endurecimento[4]: D	Método de endurecimento[4]: S	Propriedades, aplicações
Aços-carbono									
C10E C10R	1.1121 1.1207	131	90...125	490...640	295	16	•	•	Pequenas peças com solicitação média; alavancas, tarugos, pinos, rolos, fusos, peças prensadas e estampadas
C15E C15R	1.1141 1.1140	143	103...140	590...780	355	–	•	•	
Aços-liga									
17Cr3 17CrS3	1.7016 1.7014	174	–	700...900	450	11	•	•	Peças com solicitações mutantes, p. ex., em caixas de engrenagem; engrenagens, engrenagens cônicas e tipo coroa, pinhões de acionamento, eixos, eixos articulados
28Cr4 28CrS4	1.7030 1.7036	217	156...207	≥ 700	–	–	•	•	
16MnCr5 16MnCrS5	1.7131 1.7139	207	140...187	780...1080 780...1080	590 590	10 10	o	•	
16NiCr4 16NiCrS4	1.5714 1.5715	217	156...207	≥ 900	–	–	–	•	
18CrMo4 18CrMoS4	1.7243 1.7244	207	140...187	≥ 900	–	–	o	•	
20MoCr3 20MoCrS3	1.7320 1.7319	217	145...185	≥ 900	–	–	•	–	
20MoCr4 20MoCrS4	1.7321 1.7323	207	140...187	880...1180	590	10	•	–	
17CrNi6-6 22CrMoS3-3	1.5918 1.7333	229 217	156...207 152...201	≥ 1100 –	– –	– –	– o	• •	
15NiCr13 10NiCr5-4	1.5752 1.5805	229 192	166...207 137...187	920...230 ≥ 900	785 –	10 –	– –	• •	Peças com solicitações altamente mutantes, p. ex., em caixas de engrenagem; engrenagens, engrenagens cônicas e tipo coroa, pinhões de acionamento, eixos, eixos articulados
20NiCrMo2-2 20NiCrMoS2-2	1.6523 1.6526	212	149...194	780...1080	590	10	•	•	
17NiCrMo6-4 17NiCrMoS6-4 20NiCrMoS6-4	1.6566 1.6569 1.6571	229	149...201 149...201 154...207	≥ 1000 ≥ 1000 ≥ 1100	– – –	– – –	–	•	
20MnCr5 20MnCrS5	1.7147 1.7149	217	152...201	980...1270	685	8	o	•	Peças com dimensões maiores; eixos de pinhão, engrenagens, engrenagem tipo coroa
18NiCr5-4 14NiCrMo13-4 18CrNiMo7-6	1.5810 1.6657 1.6687	223 241 229	156...207 166...217 159...207	≥ 1100 1030...1390 1060...1320	– – 785	– 10 8	– – –	• • •	

[1] Tipos de aço com enxofre adicionado,p. ex.; 16MnCrS5 têm uma melhor usinabilidade com remoção de cavacos.

[2] Condição de entrega: +A recozido doce; +FP tratado para microestrutura ferrita-perlita e faixa de dureza.

[3] Valores de dureza são válidos para peças de teste com diâmetro nominal de 30 mm.

[4] Métodos de endurecimento:

- D Endurecimento direto: as peças de trabalho são endurecidas diretamente na temperatura de carburização, por choque térmico.
- S Endurecimento simples: Depois da carburização, as peças são resfriadas normalmente na temperatura ambiente. Para endurecimento, elas são reaquecidas.

• muito adequado o condicionalmente adequado – inadequado

Para tratamento térmico de aços cementados, ver página 155.

Aços-carbono e aços-liga refinados

Aços refinados (seleção) Cf. DIN EM 10084 (1998-06)

Tipo de aço: Designação	Tipo de aço: Número de material	B[1]	Valores de resistência para laminado com diâmetro d em mm: Resistência à tração R_m em N/mm² > 16 ≤ 40	Resistência à tração R_m em N/mm² > 40 ≤ 100	Limite de elasticidade R_e em N/mm² > 16 ≤ 40	Limite de elasticidade R_e em N/mm² > 40 ≤ 100	Alongamento na ruptura A em % > 16 ≤ 40	Alongamento na ruptura A em % > 40 ≤ 100	Propriedades, aplicações
Aços carbono[2]									
C22	1.0402	+N	410	410	210	210	25	25	Peças submetidas a solicitações menores e diâmetros menores de refino; parafusos, pinos, árvores, eixos, engrenagens
C22E	1.1151	+QT	470...620	–	290	–	22	–	
C25	1.0406	+N	440	440	230	230	23	23	
C25E	1.1158	+QT	500... 650	–	320	–	21	–	
C35	1.0501	+N	520	520	270	270	19	19	
C35E	1.1181	+QT	600...750	550...700	380	320	19	20	
C45	1.0503	+N	580	580	305	305	16	16	
C45E	1.1191	+QT	650...800	630...780	430	370	16	17	
C60	1.0601	+N	670	670	340	340	11	11	
C60E	1.1221	+QT	800...950	750...900	520	450	13	14	
28Mn6	1.1170	+N	600	600	310	310	18	18	
		+QT	700...850	650...800	490	440	15	16	
Aços-liga									
38Cr2 38CrS2	1.7003 1.7023	+QT	700...850	600...750	450	350	15	17	Peças submetidas a solicitações maiores e diâmetros de refino maiores; eixos de acionamento, parafusos sem-fim, engrenagens
46Cr2 46CrS2	1.7006 1.7025	+QT	800...950	650...800	550	400	14	15	
34Cr4 34CrS4	1.7033 1.7037	+QT	800...950	700...850	590	460	14	15	
37Cr4 37CrS4	1.7034 1.7038	+QT	850...1000	750...900	630	510	13	14	
25CrMo4 25CrMoS4	1.7218 1.7213	+QT	800...950	700...850	600	450	14	15	
41Cr4 41CrS4	1.7035 1.7039	+QT	900...1100	800...950	660	560	12	14	Peças submetidas a grandes solicitações e diâmetros de refino maiores; eixos, engrenagens, peças forjadas maiores
34CrMo4 34CrMoS4	1.7220 1.7226	+QT	900...1100	800...950	650	550	12	14	
42CrMo4 42CrMoS4	1.7225 1.7227	+QT	1000...1200	900...1100	750	650	11	12	
50CrMo4 51CrV4	1.7228 1.8159	+QT	1000...1200	900...1100	780 800	700 700	10	12	
36CrNiMo4 34CrNiMo6	1.6511 1.6582	+QT	1000...1200 1100...1300	900...1100 1000...1200	800 900	700 800	11 10	12 11	Peças submetidas a solicitações muito grandes e diâmetros de refino grandes
30NiCrMo8 36NiCrMo16	1.6580 1.6773	+QT	1250...1450	1100...1300	1150	900	9	10	

[1] B condição de tratamento: +N normalizado; +QT refinado.
Para aços-carbono refinados , as condições de tratamento +N e +QT se aplicam aos aços de qualidade e aos nobres.

[2] Os aços-carbono C22, C25, C35, C45 e C60 são aços de qualidade, os outros tipos são fabricados como aços nobres.

Para tratamento térmico de aços refinados, ver página 156.

Aços nitretados, Aços para endurecimento por chama e indução, Aços de corte livre

Aços nitretados (seleção)

Cf. DIN EN 10085 (2001-07), substitui DIN 17211

Tipo de aço – Designação curta	Tipo de aço – Número de material	Recozimento doce Dureza HB	Resistência à tração [1] R_m N/mm²	Limite de elasticidade[1] R_e N/mm²	Alongamento na ruptura[1] A %	Propriedades, aplicações
31CrMo12	1.8515	248	980...1180	785	11	Peças submetidas a desgaste com espessura de até 250 mm
31CrMoV9	1.8519	248	1000...1200	800	10	Peças submetidas a desgaste com espessura de até 100 mm
34CrAlMo5-10	1.8507	248	800...1000	600	14	Peças submetidas a desgaste com espessura de até 80 mm
40CrAlMo7-10	1.8509	248	900...1100	720	13	Peças submetidas a desgaste estáveis sob calor de até 500°C
34CrAlNi7-10	1.8550	248	850...1050	650	12	Peças grandes, haste de pistão, fusos

[1] Os valores de resistência à tração, limite de elasticidade e alongamento na ruptura valem para peças com espessuras de 40 a 100 mm, quando refinadas.

Tratamento térmico para aços nitretados , p. 157

Aços para endurecimento por chama e indução (seleção)

Cf. DIN 17212 (1972-08)

Tipo de aço – Designação curta	Tipo de aço – Número de material	Recozimento doce Dureza HB	B[1]	Resistência à tração R_m N/mm²	Limite de elasticidade R_e em N/mm² para espessura nominal em mm: ≤ 16	> 16 ≤ 40	> 40 ≤ 100	Alongamento na ruptura A %	Propriedades, aplicações
Cf45	1.1193	207	+N +QT	590...740 660...800	– 480	330 410	330 370	17 16	Peças submetidas à desgaste com alta resistência do núcleo e boa tenacidade; árvore de manivelas, eixos de acionamento, eixo de comando de válvulas, parafuso sem-fim, engrenagens
45Cr2 38Cr4	1.7005 1.7043	207 217	+QT +QT	780...930 830...980	640 740	540 630	440 510	14 13	
42Cr4 41CrMo4	1.7045 1.7223	217 217	+QT +QT	880...1080 980...1180	780 880	670 760	560 640	12 11	

[1] B condição de tratamento: +N recozido normal; +QT refinado

Para tratamento de aços para endurecimento por chama e indução, ver página 156.

Aços de corte livre (seleção)

Cf. DIN EN 10087 (1999-01)

Tipo de aço – Designação[1] curta	Tipo de aço – Número de material	B[2]	Para espessuras de produto de 16 a 40 mm: Dureza HB	Resistência à tração R_m N/mm²	Limite de elasticidade R_e N/mm²	Alongamento na ruptura A %	Propriedades, aplicações
11SMn30 11SMnPb30	1.0715 1.0718	+U	112...169	380...570	–	–	• Aços inadequados para tratamento térmico
11SMn37 11SMnPb37	1.0736 1.0737	+U	112...169	380...570	–	–	Pequenas peças submetidas a baixo esforço; alavancas, tarugos
10S20 10SPb20	1.0721 1.0722	+U	107...156	360...530	–	–	• Aços cementados Pequenas peças resistentes a desgaste; eixos, parafusos, pinos
15SMn13	1.0725	+U	128...178	430...600	–	–	
35S20	1.0726	+U	154...201	520...680	–	–	• Aços refinados Peças maiores submetidas a solicitações maiores; fusos, eixos, engrenagens
35SPb20	1.0756	+QT	–	600...750	380	16	
44SMn28	1.0762	+U	187...238	630...800	–	–	
44SMnPb28	1.0763	+QT	–	700...850	420	16	
46S20	1.0727	+U	175...225	590...760	–	–	
46SPb20	1.0757	+QT	–	650...800	430	13	

[1] Tipos de aço com aditivos de chumbo, ex.: 11SMnPb30, têm uma melhor usinabilidade com remoção de cavacos.
[2] B condição de tratamento: +U sem tratamento; +QT refinado.

Todos os aços de corte livre são aços-carbono de qualidade. Não é possível garantir uma resposta uniforme para a cementação e o refino. Para tratamento térmico de aços de corte livre, ver página 157.

Aços para aplicações a frio, Aços para aplicações a quente, Aços rápidos

Aços para ferramentas (seleção)

Cf. DIN EN ISO 4957 (2001-02), substitui DIN 17350

Tipo de aço: Designação curta	Tipo de aço: Número de material	Dureza HB[1] max.	Temperatura de endurecimento °C	A[2]	Temperatura de revenido °C	Exemplos de aplicação, propriedades
Aços-carbono para aplicações a frio						
C45U	1.1730	190	800...830	W	180...300	Peças não endurecidas para ferramentas, chaves de fenda, talhadeiras, facas
C70U	1.1520	190	790...820	Ö	180...300	Pinos de centragem, pequenos moldes, mandíbulas de morsa, prensa de desbaste
C80U	1.1525	190	780...810	W	180...300	Moldes com gravuras pouco profundas, talhadeiras, moldes para extrusão a frio, facas
C105U	1.1545	213	770...800	W	180...300	Ferramentas de corte simples, moldes de impregnar, riscadores, plugues de perfuração, broca espira
Aços de liga para processamento a frio						
21MnCr5	1.2162	215	810...840	Ö	150...180	Fôrmas complexas de aço cementado para prensa de plásticos; polimento fácil
60WCrV8	1.2550	230	880...930	Ö	180...300	Cortadores para chapa de metal de 6 a 15 mm, moldes de punção a frio, talhadeira, puncionadores de centro
90MnCrV8	1.2842	220	790...820	Ö	150...250	Moldes de corte, carimbos, moldes de estampagem de plástico, alargadores, ferramentas de medição
102Cr6	1.2067	230	820...850	Ö	100...180	Furadeira, fresa, alargadores, pequenos moldes de corte, pontas para tornos
X38CrMo16	1.2316	250	1000...1040	Ö	650...700	Ferramentas para processamento de termoplásticos quimicamente agressivos
40CrMnNiMo8-6-4	1.2738	235	840...870	Ö	180...220	Moldes para plástico de todos os tipos
45NiCrMo16	1.2767	260	840...870	Ö, L	160...250	Ferramentas de flexão e estampagem, lâminas de cisalhamento para material espesso
X153CrMoV12	1.2379	250	1020...1050	Ö, L	180...250	Ferramentas de corte sensíveis à quebra, fresas, ferramentas para escarear, lâmina para cisalhar
X210CrW12	1.2436	255	950...980	Ö, L	180...250	Ferramentas de corte de alto desempenho, ferramenta para escarear, ferramenta para estampar
Aços para aplicações a quente						
55NiCrMoV7	1.2714	250	840...870	Ö	400...650	Moldes para plástico, moldes de tamanho pequeno e médio, lâminas para cisalhamento a quente
X37CrMoV5-1	1.2343	235	1020...1050	Ö, L	550...650	Moldes fundidos para ligas leves, ferramentas de extrusão
32CrMoV12-28	1.2365	230	1020...1050	Ö, L	500...670	Moldes para fundição em prensa de metais pesados , ferramentas de extrusão pata todos metais
X38CrMoV5-3	1.2367	235	1030...1080	Ö, L	600...700	Moldes de alta qualidade, ferramentas submetidas a alta solicitação na fabricação de parafusos
Aços rápidos						
HS6-5-2C	1.3343	250	1190...1230	Ö, L	540...560	Brocas espiral, alargadores, fresas, cortadores de rosca, lâminas de serra circular
HS6-5-2-5	1.3243	270	1210...1250	Ö, L	550...570	Broca espiral submetidas a alta solicitação, fresas, ferramentas de desbaste de alta tenacidade
HS10-4-3-10	1.3207	270	1210...1250	Ö, L	550...570	Ferramentas de corte para usinagem automática, alta capacidade de corte
HS2-9-2	1.3348	250	1190...1230	Ö, L	540...580	Fresas, broca espiral e cortadores de rosca, alta dureza de corte, estável sob calor, tenacidade

[1] Condição de entrega: recozido [2] A Meio de resfriamento brusco (têmpera): W água; O óleo; A ar.
Designações de aços para ferramentas, ver página 125; Para tratamento térmico de aços para ferramentas, ver p. 155.

Aços inoxidáveis

Aços inoxidáveis (seleção)

Cf. DIN EN 10088 (1995-08)

Tipo de aço: Designação curtas	Tipo de aço: Número de material	L[1] B	L[1] S	A[2]	Espessura d mm	Resistência à tração R_m N/mm²	Limite de elasticidade $R_{p\,0,2}$ N/mm²	Alongamento na ruptura A %	Propriedades, aplicações
Aços austeníticos									
X10CrNi18-8	1.4310	•		C	≤ 6	600...950	250	40	Molas para temperaturas de até 300°C, fabricação automotiva
			•	–	≤ 40	500...750	195	40	
X2CrNi18-9	1.4307	• •		C P	≤ 6 ≤ 75	520...670 500...650	220 200	45	Contêineres domésticos, indústria química e alimentícia
			•	–	≤ 160	450...680	175	45	
X2CrNiN19-11	1.4306	• •		C P	≤ 6 ≤ 75	520...670 500...650	220 200	45	Equipamento para a indústria de laticínios e cervejaria, vasos de pressão
			•	–	≤ 160	460...680	180	45	
X2CrNi18-10	1.4311	• •		C P	≤ 6 ≤ 75	550...750 550...750	290 270	40	Peças de embutição profunda para indústria alimentícia, fácil polimento
			•	–	≤ 160	550...760	270	40	
X5CrNi18-10	1.4301	• •		C P	≤ 6 ≤ 5	540...750 520...720	230 210	45	Peças com estiramento profundo na indústria alimentícia, fácil polimento
			•	–	≤ 160	500...700	190	45	
X8CrNiS18-9	1.4305	•		P	≤ 75	500...700	190	35	Peças na indústria alimentícia e de laticínios
			•	–	≤ 160	500...750	190	35	
X6CrNiTi18-10	1.4541	• •		C P	≤ 6 ≤ 75	520...720 500...700	220 200	40	Bens de consumo domésticos, peças na indústria fotográfica
			•	–	≤ 160	500...700	190	40	
X4CrNi18-12	1.4303	•		C	≤ 6	500...650	220	45	Indústria química; parafusos, porcas
			•	–	≤ 160	500...700	190	45	
X5CrNiMo17-12-2	1.4401	• •		C P	≤ 6 ≤ 75	530...680 520...670	240 220	40 45	Peças na indústria de tintas, de óleos e têxtil
			•	–	≤ 160	500...700	200	40	
X6CrNiMoTi17-12-2	1.4571	• •		C P	≤ 6 ≤ 75	540...690 520...670	240 220	40	Peças na indústria têxtil, de resina sintética e borracha
			•	–	≤ 160	500...700	200	40	
X2CrNiMo18-14-3	1.4435	• •		C P	≤ 6 ≤ 75	550...700 520...670	240 220	40 45	Peças com maior resistência química para a indústria de polpa
			•	–	≤ 160	500...700	200	40	
X2CrNiMoN17-13-3	1.4429	• •		C P	≤ 6 ≤ 75	580...780	300 280	35 40	Vasos de pressão com maior resistência química
			•	–	≤ 160	580...800	280	40	
X2CrNiMoN17-13-5	1.4439	• •		C P	≤ 6 ≤ 75	580...780	290 270	35 40	Resistente a cloro e altas temperaturas; indústria química
			•	–	≤ 160	580...800	280	35	
X1NiCrMoCu25-20-5	1.4539	• •		C P	≤ 6 ≤ 75	530...730 520...720	240 220	35	Resistente aos ácidos fosfórico, sulfúrico e clorídrico; indústria química
			•	–	≤ 60	530...730	230	35	

[1] L formas de entrega: B chapa, tira; S barras, perfis

[2] A condição de entrega: C tira laminada a frio; P chapa laminada a quente

Aços inoxidáveis

Aços inoxidáveis (continuação)

Cf. DIN EN 10088 (1995-08)

Tipo de aço: Designação	Número de material	L[1] B	L[1] S	A[2]	Espessura d mm	Resistência à tração R_m N/mm²	Limite de elasticidade $R_{p0,2}$ N/mm²	Alongamento na ruptura A %	Propriedades, aplicações
Aços ferríticos									
X2CrNi12	1.4003	•		C P	≤ 6 ≤ 25	450...650	280 250	20 18	Fabricação automotiva e de contêineres, transportadores
			•	–	≤ 100	450...600	260	20	
X6Cr13	1.4000	• •		C P	≤ 6 ≤ 25	400...600	240 220	19	Resistente a água e vapor, eletrodomésticos, guarnições
			•	–	≤ 25	400...630	230	20	
X6Cr17	1.4016	• •		C P	≤ 6 ≤ 25	450...600 430...630	260 240	20	Boa maneabilidade a frio, pode ser polido; talheres, para-choques
			•	–	≤100	400...630	240	20	
X2CrTi12	1.4512	•		C	≤ 6	380...560	210	25	Catalizadores
X6CrMo17-1	1.4113	•		C	≤ 6	450...630	260	18	Fabricação automotiva; lâminas de enfeite, calotas
			•	–	≤ 100	440...660	280	18	
X3CrTi17	1.4510	•		C C	≤ 6 ≤ 12	450...600 430...630	260 240	20	Peças soldadas na industria alimentícia
X2CrMoTi18-2	1.4521	• •		C P	≤ 6 ≤ 12	420...640 420...620	300 280	20	Parafusos, porcas, aquecedores

[1] L Formas de entrega: B chapa, tira; S Barras, perfis
[2] A Acabamento de fábrica: C tira laminada a frio; P chapa laminada a quente

Aços martensíticos

Tipo de aço: Designação curta	número de material	L[1] B	L[1] S	A[2]	Espessura d mm	W[3]	Resistência à tração R_m N/mm²	Limite de elasticidade $R_{p\,0,2}$ N/mm²	Alongamento na ruptura A %	Propriedades, aplicações
X12Cr13	1.4006	• •		C P	≤ 6 ≤ 75	A QT650	≤ 600 650...850	– 450	20 12	Resistente a água e vapor, indústria alimentícia
			•	–	≤ 160	QT650	650...850	450	15	
X20Cr13	1.4021	• •		C P	≤ 6 ≤ 75	A QT750	≤ 700 750...950	– 550	15 10	Árvores, eixos, peças para bombas, propulsores de navios
			•	–	≤ 160	QT800	800...950	600	12	
X30Cr13	1.4028	• •		C P	≤ 6 ≤ 75	A QT800	≤ 740 800...1000	– 600	15 10	Parafusos, porcas, molas, hastes de pistão
			•	–	≤ 160	QT850	850...1000	650	10	
X46Cr13	1.4034	•	 •	C –	≤ 6 –	A A	≤ 780 ≤ 800	245 245	12 –	Temperável; facas de mesa e facas de máquinas
X39CrMo17-1	1.4122	•	 •	C –	≤ 6 ≤ 60	A QT750	≤ 900 750...950	280 550	12 12	Eixos, fusos, painéis até 600°C
X3CrNiMo13-4	1.4313	•		P	≤ 75	QT900	900...1100	800	11	Alta resistência; bombas, rodas de turbina, construção de reatores
			• •	–	≤ 160	A QT900	760...960 900...1100	550 800	16 12	

[1] L Formas de entrega: B chapa, tira; S Barras, perfis
[2] A Condição de entrega: C tira laminada a frio; P chapa laminada a quente
[3] W Condição de tratamento térmico: A endurecido por solução; QT750 → refinado para resistência à tração mínima R_m = 750 N/mm²

Aços para Mola

Arame de aço para molas, estiramento patenteado

Cf. DIN EN 10270-1 (2001-12), substitui DIN 17223

Tipo de arame	Resistência à tração mínima R_m em N/mm² para o diâmetro nominal d em mm															
	0,5	0,8	1,0	1,5	2,0	2,5	3,0	3,4	4,0	4,5	5,0	6,0	8,0	10,0	15,0	20,0
SL	–	–	1720	1600	1510	1460	1410	1370	1320	1290	1260	1210	1120	1060	–	–
SM	2200	2050	1980	1850	1740	1690	1630	1590	1530	1500	1460	1400	1310	1240	1110	1020
SH	2480	2310	2330	2090	1970	1900	1840	1790	1740	1690	1660	1590	1490	1410	1270	1160
DM	2200	2050	1980	1850	1740	1690	1630	1590	1530	1500	1460	1400	1310	1240	1110	1020
DH	2480	2310	2230	2090	1970	1900	1840	1790	1740	1690	1660	1590	1490	1410	1270	1160

Diâmetro do arame *d* em mm (seleção)

Todos tipos, exceto SL[1]	0,30 – 0,32 – 0,34 – 0,36 – 0,38 – 0,40 – 0,43 – 0,48 – 0,50 – 0,53 – 0,56 – 0,60 – 0,63 – 0,65 – 0,70 – 0,75 – 0,80 – 0,90 – 1,00 – 1,10 – 1,20 – 1,25 – 1,30 – 1,40 – 1,50 – 1,60 – 1,70 – 1,80 – 1,90 – 2,00 – 2,10 – 2,25 – 2,40 – 2,50 – 2,60 – 2,80 – 3,00 – 3,20 – 3,40 – 3,60 – 3,80 – 4,00 – 4,25 – 4,50 – 4,75 – 5,00 – 5,30 – 5,60 – 6,00 – 6,30 – 6,50 – 7,00 – 7,50 – 8,00 – 8,50 – 9,00 – 9,50 – 10,00

[1] O tipo de arame SL só é fornecido nos diâmetros d = 1 a 10 mm.

Condições operacionais, aplicação

Tipo de arame	Adequado para molas com:	Aplicações
SL	Carga estática baixa	Molas de tração, molas de compressão, molas de torção para construção de equipamentos e máquinas; arame DH também é adequado para molas perfiladas.
SM	Carga estática moderada **ou** carga dinâmica ocasional	
SH	Carga estática alta **ou** carga dinâmica baixa	
DM	Carga dinâmica moderada	
DH	Carga estática alta **ou** carga dinâmica média	

Revestimentos do arame, forma de entrega

Símbolo	Revestimento do arame	Símbolo	Revestimento do arame	Formas de entrega
ph	com fosfato	Z	com zinco	• em anéis ou carretéis • hastes retas em feixes
cu	com cobre	ZA	com zinco e alumínio	

⇒ **Arame para mola em 10270-1 DM 3,4 ph:** Tipo de mola DM, d = 3,4 mm, superfície fosfatizada (ph)

Aços para molas, laminados a quente, refinável

Cf. DIN EN 10089 (2003-04), substitui DIN 7

Tipo de aço		Laminado a quente	Recozido doce +A	Na condição de refinado (+QT)[1]			Propriedades, aplicações
Designação	Número de material	Dureza HB	Dureza HB	Resistência à tração[1] R_m N/mm²	Limite de elasticidade $R_{p0,2}$ N/mm²	Alongamento na ruptura A %	
38Si7	1.5023	240	217	1300...1600	1150	8	Travas elásticos para parafusos
46Si7	1.5024	270	248	1400...1700	1250	7	Molas de folha, mola helicoidal
55Cr3	1.7176	> 310	248	1400...1700	1250	3	Molas de tração e compressão maiores
54SiCr6	1.7102	310	248	1450...1750	1300	6	Arame para mola
61SiCr7	1.7108	310	248	1550...1850	1400	5,5	Molas de folha, molas de disco
51CrV4	1.8159	> 310	248	1400...1700	1200	6	Molas submetidas a altas solicitações

Explicação [1] Os valores de resistência se aplicam a peças de testes com diâmetro d = 10 mm.

⇒ **Barra redonda EN 10089 – 20 x 8000 – 51CrV4+A:** diâmetro da barra d = 20 mm, comprimento da barra l = 8000 mm, tipo de aço 51CrV4, condição de entrega: recozido doce (+A)

Diâmetro do arame *d* em mm (seleção)	Formas de entrega
5,0 – 5,5 – 6,0 – 6,5 – 7,0 – 7,5 – 8,0 – 8,5 – 9,0 – 9,5 – 10,0 – 10,5 – 11,0 – 11,5 – 12,0 ... 19,0 – 19,5 – 20,0 – 21,0 – 22,0 – 23,0 ... 27,0 – 28,0 – 29,0 – 30,0	• hastes direcionais (feixes) • anéis de arame

Metal em chapa e tira – Classificação, apresentação

Classificação de acordo com

Forma de entrega	
Tipo	Formatos comerciais
Chapa	Normalmente chapas retangulares em Formato pequeno: $l \times c$ = 1000 x 2000 mm Formato médio: $l \times c$ = 1250 x 2500 mm Formato grande: $l \times c$ = 1500 x 3000 mm Espessuras da chapa = 0,14 – 250 mm
Tira	Tira de chapa longa em rolos (bobinas) Espessura da tira s = 0,14 a 10 mm Largura da tira l de até 2000 mm Diâmetro da bobina de até 2400 mm • para alimentação de material em fábricas com produção automática ou para divisão em chapas menores para processamento adicional.

Processos de fabricação	
Processo	Observações
Laminado a quente	Espessura da chapa de até aproximadamente 250 mm, superfícies na condição laminada ou desoxidada
Laminado a frio	Espessura da chapa de até aproximadamente 10 mm, superfícies uniformes, baixas tolerâncias de processo
Laminado a frio com acabamento superficial (enobrecimento)	• resistência mais alta à corrosão, p. ex., por galvanização ou revestimento orgânico • para propósitos decorativos, p. ex., com revestimento plástico • melhor maneabilidade, p. ex., por superfícies texturizadas

Tipos de metal em chapa – Apresentação (seleção)

Características principais	Designação, tipos de aço	Norma	Forma de entrega[1]		
			Sh	St	Faixa de espessura
Chapa e tira laminadas a frio					
• podem ser transformadas a frio (embutição profunda) • soldáveis • a superfície pode ser pintada	Produtos chatos de aços macios	DIN EN 10130	•	•	0,35...3 mm
	Tira de aços macios	DIN EN 10207	–	•	≤ 10 mm
	Produtos chatos com alto limite de elasticidade de aços com microliga	DIN EN 10268	•	•	≤ 3 mm
	Produtos chatos para esmaltagem	DIN EN 10209	•	•	≤ 3 mm
Chapas e tiras laminadas a frio com acabamento superficial (enobrecimento)					
• maior resistência à corrosão • eventualmente melhor maneabilidade	Chapa e tira com acabamento por banho de fusão	DIN EN 10143	•	•	≤ 3 mm
	Produtos chatos revestidos com zinco eletroliticamente, feitos de aço para transformação a frio	DIN EN 10152	•	•	0,35...3 mm
	Produtos chatos de aço revestidos organicamente	DIN EN 10169-1	•	•	≤ 3 mm
Chapas e tiras laminadas a frio para embalagem					
• resistentes à corrosão • podem ser transformadas a frio • soldáveis	Chapa preta para fabricação de folha de flandres	DIN EN 10205	•	•	0,14...0,49 mm
	Chapa para embalagem de aço estanhado ou cromado eletroliticamente	DIN EN 10202	•	•	0,14...0,49 mm
Chapas e tiras laminadas a quente					
Mesmas propriedades dos grupos de aço correspondentes (páginas 126, 127)	Chapas e tiras de aço-carbono ou de liga, p. ex., aços estruturais de acordo com DIN EN 10025, aços estruturais de grão fino de acordo com DIN EN 10113, aços cementados de acordo com DIN EN 10084, aços refinados de acordo com DIN EN 10083, aços inoxidáveis de acordo com DIN EN 10088	DIN EN 10051	•	•	chapa de até 25 mm de espessura, tira de até 10 mm de espessura
• alto limite de elasticidade	Chapas de aços estruturais com maior limite de elasticidade, refinado	DIN EN 10137-2	•	–	3...150 mm
• maneabilidade a frio	Produtos chatos de aço com com alto limite de elasticidade	DIN EN 10149-1	•	•	chapa de até 20 mm de espessura

[1] Formas de entrega: Sh Chapa, St tira

Chapas e tiras laminadas a frio para transformação a frio

Tiras e chapas laminadas a frio de aços macios (doces)

Cf. DIN EN 10130 (1999-02)

Tipo de aço: Designação curta	Tipo de aço: Número de material	Tipo de superfície	Resistência à tração R_m N/mm²	Limite de elasticidade R_e N/mm²	Alongamento na ruptura A %	Livre de marcas de escoamento por[1]	Propriedades, aplicações
DC01	1.0330	A B	270...410	140 280	28	– 3 meses	Podem ser transformadas a frio, p. ex., por embutimento profundo, soldáveis, a superfície pode ser pintada; peças de chapa processadas na indústria automotiva, na fabricação de máquinas e equipamentos em geral, na indústria da construção civil
DC03	1.0347	A B	270...370	140 240	34	6 meses	
DC04	1.0338	A B	270...350	140 210	38	6 meses	
DC05	1.0312	A B	270...330	140 180	40	6 meses	
DC06	1.0873	A B	270...350	120 180	38	Tempo ilimitado	
Formas de entrega (valores de referência)	Espessuras da chapa: 0,25 – 0,35 – 0,4 – 0,5 – 0,6 – 0,7 – 0,8 – 0,9 – 1,0 – 1,2 – 1,5 – 2,0 – 2,5 – 3,0 mm Dimensões da chapa de metal: 1000 x 2000 mm, 1250 x 2500 mm, 1500 x 3000 mm, 2000 x 6000 mm Tira (bobinas) com até aproximadamente 2000 mm de largura						
Explicação	[1] Nos processos subsequentes sem remoção de cavacos,p. ex. embutição profunda, não aparecem linhas ou marcas do escoamento dentro do período especificado. O período de tempo se inicia na data de entrega acordada.						

Tipo de superfície: Designação	Tipo de superfície: Descrição da superfície	Acabamento da superfície: Designação	Apresentação	Rugosidade média R_a
A	Defeito, p. ex., poros, sulcos não devem influenciar a transformabilidade e a adesão de revestimentos superficiais	b g	muito lisa lisa	$Ra \leq 0{,}4$ µm $Ra \leq 0{,}9$ µm
B	Um lado da chapa deve ser tão livre de defeitos, que o aspecto de uma pintura de qualidade não pode ser afetado.	m r	fosca, embaciada rugosa	0,6 µm $< Ra \leq$ 1,9 µm $Ra >$ 1,6 µm

⇒ **Chapa EN 10130 – DC06 – B – g:** Chapa de material DC06, superfície tipo B, superfície lisa

Tiras e chapas laminadas a frio de aços de microliga

Cf. DIN EN 10268 (1999-02)

Tipo de aço: Designação	Tipo de aço: Número de material	Tipo de superfície	Resistência à tração R_m N/mm²	Limite de elasticidade R_e N/mm²	Alongamento na ruptura A %	Livre de marcas de escoamento por[1]	Propriedades, aplicações
H240LA H280LA	1.0480 1.0489	A	340 370	240...310 280...360	27 24	Tempo ilimitado	Podem ser transformadas a frio, soldadas, a superfície pode ser pintada; peças de chapa transformadas, sujeitas a altas solicitações
H320LA H360LA H400LA	1.0548 1.0550 1.0556	A	400 430 460	320...410 360...460 400...500	22 20 18	Tempo ilimitado	
Formas de entrega (valores de referência)	Espessuras da chapa: 0,25 – 0,35 – 0,4 – 0,5 – 0,6 – 0,7 – 0,8 – 0,9 – 1,0 – 1,2 – 1,5 – 2,0 – 2,5 – 3,0 mm Dimensões da chapa de metal: 1000 x 2000 mm, 1250 x 2500 mm, 1500 x 3000 mm, 2000 x 6000 mm Tira (bobinas) com até aproximadamente 2000 mm de largura.						
Explicação	[1] Nos processos de transformação subsequentes, p. ex., embutimento profundo, não aparecem marcas de escoamento dentro do período especificado. O período de tempo se inicia na data de entrega acordada.						

Apresentação da superfície para larguras de laminação > 600 mm

Designação	Apresentação	Rugosidade média R_a	Designação	Apresentação	Rugosidade média R_a
b g	muito lisa lisa	$Ra \leq 0{,}4$ µm $Ra \leq 0{,}9$ µm	m r	fosca, embaciada rugosa	$Ra = 0{,}6...1{,}9$ µm $Ra > 1{,}6$ µm

⇒ **Chapa EN 10268 – H360LA – g:** Chapa de aço de microliga (H, LA → liga baixa), $R_{e\,min}$ = 360 N/mm², superfície lisa.

Chapa laminada a frio e a quente

Tira e chapa galvanizada em banho quente de aços macios para processamento a frio

Cf. DIN EN 10142 (2000-07)

Tipo de aço: Designação	Tipo de aço: Número de material	Garantia para valores de resistência[1]	Resistência à tração R_m N/mm²	Limite de elasticidade R_e N/mm²	Alongamento na ruptura A %	Livre de marcas de escoamento por[2]	Classe de qualidade para transformação a frio
DX51D+Z DX51D+ZF	1.0226+Z 1.0226+ZF	8 dias	270...500	–	22	1 mês	qualidade de dobradura a máquina
DX52D+Z DX52D+ZF	1.0350+Z 1.0350+ZF	8 dias	270...420	140...300	26	1 mês	Qualidade de elasticidade
DX53D+Z DX53D+ZF	1.0355+Z 1.0355+ZF	6 meses	270...380	140...260	30	6 meses	Qualidade de embutição profunda
DX54D+Z DX54D+ZF	1.0306+Z 1.0306+ZF	6 meses	270...350	140...220	36 34	6 meses	Qualidade de embutição profunda extra
DX56D+Z DX56D+ZF	1.0322+Z 1.0322+ZF	6 meses	270...350	120...180	39 37	6 meses	Qualidade de embutição profunda especial
Formas de entrega (valores de referência)	Espessuras da chapa: 0,25 – 0,35 – 0,4 – 0,5 – 0,6 – 0,7 – 0,8 – 0,9 – 1,0 – 1,2 – 1,5 – 2,0 – 2,5 – 3,0 mm Dimensões da chapa de metal: 1000 x 2000 mm, 1250 x 2500 mm, 1500 x 3000 mm, 2000 x 6000 mm Tira (bobinas) com até aproximadamente 2000 mm de largura						
Explicação	[1] Os valores para resistência à tração R_m, limite de elasticidade R_e e alongamento na ruptura A são garantidos apenas dentro do período especificado. O período de tempo é iniciado na data de entrega acordada. [2] Nos processos de transformação subsequentes, p. ex., embutimento profundo, não aparecem marcas de escoamento dentro do período especificado. O período de tempo se inicia na data de entrega acordada.						

Composição, propriedades e estruturas do revestimento

Designação	Composição, propriedades	Designação	Estrutura
+Z	Revestimentos de zinco puro, superfície com padrão de flor brilhante, proteção contra corrosão atmosférica	N M	Flores de zinco comuns, com tamanhos diferentes Flores de zinco pequenas
+ZF	Revestimento resistente à abrasão de liga zinco-ferro, superfície cinza fosca uniforme, resistente à corrosão como +Z	R	Superfície cinza fosca uniforme (informações de textura combinadas apenas com revestimento +ZF)

Tipo de superfície

Designação	Significado
A B C	Não são permitidos defeitos na superfície, ex.: pontos, estrias Superfície melhorada, comparada com A Melhor superfície e alta qualidade de pintura devem ser asseguradas em um lado da chapa
⇒	**Chapa EN 10142 – DX53D+ZF100-R-B:** Chapa de material DX53D, revestimento de liga de ferro-zinco com 100 g/m², cinza fosco uniforme (R) e superfície melhorada (B)

Chapas e tiras laminadas a quente

Cf. DIN EN 10051 (1997-11)

Materiais

Chapa e tira laminadas a quente, de acordo com DIN EN 10051 são fabricadas a partir de vários grupos de aços , por exemplo:

Grupo de aço, designação	Norma	Página
Aços estruturais Aços cementados Aços refinados	DIN EN 10025 DIN EN 10084 DIN EN 10083	130 132 133
Aços estruturais soldáveis de grão fino Aços estruturais refináveis , alto limite de elasticidade	DIN EN 10113 DIN EN 10137	131 131
Aços inoxidáveis Aços para vasos de pressão	DIN EN 10088 DIN EN 10028	136 –

As propriedades e as aplicações dos aços correspondem às indicações feitas nas páginas indicadas.

Formas de entrega (valores de referência)	Espessura da chapa: 0,5 – 1,0 – 1,5 – 2,0 – 2,5 – 3,0 – 3,5 – 4,0 – 4,5 – 5,0 – 6,0 – 8,0 – 10,0 – 12,0 – 15,0 – 18,0 – 20,0 – 25,0 mm. Dimensões da chapa e da tira, ver DIN EN 10142.
⇒	**Chapa EN 10051 – 2, 0 x 1200 x 2500:** Espessura da chapa 2,0 mm, dimensões da chapa 1200 x 2500 mm **Aço EN 10083-1 – 34Cr4:** Aço-liga refinado 34Cr4

Tubos para a engenharia mecânica, Tubos de aço de precisão

Tubo sem costura para construção de máquina (seleção)

Cf. DIN EN 10297 (2003-06)

d diâmetro externo
s espessura da parede
S área transversal
m' massa por unidade de comprimento
W_x momento axial de resistência
I_x momento axial de inércia geométrico

d x *s*	*S* cm²	*m'* kg/m	W_x cm³	I_x cm⁴	*d* x *s*	*S* cm²	*m'* kg/m	W_x cm³	I_x cm⁴
26,9 x 2,3	1,78	1,40	1,01	1,36	54 x 5,0	7,70	6,04	8,64	23,34
26,9 x 2,6	1,98	1,55	1,10	1,48	54 x 8,0	11,56	9,07	11,67	31,50
26,9 x 3,2	2,38	1,87	1,27	1,70	54 x 10,0	13,82	10,85	13,03	35,18
35 x 2,6	2,65	2,08	2,00	3,50	60,3 x 8	13,14	10,31	15,25	45,99
35 x 4,0	3,90	3,06	2,72	4,76	60,3 x 10	15,80	12,40	17,23	51,95
35 x 6,3	5,68	4,46	3,50	6,13	60,3 x 12,5	18,77	14,73	19,00	57,28
40 x 4	4,52	3,55	3,71	7,42	70 x 8	15,58	12,23	21,75	76,12
40 x 5	5,50	4,32	4,30	8,59	70 x 12,5	22,58	17,73	27,92	97,73
40 x 8	8,04	6,31	5,47	10,94	70 x 16	27,14	21,30	30,75	107,6
44,5 x 4	5,09	4,00	4,74	10,54	82,5 x 8	18,72	14,70	31,85	131,4
44,5 x 5	6,20	4,87	5,53	12,29	82,5 x 12,5	27,49	21,58	42,12	173,7
44,5 x 8	9,17	7,20	7,20	16,01	82,5 x 20	39,27	30,83	51,24	211,4
51 x 5	7,23	5,68	7,58	19,34	88,9 x 10	24,79	19,46	44,09	196,0
51 x 8	10,81	8,49	10,13	25,84	88,9 x 16	36,64	28,76	57,40	255,2
51 x 10	12,88	10,11	11,25	28,68	88,9 x 20	43,29	33,98	62,66	278,6

Material, condição de recozimento	Grupo de aço	Tipo de aço, exemplos	Condição de recozimento[1]
	Aços-carbono para máquinas	E235, E275, E315	+AR ou +N
	Aços-liga para máquinas	E355K2, E420J2	+N
	Aços-carbono refinados	C22E, C45E, C60E	+N ou +QT
	Aços-liga refinados	41Cr4, 42CrMo4	+QT
	Aços-carbono e de liga cementados	C10E, C15E, 16MnCr5	+A ou +N
	Para propriedades e aplicações dos aços, ver páginas 126 e 127		

Tubo de aço de precisão,estirado e sem costura (seleção)

Cf. DIN EN 10297 (2003-06)

d diâmetro externo
s espessura da parede
S área transversal
m' massa por unidade de comprimento
W_x momento axial de resistência
I_x momento axial de inércia geométrico

d x *s*	*S* cm²	*m'* kg/m	W_x cm³	I_x cm⁴	*d* x *s*	*S* cm²	*m'* kg/m	W_x cm³	I_x cm⁴
10 x 1	0,28	0,22	0,06	0,03	35 x 3	3,02	2,37	2,23	3,89
10 x 1,5	0,40	0,31	0,07	0,04	35 x 5	4,71	3,70	3,11	5,45
10 x 2	0,50	0,39	0,09	0,04	35 x 8	5,53	4,34	2,53	3,79
12 x 1	0,35	0,27	0,09	0,05	40 x 4	4,52	3,55	3,71	7,42
12 x 1,5	0,49	0,38	0,12	0,07	40 x 5	5,50	4,32	4,30	8,59
12 x 2	0,63	0,49	0,14	0,08	40 x 8	8,04	6,31	5,47	10,94
15 x 2	0,82	0,64	0,24	0,18	50 x 5	7,07	5,55	7,25	18,11
15 x 2,5	0,98	0,77	0,27	0,20	50 x 8	10,56	8,29	9,65	24,12
15 x 3	1,13	0,89	0,29	0,22	50 x 10	12,57	9,87	10,68	26,70
20 x 2,5	1,37	1,08	0,54	0,54	60 x 5	8,64	6,78	10,98	32,94
20 x 4	2,01	1,58	0,68	0,68	60 x 8	13,07	10,26	15,07	45,22
20 x 5	2,36	1,85	0,74	0,74	60 x 10	15,71	12,33	17,02	51,05
25 x 2,5	1,77	1,39	0,91	1,13	70 x 5	10,21	8,01	15,50	54,24
25 x 5	3,14	2,46	1,34	1,67	70 x 10	18,85	14,80	24,91	87,18
25 x 6	3,58	2,81	1,42	1,78	70 x 12	21,87	17,17	27,39	95,88
30 x 3	2,54	1,99	1,56	2,35	80 x 8	18,10	14,21	29,68	118,7
30 x 5	3,93	3,08	2,13	3,19	80 x 10	21,99	17,26	34,36	137,4
30 x 6	4,52	3,55	2,31	3,46	80 x 16	32,17	25,25	43,75	175,0

Material, superfície, condição de recozimento	Grupo de aço	Superfícies	Condição de recozimento[1]
	Aços-carbono estruturais Aços de corte livre, Aços refinados	Tubos com superfícies interiores e exteriores lisas, Rugosidade da superfície $Ra \leq 0{,}4$ µm	+C ou +A ou +N
	Para propriedades e aplicações dos aços, ver páginas 126 e 127		
Explicação	[1] +A recozimento doce +AR estado depois da transformação a quente +C laminado a frio +N recozido normal +QT refinado		

Perfis de aço laminados a quente

Seção transversal	Designação, dimensões	Norma, página	Seção transversal	Designação, dimensões	Norma, página
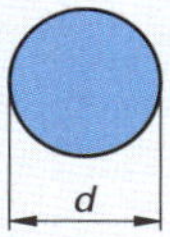 d	**Barra de aço redonda** $d = 8...200$	DIN EN 10060, página 144	 h	**Perfil Z de aço** $h = 30...200$	DIN 1027
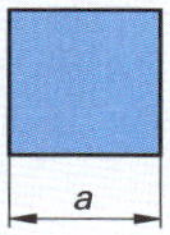 a	**Barra de aço quadrada** $a = 8...120$	DIN EN 10059, página 144	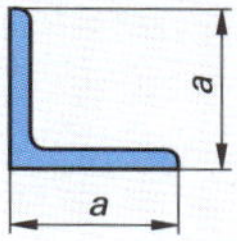 a, a	**Perfil L de aço** Ângulo com lados iguais $a = 20...250$	DIN EN 10056-1 página 148
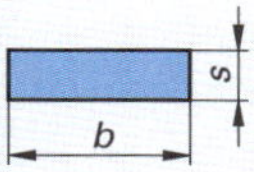 b, s	**Barra de aço chata** $b \times s = 10 \times 5...150 \times 60$	DIN EN 10058, página 144	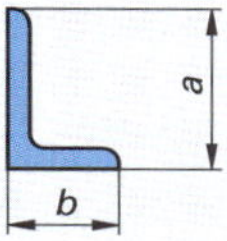 a, b	**Perfil L de aço** Ângulo com lados desiguais $a \times b =$ $30 \times 20...200 \times 150$	DIN EN 10056-1 página 147
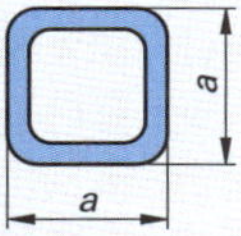 a, a	**Tubo quadrado** $a = 40...400$	DIN EN 10210-2, página 151	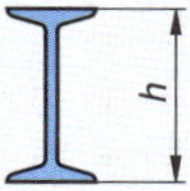 h	**Viga I estreita** Série I $h = 80...160$	DIN 1025-1 página 150
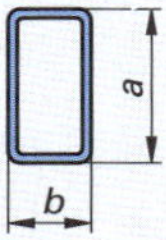 a, b	**Tubo retangular** $a \times b =$ $50 \times 25...500 \times 300$	DIN EN 10210-2, página 151	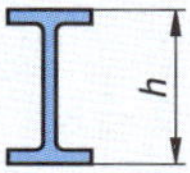 h	**Viga I de largura média** Série IPE $h = 80...600$	DIN 1025-5 página 149
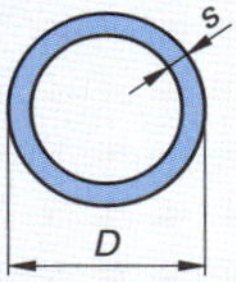 s, D	**Tubo circular** $D \times s =$ $21{,}3 \times 2{,}3...1219 \times 25$	DIN EN 10210-1	 h	**Viga I larga** Série IPB[1] $h = 100...1000$	DIN 1025-5 página 149
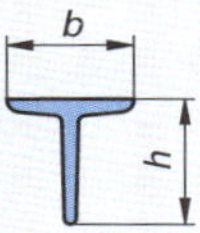 b, h	**Perfil T de aço com braços iguais** $b = h = 30...140$	DIN EN 10055, página 146	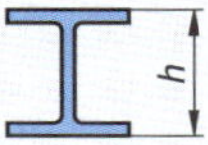 h	**Viga I larga** Série IPBI[1] $h = 100...1000$	**DIN 1025-2**
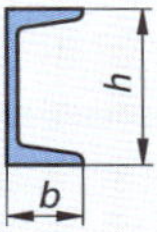 h, b	**Perfil U de aço** $h = 30...400$	DIN EN 1026-1 página 146	 h	**Viga I larga** Série IPBv[1] $h = 100...1000$	DIN 1025-4

[1] De acordo com EN (norma europeia) 53-62: IPB = HE para B, IPBI = HE para A, IPBv = HE para M

Barra de aço laminada a quente

Barra de aço redonda laminada a quente

Cf. DIN EN 10060 (2004-02), substitui DIN 1013-1

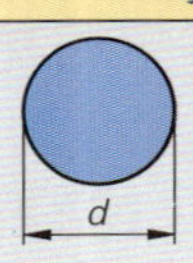

Material: Aço-carbono estrutural de acordo com DIN 10025 ou aço refinado de acordo com DIN 10083

Tipo de entrega: Comprimentos de fabricação (M) = ≥ 3 m < 13 m, comprimentos normais (F) ≤ 13 m ± 100 mm, comprimentos de precisão (E) < 6 m ± 25 mm, ≥ 6 m < 13 m ± 50 mm

Diâmetro *d* em mm	10 – 12 – 13 – 14 – 15 – 16 – 18 – 19 – 20 – 22 – 24 – 25 – 26 – 27 – 28 – 30 – 32 – 35 – 36 – 38 – 40 – 42 – 45 – 48 – 50 – 52 – 55 – 60 – 63 – 65 – 70 – 73 – 75 – 80 – 85 – 90 – 95 – 100 – 105 – 110 – 115 – 120 – 125 – 130 – 135 – 140 – 145 – 150 – 155 – 160 – 165 – 170 – 175 – 180 – 190 – 200 – 220 – 250

Diâmetro *d* em mm	Limites de tolerância em mm	Diâmetro *d* em mm	Limites de tolerância em mm	Diâmetro *d* em mm	Limites de tolerância em mm	Diâmetro *d* em mm	Limites de tolerância em mm
10...15	± 0,4	36...50	± 0,8	105...120	± 1,5	220	± 3,0
16...25	± 0,5	52...80	± 1,0	125...160	± 2,0	250	± 4,0
26...35	± 0,6	85...100	± 1,3	165...200	± 2,5		

⇒ **Barra de aço redonda EN 10060 – 40 x 6000 F aço EN 10015-S235JR:** barra de aço redonda laminada a quente, *d* = 40 mm, comprimento normal 6000 mm, feita de S235JR

Barra de aço quadrada laminada a quente

Cf. DIN EN 10059 (2004-02), substitui DIN 1014-1

Material: Aço-carbono estrutural de acordo com DIN 10025

Tipo de entrega: Comprimentos de fabricação (M) = ≥ 3 m < 13 m, comprimentos normais (F) ≤ 13 m ± 100 mm, comprimentos de precisão (E) < 6 m ± 25 mm, ≥ 6 m < 13 m ± 50 mm

Comprimento do lado *a* em mm	8 – 10 – 12 – 13 – 14 – 15 – 16 – 18 – 20 – 22 – 24 – 25 – 26 – 28 – 30 – 32 – 35 – 40 – 45 – 50 – 55 – 60 – 65 – 70 – 75 – 80 – 90 – 100 – 110 – 120 – 130 – 140 – 150

Comprimento do lado *a* em mm	Limites de tolerância em mm	Comprimento do lado a em mm	Limites de tolerância em mm	Comprimento do lado a em mm	Limites de tolerância em mm	Comprimento do lado a em mm	Limites de tolerância em mm
8...14	± 0,4	26...35	± 0,6	55...90	± 1,0	110...120	± 1,5
15...25	± 0,5	40...50	± 0,8	100	± 1,3	130...150	± 1,8

⇒ **Barra de aço quadrada EN 10059 – 60 x 6000 F aço EN 10015-S235JR:** barra de aço quadrada laminada a quente, a = 60 mm, comprimento normal 6000 mm, feita de S235JR

Barra de aço chata laminada a quente

Cf. DIN EN 10058 (2004-02), substitui DIN 1017-1

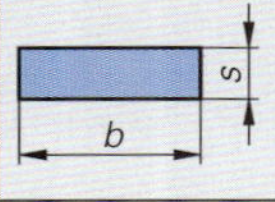

Material: Aço carbono estrutural de acordo com DIN 10025

Tipo de entrega: Comprimentos de fabricação (M) = ≥ 3 m < 13 m, comprimentos normais (F) ≤ 13 m ± 100 mm, comprimentos de precisão (E) < 6 m ± 25 mm, ≥ 6 m < 13 m ± 50 mm

Largura nominal *b* em mm	10 – 12 – 15 – 16 – 20 – 25 – 30 – 35 – 40 – 45 – 50 – 60 – 70 – 80 – 90 – 100 – 120 – 150
Espessura nominal *s* em mm	5 – 6 – 8 – 10 – 12 – 15 – 20 – 25 – 30 – 35 – 40 – 50 – 60 – 80

Desvios permitidos da largura *b*

Largura nominal *b* em mm	Limites de tolerância em mm	Largura nominal b em mm	Limites de tolerância em mm	Largura nominal b em mm	Limites de tolerância em mm
10...40	± 0,75	85...100	± 1,5	150	± 2,5
45...80	± 1,0	120	± 2,0		

Desvios permitidos da espessura nominal *s*

Espessura nominal *s* em mm	Limites de tolerância em mm	Espessura nominal *s* em mm	Limites de tolerância em mm	Espessura nominal *s* em mm	Limites de tolerância em mm
5...20	± 0,5	25...40	± 1,0	50...80	± 1,5

⇒ **Barra de aço chata EN 10058 – 20 x 5 x 6000 F aço EN 10015-S235JR:** barra de aço chata laminada a quente, *b* = 20 mm, *s* = 5 mm comprimento normal 6000 mm, feita de S235JR

Barras de aço, brilhantes

Dimensões comuns de barras de aço brilhantes (seleção)

Designação	Dimensões nominais											
Barra de aço retangular	Largura *b*, altura *h* em mm											
	b	*h*	*b*	*h*	*b*	*h*	*b*	*h*	*b*	*h*	*b*	*h*
	5	2...3	12	2...10	18	2...12	28	2...20	45	2...32	70	4...40
	6	2...4	14	2...10	20	2...16	32	2...25	50	2...32	80	5...25
	8	2...6	15	2...12	22	2...12	36	2...20	56	3...32	90	5...25
	10	2...8	16	2...12	25	2...20	40	2...32	63	3...40	100	5...25
	Espessuras nominais *h* em mm: 2 – 2,5 – 3 – 4 – 5 – 6 – 8 – 10 – 12 – 15 – 16 – 20 – 25 – 30 – 32 – 35 – 40											

Designação	Comprimento do lado *a* em mm								
Barra de aço quadrada	4	6	9	12	16	22	36	50	80
	4,5	7	10	13	18	25	40	63	100
	5	8	11	14	20	28	45	70	

Designação	Comprimento do lado *s* em mm								
Barra de aço sextavada	2	4	7	12	17	27	41	65	
	2,5	4,5	8	13	19	30	46	70	90
	3	5	9	14	21	32	50	75	95
	3,2	5,5	10	15	22	36	55	80	100
	3,5	6	11	16	24	38	60	85	

Designação	Diâmetro *d* em mm								
Barra de aço redonda	2,5	6,5	11	19	27	38	58	90	160
	3	7	12	20	28	40	60	100	180
	3,5	7,5	13	21	29	42	63	110	200
	4	8	14	22	30	45	65	120	
	4,5	8,5	15	23	32	48	70	125	
	5	9	16	24	34	50	75	130	
	5,5	9,5	17	25	35	52	80	140	
	6	10	18	26	36	55	85	150	

Barra de aço redonda polida	Diâmetros entregues normalmente	1 mm a 13 mm	> 13 mm a 25 mm	> 25 mm a 50 mm
	Graduação de diâmetro usual	0,5 mm	1 mm	5 mm

Estados na entrega

Cf. DIN EN 10278 (1999-12)

estirado	Código	+C	+SH	+SL	+PL
	Acabamento	estiramento a frio	descascada	esmerilhado	polido

Grupos de material e estados na entrega associados

Cf. DIN EN 10277 (1999-12)

Grupos de material	Estados na entrega[1]							
	+SH	+C	+C +QT	+QT +C	+A +SH	+A +C	+FP +SH	+FP +C
Aços para uso geral em engenharia	•	•						
Aços de corte livre	•	•						
Aços de corte livre cementados	•	•						
Aços de corte livre refinados	•	•	•	•				
Aços-carbono cementados	•	•			•	•		
Aços de liga cementados					•	•	•	•
Aços-carbono refinados	•	•	•	•				
Aços de liga refinados			•	•	•	•		

[1] Explicação nas páginas 124 e 125

Tipos de comprimentos e limites de tolerância do comprimento

Cf. DIN EN 10277 (1999-12)

Tipo de comprimento	Comprimento em mm	Limites de tolerância em mm	Informações de pedido
Comprimento fabricado	3000...9000	± 500	comprimento
Comprimento de armazenagem	3000...6000	0/+200	ex.: comprimento de armazenagem 6000
Comprimento de precisão	até 9000	acordados, no mínimo ± 5	comprimento e limites de tolerância

Perfis de aço: T e U

Perfil T com braços iguais, laminado a quente

Cf. DIN EN 10055 (1995-12)

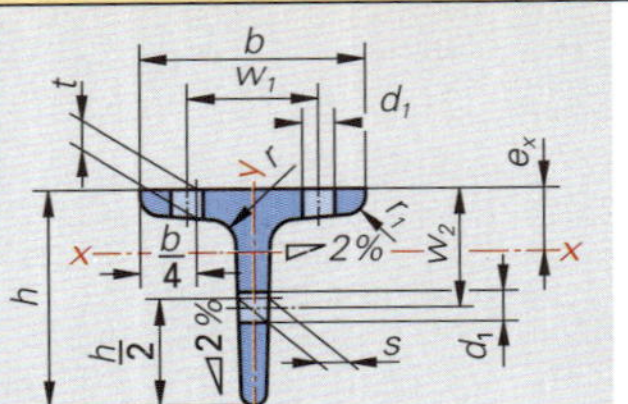

S área transversal
I momento de inércia geométrico
W momento de resistência axial
m' massa por unidade de comprimento

Material: Aço carbono estrutural DIN EN 10025, ex.: S235JR

Tipo de entrega: Comprimentos para pedido com limites de tolerância usuais de ± 100 mm ou com limites de tolerância mais estreitos ± 50 mm, ± 25 mm, ± 10 mm

$$r = s$$

$$r_1 = \frac{s}{2}$$

Designação T	Dimensões em mm $b = h$	$s = t$	S cm²	m' kg/m	Distância do eixo x e_x cm	Para o eixo de flexão x – x I_x cm⁴	W_x cm³	y – y I_y cm⁴	W_y cm³	Medidas para marcação DIN 997 w_1 mm	w_2 mm	d_1 mm
30	30	4	2,26	1,77	0,85	1,72	0,80	0,87	0,58	17	17	4,3
35	35	4,5	2,97	2,33	0,99	3,10	1,23	1,04	0,90	19	19	4,3
40	40	5	3,77	2,96	1,12	5,28	1,84	2,58	1,29	21	22	6,4
50	50	6	5,66	4,44	1,39	12,1	3,36	6,06	2,42	30	30	6,4
60	60	7	7,94	6,23	1,66	23,8	5,48	12,2	4,07	34	35	8,4
70	70	8	10,6	8,23	1,94	44,4	8,79	22,1	6,32	38	40	11
80	80	9	13,6	10,7	2,22	73,7	12,8	37,0	9,25	45	45	11
100	100	11	20,9	16,4	2,74	179	24,6	88,3	17,7	60	60	13
120	120	13	29,6	23,2	3,28	366	42,0	179	29,7	70	70	17
140	140	15	39,9	31,3	3,80	660	64,7	330	47,2	80	75	21

⇒ **Perfil T EN 10055 – T50 – S235JR:** T de aço, h = 50 mm, de S235JR

Perfil U de aço, laminado a quente

Cf. DIN EN 1026-1 (2000-03)

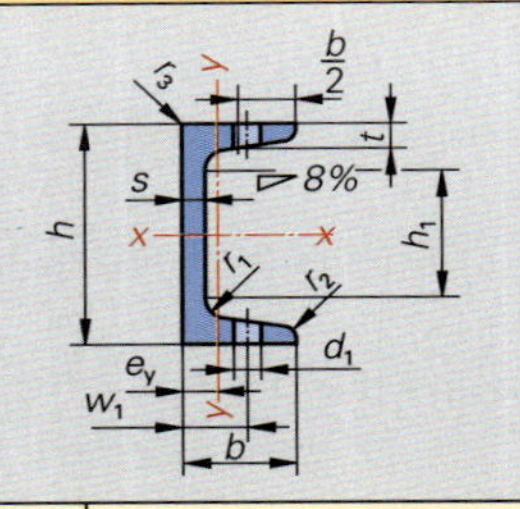

S área transversal
I momento de inércia geométrico (2º grau)
W momento de resistência axial
m' massa por unidade de comprimento

Material: Aço-carbono estrutural DIN EN 10025, ex.: S235J0

Tipo de entrega: Comprimentos fabricados 3 m a 25 m, comprimentos normais de até 15 m ± 50 mm, ângulo de inclinação em $h \leq$ 300 mm: 8%; $h >$ 300 mm: 5%

$$r_1 = t$$

$$r_2 \approx \frac{t}{2}$$

$$r_3 \leq 0,3 \cdot t$$

Designação U	Dimensões em mm h	b	s	t	h_1	S cm²	m' kg/m	Distância ao eixo y e_y cm	Para eixo de flexão x – x I_x cm⁴	W_x cm³	y – y I_y cm⁴	W_y cm³	Medidas para marcação DIN 997 w_1 mm	d_1 mm
30 x 15	30	15	4	4,5	12	2,21	1,74	0,52	2,53	1,69	0,38	0,39	10	4,3
30	30	33	5	7	10	5,44	4,27	1,31	6,39	4,26	5,33	2,68	20	8,4
40 x 20	40	20	5	5,5	18	3,66	2,87	0,67	7,58	3,97	1,14	0,86	11	6,4
40	40	35	5	7	11	6,21	4,87	1,33	14,1	7,05	6,68	3,08	20	8,4
50 x 25	50	25	5	6	25	4,92	3,86	0,81	16,8	6,73	2,49	1,48	16	8,4
50	50	38	5	7	20	7,12	5,59	1,37	26,4	10,6	9,12	3,75	20	11
60	60	30	6	6	35	6,46	5,07	0,91	31,6	10,5	4,51	2,16	18	8,4
80	80	45	6	8	46	11,0	8,64	1,45	106	26,5	19,4	6,36	25	13
100	100	50	6	8,5	64	13,5	10,6	1,55	206	41,2	29,3	8,49	30	13
120	120	55	7	9	82	17,0	13,4	1,60	364	60,7	43,2	11,1	30	17
160	160	65	7,5	10,5	115	24,0	18,8	1,84	925	116	85,3	18,3	35	21
200	200	75	8,5	11,5	151	32,2	25,3	2,01	1 910	191	148	27,0	40	23
260	260	90	10	14	200	48,3	37,9	2,36	4 820	371	317	47,7	50	25
300	300	100	10	16	232	58,8	46,2	2,70	8 030	535	495	67,8	55	28
350	350	100	14	17,5	276	77,3	60,6	2,40	12 840	734	570	75,0	58	28
400	400	110	14	18	324	91,5	71,8	2,65	20 350	1020	846	102	60	28

⇒ **Canal DIN 1026 – U100 – S235J0:** Perfil U aço, h = 100 mm, de S235J0

Perfil L – Aços em ângulo reto

Perfil L com lados diferentes, laminado a quente

Cf. DIN EN 10056 (1998-10)

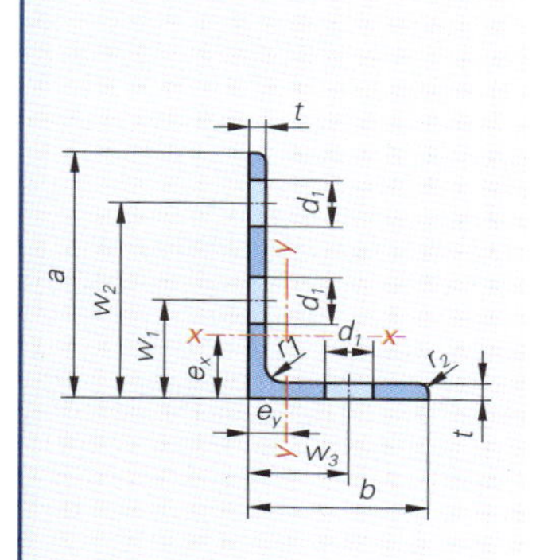

S área transversal

I momento de inércia geométrico (2º grau)

W momento de resistência axial

m' massa por unidade de comprimento

Material: Aço-carbono estrutural DIN EN 10025, ex.: S235J0

Tipo de entrega: De 30 x 20 x 3 a 200 x 150 x 15, em comprimentos fabricados ≥ 6m < 12 m, comprimentos normais ≥ 6 m < 12 m ± 100 mm

$r_1 \approx t$

$r_2 \approx \frac{t}{2}$

Designação	Dimensões em mm					Distâncias dos eixos		Para eixo de flexão x–x		y–y		Medidas para marcação DIN 997			
L	a	b	t	S cm²	m' kg/m	e_x cm	e_y cm	I_x cm⁴	W_x cm³	I_y cm⁴	W_y cm³	w_1 mm	w_2 mm	w_3 mm	d_1 mm
30 x 20 x 3	30	20	3	1,43	1,12	0,99	0,50	1,25	0,62	0,44	0,29	17	–	12	8,4
30 x 20 x 4	30	20	4	1,86	1,46	1,03	0,54	1,59	0,81	0,55	0,38	17	–	12	8,4
40 x 20 x 4	40	20	4	2,26	1,77	1,47	0,48	3,59	1,42	0,60	0,39	22	–	12	11
40 x 25 x 4	40	25	4	2,46	1,93	1,36	0,62	3,89	1,47	1,16	0,69	22	–	15	11
45 x 30 x 4	45	30	4	2,87	2,25	1,48	0,74	5,78	1,91	2,05	0,91	25	–	17	13
50 x 30 x 5	50	30	5	3,78	2,96	1,73	0,74	9,36	2,86	2,51	1,11	30	–	17	13
60 x 30 x 5	60	30	5	4,28	3,36	2,17	0,68	15,6	4,07	2,63	1,14	35	–	17	17
60 x 40 x 5	60	40	5	4,79	3,76	1,96	0,97	17,2	4,25	6,11	2,02	35	–	22	17
60 x 40 x 6	60	40	6	5,68	4,46	2,00	1,01	20,1	5,03	7,12	2,38	35	–	22	17
65 x 50 x 5	65	50	5	5,54	4,35	1,99	1,25	23,2	5,14	11,9	3,19	35	–	30	21
70 x 50 x 6	70	50	6	6,89	5,41	2,23	1,25	33,4	7,01	14,2	3,78	40	–	30	21
75 x 50 x 6	75	50	6	7,19	5,65	2,44	1,21	40,5	8,01	14,4	3,81	40	–	30	21
75 x 50 x 8	75	50	8	9,41	7,39	2,52	1,29	52,0	10,4	18,4	4,95	40	–	30	23
80 x 40 x 6	80	40	6	6,89	5,41	2,85	0,88	44,9	8,73	7,59	2,44	45	–	22	23
80 x 40 x 8	80	40	8	9,01	7,07	2,94	0,96	57,6	11,4	9,61	3,16	45	–	22	23
80 x 60 x 7	80	60	7	9,38	7,36	2,51	1,52	59,0	10,7	28,4	6,34	45	–	35	23
100 x 50 x 6	100	50	6	8,71	6,84	3,51	1,05	89,9	13,8	15,4	3,89	55	–	30	25
100 x 50 x 8	100	50	8	11,4	8,97	3,60	1,13	116	18,2	19,7	5,08	55	–	30	25
100 x 65 x 7	100	65	7	11,2	8,77	3,23	1,51	113	16,6	37,6	7,53	55	–	35	25
100 x 65 x 8	100	65	8	12,7	9,94	3,27	1,55	127	18,9	42,2	8,54	55	–	35	25
100 x 65 x 10	100	65	10	15,6	12,3	3,36	1,63	154	23,2	51,0	10,5	55	–	35	25
100 x 75 x 8	100	75	8	13,5	10,6	3,10	1,87	133	19,3	64,1	11,4	55	–	40	25
100 x 75 x 10	100	75	10	16,6	13,0	3,19	1,95	162	23,8	77,6	14,0	55	–	40	25
100 x 75 x 12	100	75	12	19,7	15,4	3,27	2,03	189	28,0	90,2	16,5	55	–	40	25
120 x 80 x 8	120	80	8	15,5	12,2	3,83	1,87	226	27,6	80,8	13,2	50	80	45	25
120 x 80 x 10	120	80	10	19,1	15,0	3,92	1,95	276	34,1	98,1	16,2	50	80	45	25
120 x 80 x 12	120	80	12	22,7	17,8	4,00	2,03	323	40,4	114	19,1	50	80	45	25
125 x 75 x 8	125	75	8	15,5	12,2	4,14	1,68	247	29,6	67,6	11,6	50	–	40	25
125 x 75 x 10	125	75	10	19,1	15,0	4,23	1,76	302	36,5	82,1	14,3	50	–	40	25
125 x 75 x 12	125	75	12	22,7	17,8	4,31	1,84	354	43,2	95,5	16,9	50	–	40	25
135 x 65 x 8	135	65	8	15,5	12,2	4,78	1,34	291	33,4	45,2	8,75	50	–	35	25
135 x 65 x 10	135	65	10	19,1	15,0	4,88	1,42	356	41,3	54,7	10,8	50	–	35	25
150 x 75 x 9	150	75	9	19,6	15,4	5,26	1,57	455	46,7	77,9	13,1	60	105	40	28
150 x 75 x 10	150	75	10	21,7	17,0	5,30	1,61	501	51,6	85,6	14,5	60	105	40	28
150 x 75 x 12	150	75	12	25,7	20,2	5,40	1,69	588	61,3	99,6	17,1	60	105	40	28
150 x 75 x 15	150	75	15	31,7	24,8	5,52	1,81	713	75,2	119	21,0	60	105	40	28

⇒ **Perfil L EN 10056-1 – 65 x 50 x 5 – S235J0:** Aço em ângulo com lados diferentes, a = 65 mm, b = 50 mm, t = 5 mm, de S235J0

Perfil L – Aços em ângulo reto

Aços em ângulo reto, lados iguais, laminado a quente

Cf. DIN EN 10056 (1998-10)

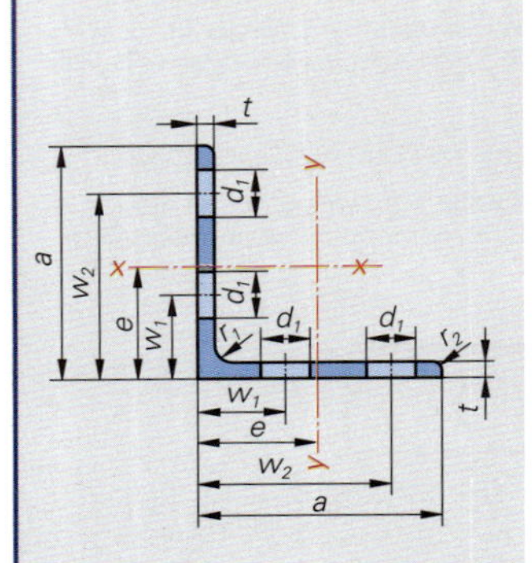

S área transversal
I momento de inércia geométrico (2º grau)
W momento de resistência axial
m' massa por unidade de comprimento

Material: Aço-carbono estrutural DIN EN 10025, ex.: S235J0

Tipo de entrega: De 20 x 20 x 3 a 200 x 250 x 35, em comprimentos fabricados ≥ 6m < 12 m, comprimentos normais ≥ 6 m < 12 m ± 100 mm

$r_1 \approx t$

$r_2 \approx \frac{t}{2}$

Designação L	Dimensões em mm a	t	S cm²	m' kg/m	Distâncias dos eixos e cm	Para o eixo de flexão x – x $I_x = I_y$ cm⁴	y – y $W_x = W_y$ cm³	Medidas para a marcação DIN 997 w_1 mm	w_2 mm	d_1 mm
20 x 20 x 3	20	3	1,12	0,882	0,598	0,39	0,28	12	–	4,3
25 x 25 x 3	25	3	1,42	1,12	0,723	0,80	0,45	15	–	6,4
25 x 25 x 4	25	4	1,85	1,45	0,762	1,02	0,59	15	–	6,5
30 x 30 x 3	30	3	1,74	1,36	0,835	1,40	0,65	17	–	8,4
30 x 30 x 4	30	4	2,27	1,78	0,878	1,80	0,85	17	–	8,4
35 x 35 x 4	35	4	2,67	2,09	1,00	2,95	1,18	18	–	11
40 x 40 x 4	40	4	3,08	2,42	1,12	4,47	1,55	22	–	11
40 x 40 x 5	40	5	3,79	2,97	1,16	5,43	1,91	22	–	11
45 x 45 x 4,5	45	4,5	3,90	3,06	1,25	7,14	2,20	25	–	13
50 x 50 x 4	50	4	3,89	3,06	1,36	8,97	2,46	30	–	13
50 x 50 x 5	50	5	4,80	3,77	1,40	11,0	3,05	30	–	13
50 x 50 x 6	50	6	5,69	4,47	1,45	12,8	3,61	30	–	13
60 x 60 x 5	60	5	5,82	4,57	1,64	19,4	4,45	35	–	17
60 x 60 x 6	60	6	6,91	5,42	1,69	22,8	5,29	35	–	17
60 x 60 x 8	60	8	9,03	7,09	1,77	29,2	6,89	35	–	17
65 x 65 x 7	65	7	8,70	6,83	1,85	33,4	7,18	35	–	21
70 x 70 x 6	70	6	8,13	6,38	1,93	36,9	7,27	40	–	21
70 x 70 x 7	70	7	9,40	7,38	1,97	42,3	8,41	40	–	21
75 x 75 x 6	75	6	8,73	6,85	2,05	45,8	8,41	40	–	23
75 x 75 x 8	75	8	11,4	8,99	2,14	59,1	11,0	40	–	23
80 x 80 x 8	80	8	12,3	9,63	2,26	72,2	12,6	45	–	23
80 x 80 x 10	80	10	15,1	11,9	2,34	87,5	15,4	45	–	23
90 x 90 x 7	90	7	12,2	9,61	2,45	92,6	14,1	50	–	25
90 x 90 x 8	90	8	13,9	10,9	2,50	104	16,1	50	–	25
90 x 90 x 9	90	9	15,5	12,2	2,54	116	17,9	50	–	25
90 x 90 x 10	90	10	17,1	13,4	2,58	127	19,8	50	–	25
100 x 100 x 8	100	8	15,5	12,2	2,74	145	19,9	55	–	25
100 x 100 x 10	100	10	19,2	15,0	2,82	177	24,6	55	–	25
100 x 100 x 12	100	12	22,7	17,8	2,90	207	29,1	55	–	25
120 x 120 x 10	120	10	23,2	18,2	3,31	313	36,0	50	80	25
120 x 120 x 12	120	12	27,5	21,6	3,40	368	42,7	50	80	25
130 x 130 x 12	130	12	30,0	23,6	3,64	472	50,4	50	90	25
150 x 150 x 10	150	10	29,3	23,0	4,03	624	56,9	60	105	28
150 x 150 x 12	150	12	34,8	27,3	4,12	737	67,7	60	105	28
150 x 150 x 15	150	15	43,0	33,8	4,25	898	83,5	60	105	28

⇒ **Perfil L EN 10056-1 – 70 x 70 x 7 – S235J0:** Aço em ângulo reto com lados iguais, *a* = 70 mm, *t* = 7 mm, de S235J0

Vigas I largas e de largura média

Vigas I de largura média (IPE), com superfícies de flange paralelas, laminadas a quente — Cf. DIN 1025-5 (1995-03)

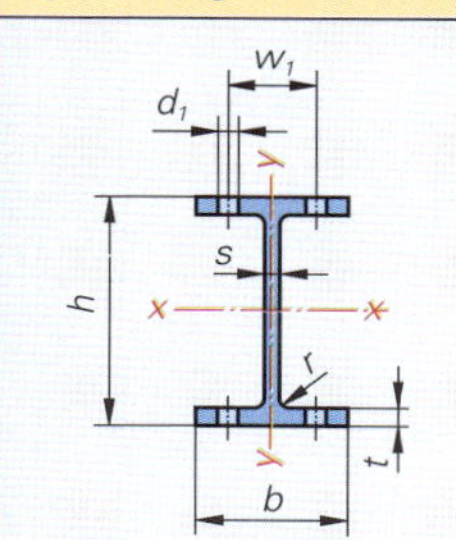

S área transversal
I momento de inércia geométrico (2 º grau)
W momento de resistência axial
m' massa por unidade de comprimento

Material: Aço carbono estrutural DIN EN 10025, ex.: S235JR

Tipo de entrega: Comprimentos padrão, 8 m a 16 m ± 50 mm com h < 300 mm
8 m a 18 m ± 50 mm com *h* ≥ 300 mm

Designação IPE	*h* (mm)	*b* (mm)	*s* (mm)	*t* (mm)	*r* (mm)	*S* cm²	*m'* kg/m	I_x cm⁴ (x – x)	W_x cm³ (x – x)	I_y cm⁴ (y – y)	W_y cm³ (y – y)	w_1 mm (DIN 997)	d_1 mm (DIN 997)
80	80	46	3,8	5,2	5	7,64	6,0	80,1	20,0	8,5	3,7	26	6,4
100	100	55	4,1	5,7	7	10,3	8,1	171	34,2	15,9	5,8	30	8,4
120	120	64	4,4	6,3	7	13,2	10,4	318	53,0	27,7	8,7	36	8,4
140	140	73	4,7	6,9	7	16,4	12,9	541	77,3	44,9	12,3	40	11
160	160	82	5,0	7,4	9	20,1	15,8	869	109	68,3	16,7	44	13
180	180	91	5,3	8,0	9	23,9	18,8	1320	146	101	22,2	50	13
200	200	100	5,6	8,5	12	28,5	22,4	1940	194	142	28,5	56	13
220	220	110	5,9	9,2	12	33,4	26,2	2770	252	205	37,3	60	17
240	240	120	6,2	9,8	15	39,1	30,7	3890	324	284	47,3	68	17
270	270	135	6,6	10,2	15	45,9	36,1	5790	429	420	62,2	72	21
300	300	150	7,1	10,7	15	53,8	42,2	8360	557	604	80,5	80	23
330	330	160	7,5	11,5	18	62,6	49,1	11770	713	788	98,5	86	25
360	360	170	8,0	12,7	18	72,7	57,1	16270	904	1040	123	90	25
400	400	180	8,6	13,5	21	84,5	66,3	23130	1160	1320	146	96	28
450	450	190	9,4	14,6	21	98,8	77,6	33740	1500	1680	176	106	28
500	500	200	10,2	16,0	21	116	90,7	48200	1930	2140	214	110	28
550	550	210	11,1	17,2	24	134	106	67120	2440	2670	254	120	28
600	600	220	12,0	19,0	24	156	122	92080	3070	3390	308	120	28

⇒ **Perfil I DIN 1025 – IPE 300 – S235JR:** Vigas I com largura média e superfícies de flange paralelas, *h* = 300 mm, de S235JR

Vigas I largas, com superfícies de flange paralelas, laminadas a quente — Cf. DIN 1025-2 (1995-11)

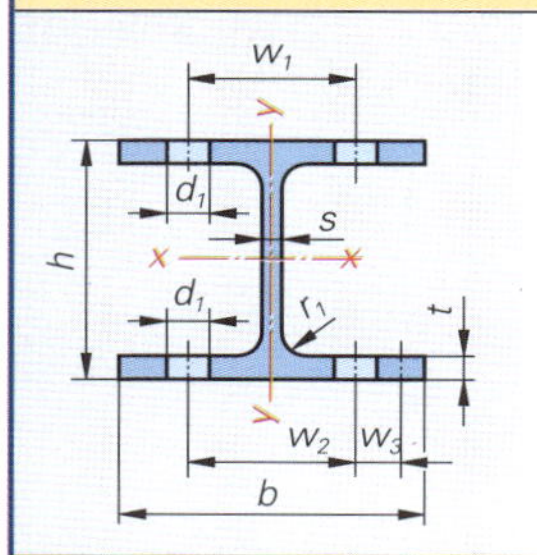

S área transversal
I momento de inércia geométrico (2 º grau)
W Momento de resistência axial
m' massa por unidade de comprimento

Material: Aço-carbono estrutural DIN EN 10025, ex.: S235JR

Tipo de entrega: Comprimentos, 8 m a 16 m ± 50 mm com *h* < 300 mm
8 m a 18 m ± 50 mm com h ≥ 300 mm

$$r_1 \approx 2 \cdot s$$

Designação IPB	*h* (mm)	*b* (mm)	*s* (mm)	*t* (mm)	S cm²	*m'* kg/m	I_x cm⁴ (x – x)	W_x cm³ (x – x)	I_y cm⁴ (y – y)	W_y cm³ (y – y)	w_1 mm (DIN 997)	d_1 mm (DIN 997)
100	100	100	6	10	26,0	20,4	450	89,9	167	33,5	56	13
120	120	120	6,5	11	34,0	26,7	864	144	318	52,9	66	17
140	140	140	7	12	43,0	33,7	1510	216	550	78,5	76	21
160	160	160	8	13	54,3	42,6	2490	311	889	111	86	23
180	180	180	8,5	14	65,3	51,2	3830	426	1360	151	100	25
200	200	200	9	15	78,1	61,3	5700	570	2000	200	110	25

Para continuação da tabela, ver página 150

Vigas I largas e estreitas

Vigas I largas, com superfícies de flange paralelas, laminadas a quente (continuação) — Cf. DIN 1025-2 (1995-11)

Designação	Dimensões em mm						Para eixo de flexão x – x		Para eixo de flexão y – y		Medidas para marcação DIN 997 — Linha única	Linha dupla		
IPB	h	b	s	t	S cm²	m′ kg/m	I_x cm⁴	W_x cm³	I_y cm⁴	W_y cm³	w_1	w_2	w_3	d_1
220	220	220	9,5	16	91	71,5	8090	736	2840	258	120	–	–	25
240	240	240	10	17	106	83,2	11260	938	3920	327	–	96	35	25
260	260	260	10	17,5	118	93,0	14920	1150	5130	395	–	106	40	25
280	280	280	10,5	18	131	103	19270	1380	6590	471	–	110	45	25
300	300	300	11	19	149	117	25170	1680	8560	571	–	120	45	28
320	320	300	11,5	20,5	161	127	30820	1930	9240	616	–	120	45	28
340	340	300	12	21,5	171	134	36660	2160	9690	646	–	120	45	28
360	360	300	12,5	22,5	181	142	43190	2400	10140	676	–	120	45	28
400	400	300	13,5	24	198	155	57680	2880	10820	721	–	120	45	28
450	450	300	14	26	218	171	78890	3550	11720	781	–	120	45	28
500	500	300	14,5	28	239	187	107200	4290	12620	842	–	120	45	28
550	550	300	15	29	254	199	136700	4970	13080	872	–	120	45	28
600	600	300	15,5	30	270	212	171000	5700	13530	902	–	120	45	28
650	650	300	16	31	286	225	210600	6480	13980	932	–	120	45	28
700	700	300	17	32	306	241	256900	7340	14440	963	–	126	45	28
800	800	300	17,5	33	334	262	359100	8980	14900	994	–	130	40	28
900	900	300	18,5	35	371	291	494100	10980	15820	1050	–	130	40	28
1000	1000	300	19	36	400	314	644700	12890	16280	1090	–	130	40	28

⇒ **Perfil I DIN 1025 – IPB 240 – S235JR:** Vigas I largas com superfícies de flange paralelas, h = 240 mm, de S235JR

Designação segundo EN (norma europeia) 53-62: HE 240 B

Vigas I estreitas, laminadas a quente — Cf. DIN 1025-1 (1995-05)

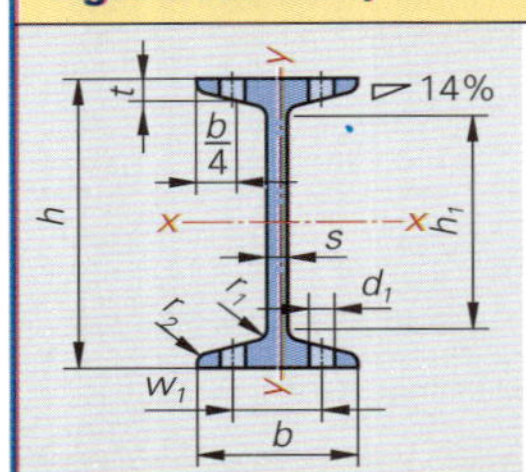

S área transversal
I momento de inércia geométrico (2 º grau)
W momento de resistência axial
m' massa por unidade de comprimento

Material: Aço-carbono estrutural DIN EN 10025, ex.: S235JR

Tipo de entrega: Comprimentos, 8 m a 16 m ± 50 mm com $h < 300$ mm
8 m a 18 m ± 50 mm com $h \geq 300$ mm

$r_1 = s$

$r_2 \approx 0{,}6 \cdot s$

Designação	Dimensões em mm							Para eixo de flexão x – x		Para eixo de flexão y – y		Medidas para marcação DIN 997	
I	h	b	s	t	h_1	S cm²	m′ kg/m	I_x cm⁴	W_x cm³	I_y cm⁴	W_y cm³	w_1 mm	d_1 mm
80	80	42	3,9	5,9	59	7,57	5,94	77,8	19,5	6,29	3,00	22	6,4
100	100	50	4,5	6,8	75	10,6	8,34	171	34,2	12,2	4,88	28	6,4
120	120	58	5,1	7,7	92	14,2	11,1	328	54,7	21,5	7,41	32	8,4
140	140	66	5,7	8,6	109	18,2	14,3	573	81,9	35,2	10,7	34	11
160	160	74	6,3	9,5	125	22,8	17,9	935	117	54,7	14,8	40	11
180	180	82	6,9	10,4	142	27,9	21,9	1450	161	83,3	19,8	44	13
200	200	90	7,5	11,3	159	33,4	26,2	2140	214	117	26,0	48	13
220	220	98	8,1	12,2	175	39,5	31,1	3060	278	162	33,1	52	13
240	240	106	8,7	13,1	192	46,1	36,2	4250	354	221	41,7	56	17
260	260	113	9,4	14,1	208	53,3	41,9	5740	442	288	51,0	60	17
280	280	119	10,1	15,2	225	61,0	47,9	7590	542	364	61,2	60	17
300	300	125	10,8	16,2	241	69,0	54,2	9800	653	451	72,2	64	21
320	320	131	11,5	17,3	257	77,7	61,0	12510	782	555	84,7	70	21
340	340	137	12,2	18,3	274	86,7	68,0	15700	923	674	98,4	74	21
360	360	143	13,0	19,5	290	97,0	76,1	19610	1090	818	114	76	23
380	380	149	13,7	20,5	306	107	84,0	24010	1260	975	131	82	23
400	400	155	14,4	21,6	322	118	92,4	29210	1460	1160	149	82	23
450	450	170	16,2	24,3	363	147	115	45850	2040	1730	203	94	25
500	500	185	18,0	27,0	404	179	141	68740	2750	2480	268	100	28
550	550	200	19,0	30,0	445	212	166	99180	3610	3490	349	110	28

⇒ **Perfil I DIN 1025 – I 180 – S235JR:** Vigas *I* estreitas, *h* = 180 mm, de S235JR

Perfis ocos

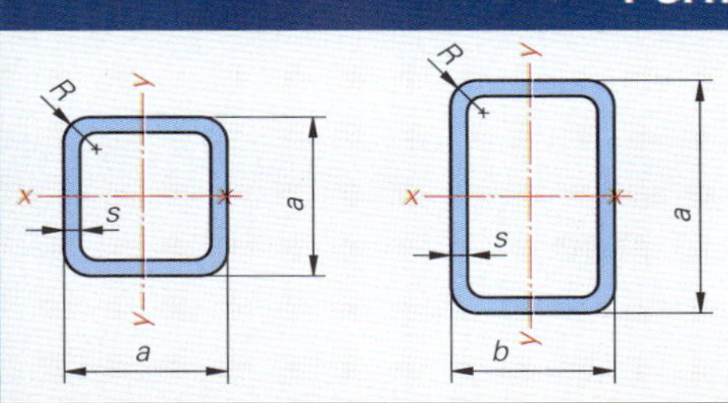

Material: Aço-carbono estrutural DIN EN 10025 ou aço estrutural de grão fino DIN EN 10113

Tipo de entrega: DIN EN 10210-2
Comprimentos fabricados de 4 m a 16 m, dimensões de perfil *a* x *a* = 20 x 20 a 400 x 400
DIN EN 10219-2
Comprimentos fabricados de 4 m a 16 m, dimensões de perfil *a* x *a* = 20 x 20 a 400 x 400

DIN EN 10210 e DIN EN 10219 também contêm perfis circulares junto com quadrados e retangulares

Perfis ocos quadrados e retangulares, soldados, processados a quente Cf. DIN EN 10210-2 (1997-11)

Dimensão nominal *a* x *a* *a* x *b* mm	Espessura da parede *s* mm	Massa por unidade de comprimento *m'* kg/m	Seção transversal *S* cm²	Momentos de inércia geométrico e de resistência para eixos de flexão x – x I_x cm⁴	W_x cm³	y – y I_y cm⁴	W_y cm³	para torção I_p cm⁴	W_p cm³
40 x 40	3,0	3,41	4,34	9,78	4,89	9,78	4,89	15,7	7,10
	4,0	4,39	5,59	11,8	5,91	11,8	5,91	19,5	8,54
50 x 50	2,5	3,68	4,68	17,5	6,99	17,5	6,99	27,5	10,2
	3,0	4,35	5,54	20,2	8,08	20,2	8,08	32,1	11,8
60 x 60	3,0	5,29	6,74	36,2	12,1	36,2	12,1	56,9	17,7
	4,0	6,90	8,79	45,4	15,1	45,4	15,1	72,5	22,0
	5,0	8,42	10,7	53,3	17,8	53,3	17,8	86,4	25,7
50 x 30	3,0	3,41	4,34	13,6	5,43	5,94	3,96	13,5	6,51
	4,0	4,39	5,59	16,5	6,60	7,08	4,72	16,6	7,77
60 x 40	3,0	4,35	5,54	26,5	8,82	13,9	6,95	29,2	11,2
	4,0	5,64	7,19	32,8	10,9	17,0	8,52	36,7	13,7
80 x 40	4,0	6,90	8,79	68,2	17,1	22,2	11,1	55,2	18,9
	5,0	8,42	10,7	80,3	20,1	25,7	12,9	65,1	21,9
	6,0	9,87	12,6	90,5	22,6	28,5	14,2	73,4	24,2
100 x 50	4,0	8,78	11,2	140	27,9	46,2	18,5	113	31,4
	5,0	10,8	13,7	167	33,3	54,3	21,7	135	36,9

⇒ **Perfil oco DIN EN 10210 – 60 x 60 x 5 – S355J0:** perfil oco quadrado, *a* = 60 mm, s = 5 mm, feito de S355J0

Perfis ocos quadrados e retangulares, soldados, processados a frio Cf. DIN EN 10219-2 (1997-11)

Dimensão nominal *a* x *a* *a* x *b* mm	Espessura da parede *s* mm	Densidade de massa linear *m'* kg/m	Seção transversal *S* cm²	Momentos de inércia geométrico e de resistência para eixos de flexão x – x I_x cm⁴	W_x cm³	y – y I_y cm⁴	W_y cm³	para torção I_p cm⁴	W_p cm³
30 x 30	2,0	1,68	2,14	2,72	1,81	2,72	1,81	4,54	2,75
	2,5	2,03	2,59	3,16	2,10	3,16	2,10	5,40	3,20
	3,0	2,36	3,01	3,50	2,34	3,50	2,34	6,15	3,58
40 x 40	2,0	2,31	2,94	6,94	3,47	6,94	3,47	11,3	5,23
	2,5	2,82	3,59	8,22	4,11	8,22	4,11	13,6	6,21
	3,0	3,30	4,21	9,32	4,66	9,32	4,66	15,8	7,07
	4,0	4,20	5,35	11,1	5,54	11,1	5,54	19,4	8,48
80 x 80	3,0	7,07	9,01	87,8	22,0	87,8	22,0	140	33,0
	4,0	9,22	11,7	111	27,8	111	27,8	180	41,8
	5,0	11,3	14,4	131	32,9	131	32,9	218	49,7
40 x 20	2,0	1,68	2,14	4,05	2,02	1,34	1,34	3,45	2,36
	2,5	2,03	2,59	4,69	2,35	1,54	1,54	4,06	2,72
	3,0	2,36	3,01	5,21	2,60	1,68	1,68	4,57	3,00
60 x 40	3,0	4,25	5,41	25,4	8,46	13,4	6,72	29,3	11,2
	4,0	5,45	6,95	31,0	10,3	16,3	8,14	36,7	13,7
	5,0	6,56	8,36	35,3	11,8	18,4	9,21	42,8	15,6
80 x 40	3,0	5,19	6,61	52,3	13,1	17,6	8,78	43,9	15,3
	4,0	6,71	8,55	64,8	16,2	21,5	10,7	55,2	18,8
	5,0	8,13	10,4	75,1	18,8	24,6	12,3	65,0	21,7
100 x 40	3,0	6,13	7,81	92,3	18,5	21,7	10,8	59,0	19,4
	4,0	7,97	10,1	116	23,1	26,7	13,3	74,5	24,0
	5,0	9,70	12,4	136	27,1	30,8	15,4	87,9	27,9

⇒ **Perfil oco DIN EN 10219 – 60 x 40 x 4 – S355J0:** perfil oco retangular, *a* = 60 mm, *b* = 40 mm, *s* = 4 mm, feito de S355J0

Massa por unidade de comprimento e de área

Massa por unidade de comprimento[1] (valores de tabela para aço com densidade ϱ = 7,85 kg/dm³)

d diâmetro *m'* massa por unidade de comprimento *a* comprimento do lado SW abertura de chaves

Arame de aço						Barra redonda de aço					
d mm	*m'* kg/1000 m	*d* mm	*m'* kg/1000 m	*d* mm	*m'* kg/1000 m	*d* mm	*m'* kg/m	*d* mm	*m'* kg/m	*d* mm	*m'* kg/m
0,10	0,062	0,55	1,87	1,1	7,46	3	0,055	18	2,00	60	22,2
0,16	0,158	0,60	2,22	1,2	8,88	4	0,099	20	2,47	70	30,2
0,20	0,247	0,65	2,60	1,3	10,4	5	0,154	25	3,85	80	39,5
0,25	0,385	0,70	3,02	1,4	12,1	6	0,222	30	5,55	100	61,7
0,30	0,555	0,75	3,47	1,5	13,9	8	0,395	35	7,55	120	88,8
0,35	0,755	0,80	3,95	1,6	15,8	10	0,617	40	9,86	140	121
0,40	0,986	0,85	4,45	1,7	17,8	12	0,888	45	12,5	150	139
0,45	1,25	0,90	4,99	1,8	20,0	15	1,39	50	15,4	160	158
0,50	1,54	1,0	6,17	2,0	24,7	16	1,58	55	18,7	200	247

Barra quadrada de aço						Barra sextavada de aço					
a mm	*m'* kg/m	*a* mm	*m'* kg/m	*a* mm	*m'* kg/m	SW mm	*m'* kg/m	SW mm	*m'* kg/m	SW mm	*m'* kg/m
6	0,283	20	3,14	40	12,6	6	0,245	20	2,72	40	10,9
8	0,502	22	3,80	50	19,6	8	0,435	22	3,29	50	17,0
10	0,785	25	4,91	60	28,3	10	0,680	25	4,25	60	24,5
12	1,13	28	6,15	70	38,5	12	0,979	28	5,33	70	33,3
14	1,54	30	7,07	80	50,2	14	1,33	30	6,12	80	43,5
16	2,01	32	8,04	90	63,6	16	1,74	32	6,96	90	55,1
18	2,54	35	9,62	100	78,5	18	2,20	35	8,33	100	68,0

Massa por unidade de comprimento de outros perfis

Perfil		Página	Perfil		Página
T	EN 10055	146	Oco	EN 10210-2	151
Ângulo reto, lados iguais	EN 10056-1	148	Oco	EN 10219-2	151
Ângulo reto, lados desiguais	EN 10056-1	147	Barras redondas de alumínio	DIN 1798	169
U	DIN 1026-1	146	Barras quadradas de alumínio	DIN 1796	169
Vigas I IPE	DIN 1025-5	149	Barras retangulares de alumínio	DIN 1769	170
Vigas I IPB	DIN 1025-2	149	Tubos redondos de alumínio	DIN 1795	171
Vigas I, estreitas	DIN 1025-1	150	U de alumínio	DIN 9713	171

Massa por unidade de área[1] (valores de tabela para aço com densidade ϱ = 7,85 kg/dm³)

Chapas

s espessura da chapa *m''* massa por unidade de área

s mm	*m''* kg/m²	*s* mm	*m''* kg/m²	*s* mm	*m''* kg/m²	*s* mm	*m''* kg/m²	*s* mm	*m''* kg/m²	*s* mm	*m''* kg/m²
0,35	2,75	0,70	5,50	1,2	9,42	3,0	23,6	4,75	37,3	10,0	78,5
0,40	3,14	0,80	6,28	1,5	11,8	3,5	27,5	5,0	39,3	12,0	94,2
0,50	3,93	0,90	7,07	2,0	15,7	4,0	31,4	6,0	47,1	14,0	110
0,60	4,71	1,0	7,85	2,5	19,6	4,5	35,3	8,0	62,8	15,0	118

[1] Os valores da tabela podem ser calculados para um material diferente, através da relação de sua densidade com a densidade do aço (7,85 kg/dm³).

Exemplo: Chapa com s = 4,0 mm de $AlMg_3Mn$ (densidade 2,66 kg/m³). Na tabela: m'' = 31,4 kg/m² para aço.
$AlMg_3Mn$: m'' = 31,4 kg/m² . 2,66 kg/dm³ / 7,85 kg/dm₃ = 10,64 kg//m²

Diagrama de equilíbrio Ferro-Carbono

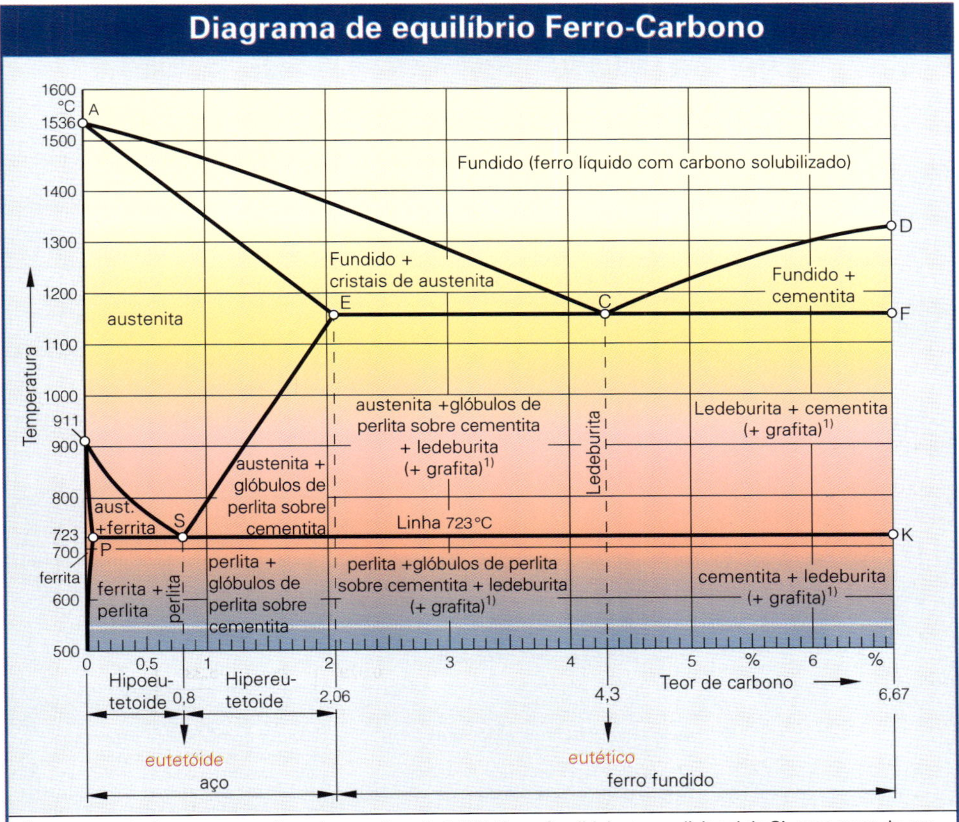

1) Para tipos de ferro com teor de carbono acima de 2,06% (ferro fundido) e teor adicional de Si, uma parte do carbono se separa na forma de grafita.

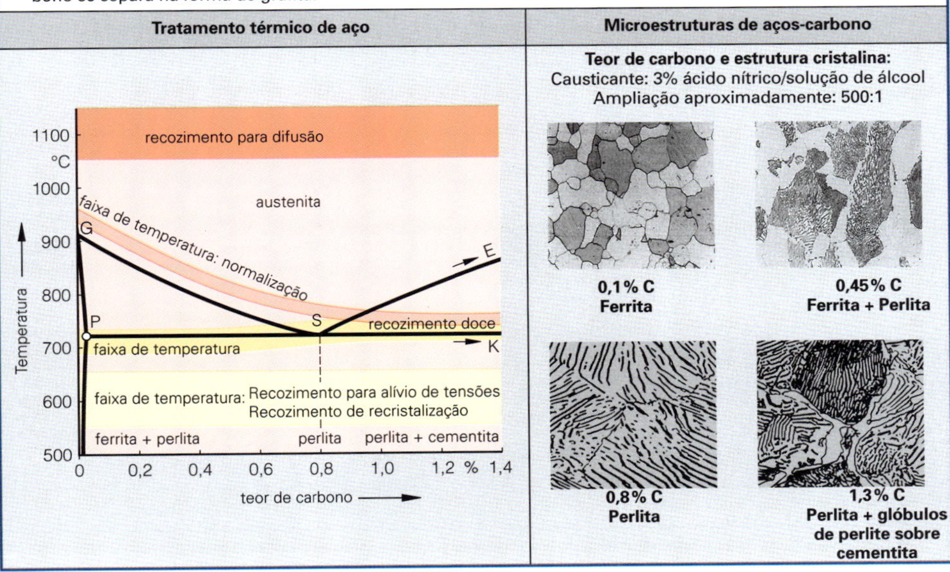

Tratamento térmico de aços – Apresentação

Ilustração	Descrição resumida	Aplicação, informações[1]
Normalização, recozimento normal		
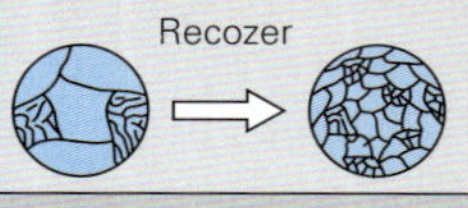	• Aquecer e manter na temperatura de recozimento → transformação estrutural (austenita) • **Resfriamento** controlado até a temperatura ambiente → estrutura normal de grão fino	Para normalizar estruturas de grão bruto em produtos laminados, fundidos, soldados e forjados
Recozimento doce		
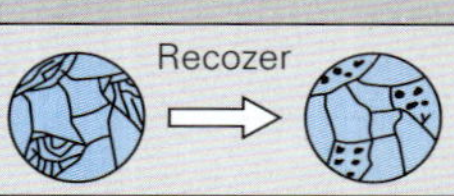	• **Aquecer** até temperatura de recozimento e mantê-la ou oscilar o recozimento → esferoidização da cementita • **Resfriar** até a temperatura ambiente	Para melhorar a deformabilidade a frio, usinabilidade com remoção de cavacos e a temperabilidade; pode ser usada para todos os aços.
Recozimento para alívio de tensões		
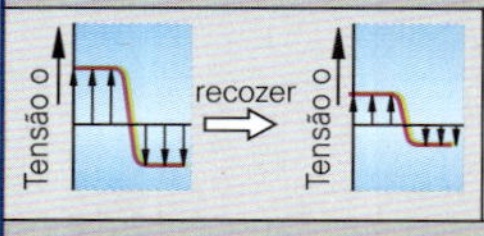	• **Aquecer** e manter na temperatura de recozimento (abaixo da transição de estrutura) → alívio de tensão por deformação plástica das peças • **Resfriar** até a temperatura ambiente	Para reduzir tensões em peças soldadas, fundidas e forjadas; pode ser usado para todos os aços
Têmpera/Endurecimento		
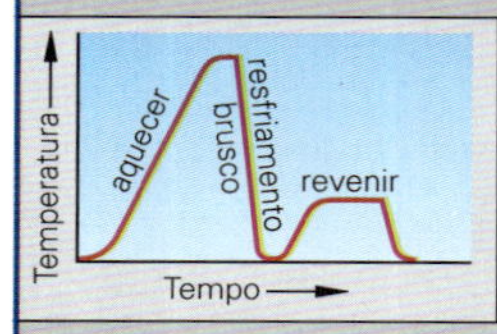	• **Aquecer** e manter na temperatura de endurecimento → transformação estrutural (austenita) • **Resfriar bruscamente, temperar** em óleo, água, ar → estrutura fina, quebradiça • **Cementar** → transformação da martensita, maior resistência com boa robustez	Para peças submetidas à tensão por desgaste, p. ex., ferramentas, molas, guias, fôrmas de prensa; aços adequados para tratamento térmico com C > 0,3%, ex.: C70U, 102Cr6, C45E, HS6-5-2C, X38CrMoV5-3
Refino		
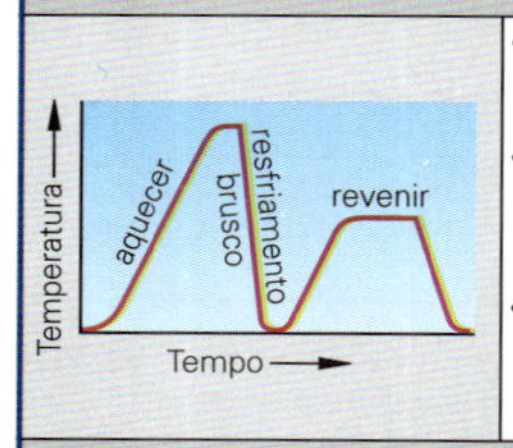	• **Aquecer** e manter na temperatura de endurecimento → transformação estrutural (austenita) • **Resfriar bruscamente, temperar** em óleo, água, ar → estrutura fina, frágil (martensita), para peças maiores, estrutura de grão fina (estados intermediários) • Revenir em temperaturas mais altas que a do endurecimento → redução de martensita, estrutura fina, maior resistência com boa robustez	Usadas normalmente para peças sujeitas a solicitações dinâmicas com alta resistência e boa elasticidade, p. ex., eixos, engrenagens, parafusos; aços refinados, ver página 133, aços nitretados, ver página 134, aços para endurecimento por chama e indução, ver página 134, aços para molas refináveis, ver página 138.
Cementação		
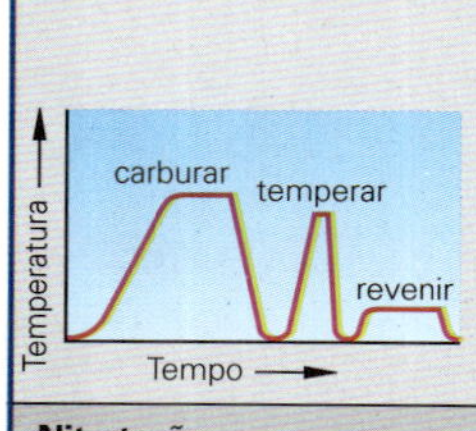	• **Carburar** as peças usinadas na camada periférica • **Resfriar** até a temperatura ambiente → estrutura normal (ferrita, perlita, carburetos) • **Temperar/endurecer** (para o procedimento, ver têmpera/endurecimento) → endurecimento da periferia : aquecer até a temperatura de endurecimento da periferia endurecimento do núcleo: endurecer até a temperatura de endurecimento da área do núcleo.	Pra peças com superfícies resistentes a desgaste, alta resistência à fadiga e boa resistência do núcleo, p. ex., engrenagens, eixos, parafusos; **Endurecimento superficial:** alta resistência a desgaste, baixa resistência do núcleo **Endurecimento do núcleo**: alta resistência do núcleo, superfície dura frágil; aços cementados, ver página 133, aços de corte livre, ver página 134.
Nitretação		
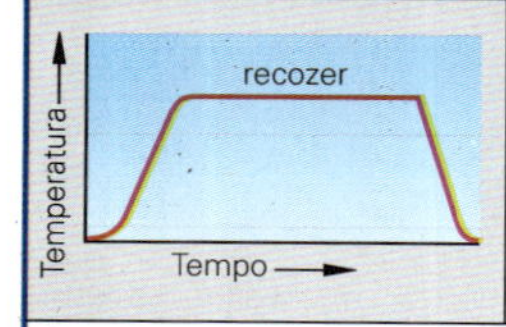	• **Recozer** as peças, normalmente já acabadas, em atmosferas que liberam nitrogênio → formação de nitretos resistentes a desgaste e a temperaturas • **Resfriamento** em ar parado ou em fluxo de nitrogênio	Para peças com superfícies resistentes a desgaste, alta resistência à fadiga e boa resistência a temperaturas, p. ex., válvulas, hastes de pistão, fusos; aços nitretados, ver página 134

[1] Temperaturas de recozer e revenir, meios de resfriamento brusco e valores de dureza alcançáveis: p. 155 a 157.

Aços para ferramentas, Aços cementados

Tratamento térmico de aços-carbono para aplicações a frio

Cf. DIN EN ISO 4957 (2001-02)

Tipo de aço: Designação	Tipo de aço: Número do material	Temperatura de moldagem °C	Recozimento doce: Temperatura °C	Recozimento doce: Dureza HB max.	Têmpera/Endurecimento: Temperatura °C	Têmpera/Endurecimento: Refrigerante	Têmpera/Endurecimento: Profundidade endurecimento[1] mm	Têmpera/Endurecimento: Endurecimento total de Ø mm	Dureza superficial em HRC ≈: Depois da têmpera	Depois do revenido[2] a 100 °C	200 °C	300 °C
C45U C70U	1.1730 1.1520	1000...800	680...710	207 183	800...820 790...810	água	3,5 3,0	15 10	58 64	58 63	54 60	48 53
C80U C90U C105U	1.1525 1.1535 1.1545	1050...800 1050...800 1000...800	680...710	192 207 212	780...800 770...790 770...790	água	3,0	10	64 64 65	64 64 64	60 61 62	54 54 56

[1] Para diâmetros de 30 mm

[2] A temperatura de revenido é definida de acordo com a aplicação e a dureza desejada. Normalmente, os aços são fornecidos com recozimento doce.

Tratamento térmico de aços-liga para aplicações a frio e a quente e de aços rápidos

Cf. DIN EN ISO 4957 (2001-02)

Tipo de aço: Designação	Tipo de aço: Número do material	Temperatura de moldagem °C	Recozimento doce: Temperatura °C	Recozimento doce: Dureza HB max.	Têmpera/Endurecimento: Temperatura[1] °C	Têmpera/Endurecimento: Refrigerante	Dureza superficial em HRC ≈: Depois da têmpera	depois do revenido[2] a 200 °C	300 °C	400 °C	500 °C	550 °C
105V X153CrMoV12	1.2834 1.2379	1050...850	710...750 800...850	212 255	780...800 1010...1030	água ar	68 63	64 61	56 59	48 58	40 58	36 56
X210CrW12 90MnCrV8 102Cr6	1.2436 1.2842 1.2067	1050...850	800...840 680...720 710...750	255 229 223	960...980 780...800 830...850	óleo	64 65 65	62 62 62	60 56 57	58 50 50	56 42 43	52 40 40
60WCrV8 X37CrMoV5-1	1.2550 1.2343	1050...850 1100...900	710...750 750...800	229 229	900...920 1010...1030	óleo	62 53	60 52	58 52	53 53	48 54	46 52
HS6-5-2C HS10-4-3-10 HS2-9-1-8	1.3343 1.3207 1.3247	1100...900	770...840	269 302 277	1200...1220 1220...1240 1180...1200	óleo, banho quente, ar	64 66 66	62 61 62	62 61 62	62 62 61	65 66 68	65 67 69

[1] O tempo de austenitização é o tempo de permanência na temperatura de endurecimento, que é de aproximadamente 25 min para aços com aplicação a frio e de aproximadamente 3 minutos para aços rápidos. O aquecimento é realizado em etapas.

[2] Aços rápidos são revenidos, no mínimo, duas vezes a 540-570°C. O tempo de permanência nesta temperatura é de, no mínimo, 60 minutos.

Tratamento térmico de aços cementados

Cf. DIN EN ISO 1084 (1998-06)

Tipo de aço[1]: Designação	Tipo de aço[1]: Número do material	Temperatura de carburação °C	Endurecimento: Temperatura de endurecimento do núcleo °C	Endurecimento: Temperatura de endurecimento da periferia °C	Revenido °C	Refrigerante	Resfriamento brusco da face frontal: Temp. °C	Dureza HRC em distância: max.[2]	3 mm	5 mm	7 mm
C10E C15E	1.1121 1.1141	880...980	880...920	780...820	150...200	água	– –	– –	– –	– –	– –
17Cr3 16MnCr5	1.7016 1.7131		860...900			óleo	880 870	47 47	44 46	40 44	33 41
20MnCr5 20MoCr4	1.7147 1.7321		860...900				870 910	49 49	49 47	48 44	46 41
17CrNi6-6 15NiCr13	1.5918 1.5752		830...870 840...880				870 880	47 48	47 48	46 48	45 47
20NiCrMo2-2 18CrNiMo7-6	1.6523 1.6587		860...900 830...870				920 860	49 48	48 48	45 48	42 48

[1] Os mesmos valores se aplicam a aços com conteúdo controlado de enxofre, p. ex., C10R, 20 MnCrS5

[2] Para aços com endurecibilidade normal (+H) a uma distância de 1,5 mm da face frontal.

Endurecimento por chama e indução, Aço refinado

Tratamento térmico de aços para endurecimento por chama e indução

Cf. DIN 17212 (1972-08)

Tipo de aço: Designação	Tipo de aço: Número do material	Temperatura de transformação °C	Recozimento doce °C	Normalização/recozimento normal °C	Refino: Endurecimento na água °C	Refino: Endurecimento no óleo °C	Refino: Revenido °C	Endurecimento da periferia na água °C	Endurecimento da periferia Dureza HRC min.
Cf35	1.1183	1100...850	650...700	860...890	840...870	850...880	550...660	850...930	51
Cf45	1.1193	1100...850		840...870	820...850	830...860		820...900	55
Cf53	1.1213	1050...850		830...860	805...835	815...845		805...885	57
Cf70	1.1249	1000...800		820...850	790...820	–		790...870	60
45Cr2	1.7005	1100...850	650...700	840...870	820...850	830...860	550...660	820...900	55
38Cr4	1.7043	1050...850	680...720	845...885	825...855	835...865	540...680	825...905	53
42Cr4	1.7045	1050...850	680...720	840...880	820...850	830...860	540...680	820...900	54
41CrMo4	1.7223	1050...850	680...720	840...880	820...850	830...860	540...680	820...900	54
49CrMo4	1.7238								56

Tratamento térmico de aços refinados

Cf. DIN EN 10083 (1996-10)

Tipo de aço[1]: Designação	Tipo de aço[1]: Número do material	Normalização °C	Resfriamento brusco da face frontal °C	Dureza HRC +H	Dureza HRC +HH	Dureza HRC +HL	Refino: Temperar[3] °C	Refino: Refrigerante	Refino: Revenir[4] °C
C22	1.0402	880...920	–	–	–	–	860...900	água	550...660
C25	1.0406	880...920					860...900		
C30	1.0528	870...910					850...890		
C35	1.0501	860...900	870	48...58	51...58	48...55	840...880	água ou óleo	550...660
C40	1.0511	850...890	870	51...60	54...60	51...57	830...870		
C45	1.0503	840...880	850	55...62	57...62	55...60	820...860		
C50	1.0540	830...870	850	56...63	58...63	56...61	810...850	óleo ou água	550...660
C55	1.0535	825...865	830	58...65	60...65	58...63	805...845		
C60	1.0601	820...860	830	60...67	62...67	60...65	800...840		
28Mn6	1.1170	850...890	850	45...54	48...54	45...51	830...870	água ou óleo	540...680
38Cr2	1.7003	–		51...59	54...59	51...56	830...870	óleo ou água	
46Cr2	1.7006	–		54...63	57...63	54...60	820...860	óleo ou água	
34Cr4	1.7033	–	850	49...57	52...57	49...54	830...870	água ou óleo	540...680
37Cr4	1.7034	–		51...59	54...59	51...56	825...865	óleo ou água	
41Cr4	1.7035	–		53...61	55...61	53...58	820...860	óleo ou água	
25CrMo4	1.7218	–	850	44...52	47...52	44...49	840...880	água ou óleo	540...680
34CrMo4	1.7220	–		49...57	52...57	49...54	830...870	óleo ou água	
42CrMo4	1.7225	–		53...61	56...61	53...58	820...860	óleo ou água	
50CrMo4	1.7228	–	850	58...65	60...65	58...63	820...860	óleo	540...680
51CrV4	1.8159	–		57...65	60...65	57...62	820...860	óleo	
36CrNiMo4	1.6511	–		51...59	54...59	51...56	820...850	óleo ou água	
34CrNiMo6	1.6582	–	850	50...58	53...58	50...55	830...860	óleo	540...660
30CrNiMo8	1.6580	–		48...56	51...56	48...53	830...860	óleo	540...660
36NiCrMo16	1.6773	–		50...57	52...57	50...55	865...885	ar ou óleo	550...650

[1] Os mesmos valores se aplicam a aços-carbono nobres, p. ex., C22E e aços com teor controlado de enxofre, p. ex., C35R, 25CrMoS4.

[2] Requisitos de temperabilidade: +H temperabilidade normal, +HH, +HL: temperabilidade limitada

[3] A faixa de temperatura inferior se aplica ao resfriamento brusco em água, a faixa superior se aplica ao resfriamento brusco em óleo.

[4] Tempo de revenir de, no mínimo, 60 minutos.

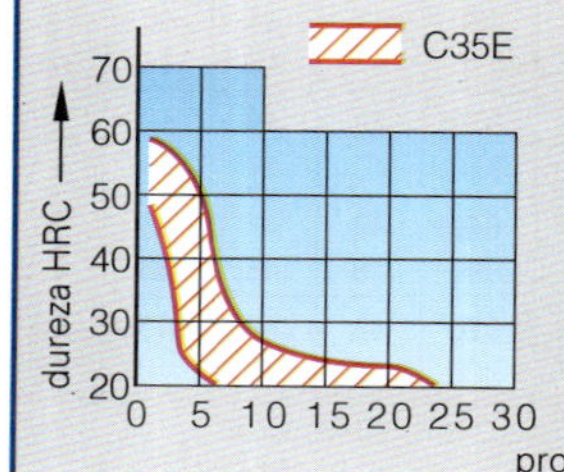

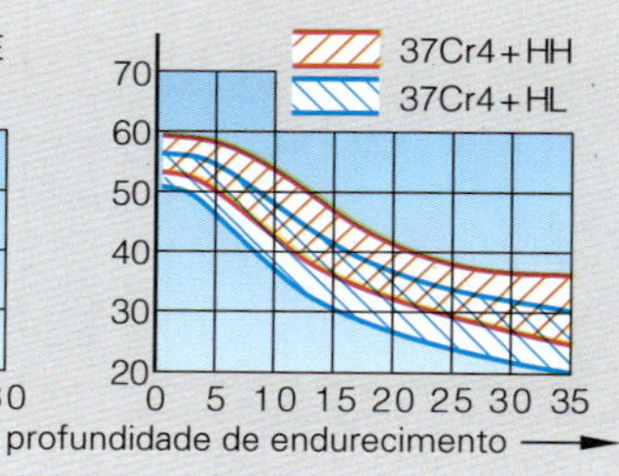

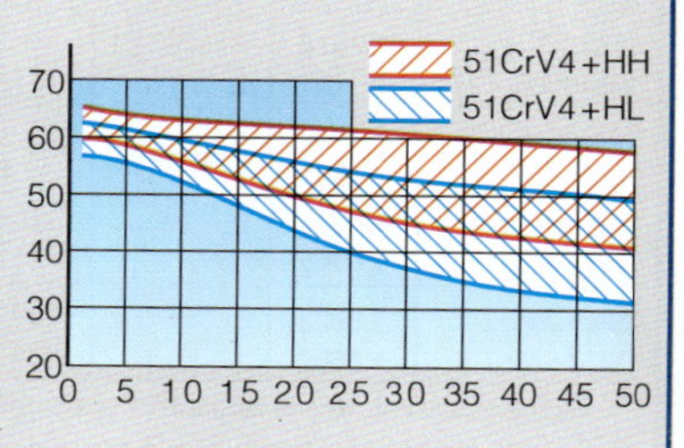

Aços nitretados, Aços de corte livre, Ligas de alumínio

Tratamento térmico de aços nitretados

Cf. DIN EN 10085 (2001-01)

Tipo de aço		Tratamento térmico antes da nitretação	Refino			Tratamento de nitretação[1]		
Designação	Número do material	Temperatura de recozimento doce °C	Têmpera: Temperatura[2] °C	Têmpera: Refrigerante	Temperatura de revenido[3) 4)] °C	Nitretação por gás °C	Nitrocarburização °C	Dureza[5] HV1
24CrMo13-6	1.8516	650...700	870...970	óleo ou água	580...700	500...600	570...650	–
31CrMo12	1.8515	650...700	870...930					800
32CrAlMo7-10	1.8505	650...750	870...930					–
31CrMoV9	1.8519	680...720	870...930					800
33CrMoV12-9	1.8522	680...720	870...970					–
34CrAlNi7-10	1.8550	650...700	870...930					950
41CrAlMo7-10	1.8509	650...750	870...930					950
40CrMoV13-9	1.8523	680...720	870...970					–
34CrAlMo5-10	1.8507	650...750	870...930					950

[1] O tempo de nitretação depende da profundidade de dureza por nitretação desejada.
[2] O tempo de austenitização é de no mínimo 0,5 hora.
[3] O tempo de revenido é de, no mínimo, 1 hora.
[4] A temperatura de têmpera não deve ser inferior a 50°C acima da temperatura de nitretação.
[5] Dureza da superfície nitretada.

Tratamento térmico de aços de corte livre

Cf. DIN EN 10087 (1999-01)01)

Aços de corte livre cementados

Designação	Número do material	Temperatura de carburação °C	Temperatura de endurecimento do núcleo °C	Temperatura de endurecimento da periferia °C	Refrigerante[1] °C	Temperatura de revenido[2] °C
10S20 10SPb20 15SMn13	1.0721 1.0722 1.0725	880...980	880...920	780...820	Água, óleo, emulsão	150...200

Tratamento térmico de aços de corte livre refinados

Designação	Número do material	Temperatura de têmpera °C	Refrigerante[1]	Temperatura de refino °C	Refinado[3]: R_e N/mm²	Refinado[3]: R_m N/mm²	Refinado[3]: A %
35S20 35SPb20	1.0726 1.0756	860...890	água ou óleo	540...680	430	630 ... 780	15
36SMn14 36SMnPb14	1.0764 1.0765	850...880			460	700 ... 850	14
38SMn28 38SMnPb28	1.0760 1.0761	850...880	óleo ou água		460		15
44SMn28 44SMnPb28	1.0762 1.0763	840...870			480		16
46S20	1.0757				490		12

[1] A escolha do meio refrigerante depende do formato da peça. [2] Tempo de revenido de, no mínimo, 1 hora.
[3] Os valores se aplicam a diâmetros $10 < d \leq 16$.

Endurecimento de ligas de Al

Liga EN AW- Designação	Número do material	Tipo de envelhecimento[2]	Temperatura de recozimento com solução °C	Envelhecimento artificial (sob calor): Temperatura °C	Envelhecimento artificial (sob calor): Tempo de manutenção h	Tempo de envelhecimento natural dias	Envelhecido: R_m N/mm²	Envelhecido: A %
Al Cu4MgSi	2017	T4	500	480 ... 540	8 ... 24	5...8	390	12
Al Cu4SiMg	2014	T6				–	420	8
Al MgSi	6060	T4	525			5...8	130	15
Al MgSi1MgMn	6082	T6				–	280	6
Al Zn4,5Mg1	7020	T6	470			–	210	12
Al Zn5,5MgCu	7075	T6				–	545	8
Al Si7Mg[1]	42000[1]	T4	525			4	250	1

[1] Liga fundida de alumínio EN AC-Al SiMg ou EN AC 42000.
[2] T4 recozida em solução e envelhecida naturalmente; T6 recozida em solução e envelhecida artificialmente.

Sistema de designação para materiais de ferro fundido

Designações e número de material

Cf. DIN EN 1560 (1997-08)

Os materiais de ferro fundido são referenciados através de uma designação ou de um número de material.

Exemplo:

Ferro fundido com grafita em lamelas, resistência à tração R_m = 300 N/mm²

Designação	Número do material
EN-GJL-300	EN-JL1050

Designações de material

As designações de material têm até seis caracteres sem espaços, começando com **EN** (Norma europeia) e **GJ** (ferro fundido; I ferro)

Exemplo de designação:

EN	-	GJ	**L**		-	**350**		Ferro fundido com grafita em lamelas
EN	-	GJ	**L**		-	**HB155**		Ferro fundido com grafita em lamelas
EN	-	GJ	**S**		-	**350-22U**		Ferro fundido com grafita em nódulos
EN	-	GJ	**M**	**B**	-	**450-6**		Ferro fundido maleável – cinzento
EN	-	GJ	**M**	**W**	-	**360-12**	**W**	Ferro fundido maleável – branco
EN	-	GJ	**M**		-	**HV600(XCr14)**		Ferro fundido resistente a desgaste
EN	-	GJ	**L**	**A**	-	**XNiCuCr15-6-2**		Ferro fundido austenítico

Estrutura da grafita (letra)

- L Grafita em lamelas
- S Grafita em nódulos
- M Carbono de têmpera
- V Grafita vermicular
- N Sem grafita
- Y Estrutura especial

Microestrutura ou macroestrutura (letra)

- A austenita
- F ferrita
- P perlita
- M martensita
- L ledeburita
- Q resfriado bruscamente
- T refinado
- B recozido sem descarbonetação
- W recozido com descarbonetação

Propriedades mecânicas ou composição química (números/letras)

Propriedades mecânicas

- 350 resistência à tração mínima R_m em N/mm²
- 350-22 alongamento adicional na ruptura A em %
- S, U, C } **Amostra** fundida separadamente
- HB155 dureza máxima

Composição química

As indicações correspondem às designações dos aços, ver página 125.

Requisitos adicionais

- D Peça de fundição bruta
- H Peça de fundição com tratamento térmico
- W Soldável
- Z Requisitos adicionais

Números de material

Os números de material têm 7 caracteres sem espaços, começando com **EN** (Norma europeia) e **J** (ferro fundido; I ferro)

Exemplos de designação:

EN	-	J	**L**	**2**	**0 4**	**7**	Ferro fundido com grafita em lamelas e dureza como característica
EN	-	J	**S**	**1**	**0 2**	**2**	Fundição com grafita em nódulos com amostra de teste unida por fundição, R_m característica.
EN	-	J	**M**	**1**	**1 3**	**0**	Ferro fundido maleávei sem requisitos especiais, R_m característica.

Estrutura da grafita (letra)

- L Grafita em lamelas
- S Grafita em nódulos
- M carbono de têmpera
- V Grafita vermicular
- N Sem grafita
- Y Estrutura especial

Característica principal (número)

- 1 Resistência à tração
- 2 Dureza
- 3 Composição química

Número de característica de material

Um número com dois dígitos é atribuído a cada material de ferro fundido. Um número maior indica uma resistência maior.

Requisitos de material (número)

- 0 sem requisitos especiais
- 1 amostra de teste fundida separadamente
- 2 amostra de teste unida por fundição
- 3 amostra de teste retirada da fundição
- 4 tenacidade na temperatura ambiente
- 5 tenacidade em temperaturas baixas
- 6 soldabilidade especificada
- 7 fundição bruta/peça em ferro-gusa
- 8 peça fundida com tratamento térmico
- 9 requisitos adicionais

Classificação de Materiais de Ferro Fundido

Tipo	Norma	Exemplos/ número de material	Resistência à tração R_m N/mm²	Propriedades	Exemplos de aplicação
Ferro fundido					
Com grafita lamelar	DIN EN 1561	EN-GJL-150 (GG-15)[1] EN-JL1020	100 a 450	Fundibilidade muito boa, boa resistência à compressão, capacidade de amortecimento, propriedades de funcionamento de emergência e boa resistência à corrosão	Para peças complexas com muitos contornos, muito versáteis em suas aplicações Estruturas de máquinas, compartimentos de engrenagens
Com grafita nodular	DIN EN 1563	EN-GJS-400 (GGG-40)[1] EN-JS1030	350 a 900	Fundibilidade muito boa, alta resistência mesmo sob carga dinâmica, superfície endurecível	Peças submetidas a esforço por desgaste; peças de embreagem; acessórios, construção de motor
Com grafita vermicular	DIN EN 1560	EN-GJV-200	200 a 600	Fundibilidade muito boa, alta resistência sem adições caras de liga	Peças automotivas, construção de motor, compartimentos de engrenagem
Ferro fundido bainítico	DIN EN 1564	EN-GJS-800-8 EN-JS1100	800 a 1400	O tratamento térmico e o resfriamento controlado produzem bainita e austenita com alta resistência com boa tenacidade.	Peças submetidas a alto esforço. Ex.: cubos de roda, anéis de engrenagem, fundições ADI[2]
Fundidos resistentes a desgaste, ferro fundido duro	DIN EN 12513	EN-GJN-HV350 EN-JN2019	> 1000	Resistente a desgaste devido à martensita e aos carburetos, também ligados com Cr e Ni	Ferro fundido resistente a desgaste, ex.: rolos de desbaste, pás/conchas de dragas, propulsores para bombas
Ferro fundido maleável					
Recozido com descarbonetação (núcleo branco)	DIN EN 1562	EN-GJMW-350 (GTW-35)[1] EN-JM1010	270 a 570	Descarbonetação da periferia por têmpera; alta resistência e tenacidade, plasticidade	Peças com formato exato, paredes finas e submetidas à carga de impacto; alavancas, tambores de freio
Recozido sem descarbonetação (núcleo preto)	DIN EN 1562	EN-GJMB-450 (GTS-45)[1] EN-JM1140	300 a 800	Grafita nodular em toda seção transversal, devido à maleabilização; alta resistência e tenacidade com paredes mais espessas	Peças com formato exato, paredes grossas e submetidas à carga de impacto; alavancas, articulação cardan
Aço fundido					
Para uso geral	DIN 1681[3]	GS-45 1.0446	380 a 600	Aço-carbono e de baixa liga fundido para uso geral	Valores mecânicos mínimos de –10°C a 300°C
Com melhor soldabilidade	DIN 17182[3]	GS-20Mn5 1.1120	430 a 650	Baixo teor de carbono com manganês e microliga	Construção de conjunto soldado, aços estruturais de grão fino, com espessuras maiores da parede
Para vasos de pressão	DIN EN 10213	GP280GH 1.0625	420 a 960	Tipos com alta resistência e robustez em temperaturas altas e baixas	Vasos de pressão para meios quentes e frios, resistentes a temperaturas altas e tenaz em baixas temperaturas; inoxidável
Aço fundido refinado	DIN EN 17205[3]	G30CrMoV6-4 1.7725	500 a 1250	Estrutura refinada fina com alta tenacidade	Correntes, revestimento
Inoxidável	DIN EN 10283	GX6CrNiN26-7 1.4347	450 a 1100	Resistente a ataque químico e corrosão	Propulsores de bomba em ácidos, aço duplex
Resistente a calor	DIN EN 10295	GX25CrNiSi18-9 1.4825	400 a 550	Resistentes a gases de descamação	Peças de turbina, grelhas de forno

[1] Designação anterior 2) ADI → Austempered Ductile Iron (Ferro Dúctil Austemperado)
[3] As normas citadas serão retiradas com a publicação de DIN EN 10293 (minuta)

Ferro fundido com grafita lamelar, Ferro fundido com grafita nodular

Ferro fundido com grafita lamelar

Cf. DIN EN 1561 (1997-08)

Resistência à tração R_m como característica de identificação

Tipo[1] Designação	Número do material	Espessura da parede mm	Resistência à tração R_m N/mm²
EN-GJL-100 (GG-10)	EN-JL1010 (0.6010)	5...40	100...200
EN-GJL-150 (GG-15)	EN-JL1020 (0.6015)	2,5...300	150...250
EN-GJL-200 (GG-20)	EN-JL-1030 (0.6020)	2,5...300	200...300
EN-GJL-250 (GG-25)	EN-JL1040 (0.6025)	5...300	250...350
EN-GJL-300 (GG-30)	EN-JL1050 (0.6030)	10...300	300...400
EN-GJL-350	EN-JL1060	10...300	350...450

⇒ **EN-GJL-100**: Ferro fundido com grafita lamelar, resistência à tração R_m mínima = 100 N/mm²

Dureza HB como característica de identificação

Tipo Designação	Número do material	Espessura da parede mm	Dureza Brinell HB30
EN-GJL-HB155 (GG-150 HB)	EN-JL2010 (0.6012)	40...80	max. 155
EN-GJL-HB175 (GG-170 HB)	EN-JL2020 (0.6017)	40...80	100...175
EN-GJL-HB195 (GG-190 HB)	EN-JL2030 (0.6022)	40...80	120...195
EN-GJL-HB215 (GG-220 HB)	EN-JL2040 (0.6027)	40...80	145...215
EN-GJL-HB235 (GG-240 HB)	EN-JL2050 (0.6032)	40...80	165...235
EN-GJL-HB255	EN-JL2060	40...80	185...255

⇒ **EN-GJL-HB215**: Ferro fundido com grafita lamelar, dureza Brinell máxima = 215 HB

Propriedades e aplicações

Boa fundibilidade e usinabilidade com remoção de cavacos, amortecimento de vibração, resistência à corrosão, alta resistência à compressão, boas propriedades de deslizamento.

Estruturas de máquina, alojamento de rolamento, mancais lisos, peças resistentes à compressão, compartimentos de turbina.

A dureza como propriedade característica fornece informações sobre a usinabilidade com remoção de cavacos.

Ferro fundido com grafita nodular

Cf. DIN EN 1563 (2003-02)

Resistência a tração R_m como característica de identificação

Tipo[1] Designação	Número do material	Resistência à tração R_m N/mm²	Limite de elasticidade $R_{p0,2}$ N/mm²	Alongamento A %	Propriedades, exemplos de aplicação
EN-GJS-350-22 (GGG-35.3)	EN-JS1010 (0.7033)	350	220	22	Boa usinabilidade, baixa resistência a desgaste; carcaças
EN-GJS-400-18	EN-JS1020	400	250	18	
EN-GJS-400-15 (GGG-40)	EN-JS1030 (0.7040)	400	250	15	
EN-GJS-450-10	EN-JS1040	450	310	10	
EN-GJS-500-7 (GGG-50)	EN-JS1050 (0.7050)	500	320	7	Boa usinabilidade, resistência média a desgaste; acessórios, estrutura de prensa
EN-GJS-600-3	EN-JS1060	600	370	3	
EN-GJS-700-2	EN-JS1070	700	420	2	
EN-GJS-800-2	EN-JS1080	800	480	2	Boa dureza superficial; engrenagens, peças de direção e embreagem, correntes
EN-GJS-900-2	EN-JS1090	900	600	2	

⇒ **EN-GJS-400-18**: Ferro fundido com grafita nodular, resistência à tração mínima R_m = 400 N/mm²; alongamento na ruptura A = 18%

Dureza HB como característica de identificação

Tipo[1] Designação	Número do material	Resistência à tração R_m N/mm²	Limite de elasticidade $R_{p0,2}$ N/mm²	Dureza Brinell HB %	Propriedades, exemplos de aplicação
EN-GJS-HB130	EN-JS2010	350	220	< 160	Ao especificar valores de dureza, o comprador pode adaptar melhor os parâmetros de processo à usinagem de peças fundidas. Aplicações como acima
EN-GJS-HB150	EN-JS2020	400	250	130...175	
EN-GJS-HB200	EN-JS2050	500	320	170...230	
EN-GJS-HB230	EN-JS2060	600	370	190...270	
EN-GJS-HB265	EN-JS2070	700	420	225...305	
EN-GJS-HB300	EN-JS2080	800	480	245...335	
EN-GJS-HB330	EN-JS2090	900	600	270...360	

⇒ **EN-GJS-HB130**: Ferro fundido com grafita nodular, dureza Brinell HB 130, dureza máxima HB 160

[1] ( ) designações anteriores; seleção

Ferro fundido maleável, Aço fundido

Ferro fundido maleável[1]

Cf. DIN EN 1562 (1997-08)

Tipo: Designação	Tipo: Número do material	Resistência à tração R_m N/mm²	Limite de elasticidade $R_{p0,2}$ N/mm²	Alongamento na fratura A %	Dureza Brinell HB	Propriedades, exemplos de aplicação
Ferro fundido maleável recozido descarburizado (ferro fundido maleável com núcleo branco)						
EN-GJMW-350-4	EN-JM1010	350	–	4	230	Todos os tipos têm boa fundibilidade e boa usinabilidade com remoção de cavacos. Peças com espessura pequena da parede, p. ex., alavancas, elos de corrente
EN-GJMW-400-5	EN-JM1030	400	220	5	220	
EN-GJMW-450-7	EN-JM1040	450	260	7	250	
EN-GJMW-550-4	EN-JM1050	550	340	4	250	
EN-GJMW-360-12	EN-JM1020	360	190	12	200	Especialmente adequado para solda

⇒ **EN-GJMW-350-4**: Ferro fundido maleável com núcleo branco, R_m = 350 N/mm², A = 4%

Tipo: Designação	Tipo: Número do material	Resistência à tração R_m N/mm²	Limite de elasticidade $R_{p0,2}$ N/mm²	Alongamento na fratura A %	Dureza Brinell HB	Propriedades, exemplos de aplicação
Ferro fundido maleável recozido não descarburizado (ferro fundido maleável com núcleo preto)						
EN-GJMB-300-6	EN-JM1110	300	–	6	... 150	Alta impermeabilidade
EN-GJMB-350-10	EN-JM1130	350	200	10	... 150	Todos os tipos têm boa fundibilidade e boa usinabilidade com remoção de cavacos. Peças com espessura grande da parede, p. ex., carcaças, haste de cardan, pistão
EN-GJMB-450-6	EN-JM1140	450	270	6	150 ... 200	
EN-GJMB-500-5	EN-JM1150	500	300	5	165 ... 215	
EN-GJMB-550-4	EN-JM1160	550	340	4	180 ... 230	
EN-GJMB-600-3	EN-JM1170	600	390	3	195 ... 245	
EN-GJMB-650-2	EN-JM1180	650	430	2	210 ... 260	
EN-GJMB-700-2	EN-JM1190	700	530	2	240 ... 290	
EN-GJMB-800-1	EN-JM1200	800	600	1	270 ... 320	

⇒ **EN-GJMB-350-10**: ferro fundido maleável com núcleo preto, R_m = 350 N/mm², A = 10%

[1] Designações anteriores, ver página 159

Aço fundido para aplicações gerais

Cf. DIN 1681 (1985-06)

Tipo: Designação	Tipo: Número do material	Resistência à tração R_m N/mm²	Limite de elasticidade $R_{p0,2}$ N/mm²	Alongamento na ruptura A %	Teor de carbono %	Propriedades, exemplos de aplicação
GS-38	1.0420	380	200	25	≈ 0,15	Para peças com solicitação dinâmica e de impacto média, p. ex., roda radiada, alavancas
GS-45	1.0446	450	230	22	≈ 0,25	
GS-52	1.0552	520	260	18	≈ 0,35	
GS-60	1.0558	600	300	15	≈ 0,45	

Aço fundido com soldabilidade e tenacidade melhoradas

Cf. DIN 17182 (1992-05)

Tipo: Designação	Tipo: Número do material	Resistência à tração R_m N/mm²	Limite de elasticidade[1] $R_{p0,2}$ N/mm²	Alongamento na ruptura A %	Energia de impacto de entalhe K_v J	Propriedades, exemplos de aplicação
GS-16Mn5N[2]	1.1131	430	200	25	65	Construções soldadas
GS-20Mn5N	1.1120	500	300	22	55	
GS-20Mn5V[3]	1.1120	500	360	24	75	

[1] Valores para espessura de parede de até 40 mm [2] normalizado [3] refinado

Aço fundido para vasos de pressão

Cf. DIN EN 10213 (2004-03)

Tipo: Designação	Tipo: Número do material	Resistência à tração R_m N/mm²	Limite de elasticidade[1] $R_{p0,2}$ N/mm²	Alongamento na ruptura A %	Energia de impacto de entalhe K_v J	Propriedades, exemplos de aplicação
GP240GH	1.0619	420	240	22	27	Para temperaturas altas e baixas, p. ex., turbinas de vapor, vasos de vapor superaquecidos, também resistentes à corrosão
G17CrMo5-5	1.7357	490	315	20	27	
GX8CrNi12	1.4107	540	355	18	45	
GX4CrNiMo16-5-1	1.4405	760	540	15	60	

[1] Valores para espessura de parede de até 40 mm

Moldes, Instalações para fazer moldes e fôrmas de machos

Cf. DIN EN 12890 (2000-06)

Materiais e classes de qualidade

Características	Materiais		
	Madeira	Plástico	Metal
Tipo de material	Compensado, placa de aglomerado ou placa sanduíche, madeira dura e macia	Resinas de epóxi ou poliuretano com enchimentos	Lidas de Cu, Sn, Zn Ligas de Al Ferro ou aço fundido
Aplicação	Peças individuais recorrentes e lotes menores, baixas exigências de precisão; normalmente moldadas à mão	Fabricação de poucas unidades ou em série, exigências maiores de precisão; moldagem à mão e à máquina	Volumes moderados a altos com exigências de alta precisão; moldagem à máquina
Número máximo de peças na moldagem	Aproximadamente 750	Aproximadamente 10000	Aproximadamente 150000
Classes de qualidade[1]	H1[2], H2, H3	K1[2], K2	M1[2], M2
Qualidade da superfície	Lixa com tamanho de grão 60 – 80	*Ra* = 12,5 m	R*a* = 3,2 – 6,6 m

1) Sistema de classificação para a fabricação e uso de moldes, instalações para fazer moldes e fôrmas de machos, de acordo com sua aplicação, qualidade e vida útil: H madeira; K plástico; M Metal

2) Melhor classe de qualidade

Inclinação dos moldes

Altura *H* mm	Inclinação do molde T em mm					
	Área de desmoldagem pequena			Área de desmoldagem grande		
	Moldagem manual: Areia de moldar aglutinada por argila	Moldagem manual: Areia de moldar aglutinada por produtos químicos	Moldagem por máquina	Moldagem manual: Areia de moldar aglutinada com argila	Moldagem manual: Areia de moldar aglutinada por produtos químicos	Moldagem por máquina
... 30	1,0	1,0	1,0	1,5	1,0	1,0
> 30...80	2,0	2,0	2,0	2,5	2,0	2,0
> 80... 180	3,0	2,5	2,5	3,0	3,0	3,0
> 180...250	3,5	3,0	3,0	4,0	4,0	4,0
> 250... 1000	1,0 mm para cada 150 mm					
> 1000...4000	2,0 mm para cada 1000 mm de altura					

Pintura e códigos de cores em moldes

Superfície ou parte da superfície	Aço fundido	Ferro fundido com grafita nodular	Ferro fundido com grafita lamelar	Ferro fundido maleável	Fundido de metais pesados	Fundição de metais leves
Cor básica para áreas que não devem ser usinadas na peça fundida	azul	roxo	vermelho	cinza	amarelo	verde
Áreas que devem ser usinadas na peça fundida	listas amarelas	listas amarelas	listas amarelas	listas amarelas	listas vermelhas	listas amarelas
Locais de assento de peças soltas e de suas fixações	contornados em preto					
Localizações de placas de metal/coquilhas	vermelho	vermelho	azul	vermelho	azul	azul
Marcas de núcleo	preto					
Orifício para abastecer/alimentar	Listas amarelas					

Retração de medidas, Tolerâncias dimensionais, Processos de moldagem e fundição

Retração de medidas

Cf. DIN EN 12890 (2000-06)

Ferro fundido	Retração em %	Outros materiais de fundição	Retração em %
com grafita lamelar	1,0	Aço fundido	2,0
com grafita nodular, recozido	0,5	Aço fundido com manganês duro	2,3
com grafita nodular, não recozido	1,2	Ligas de Al, Mg, Cu_{Zn}	1,2
austenítico	2,5	Ligas de Zn, CuSnZn	1,3
ferro fundido maleável, recozimento de descarburação	1,6	Ligas de CuSn	1,5
ferro fundido maleável, sem recozimento de descarburação	0,5	Cu	1,9

Tolerâncias dimensionais e acréscimos para processamento, RMA

Cf. DIN ISO 8062 (1998-08)

Exemplos de especificações de tolerância em um desenho:

1. **ISO 8062-CT12-RMA6 (H)**
   Grau de tolerância 12, acréscimo de material 6 mm
2. As tolerâncias individuais e os acréscimos são fornecidos diretamente depois de uma dimensão.

R peça de fundição bruta – dimensão nominal
F dimensão depois do acabamento
CT grau de tolerância de fundição
T tolerância total de fundição
RMA acréscimo de material para processamento

$$R = F + 2 \cdot RMA + T/2$$

Tolerâncias de fundição

Dimensões nominais em mm	Tolerância total de fundição T em mm para grau de tolerância de fundição CT															
	1	2	3	4	5	6	7	8	9	10	11	12	13	14	15	16
..10	0,09	0,13	0,18	0,26	0,36	0,52	0,74	1,0	1,5	2,0	2,8	4,2	–	–	–	–
> 10...16	0,10	0,14	0,20	0,28	0,38	0,54	0,78	1,1	1,6	2,2	3,0	4,4	–	–	–	–
> 16...25	0,11	0,15	0,22	0,30	0,42	0,58	0,82	1,2	1,7	2,4	3,2	4,6	6	8	10	12
> 25...40	0,12	0,17	0,24	0,32	0,46	0,64	0,9	1,3	1,8	2,6	3,6	5	7	9	11	14
> 40...63	0,13	0,18	0,26	0,36	0,50	0,70	1,0	1,4	2,0	2,8	4,0	5,6	8	10	12	16
> 63...100	0,14	0,20	0,28	0,40	0,56	0,78	1,1	1,6	2,2	3,2	4,4	6	9	11	14	18
> 100...160	0,15	0,22	0,30	0,44	0,62	0,88	1,2	1,8	2,5	3,6	5	7	10	12	16	20
> 160...250	–	0,24	0,34	0,50	0,70	1,0	1,4	2,0	2,8	4,0	5,6	8	11	14	18	22
> 250...400	–	–	0,40	0,56	0,78	1,1	1,6	2,2	3,2	4,4	6,2	9	12	16	20	25
> 400...630	–	–	–	0,64	0,90	1,2	1,8	2,6	3,6	5	7	10	14	18	22	28
> 630...1000	–	–	–	–	1,0	1,4	2,0	2,8	4	6	8	11	16	20	25	32

Processos de moldagem e fundição

Processo	Aplicação	Vantagens e desvantagens	Material de fundição	Precisão dimensional relativa[1] em mm/mm	Rugosidade possível R_a em μm
Moldagem manual	Peças fundidas grandes, lotes pequenos	Todos os tamanhos, cara, baixa precisão dimensional	GJL, GJS, GS, GJM, Al- und Cu-Leg.	0,00...0,10	40...320
Moldagem por máquina	Peças pequenas a médias, séries	Preciso dimensionalmente, boa superfície	GJL, GJS, GS, GJM, Al-Leg.	0,00...0,06	20...160
Moldagem por vácuo	Peças médias a grandes, séries	Preciso dimensionalmente, boa superfície, altos custos de investimento	GJL, GJS, GS, GJM, Al- und Cu-Leg.	0,00...0,08	40...160
Moldagem em máscaras	Peças pequenas, séries grandes	Preciso dimensionalmente, altos custos de molde	GJL, GS, Al- und Cu-Leg.	0,00...0,06	20...160
Moldagem fina (em cera)	Peças pequenas, séries grandes	Peças complexas, altos custos de molde	GS, Al-Leg.	0,00...0,04	10...80
Moldagem sob pressão	Peças pequenas a médias, grandes séries	Preciso dimensionalmente, mesmo com paredes finas, estrutura de grão fino, altos custos de investimento	Câmara quente: Zn, Pb, Sn, Mg Câmara fria: Cu, Al	0,00...0,04	10...40

[1] A relação entre o maior desvio relativo e a dimensão nominal é chamada de precisão dimensional relativa.

Alumínio, Ligas de alumínio – Apresentação

Grupo de liga	Número de material	Características principais	Áreas principais de aplicação	Formato do produto[1]		
				B	S	R
Alumínio puro				Página 166		
Al (teor de alumínio > 99,00%)	AW-1000 a AW-1990 (Série 1000)	• Deformabilidade a frio muito boa • Soldável também com Cu (solda forte) • Difícil de usinar com remoção de cavacos • Resistente à corrosão • Oxidável por ânodo para propósitos decorativos	Contêineres, condutos e equipamentos para a indústria alimentícia e química, condutores elétricos, refletores, peças decorativas , placas de licenciamento de veículos.	•	•	•
Alumínio, ligas de Al forjadas não endurecíveis (seleção)				Página 166		
AlMn	AW-3000 a AW-3990 (Série 3000)	• Processáveis a frio • Soldáveis e estanháveis • Boa usinabilidade com remoção de cavacos, se bem estabilizado a frio Comparação com a série 1000 • Maior resistência • Melhor resistividade à lixiviação	Telhas, revestimentos de fachadas, peça de suporte na indústria da construção, peças para radiadores e condicionadores de ar na fabricação automotiva, latas para bebidas e alimentos na indústria de embalagem	•	•	•
AlMg	AW-5000 a AW-5990 (Série 5000)	• Boa deformabilidade a frio com boa estabilização a frio • Soldabilidade condicionada • Com teores de liga mais altos boa usinabilidade com remoção de cavacos • Resistente às condições climáticas e à água do mar	Material de baixo peso para superestruturas de veículos comerciais, caminhões tanques e de silo, placas de metal, sinal de tráfego, portas e persianas rolantes, ferramentas na indústria da construção, estruturas de máquina, peças para construção de gabaritos e armações e fabricação de molde	•	•	•
AlMgMn		• Boa deformabilidade a frio com alta estabilização a frio • Boa soldabilidade • Boa usinabilidade com remoção de cavacos • Resistente à água do mar		•	•	•
Alumínio, ligas de alumínio forjadas, endurecíveis (seleção)				Página 167		
AlMgSi	AW-6000 a AW-6990 (Série 6000)	• Boa deformabilidade a frio e a quente • Resistente à corrosão • Boa soldabilidade • Boa usinabilidade com remoção de cavacos, se endurecida	Estruturas submetidas a carga na indústria da construção, janelas, portas, leitos de máquina, peças hidráulicas e pneumáticas; com adições de Pb, Sn ou Bi: ligas de corte livre com muito boa usinabilidade com remoção de cavacos	•[2]	•[2]	•[2]
AlCuMg	AW-2000 a AW-2990 (Série 2000)	• Valores de resistência altos • Boa resistência ao calor • Resistência à corrosão condicionada • Soldabilidade condicionada • Boa usinabilidade com remoção de cavacos, se endurecida	Material de baixo peso na construção automotiva e aeronáutica; com adições de Pb, Sn ou Bi: ligas de corte livre com muito boa usinabilidade com remoção de cavacos	•[2]	•[2]	•[2]
AlZnMgCu	AW-7000 a AW-7990 (Série 7000)	• A mais alta resistência de todas as ligas de Al • Melhor resistência à corrosão, se endurecida • Soldabilidade condicionada • Boa usinabilidade com remoção de cavacos, se endurecida	Material de baixo peso e muito resistente na indústria aeronáutica, construção de máquinas, ferramentas e moldes para moldagem de plásticos, parafusos, peças extrudadas	•	•	•

[1] Formas do produto B chapa; S barras; R tubos

[2] Ligas de corte livre são entregues apenas em barras ou tubos.

Alumínio, ligas de alumínio forjadas: Designações e números de material

Designações para alumínio e ligas de alumínio forjadas

Cf. DIN EN 573-2 (1994-12)

As designações se aplicam a produtos semiacabados, p. ex., chapas, barras, tubos, arames e peças forjadas.

Exemplos de designação: **EN AW - Al 99,98**
EN AW - Al Mg1SiCu - H111

EN norma europeia
AW Produtos semiacabados de alumínio

Composição química, grau de pureza

Al 99,98 → alumínio puro, grau de pureza 99,98% Al
Mg1SiCu → 1% Mg, baixa porcentagem de Si e Cu

Estado do material (extrato) Cf. DIN EN 515 (1993-12)

Estado	Símbolo	Significado do símbolo	Significado dos estados do material
Fabricado	F	Produtos semi-acabados são fabricados sem especificação de limites mecânicos, ex.: resistência à tração, limite de elasticidade, alongamento na ruptura	Produtos semiacabados sem processamentos subsequentes
Recozido doce	O O1 O2	O recozimento doce pode ser substituído por transformação a quente. Recozido com solução, resfriado lentamente até a temperatura ambiente Transformado termomecanicamente, maior maneabilidade	Para restauração da deformabilidade após transformação a frio
Endurecido a frio	H12 a H18	Estabilizado com os seguintes graus de dureza: H12 ¼-dureza; H14 ½-dureza; H16 ¾-dureza; H18 4/4-dureza	Para assegurar valores mecânicos, p. ex., resistência à tração, limite de elasticidade
	H111 H112	Recozido com endurecimento leve subsequente Estabilização leve	
Tratado termicamente	T1 T2 T3	Recozido com solução, com alívio de tensão e envelhecido naturalmente, não retificado Resfriado bruscamente como T1, transformado a frio e envelhecido naturalmente Resfriado com solução, processado a frio e envelhecido naturalmente	Aumento da resistência à tração, do limite de elasticidade e da dureza; redução da deformabilidade a frio
	T3510 T3511	Recozido com solução, com alívio de tensão e envelhecido naturalmente Como T3510, retificado para manter desvios limites	
	T4 T4510	Recozido com solução, envelhecido naturalmente Recozido com solução, com alívio de tensão e envelhecido naturalmente, não retificado	
	T6 T6510	Recozido com solução, transformado a frio, envelhecido artificialmente Recozido com solução, com alívio de tensão e envelhecido artificialmente, não retificado	
	T8 T9	Recozido com solução, transformado a frio, envelhecido artificialmente Recozido com solução, envelhecido artificialmente, transformado a frio	

Números de material para alumínio e ligas de alumínio forjado

Cf. DIN EN 573-1 (1994-12)

Os números de material se aplicam a produtos semiacabados, ex.: chapas, barras, tubos, arames e para peças forjadas.

Exemplos de designação: **EN AW - 1050A**
EN AW - 5154

EN Norma Europeia
AW produtos semiacabados de alumínio

Indica os desvios limites específicos do país, em relação à liga original.

Grupos de liga

Algarismo	Grupo	Algarismo	Grupo
1	Al puro	5	AlMg
2	AlCu	6	AlMgSi
3	AlMn	7	AlZn
4	AlSi	8	outros

Modificações de liga

0 → Liga original
1-9 → Ligas diferentes da original

Número de tipo

Dentro de um grupo de liga, ex.: AlMgSi, cada tipo tem seu próprio número.

Alumínio, ligas de alumínio forjadas

Alumínio e ligas de alumínio forjadas,
não endurecíveis (seleção)

Cf. DIN EN 485-2 (1994-12)
DIN EN 754-2, 755-2 (1997-08)

Designação (número de material)[1]	Formas de entrega[2]		A[3]	Estado do material	Espessura/diâmetro mm	Resistência à tração R_m N/mm²	Limite de elasticidade $R_{p0,2}$ N/mm²	Alongamento na ruptura A %	Aplicações, Exemplos
	S	B							
Al 99,5 (1050A)	•	–	p	F, H112	≤ 200	≥ 60	≥ 20	25	Fabricação de equipamentos, vasos de pressão, placas, embalagem, peças para decoração
			z	O, H111	≤ 80	60...95	–	25	
			z	H14	≤ 40	100...135	≥ 70	6	
	–	•	w	O, H111	0,5...1,4	65...95	≥ 20	22	
					1,5...2,9	65...95	≥ 20	26	
					3,0...5,9	65...95	≥ 20	29	
Al Mn1 (3103)	•	–	p	F, H112	≤ 200	≥ 95	≥ 35	25	Fabricação de equipamentos, peças extrudadas, carroçarias de veículos utilitários, trocadores de calor
			z	O, H111	≤ 60	95...130	≥ 35	25	
			z	H14	≤ 10	130...165	≥ 110	6	
	–	•	w	O, H111	0,5...1,4	90...130	≥ 35	19	
					1,5...2,9	90...130	≥ 35	21	
					3,0...5,9	90...130	≥ 35	24	
Al Mn1Cu (3003)	•	–	p	F, H112	≤ 200	≥ 95	≥ 35	25	Cobertura de telhado, fachadas, estruturas submetidas a carga em construções de metal
			z	O, H111	≤ 80	95...130	≥ 35	25	
			z	H14	≤ 40	130...165	≥ 110	6	
	–	•	w	O, H111	0,5...1,4	95...135	≥ 35	17	
					1,5...2,9	95...135	≥ 35	20	
					3,0...5,9	95...135	≥ 35	23	
Al Mg1 (5005)	•	–	p	F, H112	≤ 200	≥ 100	≥ 40	18	Cobertura de telhado, fachadas, janelas, portas, revestimentos
			z	O, H111	≤ 80	100...145	≥ 40	18	
			z	H14	≤ 40	≥ 140	≥ 110	6	
	–	•	w	O, H111	0,5...1,49	100...145	≥ 35	19	
					1,5...2,9	100...145	≥ 35	20	
					3,0...5,9	100...145	≥ 35	22	
Al Mg2 (5251)	•	–	p	F, H112	≤ 200	≥ 160	≥ 60	16	Equipamentos e dispositivos para a indústria alimentícia
			z	O, H111	≤ 80	150...200	≥ 60	17	
			z	H14	≤ 30	200...240	≥ 160	5	
	–	•	w	O, H111	0,5...1,4	160...200	≥ 60	14	
					1,5...2,9	160...200	≥ 60	16	
					3,0...5,9	160...200	≥ 60	18	
Al Mg3 (5754)	•	–	p	F, H112	≤ 150	≥ 180	≥ 80	14	Fabricação de equipamentos, aviões, carroçarias, fabricação de moldes
			z	O, H111	≤ 80	180...250	≥ 80	16	
			z	H14	≤ 25	240...290	≥ 180	4	
	–	•	w	O, H111	0,5...1,4	190...240	≥ 80	14	
					1,5...2,9	190...240	≥ 80	16	
					3,0...5,9	190...240	≥ 80	18	
Al Mg5 (5019)	•	–	p	F, H112	≤ 200	≥ 250	≥ 110	14	Equipamento ótico, embalagens
			z	O, H111	≤ 80	250...320	≥ 110	16	
			z	H14	≤ 40	270...350	≥ 180	8	
Al Mg3Mn (5454)	•	–	p	F, H112	≤ 200	≥ 200	≥ 85	10	Construção de contêiner, incluindo vasos de pressão, condutos, caminhões tanques e silos
				O, H111		200...275	≥ 85	18	
	–	•	w	O, H111	0,5...1,4	215...275	≥ 85	13	
					1,5...2,9	215...275	≥ 85	15	
					3,0...5,9	215...275	≥ 85	17	
Al Mg4,5Mn0,7 (5083)	•	–	p	F, H111	≤ 200	≥ 270	≥ 110	12	Fabricação de moldes e dispositivos, estruturas de máquinas
			z	O, H111	≤ 80	270...350	≥ 110	16	
			z	H12	≤ 30	≥ 280	≥ 200	6	

[1] Para simplificação, todas as designações e números de material são escritas sem o acréscimo de "EN AW".
[2] Formas de entrega: S barra redonda; B chapa, tira
[3] A apresentação na entrega: p extrudado, z estirado: w laminado a frio
[4] Estados do material, ver página 165

Ligas de alumínio forjadas

Ligas de Al forjadas, endurecíveis (seleção)

Cf. DIN EN 485-2 (1995-03)
DIN EN 754-2, 755-2 (1997-08)

Designação (número de material)[1]	Formas de entrega[2] S	Formas de entrega[2] B	A[3]	Estado do material	Espessura/ diâmetro mm	Resistência à tração R_m N/mm²	Limite de elasticidade $R_{p0,2}$ N/mm²	Alongamento na ruptura A %	Aplicações, Exemplos
Al CuPbMgMn (2007)	•	–	p z z	T4, T4510 T3 T3	≤ 80 ≤ 30 30...80	≥ 370 ≥ 370 ≥ 340	≥ 250 ≥ 240 ≥ 220	8 7 6	Ligas de corte livre, também com boa usinabilidade e alto rendimento no desbaste, p. ex., para peças torneadas, fresadas
Al Cu4PbMg (2030)	•	–	p z z	T4, T4510 T3 T3	≤ 80 ≤ 30 30...80	≥ 370 ≥ 370 ≥ 340	≥ 250 ≥ 240 ≥ 220	8 7 6	
Al MgSiPb (6012)	•	–	p z z	T5, T6510 T3 T6	≤ 150 ≤ 80 ≤ 80	≥ 310 ≥ 200 ≥ 310	≥ 260 ≥ 100 ≥ 260	8 10 8	
Al Cu4SiMg (2014)	•	–	p z z	O, H111 T3 T4	≤ 200 ≤ 80 ≤ 80	< 250 ≥ 380 ≥ 380	≤ 135 ≥ 290 ≥ 220	12 8 12	Peças na fabricação hidráulica, pneumática, automotiva e aeronáutica, estruturas portantes em construções de metal
	–	•	w	O	0,5...1,4 1,5...2,9 3,0...5,9	< 220 < 220 < 220	≤ 140 ≤ 140 ≤ 140	12 13 16	
Al Cu4Mg1 (2024)	•	–	p z z	O, H111 T3 T6	≤ 200 10...80 ≤ 80	< 250 ≥ 425 ≥ 425	≤ 150 ≥ 290 ≥ 315	12 9 5	Peças na fabricação automotiva e aeronáutica, estruturas portantes em construções de metal
	–	•	w	O	0,5...1,4 1,5...2,9 3,0...5,9	< 220 < 220 < 220	≤ 140 ≤ 140 ≤ 140	12 13 13	
Al MgSi (6060)	•	–	p z z	T4 T4 T6	≤ 150 ≤ 80 ≤ 80	< 120 ≥ 130 ≥ 215	≤ 60 ≥ 65 ≥ 160	16 15 12	Janelas, portas, carroçarias de veículos utilitários, leitos de máquina, equipamentos óticos
Al Si1MgMn (6082)	•	–	p z z	O, H111 T4 T6	≤ 200 ≤ 80 ≤ 80	< 160 ≥ 205 ≥ 310	≤ 110 ≥ 110 ≥ 255	14 14 10	Revestimentos, peças na fabricação de moldes e dispositivos , leitos de máquina, equipamentos na indústria alimentícia
	–	•	w	O	0,5...1,4 1,5...2,9 3,0...5,9	< 150 < 150 < 150	≤ 85 ≤ 85 ≤ 85	14 16 18	
Al Zn4,5Mg1 (7020)	•	–	p z	T6 T6	≤ 50 ≤ 80	≥ 350 ≥ 350	≥ 290 ≥ 280	10 10	Peças na fabricação automotiva e aeronáutica, leitos de máquina, superestruturas de vagões
	–	•	w	O	0,5...1,4 1,5...2,9 3,0...5,9	< 220 < 220 < 220	≤ 140 ≤ 140 ≤ 140	12 13 15	
Al Zn5Mg3Cu (7022)	•	–	p z	T6, T6510 T6	≤ 80 ≤ 80	≥ 490 ≥ 460	≥ 420 ≥ 380	7 8	Peças na manufatura hidráulica, pneumática e aeronáutica, parafusos
	–	•	w	T6	3,0...12 12,5...24 25...50	≥ 450 ≥ 450 ≥ 450	≥ 370 ≥ 370 ≥ 370	8 8 7	
Al Zn5,5MgCu (7075)	•	–	p z z	O, H111 T6 T73	≤ 200 ≤ 80 ≤ 80	< 275 ≥ 540 ≥ 455	≤ 165 ≥ 485 ≥ 385	10 7 10	Peças na fabricação automotiva e aeronáutica, fabricação de moldes e dispositivos , parafusos
	–	•	w	O	0,4...0,75 0,8...1,45 1,5...2,9	≥ 275 ≥ 275 ≥ 275	≥ 145 ≥ 145 ≥ 145	10 10 10	

[1] Para simplificação, todas as designações e números de material são escritas sem o acréscimo de "EN AW".
[2] Formas de entrega: S barra redonda; B chapa, tira
[3] A apresentaçãona entrega: p extrudado, z estirado: w laminado a frio
[4] Estados do material, ver página 165

Ligas de fundição de alumínio

Designação de fundições de alumínio

DIN EN 1780-1...3 (2003-01,), DIN EN 1706 (1998-06)

Peças fundidas de alumínio são identificadas por designações ou números de material.

Exemplos de designação:

Designação EN AC - Al Mg5KF

Número de material EN AC - 51300KF

EN Norma Europeia
AC Peças fundidas de alumínio

K → processo de fundição
F → estado do material (tabela abaixo)

K → processo de fundição
F → estado do material (tabela abaixo)

Composição química	
Exemplo	Porcentagem de liga
AlMg5 AlSi6Cu4	5% Mg 6% Si, 4% Cu
AlCu4MgTi	4% Cu, porcentagem Mg e Ti insignificante

Grupos de liga			
Algarismo	Grupo	Algarismo	Grupo
21 41	AlCu AlSiMgTi	46 47	AlSi9Cu AlSi(Cu)
42 44	AlSi7Mg AlSi	51 71	AlMg AlZnMg

Número de tipo

Dentro de um grupo de liga, cada tipo tem seu próprio número.

Processo de fundição	
Letra	Processo de fundição
S	em molde de areia
K	em molde de metal (coquilha)
D	em molde sob pressão
L	em cera perdida (fina)

Estado do material	
Letra	Significado
F O	Fundido, sem processamento subsequente Recozido doce
T1 T4	Resfriamento controlado depois de fundido, envelhecido naturalmente Recozido com solução e envelhecido naturalmente
T5 T6	Resfriamento controlado depois de fundido , envelhecido artificialmente Recozido com solução e envelhecido artificialmente

Ligas de fundição de alumínio

DIN EN 1706 (1998-03)

Designação (número de material)[1]	V[2]	W[3]	Valores de resistência no estado fundido (F): Dureza HB	Resistência à tração R_m N/mm²	Limite de elasticidade $R_{p0,2}$ N/mm²	Alongamento na ruptura A%	Propriedades[4]: G	D	Z	Aplicação
AC-AlMg3 (AC-51000)	S K	F F	50 50	140 150	70 70	3 5	–	–	•	Resistente à corrosão, pode ser polida, anodizada para propósitos decorativos; acessórios, eletrodomésticos, construção de navio, indústria química.
AC-AlMg5 (AC-51300)	S K	F F	55 60	160 180	90 100	3 4	–	–	•	
AC-AlMg5(Si) (AC-51400)	S K	F F	60 65	160 180	100 110	3 3	–	–	•	
AC-AlSi12 (AC-44100)	S K L	F F F	50 55 60	150 170 160	70 80 80	4 5 1	•	•	o	Resistente a influências climáticas, para peças complexas, com parede fina e impermeáveis; compartimentos de bomba e motor, cabeçotes de cilindro, peças na fabricação aeronáutica
AC-AlSi7Mg (AC-42000)	S K L	T6 T6 T6	75 90 75	220 260 240	180 220 190	2 1 1	o	•	o	
AC-AlSi12(Cu) (AC-47000)	S K	F F	50 55	150 170	80 90	1 2	•	•	–	
AC-AlCu4Ti (AC-21100)	S K	T6 T6	95 95	300 330	200 220	3 7	–	–	•	Valores mais altos de resistência, resistência à vibração e alta temperatura; fundições simples

[1] Para simplificação, todas as designações e números de material são escritas sem "EN", p. ex., AC-AlMg3 e não EN AC-AlMg3 ou AC-51000 e não EN AC-51000.
[2] V processo de fundição (tabela acima) [3] W estado do material (tabela acima)
[4] G fundibilidade, D impermeabilidade sob pressão, Z usinabilidade com remoção de cavacos,
• muito boa, o boa, - condicionalmente boa

Perfis de alumínio – Apresentação, Barras redondas, Barras quadradas

Perfis de alumínio, Apresentação

Ilustração	Fabricação, dimensões	Norma	Ilustração	Fabricação, dimensões	Norma
Barras redondas			**Tubos redondos**		
	extrudadas d = 3...100 mm	DIN EN 755-3		extrudados sem costura d = 20...250 mm	DIN EN 755-7
	estiradas d = 8...320 mm	DIN EN 754-3		estirados sem costura d = 3...270 mm	DIN EN 754-7
Barras quadradas			**Tubos quadrados**		
	extrudadas s = 10...220 mm	DIN EN 755-4		extrudados a = 15...100 mm	DIN EN 754-4
	estiradas s = 3...100 mm	DIN EN 754-4			
Barras retangulares			**Tubos retangulares**		
	extrudadas b = 10...600 mm s = 2...240 mm	DIN EN 755-4		extrudados sem costura a = 15...250 mm b = 10...100 mm	DIN EN 755-7
	estiradas b = 5...200 mm s = 2...60 mm	DIN EN 754-4		*estirados sem costura* a = 15...250 mm b = 10...100 mm	DIN EN 754-7
Chapas e tiras			**Perfis L**		
	laminadas s = 0,4...15 mm	DIN EN 485		Com cantos vivos ou arredondados h = 10...200 mm	DIN 1771[1]
Perfil U			**Perfil T**		
	com cantos vivos ou arredondados h = 10...160 mm	DIN 9713[1]		Com cantos vivos ou arredondado h = 15...100 mm	DIN 9714[1]

[1] As normas foram retiradas sem substituição.

Barras redondas, Barras quadradas, estiradas

Cf. DIN EN 754-3, 754-4 (1996-01), DIN 1798[1], DIN 1796[1]

S Área transversal
m' massa por unidade de comprimento
W Momento de resistência axial
I Momento axial de inércia geométrico

d, a mm	S cm^2 ○	S cm^2 □	m' kg/m ○	m' kg/m □	$W_x = W_y$ cm^3 ○	$W_x = W_y$ cm^3 □	$I_x = I_y$ cm^4 ○	$I_x = I_y$ cm^4 □
10	0,79	1,00	0,21	0,27	0,10	0,17	0,05	0,08
12	1,13	1,44	0,31	0,39	0,17	0,29	0,10	0,17
16	2,01	2,56	0,54	0,69	0,40	0,68	0,32	0,55
20	3,14	4,00	0,85	1,08	0,79	1,33	0,79	1,33
25	4,91	6,25	1,33	1,69	1,53	2,60	1,77	3,26
30	7,07	9,00	1,91	2,43	2,65	4,50	3,98	6,75
35	9,62	12,25	2,60	3,31	4,21	7,15	7,37	12,51
40	12,57	16,00	3,40	4,32	6,28	10,68	12,57	21,33
45	15,90	20,25	4,30	5,47	8,95	15,19	20,13	34,17
50	19,64	25,00	5,30	6,75	12,28	20,83	30,69	52,08
55	23,76	30,25	6,42	8,17	16,33	27,73	44,98	76,26
60	28,27	36,00	7,63	9,72	21,21	36,00	63,62	108,00
Materiais	Ligas de alumínio forjadas, ver páginas 166 e 167							

[1] DIN 1796 e DIN 1798 foram substituídas por DIN EN 754-3 ou DIN EN 754-4. As normas DIN EN não contêm dimensões. Entretanto, os comerciantes continuam a oferecer barras redondas e quadradas segundo DIN 1798 e DIN 1796.

○ barras redondas □ barras quadradas

Barras retangulares de ligas de alumínio

Barras retangulares, estiradas (seleção)

DIN EN 754-5 (1996-01), substitui DIN 1769[1)]

S Área transversal
m' Massa por unidade de comprimento
e Afastamento da borda
W Momento axial de resistência
I Momento axial de inércia geométrico

$b \times h$ mm	S cm²	m' kg/m	e_x cm	e_y cm	W_x cm³	I_x cm⁴	W_y cm³	I_y cm⁴
10 x 3	0,30	0,08	0,15	0,5	0,015	0,0007	0,033	0,016
10 x 6	0,60	0,16	0,3	0,5	0,060	0,018	0,100	0,050
10 x 8	0,80	0,22	0,4	0,5	0,106	0,042	0,133	0,066
15 x 3	0,45	0,12	0,15	0,75	0,022	0,003	0,112	0,084
15 x 5	0,75	0,24	0,25	0,75	0,090	0,027	0,225	0,168
15 x 8	1,20	0,32	0,4	0,75	0,230	0,064	0,300	0,225
20 x 5	1,00	0,27	0,25	1,0	0,083	0,020	0,333	0,333
20 x 8	1,60	0,43	0,4	1,0	0,213	0,085	0,533	0,533
20 x 10	2,00	0,54	0,5	1,0	0,333	0,166	0,666	0,666
20 x 15	3,00	0,81	0,75	1,0	0,750	0,562	1,000	1,000
25 x 5	1,25	0,34	0,25	1,25	0,104	0,026	0,520	0,651
25 x 8	2,00	0,54	0,4	1,25	0,266	0,106	0,833	1,041
25 x 10	2,50	0,67	0,5	1,25	0,416	0,208	1,041	1,302
25 x 15	3,75	1,01	0,75	1,25	0,937	0,703	1,562	1,953
25 x 20	5,00	1,35	1,0	1,25	1,666	1,666	2,083	2,604
30 x 10	3,00	0,81	0,5	1,5	0,500	0,250	1,500	2,250
30 x 15	4,50	1,22	0,75	1,5	1,125	0,843	2,250	3,375
30 x 20	6,00	1,62	1,0	1,5	2,000	2,000	3,000	4,500
40 x 10	4,00	1,08	0,5	2,0	0,666	0,333	2,666	5,333
40 x 15	6,00	1,62	0,75	2,0	1,500	1,125	4,000	8,000
40 x 20	8,00	2,16	1,0	2,0	2,666	2,666	5,333	10,666
40 x 25	10,00	2,70	1,25	2,0	4,166	5,208	6,666	13,333
40 x 30	12,00	3,24	1,5	2,0	6,000	9,000	8,000	16,000
40 x 35	14,00	3,78	1,75	2,0	8,166	14,291	9,333	18,666
50 x 10	5,00	1,35	0,5	2,5	0,833	0,416	4,166	10,416
50 x 15	7,50	2,03	0,75	2,5	1,875	1,406	6,250	15,625
50 x 20	10,00	2,70	1,0	2,5	3,333	3,333	8,333	20,833
50 x 25	12,50	3,37	1,25	2,5	5,208	6,510	10,416	26,041
50 x 30	15,00	4,05	1,5	2,5	7,500	11,250	12,500	31,250
50 x 35	17,50	4,73	1,75	2,5	10,208	17,864	14,583	36,458
50 x 40	20,00	5,40	2,0	2,5	13,333	26,666	16,666	41,668
60 x 10	6,00	1,62	0,5	3,0	1,000	0,500	6,000	18,000
60 x 15	9,00	2,43	0,75	3,0	2,250	1,687	9,000	27,000
60 x 20	12,00	3,24	1,0	3,0	4,000	4,000	12,000	36,000
60 x 25	15,00	4,05	1,25	3,0	6,250	7,812	15,000	45,000
60 x 30	18,00	4,86	1,5	3,0	9,000	13,500	18,000	54,000
60 x 35	21,00	5,67	1,75	3,0	12,250	21,437	21,000	63,000
60 x 40	24,00	6,48	2,0	3,0	16,000	32,000	24,000	72,000
80 x 10	8,00	2,16	0,5	4,0	1,333	0,666	10,666	42,666
80 x 15	12,00	3,24	0,75	4,0	3,000	2,250	16,000	64,000
80 x 20	16,00	4,52	1,0	4,0	5,433	5,333	21,333	85,333
80 x 25	20,00	5,40	1,25	4,0	8,333	10,416	26,666	106,66
80 x 30	24,00	6,48	1,5	4,0	12,000	18,000	32,000	128,00
80 x 35	28,00	7,56	1,75	4,0	16,333	28,583	37,333	149,33
80 x 40	32,00	8,64	2,0	4,0	21,333	42,666	42,666	170,66
100 x 20	20,00	5,40	1,0	5,0	6,666	3,666	33,333	166,66
100 x 30	30,00	8,10	1,5	5,0	15,000	22,500	50,000	250,00
100 x 40	40,00	10,8	2,0	5,0	26,666	53,333	66,666	333,33
Material	Ligas de alumínio forjadas, ver páginas 166 e 167							

Raios dos cantos r

h mm	r_{max} mm
≤10	0,6
> 10...30	1,0
> 30...60	2,0

[1)] DIN EN 754-5 não contém dimensões. Negociantes especializados ainda oferecem barras retangulares com dimensões de acordo com DIN 1769.

Tubos redondos, Perfis U de ligas de alumínio

Tubos redondos, sem costura, estirados

DIN EN 754-7 (1998-10), substitui DIN 1795[1)]

d Diâmetro externo
s Espessura da parede
S Área transversal
m' Massa por unidade de comprimento
W Momento axial de resistência
I Momento axial de inércia geométrico

d x *s* mm	*S* cm²	*m'* kg/m	W_x cm³	I_x cm⁴	*d* x *s* mm	*S* cm²	*m'* kg/m	W_x cm³	I_x cm⁴
10 x 1	0,281	0,076	0,058	0,029	35 x 3	3,016	0,814	2,225	3,894
10 x 1,5	0,401	0,108	0,075	0,037	35 x 5	4,712	1,272	3,114	5,449
10 x 2	0,503	0,136	0,085	0,043	35 x 10	7,854	2,121	4,067	7,118
12 x 1	0,346	0,093	0,088	0,053	40 x 3	3,487	0,942	3,003	6,007
12 x 1,5	0,495	0,134	0,116	0,070	40 x 5	5,498	1,484	4,295	8,590
12 x 2	0,628	0,170	0,136	0,082	40 x 10	9,425	2,545	5,890	11,781
16 x 1	0,471	0,127	0,133	0,133	50 x 3	4,430	1,196	4,912	12,281
16 x 2	0,880	0,238	0,220	0,220	50 x 5	7,069	1,909	7,245	18,113
16 x 3	1,225	0,331	0,273	0,273	50 x 10	12,566	3,393	10,681	26,704
20 x 1,5	0,872	0,235	0,375	0,375	55 x 3	4,901	1,323	6,044	16,201
20 x 3	1,602	0,433	0,597	0,597	55 x 5	7,854	2,110	9,014	24,789
20 x 5	2,356	0,636	0,736	0,736	55 x 10	14,137	3,817	13,655	37,552
25 x 2	1,445	0,390	0,770	0,963	60 x 5	8,639	2,333	10,979	32,938
25 x 3	2,073	0,560	1,022	1,278	60 x 10	15,708	4,241	17,017	51,051
25 x 5	3,142	0,848	1,335	1,669	60 x 16	22,117	4,890	20,200	60,600
30 x 2	1,759	0,475	1,155	1,733	70 x 5	10,210	2,757	15,498	54,242
30 x 4	3,267	0,882	1,884	2,826	70 x 10	18,850	5,089	24,908	87,179
30 x 6	4,524	1,220	2,307	3,461	70 x 16	27,143	7,331	30,750	107,62

Material — Ex.: ligas de alumínio não endurecíveis, página 166; ligas de alumínio endurecíveis, página 167

[1)] DIN EN 754-7 não contém dimensões. Negociantes especializados ainda oferecem tubos redondos com dimensões de acordo com DIN 1795.

Perfis U, prensados (seleção)

DIN 9713 (1981-09)[1)]

b Largura
h Altura
S Área transversal
m' Massa por unidade de comprimento
W Momento axial de resistência
I Momento axial de inércia geométrico

b x *h* x *s* x *t* mm	*S* cm²	*m'* kg/m	e_x cm	e_y cm	W_x cm³	I_x cm⁴	W_y cm³	I_y cm⁴
20 x 20 x 3 x 3	1,62	0,437	1,00	0,780	0,945	0,945	0,805	0,628
30 x 30 x 3 x 3	2,52	0,687	1,50	1,10	2,43	3,64	2,06	2,29
35 x 35 x 3 x 3	2,97	0,802	1,75	1,28	3,44	6,02	2,91	3,73
40 x 15 x 3 x 3	1,92	0,518	2,0	0,431	2,04	4,07	0,810	0,349
40 x 20 x 3 x 3	2,25	0,608	2,0	0,610	2,59	5,17	1,30	0,795
40 x 30 x 3 x 3	2,85	0,770	2,0	3,62	7,24	2,49	2,49	2,52
40 x 30 x 4 x 4	3,71	1,00	2,0	1,05	4,49	8,97	3,03	3,17
40 x 40 x 4 x 4	4,51	1,22	2,0	1,49	5,80	11,6	4,80	7,12
40 x 40 x 5 x 5	5,57	1,50	2,0	1,52	6,80	13,6	5,64	8,59
50 x 30 x 3 x 3	3,15	0,851	2,5	0,929	4,88	12,2	2,91	2,70
50 x 30 x 4 x 4	4,91	1,33	2,5	1,38	7,83	19,6	5,65	7,80
50 x 40 x 5 x 5	6,07	1,64	2,5	1,42	9,32	23,3	6,54	9,26
60 x 30 x 4 x 4	4,51	1,22	3,0	0,896	7,90	23,7	4,12	3,69
60 x 40 x 4 x 4	5,31	1,43	3,0	1,29	10,1	30,3	6,35	8,20
60 x 40 x 5 x 5	6,57	1,77	3,0	1,33	12,0	36,0	7,47	9,94
80 x 40 x 6 x 6	8,95	2,42	4,0	1,22	20,6	82,4	10,6	20,6
80 x 45 x 6 x 8	11,2	3,02	4,0	1,57	27,1	108	13,9	21,8
100 x 40 x 6 x 6	10,1	2,74	5,0	1,11	28,3	142	12,5	13,8
100 x 50 x 6 x 9	14,1	3,80	5,0	1,72	43,4	217	19,9	34,3
120 x 55 x 7 x 9	17,2	4,64	6,0	1,74	61,9	295	28,2	49,1
140 x 60 x 4 x 6	12,35	3,35	7,0	1,83	56,4	350	24,7	45,2

Materiais — AlMgSi0,5; AlMgSi1; AlZn4,5Mg1

Arredondamento r_1 e r_2

t mm	r_1 mm	r_2 mm
3 e 4	2,5	0,4
5 e 6	4	0,6
8 e 9	6	0,6

[1)] DIN 9713 foi retirada sem substituição. Negociantes especializados ainda oferecem perfis U com dimensões de acordo com esta norma.

Ligas de magnésio, Titânio, Ligas de titânio

Ligas de magnésio forjadas (seleção)

DIN 9715 (1982-08)

Designação	Número do material	Formas de entrega[1] S	R	G	W[2]	Diâmetro da barra mm	Resistência à tração R_m N/mm²	Limite de elasticidade $R_{p0,2}$ N/mm2	Alongamento na ruptura A%	Propriedades, Aplicação
MgMn2 MgAl3Zn	3.3520 3.5312	•	•	•	F20 F24	≤ 80 ≤ 80	200 240	145 155	15 10	Resistente à corrosão, soldável, deformável a frio; blindagens, contêineres
MgAl6Zn	3.5612	•	•	•	F27	≤ 80	270	195	10	Maior resistência, soldabilidade condicionada; material de baixo peso na fabricação automotiva, de máquinas e de aviões.
MgAl8Zn	3.5812	•	•	•	F29 F31	≤ 80 ≤ 80	290 310	205 215	10 6	

[1] Formas de entrega:S Barras, ex.: barras redondas; R tubos; G peças estampadas
[2] W estado do material F20 → Rm = 10 . 20 = 200 N/mm²

Ligas de magnésio fundidas (seleção)

DIN EN 1753 (1997-08)

Designação[1]	Número do material[1]	V[2]	Estado do material[3]	Dureza HB	Resistência à tração R_m N/mm²	Limite de elasticidade $R_{p0,2}$ N/mm²	Alongamento na ruptura A%	Propriedades, Aplicação
MCMgAl8Zn1	MC21110	S	F T6	50...65 50...65	160 240	90 90	2 8	Fundibilidade muito boa, pode ser carregada dinamicamente, soldável; compartimentos de engrenagens e motor
		K K D	F T4 F	50...65 50...65 60...85	160 160 200...250	90 90 140...160	2 8 ≤ 7	
MCMgAl9Zn1	MC21120	S	F T6	55...70 60...90	160 240	90 150	6 2	Alta resistência, boas propriedades de deslizamento, soldável; fabricação automotiva e aeronáutica, painéis
		K K D	F T6 F	55...70 60...90 65...85	160 240 200...260	110 150 140...170	2 2 1...6	
MCMgAl6Mn MCMgAl7Mn MCMgAl4Si	MC21230 MC21240 MC21320	D D D	F F F	55...70 60...75 55...80	190...250 200...260 200...250	120...150 130...160 120...150	4...14 3...10 3...12	Resistente à fadiga, pode ser carregada dinamicamente, resistente a calor, compartimentos de engrenagem e motor

[1] Para simplificação, as designações e números de material são escritos sem o prefixo "EN", ex.: MCMgAl8Zn1 e não EN- MCMgAl8Zn1.
[2] Processo de fundição: S fundição com areia; K fundição com molde permanente, coquilhas; D fundição sob pressão
[3] Condição do material, ver designação de ligas fundidas de alumínio, página 168

Titânio, ligas de titânio (seleção)

DIN 17860 (1990-11)

Designação	Número do material	Formas de entrega1) B	S	R	Espessura da chapa s mm	Dureza HB	Resistência à tração R_m N/mm²	Limite de elasticidade $R_{p0,2}$ N/mm²	Alongamento na ruptura A %	Propriedades, Aplicação
Ti1 Ti2 Ti3	3.7025 3.7035 3.7055	•	•	•	0,4...35	120 150 170	290...410 390...540 460...590	180 250 320	30 22 18	Soldável, estanhável, colável, usinável com remoção de cavacos, deformável a frio e a quente, resistente à fadiga, resistente à corrosão; peças mais leves, para máquinas, eletrotécnica, mecânica fina, tecnologia ótica e médica, indústria química, indústria alimentícia, fabricação de aviões.
Ti1Pd Ti2Pd	3.7225 3.7235	•	•	•	0,4...35	120 150	290...410 390...540	180 250	30 22	
TiAl6V6Sn2	3.7175	•	•	•	< 6 6...50	320 320	≥ 1070 ≥ 1000	1000 950	10 8	
TiAl6V4	3.7165	•	•	•	< 6 6...100	310 310	≥ 920 ≥ 900	870 830	8 8	
TiAl4Mo4Sn2	3.7185	•	•	•	6...65	350	≥ 1050	1050	9	

[1] Formas de entrega: B chapa e tira; S barras, ex.: barras redondas; R tubos.

Apresentação dos metais pesados

Metais pesados são metais não ferrosos com densidade ϱ > 5 kg/dm³.

- Materiais para construção de máquinas e instalações : cobre, estanho, zinco, níquel, chumbo e suas ligas
- Metais usados para ligas: cromo, vanádio, cobalto (para efeitos de metais de liga, ver página 129)
- Metais preciosos: ouro, prata, platina

Metais puros: Estrutura homogênea; baixas resistências, menor importância como material de engenharia; normalmente, seu uso se baseia nas propriedades típicas do material, ex.: boa condutividade elétrica.

Ligas de metal pesado não ferroso: Propriedades melhores, se comparadas aos metais puros, tais como, maior resistência, maior dureza, melhor usinabilidade com remoção de cavacos e resistência à corrosão; materiais com aplicação nas mais diversas áreas. Depois da fabricação, classificadas em **ligas forjadas e ligas de fundição**.

Apresentação de metais pesados e ligas de metais pesados comuns

Metal, grupo de liga	Características principais	Exemplos de aplicação
Cobre (cu)	Alta condutividade elétrica e condutividade térmica, inibe bactérias, vírus e mofo, resistente à corrosão, boa aparência, facilmente reciclável	Tubulações sanitárias e em sistemas de aquecimento, serpentinas de resfriamento e aquecimento, fiação elétrica, peças elétricas, utensílios de cozinha, fachadas de prédios.
CuZn - (latão)	Resistente a desgaste, resistente à corrosão, boa maneabilidade a frio e a quente, boa usinabilidade, pode ser polido, dourado brilhante, resistências médias	• Ligas forjadas: peças de repuxo profundo, parafusos, molas, tubos, peças de instrumentos • Ligas de fundição: caixas de painéis, mancais lisos, peças mecânicas de precisão
CuZnPb	Usinabilidade muito boa, maneabilidade a frio limitada, maneabilidade a quente muito boa	Peças de torno automático, peças mecânicas de precisão, encaixes, peças prensadas a quente
CuZn multi-liga	Deformabilidade a quente muito boa, altas resistências, resistente a desgaste, resistente a efeitos climáticos	Caixas de painéis, mancais lisos, flanges, peças de válvulas, compartimentos de água
CuSn (bronze)	Muito resistente à corrosão, boas propriedades de deslizamento, boa resistência a desgaste, a resistência pode ser muito alterada por transformação a frio.	• Ligas forjadas: revestimentos , parafusos, molas, mangueiras de metal • Ligas de fundição: porcas de fuso, engrenagens sem-fim, mancais lisos maciços
CuAl	Alta resistência e tenacidade , muito resistente à corrosão, resistente à água do mar, ao calor e altamente resistente à cavitação	• Ligas forjadas: porcas de trava submetidas a alto esforço, rodas de catraca • Ligas de fundição: armações na indústria química, corpos de bomba, propulsores
CuNi(Zn)	Extremamente resistente à corrosão, aparência prateada, boa usinabilidade, pode ser polido e processado a frio	Moedas, resistores elétricos, trocadores de calor, bombas, válvulas em sistema de resfriamento com água salgada, construção de barco
Zinco (Zn)	Resistente à corrosão atmosférica	Proteção contra corrosão de peças de aço
ZnTi	Boa maneabilidade, pode ser unido por solda macia (estanho)	Revestimentos de telhados, calhas para chuva, tubos
ZnAlCu	Fundibilidade muito boa	Peças fundidas sob pressão, precisas e com paredes finas
Estanho (Sn)	Boa resistência química, não tóxico	Revestimento de chapa de aço
SnPb	Baixa viscosidade	Solda macia (estanho)
SnSb	Boas propriedades de funcionamento a seco	Peças fundidas sob pressão, pequenas e dimensionalmente precisas, mancais lisos com carga média
Níquel (Ni)	Resistente à corrosão, resistente ao calor	Camada de proteção contra corrosão em peças de aço
NiCu	Extremamente resistente à corrosão e ao calor	Equipamentos, condensadores, trocadores de calor
NiCr	Extremamente resistente à corrosão, muito resistente ao calor e não descama, em parte endurecível	Instalações químicas, tubos de aquecimento, partes internas da caldeira em geradores, turbinas a gás
Chumbo (Pb)	Protege contra raios x e raios gama, resistente à corrosão, tóxico	Blindagem, revestimento de cabo, tubos para equipamento químico
PbSn	Baixa viscosidade, macio, boas propriedades de funcionamento a seco	Solda macia, revestimentos deslizantes
PbSbSn	Baixa viscosidade, resistente à corrosão, boas propriedades de funcionamento e deslizamento (baixo atrito)	Mancais lisos, peças fundidas sob pressão, pequenas e dimensionalmente precisas, tais como pêndulos, peças para equipamentos de medição, contadores

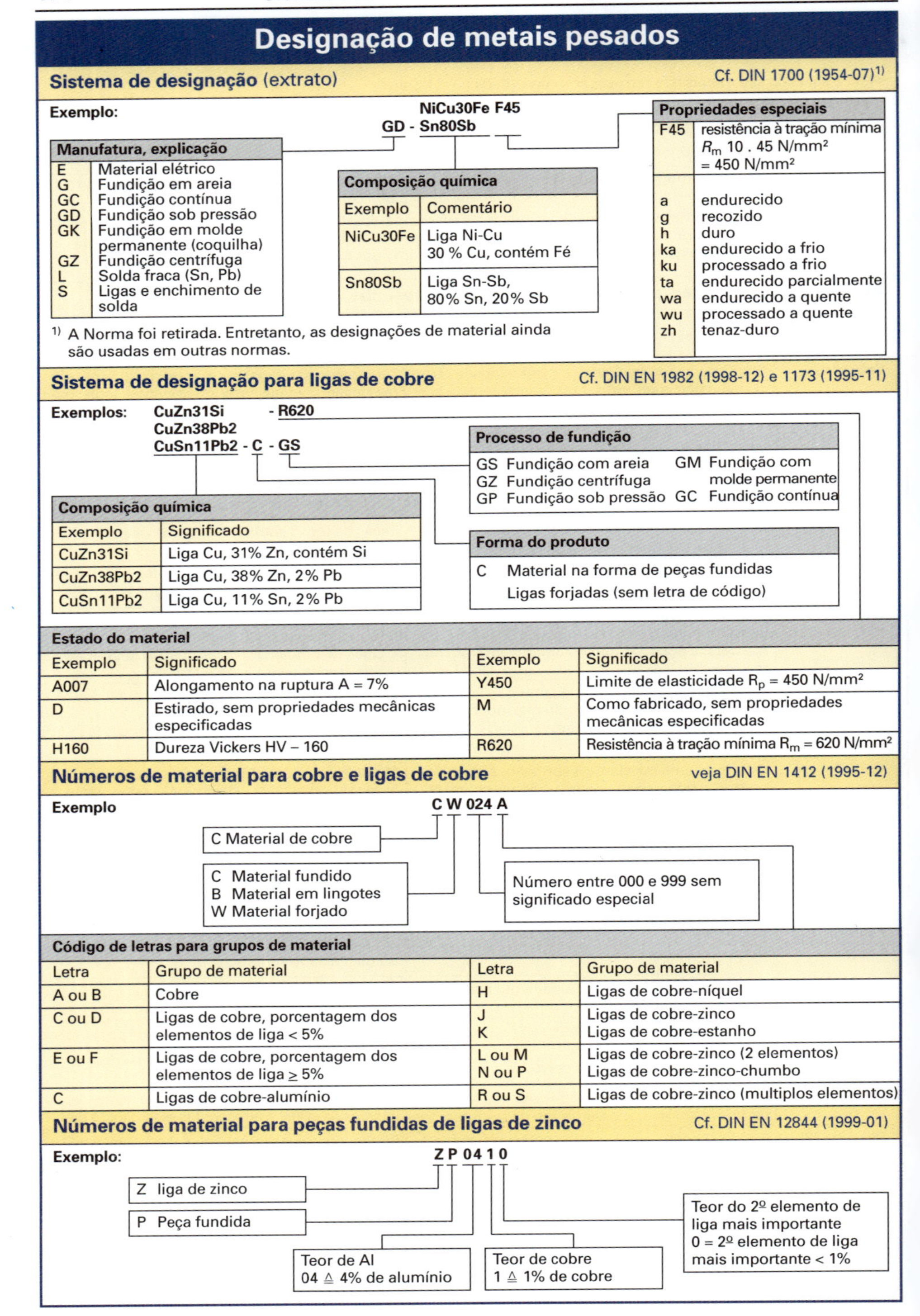

Designação de metais pesados

Sistema de designação (extrato)

Cf. DIN 1700 (1954-07)[1]

Exemplo: **GD - Sn80Sb NiCu30Fe F45**

Manufatura, explicação	
E	Material elétrico
G	Fundição em areia
GC	Fundição contínua
GD	Fundição sob pressão
GK	Fundição em molde permanente (coquilha)
GZ	Fundição centrífuga
L	Solda fraca (Sn, Pb)
S	Ligas e enchimento de solda

Composição química	
Exemplo	Comentário
NiCu30Fe	Liga Ni-Cu 30 % Cu, contém Fé
Sn80Sb	Liga Sn-Sb, 80% Sn, 20% Sb

Propriedades especiais	
F45	resistência à tração mínima R_m 10 . 45 N/mm² = 450 N/mm²
a	endurecido
g	recozido
h	duro
ka	endurecido a frio
ku	processado a frio
ta	endurecido parcialmente
wa	endurecido a quente
wu	processado a quente
zh	tenaz-duro

[1] A Norma foi retirada. Entretanto, as designações de material ainda são usadas em outras normas.

Sistema de designação para ligas de cobre

Cf. DIN EN 1982 (1998-12) e 1173 (1995-11)

Exemplos: **CuZn31Si - R620**
CuZn38Pb2
CuSn11Pb2 - C - GS

Composição química	
Exemplo	Significado
CuZn31Si	Liga Cu, 31% Zn, contém Si
CuZn38Pb2	Liga Cu, 38% Zn, 2% Pb
CuSn11Pb2	Liga Cu, 11% Sn, 2% Pb

Processo de fundição			
GS	Fundição com areia	GM	Fundição com molde permanente
GZ	Fundição centrífuga	GC	Fundição contínua
GP	Fundição sob pressão		

Forma do produto	
C	Material na forma de peças fundidas
	Ligas forjadas (sem letra de código)

Estado do material

Exemplo	Significado	Exemplo	Significado
A007	Alongamento na ruptura A = 7%	Y450	Limite de elasticidade R_p = 450 N/mm²
D	Estirado, sem propriedades mecânicas especificadas	M	Como fabricado, sem propriedades mecânicas especificadas
H160	Dureza Vickers HV – 160	R620	Resistência à tração mínima R_m = 620 N/mm²

Números de material para cobre e ligas de cobre

veja DIN EN 1412 (1995-12)

Exemplo **C W 024 A**

- C Material de cobre
- C Material fundido; B Material em lingotes; W Material forjado
- Número entre 000 e 999 sem significado especial

Código de letras para grupos de material

Letra	Grupo de material	Letra	Grupo de material
A ou B	Cobre	H	Ligas de cobre-níquel
C ou D	Ligas de cobre, porcentagem dos elementos de liga < 5%	J K	Ligas de cobre-zinco Ligas de cobre-estanho
E ou F	Ligas de cobre, porcentagem dos elementos de liga ≥ 5%	L ou M N ou P	Ligas de cobre-zinco (2 elementos) Ligas de cobre-zinco-chumbo
C	Ligas de cobre-alumínio	R ou S	Ligas de cobre-zinco (multiplos elementos)

Números de material para peças fundidas de ligas de zinco

Cf. DIN EN 12844 (1999-01)

Exemplo: **Z P 04 1 0**

- Z liga de zinco
- P Peça fundida
- Teor de Al: 04 ≙ 4% de alumínio
- Teor de cobre: 1 ≙ 1% de cobre
- Teor do 2º elemento de liga mais importante: 0 = 2º elemento de liga mais importante < 1%

Ligas de cobre

Ligas de cobre forjadas

Designação, Número de Material[1]	Z[2]	Barras D[3] mm	Dureza HB	Resistência à tração R_m N/mm²	Limite de elasticidade $R_{p0,2}$ N/mm²	Alongamento na ruptura A%	Propriedades, Exemplos de aplicação
Ligas de cobre-zinco							Cf. DIN EN 12163 (1998-04)
CuZn28 (CW504L)	R310	4...80	–	310	120	27	Maneabilidade a frio muito boa, boa maneabilidade a quente, usinável, polimento muito fácil; peças de instrumentos, buchas
	R460	4...10	–	460	420	–	
	H085	4...80	85...115	–	–	–	
	H145	4...10	≥ 145	–	–	–	
CuZn37 (CW508L)	R310	2...80	–	310	120	30	Maneabilidade a frio muito boa, boa maneabilidade a quente, usinável, polimento muito fácil; peças de repuxo profundo, parafusos, molas, rolos de impressão
	R440	2...10	–	440	400	–	
	H070	4...80	70...100	–	–	–	
	H140	4...10	≥ 140	–	–	–	
CuZn40 (CW509L)	R340	2...80	–	340	260	25	Maneabilidade a quente muito boa, usinável; rebites, parafusos
	H080		≥ 80	–	–	–	
Ligas de cobre-zinco (ligas com mais elementos)							Cf. DIN EN 12163 (1998-04)
CuZn31Si (CW708R)	R460	5...40	–	460	250	22	Boa maneabilidade a frio; pode ser processada a quente, usinável, boas propriedades de deslizamento; peças deslizantes, buchas de rolamento, guias
	R530	5...14	–	530	330	12	
	H115	5...40	115...145	–	–	–	
	H140	5...14	≥ 140	–	–	–	
CuZn38Mn1Al (CW716R)	R490	5...40	–	490	210	18	Boa maneabilidade a quente, pode ser processada a frio, usinável, boas propriedades de deslizamento, resistente a efeitos climáticos; elementos deslizantes, guias
	R550	5...14	–	550	280	10	
	H120	5...40	120...150	–	–	–	
	H150	5...14	≥ 150	–	–	–	
CuZn40Mn2Fe1 (CW723R)	R460	5...40	–	460	270	20	Boa maneabilidade a quente, pode ser processada a frio, usinável, resistência média, resistente a efeitos climáticos; fabricação de equipamentos, arquitetura
	R540	5...14	–	540	320	8	
	H110	5...40	110...140	–	–	–	
	H150	5...14	≥ 150	–	–	–	
Ligas de cobre-zinco-chumbo							Cf. DIN EN 12164 (2000-09)
CuZn36Pb3 (CW603N)	R340	40...80	90	340	160	20	Excelente usinabilidade, maneabilidade a frio limitada; peças de torno automático
	R550	2...4	150	550	450	–	
CuZn38Pb2 (CW608N)	R360	40...80	90	360	150	25	Excelente usinabilidade, boa maneabilidade a frio e a quente; peças de fabricação automática
	R550	2...6	150	550	420	–	
CuZn40Pb2 (CW617N)	R360	40...80	90	360	150	20	Excelente usinabilidade, boa deformabilidade a quente; platinas, engrenagens
	R550	2...4	150	550	420	–	
Ligas de cobre-estanho							Cf. DIN EN 12163 (1998-04)
CuSn6 (CW452K)	R340	2...60	–	340	230	45	Alta resistência química, boa resistência; molas, mangueiras de metal, tubulações e buchas para corpos de suspensão
	R550	2...6	–	550	500	–	
	H085	2...60	85...115	–	–	–	
	H180	2...6	≥ 180	–	–	–	
CuSn8 (CW453K)	R390	2...60	–	390	260	45	Alta resistência química, boa resistência, boas propriedades de deslizamento; mancais lisos, buchas de rolamento, molas de contato
	R620	2...6	–	620	550	–	
	H090	2...60	90...120	–	–	–	
	H185	2...6	≥ 185	–	–	–	
CuSn8P (CW459K)	R390	2...60	–	390	260	45	Excelentes propriedades de deslizamento, alta resistência a desgaste, resistente à vibração contínua; mancais lisos submetidos a altos esforços na fabricação automotiva e de maquinas
	R620	2...6	–	620	550	–	
	H090	2...60	90...120	–	–	–	
	H185	2...6	≥ 185	–	–	–	

[1] Números de material de acordo com DIN EN 1412, ver página 174

[2] Z Estado do material de acordo com DIN EN 1173, ver página 174. No estado de fabricação M, todas as ligas podem ser entregues com um diâmetro D de até = 80 mm.

[3] *D* Diâmetro para barras redondas, abertura de chave para barras quadradas e barras sextavadas, espessura para barras retangulares.

Ligas de cobre e zinco refinado

Designação, Número de Material[1]	Z[2]	Barras D[3] mm	Dureza HB	Resistência à tração R_m N/mm²	Limite de elasticidade $R_{p0,2}$ N/mm²	Alongamento na ruptura A%	Propriedades, Exemplos de aplicação
Ligas de cobre-alumínio							Cf. DIN EN 12163 (1998-04)
CuAl10Fe3Mn2 (CW306G)	R590 R690	10...80 10...50	– –	590 690	330 510	12 6	Resistente à corrosão, resistente a desgaste, resistente à fadiga, resistente ao calor; parafusos, eixos, engrenagens, engrenagens sem-fim, assentos de válvulas
	H140 H170	10...80 10...50	140...180 ≥ 170	– –	– –	– –	
CuAl10Ni5Fe4 (CW307G)	R680 R740	10...80	– –	680 740	480 530	10 8	Resistente à corrosão, resistente ao desgaste, não descama, resistente à fadiga, resistente ao calor ; bases de capacitor, peças de controle para hidráulica
	H170 H200	10...80	170...210 ≥ 200	– –	– –	– –	
Ligas de cobre-níquel-zinco							Cf. DIN EN 12163 (1998-04)
CuNi12Zn24 (CW430J)	R380 R640	2...50 2...4	– –	380 640	270 550	38 –	Maneabilidade a frio extremamente boa, usinável, polimento fácil; peças de repuxo profundo, talheres, artes aplicadas, arquitetura, contatos de mola
	H090 H190	2...50 2...4	90...130 ≥ 190	– –	– –	– –	
CuNi18Zn20 (CW409J)	R400 R650	2...50 2...4	– –	400 650	280 580	35 –	Boa maneabilidade a frio, usinável, não oxidável, polimento fácil; Membranas, molas de contato, talheres
	H100 H200	2...50 2...4	100...140 ≥ 200	– –	– –	– –	

[1] Números de material de acordo com DIN EN 1412, ver página 174. [2] Z Estado do material de acordo com DIN EN 1173, ver página 174.
[3] *D* Diâmetro para barras redondas, abertura de chave para barras quadradas e barras sextavadas, espessura para barras retangulares.

Ligas de cobre fundido

Cf. DIN EN 1982 (1998-12)

Designação Número do material[1]	Resistência à tração R_m N/mm²	Limite de elasticidade $R_{p0,2}$ N/mm²	Alongamento na ruptura A%	Dureza HB	Propriedades, aplicação
CuZn15As-C (CC760S)	160	70	20	45	Soldabilidade macia e dura excelente, resistente à água salgada; flanges
CuZn32Pb2-C (CC750S)	180	70	12	45	Boa usinabilidade, resistente a águas servidas com até 90°C; painéis
CuZn25Al5Mn4Fe-C (CC762S)	750	450	8	180	Resistência e dureza muito altas, boa usinabilidade; mancais lisos
CuSn12-C (CC483K)	260	140	7	80	Alta resistência ao desgaste; porcas de fuso, engrenagens sem fim
CuSn11Pb2-C (CC482K)	240	130	5	80	Resistente a desgaste; boas propriedades de funcionamento a seco; mancais lisos
CuAl10Fe2-C (CC331G)	500	180	18	100	Peças submetidas a esforço mecânico; alavancas, compartimentos, engrenagens cônicas
CuAl10Ni3Fe2-C (CC332G)	500	180	18	130	Peças submetidas à corrosão; painéis, propulsores, parafusos
CuAl10Fe5Ni5-C (CC333G)	600	250	13	140	Peças submetidas a esforço e à corrosão; bombas

[1] Números de material de acordo com DIN EN 1412, ver página 174. Para mais ligas de Cu fundido para mancais lisos, ver página 261. Os valores de resistência se aplicam a amostras de teste fundidas em areia separadamente.

Ligas de zinco fundidas de alto grau de pureza

Cf. DIN EN 12844 (1999-01)

Designação Número do material	Resistência à tração R_m N/mm²	Limite de elasticidade $R_{p0,2}$ N/mm²	Alongamento na ruptura A%	Dureza HB	Propriedades, aplicação
ZP3 (ZP0400) ZP5 (ZP0410)	280 330	200 250	10 5	83 92	Fundibilidade muito boa; ligas preferenciais para fundições sob pressão
ZP2 (ZP0430) ZP8 (ZP0810)	335 370	270 220	5 8	102 100	Boa fundibilidade; usinabilidade muito boa, aplicação universal
ZP12 (ZP1110) ZP27 (ZP2720)	400 425	300 300	5 2,5	100 120	Moldes de injeção, sopro e repuxo profundo para plásticos, ferramentas para conformar chapas de metal

Materiais compostos, Materiais cerâmicos

Materiais compostos

Material Composto	Material de base[1]	Conteúdo de fibra %	Densidade ϱ g/cm³	Resistência à tração σ_B N/mm²	Alongamento até a ruptura e_R%	Módulo de elasticidade *E* N/mm²	Temperatura de serviço até °C	Exemplos de aplicação
GFK (plástico reforçado com fibra de vidro) **(FRP – Fibre reinforced plastic)**	EP	60	–	365	3,5	–	–	Eixos, articulações, biela, casco de barco, pás de rotor
	UP	35	1,5	130	3,5	10800	50	Contêineres, tanques, tubulações, luzes de domo, peças de carroçarias
	PA 66	35	1,4	160[2]	5[3]	5000	190	Peças de gabinete rígidas e grandes, plugues de energia
	PC	30	1,42	90[2]	3,5[3]	6000	145	Gabinetes para impressores, computadores, televisores
	PPS	30	1,56	140	3,5	11200	260	Soquetes de lâmpada e bobinas em equipamentos elétricos
	PAI	30	1,56	205	7	11700	280	Rolamentos, anéis de assento de válvula, vedações, anéis de pistão
	PEEK	30	1,44	155	2,2	10300	315	Materiais de construção leves em aplicações aeroespaciais, substitui metal
CFK (plástico reforçado com fibra de carbono) **(CFRP – carbon fibre reinforced plastic)**	PPS	30	1,45	190	2,5	17150	260	Como GFK-PPS
	PAI	30	1,42	205	6	11700	180	Como GFK-PAI
	PEEK	30	1,44	210	1,3	13000	315	Como GFK-PEEK

[1] EP epóxi; UP poliéster não saturado; PA66 poliamida 66, semicristalina; PC policarbonato; PPS sulfeto de polifenileno; PAI poliamidaimida; PEEK polieteretercetona

[2] σ_y, esforço de tensão

[3] ε_S alongamento com esforço de tensão

Materiais cerâmicos

Material Nome	Material Designação	Densidade ϱ g/cm³	Resistência à flexão σ_b N/mm²	Módulo de elasticidade *E* N/mm²	Coeficiente de expansão linear α 1/K	Propriedades, exemplos de aplicação
Silicato de alumínio	C130	2,5	160	100000	0,000005	Duro, resistente a desgaste, resistente a produtos químicos e calor; isoladores, conversores catalíticos, compartimentos refratários
Óxido de alumínio	C799	3,7	300	300000	0,000007	Duro, resistente a desgaste, resistente a produtos químicos e calor; Biomedicina insertos cerâmicos, fieiras para trefilar arame
Dióxido de zircônio	ZrO_2	5,5	800	210000	0,000010	Alta estabilidade, alta resistência, resistente a produtos químicos e calor, resistente a desgaste; fieiras para trefilar, matrizes de extrusão
Carbureto de silício	SiC	3,1	600	440000	0,000005	Duro, resistente a desgaste, resistente a choque térmico, resistente à corrosão, mesmo em altas temperaturas; abrasivos, válvulas, rolamentos, câmaras de combustão
Nitrito de silício	Si_3N_4	3,2	900	330000	0,000004	Alta estabilidade, resistente a choque térmico, alta resistência; cerâmica de corte, lâminas guias para turbinas a gás
Nitrito de Al	AlN	3,0	200	300000	0,000005	Alta condutividade térmica, alta capacidade de isolação elétrica; semicondutores, compartimentos, corpo de resfriamento, peças de isolação

Metais sinterizados

Sistema de designação para metais sinterizados

Cf. DIN 30910-1 (1990-10)

Exemplo de designação: **Sint-A 10 sinterizado liso**

- Metal sinterizado (Sint)
- Código de letras para classe de material (A)
- 1º algarismo para composição química (1)
- 2º algarismo para diferenciação adicional sem sistemática (0)
- Estado de tratamento (sinterizado liso)

Código de letras para classe de material

Código de letra	Ocupação do espaço Rx em%	Área de aplicação
AF	< 73	Filtro
A	75 ± 2,5	Mancais lisos
B	80 ± 2,5	Mancais lisos Peças formadas com propriedades de deslizamento
C	85 ± 2,5	Mancal liso, peças moldadas
D	90 ± 2,5	Peças moldadas
E	94 ± 1,5	Peças moldadas
F	> 95,5	Peças forjadas e moldadas sinterizadas

1º algarismo para composição química

Algarismos	Fração de massa da composição química em %
0	**Ferro sinterizado, aço sinterizado,** Cu < 1% com ou sem C
1	**Aço sinterizado,** 1% a 5% de Cu, com ou sem C
2	**Aço sinterizado,** Cu >5%, com ou sem C
3	**Aço sinterizado,** com ou sem Cu com ou sem C, outros elementos de liga < 6%, p. ex., Ni
4	**Aço sinterizado,** com ou sem Cu com ou sem C, outros elementos de liga > 6%, p. ex., Ni, Cr
5	**Ligas sinterizadas,** Cu > 60%, p. ex., sinter CuSn
6	**Metais não ferrosos sinterizados,** não incluídos no nº5
7	**Metais leves sinterizadas,** p. ex., alumínio sinterizado
8 e 9	**Números reservados**

Estado de tratamento

Estado de tratamento do material		Estado de tratamento da superfície	
• Sinterizado	• Tratado com vapor	• Sinterizada lisa	• Usinada
• Calibrado	• Sinterizado forjado	• Calibrada lisa	• Tratamento superficial
• Tratado termicamente	• Prensado isostaticamente	• Sintetizada forjada lisa	

Metais sinterizados (seleção, metais sinterizados magnéticos macios não incluídos)

Cf. DIN 30910-2 ... 6 (1990-10)

Designação	Dureza HB_{min}	Resistência à tração R_m N/mm²	Composição química	Propriedades, exemplos de aplicação
Sint-AF40 Sint-AF50	– –	80...200 40..160	Aço sinterizado, Cr 16 ... 19%, Ni 10 ... 14% Bronze sinterizado, Sn 9 ... 11%, Rest Cu	Peças de filtro para filtros de gás e líquido
Sint-A00 Sint-A20 Sint-A50 Sint-A51	> 25 > 40 > 25 > 18	> 60 > 150 > 70 > 60	Ferro sinterizado, C < 0,3%, Cu < 1% Aço sinterizado, C < 0,3%, Cu > 5% Bronze sinterizado, C < 0,2%, Sn 9 ... 1%, Rest Cu Bronze sinterizado, C 0,2 ... 2%, Sn 9 ... 11%, Rest Cu	Materiais de rolamento com volume de poro excepcionalmente grande para garantir as melhores propriedades de funcionamento de emergência; forros de rolamento, buchas de rolamento
Sint-B00 Sint-B10 Sint-B50	> 30 > 40 > 25	> 80 > 150 > 90	Ferro sinterizado, C < 0,3%, Cu < 1% Aço sinterizado, C < 0,2%, Cu 1 ... 5% Bronze sinterizado, C < 0,2%, Sn 9 ... 11%, Rest Cu	Mancais lisos com propriedades muito boas de funcionamento a seco, peças formadas submetidas a baixo esforço
Sint-C00 Sint-C20 Sint-C40 Sint-C50	> 45 > 60 > 100 > 30	> 150 > 200 > 300 > 140	Ferro sinterizado, C < 0,3%, Cu < 1% Aço sinterizado, C < 0,3%, Cu > 5% Ferro sinterizado, Cr 16 ... 19%, Ni 10 ... 14%, Mo 2% Bronze sinterizado, C < 0,2%, Sn 9 ... 11%, Rest Cu	Mancais lisos, peças formadas submetidas a esforço médio com boas propriedades de deslizamento; peças automotivas, alavancas, peças de embreagem
Sint-D00 Sint-D10 Sint-D30 Sint-D40	> 50 > 80 > 110 > 100	> 250 > 300 > 550 > 450	Ferro sinterizado, C < 0,3%, Cu < 1% Aço sinterizado, C < 0,3%, Cu 1 ... 5% Aço sinterizado, C < 0,3%, Cu 1 ... 5%, Ni 1 ... 5% Ferro sinterizado, Cr 16 ... 19%, Ni 10 ... 14%, Mo 2%	Peças formadas para esforços maiores; peças de bomba resistentes a desgaste, engrenagens, em parte, resistentes à corrosão
Sint-E02 Sint-E10 Sint-E73	> 55 > 100 > 55	> 200 > 350 > 200	Ferro sinterizado, C < 0,1% Aço sinterizado, C < 0,3%, Cu 1 ... 5% Alumínio sinterizado, Cu 4 ... 6%	Peças formadas para engenharia de precisão, para eletrodomésticos, para a indústria elétrica
Sint-F00 Sint-F31	> 140 > 180	> 600 > 770	Aço forjado sinterizado, contendo C e Mn Aço forjado sinterizado, contendo C, Ni, Mn, Mo	Anéis de vedação, flanges para sistema de redução de ruído

Apresentação de plásticos

Propriedades Gerais	**Vantagens:**	**Desvantagens:**
	• baixa densidade • isolação elétrica • isolamento térmico e acústico • superfície decorativa • conformação econômica (custos aceitáveis) • resistência ao clima e a produtos químicos	• rigidez e resistência a calor mais baixas, comparados a metais • em parte combustíveis • em parte não resistem a solventes • reutilização limitada do material

Classificação	**Termoplástico**	**Duroplástico**	**Elastômero**
Processamento	Pode ser processado a quente Soldável Geralmente pode ser colado Usinável com desbaste	Não moldável Não soldável Pode ser colado Usinável com desbaste	Não moldável Não soldável Pode ser colado Usinável em baixas temperaturas
Fabricação	Moldagem por injeção Moldagem por sopro Extrusão	Prensagem Moldagem por transferência Moldagem por injeção, fundir	Prensagem Moldagem por injeção Extrusão
Reciclagem	Facilmente reciclado	Não reciclável, pode ser reutilizado como enchimento	Não reciclável

Estrutura	**Comportamento com temperatura**
Termoplástico amorfo Macromoléculas filamentosas sem formação de rede	Resistência à tração / Alongamento na ruptura; Duro frágil; Termo-elástico; Termo-plástico; Viscoso; Resistência à tração; Faixa de uso; Alongamento na ruptura; b; c; a; Temperatura de decomposição; 20°C; Temp. *T* a faixa de solda; b processamento a quente; c moldagem por injeção, extrusão
Termoplástico semicristalino Lamela (cristalina) Camadas intermediárias amorfas Áreas cristalinas têm maiores forças de coesão	Resistência à tração / Alongamento na ruptura; Duro frágil; Rígido; Termo-plástico; Viscoso; Resistência à tração; Faixa de uso; Alongamento na ruptura; b; c; a; Temperatura de decomposição; 20°C; Temp. *T* a faixa de solda; b processamento a quente; c moldagem por injeção, extrusão
Duroplástico/Plástico termorrígido Macromoléculas com muitos pontos de rede	Resistência à tração / Alongamento na ruptura; Duro; Resistência à tração; Faixa de uso; Alongamento na ruptura; Temperatura de decomposição; 20°C 50°C; Temp. *T*
Elastômeros filamentosos Macromoléculas em desordem com poucos pontos de rede	Resistência à tração / Alongamento na ruptura; Duro frágil; Elástico como borracha; Alongamento na ruptura; Faixa de uso; Resistência à tração; Temperatura de decomposição; 0°C 20°C; Temp. *T*

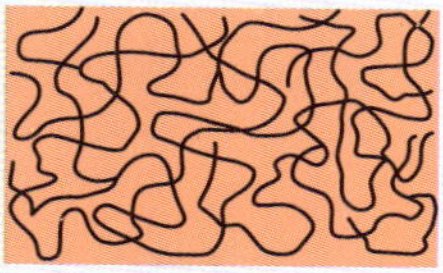

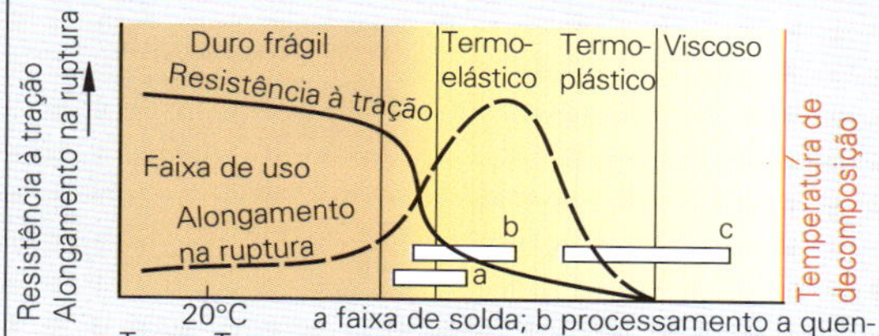

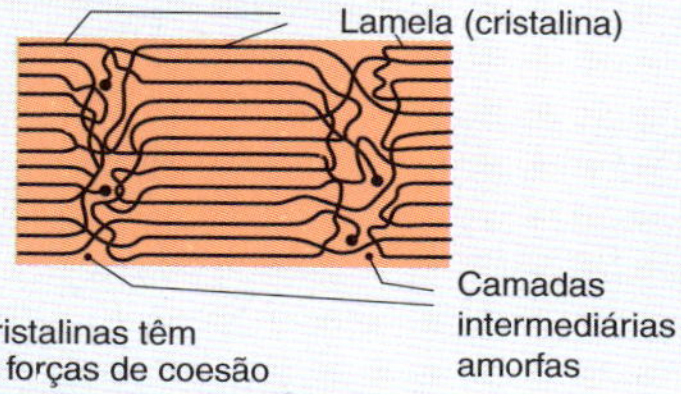

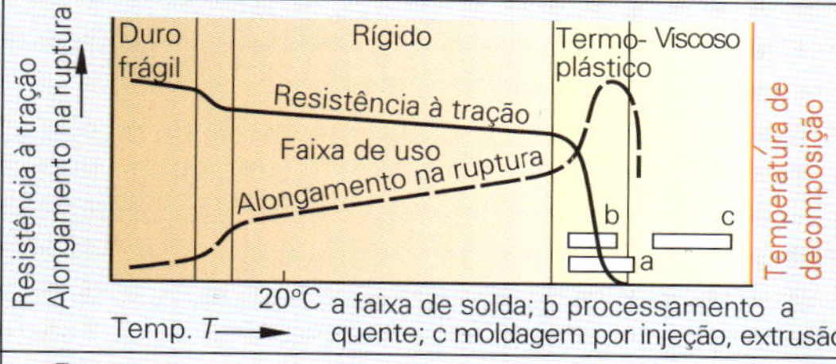

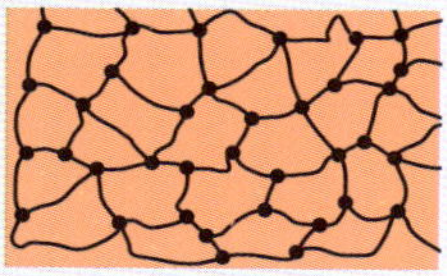

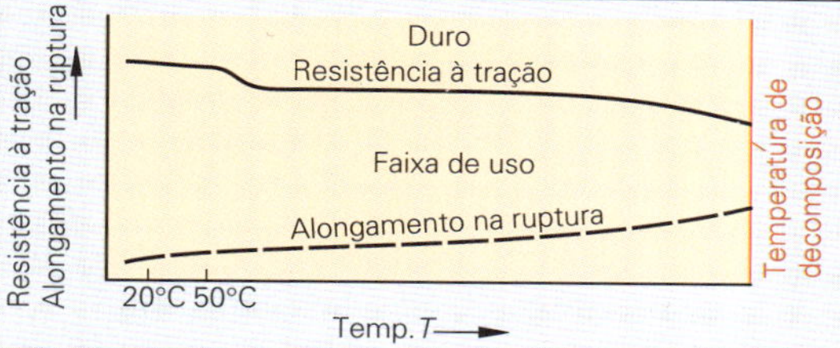

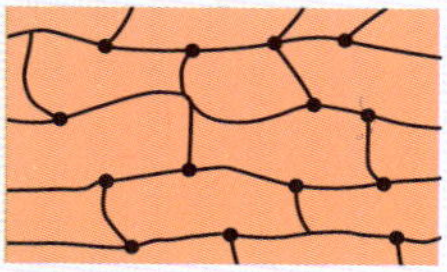

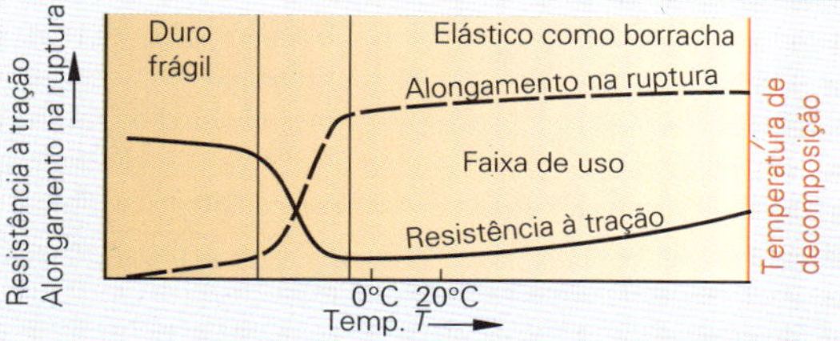

Polímeros básicos, materiais de enchimento e reforço

Designações para polímeros básicos

Cf. DIN EN ISO 1043-1 (1002-06)

Designação	Significado	Tipo[1]	Designação	Significado	Tipo[1]	Designação	Significado	Tipo[1]
ABS	Copoli (acrilonitrila/ butadieno/estireno)	T	PAK	Poliacrilato	T	PTFE	Poli (tetraflúor-etileno)	T
			PAN	Poliacrilonitrila	T	PUR	Poliuretano	D
AMMA	Copoli (acrilonitrila/ metacrilato de metila)	T	PB	Polibuteno	T	PVAC	Poli (acetato de vinila)	T
			PBT	Poli (tereftalato de butileno)	T	PVB	Poli (vinil-butiral)	T
ASA	Copoli (acrilonitrila/ acrilato de estireno)	T	PC	Policarbonato	T	PVC	Poli (cloreto de vinila)	T
CA	Acetato de celulose	T	PCTFE	Poli (cloro-triflúor-etileno)	T	PVDC	Poli (cloreto de vinilideno)	T
CAB	Acetato-butirato de celulose	T	PE	Polietileno	T	PVF	Poli (fluoreto de vinila)	T
CF	Cresol-formaldeído	D	PET	Poli (tereftalato de etileno)	T	PVFM	Poli (vinil-formal)	T
CMC	Carboximetilcelulose	AN	PF	Fenol formaldeído	D	PVK	Poli-N-vinilcarbazol	T
CN	Nitrato de celulose	AN	PIB	Poliisobuteno	T	SAN	Copoli (estireno/acrilonitrila)	T
CP	Propionato de celulose	T	PMMA	Poli (metacrilato de metila)	T	SB	Copoli (estireno-butadieno)	T
EC	Etil celulose	AN	POM	Poli (óxido de metileno); poliformaldeído	T	SI	Silicone	D
EP	Epóxi	D				SMS	Estireno-α-metilestireno	T
EVAC	Etileno acetato de vinila	E	PP	Polipropileno	T	UF	Ureia-formaldeído	D
MF	Melamina formaldeído	D	PS	Poliestireno	T	UP	Poliéster não saturado	D
PA	Poliamida	T	PSU	Polisulfona	T	VCE	Cloreto de vinila-etileno	T

[1] AN materiais naturais modificados; E elastômeros; D duroplásticos; T termoplásticos

Letras código para designação de propriedades especiais

Cf. DIN EN ISO 1043-1 (1002-06)

K[1]	Propriedades especiais	K[1]	Propriedades especiais	K[1]	Propriedades especiais	K[1]	Propriedades especiais
B	bloco, bromado	F	flexível; líquido	N	Normal, novolak	T	Temperatura
C	clorado; cristalino	H	alto, homogêneo	O	Orientado	U	Ultra, sem Plasticizante
D	densidade	I	resistente a impacto	P	Plasticizado	V	Muito
E	esponjoso; elastômero	L	linear, baixo	R	Levantado, duro	W	Peso
		M	moderado, molecular	S	Saturado, sulfonado	X	Em rede, pode ser ligado em rede

⇒ **PVC-P**: cloreto de polivinila com plastificante; **PE-LLD**: polietileno linear de baixa densidade

[1] Letra código

Letras código e símbolos para materiais de enchimento e reforço

Abreviações para material[1]

Abreviação	Material	Abreviação	Material	Abreviação	Material	Abreviação	Material
B	Boro	G	Vidro	P	Mica	T	Talco
C	Carbono	K	Carbonato de cálcio	Q	Silicato	W	Madeira
D	Trihidrato de alumínio	L	Celulose	R	Aramida	X	Não especificado
E	Argila	M	Mineral, metal[2]	S	Materiais sintéticos	Z	Outros

Abreviações para formato e estrutura

Abreviação	Material	Abreviação	Material	Abreviação	Material	Abreviação	Material
B	Pérolas, esferas, bolinhas	G	Material moído	N	Velo, carda	VV	Folheado, chapas finas
C	Aparas, cavacos	H	Fio	P	Papel	W	Tecido
D	Pó	K	Malha	R	Mecha	X	Não especificado
F	Fibras	L	Laminado	S	Cascas, flocos	Y	Fio, linha
		M	Manta, capacho grosso	T	Fio torcido, tecido de algodão	Z	Outros

⇒ **GF:** Fibra de vidro; **CH** fio de carbono: **MD** pó mineral

[1] Os materiais também podem ser designados, por exemplo, por seu símbolo químico ou outro símbolo de normas internacionais correspondentes.

[2] Para metais (M), o tipo de metal deve ser especificado através do símbolo químico.

Identificação, Características Distintivas

Métodos para identificação de plásticos

Teste de flutuação		**Solubilidade em solvente**
Densidade de solução em g/cm³	Flutuação de plásticos	
0,9 bis 1,0	PB, PE, PIB, PP	Duroplásticos e PTFE não são solúveis Outros termoplásticos são solúveis em alguns solventes; p. ex., PS é solúvel em benzeno ou acetona
1,0 bis 1,2	ABS, ASA, CAB, CP, PA, PC, PMMA, PS, SAN, SB	
1,2 bis 1,5	CA, PBT, PET, POM, PSU, PUR	
1,5 bis 1,8	Material prensado com enchimento orgânico	
1,8 bis 2,2	PTFE	

Teste visual O aspecto da amostra é	
transparente	turvo
CA, CAB, CP, EP, PC, PS, PMMA, PVC, SAN	ABS, ASA, PA, PE, POM, PP, PTFE

Comportamento quando aquecido

- Termoplásticos amolecem e fundem
- Duroplásticos e elastômeros se decompõem diretamente

Toque

Parece cera quando tocado: PE, PTFE, POM, PP

Teste de queima

- Cor da chama
- Comportamento do fogo
- Formação de fuligem
- Odor da fumaça

Características distintivas de plásticos

Designação[1]	Densidade g/cm³	Comportamento de queima	Outras características
ABS	≈ 1,05	Chama amarela, com muita fuligem, odor semelhante a gás de hulha	Tenaz-elástico, não é dissolvido por tetracloreto de carbono, som surdo
CA	1,31	Chama amarela crepitante, goteja, odor semelhante a vinagre destilado e papel queimado	Agradável ao toque, som surdo
CAB	1,19	Chama amarela crepitante, gotejamento durante a queima, odor semelhante a manteiga rançosa	Som surdo
MF	1,50	Dificilmente inflamável, carboniza com extremidades brancas, odor semelhante a amoníaco	Não quebradiço, som de chocalho (comparar com UF)
PA	≈ 1,10	Chama azul com extremidades amarelas, gotejamento em fibras, odor semelhante a chifre queimado	Tenaz-elástico, não é frágil, som surdo
PC	1,20	Chama amarela, depois que a chama for removida, fuligens, odor semelhante a fenol	Tenaz-duro, inquebrável, som de chocalho
PE	0,92	Chama clara com núcleo azul, goteja material incandescente, odor semelhante a parafina, vapores pouco visíveis (comparar com PP)	Superfície parecida com cera, pode ser riscada com a unha, não é frágil, temperatura de > 230°C
PF	1,40	Dificilmente inflamável, chama amarela, carboniza, odor semelhante a fenol e madeira queimada	Não quebradiço, som de chocalho
PMMA	1,18	Chama luminosa, odor de frutas, crepitações, gotejamento	Transparente quando não colorido, som surdo
POM	1,42	Chama azulada, gotas, odor semelhante a formaldeído	Inquebrável, som de chocalho
PP	0,91	Chama clara com núcleo azul, goteja material incandescente, odor semelhante a parafina, vapores pouco visíveis (comparar com PE)	Não é possível marcar com a unha, inquebrável
PS	1,05	Chama amarela, muita fuligem, odor suave semelhante a gás de hulha, goteja material incandescente	Frágil, som como de chapa de metal, é dissolvido por tetracloreto de carbono, entre outros
PTFE	2,20	Não queima, forte odor quando vermelho em brasa	Superfície como cera
PUR	1,26	Chama amarela, odor muito forte	Poliuretano, elático como borracha
	≈ 0,05		Espuma de poliuretano
PVC-U	1,38	Dificilmente inflamável, se extingue quando a chama é removida, odor semelhante a ácido hidroclórico, carboniza	Som de chocalho (U = duro)
PVC-P	1,20 ... 1,35	Pode ser mais inflamável que o PVC-U, dependendo do plasticizante, odor semelhante a ácido hidroclórico, carboniza	Flexível como borracha, sem som (P = macio)
SAN	1,08	Chama amarela, muita fuligem, odor semelhante a gás de hulha, goteja material incandescente	Tenaz-elástico, não é dissolvido por tetracloreto de carbono
SB	1,05	Chama amarela, muita fuligem, odor semelhante a gás de hulha e borracha, goteja material incandescente	Não é tão frágil quanto PS, é dissolvido por tetracloreto de carbono, entre outros
UF	1,50	Dificilmente inflamável, carboniza com extremidades brancas, odor semelhante a amoníaco	Não quebradiço , som de chocalho (comparar com MF)
UP	2,00	Chama luminosa, carboniza, faz fuligens, odor semelhante a estireno, resíduo de fibra de vidro	Não quebradiço, som de chocalho

[1] Comparar com a página 180

Termoplásticos (seleção)

Abreviação	Designação	Nome comercial	Densidade g/cm³	Resistência à tração[1] N/mm²	Resistência a choque mJ/mm²	Temperatura de serviço, longo prazo[2] °C	Exemplos de aplicação
ABS	Poli (acrilonitrila/ butadieno/estireno)	Terluran, Novodur	≈ 1,05	35 ... 56	80 ... k.B.[3]	85 ... 100	Compartimentos de telefone, painéis de instrumentos, pranchas de surfe
PA 6	Poliamida 6	Durethan, Maranyl, Resistan, Ultramid, Rilsan	1,14	43	k.B.[3]	80...100	Engrenagens, mancais lisos, parafusos, cabos, compartimentos
PA 66	Poliamida 66		1,14	57	21[4]	80...100	
PE-HD	Polietileno, alta densidade	Hostalen, Lupolen, Vestolen A	0,96	20...30	k.B.[3]	80...100	Compartimentos de bateria, contêineres de combustível, latas de lixo, tubos, isolação de cabo, filmes, garrafas
PE-LD	Polietileno, baixa densidade		0,92	8...10	k.B.[3]	60...80	
PMMA	Poli(metacrilato de metila)	Plexiglas, Degalan, Lucryl	1,18	70...76	18	70...100	Lentes óticas, sinais de alerta, mostradores, letras iluminadas, escalas
POM	Poli (óxido de metileno)	Delrin, Hostaform, Ultraform	1,42	50...70	100	95	Engrenagens, mancais lisos, corpos de válvula, compartimento
PP	Polipropileno	Hostalen PP, Novolen, Procom, Vestolen P	0,91	21...37	k.B.[3]	100...110	Dutos de aquecimento, máquina de lavar, encaixes de peças, compartimentos de bomba
PS	Poliestireno	Styropor, Polystyrol, Vestyron	1,05	40...65	13...20	55...85	Material de embalagem, louça, espulas de filme, painéis de isolação térmica
PTFE	Poli (tetraflúoretileno)	Hostaflon, Teflon, Fluon	2,20	15...35	k.B.[3]	280	Rolamentos que não requerem manutenção, anéis de pistão, vedações, bombas
PVC-P	Poli (cloreto de vinila), com plastificante	Hostalit, Vinoflex, Vestolit, Vinnolit, Solvic	1,20 ... 1,35	20...29	2[4]	60...80	Mangueiras, vedações, revestimento de cabos, tubos, encaixes, contêineres
PVC-U	Poli (cloreto de vinila), sem plastificante		1,38	35...60	k.B.[3]	< 60	
SAN	Copolímero estireno/ acrilnitrila	Luran, Vestyron, Lustran	1,08	78	23...25	85	Mostradores graduados, compartimentos de bateria, compartimentos de farol
SB	Copolímero estireno/ butadieno	Vestyron, Styrolux	1,05	22...50	40... k.B.[3]	55...75	Gabinetes de televisores, material de embalagem, cabides de roupa, caixas de distribuição

[1] Os valores dependem da temperatura e velocidade de teste.
[2] A duração da aplicação de temperatura tem um efeito significativo.
[3] k.B. ≙ sem fratura da amostra.
[4] Resistência a entalhe por choque.

Designação de materiais termoplásticos de moldagem

Polietileno PE
Polipropileno PP

Cf. CIN EN ISO 1872-1 (1999-10)
Cf. DIN EN ISO 1873-1 (1995-12)

Sistema de designação

Bloco de nome:	Bloco de número da norma		Bloco de dados 1		Bloco de dados 2		Bloco de dados 3	Bloco de dados 4	Bloco de dados 5[1]
Exemplo: Termoplástico	ISO 1873	–	PP-R	,	EL	,	06-16-003	„[2]	ISO 8773

Bloco de dados 1

No bloco de dados 1, o material de moldagem é designado por sua abreviação PE ou PP depois do hífen.
Para propileno, são acrescentadas as seguintes informações: **PP-H** homopolímeros do propileno, **PP-B** termoplástico, tenaz ao impacto (o chamado copolímero de bloco); **PP-R** termoplástico, copolímeros estáticos do propileno

Bloco de dados 2

Aplicações pretendidas e/ou processos de transformação para PE e PP

Símbolo	Posição 1	Símbolo	Posição 1
B C	Moldagem por sopro Calandragem	L M	Extrusão (mono) Moldagem por injeção
E F	Extrusão Extrusão (filmes)	Q R	Estampagem Moldagem rotativa
G H	Uso geral Revestimento	S X	Pó sinterizado Não especificado
K	Isolação de cabo	Y	Produção de fibras[3]

Propriedades importantes, aditivos e coloração para PE e PP

Símbolo	Posições 2 a 8	Símbolo	Posições 2 a 8
A B	Estabilizador de processo Agente antibloqueio	L N	Estabilizador de luz Cores naturais
C D	Corante Pó	P R	Tenaz-duro Agente de liberação do molde
E F	Agente de expansão Anti-inflamável	S T	Agente de deslizamento e lubrificante Maior transparência
G H	Granulado Estabilizador de envelhecimento térmico	X Y Z	Pode formar rede Maior condutividade elétrica Inibidor de estática

Bloco de dados 3

Densidade de PE em kg/m³		Módulo de elasticidade para PP em MPa (N/mm²)		Taxa de fluxo de massa de fusão em g/10 min				
Símbolo	Acima de - até	Símbolo	Acima de - até	Condições para PE	Temp. em °C	Carga em kg	Símbolo	Para PP e PE acima de - até
00 03 08	... 901 901 ... 906 906 ... 911	02 06 10	... 400 400 ... 800 800 ... 1200	E D T G	190 190 190 190	0,325 2,16 5,00 21,6	000 001 003	... 0,1 0,1 ... 0,2 0,2 ... 0,4
13 18 23	911 ... 916 916 ... 921 921 ... 925	16 28 40	1200 ... 2000 2000 ... 3500 3500				006 012 022	0,4 ... 0,8 0,8 ... 1,5 1,5 ... 3,0
		Resistência a entalhe por choque para PP em kJ/m²						
27 33 40	925 ... 930 930 ... 936 936 ... 942	02 05	... 3 3 ... 6	–			0,45 090 200 400 700	3,0 ... 6,0 6 ... 12 12 ... 25 25 ... 50 50
45 50 57 62	942 ... 948 948 ... 954 954 ... 960 960	09 15 25 35	6 ... 12 12 ... 20 20 ... 30 30	–				

Bloco de dados 4 para PE e PP

Posição 1: Símbolo para grau de enchimento/reforço

Símbolo	Material	Símbolo	Material
B C G	Boro Carbono Vidro	S T	Sintético, Orgânico Talco
K L M	Giz Celulose Mineral, metal	W X Z	Madeira Não especificado Outros

Posição 2: Símbolo para forma física

Símbolo	Forma	Símbolo	Forma
B D F	Pérolas, esferas Pó Fibra	S X	Folhinhas, Flocos não especificado
G H	Material moído Fios	Z	Outros

Posição 3: porcentagem da massa do material de enchimento

Termoplástico ISO 1873-PP-H, M 40-02-045, TD40: Material de moldagem de polipropileno, homopolímero, fabricado por moldagem de injeção, módulo de elasticidade 3500 MPa; resistência a impacto 3 kJ/m²; taxa de fluxo de massa de fusão 4,5 g/10 min, enchimento 40% de pó de talco

[1] Bloco de dados 5 opcional – inserção de requisitos adicionais [2] vírgulas – bloco de dados inexistente [3] apenas para PP

Materiais duroplásticos de moldagem, Materiais laminados

Designação e propriedades de materiais de moldagem duroplásticos (podem ser endurecidos)

Tipo	Composição: Resina	Composição: Enchimento	Resistência à flexão N/mm²	Resistência ao impacto kJ/m²	Temperatura de estabilidade/indeformabilidade °C	Absorção de água mg max.	Aplicação, propriedades
Tipos de materiais de moldagem de fenoplásticos (resina fenólica) Cf. DIN 7708-2 (1975-10)							
31	PF	Serragem	70	6	125	150	Uso geral
85	PF	Serragem/polpa	70	5	125	200	Maior resistência a entalhe por impacto
51	PF	Celulose e outros	60	5	125	300	
83	PF	Fibras curtas de algodão	60	5	125	180	
71	PF	Fibras de algodão e outros	60	6	125	250	
84	PF	Tecido de algodão	60	6	125	150	
74	PF	Tecido de algodão	60	12	125	300	
75	PF	Extrusões de rayon	60	14	125	300	
12	PF	Fibras de amianto[1]	50	3,5	150	60	Maior estabilidade dimensional sob calor com fibras de amianto, pode suportar altas solicitações mecânicas
15	PF		50	5	150	130	
16	PF	Cordão de amianto[1]	70	15	150	90	
11.5	PF	Pó de pedra	50	3,5	150	45	Melhores propriedades elétricas, resistência elétrica específica 10^{11} Ω . cm
13	PF	Mica	50	3	150	20	
13.9	PF	Mica	50	3	150	20	Outras propriedades adicionais, sem amoníaco
51.5	PF	Celulose	60	5	125	300	
⇒	**Material de moldagem tipo 31 DIN 7708:** Material de moldagem fenoplástico Tipo 31						
Tipos de material de moldagem de aminoplástico Cf. DIN 7708-3 (1975-10)							
131	UF	Celulose	80	6,5	100	300	Aplicação geral (peças sanitárias, eletrodomésticos); UF não pode ser usado em utensílios para beber e comer
150	MF	Serragem	70	6	120	250	
180	MP	Serragem	80	6	120	180	
153	MF	Fibras de algodão	60	5	125	300	Maior resistência a entalhe por impacto
154	MF	Tecido de algodão	60	6	125	300	
155	MF	Pó de pedra	40	2,5	130	200	Maior estabilidade dimensional sob calor
156	MF	Fibras de amianto[1]	50	3,5	140	200	
131.5	UF	Celulose	80	6,5	100	300	Melhores propriedades elétricas (material elétrico e de instalação)
183	MP	Celulose/pó de pedra	70	5	120	120	
152.7	MF	Celulose	80	7	120	200	Requisitos especiais; para pratos, copos e xícaras

Material laminado[2]

Cf. DIN 60893-3-1 (2004-09)

Tipos de resina		Tipos de material de reforço	
Tipo de resina	Designação	Abreviação	Designação
EP	Resina de epóxi	CC	Tecido de algodão
MF	Resina de Melamina-Formaldeído	CP	Papel de celulose
PF	Resina de Fenol-Formaldeído	CR	Material de reforço combinado
UP	Resina de poliéster não saturado	GC	Tecido de fibra de vidro
SI	Resina de silicone	GM	Manta de fibra de vidro
PI	Resina de poli-imida	PC	Tecido de fibra de poliéster
–	–	WV	Chapa de madeira
⇒	**Material laminado PF CP 204**: Resina tipo Fenol-Formaldeído, material de reforço papel de celulose, número de série da Comissão Eletrônica Internacional (IEC) = 204		

[1] Amianto é uma substância cancerígena, razão por que seu uso é proibido em diversos países.

[2] Os laminados são usados principalmente em equipamentos elétricos como chapas ou tubos, devido às suas propriedades mecânicas, assim como suas propriedades de isolação elétrica. Na construção mecânica são, por exemplo, usados na produção de caixas de rolamentos, rolos e engrenagens.

Elastômeros, Materiais expansíveis (espumas)

Elastômeros (borracha)

Abreviação[1]	Designação	Densidade g/cm³	Resistência à tração[2] N/mm²	Alongamento na ruptura %	Temperatura de serviço °C	Propriedades, exemplos de aplicação
BR	Polibutadieno	0,94	2 (18)	450	−60...+90	Alta resistência à abrasão; pneus, correias, correias em V
CO	Epicloridrina	1,27 ... 1,36	5 (15)	250	−30...+120 −10...+120	Amortece vibração, resistente a óleo e gasolina; vedações, amortecedores resistentes a calor
CR	Policloropreno	1,25	11 (25)	400	−30...+110	Resistente a óleo e ácido, dificilmente inflamável, vedações, mangueiras, correias em V
CSM	Polietileno clorosulfonado	1,25	18 (20)	300	−30...+120	Resistente ao envelhecimento e intempéries, resistente a óleo; produtos moldados, filmes
EPDM	Copoli (etileno/ propileno)	0,86	4 (25)	500	−50...+120	Isolador elétrico, não resistente a óleo e gasolina; vedações, perfis, para-choques, mangueiras para água fria
FKM	Borracha de flúor	1,85	2 (15)	450	−10...+190	Resistente à abrasão, excelente resistência térmica; indústria aeronáutica e automotiva; vedações de eixos rotativos, anéis O
IIR	Copoli (Isobutileno/ isopreno)	0,93	5 (21)	600	−30...+120	Resistente a intempérie e ozônio; isolação de cabo, mangueiras automotivas
IR	Poli-isopreno	0,93	1 (24)	500	−60...+60	Baixa resistência a óleo, alta resistência; pneus de caminhão, elementos de mola
NBR	Copoli (butadieno/ acrilonitrila)	1,00	6 (25)	450	−20...+110	Resistente à abrasão, resistente a óleo e gasolina, condutores elétricos; anéis O, mangueiras hidráulicas, vedações de eixo rotativo, vedação axial
NR	Borracha natural Borracha de isopreno	0,93	22 (27)	600	−60...+70	Baixa resistência a óleo, alta resistência; pneus de caminhão, elementos de mola
PUR	Poliuretano	1,25	20 (30)	450	−30...+100	Elástica, resistente a desgaste; correias de sincronização, vedações, acoplamentos
SIR	Copoli (estireno/ isopreno)	1,25	1 (8)	250	−80...+180	Isolador elétrico,repele água; anéis O, cabeça de velas de ignição, cabeçote de cilindro e vedação de junta
SBR	Copoli (estireno/ butadieno)	0,94	5 (25)	500	−30...+80	Baixa resistência a óleo e gasolina; pneus, mangueiras, revestimento de cabo

[1] cf. DIN ISO 1629 (1992-03) [2] Valor entre parênteses = elastômero com adesivos ou reforçado com enchimento

Materiais de espuma

Cf. DIN 7726 (1982-05)

Os materiais de espuma consistem de células abertas, células fechadas ou de uma mistura de células abertas e fechadas. Sua densidade bruta é inferior àquela da substância estrutural. É feita uma distinção entre duro, meio duro, macio, elástico, elástico macio e material de espuma intergal.

Rigidez, dureza	Matéria-prima de base do material de espuma	Estrutura da célula	Densidade kg/cm³	Temperatura de serviço °C[1]	Condutividade térmica W/(K . m)	Absorção de água em 7 dias Vol.-%
Duro	Poliestireno	fechada em sua maioria	15...30	75 (100)	0,035	2...3
	Poli (cloreto de vinila)		50...130	60 (80)	0,038	<1
	Poliétersulfona		45...55	180 (210)	0,05	15
	Poliuretano		20...100	80 (150)	0,021	1...4
	Resina fenólica (baquelite)	aberta	40..100	130 (250)	0,025	7...10
	Resina de ureia-formaldeído		5...15	90 (100)	0,03	20
Meio-duro a elástico macio	Polietileno	fechada em sua maioria	25...40	bis 100	0,036	1...2
	Poli (cloreto de vinila)		50...70	−60...+50	0,036	1...4
	Resina de melamina		10,5...11,5	até 150	0,033	± 1
	Poliuretano - tipo poliéster	aberta	20...45	−40...+100	0,045	–
	Poliuretano - tipo poliéter					

[1] Temperatura de serviço por longo tempo; para tempo curto, entre parênteses

Processamento de plásticos

Moldagem por injeção e extrusão

Abreviação[1]	Temperatura de moldagem por injeção em °C		Pressão de injeção em bar	Temperatura do processo de extrusão em °C	Retração em %	Grupo de tolerância[1] para		
	Massa	Molde				Tolerâncias gerais	Dimensões com desvios	
							Série 1[2]	Série 2[2]
PE	160...300	20... 70	500	190...230	1,5...3,5	150	140	130
PP	170...300	20...100	1200	235...270	0,8...2[3]	150	140	130
PVC, duro	170...210[4]	30... 60	1000...1800	170...190	0,2...0,5	130	120	110
PVC, macio	170...200[4]	20... 60	300	150...200	1 ...2,5	–	–	–
PS	180...250	30... 60	–	180...220	0,3...0,7	130	120	110
SB	180...250	20... 70	–	180...220	0,4...0,7	130	120	110
SAN	200...260	40... 80	–	180...200	0,5...0,6	130	120	110
ABS	200...240	40... 85	800...1800	180...220	0,4...0,7	130	120	110
PMMA	200...250	50... 90	400...1200	180...250	0,3...0,8	130	120	110
PA	210...290	80...120	700...1200	230...275	1 ...2	130	120	110
POM	180...230[4]	50...120	800...1700	180...220	1 ...3,5	140	130	120
PC	280...320[4]	80...120	> 800	240...290	0,7...0,8	130	120	110
PF[5]	90...110[4]	170...190	800...2500	–	0,5...1,5[3]	140	130	120
MF[6]	95...110[4]	160...180	1500...2500	–	0,6...1,7[3]	130	120	110
UF[5]	95...110	150...160	1500...2500	–	0,4...0,6	140	130	120

[1] Ver tabela abaixo [2] Série 1: Pode ser obtida sem esforço especial; Série 2: Requer alto esforço de acabamento; [3] A retração transversal e a longitudinal podem ser diferentes. [4] Com máquina de moldagem por injeção com parafuso sem-fim [5] Com material de enchimento orgânico [6] Com material de enchimento inorgânico

Tolerâncias para peças plásticas moldadas

Cf. DIN 16901 (1982-11)

Grupo de tolerância da tabela acima	Letra de código[1]	Faixa de dimensão nominal acima de ... até, em mm												
		0...1	1...3	3...6	6...10	10...15	15...22	22...30	30...40	40...53	53...70	70...90	90...120	120...160
Tolerâncias gerais														
150	A	±0,23	±0,25	±0,27	±0,30	±0,34	±0,38	±0,43	±0,49	±0,57	±0,68	±0,81	±0,97	±1,20
	B	±0,13	±0,15	±0,17	±0,20	±0,24	±0,28	±0,33	±0,39	±0,47	±0,58	±0,71	±0,87	±1,10
140	A	±0,20	±0,21	±0,22	±0,24	±0,27	±0,30	±0,34	±0,38	±0,43	±0,50	±0,60	±0,70	±0,85
	B	±0,10	±0,11	±0,12	±0,14	±0,17	±0,20	±0,24	±0,28	±0,33	±0,40	±0,50	±0,60	±0,75
130	A	±0,18	±0,19	±0,20	±0,21	±0,23	±0,25	±0,27	±0,30	±0,34	±0,38	±0,44	±0,51	±0,60
	B	±0,08	±0,09	±0,10	±0,11	±0,13	±0,15	±0,17	±0,20	±0,24	±0,28	±0,34	±0,41	±0,50
Tolerâncias para dimensões com desvios especificados														
140	A	0,40	0,42	0,44	0,48	0,54	0,60	0,68	0,76	0,86	1,00	1,20	1,40	1,70
	B	0,20	0,22	0,24	0,28	0,34	0,40	0,48	0,56	0,66	0,80	1,00	1,20	1,50
130	A	0,36	0,38	0,40	0,42	0,46	0,50	0,54	0,60	0,68	0,76	0,88	1,02	1,20
	B	0,16	0,18	0,20	0,22	0,26	0,30	0,34	0,40	0,48	0,56	0,68	0,82	1,00
120	A	0,32	0,34	0,36	0,38	0,40	0,42	0,46	0,50	0,54	0,60	0,68	0,78	0,90
	B	0,12	0,14	0,16	0,18	0,20	0,22	0,26	0,30	0,34	0,40	0,48	0,58	0,70
110	A	0,18	0,20	0,22	0,24	0,26	0,28	0,30	0,32	0,36	0,40	0,44	0,50	0,58
	B	0,08	0,10	0,12	0,14	0,16	0,18	0,20	0,22	0,26	0,30	0,34	0,40	0,48

[1] A para dimensões que não dependem das dimensões do molde; B para dimensões que dependem das dimensões do molde

Plásticos para altas temperaturas, Misturas de termoplásticos, Fibras de reforço

Plásticos para altas temperaturas

Abreviação[1)]	Designação	Resistência à tração N/mm²	Temperatura de serviço de ... até	Propriedades especiais	Exemplos de aplicação
PTFE	Poli (tetrafluoretileno), nome comercial "Teflon"	10	- 20 a 260°C, curto prazo até 300°C	Resistência a altas temperaturas e resistência química, baixa rigidez, dureza e coeficiente de atrito	Rolamentos, vedações, revestimentos, cabo de alta frequência, equipamentos químicos
PEEK	Poli (éter-éter-cetona)	97	- 65 a 250°C, curto prazo até 300°C	Resistência a alta temperatura e resistência química, bom comportamento de deslizamento	Rolamentos, engrenagens, vedações, peças para indústria aereoespacial (no lugar de metal)
PPS	Poli (sulfeto de fenileno)	70	- 200 a 220°C, curto prazo até 260°C	Alta resistência, dureza, rigidez, alta resistência a produtos químicos, intempéries e radiações	Compartimentos de bomba, buchas de rolamento, peças para indústria espacial, usinas nucleares
PSU	Polisulfona	140...240	- 40 a 150°C, curto prazo até 200°C	Alta resistência, dureza, rigidez, alta resistência a produtos químicos, intempéries e radiações, claro como o vidro	Louças para microondas, carretéis, placas de circuito, indicadores de nível de óleo, separadores de rolamento de agulha
PI	Polimida, nome comercial "Vespel"	75...100	- 240 a 360°C, curto prazo até 400°C	Alta resistência em faixa ampla de temperatura, resistente à radiação, escuro, não transparente	Mecanismo de propulsão, nariz de aeronave, anéis de pistão, assentos de ventis, vedações, componentes de ligação eletrônica

Misturas de termoplásticos (Polyblends)

Polyblends ou blends são misturas de diversos termoplásticos. As características especiais destas misturas de polímeros resultam das muitas possibilidades de combinação das características das substâncias de origem.

Abreviação[1)]	Designação	Componentes	Propriedades especiais	Exemplos de aplicação
S/B	Estireno/butadieno	90% poliestireno, 10% borracha de butadieno	Duro frágil, em baixas temperaturas não resistente a impacto	Caixas de empilhamento, compartimentos de ventilador, gabinetes de rádio
ABS	Copoli (acrilonitrila/ butadieno/estireno)	90% estireno-acrilonitrilo, 10% borracha de nitrilo	Duro frágil, resistente a impacto mesmo em baixas temperaturas	Telefones, painéis de instrumentos, calotas
PPE + PS	Poli (fenil-éter) + Poliestireno	Diferentes composições; pode ser reforçado com 30% de fibra de vidro	Alta dureza, alta resistência a impacto frio até –40°C, fisiologicamente inócuo	Grelha de radiador, peças de computador, equipamentos médicos, painéis solares, guarnição
PC + ABS	Policarbonato + Copoli (acrilonitrila / butadieno / estireno)	Várias composições	Alta resistência, dureza, rigidez, estabilidade dimensional sob calor, resistência a impacto, à prova de choque	Painéis de instrumento, para-lamas, gabinetes de máquina de escritório, compartimentos de lâmpada em veículos automotores
PC + PET	Policarbonato + Poli (tereftalato de etileno)	Diferentes composições	Resistência excepcional a impacto e resistência a choque	Capacetes para motociclistas, peças automotivas

Fibras para reforço

Designação	Densidade kg/dm³	Resistência à tração N/mm²	Alongamento na fratura %	Propriedades especiais	Exemplos de aplicação
Fibra de vidro GF	2,52	3400	4,5	Isotrópica[1)], boa resistência, também sob calor, barata	Peças carroçarias, fabricação de aeronaves, veleiros
Fibras de aramida AF[3)]	1,45	3400...3800	2,0...4,0	A fibra de reforço mais leve, dúctil, resistente à fratura, fortemente anisotrópica[1)], penetrável por radar	Peças leves submetidas a alto esforço, capacetes de proteção, coletes à prova de bala
Fibra de carbono CF	1,6...2,0	1750...5000[2)]	0,35...2,1[2)]	Extremamente anisotrópica[1)], alta resistência, leve, resistente à corrosão, boa condutora de eletricidade	Peças para carro de corrida, velas para iates de corrida, aplicações aeroespaciais

Para reforçar usam-se, sobretudo, duroplásticos (p. ex., resinas UP e EP) e termoplásticos com alta temperatura de serviço (p. ex., PSU, PPE, PPS, PEEK, PI) - as chamadas **matrizes**.

1) Isotrópico = as mesmas propriedades de material em todos os sentidos; anisotrópico = propriedades do material no sentido da fibra são diferentes daquelas transversais à fibra.
2) Dependem significativamente dos locais de defeito da fibra que ocorrem durante o processo de fabricação.
3) Nome comercial "Kevlar"

Métodos de teste de material – Apresentação

Ilustração	Processo	Aplicação, informações
Teste de tração		página 190
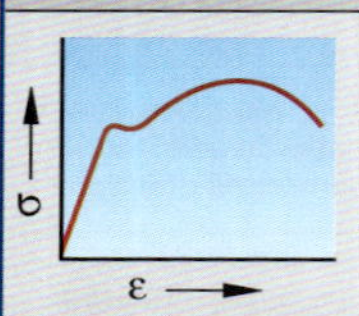	Amostras de teste padronizadas são puxadas até a ruptura. As mudanças na força de tração e o alongamento são medidas e depois plotadas em um gráfico. Por cálculos obtém-se o diagrama tensão-alongamento	Determinação de valores característicos de material, por exemplo: - cálculo de resistência com carga estática - predição do comportamento de formação - obtenção de dados para processos de usinagem com remoção de cavacos
Teste de dureza segundo Brinell HB		página 192
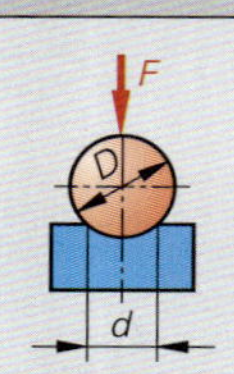	• À esfera é aplicada uma força F padronizada - a força de teste depende do diâmetro da esfera D e do grupo de material → Grau de solicitação, ver página 192 • O diâmetro da impressão d é medido • A dureza é determinada considerando-se a força de teste e a área da superfície de impressão	Teste de dureza, p. ex.: em aços, materiais de ferro fundido, metais não ferrosos que: – não foram endurecidos – têm uma superfície de teste brilhante metálica – são mais macios que 650 HB
Teste de dureza segundo Rockwell		página 193
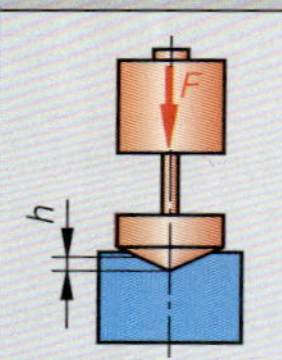	• Ao corpo de prova (cone de diamante, esfera de metal duro) é aplicada uma força preliminar → base de medição • Impacto com força de teste → deformação permanente da amostra de teste • Remoção da força de teste • A dureza é mostrada diretamente no dispositivo de teste e se baseia na profundidade de penetração h	Teste de dureza por diferentes métodos, p. ex.; em aços e metais não ferrosos – na condição endurecida e macia – com espessuras pequenas **Métodos HRA, HRC:** Metais endurecidos e de alta resistência **Métodos HRB, HRF:** Aço doce, metais não ferrosos
Teste de dureza segundo Vickers		página 193
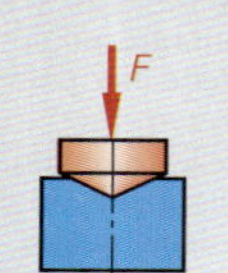	• À pirâmide de diamante são aplicadas forças variáveis - a força de teste depende, p. ex., da espessura da amostra e do tamanho do grão na estrutura • as diagonais da impressão são medidas • a dureza é determinada com base na força de teste e na área da superfície de impressão	Método universal de teste – materiais macios e endurecidos – camadas finas – partes microestruturais individuais de metais
Teste de dureza por penetração (dureza Martens)		página 194
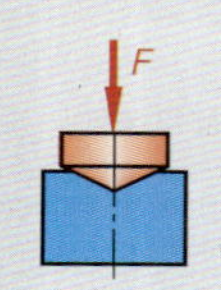	• À pirâmide de diamante são aplicadas forças variáveis - a força de teste depende, p. ex., da espessura da amostra e do tamanho do grão na estrutura • as forças em função da profundidade de impressão são continuamente anotadas em gráfico • a dureza Martens é determinada durante a aplicação das forças	Método para testar todos os materiais, p.ex., – metais macios e endurecidos – camadas finas, também revestimentos de metais duros e camadas de pintura – partes microestruturais individuais – materiais cerâmicos, materiais duros
Teste de dureza por penetração de esfera		página 195
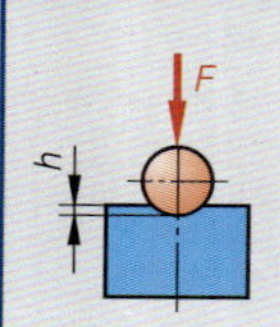	• À esfera de teste é aplicada uma força preliminar → base de medição • Impacto com força de teste definida - a força de teste deve produzir uma profundidade de penetração de 0,15 – 0,35 mm • A profundidade de penetração é medida depois de 30 s de aplicação da força • A dureza da amostra é determinada.	Teste de plásticos e de borracha dura A dureza por penetração de esfera fornece valores de comparação para pesquisa, desenvolvimento e controle da qualidade.

Métodos de teste de materiais – Apresentação

Ilustração	Processo	Aplicação, informações
Teste de dureza segundo Shore		página 195
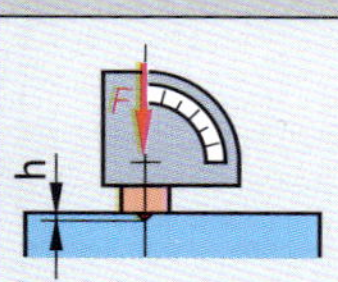	• O dispositivo de teste (durômetro) é pressionado sobre a amostra com força de pressão *F*. • O corpo de penetração, carregado por mola, penetra na amostra. • Tempo de aplicação da força - 15 s • A dureza Shore é mostrada diretamente no dispositivo	Controle de plásticos (elastômeros) É muito difícil derivar qualquer relação com outras propriedades do material a partir da dureza Shore.
Teste cisalhamento		página 191
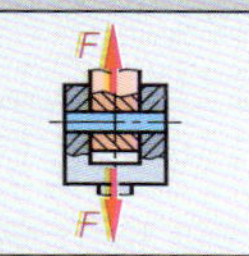	• Amostras cilíndricas são carregadas em equipamentos padronizados até que ocorra a ruptura devido ao cisalhamento. • A resistência à ruptura é determinada a partir da força de cisalhamento máxima e a área transversal da amostra.	Usado para determinar a resistência a cisalhamento τ_{sB}, ex.: – Para cálculo de resistência de peças com carga de cisalhamento, por exemplo, pinos – Para determinar forças de corte na usinagem
Teste de deformação por impacto de barra entalhada		página 191
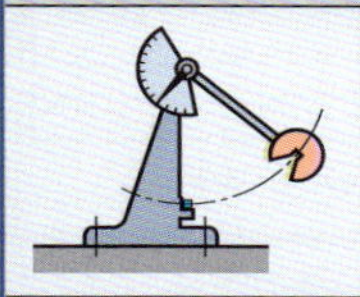	• As amostras de teste entalhadas são submetidas à carga de flexão por martelo percussor oscilante e são fraturadas. • Energia de impacto para entalhe = energia necessária para deformar e fraturar a amostra de teste	– Para teste de materiais metálicos em relação ao comportamento sob cargas de deformação por impacto – Para monitorar resultados de tratamento térmico, p. ex.: na têmpera e no revenido – Para testar o comportamento de aços em diferentes temperaturas
Teste de embutimento de Erichsen		página 191
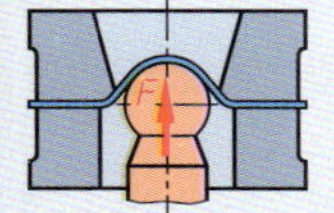	• A chapa de metal fixada em todos os lados é deformada até a formação de rachadura por uma esfera. • A profundidade da deformação até a ocorrência da rachadura é uma medida da capacidade de estiramento biaxial (repuxo profundo).	– Para teste de chapas e tiras em relação à sua capacidade de estiramento (repuxo profundo). – Avaliação da superfície da chapa quanto a mudanças durante processamento a frio
Teste de resistência permanente sob vibração		
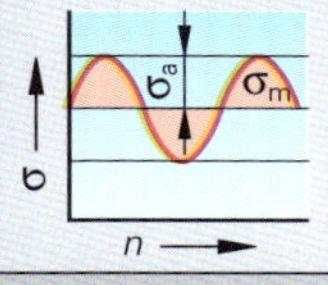	• Amostras cilíndricas com superfícies polidas são carregadas alternadamente, geralmente até a fratura, mantendo-se constante a tensão média σ_m e variando-se a tensão de impacto σ_A. A representação gráfica da série de testes dá a curva Wöhler.	Para determinar propriedades de material com solicitação dinâmica, p. ex.: – Resistência permanente e resistência alternada e limítrofe – Resistência ao longo do tempo.
Teste ultra-sônico		
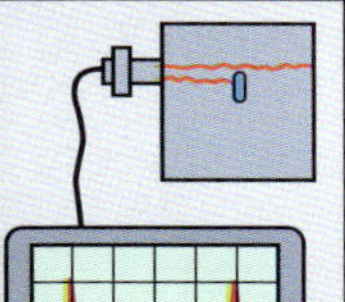	• Um transdutor envia sinais ultrassônicos através da peça. As ondas são refletidas na parede frontal, na parede traseira e em defeitos de certo tamanho. • A tela do dispositivo de teste mostra os ecos. • A frequência de teste determina o tamanho reconhecível do defeito, que é limitado pelo tamanho do grão da amostra.	– Teste não destrutivo de peças, p. ex., para verificar rachaduras, cavidades, bolhas de gás, inclusões, falta de ligação, diferenças de microestrutura – Para determinar a forma, o tamanho e a localização de defeitos – Para medir espessuras de paredes e camadas
Metalografia		
	Por causticação de amostras (microsseções) metalográficas a microestrutura é desenvolvida e pode ser vista sob o microscópio de metalografia. Preparação da amostra: Remoção → evitar transformação estrutural Embutir → microsseções com aresta viva Retífica → remoção de camadas de deformação Polimento → alta qualidade da superfície Causticação → desenvolvimento estrutural	– Verificar o desenvolvimento da estrutura – Monitorar tratamentos térmicos, conformação e processos de encaixe – Determinar distribuição e tamanho do grão – Teste de defeito

Teste de tração, Amostras de teste de tração

Teste de tração

Cf. DIN EN 1002 (2001-12)

Diagrama tensão-alongamento com limite de elasticidade evidente, ex.: para aço macio

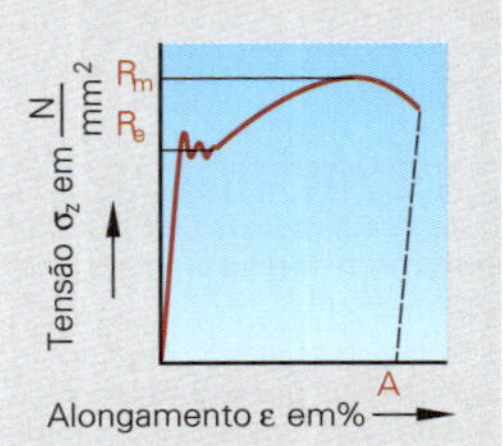

Diagrama tensão-alongamento, sem limite de elasticidade evidente, sem ponto de fratura distinto, ex.: para aço cementado e temperado

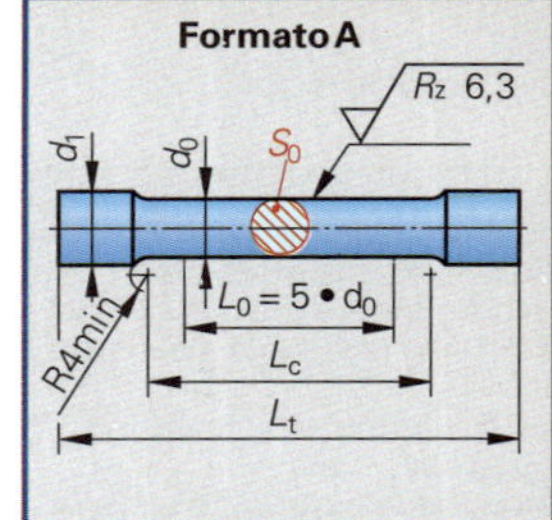

- F força de tração
- F_m força máxima
- L_0 comprimento inicial
- L_u comprimento depois da ruptura
- d_0 diâmetro inicial da amostra
- S_0 seção transversal inicial da amostra
- S_u menor seção transversal da amostra depois da fratura
- ε alongamento
- A alongamento na fratura
- Z redução da área na ruptura
- σ_z tensão de tração
- R_m resistência à tração
- R_e limite de elasticidade
- $R_{p0,2}$ limite de alongamento que mantém 0,2% do alongamento
- E módulo de elasticidade
- V_s relação entre limites de elasticidade

Amostras de teste de tração

Normalmente são usadas barras redondas com comprimento inicial de $L_0 = 5.d_0$.

Amostras não preparadas são permitidas com

- seções transversais uniformes, p.ex.,: de chapas de metais, perfis, arames
- amostras de teste fundidas, p. ex.: de materiais de ferro fundido ou ligas fundidas não ferrosas

Relação entre limites de elasticidade ou alongamento: $V_s = R_e\ (R_{p0,2})/R_m$

Fornece informações sobre a condição do tratamento térmico de aços:

normalizado	$V_s \approx 0{,}5...0{,}7$
refinado	$V_s \approx 0{,}7...0{,}95$

Módulo de elasticidade E

Para determinar o módulo de elasticidade, é necessário medir alongamentos precisos na faixa elástica da amostra.

Tensão de tração

$$\sigma_z = \frac{F}{S_0}$$

Resistência à tração

$$R_m = \frac{F_m}{S_0}$$

Alongamento

$$\varepsilon = \frac{L - L_0}{L_0} \cdot 100\ \%$$

Alongamento na ruptura

$$A = \frac{L_u - L_0}{L_0} \cdot 100\ \%$$

Redução da área na ruptura

$$Z = \frac{S_0 - S_u}{S_0} \cdot 100\ \%$$

Módulo de elasticidade

$$E = \frac{\sigma_z}{\varepsilon} \cdot 100\ \%$$

Amostras de teste de tração

Cf. DIN 50125 (2004-01)

Formato A

Formato E

Amostras de teste de tração redondas com extremidades cilíndricas lisas, Formato A e B

d_0	4	5	6	8	10	12	14	Formato, aplicação
L_0	20	25	30	40	50	60	70	**Formato A:** Amostra de teste usinada para fixação na cunha de tensão
L_c	24	30	36	48	60	72	84	
Formato A d_1	5	6	8	10	12	15	17	**Formato B:** Amostras de teste usinadas com cabeçotes roscados asseguram uma medição mais precisa do alongamento
Formato A L_t	65	80	95	115	140	160	185	
Formato B d_1	M6	M8	M10	M12	M16	M18	M20	
Formato B L_t	40	50	60	75	90	110	125	

Amostra de teste de tração, outros formatos

a	3	4	5	6	7	8	10	Formato, aplicação
Formato E b	8	10	10	20	22	25	25	Amostras chatas com cabeçotes para cunhas de tensão
Formato E L_0	30	35	40	60	70	80	90	Amostras de teste de tração de tiras, chapas, barras chatas e perfis
Formato E B	12	15	15	27	29	33	33	
L_c	38	45	50	80	90	105	115	
L_t	115	135	140	210	230	260	270	

Formato C	Amostras de teste redondas usinadas com extremidades com ressalto
Formato D	Amostras de teste redondas usinadas com extremidades cônicas
Formato F	Seções não usinadas de barras redondas
Formato G	Seções não usinadas de aço em barra chata e perfis
Formato H	Amostras chatas para teste de chapas com espessura ente 0,1 e 3 mm
⇒	**Amostra de teste de tração DIN 50125 – A10x50:** Formato A, d_0 = 10 mm, L_0 = 50 mm

Teste de cisalhamento, Teste de deformação por impacto de barra entalhada, Teste de embutimento

Teste de cisalhamento

Cf. DIN 50141 (1982-12)

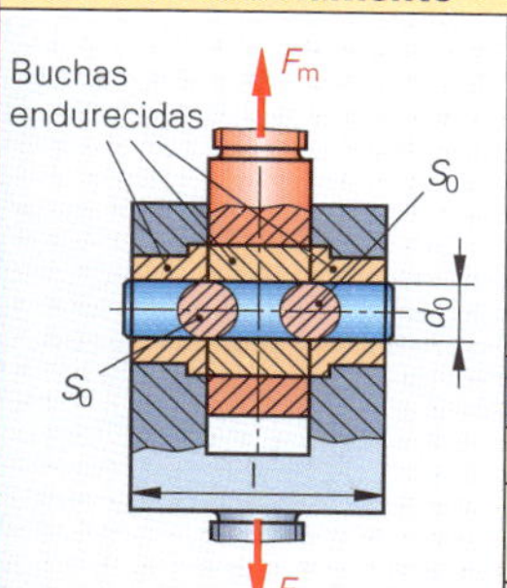

F_m força máxima de cisalhamento

d_0 diâmetro inicial da amostra de teste

l comprimento da amostra

S_0 seção transversal inicial da amostra de teste

τ_{aB} resistência a cisalhamento

Resistência a cisalhamento

$$\tau_{aB} = \frac{F_m}{2 \cdot S_0}$$

O teste é realizado em máquinas de teste de tração com dispositivos de cisalhamento padrão.

Amostras de teste de cisalhamento

d_0	3	4	5	6	8	10	12	16
Desvios limites	−0,020 −0,370	−0,020 −0,370	−0,030 −0,390	−0,030 −0,345	−0,040 −0,370	−0,013 −0,186	−0,016 −0,193	−0,016 −0,193
l	50	50	50	50	50	110	110	110

Teste de impacto segundo Charpy

Cf. DIN 10045 (1991-04)

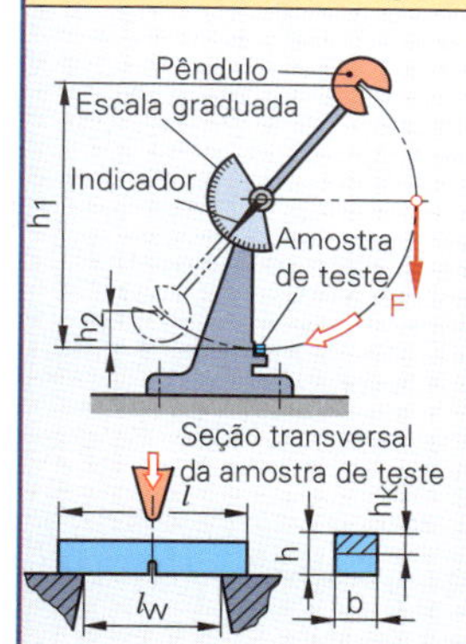

Formatos do entalhe

U V r α

KU energia de impacto de entalhe em J, medida em uma amostra de teste com entalhe U

KV energia de impacto de entalhe em J, medida em uma amostra de teste com entalhe V

Amostra de teste

A amostra de teste deve estar totalmente processadas. Preferencialmente, a microestrutura do material não deve ser alterada na fabricação da amostra. Nenhum entalhe deve ser visível a olho nu na raiz do entalhe, paralela ao eixo de entalhe.

Amostras de teste de impacto de entalhe

Designação	Formato do entalhe	Dimensões da amostra em mm ou grau (°) l	l_w	h	b	h_k	r	α
Amostra normal de teste	U	55	40	10	10	5	1,0	–
Amostra normal de teste	V	55	40	10	10	8	0,25	45°
Amostra de teste DVM[1]	U	55	40	10	10	7	1,0	–
Explicação	[1] Deutscher Verband für Materialprüfung (Associação Alemã para Teste de Materiais)							

⇒ **KU = 115 J:** Amostra de teste normal com entalhe U, energia de impacto de entalhe 115 J, capacidade de trabalho do analisador de impacto de pêndulo 300 J

KV150 = 85 J: Amostra de teste normal com entalhe V, energia de impacto de entalhe 85 J, capacidade de trabalho do dispositivo oscilante (pêndulo) de impacto 150 J

Teste de embutimento de Erichsen

Cf. DIN EN ISO 20482 (2003-12), substitui DIN 50101 e 50102

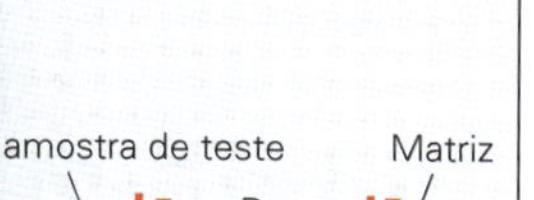

IE valor de profundidade de embutimento Erichsen em mm

F força para manter a chapa de metal em kN

l comprimento da chapa de teste

D diâmetro do furo da matriz

d diâmetro da esfera de punção

t espessura da chapa de testes

b largura da chapa de teste

Amostras de teste

As amostras de teste devem ser planas e sem rebarbas. Antes da fixação, as chapas devem ser engraxadas levemente com um lubrificante de grafita.

Ferramentas e dimensões da amostra de teste

Abreviação	Dimensões da ferramenta D mm	d mm	F kN	Dimensões da amostra de teste l mm	b mm	t mm	Aplicação
IE	27	20	10	≥ 90	≥ 90	0,2…2	Teste padrão
IE_{40}	40	20	10	≥ 90	≥ 90	2 …3	Testes em tiras mais espessas ou mais estreitas
IE_{21}	21	15	10	≥ b	55…90	0,2…2	
IE_{11}	11	8	10	≥ b	30…55	0,1…1	

⇒ **IE = 12 mm:** Profundidade de embutimento Erichsen = 12 mm, teste padrão

Teste de dureza segundo Brinell

Teste de dureza segundo Brinell

Cf. DIN 6506-1 (1999-10), substitui DIN EN 10003

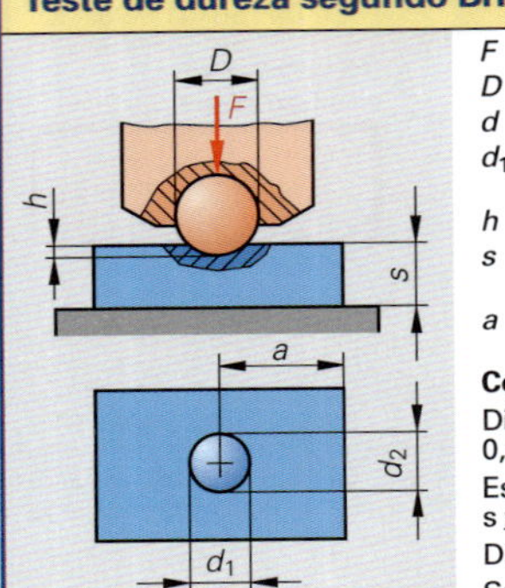

F força de teste em N
D diâmetro da esfera em mm
d diâmetro da impressão em mm
d_1, d_2 valores individuais de medição do diâmetro de impressão em mm
h profundidade da impressão em mm
s espessura mínima da amostra de teste em mm
a distância da extremidade em mm

Condições de teste:

Diâmetro de impressão:
$0{,}24 \cdot D \leq d \leq 0{,}6 \cdot D$

Espessura mínima da amostra de teste:
$s \geq 8 \cdot h$

Distância da extremidade: $a \geq 3 \cdot d$

Superfície da amostra de teste: brilhante metálica

Diâmetro da impressão

$$d = \frac{d_1 + d_2}{2}$$

Dureza Brinell

$$\text{HBW} = \frac{0{,}204 \cdot F}{\pi \cdot D \cdot (D - \sqrt{D^2 - d^2})}$$

Exemplos de designação:

180 HBW 2,5 / 62,5
600 HBW 1 / 30 / 25

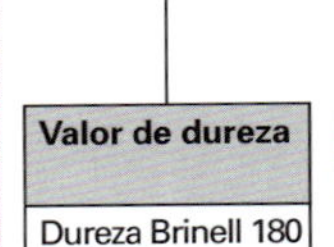

Valor de dureza	Corpo penetrante	Diâmetro da esfera	Força de teste F	Tempo de aplicação da força:
Dureza Brinell 180 Dureza Brinell 600	W esfera de metal duro	2,5 mm 1 mm	62,5 · 9,80665 N = 612,9 N 30 · 9,80665 N = 294,2 N	Não especificado: 10 a 15 s Especificado: 25 s

Grau de solicitação, diâmetro da esfera, forças de teste e materiais de teste

Grau de solicitação $0{,}102 \cdot F/D^2$	Força de teste F em N Com diâmetro de esfera D[1] em mm 1	2	2,5	5	10	Materiais de peças a serem testadas (amostra)
30	294,2	1177	1830	7355	29420	Aço, ligas de níquel e titânio ≤ 650 HBW Ferro fundido ≥ 140 HBW, ligas de Cu > 200 HBW
15	–	–	–	–	14710	Ligas de alumínio ≥ 35 HBW
10	98,1	392,3	612,9	2452	9807	Ferro fundido < 140 HBW, ligas de Cu 35 ... 200 HBW, Ligas de alumínio ≥ 35 HBW
5	49	196,1	306,5	1226	4903	Ligas de Cu < 35 HBW, Ligas de alumínio 35 .... 80 HBW
2,5	24,5	98,1	153,2	612,9	2452	Ligas de alumínio < 35 HBW
1	9,8	39,2	61,3	245,2	980,7	Chumbo, estanho

[1] Diâmetro pequeno da esfera para materiais de grão fino, amostras finas ou para testes de dureza na periferia. Para testes de dureza em ferro fundido, o diâmetro da esfera deve ser D ≥ 2,5 mm. Os valores de dureza são comparáveis apenas se os testes forem realizados com o mesmo grau de solicitação.

Espessura mínima s das amostras de teste

Diâmetro da esfera D em mm	Espessura mínima s em mm para diâmetro de impressão d[1] em mm 0,25	0,35	0,5	0,6	0,8	1,0	1,2	1,3	1,5	2,0	2,4	3,0	3,5	4,0	4,5	5,0	5,5	6,0
1	0,13	0,25	0,54	0,8														
2			0,23	0,37	0,67	1,07	1,6											
2,5				0,29	0,53	0,83	1,23	1,46	2,0									
5							0,58	0,69	0,92	1,67	2,45	4,0						
10											1,17	1,84	2,53	3,34	4,28	5,36	6,59	8,0

Exemplo: D = 2,5 mm, d = 1,2 mm
→ espessura mínima da amostra
s = 1,23 mm

[1] Células da tabela sem indicação de espessura estão fora da faixa de teste $0{,}24 . D \leq d \leq 0{,}6 . D$

Teste de dureza segundo Rockwell, teste de Dureza segundo Vickers

Teste de dureza segundo Rockwell

Cf. DIN EN ISO 6508-1 (1999-10)

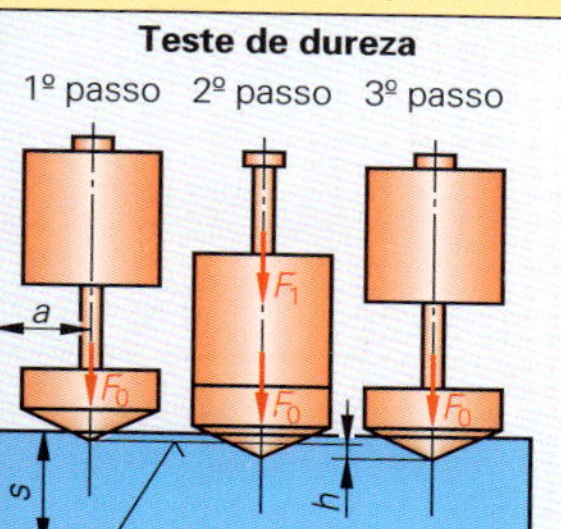

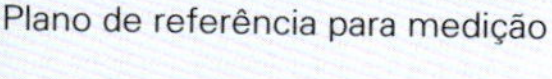

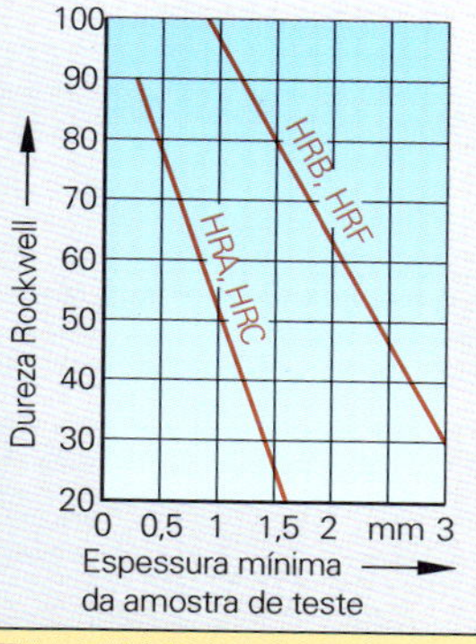

F_0 força preliminar em N (pré-carga)
F_1 força de teste em N
h profundidade de penetração permanente em mm
s espessura da amostra
a distância da extremidade

Condições de teste:

A superfície da amostra é esmerilhada com $Ra = 0{,}8 - 1{,}6$ m. O processamento da amostra não deve provocar modificação na microestrutura dela. Distância da extremidade a ≥ 1 mm

Dureza Rockwell HRA, HRC

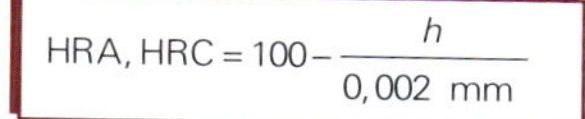

$$HRA, HRC = 100 - \frac{h}{0{,}002\ mm}$$

Dureza Rockwell HRB, HRF

$$HRB, HRF = 130 - \frac{h}{0{,}002\ mm}$$

Exemplos de designação:

65 HRC
70 HRBW

Valor de dureza	Método de teste	
65 70	Dureza Rockwell HRC –C, teste com cone de diamante	Dureza Rockwell HRBW – B, teste com esfera de metal duro

Método de teste, aplicação (seleção)

Método	Corpo penetrante	F_0 em N	F_1 em N	Faixa de medição de - a	Aplicação
HRA	Cone de diamante, ângulo do cone 120°	98	490,3	20...88 HRA	Aço endurecido, metais de alta resistência
HRC		98	1373	20...70 HRC	
HRB	Esfera de metal duro (W), 1,5785 mm	98	882,6	20...100 HRB	Aço macio, metais não ferrosos
HRF		98	490,3	20...100 HRF	

Teste de dureza segundo Vickers

Cf. DIN EN ISO 6507-1 (1990-01)

F força de teste em N
d, d_1, d_2 diagonais da impressão em mm
s espessura da amostra
a distância da extremidade

Condições de teste

A superfície da amostra é esmerilada com $Ra = 0{,}4 - 0{,}8$ m. O processamento da amostra não deve provocar modificação na microestrutura dela.
Distância da extremidade a ≥ 2,5 . d

Diagonal da impressão

$$d = \frac{d_1 + d_2}{2}$$

Dureza Vickers

$$HV = 0{,}1891 \cdot \frac{F}{d^2}$$

Exemplos de designação:

540 HV 1 / 20
650 HV 5

Valor de dureza	Força de teste *F*	Tempo de aplicação da força
Dureza Vickers 540 Dureza Vickers 650	1 · 9,80665 N = 9,087 N 5 · 9,80665 N = 49,03 N	Especificado: 20 s Não especificado: 10 a 15 s

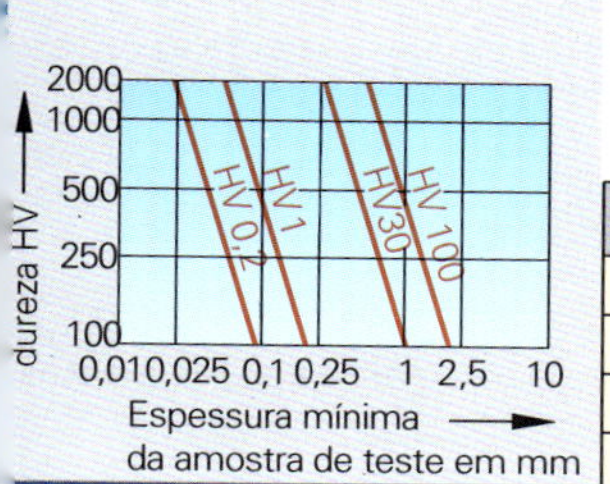

Condições de teste e forças aplicadas para teste de dureza Vickers

Condição de teste	HV100	HV50	HV30	HV20	HV10	HV5
Força de teste em N	980,7	490,3	294,2	196,1	98,07	49,03
Condição de teste	HV3	HV2	HV1	HV0,5	HV0,3	HV0,2
Força de teste em N	29,42	19,61	9,807	4,903	2,942	1,961

Dureza Martens, Conversão de valores de dureza

Dureza Martens por teste de penetração

Cf. DIN EN ISO 14577 (2003-05)

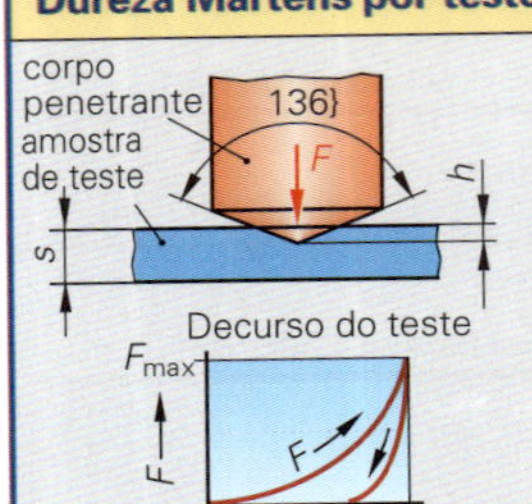

F força de teste em N

h profundidade de penetração em mm

s espessura da amostra em mm

Superfície da amostra de teste			
Material	Rugosidade média R_a com F		
	0,1 N	2 N	100 N
Alumínio	0,13	0,55	4,00
Aço	0,08	0,30	2,20
Metal duro	0,03	0,10	0,80

Dureza Martens

$$HM = \frac{F}{26,43 \cdot h^2}$$

Designação: HM 0,5 / 20 / 20 = 5700 N/mm²

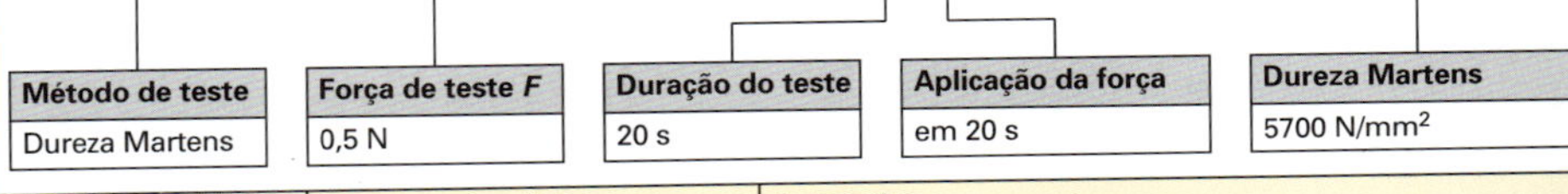

Faixa de teste	Condições	Aplicações
Macro faixa	2 N ≤ F ≤ 30 kN	Teste de dureza universal, p. ex., para todos metais, plásticos, metais duros, materiais cerâmicos; micro e nano faixas: medição de camada fina, componentes de microestrutura
Micro faixa	F < 2 N ou H > 0,2 µm	
Nano faixa	h ≤ 0,2 µm	

Tabelas de conversão para valores de dureza e resistência à tração[1]

cf. DIN EN ISO 18265 (2003-11)

Resistência à tração R_m N/mm²	Dureza Vickers HV (F ≧ 98 N)	Dureza Brinell HB30	Dureza Rockwell HRC	HRA	HRB[2]	HRF[2]
255	80	76	–	–	–	–
285	90	86	–	–	48	83
320	100	95	–	–	56	87
350	110	105	–	–	62	91
385	120	114	–	–	67	94
415	130	124	–	–	71	96
450	140	133	–	–	75	99
480	150	143	–	–	79	(101)
510	160	152	–	–	82	(104)
545	170	162	–	–	85	(106)
575	180	171	–	–	87	(107)
610	190	181	–	–	90	(109)
640	200	190	–	–	92	(110)
675	210	199	–	–	94	(111)
705	220	209	–	–	95	(112)
740	230	219	–	–	97	(113)
770	240	228	20	61	98	(114)
800	250	238	22	62	100	(115)
835	260	247	24	62	(101)	–
865	270	257	26	63	(102)	–
900	280	266	27	64	(104)	–
930	290	276	29	65	(105)	–
965	300	285	30	65	–	–
1030	320	304	32	66	–	–
1095	340	323	34	68	–	–

Resistência à tração R_m N/mm²	Dureza Vickers HV (F ≧ 98 N)	Dureza Brinell HB30	Dureza Rockwell HRC	HRA
1155	360	342	37	69
1220	380	361	39	70
1290	400	380	41	71
1350	420	399	43	72
1420	440	418	45	73
1485	460	437	46	74
1555	480	456	48	75
1595	490	466	48	75
1665	510	485	50	76
1740	530	504	51	76
1810	550	523	52	77
1880	570	542	54	78
1955	590	561	55	78
2030	610	580	56	79
2105	630	599	57	80
2180	650	618	58	80
–	670	–	59	81
–	690	–	60	81
–	720	–	61	82
–	760	–	63	83
–	800	–	64	83
–	840	–	65	84
–	880	–	66	85
–	920	–	68	85
–	940	–	68	86

[1] Aplica-se a aços-carbono, de baixa liga e a aço fundido. Para aços refinados, aços para aplicação a frio e aços rápidos, bem como para diversos tipos de metais duros, devem ser utilizadas tabelas especiais desta norma. Para aços de alta liga e ou para aços estabilizados a frio, pode-se esperar valores bastante diferentes.

[2] Os valores entre parênteses estão fora da faixa de medição.

Teste de plásticos: Propriedades de tração, Teste de dureza

Determinação das propriedades de tração de plásticos

Cf. DIN EN ISO 527-1(1996-04)

Curvas típicas de tensão-deformação

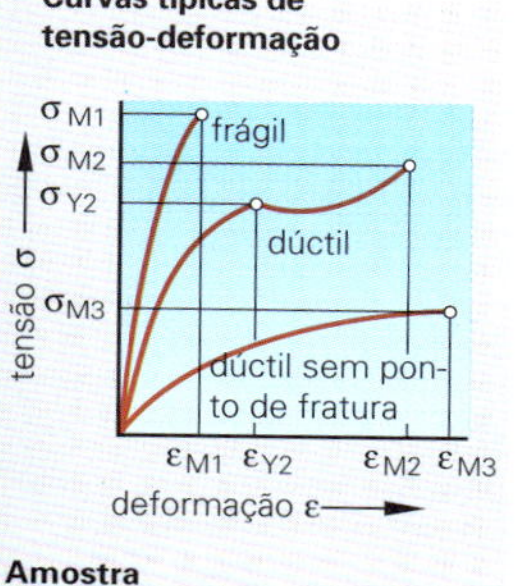

Amostra

L_0, b, S_0, h

F_M força máxima

F_Y força da tensão de alongamento

ΔL_{FM} mudança no comprimento com carga máxima

ΔL_{FY} mudança no comprimento com força da tensão de alongamento

L_0 comprimento calibrado

S_0 seção transversal inicial

σ_M resistência à tração

σ_Y tensão de alongamento

ε_M alongamento máximo

ε_Y alongamento/deformação

Amostras

Devem ser testadas no mínimo cinco amostras para cada propriedade, ex.: resistência à tração, tensão de alongamento, alongamento.

Aplicação

- termoplástico moldado por injeção e materiais de moldagem por extrusão
- placas e filmes termoplásticos
- duroplásticos moldados
- placas de plásticos termorrígidos
- materiais compostos reforçados com fibra, termoplásticos ou duroplásticos

Resistência à tração

$$\sigma_M = \frac{F_M}{S_0}$$

Tensão de alongamento

$$\sigma_Y = \frac{F_Y}{S_0}$$

Alongamento máximo

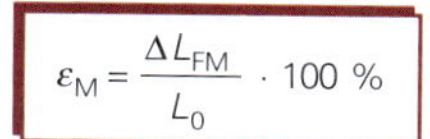

$$\varepsilon_M = \frac{\Delta L_{FM}}{L_0} \cdot 100\ \%$$

Alongamento/Deformação

$$\varepsilon_Y = \frac{\Delta L_{FY}}{L_0} \cdot 100\ \%$$

Velocidade de teste					Amostra de teste de acordo com								
					DIN EN ISO 527-2 para materiais de moldagem					DIN EN ISO 527-3 para filmes			
Velocidade de teste em mm/min				Tolerância	Tipo		1A	1B	5A	5B	2	4	5
					L_0	mm	50 ± 0,5	50 ± 0,5	20 ± 0,5	10 ± 0,2	50 ± 0,5	50 ± 0,5	25 ± 0,25
1	2	5	10	±20%	h	mm	4 ± 0,2	4 ± 0,2	≥ 2	≥ 1	≤ 1	≤ 1	≤ 1
20	50	100	200	±10%	b	mm	10 ± 0,2	10 ± 0,2	4 ± 0,1	2 ± 0,1	10…25	25,4 ± 0,1	6 ± 0,4

⇒ **Teste de tração ISO 527-2/1A/50:** Teste de tração de acordo com ISO 527-2; amostra de teste 1A; velocidade de teste 50 mm/min

Teste de dureza em plásticos

Cf. DIN EN ISO 2039-1 (2003-06)

Teste de penetração por esfera

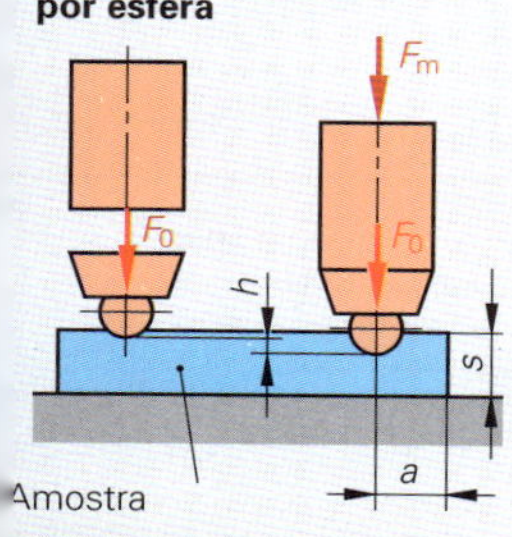

F_0 força inicial (pré-carga) 9,8 N

h profundidade de penetração

F_m força de teste

s espessura da amostra

a distância da extremidade

Amostras de teste

Distância da extremidade a ≥ 10 mm, espessura mínima da amostra s ≥ 4 mm

Força de teste F_m em N	Dureza por penetração de esfera H em N/mm² para profundidade h em mm									
	0,16	0,18	0,20	0,22	0,24	0,26	0,28	0,30	0,32	0,34
49	22	19	16	15	13	12	11	10	9	9
132	59	51	44	39	35	32	30	27	25	24
358	160	137	120	106	96	87	80	74	68	64
961	430	370	320	290	260	234	214	198	184	171

⇒ **Dureza por penetração de esfera ISO 2039-1 H 132:** H = 31 N/mm² com F_m = 132 N

Teste de dureza segundo Shore em plásticos

Cf. DIN EN ISO 868 (2003-06)

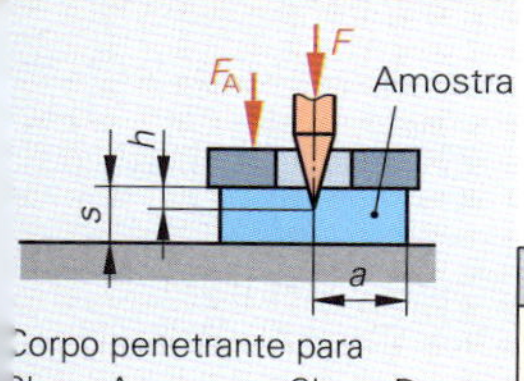

F_A força inicial 9,8 N

F força de teste

h profundidade de penetração

a distância da extremidade

s espessura da amostra

Amostras

Distância da extremidade a ≥ 9 mm, espessura mínima da amostra s ≥ 4 mm

Condições de teste para métodos Shore A e Shore D

Método de teste	F_{max} em N	F_A em N	Aplicação
A	7,30	10	Se a dureza Shore para Tipo D for < 20
D	40,05	50	Se a dureza Shore para Tipo A for > 90

⇒ **85 Shore A:** Valor de dureza 85, método de teste Shore A

Corrosão

Série de tensão eletroquímica de metais

Na corrosão eletroquímica ocorrem processos semelhantes aos da galvanização. Nisso o metal menos nobre é destruído. A tensão gerada entre os dois metais diferentes sob a influência de um líquido condutor (eletrólito) pode ser obtida a partir dos potenciais normais da série de tensão eletroquímica. Chama-se potencial normal à tensão gerada entre o material do eletrodo e um eletrodo de platina imerso em hidrogênio.

Por passivação (formação de camadas de proteção) muda-se a tensão entre os elementos.

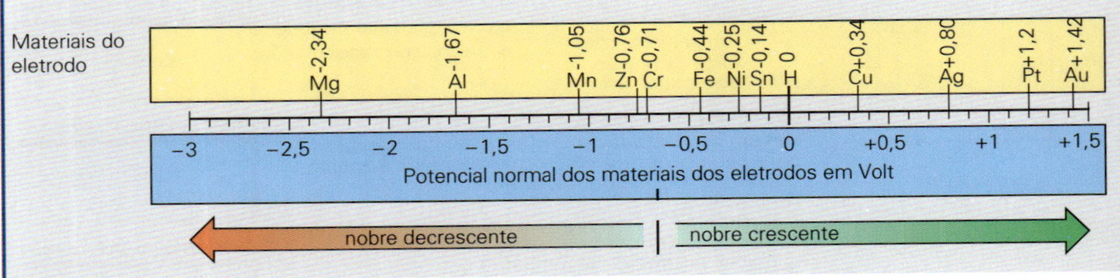

Exemplo: Os potenciais padrão de Cu = +0,34V e Al = -1,67 V geram uma voltagem de U = 0,34 V – (-1,67 V) = 2,01 V entre Cu e Al.

Comportamento de corrosão de materiais metálicos

Materiais	Comportamento de corrosão	Resistência nos seguintes ambientes				
		Ar seco ambiente	**Ar do campo**	**Ar industrial**	**Ar marítimo**	**Água do mar**
Aços-carbono e de liga	Resistentes à corrosão apenas em ambientes secos	●	◔	◔	○	○
Aços inoxidáveis	Resistentes, mas não contra produtos químicos agressivos	●	●	◐	◐	◐
Alumínio e ligas de alumínio	Resistentes, exceto as ligas de Al contendo Cu	●	◐	◐	◐	●...◔
Cobre e ligas de Cu	Resistentes, especialmente ligas de Cu contendo Ni	●	●	◐	◐	●...◔

● Resistente ◐ medianamente resistente ◔ não resistente ○ inútil

Proteção contra corrosão

Preparação de superfícies metálicas para o revestimento

Passo do processamento	Finalidade	Processo
Limpeza mecânica para melhorar aderência da superfície	Remoção de escamas e sujeira, ferrugem e sujeira	Esmerilar, escovar, jatear com água misturada com areia silicosa
Limpeza química para um acabamento superficial ótimo	Remoção de incrustação, ferrugem e resíduos de graxa Alisar ou aumentar a rugosidade da superfície	Causticação com ácido ou lixívia; remoção de graxa com solventes; polimento químico ou eletroquímico

Ações preventivas para proteção contra corrosão

Ações	Exemplos
Selecionar materiais adequados	Aço inoxidável para peças usadas na preparação para produção de papel
Inserir os princípios da corrosão e sua proteção na Engenharia desde o projeto	Mesmo material em pontos de contato, camadas de isolação entre peças, evitar lacunas
Camadas de proteção: • óleo ou lubrificante de proteção • tratamento químico da superfície • pintura de proteção	Lubrificação de percursos de deslizamento e ferramentas de medição Fosfatização, polimento Pintura, eventualmente após fosfatização prévia
Revestimentos metálicos	Zincagem a fogo, revestimento galvânico de metal, p. ex., cromagem
Proteção contra corrosão catódica	A peça que deve ser protegida, p. ex., um propulsor de barco, é ligado ao ânodo.
Oxidação anódica de materiais de Al	Uma camada de óxido permanente resistente à corrosão é produzida sobre a peça, p. ex., um aro.

Descarte seguro de materiais

Legislação sobre resíduo

Cf. Legislação sobre economia de ciclo fechado e resíduos (2001-10)

Princípios importantes da economia de ciclo fechado:

- Evitar resíduo, p. ex., através de condução interna dos materiais em ciclo fechado ou de projeto de produto com baixa geração de resíduos.
- Utilizar resíduos para outras finalidade, p. ex., através da obtenção de matérias-primas a partir do resíduo (matérias-primas secundárias).
- Usar os resíduos para obtenção de energia (uso energético), p. ex., uso como combustível alternativo.
- A utilização mais eficiente dos materiais (aproveitamento de resíduos) não pode ter efeitos adversos para o público em geral.

O descarte seguro de resíduos está sujeito a monitoramento pelo poder público (normalmente, o local). Resíduos perigosos para saúde, ar ou água, materiais explosivos e inflamáveis requerem um monitoramento especial.

O produtor do resíduo é responsável pelo seu descarte adequado e seguro e pela comprovação dos procedimentos adotados para isso.

Exemplos de resíduos que requerem monitoramento especial (resíduo perigoso) na indústria de processamento de metal[1]

Código de resíduo	Descrição do tipo de resíduo	Aparência, descrição, fonte	Instruções, ações especiais
150199D1	Embalagens contaminadas com materiais perigosos	Barris, bombonas, baldes e latas com restos de tintas, lacas, solventes, agentes de limpeza, agentes antiferrugem, removedores de ferrugem e de silicone, massa de enchimento etc. Latas de aerossol com conteúdos residuais	Se estiverem vazios, sem gotas, limpos com escova ou espátula, eles não requerem monitoramento especial. São considerados como embalagem de varejo e seu descarte ocorre pelo sistema dual ou em contêineres de metal através de uma empresa que comercializa resíduos. Contêineres com resíduos de tinta seca são similares a resíduo comercial. Latas de aerossol devem ser evitadas; elas devem ser descartadas como resíduo perigoso.
160602	Baterias de níquel e cádmio	Baterias recarregáveis, p. ex., de furadeiras e parafusadeiras, etc.	Todas as baterias que contêm contaminantes são identificadas. O comerciante deve aceitar sua devolução sem custos para o consumidor. Os consumidores devem devolvê-las ao comerciante ou a um centro de coleta público.
160603	Células secas de mercúrio	Células em forma de botão, baterias monocelulares contendo mercúrio	
160604	Pilhas alcalinas	Pilhas não recarregáveis	
060404	Resíduo contendo mercúrio	Lâmpadas fluorescentes (os chamados "tubos de néon")	Podem ser recicladas. Lâmpadas não quebradas, devolver ao comerciante ou entregar à empresa de descarte de resíduo. Não misturar com vidro para reciclar!
120106	Óleos de usinagem usados, contendo halógenos, sem emulsão	Óleos para usinagem isentos de água, os chamados lubrificantes de arrefecimento	Na medida do possível, evitar o uso de óleos de arrefecimento, p. ex., por • Usinagem a seco • Quantidade mínima de lubrificante de arrefecimento. Coleta separada de diferentes lubrificantes de arrefecimento, emulsões, solventes. Consultar o fornecedor sobre opções de reprocessamento ou combustão (reciclagem energética).
120107	Óleos de usinagem usados, sem halógenos, sem emulsão	Óleos envelhecidos, isentos de água	
110	Óleos sintéticos usados	Óleos lubrificantes de arrefecimento de base sintética, p. ex., na base de ésteres	
130202	Óleos não clorados de máquinas e engrenagens e de lubrificação	Óleos velhos, de engrenagens, de hidráulicos, de compressores	Fornecedor tem obrigação de receber de volta e providenciar o descarte seguro . Os óleos usados com origem conhecida podem ser reciclados através de um segundo refino ou recuperação de energia (queima). Não misturar com outros materiais!
150299D1	Materiais de aspiração e filtro, panos de limpeza e roupas de proteção com contaminantes perigosos	Por exemplo, trapos, panos de limpeza usados; pincéis e escovas contaminadas com óleo ou cera; latinhas de óleo e lubrificante	Pode ser usado um serviço terceirizado para limpeza de panos e utensílios.
130505	Outras emulsões	Água de condensação de compressores	Usar óleos de compressor que não se misturam com outros líquidos; ver a possibilidade de uso de compressores sem óleo.
140102	Outros solventes halogenados e misturas de solventes	Per (cloroeteno) Tri (cloroeteno) Solventes mistos	Verificar possibilidade de devolução para fornecedores e testar substituição por soluções de limpeza aquosas.

[1] Regulamentação que rege resíduos requer monitoramento especial – BestbüAbfV (1999-01), **Anexo 1:** resíduos relacionados no Catálogo de Resíduos Europeu (resíduo EAK) são considerados especialmente perigosos. **Anexo 2:** Resíduo EAK que requer monitoramento especial, assim como tipos de resíduos não incluídos na lista EAK (Letra "D" no código de descarte)..

Substâncias perigosas, Gases perigosos

Substâncias perigosas (valores TRK e MAK)

Cf. TRGS 900[1] (2003-11)

De acordo com o § 3 da Regulamentação de Substâncias Perigosas (GefStoffV), são diferenciadas as seguintes concentrações limites no posto de trabalho (valores-limite no ar):

- **Concentração de referência técnica (TRK)** é a concentração máxima de substância cancerígena ou potencialmente cancerígena tolerada no ar em ambientes de trabalho, que pode ser atingida com as tecnologias hoje disponíveis. Com a TRK o risco de efeitos adversos para saúde é bem reduzido, porém não nulo.
- **Concentração máxima no posto de trabalho (MAK)** é a concentração máxima admissível de substâncias salubres em postos de trabalho que, geralmente, não tem efeitos adversos sobre a saúde.
- **Concentrações limites no ar** são valores médios. Na determinação delas considera-se que o trabalhador está exposto à substância perigosa diariamente, durante oito horas ou, em média, por 40 horas semanais.

Substância	MAK/TRK[2] ml/m³	MAK/TRK[2] mg/m³	EF[3]	Observações[4]
Acetona	500	1200	1,5	–
Acrilonitrilo	3	7	4,0	H, TRK; K2
Amoníaco	50	35	=1=	Y
Amianto	–	–	–	K1
Benzeno	1	3,25	4	H, TRK; K1, M2
Berílio	–	0,002	4	TRK, K2
Chumbo	–	0,1	4	RE1, RF3
Cádmio	–	0,015	4	TRK, K2
Compostos de cromo (fumaça de solda)	–	0,1	4	TRK, K2
Ácido hidro-fluorídrico (HF)	3	2,5	=1=	H
Dióxido de carbono	5000	9100	4	–
Monóxido de carbono	30	35	2	RE1
Lubrificante de arrefecimento	–	10	–	–
Fibras minerais	5)	–	–	TRK, K3
Cobre	–	1	4	–
Compostos de molibdênio	–	5	4	–
Níquel	–	0,5	4	K3
Nicotina	0,07	0,47	4	H
Ozônio	0,1	0,2	=1=	K3
Fenol	5	19	=1=	H; M3
Propano	1000	1800	4	–
Mercúrio	–	0,1	4	–
Dióxido de enxofre	0,5	1,3	1	Y
Estireno	20	86	4	Y
Tetracloroetano (PER)	50	345	4	H; K3; RE3
Tricloroetano (Tri)	50	270	4	Y; K2; M3

1) Regulamentações técnicas para Substâncias Perigosas (Seleção do Diário Oficial do Trabalho Alemão), assim como Diretiva EU 67/548/EWG.
2) Normalmente, os valores MAK são fornecidos; valores TRK apenas se mencionados em "Observações".
3) **EF** Fatores de excesso de exposição por pouco tempo; = 1 = valor-limite não deve ser excedido.
4) **H** Substâncias absorvidas pela pele. Elas podem penetrar facilmente no corpo através da pele e provocar danos para saúde. Evitar o contato da pele com estas substâncias (cf. R21, R24, R27, p. 199).
K Carcinogênica; Categoria 1: comprovada com seres humanos; Categoria 2: comprovada através de pesquisa com animais; Categoria 3: suspeita
M Mutagênica; Categorias 1 a 3 como em K
RF Efeitos adversos sobre a fertilidade e reprodução; Categorias 1 a 3 como em K
RE Teratogênica; danosa para o desenvolvimento fetal; Categorias 1 a 3 como em K
Y Teratogênica; segura, se os valores MAK forem observados
5) 250.000 fibras/m³

Características materiais de gases perigosos

Gás	Densidade em relação ao ar	Temperatura de ignição	Limite de ignição superior (vol.-% de gás no ar)	Limite de ignição inferior (vol.-% de gás no ar)	Outras informações
Acetileno	0,91	305 °C	1,5	82	Autodesintegração e explosão com uma pressão p_e > 2 bar
Argônio	1,38	incombustível	–	–	Desloca ar respirável; perigo de sufocação
Butano	2,11	365 °C	1,5	8,5	Efeito narcótico; efeito de sufocação
Dióxido de carbono	1,53	incombustível	–	–	CO_2 líquido e gelo seco provocam congelamentos graves
Monóxido de carbono	0,97	605 °C	12,5	74	Veneno potente do sangue; danos à visão, pulmões, fígado, rins e audição
Propano	1,55	470 °C	2,1	9,5	Desloca ar respirável: sufocação; propano líquido causa danos à pele e aos olhos
Oxigênio	1,1	incombustível	–	–	Graxas e óleos reagem com oxigênio explosivamente; gás propulsor de incêndio
Nitrogênio	0,97	incombustível	–	–	Desloca ar respirável em ambientes fechados; perigo de sufocação
Hidrogênio	0,07	570 °C	4	75,6	Combustão espontânea com altas velocidades de escape; forma misturas explosivas com ar, O_2 e Cl

Substâncias perigosas, Frases R

Substâncias perigosas têm um efeito adverso sobre a segurança e saúde de seres humanos e ameaçam o meio ambiente. Elas devem ser especificamente identificadas (ver página 342). As seguintes Frases R[1] são frases padrão e apontam riscos especiais no manuseio de substâncias perigosas. Folhas de dados de segurança especiais para cada substância contêm informações adicionais mais completas.

Frases R: Alerta sobre riscos especiais

Cf. RL 67/548/EWG[2] (2004-04)

Frases R[3]	Significado	Frases R[3]	Significado
R 1	Explosivo quando seco	R 34	Causa queimaduras (corrosivo/cáustico)
R 2	Risco de explosão por choque, atrito, fogo e outras fontes de ignição	R 35	Causa queimaduras graves (corrosivo)/cáustico)
R 3	Risco extremo de explosão por choque, atrito, fogo e outras fontes de ignição	R 36	Irritante para os olhos
R 4	Forma compostos metálicos altamente explosivos	R 37	Irritante para o sistema respiratório
R 5	Explosivo ao ser aquecido	R 38	Irritante para a pele
R 6	Explosivo com ou sem contato com o ar	R 39	Risco de efeitos irreversíveis graves
R 7	Pode causar incêndio	R 40	Suspeita de efeito carcinogênico
R 8	Perigo de incêndio, se em contato com material combustível	R 41	Risco de danos graves para os olhos
R 10	Inflamável	R 42	Pode causar sensibilidade se inalado
R 11	Facilmente inflamável	R 43	Pode causar sensibilidade por contato com a pele
R 12	Extremamente inflamável	R 44	Risco de explosão se aquecido em confinamento
R 13	Gás liquefeito extremamente inflamável	R 45	Pode causar câncer
R 14	Reage violentamente com água	R 46	Pode causar dano genético
R 15	Reage com a água e gera gases extremamente inflamáveis	R 48	Risco de dano grave para a saúde pela exposição prolongada
R 16	Explosivo quando misturado com substâncias propulsoras de incêndios	R 49	Pode causar câncer se inalado
R 17	Inflamável espontaneamente no ar	R 50	Muito tóxico para organismos aquáticos
R 18	Em uso, pode formar uma mistura vapor/ar inflamável e explosiva	R 51	Tóxico para organismos aquáticos
R 19	Pode formar peróxidos explosivos	R 52	Danoso para organismos aquáticos
R 20	Danoso se inalado	R 53	Pode causar efeitos adversos em longo prazo para o ambiente aquático
R 21	Danoso se entrar em contato com a pele	R 54	Tóxico para a flora (plantas)
R 22	Danoso se ingerido	R 55	Tóxico para a fauna (animais)
R 23	Tóxico se inalado	R 56	Tóxico para organismo do solo
R 24	Tóxico se entrar em contato com a pele	R 57	Tóxico para abelhas
R 25	Tóxico se ingerido	R 58	Pode causar efeitos adversos em longo prazo para o meio ambiente
R 26	Muito tóxico se inalado	R 59	Danoso para a camada de ozônio
R 27	Muito tóxico em contato com a pele	R 60	Pode prejudicar a fertilidade
R 28	Muito tóxico se ingerido	R 61	Pode causar danos ao feto
R 29	Em contato com água libera gases tóxicos	R 62	Possível risco de prejuízo à fertilidade
R 30	Pode se tornar altamente inflamável em uso	R 63	Possível risco de dano ao feto
R 31	Em contato com ácidos libera gases tóxicos	R 64	Pode causar danos a bebês amamentados
R 32	Em contato com bases, libera gases muito tóxicos	R 65	Perigoso: Pode causar dano ao pulmão se ingerido
R 33	Perigo de efeitos cumulativos	R 66	Contato repetido pode provocar pele seca, que rasga fácil
		R 67	Os vapores podem causar sonolência e atordoamento
		R 68	Possibilidade de danos irreversíveis

[1] R = Risco [2] Diretiva Europeia, Anexo III

[3] Combinações de frases de risco são possíveis, p. ex.: R 23/24: Tóxico, se inalado e por contato com a pele.

Substâncias perigosas, Frases S

As seguintes recomendações de segurança padronizadas (frases S)[1] devem ser seguidas no manuseio de substâncias e preparações perigosas. A conformidade com elas reduz ou evita perigos.

Frases S (segurança): Recomendações de Segurança

Cf. RL 67/548/EWG[2] (2004-04)

Frases S[3]	Significado
S 1	Manter trancado
S 2	Manter fora do alcance de crianças
S 3	Manter em local fresco
S 4	Manter longe de áreas residenciais
S 5	Manter conteúdos em...(líquido apropriado especificado pelo fabricante)
S 6	Manter conteúdos em...(gás inerte apropriado especificado pelo fabricante)
S 7	Manter o contêiner bem fechado
S 8	Manter o contêiner seco
S 9	Manter o contêiner em local bem ventilado
S 12	Não manter o contêiner vedado
S 13	Manter longe de alimentos, bebidas e alimentação animais
S 14	Manter longe de...(materiais incompatíveis indicados pelo fabricante)
S 15	Manter longe do calor
S 16	Manter longe de fontes de ignição – não fumar
S 17	Manter longe de materiais combustíveis
S 18	Abrir e manusear o contêiner com cuidado
S 20	No trabalho, não comer nem beber
S 21	No trabalho, não fumar
S 22	Não inalar poeira
S 23	Não inalar gás/fumaças/vapor/pulverização (palavras apropriadas especificadas pelo fabricante)
S 24	Evitar contato com a pele
S 25	Evitar contato com os olhos
S 26	No caso de contato com os olhos, lavar abundantemente com água e buscar ajuda médica
S 27	Tirar imediatamente roupas sujas, embebidas, contaminadas
S 28	Depois de contato com a pele, lavar abundantemente com .... (fabricante especifica)
S 29	Não deixar escorrer para a canalização de esgotos
S 30	Nunca adicionar água a este produto
S 33	Tomar medidas de precaução contra carregamento eletroestático
S 35	Resíduos e contêiner devem ser descartados com segurança
S 36	No trabalho, usar roupa de proteção adequada
S 37	Usar luvas adequadas
S 38	No caso de ventilação insuficiente, usar equipamento respiratório adequado
S 39	Usar proteção para os olhos/rosto (óculos, máscara)
S 40	Para limpar o piso e objetos contaminados por este produto, use... (especificado pelo fabricante)
S 41	Não inalar fumaça e vapores de incêndios e/ou explosões
S 42	Durante fumigação/pulverização, usar equipamento respiratório adequado (especificada pelo fabricante)
S 43	Para apagar chamas usar ... (produto especificado pelo fabricante); se a água aumentar o risco, acrescentar: "Não usar água"
S 45	Em caso de acidente ou de indisposição, buscar ajuda médica imediatamente (sempre que possível, mostrar o rótulo)
S 46	Se ingerido, buscar ajuda médica imediatamente e mostrar ou recipiente ou rótulo
S 47	Manter em temperaturas acima de ...°C (especificada pelo fabricante)
S 48	Manter umedecido com ....(material apropriado especificado pelo fabricante)
S 49	Manter apenas no contêiner original
S 50	Não misturar com...(especificado pelo fabricante)
S 51	Usar apenas em locais bem ventilados
S 52	Não adequado para uso em ambientes residenciais ou de permanência de pessoas
S 53	Evitar exposições[4], obter instruções especiais antes de usar
S 56	Descartar este material e seu contêiner no ponto de coleta de resíduo perigoso ou especial
S 57	Usar contêiner apropriado para evitar[5] contaminação ambiental
S 59	Obter do fornecedor informações sobre reúso e outros usos
S 60	Produto e contêiner devem ser tratados como resíduos perigosos
S 61	Evitar escape no ambiente. Procurar indicações especiais
S 62	Se ingerido, não induzir vômito; buscar ajuda médica imediatamente e mostrar a embalagem ou o rótulo
S 63	Em caso de inalação, propiciar repouso e ar fresco
S 64	Em caso de ingestão, enxaguar boca (não em caso de desmaio)

[1] S = segurança [2] Diretiva EU, Anexo IV

[3] Combinações das frases S são possíveis, p. ex., S 20/21: No trabalho, não comer, beber ou fumar.

[4] i.e. não se expor ao perigo [5] Sujidade, infestação

5 Elementos de máquinas

Tipos de roscas – Resumo

veja DIN 202 (1999-11)

Rosca direita, filete simples

Denominação da rosca	Perfil da rosca	Sigla	Exemplo de designação	Tamanho nominal	Aplicação
Rosca métrica, Rosca ISO	60°	M	DIN 14–M 08	0,3 a 0,9 mm	Relojoaria, Mecânica fina
			DIN 13-M 30	1 a 68 mm	Geral (rosca padrão)
			DIN 13 – M 20 x 1	1 a 1000 mm	Geral (rosca fina)
Rosca métrica com folga acentuada			DIN 2510–M 36	12 a 180 mm	Parafusos com haste antifadiga
Rosca métrica cilíndrica interna			DIN 158 –M 30 x 2	6 a 60 mm	Bujões ou parafusos de culatra e niples de lubrificação
Rosca métrica cônica externa	60° 1 : 16	M	DIN 158 – M 30 x 2 cônica	6 a 60 mm	Bujões e niples de lubrificação
Rosca de tubos, cilíndrica	55°	G	DIN ISO 228–G1$^1/_2$ (interna) DIN ISO 228–G$^1/_2$A (externa)	$^1/_8$ a 6 pol.	Rosca sem vedação
Rosca de tubos, cilíndrica (interna)	55°	Rp	DIN 2999 – Rp $^1/_2$	$^1/_{16}$ a 6 pol.	Rosca de tubos com vedação na rosca (rosca vedante);
			DIN 3858–Rp $^1/_8$	$^1/_8$ a 1$^1/_2$ pol.	
Rosca de tubos, cônica (externa)	55° 1 : 16	R	DIN 2999–R $^1/_2$	$^1/_{16}$ a 6 pol.	Tubos roscados, encaixes, conexões parafusadas de tubos
			DIN 3858–R $^1/_8$-1	$^1/_8$ a 1$^1/_2$ pol.	
Rosca métrica trapezoidal ISO	30°	Tr	DIN 103–Tr 40 x 7	8 a 300 mm	Uso geral para movimentos
Rosca dente de serra	33°	S	DIN 513–S 48 x 8	10 a 640 mm	Uso geral para movimentos
Rosca redonda	30°	Rd	DIN 405–Rd 40 x$^1/_6$	8 a 200 mm	Uso geral
			DIN 20400–Rd 40 x 5	10 a 300 mm	Rosca redonda com filete profundo
Rosca de parafusos para chapas	60°	ST	ISO 1478–ST 3,5	1,5 a 9,5 mm	Parafusos para chapas

Designação de roscas esquerdas e com múltiplos filetes

Veja DIN ISO 965–1 (1999-11)

Tipo de rosca	Explicação	Designação abreviada (exemplo)
Rosca esquerda	Deve ser acrescentada no final da designação completa da rosca a sigla „LH" (LH = Left-Hand).	M 30 – LH Tr 40 x 7 - LH
Rosca direita com múltiplos filetes	Depois da sigla e do diâmetro da rosca seguem o avanço ou passo P_h e o divisor P.	M 16 x P_h 3 P 1,5 ou M 16 x P_h 3 P 1,5 (filete duplo)
Rosca esquerda com múltiplos filetes	Depois da designação da rosca de múltiplos filetes é acrescentado "LH".[1]	M 16 x P_h 6 P 2-LH ou M 16 x P_h 6 P 2 (filete triplo)-LH

[1] Em peças que têm rosca direita e esquerda, após a designação da rosca direita, deve ser acrescentada a sigla "RH" (RH = Right-Hand) e da rosca esquerda a sigla "LH" (LH = Left-Hand). O número de filetes da rosca com múltiplos filetes é obtido através da relação **Número de filetes = Avanço P_h : divisor P.**

Roscas conforme normas estrangeiras (seleção)[1]

Denominação da rosca	Perfil da rosca	sigla	Exemplo de designação	Significado	País[2]
Rosca unificada, grosseira (Unified National Coarse Thread)	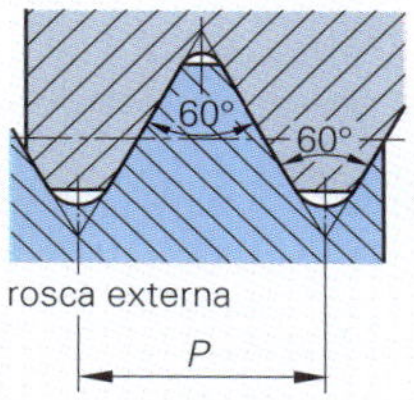	UNC	$^1/_4$ –20 UNC – 2A	Rosca ISO-UNC com diâmetro nominal de $^1/_4$ pol., 20 filetes/ polegada, classe de ajuste 2A	ARG, AUS, GBR, IND, JPN, NOR, PAK, SWE e.o.
Rosca unificada, fina (Unified National Fine Thread)		UNF	$^1/_4$ –28 UNF – 3A	Rosca ISO-UNF com diâmetro nominal de $^1/_4$ pol., 28 filetes/ polegada, classe de ajuste 3A	ARG, AUS, GBR, IND, JPN, NOR, PAK, SWE, e.o.
Rosca unificada, extra fina (Unified National Extra-fine Thread)		UNEF	$^1/_4$ –32 UNEF–3A	Rosca ISO-UNEF com diâmetro nominal de $^1/_4$ pol., 32 filetes/ polegada, classe de ajuste 3A	AUS, GBR, IND, NOR, PAK, SWE e.o.
Rosca unificada especial, diâmetros especiais/combinações de avanços (Unified Special Thread)		UNS	$^1/_4$ –27 UNS	Rosca UNS com diâmetro nominal de $^1/_4$ pol., 27 filetes/ polegada	AUS, GBR, NZL, USA
Rosca cilíndrica de tubos para conexões mecânicas (Straight Pipe Threads for mechanical joints)	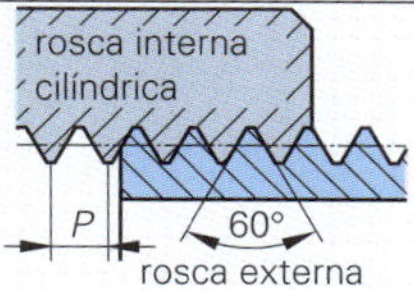	NPSM	$^1/_2$ –14 NPSM	Rosca NPSM com diâmetro nominal de $^1/_2$ pol., 14 filetes/ polegada	USA
Rosca cônica de tubos – padrão americano (American National Standard Taper-pipe thread) sem vedação	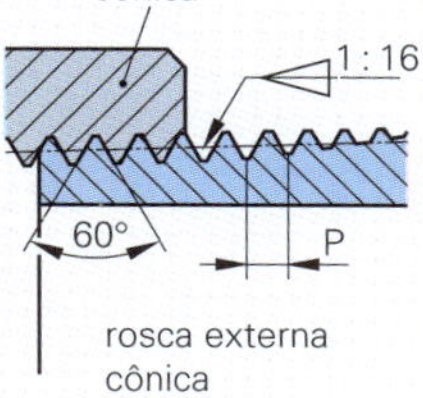	NPT	$^3/_8$ – 18 NPT	Rosca NPT com diâmetro nominal de $^3/_8$ pol., 18 filetes/polegada	BRA, FRA, USA e.o.
Rosca cônica e fina de tubos – padrão americano (Ametrican Standard Taper Pipe Thread, Fuel)		NPTF	$^1/_2$ – 14 NPTF (dryseal)	Rosca NPTF com diâmetro nominal de $^1/_2$ pol., 14 filetes/polegada (vedante)	BRA, USA
Rosca trapezoidal – padrão americano h = 0,5 *P*	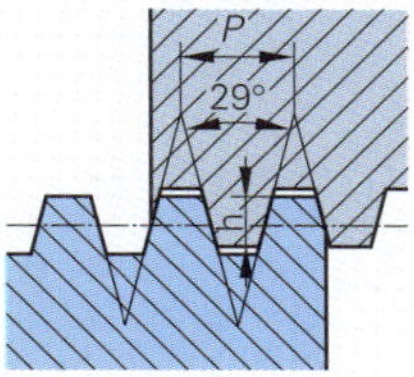	Acme	$1^3/_4$ – 4 Acme – 2G	Rosca Acme com diâmetro nominal de $1^3/_4$ pol., 4 filetes/ polegada, classe de ajuste 2G	AUS, GBR, NZL, USA
Rosca trapezoidal achatada – padrão americano h = 0,3 *P*		Stub-Acme	$^1/_2$ – 20 Stub-Acme	Rosca Stub-Acme com diâmetro de $^1/_2$ pol., 20 filetes por polegada	USA

[1] Veja Kaufmann, Manfred: "Guia sobre normas de roscas de diversos países", DIN, 2000

[2] Código de três letras para países, consulte DIN EN ISO 3166-1 (1998-04)

Roscas métricas e roscas finas

Rosca métrica ISO para uso geral, perfil nominal

veja DIN 202 (1999-11)

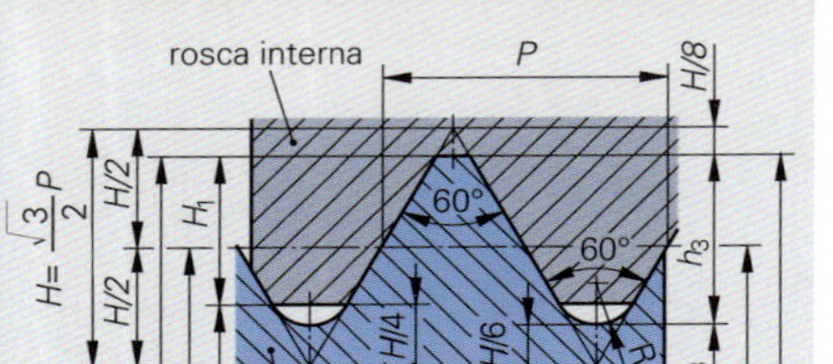

Diâmetro nominal da rosca	$d = D$
Avanço	P
Profundidade do filete da rosca externa	$h_3 = 0{,}6134 \cdot P$
Profundidade do filete da rosca interna	$H_1 = 0{,}5413 \cdot P$
Arredondamento	$R = 0{,}1443 \cdot P$
∅ dos flancos	$d_2 = D_2 = d - 0{,}6495 \cdot P$
∅ útil da rosca externa	$d_3 = d - 1{,}2269 \cdot P$
∅ útil da rosca interna	$D_1 = d - 1{,}0825 \cdot P$
∅ da broca	$= d - P$
Ângulo entre os flancos	60°
Seção transversal sob tensão	$S = \frac{\pi}{4} \cdot \left(\frac{d_2 + d_3}{2}\right)^2$

Medidas nominais para roscas normais série 1[1] (medidas em mm)

veja DIN 13-2.....10 (1999-11)

Designação da rosca $d = D$	Avanço P	∅ dos flancos $d_2 = D_2$	∅ útil Rosca externa d_3	∅ útil Rosca interna D_1	Prof. do filete Rosca externa h_3	Prof. do filete Rosca interna H_1	Arredondamento R	Seção transversal sob tensão S mm²	∅ da broca [2]	Abertura da chave sextavada [3]
M 1	0,25	0,84	0,69	0,73	0,15	0,14	0,04	0,46	0,75	–
M 1,2	0,25	1,04	0,89	0,93	0,15	0,14	0,04	0,73	0,95	–
M 1,6	0,35	1,38	1,17	1,22	0,22	0,19	0,05	1,27	1,25	3,2
M 2	0,4	1,74	1,51	1,57	0,25	0,22	0,06	2,07	1,6	4
M 2,5	0,45	2,21	1,95	2,01	0,28	0,24	0,07	3,39	2,05	5
M 3	0,5	2,68	2,39	2,46	0,31	0,27	0,07	5,03	2,5	5,5
M 4	0,7	3,55	3,14	3,24	0,43	0,38	0,10	8,78	3,3	7
M 5	0,8	4,48	4,02	4,13	0,49	0,43	0,12	14,2	4,2	8
M 6	1	5,35	4,77	4,92	0,61	0,54	0,14	20,1	5,0	10
M 8	1,25	7,19	6,47	6,65	0,77	0,68	0,18	36,6	6,8	13
M 10	1,5	9,03	8,16	8,38	0,92	0,81	0,22	58,0	8,5	16
M 12	1,75	10,86	9,85	10,11	1,07	0,95	0,25	84,3	10,2	18
M 16	2	14,70	13,55	13,84	1,23	1,08	0,29	157	14	24
M 20	2,5	18,38	16,93	17,29	1,53	1,35	0,36	245	17,5	30
M 24	3	22,05	20,32	20,75	1,84	1,62	0,43	353	21	36
M 30	3,5	27,73	25,71	26,21	2,15	1,89	0,51	561	26,5	46
M 36	4	33,40	31,09	31,67	2,45	2,17	0,58	817	32	55
M 42	4,5	39,08	36,48	37,13	2,76	2,44	0,65	1121	37,5	65
M 48	5	44,75	41,87	42,59	3,07	2,71	0,72	1473	43	75
M 56	5,5	52,43	49,25	50,05	3,37	2,98	0,79	2030	50,5	85
M 64	6	60,10	56,64	57,51	3,68	3,25	0,87	2676	58	95

Medidas nominais para roscas finas (medidas em mm)

veja DIN 13-2...10 (1999-11)

Designação da rosca $d \times P$	∅ dos flancos $d_2 = D_2$	∅ útil externa d_3	∅ útil interna D_1	Designação da rosca $d \times P$	∅ dos flancos $d_2 = D_2$	∅ útil externa d_3	∅ útil interna D_1	Designação da rosca $d \times P$	∅ dos flancos $d_2 = D_2$	∅ útil externa d_3	∅ útil interna D_1
M 2 x 0,25	1,84	1,69	1,73	M 10 x 0,25	9,84	9,69	9,73	M 24 x 2	22,70	21,55	21,84
M 3 x 0,25	2,84	2,69	2,73	M 10 x 0,5	9,68	9,39	9,46	M 30 x 1,5	29,03	28,16	28,38
M 4 x 0,2	3,87	3,76	3,78	M 10 x 1	9,35	8,77	8,92	M 30 x 2	28,70	27,55	27,84
M 4 x 0,35	3,77	3,57	3,62	M 12 x 0,35	11,77	11,57	11,62	M 36 x 1,5	35,03	34,16	34,38
M 5 x 0,25	4,84	4,69	4,73	M 12 x 0,5	11,68	11,39	11,46	M 36 x 2	34,70	33,55	33,84
M 5 x 0,5	4,68	4,39	4,46	M 12 x 1	11,35	10,77	10,92	M 42 x 1,5	41,03	40,16	40,38
M 6 x 0,25	5,84	5,69	5,73	M 16 x 0,5	15,68	15,39	15,46	M 42 x 2	40,70	39,55	39,84
M 6 x 0,5	5,68	5,39	5,46	M 16 x 1	15,35	14,77	14,92	M 48 x 1,5	47,03	46,16	46,38
M 6 x 0,75	5,51	5,08	5,19	M 16 x 1,5	15,03	14,16	14,38	M 48 x 2	46,70	45,55	45,84
M 8 x 0,25	7,84	7,69	7,73	M 20 x 1	19,35	18,77	18,92	M 56 x 1,5	55,03	54,16	54,38
M 8 x 0,5	7,68	7,39	7,46	M 20 x 1,5	19,03	18,16	18,38	M 56 x 2	54,70	53,55	53,84
M 8 x 1	7,35	6,77	6,92	M 24 x 1,5	23,03	22,16	22,38	M 64 x 2	62,70	61,55	61,84

1) Séries 2 e 3 têm também tamanhos intermediários (p.ex., M7, M9, M14).

2) Veja DIN 336 (2003-07) 3) Veja DIN ISO 272 (1979-10)

Rosca métrica cônica

Rosca métrica cônica externa com a respectiva rosca cilíndrica interna (execução normal)[1]

veja DIN 158-1 (1997-06)

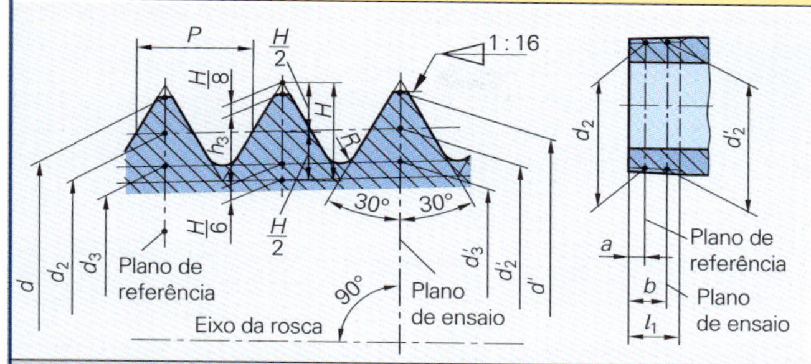

Medidas da rosca externa

∅ dos flancos	$d_2 = d - 0{,}650 \cdot P$
∅ útil	$d_3 = d - 1{,}23 \cdot P$
Altura	$H_1 = 0{,}866 \cdot P$
Profundidade do filete	$h_3 = 0{,}613 \cdot P$
Raio	$R = 0{,}144 \cdot P$

Medidas da rosca			Medidas no plano de referência				Medidas no plano de ensaio			
Designação da rosca $d \times P$	Compr. da rosca l_1	Prof. máx. do filete h_3 max.	Distância a	Medidas da rosca $d = D$[2]	$d_2 = D_2$[3]	d_3	Distância b	Medidas da rosca d'	d'_2	d'_3
M 5 cônica	5	0,52	2	5	4,48	4,02	2,8	5,05	4,5	4,07
M 6 cônica	5,5	0,66	2,5	6	5,35	4,77	3,5	6,06	5,4	4,84
M 8 x 1 cônica				8	7,35	6,77		8,06	7,4	6,84
M 10 x 1 cônica				10	9,35	8,77		10,06	9,4	8,84
M 12 x 1 cônica				12	11,35	10,77		12,06	11,4	10,84
M 10 x 1,25 cônica	7	0,82	3	10	9,19	8,47	5	10,13	9,3	8,59
M 12 x 1,25 cônica				12	11,19	10,47		12,13	11,3	10,59
M 12 x 1,5 cônica	8,5	0,98	3,5	12	11,03	10,16	6,5	12,19	11,2	10,35
M 14 x 1,5 cônica				14	13,03	12,16		14,19	13,2	12,35
M 16 x 1,5 cônica				16	15,03	14,16		16,19	15,2	14,35
M 18 x 1,5 cônica				18	17,03	16,16		18,19	17,2	16,35
M 20 x 1,5 cônica				20	19,03	18,16		20,19	19,2	18,35
M 22 x 1,5 cônica				22	21,03	20,16		22,19	21,2	20,35
M 24 x 1,5 cônica				24	23,03	22,16		24,19	23,2	22,35
M 26 x 1,5 cônica				26	25,03	24,16		26,19	25,2	24,35
M 30 x 1,5 cônica	10,5	1,01	4,5	30	29,03	28,16	8	30,19	29,2	28,35
M 36 x 1,5 cônica				36	35,03	34,16		36,22	35,2	34,38
M 38 x 1,5 cônica				38	37,03	36,16		38,22	37,2	36,38
M 42 x 1,5 cônica				42	41,03	40,16		42,22	41,2	40,38
M 45 x 1,5 cônica				45	44,03	43,16		45,22	44,2	43,38
M 48 x 1,5 cônica				48	47,03	46,16		48,22	47,2	46,38
M 52 x 1,5 cônica				52	51,03	50,16		52,22	51,2	50,38
M 27 x 2 cônica	12	1,32	5	27	25,70	24,55	9	27,25	25,9	24,80
M 30 x 2 cônica				30	28,70	27,55		30,25	28,9	27,80
M 33 x 2 cônica				33	31,70	30,55		33,25	31,9	30,80
M 36 x 2 cônica	13	1,34	6	36	34,70	33,55	10	36,25	34,9	33,80
M 39 x 2 cônica				39	37,70	36,55		39,25	37,9	36,80
M 42 x 2 cônica				42	40,70	39,55		42,25	40,9	39,80
M 45 x 2 cônica				45	43,70	42,55		45,25	43,9	42,80
M 48 x 2 cônica				48	46,70	45,55		48,25	46,9	45,80
M 52 x 2 cônica				52	50,70	49,55		52,25	50,9	49,80
M 56 x 2 cônica				56	54,70	53,55		56,25	54,9	53,80
M 60 x 2 cônica				60	58,70	57,55		60,25	58,9	57,80

⇒ **Rosca DIN 158 – M 30 x 2 cônica:** Rosca métrica cônica externa, d = 30 mm, P = 2 mm, execução normal

[1] Para conexões autovedantes (p.ex., bujões, niples de lubrificação). Para diâmetros nominais maiores, recomenda-se o uso de meio vedante na rosca (veda-rosca).

[2] D Diâmetro externo da rosca interna

[3] D_2 Diâmetro dos flancos da rosca interna

Rosca Whitworth, rosca de tubos

Rosca Whitworth

(não normalizada)

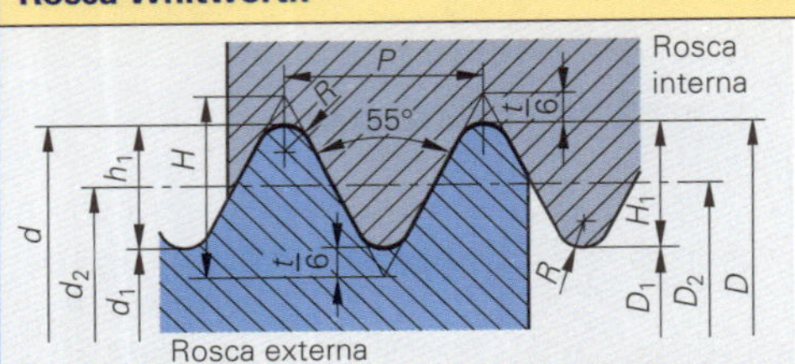

Diâmetro externo	$d = D$
Diâmetro útil	$d_1 = D_1 = d - 1{,}28 \cdot P$ $= d - 2 \cdot t_1$
Diâmetro dos flancos	$d_2 = D_2 = d - 0{,}640 \cdot P$
N° de filetes por polegada	Z
Avanço	$P = \dfrac{25{,}4 \text{ mm}}{Z}$
Profundidade do filete	$h_1 = H_1 = 0{,}640 \cdot P$
Raio	$R = 0{,}137 \cdot P$
Ângulo entre os flancos	55°

Designação da rosca d	Medidas em mm para rosca externa e interna: Ø externo $d = D$	Ø útil $d_1 = D_1$	Ø dos flancos $d_2 = D_2$	N° de filetes por pol. Z	Prof. do filete $h_1 = H_1$	Seção transversal do furo mm²	Designação da rosca d	Medidas em mm para rosca externa e interna: Ø externo $d = D$	Ø útil $d_1 = D_1$	Ø dos flancos $d_2 = D_2$	N° de filetes por pol. Z	Prof. do filete $h_1 = H_1$	Seção transversal do furo mm²
1/4"	6,35	4,72	5,54	20	0,81	17,5	1 1/4"	31,75	27,10	29,43	7	2,32	577
5/16"	7,94	6,13	7,03	18	0,90	29,5	1 1/2"	38,10	32,68	35,39	6	2,71	839
3/8"	9,53	7,49	8,51	16	1,02	44,1	1 3/4"	44,45	37,95	41,20	5	3,25	1 131
1/2"	12,70	9,99	11,35	12	1,36	78,4	2"	50,80	43,57	47,19	4,5	3,61	1 491
5/8"	15,88	12,92	14,40	11	1,48	131	2 1/4"	57,15	49,02	53,09	4	4,07	1 886
3/4"	19,05	15,80	17,42	10	1,63	196	2 1/2"	63,50	55,37	59,44	4	4,07	2 408
7/8"	22,23	18,61	20,42	9	1,81	272	3"	76,20	66,91	72,56	3,5	4,65	3 516
1"	25,40	21,34	23,37	8	2,03	358	3 1/2"	88,90	78,89	83,89	3,25	5,00	4 888

Rosca de tubos

veja DIN ISO 228-1 (2003-05) DIN EN 10226-1 (2004-10)

Rosca de tubos DIN ISO 228-1

Para conexões não vedantes;
rosca interna e externa cilíndricas

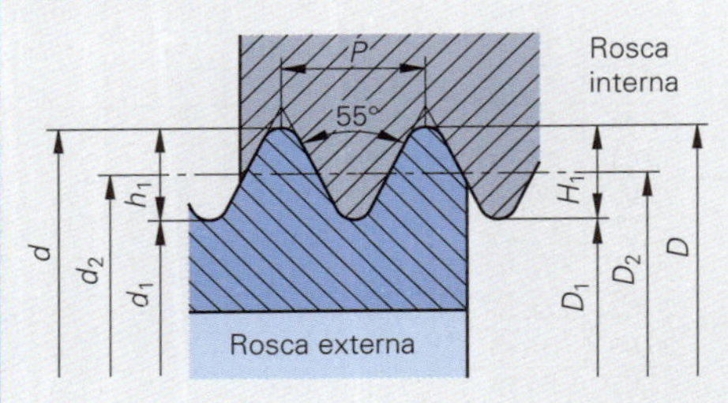

Rosca Whitworth de tubos DIN EN 10226-1

Rosca vedante;
rosca interna cilíndrica, rosca externa cônica

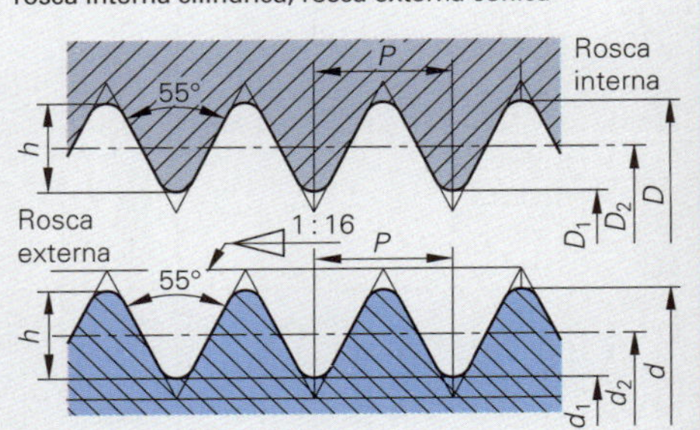

veja rosca cônica de tubos - padrão americano NPT: página 203

Designação da rosca: DIN ISO 228-1 Rosca interna e externa	DIN EN 10226-1 Rosca externa	DIN EN 10226-1 Rosca interna	Diâmetro externo $d = D$	Diâmetro dos flancos $d_2 = D_2$	Diâmetro útil $d_1 = D_1$	Avanço P	Número de filetes em 25,4 mm Z	Altura do perfil $h = h_1 = H_1$	Comprimento útil da rosca externa ≥
G1/16	R1/16	Rp1/16	7,72	7,14	6,56	0,91	28	0,58	6,5
G1/8	R1/8	Rp1/8	9,73	9,15	8,57	0,91	28	0,58	6,5
G1/4	R1/4	Rp1/4	13,16	12,30	11,45	1,34	19	0,86	9,7
G3/8	R3/8	Rp3/8	16,66	15,81	14,95	1,34	19	0,86	10,1
G1/2	R1/2	Rp1/2	20,96	19,79	18,63	1,81	14	1,16	13,2
G3/4	R3/4	Rp3/4	26,44	25,28	24,12	1,81	14	1,16	14,5
G1	R1	Rp1	33,25	31,77	30,29	2,31	11	1,48	16,8
G1 1/4	R1 1/4	Rp1 1/4	41,91	40,43	38,95	2,31	11	1,48	19,1
G1 1/2	R1 1/2	Rp1 1/2	47,80	46,32	44,85	2,31	11	1,48	19,1
G2	R2	Rp2	59,61	58,14	56,66	2,31	11	1,48	23,4
G2 1/2	R2 1/2	Rp2 1/2	75,18	73,71	72,23	2,31	11	1,48	26,7
G3	R3	Rp3	87,88	86,41	84,93	2,31	11	1,48	29,8
G4	R4	Rp4	113,03	111,55	110,07	2,31	11	1,48	35,8
G5	R5	Rp5	138,43	136,95	135,37	2,31	11	1,48	40,1
G6	R6	Rp6	163,83	162,35	160,87	2,31	11	1,48	40,1

Rosca trapezoidal e dente de serra

Rosca métrica trapezoidal ISO

veja DIN 103-1 (1977-04)

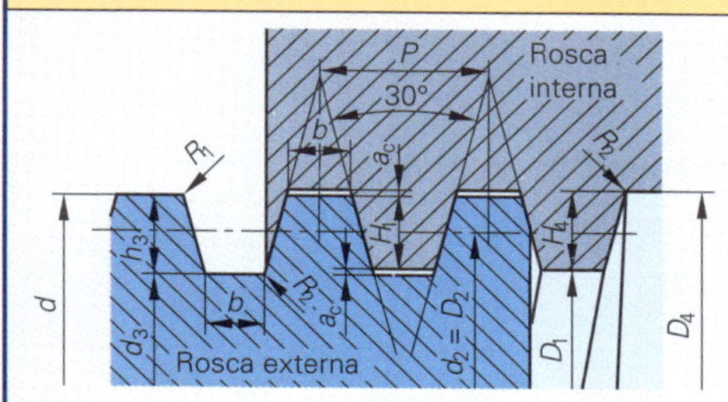

Medida	para avanços P em mm			
	1,5	2...5	6...12	14...44
a_c	0,15	0,25	0,5	1
R_1	0,075	0,125	0,25	0,5
R_2	0,15	0,25	0,5	1

Diâmetro nominal — d

Avanço da rosca de filete único e divisor da rosca de múltiplos filetes — P

Avanço da rosca de múltiplos filetes — P_h

Número de filetes — $n = P_h : P$

∅ útil da rosca externa — $d_3 = d - (P + 2 \cdot a_c)$

∅ externo da rosca interna — $D_4 = d + 2 \cdot a_c$

∅ útil da rosca interna — $D_1 = d - P$

∅ dos flancos — $d_2 = D_2 = d - 0{,}5 \cdot P$

Profundidade do filete — $h_3 = H_4 = 0{,}5 \cdot P + a_c$

Sobreposição dos flancos — $H_1 = 0{,}5 \cdot P$

Folga na crista — a_c

Raio — R_1 e R_2

Largura — $b = 0{,}366 \cdot P - 0{,}54 \cdot a_c$

Ângulo entre os flancos — 30°

Designação da rosca $d \times P$	Medidas da rosca em mm					
	∅ dos flancos $d_2 = D_2$	∅ útil externo d_3	∅ útil interno D_1	∅ externo D_4	Prof. do filete $h_3 = H_4$	Largura b
Tr 10 × 2	9	7,5	8	10,5	1,25	0,60
Tr 12 × 3	10,5	8,5	9	12,5	1,75	0,96
Tr 16 × 4	14	11,5	12	16,5	2,25	1,33
Tr 20 × 4	18	15,5	16	20,5	2,25	1,33
Tr 24 × 5	21,5	18,5	19	24,5	2,75	1,70
Tr 28 × 5	25,5	22,5	23	28,5	2,75	1,70
Tr 32 × 6	29	25	26	33	3,5	1,93
Tr 36 × 3	34,5	32,5	33	36,5	2,0	0,83
Tr 36 × 6	33	29	30	37	3,5	1,93
Tr 36 × 10	31	25	26	37	5,5	3,39
Tr 40 × 7	36,5	32	33	41	4	2,29
Tr 44 × 7	40,5	36	37	45	4	2,29
Tr 48 × 8	44	39	40	49	4,5	2,66
Tr 52 × 8	48	43	44	53	4,5	2,66
Tr 60 × 9	55,5	50	51	61	5	3,02
Tr 70 × 10	65	59	60	71	5,5	3,39
Tr 80 × 10	75	69	70	81	5,5	3,39
Tr 90 × 12	84	77	78	91	6,5	4,12
Tr 100 × 12	94	87	88	101	6,5	4,12
Tr 140 × 14	133	124	126	142	8	4,58

Rosca métrica dente de serra

veja DIN 513 (1985-04)

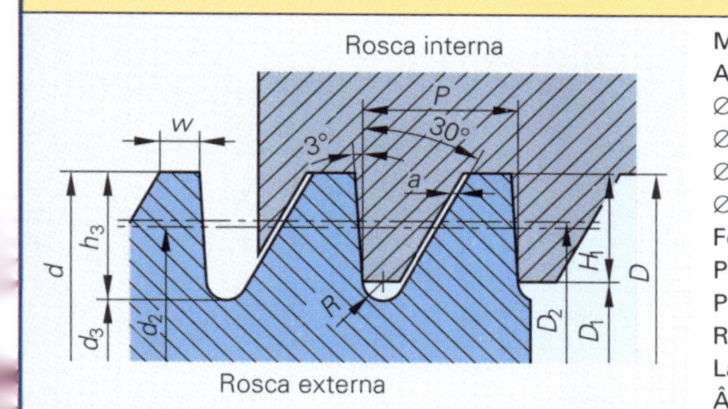

Medida nominal da rosca — $d = D$

Avanço — P

∅ útil da rosca externa — $d_3 = d - 1{,}736 \cdot P$

∅ útil da rosca interna — $D_1 = d - 1{,}5 \cdot P$

∅ dos flancos da rosca externa — $d_2 = d - 0{,}75 \cdot P$

∅ dos flancos da rosca interna — $D_2 = d - 0{,}75 \cdot P + 3{,}176 \cdot a$

Folga axial — $a = 0{,}1 \cdot \sqrt{P}$

Prof. do filete da rosca externa — $h_3 = 0{,}8678 \cdot P$

Prof. do filete da rosca interna — $H_1 = 0{,}75 \cdot P$

Raio — $R = 0{,}124 \cdot P$

Largura do perfil no ∅ externo — $w = 0{,}264 \cdot P$

Ângulo entre os flancos — 33°

Designação da rosca $d \times P$	Rosca externa		Rosca interna		∅ dos flancos d_2
	∅ útil d_3	Prof. do filete h_3	∅ útil D_1	Prof. do filete H_1	
S 12 x 3	6,79	2,60	7,5	2,25	9,75
S 16 x 4	9,06	3,47	10,0	3,00	13,00
S 20 x 4	13,06	3,47	14,0	3,00	17,00
S 24 x 5	15,32	4,34	16,5	3,75	20,25
S 28 x 5	19,32	4,34	20,5	3,75	24,25
S 32 x 6	21,58	5,21	23,0	4,50	27,50
S 36 x 6	25,59	5,21	27,0	4,50	31,50
S 40 x 7	27,85	6,07	29,5	5,25	34,75
S 44 x 7	31,85	6,07	33,5	5,25	38,75
S 48 x 8	34,12	6,94	36	6,00	42,00
S 52 x 8	38,11	6,94	40	6,00	46,00
S 60 x 9	44,38	7,81	46,5	6,75	53,25
S 70 x 10	52,64	8,68	55	7,50	62,50
S 80 x 10	62,64	8,68	65	7,50	72,50
S 90 x 12	69,17	10,41	72	9,00	81,00
S 100 x 12	79,17	10,41	82	9,00	91,00

Tolerâncias para roscas

Classes de tolerância para roscas métricas ISO

veja DIN ISO 965-1 (1999-11)

Tolerâncias de roscas devem garantir a função e a intercambiabilidade das roscas internas e externas. Elas dependem das tolerâncias estabelecidas por esta norma para os diâmetros, bem como da precisão do avanço e do ângulo entre os flancos.

A classe de tolerância (fina, média e grossa) depende também das condições superficiais da rosca. Revestimentos galvânicos para proteção muito espessos exigem folga maior (p.ex., classe de tolerância 6G) do que as superfícies polidas ou fosfatadas (classe de tolerância 5H).

Tolerância da rosca	Rosca interna	Rosca externa
Válida para	Diâmetro dos flancos e diâmetro útil	Diâmetro dos flancos e externo
Identificada por	Letras maiúsculas	Letras minúsculas
Classe de tolerância (exemplo)	**5H**	**6g**
Grau de tolerância (tamanho da tolerância)	5	6
Localização da tolerância (posição da linha de tolerância zero)	H	g

Designação (exemplos)	Explicações
M12 x 1 – 5g 6g	Rosca fina externa, ∅ nominal 12 mm, passo 1 mm; 5g → Classe de tolerância para ∅ dos flancos; 6g → classe de tolerância para o ∅ externo
M12 – 6g	Rosca normal externa, ∅ nominal 12 mm; 6g → classe de tolerância para ∅ dos flancos e externo
M24 – 6G/6e	Ajuste de rosca para rosca normal, ∅ nominal 24 mm, 6G → classe de tolerância para a rosca interna, 6e → classe de tolerância para a rosca externa
M16	Rosca sem indicação da tolerância, vale a classe de tolerância média 6H/6g

Na DIN ISO 965-1 recomenda-se a classe de tolerância 6H/6g como classe de tolerância "média" da rosca (uso geral) e comprimento a aparafusar "normal", veja tabela abaixo.

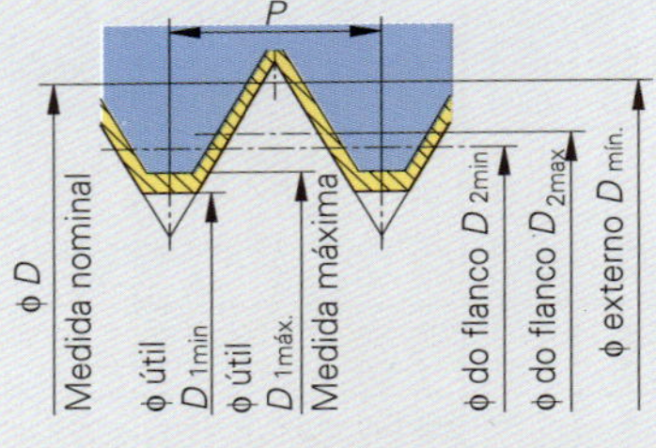

Rosca interna, localização da tolerância H

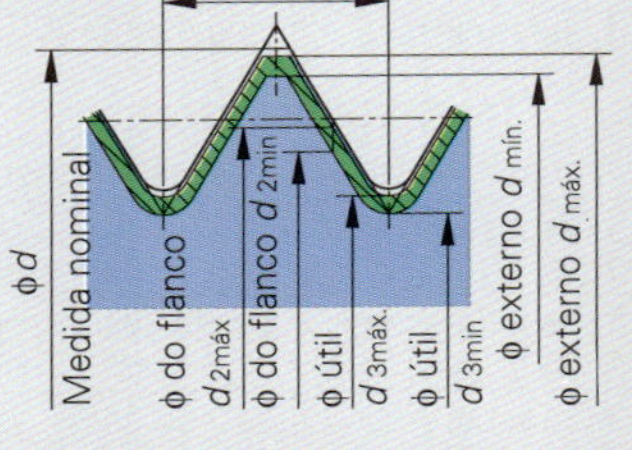

Rosca externa, localização da tolerância g

Medidas-limite para roscas internas e externas (seleção)

veja DIN ISO 965-2 (1999-11)

Rosca	Rosca interna – classe de tolerância 6H					Rosca externa – classe de tolerância 6g					
	∅ externo D	∅ dos flancos D_2		∅ útil D_1		∅ externo d		∅ dos flancos d_2		∅ útil[1] d_3	
	min.	min.	máx.	min.	máx.	máx.	min.	máx.	min.	máx.	min.
M3	3,0	2,675	2,775	2,459	2,599	2,980	2,874	2,655	2,580	2,367	2,273
M4	4,0	3,545	3,663	3,242	3,422	3,978	3,838	3,523	3,433	3,119	2,002
M5	5,0	4,480	4,605	4,134	4,334	4,976	4,826	4,456	4,361	3,995	3,869
M6	6,0	5,350	5,500	4,917	5,135	5,974	5,794	5,324	5,212	4,747	4,596
M8	8,0	7,188	7,348	6,647	6,912	7,972	7,760	7,160	7,042	6,438	6,272
M8 × 1	8,0	7,350	7,500	6,917	7,153	7,974	7,794	7,324	7,212	6,747	6,563
M10	10,0	9,026	9,206	8,376	8,676	9,968	9,732	8,994	8,862	8,128	7,838
M10 ×1	10,0	9,350	9,500	8,917	9,153	9,974	9,794	9,324	9,212	8,747	8,596
M12	12,0	10,863	11,063	10,106	10,441	11,966	11,701	10,829	10,679	9,819	9,602
M12 × 1	12,0	11,350	11,510	10,917	11,153	11,974	11,794	11,324	11,206	10,747	10,590
M16	16,0	14,701	14,913	13,835	14,210	15,962	15,682	14,663	14,503	13,508	13,204
M16 × 1	16,0	15,350	15,510	14,917	15,153	15,974	15,794	15,324	15,206	14,747	14,590
M20	20,0	18,376	18,600	17,294	17,744	19,958	19,623	18,334	18,164	16,891	16,625
M20 × 1	20,0	19,350	19,510	18,917	19,153	19,974	19,794	19,324	19,206	18,747	18,590
M24	24,0	22,051	22,316	20,752	21,252	23,952	23,577	22,003	21,803	20,271	19,955
M24 × 1	24,0	23,350	23,520	22,917	23,153	23,974	23,794	23,324	23,199	22,747	22,583
M30	30,0	27,727	28,007	26,211	26,771	29,947	29,522	27,674	27,462	25,653	25,306
M30 × 2	30,0	28,701	28,925	27,835	28,210	29,962	29,682	28,663	28,493	27,508	27,261
M36	36,0	33,402	33,702	31,670	32,270	35,940	35,465	33,342	33,118	31,033	30,655
M36 × 2	36,0	34,701	34,925	33,835	34,210	35,962	35,682	34,663	34,493	33,508	33,261

[1] veja DIN 13-20 (2000-08) e DIN 13-21 (1983-10)

Parafusos – Resumo

Figura	Execução	Faixa normal de ... até	Norma	Aplicação, propriedades
Parafusos sextavados				páginas 212 ... 214
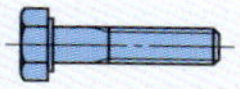	com haste e rosca normal	M1,6 ... M64	DIN EN ISO 4014	Parafusos de vasta aplicação na construção de máquinas, aparelhos e automóveis; **no caso de rosca até a cabeça:** maior resistência à fadiga
	com rosca normal até a cabeça	M1,6 ... M64	DIN EN ISO 4017	
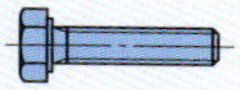	com haste e rosca fina	M8x1 ... M64x4	DIN EN ISO 8765	**em comparação à rosca normal:** menor profundidade do filete, passo menor, maior capacidade de carga, maior profundidade mínima de parafusamento l_e
	com rosca fina até a cabeça	M8x1 ... M64x4	DIN EN ISO 8676	
	com haste delgada	M3 ... M20	DIN EN ISO 24015	Parafuso tensor, para cargas dinâmicas, na montagem correta dispensa trava de segurança
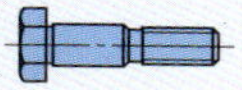	parafuso de guia ou de ajuste	M8 ... M48	DIN 609	Fixar a posição de componentes evitando deslocamentos, a haste de guia transfere forças transversais
Parafusos sextavados para estruturas de aço				página 214
	com grande abertura de chave	M12 ... M36	DIN 6914	Estruturas de aço; ligações à prova de deslocamento (GV), ligações sujeitas a tração e cisalhamento (SL).
	parafuso de guia com grande abertura de chave	M12 ... M30	DIN 7999	Estruturas de aço; ligações à prova de deslocamento (GVP), ligações sujeitas a tração e cisalhamento (SLP).
Parafusos cabeça cilíndrica				páginas 215, 216
	com sextavado interno, rosca normal	M1,6 ... M64	DIN EN ISO 4762	Construção de máquinas, aparelhos e automóveis; espaço de montagem reduzido, cabeça pode ser embutida **para cabeça mais baixa:** menor altura de montagem, carga reduzida **parafusos com fenda:** parafusos pequenos, carga reduzida **rosca fina:** pequena profundidade do filete, maior capacidade de carga, maior profundidade mínima de parafusamento l_e
	com sextavado interno, rosca fina	M8x1 ... M64x4	DIN EN ISO 21269	
	com sextavado interno, cabeça baixa	M3 ... M24	DIN 7984	
	com fenda	M1,6 ... M10	DIN EN ISO 1207	
Parafusos cabeça escareada/de embutir				páginas 216, 217
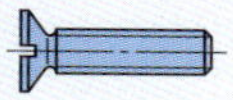	com fenda (cabeça chata)	M1,6 ... M10	DIN EN ISO 2009	Múltiplo uso na construção de máquinas, aparelhos e automóveis; **parafusos com sextavado interno:** maior capacidade de carga **parafusos com fenda cruzada:** maior segurança ao apertar e soltar, comparado ao parafuso de fenda
	com sextavado interno	M3 ... M20	DIN EN ISO 10642	
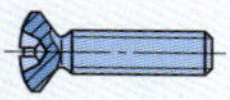	com cabeça de lentilha (cabeça abaulada) e fenda	M1,6 ... M10	DIN EN ISO 2010	
	com cabeça de lentilha e fenda cruzada	M1,6 ... M10	DIN EN ISO 7047	
Parafusos para chapas com rosca autoatarraxante				páginas 217,218
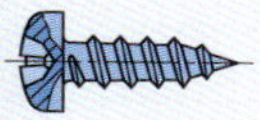	parafuso cabeça de lentilha	ST2,2 ... ST9,5	DIN ISO 7049	Chaparia e carrocerias As chapas a serem unidas devem ter furos com diâmetro útil da rosca. A rosca é conformada pelo parafuso. Só para chapas finas há necessidade de uma trava de segurança.
	parafuso sextavado	ST2,2 ... ST6,3	DIN ISO 7050	
	parafuso cabeça de lentilha	ST2,2 ... ST9,9	DIN ISO 7051	

Parafusos – Resumo, designação de parafusos

Figura	Execução	Faixa normal de ... até	Norma	Aplicação, propriedades
Parafusos broca com rosca autoatarraxante				
	cabeça chata com fenda cruzada	ST2,2 ... ST6,3	DIN EN ISO 15481	chaparia e carroceria; parafusos broca perfuram a chapa na medida do núcleo e conformam a rosca durante a operação de parafusar
	cabeça de lentilha com fenda cruzada	ST2,2 ... ST6,3	DIN EN ISO 15483	
Prisioneiros				página 219
l_e	$l_e \approx 2 \cdot d$ $l_e \approx 1{,}25 \cdot d$ $l_e \approx 1 \cdot d$	M4 ... M24 M4 ... M48 M3 ... M48	DIN 835 DIN 939 DIN 938	para ligas de alumínio para ferro fundido para aço
Parafusos sem cabeça				página 220
	com espiga e fenda	M1,6 ... M12	DIN EN 27435	parafusos solicitados sob pressão para garantir o posicionamento de componentes, p.ex., alavancas, buchas de mancal, cubos parafusos sem cabeça não são adequados para transmitir momentos de torção, como, p.ex., na união de eixos e cubos de rodas
	com espiga e sextavado interno	M1,6 ... M24	DIN EN ISO 4028	
	com chanfro e fenda	M1,6 ... M12	DIN EN 27434	
	com chanfro e sextavado interno	M1,6 ... M24	DIN EN ISO 4027	
	com cabeça cônica e fenda	M1,6 ... M12	DIN EN 24766	
	com cabeça cônica e sextavado interno	M1,6 ... M24	DIN EN ISO 4026	
Bujões				página 219
	com colar e sextavado interno ou externo	M10x1 ... M52x1,5	DIN 908 DIN 910	construção de transmissões, parafuso de abastecimento, sangria e esgotamento de óleo de câmbio; necessário usinagem da superfície de vedação na carcaça, uso com anel de vedação DIN 7603
Parafusos conformadores de rosca				página 218
	diversos formatos de cabeça, p.ex., cabeça sextavada, cabeça cilíndrica	M2 ... M10	DIN 7500-1	para pequenas solicitações em materiais maleáveis, p.ex., S235, DC01...DC04, metais não ferrosos; uso sem trava de segurança
Parafusos com olhal				página 219
	com rosca normal	M8 ... M100x6	DIN 580	olhais de transporte em máquinas e aparelhos; solicitação depende do ângulo de tração da carga, necessário usinagem da superfície para assento do flange

Designação de parafusos

veja DIN 962 (2001-11)

Exemplos:

Parafuso sextavado	**ISO 4017 – M12 x 80 – A2-70**
Bujão	**DIN 910 – M24 x 1,5 – St**
Parafuso cilíndrico	**ISO 4762 – M10 x 55 – 8.8**

- Designação
- Norma de referência, p.ex., ISO, DIN, EN; Número da folha de norma [1]
- Dados nominais, p.ex,: M rosca métrica; 12 diâmetro nominal d; 80 Comprimento da haste l
- Classe de resistência, p.ex., 8.8, 10.9, A2-70, A4-70; Material, p.ex., St aço, CuZn liga de cobre-zinco

[1] Parafusos em conformidade com a normas ISO, DIN EN ou DIN EN ISO recebem na designação a sigla **ISO**. Parafusos em conformidade com a norma DIN recebem na designação a sigla **DIN**.

Classes de resistência, classes de produto, furos passantes, profundidade mínima de parafusamento

Classes de resistência dos parafusos

veja DIN EN ISO 896-1 (1999-11), DIN EN ISO 3506-1 (1998-03)

Exemplos:

Aços-carbono e aços-liga
DIN EN ISO 898-1
9 . 8

Resistência à tração R_m	Limite de elasticidade R_e
R_m = **9** · 100 N/mm² = 900 N/mm²	R_e = **9** · **8** · 10 N/mm² = 720 N/mm²

Aços inoxidáveis
DIN EN ISO 3506-1
A 2 – 70

Estrutura do aço	Grupo do aço	Resistência à tração R_m
A austenítico F ferrítico	2 em liga com Cr, Ni 4 em liga com Cr, Ni, Mo	R_m = **70** · 10 N/mm² = 700 N/mm²

Classes de resistência e características do material

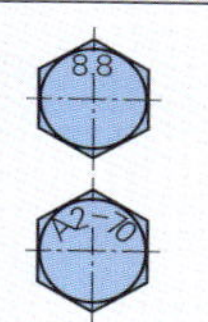

Características do material	Classes de resistência para parafusos de aços-carbono e aços-liga						aços inoxidáveis[1]		
	5.8	6.8	8.8	9.8	10.9	12.9	A2-50	A4-50	A2-70
Resist. à tração R_m em N/mm²	500	600	800	900	1000	1200	500	500	700
Limite de elast. R_e em N/mm²	400	480	640	720	900	1080	210	210	450
Alongamento A em %	10	8	12	10	9	8	20	20	13

[1] Os fatores do material são válidos para roscas ≤ M20.

Classes de produto para parafusos e porcas

veja DIN EN ISO 4759-1 (2001-4)

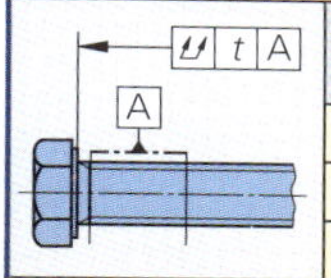

Classes de produto	Tolerâncias	Explicação, aplicação
A	fina	As tolerâncias de medida, forma e posição para parafusos e porcas com rosca ISO são fixadas nas classes de tolerância A, B e C.
B	média	
C	grossa	

Furos passantes para parafusos

veja DIN EN 20273 (1990-02)

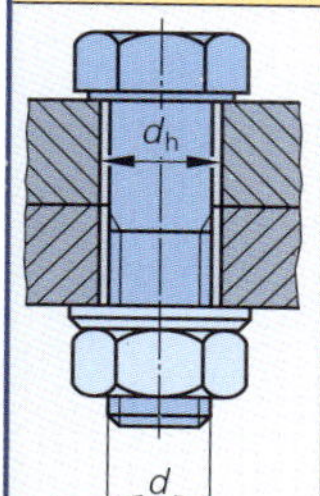

Rosca d	Furo passante d_h[1] Série fina	média	grossa	Rosca d	Furo passante d_h[1] Série fina	média	grossa	Rosca d	Furo passante d_h[1] Série fina	média	grossa
M1	1,1	1,2	1,3	M5	5,3	5,5	5,8	M24	25	26	28
M1,2	1,3	1,4	1,5	M6	6,4	6,6	7	M30	31	33	35
M1,6	1,7	1,8	2	M8	8,4	9	10	M36	37	39	42
M2	2,2	2,4	2,6	M10	10,5	11	12	M42	43	45	48
M2,5	2,7	2,9	3,1	M12	13	13,5	14,5	M48	50	52	56
M3	3,2	3,4	3,6	M16	17	17,5	18,5	M56	58	62	66
M4	4,3	4,5	4,8	M20	21	22	24	M64	66	70	74

[1] Classes de tolerância para d_h; Série fina H12, série média H13, série grossa H14

Profundidade mínima de parafusamento em roscas de furo cego

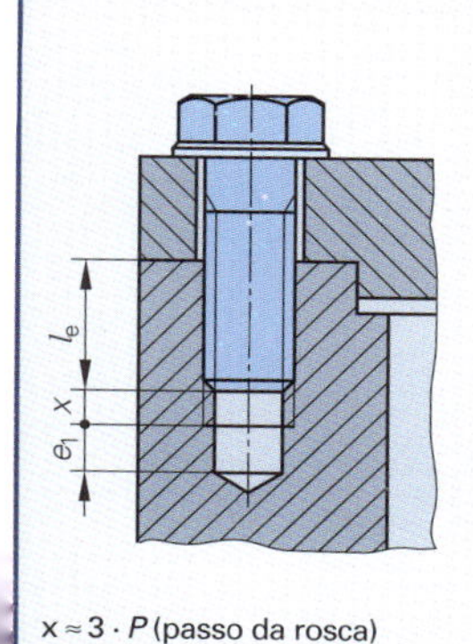

x ≈ 3 · *P* (passo da rosca)
e_1 conforme DIN 76, página 89

Área de aplicação		Profundidade mínima de parafusamento l_e[1] para rosca normal e classe de resistência 3.6, 4.6	4.8...6.8	8.8	10.9
Aço estrutural	$R_m \leq 400$ N/mm²	$0{,}8 \cdot d$	$1{,}2 \cdot d$	–	–
	$R_m = 400...600$ N/mm²	$0{,}8 \cdot d$	$1{,}2 \cdot d$	$1{,}2 \cdot d$	–
	$R_m > 600...800$ N/mm²	$0{,}8 \cdot d$	$1{,}2 \cdot d$	$1{,}2 \cdot d$	$1{,}2 \cdot d$
	$R_m > 800$ N/mm²	$0{,}8 \cdot d$	$1{,}2 \cdot d$	$1{,}0 \cdot d$	$1{,}0 \cdot d$
Ferro fundido		$1{,}3 \cdot d$	$1{,}5 \cdot d$	$1{,}5 \cdot d$	–
Ligas de cobre		$1{,}3 \cdot d$	$1{,}3 \cdot d$	–	–
Ligas de alumínio fundido		$1{,}6 \cdot d$	$2{,}2 \cdot d$	–	–
Ligas de alumínio endurecido		$0{,}8 \cdot d$	$1{,}2 \cdot d$	$1{,}6 \cdot d$	–
Ligas de alumínio não endurecido		$1{,}2 \cdot d$	$1{,}6 \cdot d$	–	–
Plásticos		$2{,}5 \cdot d$	–	–	

[1] Profundidade de parafusamento l_e para rosca fina = 1,25 · profundidade para rosca normal

Parafusos sextavados

Parafusos sextavados com haste e rosca normal

veja DIN EN ISO 4014 (2001-03)

Norma DIN EN ISO válida	Substitui: DIN EN	DIN
4014	24014	931

[1] para l < 125 mm
[2] para l = 125...200 mm
[3] para l > 200 mm

d	M1,6	M2	M2,5	M3	M4	M5	M6	M8	M10
SW	3,2	4	5	5,5	7	8	10	13	16
k_{max}	1,1	1,4	1,7	2	2,8	3,5	4	5,3	6,4
d_w	2,3	3,1	4,1	4,6	5,9	6,9	8,9	11,6	14,6
e	3,4	4,3	5,5	6	7,7	8,8	11,1	14,4	17,8
b	9	10	11	12	14	16	18	22	26
l de	12	16	16	20	25	25	30	40	45
l até	16	20	25	30	40	50	60	80	100
Classes de resistência	5.6, 8.8, 9.8, 10.9, A2-70, A4-70								

d	M12	M16	M20	M24	M30	M36	M42	M48	M56
SW	18	24	30	36	46	55	65	75	85
k_{max}	7,5	10	12,5	15	18,7	22,5	26	30	35
d_w	16,6	22	27,7	33,3	42,8	51,1	60	69,5	78,7
e	20	26,2	33	39,6	50,9	60,8	71,3	82,6	93,6
b[1]	30	38	46	54	66	–	–	–	–
b[2]	–	44	52	60	72	84	96	108	–
b[3]	–	–	–	73	85	97	109	121	137
l de	50	65	80	90	110	140	160	180	220
l até	120	160	200	240	300	360	440	500	500
Classes de resistência	5.6, 8.8, 9.8, 10.9						conforme acordado		
	A2-70, A4-70			A2-50, A4-50					
Comprimentos nominais	12, 16, 20, 25, 30, 35...60, 65, 70, 80, 90...140, 150, 160, 180, 200...460, 480, 500 mm								

Classes de produto (página 211)		
Rosca *d*	l em mm	Classe
≤ M12	todos	A
M16...M24	l ≤ 150	A
	l ≥ 160	B
≥ M30	todos	B

⇒ **Parafuso sextavado ISO 4014 – M10 x 60 – 8.8:**
d = M10, l = 60 mm, classe de resistência 8.8

Parafusos sextavados com rosca normal até a cabeça

veja DIN EN ISO 4017 (2001-03)

Norma DIN EN ISO válida	Substituição para DIN EN	DIN
4017	24017	933

d	M1,6	M2	M2,5	M3	M4	M5	M6	M8	M10
SW	3,2	4	5	5,5	7	8	10	13	16
k_{max}	1,1	1,4	1,7	2	2,8	3,5	4	5,3	6,4
d_w	2,3	3,1	4,1	4,6	5,9	6,9	8,9	11,6	14,6
e	3,4	4,3	5,5	6	7,7	8,8	11,1	14,4	17,8
l de	2	4	5	6	8	10	12	16	20
l até	16	20	25	30	40	50	60	80	100
Classes de resistência	5.6, 8.8, 9.8, 10.9, A2-70, A4-70								

d	M12	M16	M20	M24	M30	M36	M42	M48	M56
SW	18	24	30	36	46	55	65	75	85
k_{max}	7,5	10	12,5	15	18,7	22,5	26	30	35
d_w	16,6	22	27,7	33,3	42,8	51,1	60	69,5	78,7
e	20	26,2	33	39,6	50,9	60,8	71,3	82,6	93,6
l de	25	30	40	50	60	70	80	100	110
l até	120	200	200	200	200	200	200	200	200
Classes de resistência	5.6, 8.8, 9.8, 10.9						conforme acordado		
	A2-70, A4-70			A2-50, A4-50					
Comprimentos nominais	2, 3, 4, 5, 6, 8, 10, 12, 16, 20, 25, 30, 35...60, 65, 70, 80, 90...140, 150, 160, 180, 200 mm								

Classes de produto (página 211)		
Rosca *d*	l em mm	Classe
≤ M12	todos	A
M16...M24	l ≤ 150	A
	l ≥ 160	B
≥ M30	todos	B

⇒ **Parafuso sextavado ISO 4014 – M8 x 40 – A4-50:**
d = M8, l = 40 mm, classe de resistência A4-50

Parafusos sextavados

Parafusos sextavados com haste e rosca fina

veja DIN EN ISO 8765 (2001-03)

Norma DIN EN ISO válida	Substitui: DIN EN	DIN
8765	28765	960

d	M8 x1	M10 x1	M12 x1,5	M16 x1,5	M20 x1,5	M24 x2	M30 x2	M36 x3	M42 x3	M48 x3	M56 x4
SW	13	16	18	24	30	36	46	55	65	75	85
k	5,3	6,4	7,5	10	12,5	15	18,7	22,5	26	30	35
d_w	11,6	14,6	16,6	22,5	28,2	33,6	42,8	51,1	60	69,5	78,7
e	14,4	17,8	20	26,2	33	39,6	50,9	60,8	71,3	82,6	93,6
b[1]	22	26	30	38	46	54	66	–	–	–	–
b[2]	–	–	–	44	52	60	72	84	96	108	–
b[3]	–	–	–	–	–	73	85	97	109	121	137
l de	40	45	50	65	80	100	120	140	160	200	220
l até	80	100	120	160	200	240	300	360	440	480	500
Comprimentos nominais l	40, 45, 50, 55, 60, 65, 70, 80, 90 … 140, 150, 160, 180, 200, 220…460, 480, 500 mm										
Classes de resistência	$d \leq$ M24x2: 5.6, 8.8, 10.9, A2-70, A4-70 d = M30x2…M36x2: 5.6, 8.8, 10.9, A2-50, A4-50								*$d \geq$ M42x3: conforme acordado*		
Explicações	[1] para l < 125 mm [2] para l = 125 … 200 mm [3] para l > 200 mm										
⇒	**Parafuso sextavado ISO 8765 – M20 x 1,5 x 120 – 5.6:** d = M20 x 1,5, l = 120 mm, classe de resistência 5.6										

Classes de produto (página 211)

Rosca d	l em mm	Classe
≤ M12x1,5	todos	A
M16x1,5… M24x2	≤ 150	A
	≥ 150	B
≥ M30x2	todos	B

Parafusos sextavados com rosca fina até a cabeça

veja DIN EN ISO 8676 (2001-03)

Norma DIN EN ISO válida	Substitui: DIN EN	DIN
8676	28676	961

d	M8 x1	M10 x1	M12 x1,5	M16 x1,5	M20 x1,5	M24 x2	M30 x2	M36 x3	M42 x3	M48 x3	M56 x4
SW	13	16	18	24	30	36	46	55	65	75	85
k	5,3	6,4	7,5	10	12,5	15	18,7	22,5	26	30	35
d_w	11,6	14,6	16,6	22,5	28,2	33,6	42,8	51,1	60	69,5	78,7
e	14,4	17,8	20	26,2	33	39,6	50,9	60,8	71,3	82,6	93,6
l de	16	20	25	35	40	40	40	40	90	100	120
l até	80	100	120	160	200	200	200	200	420	480	500
Comprimentos nominais l	16, 20, 25, 30, 35…60, 65, 70, 80, 90…140, 150, 160, 180, 200, 220…460, 480, 500 mm										
Classes de resistência	$d \leq$ M24x2: 5.6, 8.8, 10.9, A2-70, A4-70 d = M30x2…M36x2: 5.6, 8.8, 10.9, A2-50, A4-50								*$d \geq$ M42x3: conforme acordado*		
⇒	**Parafuso sextavado ISO 8676 – M8 x 1,5 x 55 – 8.8:** d = M8 x 1,5, l = 55 mm, classe de resistência 8.8										

Classes de produto conforme DIN EN ISO 8765

Parafusos sextavados com haste fina

veja DIN EN ISO 24015 (1991-12)

d	M3	M4	M5	M6	M8	M10	M12	M16	M20
SW	5,5	7	8	10	13	16	18	24	30
k	2	2,8	3,5	4	5,3	6,4	7,5	10	12,5
d_w	4,4	5,7	6,7	8,7	11,4	14,4	16,4	22	27,7
d_s	2,6	3,5	4,4	5,3	7,1	8,9	10,7	14,5	18,2
e	6	7,5	8,7	10,9	14,2	17,6	19,9	26,2	33
b[1]	12	14	16	18	22	26	30	38	46
b[2]	–	–	–	–	28	32	36	44	52
l de	20	20	25	25	30	40	45	55	65
l até	30	40	50	60	80	100	120	150	150
Comprimentos nominais l	20, 25, 30…65, 70, 75, 80, 90, 100..130, 140, 150 mm								
Classes de resistência	5.8, 6.8, 8.8, A2-70								
Explicações	[1] para l ≤125 mm [2] para l > 125 mm								
⇒	**Parafuso sextavado ISO 4015 – M8 x 45 – 8.8:** d = M8, l = 45 mm, classe de resistência 8.8								

Classes de produto (página 211)

Rosca d	l em mm	Classe
≤ M20	todos	B

Parafusos sextavados

Parafusos de guia sextavados com espiga roscada longa

veja DIN 609 (1995-02)

d	M8 M8 x1	M10 M10 x1	M12 M12 x1,5	M16 M16 x1,5	M20 M20 x1,5	M24 M24 x2	M30 M30 x2	M36 M36 x3	M42 M42 x3	M48 M48 x3
SW *k*	13 5,3	16 6,4	18 7,5	24 10	30 12,5	36 15	46 19	55 22	65 26	75 30
d_s k6 *e*	9 14,4	11 17,8	13 19,9	17 26,2	21 33	25 39,6	32 50,9	38 60,8	44 71,3	50 82,6
$b^{1)}$ $b^{2)}$ $b^{3)}$	14,5 16,5 –	17,5 19,5 –	20,5 22,5 –	25 27 32	28,5 30,5 35,5	– 36,5 41,5	– 43 48	– 49 54	– 56 61	– 63 68
l de até	25 80	30 100	32 120	38 150	45 150	55 150	65 200	70 200	80 200	85 200
Comprimentos nominais *l*	25, 28, 30, 32, 35, 38, 40, 42, 45, 48, 50, 55, 60...150, 160...200 mm									
Classes de resistência	8.8									conforme acordado
	A2-70					A2-50				
Explicações	1) para $l \leq 150$ mm			2) para l = 50...150 mm				3) para $l > 150$ mm		
⇒	**Parafuso de guia DIN 609 – M16 x 1,5 x 125 – A2-70:** *d* = M16 x 1,5, *l* = 125 mm, classe de resistência A2-70									

Classes de produto (página 211)

d em mm	*l* em mm	Classe
≤ 10	todos	A
≥ 12	todos	B

Parafusos sextavados com grande abertura de chave
Parafusos HV para estruturas de aço

veja DIN 6914 (1989-10)

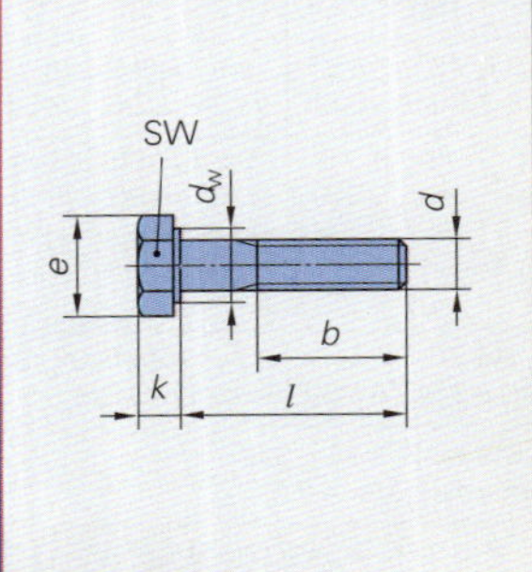

Classe de produto C

d	M12	M16	M20	M22	M24	M27	M30	M36
SW *k* d_w	22 8 20	27 10 25	32 13 30	36 14 34	41 15 39	46 17 43,5	50 19 47,5	60 23 57
e *b*	23,9 21	29,6 26	35 31	39,6 32	45,2 34	50,9 37	55,4 40	66,4 48
l de até	30 95	40 130	45 155	50 165	60 195	70 200	75 200	85 200
Comprimentos nominais *l*	30, 35, 40, 45, 50, 55...185, 190, 195, 200 mm							
Classes de resistência	todos parafusos: classe de resistência 10.9							
⇒	**Parafuso sextavado DIN 6914 – M12 x 65:** *d* = M12, *l* = 65 mm, classe de resistência 10.9							

Parafusos de guia sextavados com grande abertura de chave

veja DIN 7999 (1983-12)

d	M12	M16	M20	M22	M24	M27	M30
SW *k* d_w	21 8 19	27 10 25	34 13 32	36 14 34	41 15 39	46 17 43,5	50 19 47,5
d_s b11 *e* *b*	13 22,8 18,5	17 29,6 22	21 37,3 26	23 39,6 28	25 45,2 29,5	28 50,9 32,5	31 55,4 35
l de até	40 120	45 160	50 180	55 200	55 200	60 200	65 200
Comprimentos nominais *l*	40, 45, 50, 55, 60, 65...180, 185, 190, 195, 200 mm						
Classes de resistência	todos parafusos: classe de resistência 10.9						
⇒	**Parafuso sextavado DIN 7999 – M24 x 165:** *d* = M24, *l* = 165 mm, classe de resistência 10.9						

Classe do produto C

Parafusos cilíndricos com sextavado interno

Parafusos cilíndricos com sextavado interno e rosca normal

veja DIN EN ISO 4762 (2004-06)

Norma DIN EN ISO válida	Substitui: DIN
4762	912

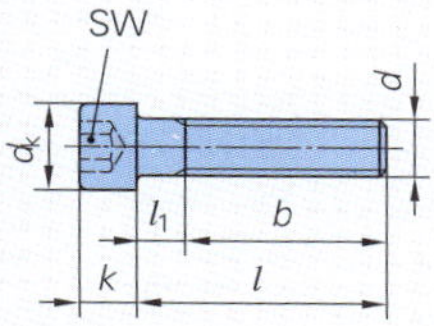

d	M1,6	M2	M2,5	M3	M4	M5	M6	M8	M10
SW	1,5	1,5	2	2,5	3	4	5	6	8
k	1,6	2	2,5	3	4	5	6	8	10
d_k	3	3,8	4,5	5,5	7	8,5	10	13	16
b	–	16	17	18	20	22	24	28	32
para *l*	–	20	25	≥ 25	≥ 30	≥ 30	≥ 35	≥ 40	≥ 45
l_1	1,1	1,2	1,4	1,5	2,1	2,4	3	3,8	4,5
para *l*	≤ 16	≤ 16	≤ 20	≤ 20	≤ 25	≤ 25	≤ 30	≤ 35	≤ 40
l de	2,5	3	4	5	6	8	10	12	16
l até	16	20	25	30	40	50	60	80	100
Classes de resistência	conforme acordado			8.8, 10.9, 12.9					
	Aços inoxidáveis A2-70, A4-70								

d	M12	M16	M20	M24	M30	M36	M42	M48	M56
SW	10	14	17	19	22	27	32	36	41
k	12	16	20	24	30	36	42	48	56
d_k	18	24	30	36	45	54	63	72	84
b	36	44	52	60	72	84	96	108	124
para *l*	≥ 55	≥ 65	≥ 80	≥ 90	≥ 110	≥ 120	≥ 140	≥ 160	≥ 180
l_1	5,3	6	7,5	9	10,5	12	13,5	15	16,5
para *l*	≤ 50	≤ 60	≤ 70	≤ 80	≤ 100	≤ 110	≤ 130	≤ 150	≤ 160
l de	20	25	30	40	45	45	60	70	80
l até	120	160	200	200	200	200	300	300	300
Classes de resistência	8.8, 10.9, 12.9						Conforme cordado		
	A2-70, A4-70				A2-50, A4-50				
Comprimentos nominais *l*	2,5, 3, 4, 5, 6, 8, 10, 12, 16, 20, 25, 30...65, 70, 80...150, 160, 180, 200, 220, 240, 260, 280, 300 mm								
⇒	**Parafuso cilíndrico ISO 4762 – M10 x 55 – 10.9:** *d* = M10, *l* = 55 mm, classe de resistência 10.9								

Classes de produto (página 211)

Rosca *d*	Classe
M1,6...M56	A

Parafusos cilíndricos com sextavado interno, cabeça baixa

veja DIN EN ISO 7984 (2002-12)

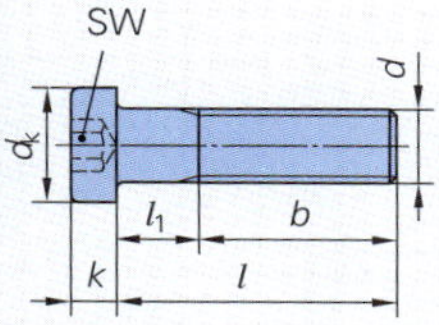

d	M3	M4	M5	M6	M8	M10	M12	M16	M20	M24
SW	2	2,5	3	4	5	7	8	12	14	17
k	2	2,8	3,5	4	5	6	7	9	11	13
d_k	5,5	7	8,5	10	13	16	18	24	30	36
b	12	14	16	18	22	26	30	38	44	46
para *l*	≥ 20	≥ 25	≥ 30	≥ 30	≥ 35	≥ 40	≥ 50	≥ 60	≥ 70	≥ 90
l_1	1,5	2,1	2,4	3	3,8	4,5	5,3	6	7,5	9
para *l*	≤ 16	≤ 20	≤ 25	≤ 25	≤ 30	≤ 35	≤ 45	≤ 50	≤ 60	≤ 80
l de	5	6	8	10	12	16	20	30	40	50
l até	20	25	30	40	80	100	80	80	100	100
Comprimentos nominais *l*	5, 6, 8, 10, 12, 16, 20, 25, 30, 35, 40, 45, 50, 60, 70, 80, 90, 100 mm									
Classes de resistência	8.8, A2-70, A4-70									
⇒	**Parafuso cilíndrico DIN 7984 – M12 x 50 – A2-70:** *d* = M12, *l* = 50 mm, classe de resistência A2-70									

Classes de produto (página 211)

Rosca *d*	Classe
M3...M24	A

Parafusos cilíndricos, parafusos cabeça chanfrada

Parafusos cilíndricos com sextavado interno e rosca fina

veja DIN EN ISO 21269 (2004-06)

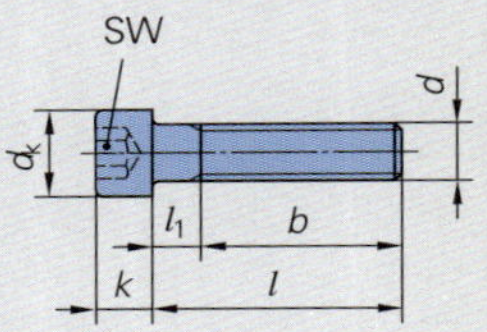

Classe de produto A (página 211)

d	M8 x1	M10 x1	M12 x1,5	M16 x1,5	M20 x1,5	M24 x2	M30 x2	M36 x3	M42 x3	M48 3x	M56 x4
SW	6	8	10	14	17	19	22	27	32	36	41
k	8	10	12	16	20	24	30	36	42	48	56
d_k	13	16	18	24	30	36	45	54	63	72	84
b	28	32	36	44	52	60	72	84	96	108	124
para *l*	≥40	≥45	≥55	≥65	≥80	≥90	≥110	≥120	≥140	≥160	≥180
l_1	3	3	4,5	4,5	4,5	6	6	9	9	9	9
para *l*	≤35	≤40	≤50	≤60	≤70	≤70	≤100	≤110	≤130	≤150	≤160
l de	12	20	20	25	30	40	45	55	60	70	80
l até	80	100	120	160	200	200	200	200	300	300	300
Comprimentos nominais *l*	12, 16, 20, 25, 30, 35, 40, 45, 50, 55, 60, 65, 70, 80, 90, 100, 110, 120, 130, 140, 150, 160, 180, 200, 220, 240, 260, 280, 300 mm										
Classes de resistência	8.8, 10.9, 12.9									conforme acordado	
	A2-70, A4-70							1)			
Explicação	1) Classes de resistência A2-50, A4-50 (aços inoxidáveis)										
⇒	**Parafuso sextavado ISO 21269 – M20 x 1,5 x 120 – 10.9:** *d* = M20 x1,5, *l* = 120 mm, classe de resistência 10.9										

Parafusos cilíndricos com fenda

veja DIN EN ISO 1207 (1994-10)

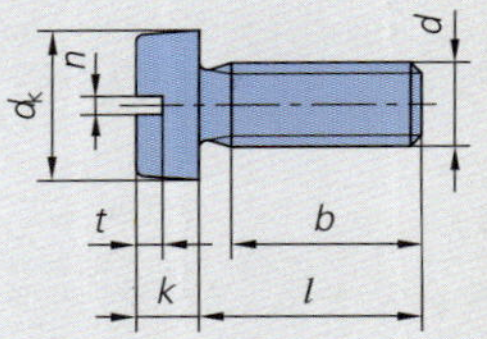

Classe de produto A (página 211)

d	M1,6	M2	M2,5	M3	M4	M5	M6	M8	M10
d_k	3	3,8	4,5	5,5	7	8,5	10	13	16
k	1,1	1,4	1,8	2	2,6	3,3	3,9	5	6
n	0,4	0,5	0,6	0,8	1,2	1,2	1,6	2	2,5
t	0,5	0,6	0,7	0,9	1,1	1,3	1,6	2	2,4
l de	2	3	3	4	5	6	8	10	12
l até	16	20	25	30	40	50	60	80	80
b	para *l* < 45 mm rosca aproximadamente até a cabeça para *l* ≥ 45 mm *b* = 38 mm								
Comprimentos nominais *l*	2, 3, 4, 5, 6, 8, 10, 12, 16, 20, 25 ... 45, 50, 60, 70, 80 mm								
Classes de resistência	4.8, 5.8, A2-50, A4-50								
⇒	**Parafuso cilíndrico ISO 1207 – M6 x 25 – 5.8:** *d* = M6, *l* = 25 mm, classe de resistência 5.8								

Parafusos de cabeça chanfrada com sextavado interno

veja DIN EN ISO 10642 (2004-06), substitui DIN 7991

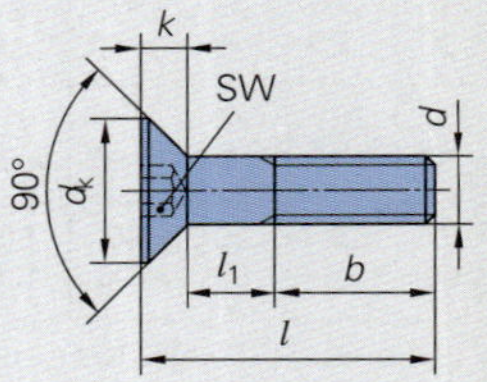

Classe de produto A (página 211)

d	M3	M4	M5	M6	M8	M10	M12	M16	M20
SW	2	2,5	3	4	5	6	8	10	12
d_k	5,5	7,5	9,4	11,3	15,2	19,2	23,1	29	36
k	1,9	2,5	3,1	3,7	5	6,2	7,4	8,8	10,2
b	18	20	22	24	28	32	36	44	52
para *l*	≥ 30	≥ 30	≥ 35	≥ 40	≥ 50	≥ 55	≥ 65	≥ 80	100
l_1	1,5	2,1	2,4	3	3,8	4,5	5,3	6	7,5
para *l*	≤ 25	≤ 25	≤ 30	≤ 35	≤ 45	≤ 50	≤ 60	≤ 70	≤ 90
l de	8	8	8	8	10	12	20	30	35
l até	30	40	50	60	80	100	100	100	100
Classes de resistência	8.8, 10.9, 12.9								
Comprimentos nominais *l*	8, 10, 12, 16, 20, 25, 30, 35, 40, 45, 50, 55, 60, 65, 70, 80, 90, 100 mm								
⇒	**Parafuso cabeça chata e chanfrada ISO 10642 – M5 x 30 – 8.8:** *d* = M5, *l* = 30 mm, classe de resistência 8.8								

Parafusos cabeça chata, parafusos cabeça abaulada, parafusos para chapas

Parafusos cabeça abaulada e chanfrada com fenda
Parafusos cabeça abaulada e chanfrada com fenda cruzada

veja DIN EN ISO 2010 (1994-10)
veja DIN EN ISO 7047 (1994-10)

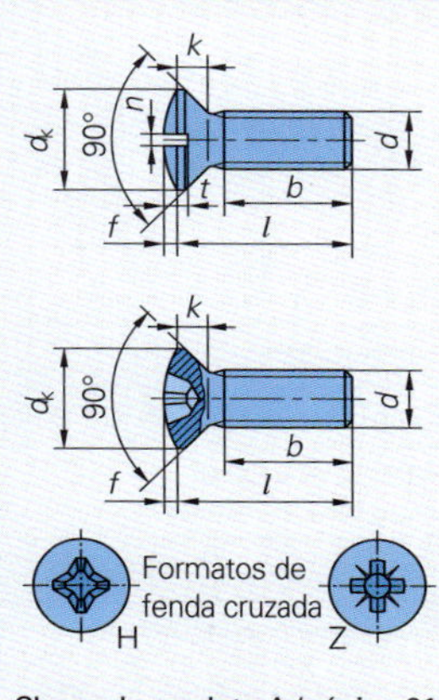

Classe de produto A (página 211)

d	M1,6	M2	M2,5	M3	M4	M5	M6	M8	M10
d_k	3	3,8	4,7	5,5	8,4	9,3	11,3	15,8	18,3
k	1	1,2	1,5	1,7	2,7	2,7	3,3	4,7	5
n	0,4	0,5	0,6	0,8	1,2	1,2	1,6	2	2,5
f	0,4	0,5	0,6	0,7	1,0	1,2	1,4	2	2,3
t	0,6	0,8	1,0	1,2	1,6	2,0	2,4	3,2	3,8
K[1]	0		1		2		3	4	
l de	2,5	3	4	5	6	8	8	10	12
l até	16	20	25	30	40	50	60	80	80
b	Para l < 45 mm → b ≈ l; para l ≥ 45 mm → b = 38 mm								
Classes de resistência	DIN EN ISO 2010: 4.8, 5.8, A2-50, A2-70 DIN EN ISO 7047: 4.8, A2-50, A2-70								
Comprimentos nominais *l*	2,5, 3, 4, 5, 6, 8, 10, 12, 16, 20, 25...45, 50, 60, 70, 80 mm								
Explicação	[1] K = tamanho da fenda cruzada, formatos H e Z								
⇒	**Parafuso cabeça abaulada e chanfrada ISO 7047 – M3 x 20 – 4.8 – H:** *d* = M3, *l* = 20 mm, classe de resistência 4.8, fenda cruzada formato H								

Parafusos cabeça chanfrada com fenda
Parafusos cabeça chanfrada com fenda cruzada

veja DIN EN ISO 2009 (1994-10)
veja DIN EN ISO 7046-1 (1994-10)

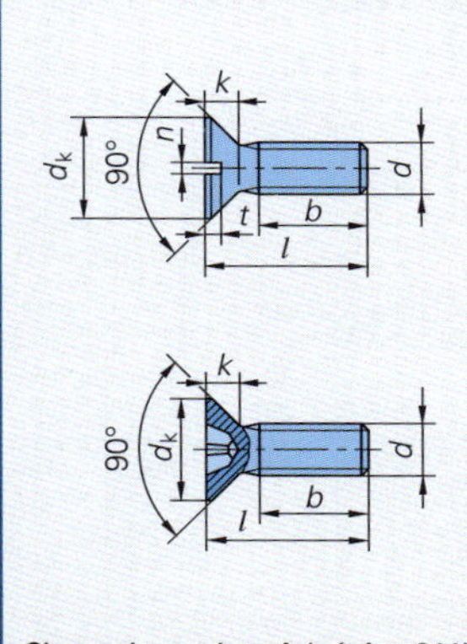

Classe de produto A (página 211)

d	M1,6	M2	M2,5	M3	M4	M5	M6	M8	M10
d_k	3	3,8	4,7	5,5	8,4	9,3	11,3	15,8	18,3
k	1	1,2	1,5	1,7	2,7	2,7	3,3	4,7	5
n	0,4	0,5	0,6	0,8	1,2	1,2	1,6	2	2,5
t	0,5	0,6	0,8	0,9	1,3	1,4	1,6	2,3	2,6
K[1]	0		1		2		3	4	
l de	2,5	3	4	5	6	8	8	10	12
l até	16	20	25	30	40	50	60	80	80
b	Para l < 45 mm → *b* ≈ l; para l ≥ 45 mm → *b* = 38 mm								
Classes de resistência	DIN EN ISO 2009: 4.8, 5.8, A2-50, A2-70 DIN EN ISO 7046-1: 4.8, A2-50, A2-70								
Comprimentos nominais *l*	2, 5, 3, 4, 5, 6, 8, 10, 12, 16, 20, 25...45, 50, 60, 70, 80 mm								
Explicação	[1] K = tamanho da fenda cruzada, formatos H e Z (DIN EN 2010)								
⇒	**Parafuso cabeça chanfrada ISO 7046-1 – M5 x 40 – 4.8 – H:** *d* = M5, *l* = 40 mm, classe de resistência 4.8, fenda cruzada formato H								

Parafusos cabeça chanfrada para chapas
Parafusos cabeça abaulada para chapas

veja DIN EN ISO 7050 (1990-08)
veja DIN EN ISO 7051 (1990-08)

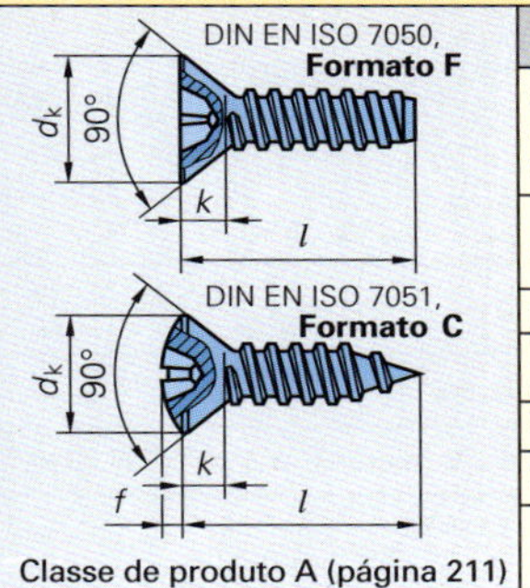

Classe de produto A (página 211)

d	ST2,2	ST2,9	ST3,5	ST4,2	ST4,8	ST5,5	ST6,3
d_k	3,8	5,5	7,3	8,4	9,3	10,3	11,3
k	1,1	1,7	2,4	2,6	2,8	3	3,2
f	0,5	0,7	0,8	1,0	1,2	1,3	1,4
l de	4,5	6,5	9,5	9,5	9,5	13	13
l até	16	19	25	32	32	38	38
K[1]	0	1	2			3	
Comprimentos nominais *l*	4,5, 6,5, 9,5, 13, 16, 19, 22, 25, 32, 38 mm						
Formatos	Formato C com ponta, formato F com espiga						
Explicação	[1] K = tamanho da fenda cruzada, formatos H e Z (DIN EN 2010)						
⇒	**Parafuso para chapas ISO 7050 – ST4,8 x 32 – F – Z:** *d* = ST4,8, *l* = 32 mm, formato F, fenda cruzada formato Z						

Parafusos para chapas, parafusos conformadores de rosca

Parafusos cabeça de lentilha (abaulada) para chapas

veja DIN EN ISO 7049 (1990-08)

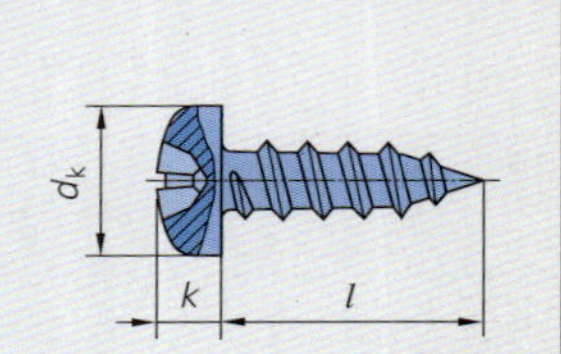

Classe de produto A (página 211)

d	ST2,2	ST2,9	ST3,5	ST4,2	ST4,8	ST5,5	ST6,3
d_k	4	5,6	7	8	9,5	11	13
k	1,6	2,4	2,6	3,1	3,7	4	4,6
l de	4,5	6,5	9,5	9,5	9,5	13	13
l até	16	19	25	32	32	38	38
K[1]	0	1	2			3	
Comprimentos nominais l	4,5, 6,5, 9,5, 13, 16, 19, 22, 25, 32, 38 mm						
Formatos	Formato C com ponta, formato F com espiga						
Explicação	[1] K = Tamanho da fenda cruzada, Formatos H e Z) (DIN EN 2010)						
⇒	**Parafuso para chapas ISO 7049 – ST2,9 x 13 – C – H:** d = ST2,9, l = 13 mm, formato C, fenda cruzada formato H						

Diâmetro do furo para parafusos para chapas (excerto)

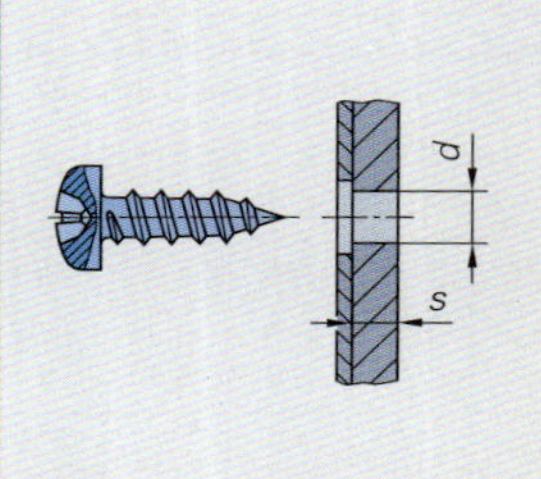

Espessura da chapa em mm de...até	Diâmetro do furo d para roscar parafuso em chapas						
	ST2,2	ST2,9	ST3,5	ST4,2	ST4,8	ST5,5	ST6,3
0...0,5	1,6	2,2	2,6	–	–	–	–
0,6...0,8	1,7	2,3	2,7	3,2	3,7	–	–
0,9...1,1	1,8	2,4	2,8	3,2	3,7	4,9	6,4
1,2...1,4	1,8	2,4	2,8	3,3	3,9	4,9	6,4
1,5...1,7	–	2,5	2,9	3,5	3,9	5,0	6,5
1,8...2,0	–	2,6	3,0	3,5	4,0	5,2	6,7
2,0...2,5	–	–	3,0	3,5	4,0	5,3	6,8
2,6...3,0	–	–	3,0	3,8	4,1	5,3	6,8
3,1...3,5	–	–	–	3,9	4,3	5,8	7,2

Parafusos conformadores de rosca

veja DIN 7500-1 (2000-07)

Classe de produto A (página 211)

Formato	d	M2	M2,5	M3	M4	M5	M6	M8	M10
DE	SW	4	5	5,5	7	8	10	13	16
	k	1,4	1,7	2	2,8	3,5	4	5,3	6,4
	d_k	3,1	4,1	4,6	5,9	6,9	8,9	11,6	14,6
	e	4,3	5,5	6,0	7,7	8,8	11,1	14,4	17,8
EE	SW	1,5	2	2,5	3	4	5	6	8
	k	2	2,5	3	4	5	6	8	10
	d_k	3,8	4,5	5,5	7	8,5	10	13	16
AE	d_k	3,8	4,5	5,5	7	8,5	10	13	16
	k	1,4	1,8	2	2,6	3,3	3,9	5	8
	n	0,4	0,5	0,8	1,2	1,2	1,6	2	2,5
	t	0,5	0,6	0,9	1,1	1,3	1,6	2	2,4
NE	d_k	3,8	4,7	5,5	8,4	9,3	11,3	15,8	18,3
	k	1,2	1,5	1,7	2,7	2,7	3,3	4,7	5
	f	0,4	0,5	1	1,2	1,4	1,4	2	2,3
	K[1]	0	1		2		3	4	
l	de	3	4	4	6	8	8	10	12
	até	16	20	25	30	40	50	60	80
Comprimentos nominais l		3, 4, 5, 6, 8, 10, 12, 16, 20, 25, 30...50, 55, 60, 70, 80 mm							
Explicação		[1] K = Tamanho da fenda cruzada, formatos H e Z) (DIN EN 2010)							
⇒		**Parafuso DIN 7500 – DE – M8 x 25 – St:** DE = cabeça sextavada, d = M8, l = 25 mm, material aço							

Prisioneiros, parafusos com olhal, bujões

Prisioneiros

veja DIN 835, 938, 939 (1995-02)

Classe de produto A (página 211)

Aplicação	
DIN	para parafusar em
835	ligas de alumínio
938	aço
939	ferro fundido

d		M3	M4	M5	M6	M8 M8 x1	M10 M10 x1,25	M12 M12 x1,25	M16 M16 x1,5	M20 M20 x1,5	M24 M24 x2
b	para *l* < 125	12	14	16	18	22	26	30	38	46	54
	l > 125	18	20	22	24	28	32	36	44	52	60
e	DIN 835	–	8	10	12	16	20	24	32	40	48
	DIN 938	3	4	5	6	8	10	12	16	20	24
	DIN 939	–	5	6,5	7,5	10	12	15	20	25	30
l	de	20	20	25	25	30	35	40	50	60	70
	até	30	40	50	60	80	100	120	170	200	200
Classes de resistência		5.6, 8.8, 10.9									
Comprimentos nominais *l*		20, 25, 30...75, 80, 90...180, 190, 200 mm									
⇒		**Prisioneiro DIN 939 – M10 x 65 – 8.8:** *d* = M10, *l* = 65 mm, classe de resistência 8.8									

Parafusos com olhal

veja DIN 580 (2003-08)

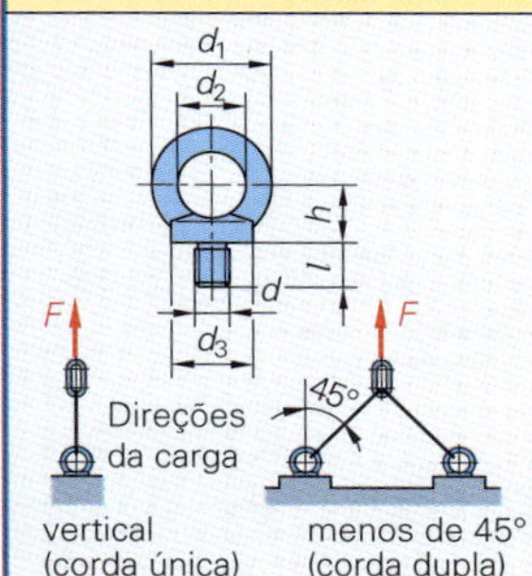

d	M8	M10	M12	M16	M20	M24	M30	M36	M42	M48	M56
h	18	22,5	26	30,5	35	45	55	65	75	85	95
d_1	36	45	54	63	72	90	108	126	144	166	184
d_2	20	25	30	35	40	50	60	70	80	90	100
d_3	20	25	30	35	40	50	65	75	85	100	110
l	13	17	20,5	27	30	36	45	54	63	68	78
Materiais	Aço de cementação C15E, A2, A3, A4, A5										
	Capacidade de carga na direção da força em t										
Vertical	0,14	0,23	0,34	0,70	1,20	1,80	3,20	4,60	6,30	8,60	11,5
Menos de 45°	0,10	0,17	0,24	0,50	0,86	1,29	2,30	3,30	4,50	6,10	8,20
⇒	**Parafuso com olhal DIN 580 – M20 – C15E:** *d* = M20, material C15E										

Bujões com colar e sextavado externo

veja DIN 910 (1992-01)

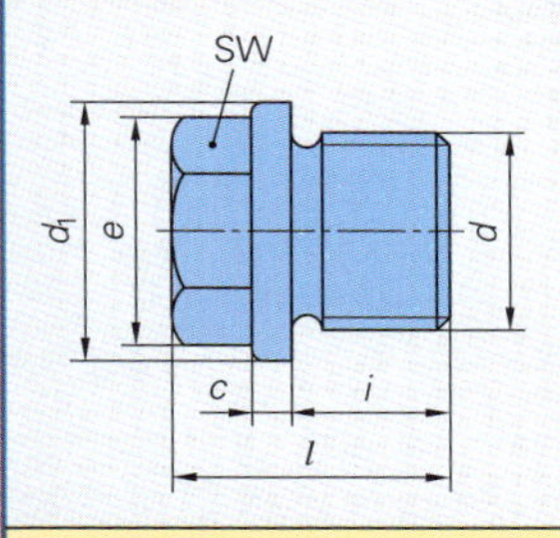

d	M10 x1	M12 x1,5	M16 x1,5	M20 x1,5	M24 x1,5	M30 x1,5	M36 x1,5	M42 x1,5	M48 x1,5	M52 x1,5
d_1	14	17	21	25	29	36	42	49	55	60
l	17	21	21	26	27	30	32	33	33	33
i	8	12	12	14	14	16	16	16	16	16
c	3	3	3	4	4	4	4	5	5	5
SW	10	13	17	19	22	24	27	30	30	30
e	10,9	14,2	18,7	20,9	23,9	26,1	29,6	33	33	33
Materiais	St Aço, AL Liga de alumínio, CuZn Liga de cobre-zinco									
⇒	**Bujão DIN 910 – M24 x 1,5 – St:** *d* = M24 x 1,5, material aço									

Bujões com colar e sextavado interno

veja DIN 908 (1992-01)

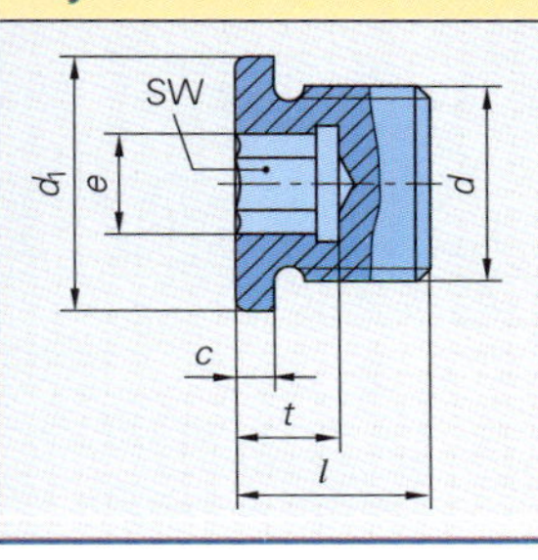

d	M10 x1	M12 x1,5	M16 x1,5	M20 x1,5	M24 x1,5	M30 x1,5	M36 x1,5	M42 x1,5	M48 x1,5	M52 x1,5
d_1	14	17	21	25	29	36	42	49	55	60
l	11	15	15	18	18	20	21	21	21	21
c	3	3	3	4	4	4	5	5	5	5
SW	5	6	8	10	12	17	19	22	24	24
t	5	7	7,5	7,5	7,5	9	10,5	10,5	10,5	10,5
e	5,7	6,9	9,2	11,4	13,7	19,4	21,7	25,2	27,4	27,4
Materiais	St Aço, AL Liga de alumínio, CuZn Liga de cobre-zinco									
⇒	**Bujão DIN 908 – M20 x 1,5 – CuZn:** *d* = M20 x 1,5, material liga de cobre-zinco									

Parafusos sem cabeça

Parafusos sem cabeça com fenda

veja DIN EN 27434, 27435, 24766 (todas 1992-12)

com ponta · com espiga · com chanfro cônico

Norma		d	M1,2	M1,6	M2	M2,5	M3	M4	M5	M6	M8	M10	M12
com ponta	DIN EN 27434	d_1	0,1	0,2	0,2	0,3	0,3	0,4	0,5	1,5	2	2,5	3,6
		n	0,2	0,3	0,3	0,4	0,4	0,6	0,8	1	1,2	1,6	2
		t	0,5	0,7	0,8	1	1,1	1,4	1,6	2	2,5	3	3
		l de	2	2	3	3	4	6	8	5	10	12	16
		l até	6	8	10	12	16	25	30	35	40	55	60
com espiga	DIN EN 27435	d_1	–	0,8	1	1,5	2	2,5	3,5	4,3	5,5	7	8,5
		z	–	1,1	1,3	1,5	1,8	2,3	2,8	3,3	4,3	5,3	6,3
		n	–	0,3	0,3	0,4	0,4	0,6	0,8	1	1,2	1,6	2
		t	–	0,7	0,8	1	1,1	1,4	1,6	2	2,5	3	3
		l de	–	2,5	3	4	5	6	8	8	10	12	16
		l até	–	8	10	12	16	20	25	30	40	50	60
com chanfro cônico	DIN EN 24766	d_1	0,6	0,8	1	1,5	2	2,5	3,5	4	5,5	7	8,5
		n	0,2	0,3	0,3	0,4	0,4	0,6	0,8	1	1,2	1,6	2
		t	0,5	0,7	0,8	1	1,1	1,4	1,6	2	2,5	3	3,6
		l de	2	2	2	2,5	3	4	5	6	8	10	12
		l até	6	8	10	12	16	20	25	30	40	50	60

Classe de produto A (página 211)

Classes de resistência: 45H, A1-12H, A2-21H, A3-21H, A4-21H, A5-21H

Comprimentos nominais l: 2, 2,5, 3, 4, 5, 6, 8, 10, 12, 16, 20, 25, 30...50, 55, 60 mm

Norma válida	Substitui
DIN EN 27434	DIN 553
DIN EN 27435	DIN 417
DIN EN 24766	DIN 551

⇒ **Parafuso sem cabeça ISO 7434 – M6 x 25 – 14H:**
d = M6, l = 25 mm, classe de resistência 14H

Parafusos sem cabeça com sextavado interno

veja DIN EN ISO 4026, 4027, 4028 (2003-05)

Norma		d	M2	M2,5	M3	M4	M5	M6	M8	M10	M12	M16	M20
com ponta	DIN EN ISO 4027	d_1	0,5	0,7	0,8	1	1,3	1,5	2	2,5	3	4	5
		SW	0,9	1,3	1,5	2	2,5	3	4	5	6	8	10
		e	1	1,5	1,7	2,3	2,9	3,4	4,6	5,7	6,9	9,1	11,4
		t	0,8	1,2	1,2	1,5	2	2	3	4	4,8	6,4	8
		l de	2	2,5	3	4	5	6	8	10	12	16	20
		l até	10	12	16	20	25	30	40	50	60	60	60
com espiga	DIN EN ISO 4028	d_1	1	1,5	2	2,5	3,5	4	5,5	7	8,5	12	15
		z	1,3	1,5	1,8	2,3	2,8	3,3	4,3	5,3	6,3	8,4	10,4
		SW	0,9	1,3	1,5	2	2,5	3	4	5	6	8	10
		e	1	1,5	1,7	2,3	2,9	3,4	4,6	5,7	6,9	9,1	11,4
		t	0,8	1,2	1,2	1,5	2	2	3	4	4,8	6,4	8
		l de	2,5	3	4	5	6	8	8	20	12	16	20
		l até	10	12	16	20	25	30	40	50	60	60	60
com chanfro cônico	DIN EN ISO 4026	d_1	1	1,5	2	2,5	3,5	4	5,5	7	8,5	12	15
		SW	0,9	1,3	1,5	2	2,5	3	4	5	6	8	10
		e	1	1,5	1,7	2,3	2,9	3,4	4,6	5,7	6,9	9,2	11,4
		t	0,8	1,2	1,2	1,5	2	2	3	4	4,8	6,4	8
		l de	2	2,5	3	4	5	6	8	10	12	16	20
		l até	10	12	16	20	25	30	40	50	60	60	60

Classe de produto A (página 211)

Classes de resistência: 45H, A1-12H, A2-21H, A3-21H, A4-21H, A5-21H

Comprimentos nominais l: 2, 2,5, 3, 4, 5, 6, 8, 10, 12, 16, 20, 25, 30...55, 60 mm

Norma válida	Substitui
DIN EN ISO 4026	DIN 913
DIN EN ISO 4027	DIN 914
DIN EN ISO 4028	DIN 915

⇒ **Parafuso sem cabeça ISO 4026 – M6 x 25 – A5-21H:**
d = M6, l = 25 mm, A5 aço inoxidável, classe de resistência 21H

Cálculo de ligações parafusadas

Diagrama de tensões

F_V Força de pré-tração
F_B Força operacional
F_K Força de sujeição
F_S Força total dos parafusos
f_s Alongamento do parafuso
f_j Encurtamento da peça

Valores de referência para seleção de parafusos de haste

Carga		Força operacional de cada parafuso F_B[1] em kN							
Estática		2,5	4	6,3	10	16	25	40	63
Dinâmica		1,6	2,5	4	6,3	10	16	25	40
Classes de resistência	4.8, 5.6	M6	M8	M10	M12	M16	M20	M24	M30
	5.8, 6.8	M5	M6	M8	M10	M12	M16	M20	M24
	8.8	M5	M6	M8	M8	M10	M16	M16	M20
	10.9	M4	M5	M6	M8	M10	M12	M16	M16
	12.9	M4	M5	M5	M8	M8	M10	M12	M16

1) Para parafusos de haste rebaixada (eixo reduzido) selecionar o nível de força operacional imediatamente superior

Forças de pré-tração e torques de aperto

Rosca	F[3]	Parafusos de haste normal: A_s[1] em mm²	Força de pré-tração F_v em kN, μ = 0,08	0,12	0,14	Torque de aperto M_A em N · m, μ = 0,08	0,12	0,14	Parafusos de haste rebaixada: A_T[2] em mm²	Força de pré-tração F_v em kN, μ = 0,08	0,12	0,14	Torque de aperto M_A em N · m, μ = 0,08	0,12	0,14
M8	8.8	36,6	18,6	17,2	16,5	17,9	23,1	25,3	26,6	12,9	11,8	11,2	13,6	17,6	19,2
	10.9		27,1	25,2	24,2	26,2	34	37,2		19	17,3	16,4	20	25,8	28,2
	12.9		31,9	29,5	28,3	30,7	39,6	43,6		22,2	20,2	19,2	23,4	30,2	33
M8 x 1	8.8	39,2	20,3	18,8	18,1	18,8	24,8	27,3	29,2	14,6	13,4	12,7	13,6	17,6	19,2
	10.9		29,7	27,7	26,6	27,7	36,4	40,1		21,5	19,6	18,7	20	25,8	28,2
	12.9		34,8	32,4	31,1	32,4	42,6	47,1		25,1	23	21,9	23,4	30,2	33
M10	8.8	58,0	29,5	27,3	26,2	36	46	51	42,4	20,7	18,9	17,9	25	32	35
	10.9		43,3	40,2	38,5	53	68	75		30,4	27,7	26,4	37	47	51
	12.9		50,7	47	45	61	80	88		35,6	32,4	30,8	43	55	60
M10x1,25	8.8	61,2	31,5	29,4	28,3	37	49	54	45,6	22,7	20,9	19,9	27	35	38
	10.9		46,5	43,2	41,5	55	72	80		33,5	30,6	29,2	40	51	56
	12.9		54,4	50,6	48,6	64	84	93		39,2	35,9	34,4	46	60	65
M12	8.8	84,3	43	39,9	38,3	61	80	87	61,7	30,3	27,6	26,3	43	55	60
	10.9		63	58,5	56,2	90	117	128		44,6	40,6	38,6	63	81	88
	12.9		73,9	68,5	65,8	105	137	150		52,1	47,7	45,2	74	95	103
M12x1,5	8.8	88,1	48,2	45	43,2	65	87	96	65,8	35	32,6	31	48	63	69
	10.9		70,8	66	63,5	96	128	141		52	47,8	45,7	71	93	102
	12.9		82,7	72,3	74,3	112	150	165		61	56	53,4	83	108	119
M16	8.8	157	81	75,3	72,4	147	194	214	117	58,4	53,4	51	106	137	150
	10.9		119	111	106	216	285	314		85,8	78,5	74,8	156	202	221
	12.9		140	130	124	253	333	367		100	91,8	87,5	182	236	258
M16x1,5	8.8	167	88	82,2	79,2	154	207	229	128	65,5	60,2	57,4	115	151	166
	10.9		129	121	116	227	304	336		96,2	88,4	84,5	169	222	244
	12.9		151	141	136	265	355	394		113	104	99	197	260	285
M20	8.8	245	131	121	117	297	391	430	182	92	86	82	215	278	304
	10.9		186	173	166	423	557	615		134	123	117	306	395	432
	12.9		218	202	194	495	653	720		157	144	137	358	462	505
M20x1,5	8.8	272	149	138	134	320	433	482	210	113	104	100	242	322	355
	10.9		212	200	190	455	618	685		160	148	142	345	460	508
	12.9		247	231	225	533	721	802		188	173	166	402	540	594
M24	8.8	353	188	175	168	512	675	743	262	136	124	118	370	480	523
	10.9		268	250	238	730	960	1060		193	177	168	527	682	745
	12.9		313	291	280	855	1125	1240		225	207	196	617	800	871
M24x2	8.8	384	210	196	189	545	735	816	295	158	145	139	410	543	600
	10.9		300	280	268	776	1046	1160		224	207	198	582	775	852
	12.9		350	327	315	908	1224	1360		263	242	230	682	905	998

(μ = Coeficiente total de atrito[4])

Na montagem com torque de aperto MA o aproveitamento do limite de elasticidade do material do parafuso é de aprox. 90%.

1) A_s Seção transversal sob tensão
2) A_T Seção transversal da cintura
3) F Classe de resistência do parafuso
4) μ = 0,08: Parafuso lubrificado com MoS_2
μ = 0,12: Parafuso levemente oleado
μ = 0,14: Parafuso travado com microcápsulas de plástico

Bloqueios em parafusos

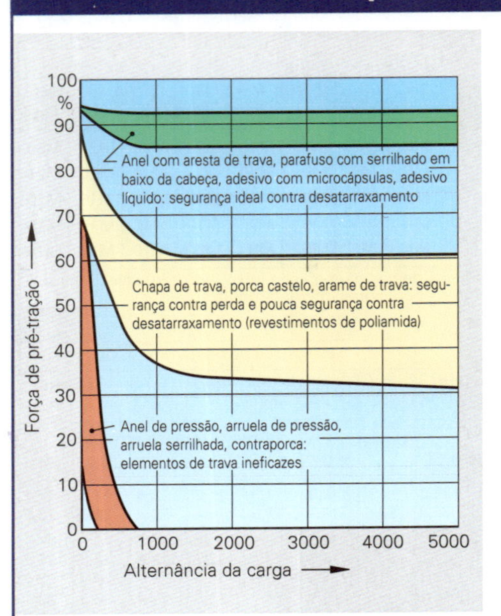

Teste de vibração DIN 65151 de diversos elementos de trava

Foi verificado o comportamento de trava das ligações parafusadas com os parafusos sob carga transversal ISO 4014-M10.

Nas ligações parafusadas bem dimensionadas e montadas de forma confiável geralmente não há necessidade de trava de segurança para os parafusos. A força de sujeição impede um deslocamento das peças parafusadas ou um afrouxamento dos parafusos e porcas. Apesar disso, na prática pode haver uma perda da força de sujeição devido aos seguintes fatores:

- **Afrouxamento da ligação parafusada** em consequência da elevada compressão das superfícies, que provoca deformações plásticas (assentamento) e reduz a força de pré-tração da ligação parafusada.
  Saneamento: o mínimo possível de separação, baixa rugosidade superficial, parafusos de alta resistência (elevada força de pré-tração).
- **Desatarraxamento da ligação parafusada:** em ligações submetidas a cargas perpendiculares ao eixo do parafuso pode ocorrer um autodesatarraxamento total.
  O saneamento é proporcionado por elementos de trava. Eles podem ser diferenciados em três grupos segundo sua eficácia:
  Elementos de trava ineficazes (p.ex., anel de pressão e arruela dentada).
  Travas contra perda, as quais permitem um desatarraxamento parcial mas impedem que a ligação parafusada se separe.
  Trava contra afrouxamento (p.ex., cola ou parafusos com dentes de trava). A força de pré-tração é praticamente mantida. As porcas ou parafusos não podem se soltar (melhor opção de travamento).

Visão geral das travas de segurança

Conexão	Elemento de trava	Norma	Tipo, propriedades
por tensão combinada, elástica	Anel de pressão Arruela de pressão Arruela dentada Arruela serrilhada	Revogada Revogada Revogada Revogada	Ineficaz Ineficaz Ineficaz Ineficaz
por fechamento de forma	Chapa de trava Porca castelo com cupilha Arame de trava	Revogada DIN 935-1+2 –	Segurança contra perda Segurança contra perda Segurança contra perda
por fechamento de força (bloqueio)	Contraporca	–	Ineficaz, possível desatarraxamento
	Parafusos e porcas com revestimento de poliamida para sujeição	DIN 267-28 ISO 2320	Segurança contra perda e pouco segurança contra desatarraxamento
bloqueio (por fechamento de força e de forma)	Parafusos com serrilhado em baixo da cabeça	–	Segurança contra desatarraxamento, inadequada para componentes temperados
	Anel com aresta de bloqueio, Arruela com aresta de bloqueio Par de arruelas autorretentoras	– –	Segurança contra desatarraxamento, inadequada para componentes temperados Segurança contra desatarraxamento
por fechamento material	Adesivo de microcápsulas na rosca	DIN 267-27	Segurança contra desatarraxamento; conexão vedante; faixa de temperatura de –50 °C a 150 °C
	Adesivo líquido	–	Segurança contra desatarraxamento

Abertura de chave, tipos de acionamento de parafusos

Abertura de chaves para parafusos, guarnições e acessórios

veja DIN 475-1 (1984-01)

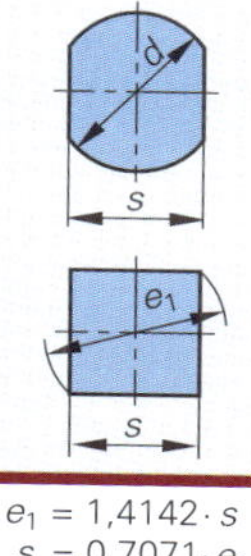

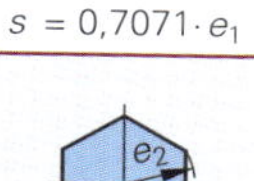

$e_1 = 1{,}4142 \cdot s$
$s = 0{,}7071 \cdot e_1$

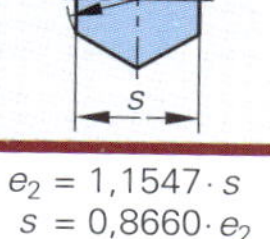

$e_2 = 1{,}1547 \cdot s$
$s = 0{,}8660 \cdot e_2$

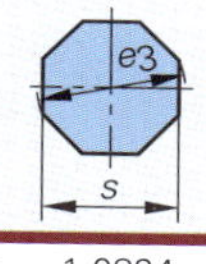

$e_3 = 1{,}0824 \cdot s$
$s = 0{,}9239 \cdot e_3$

Abertura nominal da chave SW *s*	Medida das arestas Duas faces *d*	Quatro faces e_1	Seis faces e_2[1]	Abertura nominal da chave SW *s*	Medida das arestas Duas faces *d*	Quatro faces e_1	Seis faces e_2[1]	Oito faces e_3
3,2	3,7	4,5	3,5	21	24	29,7	23,4	22,7
3,5	4	4,9	3,8	22	25	31,1	24,5	23,8
4	4,5	5,7	4,4	23	26	32,5	25,6	24,9
4,5	5	6,4	4,9	24	28	33,9	26,8	26,0
5	6	7,1	5,5	25	29	35,5	27,9	27,0
5,5	7	7,8	6,0	26	31	36,8	29,0	28,1
6	7	8,5	6,6	27	32	38,2	30,1	29,1
7	8	9,9	7,7	28	33	39,6	31,3	30,2
8	9	11,3	8,8	30	35	42,4	33,5	32,5
9	10	12,7	9,9	32	38	45,3	35,7	34,6
10	12	14,1	11,1	34	40	48,0	37,7	36,7
11	13	15,6	12,1	36	42	50,9	40,0	39,0
12	14	17,0	13,3	41	48	58,0	45,6	44,4
13	15	18,4	14,4	46	52	65,1	51,3	49,8
14	16	19,8	15,5	50	58	70,7	55,8	54,1
15	17	21,2	16,6	55	65	77,8	61,3	59,5
16	18	22,6	17,8	60	70	84,8	67,0	64,9
17	19	24,0	18,9	65	75	91,9	72,6	70,3
18	21	25,4	20,0	70	82	99,0	78,3	75,7
19	22	26,9	21,1	75	88	106	83,9	81,2
20	23	28,3	22,2	80	92	113	89,6	86,6

⇒ **DIN 475 – SW 16**: Abertura de chave com medida nominal $s = 16$ mm

[1] Na DIN 475 as medidas das arestas são menores do que nos sextavados com cantos vivos. Essas medidas menores são válidas para produtos prensados prontos. A medida das arestas pode ser calculada com a fórmula $e_2 = 1{,}1547 \cdot s$

Tipos de acionamento de parafusos

Designação	Propriedades	Designação	Propriedades
Sextavado externo	Alta transmissão de torque, pouca necessidade de força axial, preço relativamente módico, ferramenta idêntica para parafuso e porca, várias versões, ferramenta relativamente grande.	Dentes externos	Maior transmissão de torque do que no sextavado externo
Sextavado interno	Como no sextavado externo, porém, transmissão de torque um pouco menor, requer menos espaço para a ferramenta do que no sextavado externo	Dentes internos	Excelente transmissão de torque, pouca necessidade de espaço para a ferramenta
Sextavado interno com pino	Parafuso de segurança, só pode ser solto com ferramenta especial, especialmente adequado para proteção contra vandalismo e roubo, apesar disso boa transmissão de torque	Dentes internos com pino	Parafuso de segurança, só pode ser solto com ferramenta especial, especialmente adequado para proteção contra vandalismo e roubo, apesar disso boa transmissão de torque
Fenda longitudinal	Barato, comum, todavia ferramenta difícil de centralizar, baixa transmissão de torque, grande compressão superficial nas superfícies de atuação da força	Fenda cruzada Pozidriv Z	Maior transmissão de torque do que nos parafusos com fenda longitudinal, melhor centralização da ferramenta, pouca compressão superficial, sem entalhes diagonais disponível também como fenda cruzada Phillips H

Escareados para parafusos cabeça chata

Escareados para parafusos cabeça chata com cabeça unificada DIN ISO 7721

veja DIN 66 (1990-04)

Tam. nominais	1,6	2	2,5	3	3,5	4	5	5,5
Parafusos métricos	M1,6	M2	M2,5	M3	M3,5	M4	M5	–
Paraf.para chapas	–	ST2,2	–	ST2,9	ST3,5	ST4,2	ST4,8	ST5,5
d_1 H13 (média)	1,8	2,4	2,9	3,4	3,9	4,5	5,5	6
d_2	3,6	4,4	5,5	6,3	8,2	9,4	10,4	11,5
Tolerâncias para d_2	+0,1/0			+0,2/0			+0,25/0	
$t_1 \approx$	1,0	1,1	1,4	1,6	2,3	2,6	2,6	2,9
Tam. nominais	**6**	**8**	**10**	**12**	**14**	**16**	**18**	**20**
Parafusos métricos	M6	M8	M10	M12	M14	M16	M18	M20
Paraf.para chapas	ST6,3	ST8	ST9,5	–	–	–	–	–
d_1 H13 (média)[1]	6,6	9	11	13,5	15,5	17,5	20	22
d_2	12,6	17,3	20	24	28	32	36	40
Tolerâncias para d_2	+0,25/0		+0,3/0			+0,4/0		
$t_1 \approx$	3,1	4,3	4,7	5,4	6,4	7,5	8,2	9,2

⇒ **Escareado DIN 66 – 8:** Tamanho nominal 8 (rosca métrica M8 ou rosca de parafuso para chapas ST8)

Aplicação para parafusos

Parafuso	Norma
Parafuso cabeça chata com fenda	DIN EN ISO 2009
Parafuso cabeça chata com fenda cruzada	DIN EN ISO 7046-1
Parafuso cabeça abaulada com fenda	DIN EN ISO 2010
Parafuso cabeça abaulada com fenda cruzada	DIN EN ISO 7047
Parafuso cabeça chata para chapas com fenda	DIN ISO 1482
Parafuso cabeça chata para chapas com fenda cruzada	DIN ISO 7050
Parafuso cabeça abaulada para chapas com fenda	DIN ISO 1483
Parafuso cabeça abaulada para chapas com fenda cruzada	DIN ISO 7051
Parafuso autoatarraxante	DIN 7513 e DIN 7516
Parafuso autoformante	DIN 7500

90° ± 1°, d_2, t_1, d_1 H13

Representação em desenho: página 83

Escareados para parafusos cabeça chata

veja DIN 74 (2003-04)

Formato A

da rosca	1,6	2	2,5	3	4	4,5	5	6	7	8
d_1 H13[1]	1,8	2,4	2,9	3,4	4,5	5	5,5	6,6	7,6	9
d_2 H13	3,7	4,6	5,7	6,5	8,6	9,5	10,4	12,4	14,4	16,4
$t_1 \approx$	0,9	1,1	1,4	1,6	2,1	2,3	2,5	2,9	3,3	3,7

⇒ **Escareado DIN 74 – A4:** formato A, diâmetro da rosca 4 mm

Aplicação do formato A para:

Parafuso	Norma
Parafuso cabeça chata para madeira	DIN 97 e DIN 7997
Parafuso cabeça abaulada para madeira	DIN 95 e DIN 7995

Formato E

da rosca	10	12	16	20	22	24
d_1 H13[1]	10,5	13	17	21	23	25
d_2 H13	19	24	31	34	37	40
$t_1 \approx$	5,5	7	9	11,5	12	13
α	75° ± 1°			60° ± 1°		

⇒ **Escareado DIN 74 – E12:** formato E, diâmetro da rosca 12 mm

Aplicação do formato E para: Parafuso cabeça chata para estruturas de aço — DIN 7969

Formato F

da rosca	3	4	5	6	8	10	12	14	16	20
d_1 H13[1]	3,4	4,5	5,5	6,6	9	11	13,5	15,5	17,5	22
d_2 H13	6,9	9,2	11,5	13,7	18,3	22,7	27,2	31,2	34,0	40,7
$t_1 \approx$	1,8	2,3	3,0	3,6	4,6	5,9	6,9	7,8	8,2	9,4

⇒ **Escareado DIN 74 – F12:** formato F, diâmetro da rosca 12 mm

Aplicação do formato F para: Parafuso cabeça chata com sextavado interno — DIN EN ISO 10642 (Substitui DIN 7991)

90° ± 1°, d_2 H13, t_1, d_1 H13

Formato A e formato F

α, d_2 H13, t_1, d_1 H13

Formato E

Representação em desenho: página 83

Formatos B, C e D não são mais normalizados

[1] Furo passante médio conforme DIN EN 20273, página 211

Escareados para parafusos cilíndricos e sextavados

Escareados para parafusos com cabeça cilíndrica

veja DIN 974-1 (1991-05)

	d	3	4	5	6	8	10	12	16	20	24	27	30	36
	d_h H13[1]	3,4	4,5	5,5	6,6	9	11	13,5	17,5	22	26	30	33	39
d_1 H13	Série 1	6,5	8	10	11	15	18	20	26	33	40	46	50	58
	Série 2	7	9	11	13	18	24	–	–	–	–	–	–	–
	Série 3	6,5	8	10	11	15	18	20	26	33	40	46	50	58
	Série 4	7	9	11	13	16	20	24	30	36	43	46	54	63
	Série 5	9	10	13	15	18	24	26	33	40	48	54	61	69
	Série 6	8	10	13	15	20	24	33	43	48	58	63	73	–
t[2]	ISO 1207	2,4	3,0	3,7	4,3	5,6	6,6	–	–	–	–	–	–	–
	ISO 4762	3,4	4,4	5,4	6,4	8,6	10,6	12,6	16,6	20,6	24,8	31,0	34,0	37,0
	DIN 7984	2,4	3,2	3,9	4,4	5,4	6,4	7,6	9,6	11,6	13,8	–	–	–

⇒ A DIN 974 não prescreve abreviação para escareados.

Série	Parafusos de cabeça cilíndrica sem elemento de assento	
1	Parafusos ISO 1207, ISO 4762, DIN 6912, DIN 7984	
2	Parafusos ISO 1580, DIN 7985	
	Parafusos de cabeça cilíndrica e os seguintes elementos de assento:	
3	Parafusos ISO 1207, ISO 4762, DIN 7984 com anéis de pressão 7980[3]	
4	Arruelas DIN EN ISO 7092 Arruelas de pressão DIN 137 formato A[3] Anéis de pressão DIN 128 + DIN 6905[3]	Arruelas dentadas DIN 6797[3] Arruelas serrilhadas DIN 6798[3] Arruelas serrilhadas DIN 6907[3]
5	Arruelas DIN EN ISO 7090 Arruelas DIN 6902 formato A[3]	Arruelas de pressão DIN 137 formato B[3] Arruelas de pressão DIN 6904[3]
6	Arruelas mola DIN 6796	

Representação em desenho página 83

[1] Furo passante conforme DIN EN ISO 273, série média, página 211
[2] Para parafusos sem elementos de assento
[3] Normas revogadas

Escareados para parafusos sextavados e porcas sextavadas

veja DIN 974-2 (1991-05)

	d	4	5	6	8	10	12	14	16	20	24	27	30	33	36	42
	s	7	8	10	13	16	18	21	24	30	36	41	46	50	55	65
	d_h H13	4,5	5,5	6,6	9	11	13,5	15,5	17,5	22	26	30	33	36	39	45
d_1 H13	Série 1	13	15	18	24	28	33	36	40	46	58	61	73	76	82	98
	Série 2	15	18	20	26	33	36	43	46	54	73	76	82	89	93	107
	Série 3	10	11	13	18	22	26	30	33	40	48	54	61	69	73	82
t[1]	Paraf.sext.	3,2	3,9	4,4	5,7	6,8	8,1	–	10,6	13,1	15,8	–	19,7	23,5	–	–

⇒ A DIN 974 não prescreve abreviação para escareados.

Série 1: para chave tubular DIN 659, DIN 896, DIN 3112 ou jogo de soquetes DIN 3124
Série 2: para chave estrela DIN 838, DIN 897 ou jogo de soquetes DIN 3129
Série 3: para escareados em espaços restritos (inadequado para arruelas mola)
[1] Para parafusos sextavados ISO 4014, ISO 4017, ISO 8765, ISO 8676 sem elemento de assento

Representação em desenho página 83

Cálculo da profundidade para arremate rente (para DIN 974-1 e DIN 974-2)

Determinação do acréscimo *Z*

∅ nominal da rosca *d*	de 1 até 1,4	acima 1,4 até 6	acima 6 até 20	acima 20 até 27	acima 27 até 100
Acréscimo *Z*	0,2	0,4	0,6	0,8	1,0

t Profundidade do escareado
k_{max} Altura máxima da cabeça do parafuso
h_{max} Altura máxima do elemento de assento
Z Acréscimo correspondente ao diâmetro da rosca (veja tabela)

Profundidade do escareado[1]

$$t = k_{max} + h_{max} + Z$$

[1] Caso os valores k_{max} e h_{max} não estejam disponíveis, pode-se empregar de forma aproximada os valores k e h.

Porcas – resumo

Figura	Execução	Faixa da norma de...até	Norma	Aplicação, propriedades
Porcas sextavadas, tipo 1				página 228
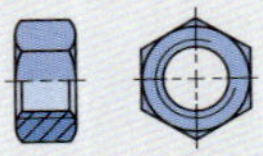	com rosca normal	M1,6 ... M64	DIN EN ISO 4032	Porca de uso mais comum, usada com parafusos com até a mesma classe de resistência; **Rosca fina:** maior transmissão de força do que com rosca normal
	com rosca fina	M8x1 ... M64x4	DIN EN ISO 8673	
Porcas sextavadas, tipo 2				página 229
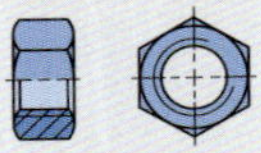	com rosca normal	M5 ... M36	DIN EN ISO 4033	A altura da porca é cerca de 10% mais alta do que no tipo 1, com parafusos com até a mesma classe de resistência; **Rosca fina:** maior transmissão de força do que com rosca normal
	com rosca fina	M8x1 ... M36x3	DIN EN ISO 8674	
Porcas sextavadas baixas				página 229, 230
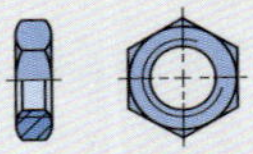	com rosca normal	M1,6 ... M64	DIN EN ISO 4035	Aplicada para alturas de montagem baixas e carga reduzida; **Rosca fina:** maior transmissão de força do que com rosca normal
	com rosca fina	M8x1 ... M64x4	DIN EN ISO 8675	
Porcas sextavadas com trava				página 230
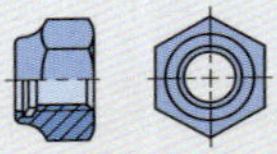	com rosca normal	M3 ... M36	DIN EN ISO 7040	Porca autotrava com total capacidade de carga e inserto não metálico, para temperatura operacional de até 120°C; **Rosca fina:** maior transmissão de força do que com rosca normal
	com rosca fina	M8x1 ... M36x3	DIN EN ISO 10512	
	com rosca normal	M5 ... M36	DIN EN ISO 7719	Porca autotrava inteiramente de metal com total capacidade de carga; **Rosca fina:** maior transmissão de força do que com rosca normal
	com rosca fina	M8x1 ... M36x3	DIN EN ISO 10513	
Porcas sextavadas, outros formatos				página 230, 232
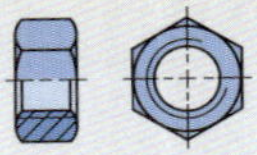	com grandes aberturas de chave, rosca normal	M12 ... M36	DIN 6915	Para ligações HV (pré-tração com elevada resistência) em estruturas de aço, usada com parafuso sextavado DIN 6914
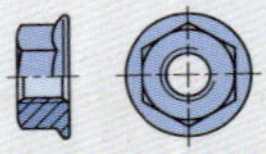	com flange, rosca normal	M5 ... M20	DIN EN 1661	Aplicação,p.ex., em furos passantes de grande diâmetro ou para reduzir a compressão da superfície
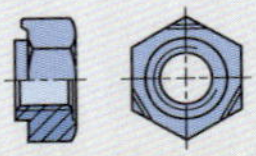	porca para soldar, rosca normal	M3 ... M16 M8x1 ... M16x1,5	DIN 929	Aplicada em construções de chapa; as porcas geralmente são ligadas à chapa por meio de solda projeção.
Porcas castelo, cavilhas				página 232
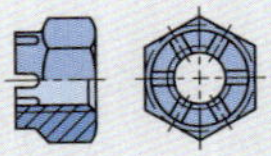	formato alto, rosca normal ou fina	M4 ... M100 M8x1 ... M100x4	DIN 935	Aplicada, p.ex., na fixação axial de rolamentos, cubos, em conexões de segurança (sistema direcional de veículos)
	formato baixo, rosca normal ou fina	M6 ... M48 M8x1 ... M48x3	DIN 979	Trava de segurança com cavilha e furo transversal no parafuso; na carga total do parafuso, cavilhas com classe de segurança acima de 8.8 são sujeitas ao cisalhamento.
	cavilha	0,6x12 ... 20x280	DIN EN ISO 1234	

Porcas – resumo, designação das porcas

Figura	Execução	Faixa da norma de...até	Norma	Aplicação, propriedades
Porcas cegas				página 231
	Formato alto, rosca normal ou fina	M4 ... M36 M8x1 ... M24x2	DIN 1587	Arremate decorativo e impermeável de parafusos externos, proteção para a rosca, proteção contra ferimentos
	Formato baixo, rosca normal ou fina	M4 ... M48 M8x1 ... M48x3	DIN 917	
Porcas com olhal, parafusos com olhal				página 231
	Porca com olhal, rosca normal ou fina	M8 ... M100x6 M20x2 ... M100x4	DIN 582	Olhais de transporte em máquinas e aparelhos; solicitação depende do ângulo de tração da carga, necessário usinagem da superfície para assento do flange
Porcas KM (redonda com ranhuras), arruelas MB (aranha)				página 231
	Porca KM com rosca fina	M10x1 ... M200x1,5	DIN 70852	Para fixação axial, p.ex., de cubos, em baixas alturas de montagem e cargas reduzidas, trava com arruela MB
	Arruela MB	10 ... 200	DIN 70952	
	Porca KM com rosca fina	M10x0,75 ... M115x2 (KM0 ... KM23)	DIN 981	Para fixação axial de mancais de rolamento, para regulagem da folga do rolamento, p.ex., em rolamentos de rolos cônicos, trava com arruela MB
	Arruela MB	10 ...115 (MB0 ... MB23)	DIN 5406	
Porcas recartilhadas				página 232
	Formato alto, rosca normal	M1 ... M10	DIN 466	Aplicada em parafusos que são abertos com frequência, p.ex., na construção de dispositivos, em painéis de comando
	Formato baixo, rosca normal	M1 ... M10	DIN 467	
Porcas esticadoras (tensoras) sextavadas				
	Rosca normal	M6 ... M30	DIN 1479	Para união e ajuste, p.ex., de barras e bielas roscadas, com rosca direita e esquerda; trava de segurança com contraporca

Designação das porcas

veja DIN 962 (2001-11)

Exemplos:

Porca sextavada ISO 4032 – M12 – 8
Porca castelo DIN 929 – M8 x 1 – St
Porca sextavada EN 1661 – M12 – 20

- Denominação
- Norma de referência, p.ex., ISO, DIN, EN; Número da folha da norma[1]
- Dados nominais, p.ex.; M rosca métrica; 8 diâmetro nominal d; 1 passo da rosca P no caso de rosca fina
- Classe de resistência, p.ex., 05, 8, 10; Material, p.ex.; St aço, GT ferro fundido maleável

[1] Porcas em conformidade com normas ISO, ou DIN EN ISO recebem na designação a sigla **ISO**.
Porcas em conformidade com normas DIN recebem na designação a sigla **DIN**.
Parcas em conformidade com normas DIN EN recebem na designação a sigla **EN**.

Classes de resistência, porcas sextavadas com rosca normal

Classes de resistências das porcas

veja DIN EN 20898-2 (1994-02)
DIN EN ISO 3506-2 (1998-03)

Exemplos

Aços-carbono e aços-liga
DIN EN 29898-2

Altura da porca $m \geq 0,8 \cdot d$: **8**
Altura da porca $m \leq 0,8 \cdot d$: **04**

Aços inoxidáveis
DIN EN ISO 3506-2

Altura da porca $m \geq 0,8 \cdot d$: **A 2 – 70**
Altura da porca $m < 0,8 \cdot d$: **A 4 – 035**

Códigos
8 Classe de resistência 04 Porca baixa, tensão de ensaio = 4 · 100 N/mm2

Estrutura do aço
A austenítica F ferrítica

Grupo do aço
1 Liga para torno autom. 2 Em liga com Cr, Ni 4 Em liga com Cr, Ni, Mo

Códigos
70 Tensão de ensaio = 70 · 10 N/mm^2 035 Porca baixa, tensão de ensaio = 35 · 10 N/mm^2

Combinações admissíveis para parafusos e porcas

veja DIN EN 20898-2 (1994-02)

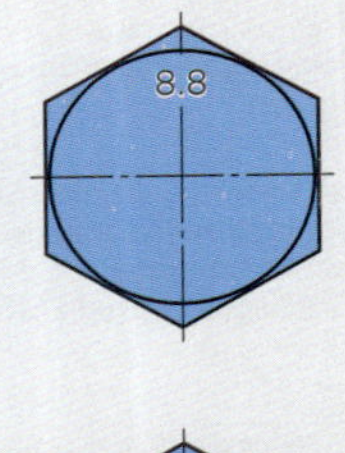

Classe de resistência da porca	parafusos utilizáveis até a classe de resistência – aços-carbono e aços-liga							aços inoxidáveis			
	4.8	5.8	6.8	8.8	9.8	10.9	12.9	A2-50	A2-70	A4-50	A4-70
4	■										
5	■	■									
6	■	■	■								
8	■	■	■	■							
9	■	■	■	■	■						
10	■	■	■	■	■	■					
12	■	■	■	■	■	■	■				
A2-50								■			
A2-70								■	■		
A4-50										■	
A4-70										■	■
04, 05, A2-025, A4-025	Classes de resistência para porcas baixas. As porcas são concebidas para pequenas cargas. Parafusos e porcas do mesmo grupo de material, p.ex., aço inoxidável, podem ser combinados entre si.										

■ combinações admissíveis entre classes de resistência de parafusos e porcas

A2-70

Porcas sextavadas com rosca normal, tipo 1[1]

veja DIN EN ISO 4032 (2001-03)

Norma DIN EN ISO válida	Substitui: DIN EN	DIN
4032	24032	934

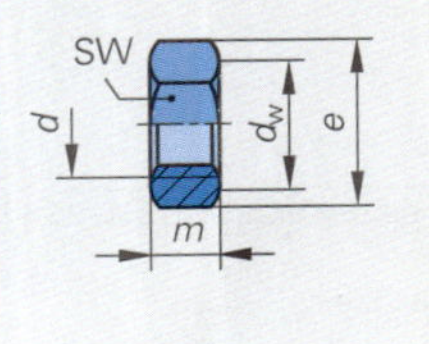

d	M1,6	M2	M2,5	M3	M4	M5	M6	M8	M10
SW	3,2	4	5	5,5	7	8	10	13	16
d_w	2,4	3,1	4,1	4,6	5,9	6,9	8,9	11,6	14,6
e	3,4	4,3	5,5	6	7,7	8,8	11,1	14,4	17,8
m	1,3	1,6	2	2,4	3,2	4,7	5,2	6,8	8,4
Classes de resistência	conforme acordado			6, 8, 10					
	A2-70, A4-70								

d	M12	M16	M20	M24	M30	M36	M42	M48	M56
SW	18	24	30	36	46	55	65	75	85
d_w	16,6	22,5	27,7	33,3	42,8	51,1	60	69,5	78,7
e	20	26,8	33	39,6	50,9	60,8	71,3	82,6	93,6
m	10,8	14,8	18	21,5	25,6	31	34	38	45
Classes de resistência	6, 8, 10						conforme acordado		
	A2-70, A4-70				A2-50, A4-50		–		
Explicação	1) Tipo 1: altura da porca $m \geq 0,8 \cdot d$								
⇒	**Porca sextavada ISO 4032 – M10 – 10:** d = 10, classe de resistência 10								

Classes de produto (p. 211)	
Rosca *d*	Classe
M1,6 ... M16	A
M20 ... M64	B

Porcas sextavadas

Porcas sextavadas com rosca normal, tipo 2 [1]

veja DIN EN ISO 4033 (2001-03), substitui DIN EN 24033

d	M5	M6	M8	M10	M12	M16	M20	M24	M30	M36
SW	8	10	13	16	18	24	30	36	46	55
d_w	6,9	8,9	11,6	14,8	14,6	22,5	27,7	33,2	42,7	51,1
e	8,8	11,1	14,4	17,8	20	26,8	33	39,6	50,9	60,8
m	5,1	5,7	7,5	9,3	12	16,4	20,3	23,9	28,6	34,7
Classe de resistência	9, 12									

Explicação: [1] Porcas sextavadas do tipo 2 são aprox. 10% mais altas do que as do tipo 1.

⇒ **Porca sextavada ISO 4033 – M24 – 9:** *d* = M24, classe de resistência 9

Classe de produtos (p. 211)

Rosca *d*	Classe
M1,6...M16	A
M20...M64	B

Porcas sextavadas com rosca fina, tipo 1 e tipo 2 [1]

veja DIN EN ISO 8673 e 8674 (2001-03)

Norma DIN EN ISO válida	Substitui: DIN EN	Substitui: DIN
8673	28673	934
8674	28674	971

d	M8 x1	M10 x1	M12 x1,5	M16 x1,5	M20 x1,5	M24 x2	M30 x2	M36 x3	M42 x3	M48 x3	M56 x4
SW	13	16	18	24	30	36	46	55	65	75	85
d_w	11,6	14,6	16,6	22,5	27,7	33,3	42,8	51,1	60	69,5	78,6
e	14,4	17,8	20	26,8	33	39,6	50,9	60,8	71,3	82,6	93,6
m_1 [1]	6,8	8,4	10,8	14,8	18	21,5	25,6	31	34	38	45
m_2 [1]	7,5	9,3	12	16,4	20,3	23,9	28,6	34,7	–	–	–
Classes de resistência Tipo 1	6, 8								conforme acordado		
	A2-70, A4-70						A2-50, A4-50				
Tipo 2	8, 10, 12				10				–		

Explicação: [1] Porca sextavada tipo 1: DIN EN ISO 8673, altura da porca $m_1 \geq 0{,}8 \cdot d$
Porca sextavada tipo 2: DIN EN ISO 8674, altura da porca m_2 é aprox. 10% maior do que a das porcas do tipo 1.

⇒ **Porca sextavada ISO 8673 – M8x1 – 6:** *d* = M8x1, classe de resistência 6

Classe de produtos (p. 211)

Rosca *d*	Classe
M8x1...M16x1,5	A
M20x1,5...M64x3	B

Porcas sextavadas baixas com rosca normal [1]

veja DIN EN ISO 4035 (2001-03)

Norma DIN EN ISO válida	Substitui: DIN EN
4035	24035

d	M1,6	M2	M2,5	M3	M4	M5	M6	M8	M10
SW	3,2	4	5	5,5	7	8	10	13	16
d_w	2,4	3,1	4,1	4,6	5,9	6,9	8,9	11,6	14,6
e	3,4	4,3	5,5	6	7,7	8,8	11,1	14,4	17,8
m	1	1,2	1,6	1,8	2,2	2,7	3,2	4	5
Classes de resistência	conforme acordado			04, 05					
	A2-035, A4-035								

d	M12	M16	M20	M24	M30	M36	M42	M48	M56
SW	18	24	30	36	46	55	65	75	85
d_w	16,6	22,5	27,7	33,2	42,8	51,1	60	69,5	78,7
e	20	26,8	33	39,6	50,9	60,8	71,3	82,6	93,6
m	6	8	10	12	15	18	21	24	28
Classes de resistência	04, 05						conforme acordado		
	A2-035, A4-035				A2-025, A4-025		–		

Explicação: [1] Porcas sextavadas baixas (altura da porca m < 0,8 · d) [illegible]enos capacidade de carga do que as porcas do tipo 1.

⇒ **Porca sextavada ISO 4035 – M16 – A2-035:**
d = M16, classe de resistência A2-035

Classe de produtos (p. 211)

Rosca *d*	Classe
M1,6...M16	A
M20...M36	B

Porcas sextavadas

Porcas sextavadas baixas com rosca fina[1]

veja DIN EN ISO 8675 (2001-03)

Norma DIN EN ISO válida	Substitui: DIN EN
8675	28675

Classes de produto (p.211)

Rosca d	Classe
M8x1...M16x1,5	A
M20x1,5...M64x3	B

d	M8 x1	M10 x1	M12 x1,5	M16 x1,5	M20 x1,5	M24 x2	M30 x2	M36 x3	M42 x3	M48 x4	M56 x4
SW	13	16	18	24	30	36	46	55	65	75	85
d_w	11,6	14,6	16,6	22,5	27,7	33,3	42,8	51,1	60	69,5	76,7
e	14,4	17,8	20	26,8	33	39,6	50,9	60,8	71,3	82,6	93,6
m	4	5	6	8	10	12	15	18	21	24	28
Classes de resistência	04, 05								conforme acordado		
	A2-035, A4-035						2)				

Explicações: [1] Porcas sextavadas baixas (altura da porca $m < 0,8 \cdot d$) têm menor capacidade de carga do que as porcas do tipo 1.
[2] Classes de resistência para aços inoxidáveis: A2-025, A4-025

⇒ **Porca sextavada ISO 8675 – M20x1,5 – A2-035:** d = M20x1,5, classe de resistência A2-035

Porcas sextavadas com elemento de trava, tipo 1[1]

veja DIN EN ISO 7040 e 10512 (2001-03)

Norma DIN EN ISO válida	Substitui: DIN EN	DIN
7040	27040	982
10512		

Classes de produto veja DIN EN ISO 4032

d	M4 –	M5 –	M6 –	M8 M8 x1	M10 M10 x1	M12 M12 x1,5	M16 M16 x1,5	M20 M20 x1,5	M24 M24 x2	M30 M30 x2	M36 M36 x3
SW	7	8	10	13	16	18	24	30	36	46	55
d_w	5,9	8,9	8,9	11,6	14,6	16,6	22,5	27,7	33,3	42,8	51,1
e	7,7	8,8	11,1	14,4	17,8	20	26,8	33	39,6	50,9	60,8
h	6	6,8	8	9,5	11,9	14,9	19,1	22,8	27,1	32,6	38,9
m	2,9	4,4	4,9	6,4	8	10,4	14,1	16,9	20,2	24,3	29,4

Classe de resistência: para DIN EN ISO 7040: 5, 8, 10 para DIN EN ISO 10512: 6,8,10

Explicação: [1] Porca sextavada tipo 1 (altura da porca $m \geq 0,8 \cdot d$)
DIN EN ISO 7040: porca com rosca normal
DIN EN ISO 10512: porca com rosca fina

⇒ **Porca sextavada ISO 7040 – M16 – 10:** d = M16, classe de resistência 10

Porcas sextavadas com grande abertura de chave[1]

veja DIN 6915 (1999-12)

Classe de produto B

d	M12	M16	M20	M22	M24	M27	M30	M36
SW	22	27	32	36	41	46	50	60
d_w	20	25	30	34	39	43,5	47,5	57
e	23,9	29,6	35	39,6	45,2	50,9	55,4	66,4
m	10	13	16	18	20	22	24	29

Classe de resistência: 10 (não é necessário indicar na designação)

Explicação: [1] Para ligações HV (pré-tração para alta resistência) em estruturas de aço; emprego com parafusos sextavados DIN 6914 (página 214)

⇒ **Porca sextavada DIN 6915 – M24:** d = M24, classe de resistência 10

Porcas sextavadas com flange

veja DIN EN 1661 (1998-02)

Classes de produto veja DIN EN ISO 4032

d	M5	M6	M8	M10	M12	M16	M20
SW	8	10	13	16	18	24	30
d_w	9,8	12,2	15,8	19,6	23,8	31,9	39,9
d_c	11,8	14,2	17,9	21,8	26	34,5	42,8
e	8,8	11,1	14,4	17,8	20	26,8	33
m	5	6	8	10	12	16	20

Classes de resistência: 8, 10, A2-70

⇒ **Porca sextavada EN 1661 – M16 – 8:** d = M16, classe de resistência 8

Outras Porcas

Porcas sextavadas chapéu, formato alto

veja DIN 1587 (2000-10)

Classe de produto A ou B a escolha do fabricante

d	M4 –	M5 –	M6 –	M8 M8 x1	M10 M10 x1	M12 M12 x1,5	M16 M16 x1,5	M20 M20 x2	M24 M24 x2
SW	7	8	10	13	16	18	24	30	36
d_1	6,5	7,5	9,5	12,5	15	17	23	28	34
m	3,2	4	5	6,5	8	10	13	16	19
e	7,7	8,8	11,1	14,4	17,8	20	26,8	33,5	40
h	8	10	12	15	18	22	28	34	42
t	5,3	7,2	7,8	10,7	13,3	16,3	20,6	25,6	30,5
g_2	g 2 · P (P passo da rosca)					Canal de saída da rosca DIN 76-D			
Classes de resistência	6, A1-50								
⇒	**Porca chapéu DIN 1587 – M20 – 6:** d = M20, classe de resistência 6								

Porcas KM (redonda com ranhuras)

veja DIN 70852 (1989-06)

d	M12 x1,5	M16 x1,5	M20 x1,5	M24 x1,5	M30 x1,5	M35 x1,5	M40 x1,5	M48 x1,5	M55 x1,5	M60 x1,5	M65 x1,5
d_1	22	28	32	38	44	50	56	65	75	80	85
d_2	18	23	27	32	38	43	49	57	67	71	76
m	6	6	6	7	7	8	8	8	8	9	9
b	4,5	5,5	5,5	6,5	6,5	7	7	8	8	11	11
t	1,8	2,3	2,3	2,8	2,8	3,3	3,3	3,8	3,8	4,3	4,3
Material	St (aço)										
⇒	**Porca KM DIN 70852 – M16x1,5 - St:** d = M16x1,5, material aço										

Arruelas MB (aranha)

veja DIN 70952 (1976-05)

d	12	16	20	24	30	35	40	48	55	60	65
d_1	24	29	35	40	48	53	59	67	79	83	88
t	0,75	1	1	1	1,2	1,2	1,2	1,2	1,2	1,5	1,5
a	3	3	4	4	5	5	5	5	6	6	6
b	4	5	5	6	7	7	8	8	10	10	10
b_1 C11	4	5	5	6	7	7	8	8	10	10	10
t_1	1,2	1,2	1,2	1,2	1,5	1,5	1,5	1,5	1,5	2	2
Material	St (chapa de aço)										
⇒	**Arruela MB DIN 70952 – 16 – St:** d = 16x1,5, material aço										

Porcas com olhal

veja DIN 582 (2003-08)

d	M8	M10	M12	M16	M20	M24	M30	M36	M42	M48	M56
h	18	22,5	26	30,5	35	45	55	65	75	85	95
d_1	36	45	54	63	72	90	108	126	144	166	184
d_2	20	25	30	35	40	50	60	70	80	90	100
d_3	20	25	30	35	40	50	65	75	85	100	110
	Capacidade de carga[1] em t para direção da força										
Perpendicular	0,14	0,23	0,34	0,70	1,20	1,80	3,20	4,60	6,30	8,60	11,5
menos de 45°	0,10	0,17	0,24	0,50	0,86	1,29	2,30	3,30	4,50	6,10	8,20
Material	Aço de cementação C15, A2, A3, A4, A5										
Explicação	[1] Os valores incluem uma segurança v = 6 em relação à força de ruptura.										
⇒	**Porca com olhal DIN 582 – M36 – C15E:** d = M36x3, material C15E										

Porcas castelo, cupilhas, porcas para soldar, porcas recartilhadas

Porcas castelo, formato alto

veja DIN 935-1 (2000-10)

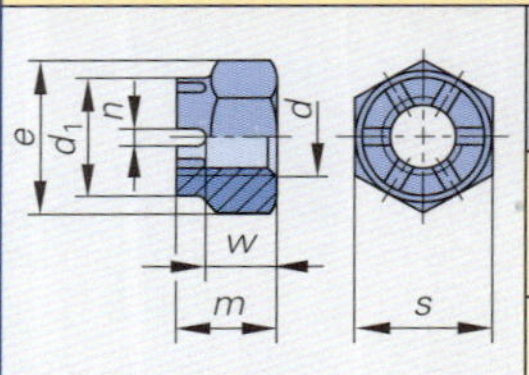

Classes de produto (p. 211)

Rosca *d*	Classe
M1,6...M16	A
M20...M100	B

d	M4 –	M5 –	M6 –	M8 M8 x1	M10 M10 x1	M12 M12 x1,5	M16 M16 x1,5	M20 M20 x2	M24 M24 x2	M30 M30 x2
s	7	8	10	13	16	18	24	30	36	46
e	7,7	8,8	11,1	14,4	17,8	20	26,8	33	39,6	50,9
m	5	6	7,5	9,5	12	15	19	22	27	33
d_1	sem saliência cilíndrica					15,6	21,5	27,7	33,2	42,7
n	1,2	1,4	2	2,5	2,8	3,5	4,5	4,5	5,5	7
w	3,2	4	5	6,5	8	10	13	16	19	24
Classes de resistência	6, 8, 10									
	A2-70									A2-50
⇒	**Porca castelo DIN 935 – M20 – 8:** *d* = M20, classe de resistência 8									

Cupilhas/cavilhas

veja DIN EN ISO 1234 (1998-02)

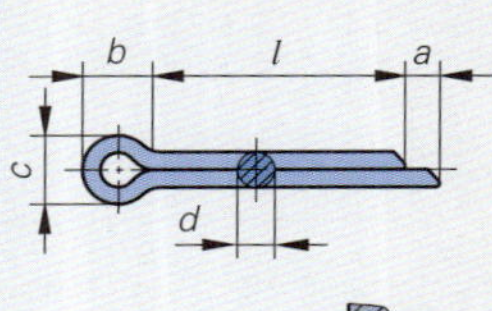

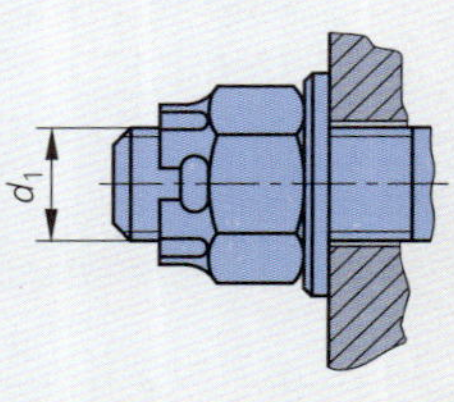

d[1]	1	1,2	1,6	2	2,5	3,2	4	5	6,3	8
b	3	3	3,2	4	5	6,4	8	10	12,6	16
c	1,6	2	2,8	3,6	4,6	5,8	7,4	9,2	11,8	15
a	1,6	2,5	2,5	2,5	2,5	3,2	4	4	4	4
l de	6	8	8	10	12	14	18	22	28	36
l até	20	25	32	40	50	63	80	100	125	160
d_1[2] acima	3,5	4,5	5,5	7	9	11	14	20	27	39
d_1[2] até	4,5	5,5	7	9	11	14	20	27	39	56
Comprimentos nominais	6, 8, 10, 12, 14, 16, 18, 20, 22, 25, 28, 32, 36, 40, 45, 50, 56, 63, 71, 80, 90, 100, 112, 125, 140, 160 mm									
Explicações	[1] *d* Tamanho nominal = diâmetro da cupilha [2] d_1 Diâmetro do respectivo parafuso									
⇒	**Cupilha ISO 1234 – 2,5x32 – St:** *d* = 2,5 mm, *l* = 32 mm, material aço									

Porcas sextavadas para soldar

veja DIN 929 (2000-01)

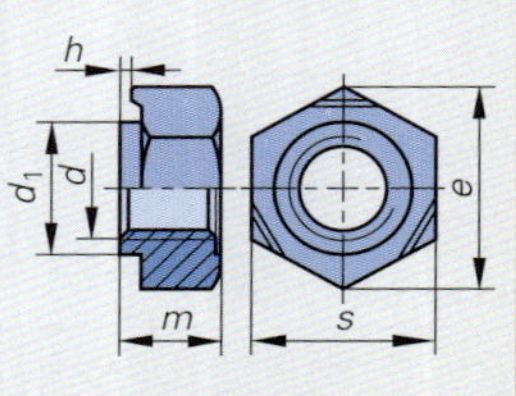

Classe de produto A

d	M3	M4	M5	M6	M8	M10	M12	M16
s	7,5	9	10	11	14	17	19	24
d_1	4,5	6	7	8	10,5	12,5	14,8	18,8
e	8,2	9,8	11	12	15,4	18,7	20,9	26,5
m	3	3,5	4	5	6,5	8	10	13
h	0,3	0,3	0,3	0,4	0,4	0,5	0,6	0,8
Material	St – aço com um teor máximo de carbono de 0.25%							
⇒	**Porca para soldar DIN 929 – M16 – St:** *d* = M16, material aço							

Porcas recartilhadas

veja DIN 466 e 467 (1986-09)

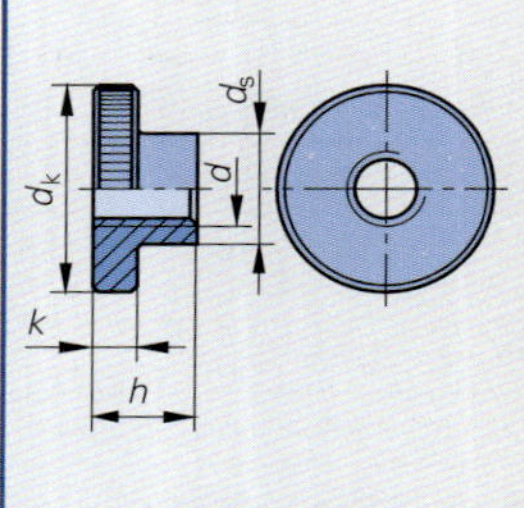

d	M1,2	M1,6	M2	M2,5	M3	M4	M5	M6	M8	M10
d_k	6	7,5	9	11	12	16	20	24	30	36
d_s	3	3,8	4,5	5	6	8	10	12	16	20
k	1,5	2	2	2,5	2,5	3,5	4	5	8	8
h[1]	4	5	5,3	6,5	7,5	9,5	11,5	15	18	23
h[2]	2	2,5	2,5	3	3	4	5	6	8	10
Classes de resistência	5, A1-50									
Explicações	[1] Altura da porca para DIN 466 formato alto [2] Altura da porca para DIN 467 formato baixo									
⇒	**Porca recartilhada DIN 467 – M6 – A1-50:** *d* = M6, classe de resistência A1-50									

Resumo, arruelas planas

Exemplo de designação: **Arruela ISO 7090 – 8 – 300 HV – A2**[1]

Arruela	ISO 7090	8	300 HV	A2
Denominação	Norma	Tamanho nominal (∅ nominal da rosca)	Classe de dureza	Material

[1] Aço inoxidável, grupo do aço A2

Resumo

Figura	Versão Faixa normalizada de...até	M[1]	Norma	Figura	Versão Faixa normalizada de...até	M[1]	Norma
	Arruela plana com chanfro Classe de produto A[2] M5...M64 Tabela abaixo	Aço, aço inoxidável	DIN EN ISO 7090		Arruela redonda, para parafusos HV M12...M30 Página 235	Aço	DIN 6916
	Arruela plana série pequena Classe de produto A[2] M1,6...M36 Página 234	Aço, aço inoxidável	DIN EN ISO 7092		Arruela retangular, para vigas U e vigas I M8...M27 Página 235	Aço	DIN 434 DIN 435
	Arruela plana série normal Classe de produto C[2] M1,6...M64 Página 234	Aço	DIN EN ISO 7091		Arruela para pinos Classe de produto A[2] d = 3...100 mm Página 235	Aço	DIN EN 28738
	Arruela para estruturas de aço, classe de produto A[2], C[2] M10...M30 Página 234	Aço	DIN 7989-1		Arruela mola para ligações parafusadas d = 2...30 mm Página 235	Aço para mola	DIN 6796

[1] Material aço com a classe de dureza correspondente (p.ex., 200 HV; 300 HV); outros materiais conforme acordado.
[2] As classes de produto se diferenciam pela tolerância e pelos processos de fabricação.

Arruelas planas com chanfro, série normal

veja DIN EN ISO 7090 (2001-11), substitui DIN 125-1+2

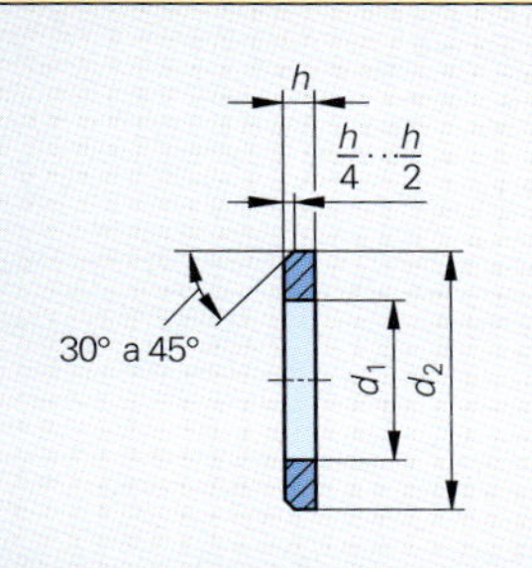

Para roscas	M5	M6	M8	M10	M12	M16	M20
Tamanhos nominais	5	6	8	10	12	16	20
d_1 min.[1]	5,3	6,4	8,4	10,5	13,0	17,0	21,0
d_2 max.[1]	10,0	12,0	16,0	20,0	24,0	30,0	37,0
h[1]	1	1,6	1,6	2	2,5	3	3
Para roscas	**M24**	**M30**	**M36**	**M42**	**M48**	**M56**	**M64**
Tamanhos nominais	24	30	36	42	48	56	64
d_1 min.[1]	25,0	31,0	37,0	45,0	52,0	62,0	70,0
d_2 max.[1]	44,0	56,0	66,0	78,0	92,0	105,0	115,0
h[1]	4	4	5	8	8	10	10

Materiais[2]	Aço		Aço inoxidável
Espécie	–	–	A2, A4, F1, C1, C4 (ISO 3506)[3]
Classe de dureza	200 HV	300 HV (temperado)	200 HV

⇒ **Arruela ISO 7090-20-200 HV:** tamanho nominal (= ∅ nom. da rosca) = 20 mm, classe de dureza 200 HV, de aço

[1] Sempre medida nominal
[2] Metais não ferrosos e outros materiais conforme acordo
[3] Veja página 211

Classe de dureza 200 HV adequada para:
- Parafusos e porcas sextavadas com classe de resistência ≤ 8.8 (parafuso) e ≤ 8 (porca)
- Parafusos e porcas sextavadas de aço inoxidável

Classe de dureza 300 HV adequada para:
- Parafusos e porcas sextavadas com classe de resistência ≤ 10.9 (parafuso) e ≤ 10 (porca)

Arruelas planas, arruelas para estruturas de aço

Arruelas planas com chanfro, série pequena

veja DIN EN ISO 7092 (2000-11), substitui DIN 433-1+2

Para roscas	M1,6	M2	M2,5	M3	M4	M5	M6	M8
Tamanhos nominais	1,6	2	2,5	3	4	5	6	8
d_1 min.[1]	1,7	2,2	2,7	3,2	4,3	5,3	6,4	8,4
d_2 max.[1]	3,5	4,5	5	6	8	9	11	15
h_{max}	0,35	0,35	0,55	0,55	0,55	1,1	1,8	1,8
Para roscas	**M10**	**M12**	**M14**[2]	**M16**	**M20**	**M24**	**M30**	**M36**
Tamanhos nominais	10	12	14	16	20	24	30	36
d_1 min.[1]	10,5	13,0	15,0	17,0	21,0	25,0	31,0	37,0
d_2 max.[1]	18,0	20,0	24,0	28,0	34,0	39,0	50,0	60,0
h_{max}	1,8	2,2	2,7	2,7	3,3	4,3	4,3	5,6

Materiais[3]	Aço		Aço inoxidável
Espécie	–	–	A2, A4, F1, C1, C4 (ISO 3506)[4]
Classe de dureza	200 HV	300 HV (temperado)	200 HV
⇒	Arruela ISO 7092-8-200 HV-A2: tamanho nominal (= ∅ nominal da rosca) = 8 mm, série pequena, classe de dureza 200 HV, de aço inoxidável A2		

Classe de dureza 200 HV adequada para:
- Parafusos cilíndricos com classe de resistência ≤ 8.8 ou de aço inoxidável
- Parafusos cilíndricos com sextavado interno com classe de resistência ≤ 8.8 ou de aço inoxidável

Classe de dureza 300 HV adequada para:
- Parafusos cilíndricos com sextavado interno com classe de resistência ≤ 10.9

1) Sempre medida nominal
2) Evitar este tamanho.
3) Metais não ferrosos e outros materiais conforme acordo
4) Veja página 211

Arruelas planas, série normal

veja DIN EN ISO 7091 (2000-11), substitui DIN 126

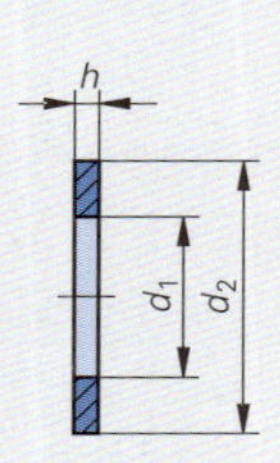

Para roscas	M2	M3	M4	M5	M6	M8	M10	M12
Tamanhos nominais	2	3	4	5	6	8	10	12
d_1 min.[1]	2,4	3,4	4,5	5,5	6,6	9,0	11,0	13,5
d_2 max.[1]	5,0	7,0	9,0	10,0	12,0	16,0	20,0	24,0
h[1]	0,3	0,5	0,8	1,0	1,6	1,6	2	2,5
Para roscas	**M16**	**M20**	**M24**	**M30**	**M36**	**M42**	**M48**	**M64**
Tamanhos nominais	16	20	24	30	36	42	48	64
d_1 min.[1]	17,5	22,0	26,0	33,0	39,0	45,0	52,0	70,0
d_2 max.[1]	30,0	37,0	44,0	56,0	66,0	78,0	92,0	115,0
h[1]	3	3	4	4	5	8	8	10

⇒ **Arruela ISO 7091-12-100 HV:** tamanho nominal (= ∅ nominal da rosca) d = 12 mm, classe de dureza 100 HV

Classe de dureza 100 HV adequada para:
- Parafusos sextavados, classe de produto C, com classe de resistência ≤ 6.8
- Porcas sextavadas, classe de produ to C, com classe de resistência ≤ 6

1) Sempre medida nominal

Arruelas para estruturas de aço

veja DIN 7989-1 e DIN 7989-2 (2000-04)

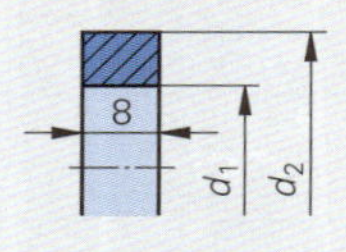

Para roscas[1]	M10	M12	M16	M20	M24	M27	M30
d_1 min.	11,0	13,5	17,5	22,0	26,0	30,0	33,0
d_2 max.	20,0	24,0	30,0	37,0	44,0	50,0	56,0

⇒ **Arruela DIN 7989-16-C-100 HV:** ∅ nominal da rosca d = 16 mm, classe de produto C, classe de dureza 100.

Versões: Classe de produto C (versão estampada) espessura h = (8 ± 1,2) mm
Classe de produto A (versão torneada) espessura h = (8 ± 1) mm

1) Medida nominal

Adequada para parafusos conforme DIN 7968, DIN 7969, DIN 7990 em conjunto com porcas conforme ISO 4032 e ISO 4034.

Arruelas para parafusos HV, para vigas U e I, para pinos, arruelas mola

Arruelas para estruturas de aço

veja DIN 6916 (1989-10)

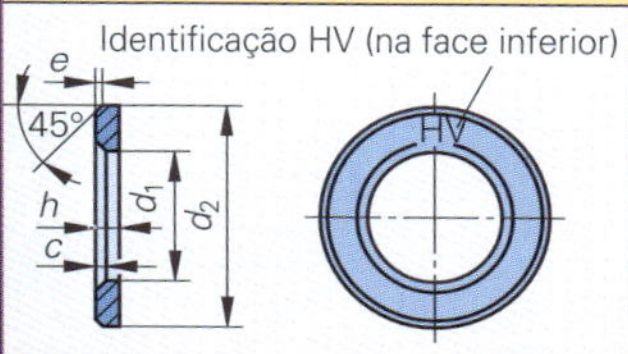

Roscas	M12	M16	M20	M22	M24	M27	M30
d_1 min.[1]	13	17	21	23	25	28	31
d_2 max.	24	30	37	39	44	50	56
h	3	4	4	4	4	5	5
⇒	**Arruela DIN 6916-17**: tamanho nominal d_1 = 17 mm						

Material: aço temperado de 295 HV 10 até 350 HV 10 (p.ex., C45)

[1] Diâmetro nominal

Arruelas, retangulares, em forma de cunha, para vigas U e I

veja DIN 434 (2000-04), DIN 435 (2000-01)

Arruela U DIN 434 — **Arruela I** DIN 435

Roscas	M8	M10	M12	M16	M20	M22	M24
d_1 min.[1]	9	11	13,5	17,5	22	24	26
a	22	22	26	32	40	44	56
b	22	22	30	36	44	50	56
h DIN 434	3,8	3,8	4,9	5,8	7	8	8,5
h DIN 435	4,6	4,6	6,2	7,5	9,2	10	10,8
⇒	**Arruela DIN 435-13,5**: tamanho nominal d_1 = 13,5 mm						

Material: aço, dureza 100 HV 10 até 250 HV 10

[1] Diâmetro nominal

Arruelas para pinos, classe de produto A[1]

veja DIN EN 28738 (1992-10)

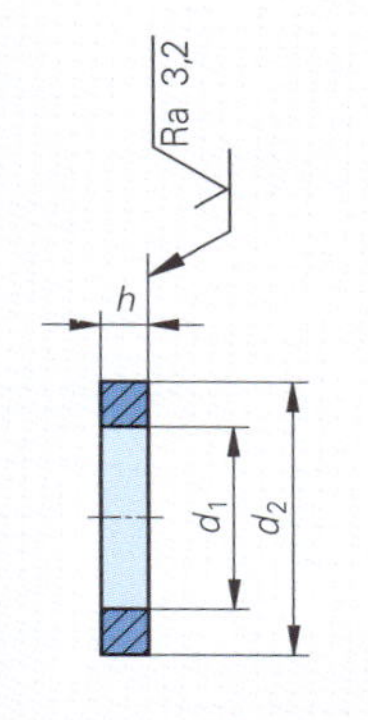

d_1 min.[2]	3	4	5	6	8	10	12
d_2 max.	6	8	10	12	15	18	20
h	0,8		1	1,6	2	2,5	3
d_1 min.[2]	**14**	**16**	**18**	**20**	**22**	**24**	**27**
d_2 max.	22	24	28	30	34	37	39
h	3		4				5
d_1 min.[2]	**30**	**36**	**40**	**50**	**60**	**80**	**100**
d_2 max.	44	50	56	66	78	98	120
h	5	6		8	10	12	
⇒	**Arruela ISO 8738-14-160 HV**: d_1 min. = 14 mm, classe de dureza 160 HV						

Material: aço, dureza 160 até 250 HV

Aplicação: para pinos conforme ISO 2340 e ISO 2341 (página 238), apenas do lado da cupilha

[1] As classes de produto se diferenciam pela tolerância e pelos processos de fabricação.

[2] Sempre medida nominal

Arruelas mola para ligações parafusadas

veja DIN 6796 (1987-10)

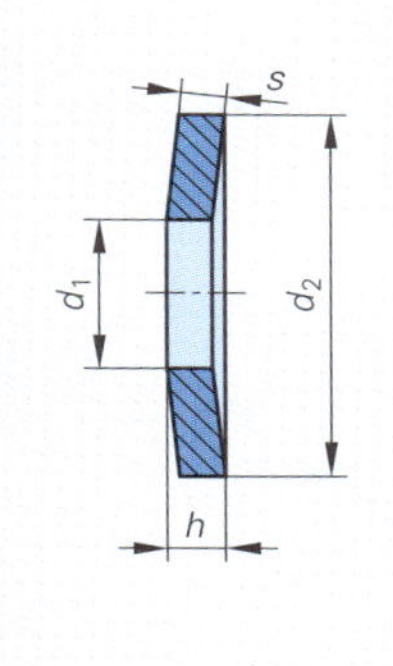

Roscas	M2	M3	M4	M5	M6	M8	M10
d_1 H14	2,2	3,2	4,3	5,3	6,4	8,4	10,5
d_2 h14	5	7	9	11	14	18	23
h max.	0,6	0,85	1,3	1,55	2	2,6	3,2
s	0,4	0,6	1	1,2	1,5	2	2,5
Roscas	**M12**	**M16**	**M20**	**M22**	**M24**	**M27**	**M30**
d_1 H14	13	17	21	23	25	28	31
d_2 h14	29	39	45	49	56	60	70
h max.	3,95	5,25	6,4	7,05	7,75	8,35	9,2
s	3	4	5	5,5	6	6,5	7
⇒	**Arruela mola DIN 6796-10FSt**: para rosca M10, de aço para mola						

Material: aço para molas (FSt) conforme DIN 267-26

Aplicação: As arruelas mola devem se opor a um afrouxamento da ligação parafusada. Isso não vale para cargas transversais intermitentes. Portanto, a aplicação se restringe a parafusos curtos, da classe de resistência de 8.8 até 10.9, sob esforço predominantemente axial.

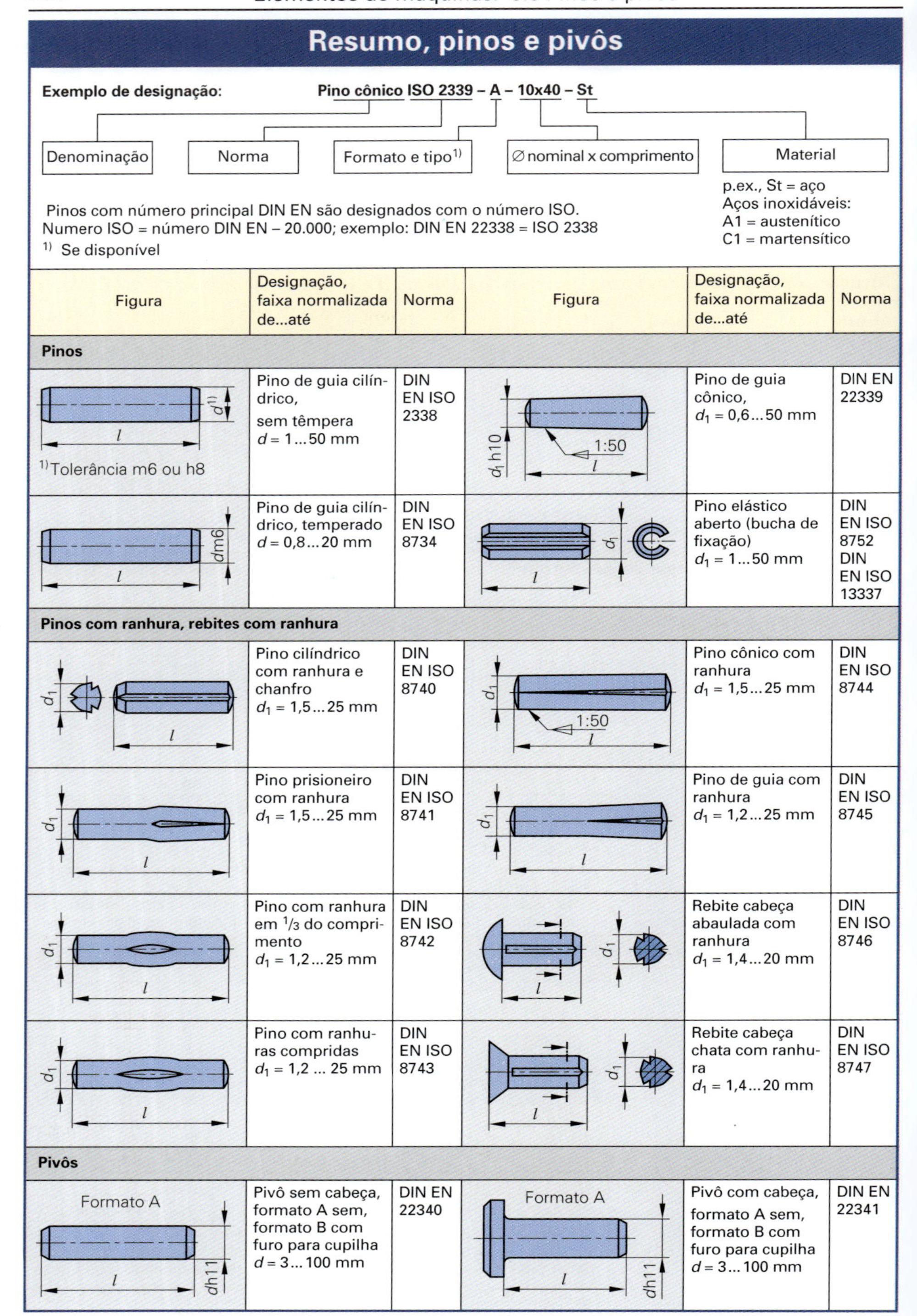

Resumo, pinos e pivôs

Exemplo de designação: **Pino cônico ISO 2339 – A – 10x40 – St**

Denominação	Norma	Formato e tipo[1]	∅ nominal x comprimento	Material

Material: p.ex., St = aço; Aços inoxidáveis: A1 = austenítico; C1 = martensítico

Pinos com número principal DIN EN são designados com o número ISO.
Numero ISO = número DIN EN – 20.000; exemplo: DIN EN 22338 = ISO 2338

[1] Se disponível

Figura	Designação, faixa normalizada de...até	Norma	Figura	Designação, faixa normalizada de...até	Norma
Pinos					
[1]Tolerância m6 ou h8	Pino de guia cilíndrico, sem têmpera d = 1...50 mm	DIN EN ISO 2338	1:50	Pino de guia cônico, d_1 = 0,6...50 mm	DIN EN 22339
	Pino de guia cilíndrico, temperado d = 0,8...20 mm	DIN EN ISO 8734		Pino elástico aberto (bucha de fixação) d_1 = 1...50 mm	DIN EN ISO 8752 DIN EN ISO 13337
Pinos com ranhura, rebites com ranhura					
	Pino cilíndrico com ranhura e chanfro d_1 = 1,5...25 mm	DIN EN ISO 8740	1:50	Pino cônico com ranhura d_1 = 1,5...25 mm	DIN EN ISO 8744
	Pino prisioneiro com ranhura d_1 = 1,5...25 mm	DIN EN ISO 8741		Pino de guia com ranhura d_1 = 1,2...25 mm	DIN EN ISO 8745
	Pino com ranhura em 1/3 do comprimento d_1 = 1,2...25 mm	DIN EN ISO 8742		Rebite cabeça abaulada com ranhura d_1 = 1,4...20 mm	DIN EN ISO 8746
	Pino com ranhuras compridas d_1 = 1,2 ... 25 mm	DIN EN ISO 8743		Rebite cabeça chata com ranhura d_1 = 1,4...20 mm	DIN EN ISO 8747
Pivôs					
Formato A	Pivô sem cabeça, formato A sem, formato B com furo para cupilha d = 3...100 mm	DIN EN 22340	Formato A	Pivô com cabeça, formato A sem, formato B com furo para cupilha d = 3...100 mm	DIN EN 22341

Pinos de guia cilíndricos, cônicos, elásticos

Pinos de guia cilíndricos de aço sem têmpera e pinos de guia de aço inoxidável austenítico

veja DIN EN ISO 2338 (1998-02)

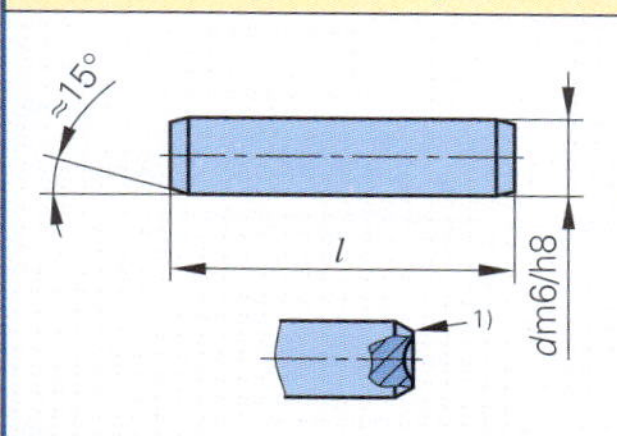

1) Raio e rebaixo nas extremidades são admissíveis.

d m6/h8[2]	0,6	0,8	1	1,2	1,5	2	2,5	3	4	5
l de	2	2	4	4	4	6	6	8	8	10
l até	6	8	10	12	16	20	24	30	40	50
***d* m6/h8[2]**	**6**	**8**	**10**	**12**	**16**	**20**	**25**	**30**	**40**	**50**
l de	12	14	18	22	26	35	50	60	80	95
l até	60	80	95	140	180	200	200	200	200	200

Comprimentos nominais	2, 3, 4, 5, 6, 8, 10, 12, 14, 16, 18, 20, 22, 24, 26, 28, 30, 32, 35, 40...95, 100, 120, 140, 160, 180, 200 mm.
⇒	**Pino de guia ISO 2338 – 6 m6 x 30 – St**: *d* = 6 mm, classe de tolerância m6, *l* = 30 mm, aço

2) comercializado nas classes de tolerância m6 e h8

Pino de guia cilíndrico, temperado

veja DIN EN ISO 8734 (1998-03)

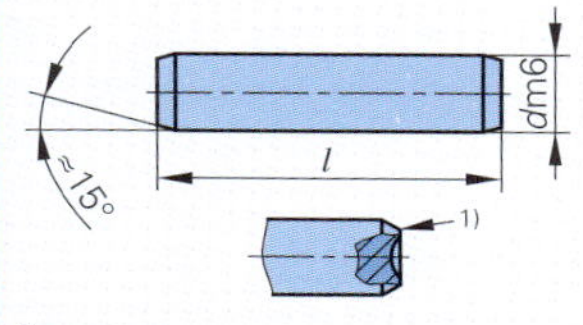

1) Raio e rebaixo nas extremidades são admissíveis.

d m6	1	1,5	2	2,5	3	4	5	6	8	10	12	16	20
l de	3	4	5	6	8	10	12	14	18	22	26	40	50
l até	10	16	20	24	30	40	50	60	80		100		

Comprimentos nominais	3, 4, 5, 6, 8, 10, 12, 14, 16, 18, 20, 22, 24, 26, 28, 30, 32, 35, 40, 45, 50, 55, 60, 65, 70, 75, 80, 85, 90, 95, 100 mm
Material	• Aço: tipo A pino têmpera total, tipo B têmpera superficial • Aço inoxidável qualidade C1
⇒	**Pino de guia ISO 8734 – 6 x 30 – C1**: *d* = 6 mm, *l* = 30 mm, de aço inoxidável da qualidade C1

Pino de guia cônico, sem têmpera

veja DIN EN ISO 22339 (1992-10)

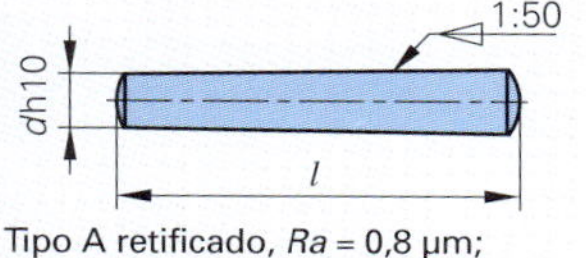

Tipo A retificado, *Ra* = 0,8 µm;
Tipo B torneado, *Ra* = 3,2 µm

d h10	1	2	3	4	5	6	8	10	12	16	20	25	30
l de	6	10	12	14	18	22	22	26	32	40	45	50	55
l até	10	35	45	55	60	90	120	160	180		200		

Comprimentos nominais	2, 3, 4, 5, 6, 8, 10, 12, 14, 16, 18, 20, 22, 24, 26, 28, 30, 32, 35, 40, 45...95, 100, 120...180, 200 mm
⇒	**Pino de guia ISO 8734 – A – 10 x 40**: tipo A, *d* =10 mm, *l* = 40 mm, de aço

Pino de guia elástico, aberto, versão pesada
Pino de guia elástico, aberto, versão leve

veja DIN EN ISO 8752 (1998-03)
veja DIN EN ISO 13337 (1998-02)

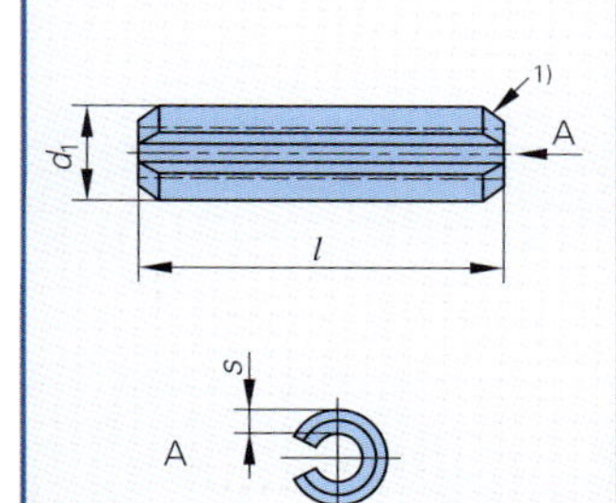

1) Para pinos elásticos com diâmetro nominal $d_1 \geq 10$ mm é admissível apenas um chanfro.

Ø nominal d_1	**2**	**2,5**	**3**	**4**	**5**	**6**	**8**	**10**	**12**
d_1 max.	2,4	2,9	3,5	4,6	5,6	6,7	8,8	10,8	12,8
s ISO 8752	0,4	0,5	0,6	0,8	1	1,2	1,5	2	2,5
s ISO 13337	0,2	0,25	0,3	0,5	0,5	0,75	0,75	1	1
l de	4	4	4	4	5	10	10	10	10
l até	20	30	40	50	80	100	120	160	180
nominal d_1	**14**	**16**	**20**	**25**	**30**	**35**	**40**	**45**	**50**
d_1 max.	14,8	16,8	20,9	25,9	30,9	35,9	40,9	45,9	50,9
s ISO 8752	3	3	4	5	6	7	7,5	8,5	9,5
s ISO 13337	1,5	1,5	2	2	2,5	3,5	4	4	5
l de		10		14			20		
l até		200		200			200		

Comprimentos nominais	4, 5, 6, 8, 10, 12, 14, 16, 18, 20, 22, 24, 26, 28, 30, 32, 35, 40, 45...95, 100, 120, 140, 160, 180, 200 mm
Material	• Aço: temperado e revenido a 420 HV 30...520 HV 30 • Aço inoxidável: qualidade A ou qualidade C
Aplicação	O diâmetro do furo de alojamento (classe de tolerância H12) deve ser igual ao diâmetro nominal d_1 do respectivo pino de guia. Após a colocação do pino no furo de alojamento menor, a abertura não pode ficar totalmente fechada.
⇒	**Pino elástico ISO 8752 – 6 x 30 – St**: d_1 = 6 mm, *l* = 30 mm, de aço

Pinos entalhados, rebites entalhados, pivôs

Pinos entalhados, rebites entalhados

veja DIN EN ISO 8740...8747 (1998-03)

		d_1	1,5	2	2,5	3	4	5	6	8	10	12	16	20	25
Pino entalhado cilíndrico com chanfro ISO 8740	l	de	8	8	10	10	10	14	14	14	14	18	22	26	26
		até	20	30	30	40	60	60	80	100	100	100	100	100	100
Pino entalhado prisioneiro ISO 8741	l	de	8	8	8	8	10	10	12	14	18	26	26	26	26
		até	20	30	30	40	60	60	80	100	160	200	200	200	200
Pino com entalhe no centro ISO 8742+8743	l	de	8	12	12	12	18	18	22	26	32	40	45	45	45
		até	20	30	30	40	60	60	80	100	160	200	200	200	200
Pino entalhado cônico ISO 8744	l	de	8	8	8	8	8	8	10	12	14	14	24	26	26
		até	20	30	30	40	60	60	80	100	120	120	120	120	120
Pino guia entalhado ISO 8745	l	de	8	8	8	8	10	10	10	14	14	18	26	26	26
		até	20	30	30	40	60	60	80	100	200	200	200	200	200

		d_1	1,4	1,6	2	2,5	3	4	5	6	8	10	12	16	20
Rebite entalhado cabeça abaulada ISO 8746	l	de	3	3	3	3	4	5	6	8	10	12	16	20	25
		até	6	8	10	12	16	20	25	30	40	40	40	40	40
Rebite entalhado cabeça chata ISO 8747	l	de	3	3	4	4	5	6	8	8	10	12	16	20	25
		até	6	8	10	12	16	20	25	30	40	40	40	40	40

Compr. nominais l: Pinos: 8, 10...30, 32, 35, 40...100, 120, 140...180, 200 mm; Rebites: 3, 4, 5, 6, 8, 10, 12, 16, 20, 25, 30, 35, 40 mm

⇒ **Pino entalhado ISO 8740 – 6 x 50 – St:** d_1 = 6 mm, l = 50 mm, de aço

Pivôs com cabeça e sem cabeça

veja DIN EN 22340, 22341 (1992-10)

Pivô sem cabeça ISO 2340

Pivô com cabeça ISO 2341

Formato A sem furo para cupilha
Formato B com furo para cupilha

d h11		3	4	5	6	8	10	12	14	16	18	20	22	24
d_l H13		0,8	1	1,2	1,6	2	3,2	3,2	4	4	5	5	5	6,3
d_k h14		5	6	8	10	14	18	20	22	25	28	30	33	36
k js14		1	1	1,6	2	3	4	4	4	4,5	5	5	5,5	6
l_e		1,6	2,2	2,9	3,2	3,5	4,5	5,5	6	6	7	8	8	9
l	de	6	8	10	12	16	20	24	28	30	35	40	45	50
	até	30	40	50	60	80	100	120	140	160	180	200	200	200

Compr. nominais l: 6, 8, 10...30, 32, 35, 40...95, 100, 120, 140...180, 200 mm

⇒ **Pivô ISO 2340 – B – 20 x 100 – St:** Formato B, d = 20 mm, l = 100 mm, de aço para torno automático

Pivôs com cabeça e espiga com rosca

veja DIN 1445 (1977-02)

d_1 h11	8	10	12	14	16	18	20	24	30	40	50
b min	11	14	17	20	20	20	25	29	36	42	49
d_2	M6	M8	M10	M12	M12	M12	M16	M20	M24	M30	M36
d_3 h14	14	18	20	22	25	28	30	36	44	55	66
k js14	3	4	4	4	4,5	5	5	6	8	8	9
s	11	13	17	19	22	24	27	32	36	50	60

Compr. nominais l_2: 16, 20, 25, 30, 35...125, 130, 140, 150...190, 200 mm

⇒ **Pivô DIN 1445 – 12h11 x 30 x 50 – St:** d_1 = 12 mm, classe de tolerância h11, l_1 = 30 mm, l_2 = 50 mm, de 9SMnPb28 (St)

1) Comprimento pivotante

Chavetas, chavetas com cabeça

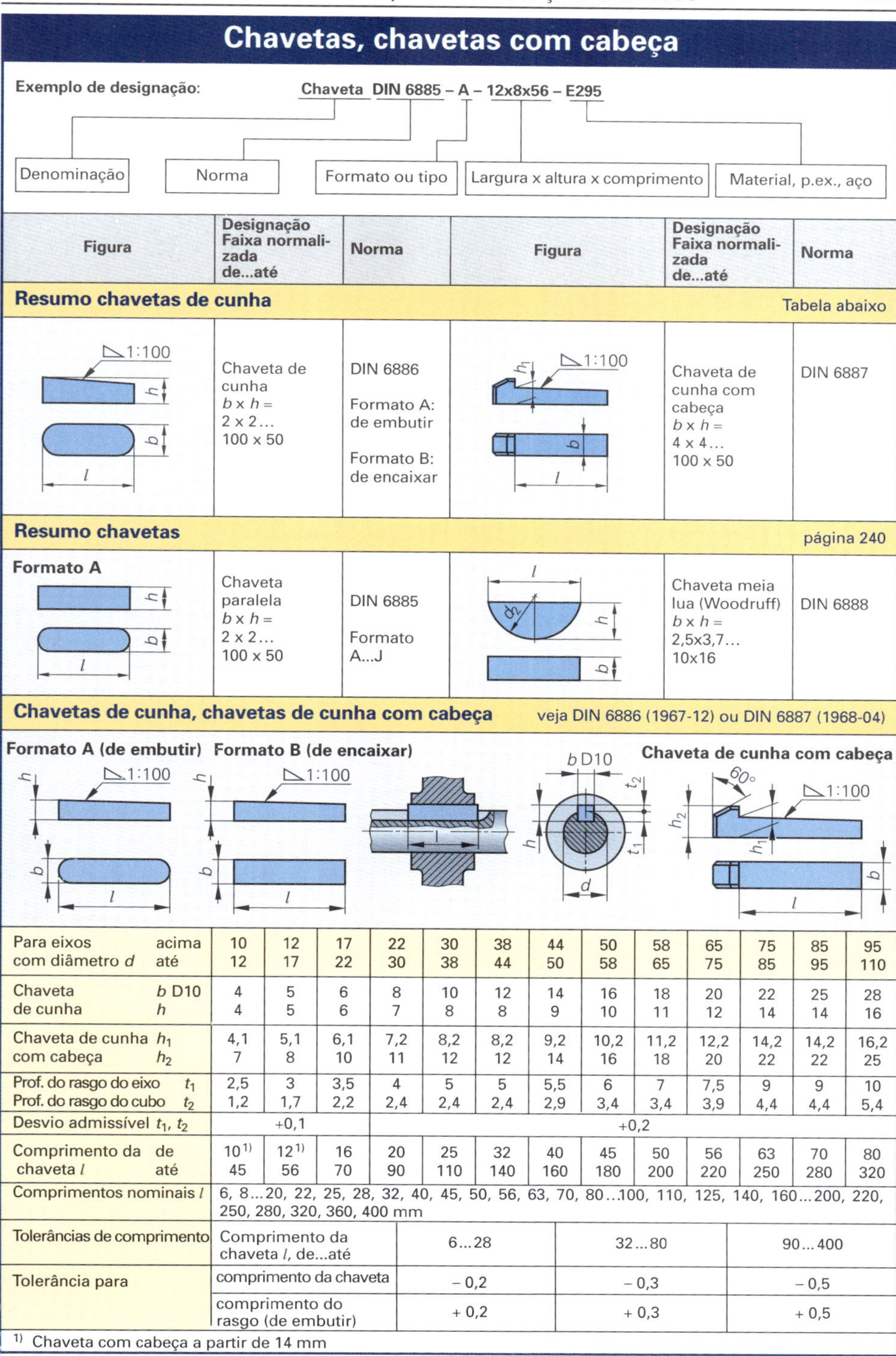

Figura	Designação Faixa normalizada de...até	Norma	Figura	Designação Faixa normalizada de...até	Norma
Resumo chavetas de cunha					Tabela abaixo
	Chaveta de cunha $b \times h$ = 2 x 2... 100 x 50	DIN 6886 Formato A: de embutir Formato B: de encaixar		Chaveta de cunha com cabeça $b \times h$ = 4 x 4... 100 x 50	DIN 6887
Resumo chavetas					página 240
Formato A	Chaveta paralela $b \times h$ = 2 x 2... 100 x 50	DIN 6885 Formato A...J		Chaveta meia lua (Woodruff) $b \times h$ = 2,5x3,7... 10x16	DIN 6888

Chavetas de cunha, chavetas de cunha com cabeça

veja DIN 6886 (1967-12) ou DIN 6887 (1968-04)

Formato A (de embutir) **Formato B (de encaixar)** **Chaveta de cunha com cabeça**

Para eixos com diâmetro d														
	acima	10	12	17	22	30	38	44	50	58	65	75	85	95
	até	12	17	22	30	38	44	50	58	65	75	85	95	110
Chaveta de cunha	b D10	4	5	6	8	10	12	14	16	18	20	22	25	28
	h	4	5	6	7	8	8	9	10	11	12	14	14	16
Chaveta de cunha com cabeça	h_1	4,1	5,1	6,1	7,2	8,2	8,2	9,2	10,2	11,2	12,2	14,2	14,2	16,2
	h_2	7	8	10	11	12	12	14	16	18	20	22	22	25
Prof. do rasgo do eixo	t_1	2,5	3	3,5	4	5	5	5,5	6	7	7,5	9	9	10
Prof. do rasgo do cubo	t_2	1,2	1,7	2,2	2,4	2,4	2,4	2,9	3,4	3,4	3,9	4,4	4,4	5,4
Desvio admissível	t_1, t_2	+0,1			+0,2									
Comprimento da chaveta l	de	10[1]	12[1]	16	20	25	32	40	45	50	56	63	70	80
	até	45	56	70	90	110	140	160	180	200	220	250	280	320
Comprimentos nominais l		6, 8...20, 22, 25, 28, 32, 40, 45, 50, 56, 63, 70, 80...100, 110, 125, 140, 160...200, 220, 250, 280, 320, 360, 400 mm												

Tolerâncias de comprimento	Comprimento da chaveta l, de...até	6...28	32...80	90...400
Tolerância para	comprimento da chaveta	– 0,2	– 0,3	– 0,5
	comprimento do rasgo (de embutir)	+ 0,2	+ 0,3	+ 0,5

[1] Chaveta com cabeça a partir de 14 mm

Chavetas paralelas, chavetas meia-lua

Chavetas paralelas (formato alto)

veja DIN 6885-1 (1968-08)

Formato A, Formato B, Formato C, Formato D, Formato E, Formato F

Tolerâncias para rasgos de chaveta			
Largura do rasgo do eixo b	ajuste forte ajuste leve		P 9 N 9
Largura do rasgo do cubo b	ajuste forte ajuste leve		P 9 JS 9
Desvio admissível para d_1	≤ 22	≤130	>130
Prof. do rasgo do eixo t_1 Prof. do rasgo do cubo t_2	+ 0,1 + 0,1	+ 0,2 + 0,2	+ 0,3 + 0,3
Desvio admissível do compr. l	6...28	32...80	90...400
Tolerância no comprimento para chaveta	– 0,2	– 0,3	– 0,5
Tolerância no comprimento para rasgo	+ 0,2	+ 0,3	+ 0,5

d_1 acima	6	8	10	12	17	22	30	38	44	50	58	65	75	85	95	110
d_1 até	8	10	12	17	22	30	38	44	50	58	65	75	85	95	110	130
b	2	3	4	5	6	8	10	12	14	16	18	20	22	25	28	32
h	2	3	4	5	6	7	8	8	9	10	11	12	14	14	16	18
t_1	1,2	1,8	2,5	3	3,5	4	5	5	5,5	6	7	7,5	9	9	10	11
t_2	1	1,4	1,8	2,3	2,8	3,3	3,3	3,3	3,8	4,3	4,4	4,9	5,4	5,4	6,4	7,4
l de	6	6	8	10	14	18	20	28	36	45	50	56	63	70	80	90
l até	20	36	45	56	70	90	110	140	160	180	200	220	250	280	320	360

Comprimentos nominais l: 6, 8, 10, 12, 14, 16, 18, 20, 22, 25, 28, 32, 36, 40, 45, 50, 56, 63, 70, 80, 90, 100, 110, 125, 140, 160, 180, 200, 220, 250, 280, 320 mm

⇒ **Chaveta paralela DIN 6885 – A – 12 x 8 x 56:** Formato A, b = 12 mm, h = 8 mm, l = 56 mm

Chavetas meia-lua (Woodruff)

veja DIN 6888 (1956-08)

Tolerâncias para rasgos de chaveta							
Largura do rasgo do eixo b	ajuste forte ajuste leve			P 9 (P 8)[1] N 9 (N 8)[1]			
Largura do rasgo do cubo b	ajuste forte ajuste leve			P 9 (P 8)[1] J 9 (J 8)[1]			
Desvio admissível para b e h	≤ 5 ≤ 7,5	5 > 7,5	6 ≤ 9	6 > 9	8 –	10 –	
Prof. do rasgo do eixo t_1 Prof. do rasgo do cubo t_2	+0,1 +0,1	+0,2 +0,1	+0,1 +0,1	+0,2 +0,1	+0,2 +0,1	+0,2 +0,2	

d_1 acima	8				10			12			17			22			30		
d_1 até	10				12			17			22			30			38		
b h9	2,5	3			4			5			6			8			10		
h h12	3,7	3,7	5	6,5	5	6,5	7,5	6,5	7,5	9	7,5	9	11	9	11	13	11	13	16
d_2	10	10	13	16	13	16	19	16	19	22	19	22	28	22	28	32	28	32	45
t_1	2,9	2,5	3,8	5,3	3,5	5	6	4,5	5,5	7	5,1	6,6	8,6	6,2	8,2	10,2	7,8	9,8	12,8
t_2	1	1,4			1,7			2,2			2,6			3			3,4		
l ≈	9,7	9,7	12,7	15,7	12,7	15,7	18,6	15,7	18,6	21,6	18,6	21,6	27,4	21,6	27,4	31,4	27,4	31,4	43,1

⇒ **Chaveta meia-lua DIN 6888 – 6 x 9:** b = 6 mm, h = 9 mm

[1] Classe de tolerância para rasgos brochados

Junções com eixo de ranhuras e rebites cegos

Junções com eixos de ranhuras com flancos retos e centralização interna

veja DIN ISO 14 (1986-12)

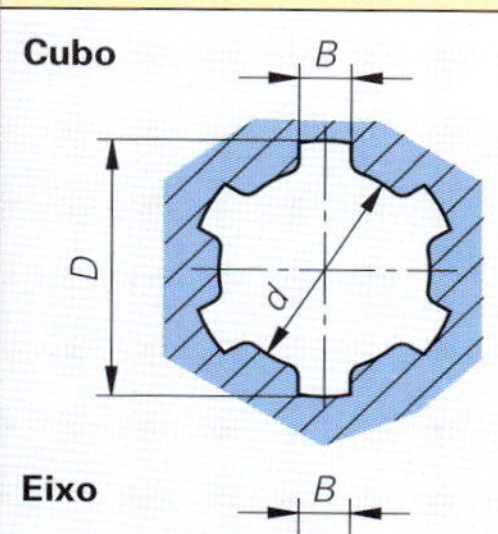

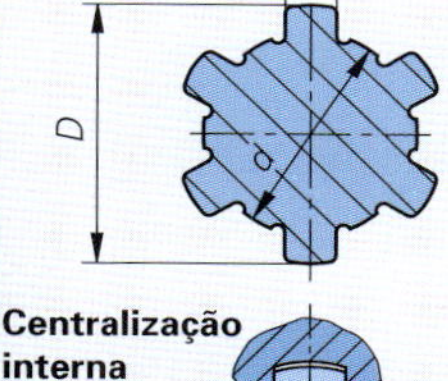

Centralização interna

d	Série leve N[1]	Série leve D	Série leve B	Série média N[1]	Série média D	Série média B	d	Série leve N[1]	Série leve D	Série leve B	Série média N[1]	Série média D	Série média B
11	–	–	–	6	14	3	42	8	46	8	8	48	8
13	–	–	–	6	16	3,5	46	8	50	9	8	54	9
16	–	–	–	6	20	4	52	8	58	10	8	60	10
18	–	–	–	6	22	5	56	8	62	10	8	65	10
21	–	–	–	6	25	5	62	8	68	12	8	72	12
23	6	26	6	6	28	6	72	10	78	12	10	82	12
26	6	30	6	6	32	6	82	10	88	12	10	92	12
28	6	32	7	6	34	7	92	10	98	14	10	102	14
32	8	36	6	8	38	6	102	10	108	16	10	112	16
36	8	40	7	8	42	7	112	10	120	18	10	125	18

Classes de tolerância para o cubo

Medidas sem tratamento térmico B	Medidas sem tratamento térmico D	Medidas sem tratamento térmico d	Medidas com tratamento térmico B	Medidas com tratamento térmico D	Medidas com tratamento térmico d
H9	H10	H7	H11	H10	H7

Classes de tolerância para o eixo

Medida	Tipo de montagem: Ajuste deslizante	Ajuste de transição	Ajuste fixo
B	d10	f9	h10
D	a11	a11	a11
d	f7	g7	h7

⇒ **Eixo (ou cubo) DIN ISO 14 – 6 x 23 x 26:** N = 6, d = 23 mm, D = 26 mm

[1] N número de ranhuras

Rebite cego aberto com haste de repuxo e cabeça abaulada
Rebite cego aberto com haste de rupuxo e cabeça chanfrada

veja DIN EN ISO 15977 (2003-04)
veja DIN EN ISO 15978 (2003-08)

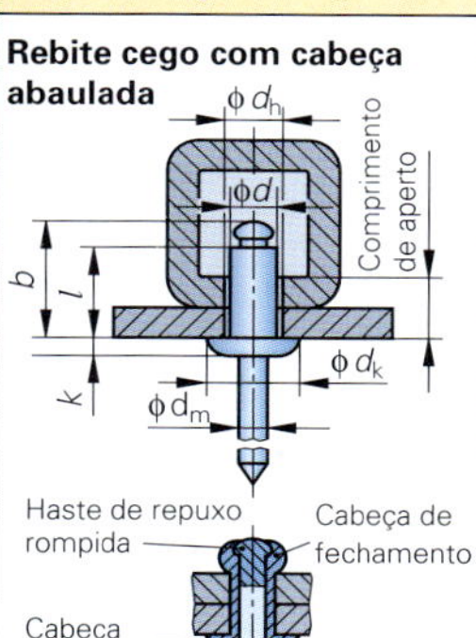

Junção rebitada pronta

Rebite cego com cabeça chanfrada

ϕ d_h ϕd Comprimento de aperto b l ϕ d_k k ϕ d_m Cabeça de fechamento Haste de repuxo rompida Cabeça de assento

Junção rebitada pronta

∅ do rebite d (medida nom.)	**3**	**4**	**5**	**6[1]**
∅ da cabeça d_k máx.	6,3	8,4	10,5	12,6
Altura da cabeça k	1,3	1,7	2,1	2,5
∅ haste de repuxo d_m máx.	2	2,45	2,95	3,4
∅ do furo do rebite d_{h1} máx. / mín.	3,1 / 3,2	4,1 / 4,2	5,1 / 5,2	6,1 / 6,2
Comprimento de montagem	l_{max} + 3,5	l_{max} + 4	l_{max} + 4,5	l_{max} + 5

Comprimento da haste *l* mín.	**máx.**	**Âmbito de aperto recomendado**			
4	5	0,5 ... 1,5[1]	–	–	–
6	7	2,0 ... 3,5 1,5 ... 3,5[1]	1 ... 3[1]	1,5 ... 2,5[1]	–
8	9	3,5 ... 5,0	2 ... 5 3 ... 5[1]	2,5 ... 4,0	2 ... 3
10	11	5 ... 7	5,0 ... 6,5	4 ... 6	3 ... 5
12	13	7 ... 9	6,5 ... 8,5	6 ... 8	5 ... 7
16	17	9 ... 13	8,5 ... 12,5	8 ... 12	7 ... 11
20	21	13 ... 17	12,5 ... 16,5	12 ... 15	11 ... 15
25	26	17 ... 22	16,5 ... 21,0	15 ... 20	15 ... 20
30	31	–	–	20 ... 25	20 ... 25

Classes de	L (baixa) e H (alta) se diferenciam através das forças mínimas de cisalhamento e de tração do rebite.
Materiais[2]	Bucha do rebite de liga de alumínio (AIA) Haste de repuxo de aço (St)
⇒	**Rebite cego ISO 15977 – 4 x 12 AIA/St L:** Rebite cego com cabeça chanfrada, d = 4 mm, l = 12 mm, bucha do rebite de liga de alumínio, haste de repuxo de aço, classe de resistência L (baixa)

[1] Só para rebite com cabeça chanfrada ISO 15977

[2] Outras combinações normalizadas de materiais da bucha do rebite/haste de repuxo são: St/St; AIA/AIA; A2/A2; Cu/St; NiCu/St e outros.

Cone métrico, cone Morse, cone íngreme

Cone Morse e cone métrico

veja DIN 228-1 (1987-05)

Formato A: Haste cônica com rosca de tração

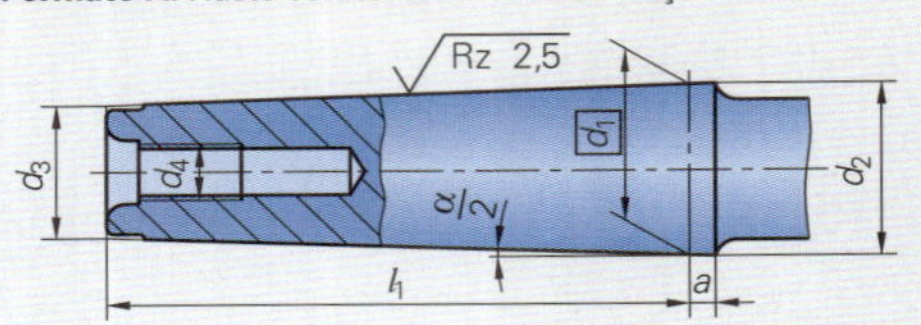

Formato B: Haste cônica com rebaixo para extração

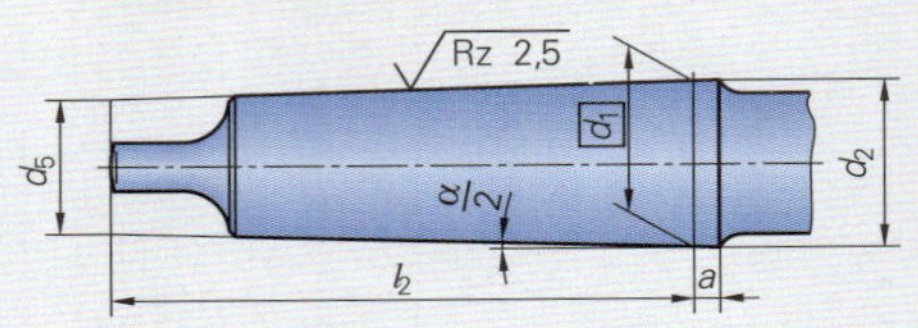

Formato C: Bucha cônica para haste com rosca de tração

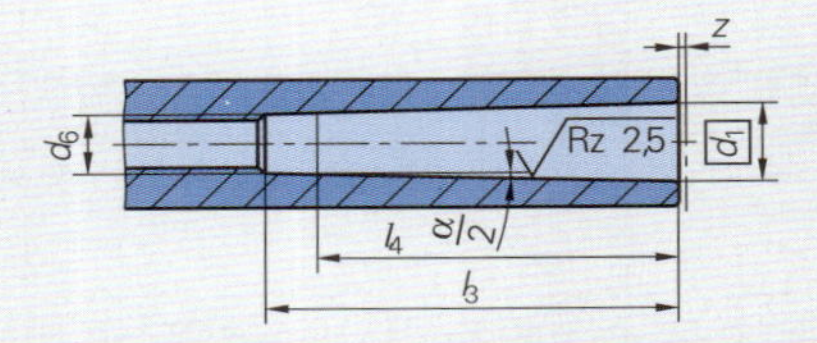

Formato D: Bucha cônica para haste com rebaixo para extração

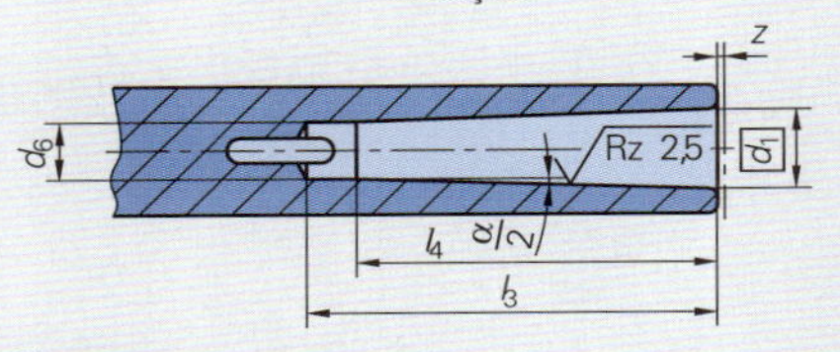

Os **formatos AK, BK, CK** e **DK** têm uma entrada para fluido refrigerante.

Tipo de cone	Tamanho	Haste cônica								Haste cônica				Cone	
		d_1	d_2	d_3	d_4	d_5	l_1	a	l_2	d_6 H11	l_3	l_4	z[1]	Redução	$\frac{\alpha}{2}$
Cone métrico (ME)	4	4	4,1	2,9	–	–	23	2	–	3	25	20	0,5	1 : 20	1,432°
	6	6	6,2	4,4	–	–	32	3	–	4,6	34	28	0,5		
Cone Morse (MK)	0	9,045	9,2	6,4	–	6,1	50	3	56,5	6,7	52	45	1	1 : 19,212	1,491°
	1	12,065	12,2	9,4	M6	9	53,5	3,5	62	9,7	56	47	1	1 : 20,047	1,429°
	2	17,780	18,0	14,6	M10	14	64	5	75	14,9	67	58	1	1 : 20,020	1,431°
	3	23,825	24,1	19,8	M12	19,1	81	5	94	20,2	84	72	1	1 : 19,922	1,438°
	4	31,267	31,6	25,9	M16	25,2	102,5	6,5	117,5	26,5	107	92	1	1 : 19,254	1,488°
	5	44,399	44,7	37,6	M20	36,5	129,5	6,5	149,5	38,2	135	118	1	1 : 19,002	1,507°
	6	63,348	63,8	53,9	M24	52,4	182	8	210	54,8	188	164	1	1 : 19,180	1,493°
Cone métrico (MK)	80	80	80,4	70,2	M30	69	196	8	220	71,5	202	170	1,5	1 : 20	1,432°
	100	100	100,5	88,4	M36	87	232	10	260	90	240	200	1,5		
	120	120	120,6	106,6	M36	105	268	12	300	108,5	276	230	1,5		
	160	160	160,8	143	M48	141	340	16	380	145,5	350	290	2		
	200	200	201,0	179,4	M48	177	412	20	460	182,5	424	350	2		

⇒ **Haste cônica DIN 228 – ME – B 80 AT6:** Haste cônica métrica, formato B, tamanho 80, qualidade da tolerância do ângulo do cone AT6

[1] A medida de inspeção $d1$ deve estar situada, no máximo, à distância z da bucha cônica.

Cone íngreme para ferramentas e sistemas de fixação – Formato A

veja DIN 2080-1 (1978-12)

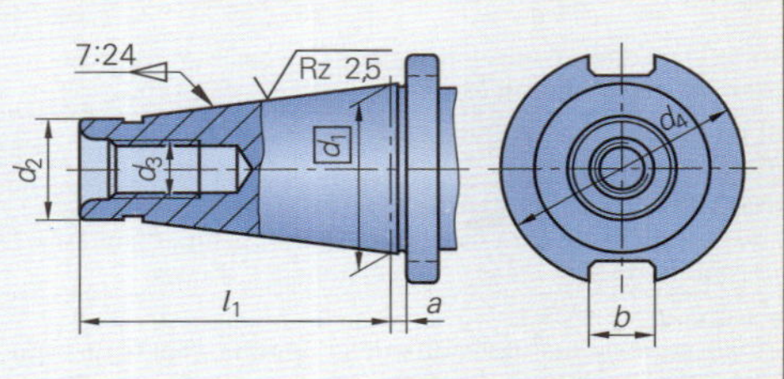

Nº	d_1	d_2 a10	d_3	d_4 – 0,4	l_1	a ± 0,2	b H12
30	31,75	17,4	M12	50	68,4	1,6	16,1
40	44,45	25,3	M16	63	93,4	1,6	16,1
50	69,85	39,6	M24	97,5	126,8	3,2	25,7
60	107,95	60,2	M30	156	206,8	3,2	25,7
70	165,1	92	M36	230	296	4	32,4
80	254	140	M48	350	469	6	40,5

⇒ **Cone íngreme DIN 2080 – A 40 AT4:** Formato A, N° 40, classe de tolerância do ângulo do cone AT4

Porta-ferramenta

A função dos porta-ferramentas é unir a ferramenta com o fuso da máquina. Eles transmitem o torque e são co-responsáveis pela exatidão da concentricidade.

Construção	Função, vantagens (+) e desvantagens (-)	Aplicação, tamanhos
Cone métrico (ME) e cone Morse (MK)		veja DIN 228-1 e –2 (1987-05)
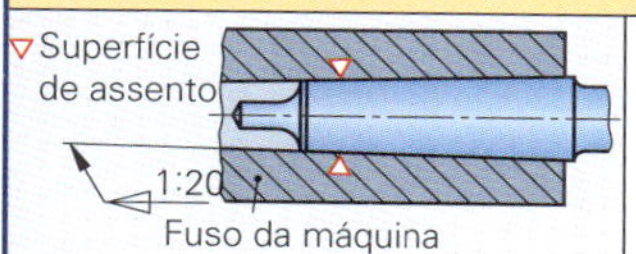 Cone métrico 1:20 Cone Morse 1:19,002 a 1:10,047	Transmissão do torque: • por fechamento de força através da superfície do cone + Luvas de redução ajustam cones de diâmetros diferentes – inadequado para troca automática de ferramentas	Meio de fixação para brocas e fresas convencionais Números das hastes cônicas: • ME 4; 6 • MK 0; 1; 2; 3; 4; 5; 6 • ME 80; 100; 120; (140); 160; (180); 200
Cone íngreme (SK)		veja DIN 2080-1 (1978-12) e –2 (1979-09) e DIN 69871-1 (1995-10)
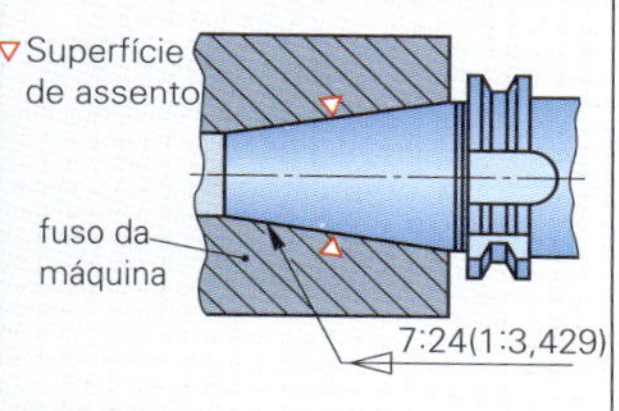 Fixação no fuso da máquina: Formato A: com barra de tração Formato B: com fixação frontal Cone 7:24 (1:3,429) conf. DIN 254	Transmissão do torque: • por fechamento de forma através de ranhura na borda do cone. O cone íngreme não é projetado para transmissão de torque, ele apenas centraliza a ferramenta. O bloqueio axial é feito através da rosca ou da ranhura anelar. + DIN 69871-1 adequado para troca automática de ferramenta – peso elevado, portanto pouco adequado para troca rápida de ferramentas com elevada precisão axial repetitiva e para altas rotações.	Aplicação em máquinas CNC, principalmente centros de usinagem; pouco adequado para usinagem de alta velocidade (HSC) Números de cones íngremes: • DIN 2080-1 (formato A): 30; 40; 45; 50; 55; 60; 65; 70; 75; 80 • DIN 69871-1: 30; 40; 45; 50; 60
Haste cônica oca (Designação HSK)		veja DIN 69893-1 e –2 (2003-05)
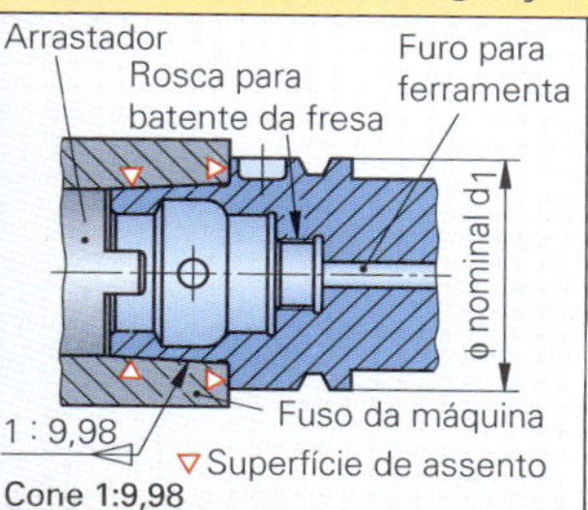 Cone 1:9,98	Transmissão do torque: • por fechamento de força através das superfícies do cone e de assentamento, bem como • por fechamento de forma através do rasgo de arrasto na extremidade da haste + peso reduzido, portanto + elevadas rigidez estática e dinâmica + alta precisão de fixação repetitiva (3 μm) + alta rotação – preço mais alto em comparação com o cone íngreme	Aplicação segura na usinagem de alta velocidade Tamanhos nominais: d1 = 32; 40; 50; 63; 80; 100; 125; 160 mm **Formato A:** com cintura e rasgo para garra para troca automática de ferramentas **Formato C:** apenas para troca manual de ferramentas
Sistema de fixação de ferramentas por contração		
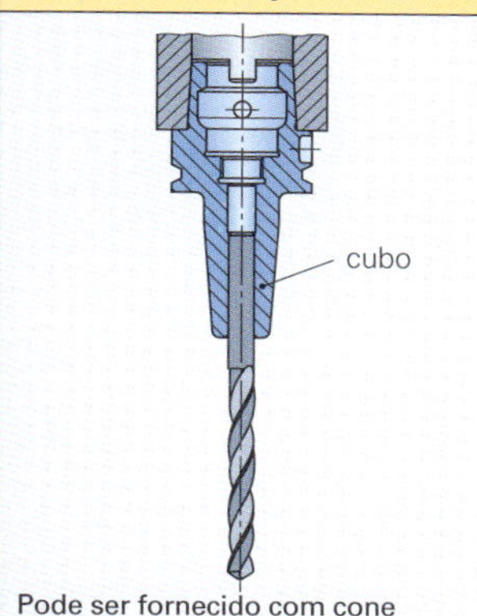 Pode ser fornecido com cone HSK ou cone íngreme	Transmissão de torque como no HSK. Fixação da ferramenta através de aquecimento indutivo rápido (aprox. 340 °C) do cubo na pinça de contração. Por causa da sobre-medida da ferramenta encaixada (aprox. 3 ... 7 μm) ocorre uma junção por contração após o resfriamento do cubo. + transmissão de torques mais altos + elevada rigidez radial + permite elevados valores de corte + tempos reduzidos de usinagem + boa concentricidade + giro mais suave + melhor qualidade superficial + troca de ferramentas mais segura – relativamente caro – necessidade de aparelho adicional de indução e arrefecimento	Aplicação universal em máquinas com cone íngreme ou porta-ferramenta de cone com haste oca; adequado para ferramentas de haste cilíndrica de HSS ou metal duro. Diâmetro da haste: 6; 8; 10; 12; 14; 16; 18; 20; 25 mm

Molas helicoidais, cilíndricas, de tração

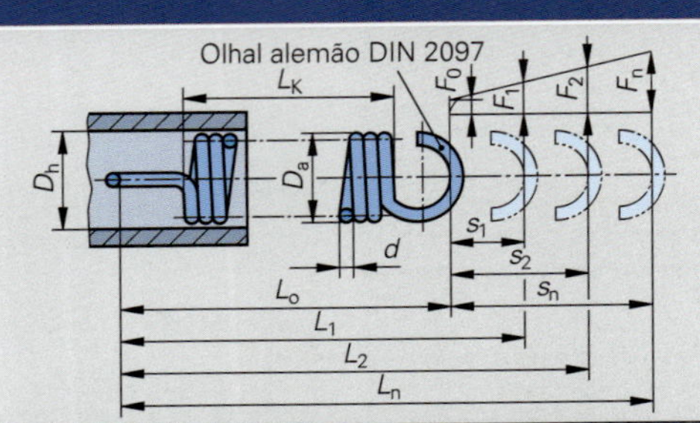

d Diâmetro do arame em mm
D_a Diâmetro externo das espiras em mm
D_h Menor diâmetro da bucha em mm
L_0 Comprimento da mola sem carga em mm
L_k Compr. do corpo da mola sem carga em mm
L_n Maior comprimento da mola
F_0 Força interna de pré-tensão em N
F_n Maior força admissível da mola em N
R Constante elástica da mola em N/mm
s_n Maior curso admissível da mola para Fn em mm

d	D_a	D_h	L_0	L_k	F_0	F_n	R	s_n
Molas de tração de arame de aço-carbono trefilado patenteado para molas[1] veja DIN 10270-1 (2001-12)								
0,20	3,00	3,50	8,6	4,35	0,06	1,26	0,036	33,37
0,25	5,00	5,70	10,0	2,63	0,03	1,46	0,039	36,51
0,32	5,50	6,30	10,0	2,08	0,08	2,71	0,140	18,85
0,36	6,00	6,90	11,0	2,34	0,16	3,50	0,173	19,23
0,40	7,00	8,00	12,7	2,60	0,16	4,06	0,165	23,67
0,45	7,50	8,60	13,7	3,04	0,25	5,31	0,207	24,41
0,50	10,00	11,10	20,0	5,25	0,02	5,40	0,078	68,79
0,55	6,00	7,10	13,9	5,78	0,88	11,66	0,606	17,78
0,63	8,60	9,90	19,9	7,88	0,79	12,13	0,276	41,15
0,70	10,00	11,40	23,6	9,63	0,83	14,13	0,239	55,78
0,80	10,80	12,30	25,1	10,20	1,22	19,10	0,355	50,36
0,90	10,00	11,70	23,0	9,45	1,99	28,59	0,934	28,49
1,00	13,50	15,40	31,4	12,50	1,77	28,63	0,454	59,22
1,10	12,00	14,00	27,8	11,83	2,99	41,95	1,181	32,98
1,25	17,20	19,50	39,8	15,63	2,77	42,35	0,533	74,25
1,30	11,30	13,50	134,0	118,95	5,771	70,59	0,322	201,60
1,40	15,00	17,50	34,9	15,05	5,44	66,08	1,596	38,00
1,50	20,00	22,70	48,9	21,75	3,99	60,54	0,603	93,72
1,60	21,60	24,50	50,2	20,00	3,99	67,40	0,726	87,38
1,80	20,00	23,20	46,0	19,35	6,88	100,90	1,819	51,70
2,00	27,00	30,50	62,8	25,00	6,88	101,20	0,907	104,00
2,20	24,00	27,80	55,6	23,10	9,81	148,00	2,425	57,02
2,50	34,50	38,90	79,7	31,25	9,88	148,50	1,056	131,33
2,80	30,00	34,70	69,8	29,40	17,77	233,40	3,257	65,85
3,00	40,00	45,10	140,0	86,25	11,50	214,20	0,587	345,31
3,20	43,20	46,60	100,0	40,00	11,88	238,40	1,451	156,13
3,60	40,00	46,00	92,1	37,80	19,60	357,10	3,735	90,38
4,00	44,00	50,60	117,0	58,00	24,50	436,30	3,019	136,43
4,50	50,00	57,60	194,0	128,25	28,00	532,30	1,613	312,74
5,00	50,00	58,30	207,0	142,50	47,00	707,90	2,541	260,12
5,50	60,00	69,30	236,0	156,75	38,00	774,50	2,094	351,72
6,30	70,00	80,00	272,0	179,55	45,00	968,50	2,258	429,00
7,00	80,00	92,00	306,0	199,50	70,00	1132,00	2,286	464,83
8,00	80,00	94,00	330,0	228,00	120,00	1627,00	4,065	370,91
Molas de tração de arame de aço inoxidável para molas veja DIN 10270-3 (2001-08)								
0,20	3,00	3,50	8,60	4,35	0,05	0,99	0,031	30,54
0,40	7,00	8,00	12,70	2,60	0,121	3,251	0,142	22,11
0,63	8,60	9,90	19,90	7,88	0,631	9,861	0,237	38,97
0,80	10,80	12,30	25,1	10,20	0,971	15,67	0,305	48,19
1,00	13,50	15,40	31,4	12,50	1,411	23,77	0,390	57,40
1,25	17,20	19,50	39,8	15,63	2,211	35,50	0,458	72,73
1,40	15,00	17,50	34,9	15,05	4,351	55,72	1,371	37,48
1,60	21,60	24,50	50,2	20,00	3,211	56,93	0,623	86,19
2,00	27,00	30,50	62,8	25,00	5,501	84,86	0,779	101,86
4,00	44,00	50,60	117,0	58,00	19,600	366,50	2,593	133,83

[1] Além das molas citadas, há no comércio molas com diferentes diâmetros externos e comprimentos, para cada diâmetro de arame.

Molas helicoidais, cilíndricas, de pressão

veja DIN 2098-1 (1968-10), -2 (1970-08)

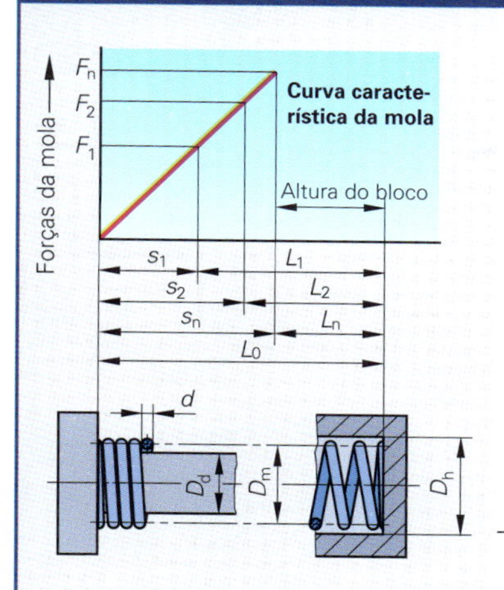

d Diâmetro do arame

D_m Diâmetro médio das espiras

D_d Diâmetro da espiga

D_h Diâmetro da bucha

L_0 Comprimento da mola sem carga

L_1, L_2 Comprimentos da mola com carga F_1, F_2

L_n Menor comprimento de teste da mola admissível

F_1, F_2 Forças da mola para L_1, L_2

F_n Maior força da mola admissível com s_n

s_1, s_2 Curso da mola para F_1, F_2

s_n Maior curso da mola admissível com F_n

i_f Número de espiras ativas

i_g Numero total de espiras (extremidades esmerilhadas)

R Constante elástica da mola em N/mm

Número total de espiras

$$i_g = i_f + 2$$

⇒ **Mola de pressão DIN 2098 – 2 x 20 x 94:**
d = 2 mm, D_m = 20 mm e L_0 = 94 mm

d	D_m	D_d max.	D_h min.	F_n in N	$i_f = 3,5$ L_0	s_n	R	$i_f = 5,5$ L_0	s_n	R	$i_f = 8,5$ L_0	s_n	R	$i_f = 12,5$ L_0	s_n	R
0,2	2,5	2,0	3,1	1,00	5,4	3,8	0,26	8,2	6,0	0,17	12,4	9,3	0,11	17,9	13,7	0,07
	2	1,5	2,6	1,24	4,0	2,4	0,51	5,9	3,8	0,33	8,7	5,9	0,21	12,6	8,6	0,15
	1,6	1,1	2,1	1,50	3,0	1,5	1,0	4,4	2,4	0,65	6,4	3,6	0,42	9,2	5,4	0,28
0,5	6,3	5,3	7,5	6,6	13,5	9,2	0,73	20,0	14,0	0,46	30,0	21,3	0,30	44,0	31,8	0,21
	4	3,1	5,0	9,3	7,0	3,3	2,84	10,0	4,9	1,81	15,0	7,9	1,17	21,5	11,7	0,79
	2,5	1,7	3,4	10,4	4,4	0,9	11,6	6,1	1,4	7,43	8,7	2,2	4,80	12,0	3,0	3,27
1	12,5	10,8	14,4	22	24,0	14,6	1,49	36,5	23,1	0,95	55,5	36,1	0,61	80,5	53,1	0,41
	8	6,5	9,6	33,2	13,0	5,7	5,68	19,0	8,9	3,61	28,5	14,2	2,33	40,5	20,6	1,59
	5	3,6	6,5	43,8	8,5	1,9	23,2	12,0	3,0	14,8	17,0	4,4	9,57	24,0	6,6	6,51
1,6	20	17,5	22,6	84,9	48,0	35,6	2,38	73,5	55,9	1,52	110	84,5	0,99	165	129	0,67
	12,5	10,3	14,7	135	24,0	14,0	9,76	36,0	21,9	6,23	53,5	33,4	4,0	78,0	50,0	2,73
	8	5,9	10,1	212	14,5	5,5	37,3	21,5	8,9	23,7	31,5	13,6	15,4	45,0	20,2	10,4
2	25	22,0	28,0	128	58,0	43,0	2,98	88,5	67,1	1,90	135	104	1,23	195	151	0,83
	16	13,4	18,6	198	30,0	17,5	11,4	45,0	27,3	7,24	68,0	42,5	4,69	98	62,1	3,19
	10	7,5	12,5	318	18,0	6,8	46,6	26,5	10,9	29,7	38,5	16,5	19,2	55	24,4	13,0
2,5	32	28,3	36,0	182	71,5	52,2	3,48	110	82,1	2,22	170	129	1,43	245	187	0,97
	25	21,6	28,4	233	49,0	32,2	7,29	74,5	50,5	4,64	115	80,2	3,0	165	116	2,04
	20	16,8	23,2	292	36,0	20,5	14,2	54,0	32,1	9,05	81,5	50,0	5,86	120	75,7	3,98
	16	12,9	19,1	365	27,5	12,9	27,8	41,0	20,5	17,7	61,0	31,7	11,5	88,0	49,9	7,78
3,2	40	35,6	44,6	288	82,0	60,8	4,76	125	95,3	3,03	190	148	1,96	275	216	1,33
	32	27,6	36,5	361	58,5	38,7	9,3	88,5	61,1	5,92	135	96,2	3,82	190	136	2,61
	25	21,1	28,9	461	42,5	23,4	19,4	63,5	37,2	12,4	94,5	57,4	8,0	135	83,4	5,45
	20	16,1	23,9	577	33,5	15,0	38,2	49,5	23,6	24,2	74,0	36,9	15,7	105	53,4	10,7
4	50	44,0	56,0	427	99,0	71,6	5,95	150	111	3,79	230	175	2,45	335	257	1,65
	40	34,8	45,2	533	71,0	45,8	11,7	105	69,9	7,41	160	110	4,79	235	165	3,26
	32	27,0	37,0	666	53,5	29,5	22,8	79,5	46,2	14,4	120	72,8	9,35	170	104	6,36
	25	20,3	29,7	852	41,0	18,1	47,7	60,5	28,3	30,3	89,5	43,5	19,6	130	65,5	13,3
5	63	56,0	70,0	623	120	87,7	7,27	180	135	4,63	275	210	2,99	395	304	2,03
	50	43,0	57,0	785	85,0	54,1	14,5	130	86,8	9,25	195	133	5,98	280	194	4,07
	40	34,0	46,0	981	64,0	34,4	28,4	95,5	54,5	18,1	140	81,6	11,7	205	124	7,95
	32	26,0	38,0	1226	51,0	22,3	55,4	75,0	34,8	35,3	110	52,5	22,9	160	79,5	15,5
6,3	80	71,0	89,0	932	145	103	8,96	220	160	5,70	335	250	3,69	490	370	2,51
	63	55,0	71,5	1177	105	65,0	18,3	155	99,0	11,7	235	155	7,55	340	277	5,13
	50	42,0	58,0	1481	80,0	42,0	36,7	115	62,0	23,3	175	100	15,1	250	145	10,3
	40	32,6	47,5	1854	60,0	24,0	71,7	90,0	39,7	45,6	135	63,2	29,5	195	95,0	20,1
8	100	89,0	111	1413	170	118	11,9	260	187	7,58	390	286	4,9	570	423	3,34
	80	69,0	91,0	1766	125	76,0	23,2	180	111	14,8	285	186	9,58	410	271	6,51
	63	53,0	73,0	2237	95,0	48,0	47,0	140	74,0	30,3	205	112	19,6	300	169	13,3
	50	40,5	60,0	2825	75,0	30,0	95,4	110	46,8	60,8	160	70,0	39,2	230	103	26,7

Molas de disco

veja DIN 2093 (1992-01)

Mola individual

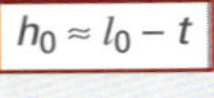

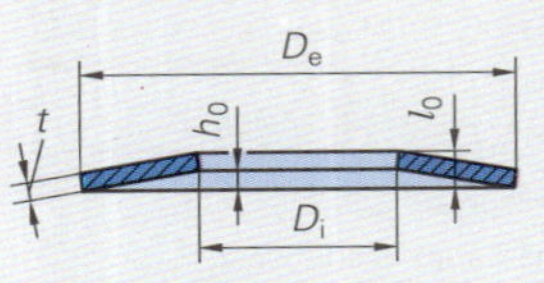

Curva característica da mola

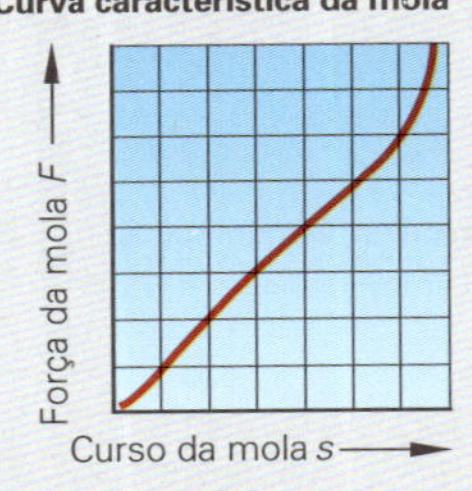

- D_e Diâmetro externo
- D_i Diâmetro interno
- t Espessura da mola de disco individual
- t' Espessura reduzida para molas de disco com superfície de assento
- h_0 Altura da mola (curso teórico da mola até a posição horizontal)
- l_0 Altura de montagem da mola de disco individual
- s Curso da mola de disco individual
- s_S Curso de molas de disco empilhadas
- F Força da mola de disco individual
- F_S Força das molas de disco empilhadas
- L_0 Comprimento das molas de disco empilhadas sem carga
- n Número de molas de disco na pilha
- i Número de molas de disco na coluna de molas

Coluna de molas

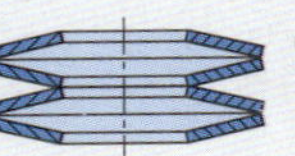

Força da mola

$$F_S = F$$

Curso da mola

$$s_S = i \cdot s$$

Comprimento da mola

$$L_0 = i \cdot l_0$$

Pilha de molas

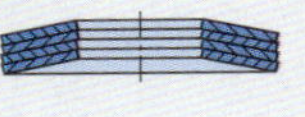

Força da mola

$$F_S = n \cdot F$$

Curso da mola

$$s_S = s$$

Comprimento da mola

$$L_0 = l_0 + (n - 1) \cdot t$$

Grupos	D_e h12	D_i H12	Série A: molas duras $D_e/t \approx 18$; $h_0/t \approx 0{,}4$					Série B: molas meio-duras $D_e/t \approx 28$; $h_0/t \approx 0{,}75$					Série C: molas macias $D_e/t \approx 40$; $h_0/t \approx 1{,}3$				
			t	t'	l_0	F in kN[1]	s[2]	t	t'	l_0	F in kN[1]	s[2]	t	t'	l_0	F in kN[1]	s[2]
Grupo1: $t < 1{,}25$ mm	8	4,2	0,4	–	0,6	0,21	0,15	0,3	–	0,55	0,12	0,19	0,2	–	0,45	0,04	0,19
	10	5,2	0,5	–	0,75	0,33	0,19	0,4	–	0,7	0,21	0,23	0,25	–	0,55	0,06	0,23
	14	7,2	0,8	–	1,1	0,81	0,23	0,5	–	0,9	0,28	0,30	0,35	–	0,8	0,12	0,34
	16	8,2	0,9	–	1,25	1,00	0,26	0,6	–	1,05	0,41	0,34	0,4	–	0,9	0,16	0,38
	20	10,2	1,1	–	1,55	1,53	0,34	0,8	–	1,35	0,75	0,41	0,5	–	1,15	0,25	0,49
	25	12,2	–	–	–	–	–	0,9	–	1,6	0,87	0,53	0,7	–	1,6	0,60	0,68
	28	14,2	–	–	–	–	–	1,0	–	1,8	1,11	0,60	0,8	–	1,8	0,80	0,75
	40	20,4	–	–	–	–	–	–	–	–	–	–	1	–	2,3	1,02	0,98
Grupo 2: $t = 1{,}25 \ldots 6$ mm	25	12,2	1,5	–	2,05	2,91	0,41	–	–	–	–	–	–	–	–	–	–
	28	14,2	1,5	–	2,15	2,85	0,49	–	–	–	–	–	–	–	–	–	–
	40	20,4	2,2	–	3,15	6,54	0,68	1,5	–	2,6	2,62	0,86	–	–	–	–	–
	45	22,4	2,5	–	4,1	7,72	0,75	1,7	–	3,0	3,66	0,98	1,25	–	2,85	1,89	1,20
	50	25,4	3	–	4,3	12,0	0,83	2	–	3,4	4,76	1,05	1,25	–	2,85	1,55	1,20
	56	28,5	3	–	4,9	11,4	0,98	2	–	3,6	4,44	1,20	1,5	–	3,45	2,62	1,46
	63	31	3,5	–	5,6	15,0	1,05	2,5	–	4,2	7,18	1,31	1,8	–	4,15	4,24	1,76
	71	36	4	–	6,7	20,5	1,20	2,5	–	4,5	6,73	1,50	2	–	4,6	5,14	1,95
	80	41	5	–	7	33,7	1,28	3	–	5,3	10,5	1,73	2,25	–	5,2	6,61	2,21
	90	46	5	–	8,2	31,4	1,50	3,5	–	6	14,2	1,88	2,5	–	5,7	7,68	2,40
	100	51	6	–	8,5	48,0	1,65	3,5	–	6,3	13,1	2,10	2,7	–	6,2	8,61	2,63
	125	64	–	–	–	–	–	5	–	8,5	30,0	2,63	3,5	–	8	15,4	3,38
	140	72	–	–	–	–	–	5	–	9	27,9	3,00	3,8	–	8,7	17,2	3,68
	160	82	–	–	–	–	–	6	–	10,5	41,1	3,38	4,3	–	9,9	21,8	4,20
	180	92	–	–	–	–	–	6	–	11,1	37,5	3,83	4,8	–	11	26,4	4,65
Grupo 3: $t > 6 \ldots 14$ mm	125	64	8	7,5	10,6	85,9	1,95	–	–	–	–	–	–	–	–	–	–
	140	72	8	7,5	11,2	85,3	2,40	–	–	–	–	–	–	–	–	–	–
	160	82	10	9,4	13,5	139	2,63	–	–	–	–	–	–	–	–	–	–
	180	92	10	9,4	14	125	3,00	–	–	–	–	–	–	–	–	–	–
	200	102	12	11,25	16,2	183	3,15	8	7,5	13,6	76,4	4,20	–	–	–	–	–
	225	112	12	11,25	17	171	3,75	8	7,5	14,5	70,8	4,88	6,5	6,2	13,6	44,6	5,33
	250	127	14	13,1	19,6	249	4,20	10	9,4	17	119	5,25	7	6,7	14,8	50,5	5,85

⇒ **Mola de disco DIN 2093 – A 16:** Série A, D_e = 16 mm, t = 0,9 mm

[1] Força F da mola de disco individual para um curso $s \approx 0{,}75 \cdot h_0$ [2] $s \approx 0{,}75 \cdot h_0$

Buchas de guia para brocas

Buchas prensadas

veja DIN 179 (1992-11)

Formato A **Formato B**

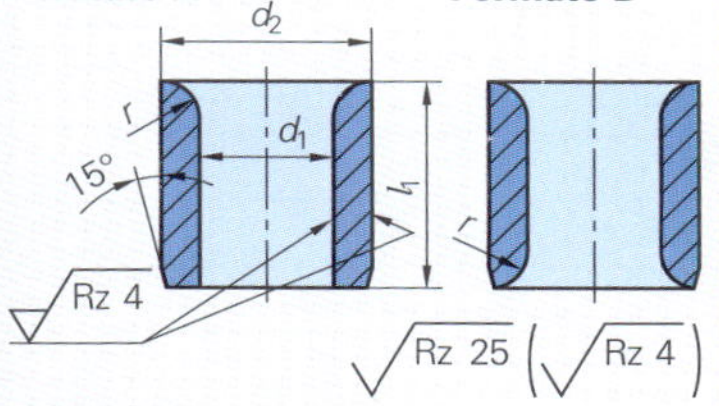

Dureza 780 + 80 HV 10

d_1 F7	acima	1	1,8	2,6	3,3	4	5	6	8	10	12	15	18	22	26
	até	1,8	2,6	3,3	4	5	6	8	10	12	15	18	22	26	30
l_1	curta	6		8			10		12		16		20		25
	média	9		12			16		20		28		36		45
	longa	–		16			20		25		36		45		56
d_2 n6		4	5	6	7	8	10	12	15	18	22	26	30	35	42
r		1		1			1,5		2				3		

⇒ **Bucha de guia DIN 179 – A 18x 16:** Formato A, d_1 = 18 mm, l_1 = 16 mm

Buchas prensadas com cabeça

veja DIN 172 (1992-11)

Formato A **Formato B**

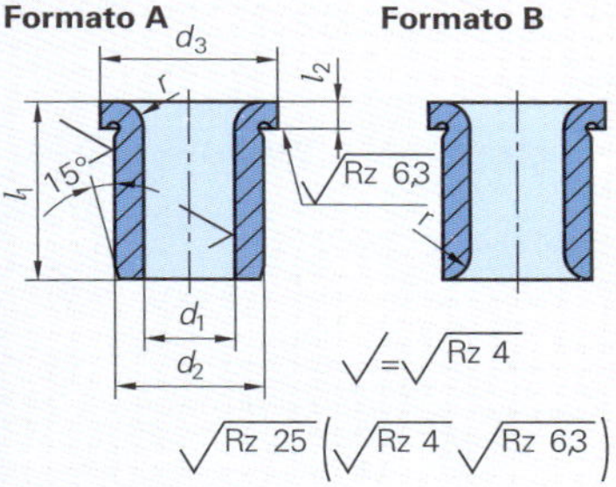

Dureza 780 + 80 HV 10

d_1 F7	acima	1	1,8	2,6	3,3	4	5	6	8	10	12	15	18	22	26
	até	1,8	2,6	3,3	4	5	6	8	10	12	15	18	22	26	30
l_1	curta	6		8			10		12		16		20		25
	média	9		12			16		20		28		36		45
	longa	–		16			20		25		36		45		56
d_2 n6		4	5	6	7	8	10	12	15	18	22	26	30	35	42
d_3		7	8	9	10	11	13	15	18	22	26	30	34	39	46
l_2		2		2,5			3			4			5		
r		1		1			1,5		2				3		

⇒ **Bucha de guia DIN 172 – A 22 x 36:** Formato A, d_1 = 22 mm, l_1 = 36 mm

Buchas de troca rápida

veja DIN 173-1 (1992-11)

Formato K Buchas de troca rápida para ferramentas de corte à direita

Formato L Buchas intercambiáveis (dimensões como formato K)

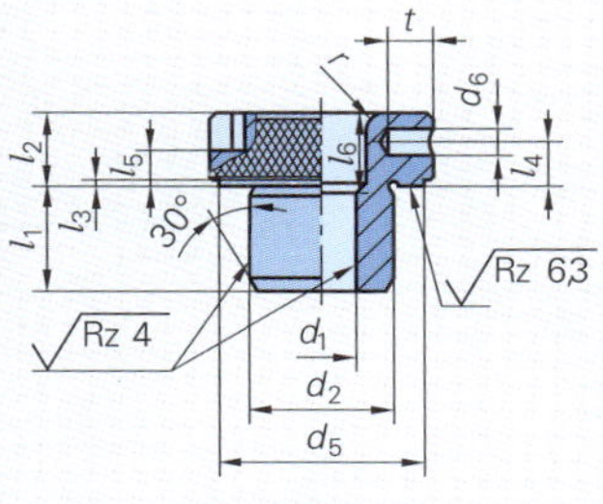

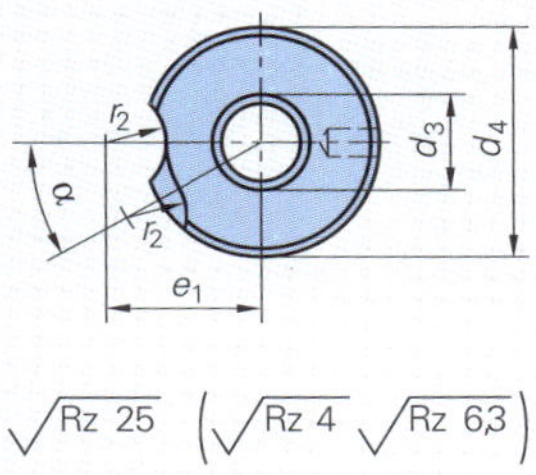

Dureza 780 + 80 HV 10

d_1 F7	acima	4	6	8	10	12	15	18	22	26	30	35	42	48
	até	6	8	10	12	15	18	22	26	30	35	42	48	55
d_2 m6		10	12	15	18	22	26	30	35	42	48	55	62	70
l_1	curta	12		17		20		25		30			35	
	média	20		28		36		45		56			67	
	longa	25		36		45		56		67			78	
d_3		6,5	8,5	10,5	12,5	15,5	19	23	27	31	36	43	50	57
d_4		18	22	26	30	34	39	46	52	59	66	74	82	90
d_5		15	18	22	26	30	35	42	46	53	60	68	76	84
d_6 H7		2,5	3			5			6				8	
l_2		8	10			12					16			
α		65°	60°	50°		35°		30°				25°		
l_3		1							1,5		2			
l_4		4,25	6			7					9		8	
l_5		3	4			5,5					7			
l_6	média	8		12		16		20		26			32	
	longa	13		20		25		31		37			43	
t		4		5	6	7	8		9	10	12		14	
r_1		2				3						3,5		
r_2		7	8,5			10,5					12,5			
e_1		13	16,5	18	20	23,5	26	29,5	32,5	36	41,5	45,5	49	53

⇒ **Bucha de guia DIN 173– K 15 x 22 x 36:** Formato K, d_1 = 15 mm, d_2 = 22 mm, l_1 = 36 mm

Pinos roscados, sapatas de pressão, manípulos esféricos

Pinos roscados com ponta para articulação

veja DIN 6332 (2003-04)

Formato S (M6 a M20)

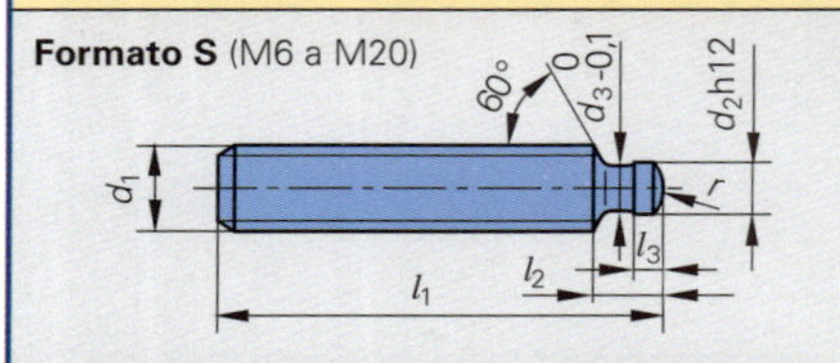

Exemplos de aplicação como parafuso de fixação

com manípulo em cruz[1] DIN 6335 M6 a M20

com porca recartilhada DIN 6303 M6 bis M10

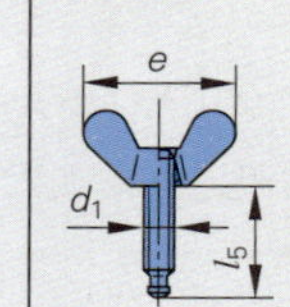

com porca borboleta DIN 315 M6 a M10

d_1	M6		M8		M10		M12			M16		
d_2	4,8		6		8		8			12		
d_3	4		5,4		7,2		7,2			11		
r	3		5		6		6			9		
l_2	6		7,5		9		10			12		
l_3	2,5		3		4,5		4,5			5		
d_4	32		40		50		63			80		
d_5	24		30		36		–			–		
e	33		39		51		65			73		
l_1	30	50	40	60	60	80	60	80	100	80	100	125
l_4	20	40	27	47	44	64	40	60	80	–	–	–
l_5	22	42	30	50	48	68	–	–	–	–	–	–

⇒ **Pino roscado DIN 6332– S M 12 x 60:** Formato S com rosca d_1 = M12, l_1 = 60 mm

[1] ou manípulo estrela DIN 6336 M6 a M16

Sapatas de pressão

veja DIN 6311 (2002-06)

Formato F com anel elástico

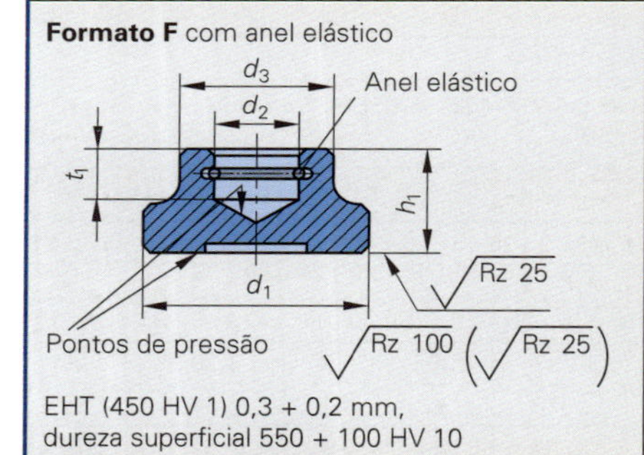

EHT (450 HV 1) 0,3 + 0,2 mm, dureza superficial 550 + 100 HV 10

d_1	d_2 H12	d_3	h_1	t_1	Anel elástico DIN 7993	Pino roscado DIN 6332
12	4,6	10	7	4	–	M6
16	6,1	12	9	5	–	M8
20	8,1	15	11	6	8	M10
25	8,1	18	13	7	8	M12
32	12,1	22	15	7,5	12	M16
40	15,6	28	16	8	16	M20

⇒ **Sapata DIN 6311– S 40:** Formato S, d_1 = 40 mm, com anel elástico montado

Manípulo esférico

veja DIN 319 (2002-04)

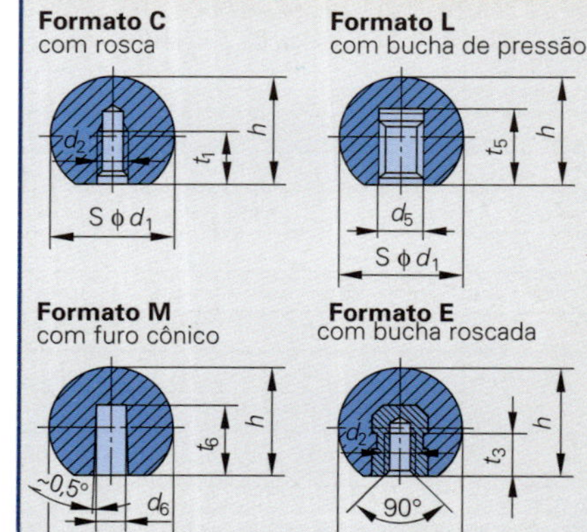

Outros formatos não são mais normalizados.

d_1	16	20	25			32			40			50		
d_2	M4	M5	M6			M8			M10			M12		
t_1	7	9	11			14,5			18			21		
t_3	6	7,5	9			12			15			18		
d_5	4	5	6	8	10	8	10	12	10	12	16	12	16	20
t_5	11	13	16	15	15	15	20	20	20	23	23	20	23	28
d_6	4	5	6	8	–	8	10	–	10	12	–	12	16	–
t_6	9	12	15	15	–	15	15	–	20	20	–	22	22	–
h	15	18	22,5			29			37			46		

⇒ **Manípulo esférico DIN 319– E 25 PF:** Formato E, d_1 = 25 mm, de resina fenólica (plástico termofixo)

Material: Manípulo esférico de resina fenólica PF (plástico termofixo; bucha com rosca de aço (St) à escolha do fabricante; outros materiais conforme combinado.

Cor: Preta

Manípulos, pinos localizadores e pinos de assento

Manípulos em cruz

veja DIN 6335 (1996-01)

Formato A **Formato B**

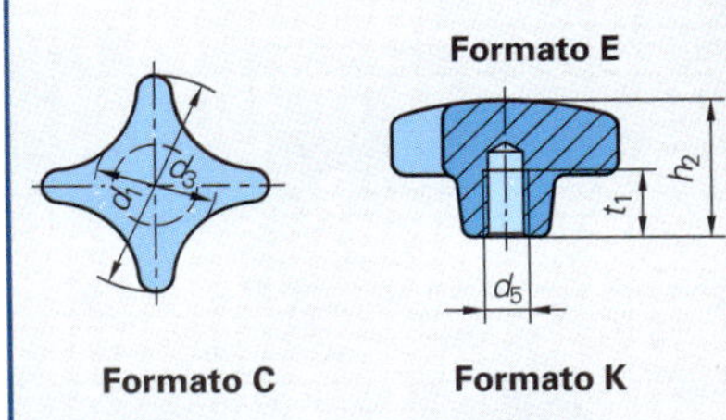

Formato C **Formato K**

d_1	d_2	d_3	d_4	d_5	h_1	h_2	h_3	t_1
32	12	18	6	M6	21	20	10	12
40	14	21	8	M8	26	25	14	15
50	18	25	10	M10	34	32	20	18
63	20	32	12	M12	42	40	25	22
80	25	40	16	M16	52	50	30	28
100[1]	32	48	20	M20	65	60	38	36

Formato	Descrição
A até E	manípulos metálicos
A	peça bruta em metal
B	com furo passante d_4
C	com furo cego d_4
D	com furo roscado passante d_5
E	com furo roscado cego d_5
K[2]	de material plástico com bucha com rosca d_5 (de metal)
L[2]	de material plástico com pino roscado d_5 (de metal)
⇒	**Manípulo em cruz DIN 6335 – A 50 AL:** Formato A, d_1 = 50 mm, de alumínio

[1] Este tamanho não existe em material plástico.

[2] Em parte, dimensões levemente diferentes; material como nos manípulos estrela DIN 6336

Manípulos estrela

veja DIN 6336 (1996-01)

Formato A **Formato E** **Formato L**

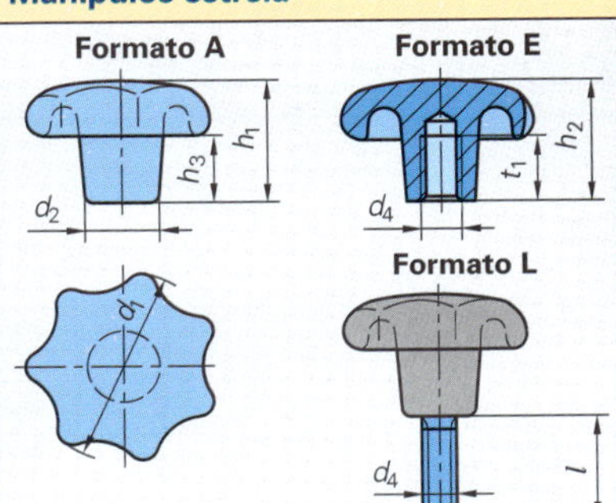

d_1	d_2	d_4	h_1	h_2	h_3	t_1	l	
32	12	M6	21	20	10	12	20	30
40	14	M8	26	25	13	15	20	30
50	18	M10	34	32	17	18	25	30
63	20	M12	42	40	21	22	30	40
80	25	M16	52	50	25	28	30	40
⇒	**Manípulo estrela DIN 6336 – L 40 x 30:** Formato L (material plástico) d_1 = 40 mm, l = 30 mm							

Formatos A até E (manípulo metálico) bem como K e L (manípulo de material plástico) análogo ao manípulo em cruz DIN 6335

Materiais: Ferro fundido, alumínio, resina (PF 31 N RAL 9005 DIN 7708-2)

Pinos de assento e pinos localizadores

veja DIN 6321 (2002-10)

Formato A Pino de assento

Formato B pino localizador cilíndrico

Formato C Pino localizador achatado

temperado 53 + 6 HRC

<table>
<tr><th rowspan="2">d_1 g6</th><th rowspan="2">l_1 Formato A h9</th><th colspan="2">l_1 Formato B e C</th><th rowspan="2">b</th><th rowspan="2">d_2[1] n6</th><th rowspan="2">l_2</th><th rowspan="2">l_3</th><th rowspan="2">l_4</th><th rowspan="2">t</th></tr>
<tr><th>curto</th><th>longo</th></tr>
<tr><td>6</td><td>5</td><td>7</td><td>12</td><td>1</td><td>4</td><td>6</td><td>1,2</td><td>4</td><td rowspan="4">0,02</td></tr>
<tr><td>8</td><td>–</td><td rowspan="3">10</td><td>16</td><td>1,6</td><td rowspan="3">6</td><td rowspan="3">9</td><td rowspan="3">1,6</td><td rowspan="3">6</td></tr>
<tr><td>10</td><td>6</td><td rowspan="2">18</td><td rowspan="2">2,5</td></tr>
<tr><td>12</td><td>–</td></tr>
<tr><td>16</td><td>8</td><td>13</td><td>22</td><td>3,5</td><td>8</td><td>12</td><td>2</td><td>8</td><td rowspan="3">0,04</td></tr>
<tr><td>20</td><td>–</td><td rowspan="2">15</td><td rowspan="2">25</td><td rowspan="2">5</td><td rowspan="2">12</td><td rowspan="2">18</td><td rowspan="2">2,5</td><td rowspan="2">9</td></tr>
<tr><td>25</td><td>10</td></tr>
<tr><td>⇒</td><td colspan="9">Pino DIN 6321– C 20 x 25: Formato C, d_1 = 20 mm, l_1 = 25 mm</td></tr>
</table>

[1] tolerância correspondente do furo: H7

Rasgos T e acessórios, arruelas esféricas e assentos cônicos

Rasgos T e porcas para rasgos T

Cf. DIN 650 (1989-10) e 508 (2002-06)

Largura a	8	10	12	14	18	22	28	36	42
Desvios de *a*	–0,3/–0,5		–0,3/–0,6					–0,4/–0,7	
b	14,5	16	19	23	30	37	46	56	68
Desvios de *b*	1,5/0	+2/0				+3/0	+4/0		
c	7	7	8	9	12	16	20	25	32
Desvios de *c*	+1/0			+2/0				+3/0	
h max.	18	21	25	28	36	45	56	71	85
h min.	15	17	20	23	30	38	48	61	74
Rosca *d*	M6	M8	M10	M12	M16	M20	M24	M30	M36
e	13	15	18	22	28	35	44	54	65
h_1	10	12	14	16	20	28	36	44	52
k	6	6	7	8	10	14	18	22	26
Desvios de *k*	0/–0,5					0/–1			
⇒	**Porca DIN 508 – M10 x 12:** *d* = M10, *a* = 12 mm								

[1] Classe de tolerância H8 para rasgos de alinhamento e fixação; H12 para rasgos de fixação

Parafusos para rasgos T

veja DIN 787 (2002-06)

$e_2 \geq e_1$

a	8	10	12	14	18	22	28	36
b de	22	30	35	35	45	55	70	80
b até	50	60	120	120	150	190	240	300
d_1	M8	M10	M12		M16	M20	M24	M30
e_1	13	15	18	22	28	35	44	54
h_1	12	14	16	20	24	32	41	50
k	6	6	7	8	10	14	18	22
Comprim. nominais *l*	25, 32, 40, 50, 63, 80, 100, 125, 160, 200, 250, 315, 400, 500 mm							
⇒	**Parafuso DIN 787 – M10 x 10 x 100 – 8.8:** d_1 = M10, *a* = 10 mm, *l* = 100 mm, classe de resistência 8.8							

Encaixes soltos para rasgos T

veja DIN 6323 (2003-08)

Formato A $b_1 > b_2$ **Formato B** $b_1 = b_2$ **Formato C** $b_1 < b_2$

Demais medidas e indicações como formato A

Temperado, dureza 650 + 100 HV 10

b_1 h6	b_2 h6	Form.	b_3	h_1	h_2	h_3	h_4	*l*
12	6	A	–	12	3,6	–	–	20
	8							
	10							
	12	B	5	28,6	–	5,5	9	20
20	12	A	–	14	5,5	–	–	32
	14							
	18							
	22	C	9	50,5	–	7	18	40
	28		12	61,5			24	
	36		16	76,5			30	50
	42		19	90,5			36	
⇒	**Encaixe para rasgo DIN 6323 – C 20 x 28:** Formato C, b_1 = 20 mm, b_2 = 28 mm							

Arruelas esféricas e assento cônico

veja DIN 6319 (2001-10)

Arruela esférica — **Formato C**

Assento cônico 120° — **Formato D** $d_4 = d_3$ — **Formato G** $d_4 > d_3$

d_1 H13	d_2 H13	d_3	d_4 Formato D	d_4 Formato G	d_5	h_2	h_3 Formato D	h_3 Formato G	*R* Esfera
6,4	7,1	12	12	17	11	2,3	2,8	4	9
8,4	9,6	17	17	24	14,5	3,2	3,5	5	12
10,5	12	21	21	30	18,5	4	4,2	5	15
13	14,2	24	24	36	20	4,6	5	6	17
17	19	30	30	44	26	5,3	6,2	7	22
21	23,2	36	36	50	31	6,3	7,5	8	27
⇒	**Arruela esférica DIN 6319 – C 17:** Formato C, d_1 = 17 mm								

Espigas de fixação, punções de corte, placas

Espiga de fixação formato A[1]

Cf. DIN ISO 10242-1 e -2 (2000-03)

Formato A

Saída da rosca conforme DIN 76-A

d_1 f9	d_2	d_3	l_1	l_2	l_3	l_4	l_5	SW
20	15	M16 x 1,5	40	2	12	58	4	17
25	20	M16 x 1,5 M20 x 1,5	45	2,5	16	68	6	21
32	25	M20 x 1,5 M24 x 1,5	56	3	16	79	6	27
40	32	M24 x 1,5 M27 x 2 M30 x 2	70	4	26	93	12	36
50	42	M30 x 2	80	5	26	108	12	41

⇒ **Espiga ISO 10242-1 A -40 x M30 x 2:** Formato A, d_1 = 40 mm, d_3 = M30 x 2

1) Formato C com flange de fixação em vez de rosca

Punção de corte redondo formato D[1]

Cf. DIN 9861-1 (1992-07)

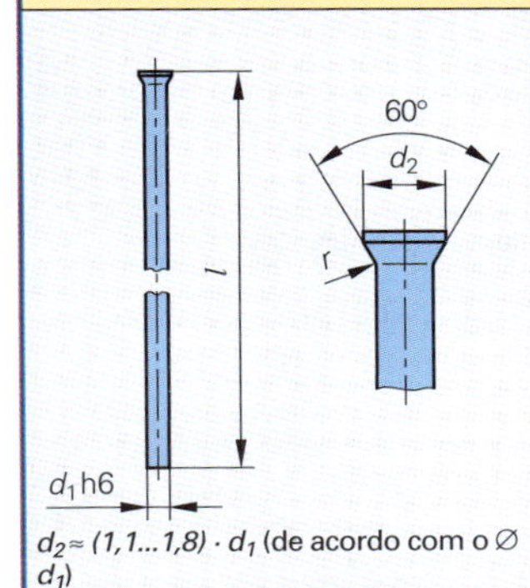

$d_2 \approx (1,1...1,8) \cdot d_1$ (de acordo com o ∅ d_1)

d_1 h6 de...até	Escalonamento	l 0/+0,5			Material	Durezas Haste	Durezas Cabeça
0,5...0,95	0,05	71	80	–	WS[2]	62 ± 2 HRC	45 ± 5 HRC
1,0...2,9	0,1				HWS[3]		
3,0...6,4	0,1	71	80	100			
6,5...20	0,5				HSS[4]	64 ± 2 HRC	50 ± 5 HRC

⇒ **Punção de corte DIN 9861 D -5,6 x 71 HWS:** Formato D, d_1 = 5,6 mm, l = 71 mm, de aço altamente ligado para trabalho a frio

1) Formato DA com engrossamento admissível abaixo da cabeça
2) WS aços ligados (aços-liga) para trabalho a frio
3) HWS aços altamente ligados para trabalho a frio
4) HSS aços rápidos

Placas usinadas para ferramentas de estamparia e dispositivos

Cf. DIN ISO 6753-1 (2000-03)

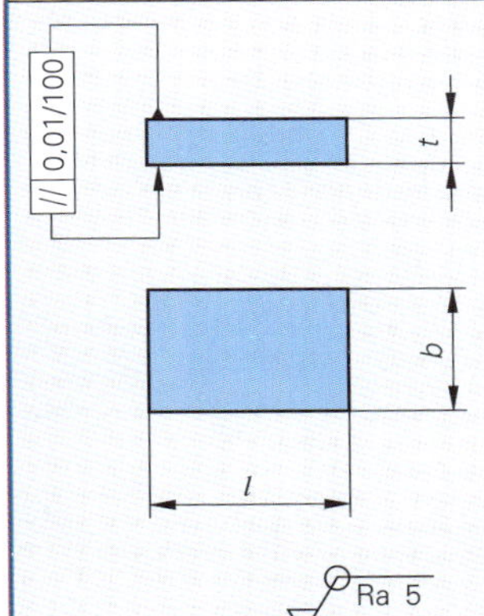

Nota: Esses valores da rugosidade superficial são válidos apenas para placas fresadas.

l	Espessura da placa t para dimensão da placa b: 80	100	125	160	200	250	315	400	500	630
160	20, 25, 32				–	–	–	–	–	–
200	–	25, 32, 40				–	–	–	–	–
250	–	–	25, 32, 40				–	–	–	–
315	–	–	–	32, 40, 50				–	–	–
400	–	–	–	–	32, 40, 50				–	–
500	–	–	–	–	–	32, 40, 50				–
630	–	–	–	–	–	–	32, 40, 50, 63			

⇒ **Placa usinada ISO 6753-1 1 – 315 x 200 x 32:** fabricada através de corte oxiacetilênico (1), l = 315 mm, b = 200 mm, t = 32 mm

Sigla	Processo de fabricação	Tol. para compr. l e largura b ($l \leq$ 630 mm)	Tolerância para espessura
1	Corte oxiacetilênico Corte por eletro-erosão	+ 4 + 1	± 2
2	Fresa	+0,4 +0,2	± 2

Suportes para estampos

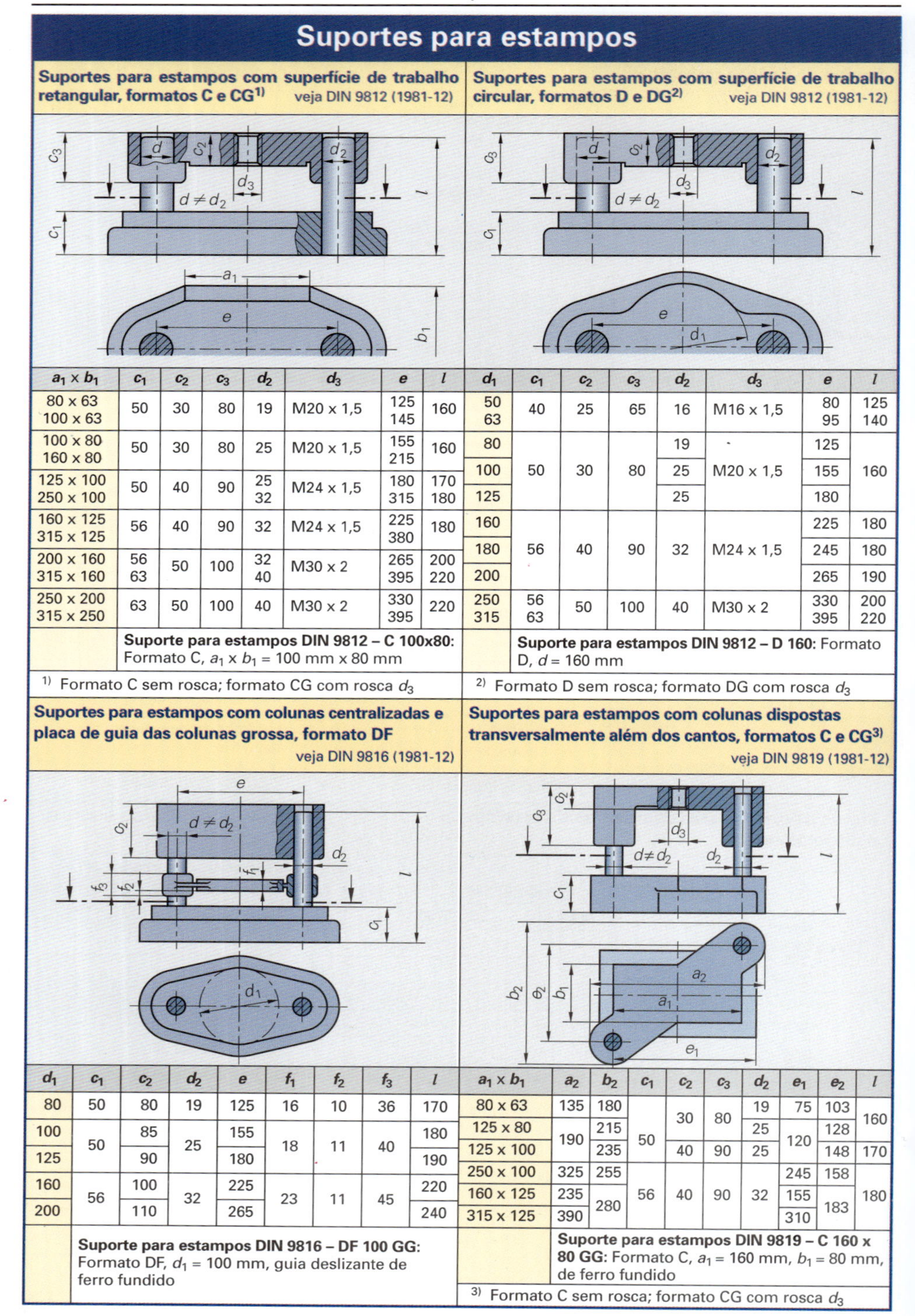

Suportes para estampos com superfície de trabalho retangular, formatos C e CG[1)] veja DIN 9812 (1981-12)

$a_1 \times b_1$	c_1	c_2	c_3	d_2	d_3	e	l
80 x 63 100 x 63	50	30	80	19	M20 x 1,5	125 145	160
100 x 80 160 x 80	50	30	80	25	M20 x 1,5	155 215	160
125 x 100 250 x 100	50	40	90	25 32	M24 x 1,5	180 315	170 180
160 x 125 315 x 125	56	40	90	32	M24 x 1,5	225 380	180
200 x 160 315 x 160	56 63	50	100	32 40	M30 x 2	265 395	200 220
250 x 200 315 x 250	63	50	100	40	M30 x 2	330 395	220

Suporte para estampos DIN 9812 – C 100x80: Formato C, $a_1 \times b_1$ = 100 mm x 80 mm

1) Formato C sem rosca; formato CG com rosca d_3

Suportes para estampos com superfície de trabalho circular, formatos D e DG[2)] veja DIN 9812 (1981-12)

d_1	c_1	c_2	c_3	d_2	d_3	e	l
50 63	40	25	65	16	M16 x 1,5	80 95	125 140
80				19		125	
100	50	30	80	25	M20 x 1,5	155	160
125				25		180	
160						225	180
180	56	40	90	32	M24 x 1,5	245	180
200						265	190
250 315	56 63	50	100	40	M30 x 2	330 395	200 220

Suporte para estampos DIN 9812 – D 160: Formato D, d = 160 mm

2) Formato D sem rosca; formato DG com rosca d_3

Suportes para estampos com colunas centralizadas e placa de guia das colunas grossa, formato DF veja DIN 9816 (1981-12)

d_1	c_1	c_2	d_2	e	f_1	f_2	f_3	l
80	50	80	19	125	16	10	36	170
100	50	85	25	155	18	11	40	180
125		90		180				190
160	56	100	32	225	23	11	45	220
200		110		265				240

Suporte para estampos DIN 9816 – DF 100 GG: Formato DF, d_1 = 100 mm, guia deslizante de ferro fundido

Suportes para estampos com colunas dispostas transversalmente além dos cantos, formatos C e CG[3)] veja DIN 9819 (1981-12)

$a_1 \times b_1$	a_2	b_2	c_1	c_2	c_3	d_2	e_1	e_2	l
80 x 63	135	180		30	80	19	75	103	160
125 x 80	190	215	50			25	120	128	
125 x 100		235		40	90	25		148	170
250 x 100	325	255					245	158	
160 x 125	235	280	56	40	90	32	155	183	180
315 x 125	390						310		

Suporte para estampos DIN 9819 – C 160 x 80 GG: Formato C, a_1 = 160 mm, b_1 = 80 mm, de ferro fundido

3) Formato C sem rosca; formato CG com rosca d_3

Correias em V, correias sincronizadoras

Formatos

Denominação / Norma para as correias	Faixa de medidas: h[1] em mm	Faixa de medidas: L[2] em mm	Faixa de velocidade V_{max} em m/s	Faixa de potência P'_{max} em kW[3]	Propriedades; Exemplos de aplicação
	Norma para as polias				
Correia V normal; DIN 2215, ISO 4184	4...25	185...19000	30	65	para altas cargas de ruptura, capacidade de tração garantida; máquinas de construção civil, mineração, máquinas agrícolas, esteiras transportadoras, construção de máquinas em geral
	DIN 2217, ISO 4183				
Correia V estreita; DIN 7753, ISO 4184	8...18	630...12500	40	70	boa transmissão de potência, o dobro de potência com uma correia V normal de mesma largura; transmissões, máquinas para madeiras, máquinas de ferramentaria, sistemas de ar condicionado
	DIN 2211, ISO 4183				
Correia V com flancos abertos; DIN 2215, DIN 7753	4...25	800...3150	50	70	alongamento reduzido, diâmetro da polia menor, elevada resistência térmica de –30 °C até +80 °C.; acionamento de alternadores veiculares, bombas, sistemas de ar condicionado, transmissões
	DIN 2211, DIN 2217				
Correia V combinada (power band)	10...26	1250...15000	30	65	pouco sensível a vibrações e choques, sem torção das correias individuais nas polias, distribuição de força totalmente regular, altas cargas de ruptura, para grandes distâncias entre eixos, máquinas para fabricação de papel
	DIN 2211, DIN 2217				
Correia micro V (poly V); DIN 7867	3...17	600...15000	60	20	permite grandes relações de transmissão, operação com mínima vibração; acionamento de alternadores veiculares, acionamento de compressores de ar-condicionado, pequenas máquinas
	DIN 7867				
Correia V larga; DIN 7719	6...18	468...2500	30	85	excepcional resistência transversal, ajuste ideal do perfil, carga de ruptura muito elevada, flexível; variadores de rotação, máquinas de ferramentaria, máquinas têxteis, máquinas gráficas, máquinas agrícolas
	DIN 7719				
Correia duplo V (correia hexagonal); DIN 7722, ISO 5289	10...25	2000...6900	30	20	boa transmissão de potência para acionamento com diversas polias e mudança de sentido de rotação, grau de eficiência 10% mais baixo do que a correia V normal; máquinas agrícolas, máquinas têxteis, construção de máquinas em geral
	DIN 2217				
Correia sincronizadoras; DIN 7721, DIN ISO 5296	0,7...5,0	100...3620	40...80	0,5...900	grau de eficiência $\eta_{max} \geq 0{,}98$, giro sincronizado, força de pré-tração reduzida, consequentemente menor carga nos mancais; acionamento de mecanismos de precisão, máquinas de escritório, sistemas automotivos, acionamento de fusos CNC
	DIN ISO 5294				

[1] Altura de correias (páginas 254, 255) [2] Comprimento de correias [3] Potência transmissível por correia

Correias em V estreitas

Correias V estreitas DIN 7753-1 (1988-01) | Polias para correias V estreitas DIN 2211-1 (1984-03)

Diâmetro efetivo $d_w = d_a - 2 \cdot c$

Correia V estreita DIN 7753 – XPZ 710: correia V estreita, perfil de flancos abertos dentados, comprimento esticado 710 mm

	Denominação	Correias V estreitas, polias para correias V			
	Perfil da correia (siglas ISO)	SPZ	SPA	SPB	SPC
b_o	Largura superior da correia	9,7	12,7	16,3	22
b_w	Largura efetiva	8,5	11	14	19
h	Altura da correia	8	10	13	18
h_w	Distância	2	2,8	3,5	4,8
d_{wk}	Menor ø efetivo admissível	63	90	140	224
b_1	Largura superior do canal	9,7	12,7	16,3	22
c	Distância ø efetivo até ao ø externo	2	2,8	3,5	4,8
t	Menor prof. admissível do canal	11	13,8	17,5	23,8
e	Distância entre canais para canais múltiplos	12	15	19	25,5
f	Distância do canal à borda	8	10	12,5	17
a	34° para ø efetivo até	80	118	190	315
	38° para ø efetivo acima de	80	118	190	315

Fator angular c_1	1	1,02	1,05	1,08	1,12	1,16	1,22	1,28	1,37	1,47
Ângulo envolvido β	180°	170°	160°	150°	140°	130°	120°	110°	100°	90°

Fator operacional c_2

Carga diária de trabalho em horas: até 10	acima de 10 até 16	acima de 16	Máquinas acionadas (exemplos)
1,0 1,1	1,1 1,2	1,2 1,3	Bombas centrífugas, ventiladores, alimentadores de esteira para produtos leves, máquinas de ferramentaria, tesouras para chapas, máquinas gráficas
1,2 1,3	1,3 1,4	1,4 1,5	Moinhos, bombas de pistão, alimentador por percussão, máquinas têxteis e de papel, britadores, misturadores, guinchos, gruas, dragas

Índices de potência para correias V estreitas

veja DIN 7753-2 (1976-04)

Perfil da correia	SPZ			SPA			SPB			SPC		
d_{wk} da polia menor	63	100	180	90	160	250	140	250	400	224	400	630
n_k da polia menor	Potência nominal P_N em kW de cada correia											
400	0,35	0,79	1,71	0,75	2,04	3,62	1,92	4,86	8,64	5,19	12,56	21,42
700	0,54	1,28	2,81	1,17	3,30	5,88	3,02	7,84	13,82	8,13	19,79	32,37
950	0,68	1,66	3,65	1,48	4,27	7,60	8,83	10,04	17,39	10,19	24,52	37,37
1450	0,93	2,36	5,19	2,02	6,01	10,53	5,19	13,66	22,02	13,22	29,46	31,74
2000	1,17	3,05	6,63	2,49	7,60	12,85	6,31	16,19	22,07	14,58	25,81	–
2800	1,45	3,90	8,20	3,00	9,24	14,13	7,15	16,44	9,37	11,89	–	–

Determinação do perfil para correias V estreitas

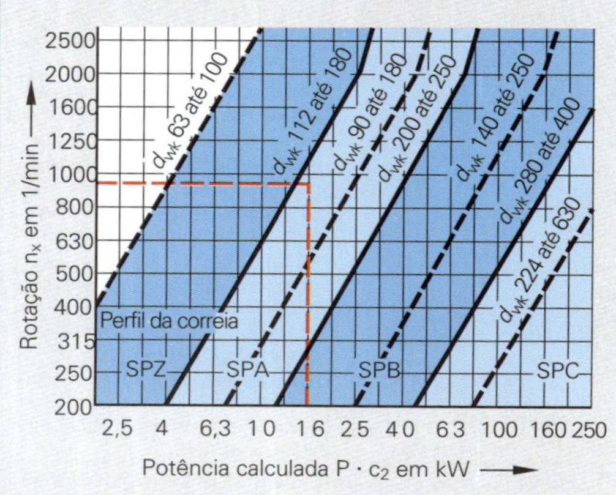

P Potência a ser transmitida
P_N Potência nominal de cada correia
z Número de correias
c_1 Fator angular
c_2 Fator operacional

Número de correias

$$z = \frac{P \cdot c_1 \cdot c_2}{P_N}$$

Exemplo:

Devem ser transmitidos P = 12 kW com $c1$ = 1,12; c_2 = 1,4; d_{wk} = 160 mm, n_k = 950 mm; β_k = ?, z = ?

1. $P \cdot c_2$ = 12 kW · 1,4 = 16,8 kW
2. conforme diagrama de n_k = 950 mm e $P \cdot c_2$ = 16,8 kW → perfil **SPA**
3. P_N = 4,27 kW conforme tabela
4. $z = \frac{P \cdot c_1 \cdot c_2}{P_N} = \frac{12\,kW \cdot 1,12 \cdot 1,4}{4,27\,kW} = 4,4$
5. selecionado: z = **5 correias**

Correias sincronizadoras

Correias sincronizadoras (correias dentadas)

veja DIN 7721-1 (1989-06)

Endentado simples

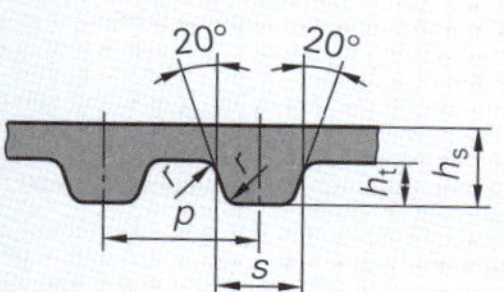

Endentado duplo

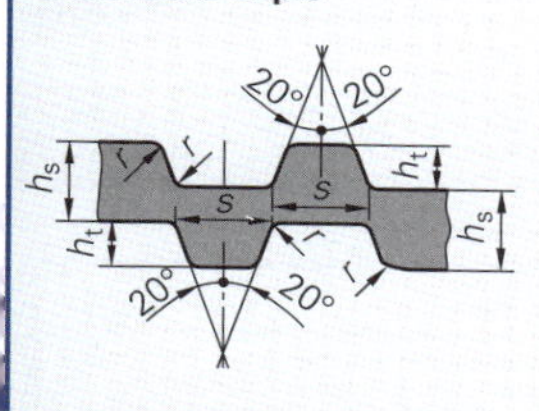

Formatos de dentes não normalizados

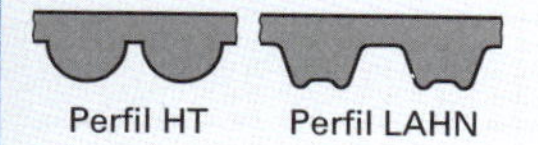

Perfil HT Perfil LAHN

Passo do dente Sigla	*p*	Medidas dos dentes *s*	h_t	*r*	*Espes. nominal* h_s	Largura da correia sincronizadora *b*			
T2,5	2,5	1,5	0,7	0,2	1,3	–	4	6	10
T5	5	2,7	1,2	0,4	2,2	6	10	16	25
T10	10	5,3	2,5	0,6	4,5	16	25	32	50

Compr. efetivo[1]	N°de dentes para T2,5	T5	Compr. efetivo[1]	N°de dentes para T2,5	T5	Compr. efetivo[1]	N°de dentes para T10
120	48	–	530	–	53	1010	101
150	–	30	560	112	56	1080	108
160	64	–	610	122	61	1150	115
200	80	40	630	126	63	1210	121
245	98	49	660	–	66	1250	125
270	–	54	700	–	70	1320	132
285	114	–	720	144	72	1390	139
305	–	61	780	156	78	1460	146
330	132	66	840	168	84	1560	156
390	–	78	880	–	88	1610	161
420	168	84	900	180	–	1780	178
455	–	91	920	184	92	1880	188
480	192	96	960	–	96	1960	196
500	200	100	990	198	–	2250	225

Correia DIN 7721 – 6 T2,5 x 480: b = 6 mm, passo p = 2,5, comprimento efetivo 480 mm, endentado simples

Para correias sincronizadoras com endentado duplo é acrescentada a letra D.

[1] Comprimentos efetivos de 100...3620 mm, em fabricação especial até 25000 mm

Polias sincronizadoras

veja DIN 7721-1 (1989-06)

Medidas da lacuna dos dentes

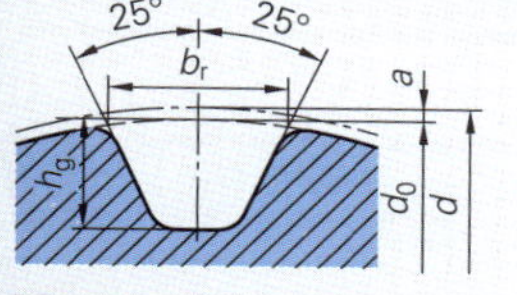

Diâmetro efetivo

$$d = d_0 + 2 \cdot a$$

[1] Formato SE para ≤ 20 lacunas
[2] Formato N para > 20 lacunas

Lacunas	ø externo da polia d_0 para T2,5	T5	T10	Lacunas	ø externo da polia d_0 para T2,5	T5	T10	Lacunas	ø externo da polia d_0 para T2,5	T5	T10
10	7,4	15,0	–	17	13,0	26,2	52,2	32	24,9	50,1	100,0
11	8,2	16,6	–	18	13,8	27,8	55,4	36	28,1	56,4	112,7
12	9,0	18,2	36,3	19	14,6	29,4	58,6	40	31,3	62,8	125,4
13	9,8	19,8	39,5	20	15,4	31,0	61,8	48	37,7	75,5	150,9
14	10,6	21,4	42,7	22	17,0	34,1	68,2	60	47,2	94,6	189,1
15	11,4	23,0	45,9	25	19,3	38,9	77,7	72	56,8	113,7	227,3
16	12,2	24,6	49,1	28	21,7	43,7	87,2	84	66,3	132,9	265,5

Sigla	Medidas da lacuna dos dentes: Largura da lacuna b_r Formato SE[1]	Formato N[2]	Altura da lacuna h_g Formato SE[1]	Formato N[2]	2 *a*
T2,5	1,75	1,83	0,75	1	0,6
T5	2,96	3,32	1,25	1,95	1
T10	6,02	6,57	2,6	3,4	2

Medidas da polia

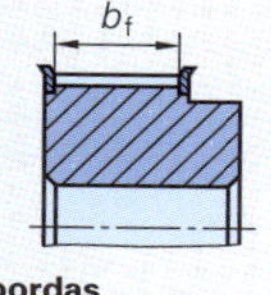

com bordas

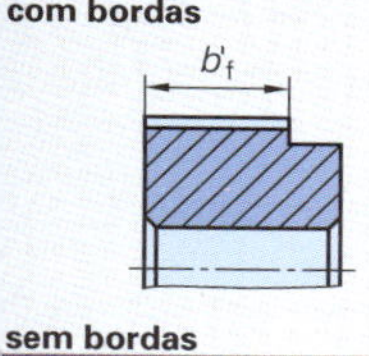

sem bordas

Sigla	Largura da correia *b*	Largura da polia com borda b_f	com borda b'_f
T2,5	4	5,5	8
	6	7,5	10
	10	11,5	14
T5	6	7,5	10
	10	11,5	14
	16	17,5	20
	25	26,5	29
T10	16	18	21
	25	27	30
	32	34	37
	50	52	55

Rodas dentadas – Engrenagens cilíndricas de dentes retos

Engrenagens cilíndricas com dentes retos sem correção

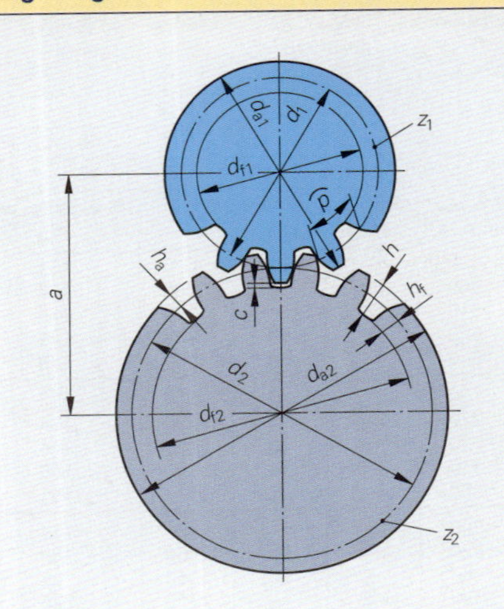

m	Módulo	z, z_1, z_2	N° de dentes
p	Passo	d, d_1, d_2	∅ Círculo primitivo
c	Folga da cabeça	d_a, d_{a1}, d_{a2}	∅ Círculo da cabeça
h	Altura do dente	d_f, d_{f1}, d_{f2}	∅ Círculo do pé
h_a	Altura da cabeça do dente		
h_f	Altura do pé do dente		
a	Distância entre eixos		

Exemplo:

Engrenagem com dentes externos, $m = 2$ mm; $z = 32$; $c = 0{,}167 \cdot m$; $d = ?$; $d_a = ?$; $h = ?$

$\mathbf{d} = m \cdot z = 2 \text{ mm} \cdot 32 = \mathbf{64\ mm}$

$\mathbf{d_a} = d + 2 \cdot m = 64 \text{ mm} + 2 \cdot 2 \text{ mm} = \mathbf{68\ mm}$

$\mathbf{h} = 2 \cdot m + c = 2 \cdot 2 \text{ mm} + 0{,}167 \cdot 2 \text{ mm} = \mathbf{4{,}33\ mm}$

Dentes externos

Número de dentes	$z = \dfrac{d}{m} = \dfrac{d_a - 2 \cdot m}{m}$
∅ Círculo da cabeça	$d_a = d + 2 \cdot m = m \cdot (z + 2)$
∅ Círculo do pé	$d_f = d - 2 \cdot (m + c)$
Distância entre eixos	$a = \dfrac{d_1 + d_2}{2} = \dfrac{m \cdot (z_1 + z_2)}{2}$

Dentes externos e internos

Módulo	$m = \dfrac{p}{\pi} = \dfrac{d}{z}$
Passo	$p = \pi \cdot m$
∅ Círculo primitivo	$d = m \cdot z$
Folga da cabeça	$c = 0{,}1 \cdot m$ até $0{,}3 \cdot m$ geralmente $c = 0{,}167 \cdot m$
Altura da cabeça do dente	$h_a = m$
Altura do pé do dente	$h_f = m + c$
Altura do dente	$h = 2 \cdot m + c$

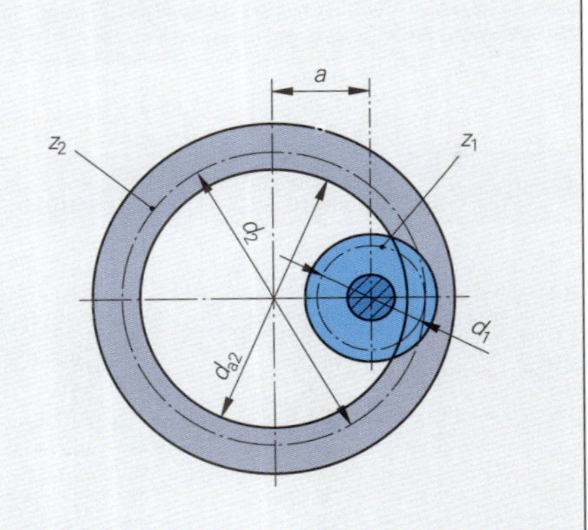

Dentes internos

Número de dentes	$z = \dfrac{d}{m} = \dfrac{d_a + 2 \cdot m}{m}$
∅ Círculo da cabeça	$d_a = d - 2 \cdot m = m \cdot (z - 2)$
∅ Círculo do pé	$d_f = d + 2 \cdot (m + c)$
Distância entre eixos	$a = \dfrac{d_2 - d_1}{2} = \dfrac{m \cdot (z_2 - z_1)}{2}$

Exemplo:

Engrenagem com dentes internos, m = 1,5 mm; z = 80; $c = 0{,}167 \cdot m$; $d = ?$; $d_a = ?$; $h = ?$

$\mathbf{d} = m \cdot z = 1{,}5 \text{ mm} \cdot 80 = \mathbf{120\ mm}$

$\mathbf{d_a} = d - 2 \cdot m = 120 \text{ mm} - 2 \cdot 1{,}5 \text{ mm} = \mathbf{117\ mm}$

$\mathbf{h} = 2 \cdot m + c = 2 \cdot 1{,}5 \text{ mm} + 0{,}167 \cdot 1{,}5 \text{ mm} = \mathbf{3{,}25\ mm}$

Engrenagens de dentes helicoidais, série de módulos para engrenagens

Engrenagens cilíndricas de dentes helicoidais sem correção

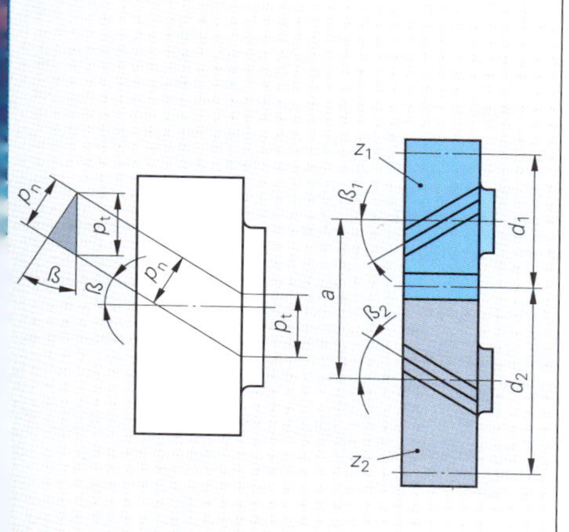

m_t	Módulo de passo helicoidal
m_n	Módulo normal
p_t	Passo helicoidal
p_n	Passo normal
β	Ângulo de inclinação (geralmente β = 8° até 25°)
z, z_1, z_2	Números de dentes
d, d_1, d_2	∅ Círculos primitivos
d_a	∅ Círculo da cabeça
a	Distância entre eixos

Módulo helicoidal

$$m_t = \frac{m_n}{\cos\beta} = \frac{p_t}{\pi}$$

Passo helicoidal

$$p_t = \frac{p_n}{\cos\beta} = \frac{\pi \cdot m_n}{\cos\beta}$$

∅ Círculo primitivo

$$d = m_t \cdot z = \frac{z \cdot m_n}{\cos\beta}$$

Número de dentes

$$z = \frac{d}{m_t} = \frac{\pi \cdot d}{p_t}$$

Módulo normal

$$m_n = \frac{p_n}{\pi} = m_t \cdot \cos\beta$$

Passo normal

$$p_n = \pi \cdot m_n = p_t \cdot \cos\beta$$

∅ Círculo da cabeça

$$d_a = d + 2 \cdot m_n$$

Distância entre eixos

$$a = \frac{d_1 + d_2}{2}$$

Nas engrenagens cilíndricas de dentes helicoidais, os dentes evoluem sobre o corpo da roda formando uma hélice. As ferramentas para confecção de engrenagens cilíndricas e helicoidais tomam por base o módulo normal.

Em eixos paralelos ambas engrenagens possuem o mesmo ângulo de inclinação, mas direções de inclinação contrárias, ou seja, uma engrenagem evolui à direita a outra à esquerda ($\beta_1 = -\beta_2$).

Exemplo:

Dentes helicoidais, z = 32; m_n = 1,5 mm; β = 19,5°; $c = 0{,}167 \cdot m$; m_t = ?; d_a = ?; d = ?; h = ?

$$m_t = \frac{m_n}{\cos\beta} = \frac{1{,}5\text{ mm}}{\cos 19{,}5°} = 1{,}591\text{mm}$$

$\boldsymbol{d_a}$ $= d + 2 \cdot m_n = 50{,}9\text{ mm} + 2 \cdot 1{,}5\text{ mm} =$ **53,9 mm**

$\boldsymbol{d}$ $= m_t \cdot z = 1{,}591\text{ mm} \cdot 32 =$ **50,9 mm**

$\boldsymbol{h}$ $= 2 \cdot m_n + c = 2 \cdot 1{,}5\text{ mm} + 0{,}167 \cdot 1{,}5\text{ mm}$ = **3,25 mm**

Altura do dente, altura da cabeça e do pé do dente, folga da cabeça e ∅ do círculo do pé são calculados como para engrenagens cilíndricas de dentes retos (página 256). Nas fórmulas, o módulo m é substituído pelo módulo normal m_n.

Série de módulos para engrenagens cilíndricas (série I)

veja DIN 780-1 e –2 (1977-05)

Módulo	0,2	0,25	0,3	0,4	0,5	0,6	0,7	0,8	0,9	1,0	1,25
Passo	0,628	0,785	0,943	1,257	1,571	1,885	2,199	2,513	2,827	3,142	3,927
Módulo	1,5	2,0	2,5	3,0	4,0	5,0	6,0	8,0	10,0	12,0	16,0
Passo	4,712	6,283	7,854	9,425	12,566	15,708	18,850	25,132	31,416	37,699	50,265

Divisão do jogo de fresas de disco de 8 módulos (até m = 9 mm)[1]

Nº da fresa	1	2	3	4	5	6	7	8
Nº de dentes	12…13	14…16	17…20	21…25	26…34	35…54	55…134	135...cremalheira

[1] A confecção de engrenagens com fresas de disco não corresponde à operação fresar com fresa helicoidal. O resultado é apenas uma forma aproximada da evoluta dos flancos dos dentes. Portanto, esse processo de fabricação só é adequado para endentações inferiores. Para engrenagens com m > 9 mm deve ser empregado um jogo de fresas de disco com 15 módulos.

Engrenagens cônicas, coroa e parafuso sem-fim

Engrenagens cônicas com dentes retos sem correção

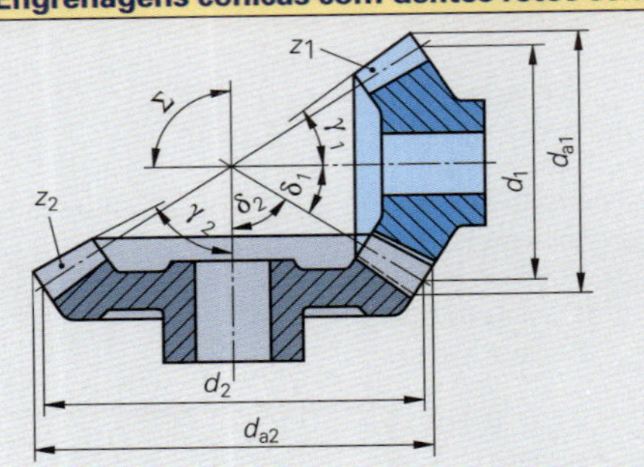

Além das dimensões indicadas nas arestas externas, também são importantes, para a fabricação, as medidas no centro do dente e nas arestas internas.

Exemplo:

Transmissão com engrenagens cônicas, m = 2 mm; z_1 = 30; z_2 = 120; Σ = 90°. Devem ser calculadas as medidas para tornear a engrenagem acionadora.

$$\tan\delta_1 = \frac{z_1}{z_2} = \frac{30}{120} = \mathbf{0{,}2500};\ \delta_1 = \mathbf{14{,}04°}$$

$$d_1 = m \cdot z_1 = 2\text{ mm} \cdot 30 = \mathbf{60\ mm}$$

$$d_{a1} = d_1 + 2 \cdot m \cdot \cos\delta_1 = 60\text{ mm} + 2 \cdot 2\text{ mm} \cdot \cos 14{,}04° = \mathbf{63{,}88\ mm}$$

$$\tan\gamma_1 = \frac{z_1 + 2 \cdot \cos\delta_1}{z_2 - 2 \cdot \text{sen}\,\delta_1} = \frac{30 + 2 \cdot \cos 14{,}04°}{120 - 2 \cdot \text{sen}\,14{,}04°} = \mathbf{0{,}267}$$

$$\gamma_1 = \mathbf{14{,}95°}$$

m	Módulo	z, z_1, z_2	Números de dentes
d, d_1, d_2	⌀ dos Círculos primitivos	δ, δ_1, δ_2	Ângulos primitivos do cone
d_a, d_{a1}, d_{a2}	⌀ dos Círculos da cabeça	γ_1, γ_2	Ângulos do cone da cabeça
Σ	Ângulo dos eixos (geralmente 90°)		

Passo e altura da cabeça diminuem no sentido da ponta do cone, de forma que a engrenagem cônica possui em cada ponto da largura do dente diferentes módulo, ⌀ do círculo primitivo, etc. O módulo externo corresponde ao módulo normal.

⌀ Círculo primitivo	$d = m \cdot z$
⌀ Círculo da cabeça	$d_a = d + 2 \cdot m \cdot \cos\delta$
Ângulo do cone da cabeça - Engrenagem 1	$\tan\gamma_1 = \dfrac{z_1 + 2 \cdot \cos\delta_1}{z_2 - 2 \cdot \text{sen}\,\delta_1}$
Ângulo do cone da cabeça - Engrenagem 2	$\tan\gamma_2 = \dfrac{z_2 + 2 \cdot \cos\delta_2}{z_1 - 2 \cdot \text{sen}\,\delta_2}$
Ângulo primitivo engrenagem 1	$\tan\delta_1 = \dfrac{d_1}{d_2} = \dfrac{z_1}{z_2} = \dfrac{1}{i}$
Ângulo primitivo engrenagem 2	$\tan\delta_2 = \dfrac{d_2}{d_1} = \dfrac{z_2}{z_1} = i$
Ângulo dos eixos	$\Sigma = \delta_1 + \delta_2$

Altura do dente, altura da cabeça do dente, folga da cabeça etc. são calculados como para engrenagens de dentes retos (página 256).

Coroa e parafuso sem-fim

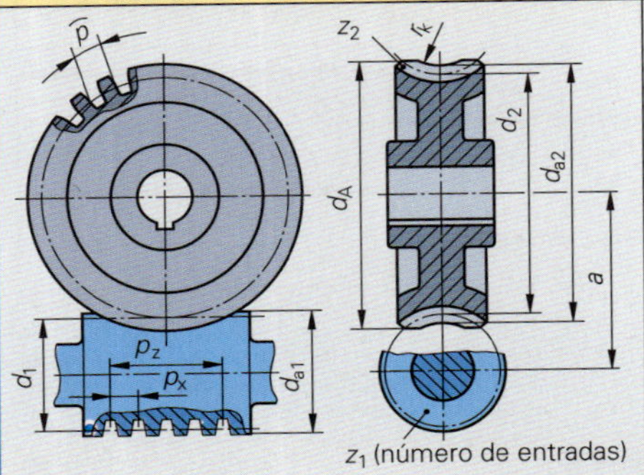

Exemplo:

Coroa e parafuso sem-fim, m = 2,5 mm; z_1 = 2; d_1 = 40 mm; z_2 = 40; d_{a1} = ?; d_2 = ?; d_A = ?; r_k = ?; a = ?

$$d_{a1} = d_1 + 2 \cdot m = 40\text{ mm} + 2 \cdot 2{,}5\text{ mm} = \mathbf{45\ mm}$$

$$d_2 = m \cdot z_2 = 2{,}5\text{ mm} \cdot 40 = \mathbf{100\ mm}$$

$$d_{a2} = d_2 + 2 \cdot m = 100\text{ mm} + 2 \cdot 2{,}5\text{ mm} = \mathbf{105\ mm}$$

$$d_A \approx d_{a2} + m = 105\text{ mm} + 2{,}5\text{ mm} = \mathbf{107{,}5\ mm}$$

$$r_k = \frac{d_1}{2} - m = \frac{40\text{ mm}}{2} - 2{,}5\text{ mm} = \mathbf{17{,}5\ mm}$$

$$a = \frac{d_1 + d_2}{2} = \frac{40\text{ mm} + 100\text{ mm}}{2} = \mathbf{70\ mm}$$

m	Módulo	z_1, z_2	Números de dentes
d, d_1, d_2	⌀ dos círculos primitivos	p_z	Altura da elevação
d_a, d_{a1}, d_{a2}	⌀ dos círculos da cabeça	p_x, p	Passo (axial)
r_k	Raio do topo da coroa	d_A	ø externo

Parafuso sem-fim

⌀ do círculo primitivo	d_1 = medida nominal
Passo axial do parafuso	$p_x = \pi \cdot m$
⌀ do círculo da cabeça	$d_{a1} = d_1 + 2 \cdot m$
Altura da elevação	$p_z = p_x \cdot z_1 = \pi \cdot m \cdot z_1$

Coroa

⌀ do círculo primitivo	$d_2 = m \cdot z_2$
Passo	$p = \pi \cdot m$
⌀ do círculo da cabeça	$d_{a2} = d_2 + 2 \cdot m$
Diâmetro externo	$d_A \approx d_{a2} + m$
Raio do topo da coroa	$r_k = \dfrac{d_1}{2} - m$

Folga da cabeça, altura do dente, da cabeça do dente e do pé do dente e distância entre eixos, como para engrenagens cilíndricas (p. 256).

Transmissões

Acionamento por engrenagens

Transmissão simples

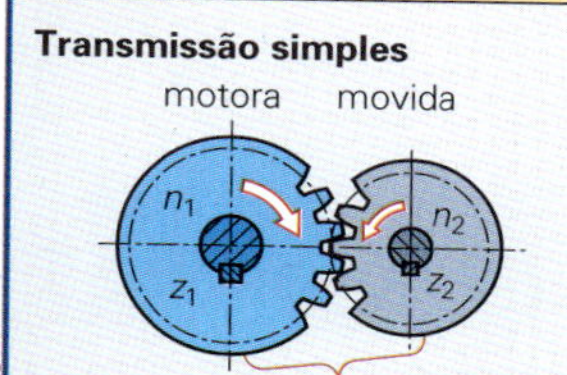

Transmissão múltipla

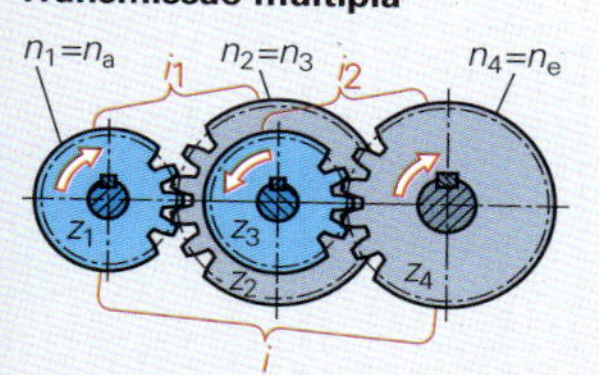

$z_1, z_3, z_5 \ldots$ Nº de dentes; $n_1, n_3, n_5 \ldots$ Rotações — engrenagens motoras

$z_2, z_4, z_6 \ldots$ Nº de dentes; $n_2, n_4, n_6 \ldots$ Rotações — engrenagens movidas

n_a Rotação inicial

n_e Rotação final

i Relação de transmissão total

$i_1, i_2, i_3 \ldots$ Relações de transmissões individuais

Exemplo:

$i = 0,4$; $n_1 = 180/\text{min}$; $z_2 = 24$; $n_2 = ?$; $z_1 = ?$

$$\boldsymbol{n_2} = \frac{n_1}{i} = \frac{180/\text{min}}{0,4} = \mathbf{450/min}$$

$$\boldsymbol{z_1} = \frac{n_2 \cdot z_2}{n_1} = \frac{450/\text{min} \cdot 24}{180/\text{min}} = \mathbf{60}$$

Torque nas engrenagens veja página 37

Equação de acionamento

$$n_1 \cdot z_1 = n_2 \cdot z_2$$

Relação de transmissão

$$i = \frac{z_2}{z_1} = \frac{n_1}{n_2} = \frac{n_a}{n_e}$$

Relação de transmissão total

$$i = \frac{z_2 \cdot z_4 \cdot z_6 \ldots}{z_1 \cdot z_3 \cdot z_5 \ldots}$$

$$i = i_1 \cdot i_2 \cdot i_3 \ldots$$

Acionamento por correias

Transmissão simples

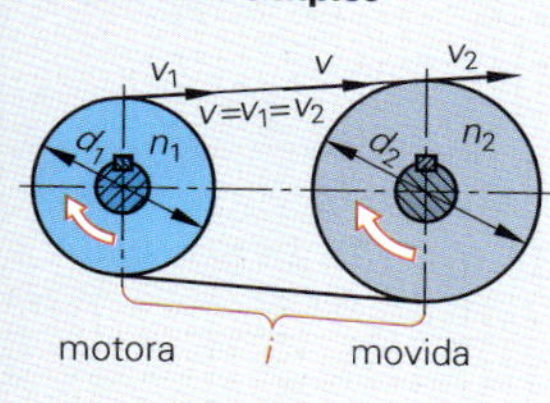

Transmissão múltipla

$d_1, d_3, d_5 \ldots$ Diâmetros; $n_1, n_3, n_5 \ldots$ Rotações — polias motoras

$d_2, d_4, d_6 \ldots$ Diâmetros; $n_2, n_4, n_6 \ldots$ Rotações — polias movidas

n_a Rotação inicial

n_e Rotação final

i Relação de transmissão total

$i_1, i_2, i_3 \ldots$ Relações de transmissões individuais

v, v_1, v_2 Velocidades periféricas

Exemplo:

$n_1 = 600/\text{min}$; $n_2 = 400/\text{min}$;
$d_1 = 240$ mm; $i = ?$; $d_2 = ?$

$$i = \frac{n_1}{n_2} = \frac{600/\text{min}}{400/\text{min}} = \frac{1,5}{1} = 1,5$$

$$d_2 = \frac{n_1 \cdot d_1}{n_2} = \frac{600/\text{min} \cdot 240\,\text{mm}}{400/\text{min}} = \mathbf{360\,mm}$$

Velocidade

$$v = v_1 = v_2$$

Equação de acionamento

$$n_1 \cdot d_1 = n_2 \cdot d_2$$

Relação de transmissão

$$i = \frac{d_2}{d_1} = \frac{n_1}{n_2} = \frac{n_a}{n_e}$$

Relação de transmissão total

$$i = \frac{d_2 \cdot d_4 \cdot d_6 \ldots}{d_1 \cdot d_3 \cdot d_5 \ldots}$$

$$i = i_1 \cdot i_2 \cdot i_3 \ldots$$

Acionamento coroa e parafuso sem-fim

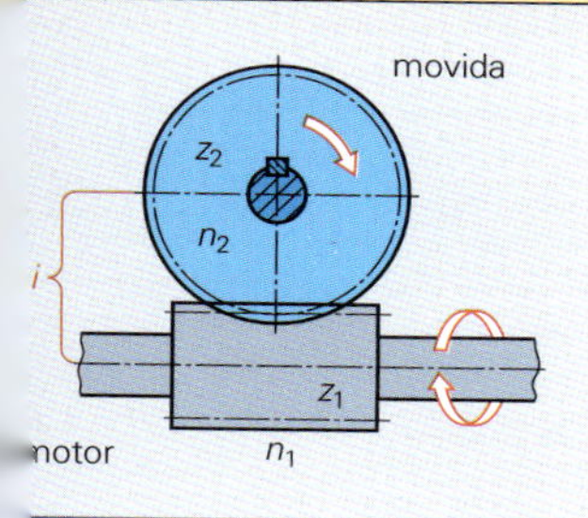

z_1 Nº de dentes (nº de filetes) do parafuso sem-fim

n_1 Rotação do parafuso sem-fim

z_2 Nº de dentes da coroa

n_2 Rotação da coroa

i Relação de transmissão

Exemplo:

$i = 25$; $n_1 = 1500/\text{min}$; $z_1 = 3$; $n_2 = ?$

$$\boldsymbol{n_2} = \frac{n_1}{i} = \frac{1500/\text{min}}{25} = \mathbf{60/min}$$

Equação de acionamento

$$n_1 \cdot z_1 = n_2 \cdot z_2$$

Relação de transmissão

$$i = \frac{n_1}{n_2} = \frac{z_2}{z_1}$$

Diagrama de rotações

A determinação do número de rotações n de uma máquina-ferramenta em função do diâmetro d da peça ou da ferramenta e da velocidade de corte v_c selecionada pode ser feita

- por meio de cálculo com auxílio da fórmula ou
- graficamente com o diagrama de rotações.

Diagramas de rotações contêm as rotações de carga ajustáveis na máquina. Estas são escalonadas geometricamente. Em acionadores sem escalonamento, a rotação encontrada pode ser precisamente ajustada.

Número de Rotações

$$n = \frac{v_c}{\pi \cdot d}$$

Diagrama de rotações com coordenadas em escala logarítmica

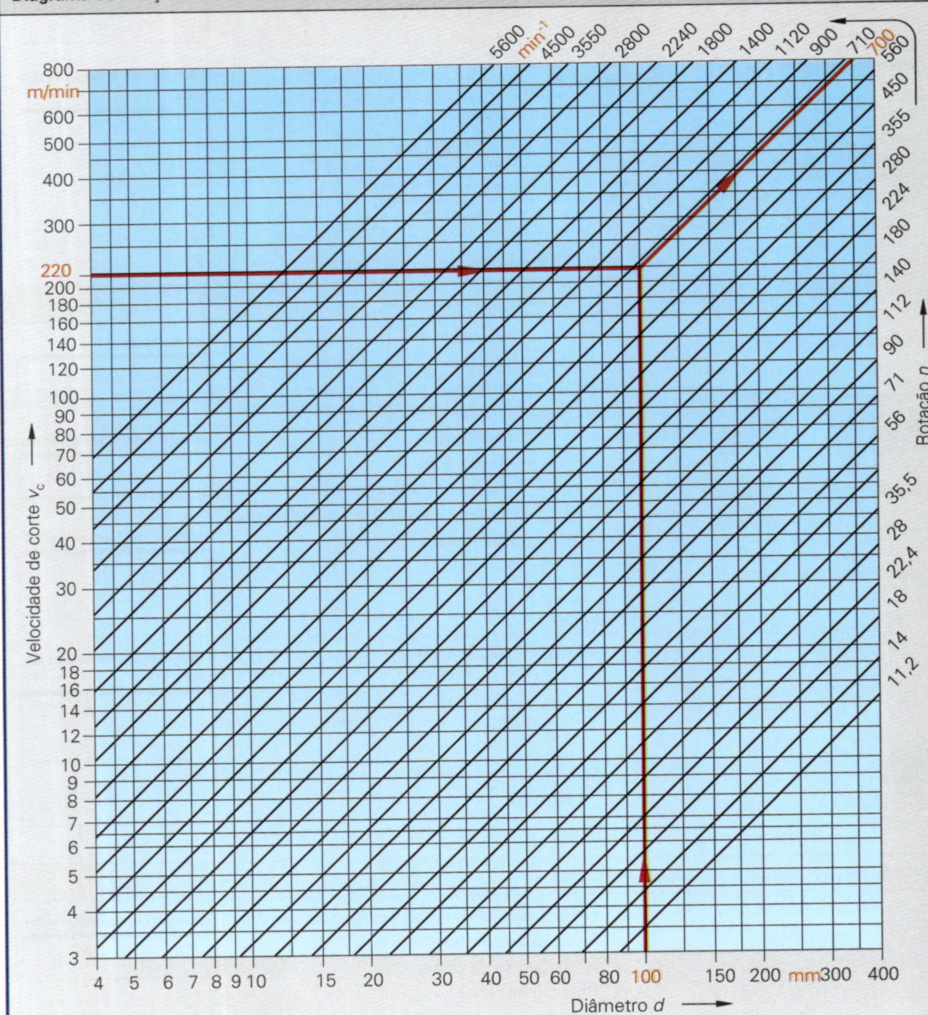

Exemplo: $d = 100\,\text{mm}$; $v_c = 220\,\frac{m}{\text{min}}$; n = ?

Cálculo: $\boldsymbol{n} = \frac{v_c}{\pi \cdot d} = \frac{220\,\frac{\text{m}}{\text{min}}}{\pi \cdot 0{,}1\,\text{m}} = \mathbf{700{,}3}\,\frac{\mathbf{1}}{\mathbf{min}}$; extraído do diagrama acima: $\boldsymbol{n} \approx \mathbf{700}\,\frac{1}{\text{min}}$

Mancais deslizantes, resumo

Mancais deslizantes[1] (seleção segundo o tipo de lubrificação)

Mancal deslizante hidrodinâmico

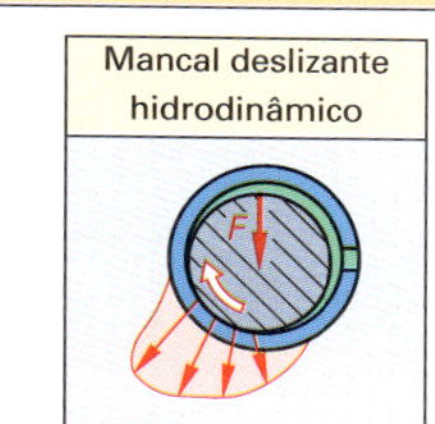

adequado para
- operação contínua com pouco desgaste
- altas rotações
- altas cargas com impacto

campo de aplicação
- mancal mestre ou de biela
- caixas de engrenagens
- motores elétricos
- turbinas, compressores
- elevadores, máquinas agrícolas

Mancal deslizante hidrostático

adequado para
- operação contínua livre de desgaste
- pequena perda por atrito
- permite baixas rotações

campo de aplicação
- suporte de precisão
- telescópios astronômicos e antenas
- máquinas de ferramentaria
- mancal axial para forças elevadas

Mancal deslizante seco

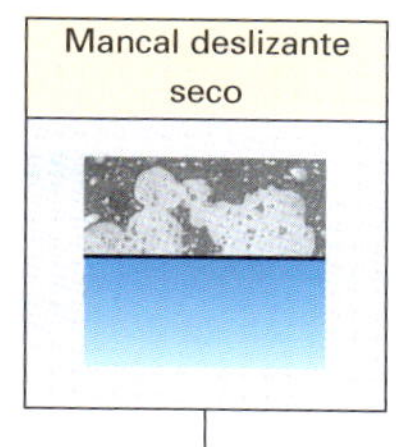

adequado para
- operação livre de manutenção ou com pouca manutenção
- com ou sem lubrificante

campo de aplicação
- máquinas de construção
- aparelhos e componentes
- máquinas de embalagem
- propulsores a jato
- aparelhos domésticos

[1] Outros mancais deslizantes: mancais deslizantes lubrificados a ar, gás e água, mancal magnético

Propriedades dos materiais para mancais deslizantes

Sigla, número do material	Limite de elasticidade $R_{p\,0,2}$ N/mm²	Carga específica do mancal p_L[1] N/mm²	Dureza mínima do eixo	Propriedades deslizantes	Velocidade de deslizamento	Característica em regime de emergência	Propriedades, aplicação
Ligas de chumbo e estanho							veja DIN ISO 4381 (2001-02)
G-PbSb15Sn10[2] 2.3391	43	7	160 HB	◕	◐	◕	carga média; mancal genérico
G-SnSb12Cu6Pb 2.3790	61	10	160 HB	●	●	◕	boa resposta a cargas de impacto; turbinas, compressores, máq. elétricas
Ligas de cobre fundidas e ligas de cobre sinterizadas							veja DIN ISO 4382-1 e –2 (1992-11)
CuSn8Pb2-C 2.1810	130	21	280 HB	◕	◕	◐	carga de mínima a moderada; lubrificação suficiente
CuZn31Si1 2.1831	250	58	55 HRC				carga elevada, alta carga de choque e impacto
CuPb10Sn10-C[2] 2.1816	80	18	250 HB	◕	◕	◐	alta pressão superficial; mancais para automóveis, mancais para laminação
CuPb20Sn5-C 2.1818	60	11	150 HB	●	●	●	adequado para lubrificação com água; resistente ao ácido sulfúrico
Materiais sintéticos termoplásticos							veja DIN ISO 6691 (2001-05)
PA 6 (poliamida)	–	12	50 HRC	●	○	●	resistente ao impacto e ao desgaste; mancais em máquinas agrícolas
POM (polioximetileno)	–	18	50 HRC				mais duro e com maior capacidade de carga por pressão do que PA; mecânica fina, adequado para operação a seco

[1] Força do mancal, em relação à área projetada do mancal
[2] Material composto conforme DIN ISO 4383 para mancais deslizantes de parede fina

● muito boa ◕ boa ◐ normal ◔ limitada ○ ruim

Buchas para mancais deslizantes

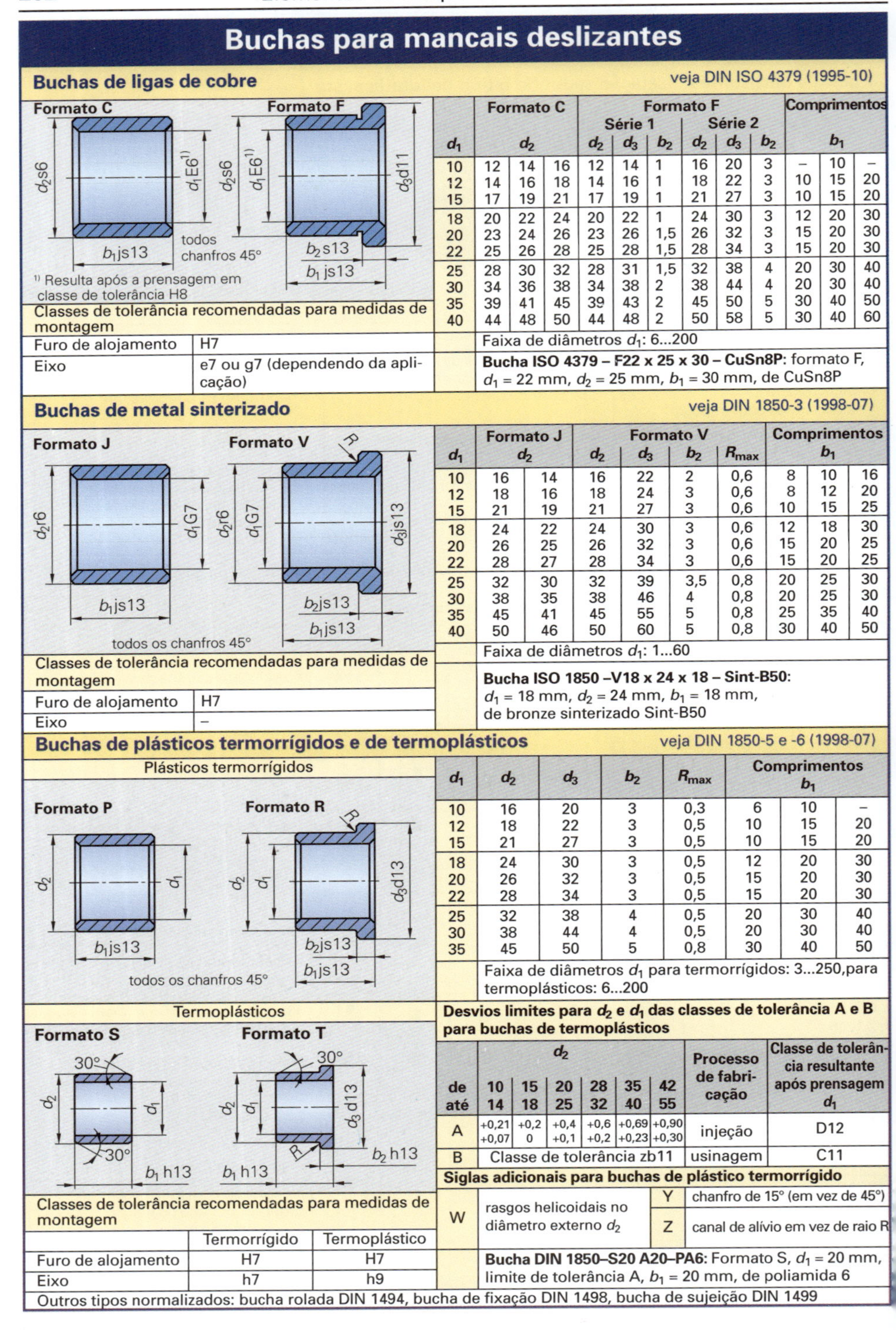

Buchas de ligas de cobre

veja DIN ISO 4379 (1995-10)

1) Resulta após a prensagem em classe de tolerância H8

d_1	Formato C d_2			Formato F Série 1 d_2	d_3	b_2	Formato F Série 2 d_2	d_3	b_2	Comprimentos b_1		
10	12	14	16	12	14	1	16	20	3	–	10	–
12	14	16	18	14	16	1	18	22	3	10	15	20
15	17	19	21	17	19	1	21	27	3	10	15	20
18	20	22	24	20	22	1	24	30	3	12	20	30
20	23	24	26	23	26	1,5	26	32	3	15	20	30
22	25	26	28	25	28	1,5	28	34	3	15	20	30
25	28	30	32	28	31	1,5	32	38	4	20	30	40
30	34	36	38	34	38	2	38	44	4	20	30	40
35	39	41	45	39	43	2	45	50	5	30	40	50
40	44	48	50	44	48	2	50	58	5	30	40	60

Faixa de diâmetros d_1: 6...200

Bucha ISO 4379 – F22 x 25 x 30 – CuSn8P: formato F, d_1 = 22 mm, d_2 = 25 mm, b_1 = 30 mm, de CuSn8P

Classes de tolerância recomendadas para medidas de montagem	
Furo de alojamento	H7
Eixo	e7 ou g7 (dependendo da aplicação)

Buchas de metal sinterizado

veja DIN 1850-3 (1998-07)

d_1	Formato J d_2		Formato V d_2	d_3	b_2	R_{max}	Comprimentos b_1		
10	16	14	16	22	2	0,6	8	10	16
12	18	16	18	24	3	0,6	8	12	20
15	21	19	21	27	3	0,6	10	15	25
18	24	22	24	30	3	0,6	12	18	30
20	26	25	26	32	3	0,6	15	20	25
22	28	27	28	34	3	0,6	15	20	25
25	32	30	32	39	3,5	0,8	20	25	30
30	38	35	38	46	4	0,8	20	25	30
35	45	41	45	55	5	0,8	25	35	40
40	50	46	50	60	5	0,8	30	40	50

Faixa de diâmetros d_1: 1...60

Bucha ISO 1850 –V18 x 24 x 18 – Sint-B50: d_1 = 18 mm, d_2 = 24 mm, b_1 = 18 mm, de bronze sinterizado Sint-B50

Classes de tolerância recomendadas para medidas de montagem	
Furo de alojamento	H7
Eixo	–

Buchas de plásticos termorrígidos e de termoplásticos

veja DIN 1850-5 e -6 (1998-07)

Plásticos termorrígidos

Termoplásticos

d_1	d_2	d_3	b_2	R_{max}	Comprimentos b_1		
10	16	20	3	0,3	6	10	–
12	18	22	3	0,5	10	15	20
15	21	27	3	0,5	10	15	20
18	24	30	3	0,5	12	20	30
20	26	32	3	0,5	15	20	30
22	28	34	3	0,5	15	20	30
25	32	38	4	0,5	20	30	40
30	38	44	4	0,5	20	30	40
35	45	50	5	0,8	30	40	50

Faixa de diâmetros d_1 para termorrígidos: 3...250,para termoplásticos: 6...200

Desvios limites para d_2 e d_1 das classes de tolerância A e B para buchas de termoplásticos

d_2 de / até	10 / 14	15 / 18	20 / 25	28 / 32	35 / 40	42 / 55	Processo de fabricação	Classe de tolerância resultante após prensagem d_1
A	+0,21 / +0,07	+0,2 / 0	+0,4 / +0,1	+0,6 / +0,2	+0,69 / +0,23	+0,90 / +0,30	injeção	D12
B	Classe de tolerância zb11						usinagem	C11

Siglas adicionais para buchas de plástico termorrígido

W	rasgos helicoidais no diâmetro externo d_2	Y	chanfro de 15° (em vez de 45°)
		Z	canal de alívio em vez de raio R

Bucha DIN 1850–S20 A20–PA6: Formato S, d_1 = 20 mm, limite de tolerância A, b_1 = 20 mm, de poliamida 6

Classes de tolerância recomendadas para medidas de montagem	Termorrígido	Termoplástico
Furo de alojamento	H7	H7
Eixo	h7	h9

Outros tipos normalizados: bucha rolada DIN 1494, bucha de fixação DIN 1498, bucha de sujeição DIN 1499

Mancais de rolamento, resumo

Mancais de rolamento (seleção)

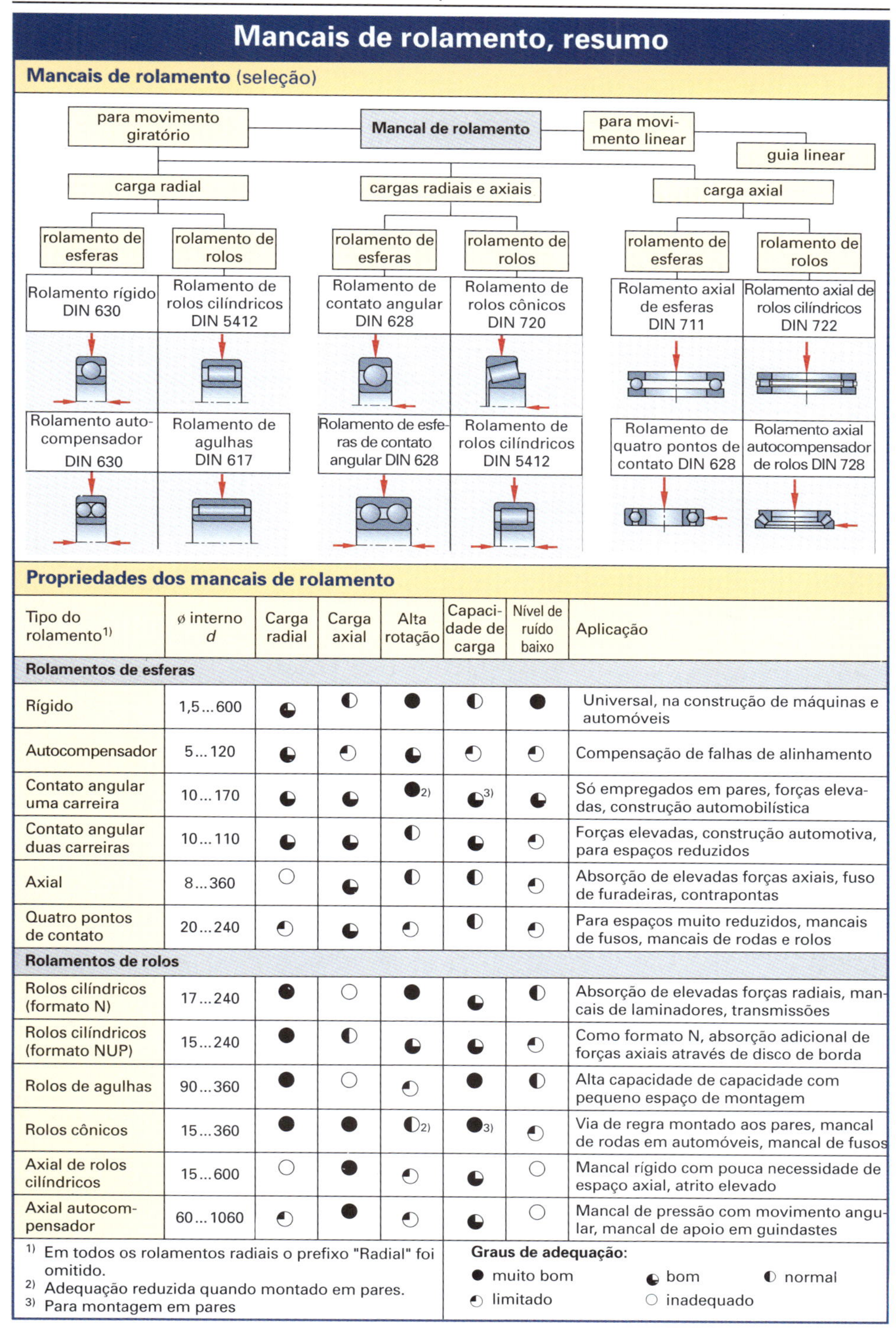

Propriedades dos mancais de rolamento

Tipo do rolamento[1]	ø interno *d*	Carga radial	Carga axial	Alta rotação	Capacidade de carga	Nível de ruído baixo	Aplicação
Rolamentos de esferas							
Rígido	1,5...600	◕	◐	●	◐	●	Universal, na construção de máquinas e automóveis
Autocompensador	5...120	◕	◔	◕	◔	◔	Compensação de falhas de alinhamento
Contato angular uma carreira	10...170	◕	◕	●[2]	◕[3]	◕	Só empregados em pares, forças elevadas, construção automobilística
Contato angular duas carreiras	10...110	◕	◕	◐	◕	◔	Forças elevadas, construção automotiva, para espaços reduzidos
Axial	8...360	○	◕	◐	◐	◔	Absorção de elevadas forças axiais, fuso de furadeiras, contrapontas
Quatro pontos de contato	20...240	◔	◕	◔	◐	◔	Para espaços muito reduzidos, mancais de fusos, mancais de rodas e rolos
Rolamentos de rolos							
Rolos cilíndricos (formato N)	17...240	●	○	●	◕	◐	Absorção de elevadas forças radiais, mancais de laminadores, transmissões
Rolos cilíndricos (formato NUP)	15...240	●	◐	◕	◕	◔	Como formato N, absorção adicional de forças axiais através de disco de borda
Rolos de agulhas	90...360	●	○	◔	●	◐	Alta capacidade de capacidade com pequeno espaço de montagem
Rolos cônicos	15...360	●	●	◐[2]	●[3]	◔	Via de regra montado aos pares, mancal de rodas em automóveis, mancal de fusos
Axial de rolos cilíndricos	15...600	○	●	◔	◕	○	Mancal rígido com pouca necessidade de espaço axial, atrito elevado
Axial autocompensador	60...1060	◔	●	◔	◕	○	Mancal de pressão com movimento angular, mancal de apoio em guindastes

[1] Em todos os rolamentos radiais o prefixo "Radial" foi omitido.
[2] Adequação reduzida quando montado em pares.
[3] Para montagem em pares

Graus de adequação:
● muito bom ◕ bom ◐ normal
◔ limitado ○ inadequado

Mancais de rolamento, designação

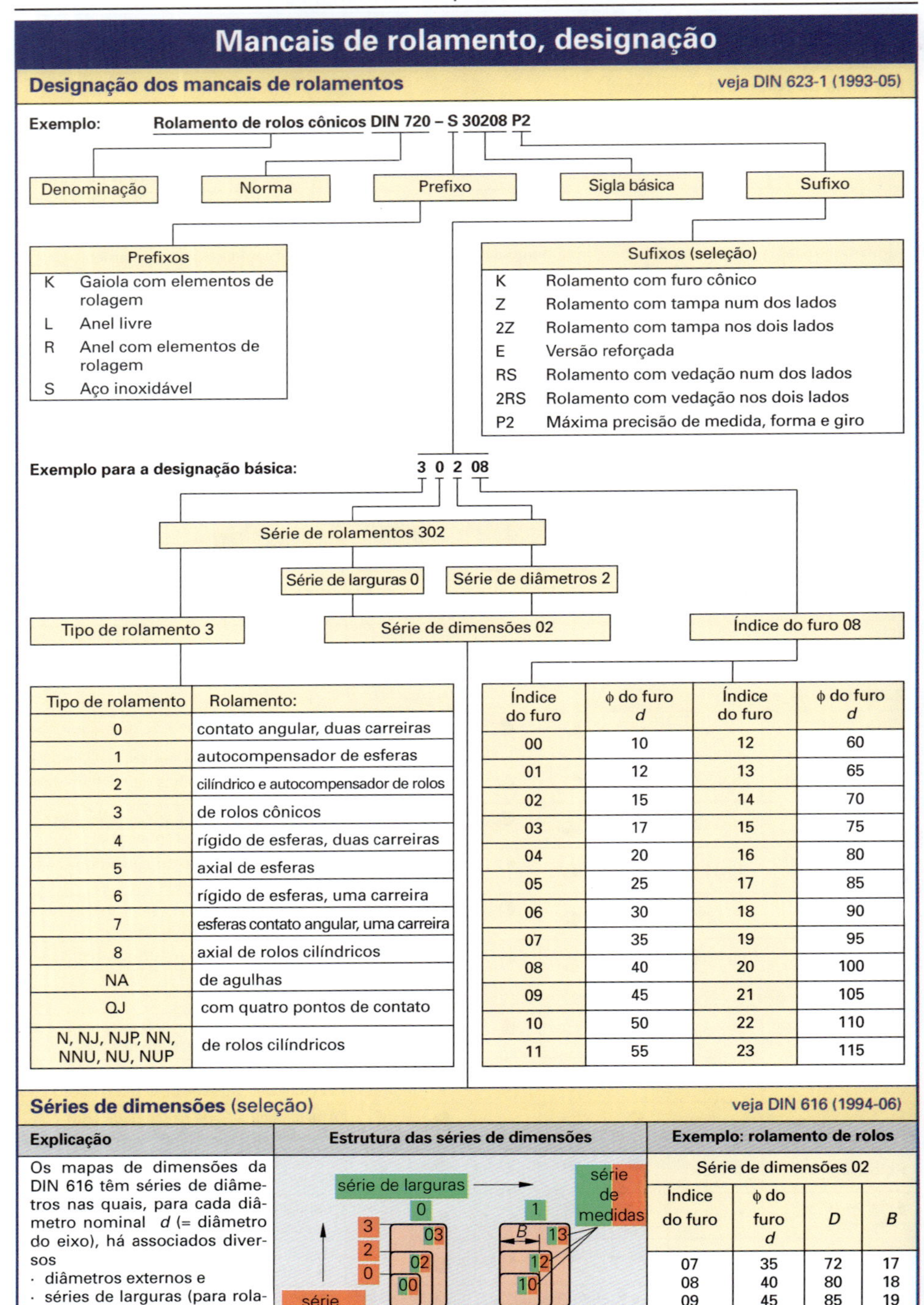

Designação dos mancais de rolamentos

veja DIN 623-1 (1993-05)

Exemplo: **Rolamento de rolos cônicos DIN 720 – S 30208 P2**

Prefixos	
K	Gaiola com elementos de rolagem
L	Anel livre
R	Anel com elementos de rolagem
S	Aço inoxidável

Sufixos (seleção)	
K	Rolamento com furo cônico
Z	Rolamento com tampa num dos lados
2Z	Rolamento com tampa nos dois lados
E	Versão reforçada
RS	Rolamento com vedação num dos lados
2RS	Rolamento com vedação nos dois lados
P2	Máxima precisão de medida, forma e giro

Exemplo para a designação básica: **3 0 2 08**

Tipo de rolamento	Rolamento:
0	contato angular, duas carreiras
1	autocompensador de esferas
2	cilíndrico e autocompensador de rolos
3	de rolos cônicos
4	rígido de esferas, duas carreiras
5	axial de esferas
6	rígido de esferas, uma carreira
7	esferas contato angular, uma carreira
8	axial de rolos cilíndricos
NA	de agulhas
QJ	com quatro pontos de contato
N, NJ, NJP, NN, NNU, NU, NUP	de rolos cilíndricos

Índice do furo	ϕ do furo d	Índice do furo	ϕ do furo d
00	10	12	60
01	12	13	65
02	15	14	70
03	17	15	75
04	20	16	80
05	25	17	85
06	30	18	90
07	35	19	95
08	40	20	100
09	45	21	105
10	50	22	110
11	55	23	115

Séries de dimensões (seleção)

veja DIN 616 (1994-06)

Explicação

Os mapas de dimensões da DIN 616 têm séries de diâmetros nas quais, para cada diâmetro nominal d (= diâmetro do eixo), há associados diversos

- diâmetros externos e
- séries de larguras (para rolamentos radiais) ou
- séries de alturas (para rolamentos axiais).

Estrutura das séries de dimensões

Exemplo: rolamento de rolos

Série de dimensões 02			
Índice do furo	ϕ do furo d	D	B
07	35	72	17
08	40	80	18
09	45	85	19
10	50	90	20

[1] outras dimensões: página 267

Rolamento de esferas

Rolamento rígido de esferas

veja DIN 625-1 (1989-04)

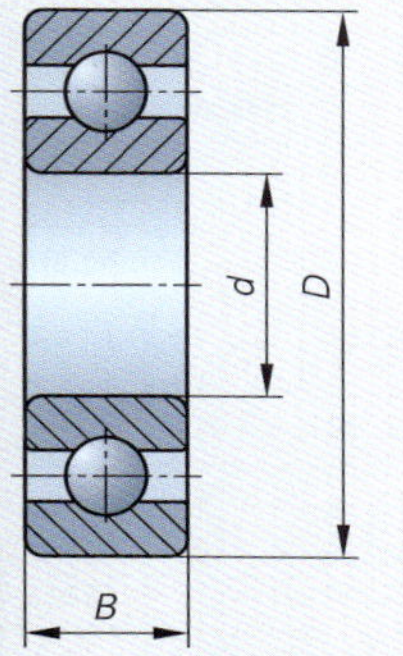

d de 1,5 ... 600 mm

Medidas para montagem conforme DIN 5418:

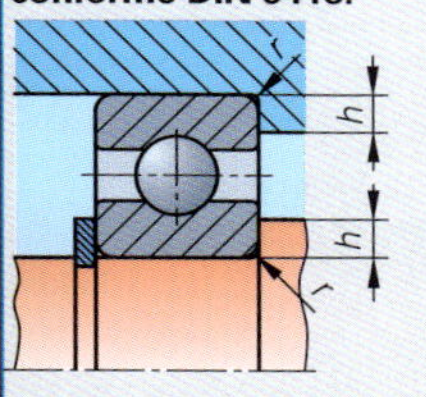

d	Série de rolamentos 60					Série de rolamentos 62					Série de rolamentos 63				
	D	*B*	*r* max	*h* min	Sigla básica	*D*	*B*	*r* max	*h* min	Sigla básica	*D*	*B*	*r* max	*h* min	Sigla básica
10	26	8	0,3	1	6000	30	9	0,6	2,1	6200	35	11	0,6	2,1	6300
12	28	8	0,3	1	6001	32	10	0,6	2,1	6201	37	12	1	2,8	6301
15	32	9	0,3	1	6002	35	11	0,6	2,1	6202	42	13	1	2,8	6302
17	35	10	0,3	1	6003	40	12	0,6	2,1	6203	47	14	1	2,8	6303
20	42	12	0,6	1,6	6004	47	14	1	2	6204	52	15	1	3,5	6304
25	47	12	0,6	1,6	6005	52	15	1	2	6205	62	17	1	3,5	6305
30	55	13	1	2,3	6006	62	16	1	2	6206	72	19	1	3,5	6306
35	62	14	1	2,3	6007	72	17	1	2	6207	80	21	1,5	4,5	6307
40	68	15	1	2,3	6008	80	18	1	3,5	6208	90	23	1,5	4,5	6308
45	75	16	1	2,3	6009	85	19	1	3,5	6209	100	25	1,5	4,5	6309
50	80	16	1	2,3	6010	90	20	1	3,5	6210	110	27	2	5,5	6310
55	90	18	1	3	6011	100	21	1,5	4,5	6211	120	29	2	5,5	6311
60	95	18	1	3	6012	110	22	1,5	4,5	6212	130	31	2,1	6	6312
65	100	18	1	3	6013	120	23	1,5	4,5	6213	140	33	2,1	6	6313
70	110	20	1	3	6014	125	24	1,5	4,5	6214	150	35	2,1	6	6314
75	115	20	1	3	6015	130	25	2	5,5	6215	160	37	2,1	6	6315
80	125	22	1	3	6016	140	26	2	5,5	6216	170	39	2,5	7	6316
85	130	22	1,5	3,5	6017	150	28	2,1	6	6217	180	41	2,5	7	6317
90	140	24	1,5	3,5	6018	160	30	2,1	6	6218	190	43	2,5	7	6318
95	145	24	1,5	3,5	6019	170	32	2,1	6	6219	200	45	2,5	7	6319
100	150	24	1,5	3,5	6020	180	34	2,1	6	6220	215	47	2,5	7	6320

Rolamento rígido de esferas DIN 625 – 6208 – 2Z – P2: rolamento rígido de esferas (tipo de rolamento 6), série de larguras 0[1], série de diâmetros 2, índice do furo 08 ($d = 8 \cdot 5$ mm = 40 mm), versão com 2 tampas, rolamento com a maior precisão de medidas, forma e giro (classe de tolerância ISO 2)

Rolamento de esferas de contato angular

veja DIN 628-1 e -3 (1993-12)

d de 10 ...170 mm

Medidas para montagem conforme DIN 5418:

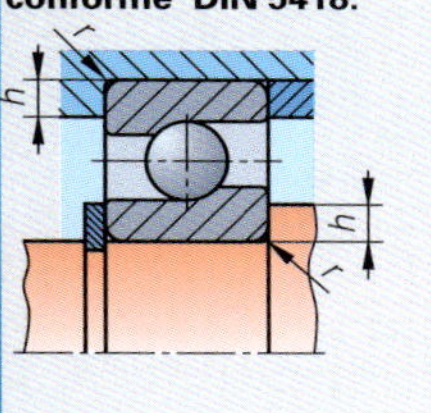

d	Série de rolamentos 72					Série de rolamentos 73					Série de rolamentos 33 (duas carreiras)				
	D	*B*	*r* max	*h* min	Sigla básica[2]	*D*	*B*	*r* max	*h* min	Sigla básica[2]	*D*	*B*	*r* max	*h* min	Sigla básica[2]
15	35	11	0,6	2,1	7202B	42	13	1	2,8	7302B	42	19	1	2,8	3302
17	40	12	0,6	2,1	7203B	47	14	1	2,8	7303B	47	22,2	1	2,8	3303
20	47	14	1	2,8	7204B	52	15	1	3,5	7304B	52	22,2	1	3,5	3304
25	52	15	1	2,8	7205B	62	17	1	3,5	7305B	62	25,4	1	3,5	3305
30	62	16	1	2,8	7206B	72	19	1	3,5	7306B	72	30,2	1	3,5	3306
35	72	17	1	3,5	7207B	80	21	1,5	4,5	7307B	80	34,9	1,5	4,5	3307
40	80	18	1	3,5	7208B	90	23	1,5	4,5	7308B	90	36,5	1,5	4,5	3308
45	85	19	1	3,5	7209B	100	25	1,5	4,5	7309B	100	39,7	1,5	4,5	3309
50	90	20	1	3,5	7210B	110	27	2	5,5	7310B	110	44,4	2	5,5	3310
55	100	21	1,5	4,5	7211B	120	29	2	5,5	7311B	120	49,2	2	5,5	3311
60	110	22	1,5	4,5	7212B	130	31	2,1	6	7312B	130	54	2,1	6	3312
65	120	23	1,5	4,5	7213B	140	33	2,1	6	7313B	140	58,7	2,1	6	3313
70	125	24	1,5	4,5	7214B	150	35	2,1	6	7314B	150	63,5	2,1	6	3314
75	130	25	1,5	4,5	7215B	160	37	2,1	6	7315B	160	68,3	2,1	6	3315
80	140	26	2	5,5	7216B	170	39	2,1	6	7316B	170	68,3	2,1	6	3316
85	150	28	2	5,5	7217B	180	41	2,5	7	7317B	180	73	2,5	7	3317
90	160	30	2	5,5	7218B	190	43	2,5	7	7318B	190	73	2,5	7	3318
95	170	32	2,1	6	7219B	200	45	2,5	7	7319B	200	77,8	2,5	7	3319
100	180	34	2,1	6	7220B	215	47	2,5	7	7320B	215	82,6	2,5	7	3320

Rolamento de esferas de contato angular DIN 628 – 7309B: rolamento rígido de esferas (tipo de rolamento 7), série de larguras 0[1], série de diâmetros 3, índice do furo 09 (diâmetro do furo $d = 9 \cdot 5$ mm = 45 mm), ângulo de contato $\alpha = 40°$ (B)

1) Para a designação de rolamentos de esferas rígidos e de contato angular, conforme DIN 623-1, o 0 para a série de largura é omitido em alguns casos.

2) Ângulo de contato $\alpha = 40°$ 3) Ângulo de contato não definido na norma

Rolamentos de esfera, rolamentos de rolos

Rolamento axial de esferas

veja DIN 711 (1988-02)

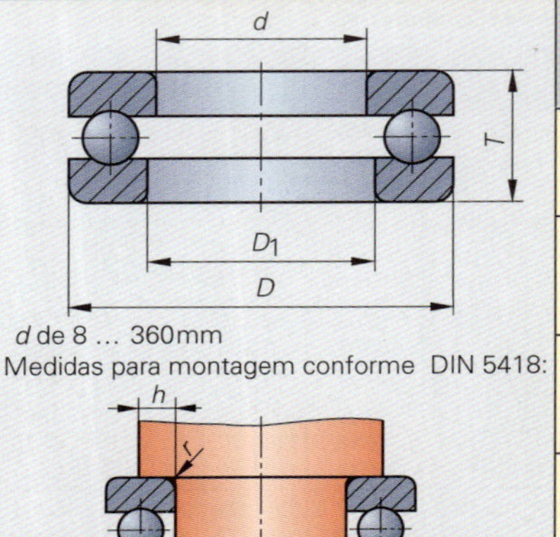

d de 8 … 360mm

Medidas para montagem conforme DIN 5418:

d	D_1	Série de rolamentos 512 *D*	*B*	*r* max	*h* min	Sigla básica[2)]	Série de rolamentos 513 *D*	*B*	*r* max	*h* min	Sigla básica[2)]
25	27	47	15	0,6	6	51205	52	18	1	7	51305
30	32	52	16	0,6	6	51206	60	21	1	8	51306
35	37	62	18	1	7	51207	68	24	1	9	51307
40	42	68	19	1	7	51208	78	26	1	10	51308
45	47	73	20	1	7	51209	85	28	1	10	51309
50	52	78	22	1	7	51210	95	31	1	12	51310
55	57	90	25	1	9	51211	105	35	1	13	51311
60	62	95	26	1	9	51212	110	35	1	13	51312
65	67	100	27	1	9	51213	115	36	1	13	51313
70	72	105	27	1	9	51214	125	40	1	14	51314
75	77	110	27	1	9	51215	135	44	1,5	15	51315
80	82	115	28	1	9	51216	140	44	1,5	15	51316

Rolamento axial de esferas DIN 711 – 51210: rolamento axial de esferas da série de rolamentos 512 com tipo de rolamento 5, série de larguras 1, série de diâmetros 2, índice do furo 10

Rolamento de rolos cilíndricos

veja DIN 5412-1 (2000-04)

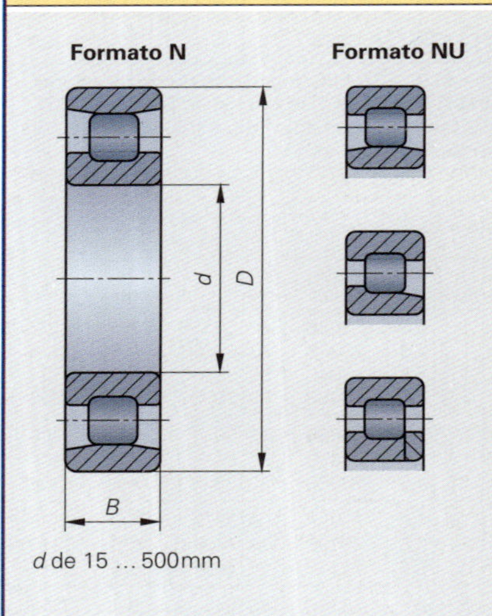

d de 15 … 500mm

Medidas para montagem conforme DIN 5418:

Formato N sem borda

Formato NU com borda fixa

d	Séries de rolamentos N2, NU2, NJ2, NUP2 *D*	*B*	r_1 max	h_1 min	r_2 max	h_2 min	Séries de rolamentos N3, NU3, NJ3, NUP3 *D*	*B*	r_1 max	h_1 min	r_2 max	h_2 min	Índice do furo
17	40	12	0,6	2,1	0,3	1,2	47	14	1	2,8	1	2,8	03
20	47	14	1	2,8	0,6	2,1	52	15	1,1	3,5	1	2,8	04
25	52	15	1	2,8	0,6	2,1	62	17	1,1	3,5	1	2,8	05
30	62	16	1	2,8	0,6	2,1	72	19	1,1	3,5	1	2,8	06
35	72	17	1	3,5	0,6	2,1	80	21	1,5	4,5	1	2,8	07
40	80	18	1	3,5	1	3,5	90	23	1,5	4,5	2	5,5	08
45	85	19	1	3,5	1	3,5	100	25	1,5	4,5	2	5,5	09
50	90	20	1	3,5	1	3,5	110	27	2	5,5	2	5,5	10
55	100	21	1,5	4,5	1	3,5	120	29	2	5,5	2	5,5	11
60	110	22	1,5	4,5	1,5	4,5	130	31	2,1	6	2	5,5	12
65	120	23	1,5	4,5	1,5	4,5	140	33	2,1	6	2	5,5	13
70	125	24	1,5	4,5	1,5	4,5	150	35	2,1	6	2	5,5	14
75	130	25	1,5	4,5	1,5	4,5	160	37	2,1	6	2	5,5	15
80	140	26	2	5,5	2	5,5	170	39	2,1	6	2	5,5	16
85	150	28	2	5,5	2	5,5	180	41	3	7	3	7	17
90	160	30	2	5,5	2	5,5	190	43	3	7	3	7	18
95	170	32	2,1	6	2,1	6	200	45	3	7	3	7	19
100	180	34	2,1	6	2,1	6	215	47	3	7	3	7	20
105	–	–	–	–	–	–	225	49	3	7	3	7	21
110	200	38	2,1	6	2,1	6	240	50	3	7	3	7	22
120	215	40	2,1	6	2,1	6	260	55	3	7	3	7	24

Rolamento de rolos cilíndricos DIN 5412 – NUP 312 E: rolamento de rolos cilíndricos da série de rolamentos NUP3 com tipo de rolamento NUP, série de larguras 0, série de diâmetros 3, índice do furo 12, versão reforçada

A versão normal das séries de medidas 02, 22, 03 e 23 foi eliminada da norma e substituída pela versão reforçada (sufixo E).

Rolamentos de rolos

Rolamento de rolos cônicos

veja DIN 720 (1979-02) e DIN 5418 (1993-02)

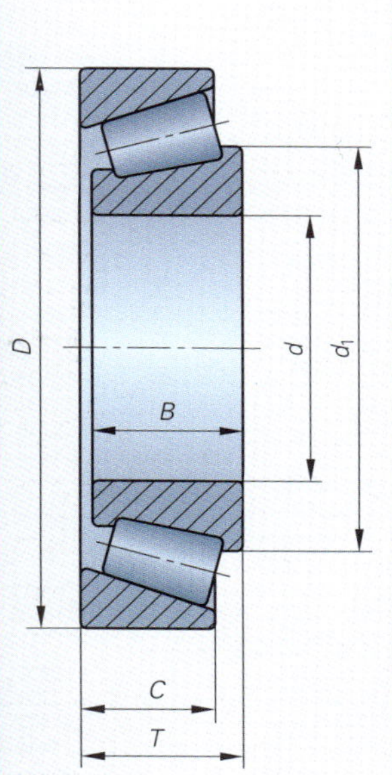

Série de rolamentos 302

Dimensões						Medidas para montagem									
d	D	B	C	T	d_1	d_a max	d_b min	D_a min	D_a max	D_b min	c_a min	c_b min	r_{as} max	r_{bs} max	Sigla básica
20	47	14	12	15,25	33,2	27	26	40	41	43	2	3	1	1	30204
25	52	15	13	16,25	37,4	31	31	44	46	48	2	2	1	1	30205
30	62	16	14	17,25	44,6	37	36	53	56	57	2	3	1	1	30206
35	72	17	15	18,15	51,8	44	42	62	65	67	3	3	1,5	1,5	30207
40	80	18	16	19,75	57,5	49	47	69	73	74	3	3,5	1,5	1,5	30208
45	85	19	16	20,75	63	54	52	74	78	80	3	4,5	1,5	1,5	30209
50	90	20	17	21,75	67,9	58	57	79	83	85	3	4,5	1,5	1,5	30210
55	100	21	18	22,75	74,6	64	64	88	91	94	4	4,5	2	1,5	30211
60	110	22	19	23,75	81,5	70	69	96	101	103	4	4,5	2	1,5	30212
65	120	23	20	24,75	89	77	74	106	111	113	4	4,5	2	1,5	30213
70	125	24	21	26,25	93,9	81	79	110	116	118	4	5	2	1,5	30214
75	130	25	22	27,25	99,2	86	84	115	121	124	4	5	2	1,5	30215
80	140	26	22	28,25	105	91	90	124	130	132	4	6	2,5	2	30216
85	150	28	24	30,5	112	97	95	132	140	141	5	6,5	2,5	2	30217
90	160	30	26	32,5	118	103	100	140	150	150	5	6,5	2,5	2	30218
95	170	32	27	34,5	126	110	107	149	158	159	5	7,5	3	2,5	30219
100	180	34	29	37	133	116	112	157	168	168	5	8	3	2,5	30220
105	190	36	30	39	141	122	117	165	178	177	6	9	3	2,5	30221
110	200	38	32	41	148	129	122	174	188	187	6	9	3	2,5	30222
120	215	40	34	43,5	161	140	132	187	203	201	6	9,5	3	2,5	30224

Série de rolamentos 303

Dimensões						Medidas para montagem									
d	D	B	C	T	d_1	d_a max	d_b min	D_a min	D_a max	D_b min	c_a min	c_b min	r_{as} max	r_{bs} max	Sigla básica
20	52	15	13	16,25	34,3	28	27	44	45	47	2	3	1,5	1,5	30304
25	62	17	15	18,25	41,5	34	32	54	55	57	2	3	1,5	1,5	30305
30	72	19	16	20,75	44,8	40	37	62	65	66	3	4,5	1,5	1,5	30306
35	80	21	18	22,75	54,5	45	44	70	71	74	3	4,5	2	1,5	30307
40	90	23	20	25,25	62,5	52	49	77	81	82	3	5	2	1,5	30308
45	100	25	22	27,25	70,1	59	54	86	91	92	3	5	2	1,5	30309
50	110	27	23	29,25	77,2	65	60	95	100	102	4	6	2,5	2	30310
55	120	29	25	31,5	84	71	65	104	110	111	4	6,5	2,5	2	30311
60	130	31	26	33,5	91,9	77	72	112	118	120	5	7,5	3	2,5	30312
65	140	33	28	36	98,6	83	77	122	128	130	5	8	3	2,5	30313
70	150	35	30	38	105	89	82	120	138	140	5	8	3	2,5	30314
75	160	37	31	40	112	95	87	139	148	149	5	9	3	2,5	30315
80	170	39	33	42,5	120	102	92	148	158	159	5	9,5	3	2,5	30316
85	180	41	34	44,5	126	107	99	156	166	167	6	10,5	4	3	30317
90	190	43	36	46,5	132	113	104	165	176	176	6	10,5	4	3	30318
95	200	45	38	49,5	139	118	109	172	186	184	6	11,5	4	3	30319
100	215	47	39	51,5	148	127	114	184	201	197	6	12,5	4	3	30320
105	225	49	41	53,5	155	132	119	193	211	206	7	12,5	4	3	30321
110	240	50	42	54,5	165	141	124	206	226	220	8	12,5	4	3	30322
120	260	55	46	59,5	178	152	134	221	246	237	8	13,5	4	3	30324

Rolamento de rolos cônicos DIN 720 – 30212: rolamento de rolos cônicos da série de rolamentos 302 com tipo de rolamento 3, série de larguras 0, série de diâmetros 2, índice do furo 12

Medidas para montagem conforme DIN 5418:

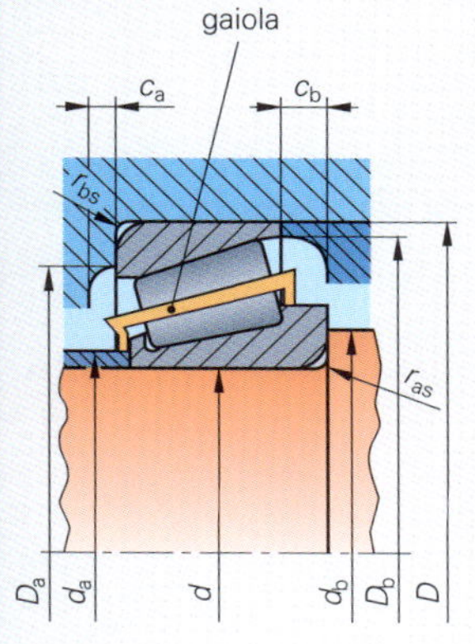

Nos rolamentos de rolos cônicos, a gaiola ultrapassa a superfície lateral do anel externo.

Para que a gaiola não raspe em outros componentes precisam ser mantidas as medidas de montagem conforme DIN 5418.

Rolamentos de agulhas, porcas com ranhuras

Rolamento de agulhas (seleção)

veja DIN 617 (1993-04)

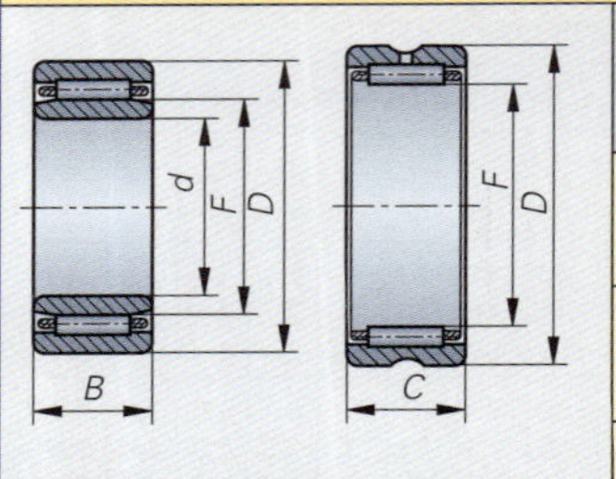

Medidas para montagem conforme DIN 5418:

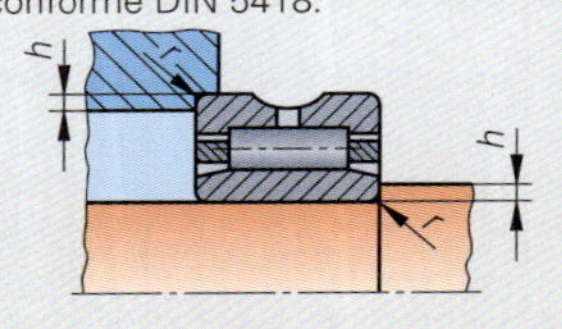

d	D	F	r max	h min	Série de rolamentos NA 49 B	Série de rolamentos NA 49 Sigla básica	Série de rolamentos NA 69 B	Série de rolamentos NA 69 Sigla básica
20	37	25	0,3	1	17	NA4904	30	NA6904
25	42	28	0,3	1	17	NA4905	30	NA6905
30	47	30	0,3	1	17	NA4906	30	NA6906
35	55	42	0,6	1,6	20	NA4907	36	NA6907
40	62	48	0,6	1,6	22	NA4908	40	NA6908
45	68	52	0,6	1,6	22	NA4909	40	NA6909
50	72	58	0,6	1,6	22	NA4910	40	NA6910
55	80	63	1	2,3	25	NA4911	45	NA6911
60	85	68	1	2,3	25	NA4912	45	NA6912
65	90	72	1	2,3	25	NA4913	45	NA6913
70	100	80	1	2,3	30	NA4914	54	NA6914
75	105	85	1	2,3	30	NA4915	54	NA6915

Rolamento de agulhas DIN 617 – NA4909: rolamento de agulhas da série de rolamentos NA49 com tipo de rolamento NA, série de larguras 4, série de diâmetros 9, índice do furo 09

a partir de NA6907 com duas carreiras

Porcas com ranhuras para mancal de rolamento (seleção)

veja DIN 981 (1993-02)

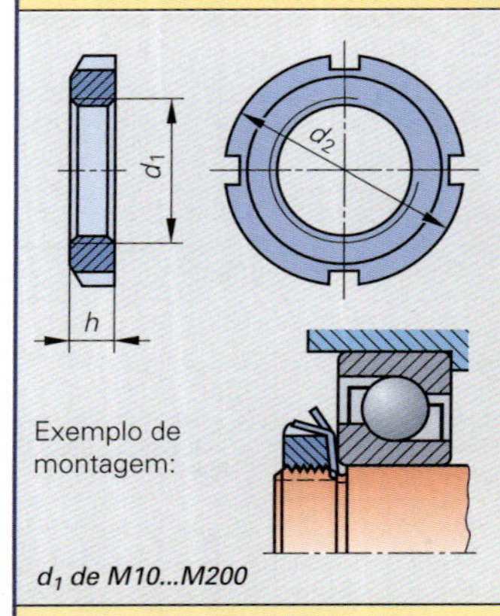

Exemplo de montagem:

d_1 de M10...M200

d_1	d_2	h	Sigla	d_1	d_2	h	Sigla
M10 x 0,75	18	4	KM0	M60 x 2	80	11	KM12
M12 x 1	22	4	KM1	M65 x 2	85	12	KM13
M15 x 1	25	5	KM2	M70 x 2	92	12	KM14
M17 x 1	28	5	KM3	M75 x 2	98	13	KM15
M20 x 1	32	6	KM4	M80 x 2	105	15	KM16
M25 x 1,5	38	7	KM5	M85 x 2	110	16	KM17
M30 x 1,5	45	7	KM6	M90 x 2	120	16	KM18
M35 x 1,5	52	8	KM7	M95 x 2	125	17	KM19
M40 x 1,5	58	9	KM8	M100 x 2	130	18	KM20
M45 x 1,5	65	10	KM9	M105 x 2	140	18	KM21
M50 x 1,5	70	11	KM10	M110 x 2	145	19	KM22
M55 x 2	75	11	KM11	M115 x 2	150	19	KM23

Porca com ranhuras DIN 981 – KM6: porca com ranhuras com d_1 = M30 x 1,5

Arruela de trava (seleção)

veja DIN 5406 (1993-02)

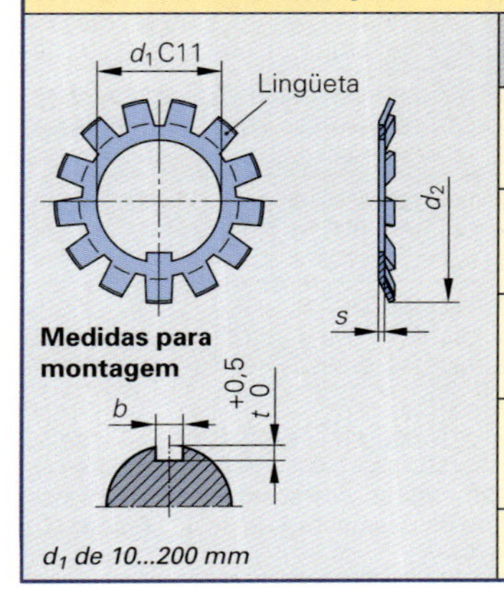

Medidas para montagem

d_1 de 10...200 mm

d_1	d_2	s	b H11	t	Sigla	d_1	d_2	s	b H11	t	Sigla
10	21	1	4	2	MB0	60	86	1,5	9	4	MB12
12	25	1	4	2	MB1	65	92	1,5	9	4	MB13
15	28	1	5	2	MB2	70	98	1,5	9	5	MB14
17	32	1	5	2	MB3	75	104	1,5	9	5	MB15
20	36	1	5	2	MB4	80	112	1,7	11	5	MB16
25	42	1,2	6	3	MB5	85	119	1,7	11	5	MB17
30	49	1,2	6	4	MB6	90	126	1,7	11	5	MB18
35	57	1,2	7	4	MB7	95	133	1,7	11	5	MB19
40	62	1,2	7	4	MB8	100	142	1,7	14	6	MB20
45	69	1,2	7	4	MB9	105	145	1,7	14	6	MB21
50	74	1,2	7	4	MB10	110	154	1,7	14	6	MB22
55	81	1,5	9	4	MB11	115	159	2	14	6	MB23

Arruela de trava DIN 5406 – MB6: arruela de trava com d_1 = 30 mm

Anéis de segurança, arruelas de segurança

Anel de segurança (versão regular)[1)]

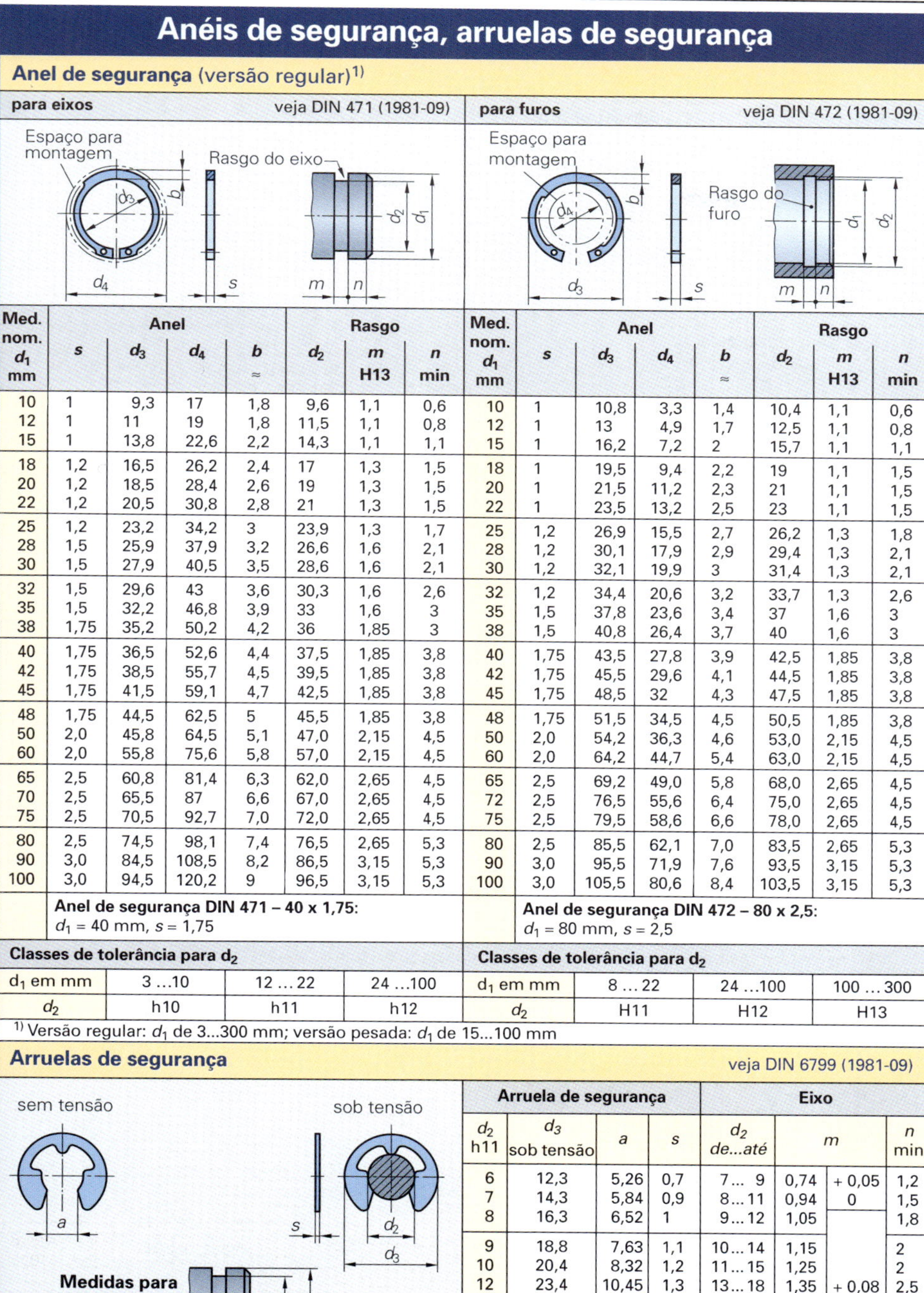

para eixos — veja DIN 471 (1981-09)

Med. nom. d_1 mm	Anel s	Anel d_3	Anel d_4	Anel b ≈	Rasgo d_2	Rasgo m H13	Rasgo n min
10	1	9,3	17	1,8	9,6	1,1	0,6
12	1	11	19	1,8	11,5	1,1	0,8
15	1	13,8	22,6	2,2	14,3	1,1	1,1
18	1,2	16,5	26,2	2,4	17	1,3	1,5
20	1,2	18,5	28,4	2,6	19	1,3	1,5
22	1,2	20,5	30,8	2,8	21	1,3	1,5
25	1,2	23,2	34,2	3	23,9	1,3	1,7
28	1,5	25,9	37,9	3,2	26,6	1,6	2,1
30	1,5	27,9	40,5	3,5	28,6	1,6	2,1
32	1,5	29,6	43	3,6	30,3	1,6	2,6
35	1,5	32,2	46,8	3,9	33	1,6	3
38	1,75	35,2	50,2	4,2	36	1,85	3
40	1,75	36,5	52,6	4,4	37,5	1,85	3,8
42	1,75	38,5	55,7	4,5	39,5	1,85	3,8
45	1,75	41,5	59,1	4,7	42,5	1,85	3,8
48	1,75	44,5	62,5	5	45,5	1,85	3,8
50	2,0	45,8	64,5	5,1	47,0	2,15	4,5
60	2,0	55,8	75,6	5,8	57,0	2,15	4,5
65	2,5	60,8	81,4	6,3	62,0	2,65	4,5
70	2,5	65,5	87	6,6	67,0	2,65	4,5
75	2,5	70,5	92,7	7,0	72,0	2,65	4,5
80	2,5	74,5	98,1	7,4	76,5	2,65	5,3
90	3,0	84,5	108,5	8,2	86,5	3,15	5,3
100	3,0	94,5	120,2	9	96,5	3,15	5,3

Anel de segurança DIN 471 – 40 x 1,75:
d_1 = 40 mm, s = 1,75

para furos — veja DIN 472 (1981-09)

Med. nom. d_1 mm	Anel s	Anel d_3	Anel d_4	Anel b ≈	Rasgo d_2	Rasgo m H13	Rasgo n min
10	1	10,8	3,3	1,4	10,4	1,1	0,6
12	1	13	4,9	1,7	12,5	1,1	0,8
15	1	16,2	7,2	2	15,7	1,1	1,1
18	1	19,5	9,4	2,2	19	1,1	1,5
20	1	21,5	11,2	2,3	21	1,1	1,5
22	1	23,5	13,2	2,5	23	1,1	1,5
25	1,2	26,9	15,5	2,7	26,2	1,3	1,8
28	1,2	30,1	17,9	2,9	29,4	1,3	2,1
30	1,2	32,1	19,9	3	31,4	1,3	2,1
32	1,2	34,4	20,6	3,2	33,7	1,3	2,6
35	1,5	37,8	23,6	3,4	37	1,6	3
38	1,5	40,8	26,4	3,7	40	1,6	3
40	1,75	43,5	27,8	3,9	42,5	1,85	3,8
42	1,75	45,5	29,6	4,1	44,5	1,85	3,8
45	1,75	48,5	32	4,3	47,5	1,85	3,8
48	1,75	51,5	34,5	4,5	50,5	1,85	3,8
50	2,0	54,2	36,3	4,6	53,0	2,15	4,5
60	2,0	64,2	44,7	5,4	63,0	2,15	4,5
65	2,5	69,2	49,0	5,8	68,0	2,65	4,5
72	2,5	76,5	55,6	6,4	75,0	2,65	4,5
75	2,5	79,5	58,6	6,6	78,0	2,65	4,5
80	2,5	85,5	62,1	7,0	83,5	2,65	5,3
90	3,0	95,5	71,9	7,6	93,5	3,15	5,3
100	3,0	105,5	80,6	8,4	103,5	3,15	5,3

Anel de segurança DIN 472 – 80 x 2,5:
d_1 = 80 mm, s = 2,5

Classes de tolerância para d_2 (eixos)

d_1 em mm	3 ...10	12 ... 22	24 ...100
d_2	h10	h11	h12

Classes de tolerância para d_2 (furos)

d_1 em mm	8 ... 22	24 ...100	100 ... 300
d_2	H11	H12	H13

1) Versão regular: d_1 de 3...300 mm; versão pesada: d_1 de 15...100 mm

Arruelas de segurança

veja DIN 6799 (1981-09)

Medidas para montagem:

d_2 de 0,8...30 mm

Arruela de segurança d_2 h11	d_3 sob tensão	a	s	Eixo d_2 de...até	m		n min
6	12,3	5,26	0,7	7... 9	0,74	+ 0,05 / 0	1,2
7	14,3	5,84	0,9	8... 11	0,94		1,5
8	16,3	6,52	1	9... 12	1,05		1,8
9	18,8	7,63	1,1	10... 14	1,15	+ 0,08 / 0	2
10	20,4	8,32	1,2	11... 15	1,25		2
12	23,4	10,45	1,3	13... 18	1,35		2,5
15	29,4	12,61	1,5	16... 24	1,55		3
19	37,6	15,92	1,75	20... 31	1,80		3,5
24	44,6	21,88	2	25... 38	2,05		4

Arruela de segurança DIN 6799 – 15: d_2 = 15 mm

Elementos de vedação

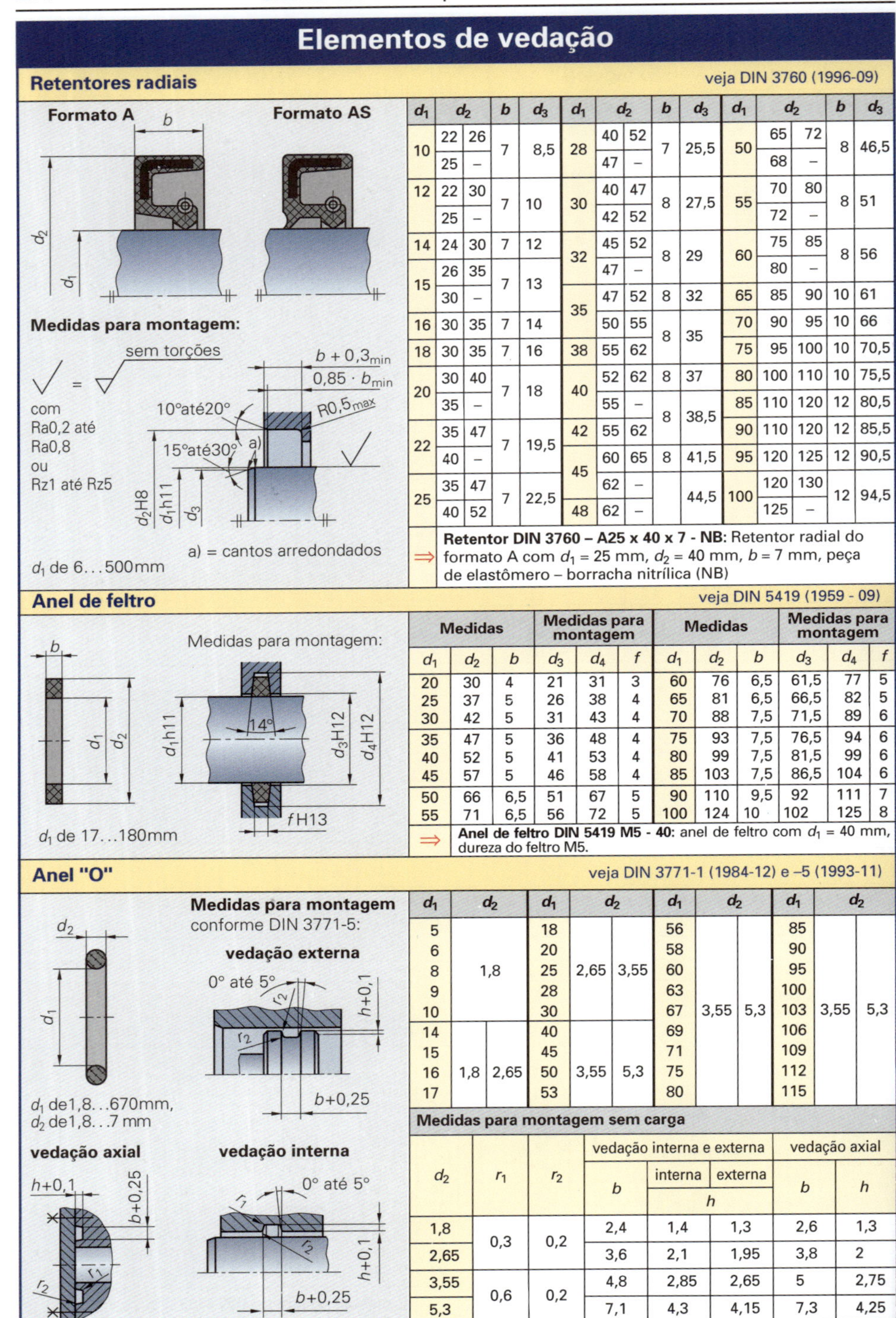

Retentores radiais

veja DIN 3760 (1996-09)

Formato A — **Formato AS**

Medidas para montagem:

a) = cantos arredondados

d_1 de 6...500mm

d_1	d_2		b	d_3
10	22	26	7	8,5
	25	–		
12	22	30	7	10
	25	–		
14	24	30	7	12
15	26	35	7	13
	30	–		
16	30	35	7	14
18	30	35	7	16
20	30	40	7	18
	35	–		
22	35	47	7	19,5
	40	–		
25	35	47	7	22,5
	40	52		

d_1	d_2		b	d_3
28	40	52	7	25,5
	47	–		
30	40	47	8	27,5
	42	52		
32	45	52	8	29
	47	–		
35	47	52	8	32
	50	55	8	35
38	55	62		
40	52	62	8	37
	55	–	8	38,5
42	55	62		
45	60	65	8	41,5
	62	–		44,5
48	62	–		

d_1	d_2		b	d_3
50	65	72	8	46,5
	68	–		
55	70	80	8	51
	72	–		
60	75	85	8	56
	80	–		
65	85	90	10	61
70	90	95	10	66
75	95	100	10	70,5
80	100	110	10	75,5
85	110	120	12	80,5
90	110	120	12	85,5
95	120	125	12	90,5
100	120	130	12	94,5
	125	–		

⇒ **Retentor DIN 3760 – A25 x 40 x 7 - NB:** Retentor radial do formato A com d_1 = 25 mm, d_2 = 40 mm, b = 7 mm, peça de elastômero – borracha nitrílica (NB)

Anel de feltro

veja DIN 5419 (1959 - 09)

Medidas para montagem:

d_1 de 17...180mm

Medidas			Medidas para montagem			Medidas			Medidas para montagem		
d_1	d_2	b	d_3	d_4	f	d_1	d_2	b	d_3	d_4	f
20	30	4	21	31	3	60	76	6,5	61,5	77	5
25	37	5	26	38	4	65	81	6,5	66,5	82	5
30	42	5	31	43	4	70	88	7,5	71,5	89	6
35	47	5	36	48	4	75	93	7,5	76,5	94	6
40	52	5	41	53	4	80	99	7,5	81,5	99	6
45	57	5	46	58	4	85	103	7,5	86,5	104	6
50	66	6,5	51	67	5	90	110	9,5	92	111	7
55	71	6,5	56	72	5	100	124	10	102	125	8

⇒ **Anel de feltro DIN 5419 M5 - 40:** anel de feltro com d_1 = 40 mm, dureza do feltro M5.

Anel "O"

veja DIN 3771-1 (1984-12) e –5 (1993-11)

d_1 de1,8...670mm,
d_2 de1,8...7 mm

d_1	d_2		d_1	d_2		d_1	d_2		d_1	d_2	
5, 6, 8, 9, 10	1,8		18, 20, 25, 28, 30	2,65	3,55	56, 58, 60, 63, 67, 69, 71, 75, 80	3,55	5,3	85, 90, 95, 100, 103, 106, 109, 112, 115	3,55	5,3
14, 15, 16, 17	1,8	2,65	40, 45, 50, 53	3,55	5,3						

Medidas para montagem sem carga

d_2	r_1	r_2	vedação interna e externa			vedação axial	
			b	interna h	externa h	b	h
1,8	0,3	0,2	2,4	1,4	1,3	2,6	1,3
2,65			3,6	2,1	1,95	3,8	2
3,55	0,6	0,2	4,8	2,85	2,65	5	2,75
5,3			7,1	4,3	4,15	7,3	4,25

Óleos lubrificantes

Designação dos óleos lubrificantes

veja DIN 51502 (1990-08)

Designação através de letras indicativas

PGLP 220

- Letras indicativas para óleos lubrificantes
- Letras indicativas adicionais
- Classificação de viscosidade ISO

Designação através de símbolos

CL 100	PGLP 220
Óleo lubrificante à base de óleo mineral	Óleo lubrificante à base de silicone

Óleo lubrificante DIN 51517 – CL 100: óleo para lubrificação circulante à base de óleo mineral (C), elevada resistência à corrosão e ao envelhecimento (L), classe de viscosidade ISO VG100 (100)
Óleo lubrificante DIN 51517 – PGLP 220: óleo de poliglicol (PG), elevada resistência à corrosão e ao envelhecimento (L), elevada proteção contra desgaste (P), classe de viscosidade ISO VG220 (220)

Tipos de óleos lubrificantes

veja DIN 51502 (1990-08)

Letras indicativas	Tipo do lubrificante e propriedades	Norma	Aplicação
Óleos minerais			
AN	Óleo lubrificante normal sem aditivos	DIN 51501	Lubrificação forçada e circulante para temperaturas do óleo até 50°
B	Óleo lubrificante contendo betume com alta aderência	DIN 51513	Lubrificação manual, constante e por imersão, predominantemente para pontos de lubrificação abertos
C	Óleo para lubrificação circulante, sem aditivos	DIN 51517	Mancais de deslizamento, rolamentos, transmissões
CG	Óleo para pista de deslizamento com redutores de desgaste	DIN 8659 T2	Em operação de atrito misto para pistas de deslizamento e de guia
Fluidos sintéticos			
E	Óleo à base de éster com pouca alteração de viscosidade	–	Pontos de mancais com alterações extremas de temperatura
PG	Óleo à base de poliglicol com elevada resistência ao envelhecimento	–	Pontos de mancais com condições frequentes de atrito misto
SI	Óleo à base de silicone elevada resistência ao envelhecimento	–	Pontos de mancais com temperaturas extremamente altas e baixas, forte repelente de água

Letras adicionais

veja DIN 51502 (1990-08)

Letra adicional	Aplicação e explicação
E	para lubrificantes que são misturados à água, p.ex., fluído refrigerante SE
F	para lubrificantes com adição de lubrificantes sólidos, p.ex., grafita, bissulfeto de molibdênio
L	para lubrificantes com aditivos para aumento da proteção anticorrosão e/ou da resistência ao envelhecimento
P	para lubrificantes com agentes aditivos para redução de atrito e desgaste em setores de atrito misto e/ou para elevação da capacidade de carga

Classes de viscosidade ISO para fluidos lubrificantes industriais

veja DIN 51519 (1998-08)

Classe de viscosidade	Viscosidade cinética em mm²/s a			Classe de viscosidade	Viscosidade cinética em mm²/s a			Classe de viscosidade	Viscosidade cinética em mm²/s a		
	20 °C	40 °C	50 °C		20 °C	40 °C	50 °C		20 °C	40 °C	50 °C
ISO VG 2	3,3	2,2	1,3	ISO VG 22	–	22	15	ISO VG 220	–	220	130
ISO VG 3	5	3,2	2,7	ISO VG 32	–	32	20	ISO VG 320	–	320	180
ISO VG 5	8	4,6	3,7	ISO VG 46	–	46	30	ISO VG 460	–	460	250
ISO VG 7	13	6,8	5,2	ISO VG 68	–	68	40	ISO VG 680	–	680	360
ISO VG 10	21	10	7	ISO VG 100	–	100	60	ISO VG 1000	–	1000	510
ISO VG 15	34	15	11	ISO VG 150	–	150	90	ISO VG 1500	–	1500	740

Graxas, lubrificantes sólidos

veja DIN 51502 (1990 - 08)

Designação das graxas

Designação através de letras indicativas	Designação através de símbolos

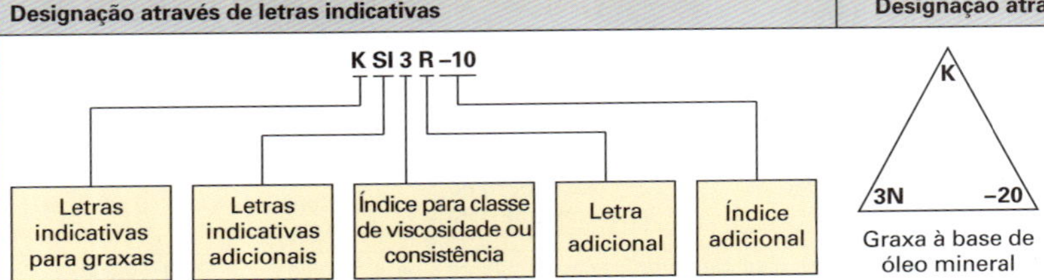

Graxa à base de óleo mineral

Graxa à base de óleo de silicone

⇒ **Graxa DIN 51517 – K3N – 20:** graxa para mancais de deslizamento e de rolamento (K) à base de óleo mineral, (Classe NGLI 3) (3), temperatura superior +140°C (N), temperatura inferior para uso –20°C (–20)
Graxa DIN 51517 – KSI3 R– 10: graxa para mancais de deslizamento e de rolamento (K) à base de silicone (SI), (Classe NGLI 3) (3), temperatura superior para uso +180°C (R), temperatura inferior para uso –10°C (–10)

Graxas

Letras indicativas	Aplicação / aditivos	Letras indicativas	Aplicação
K	Geral: mancais de deslizamento, mancais de rolamentos, superfícies de deslizamento	G	Caixas de engrenagens fechadas
KP	Como K, porém, com aditivos para redução do atrito	OG	Caixas de engrenagens abertas (lubrificante aderente sem betume)
KF	Como K, porém, com adição de lubrificantes sólidos	M	Para mancais de deslizamento e vedações (pequenas solicitações)

Classificação da consistência[1] para graxas

Classe NLGI[3]	Penetração[2]	Classe NLGI[3]	Penetração[2]	Classe NLGI[3]	Penetração[2]
000	445...475 (muito macia)	1	310 ... 340	4	175 ... 205
00	400 ... 430	2	265 ... 295	5	130 ...160
0	355 ... 385	3	220 ... 250	6	85...115 (muito consistente)

[1] Indicação do comportamento na fluidez
[2] Medida da penetração de um cone de teste normalizado na graxa homogeneizada
[3] National Lubrication Grease Institute (NGLI), Instituto Nacional de Graxas Lubrificantes, EUA

Letras adicionais para graxas

Letra adicional[1]	Temperatura superior de uso °C	Grau de avaliação[2]	Letra adicional[1]	Temperatura superior de uso °C	Grau de avaliação[2]	Letra adicional[1]	Temperatura superior de uso °C	Grau de avaliação[2]
C	+ 60	0 ou 1	G	+ 100	0 ou 1	N	+140	conforme acordado
D	+ 60	2 ou 3	H	+ 100	2 ou 3	P	+160	
E	+ 80	0 ou 1	K	+ 120	0 ou 1	R	+180	
F	+ 80	2 ou 3	M	+ 120	2 ou 3	S	+200	
						T	+220	
						U	+220	

[1] Às letras adicionais pode ser anexado o valor numérico para a temperatura inferior de uso, p.ex., –20 para –20°C.
[2] Graus de avaliação para o comportamento em relação à água, veja DIN 51807-1:
0: nenhuma alteração; 1: leve alteração; 2: alteração moderada; 3: forte alteração

Lubrificantes sólidos

Lubrificante	Sigla	Temperatura de utilização	Aplicação
Grafita	C	– 18 ... + 450°	Em pó ou pasta e como aditivo para óleos lubrificantes e graxas, não em oxigênio, nitrogênio e vácuo
Bissulfeto de molibdênio	MoS_2	– 180 ... + 400°	Em pasta isenta de óleo mineral, verniz deslizante ou aditivo para óleos lubrificantes e graxas, adequado para pressões superficiais extremas
Politetrafluoretileno	PTFE	– 250 ... + 260°	Em pó adicionado a vernizes deslizantes e graxas sintéticas e como material para mancais, coeficiente de atrito extremamente baixo μ = 0,04 a 0,09

6 Técnicas de fabricação

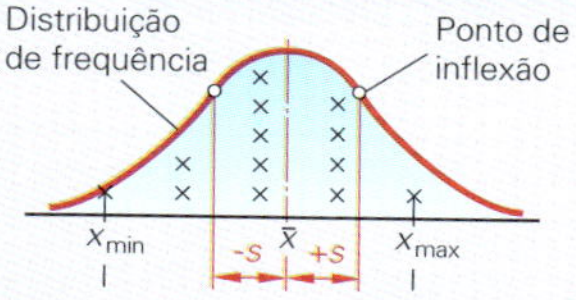

Custos indiretos da matéria-prima em porcentagem dos custos diretos da matéria-prima, p. ex., custos com compras, armazenagem etc.

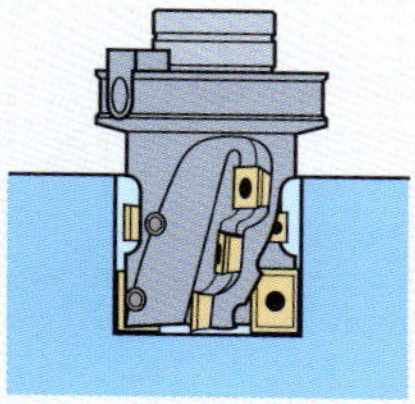

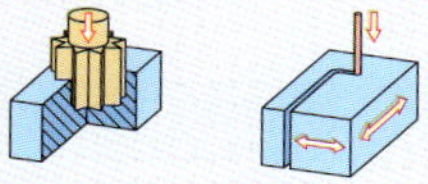

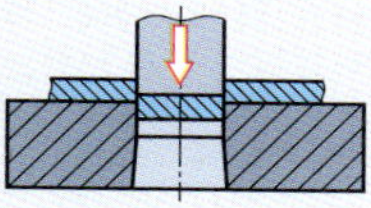

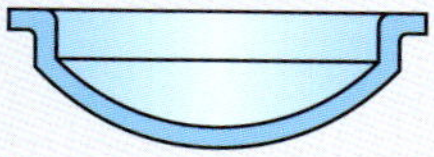

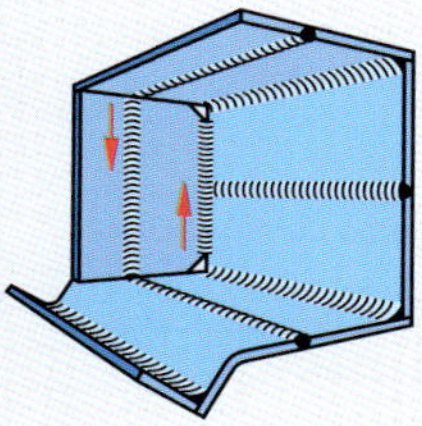

Usar proteção para os olhos

Usar proteção para a cabeça

Normas ISO 9000 ... 9004

As normas da série ISO 9000 devem auxiliar organizações de todos os tipos e tamanhos na implementação e operação de sistemas de gestão da qualidade, bem como facilitar o entendimento mútuo no comércio nacional e internacional.

Normas para gestão da qualidade

veja DIN EN ISO 9000, 9001, 9004 (2000-12)

Norma	Explicação, conteúdo
DIN EN ISO 9000	**Bases para sistemas de gestão da qualidade**
	Princípios fundamentais da gestão da qualidade • Orientação para o cliente • Liderança • Envolvimento das pessoas • Abordagem voltada para o processo • Abordagem sistêmica • Aperfeiçoamento constante • Abordagem realista para tomada de decisões • Relacionamento com fornecedores para proveito mútuo **Fundamentos para sistemas de gestão da qualidade (SGQ)** • Justificativa para SGQ • Requisitos dos SGQ e dos produtos • Procedimento gradual para SGQ • Abordagem orientada para o processo • Política de qualidade e metas de qualidade • Papel da diretoria no SGQ • Documentação; benefícios e tipos • Avaliações de SGQ • Aperfeiçoamento constante • Papel dos métodos estatísticos • SGQ como parte de todo o sistema global de gestão • Requisitos dos SGQ e avaliações comparativas de organizações com base em critérios extraídos de modelos de excelência
	Terminologia para sistemas de gestão da qualidade
	Uma seleção de definições e explanações sobre os termos: Página 275.
DIN EN ISO 9001[1])	**Requisitos de um sistema de gestão da qualidade**
	Esta norma internacional é válida para organizações de qualquer setor industrial ou econômico, independentemente da categoria dos produtos ofertados. Ela estabelece, partindo dos fundamentos descritos na ISO 9000, os requisitos de um SGQ, se uma organização: • tem necessidade de expor sua capacidade de colocar à disposição produtos que irão satisfazer as exigências dos clientes e os requisitos dos órgãos oficiais, • pretende aumentar a satisfação dos clientes incluindo os processos para contínuo aperfeiçoamento do sistema. Os requisitos estabelecidos podem ser utilizados para: • aplicação interna pelas organizações • fins de certificação • fins contratuais. A norma se baseia **numa abordagem orientada para o processo**, isso significa que cada tarefa ou série de tarefas interligadas que utilizem recursos para transformar entradas em resultados é tratada como um processo. **Requisitos** A organização precisa: • reconhecer todos os processos necessários para o SGQ sua aplicação na organização, • estabelecer a sequência e a interação desses processos, • determinar critérios e métodos para garantir a execução e o controle desses processos, • garantir a disponibilidade de recursos e informações para esses processos, • monitorar, medir e analisar esses processos, • tomar as medidas necessárias para o aperfeiçoamento contínuo desses processos, • preencher os requisitos com a documentação do SGQ e • obedecer às determinações para o controle dos documentos.
	[1]) Esta norma substitui também as normas antecedentes 9002 e 9003
DIN EN ISO 9004	**Roteiro para apreciação do desempenho geral, efetividade e eficiência de sistemas de gestão da qualidade**
	O objetivo desta norma é a o aperfeiçoamento da organização e o incremento da satisfação do cliente e de outras partes interessadas. Ela não foi prevista para fins contratuais e de certificação.

Termos

Termos (seleção)	Definições/explicações veja DIN EN ISO 9000 (2000-12)
Termos relacionados à qualidade	
Qualidade	Grau no qual as características de um produto satisfazem os requisitos para esse produto.
Requisito	Exigência pressuposta ou obrigatória para uma característica de uma unidade, p.ex., valores nominais, tolerâncias, funcionalidade ou segurança.
Satisfação do cliente	Percepção pelo cliente do grau no qual suas exigências foram preenchidas.
Capacidade	Aptidão de uma organização, um sistema ou um processo para executar um produto que preencha as exigências de qualidade feitas para esse produto.
Termos relacionados às características e à conformidade	
Característica de qualidade	Propriedade específica de um produto ou processo que, devido aos requisitos de qualidade exigidos para esse produto, é usada para a avaliação da qualidade. • Características quantitativas (variável): características discretas (valor contado), p.ex., número de furos, número de peças características contínuas (valor medido), p.ex., comprimento, posição, massa • Características qualitativas: características ordinais (com relação à ordem), p.ex., azul-claro – azul – azul-escuro características nominais (sem relação com a ordem), p.ex., bom – ruim , azul – amarelo Propriedade específica de um produto, processo ou sistema, que está associada a um requisito
Conformidade	Preenchimento de um requisito, p.ex., uma tolerância de medida.
Defeito ou Erro	Não preenchimento de uma exigência estabelecida, p.ex., a não observação de uma tolerância dimensional ou de uma qualidade de superfície.
Retrabalho	Ações realizadas num produto defeituoso para que ele preencha os requisitos.
Termos relacionados ao processo e ao produto	
Processo	Recursos e tarefas inter-relacionadas que transformam entradas em resultados. Como recursos valem, por exemplo, pessoal, finanças, equipamentos e métodos de fabricação.
Procedimento	Maneira como uma tarefa ou processo será executado. Na forma escrita também denominado "Instrução de trabalho ou de processo".
Produto	Resultado de um processo, p.ex., componente, conjunto montado, serviço prestado, conhecimento, desenho, projeto, impresso, contrato, poluente.
Termos relacionados à organização	
Organização	Grupo de pessoas e instalações com uma estrutura de responsabilidades, atribuições e relacionamentos.
Cliente	Organização ou pessoa que recebe um produto do fornecedor.
Fornecedor	Organização ou pessoa que coloca um produto à disposição de um cliente.
Termos relacionados à gestão	
Sistema de gerenciamento da qualidade	Organização e estruturas organizacionais, procedimentos e processos de uma empresa, necessários para por em prática a gestão da qualidade.
Gestão da qualidade	Todas as atividades coordenadas para gerir e comandar uma organização e que estão relacionadas com a qualidade por: • Definição da política da qualidade • Definição de objetivos e metas da qualidade • Planejamento da qualidade • Condução da qualidade • Garantia da qualidade • Aperfeiçoamento da qualidade
Planejamento da qualidade	Atividades direcionadas para a definição dos objetivos e das metas de qualidade e dos processos de execução necessários, bem como dos respectivos recursos para o alcance desses objetivos e metas.
Controle da qualidade	Atividades de trabalho e técnicas para, apesar das inevitáveis oscilações da qualidade, satisfazer permanentemente os requisitos. Inclui essencialmente o monitoramento do processo e a eliminação de pontos fracos.
Garantia da qualidade	Execução e documentação exigida de todas as atividades no âmbito do SGQ, com o objetivo de adquirir confiança dentro da empresa e perante os clientes de que os requisitos de qualidade estão sendo preenchidos.
Aperfeiçoamento da qualidade	Ações desenvolvidas na totalidade da organização para aumentar a capacidade de satisfazer os requisitos de qualidade.
Manual do SGQ	Documento que descreve a política de qualidade e o sistema de gestão da qualidade de uma organização.

Planejamento, controle e inspeção da qualidade

Planejamento da qualidade

Regra da multiplicação por dez

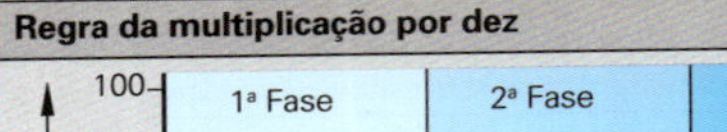
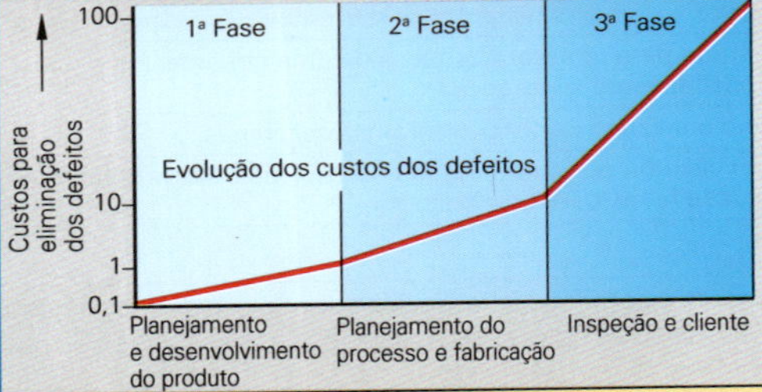

Os custos para a eliminação de um defeito ou os custos em consequência do defeito crescem no decorrer da vida do produto, sendo multiplicados, aproximadamente, por 10 de uma fase para outra.

Exemplo: Um erro de tolerância numa peça individual pode ser corrigido durante o projeto sem custos adicionais dignos de nota. Se o erro só for notado durante a produção da peça, resultará em custos muito maiores. Se o erro levar a problemas de montagem ou a prejuízo no funcionamento do produto (defeito), ou mesmo a uma ação de recall, os custos podem ser gigantescos.

Controle da qualidade

Ciclo regulador da qualidade

Homem
Meio ambiente
Máquina
Técnica de medição
Peça bruta
Produto
Peça boa
Material
Método
Gerenciamento
Providências no processo
Inspeção da qualidade
Providências no produto

Influências na dispersão da qualidade

Influência	Exemplos
Homem	Qualificação, motivação, carga de trabalho
Máquina	Estabilidade da máquina, precisão de posicionamento, nível de desgaste
Material	Tolerâncias, propriedades do material, diferenças entre materiais
Método	Sequência de operações, processo de fabricação, condições de inspeção
Meio ambiente	Temperatura, vibrações, luz, barulho, poeira
Gerenciamento	Metas, objetivos ou política de qualidade errados
Mensurabilidade	Incerteza de medição

Inspeção da qualidade

veja. DIN 55 350-17 (1988-08)

Termos	Explicações
Inspeção da qualidade	Constatar até que ponto uma unidade preenche os requisitos de qualidade exigidos.
Plano de inspeção, Instrução de inspeção	Prescrição e descrição do tipo e abrangência das inspeções, p. ex., meio de inspeção, frequência de inspeção, inspetor, local da inspeção.
Inspeção integral	Inspeção de todas as características de qualidade estabelecidas para uma peça, p. ex., verificação completa de uma única peça usinada em relação a todos os requisitos.
Inspeção 100%	Inspeção de todas as unidades de um lote de inspeção, p. ex., inspeção visual de todas as peças fornecidas.
Inspeção estatística (inspeção por amostragem)	Inspeção da qualidade com auxílio de métodos estatísticos, p. ex., avaliação de um grande número de peças usinadas por intermédio de uma amostragem dessas peças.
Lote de inspeção (inspeção por amostragem)	Totalidade das unidades tomadas em consideração, p. ex., uma produção de 5000 peças usinadas semelhantes
Amostra	Uma ou mais unidades que são coletadas de um universo ou de uma fração do universo, p. ex., 50 peças de uma produção diária de 400 peças

Probabilidade (probabilidade de erro ou de defeito)

Probabilidade de um componente defeituoso dentro de um determinado número de componentes.

P Probabilidade em %
g Número de componentes defeituosos
m Totalidade dos componentes

Exemplo:

Numa caixa encontram-se $m = 400$ peças usinadas sendo que $g = 10$ peças apresentam erro de medida. Ao se retirar uma peça da caixa, qual é a probabilidade P de que essa peça seja defeituosa?

Probabilidade $P = \frac{g}{m} \cdot 100\% = \frac{10}{400} \cdot 100\% = \mathbf{2.5\%}$

Probabilidade

$$P = \frac{g}{m} \cdot 100\ \%$$

Avaliação estatística

Avaliação estatística de características contínuas

veja DIN 53804-1 (2002-04)

Apresentação dos dados de inspeção	Exemplo

Lista original

A lista original é a documentação de todos os valores observados provenientes do lote de inspeção ou de uma amostra, na sequência em que foram sendo obtidos.

Tamanho da amostra: 40 peças

Característica inspecionada: diâmetro do componente d = 8 0,05 mm

Diâmetro medido do componente d em mm										
Peça 1–10	7.98	7.96	7.99	8.01	8.02	7.96	8.03	7.99	7.99	8.01
Peça 11–20	7.96	7.99	8.00	8.02	8.02	7.99	8.02	8.00	8.01	8.01
Peça 21–30	7.99	8.05	8.03	8.00	8.03	7.99	7.98	7.99	8.01	8.02
Peça 31–40	8.02	8.01	8.05	7.94	7.98	8.00	8.01	8.01	8.02	8.00

Lista tracejada

A lista tracejada permite uma apresentação concisa dos valores observados e uma distribuição em classes (faixas) com amplitude determinada.

- n Número de valores individuais
- k Número de classes
- w Amplitude da classe
- R Amplitude (página 278)
- n_j Frequência absoluta
- h_j Frequência relativa em %

Nº da classe	Valor medido ≥	Valor medido <	Lista tracejada	n_j	h_j em %
1	7.94	7.96	I	1	2.5
2	7.96	7.98	III	3	7.5
3	7.98	8.00	~~IIII~~ ~~IIII~~ I	11	27.5
4	8.00	8.02	~~IIII~~ ~~IIII~~ III	13	32.5
5	8.02	8.04	~~IIII~~ ~~IIII~~	10	25
6	8.04	8.06	II	2	5
			Σ =	40	100

$c = \sqrt{n} = \sqrt{40} = 6{,}3 \approx 6$

$i = \frac{R}{c} = \frac{0.11\ \text{mm}}{6} = 0.018\ \text{mm} \approx 0.02\ \text{mm}$

Número de classes

$$k \approx \sqrt{n}$$

Amplitude da classe

$$w \approx \frac{R}{k}$$

Frequência relativa

$$h_j = \frac{n_j}{n} \cdot 100\ \%$$

Histograma

O histograma é um diagrama de barras para visualização e apresentação dos valores individuais.

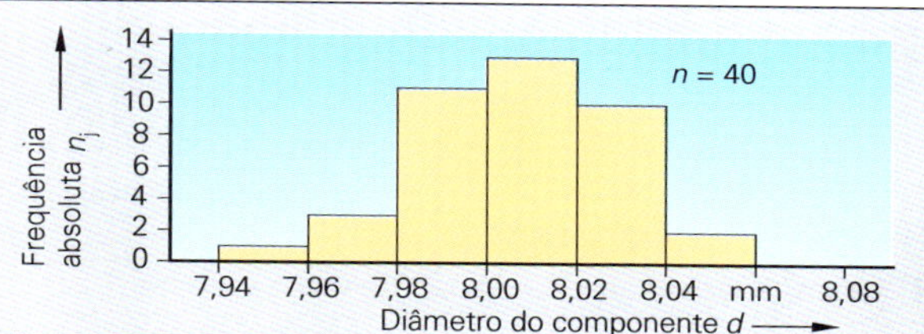

Linha de frequências acumuladas no diagrama de frequências

A linha de frequências acumuladas no diagrama de frequências é um método gráfico simples e evidente de testar se é uma distribuição normal ou não (página 278).

Se a linha de frequências relativas acumuladas resultar aproximadamente numa reta, então pode-se concluir que há uma distribuição normal dos valores individuais, o que significa que se pode continuar a avaliação conforme DIN 53804-1 (página 278).

Nesse caso pode-se adicionalmente obter valores característicos da amostra.

Exemplo de leitura:

Média aritmética $\bar{x}$ (para F_j = 50%) e desvio padrão s (como diferença entre F_j 50% e F_j 84,13%, onde

$$84{,}13\% = \left(50 + \frac{68{,}26}{2}\right)\%):$$

$\bar{x} \approx 8.003$ mm; $s \approx 0.02$ mm

Percentagem esperada de peças com defeito no lote total:

0,6% de peças muito finas

3% de peças muito grossas

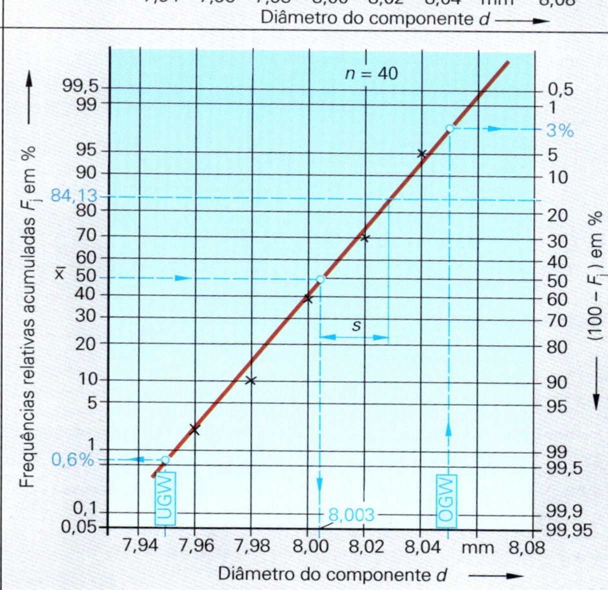

UGV limite inferior; OGW limite superior

Distribuição normal

Distribuição normal de Gauss

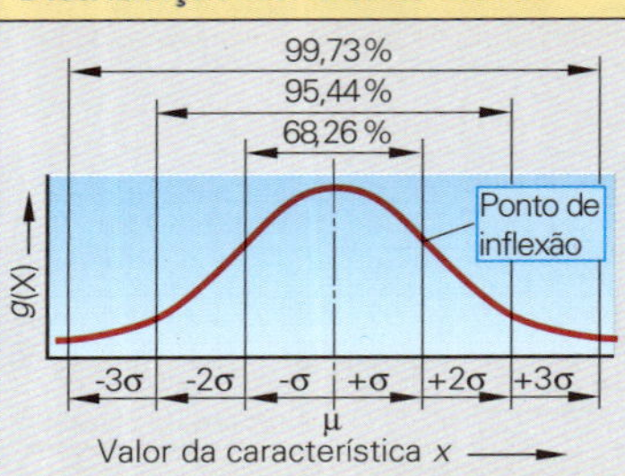

Frequentemente a distribuição dos valores das características contínuas se apresentam de uma forma que pode ser descrita matematicamente pelo modelo da **distribuição normal de Gauss**. Para valores individuais em quantidade próxima do infinito, a densidade da probabilidade de uma distribuição normal resulta na típica **curva em sino**. Essa curva de distribuição simétrica e contínua é descrita de modo explícito por intermédio dos seguintes parâmetros:

A **média** μ se localiza no ponto máximo da curva e denota a localização da distribuição.

O **desvio padrão** σ denota a dispersão, ou seja, a tendência do desvio da média.

Distribuição normal em amostras

veja DIN 53804-1 (2002-04) ou DGQ 16-31 (1990)

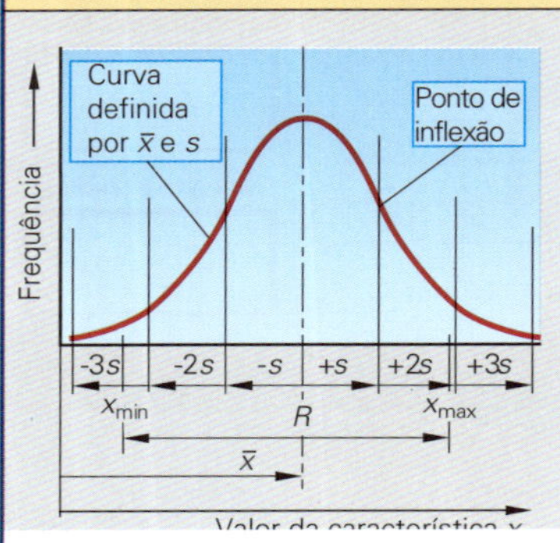

n	Número de valores individuais (tamanho da amostra)
x_i	Valor da característica medida, p.ex., valor individual
x_{max}	Maior valor medido
x_{min}	Menor valor medido
$\overline{x}$	Média aritmética
$\tilde{x}$	Mediana (valor central)[1], valor médio dos valores ordenados pelo tamanho
s	Desvio padrão
R	Amplitude
D	Moda (o valor que ocorre com maior frequência numa série de medições)
$g_{(x)}$	Densidade da probabilidade

Média aritmética[2)]

$$\overline{x} = \frac{x_1 + x_2 + \ldots + x_n}{n}$$

Desvio padrão[2)]

$$s = \sqrt{\frac{\sum(x_i - \overline{x})^2}{n-1}}$$

Amplitude

$$R = x_{max} - x_{min}$$

Amplitude média

$$\overline{R} = \frac{R_1 + R_2 + \ldots + R_m}{m}$$

Média das mídias (geral)

$$\overline{\overline{x}} = \frac{\overline{x}_1 + \overline{x}_2 + \ldots + \overline{x}_m}{m}$$

Desvio padrão médio

$$\overline{s} = \frac{s_1 + s_2 + \ldots + s_m}{m}$$

Para avaliação de várias amostras:

m	Número de amostras	$\overline{R}$	Amplitude média
$\overline{\overline{x}}$	Média geral	$\overline{s}$	Desvio padrão médio

Exemplo: Avaliação dos valores das amostras da página 277:

$\overline{x}$ = **8.00225 mm** R = **0.11 mm** $\tilde{x}$ = **8.005 mm** s = **0.02348 mm** D = **7.99 mm**

[1)] Mediana para
número ímpar de valores individuais:
p. ex.: x_1; x_2; x_3; x_4; x_5:
$\tilde{x} = x_3$

número par de valores individuais:
p. ex.: x_1; x_2; x_3; x_4; x_5; x_6:
$\tilde{x} = (x_3 + x_4)/2$

[2)] A maioria das calculadoras de bolso comuns dispõem de funções especiais para o cálculo da média e do desvio padrão.

A múltipla ocorrência de um mesmo valor medido pode ser levada em conta por intermédio de um fator correspondente.

Distribuição normal em lotes de inspeção

No processo por amostragem, os parâmetros do universo são estimados com base nos valores característicos das amostras (inferência estatística). Para estabelecer uma diferenciação clara entre os valores característicos de amostras e os parâmetros do universo, também são empregadas outras siglas. Através da indicação com um ^ (circunflexo) é feita também uma diferenciação desses valores estimados em relação aos valores do processo apurados por intermédio de cálculos numa inspeção 100% (estatística descritiva).

Amostra	Universo apurado por amostragem	Universo na inspeção 100%
Quantidade de valores n	Quantidade de valores N	Quantidade de valores N
Média aritmética x	Média estimada do processo $\hat{\mu}$ (valor esperado)	Média do processo μ
Desvio padrão s	Desvio padrão estimado do processo $\hat{\sigma}$ (também σ^{n-1})	Desvio padrão estimado do processo σ (também σ^n)

Controle estatístico do processo

Fichas de controle da qualidade

Fichas de controle do processo

Fichas de controle do processo servem para monitorar um processo quanto a alterações em relação a um valor especificado ou a um valor anterior do processo. Os limites de intervenção e alerta são estimados a partir da análise de um lote ou de diversas amostras anteriores.

Fichas de controle da qualidade para aceitação/rejeição

Fichas de controle da qualidade para aceitação/rejeição servem para monitoramento de um processo em relação aos valores especificados (medidas limites). Os limites de intervenção são calculados a partir dos limites de tolerância.

No caso, avaliam-se os valores individuais medidos, não a dispersão deles.

Fichas de controle do processo para características quantitativas (fichas de controle Shewhart)[1]

Ficha de valores originais

A ficha de valores originais é uma documentação de todos os valores medidos e anotados sem cálculos adicionais. Ela pressupõe um processo com distribuição próxima à normal e devido ao grande número de registros é relativamente pouco elucidativa.

Limites de controle

M	Média da característica
OWG	Limite superior de alerta
UWG	Limite inferior de alerta
OEG	Limite superior de intervenção
UEG	Limite inferior de intervenção
OGW	Limite superior
UGW	Limite inferior

Exemplo: 5 valores individuais por amostra

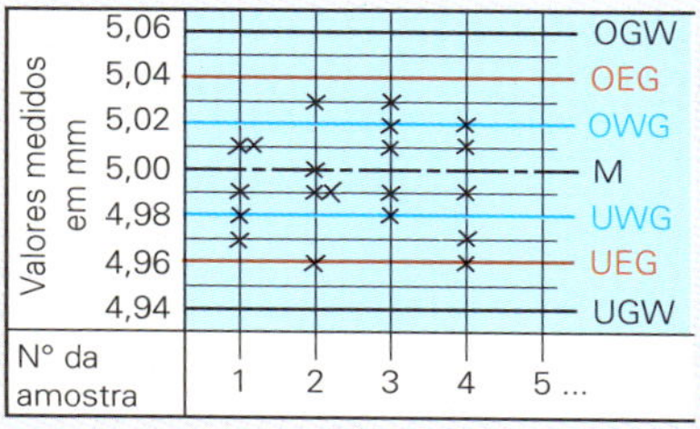

Valores medidos em mm: 5,06 (OGW); 5,04 (OEG); 5,02 (OWG); 5,00 (M); 4,98 (UWG); 4,96 (UEG); 4,94 (UGW)

N° da amostra: 1 2 3 4 5 ...

Ficha $\tilde{x}$ - R (valor central - amplitude)

Essas fichas evidenciam a dispersão da fabricação sem maiores necessidades de cálculo. Elas são adequadas para registro manual das fichas de controle.

Exemplo:

Característica de inspeção: Diâmetro		Medida de controle: 5±0,05		
Tamanho da amostra: $n = 5$		Intervalo de controle: 60 min.		
Valor medido mm	x_1	4,98	4,96	5,03	4,97
	x_2	4,97	4,99	5,01	4,96
	x_3	4,99	5,03	5,02	5,01
	x_4	5,01	4,99	4,99	4,99
	x_5	5,01	5,00	4,98	5,02
	Σx	24,96	24,97	25,03	24,95
	$\tilde{x}$	4,99	4,99	5,01	4,99
	R	0,04	0,07	0,05	0,06
Amostra nº		1	2	3	4
Horário		6h	7h	8h	9h

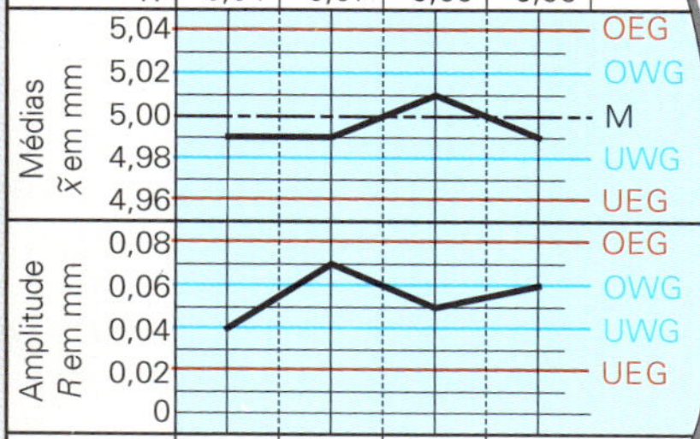

Médias $\tilde{x}$ em mm: 5,04 (OEG); 5,02 (OWG); 5,00 (M); 4,98 (UWG); 4,96 (UEG)

Amplitude R em mm: 0,08 (OEG); 0,06 (OWG); 0,04 (UWG); 0,02 (UEG); 0

Ficha $\bar{x}$ - S (média - desvio padrão)

Essas fichas evidenciam a tendência da evolução da média e apresentam maior sensibilidade do que as fichas $\tilde{x}$-R. Elas requerem um gerenciamento computadorizado das fichas de controle.

Exemplo:

Característica de inspeção: Diâmetro		Medida de controle: 5± 0,05		
Tamanho da amostra: $n = 5$		Intervalo de controle: 60 min.		
Valor medido mm	x_1	4,98	4,96	5,03	4,97
	x_2	4,97	4,99	5,01	4,96
	x_3	4,99	5,03	5,02	5,01
	x_4	5,01	4,99	4,99	4,99
	x_5	5,01	5,00	4,98	5,02
	x	4,992	4,994	5,006	4,990
	s	0,018	0,025	0,021	0,025
Amostra nº		1	2	3	4
Horário		6h	7h	8h	9h

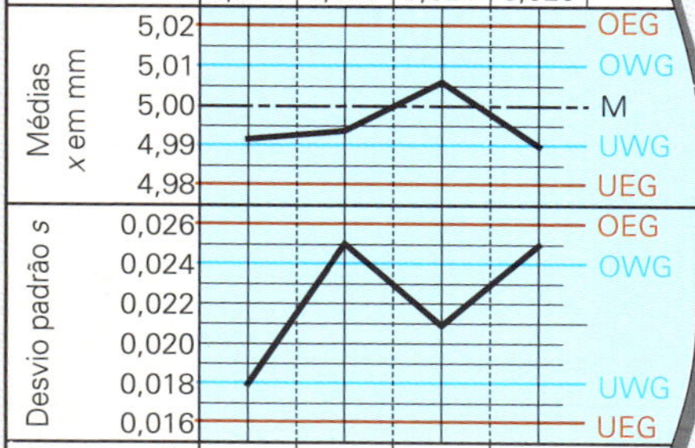

Médias x em mm: 5,02 (OEG); 5,01 (OWG); 5,00 (M); 4,99 (UWG); 4,98 (UEG)

Desvio padrão s: 0,026 (OEG); 0,024 (OWG); 0,022; 0,020; 0,018 (UWG); 0,016 (UEG)

[1] Walter Andrew Shewhart (1891-1967), cientista americano

Evolução do processo, plano de inspeção por amostragem

Evoluções do processo

Evolução do processo	Denominação / observação	Possíveis causas → providências
OEG / M / UEG	**Evolução natural** 2/3 de todos os valores estão na faixa ± desvio padrão s e todos os valores estão dentro dos limites de intervenção.	O processo está sob controle e pode continuar sendo conduzido sem intervenção.
OEG / M / UEG	**Fora dos limites de intervenção** Há valores fora dos limites superior ou inferior de intervenção.	Máquina desajustada, materiais diferentes, máquina danificada; → Intervir no processo e inspecionar 100% as peças depois da última retirada de amostra
OEG / M / UEG	**RUN (em sequência)** 7 ou mais valores subsequentes estão de um dos lados da média.	Desgaste da ferramenta, outros materiais, ferramenta nova, pessoal novo; → Intensificar a observação do pessoal
OEG / M / UEG	**Tendência** 7 ou mais valores subsequentes mostram uma tendência ascendente ou descendente.	Desgaste na ferramenta, dispositivo ou aparelho de medição, fadiga do pessoal; → Interromper o processo para averiguar o deslocamento
OEG / M / UEG	**Terço central** Pelo ao menos 15 valores estão sequencialmente dentro de ± desvio padrão.	Fabricação aprimorada, melhor supervisão, resultados de inspeção maquilados → averiguar de que forma o processo foi melhorado e reexaminar os resultados de inspeção
OEG / M / UEG	**Períodos** Os valores oscilam periodicamente em torno da média.	Diferentes aparelhos de medição, separação sistemática dos dados → Examinar o processo de fabricação quanto a influências

Teste de aceitação por amostragem (teste de atributos)

veja DIN ISO 2859-1 (2004-01)

Trata-se de um teste de aceitação por amostragem no qual são verificados atributos e, com base nas unidades defeituosas ou nos defeitos nas amostras individuais, é determinada a aceitabilidade do lote sob análise.
A **proporção de unidades defeituosas ou o número de defeituosas em cada cem unidades do lote** é expressa por meio do **nível de qualidade.** O nível de qualidade limite para aceitação é o nível de qualidade estabelecido em lotes apresentados continuamente, nos quais, na maioria dos casos, esse nível é aceito pelo cliente. As instruções de amostragem estão compiladas em tabela guia.

Plano de inspeção por amostragem, amostragem simples (exceto da tabela guia)

Tamanho do lote	Nível de qualidade aceitável NQA (valores preferenciais) 0.04	0.065	0.10	0.15	0.25	0.40	0.65	1.0	1.5	2.5
2– 8	↓	↓	↓	↓	↓	↓	↓	↓	↓	↓
9– 15	↓	↓	↓	↓	↓	↓	↓	↓	8 0	5 0
16– 25	↓	↓	↓	↓	↓	↓	↓	13 0	8 0	5 0
26– 50	↓	↓	↓	↓	↓	↓	20 0	13 0	8 0	5 0
51– 90	↓	↓	↓	↓	50 0	32 0	20 0	13 0	8 0	20 1
91– 150	↓	↓	↓	80 0	50 0	32 0	20 0	13 0	32 1	20 1
151– 280	↓	↓	125 0	80 0	50 0	32 0	20 0	50 1	32 1	32 2
281– 500	↓	200 0	125 0	80 0	50 0	32 0	80 1	50 1	50 2	50 3
501–1200	315 0	200 0	125 0	80 0	50 0	125 1	80 1	80 2	80 3	80 5

Explicação:
↓ — Aplicar a primeira indicação de amostragem desta coluna. Se o tamanho da amostra for maior ou igual ao tamanho do lote, realizar inspeção 100%.
50 2:
- Segundo número: Número para aceitação = número de unidades defeituosas toleradas
- Primeiro número: Tamanho da amostra = número de peças a serem inspecionadas

Capacidade do processo, fichas de controle da qualidade

Capacidade de qualidade, fichas de controle da qualidade

veja DGQ 16-33 (1990)

Na avaliação da capacidade de qualidade de um processo por meio de índices de qualidade deve ser diferenciada a capacidade de **curto prazo (capacidade da máquina)** e a **capacidade de longo prazo (capacidade do processo)**.

A **capacidade da máquina** é uma avaliação da máquina se essa, com suas oscilações normais, é capaz de produzir dentro dos limites de tolerância especificados, com grau de probabilidade suficiente.

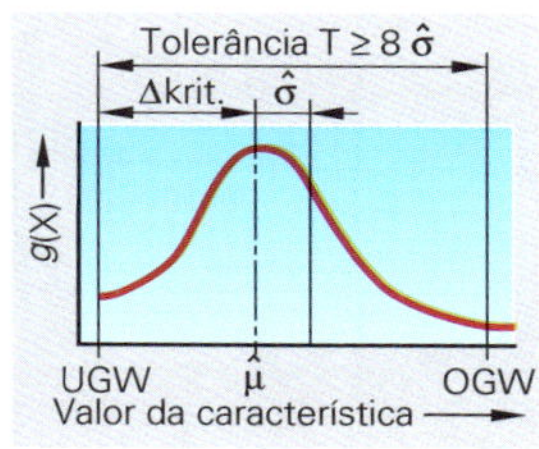

$C_m \geq 1{,}33$ e $C_{mk} \geq 1{,}0$ significa que 99,994% (faixa $\pm 4\,\hat{\sigma}$) dos valores da característica estão dentro dos limites e que a média $\hat{\mu}$ está no mínimo afastada dos limites de tolerância por volta da grandeza $3\,\hat{\sigma}$.

A capacidade do processo é uma avaliação do processo de fabricação, se esse, com suas oscilações normais, é capaz de preencher os requisitos especificados com grau de probabilidade suficiente.

LLV	limite inferior
ULV	limite superior
$\hat{\sigma}$	desvio padrão estimado
$\hat{\mu}$	média estimada
Δkrit	menor distância entre a média e os limites de tolerância
C_m, C_{mk}	índice de capacidade da máquina
C_p, C_{pk}	índice de capacidade do processo

Exemplo:
Análise de capacidade da máquina para a medida de fabricação 80 ± 0,05:
Valores da produção preliminar σ = 0,012 mm; μ = 79,99 mm

$$C_m = \frac{T}{6 \cdot \hat{\sigma}} = \frac{0{,}1\ \text{mm}}{6 \cdot 0{,}012\ \text{mm}} = \mathbf{1{,}388};\quad C_{mk} = \frac{\Delta\text{krit}}{3 \cdot \hat{\sigma}} = \frac{0{,}04\ \text{mm}}{3 \cdot 0{,}012\ \text{mm}} = \mathbf{1{,}11}$$

A capacidade da máquina está comprovada para esta produção.

Índice de capacidade da máquina

$$C_m = \frac{T}{6 \cdot \hat{\sigma}}$$

$$C_{mk} = \frac{\Delta\text{krit}}{3 \cdot \hat{\sigma}}$$

Geralmente a capacidade da máquina é tida como comprovada se

- $C_m \geq$ **1,33 e**
- $C_{mk} \geq$ **1,0.**

Índice de capacidade do processo

$$C_p = \frac{T}{6 \cdot \hat{\sigma}}$$

$$C_{pk} = \frac{\Delta\text{krit}}{3 \cdot \hat{\sigma}}$$

Geralmente a capacidade do processo é tida como comprovada se

- $C_p \geq$ **1,33 e**
- $C_{pk} \geq$ **1,0.**

Fichas de controle para características qualitativas

veja DGQ 16-33 (1990); DGQ 11-19 (1994)

Ficha de apuração de defeitos

As fichas de apuração de defeitos registram as unidades defeituosas, os tipos de erros e sua frequência numa amostra.

Exemplo de leitura para F3:

$n = 9 \cdot 50 = 450$

$$\text{Defeito em } \% = \frac{\Sigma i_j}{n} \cdot 100\%$$

$$= \frac{3}{450} \cdot 100\% = \mathbf{0{,}66\%}$$

Exemplo:

Peça: Tampa		Tamanho da amostra n = 50									Intervalo de inspeção 60 min.	
Tipo de erro		Freqüência do erro i_j									Σi_j	%
Danos na pintura	F1		1					1			2	0,44
Amassados	F2	1	2		2	1	2	2	2	2	14	3,11
Corrosão	F3		1			1			1		3	0,66
Rebarba	F4	1									1	0,22
Fissuras	F5		1								1	0,22
Fora de esquadro	F6	2		3	1		3	1		2	12	2,66
Empenamento	F7					1					1	0,22
Falta de rosca	F8		1								1	0,22
Defeitos por amostra		4	6	3	3	3	5	4	3	4	35	
Nº da amostra		1	2	3	4	5	6	7	8	9		

Diagrama de Pareto[1]

O diagrama de Pareto classifica critérios (p.ex., defeitos) segundo o tipo e frequência e com isso é uma ferramenta importante para a análise de critérios e para estabelecer prioridades.

Exemplo para F2:

Proporção no total de erros

$$= \frac{14}{35} \cdot 100\% = 40\%$$

Exemplo:

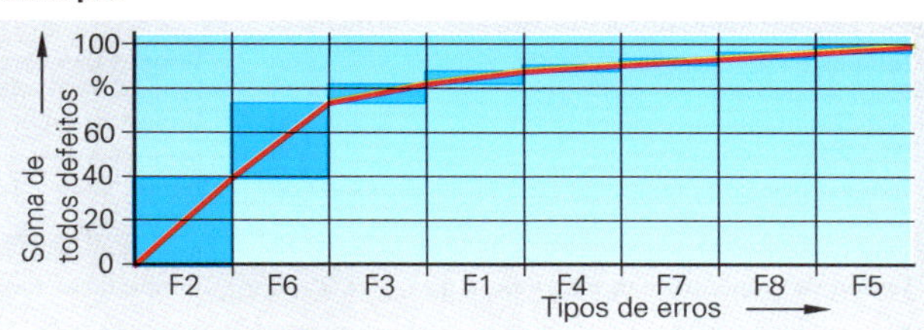

Exemplo de leitura: Os amassados (F2) e fora de esquadro (F6) somam juntos, aproximadamente, 74% do total de defeitos.

[1] Pareto – sociólogo italiano

Tempo do pedido[1]

Classificação dos tipos de tempos para o ser humano (trabalhador)

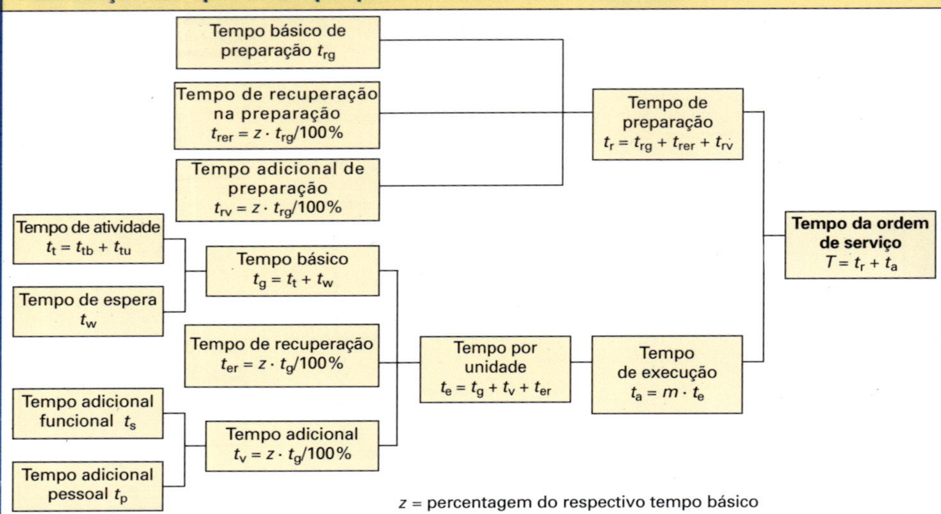

z = percentagem do respectivo tempo básico

Símbolo	Denominação	Explicação com exemplos
T	Tempo da ordem de serviço	Tempo especificado para a fabricação de um lote ou execução de uma ordem de serviço
t_r	Tempo de preparação	Preparação para a realização de uma ordem de serviço completa • tempo de preparação t_{rg} → ajustar a máquina • tempo de rec. na preparação t_{rer} → tempo de recuperação após mudança estafante • tempo adicional de preparação t_{rv} → eliminar pequenas panes na máquina
t_a	Tempo de execução	Tempo especificado para execução de um lote (sem a preparação)
t_{er}	Tempo de recuperação	Recuperação do ser humano para reduzir a fadiga do trabalho (minipausa)
t_v	Tempo adicional	• tempo adicional operacional t_s → afiação imprevista da ferramenta • tempo adicional pessoal t_p → verificar o tempo de trabalho, satisfazer necessidades
t_t	Tempo de atividade	Tempos nos quais o próprio pedido é trabalhado • tempos influenciáveis t_{tb} → trabalhos de montagem ou remoção de rebarbas • tempos não influenciáveis t_{tu} → sequência de execução de um programa CNC
t_w	Tempo de espera	Espera pela próxima peça na fabricação em linha de montagem
m	Quantidade do pedido/da ordem	Número de unidades a serem produzidas na ordem de serviço (lote)

Exemplo: Torneamento de três eixos num torno

Tempos de preparação:	min
Preparar pedido	= 4,50
Preparar máquina	= 10,00
Preparar ferramentas	= 12,50
Tempo básico de preparação t_{rg}	= 27,00
Tempo de recuperação na prep. t_{rer} = 4% de t_{rg}	= 1,08
Tempo adicional de preparação t_{rv} = 14% de t_{rg}	= 3,78
Tempo de preparação $t_r = t_{rg} + t_{rer} + t_{rv}$	**= 31,86**

Tempos de execução:		min
Tempo de atividade	t_t	= 14,70
Tempo de espera	t_w	= 3,75
Tempo básico	$t_g = t_t + t_w$	= 18,45
Tempo de recuperação	t_{er}	–
Tempo adicional	t_v = 8% de t_g	= 1,48
Tempo de cada unidade	$t_e = t_g + t_{er} + t_v$	= 19,93
Tempo de execução	$t_a = m \cdot t_e$	**= 59,79**

Tempo do pedido $T = t_r + t_a \approx$ 32 min + 60 min = **92 min** (= 1,53 h)

[1] conforme REFA – Associação para o Estudo do Trabalho e a Organização Empresarial

Tempo de ocupação do meio de produção[1]

Classificação dos tipos de tempos para o meio de produção (MP)

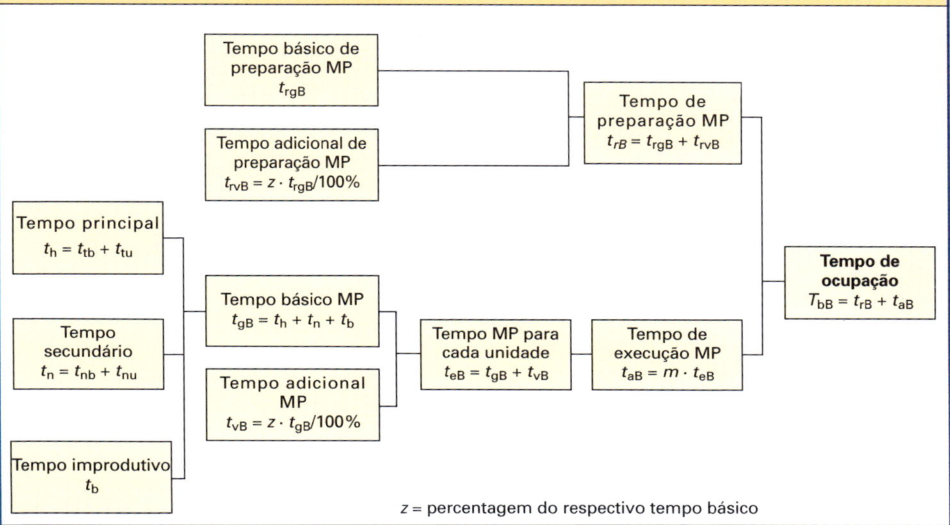

Símbolo	Denominação	Explicação com exemplos
T_{bB}	Tempo de ocupação	Tempo especificado para a ocupação de um meio de produção para a fabricação de um lote ou execução de uma ordem de serviço
t_{rB}	Tempo de preparação do meio de produção	Preparação do meio de produção para a realização de um pedido completo • tempo básico de preparação MP t_{rgB} → fixação do dispositivo na máquina • tempo adicional de preparação t_{rvB} → otimização do programa CNC
t_{aB}	Tempo de execução	Tempo especificado para trabalhos de execução de um lote (sem a preparação)
t_{vB}	Tempo adicional do meio de produção	Tempos nos quais o meio de produção não é utilizado ou é utilizado adicionalmente; queda de energia, trabalhos de reparação não planejados.
t_h	Tempo principal	Tempos nos quais o objeto do trabalho é processado de acordo com o planejado • tempos influenciáveis t_{tb} → furar manualmente • tempos não influenciáveis t_{tu} → sequência de execução de um programa CNC
t_n	Tempo secundário	O meio de produção é preparado, carregado ou descarregado para o uso principal • tempos influenciáveis t_{nb} → fixar ferramenta manualmente • tempos não influenciáveis t_{nu} → troca automática de ferramenta
t_b	Tempo improdutivo	Interrupções decorrentes do procedimento ou da recuperação; encher um alimentador
m	Quantidade do pedido	Número de unidades a serem produzidas num pedido (lote)

Exemplo: Fresar a superfície de apoio de 20 placas de base numa fresadora vertical

Tempos de preparação:	min
Ler pedido e desenho	= 4,54
Providenciar e devolver a fresa axial	= 3,65
Prender e soltar a fresa	= 3,10
Ajustar a máquina	= 2,84
Tempo básico de preparação da máquina t_{rgB}	=14,13
Tempo adicional do m. p. t_{rvB} = 10% de t_{rgB}	= 1,41
Tempo de preparação do m.p. $t_{rB} = t_{rgB} + t_{rvB}$	**= 15,54**

Tempos de execução:	min
Fresar ≙ tempo principal t_h	= 3,52
Prender a peça ≙ tempo secundário t_n	= 4,00
Transportar a peça ≙ tempo improdutivo t_b	= 1,20
Tempo básico do m. p. $t_{gB} = t_h + t_n + t_b$	= 8,72
Tempo adicional do m. p. t_{vB} = 10% de t_{gB}	= 0,87
Tempo do m. p. para cada unidade $t_{eB} = t_{gB} + t_{vB}$	= 9,59
Tempo de execução do m. p. $t_{aB} = m \times t_{eB}$	= **191,80**

Tempo de ocupação $T_{bB} = t_{rgB} + t_{rvB}$ ≈ 16 min + 192 min = **208 min** (= 3,47 h)

[1] conforme REFA – Associação para o Estudo do trabalho, e a Organização Empresarial

Cálculo de custos

Cálculo simples (exemplo numérico)

	Custos diretos (CD)[1] podem ser atribuídos *diretamente* a um produto		Custos indiretos (CI)[1] não podem ser atribuídos *diretamente* a um produto		adicional em percentagem dos custos de mão de obra
Tipos de cutos[1]	Custos matéria-prima	$ 80.000,00	Amortizações	$ 50.000,00	$\frac{\$ 220.000,00 \cdot 100\%}{\$ 120.000,00} = 183.33\%$
	Custos mão de obra	$ 120.000,00	Salários (inclusive pró-labore)	$ 80.000,00	Cada hora de mão de obra inclui um adicional arredondado de 185% para que os custos indiretos sejam cobertos.
			Juros	$ 40.000,00	
			Outros custos	$ 50.000,00	
			∑ Custos indiretos	$ 220.000,00	

Cálculo dos custos	Horas de trabalho = 10000 Custos mão de obra/h = $ 12.00	Custo matéria-prima de um pedido	$ 124,75
	Cálculo da tarifa horária = 12,00 + 1,85 · 12,00 = $ 34,20/h (aplicado no cálculo do operário; pró-labore = lucro)	Tempo de trabalho 5 h x 34,20/h	$ 171,00
	[1] Os custos precisam ser apurados periodicamente para cada empresa.	Preço sem impostos	$ 295,75

Cálculo ampliado (esquema)

Custos de matéria-prima

\+

Custos diretos de fabricação
Mão de obra de fabricação que podem ser atribuídos a um produto

\+

Custos indiretos de fabricação[1]
Custos do maquinário
Amortização, juros, custos do recinto, energia e manutenção
Custos indiretos residuais
em % da mão de obra de fabricação, p.ex., custos sociais, recintos, materiais de consumo e outros.

↓

Custos de fabricação

\+

Custos extras diretos da fabricação

↓

Custos de manufatura

\+

Custos indiretos de administração e comercialização
em % dos custos de manufatura

↓

Custos de produção

\+

Lucro
em % dos custos de produção

↓

Preço bruto

\+

Comissões, descontos, abatimentos
em % do preço de venda

↓

Preço de venda sem impostos

Custos diretos da matéria-prima
Custos de aquisição

\+

Custos indiretos da matéria-prima
em % dos custos direto da matéria-prima, p.ex., custos com compras, custos de armazenamento e outros

↓

Custos de matéria-prima (→ Custos de matéria-prima)

[1] *Se não for calculado o valor da hora-máquina, esse será incluído nos custos indiretos, elevando a taxa adicional. As taxas adicionais indiretas são retiradas da planilha de cálculo operacional (PCO).*

Custos de projeto
Salários e outros

\+

Custos de dispositivos
Dispositivo de furar, moldes de fundição

\+

Ferramentas especiais
Broca especial

\+

Trabalho de terceiros
tratamento térmico

↓

Custos extras diretos da fabricação (→ Custos extras diretos da fabricação)

Exemplo:

Custos diretos da matéria-prima	$ 1 255,00
Custos indiretos da matéria-prima 5%	$ 61,25
Mão de obra de fabricação 10 h x 15,00/h	$ 150,00
Custos do maquinário 8 h x 30,00/h	$ 240,00
Custos indiretos residuais 200% da mão de obra de fabricação	$ 300,00
Ferramentas especiais	$ 125,00
Custos de manufatura	**$ 2 101,25**
Custos indiretos de administração e comercialização 12% dos custos de manufatura	$ 252,15
Custos de produção	**$ 2 353,40**
Adicional de lucro 10% dos custos de produção	$ 235,34
Preço bruto	**$ 2 588,74**
Comissões 5% do preço de venda	$ 136,25
Preço de venda sem impostos	**$ 2 724,99**

Cálculo do valor da hora - máquina

Cálculo do valor da hora - máquina

Uma taxa média de custos de fabricação indiretos não leva em conta os diferentes níveis de custos de máquinas que devem ser imputados a um produto. O cálculo é distorcido.
Se subtrairmos os custos de máquina dos custos indiretos de fabricação e os calcularmos pelas horas que a máquina foi ocupada, teremos então o **valor hora-máquina**.

Composição dos custos de máquinas

Custos de máquinas são:

- **Amortização calculada**
  desvalorização linear pela vida útil da máquina com base numa nova aquisição
- **Juros calculados**
  juros médios cobrados sobre o capital investido na máquina
- **Custos do recinto**
  custos da área ocupada pela máquina e da área de tráfego
- **Custos de energia**
  custos decorrentes do consumo de energia, gás, vapor ou combustíveis
- **Custos de manutenção**
  custos para reparos e manutenção regular
- **Custos de outra natureza**
  custos com consumo de ferramentas, prêmios de seguros, descarte de lubrificantes e refrigerantes etc.

Tempo de operação da máquina, valor da hora-máquina — conforme Diretriz VDI 3258

- T_{RT} Tempo de operação da máquina em horas/período
- T_T Tempo teórico total da máquina em horas/período
- T_{ST} Tempos de máquina parada, p.ex., feriados, interrupções do trabalho etc., geralmente em % de T_G
- T_{SM} Tempos para manutenção e conservação, geralmente em % de T_G
- C_M Soma dos custos da máquina por período (geralmente por ano)
- C_{Mh} Custo da máquina por hora; valor da hora-máquina
- C_f Custos fixos de uma máquina por ano; p.ex., amortização
- C_v/h Custos variáveis de uma máquina por hora; p.ex., consumo de energia

Tempo de operação da máquina

$$T_{RT} = T_T - T_{ST} - T_{SM}$$

Valor da hora-máquina

$$C_{Mh} = \frac{C_f}{T_{RT}} + C_v/h$$

Cômputo do valor da hora-máquina (exemplo)

Máquina-ferramenta:

Valor de aquisição 160.000,- €
Consumo de energia 8 kWh
Custos do recinto 10,– € × mês
Manutenção adicional 5 €/h
Vida útil 10 anos
Custo por kWh 0,15 €
Área requerida 15 m²
Ocupação normal
T_{RT} = 1200 h/ano (100%)
Juros calculados 8%
Taxa básica 20,– €/mês
Manutenção 8.000,– €/ano
Ocupação efetiva 80%

Valor da hora-máquina para ocupação normal e para uma ocupação de 80%?

Natureza do custo	Cálculo	Custos fixos €/ano	Custos variáveis
Amortização calculada	$\frac{\text{Valor de aquisição}}{\text{Vida útil em anos}} = \frac{160.000,– €}{10 \text{ anos}}$	$ 16.000,00	
Juros calculados	$\frac{½ \text{ valor de aquisição x juros}}{100\%} = \frac{80.000,– \text{ x } 8\%}{100\ \%}$	$ 6.400,00	
Custos de manutenção	Fator de manutenção x amortização – p.ex., 0,5 x 16.000,- € A manutenção depende da ocupação.	$ 8.000,00	$ 5,00
Custos de energia	Tarifa básica para suprimento de energia = 20.- €/mês x 12 meses Consumo de potência x custos de energia = 8 kWh x 0,15 €/kWh	$ 240,00	$ 1,20
Custos proporcionais do recinto	Valor dos custos de recinto x área requerida = 10,- €/m² ×mês x 15 m² x 12 meses	$ 1.800,00	
	Soma dos custos da máquina (CM)	**$ 32.440,00**	**$ 6,20**

Valor da hora-máquina (C_{Mh}) para 100% de ocupação = $\frac{C_f}{T_{RT}} + C_v/h = \frac{\$ 32\ 440.00}{1200 \text{ h}} + \$/h\ 6.20 =$ **$/h 33,23**

Valor da hora-máquina (C_{Mh}) para 80% de ocupação = $\frac{C_f}{0.8 \cdot T_{RT}} + C_v/h = \frac{\$ 32\ 440.00}{0.8 \cdot 1\ 200 \text{ h}} + \$/h\ 6.20 =$ **$/h 40,00**

O valor da hora-máquina não inclui os custos com o operador.

Cálculo de custos parciais[1]

Cálculo da contribuição marginal bruta (com exemplo numérico)

O cálculo da contribuição marginal bruta leva em conta o preço de mercado de um produto. Este precisa, no mínimo, cobrir os custos variáveis (limite inferior de preço). O restante é contribuição marginal bruta. A contribuição marginal de todos os produtos cobre os custos operacionais.

E/peça	Preço de mercado; faturamento por peça	C_f	Custos fixos
E	Faturamento com um produto	C_v	Custos variáveis
DB	Contribuição marginal bruta de um produto	G	Lucro ou resultado
DB/peça	Contribuição marginal bruta por peça	G_s	Limiar de lucro

Contribuição marginal bruta

$$\frac{DB}{peça} = \frac{E}{peça} - \frac{C_v}{peça}$$

$$DB = \frac{DB}{peça} \cdot \text{quantidade}$$

Lucro

$$G = DB - C_f$$

	Custos variáveis (C_v)[2] dependente da quantidade produzida		Custos fixos (C_f) independente da quantidade produzida		Contribuição marginal bruta (DB) DB = E/peça – Cv/peça
Natureza dos custos	Custos de material	30,00 €/peça	Amortizações	$ 50.000,00	O faturamento de 110,- €/peça precisa cobrir primeiro todos os custos variáveis. O restante contribui para cobrir os custos fixos totais e produz o lucro.
	Custo mão de obra	20,00 €/peça	Salários	$ 80.000,00	
	Custo de energia	10,00 €/peça	Juros	$ 40.000,00	
			Outros C_f	$ 30.000,00	
	Σ custos variáveis	60,00 €/peça	Σ custos fixos	$ 200.000,00	
Cálculo dos custos	Número de peças produzidas	5000 peças	Contribuição marginal 110,00 € – 60,00 €	= 50,00 €/peça	
	Contribuição marginal bruta total 5000 peças × 50,00 €/peça =			250.000,00 €	
			Σ custos fixos	200.000,00 €	
			Lucro	50.000,00 €	
	Limiar de lucro $G_s = \frac{C_f}{DB/peça} = \frac{200.000,00\ €}{50,00\ €/peça} = 4000$ peças				

Limiar de lucro

$$G_s = \frac{C_f}{DB\ /peça}$$

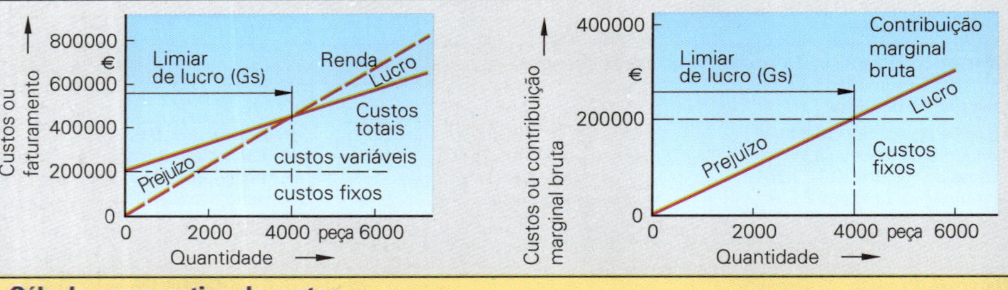

Cálculo comparativo de custos

No cálculo comparativo de custos deve ser escolhida a máquina ou equipamento que, para uma determinada quantia produzida, acarrete o menor custo.

Exemplo para 5000 peças

Máquina 1: C_{f1} = 100.000,– €/ano; C_{v1} = 75,– €/peça
100.000,- €/ano + 75,- €/peça × 5000 peças = 475.000,- €
Máquina 2: C_{f2} = 200.000,– €/ano; C_{v2} = 50,– €/peça
200.000,- €/ano + 50,- €/peça × 5000 peças = 450.000,- €
Custos máquina 1 > custos máquina 2

$$\text{Qde. lim.de peças } M_{Gr} = \frac{C_{f2} - C_{f1}}{C_{v1}/peça - C_{v2}/peça}$$

$$M_{Gr} = \frac{200.000,00\ € - 100.000,00\ €}{75,00\ €/peça - 50,00\ €/peça} = 4000\ peça$$

Acima de 4000 peças a máquina 2 é mais vantajosa.

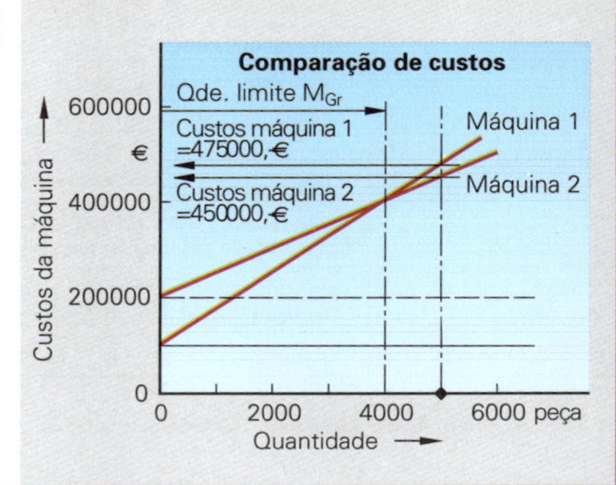

[1] O cálculo de custos parciais separa os custos em custos fixos (custos operacionais) e custos variáveis (custos diretos).
[2] Os custos variáveis são determinados para cada pedido e comparados com o faturamento.

Tornear, tornear roscas

Tornear cilíndrico e facear com rotação constante

t_h Tempo principal
d Diâmetro externo
d_1 Diâmetro interno
d_m Diâmetro médio[1)]
l Comprimento da peça
l_a Arranque, início
l_u Término
L Curso do avanço
f Avanço a cada giro
n Rotação
i Número de cortes
v_c Velocidade de corte

Tempo principal

$$t_h = \frac{L \cdot i}{n \cdot f}$$

Cálculo do curso de avanço *L*, do diâmetro médio d_m e da rotação *n*

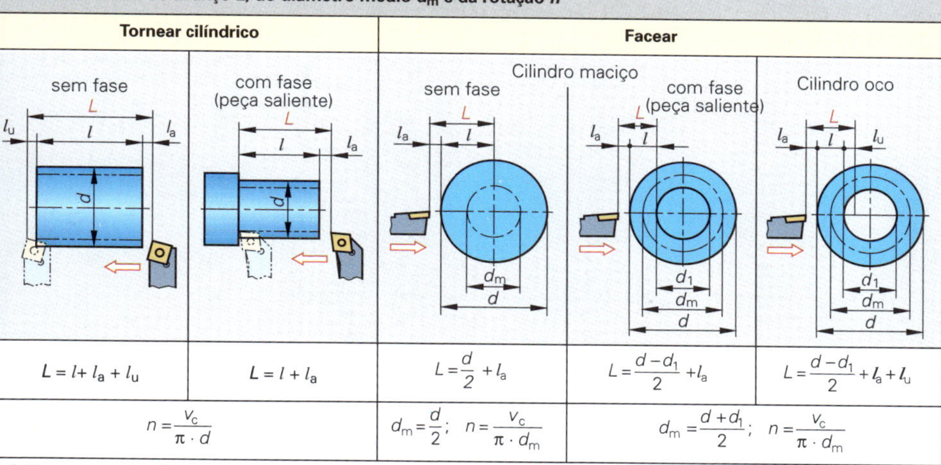

Tornear cilíndrico: sem fase	Tornear cilíndrico: com fase (peça saliente)	Facear, cilindro maciço: sem fase	Facear, cilindro maciço: com fase (peça saliente)	Facear: cilindro oco
$L = l + l_a + l_u$	$L = l + l_a$	$L = \frac{d}{2} + l_a$	$L = \frac{d - d_1}{2} + l_a$	$L = \frac{d - d_1}{2} + l_a + l_u$
$n = \frac{v_c}{\pi \cdot d}$		$d_m = \frac{d}{2}$; $n = \frac{v_c}{\pi \cdot d_m}$	$d_m = \frac{d + d_1}{2}$; $n = \frac{v_c}{\pi \cdot d_m}$	

[1)] O emprego do diâmetro médio d_m leva a velocidades de corte mais altas. Com isso, fica garantido que para os diâmetros pequenos (setor interno) ainda haja condições de corte aceitáveis.

Exemplo:

Tornear cilíndrico sem fase, l = 1240 mm;
$l_a = l_u$ = 2 mm; f = 0,6 mm; v_c = 120 m/min;
i = 2; d = 160 mm;
L = ?; n = ? (para ajuste de rotação sem escalonamento)
t_h = ?

$$L = l + l_a + l_u = 1240\ \text{mm} + 2\ \text{mm} + 2\ \text{mm} = \mathbf{1244\ mm}$$

$$\mathbf{n} = \frac{v_c}{\pi \cdot d} = \frac{120 \frac{\text{m}}{\text{min}}}{\pi \cdot 0{,}16\ \text{m}} \approx \mathbf{239 \frac{1}{min}}$$

$$\mathbf{t_h} = \frac{L \cdot i}{n \cdot f} = \frac{1244\ \text{mm} \cdot 2}{239 \frac{1}{\text{min}} \cdot 0{,}6\ \text{mm}} \approx \mathbf{17{,}4\ min}$$

Tornear roscas

t_h Tempo principal
L Curso total da ferramenta de rosca
l Comprimento da rosca
l_a Arranque, início
l_u Término
i Número de cortes
P Passo da rosca
n Rotação
s Número de entradas
h Profundidade do filete
a Profundidade de corte
v_c Velocidade de corte

Tempo principal

$$t_h = \frac{L \cdot i \cdot g}{P \cdot n}$$

Número de cortes

$$i = \frac{h}{a}$$

Exemplo:

Rosca M 24; l = 76 mm; $l_a = l_u$ = 2 mm;
f = 0.6 mm; v_c = 6 m/min; i = 2; a = 0,15 mm;
h = 1.84 mm; P = 3 mm; s = 1;
L = ?; n = ?; i = ?; t_h = ?

$$i = \frac{h}{a} = \frac{1{,}84\ \text{mm}}{0{,}15\ \text{mm}} = 12{,}2 \approx 13$$

$$L = l + l_a + l_u = 76\ \text{mm} + 2 \cdot 2\ \text{mm} = \mathbf{80\ mm}$$

$$\mathbf{n} = \frac{v_c}{\pi \cdot d} = \frac{6 \frac{\text{m}}{\text{min}}}{\pi \cdot 0{,}024\ \text{m}} \approx \mathbf{80 \frac{1}{min}}$$

$$\mathbf{t_h} = \frac{L \cdot i \cdot g}{P \cdot n} = \frac{80\ \text{mm} \cdot 13 \cdot 1}{3\ \text{mm} \cdot 80 \frac{1}{\text{min}}} = \mathbf{4{,}3\ min}$$

Tornear

Tornear cilíndrico e facear com velocidade de corte constante

Se por razões de segurança a rotação tiver que ser limitada pela imposição de uma rotação limite n_g, então, para o diâmetro de torneamento d < diâmetro de transição d_g, o trabalho será realizado com rotação constante (página 287).

d_g	Diâmetro de transição	i	Número de cortes
v_c	Velocidade de corte	d	Diâmetro externo
n_g	Rotação limite	d_1	Diâmetro interno
t_h	Tempo principal	a	Profundidade do cavaco
d_e	Diâmetro suplementar	l_a	Arranque, início
L	Curso do avanço	l_u	Término
f	Avanço		

Velocidade de transição

$$d_g = \frac{v_c}{\pi \cdot n_g}$$

Tempo principal

$$t_h = \frac{\pi \cdot d_e \cdot L \cdot i}{v_c \cdot f}$$

Número de cortes no torneamento cilíndrico

$$i = \frac{d - d_1}{2 \cdot a}$$

Cálculo do curso do avanço L e do diâmetro suplementar d_e

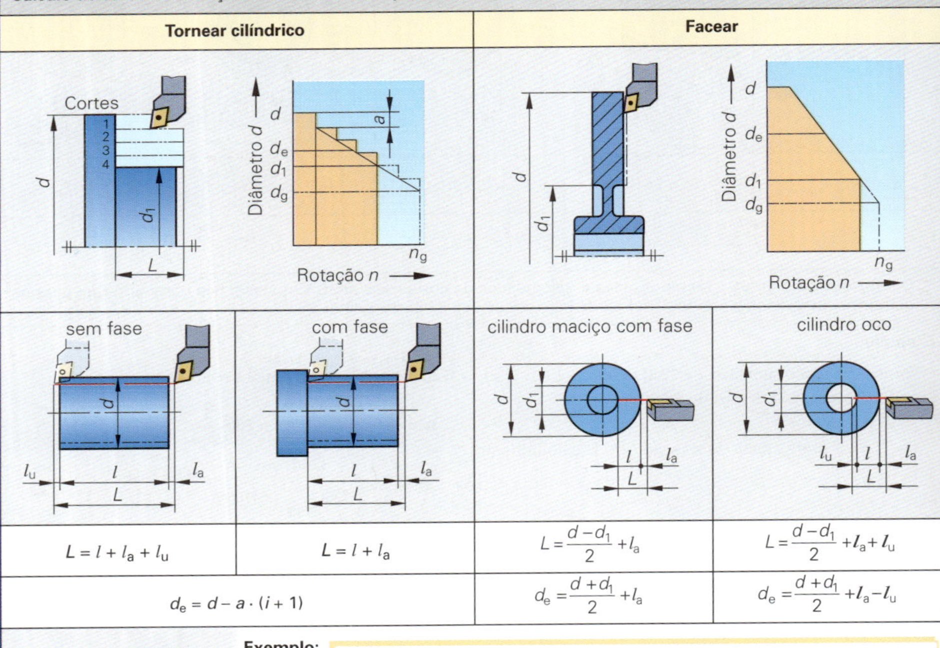

Tornear cilíndrico – sem fase	Tornear cilíndrico – com fase	Facear – cilindro maciço com fase	Facear – cilindro oco
$L = l + l_a + l_u$	$L = l + l_a$	$L = \frac{d - d_1}{2} + l_a$	$L = \frac{d - d_1}{2} + l_a + l_u$
$d_e = d - a \cdot (i + 1)$		$d_e = \frac{d + d_1}{2} + l_a$	$d_e = \frac{d + d_1}{2} + l_a - l_u$

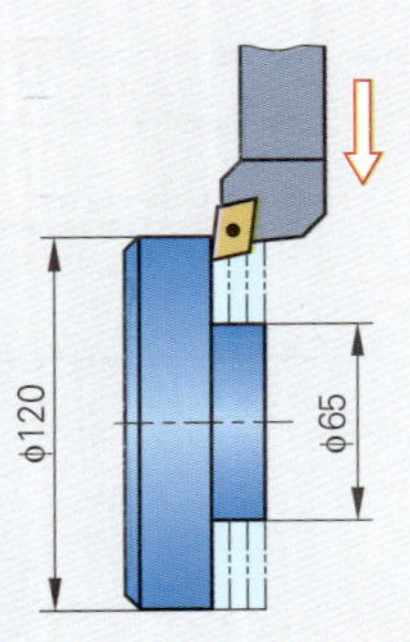

Exemplo:

Tornear cilíndrico; l_a = 1,5 mm; v_c = 220 m/min; f = 0,2 mm; i = 2; n_g = 3000/min; d_g = ?; L = ?; d_e = ?; t_h = ?

$$\mathbf{d_g} = \frac{v_c}{\pi \cdot n_g} = \frac{220000 \frac{\text{mm}}{\text{min}}}{\pi \cdot 3000 \frac{1}{\text{min}}} = \mathbf{23{,}3\ mm}\ (d_1 > d_g)$$

$$\mathbf{L} = \frac{d - d_1}{2} + l_a = \frac{120\ \text{mm} - 65\ \text{mm}}{2} + 1{,}5\ \text{mm} = \mathbf{29\ mm}$$

$$\mathbf{d_e} = \frac{d + d_1}{2} + l_a = \frac{120\ \text{mm} + 65\ \text{mm}}{2} + 1{,}5\ \text{mm} = \mathbf{94\ mm}$$

$$\mathbf{t_h} = \frac{\pi \cdot d_e \cdot L \cdot i}{v_c \cdot f} = \frac{\pi \cdot 94\ \text{mm} \cdot 29\ \text{mm} \cdot 2}{220000 \frac{\text{mm}}{\text{min}} \cdot 0{,}2\ \text{mm}} = \mathbf{0{,}39\ min}$$

Furar, alargar, rebaixar, aplainar, entalhar

Furar, alargar, rebaixar

Corte inicial l_s	
σ	l_s
80°	$0.6 \cdot d$
118°	$0.3 \cdot d$
130°	$0.23 \cdot d$
140°	$0.18 \cdot d$

- t_h Tempo principal
- d Diâmetro da ferramenta
- l Profundidade do furo
- l_a Arranque, início
- l_u Término
- l_s Corte inicial
- L Curso do avanço
- f Avanço a cada rotação
- n Rotação
- v_c Velocidade de corte
- i Número de cortes
- σ Ângulo no vértice

Tempo principal

$$t_h = \frac{L \cdot i}{n \cdot f}$$

Rotação

$$n = \frac{v_c}{\pi \cdot d}$$

Cálculo do avanço L

para furar e alargar

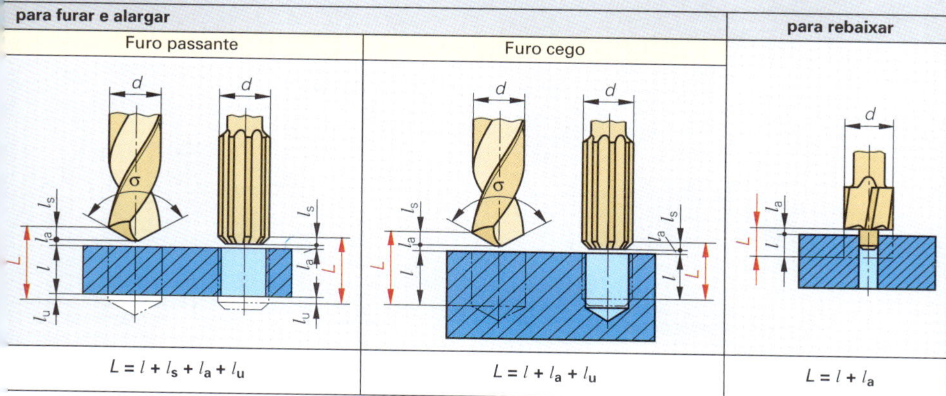

Furo passante	Furo cego	para rebaixar
$L = l + l_s + l_a + l_u$	$L = l + l_a + l_u$	$L = l + l_a$

Exemplo:

Furo cego com d = 30 mm;
l = 90 mm; f = 0,15 mm;
n = 450/min; i = 15; l_a = 1 mm;
σ = 130°; L = ?; t_h = ?

$$L = l + l_s + l_a = 90\text{ mm} + 0{,}23 \cdot 30\text{ mm} + 1\text{ mm} = \mathbf{98\text{ mm}}$$

$$t_h = \frac{L \cdot i}{n \cdot f} = \frac{98\text{ mm} \cdot 15}{450\,\frac{1}{\text{min}} \cdot 0{,}15\text{ mm}} = \mathbf{21{,}78\text{ min}}$$

Aplainar e entalhar

- t_h Tempo principal
- l Comprimento da peça
- l_a Arranque, início
- l_u Término
- L Elevação
- b Largura da peça
- b_a Largura do início
- b_u Largura do término
- n Número de cursos duplos/min
- v_c Velocidade de corte, velocidade de ataque
- v_r Velocidade de recuo
- B Largura para aplainar/ entalhar
- f Avanço a cada curso duplo
- i Número de cortes

Tempo principal

$$t_h = \frac{B \cdot i}{n \cdot f}$$

$$t_h = \left(\frac{L}{v_c} + \frac{L}{v_r}\right) \cdot \frac{B \cdot i}{f}$$

Cálculo do percurso vertical L e do percurso transversal B

Peça sem degrau/saliência

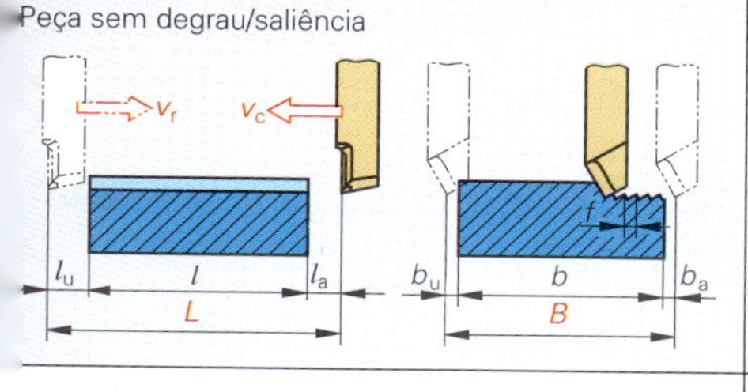

$L = l + l_a + l_u$ $B = b + b_a + b_u$

Peça com degrau/saliência

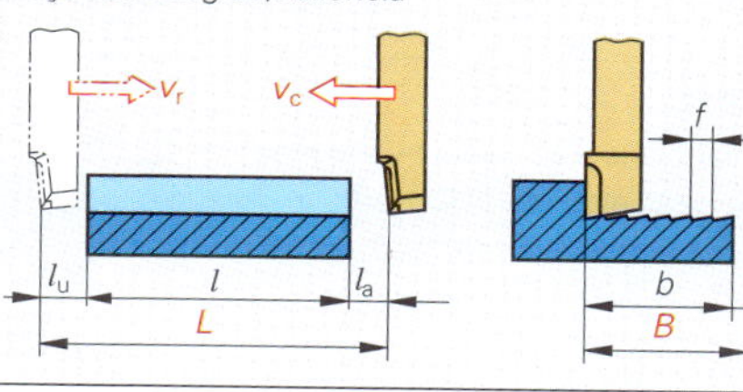

$L = l + l_a + l_u$ $B = b + b_a$

Fresar

t_h Tempo principal
l Comprimento da peça
l_a Entrada
l_u Saída
l_s Corte inicial
L Curso do avanço
f_z Avanço a cada dente da fresa
v_c Velocidade de corte
d Diâmetro da fresa
z Número de dentes da fresa
v_f Velocidade de avanço
i Número de cortes
b Largura da peça
n Rotação
a Profundidade de corte
t Profundidade do rasgo
f Avanço a cada rotação da fresa

Velocidade de avanço

$$v_f = n \cdot f$$

$$v_f = n \cdot f_z \cdot z$$

Avanço a cada rotação

$$f = f_z \cdot z$$

Tempo principal

$$t_h = \frac{L \cdot i}{v_f}$$

$$t_h = \frac{L \cdot i}{n \cdot f}$$

Cálculo do curso do avanço L

Fresar tangencial plano	Fresar tangencial e frontal plano	
Fresa cilíndrica	Fresa de disco, fresa corte duplo	
Desbaste ou acabamento	Desbaste	Acabamento
$L = l + l_s + l_a + l_u$	$L = l + l_s + l_a + l_u$	$L = l + 2 \cdot l_s + l_a + l_u$
$l_s = \sqrt{d \cdot a - a^2}$; $l_a = l_u$	$l_s = \sqrt{d \cdot a - a^2}$; $l_a = l_u$	

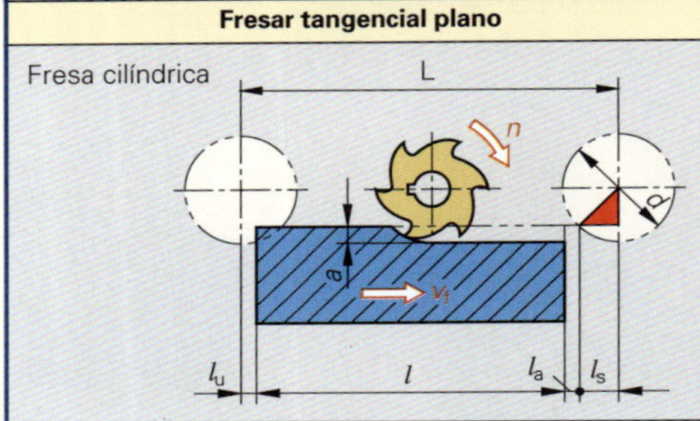

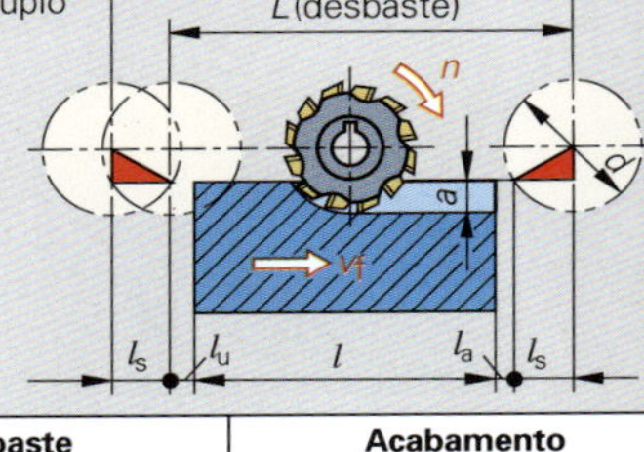

Fresar frontal plano (centralizado)		Fresar rasgos	
Fresa cilíndrica frontal		Fresa para rasgos	
Desbaste	Acabamento	Rasgo aberto de um lado	Rasgo fechado
$L = l + \frac{d}{2} - l_s + l_a + l_u$	$L = l + d + l_a + l_u$	$L = l - \frac{d}{2} + l_u$	$L = l - d$
$l_s = \frac{1}{2} \cdot \sqrt{d^2 - b^2}$	–	$i = \frac{t + l_a}{a}$	
$l_a = l_u \approx 1{,}5$ mm		$l_u = l_a \approx 1{,}5$ mm	

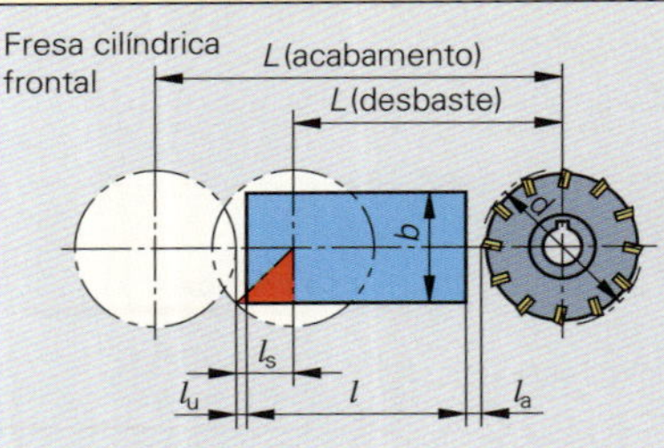

Exemplo:

Fresar tangencial plano, l = 176 mm;
$l_a = l_u$ = 1,5 mm; d = 100; N = 8; n = 640/min;
f_z = 0,1 mm; a = 8 mm; i = 1;
L = ?; f = ?; v_f = ?; t_h = ?

$f = f_z \cdot z$ = 0,1 mm · 8 = **0,8 mm**

$$\mathbf{L} = l + l_s + l_a + l_u$$
$$= 176\,\text{mm} + \sqrt{100\,\text{mm} \cdot 8\,\text{mm} - (8\,\text{mm})^2} + 2 \cdot 1{,}5\,\text{mm} = \mathbf{206\,mm}$$

$$\mathbf{v_f} = n \cdot f = 640 \frac{1}{\text{min}} \cdot 0{,}8\,\text{mm} = \mathbf{512 \frac{mm}{min}}$$

$$\mathbf{t_h} = \frac{L \cdot i}{v_f} = \frac{206\,\text{mm} \cdot 1}{512 \frac{\text{mm}}{\text{min}}} = \mathbf{0{,}4\,min}$$

Retificar

Retífica cilíndrica

t_h	Tempo principal
L	Curso do avanço
i	Número de cortes
n	Rotação da peça
f	Avanço a cada rotação da peça
v_f	Velocidade de avanço
d_1	Diâmetro inicial da peça
d	Diâmetro final da peça
a	Profundidade de corte, ataque do rebolo
l	Comprimento da peça
b_s	Largura do rebolo
l_u	Término
t	Acréscimo para retífica

Tempo principal

$$t_h = \frac{L \cdot i}{n \cdot f}$$

Rotação da peça

$$n = \frac{v_f}{\pi \cdot d_1}$$

Número de cortes

para retífica cilíndrica externa

$$i = \frac{d_1 - d}{2 \cdot a} + 2^{1)}$$

para retífica cilíndrica interna

$$i = \frac{d - d_1}{2 \cdot a} + 2^{1)}$$

1) 2 cortes para aliviar; para graus de tolerância mais baixos são necessários cortes adicionais.

Cálculo do curso de avanço *L*

Peça sem degrau/saliência

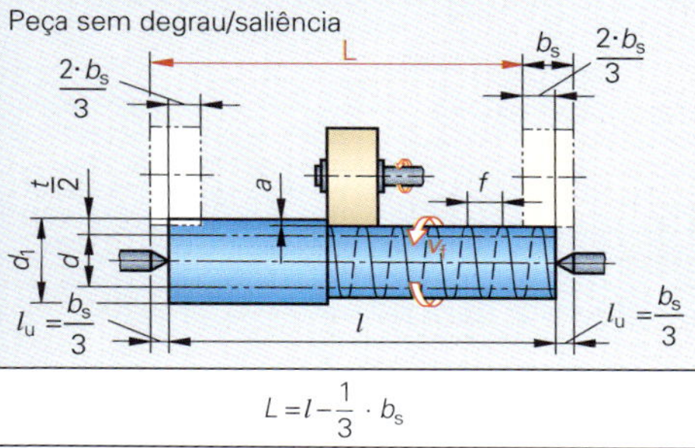

$$L = l - \frac{1}{3} \cdot b_s$$

Peça com degrau/saliência

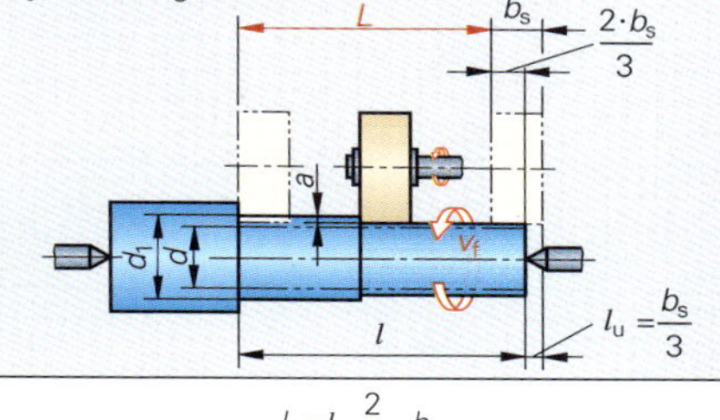

$$L = l - \frac{2}{3} \cdot b_s$$

Avanço para desbaste $f = ^2/_3 \cdot b_s$ até $¾\ b_s$; Avanço para acabamento $f = ¼ \cdot b_s$ até $½ \cdot b_s$

Retificar tangencial plano (retífica plana)

t_h	Tempo principal	f	Avanço transversal a cada curso
l	Comprimento da peça	n	Número de cursos por minuto
l_a	Arranque, término	v_f	Velocidade de avanço
L	Curso do avanço	i	Número de cortes
b	Largura da peça	t	Acréscimo para retífica
b_u	Largura do término	b_s	Largura do rebolo
B	Largura de retificação	a	Profundidade de corte, ataque do rebolo

Número de cortes

$$i = \frac{t}{a} + 2^{1)}$$

1) 2 cortes para aliviar

Número de cursos

$$n = \frac{v_f}{L}$$

Tempo principal

$$t_h = \frac{i}{n} \cdot \left(\frac{B}{f} + 1\right)$$

Cálculo do curso do avanço *L* e da largura de retificação *B*

Peça sem degrau/saliência

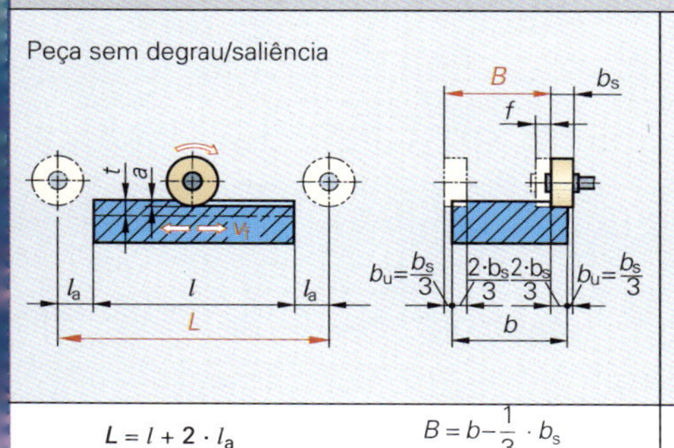

$$L = l + 2 \cdot l_a \qquad B = b - \frac{1}{3} \cdot b_s$$

Peça com degrau/saliência

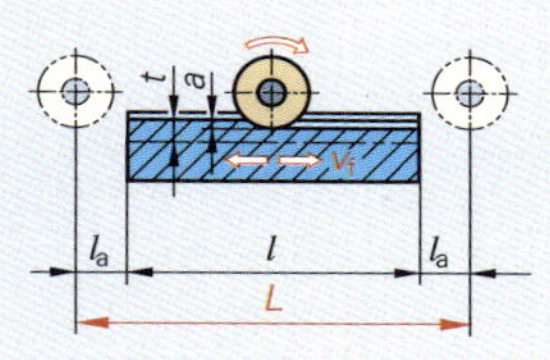

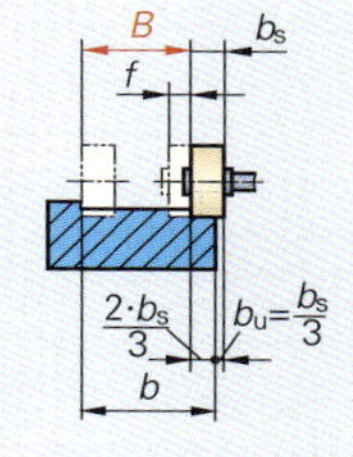

$$L = l + 2 \cdot l_a \qquad B = b - \frac{2}{3} \cdot b_s$$

Avanço transversal para desbaste $f = ^2/_3 \cdot b_s$ até $^4/_5 \cdot b_s$; Avanço transversal para acabamento $f = ^1/_2 \cdot b_s$ até $^2/_3 \cdot b_s$

Fluídos lubrificantes e refrigerantes para usinagem de metais

Terminologia e área de aplicação para fluídos lubrificantes e refrigerantes veja DIN 51385 (1991-06)

Tipo do fluido refrigerante/ lubrificante	Modo de atuação	Grupo	Explicação	
			Composição	Aplicações
Soluções de corte SESW	aumento do efeito refrigerante (↑); aumento do efeito lubrificante (↓)	Soluções/ dispersões	materiais inorgânicos em água	retificar
			materiais orgânicos ou sintéticos em água	usinagem com alta velocidade de corte
Emulsões de corte (óleo em água) SEMW		Emulsões	fluido lubrificante refrigerante emulsionável (solúvel) em água na proporção de 2%...20%	bom efeito refrigerante, mas baixo efeito lubrificante, p.ex., usinagem (tornear, fresar, furar) com alta velocidade de corte para materiais fáceis de trabalhar, para altas temperaturas de trabalho; sujeito a ataques de bactérias e fungos
Fluidos refrigerantes/lubrificantes insolúveis em água SN		Óleos de corte	óleos minerais com aditivos polares (gorduras ou ésteres sintéticos) ou aditivos EP para elevar a capacidade de lubrificação	para baixas velocidades de corte, alta qualidade superficial, para materiais de usinagem difícil, excelente efeito lubrificante e de proteção contra corrosão

[1] Fluídos refrigerantes lubrificantes podem ser nocivos à saúde (página 198) e por isso só são empregados em pequenas quantidades.

[2] EP extreme pressure = alta pressão; aditivos para absorver elevada compressão superficial entre o cavaco e a ferramenta de corte

Diretrizes para seleção de fluidos lubrificantes e refrigerantes

Processo de fabricação		Aço	Ferro fundido, ferro temperado	Cobre, ligas de cobre	Alumínio, ligas de alumínio	Ligas de magnésio
Tornear	desbaste	emulsão, solução	a seco	a seco	emulsão, óleo de corte	a seco, óleo de corte
	acabamento	emulsão, óleo de corte	emulsão, óleo de corte	a seco, emulsão	a seco, óleo de corte	a seco, óleo de corte
Fresar		emulsão, solução, óleo de corte	a seco, emulsão	a seco, emulsão, óleo de corte	óleo de corte, emulsão	a seco, óleo de corte
Furar		emulsão, óleo de corte	a seco, emulsão	a seco, óleo de corte, emulsão	óleo de corte, emulsão	a seco, óleo de corte
Alargar		óleo de corte, emulsão	a seco, óleo de corte	a seco, óleo de corte	óleo de corte	óleo de corte
Serrar		emulsão	a seco, emulsão	a seco, óleo de corte	óleo de corte, emulsão	a seco, óleo de corte
Brochar		óleo de corte, emulsão	emulsão	óleo de corte	óleo de corte	óleo de corte
Fresar cilíndrico, Fresar topo		óleo de corte	óleo de corte, emulsão	–	–	–
Abrir roscas		óleo de corte	óleo de corte, emulsão	óleo de corte	óleo de corte	óleo de corte, a seco
Retificar		emulsão, solução, óleo de corte	solução, emulsão	emulsão, solução	emulsão	–
Brunir, lapidar		óleo de corte	óleo de corte	–	–	–

Usinagem com metal duro e a seco, fresar a alta velocidade, MMKS

Tornear com metal duro de nitreto de boro cúbico (CBN)

Processo de torneamento	Material aço temperado HRC	*Velocidade de corte* v_c m/min	Avanço *f* mm/rotação	Profundidade de corte a_p mm
Tornear externo	45–58	60–220	0,05–0,3	0,05–0,5
Tornear interno		60–180	0,05–0,2	0,05–0,2
Tornear externo	> 58–65	50–190	0,05–0,25	0,05–0,4
Tornear interno		50–150	0,05–0,2	0,05–0,2

Fresar com ferramentas de metal duro inteiriças revestidas (VHM)

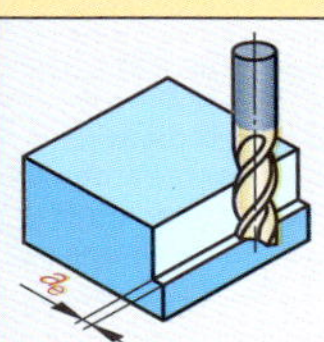

Material aço temperado HRC	Velocidade de corte v_c m/min	Largura de ataque $a_{e\,max}$ mm	Avanço de cada dente f_z em mm para fresa de diâmetro *d* em mm		
			2–8	> 8–12	> 12–20
até 35	80–90	0,05 · *d*	0,04	0,05	0,06
36–45	60–70	0,05 · *d*			
46–54	50–60	0,05 · *d*	0,03	0,04	0,05

Usinagem de alta velocidade (HSC = High Speed Cutting) com PKD

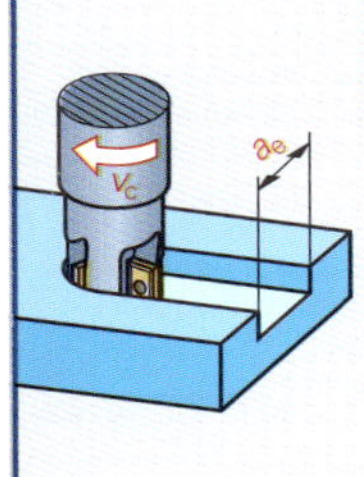

Grupo de material	Velocidade de corte v_c m/min	Diâmetro da fresa *d* em mm: 10		20	
		a_e mm	f_z mm	a_e mm	f_z mm
Aço R_m 850–1100 > 1100–1400	280–360 210–270	0,25	0,09–0,13	0,40	0,13–0,18
Aço temperado 48–55 HRC > 55–67 HRC	90–240 75–120	0,25 0,20	0,09–0,13	0,40 0,35	0,13–0,18
EN-GJS > 180HB	300–360	0,25	0,09–0,13	0,40	0,13–0,18
Liga de titânio	90–270	0,20–0,25	0,09–0,13	0,35–0,40	0,13–0,18
Liga de cobre	90–140	0,20	0,09–0,13	0,35	0,13–0,18

Usinagem a seco

Processo	Material de corte e refrigeração/lubrificação para: materiais ferrosos			ligas de alumínio	
	aços de revenimento	aços de alta-liga	aço fundido	ligas fundidas	ligas sinterizadas
Furar	TiN, a seco	TiAlN[1], MQCL	TiN, a seco	TiAlN, MQCL	TiAlN, MQCL
Alargar	PCD, MQCL	–[2]	PCD, MQCL	TiAlN, PCD, MQCL	TiAlN, MQCL
Fresar	TiN, a seco	TiAlN, MQCL	TiN, a seco	TiAlN, a seco	TiAlN, MQCL
Serrar	MQCL	MQCL	–[2]	TiAlN, MQCL	TiAlN, MQCL

Refrigeração/lubrificação em volume mínimo (MMKS ou MMS)[3]

Volume da MMKS dependendo do processo de usinagem

Fresar Furar Retificar Lapidar
Tornear Alargar Brunir

aumento da necessidade de lubrificante

Adequação da lubrificação em volume mínimo ao material a ser usinado

Ligas de cobre Lig.Al.Fund. Aço ferrítico
Ligas Mg Lig.Al.Sint. perlítico
Ferros fundidos Aços inoxidáveis

aumento na adequação do material

[1] Nitreto de titânio alumínio (revestimento super duro) [2] Aplicação incomum [3] em geral 0,01...3 l/h

Materiais de corte

Designação dos materiais de corte

veja E-DIN ISO 513 (2004-07) e DIN 6599 (1998-06)

A DIN ISO 513 define a designação e aplicação dos materiais duros para corte em usinagem. Ela classifica os materiais de corte de acordo com grupos principais de usinagem, os quais são subdivididos em grupos de aplicação.

A DIN 6599 complementa as especificações da DIN ISO 513 sobre os materiais a serem usinados, bem como indicações sobre as características de tenacidade e valores de desempenho dos materiais duros empregados para corte.

Exemplo:

HC - K 20 N - M

- HC: Letra indicativa (tabela abaixo)
- K: Grupo principal de usinagem — P (AZUL) M (AMARELO) K (VERMELHO)
- 20: Grupo de aplicação
- N: Letra indicativa para material — N metal não ferroso H aço, temperado S usinagem difícil
- M: adequado para fresar, indicação liberada

Grupo de material	K[1]	Componentes	Propriedades	Área de aplicação
Metais duros (HM)	HW	metal duro sem revestimento de carboneto de tungstênio (WC), também como metal duro de grão fino (tamanho do grão < 2,5)	grande dureza a quente até 1000 °C, alta resistência ao desgaste, alta resistência à pressão, amortecedor de vibrações	pastilhas intercambiáveis para ferramentas de furar, tornear e fresar, também ferramentas de metal duro inteiriças
	HT	metal duro sem revestimento de carboneto de titânio (TiC), nitreto de titânio (TiN) ou de ambos, também conhecido como **Cermet**	como HW, porém, grande estabilidade da aresta de corte, resistência química	pastilhas intercambiáveis para ferramentas de tornear e fresar para acabamento com alta velocidade de corte
	HC	HW e HT, porém, revestido com carbonitreto de titânio (TiCN)	aumento da resistência ao desgaste sem redução da tenacidade	substituem cada vez mais os metais duros sem revestimento
Cerâmicas de corte	CA	Cerâmica de óxidos, predominantemente óxido de alumínio (Al_2O_3)	grande dureza e dureza a quente até 1200 °C, sensível a alterações bruscas de temperatura	usinagem de ferro fundido, geralmente sem refrigeração/ lubrificação
	CM	Cerâmica mista a base de óxido de alumínio (Al_2O_3) e outros óxidos	mais tenaz do que a cerâmica pura, melhor resistência a alterações de temperatura	tornear fino aços temperados, usinagem com alta velocidade de corte
	CN	Cerâmica de nitretos, predominantemente nitreto de silício (Si_3N_4)	grande tenacidade, alta estabilidade da aresta de corte	usinagem de ferro fundido com maior velocidade de corte
	CC	Cerâmica de corte como CA, CM e CN, porém, revestida com carbonitreto de titânio (TiCN)	aumento da resistência ao desgaste sem redução da tenacidade	substituem cada vez mais as cerâmicas sem revestimento
Nitreto de boro	BN	Nitreto cúbico de boro policristalino (BN), designação também **CBN** ou **PKB** ou "material de corte de alta dureza"	dureza muito grande e dureza a quente até 2000 °C, alta resistência ao desgaste, resistência química	acabamento de materiais duros (HRC > 48) com alta qualidade superficial
Diamante	DP	Diamante policristalino, designação PKD ou "material de corte de alta dureza", produzido a partir do carbono (C).	alta resistência ao desgaste, muito quebradiço, resistência térmica até 600 °C, reage com os elementos da liga	usinagem de metais não ferrosos e ligas de alumínio com alto teor de silício
Aço de ferramenta[2]	HSS	Aço rápido de alta performance com teores de tungstênio (W), molibdênio (Mo), vanádio (V) e cobalto (Co), geralmente revestido com nitreto de titânio (TiN)	alta tenacidade, alta resistência à flexão, pouca dureza, resistência térmica até 600 °C	para mudança brusca da força de corte, processamento de plásticos, para usinagem de ligas de alumínio e de cobre

[1] Letra indicativa conforme E-DIN ISO 513 [2] Aços de ferramentas não estão inclusos na E-DIN ISO 513 ou DIN 6599

Materiais de corte

Grupos de usinagem principais e grupos de aplicação dos materiais de corte

veja E-DIN ISO 513 (2004-07)

Cor indicativa dos grupos principais	Grupos de aplicação para usinagem				
	Sigla	Material	Processo de usinagem e condições de corte	Propriedades do material de corte	Índice de usinagem
P Azul			Aços de cavaco longo e ferros fundidos		
	P01	aço, aço fundido	tornear e furar fino com altas velocidades de corte e pequenas seções transversais de cavacos	aumenta a resistência ao desgaste aumenta a tenacidade	aumenta a velocidade de corte aumenta a carga de corte
	P10	aço, aço fundido, ferro fundido temperado de cavaco longo	tornear, fresar, confeccionar roscas; altas velocidades de corte com pequenas a médias seções transversais de cavacos		
	P20	aço, aço fundido, ferro fundido temperado de cavaco longo	tornear, tornear em torno copiador, fresar com médias velocidades de corte e médias seções transversais de cavacos		
	P30	aço, aço fundido com rechupe	tornear com baixas velocidades de corte e grandes seções transversais de cavacos		
	P40	aço, aço fundido com rechupe	processamento sob condições desfavoráveis de usinagem, permite grande ângulo de saída/corte		
	P50	aço, aço fundido de resistência média com rechupe e incrustações de areia	processamento sob condições desfavoráveis de usinagem, nas quais é necessário um material de corte mais tenaz; é possível grande ângulo de corte/saída e grande seção transversal de cavacos com baixa velocidade de corte		
M Amarelo			aços de cavaco curto ou longo, ferros fundidos e metais não ferrosos		
	M10	aço, aço fundido, ferro fundido, aço manganês	tornear com médias a altas velocidades de corte e pequenas a médias seções tranversais de cavacos	aumenta a resistência ao desgaste aumenta a tenacidade	aumenta a velocidade de corte aumenta a carga de corte
	M20	aço, aço fundido, ferro fundido, aço austenítico	tornear e fresar com médias velocidades de corte e médias seções transversais de cavacos		
	M30	aço, aço fundido, ligas de alta resistência térmica	tornear e fresar com médias velocidades de corte e médias a grandes seções transversais de cavacos		
	M40	aço para torno automático, metais pesados, metais leves	tornear, cortar, especialmente em máquinas automáticas		
K Vermelho			aços de cavaco curto, ferros fundidos, metais não ferrosos e materiais não metálicos		
	K01	aço fundido duro, ligas Al-Si, plásticos termorrígidos	tornear, desbaste em torno, fresar, rasquetear	aumenta a resistência ao desgaste aumenta a tenacidade	aumenta a velocidade de corte aumenta a carga de corte
	K10	aço fundido HB $\geq$ 220, aço duro, pedras, cerâmica	tornear, fresar, furar, tornear interno, rasquetear, brochar		
	K20	aço fundido HB $\geq$ 220, metais não ferrosos	tornear, fresar, tornear interno; quando é exigida grande tenacidade do material de corte		
	K30	aço, aço fundido de baixa dureza	tornear, fresar, fresar rasgos; possível grandes ângulos de cavaco		
	K40	metais não ferrosos, madeira	usinagem com grande ângulo de saída/corte		

Designação de pastilhas de metal duro

veja DIN 4987 (1987-03)

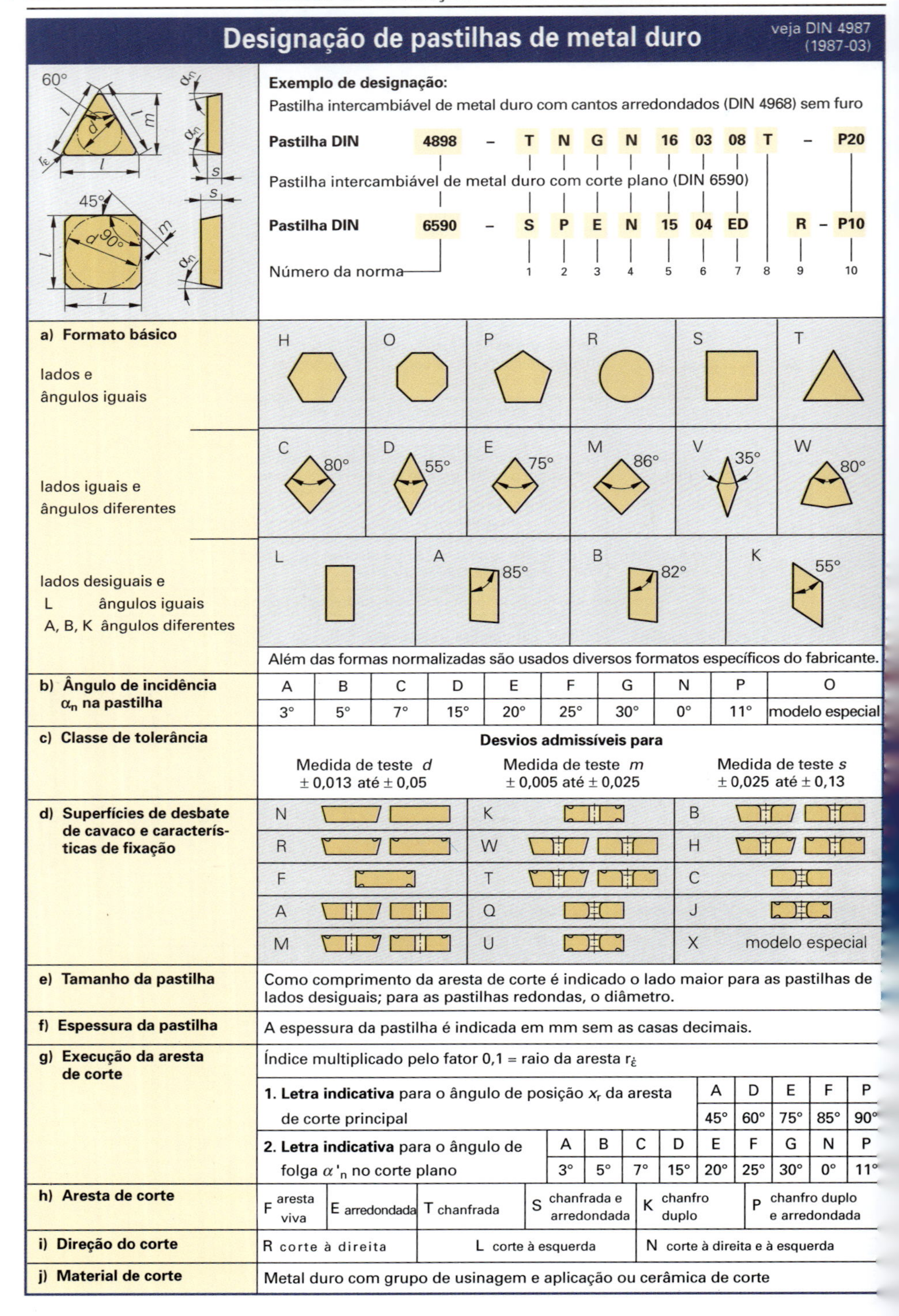

Exemplo de designação:

Pastilha intercambiável de metal duro com cantos arredondados (DIN 4968) sem furo

Pastilha DIN	**4898**	–	**T**	**N**	**G**	**N**	**16**	**03**	**08**	**T**		–	**P20**
Pastilha DIN	**6590**	–	**S**	**P**	**E**	**N**	**15**	**04**	**ED**		**R**	–	**P10**
	Número da norma		1	2	3	4	5	6	7	8	9		10

Pastilha intercambiável de metal duro com corte plano (DIN 6590)

a) Formato básico

lados e ângulos iguais: H, O, P, R, S, T

lados iguais e ângulos diferentes: C 80°, D 55°, E 75°, M 86°, V 35°, W 80°

lados desiguais e
L ângulos iguais
A, B, K ângulos diferentes

L, A 85°, B 82°, K 55°

Além das formas normalizadas são usados diversos formatos específicos do fabricante.

b) Ângulo de incidência α_n na pastilha

A	B	C	D	E	F	G	N	P	O
3°	5°	7°	15°	20°	25°	30°	0°	11°	modelo especial

c) Classe de tolerância

Desvios admissíveis para

Medida de teste d	Medida de teste m	Medida de teste s
± 0,013 até ± 0,05	± 0,005 até ± 0,025	± 0,025 até ± 0,13

d) Superfícies de desbate de cavaco e características de fixação

N	K	B
R	W	H
F	T	C
A	Q	J
M	U	X modelo especial

e) Tamanho da pastilha

Como comprimento da aresta de corte é indicado o lado maior para as pastilhas de lados desiguais; para as pastilhas redondas, o diâmetro.

f) Espessura da pastilha

A espessura da pastilha é indicada em mm sem as casas decimais.

g) Execução da aresta de corte

Índice multiplicado pelo fator 0,1 = raio da aresta r_ε

1. Letra indicativa para o ângulo de posição x_r da aresta de corte principal

A	D	E	F	P
45°	60°	75°	85°	90°

2. Letra indicativa para o ângulo de folga α'_n no corte plano

A	B	C	D	E	F	G	N	P
3°	5°	7°	15°	20°	25°	30°	0°	11°

h) Aresta de corte

F aresta viva	E arredondada	T chanfrada	S chanfrada e arredondada	K chanfro duplo	P chanfro duplo e arredondada

i) Direção do corte

R corte à direita	L corte à esquerda	N corte à direita e à esquerda

j) Material de corte

Metal duro com grupo de usinagem e aplicação ou cerâmica de corte

Designação de suportes e suportes curtos

veja DIN 4983 (2004-07)

l_1, h_1, h_2, l_3, b, κ_r

1) Pastilha intercambiável página 296

Exemplo de designação:

Suporte DIN 4984 – C T W N R 32 25 M 16

- Nº da norma do suporte (DIN 4984)
- Tipo de fixação (C)
- Formato básico da pastilha intercambiável[1] (T)
- Formato do suporte (W)
- Ângulo de posição da pastilha[1] α_n (N)
- Modelo do suporte (R)
- Altura da aresta de corte $h_1 = h_2$ em mm (32)
- Largura da haste b em mm (25)
- Comprimento do suporte l_1 em mm (M)
- Tamanho da pastilha intercambiável[1] (16)

Característica	Modelos												
Fixação da pastilha	Letra indicativa Fixação da pastilha intercambiável	encravada de cima			encravada de cima e por furo			encravada por furo			parafusada por rebaixo		
Formato do suporte reto	Letra indicativa	A	B	D	E	M	N	V	G	H	J	R	T
	Ângulo de incidência lateral κ_r	90°	75°	45°	60°	50°	63°	72,5°	90°	107,5°	93°	75°	60°
	Modelo da haste	reta							inclinada				
inclinado	Letra indicativa	C	F	K	S	U	W	Y	Formato D e S também com pastilha intercambiável redonda do formato básico R				
	Ângulo de incidência lateral κ_r	90°	90°	75°	45°	93°	60°	85°					
	Modelo da haste	reta	inclinada										
Modelo do suporte	Letra indicativa	R	suporte direito		L	suporte esquerdo			N	neutro (ambos lados)			
Comprimento do suporte	Letra indicativa	A	B	C	D	E	F	G	H	J	K	L	M
	l_1 in mm	32	40	50	60	70	80	90	100	110	125	140	150
	Letra indicativa	N	P	Q	R	S	T	U	V	W	X	Y	
	l_1 in mm	160	170	180	200	250	300	350	400	450	Comprimentos especiais		500

⇒ **Suporte DIN 4984 – CTWNR 3225 M 16:** suporte de fixação com haste retangular, preso por cima (C), pastilha intercambiável triangular (T), $\kappa_r = 60°$ W), $\alpha_n = 0°$ (N), modelo direito (R), $h_1 = h_2 = 32$ mm, $b = 25$ mm, $l_1 = 150$ mm (M), $l_3 = 16,5$ mm (16).

Força de corte específica, valores de referência

Força de corte específica

k_c Força de corte específica em N/mm²
k Valores da tabela para a força de corte específica em N/mm²
$k_{c1.1}$ Valor principal da força de corte específica em N/mm²
m_c Constante do material
h Espessura do cavaco
C_1 Fator de correção para a velocidade de corte
C_2 Fator de correção para o processo de fabricação
v_c Velocidade de corte em m/min

Força de corte específica

$$k_c = k \cdot C_1 \cdot C_2$$

$$k_c = \frac{k_{c1.1}}{h^{m_c}} \cdot C_1 \cdot C_2$$

Exemplo:

Um eixo de C45 é torneado com v_c = 75 m/min e h = 0,31 mm.
Procurado: Fatores de correção C_1 e C_2; força de corte específica k_c
Solução: Tabela de fatores de correção: $\mathbf{C_1 = 1{,}1}$ e $\mathbf{C_2 = 1{,}0}$
Tabela ***k* = 1990 N/mm²**

$$\mathbf{k_c} = k \cdot C_1 \cdot C_2 = 1990\,\text{N/mm}^2 \cdot 1{,}1 \cdot 1{,}0 = \mathbf{2189\,N/mm^2}$$

ou

$$\mathbf{k_c} = \frac{k_{c1.1}}{h^{m_c}} \cdot C_1 \cdot C_2 = \frac{1450\,\frac{\text{N}}{\text{mm}^2}}{0{,}31^{0{,}27}} \cdot 1{,}1 \cdot 1{,}0 = \mathbf{2188{,}2\,N/mm^2}$$

Fatores de correção

Velocidade de corte v_c em m/min	C_1
10–30	1,3
31–80	1,1
81–400	1,0
> 400	0,9
Processos de fabricação	C_2
Fresar	0,8
Tornear	1,0
Furar	1,2

Valores de referência para a força de corte específica[1]

Material	$k_{c1.1}$ N/mm²	m_c	Força de corte específica k em N/mm² para uma espessura de cavaco h em mm: 0,08	0,1	0,16	0,2	0,31	0,5	0,8	1,0	1,6
E295	1500	0.3	3200	2995	2600	2430	2130	1845	1605	1500	1305
C35, C45	1450	0.27	2870	2700	2380	2240	1990	1750	1540	1450	1275
C60	1690	0.22	2945	2805	2530	2410	2185	1970	1775	1690	1525
9S20	1390	0.18	2190	2105	1935	1855	1715	1575	1445	1390	1275
9SMn28	1310	0.18	2065	1985	1820	1750	1615	1485	1365	1310	1205
35S20	1420	0.17	2180	2100	1940	1865	1735	1600	1475	1420	1310
16MnCr5	1400	0.30	2985	2795	2425	2270	1990	1725	1495	1400	1215
18CrNi8	1450	0.27	2870	2700	2380	2240	1990	1750	1540	1450	1275
20MnCr5	1465	0.26	2825	2665	2360	2225	1985	1755	1555	1465	1295
34CrMo4	1550	0.28	3145	2955	2590	2430	2150	1880	1650	1550	1360
37MnSi5	1580	0.25	2970	2810	2500	2365	2115	1880	1670	1580	1405
40Mn4	1600	0.26	3085	2910	2575	2430	2170	1915	1695	1600	1415
42CrMo4	1565	0.26	3020	2850	2520	2380	2120	1875	1660	1565	1385
50CrV4	1585	0.27	3135	2950	2600	2450	2175	1910	1685	1585	1395
X210Cr12	1720	0.26	3315	3130	2770	2615	2330	2060	1825	1720	1520
EN-GJL-200	825	0.33	1900	1765	1510	1405	1215	1035	890	825	705
EN-GJL-300	900	0.42	2600	2365	1945	1740	1470	1205	990	900	740
CuZn37	1180	0.15	1725	1665	1555	1500	1405	1310	1220	1180	1100
CuZn36Pb1,5	835	0.15	1220	1180	1100	1065	995	925	865	835	780
CuZn40Pb2	500	0.32	1120	1045	900	835	725	625	535	500	430

Significado dos valores da força de corte $k_{1.1}$ k e k_c

Valor	Força de corte Fc para a seção transversal do cavaco A = 1 mm² sob as seguintes condições:
$k_{c1.1}$	Largura do cavaco b = 1 mm, espessura do cavaco = 1 mm
k	Espessura do cavaco h conforme planejamento de produção
k_c	Força de corte específica considerando o processo de fabricação e a velocidade de corte v_c.

[1] Os valores de referência são válidos para ferramentas de metal duro com os seguintes ângulos de cavaco:
$\gamma_0 = +6°$ para aços
$\gamma_0 = +2°$ para ferros fundidos
$\gamma_0 = +8°$ para ligas de cobre

Forças e potências no torneamento e na furação

Tornear

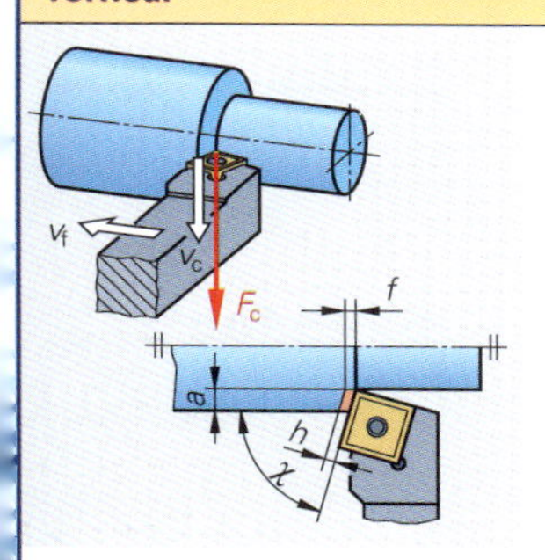

F_c Força de corte em N
A Seção transversal do cavaco em mm²
a Profundidade de corte em mm
f Avanço em mm
χ Ângulo de posição em graus (°)
h Espessura do cavaco em mm
v_c Velocidade de corte em m/min
k_c Força de corte específica em N/mm² (página 298)
Q Volume de cavaco mm³/min
P_c Potência de corte em kW

Seção do cavaco

$$A = a \cdot f$$

Força de corte

$$F_c = A \cdot k_c$$

Espessura do cavaco

$$h = f \cdot \text{sen}\,\chi$$

Volume de cavaco

$$Q = A \cdot v_c = a \cdot f \cdot v_c$$

Potência de corte

$$P_c = F_c \cdot v_c = Q \cdot k_c$$

Exemplo:

Um eixo de 16MnCr5 é usinado com $a = 5$ mm, $f = 0{,}32$ mm, $\chi = 75°$ e $v_c = 160$ m/min.

Procurado: h; k_c; A; F_c; P_c

Solução:

$$\boldsymbol{h} = f \cdot \text{sen}\,\chi = 0{,}32\,\text{mm} \cdot \text{sen}\,75° = \mathbf{0{,}31\,mm}$$

$$\boldsymbol{k_c} = k \cdot C_1 \cdot C_2;\; k = 1990\,\frac{\text{N}}{\text{mm}^2}\;(\text{p. }298)$$

$$= 1990\,\frac{\text{N}}{\text{mm}^2} \cdot 1{,}0 \cdot 1{,}0 = \mathbf{1990\,\frac{N}{mm^2}}$$

$$\boldsymbol{F_c} = a \cdot f \cdot k_c = 5\,\text{mm} \cdot 0{,}32\,\text{mm} \cdot 1990\,\frac{\text{N}}{\text{mm}^2} = \mathbf{3184\,N}$$

$$\boldsymbol{P_c} = F_c \cdot v_c = \frac{3184\,\text{N} \cdot 160\,\text{m}}{60\,\text{s}} = 8491\,\text{W} = \mathbf{8{,}49\,kW}$$

Furar

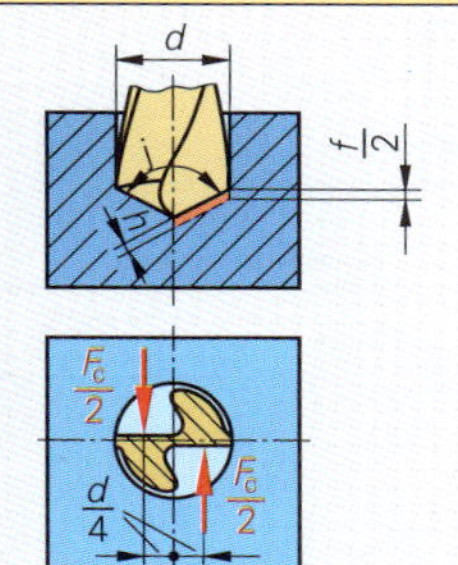

F_c Força de corte em N
A Seção transversal do cavaco em mm²
d Diâmetro da broca em mm
f Avanço a cada rotação em mm
σ Ângulo do vértice em graus (°)
h Espessura do cavaco em mm
v_c Velocidade de corte em m/min
k_c Força de corte específica em N/mm² (página 298)
M_c Torque de corte em N × m
Q Volume de cavaco mm³/min
P_c Potência de corte em kW

Espessura do cavaco

$$h = \frac{f}{2} \cdot \text{sen}\,\frac{\sigma}{2}$$

Seção do cavaco

$$A = \frac{d \cdot f}{2}$$

Força de corte

$$F_c = A \cdot k_c$$

Torque de corte

$$M_c = \frac{F_c \cdot d}{4}$$

Volume de cavaco

$$Q = \frac{A \cdot v_c}{2}$$

Potência de corte

$$P_c = \frac{F_c \cdot v_c}{2} = Q \cdot k_c$$

Exemplo:

Material 37MnSi5, diâmetro da broca $d = 16$ mm, $v_c = 12$ m/min, $f = 0{,}18$ mm, $\sigma = 118°$

Procurado: h; k_c; F_c; M_c

Solução:

$$\boldsymbol{h} = \frac{f}{2} \cdot \text{sen}\,\frac{\sigma}{2} = \frac{0{,}18\,\text{mm}}{2} \cdot \text{sen}\,59° = \mathbf{0{,}08\,mm}$$

$$\boldsymbol{k_c} = k \cdot C_1 \cdot C_2\;(\text{p. }298)$$

$$= 2970\,\frac{\text{N}}{\text{mm}^2} \cdot 1{,}3 \cdot 1{,}2 = \mathbf{4633\,\frac{N}{mm^2}}$$

$$\boldsymbol{A} = \frac{d \cdot f}{2} \cdot \frac{16\,\text{mm} \cdot 0{,}18\,\text{mm}}{2} = \mathbf{1{,}44\,mm^2}$$

$$\boldsymbol{F_c} = A \cdot k_c = 1{,}44\,\text{mm}^2 \cdot 4633\,\frac{\text{N}}{\text{mm}^2} = \mathbf{6672\,N}$$

$$\boldsymbol{M_c} = \frac{F \cdot d}{4} \cdot \frac{6672\,\text{N} \cdot 0{,}016\,\text{m}}{4} = \mathbf{26{,}7\,N \cdot m}$$

Forças e potências no fresamento frontal

Fresamento frontal

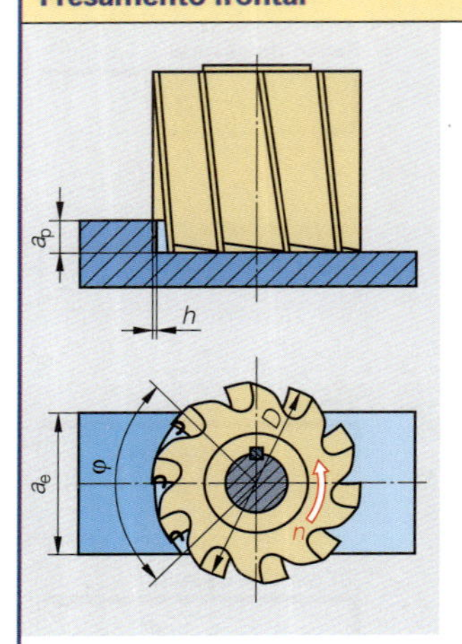

F_c Força de corte em N
A Seção transversal do cavaco em mm²
k_c Força de corte específica em N/mm² (página 298)
a_p Profundidade de corte em mm
a_e Largura fresada em mm
v_c Velocidade de corte em m/min
v_f Velocidade de avanço em m/min
n Rotação em 1/min
D Diâmetro da fresa em mm
z Número de gumes
f Avanço a cada rotação em mm
f_z Avanço a cada corte em mm
h Espessura do cavaco em mm
z_e Número de gumes em ação
φ_s Ângulo entre a entrada e a saída da fresa em graus (°)
Q Volume de cavaco em mm³/min
P_c Potência de corte em kW

Exemplo:

Material 16MnCr5, $D = 160$ mm, $z = 12$; $a_e = 120$ mm; $a_p = 6$ mm $f_z = 0{,}2$ mm; $v_c = 85$ m/min,

Procurado: n; v_f; φ_s; z_e; h; A; k_c; F_c; Q; P_c

Solução: $\boldsymbol{n} = \frac{v}{\pi \cdot d} = \frac{85 \frac{\text{m}}{\text{min}}}{\pi \cdot 0{,}16\ \text{m}} = \mathbf{169/min}$

$\boldsymbol{v_f} = f_z \cdot z \cdot n = 0{,}2\ \text{mm} \cdot 12 \cdot 169/\text{min} = \mathbf{406\ \frac{mm}{min}}$

$\text{sen}\ \frac{\varphi_s}{2} = \frac{a_e}{D} = \frac{120\ \text{mm}}{160\ \text{mm}} = 0{,}75;\ \varphi_s = \mathbf{97{,}2°}$

$\boldsymbol{z_e} = \frac{\varphi_s \cdot z}{360°} = \frac{97{,}2° \cdot 12}{360°} = \mathbf{3{,}24}$

$\boldsymbol{h} \approx 0{,}9 \cdot f_z = 0{,}9 \cdot 0{,}2\ \text{mm} = \mathbf{0{,}18\ mm}$

$\boldsymbol{A} = a_p \cdot h \cdot z_e = 6\ \text{mm} \cdot 0{,}18\ \text{mm} \cdot 3{,}24 = \mathbf{3{,}5\ mm^2}$

$k_c = k \cdot C_1 \cdot C_2$;

$k = 2348\ \text{N/mm}^2$ (valor médio, página 298)

$\boldsymbol{k_c} = 2348\ \text{N/mm}^2 \cdot 0{,}8 \cdot 1 = \mathbf{1879\ \frac{N}{mm^2}}$

$\boldsymbol{F_c} = A \cdot k_c = 3{,}5\ \text{mm}^2 \cdot 1879\ \frac{\text{N}}{\text{mm}^2} = \mathbf{6577\ N}$

$\boldsymbol{Q} = a_p \cdot a_e \cdot v_f = 6\ \text{mm} \cdot 120\ \text{mm} \cdot 405{,}6\ \frac{\text{mm}}{\text{min}} = \mathbf{292\ \frac{cm^3}{min}}$

$\boldsymbol{P_c} = F_c \cdot v_c = \frac{6577\ \text{N} \cdot 85\ \text{m}}{60\ \text{s}} = 9317\ \text{W} = \mathbf{9{,}3\ kW}$

ou:

$\boldsymbol{P_c} = Q \cdot k_c = \frac{292\ \text{cm}^3 \cdot 187\,900\ \frac{\text{N}}{\text{cm}^2}}{60\ \text{s}} = 914\,447\ \frac{\text{N} \cdot \text{cm}}{\text{s}}$

$= \mathbf{9{,}1\ kW}$

Avanço

$$f = f_z \cdot T$$

Velocidade de avanço

$$v_f = f_z \cdot z \cdot n = f \cdot n$$

Espessura do cavaco

$$h \approx 0.9 \cdot f_z$$

Ângulo de ataque

$$\text{sen}\frac{\varphi_s}{2} = \frac{a_e}{D}$$

Gumes em ação

$$z_e = \frac{\varphi_s \cdot z}{360°}$$

Seção do cavaco

$$A = a_p \cdot h \cdot z_e$$

Força de corte

$$F_c = A \cdot k_c$$

Volume de cavaco

$$Q = a_p \cdot a_e \cdot v_f$$

Potência de corte

$$P_c = F_c \cdot v_c = Q \cdot k_c$$

Furar

Broca helicoidal de aço rápido (HSS)

veja DIN 1414-1 (1998-06)

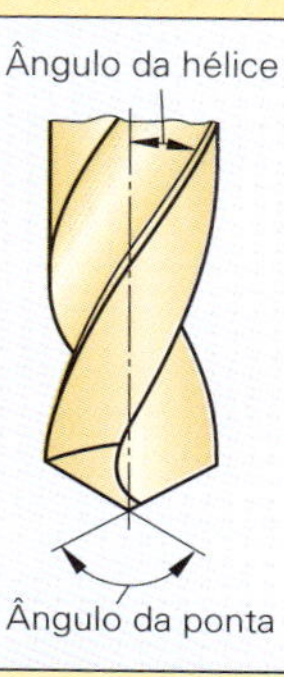

Tipo[1]	Aplicação	Ângulo da hélice[2]	Ângulo da ponta[3]
N	Aplicação universal para materiais até R_m 1000 N/mm², p.ex.: aços estruturais, aços para cementação, aços de revenimento	30°–40°	118°
H	Furação de metais não ferrosos quebradiços de cavaco curto e plásticos, p. ex., Ligas de CuZn e PMMA polimetacrilato de metila (Plexiglás)	13°–19°	118°
W	Furação de metais não ferrosas macios de cavaco longo e plásticos, p. ex., ligas de alumínio e magnésio, PA (poliamida) e PVC	40°–47°	130°

[1] Grupo de aplicação para ferramentas HSS conforme DIN 1835
[2] Dependendo do diâmetro da broca e do passo
[3] Fabricação regular

Valores de referência para furar com brocas helicoidais HSS[1]

Material da peça usinada – Grupo do material	Resistência à tração R_m em N/mm² ou dureza HB	Velocidade de corte[2] vc m/min	Diâmetro da broca *d* em mm 2–3	>3–6	>6–12	>12–25	>25–50
			Avanço *f* em mm/rotação				
Aços de baixa resistência	$R_m \leq 800$	40	0,05	0,10	0,15	0,25	0,35
Aços de alta resistência	$R_m > 800$	20	0,04	0,08	0,10	0,15	0,20
Aços inoxidáveis	$R_m \geq 800$	12	0,03	0,06	0,08	0,12	0,18
Ferro fundido, ferro fundido temperado	≤ 250 HB	20	0,10	0,20	0,30	0,40	0,60
Ligas de alumínio	$R_m \leq 350$	45	0,10	0,20	0,30	0,40	0,60
Ligas de cobre	$R_m \leq 500$	60	0,10	0,15	0,30	0,40	0,60
Termoplásticos	–	50	0,10	0,15	0,30	0,40	0,60
Plásticos termorrígidos	–	25	0,05	0,10	0,18	0,27	0,35

Valores de referência para furar com brocas de metal duro[1]

Material da peça usinada – Grupo do material	Resistência à tração R_m em N/mm² ou dureza HB	Velocidade de corte[2] v_c m/min	Diâmetro da broca *d* em mm 2–3	>3–6	>6–12	>12–25	>25–50
			Avanço *f* em mm/rotação				
Aços de baixa resistência	$R_m \leq 800$	90	0,05	0,10	0,15	0,25	0,40
Aços de alta resistência	$R_m > 800$	80	0,08	0,13	0,20	0,30	0,40
Aços inoxidáveis	$R_m \geq 800$	40	0,08	0,13	0,20	0,30	0,40
Ferro fundido, ferro fundido temperado	≤ 250 HB	100	0,10	0,15	0,30	0,45	0,70
Ligas de alumínio	$R_m \leq 350$	180	0,15	0,25	0,40	0,60	0,80
Ligas de cobre	$R_m \leq 500$	200	0,12	0,16	0,30	0,45	0,60
Termoplásticos	–	80	0,05	0,10	0,20	0,30	0,40
Plásticos termorrígidos	–	80	0,05	0,10	0,20	0,30	0,40

Valores de referência para furar em condições diversas

Os valores de referência para a velocidade de corte e o avanço são válidos para **condições médias:**

- duração aprox. 30 min
- Resistência média do material
- Profundidade do furo < 5 × d
- Broca curta

Os valores de referência serão

- aumentados sob condições favoráveis
- reduzidos sob condições desfavoráveis.

[1] Refrigeração-lubrificação página 292 e 293 [2] Valores para brocas revestidas

Alargar e abrir rosca

Valores de referência para alargar com alargadores HSS[1]

Material da peça usinada – Grupo do material	Resistência à tração R_m em N/mm² ou dureza HB	Velocidade de corte[2] v_c m/min	Diâmetro da ferramenta *d* em mm: 2–3	>3–6	>6–12	>12–25	>25–50	Adicional do alargador em *d* em mm: até 20	>20–50
			Avanço *f* em mm/rotação						
Aços de baixa resistência	$R_m \leq 800$	15	0,06	0,12	0,18	0,32	0,50	0,20	0,30
Aços de alta resistência	$R_m > 800$	10	0,05	0,10	0,15	0,25	0,40		
Aços inoxidáveis	$R_m \geq 800$	8	0,05	0,10	0,15	0,25	0,40		
Ferro fundido, ferro fundido temperado	≤ 250 HB	15	0,06	0,12	0,18	0,32	0,50		
Ligas de alumínio	$R_m \leq 350$	26	0,10	0,18	0,30	0,50	0,80		
Ligas de cobre	$R_m \leq 500$	26	0,10	0,18	0,30	0,50	0,80	0,30	0,60
Termoplásticos	–	14	0,12	0,20	0,35	0,60	1,00		
Plásticos termorrígidos	–	14	0,12	0,20	0,35	0,60	1,00		

Valores de referência para alargar com alargadores de metal duro[1]

Material da peça usinada – Grupo do material	Resistência à tração R_m em N/mm² ou dureza HB	Velocidade de corte[2] v_c m/min	Diâmetro da ferramenta *d* em mm: 2–3	>3–6	>6–12	>12–25	>25–50	Adicional do alargador em *d* em mm: to 20	>20–50
			Avanço *f* em mm/rotação						
Aços de baixa resistência	$R_m \leq 800$	15	0,06	0,12	0,18	0,32	0,50	0,20	0,30
Aços de alta resistência	$R_m > 800$	10	0,05	0,10	0,15	0,25	0,40		
Aços inoxidáveis	$R_m \geq 800$	10	0,05	0,10	0,15	0,25	0,40		
Ferro fundido, ferro fundido temperado	≤ 250 HB	25	0,10	0,18	0,28	0,50	0,80		
Ligas de alumínio	$R_m \leq 350$	30	0,12	0,20	0,35	0,50	1,00		
Ligas de cobre	$R_m \leq 500$	30	0,12	0,20	0,35	0,50	1,00	0,30	0,60
Termoplásticos	–	20	0,12	0,20	0,35	0,50	1,00		
Plásticos termorrígidos	–	30	0,12	0,20	0,35	0,50	1,00		

Valores de referência para abrir roscas e conformar roscas[1]

Material da peça usinada – Grupo do material	Resistência à tração R_m em N/mm² ou dureza HB	Ferramenta de HSS: Abrir rosca[2]	Ferramenta de HSS: Conformar rosca[2]	Ferramenta de metal duro: Abrir rosca[2]	Ferramenta de metal duro: Conformar rosca[2]
		Velocidade de corte v_c em m/min		Velocidade de corte v_c em m/min	
Aços de baixa resistência	$R_m \leq 800$	40–50	40–50	–	40–60
Aços de alta resistência	$R_m > 800$	20–30	15–20	–	20–30
Aços inoxidáveis	$R_m \geq 800$	8–12	10–20	–	20–30
Ferro fundido, ferro fundido temperado	≤ 250 HB	15–20	–	25–35	–
Ligas de alumínio	$R_m \leq 350$	20–40	30–50	60–80	60–80
Ligas de cobre	$R_m \leq 500$	30–40	25–35	30–40	50–70
Termoplásticos	–	20–30	–	50–70	–
Plásticos termorrígidos	–	10–15	–	25–35	–

[1] Refrigeração-lubrificação página 292 e 293
[2] Limite superior: Materiais do grupo de material com as resistências menores; rosca curta
Limite inferior: Materiais do grupo de material com as resistências maiores; rosca longa

Tornear

Rugosidade em função do raio da aresta e do avanço

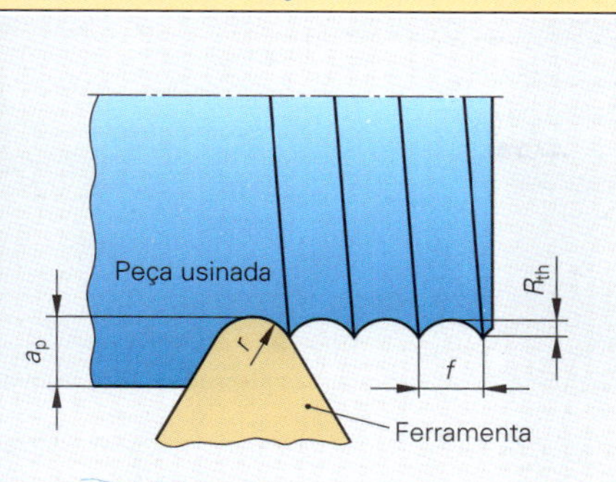

R_{th} Profundidade teórica da rugosidade
r Raio da aresta
f Avanço
a_p Profundidade de corte

Exemplo:

R_{th} = 25 µm; r = 1,2 mm; f = ?

$f \approx \sqrt{8 \cdot r \cdot R_{th}}$
$= \sqrt{8 \cdot 1{,}2\,\text{mm} \cdot 0{,}025\,\text{mm}} \approx$ **0,5 mm**

Profundidade teórica rugosidade

$$R_{th} \approx \frac{f^2}{8 \cdot r}$$

R_{th} ½R_z

Rugosidade R_{th} em µm	Raio da aresta r em mm			
	0,4	0,8	1,2	1,6
	Avanço f em mm			
1,6	0,07	0,10	0,12	0,14
4	0,11	0,15	0,19	0,22
10	0,17	0,24	0,29	0,34
16	0,22	0,30	0,37	0,43
25	0,27	0,38	0,47	0,54

Valores de referência para tornear com ferramentas HSS[1] [2]

Material da peça usinada: Grupo do material	Resistência à tração R_m em N/mm² ou dureza HB	Velocidade de corte v_c em m/min	Avanço f em mm	Profundidade de corte a_p em mm
Aços de baixa resistência	$R_m \leq 800$	40–80	0,1–0,5	0,5–4,0
Aços de alta resistência	$R_m > 800$	30–60		
Aços inoxidáveis	$R_m \geq 800$	30–60		
Ferro fundido, ferro fundido temperado	≤ 250 HB	20–35		
Ligas de alumínio	$R_m \leq 350$	120–180		
Ligas de cobre	$R_m \leq 500$	100–125		
Termoplásticos	–	100–500		
Plásticos termorrígidos	–	80–400		

Valores de referência para tornear com ferramentas de metal duro revestidas [2]

Material da peça usinada: Grupo do material	Resistência à tração R_m em N/mm² ou dureza HB	Velocidade de corte v_c em m/min	Avanço f em mm	Profundidade de corte a_p em mm
Aços de baixa resistência	$R_m \leq 800$	200–350	0,1–0,5	0,3–5,0
Aços de alta resistência	$R_m > 800$	100–200		
Aços inoxidáveis	$R_m \geq 800$	80–200		
Ferro fundido, ferro fundido temperado	≤ 250 HB	100–300		
Ligas de alumínio	$R_m \leq 350$	400–800		
Ligas de cobre	$R_m \leq 500$	150–300		
Termoplásticos	–	500–2000		
Plásticos termorrígidos	–	400–1000		

Aplicação da faixa de dados de corte

Exemplo: Valores de referência para tornear aços de baixa resistência com ferramenta de metal duro

Valor superior	Aplicação	Valor inferior	Aplicação
v_c = 350 m/min	• Acabamento (alisar) • Ferramenta e peça estáveis	v_c = 200 m/min	• Preparação (desbaste) • Ferramenta e peça instáveis
f = 0,5 mm, a_p = 5,0 mm	• Preparação (desbaste) • Ferramenta e peça estáveis	f = 0,1 mm, a_p = 0,3 mm	• Acabamento (alisar) • Ferramenta e peça instáveis

[1] As ferramentas HSS para tornear estão sendo substituídas cada vez mais por pastilhas de metal duro intercambiáveis.

[2] Refrigeração-lubrificação páginas 292 e 293

Tornear cones

Notações para o cone

veja DIN ISO 3040 (1991-09)

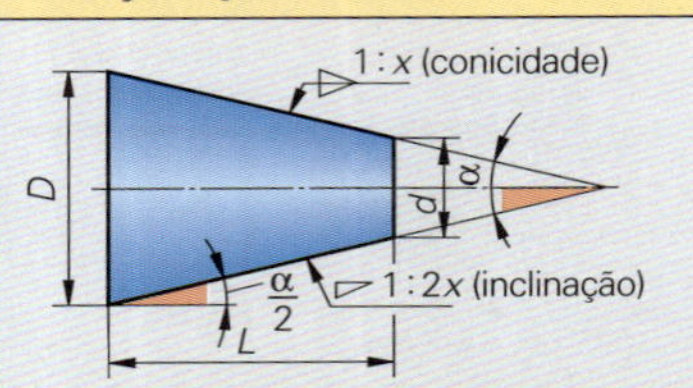

D Diâmetro maior do cone
d Diâmetro menor do cone
L Comprimento do cone
α Ângulo do cone
$\frac{\alpha}{2}$ Ângulo de geração do cone (ângulo de ajuste)
C Conicidade

$\frac{C}{2}$ Inclinação do cone
1: *x* Conicidade: Num comprimento de *x* mm do cone o diâmetro se altera em 1 mm.

Tornear cone em torno CNC

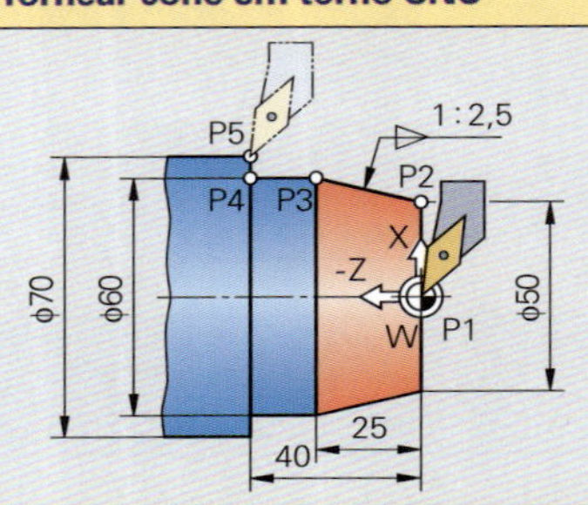

Programa CNC conforme DIN 66025[1] para confecção da peça usinada com cone (figura):

N10	G00	X0	Z2		Aproximação em marcha rápida
N20	G01	X0	Z0	F0.15	Movimento para P1
N30	G01	X50			Movimento para P2
N40	G01	X60	Z-25		Movimento para P3
N50	G01		Z-40		Movimento para P4
N60	G01	X72			Movimento sobre P5
N70	G00	X100	Z150		Ponto de troca de ferramenta

[1] veja página 387

Tornear cone por meio de ajuste no carro superior

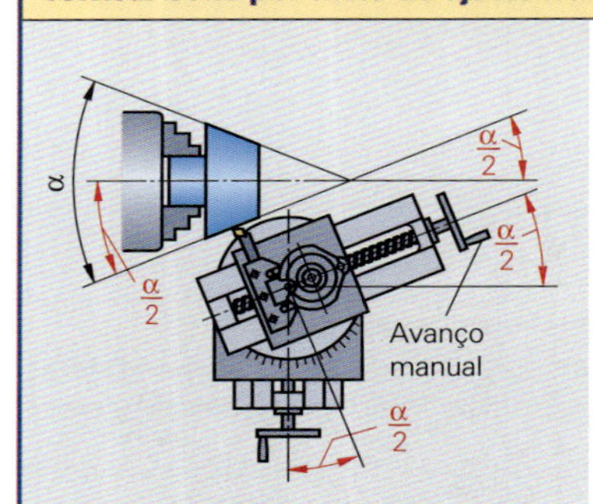

Exemplo:

D = 225 mm, *d* = 150 mm, *L* = 100 mm; $\frac{\alpha}{2}$ = ?; *C* = ?

$$\tan\frac{\alpha}{2} = \frac{D-d}{2 \cdot L} = \frac{(225-150)\,\text{mm}}{2 \cdot 100\,\text{mm}} = 0{,}375$$

$$\frac{\alpha}{2} = \mathbf{20{,}556° = 20°\,33'\,22''}$$

$$C = \frac{D-d}{L} = \frac{(225-150)\,\text{mm}}{100\,\text{mm}} = 0{,}75 = \mathbf{1 : 1{,}33}$$

Ângulo de ajuste

$$\tan\frac{\alpha}{2} = \frac{C}{2}$$

$$\tan\frac{\alpha}{2} = \frac{D-d}{2 \cdot L}$$

Conicidade

$$C = \frac{D-d}{L}$$

$$C = 1 : x$$

Tornear cone por meio do deslocamento do contraponta

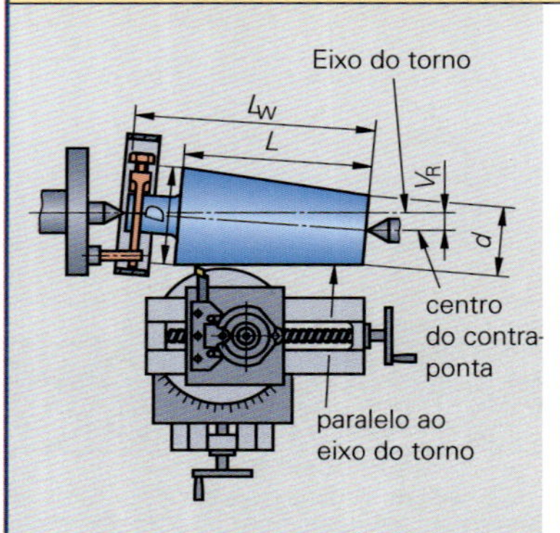

V_R Deslocamento do contraponta
$V_{R\,max}$ Deslocamento máx. admissível do contraponta
L_W Comprimento da peça

Exemplo:

D = 20 mm; *d* = 18 mm;
L = 80 mm; L_W = 100 mm
V_R = ?; $V_{R\,max}$ = ?

$$V_R = \frac{D-d}{2} \cdot \frac{L_W}{L} = \frac{(20-18)\,\text{mm}}{2} \cdot \frac{100\,\text{mm}}{80\,\text{mm}} = \mathbf{1{,}25\ mm}$$

$$V_{R\,max} \leq \frac{L_W}{50} = \frac{100\,\text{mm}}{50} = \mathbf{2\ mm}$$

Deslocamento do contraponta

$$V_R = \frac{C}{2} \cdot L_W$$

$$V_R = \frac{D-d}{2} \cdot \frac{L_W}{L}$$

Deslocamento máx. admissível do contraponta

$$V_{R\,max} \leq \frac{L_W}{50}$$

[1] Se o deslocamento do contraponta for demasiado, a peça não pode ser fixada com segurança entre as pontas.

Fresar

Valores de referência para fresar com ferramentas HSS

Material da peça usinada – Grupo do material	Resistência à tração R_m em N/mm² ou dureza HB	Velocidade de corte v_c em m/min	Avanço *f* em mm – Fresas (exceto fresa de haste)	Fresa de haste *d* em mm: 6	12	20
Aços de baixa resistência	$R_m \leq 800$	50–100				
Aços de alta resistência	$R_m > 800$	30–60				
Aços inoxidáveis	$R_m \geq 800$	15–30				
Ferro fundido, ferro fundido temperado	≤ 250 HB	25–40	0,05–0,15	0,06	0,08	0,10
Ligas de alumínio	$R_m \leq 350$	50–150				
Ligas de cobre	$R_m \leq 500$	50–100				
Termoplásticos	–	100–400	0,10–0,20	0,10	0,15	0,20
Plásticos termorrígidos	–	100–400				

Valores de referência para fresar com metal duro revestido

Material da peça usinada – Grupo do material	Resistência à tração R_m em N/mm² ou dureza HB	Velocidade de corte v_c em m/min	Avanço *f* em mm – Fresas (exceto fresa de haste)	Fresa de haste *d* em mm: 6	12	20
Aços de baixa resistência	$R_m \leq 800$	200–400				
Aços de alta resistência	$R_m > 800$	150–300				
Aços inoxidáveis	$R_m \leq 800$	150–300				
Ferro fundido, ferro fundido temperado	≤ 250 HB	150–300	0,05–0,15	0,06	0,08	0,10
Ligas de alumínio	$R_m \leq 350$	400–800				
Ligas de cobre	$R_m \leq 500$	200–400				
Termoplásticos	–	500–1500	0,10–0,20	0,10	0,15	0,20
Plásticos termorrígidos	–	400–1000				

Acréscimo do avanço de cada dente f_z recomendado ao fresar rasgos com fresa de disco

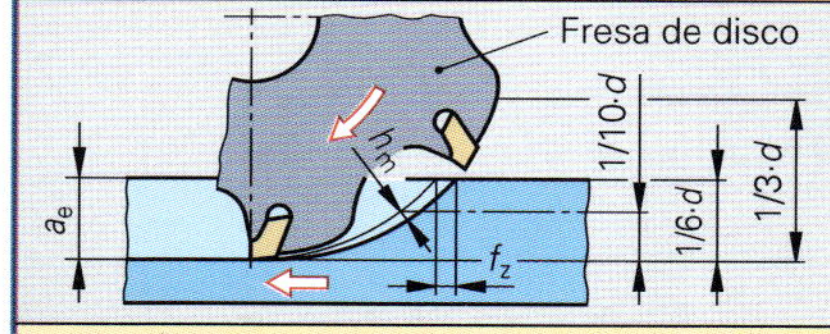

Avanço de cada dente	Prof. de corte a_e em função do Ø da fresa *d*: $1/3 \cdot d$	$1/6 \cdot d$	$1/10 \cdot d$	$1/20 \cdot d$
Acréscimo	$1 \cdot f_z$	$1{,}15 \cdot f_z$	$1{,}45 \cdot f_z$	$2 \cdot f_z$
A ser ajustado	0,25 mm	0,29 mm	0,36 mm	0,50 mm

Aplicação da faixa de dados de corte

Exemplo: Valores de referência para fresar aços de baixa resistência com fresas HSS

Valor superior	Aplicação	Valor inferior	Aplicação
v_c = 100 m/min	• Acabamento (alisar) • Ferramenta e peça estáveis	v_c = 50 m/min	• Preparação (desbaste) • Ferramenta e peça instáveis
f_z = 0,15 mm	• Preparação (desbaste) • Ferramenta e peça estáveis	f_z = 0,05 mm	• Acabamento (alisar) • Ferramenta e peça instáveis

Cálculo da velocidade de avanço a ser ajustada

v_f Velocidade de avanço em mm/min
f_z Avanço de cada dente em mm
n Rotação da fresa em 1/min
z Número de dentes da fresa

Velocidade de avanço

$$v_f = n \cdot f_z \cdot z$$

Exemplo:

v_c = 100 m/min; d = 40 mm; f_z = 0,12 mm; z = 10

$n = \frac{v_c}{\pi \cdot d} = \frac{100\,\text{m/min}}{\pi \cdot 0{,}04\,\text{m}} = 796$ 1/min; $\mathbf{v_f} = n \cdot f_z \cdot z$ = 796/min · 0,12 mm · 10 = **955 mm/min**

Problemas e ações saneadoras ao furar, tornear e fresar

Processos e problemas[1)] | **Possíveis ações saneadoras**

Furar

Ponta da broca danificada	Desgaste no diâmetro externo	Alargamento do furo	Acúmulo de cavaco no canal de saída	Desintegração dos cantos	Formato do furo não redondo	Baixa firmeza	Vibrações	Possíveis ações saneadoras
•	•	•		•				Verificar a geometria de corte
			•			•		Aumentar o suprimento de refrigerante-lubrificante
		⇓	⇓		⇓		⇓	Diminuir o avanço
			⇑	⇑				Aumentar a velocidade de corte
•	•		•			•	•	Reduzir o comprimento de ejeção
•	•	•	•			•	•	Verificar os valores de corte
•	•			•		•		Examinar o tipo de metal duro

Tornear

Alto desgaste (superfície de folga e de saída do cavaco)	Deformação da aresta de corte	Formação de estruturas no corte	Fissuras perpendiculares à aresta de corte	Desintegração da aresta de corte	Quebra da pastilha intercambiável	Cavaco longo em espiral	Vibrações	Possíveis ações saneadoras
⇓	⇓	⇑		⇑			⇓	Alterar a velocidade de corte v_c
					⇓	⇑	⇑	Alterar o avanço f
					⇓		⇓	Reduzir a profundidade de corte
•	•							Optar por tipo de metal duro mais resistente ao desgaste
			•	•	•			Optar por tipo de metal duro mais tenaz
•		•		•			•	Optar por geometria de corte positiva

Fresar

Alto desgaste (superfície de folga e de saída do cavaco)	Deformação da aresta de corte	Formação de estruturas no corte	Fissuras perpendiculares à aresta de corte	Desintegração da aresta de corte	Quebra da pastilha intercambiável	Má qualidade da superfície	Vibrações	Possíveis ações saneadoras
⇓	⇓	⇑	⇓	⇑				Alterar a velocidade de corte v_c
⇑		⇑		⇑	⇓	⇓	⇑	Alterar o avanço f_t
	•					•		Optar por tipo de metal duro mais resistente ao desgaste
			•	•	•			Optar por tipo de metal duro mais tenaz
							•	Usar fresa com passo mais largo
						•	•	Altera a posição da fresa
		•	•	•				Fresar a seco

[1)] • para solucionar o problema ⇑ Aumentar os valores de corte ⇓ Reduzir os valores de corte

Dividir com cabeçote divisor

Divisão direta

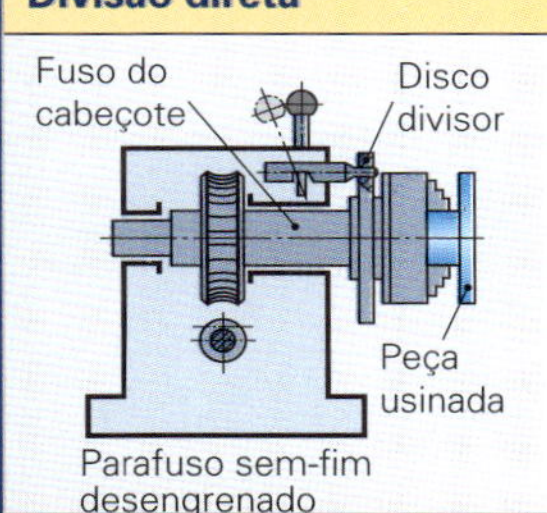

Na divisão direta, o fuso do cabeçote divisor é girado juntamente com a peça usinada e o disco divisor até o passo parcial desejado. No caso, a roda e o parafuso sem-fim permanecem desengrenados.

T número de divisões α ângulo da divisão
n_L número de furos no disco
n_l Passo parcial; número de furos que devem ser percorridos

Exemplo:

$n_L = 24;\ D = 8;\ n_l = ?$ $\quad \boldsymbol{n_l} = \frac{n_L}{T} = \frac{24}{8} = \mathbf{3}$

Passo parcial

$$n_l = \frac{n_L}{T}$$

$$n_l = \frac{\alpha \cdot n_L}{360°}$$

Divisão indireta

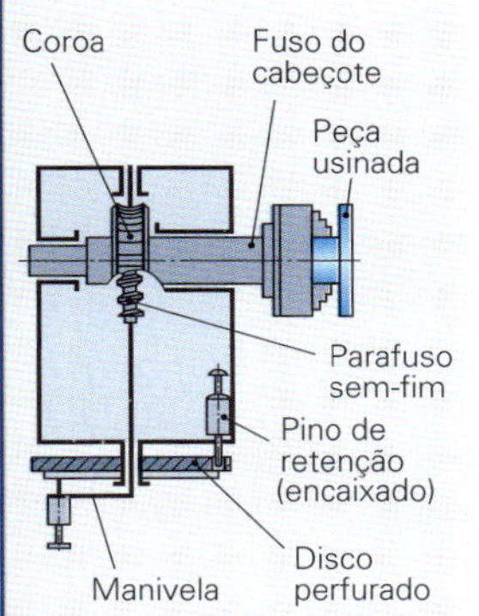

Na divisão indireta, o fuso do cabeçote divisor é acionado pelo parafuso sem-fim através da coroa dentada.

T Número de divisões α ângulo de divisão
i Relação de transmissão do cabeçote divisor
n_k Passo parcial: número de voltas na manivela para cada passo parcial

Exemplo 1:

$T = 68;\ i = 40;\ n_k = ?$ $\quad \boldsymbol{n_k} = \frac{i}{T} = \frac{40}{68} = \mathbf{\frac{10}{17}}$

Exemplo 2:

$\alpha = 37{,}2°;\ i = 40;\ n_k = ?$

$$\boldsymbol{n_k} = \frac{i \cdot \alpha}{360°} = \frac{40 \cdot 37{,}2°}{360°} = \frac{37{,}2}{9} = \frac{186}{9 \cdot 5} = \mathbf{4\frac{2}{15}}$$

Passo parcial

$$n_k = \frac{i}{T}$$

$$n_k = \frac{i \cdot \alpha}{360°}$$

Circunferência dos furos do disco perfurado					
15	16	17	18	19	20
21	23	27	29	31	33
37	39	41	43	47	49
ou					
17	19	23	24	26	27
28	29	30	31	33	37
39	41	42	43	47	49
51	53	57	59	61	63

Divisão diferencial

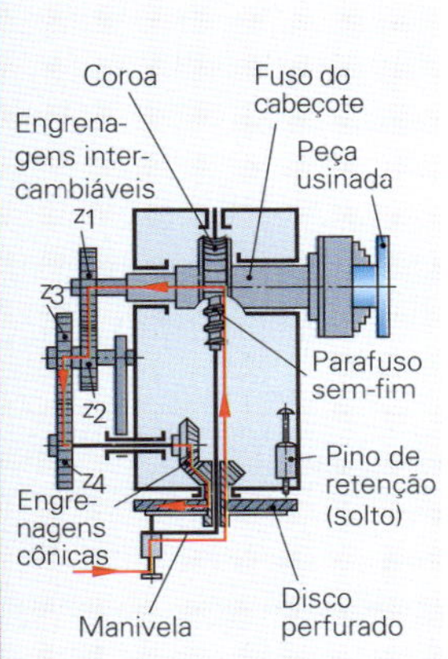

Na divisão diferencial, o fuso do cabeçote divisor, como na divisão indireta, é acionado por meio da coroa e parafuso sem-fim. O fuso gira simultaneamente o disco perfurado via engrenagens intercambiáveis.

T Número de divisões α angular division
T' Número de divisões auxiliar
i Relação de transmissão do cabeçote
n_k Passo parcial; número de voltas na manivela para uma divisão
z_t Números de dentes das engrenagens motoras (z_1, z_3)
z_g Número de dentes das engrenagens movidas (z_2, z_4)

De acordo com o número de divisões auxiliar T' vale:

$T' > T$: Manivela e disco perfurado devem ter o mesmo sentido de rotação.
$T' < T$: Manivela e disco perfurado devem ter sentidos de rotação opostos

O sentido de rotação necessário é obtido por meio de engrenagens intermediárias.

Exemplo:

$i = 40;\ T = 97;\ n_k = ?;\ \frac{z_t}{z_g} = ?;\ T'$ escolhido $= 100$

(Manivela e disco perfurado devem ter o mesmo sentido de rotação.)

$$\boldsymbol{n_k} = \frac{i}{T'} = \frac{40}{100} = \frac{8}{20}$$

$$\frac{\boldsymbol{z_t}}{\boldsymbol{z_g}} = \frac{i}{T'} \cdot (T' - T) = \frac{40}{100} \cdot (100 - 97) = \frac{2}{5} \cdot 3 = \frac{6}{5} = \mathbf{\frac{48}{40}}$$

Passo parcial

$$n_k = \frac{i}{T'}$$

Número de dentes das engrenagens

$$\frac{z_t}{z_g} = \frac{i}{T'} \cdot (T' - T)$$

Números de dentes das engrenagens			
24	24	28	32
36	40	44	48
56	64	72	80
84	86	96	100

Retificar

Retífica plana

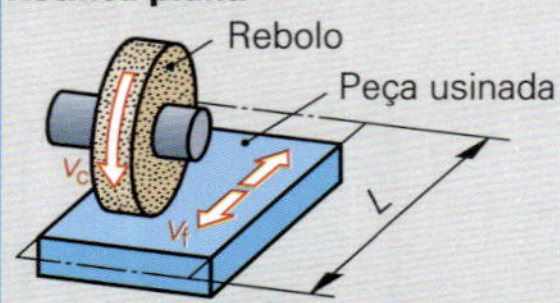

Retífica cilíndrica

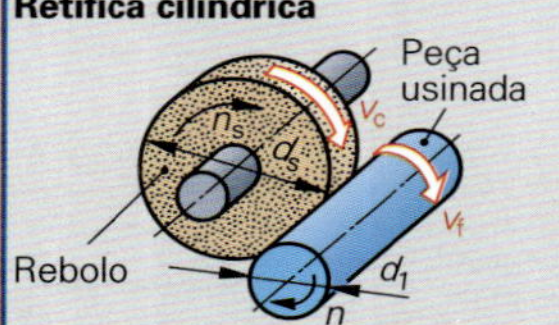

v_c Velocidade de corte
d_s Diâmetro do rebolo
n_s Rotação do rebolo
v_f Velocidade de avanço
L Curso do avanço
n_H Número de cursos
d_1 Diâmetro da peça usinada
n Rotação da peça usinada
q Relação de velocidade

Exemplo:

v_c = 30 m/s; v_f = 20 m/min; q = ?

$$\boldsymbol{q} = \frac{v_c}{v_f} = \frac{30\,\text{m/s} \cdot 60\,\text{s/min}}{20\,\text{m/min}} = \frac{1800\,\text{m/min}}{20\,\text{m/min}} = \mathbf{90}$$

Velocidade de corte

$$v_c = \pi \cdot d_s \cdot n_s$$

Velocidade de avanço

Retífica plana

$$v_f = L \cdot n_H$$

Retífica cilíndrica

$$v_f = \pi \cdot d_1 \cdot n$$

Relação de velocidade

$$q = \frac{v_c}{v_f}$$

Valores de referência para velocidade de corte v_c; velocidade de avanço v_f, relação de velocidade q

Material	Retífica plana – Retífica tangencial v_c m/s	v_f m/min	q	Retífica plana – Retífica lateral v_c m/s	v_f m/min	q	Retífica cilíndrica – Retífica externa v_c m/s	v_f m/min	q	Retífica cilíndrica – Retífica interna v_c m/s	v_f m/min	q
Aço	30	10–35	80	25	6–25	50	35	10	125	25	19–23	80
Ferro fundido	30	10–35	65	25	6–30	40	25	11	100	25	23	65
Metal duro	10	4	115	8	4	115	8	4	100	8	8	60
Ligas de alumínio	18	15–40	30	18	24–45	20	18	24–30	50	16	30–40	30
Ligas de cobre	25	15–40	50	18	20–45	30	30	16	80	25	25	50

Dados para retificar aço e ferro fundido com rebolos de coríndon ou carboneto de silício

Processo	Granulometria	Sobremedida em mm	Avanço em mm	R_z em m
Desbaste	30–46	0,5–0,2	0,02–0,1	3–10
Acabamento	46–80	0,02–0,1	0,005–0,05	1–5
Acabamento fino	80–120	0,005–0,02	0,002–0,008	1,6–3

Velocidade de trabalho para rebolos (máxima)

veja DIN EN 12413 (1999-06)

Formato do rebolo	Tipo de máquina	Movimento[1]	Velocidade máx. v_c em m/s com aglomerante[2] B	BF	E	M	R	RF	PL	V
Rebolo reto	Fixa	zg ou hg	50	63	40	25	50	–	50	40
	Retífica manual	zg	50	80	–	–	50	80	50	–
Rebolo reto de corte	Fixa	zg ou hg	80	100	63	–	63	80	–	–
	Retífica manual	mão livre	–	80	–	–	–	–	–	–

[1] zg forçado: avanço executado por meio mecânico; hg manual: avanço executado pelo operador, mão livre: a operação é realizada totalmente manual

2) Tipos de aglomerantes: p. 309

Restrições de uso para rebolos[3]

veja BGV D12[4] (2001-10)

VE	Significado
VE1	não permitido para retificação à mão livre ou retificação com avanço manual
VE2	não permitido para retificação de corte à mão livre
VE3	não permitido para retificação úmida
VE4	não permitido para uso em local fechado
VE5	não permitido sem exaustão
VE6	não permitido para retificação lateral
VE7	não permitido para retificação à mão livre
VE8	não permitido com prato de apoio
VE10	não permitido para retificação a seco
VE11	não permitido para retificação de corte à mão livre ou com avanço manual

[3] Não havendo restrição, o rebolo é adequado para todas as formas de aplicação.

Tarjas coloridas para velocidade circunferencial máxima admissível ≥ 50 m/s

veja BGV D12[4] (2001-10)

Tarjas	azul	amarela	vermelha	verde	azul+amarela	azul+vermelha	azul+verde
$v_{c\,max}$ em m/s	50	63	80	100	125	140	160
Tarjas	**amar.+verm.**	**amar.+verde**	**verm.+verde**	**azul+azul**	**amar.+amar.**	**verm.+verm.**	**verde+verde**
$v_{c\,max}$ em m/s	180	200	225	250	280	320	360

[4] BGV Regulamentação do Sindicato Trabalhista (Alemanha)

Abrasivos, aglomerantes

Abrasivos

veja DIN ISO 525 (2000-08)

Sigla	Abrasivo	Composição química	Dureza Knoop	Área de aplicação
A	Coríndon normal	Al_2O_3 + aditivos	18000	aço-carbono sem têmpera, aço fundido, ferro fundido temperado
	Coríndon nobre	Al_2O_3 em forma cristalina	21000	aço de alta e baixa liga, aço temperado, aço de cementação, aço para ferramentas, titânio
Z	Coríndon de zicônio	Al_2O_3 + ZrO_2	–	Aços inoxidáveis
C	Carboneto de silício	SiC + aditivos	24800	Materiais duros: metal duro, ferro fundido, HSS, cerâmica, vidro; materiais moles: cobre, alumínio, plásticos
BK	Carboneto de boro	B_4C em forma cristalina	47000	lapidação, polimento de metal duro e aço temperado
CBN	Nitrito de boro	BN em forma cristalina	60000	Aços rápidos, aços para trabalho a frio e a quente
D	Diamante	C em forma cristalina	70000	Metal duro, ferro fundido, vidro, cerâmica, pedra, metais não ferrosos, não para aço; retificação de rebolos

Grau de dureza

veja DIN ISO 525 (2000-08)

Denominação	Grau de dureza	Aplicação	Denominação	Grau de dureza	Aplicação
extra macio muito macio	A B C D E F G	Para retificação profunda e lateral materiais duros	duro muito duro extra duro	P Q R S T U V W X Y Z	Retificação cilíndrica externa de materiais moles
macio médio	H I J K L M N O	Retificação convencional de metais			

Tamanho do grão

veja DIN ISO 525 (2000-08)

Designação granulométrica de abrasivos aglomerados

Âmbito da granulação	grosso	médio	fino	muito fino
Designação granulométrica	F4, F5, F6 até F24	F30, F36, F46 até F60	F70, F80, F90 até F220	F230 até F1200
Rugosidade obtida *Rz* em μm	≈ 10–5	≈ 5–2,5	≈ 2,5–1,0	≈ 1,0–0,4

Estrutura

veja DIN ISO 525 (2000-08)

Índice **0 1 2 3 4 5 6 7 8 9 10 11 12 13 14, etc. até 30**

Estrutura ← **fechada (densa)** **aberta (porosa)** →

Aglomerantes

veja DIN ISO 525 (2000-008) e VDI 3411 (2000-08)

Sigla	Tipo de aglomerante	Propriedades	Área de aplicação
V	Aglomerante cerâmico	poroso, quebradiço, insensível a água, óleo, calor	retificação de desbaste e acabamento de aços com coríndon e carboneto de silício
B BF	Resina sintética, reforçado com fibras	denso ou poroso, elástico, resistente a óleo, retificação com refrigerante	retificação de desbaste ou corte, retificação de perfil com diamante ou nitrito de boro, retificação úmida
M	Aglomerante metálico	denso ou poroso, tenaz, insensível a pressão e calor	retificação de perfis ou ferramentas com diamante ou nitrito de boro, retificação úmida
G	Aglomerante galvânico	alta pega com grãos salientes	retificação interna de metais duros, retificação manual
R RF	Aglomerante de borracha, reforçado com fibras	elástico, retificação refrigerada, sensível a óleo e calor	retificação de corte
E	Aglomerante de goma laca	sensibilidade térmica, tenaz, elástico, insensível a pancadas	serrar e retificar formas, rebolo de guia em retíficas sem centros
MG	Aglomerante de carbonato de magnésio	macio, elástico, sensível a água	retificação a seco, retificação de facas

⇒ **Rebolo ISO 603-1 1 N-300 x 50 x 76,2 – A/F 36 L 5 V – 50:** Formato 1 (rebolo reto), formato da borda N, diâmetro externo 300 mm, largura 50 mm, diâmetro do furo 76,2 mm, Abrasivo A (coríndon elétrico), tamanho do grão F36 (médio), grau de dureza L (médio), estrutura 5, Aglomerante cerâmico (V), velocidade circunferencial máxima 50 m/s.

Seleção de rebolos

Valores de referência para seleção de rebolos (sem diamante e nitrito de boro)

Retificação cilíndrica externa

Material	Abrasivo	Desbaste		Acabamento com ∅ de rebolo até 500 mm		Acabamento com ∅ de rebolo acima de 500 mm		Acabamento fino	
		Granulometria	Dureza	Granulometria	Dureza	Granulometria	Dureza	Granulometria	Dureza
Aço sem têmpera	A	54	M–N	80	M–N	60	L–M	180	L–M
Aço temperado, ligado, não ligado	A	46	L–M	80	K–L	60	J–K	240–500	H–N
Aço temperado alta liga	A, C	80	M–N	80	N–O	60	M–N	240–500	H–N
Metal duro, cerâmica	C	60	K	80	K	60	K	240–500	H–N
Ferro fundido	A, C	60	L	80	L	60	L	100	M
Metais não fer, p.ex., Al, Cu, CuZn	C	46	K	60	K	60	K	–	–

Retificação cilíndrica

Material	Abrasivo	Diâmetro do rebolo em mm: até 20		acima de 20 até 40		acima de 40 até 80		acima de 80	
		Granulometria	Dureza	Granulometria	Dureza	Granulometria	Dureza	Granulometria	Dureza
Aço sem têmpera	A	80	M	60	L–M	54	L–M	46	K
Aço temperado, ligado não ligado	A	80	K–L	120	M–N	80	M–N	80	L
Aço temperado alta liga	A, C	80	J–K	100	K	80	K	60	J
Metal duro, cerâmica	C	80	G	120	H	120	H	80	G
Ferro fundido	A	80	L–M	80	K–L	60	M	46	M
Metais não fer, p.ex. Al, Cu, CuZn	C	80	I–J	120	K	60	J–K	54	J

Retificar plano tangencial

Material	Abrasivo	Rebolo copo D < 300 mm		Rebolo reto D ≤ 300 mm		Rebolo reto D > 300 mm		Segmentos de rebolo	
		Granulometria	Dureza	Granulometria	Dureza	Granulometria	Dureza	Granulometria	Dureza
Aço sem têmpera	A	46	J	46	J	36	J	24	J
Aço temperado, ligado não ligado	A	46	J	60	J	46	J	36	J
Aço temperado alta liga	A	46	H–J	60	I–J	46	I–J	36	I–J
Metal duro, cerâmica	C	46	J	60	J	60	J	46	J
Ferro fundido	A	46	J	46	J	46	J	24	J
Metais não fer, p.ex. Al, Cu, CuZn	C	46	J	60	J	60	J	36	J

Afiar ferramentas

Material de corte	Abrasivo	Rebolo reto D ≤ 225	Rebolo reto D > 225	Rebolo reto	Rebolo prato D ≤ 100	Rebolo prato D > 100	Rebolo prato	Rebolo copo	
		Granulometria	Granulometria	Dureza	Granulometria	Granulometria	Dureza	Granulometria	Dureza
Aço para ferramentas	A	80	60	M	80	60	M	46	K
Aço rápido	A	60	46	K	60	46	K	46	H
Metal duro	C	80	54	K	80	54	K	46	H

Cortar com máquina estacionária

Material	Abrasivo	Disco de corte reto v_c até 80 m/s, D ≤ 200 mm		Disco de corte reto v_c até 80 m/s, D > 200 mm		Disco de corte reto v_c até 100 m/s, D ≤ 500 mm		Disco de corte reto v_c até 100 m/s, D > 500 mm	
		Granulometria	Dureza	Granulometria	Dureza	Granulometria	Dureza	Granulometria	Dureza
Aço sem têmpera	A	80	Q–R	46	Q–R	24	U	20	Q–R
Ferro fundido	A	60	Q–R	46	Q–R	24	U–V	20	U–V
Metais não fer, p.ex. Al, Cu, CuZn	A	60	Q–R	46	Q–R	30	S	24	S

Cortar e esmerilhar com máquina manual

Material	Abrasivo	Discos de corte v_c até 80 m/s		Rebolo de desbaste v_c até 45 m/s		Rebolo de desbaste v_c até 80 m/s		Ponta montada	
		Granulometria	Dureza	Granulometria	Dureza	Granulometria	Dureza	Granulometria	Dureza
Aço sem têmpera	A	30	T	24	M	24	R	36	Q–R
Aço resistente à corrosão	A	30	R	16	M	24	R	36	S
Ferro fundido	A, C	30	T	20	R	24	R	30	T
Metais não fer, p.ex. Al, Cu, CuZn	A, C	30	R	20	R	–	–	–	–

Retificar com diamante e nitrito de boro

Designação granulométrica

veja DIN ISO 848 (1998-03)

Área de aplicação		Desbaste	Acabamento	Acabamento fino	Lapidação
Designação granulométrica[1]	Diamante	D251–D151	D126–D76	D64, D54, D46	D20, D15, D7
	Nitreto de boro	B251–B151	B126–B76	B64, B54, B46	B30, B6
Rugosidade obtida *Ra* em µm		≈ 0,55–0,50	≈ 0,45–0,33	≈ 0,18–0,15	≈ 0,05–0,025

[1] Tamanho da malha da peneira de teste em µm

Valores de referência para velocidade de corte

Processos	Abrasivo	Velocidade de corte v_c em m/s com os tipos de aglomerantes[1]							
		B		M		G		V	
		seco	úmido	seco	úmido	seco	úmido	seco	úmido
Retificação plana	CBN	–	30–50	–	30–60	–	30–60	–	30–60
	D	–	22–50	–	22–27	20–30	22–50	–	25–50
Retificação cilíndrica externa[2]	CBN	–	30–50	–	30–60	–	30–60	–	30–60
	D	–	22–40	–	20–30	20–30	22–40	–	25–50
Retificação cilíndrica interna	CBN	27–35	30–60	–	30–60	24–40	30–50	–	30–50
	D	12–18	15–30	8–15	18–27	12–20	18–40	–	25–50
Afiar ferramentas	CBN	27–35	30–50	22–30	30–40	27–35	30–50	–	30–50
	D	15–22	22–50	15–22	15–27	15–30	22–35	–	–
Retificação de corte	CBN	27–35	30–50	–	30–60	27–40	30–60	–	–
	D	12–18	22–35	–	22–27	18–30	22–40	–	–

[1] Tipos de aglomerantes página 309 [2] Para retificação em alta velocidade (HSG), multiplicar os valores por 4.

Valores de referência para ataque e avanço de rebolos de diamante

Processos	Ataque do rebolo por curso em mm para granulometria			Avanço m/min	Avanço transversal em relação à largura do rebolo *b*
	D181	D126	D64		
Retificação plana[1]	0,02–0,04	0,01–0,02	0,005–0,01	10–15	$^1/_4 - {^1/_2} \cdot b$
Retif. cilíndrica externa[1]	0,01–0,03	0,0–0,02	0,005–0,01	0,3–2,0	–
Retif. cilíndrica externa	0,002–0,007	0,002–0,005	0,001–0,003	0,5–2,0	–
Afiar ferramentas	0,01–0,03	0,005–0,015	0,002–0,005	0,3–4,0	–
Retificar rasgos	–	1,0–5,0	0,5–3,0	0,01–2,0	–

[1] Para retificação em alta velocidade (High Speed Grinding = HSG), multiplicar os valores por 3.

Valores de referência para ataque do rebolo e avanço para rebolos CBN

Processos	Ataque do rebolo por curso em mm para granulometria			Avanço m/min	Avanço transversal em relação à largura do rebolo *b*
	B252/B181	B151/B126	B91/B76		
Retificação plana	0,03–0,05	0,02–0,04	0,01–0,015	20–30	$^1/_4 - {^1/_3} \cdot b$
Retif. cilíndrica externa	0,02–0,04	0,02–0,03	0,015–0,02	0,5–2,0	–
Retif. cilíndrica interna	0,005–0,015	0,005–0,01	0,002–0,005	0,5–2,0	–
Afiar ferramentas	0,002–0,1	0,01–0,005	0,005–0,015	0,5–4,0	–
Retificar rasgos	1,0–10	1,0–5,0	0,5–3,0	0,01–2,0	–

Retificação de alta performance com rebolos CBN

veja VDI 3411 (2000-08)

Com o uso de máquinas e ferramentas especiais (velocidade de corte > 80m/s) e uma adequada refrigeração-lubrificação, é possível remover um volume extremamente elevado de material. Isso é feito, especialmente, para retífica plana e externa de metais.

Preparação dos rebolos para uso (condicionamento)

Operação de trabalho	Retificar		Limpar
	Perfilar	Afiar	
Procedimento	Separação de grãos e aglomerante	Recompor o aglomerante	Nenhuma alteração do revestimento abrasivo
Objetivo do trabalho	Confecção de perfis cilíndricos e discos	Gerar a estrutura da superfície do rebolo	Livrar os espaços de cavacos

Velocidade periférica máxima admissível na retificação de alta performance

Tipo de aglomerante[1]	B	V	M	G
Velocidade periférica máxima admissível em m/s	140	200	180	280

[1] Tipos de aglomerantes p. 309

Brunir

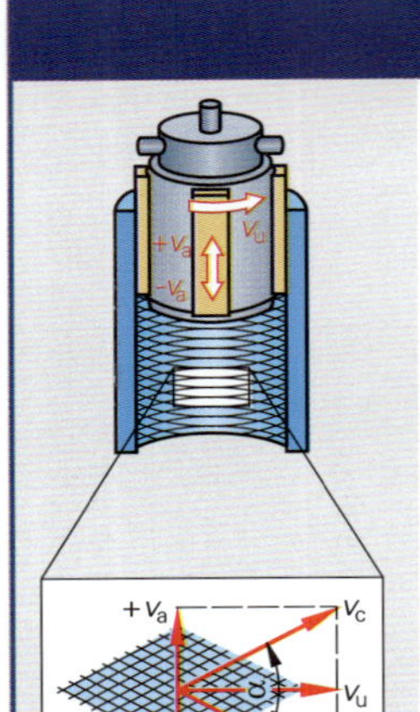

- v_c Velocidade de corte
- v_a Velocidade axial
- v_u Velocidade periférica
- α Ângulo de interseção dos rastros da operação
- p Pressão de contato
- A Superfície de contato das pedras de brunir
- F_r Força radial de ataque
- n Número de pedras
- b Largura da pedra
- l Comprimento da pedra

Exemplo:

Aço temperado, acabamento, v_u = ?, v_a = ?; v_c = ?; = ?
Selecionado na tabela: v_u = 25 m/min; v_a = 12 m/min

$$\mathbf{v_c} = \sqrt{v_a^2 + v_u^2} = \sqrt{\left(12\frac{m}{min}\right)^2 + \left(25\frac{m}{min}\right)^2} \approx \mathbf{28\frac{m}{min}}$$

$$\tan\frac{\alpha}{2} = \frac{v_a}{v_u} = \frac{12\text{ m/min}}{25\text{ m/min}} = 0{,}48; \quad \alpha = \mathbf{51{,}3°}$$

Velocidade de corte

$$v_c = \sqrt{v_a^2 + v_u^2}$$

Ângulo de interseção

$$\tan\frac{\alpha}{2} = \frac{v_a}{v_u}$$

Pressão de contato

$$p = \frac{F_r}{A}$$

$$p = \frac{F_r}{n \cdot b \cdot l}$$

Velocidade de corte e adicionais para usinagem

Material	Velocidade periférica v_u em m/min		Velocidade axial v_a em m/min		Adicional para usinagem em mm para diâmetro do furo em mm		
	desbaste	acabamento	desbaste	acabamento	2–15	15–100	100–500
Aço, sem têmpera	18–40	20–40	9–20	10–20	0,02–0,15	0,03–0,15	0,06–0,3
Aço temperado	14–40	15–40	5–20	6–20	0,01–0,03	0,02–0,05	0,03–0,1
Aços ligados	23–40	25–40	10–20	11–20	0,02–0,05	0,03–0,15	0,06–0,3
Ferro fundido	23–40	25–40	10–20	11–20			
Ligas de alumínio	22–40	24–40	9–20	10–20			

Brunir com grãos de diamante v_u até 40 m/min e v_a até 60 m/min; α = 60°... 90º

Pressão de contato de ferramentas de brunir

Processo de brunir	Pressão de contato p em N/cm²			
	Pedra cerâmica	Pedra aglomerada com plástico	Pedra de diamantes	Pedra de nitrito de boro
Desbaste	50–250	200–400	300–700	200–400
Acabamento	20–100	40–250	100–300	100–200

Seleção das pedras de coríndon, carboneto de silício, CBN e diamante

Material	Resistência à tração N/mm²	Processo	Rugosidade Rz µm	Pedras de Coríndon e carboneto de silício[2)]					CBN ou diamante
				Abrasivo	Granulometria	Dureza	Aglomerante	Estrutura	Granulometria
Aço	< 500 (sem têmpera)	Desbaste Intermediário Acabamento	8–12 2–5 0,5–1,5	A	700 400 1200	R R M	B	1 5 2	D126 D54 D15
	500–700 (temperado)	Desbaste Intermediário Acabamento	5–10 2–3 0,5–2	A	80 400 700	R O N	B	3 5 3	B76 B54 B30
Ferro fundido	–	Desbaste Acabamento brunir platô[1)]	5–8 2–3 3–6	C	80 120 900	M K H	V	3 7 8	D91 D46 D25
Metais não ferrosos	–	Desbaste Intermediário Acabamento	6–10 2–3 0,5–1	A A C	80 400 1000	O O N	V	3 1 5	D64 D35 D15

[1)] No brunimento de platô são aplanadas as pontas mais altas da superfície da peça. [2)] veja p. 309

Seleção das pedras de brunir de diamante e nitrito cúbico de boro (CBN)

Abrasivo	Diamante natural	Diamante sintético	CBN
Material	Aço, metal duro	Ferro fundido, aço nitretado, metais não ferrosos, cerâmica	Aço temperado

Tempo principal e valores de referência na erosão

Corte por eletroerosão (eletroerosão a fio)

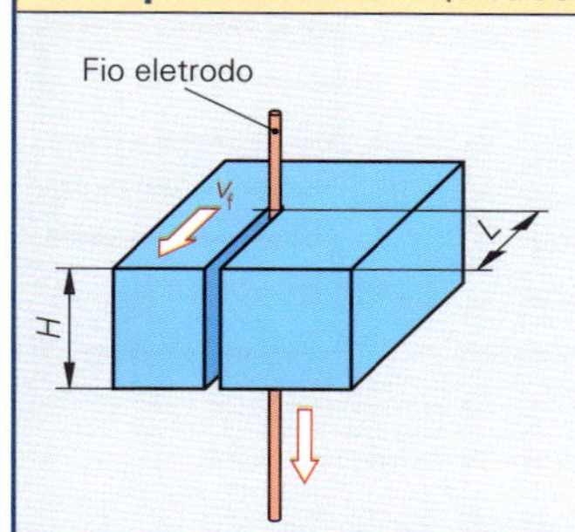

t_h Tempo principal em min
v_f Velocidade de avanço em mm/min
L Curso de avanço, comprimento de corte em mm
H Altura de corte em mm
T Tolerância de forma em m

Tempo principal

$$t_h = \frac{L}{v_f}$$

Exemplo:

Material: aço, $H = 30$ mm; $L = 320$ mm;
$T =$ m; $v_f = 7$; $t_h = ?$
$\mathbf{v_f = 1{,}8}$ **mm/min** (conforme tabela)

$$t_h = \frac{L}{v_f} = \frac{320\,\text{mm}}{1{,}8\,\text{mm/min}} = \mathbf{178\,min}$$

Velocidade de avanço v_t (valores de referência)[1]

Altura de corte H em mm	Velocidade de avanço em mm/min										
	Usinagem de aço					Usinagem de cobre			Usinagem de metal duro		
	Tolerância de forma almejada T em μm										
	60	40	30	20	10	40	20	10	80	20	10
10	9,0	8,5	4,0	3,9	2,1	7,5	3,5	2,0	4,5	0,7	0,6
20	5,1	5,5	2,5	2,5	1,5	4,7	2,4	1,5	3,1	0,3	0,3
30	3,7	4,0	1,8	1,8	1,1	4,0	1,9	1,1	2,3	0,2	0,2
50	2,5	2,5	1,2	1,2	0,8	2,6	1,4	0,7	1,4	0,2	0,2

[1] Os valores de referência indicados são valores médios do corte principal e de todos recortes necessários para obtenção da tolerância do contorno. Em condições desfavoráveis de lavagem a velocidade de avanço cai consideravelmente.

Propriedades e aplicação de fios eletrodos convencionais

Material do fio	Condutibilidade el. em m/(Ω mm²)	Resistência à tração em N/mm²	Diâmetro dos fios convencionais em mm	Aplicação
Liga CuZn	13,5	400–900	0,2–0,33	universal
Molibdênio	18,5	1900	0,025–0,125	cortes com tolerâncias muito estreitas
Tungstênio	18,2	2500	0,025–0,125	placas de corte finas, pequenos raios nos cantos

Rebaixar por eletro-erosão

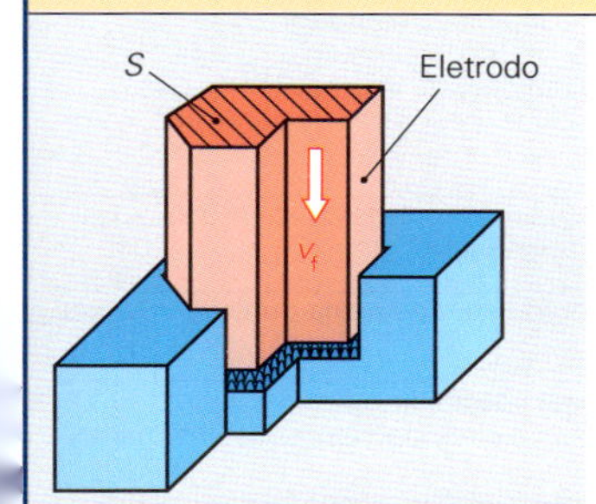

t_h Tempo principal em min
S Seção transversal do eletrodo em mm²
V Volume erodido em mm³
V_W Taxa de erosão em mm³/min

Tempo principal

$$t_h = \frac{V}{V_W}$$

Exemplo:

Desbaste de metal; eletrodo de grafite,
$S = 150$ mm²; $V = 3060$ mm³; $V_w = ?$; $t_h = ?$
$\mathbf{V_W = 31}$ **mm³/min** (da tabela)

$$t_h = \frac{V}{V_W} = \frac{3060\,\text{mm}^3}{31\,\text{mm}^3/\text{min}} = \mathbf{99\,min}$$

Taxa de erosão V_w (valores de referência)[1]

Material usinado	Eletrodo	Taxa de erosão Vw em mm³/min										
		Desbaste seção transversal do eletrodo S em mm²						Acabamento rugosidade almejada Rz em μm				
		10 até 50	50 até 100	100 até 200	200 até 300	300 até 400	400 até 600	2 até 3	3 até 4	4 até 6	6 até 8	8 até 10
Aço	Grafite	7,0	18	31	62	81	105	–	–	–	2	5
	Cobre	13,3	22	28	51	85	105	0,1	0,5	1,9	3,8	5
Metal duro	Cobre	6,0	15	18	28	30	33	–	0,1	0,5	2,2	5,2

[1] Os valores variam muito devido a influências técnicas do processo. Consulte p. 314.

Influências técnicas do processo na eletroerosão

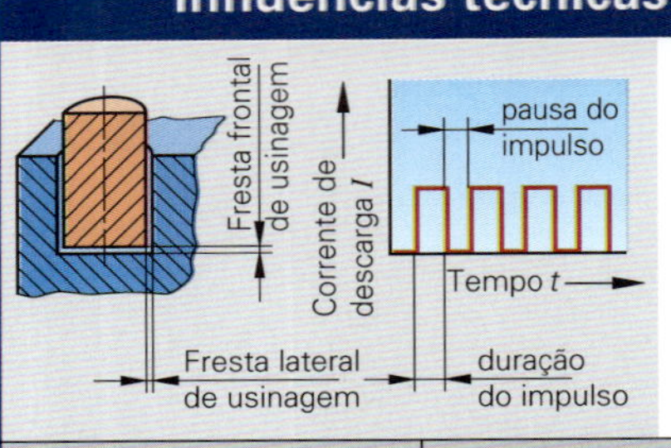

V_W Taxa de erosão em mm³/min
V Volume erodido em mm³
t Tempo de erosão em min
V_E Desgaste absoluto da ferramenta em mm³
V_{rel} Desgaste relativo da ferramenta em mm³

Taxa de erosão

$$V_W = \frac{V}{t}$$

Desgaste relativo da ferramenta

$$V_{rel} = \frac{V_E}{V} \cdot 100\ \%$$

Influência		Explicações, propriedades e aplicação
Material do eletrodo	**Cobre eletrolítico**	Aplicação universal; baixa tendência ao desgaste; alta taxa de erosão; para usinagem de desbaste e acabamento; difícil confecção do eletrodo por usinagem; forte dilatação térmica; não apresenta arestas quebradiças; suscetível a deslocamentos.
	Grafite em várias granulações	Aplicação universal; desgaste muito reduzido; maior densidade de corrente do que o cobre; eletrodo de baixo peso; simples confecção do eletrodo por usinagem; livre de deslocamentos, baixa dilatação térmica; quanto mais fina a estrutura do eletrodo, menor a granulação da grafite escolhida; inadequado para usinagem de metal duro.
	Tungstênio-cobre	Eletrodos de microestrutura pequena; baixo desgaste, taxa de erosão muito alta com correntes de descarga relativamente baixas apesar de altas densidades de corrente; sua fabricação só é viável em dimensões limitadas, peso elevado do eletrodo.
	Cobre-grafite	Aplicação especial para eletrodos de dimensões reduzidas e simultaneamente de alta resistência; desgaste e taxa de erosão em aplicações especiais possuem um papel secundário.
Dielétrico	**Óleos sintéticos** que são filtrados e resfriados; prescritos pelo fabricante da máquina	Requisitos do dielétrico: • condutância baixa e constante para geração de centelhas estável • viscosidade reduzida para boa filtragem e penetração em frestas apertadas • pouca evaporação devido a vapores nocivos • alto ponto de inflamabilidade devido a risco de incêndio • alto coeficiente de condutibilidade térmica para bom resfriamento • risco para a saúde do pessoal de operação extremamente baixo
Lavagem	**Renovação do dielétrico** no local de atuação; **Afastar os produtos** da erosão da fresta de trabalho	Dependendo das exigências e das possibilidades podem ser aplicados diferentes processos de lavagem para manter estável o rendimento da erosão: • transbordamento (método mais comum, ao mesmo tempo dissipação de calor) • lavagem por pressão via eletrodo oco ou pela lateral do eletrodo • lavagem por sucção via eletrodo oco ou pela lateral do eletrodo • lavagem em intervalos provocada pelo recolhimento do eletrodo • lavagem por intermédio de movimentos relativos entre a peça e o eletrodo, sem interrupção da sequência de erosão.
Polaridade	**Positiva**	O eletrodo é polarizado positivamente; para queima reduzida do eletrodo no desbaste com longa duração do impulso a baixa frequência.
	Negativa	O eletrodo é polarizado negativamente para erodir com pequena duração do impulso e alta frequência.
Fresta de trabalho	**Frontal**	Com avanço (regulado pela tensão da descarga) constante. Sensibilidade de regulagem ajustada muito alta: o eletrodo vibra constantemente, as descargas ajustadas não se realizam. Sensibilidade de regulagem ajustada muito baixa: descargas anormais se acumulam ou a fresta permanece demasiado grande para a descarga.
	Lateral	Determinada essencialmente pela duração e altura do impulso de descarga, pelo par de materiais e da tensão de marcha lenta.
Corrente de descarga	**Pequena**	Baixo rendimento de erosão, pequeno desgaste da ferramenta com eletrodo de cobre, grande desgaste com eletrodo de grafite.
	Grande	Alto rendimento da erosão, grande desgaste da ferramenta com eletrodo de cobre, pouco desgaste com eletrodo de grafite.
Duração do impulso	**Pequena**	Com polaridade positiva aumenta o desgaste do eletrodo, pequena taxa de erosão.
	Grande	Com polaridade positiva diminui o desgaste do eletrodo, maior taxa de erosão.

Força de cisalhamento, condições de operação para prensas

Força de cisalhamento, trabalho de cisalhamento

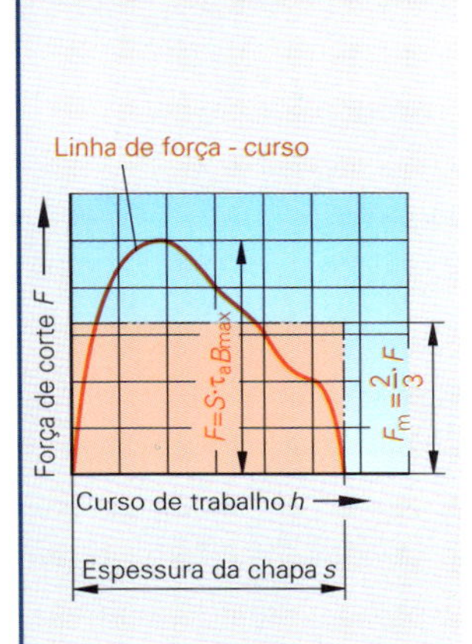

F	Força de cisalhamento
F_m	Força de cisalhamento média
S	Plano de corte
$R_{m\,max}$	Resistência máxima à tração
$\tau_{aB\,max}$	Resistência máxima ao cisalhamento
W	Trabalho de cisalhamento
s	Espessura da chapa

Exemplo:

$S = 236\ mm^2$; $s = 2{,}5\ mm$; $R_{m\,max} = 510\ N/mm^2$

Procurado: $\tau_{aB\,max}$; F; W

Solução: $\tau_{aB\,max} = 0.8 \cdot R_{m\,max}$
$= 0.8 \cdot 510\ N/mm^2 = \mathbf{408\ N/mm^2}$

$F = S \cdot \tau_{aB\,max} = 236\ mm^2 \cdot 408\ N/mm^2$
$= 96\,288\ N = \mathbf{96{,}288\ kN}$

$W = \frac{2}{3} \cdot F \cdot s = \frac{2}{3} \cdot 96{,}288\ kN \cdot 2{,}5\ mm$
$\approx 160\ kN \cdot mm = \mathbf{160\ N \cdot m}$

Força de cisalhamento

$$F = S \cdot \tau_{aB\,max}$$

Resistência ao cisalhamento máxima

$$\tau_{aB\,max} \approx 0.8 \cdot R_{m\,max}$$

Trabalho de cisalhamento

$$W = \frac{2}{3} \cdot F \cdot s$$

Condições de operação para prensas excêntricas e de manivela

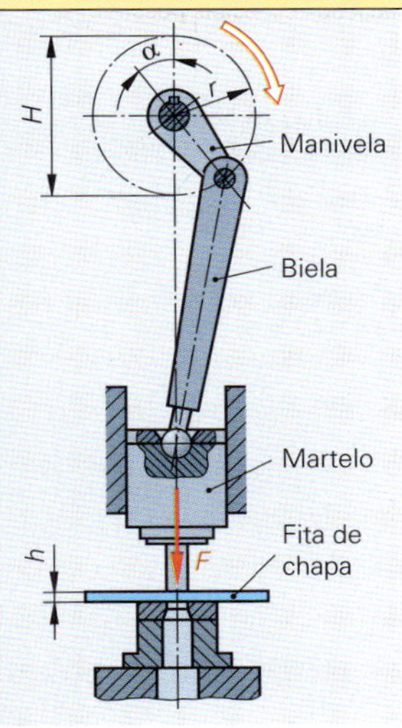

Geralmente os acionamentos das prensas são projetados para que a força nominal de compressão seja capaz de atuar com a manivela um ângulo $\alpha = 30°$.

Em curso contínuo as máquinas trabalham sem interrupção. Em curso unitário a prensa é paralisada após completar cada curso. Nas prensas com curso ajustável a força de compressão admissível é menor do que a força nominal.

F	Força de cisalhamento, conformação
F_n	Força nominal de pressão
F_{zul}	Força admissível, para curso ajustável
H	Curso, curso máximo para curso ajustável
H_e	Curso ajustado
h	Curso de trabalho (espessura da chapa)
α	Ângulo da manivela
W	Trabalho de cisalhamento, conformação
W_D	Potência de trabalho em curso contínuo
W_E	Potência de trabalho em curso unitário

Potência de trabalho em curso contínuo

$$W_D = \frac{F_n \cdot H}{15}$$

Potência de trabalho em curso unitário

$$W_E = 2 \cdot W_D$$

Condições de operação

Curso fixo

$F \leq F_n$
$W \leq W_D$ ou
$W \leq W_E$

Curso ajustável

$F \leq F_{zul}$
$F_{zul} = \frac{F_n \cdot H}{4 \cdot \sqrt{H_e \cdot h - h^2}}$
$W \leq W_D$ ou
$W \leq W_E$

Exemplo:

Prensa excêntrica com curso fixo $F_n = 250\ kN$; $H = 30\ mm$; $F = 207\ kN$; $s = 4\ mm$

Procurado: W; W_D. A prensa pode operar em curso contínuo?

Solução: $W = \frac{2}{3} \cdot F \cdot s = \frac{2}{3} \cdot 207\ kN \cdot 4\ mm = 552\ kN \cdot mm = \mathbf{552\ N \cdot m}$

$W_D = \frac{F_n \cdot H}{15} = \frac{250\ kN \cdot 30\ mm}{15} = 500\ kN \cdot mm = \mathbf{500\ N \cdot m}$

Se $F < F_n$, mas $W > W_D$, então a prensa não pode operar em curso contínuo para essa peça.

Dimensões da ferramenta e da peça

Dimensões do punção de corte e da matriz de corte

veja VDI 3368 (1982-05)

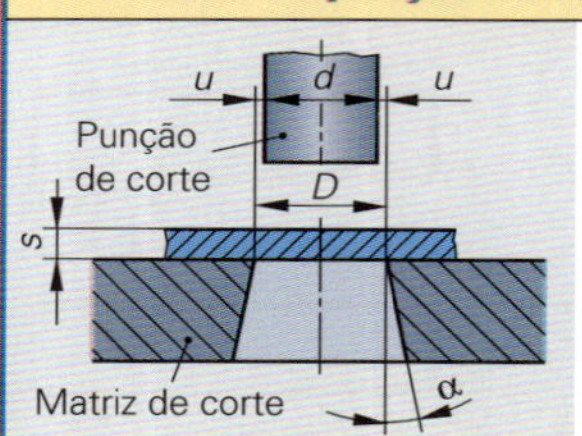

d Medida do punção de corte
D Medida da matriz de corte
u Folga de cisalhamento
s Espessura da chapa
α Ângulo de saída

Processo	Furar	Recortar
Formato da peça	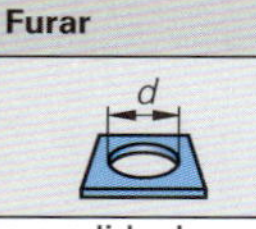	
Para a medida final é determinante:	a medida do punção de corte d	a medida da matriz de corte D
Medida da contraferramenta:	matriz de corte $D = d + 2 \cdot u$	punção de corte $d = D - 2 \cdot u$

Folga de cisalhamento *u* em função do material e espessura da chapa

Espessura da chapa *s* mm	Abertura da matriz de corte com ângulo de saída				Abertura da matriz de corte sem ângulo de saída			
	Resistência ao cisalhamento τ_{aB} em N/mm²				Resistência ao cisalhamento τ_{aB} em N/mm²			
	até 250	251–400	401–600	acima 600	até 250	251–400	401–600	acima 600
	Folga de cisalhamento *u* em mm				Folga de cisalhamento *u* em mm			
0,4–0,6	0,01	0,015	0,02	0,025	0,015	0,02	0,025	0,03
0,7–0,8	0,015	0,02	0,03	0,04	0,025	0,03	0,04	0,05
0,9–1	0,02	0,03	0,04	0,05	0,03	0,04	0,05	0,05
1,5–2	0,03	0,05	0,06	0,08	0,05	0,07	0,09	0,11
2,5–3	0,04	0,07	0,10	0,12	0,08	0,11	0,14	0,17
3,5–4	0,06	0,09	0,12	0,16	0,11	0,15	0,19	0,23

Largura do intervalo, largura da borda, sucata do corte lateral para materiais metálicos

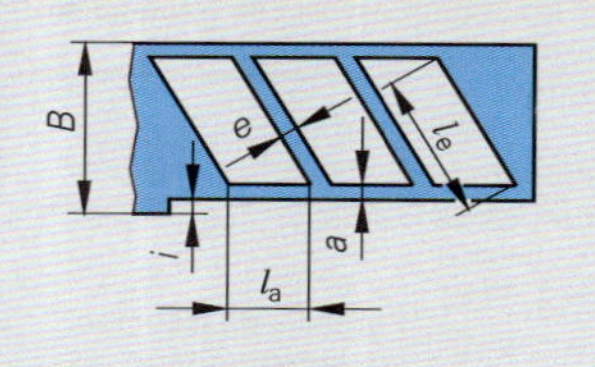

Peças angulares

a Largura da borda
e Largura do intervalo
l_a Comprimento da borda
l_e Comprimento do intervalo
B Largura da fita
i Sucata do corte lateral

Peças angulares:

Para determinação da largura do intervalo e da borda é usada sempre a medida maior do comprimento do intervalo ou da borda.

Peças redondas:

Para largura do intervalo e da borda valem para todos os diâmetros os valores de $l_e = l_a = 10$ mm, indicados para as peças angulares.

Largura da fita B mm	Comprimento do intervalo l_e Comprimento da borda l_a	Largura do intervalo *e* Largura da borda *a*	Espessura da chapa *s* em mm										
			0,1	0,3	0,5	0,75	1,0	1,25	1,5	1,75	2,0	2,5	3,0
até 100 mm	até 10	*e* *a*	0,8 1,0	0,8 0,9	0,8 0,9	0,9	1,0	1,2	1,3	1,5	1,6	1,9	2,1
	11–50	*e* *a*	1,6 1,9	1,2 1,5	0,9 1,0	1,0	1,1	1,4	1,4	1,6	1,7	2,0	2,3
	51–100	*e* *a*	1,8 2,2	1,4 1,7	1,0 1,2	1,2	1,3	1,6	1,6	1,8	1,9	2,2	2,5
	acima de 100	*e* *a*	2,0 2,4	1,6 1,9	1,2 1,5	1,4	1,5	1,8	1,8	2,0	2,1	2,4	2,7
	Sucata do corte lateral *i*		1,5					1,8	2,2	2,5	3,0	3,5	4,5
acima de 100 mm até 200 mm	até 10	*e* *a*	0,9 1,2	1,0 1,1	1,0 1,1	1,0	1,1	1,3	1,4	1,6	1,7	2,0	2,3
	11–50	*e* *a*	1,8 2,2	1,4 1,7	1,0 1,2	1,2	1,3	1,6	1,6	1,8	1,9	2,2	2,5
	51–100	*e* *a*	2,0 2,4	1,6 1,9	1,2 1,5	1,4	1,5	1,8	1,8	2,0	2,1	2,4	2,7
	101–200	*e* *a*	2,2 2,7	1,8 2,2	1,4 1,7	1,6	1,7	2,0	2,0	2,2	2,3	2,6	2,9
	Sucata do corte lateral *i*		1,5				1,8	2,0	2,5	3,0	3,5	4,0	5,0

Posição da espiga de fixação, aproveitamento da fita

Posição da espiga de fixação para formatos de punções com centro de gravidade conhecido

Disposição dos punções **Peça**

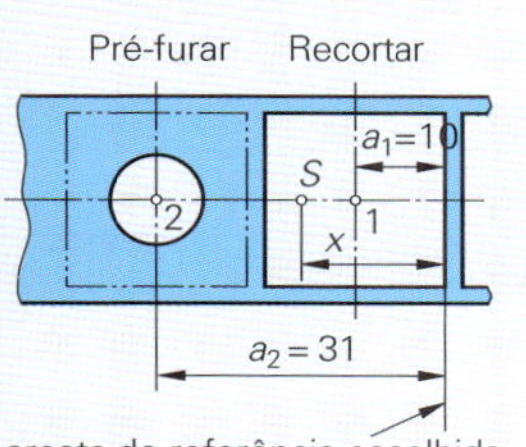

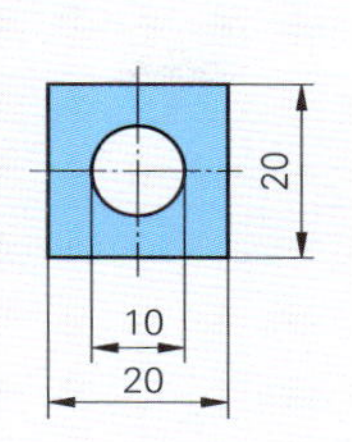

aresta de referência escolhida

U_1, U_2, U_3 ...	Perímetros dos punções individuais
a_1, a_2, a_3 ...	Distâncias entre os centros de gravidade dos punções e a aresta de referência escolhida
x	Distância do ponto médio das forças S até a aresta de referência escolhida

Distância do ponto média das forças

$$x = \frac{U_1 \cdot a_1 + U_2 \cdot a_2 + U_3 \cdot a_3 + \ldots}{U_1 + U_2 + U_3 + \ldots}$$

Exemplo:

Procura-se a distância x do ponto médio das forças S na figura à esquerda.

Solução:

Como aresta de referência foi escolhida a superfície mais externa do punção de recorte.

Punção de recorte: $U_1 = 4 \cdot 20\text{ mm} = 80\text{ mm}$; $a_1 = 10\text{ mm}$

Punção de furo: $U_2 = \pi \cdot 10\text{ mm} = 31{,}4\text{ mm}$; $a_2 = 31\text{ mm}$

$$x = \frac{U_1 \cdot a_1 + U_2 \cdot a_2}{U_1 + U_2}$$

$$\boldsymbol{x} = \frac{80\text{ mm} \cdot 10\text{ mm} + 31{,}4\text{ mm} \cdot 31\text{ mm}}{80\text{ mm} + 31{,}4\text{ mm}} \approx \mathbf{16\ mm}$$

Posição da espiga de fixação para punções com centro de gravidade desconhecido

O ponto médio das forças corresponde ao centro de gravidade das linhas[1] de todas as arestas de corte.

Disposição dos punções **Peça**

Aresta de referência escolhida

l_1, l_2, l_3 até l_n	Comprimentos das arestas de corte
a_1, a_2, a_3 até a_n	Distâncias do centro de gravidade das linhas até a aresta de referência escolhida
x	Distância do ponto médio das forças até a aresta de referência escolhida
n	Número de arestas de corte

[1] Centro de gravidade das linhas página 32

Distância do ponto médio das forças

$$x = \frac{l_1 \cdot a_1 + l_2 \cdot a_2 + l_3 \cdot a_3 + \ldots}{l_1 + l_2 + l_3 + \ldots}$$

$$x = \frac{\Sigma l_n \cdot a_n}{\Sigma l_n}$$

Exemplo:

Calcular para a peça (figura à esquerda) a posição da espiga de fixação na ferramenta de corte.

Solução:

n	l_n em mm	a_n em mm	$l_n \cdot a_n$ em mm²
1	15	5	75
2	23,6	9,8	231,28
3	20	21	420
4	2 · 20	31	1240
5	20	41	820
Σ	118,6	–	2786,28

$$\boldsymbol{x} = \frac{\Sigma l_n \cdot a_n}{\Sigma l_n} = \frac{2786{,}28\text{ mm}^2}{118{,}6\text{ mm}} = \mathbf{23{,}5\ mm}$$

Aproveitamento da fita no corte de fileira única

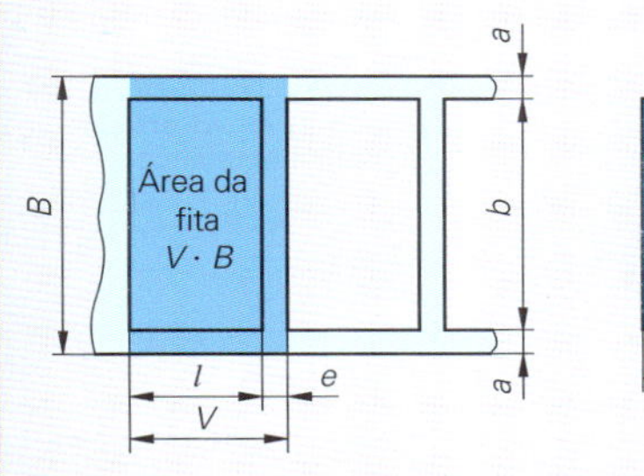

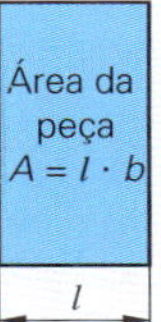

l	Comprimento da peça
b	Largura da peça
B	Largura da fita
a	Largura da borda
e	Largura do intervalo
V	Avanço da fita
A	Área de uma peça (inclusive furos)
R	Número de fileiras
n	Grau de aproveitamento

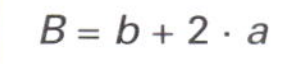

Largura da fita

$$B = b + 2 \cdot a$$

Avanço da fita

$$V = l + e$$

Grau de aproveitamento

$$\eta = \frac{R \cdot A}{V \cdot B}$$

Raio de dobra, valores de compensação, cálculo do recorte

Menor raio admissível para peças dobradas de metais não ferrosos

veja DIN 5520 (2002-07)

Material	Estado do material	Espessura em mm (s)							
		0.8	1	1.5	2	3	4	5	6
		Raio de dobra mínimo r[1] em mm							
AlMg3-01	recozido mole	0,6	1	2	3	4	6	8	10
AlMg3-H14	laminado a frio	1,6	2,5	4	6	10	14	18	–
AlMg3-H111	laminado a frio e recozido	1	1,5	3	4,5	6	8	10	–
AlMg4.5Mn-H112	recozido mole endireitado	1	1,5	2,5	4	6	8	10	14
AlMg4.5Mn-H111	laminado a frio e recozido	1,6	2,5	4	6	10	16	20	25
AlMgSi1-T6	recozido em solução e armazenado quente	4	5	8	12	16	23	28	36
CuZn37-R600	duro	2,5	4	5	8	10	12	18	24

[1] para raio de dobra $\alpha = 90°$, independente da direção de laminação

Menor raio admissível para aço dobrado a frio

veja DIN 6935 (1975-10)

Resistência à tração mín. R_m em N/mm² acima de... até	Menor raio de dobra[1] r para espessura de chapa s em mm														
	1	1,5	2,5	3	4	5	6	7	8	10	12	14	16	18	20
até 390	1	1,6	2,5	3	5	6	8	10	12	16	20	25	28	36	40
390–490	1,2	2	3	4	5	8	10	12	16	20	25	28	32	40	45
490–640	1,6	2,5	4	5	6	8	10	12	16	20	25	32	36	45	50

[1] Valores válidos para ângulo de dobra $\alpha \leq 120°$ e dobra transversal à direção de laminação. Para dobras paralelas à direção de laminação e ângulo de dobra $\alpha > 120°$ deve ser escolhido o valor para espessura de chapa imediatamente superior.

Valores de compensação para ângulo de dobra $\alpha = 90°$

veja suplemento 2 da DIN 6935 (1983-02)

Raio de dobra r em mm	Valores de compensação v em mm para cada dobra, para espessura de chapa s em mm														
	0,4	0,6	0,8	1	1,5	2	2,5	3	3,5	4	4,5	5	6	8	10
1	1,0	1,3	1,7	1,9	–	–	–	–	–	–	–	–	–	–	–
1,6	1,3	1,6	1,8	2,1	2,9	–	–	–	–	–	–	–	–	–	–
2,5	1,6	2,0	2,2	2,4	3,2	4,0	4,8	–	–	–	–	–	–	–	–
4	–	2,5	2,8	3,0	3,7	4,5	5,2	6,0	6,9	–	–	–	–	–	–
6	–	–	3,4	3,8	4,5	5,2	5,9	6,7	7,5	8,3	9,0	9,9	–	–	–
10	–	–	–	5,5	6,1	6,7	7,4	8,1	8,9	9,6	10,4	11,2	12,7	–	–
16	–	–	–	8,1	8,7	9,3	9,9	10,5	11,2	11,9	12,6	13,3	14,8	17,8	21,0
20	–	–	–	9,8	10,4	11,0	11,6	12,2	12,8	13,4	14,1	14,9	16,3	19,3	22,3
25	–	–	–	11,9	12,6	13,2	13,8	14,4	15,0	15,6	16,2	16,8	18,2	21,1	24,1
32	–	–	–	15,0	15,6	16,2	16,8	17,4	18,0	18,6	19,2	19,8	21,0	23,8	26,7
40	–	–	–	18,4	19,0	19,6	20,2	20,8	21,4	22,0	22,6	23,2	24,5	26,9	29,7
50	–	–	–	22,7	23,3	23,9	24,5	25,1	25,7	26,3	26,9	27,5	28,8	31,2	33,6

Cálculo do recorte para peças dobradas a 90°

veja DIN 6935 (1975-10)

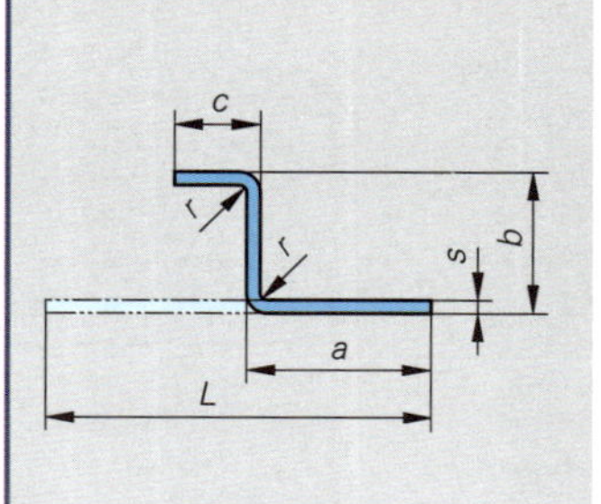

L Comprimento esticado[1]
a, b, c Comprimentos das abas
s Espessura
r Raio de dobra
n Número de dobras
v Valor de compensação

Comprimento esticado[2]

$$L = a + b + c + ... - n \cdot v$$

[2] O comprimento esticado calculado deve ser arredondado para mm inteiros.

Exemplo (veja figura):

$a = 25$ mm; $b = 20$ mm; $c = 15$ mm; $n = 2$; $s = 2$ mm;
$r = 4$ mm; material S235JR; $v = ?$; $L = ?$
$\mathbf{v} = \mathbf{4{,}5\ mm}$ (da tabela acima)
$\mathbf{L} = a + b + c - n \cdot v = (25 + 20 + 15 - 2 \cdot 4.5)$ mm $= \mathbf{51\ mm}$

[1] Para uma relação $r/s > 5$ pode-se calcular também pela fórmula para comprimentos esticados (página 24).

Cálculo do recorte, recuo elástico na dobra

Cálculo do recorte para peças dobradas com qualquer ângulo

veja DIN 6935 (1975-10)

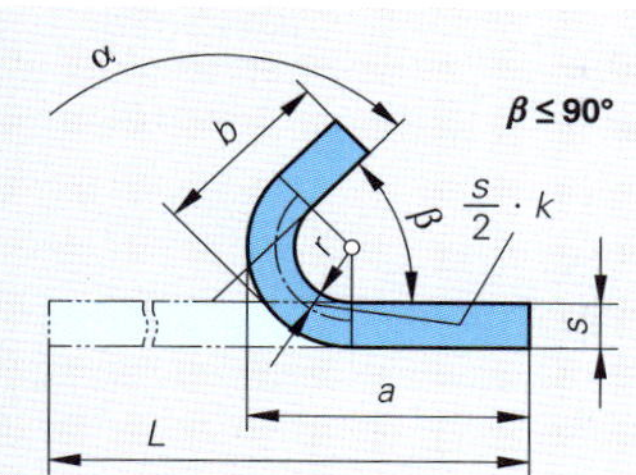
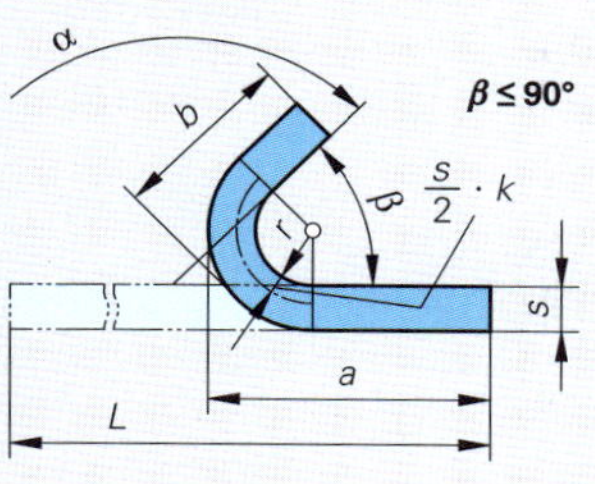

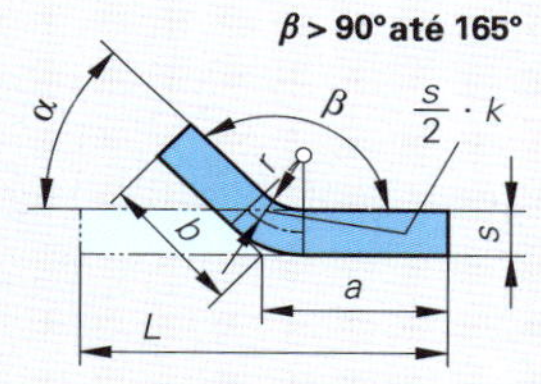

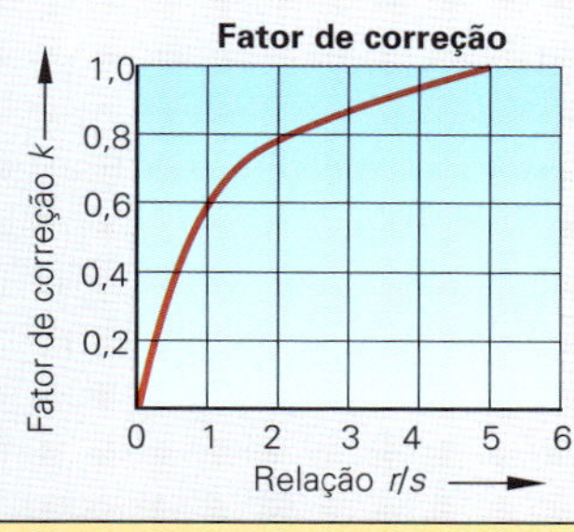

- L Comprimento esticado
- a, b Comprimentos das abas
- v Valor de compensação
- s Espessura da chapa
- r Raio de dobra
- β Ângulo de abertura
- k Fator de correção

Comprimento esticado[1)]

$$L = a + b - v$$

Valor de correção para β = 0° até 90°

$$\boldsymbol{v} = 2 \cdot (r + s) - \pi \cdot \left(\frac{180° - \beta}{180°}\right) \cdot \left(r + \frac{s}{2} \cdot k\right)$$

Valor de correção para β acima de 90° até 165°

$$v = 2 \cdot (r + s) \cdot \tan\frac{180° - \beta}{2} - \pi \cdot \left(\frac{180° - \beta}{180°}\right) \cdot \left(r + \frac{s}{2} \cdot k\right)$$

Valor de correção para β acima 165° até 180°
$v \approx 0$ (muito pequeno)

Fator de correção

$$k = 0{,}65 + 0{,}5 \cdot \log\frac{r}{s}$$

Exemplo:

Peça dobrada com $\beta = 60°$, $a = 16$ mm, $b = 21$ mm, $r = 6$ mm, $s = 5$ mm; $k = ?$; $v = ?$; $L = ?$;

$\frac{r}{s} = \frac{6\text{ mm}}{5\text{ mm}} = 1{,}2$; $\boldsymbol{k} = \mathbf{0{,}7}$ (do diagrama)

$\boldsymbol{k} = \mathbf{0{,}689}$ (calculado com a fórmula)

$$\boldsymbol{v} = 2 \cdot (r + s) - \pi \cdot \left(\frac{180° - \beta}{180°}\right) \cdot \left(r + \frac{s}{2} \cdot k\right)$$

$$= 2 \cdot (6 + 5)\text{ mm} - \pi \cdot \left(\frac{180° - 60°}{180°}\right) \cdot \left(6 + \frac{5}{2} \cdot 0{,}7\right)\text{mm} = \mathbf{5{,}77\,mm}$$

$$\boldsymbol{L} = a + b - v = 16\text{ mm} + 21\text{ mm} - 5{,}77\text{ mm} \approx \mathbf{32\ mm}$$

[1)] Para r/s > 5 também pode-se calcular com precisão suficiente pela fórmula do comprimento esticado (p. 24).

Recuo elástico ao dobrar

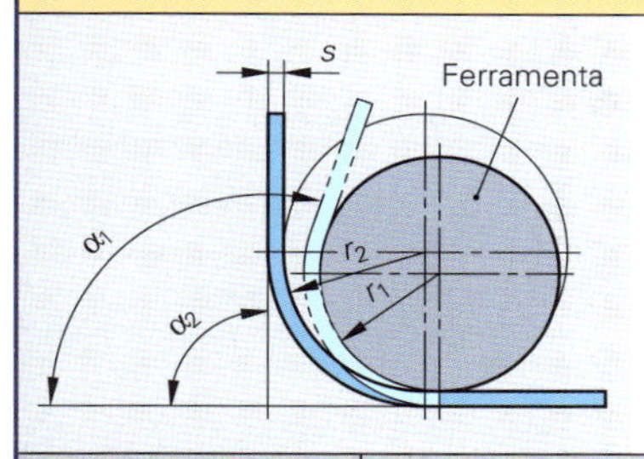

- α_1 Ângulo de dobra antes do recuo (na ferramenta)
- α_2 Ângulo de dobra após o recuo (na peça)
- r_1 Raio na ferramenta
- r_2 Raio de dobra na peça
- k_R Fator de recuo elástico
- s Espessura da chapa

Raio na ferramenta

$$r_1 = k_R \cdot (r_2 + 0{,}5 \cdot s) - 0{,}5 \cdot s$$

Ângulo de dobra antes do recuo

$$\alpha_1 = \frac{\alpha_2}{k_R}$$

Material da peça dobrada	Fator de recuo elástico k_R para a relação r_2/s										
	1	1.6	2.5	4	6.3	10	16	25	40	63	100
DC04	0,99	0,99	0,99	0,98	0,97	0,97	0,96	0,94	0,91	0,87	0,83
DC01	0,99	0,99	0,99	0,97	0,96	0,96	0,93	0,90	0,85	0,77	0,66
X12CrNi18-8	0,99	0,98	0,97	0,95	0,93	0,89	0,84	0,76	0,63	–	–
E-Cu-R20	0,98	0,97	0,97	0,96	0,95	0,93	0,90	0,85	0,79	0,72	0,6
CuZn33-R29	0,97	0,97	0,96	0,95	0,94	0,93	0,89	0,86	0,83	0,77	0,73
CuNi18Zn20	–	–	–	0,97	0,96	0,95	0,92	0,87	0,82	0,72	–
EN AW-Al99.0	0,99	0,99	0,99	0,99	0,98	0,98	0,97	0,97	0,96	0,95	0,93
EN AW-AlCuMg1	0,98	0,98	0,98	0,98	0,97	0,97	0,96	0,95	0,93	0,91	0,87
EN AW-AlSiMgMn	0,98	0,98	0,97	0,96	0,95	0,93	0,90	0,86	0,82	0,76	0,72

Repuxo profundo

Cálculo do diâmetro do recorte

Peça repuxada	Diâmetro do recorte D	Peça repuxada	Diâmetro do recorte D
	sem borda d_2 $D = \sqrt{d_1^2 + 4 \cdot d_1 \cdot h}$ **com borda d_2** $D = \sqrt{d_2^2 + 4 \cdot d_1 \cdot h}$		**sem borda d_2** $D = \sqrt{2 \cdot d_1^2 + 4 \cdot d_1 \cdot h}$ **com borda d_2** $D = \sqrt{2 \cdot d_1^2 + 4 \cdot d_1 \cdot h + (d_2^2 - d_1^2)}$
	sem borda d_3 $D = \sqrt{d_2^2 + 4 \cdot (d_1 \cdot h_1 + d_2 \cdot h_2)}$ **com borda d_3** $D = \sqrt{d_3^2 + 4 \cdot (d_1 \cdot h_1 + d_2 \cdot h_2)}$		**sem borda d_2** $D = \sqrt{d_1^2 + 4 \cdot h_1^2 + 4 \cdot d_1 \cdot h_2}$ **com borda d_2** $D = \sqrt{d_1^2 + 4 \cdot h_1^2 + 4 \cdot d_1 \cdot h_2 + (d_2^2 - d_1^2)}$
	sem borda d_4 $D = \sqrt{d_1^2 + 4 \cdot d_2 \cdot l}$ **com borda d_4** $D = \sqrt{d_1^2 + 4 \cdot d_2 \cdot l + (d_4^2 - d_3^2)}$		**sem borda d_2** $D = \sqrt{2 \cdot d_1^2} = 1{,}414 \cdot d$ **com borda d_2** $D = \sqrt{d_1^2 + d_2^2}$

Exemplo:

Peça cilíndrica repuxada sem borda d_2 (figura à esquerda) com $d_1 = 50$ mm, $h = 30$ mm; $D = ?$

$\boldsymbol{D} = \sqrt{d_1^2 + 4 \cdot d_1 \cdot h} = \sqrt{50^2\ \text{mm}^2 + 4 \cdot 50\ \text{mm} \cdot 30\ \text{mm}} = \mathbf{92{,}2\ mm}$

Folga de repuxo e raios na matriz e no punção de repuxo

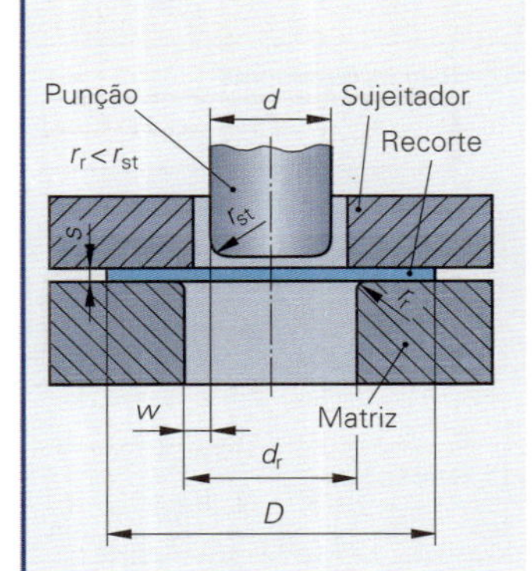

- w Folga de repuxo
- s Espessura da chapa
- k Fator do material
- r_r Raio na matriz
- r_{st} Raio no punção
- D Diâmetro do recorte
- d Diâmetro do punção
- d_r Diâmetro da matriz

Folga de repuxo em mm

$$w = s + k \cdot \sqrt{10 \cdot s}$$

Raio na matriz em mm

$$r_r = 0{,}035 \cdot [50 + (D - d)] \cdot \sqrt{s}$$

Para cada estágio subsequente, o raio na matriz deve ser reduzido de 20% a 40%.

Folga de repuxo

$$w = \frac{d_r - d}{2}$$

Raio no punção em mm

$$r_{st} = (4 \text{ até } 5) \cdot s$$

Fator do material k	
Aço	0,07
Alumínio	0,02
Outros metais não ferrosos	0,04

Exemplo:

Chapa de aço; $D = 51$ mm; $d = 25$ mm; $s = 2$ mm; $w = ?$; $r_r = ?$; $r_{st} = ?$

k = **0,07** (da tabela)

w $= s + k \cdot \sqrt{10 \cdot s} = 2 + 0{,}07 \cdot \sqrt{10 \cdot 2} =$ **2,3 mm**

$\mathbf{r_r} = 0{,}035 \cdot [50 + (D - d)] \cdot \sqrt{2} = 0{,}035 \cdot [50 + (51 - 25)] \cdot \sqrt{2} =$ **3,8 mm**

$\mathbf{r_{rst}} = 4{,}5 \cdot s = 4{,}5 \cdot 2\ \text{mm} =$ **9 mm**

Repuxo profundo

Estágios de repuxo e relação de repuxo

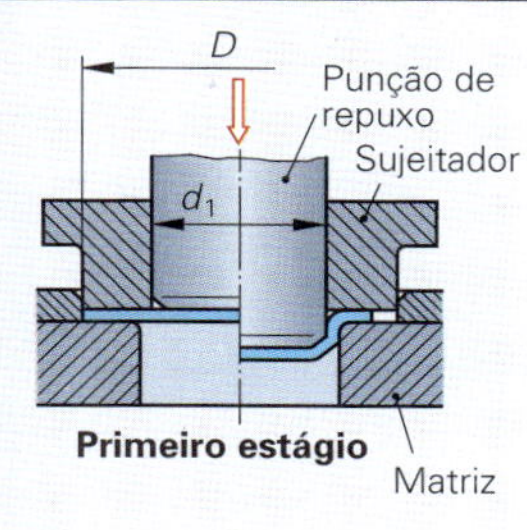

Primeiro estágio

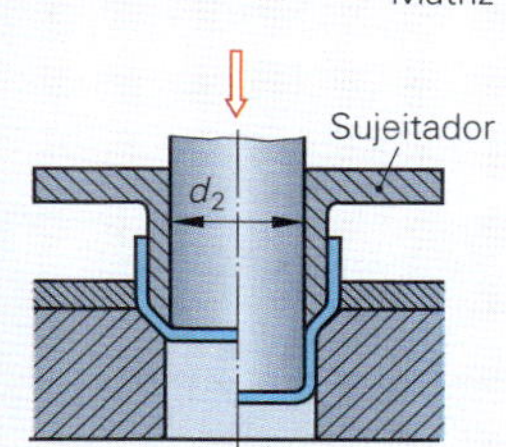

Estágio subseqüente

D	Diâmetro do recorte
d	Diâmetro interno da peça repuxada pronta
d_1	Diâmetro do punção para o 1º estágio
d_2	Diâmetro do punção para o 2º estágio
d_n	Diâmetro do punção para o *n*-ésimo estágio
β_1	Relação de repuxo 1º estágio
β_2	Relação de repuxo 2º estágio
β_{ges}	Relação total de repuxo
s	Espessura da chapa

Exemplo:

Gamela sem borda de DC04 (St 14) com $d = 50$ mm; $h = 60$ mm; $D = ?$; $\beta_1 = ?$; $\beta_2 = ?$; $d_1 = ?$; $d_2 = ?$

$$\boldsymbol{D} = \sqrt{d^2 + 4 \cdot d \cdot h}$$

$$= \sqrt{(50\text{ mm})^2 + 4 \cdot 50\text{ mm} \cdot 60\text{ mm}} \approx \mathbf{120\ mm}$$

$\beta_1 = \mathbf{2{,}0}$; $\beta_2 = \mathbf{1{,}3}$ (conforme tabela abaixo)

$$\boldsymbol{d_1} = \frac{D}{\beta_1} = \frac{120\text{ mm}}{2{,}0} = \mathbf{60\ mm}$$

$$\boldsymbol{d_2} = \frac{d_1}{\beta_2} = \frac{60\text{ mm}}{1{,}3} = \mathbf{46\ mm}$$

Bastam 2 estágios, pois $d_2 < d$

Relação de repuxo

1º estágio

$$\beta_1 = \frac{D}{d_1}$$

2º estágio

$$\beta_2 = \frac{d_1}{d_2}$$

Relação total de repuxo

$$\beta_{ges} = \beta_1 \cdot \beta_2 \cdot \ldots$$

$$\beta_{ges} = \frac{D}{d_n}$$

Material	Relação de repuxo máx.[1]		R_m[2]	Material	Relação de repuxo máx.[1]		R_m[2]	Material	Relação de repuxo máx.[1]		R_m[2]
	β_1	β_2	N/mm²		β_1	β_2	N/mm²		β_1	β_2	N/mm²
DCO1 (St12)	1,8	1,2	410	CuZn30-R270	2,1	1,3	270	Al99.5 H111	2,1	1,6	95
DCO3 (St13)	1,9	1,3	370	CuZn37-R300	2,1	1,4	300	AlMg1 H111	1,9	1,3	145
DCO4 (St14)	2,0	1,3	350	CuZn37-R410	1,9	1,2	410	AlCu4Mg1 T4	2,0	1,5	425
X10CrNi18-8	1,8	1,2	750	CuSn6-R350	1,5	1,2	350	AlSi1MgMn T6	2,1	1,4	310

[1] Os valores são válidos até $d_1 : s = 300$; eles foram calculados para $d_1 = 100$ mm e $s = 1$ mm. Para outras espessuras de chapa e diâmetros do punção, os valores podem variar levemente. [2] Resistência à tração máxima.

Força de ruptura do fundo, força de repuxo, força do sujeitador

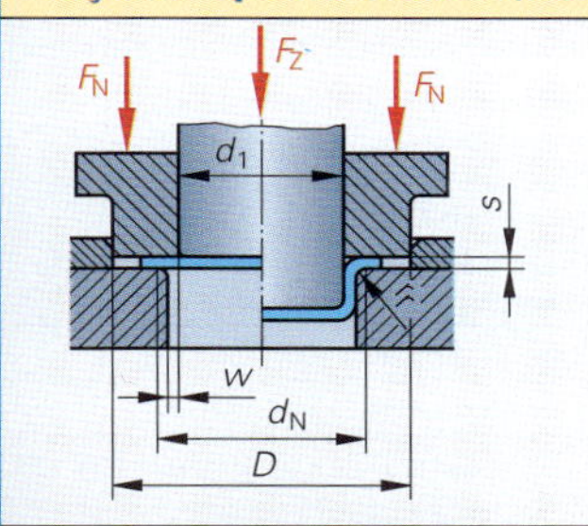

Pressão do sujeitador p em N/mm²	
Aço	2,5
Ligas de cobre	2,0–2,4
Ligas de alumínio	1,2–1,5

F_t	Força de ruptura do fundo
F_z	Força de repuxo
d_1	Diâmetro do punção
s	Espessura da chapa
R_m	Resistência à tração
β	Relação de repuxo
β_{max}	Maior relação de repuxo possível
F_N	Força do sujeitador
D	Diâmetro do recorte
d_N	Diâmetro de apoio do sujeitador
p	Pressão do sujeitador
r_r	Raio na matriz
w	Folga de repuxo

Força de ruptura do fundo

$$F_B = \pi \cdot (d_1 + s) \cdot s \cdot R_m$$

Força de repuxo

$$F_Z = \pi \cdot (d_1 + s) \cdot s \cdot R_m \cdot 1{,}2 \cdot \frac{\beta - 1}{\beta_{max} - 1}$$

Força do sujeitador

$$F_N = \frac{\pi}{4} \cdot (D^2 - d_N^2) \cdot p$$

Diâmetro de apoio do sujeitador

$$d_N = d_1 + 2 \cdot (r_r + w)$$

Exemplo:

$D = 210$ mm; $d_1 = 140$ mm; $s = 1$ mm; $R_m = 380$ N/mm²; $\beta = 1{,}5$; $\beta_{max} = 1{,}9$; $F_z = ?$

$$\boldsymbol{F_Z} = \pi \cdot (d_1 + s) \cdot s \cdot R_m \cdot 1{,}2 \cdot \frac{\beta - 1}{\beta_{max} - 1} = \pi \cdot (140\text{ mm} + 1\text{ mm}) \cdot 1\text{ mm} \cdot 380\frac{\text{N}}{\text{mm}^2} \cdot 1{,}2 \cdot \frac{1{,}5 - 1}{1{,}9 - 1} = \mathbf{112218\ N}$$

Processos, posições de soldagem, tolerâncias gerais

Soldagem, corte, brasagem e processos assemelhados

veja DIN EN ISO 4063 (2000-04)

N[1]	Processos	N[1]	Processos	N[1]	Processos
1	**Soldagem por arco voltaico**	24 25	Solda a topo com fusão Solda a topo com pressão	**7**	**Outros métodos de soldagem**
101 111	Arco metálico Arco voltaico manual	**3**	**Soldagem a gás combustível**	73 74	Soldagem por descarga de gás Soldagem por indução
11	Arco metálico sem gás protetor	311	Solda com chama de oxigênio-acetileno	75 753	Soldagem por feixe de luz Soldagem por infravermelho
12 13	Arco submerso Arco metálico e gás protetor	312	Solda com chama de oxigênio-propano	78 788	Soldagem de pinos Soldagem por fricção de pinos
131 135	Arco metálico e gás inerte (MIG) Arco metálico e gás ativo (MAG)	**4**	**Soldagem por pressão**	**8**	**Cortar**
136	Arco metálico e gás ativo com eletrodo revestido	41 42	Solda por ultrassom Soldagem por fricção	81 82	Corte autógeno Corte por arco elétrico
137	Arco metálico e gás inerte com eletrodo revestido	45 47	Soldagem por difusão Soldagem por pressão de gás	83 84	Corte por plasma Corte por feixe de laser
14 141	Gás protetor de tungstênio Gás inerte de tungstênio (TIG)	**5**	**Soldagem por radiação**	**9**	**Solda dura, solda macia**
15 151	Solda a plasma Solda TIG com plasma	51 52	Soldagem por feixe de elétrons Soldagem por feixe de laser	91 912	Solda dura Solda dura sob chama
2	**Soldagem por resistência**	511	Soldagem por feixe de elétrons sob vácuo	914 924	Solda dura em banho Solda dura sob vácuo
21 22	Solda a ponto Solda por costura	521	Soldagem por feixe de laser sólido	94 944	Solda macia Solda macia em banho
225 23	Solda a topo Solda por projeção	522	Soldagem por feixe de laser de gás	946 952	Solda macia por indução Solda macia com ferro de soldar

⇒ **Processo ISO 4063-111:** Processo de soldagem prescrito → Solda a arco voltaico manual (111)

[1] N número de referência para identificação dos processos de soldagem em desenhos, instruções de trabalho e no processamento de dados.

Posições de soldagem

veja DIN EN ISO 6947 (1997-05)

Sigla	Denominação	Posição principal, descrição
PA	Posição plana horizontal	Linha de centro do cordão vertical, trabalho na horizontal, cobertura em cima
PB	Posição horizontal	Trabalhar na horizontal, cobertura em cima
PC	Posição transversal	Linha de cento do cordão horizontal, trabalhar na horizontal
PD	Posição horizontal acima da cabeça	Trabalhar na horizontal, acima da cabeça, cobertura em baixo
PE	Posição acima da cabeça	Trabalhar na horizontal, linha de centro do cordão vertical, cobertura em baixo
PF	Posição ascendente	Trabalhar na direção ascendente
PG	Posição descendente	Trabalhar na direção descendente

Tolerâncias gerais para construções soldadas

veja DIN EN ISO 13920 (1996-11)

Grau de precisão	Desvios admissíveis para medidas de comprimento Δl em mm, faixa da medida nominal l[1]: até 30	acima 30 até 120	acima 120 até 400	acima 400 até 1000	acima 1000 até 2000	acima 2000 até 4000	para medidas angulares $\Delta\alpha$ em ° e ', faixa de medidas nominais l[1]: até 400	acima 400 até 1000	acima 1000
A	±1	±1	±1	±2	±3	± 4	±20′	±15′	±10′
B	±1	±2	±2	±3	±4	± 6	±45′	±30′	±20′
C	±1	±3	±4	±6	±8	±11	±1°	±45′	±30′

[1] l aba mais curta

Preparação do cordão

veja DIN EN 29692 (1994-04)

Denominação símbolos dos cordões de solda páginas 93–95	Espessura da peça t mm	A[1]	Preparação do cordão: Formato da junção	Medidas: Fresta b mm	Medidas: Alma c mm	Medidas: Ângulo α em °	Processo de solda recomendado	Observações
Cordão de borda ⅄	0–2	e	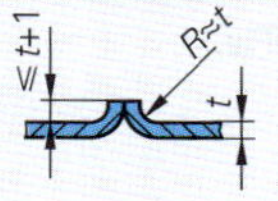 $\leq t+1$; $R \approx t$; t	–	–	–	3, 111, 141, 131, 135	soldagem de chapas finas, geralmente sem material adicional
Cordão I ‖	0–4	e	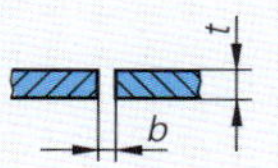 t; b	$\approx t$	–	–	3, 111, 141	pouco material adicional, sem preparação do cordão
	0–8	b		$\approx t/2$	–	–	111, 141	
				$\leq t/2$	–	–	131, 135	
Cordão V V	3–10	e	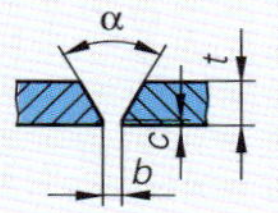 α; t; c; b	≤ 4	$c \leq 2$	40°–60°	3	–
	3–40	b		≤ 3	$c \leq 2$	≈ 60°	111, 141	com contrachapa
						40°–60°	131, 135	
Cordão Y Y	5–40	e	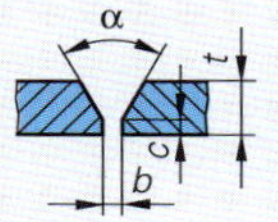 α; t; c; b	1–4	2–4	≈ 60°	111, 131, 135, 141	–
	> 10	b		1–3	2–4	≈ 60°	111, 141	com raiz e contrachapa
						40°–60°	131, 135	
Cordão D-V X	>10	b	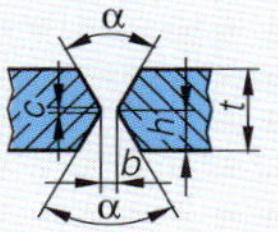 α; c; h; t; b; α	1–3	$c \leq 2$	≈ 60°	111, 141	junção simétrica $h = t/2$
						40°–60°	131, 135	
Cordão HV ⋁	3–10	e	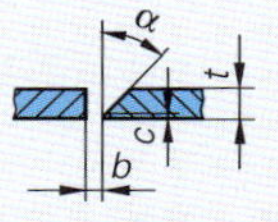 α; t; c; b	2–4	1–2	35°–60°	111, 131, 135, 141	–
	3–30	b		1–4	$c \leq 2$	35°–60°	111, 131, 135, 141	com contrachapa
Cordão D-HV K	>10	b	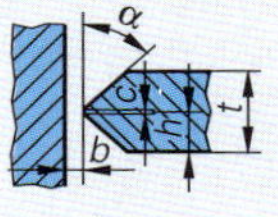 α; c; h; t; b	1–4	$c \leq 2$	35°–60°	111, 131, 135, 141	junção simétrica $h = t/2$
Cordão de filete ◺	> 2	e	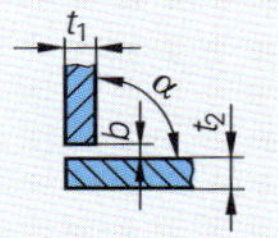 t_1; α; b; t_2	≤ 2	–	70°–100°	3, 111, 131, 135, 141	junta-T
	> 3	b	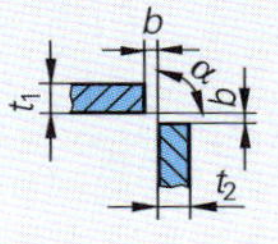 b; α; t_1; t_2	≤ 2	–	70°–110°	3, 111, 131, 135, 141	cordão de filete duplo, junta de canto

[1] A execução: e = soldado de um lado; b = soldado dos dois lados

[2] Processos de soldagem: p. 322

Garrafas de gás sob pressão, varetas para solda

Garrafas de gás sob pressão

veja DIN EN 1089 (2004-06)

Ogiva
N
Corpo

Tipo de gás	Cores de identificação[1] cf. DIN EN 1089-3 Corpo	Ogiva	Antiga	Rosca de conexão	Volume V l	Pressão p_F bar	Conteúdo
Oxigênio	azul	branco	azul	R3/4	40 50	150 200	6 m³ 10 m³
Acetileno	castanho	castanho	amarelo	Abraçadeira	40 50	19 19	8 kg 10 kg
Hidrogênio	vermelho	vermelho	vermelho	W21,80x1/14	10 50	200 200	2 m³ 10 m³
Argônio	cinza	verde escuro	cinza	W21,80x1/14	10 50	200 200	2 m³ 10 m³
Hélio	cinza	marrom	cinza	W21,80x1/14	10 50	200 200	2 m³ 10 m³
Mistura argônio e dióxido de carbono	cinza	verde claro	cinza	W21,80x1/14	20 50	200 200	4 m³ 10 m³
Dióxido de carbono	cinza	cinza	cinza	W21,80x1/14	10 50	58 58	7.5 kg 20 kg
Nitrogênio	cinza	preto	verde escuro	W24,32x1/14	40 50	150 200	6 m³ 10 m³

[1] A nova identificação por cores deve estar implantada até 01.07.2006. Até lá (período de transição), o selo de material perigoso (p. 331) é a única identificação obrigatória.

Varetas para solda a gás para ligações de aço

veja DIN EN 12536 (2000-08), substitui a DIN 8554-1

Classificação, análise química do produto da solda, comportamento na soldagem

Sigla nova	Sigla antiga	Análise química do produto da solda em % (valores de referência) C	Si	Mn	Mo	Ni	Cr	Comportamento na soldagem: Fluidez	Respingo	Tendência a poros
O I	G I	<0,1	<0,20	<0,65	–	–	–	muito fluido	muito	sim
O II	G II	<0,2	<0,25	<1,20	–	–	–	pouco fluido	pouco	sim
O III	G III	<0,5	<0,25	<1,25	–	<0,80	–	viscoso	nenhum	não
O IV	G IV	<0,15	<0,25	<1,20	<0,65	–	<1,20	viscoso	nenhum	não
O V	G V	<0,10	<0,25	<1,20	<0,65	–	<1,20	viscoso	nenhum	não

Área de aplicação, propriedades mecânicas

Área de aplicação	Tipos de aços	Sigla da vareta de solda	B[1]	Limite de alongamento R_e N/mm²	Resistência à tração R_m N/mm²	Alongamento A %	KA[2] K_v J
Chapas, tubos	S235, S275	O I	U	> 260	360–410	> 20	> 30
Reservatórios, tubulações	S235, S275, P235GH, P265GH	O II	U	> 300	390–440	> 20	> 47
	S235, S275 P235GH, P265GH	O III	U	> 310	400–460	> 22	> 47
Caldeiras, tubulações, resistência térmica até 530 °C	S235, S355, S275, P235, P235GH, P265GH, P295GH, 16Mo3	O IV	U	> 260	440–490	> 22	> 47
Caldeiras, tubulações, resistência térmica até 570 °C	13CrMo4-5, 16CrMo3	O V	A	> 315	490–590	> 18	> 47
⇒	**Vareta EN 12536 – O IV:** vareta para solda a gás da classe IV						

[1] B Condições de tratamento do cordão de solda: U sem tratamento (condições de soldagem); A: recozido
[2] KA Trabalho de entalhe por choque a +20 C°, determinado em um corpo de prova ISO-V

Gases protetores, eletrodos de arame

Gases protetores para soldagem de aço com arco voltaico

veja DIN EN 439 (1995-05)

Sigla	Composição[1]	Tipo de gás, efeito	Processo de soldagem	Materiais; aplicação
R1	H_2 < 15%, restante Ar ou He	Gases redutores	Solda TIG, plasma	aços de alta liga, níquel, ligas de níquel
R2	(15–35)% H_2, restante Ar ou He			
I1	100% Ar	Gases inertes (comportamento neutro)	Solda MIG, TIG, plasma	alumínio, ligas de alumínio, cobre, ligas de cobre
I2	100% He			
I3	He < 95%, restante Ar			
M11	$CO_2 \leq$ 5%, $H_2 \leq$ 5%, restante Ar ou He	Gases mistos, levemente oxidantes	Solda MAG	aços liga CrNi; predominantemente aços resistentes à corrosão e a ácidos
M12	(3–10)% CO_2, restante Ar ou He			
M13	O_2 < 3%, restante Ar			
M21	(5–25)% CO_2, restante Ar ou He	Gases mistos, fracamente oxidantes	Solda MAG	aços de baixa e média liga
M22	(3–10)% CO_2, restante Ar ou He			
M23	$CO_2 \leq$ 5%, (3–10)% O_2, restante Ar ou He			
M31	(25–50)% CO_2, restante Ar ou He	Gases mistos, medianamente oxidantes	Solda MAG	aços não ligados e de baixa liga; chapas em bruto
M32	(10–15)% O_2, restante Ar ou He			
M33	(5–50)% CO_2, (8–15)% O_2, restante Ar ou He			
C1	100% CO_2	Gases altamente oxidantes	Solda MAG	aços não ligados
C2	$O_2 \leq$ 30%, restante CO_2			
⇒	**Gás protetor EN 439-I3:** Gás inerte com até 95% de hélio, restante argônio			

[1] Ar Argônio He Hélio O_2 Oxigênio CO_2 Dióxido de carbono H_2 Hidrogênio

Eletrodos de arame e produto da solda para soldagem de aços não ligados e aços estruturais de grão fino com arco metálico e gás protetor

cf. DIN EN 440 (1994-11)

Exemplo de designação (produto da solda):

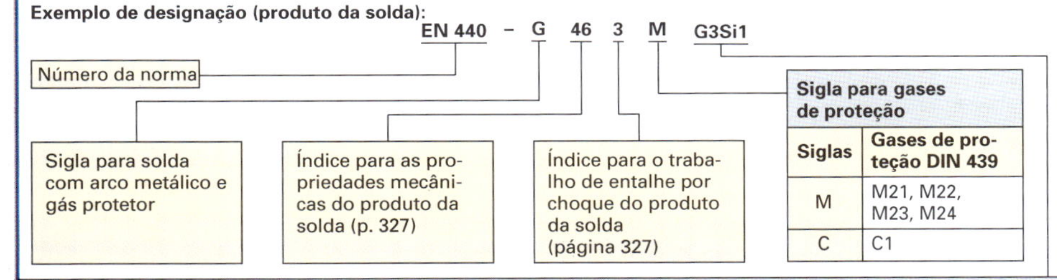

Composição química dos eletrodos de arame (exemplos)

Siglas	Elementos principais da liga	Siglas	Elementos principais da liga
G0	Qualquer composição combinada	G2Ti	0,5–0,8% Si, 0,9–1,4% Mn, 0,05–0,25% Ti
G3Si1	0,7–1,0% Si, 1,3–1,6% Mn	G2Ni2	0,4–0,8% Si, 0,8–1,4% Mn, 2,1–2,7% Ni
⇒	**EN 440 – G 46 4 M G3Si1:** Propriedades do produto da solda: limite mínimo de alongamento R_e = N/mm², Trabalho de entalhe por choque a –40 °C = 47 J; gás misto M21...M24, eletrodo com 0,7...1,0% Si, 1,3...1,6% Mn		

Eletrodos de arame (seleção)

Designação conforme DIN EN 440	Processo de solda	Gases de proteção	Aplicável em aços, Exemplos	Aplicação, propriedades, Exemplos
G 46 4 M G3Si1	MAG	M21–M24, C1	S185–S355, E295, E335, P235–P355, GP240R, L210–L360	Soldagem de ligação e deposição
G 50 4 M G4Si1	MAG	M21–M24, C1		Como G3Si1, porém com maiores valores de resistência
G 46 M G2Ni2	MAG	M21	12Ni14, 13MnNi6-3, S(P)275–S(P)420	Aços estruturais de grão fino e aços de alta tenacidade a baixas temperaturas

Valores de referência para solda com gás protetor, aditivos para alumínio

Planejamento do cordão				Valores de ajuste				Performance	
Formato do cordão	Espessura do cordão *a* mm	Diâmetro do arame mm	Número de camadas	Tensão V	Corrente A	Vel. de avanço do arame[1] m/min	Gás de proteção l/min	Aditivo g/m	Tempo principal min/m
Solda MAG, valores de referência para aços estruturais não ligados									
Posição de soldagem: PB Eletrodo de arame DIN EN 440 – G 46 4 M G3Si1 Gás protetor DIN EN 439 – M21									
	2 3 4	0,8 1,0 1,0	1	20 22 23	105 215 220	7 11 11	10	45 90 140	1,5 1,4 2,1
	5 6 7	1,0 1,0 1,2	1 1 3	30	300	10	15	215 300 390	2,6 3,5 4,6
	8 10	1,2	3 4	30	300	10	15	545 805	6,4 9,5
Solda MIG, valores de referência para ligas de alumínio									
Posição de soldagem: PA Aditivo DIN 1732 – SG – AlMg5 Gás protetor DIN EN 439 – I1									
	4 5 6	1,2 1,6 1,6	1	23 25 26	180 200 230	3 4 7	12 18 18	30 77 147	2,9 3,3 3,9
70°	5 6 8	1,6	1 2 2	22 22 26	160 170 220	6 6 7	18	126 147 183	4,2 4,6 5,0
[1] Para solda MIG: Velocidade de soldagem									
Solda TIG, valores de referência para ligas de alumínio									
Posição de soldagem: PA Aditivo DIN 1732 – SG – AlMg5 Gás protetor DIN EN 439 – I1									
	1 1,5	3,0	1	–	75 90	0,3 0,2	5	19 22	3,8 4,3
	2 3	3,0	1	–	110 125	0,2	6	28	1,8 5,9
	4 5 6	3,0	1	–	160 185 210	0,2 0,1 0,1	8 10 10	38 47 47	6,7 7,1 12
70°	5	4,0	1ª camada 2ª camada	–	165	0,1 0,2	12	105	13
	6	4,0	1ª camada 2ª camada	–	165	0,1 0,2	12	190	16

Aditivos para soldagem de alumínio

veja DIN 1732 (1988-06)

Siglas[1]		Número do material	Aplicação para material de base (sigla sem adição EN AW)
SG-Al99,8	(EL-Al99,8)	3.0286	Al99,7, Al99,5
SG-Al99,5Ti	(EL-Al99,5Ti)	3.0805	Al99,0, Al99,5
SG-AlMn1	(EL-AlMn1)	3.0516	AlMn1, AlMn1Cu
SG-AlMg3		3.3536	AlMg1(C), AlMg3
SG-AlMg5		3.3556	AlMg3, AlMg4, AlMg5, AlSi1MgMn, AlMg1SiCu, AlZn4,5Mg1, G-AlMg5, G-AlMgSi, G-AlMg3, G-AlMg3Si
SG-AlMg4,5Mn		3.3548	AlMg4, AlMg5, AlSi1MgMn, AlMg1SiCu, AlZn4,5Mg1, G-AlMg5, G-AlMgSi
SG-AlSi5	(EL-AlSi5)	3.2245	AlMgSi1Cu, AlZn4,5Mg1
SG-AlSi12	(EL-AlSi12)	3.2585	G-AlSi1, G-AlSi9Mg, G-AlSi7Mg, G-AlSi5Mg

[1] SG Metal de adição (aditivos) com superfície lisa; EL Eletrodos revestidos

Eletrodos de vareta para soldagem a arco voltaico

Eletrodos revestidos para soldar aços-carbono e aços de grão fino

veja DIN EN 499 (1995-01)

Exemplo de designação:

EN 499 – E 46 3 B 5 4 H5

- EN 499: Número da Norma
- E: Sigla para eletrodo de vareta revestido
- H5: H Teor de hidrogênio 5 –> 5 ml/100 g do produto da solda

Índice para as propriedades mecânicas do produto da solda

Índice	Limite mín. de alongamento N/mm²	Resistência à tração N/mm²	Alongamento mínimo A_5 in %
35	355	440–570	22
38	380	470–600	20
42	420	500–640	20
46	460	530–680	20
50	500	560–720	18

Índice para a posição de soldagem

Índice	Posição de soldagem
1	todas posições
2	todas posições, exceto descendente
3	topo: posição horizontal plana, filete: posição horizontal e horizontal plana
4	topo e filete posição horizontal plana
5	descendente e como no índice 3

Sigla para o trabalho de entalhe por choque do produto da solda

Índice/ letra	Trabalho mínimo de entalhe por choque 47 J a °C
Z	sem exigência
A	+ 20
0	0
2	– 20
3	– 30
4	– 40

Índice de rendimento e tipo de corrente

Índice	Rendimento %	Tipo de corrente
1	> 105	alternada e contínua
2	> 105	contínua
3	> 105 ≤ 125	alternada e contínua
4	> 105 ≤ 125	contínua
5	> 125 ≤ 160	alternada e contínua
6	> 125 ≤ 160	contínua
7	> 160	alternada e contínua
8	> 160	contínua

Sigla para o tipo de revestimento

Sigla	Tipo do revestimento	Características técnicas da solda, área de aplicação
A	revestimento ácido	boa formação da gota, cordão plano e liso, aplicação limitada em posições forçadas
B	revestimento básico	maior trabalho de entalhe por choque do produto da solda, baixa sensibilidade a trincas de solidificação
C	revestimento de celulose	ótima adequação para soldagem com cordão descendente
R	revestimento de rutilo	soldagem de chapas finas, todas posições de soldagem exceto descendente
RA	revestimento de rutilo-ácido	alta taxa de fusão, cordão liso, todas posições de soldagem exceto cordão descendente
RB	revestimento rutilo-básico	boa tenacidade do produto da solda, soldagem garantida contra fissuras, todas posições de soldagem exceto cordão descendente
RC	revestimento rutilo-celulose	fusão média, indicado também para cordão descendente
RR	revestimento espesso de rutilo	grande versatilidade, costura com rechupe fino, boa ignição, para todas posições de soldagem exceto cordão descendente

⇒ **EN 499 – E 42 A RR 12: Propriedades do produto da solda:** Limite mínimo de alongamento = 420 N/mm² (42), trabalho de entalhe por choque a 20 °C = 47 J (A), tipo de revestimento: rutilo espesso (RR), rendimento > 105% (1), todas posições de soldagem exceto cordão descendente (2)

Eletrodos de vareta, planejamento do cordão para soldagem com arco voltaico

Eletrodos de vareta para aços-carbono (seleção)

Designação conforme DIN EN 499[1]	Aplicável para aços (exemplos)	Aplicação, propriedades (exemplos)
E 35 Z A 13	S185–S275, DC01, DC03, DC04	para soldagem de chapas finas, p.ex., carrocerias; bom enchimento de frestas
E 35 2 C 25	S235, S275, P235, P355, L210–L360	cordão circular em tubulações; indicado para camadas de raiz, enchimento e cobertura
E 35 A R 12	S185–S235, P235, P235GH–P265GH	para soldagem de chapas finas, fácil ignição, escória de fácil remoção
E 38 0 RC 11	S185–S355, P235, P265, GP240R	eletrodo universal, cordão liso com transposição livre de entalhes, escória parcialmente auto solúvel
E 42 0 RC 11	S185–S355, P235GH, P265GH, P235–P355	eletrodo universal, cordão liso com transposição livre de entalhes, escória parcialmente auto solúvel
E 42 A RR 12	S185–S355, P235GH, P265GH, P235	para chapas e perfis; fácil ignição, cordão liso com transposição livre de entalhes
E 38 2 RB 12	S185–S355, P235, P265, P235GH–P295GH, GP240R	tubulações e construção de reservatórios; cordão limpo com transposição livre de entalhes, escória de fácil solubilidade
E 38 2 RA 73	S185–S355, P235GH, P265GH, P295GH	eletrodo de alta performance; cordão bem liso com transposição livre de entalhes, escória de fácil remoção
E 42 0 RR 53	S185–S355, P235GH, P265GH, P295GH, GP240R	eletrodo de alta performance para topo e filete; cordão liso com transposição livre de entalhes
E 42 5 B 42 H 10	S185–S355, E295, E355, P25–P295, L210–L360	para ligações tenazes e isentas de fissuras; também para aços com até 0,4% de C
E 42 3 B 42 H 10	S185–S355, P235GH, P265GH, P295GH, P235–P355	para ligações tenazes e isentas de fissuras; também para aços com até 0,4% de C, resistente ao envelhecimento

[1] Para cada eletrodo conforme DIN EN 499, os fabricantes oferecem outras versões que diferem na composição química e na área de aplicação.

Planejamento do cordão para soldagens a arco voltaico com cordão V

Espessura do cordão a mm	Fresta s mm	Número e tipo das camadas[1]	Dimensões do eletrodo $d \times l$ mm	Consumo específico de eletrodos z_s peças/m	Massa do cordão por tipo de camada m_s g/m	Massa do cordão total m g/m
4	1	1 R 1 C	3,2 x 450 4 x 450	3 2	75 80	155
5	1,5	1 R 1 C	3,2 x 450 4 x 450	4 2,9	100 110	210
6	2	1 R 2 C	3,2 x 450 4 x 450	4 4,7	100 185	285
8	2	1 R 1 F 1 C	3,2 x 450 4 x 450 5 x 450	4 3,7 3,5	100 145 215	460
10	2	1 R 1 F 1 C	3,2 x 450 4 x 450 5 x 450	4 4 6,2	100 195 380	675

Planejamento do cordão para soldagens a arco voltaico com filete

Espessura do cordão a mm	Fresta s mm	Número e tipo das camadas[1]	Dimensões do eletrodo $d \times l$ mm	Consumo específico de eletrodos z_s peças/m	Massa do cordão por tipo de camada m_s g/m	Massa do cordão total m g/m
3 4	– –	1 1	3,2 x 450 4 x 450	3,2 3,6	80 140	80 140
5 6	– –	3 3	3,2 x 450 4 x 450	8,6 8	215 310	215 310
8	–	1 R 2 C	4 x 450 5 x 450	3 7	120 430	550
10	–	1 R 4 C	4 x 450 5 x 450	3 12,3	120 745	865
12	–	1 R 4 C	4 x 450 5 x 450	3 18,5	120 1125	1245

[1] R Camada da raiz; F Camada de enchimento; C Camada de cobertura

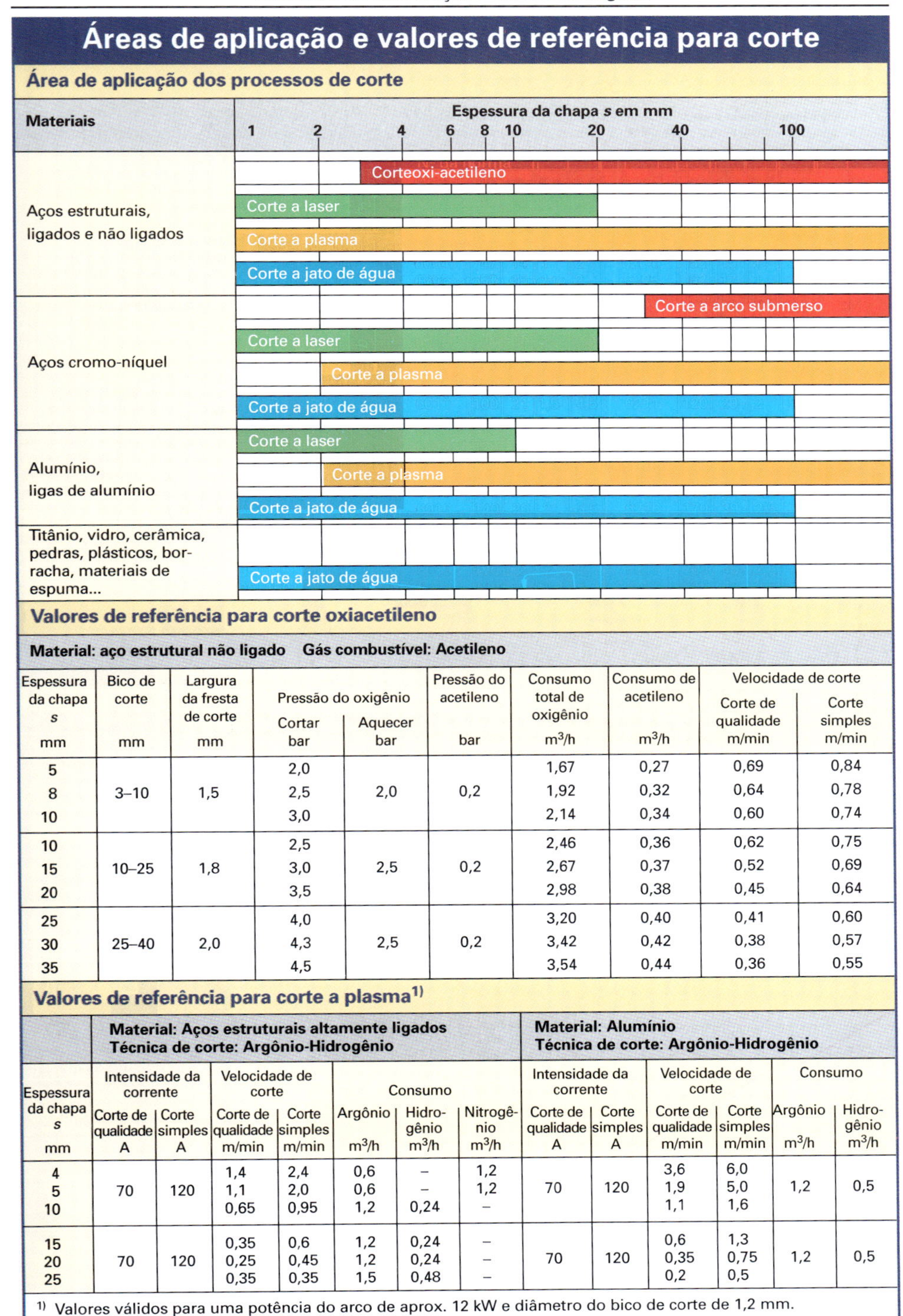

Áreas de aplicação e valores de referência para corte

Área de aplicação dos processos de corte

Valores de referência para corte oxiacetileno

Material: aço estrutural não ligado   Gás combustível: Acetileno

Espessura da chapa s mm	Bico de corte mm	Largura da fresta de corte mm	Pressão do oxigênio Cortar bar	Pressão do oxigênio Aquecer bar	Pressão do acetileno bar	Consumo total de oxigênio m³/h	Consumo de acetileno m³/h	Velocidade de corte: Corte de qualidade m/min	Velocidade de corte: Corte simples m/min
5	3–10	1,5	2,0	2,0	0,2	1,67	0,27	0,69	0,84
8			2,5			1,92	0,32	0,64	0,78
10			3,0			2,14	0,34	0,60	0,74
10	10–25	1,8	2,5	2,5	0,2	2,46	0,36	0,62	0,75
15			3,0			2,67	0,37	0,52	0,69
20			3,5			2,98	0,38	0,45	0,64
25	25–40	2,0	4,0	2,5	0,2	3,20	0,40	0,41	0,60
30			4,3			3,42	0,42	0,38	0,57
35			4,5			3,54	0,44	0,36	0,55

Valores de referência para corte a plasma[1]

	Material: Aços estruturais altamente ligados Técnica de corte: Argônio-Hidrogênio							Material: Alumínio Técnica de corte: Argônio-Hidrogênio					
Espessura da chapa s mm	Intensidade da corrente: Corte de qualidade A	Intensidade da corrente: Corte simples A	Velocidade de corte: Corte de qualidade m/min	Velocidade de corte: Corte simples m/min	Consumo: Argônio m³/h	Consumo: Hidrogênio m³/h	Consumo: Nitrogênio m³/h	Intensidade da corrente: Corte de qualidade A	Intensidade da corrente: Corte simples A	Velocidade de corte: Corte de qualidade m/min	Velocidade de corte: Corte simples m/min	Consumo: Argônio m³/h	Consumo: Hidrogênio m³/h
4	70	120	1,4	2,4	0,6	–	1,2	70	120	3,6	6,0	1,2	0,5
5			1,1	2,0	0,6	–	1,2			1,9	5,0		
10			0,65	0,95	1,2	0,24	–			1,1	1,6		
15	70	120	0,35	0,6	1,2	0,24	–	70	120	0,6	1,3	1,2	0,5
20			0,25	0,45	1,2	0,24	–			0,35	0,75		
25			0,35	0,35	1,5	0,48	–			0,2	0,5		

[1] Valores válidos para uma potência do arco de aprox. 12 kW e diâmetro do bico de corte de 1,2 mm.

Valores de referência, qualidade e tolerâncias para corte

Valores de referência para corte por feixe de laser[1]

M[2]	Espessura da chapa *s* mm	Velocidade de corte *v* m/min	Gás de corte	Pressão do gás de corte *p* bar	Velocidade de corte *v* m/min	Gás de corte	Pressão do gás de corte *p* bar	Velocidade de corte *v* m/min	Gás de corte	Pressão do gás de corte *p* bar
		Potência do laser 1 kW			Potência do laser 1,5 kW			Potência do laser 2 kW		
Aço-carbono	1	5,0–8,0	O_2	1,5–3,5	7,0–10	O_2	1,5–3,5	7,0–10	O_2	1,5–3,5
	1,5	4,0–7,0			5,5–7,5			5,6–7,4		
	2	4,0–6,0			4,8–6,2			4,8–6,1		
	2,5	3,5–5,0			4,2–5,0			4,2–5,0		
	3	3,5–4,0			3,5–4,2			3,6–2,8		
	4	2,5–3,0			2,8–3,3			2,8–3,4		
	5	1,8–2,3			2,3–2,7			2,5–3,0		
	6	1,3–1,6			1,9–2,2			2,1–2,5		
Aço inoxidável	1	4,0–5,5	N_2	8	5,0–7,0	N_2	6	4,5–9,0	N_2	12
	1,5	2,8–3,6		10	3,5–5,2		10	3,8–6,6		13
	2	2,2–2,8		14	2,0–4,0		10	3,4–5,3		14
	2,5	1,6–2,0			1,9–3,2		14	2,7–3,8		
	3	1,3–1,4		15	1,8–2,4		14	2,2–2,7		14
	4	–		–	1,0–1,1		15	1,4–1,8		16

[1] Os valores da tabela são válidos para uma distância focal da lente f = 127 mm (5") e uma fresta de corte b = 0,15 mm.
[2] A Grupo de materiais

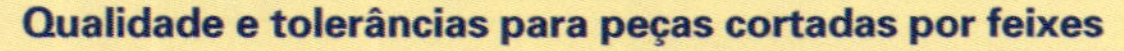

Qualidade e tolerâncias para peças cortadas por feixes

s
l
u
Qualidade da superfície cortada
Classe de tolerância
DIN 2310 - II K

l	Comprimento nominal
s	Espessura da peça
u	Tolerância de perpendicularidade
I, II	Qualidade da superfície cortada
A, B, ...	Classes de tolerância
Rz	Rugosidade superficial
Δl	Desvios limites

Qualidade da superfície cortada	Tolerância de perpendicularidade *u* em mm	Rugosidade superficial *Rz* in µm	Classe de tolerância	Espessura da peça *s* em mm	Desvios limites *Δl* para comprimentos nominais l em mm: de até	de até	de até	de até
Corte oxi-acetileno								cf. DIN 2310-1 (1987-11)
					35 a < 315	315 a < 1000	1000 a < 2000	2000 a < 4000
I	$u < (0,4 + 0,01 \cdot s)$	$R_z < (70 + 1,2 \cdot s)$	A B	3–12	± 1,0 ± 2,0	± 1,5 ± 3,5	± 2,0 ± 4,5	± 3,0 ± 5,0
II	$u < (1 + 0,015 \cdot s)$	$R_z < (110 + 1,8 \cdot s)$	A B	> 12–50	± 0,5 ± 1,5	± 1,0 ± 2,5	± 1,5 ± 3,0	± 2,0 ± 3,5
			A B	> 50–100	± 1,0 ± 2,5	± 2,0 ± 3,5	± 2,5 ± 4,0	± 3,0 ± 4,5
Corte a laser								veja DIN 2310-5 (1990-12)
					> 10 até 30	> 30 até 120	> 120 até 315	> 315 até 1000
I	$u < (0,1 + 0,015 \cdot s)$	$R_z < (10 + 2 \cdot s)$	K L	> 1–3	± 0,12 ± 0,4	± 0,15 ± 0,5	± 0,2 ± 0,6	± 0,25 ± 0,7
II	$u < (0,25 + 0,025 \cdot s)$	$R_z < (60 + 4 \cdot s)$	K L	> 3–6	± 0,25 ± 0,6	± 0,3 ± 0,8	± 0,35 ± 1,0	± 0,45 ± 1,2
			K L	> 6–10	± 0,4 ± 0,8	± 0,5 ± 1,0	± 0,6 ± 1,2	± 0,7 ± 1,6

Exemplo: Corte a feixe de laser, qualidade *I*, classe de tolerância *K*, *s* = 250 mm; procurado: *u*, *Rz*, *Δl*
u < (0,1 + 0,015 · *s*) < (0,1 + 0,015 · 6) < **0.19 mm**, ***Rz*** < (10 + 2 · *s*) < (10 + 2 · 6) < **22 µm**, ***Δl*** = **± 0,2 mm**

Identificação das garrafas de gás

Etiqueta autoadesiva para produtos de risco

veja DIN EN 1089-2 (2002-11)

A única identificação obrigatória do conteúdo de uma garrafa de gás é feita na etiqueta autoadesiva de produtos de risco. Essa deve ser colocada preferencialmente na ogiva da garrafa ou imediatamente abaixo.

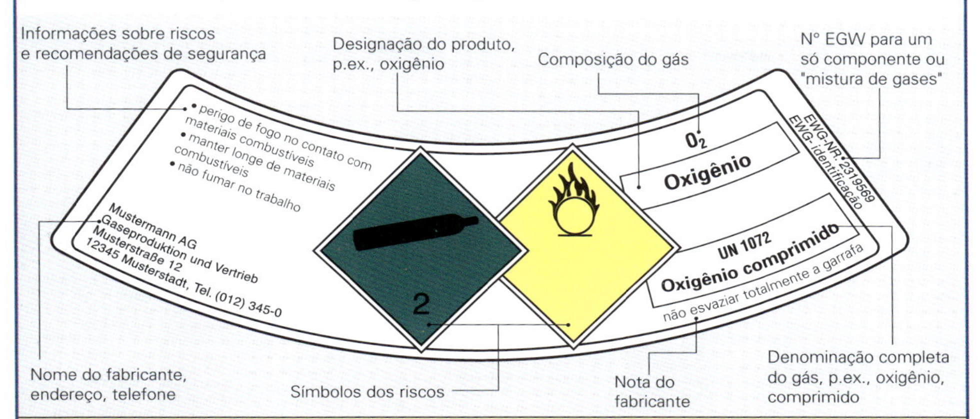

Símbolos de risco

Codificação por cores

veja DIN EN 1089-3 (2004-06)

A codificação da ogiva das garrafas serve como informação adicional sobre as propriedades dos gases.
Ela é prontamente identificável quando a distância muito grande impede a leitura da etiqueta autoadesiva.
Essa codificação por cores não é válida para gases liquefeitos.

Codificação por cores genérica

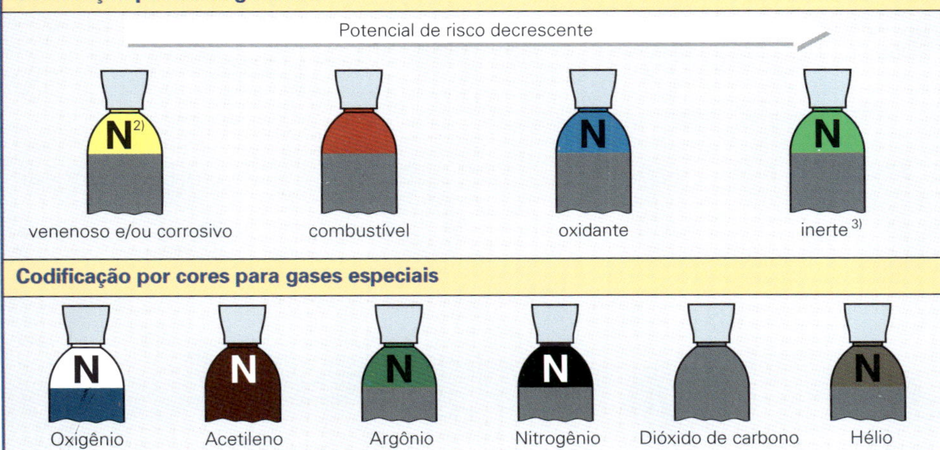

Codificação por cores para gases especiais

[1] não combustível e não tóxico [2] N = novo [3] não venenoso, não corrosivo, não combustível, não oxidante

Identificação das garrafas de gás

Gases puros e misturas de gases para uso industrial
Identificação por cores (exemplos)

veja Informação da Associação Gases Industriais

Gás	Identificação antiga	Identificação nova[1) 2)]
Oxigênio	azul azul	N branco azul
Acetileno	amarelo amarelo (preto)	N castanho castanho
Argônio	cinza cinza	N verde escuro cinza
Nitrogênio	verde-escuro verde-escuro	N preto cinza
Dióxido de carbono	cinza cinza	cinza cinza
Hélio	cinza cinza	N marrom cinza
Xenônio, criptônio, neônio	cinza cinza (preto)	N verde claro cinza
Hidrogênio	vermelho vermelho	vermelho vermelho
Gás redutor (mistura nitrogênio/hidrogênio)	vermelho vermelho (verde escuro)	N vermelho cinza
Mistura argônio/dióxido de carbono	cinza cinza	N verde-claro cinza
Ar comprimido	cinza cinza	N verde-claro cinza

[1)] Nas garrafas identificadas conforme DIN EN 1089 deve ser colocada na ogiva da garrafa (em posições opostas) duas letras "N" (= novo). Nas garrafas cujas cores de identificação não foram alteradas, o "N" não é necessário.

[2)] O corpo cilíndrico da garrafa também pode ser dotado de uma outra cor, porém, isso não pode levar a uma interpretação errônea sobre o perigo do conteúdo da garrafa.

Solda forte

Solda forte para metais pesados

veja DIN EN 1044 (1999-07)

Soldas com teor de prata

Material da solda					Informações para uso		
Grupos	Siglas[1]	Nº do material	Siglas anteriores DIN 8513	Temperatura de trabalho °C	Junção[2]	Aplicação da solda[3]	Materiais
AgCuCdZn	AG 301	2.5143	L-Ag50Cd	640	G	f, l	Metais nobres, aços,
	AG 302	2.5146	L-Ag45Cd	620	G	f, l	ligas de cobre
	AG 304	2.5141	L-Ag40Cd	610	G	f, l	Aços, ferro fundido temperado, cobre,
	AG 309	2.1215	L-Ag20Cd	750	G, V	f, l	ligas de cobre, níquel, ligas de níquel
AgCuZn(Sn)	AG 104	2.5158	L-Ag45Sn	670	G	f, l	Aços, ferro fundido temperado, cobre, ligas de cobre, níquel, ligas de níquel
	AG 106	2.5157	L-Ag34Sn	710	G	f, l	
	AG 203	2.5147	L-Ag44	730	G	f, l	
	AG 205	2.1216	L-Ag25	780	G	f, l	
Teor de prata < 20%	AG 207	2.1207	L-Ag12	830	G	f, l	Aços, ferro fundido temperado, cobre,
	AG 208	2.1205	L-Ag5	860	G, V	f, l	ligas de cobre, níquel, ligas de níquel
	CP 102	2.1210	L-Ag15P	710	G, V	f, l	Cobre e ligas de cobre sem níquel,
	CP 104	2.1466	L-Ag5P	710	G, V	f, l	inadequada para materiais com ferro
	CP 105	2.1467	L-Ag2P	710	G, V	f, l	ou níquel
Solda forte especial	AG 351	2.5160	L-Ag50CdNi	660	G	f, l	Ligas de cobre
	AG 403	2.5162	L-Ag56InNi	730	G	f, l	Cromo, aços cromo-níquel
	AG 502	2.5156	L-Ag49	690	G	f, l	Metal duro sobre aço, compostos de titânio e molibdênio

Solda a base de cobre

Siglas	Nº do material	Siglas anteriores DIN 8513	Temperatura de trabalho °C	Junção	Aplicação da solda	Materiais
CU 104	2.0091	L-SFCu	1100	G	l	Aços
CU 201	2.1021	L-CuSn6	1040	G	l	Materiais ferrosos e compostos de níquel
CU 202	2.1055	L-CuSn12	990	G	l	
CU 301	2.0367	L-CuZn40	900	G, V	f, l	Aço, ferro fund. temp., Cu, Ni, ligas de Cu e Ni
CU 305	2.0711	L-CuNi10Zn42	910	G, V	f, l	Aço, ferro fund. temp., Ni, ligas de Ni
				V	f	Ferros fundidos
CP 202	2.1463	L-CuP7	720	G	f, l	Ligas sem Fe e Cu e ligas Cu sem Ni

Solda à base de níquel para soldagem a altas temperaturas

Siglas	Nº do material	Siglas anteriores DIN 8513	Temperatura de trabalho °C	Junção	Aplicação da solda	Materiais
NI 101	2.4140	L-Ni1	4)	4)	4)	Níquel, cobalto, ligas de níquel e cobalto, aços ligados e não ligados (aços-carbono e aços-liga)
NI 103	2.4143	L-Ni3				
NI 105	2.4148	L-Ni5				
NI 107	2.4150	L-Ni7				

Solda à base de alumínio

Siglas	Nº do material	Siglas anteriores DIN 8513	Temperatura de trabalho °C	Junção	Aplicação da solda	Materiais
AL 102	3.2280	L-AlSi7.5	610	G	f, l	Alumínio e ligas de alumínio dos tipos AlMn, AlMgMn, G-AlSi; com restrições para ligas de Al dos tipos AlMg, AlMgSi com teor de Mg até 2%
AL 103	3.2282	L-AlSi10	600	G	f, l	
AL 104	3.2285	L-AlSi12	595	G	f, l	

1) As duas letras indicam o grupo da liga e o número de três dígitos representam, simplesmente, o número sequencial em ordem crescente.

2) G: adequado para soldar frestas; V: adequado para rejunte

3) f: solda depositada; l: solda embutida

4) Neste caso, devem ser assumidas as indicações do fabricante.

Junção

Soldar fresta: $b < 0{,}25\,\text{mm}$

Rejuntar: $b > 0{,}3\,\text{mm}$

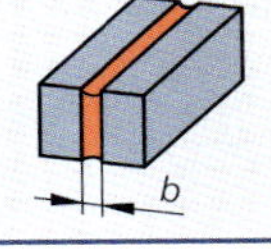

Solda fraca e meios fluidos (fluxos)

Solda fraca

veja DIN EN 29453 (1994-02)

Grupos de liga[1]	Nº da liga[2]	Sigla da liga	Sigla anterior DIN 1707	Temperatura de trabalho °C	Exemplos de aplicação
Estanho chumbo	1	S-Sn63Pb37	L-Sn63Pb	183	Mecânica fina
	1a	S-Sn63Pb37E	L-Sn63Pb	183	Eletrônica, circuitos impressos
	2	S-Sn60Pb40	L-Sn60Pb	183–190	Circuitos impressos, metais nobres
	3	S-Pb50Sn50	L-Sn50Pb	183–215	Indústria elétrica, estanhagem
	5	S-Pb60Sn40	L-PbSn40	183–235	Embalagens de chapa fina, artigos de metal
	7	S-Pb70Sn30	–	183–255	Funilaria, zinco, ligas de zinco
	10	S-Pb98Sn2	L-PbSn2	320–325	Radiadores
Estanho chumbo com antimônio	11	S-Sn63Pb37Sb	–	183	Mecânica fina
	12	S-Sn60Pb40Sb	L-Sn60Pb(Sb)	183–190	Mecânica fina, indústria elétrica
	14	S-Pb58Sn40Sb2	L-PbSn40Sb	185–231	Radiadores, solda em pasta
	16	S-Pb74Sn25Sb1	L-PbSn25Sb	185–263	Solda em pasta, chumbagens
Estanho chumbo bismuto	19	S-Sn69Pb38Bi2	–	180–185	Soldagem fina
	21	S-Bi57Sn43	–	138	Solda de baixa temperatura, fusíveis
Estanho chumbo cádmio	22	S-Sn50Pb32Cd18	L-SnPbCd18	145	Fusíveis térmicos, soldagem de cabos
Estanho chumbo cobre	24	S-Sn97Cu3	L-SnPbCu3	230–250	Aparelhos elétricos, mecânica fina
	25	SSn60Pb38Cu2	L-Sn60Cu	183–190	
	26	S-Sn50Pb49Cu1	L-Sn50PbCu	183–215	
Estanho chumbo prata	28	S-Sn96Ag4	–	221	Encanamentos de cobre, aço nobre,
	31	S-Sn60Pb36Ag4	L-Sn60PbAg	178–180	Aparelhos elétricos, circuitos impressos
	33	S-Pb95Ag5	L-PbAg5	304–365	Para altas temperaturas operacionais
	34	S-Pb93Sn5Ag2	–	296–301	Motores elétricos, eletrotécnica

[1] Soldas fracas com teores de cádmio e zinco, assim como solda fraca para alumínio, não estão mais incluídas na DIN EN 29453.
[2] Os números das ligas substituem o número de material conforme DIN 1707.

Meios fluidos para solda fraca

veja DIN EN 29454-1 (1994-02)

Identificação pelos componentes principais				Classificação pelos efeitos		
Tipo de meio fluido	Base do meio fluido	Ativador do meio fluido	Estado do fluido	Siglas DIN EN	Siglas DIN 8511	Efeito dos resíduo
1 resina	1 colofônia (breu) 2 sem colofônia	1 sem ativador 2 ativado por halogênios 3 ativado sem halogênios	A líquido B sólido C pastoso	3.2.2... 3.1.1...	F-SW11 F-SW12	altamente corrosivos
2 orgânico	1 solúvel em água 2 insolúvel em água			3.2.1... 3.1.1... 2.1.3... 2.1.2... 1.2.2...	F-SW13 F-SW21 F-SW23 F-SW25 F-SW28	circunstan-cialmente corrosivos
3 inorgânico	1 sais	1 com cloreto de amônia 2 sem cloreto de amônia				
	2 ácidos	1 ácido fosfórico 2 outros ácidos		1.1.1... 1.2.3...	F-SW31 F-SW33	não cor-rosivos
	3 alcalino	1 Aminas e/ou amoníaco				

⇒ **Meio fluido ISO 9454 – 1.2.2.C:** meio fluido do tipo resina (1), base sem colofônia (2), ativado com halogênios (2), fornecido em forma de pasta (C)

Meios fluidos para solda forte

veja DIN EN 1045 (1997-08)

Fluidos	Temperatura de atuação	Informações para uso
FH10	550–800 °C	Fluido para várias finalidades; resíduos devem ser lavados ou decapados.
FH11	550–800 °C	Ligas Cu-Al; resíduos devem ser lavados ou decapados.
FH12	550–850 °C	Aços inox e aços altamente ligados, metal duro; resíduos devem ser decapados.
FH20	700–1000 °C	Fluido para várias finalidades; resíduos devem ser lavados ou decapados.
FH21	750–1100 °C	Fluido para várias finalidades; resíduos devem ser removidos mecanicamente ou decapados.
FH30	over 1000 °C	Para soldas de cobre e níquel; resíduos podem ser removidos mecanicamente.
FH40	650–1000 °C	Fluido isento de boro; resíduos devem ser lavados ou decapados.
FL10	400–700 °C	Metais leves; resíduos devem ser lavados ou decapados.
FL20	400–700 °C	Metais leves; resíduos não são corrosivos, mas devem ser protegidos de unidade.

Ligações por Brasagem

Classificação dos processos de brasagem

Características de diferenciação	Processos de brasagem: Solda fraca	Solda forte	Solda a alta temperatura
Temperatura de trabalho	< 450 °C	> 450 °C	> 900 °C
Fonte de energia	Ferro de solda, banho de solda, resistência elétrica	Chama, forno	Chama, feixe de laser, indução elétrica
Material de base	Ligas de Cu, Ag, Al, aço inoxidável, aço, ligas de Cu e de Ni	Aço, pastilhas intercambiáveis de metal duro	Aço, metal duro
Material da solda	Ligas Pb e de Sn	Ligas de Cu e de Ag	Ligas Ni-Cr, Ligas Ag-Au-Pd
Meio auxiliar	Meio fluido	Meio fluido, vácuo	Vácuo, gás protetor

Valores de referência para largura da fresta de solda

Material de base	Largura da fresta de solda em mm: para solda fraca	para solda forte sobre base de cobre	base de latão	base de prata
aço-carbono	0,05–0,2	0,05–0,15	0,1–0,3	0,05–0,2
aço-liga	0,1–0,25	0,1–0,2	0,1–0,35	0,1–0,25
Cu, ligas de Cu	0,05–0,2	–	–	0,05–0,25
Metal duro	–	0,3–0,5	–	0,3–0,5

Regras de concepção para ligações por brasagem

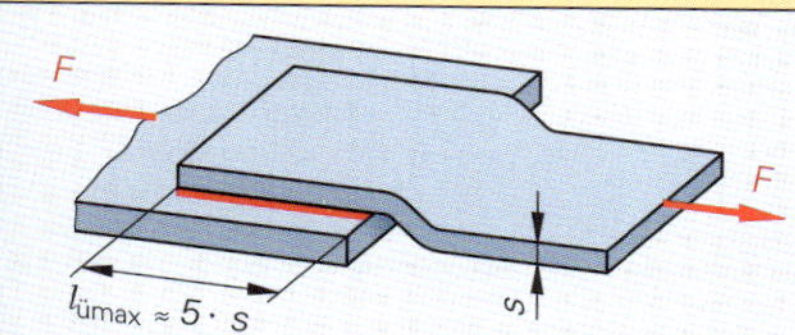

Solda solicitada ao cisalhamento

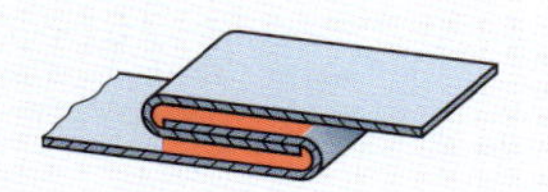
Redução da carga por meio de dobras

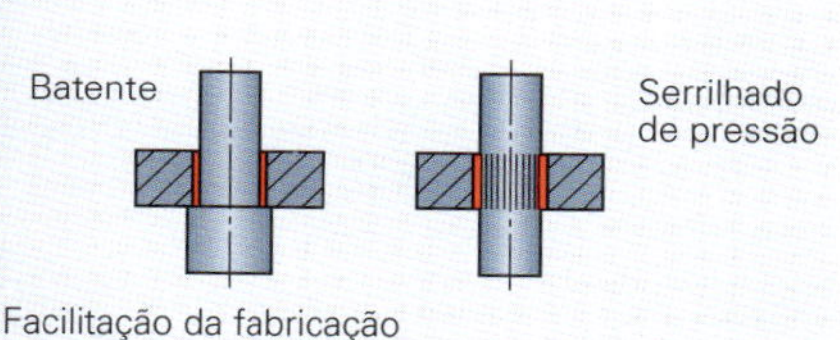

Facilitação da fabricação

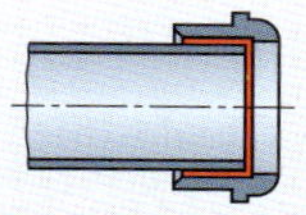
Bucha de esfera soldada sobretubo

Pré-requisitos

- Fenda de solda suficientemente grande para que seja preenchida, com certeza, pelo fluxo e pela solda graças ao efeito capilar.
- Paralelismo das duas superfícies de solda.
- A rugosidade superficial resultante da usinagem pode ser mantida para soldas Cu R_z = 10...16 µm, para soldas Ag R_z = 25 µm.

Transferência de forças

- Sempre que possível, a solda deve ser posicionada de modo a sofrer solicitações de cisalhamento (deslizamento). As soldas fracas, em particular, não devem sofrer solicitações de tração ou descolamento.
- Fendas de solda com profundidade $l_u > 5 \times s$ não são preenchidas com solda de forma confiável. Portanto, a capacidade de carga não pode ser aumentada por meio de uma maior profundidade da fenda de solda.
- A transferência de forças pode ser aumentada, p.ex., por intermédio de dobras

Facilitação da fabricação

- Na brasagem o posicionamento dos componentes que serão ligados deve ser assegurado por um batente ou serrilhado de pressão, isso pode ser obtido, p.ex., por meio da concepção adequada.

Exemplos de aplicação

- Tubos e encaixes
- Peças de estamparia
- Ferramentas com insertos de metal duro

Adesivos, preparação das superfícies de junção

Propriedades e condições de aplicação dos adesivos[1]

Adesivo	Nome comercial	Condições para cura		Temperatura operacional máxima °C	Resistência ao cisalhamento por tração τ_B N/mm²	Elasticidade	Aplicação, propriedades especiais
		Temperatura °C	Tempo				
Resina acrílica	Agomet M, Acronal, Stabilit-Express	20	24 h	120	6–30	baixa	Metais, plásticos termorrígidos, cerâmica, vidro
Resina epóxi (EP)	Araldit, Metallon, Uhu-Plus	20–200	1 h-2 h	50–200	10–35	baixa	Metais, plásticos termorrígidos, vidro, cerâmica, concreto, madeira. Nota: longo tempo de cura
Resina fenólica (PF)	Porodur, Pertinax, Bakelite	120–200	60 s	140	20	baixa	Metais, plásticos termorrígidos, elastômeros, madeira, cerâmica
Cloreto de polivinila (PVC)	Hostalit, Isodur, Macroplast	20	> 24 h	60	60	baixa	Metais, plásticos temorrígidos, vidro, elastômeros, madeira, cerâmica
Poliuretano (PUR)	Desmocoll, Delopur, Baydur	50	24 h	40	50	disponível	Metais, elastômeros, vidro, madeira, alguns termoplásticos
Resina de poliéster (UP)	Fibron, Leguval, Verstopal	25	1 h	170	60	baixa	Metais, plásticos termorrígidos, cerâmica, vidro
Policloropreno (CR)	Baypren, Contitec, Fastbond	50	1 h	110	5	disponível	Adesivo de contato para metais e plásticos
Cianoacrilato	Permabond, Sicomet 77	20	40 s	85	20–25	baixa	Cola instantânea para metais, plásticos, elastômeros
Adesivos termo fundíveis	Jet-Melt, Ecomelt, Vesta-Melt	20	> 30 s	50	2–5	disponível	Materiais de todos os tipos, efeito adesivo pelo resfriamento

[1] Devido às diferenças na composição química dos adesivos os valores indicados são apenas valores de referência grosseiros. Indicações exatas devem ser fornecidas pelo fabricante.

Preparação das elementos de junção para ligações coladas

veja VDI 2229 (1979-06)

Material	Sequência de tratamento[1] para o tipo de solicitação[2]			Material	Sequência de tratamento[1] para o tipo de solicitação[2]		
	baixa	média	alta		baixa	média	alta
Ligas de alumínio	1-2-3-4	1-6-5-3-4	1-2-7-8-3-4	Aço, polido	1-2-3-4	1-6-2-3-4	1-7-2-3-4
Ligas de magnésio	1-2-3-4	1-6-2-3-4	1-7-2-9-3-4	Aço zincado	1-2-3-4	1-2-3-4	1-2-3-4
Ligas de titânio	1-2-3-4	1-6-2-3-4	1-2-10-3-4	Aço fosfatado	1-2-3-4	1-2-3-4	1-6-2-3-4
Ligas de cobre	1-2-3-4	1-6-2-3-4	1-7-2-3-4	Demais metais	1-2-3-4	1-6-2-3-4	1-7-2-3-4

[1] **Índices para o tipo de tratamento**

1 **Limpar** sujeira, fuligem, oxidação
2 **Desengraxar** com solvente orgânico ou detergente aquoso
3 **Lavar** com água límpida
4 **Secar** em ar quente até 65 °C
5 **Desengraxar** e decapar simultaneamente
6 **Tornar áspero** usando esmeril ou escova
7 **Tornar áspero** usando jateamento
8 **Decapar 30 min,** a 60 °C em ácido sulfúrico a 27,5%
9 **Decapar 1 min,** a 20 °C em ácido nítrico a 20%
10 **Decapar 3 min,** a 20 °C em ácido fluorídrico a 15%

[2] **Tipos de solicitações para ligações coladas**

baixa: Resistência ao cisalhamento por tração até 5 N/mm²; ambiente seco; para mecânica fina, eletrotécnica
média: Resistência ao cisalhamento por tração até 10 N/mm²; ar úmido; contato com óleo; para máquinas e veículos
alta: Resistência ao cisalhamento por tração até 10 N/mm²; contato direto com líquidos; para veículos, embarcações e reservatórios

Construções coladas, processos de teste

Exemplos de construções

Junta de topo/sobreposta

bom

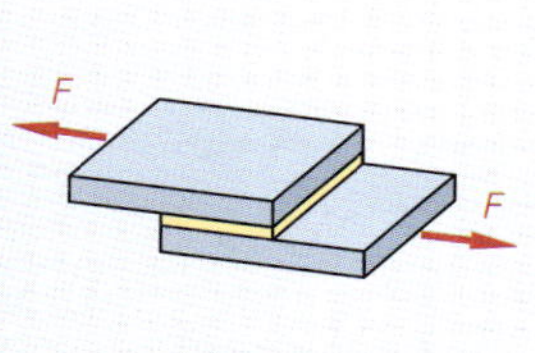

não tão bom

Junta T

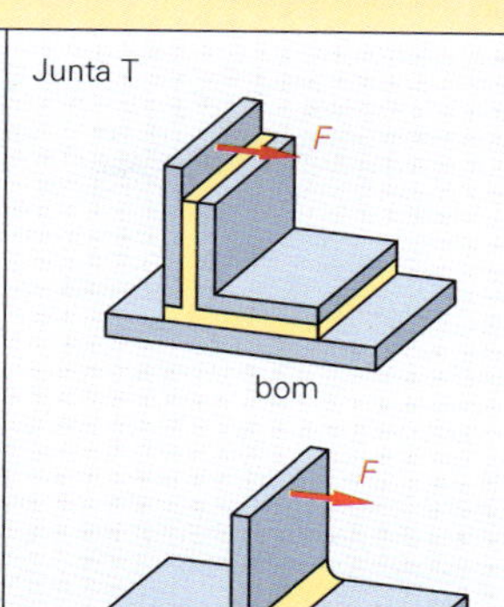

não tão bom

Conexão de tubos

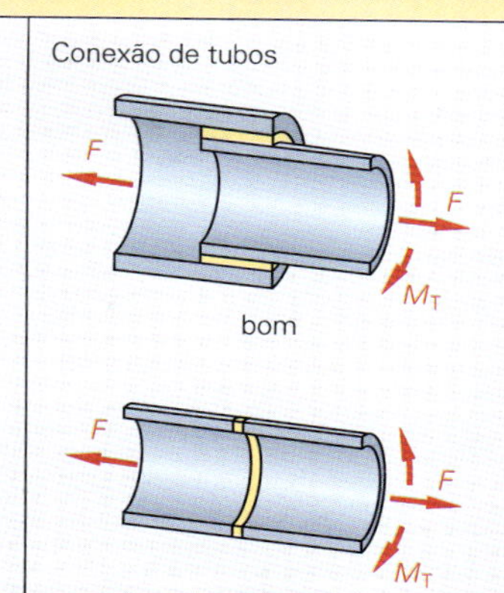

não tão bom

Processos de teste

Processo de teste Norma	Conteúdo
Ensaio de descolameto por dobra DIN 54461	Determinação da resistência de ligações coladas contra forças de descolamento
Ensaio de cisalhamento por tração DIN EN 1465	Determinação da resistência ao cisalhamento por tração de ligações sobrepostas
Ensaio de resistência ao tempo DIN 53284	Determinação da resistência ao tempo e durabilidade de juntas sobrepostas de entalhe simples
Ensaio de fadiga DIN EN ISO 9664	Determinação das propriedades de fadiga de juntas de estruturas
Ensaio de tração DIN EN 26922	Determinação da resistência à tração de juntas de topo perpendicular à superfície da cola
Ensaio de descolamento por rolos DIN EN 1464	Determinação da resistência contra forças de descolamento
Ensaio de cisalhamento por pressão DIN 54452	Determinação da resistência ao cisalhamento, preponderantemente, de adesivos anaeróbicos[1]

[1] cuja cura se realiza na ausência de ar

Comportamento dos adesivos em função da temperatura e do tamanho da área colada

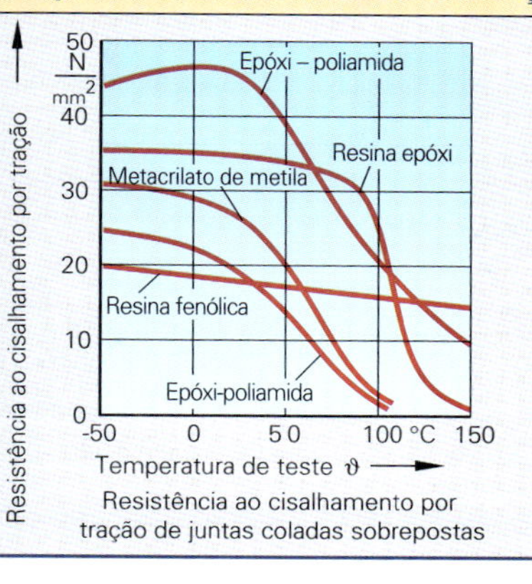

Resistência ao cisalhamento por tração de juntas coladas sobrepostas

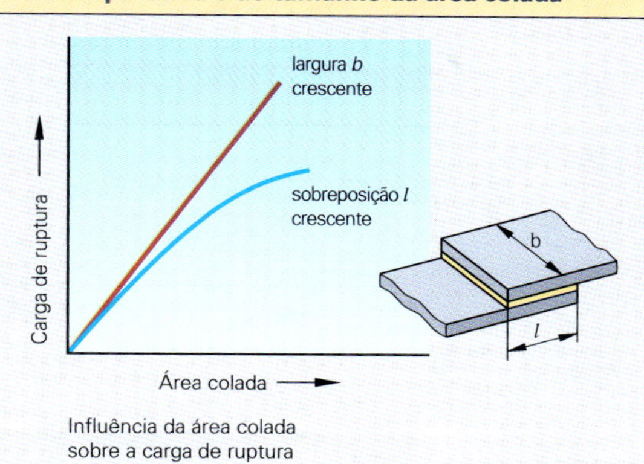

Influência da área colada sobre a carga de ruptura

Cores de segurança, sinalização de proibição

Cores de segurança

veja DIN 4844-1 (2002-11) e BGV A8[1] (2002-04)

Cor	vermelho	amarelo	verde	azul
Significado	Pare, Proibido	Atenção! Possível perigo	Ausência de perigo, Primeiros socorros	Sinalização de regulamento, Informações
Cor de contraste	branca	preta	branca	branca
Cor da imagem	preta	preta	branca	branca
Exemplo de aplicação (veja páginas 340 e 341)	Sinal de pare, Interruptor de emergência, Sinal de proibido, Material de combate ao fogo	Indicação de perigos (p.ex., fogo, explosão, radiações); Indicação de obstáculos (p.ex., umbral, vala)	Identificação de rotas de resgate e saídas de emergência; Primeiros socorros e postos de resgate	Obrigatoriedade de portar um equipamento de proteção individual; Localização de um telefone

Sinalização de proibição

veja DIN 4844-2 (2001-02) e BGV A8[1] (2002-04)

Proibido	Proibido fumar	Proibido fogo, luz aberta e fumar	Proibido para pedestres	Proibido apagar com água	Água não potável
Acesso proibido para não autorizados	Proibido para veículos de transporte interno	Proibido tocar	Proibido tocar – carcaça sob tensão elétrica	Proibido ligar	Proibido para portadores de marca-passo
Proibido depositar ou armazenar	Proibido transportar pessoas	Proibido entrar na área	Proibido aspergir com água	Proibido telefone celular	Proibido comer e beber
Proibido portar suporte de dados magnético ou eletrônico	Proibido subir (pessoas não autorizadas)	Proibido utilizar na banheira, ducha ou pia o aparelho assinalado	Proibido pegar no interior	Proibido operar com cabelos longos	Impróprio para esmerilhadora manual ou de comando manual

[1] Regulamento de prevenção de acidentes do sindicato de trabalhadores BGV A8 (em substituição da VGB 125)

Sinais de alerta

Sinalização de alerta

veja DIN 4844-2 (2001-02) e BGV A8[1] (2002-04)

Aviso da existência de um ponto de perigo

Aviso da existência de materiais inflamáveis

Aviso da existência de materiais explosivos

Aviso da existência de materiais venenosos

Aviso da existência de materiais corrosivos

Aviso da existência de materiais radioativos ou de radiações ionizantes

Aviso da existência de carga suspensa

Aviso da existência de veículos de transporte interno

Aviso da existência de corrente elétrica perigosa

Aviso da existência de radiações ópticas

Aviso da existência de feixe de laser

Aviso da existência de materiais comburentes

Aviso da existência de radiações eletromagnéticas não ionizantes

Aviso da existência de campos magnéticos

Aviso da existência de perigo de tropeço

Aviso da existência de perigo de queda

Aviso da existência de perigo biológico

Aviso da existência de frio

Aviso da existência de materiais nocivos ou irritantes

Aviso da existência de garrafas de gás

Aviso da existência de perigos proporcionados por bateria

Aviso da existência de atmosfera passível de explosão

Aviso da existência de fresadora de solo

Aviso da existência de perigo de esmagamento

Aviso da existência de perigo de queda ao rolar

Aviso da possibilidade de partida automática

Aviso da existência de superfície quente

Aviso da existência de risco de ferimentos na mão

Aviso da existência de risco de escorregar

Aviso de perigos pela presença de equipamento de transporte na plataforma

[1] Regulamento de prevenção de acidentes do sindicato de trabalhadores BGV A8 (em substituição da VGB 125)

Sinalização de segurança

veja DIN 4844-2 (2001-02) e BGV A8[1] (2002-04)

Sinalização de regulamento

Sinal genérico de regulamento

Usar óculos de proteção

Usar capacete de proteção

Usar protetor auricular

Usar proteção respiratória

Usar sapatos de segurança

Usar luvas de proteção

Usar roupa de proteção

Usar máscara de proteção

Colocar cinto de segurança

Para pedestres

Usar cinto de segurança

Usar a passarela

Antes de abrir retirar da tomada

Desligar antes do trabalho

Colocar colete salva-vida

Buzinar

Observar as instruções de uso

Sinalização para rotas de resgate e saídas de emergência

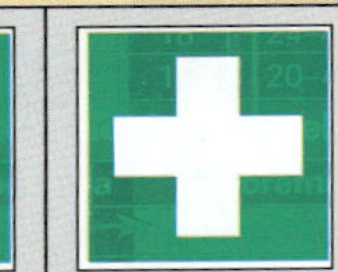
Indicação da direção de equipamentos de primeiros socorros, rotas de resgate e saídas de emergência[2]

Primeiros socorros

Padiola

Ducha de emergência

Equipamento de lavagem dos olhos

Telefone de emergência

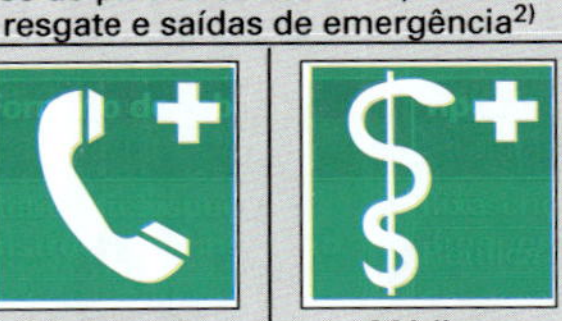
Médico

Desfibrilador

Rota de resgate/saída de emergência

Local de reunião

Sinalização de proteção contra incêndio e sinalização adicional

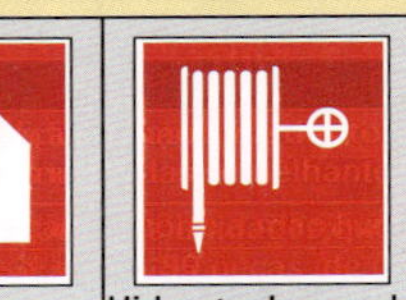
Indicação de direção

Hidrante de parede Mangueira

Escada

Extintor

Telefone para anúncio de incêndio

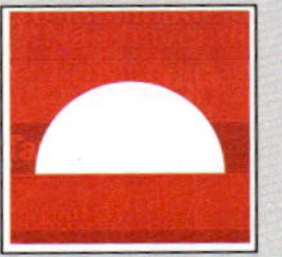
Meios e aparelhos de combate ao fogo

Alarme de incêndio

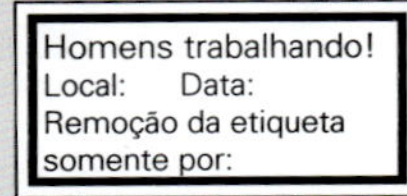

Sinalização adicional que, em conjunto com outra sinalização de segurança, fornece mais informações

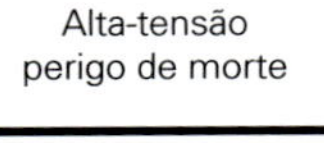

Sinalização adicional que, em conjunto com outra sinalização de segurança, fornece mais informações

[1] Regulamento de prevenção de acidentes do sindicato dos trabalhadores BGV A8

[2] só em conjunto com outras sinalizações de resgate

Sinalização de segurança

veja DIN 4844-2 (2001-02) e BGV A8[1] (2002-04)

Sinalização informativa

Tempo de descarga mais longo do que 1 minuto

Em caso de falha, peça pode estar sob tensão.

Antes de tocar:
- Descarregar
- Aterrar
- Fechar em curto

5 Regras de Segurança
Antes de iniciar o serviço:
- Desligar a tensão
- Garantir contra religamento
- Confirmar a ausência de tensão
- Aterrar e fechar curto
- Cobrir ou fechar peças vizinhas que estejam sob tensão

Sinalização combinada

Homens trabalhando!

Local: Data:

Remoção da etiqueta somente por:

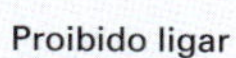

Proibido ligar

Alta-tensão risco de morte

Aviso da existência de alta-tensão

Sinalização combinada para rota de fuga ou saída de emergência com a respectiva indicação de direção por meio de setas

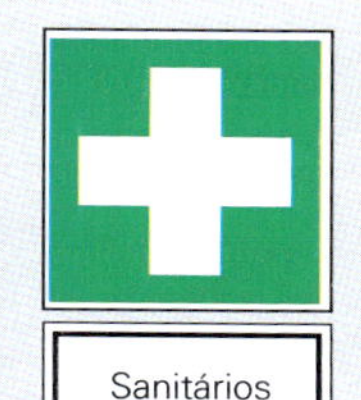

Sanitários

Primeiros socorros no sanitário

Proibido entrar na cobertura

Proibido! A cobertura não pode ser adentrada.

Coberta extintora

Coberta extintora para combate a incêndio

Desligar o motor, risco de envenenamento

Aviso da existência de gases venenosos

[1] Regulamento de prevenção de acidentes do sindicato dos trabalhadores BGV A8 (em substituição da VGB 125)

Símbolos de perigos e denominações dos perigos

RL 67/548/EWG (2004-04)[1]

Letra indicativa, símbolo e denominação do perigo	Características perigosas das substâncias	Letra indicativa, símbolo e denominação do perigo	Características perigosas das substâncias	Letra indicativa, símbolo e denominação do perigo	Características perigosas das substâncias
T+ **Muito venenoso**	Se absorvidas, mesmo em pequenas quantidades, podem causar danos agudos ou crônicos à saúde e levar à morte. T = Tóxico	**Xi** **Irritante**	No contato com a pele ou mucosas podem provocar inflamações. X = Cruz de Santo André i = irritante	**F** **Facilmente inflamável**	Substancias sólidas que podem ser facilmente inflamadas por uma fonte de ignição. Substâncias líquidas com ponto de inflamação < 21 °C. F = inflamável
T **Venenoso**	Se absorvidas, mesmo em pequenas quantidades, podem causar danos agudos ou crônicos à saúde e levar à morte. T = Tóxico	**E** **Risco de explosão**	Substâncias podem explodir pelo choque, atrito, fogo ou outras fontes de ignição. E = explosivo	**N** **Nocivo ao meio ambiente**	Substâncias que alteram a água, o solo, o ar, o clima, os animais, as plantas e outros, provocando riscos para o meio ambiente. N = nocivo
Xn **Nocivo à saúde**	Se absorvidas, mesmo em pequenas quantidades, podem causar danos agudos ou crônicos à saúde e levar à morte. X = Cruz de Santo André n = nocivo	**O** **Comburente**	Substâncias que, pela liberação de oxigênio, elevam consideravelmente o risco de incêndio e a intensidade de um incêndio. O = oxidante	**T com R 45** **Cancerígeno**	Se aspiradas, ingeridas ou absorvidas pela pele as substâncias podem estimular o surgimento de câncer de pele. R 45: pode provocar câncer T = Tóxico
C **Corrosivo**	O contato com a substância pode destruir tecidos vivos. C = corrosivo	**F+** **Altamente inflamável**	Substâncias líquidas com ponto de inflamação < 0 °C e ponto de evaporação < 35 °C; substâncias gasosas que são inflamáveis no contato com o ar. F = inflamável	**T com R 46** **Alterações na herança genética**	Substâncias que afetam a hereditariedade do ser humano. R 46: pode causar danos à herança genética. T = Tóxico
Xn com R 40 **Suspeita de alterações na herança genética**	Substâncias que, devido a possíveis alterações na herança genética do ser humano, causam preocupações. Todavia, ainda não existem informações suficientes que possam comprová-las. X = Cruz de Santo André n = nocivo R 40 = possíveis danos irreversíveis (p. 199)	**T com R 60, R 61** **Põe em risco a reprodução**	Substâncias que notadamente afetam a capacidade de reprodução, a fertilidade do ser humano. T = tóxico R 60 = pode afetar a capacidade de reprodução R 61 = pode afetar a criança no útero materno	**Xn com R 62, R 63** **Suspeita de afetar a capacidade reprodutiva**	Substâncias que, devido a possíveis alterações na herança genética do ser humano, causam preocupações. X = Cruz de Santo André n = nocivo R 62 = é provável que afete a capacidade reprodutiva R 63 = é provável que afete a criança no útero materno

[1] Diretriz EG, anexo II

Identificação de tubulações

Identificação pelo material transportado

veja DIN 2403 (1984-03)

Objetivo: Uma identificação exata da tubulação pelo material transportado é necessária em razão da segurança, do combate a incêndios e da manutenção e reparação adequadas.

A identificação é feita por

- placas com nomes, fórmulas, código da sigla do material transportado ou com as cores do grupo a que o material transportado está associado,
- Anel colorido na cor do grupo ou
- Pintura integral da tubulação na cor do grupo.

Identificação por placas

As dimensões das placas estão estabelecidas na DIN 825-1. A extremidade pontuda da placa indica a direção do fluxo. O vapor-d'água, p.ex., pode ser identificado por uma dos seguintes representações:

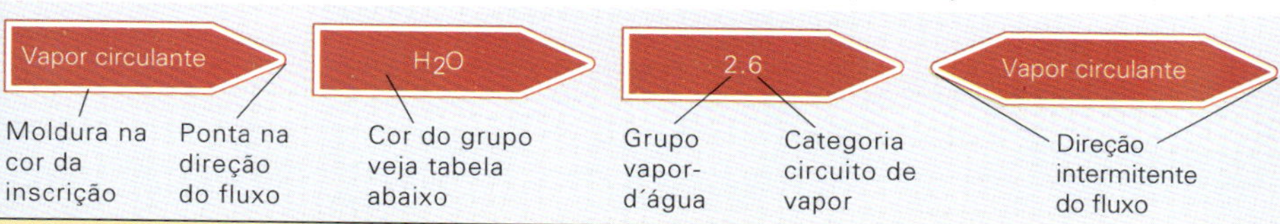

Identificação por cores e códigos

Classificação de cores

Material transportado	Grupos	Cores do grupo	Cor RAL	Cor da inscrição
Água	1	verde	6018	branca
Vapor-d'água	2	vermelha	3000	branca
Ar	3	cinza	7001	preta
Gases combustíveis	4	amarela ou amarela com ZF[1] vermelha	1021 3000	preta
Gases não combustíveis	5	amarela com ZF[1] preta, ou preta	1021 9005 9005	preta branca
Ácidos	6	laranja	2003	preta
Lixívias/bases	7	violeta	4001	branca
Líquidos combustíveis	8	marrom ou marrom com ZF[1] vermelha	8001 8001 3000	branca
Líquidos não combustíveis	9	marrom com ZF[1] preta, ou preta	8001 9005 9005	branca branca
Oxigênio	10	azul	5015	branca

Classificação pela categoria de material (exemplo)

Código	Categoria do material
Grupo 1	Água
1.0	Água potável
1.1	Água do encanamento
1.2	Água industrial
1.3	Água tratada
1.4	Água destilada, Condensado
1.5	Água sob pressão, de bloqueio
1.6	Água circulante
1.7	Água pesada
1.9	Água servida
Grupo 2	Vapor-d'água
2.0	Vapor a baixa pressão (< 1,5 bar)
2.2	Vapor saturado a alta pressão
2.3	Vapor quente a alta pressão
2.6	Vapor circulante

[1] ZF = cor adicional

Exemplo para identificação com anel colorido

Água

Óleo de aquecimento

Ar comprimido p_e = 6 bar

Oxigênio

Acetileno

Argônio

Som e ruído

Termos da tecnologia do som

Termo	Explicação
Som	O som é gerado por oscilações mecânicas. Ele se propaga em corpos gasosos, líquidos e sólidos.
Frequência	Número de oscilações por segundo. Unidade: 1 Hertz = 1 Hz = 1/s. A altura do tom cresce com a frequência. Faixa de frequência do ouvido humano: 16 Hz ... 20 000 Hz.
Intensidade do som	Uma medida da potência do som (energia sonora).
Ruído	Ondas sonoras indesejáveis, incômodas ou dolorosas; o dano depende da intensidade, duração, frequência e regularidade da exposição. Para um nível de ruído de 85 dB (A) ou mais é iminente o risco de surdez permanente.
Decibel (dB)	Unidade estabelecida em norma para expressar a intensidade do som.
dB (A)	O ouvido humano percebe diferentemente os diferentes tons (frequência) de um mesmo nível de ruído. Por isso, o ruído com certas frequências é amortecido por filtros. A curva de avaliação com filtro A leva isso em consideração e fornece a impressão subjetiva do ouvido. Uma variação de 3 dB (A) equivale a multiplicar ou dividir por 2 a intensidade sonora.

Intensidade do som

Tipo de som	dB (A)	Tipo de som	dB (A)	Tipo de som	dB (A)
Início da sensibilidade auditiva	4	Falar normal a 1 m de distância	70	Estamparia pesada	95–110
Ruído da respiração a 30 cm de distância	10	Máquina-ferramenta	75–90	Esmerilhar esquadrias	95–115
Leve bater das folhas	20	Falar alto a 1 m de distância	80	Buzina veicular a 5 m de distância	100
Sussurrar	30	Maçarico, torno mecânico	85	Discoteca	100–115
Rasgar papel	40	Furadeira de impacto, motocicleta	90	Trabalho de endireitar	110
Conversação baixa	50–60	Sala de teste de motores, Walkman	90–110	Turbina a jato	120–130

Lei de proteção contra ruídos

veja Lei de prevenção de acidentes "ruído" BGV B3 (1997-01)

Lei de prevenção de acidentes para empresas geradoras de ruído

- Identificação obrigatória de áreas com ruído a partir de 90 dB (A)
- Acima de 85 db (A) precisam estar disponíveis protetores sonoros e acima de 90 dB (A) eles têm que ser usados.
- Se devido ao ruído, o risco de acidente aumenta, então devem ser tomadas as medidas correspondentes.
- Exames preventivos periódicos são obrigatórios.
- Novos equipamentos e instalações de trabalho devem corresponder à mais avançada tecnologia de redução de ruídos.

§ 15 Lei sobre ruído em locais de trabalho

Limite de ruído para:	max. dB (A)
Atividades predominantemente mentais	55
Atividades simples, predominantemente mecanizadas	70
Todas demais atividades (o valor pode ser ultrapassado em até 5 dB)	85
Locais de intervalo, espera e sanitários	55

Ruído prejudicial à saúde

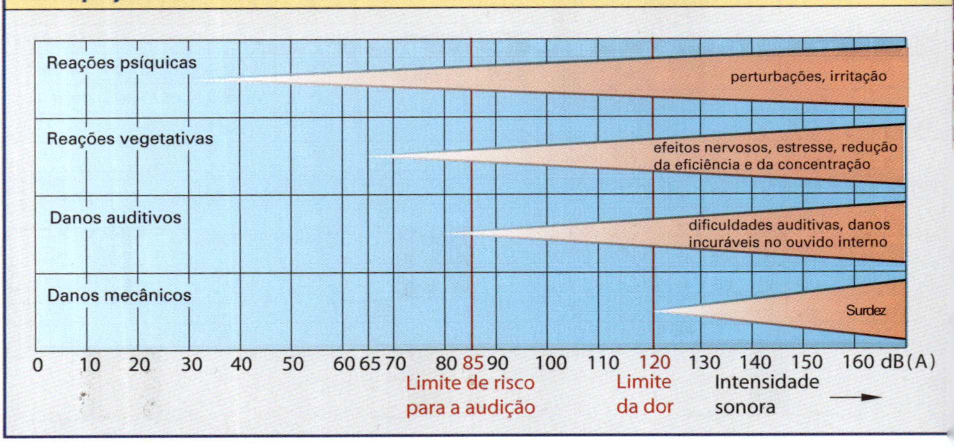

7 Automação e tecnologia de informação

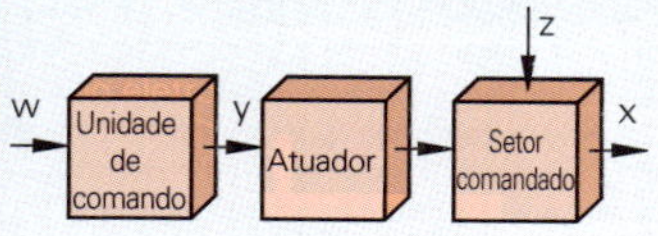

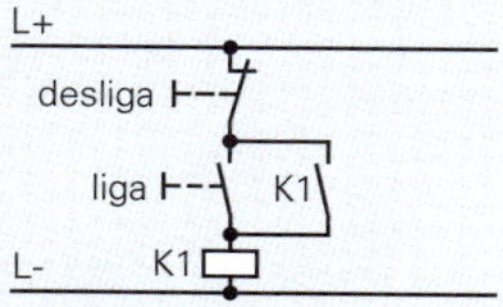

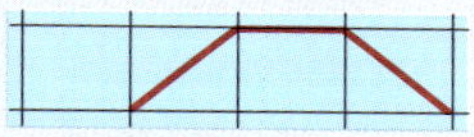

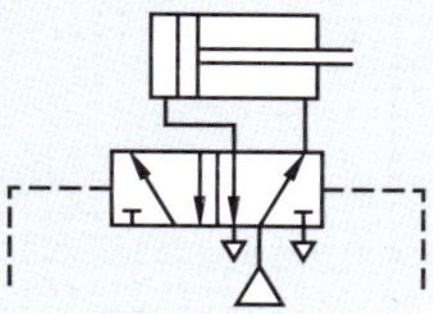

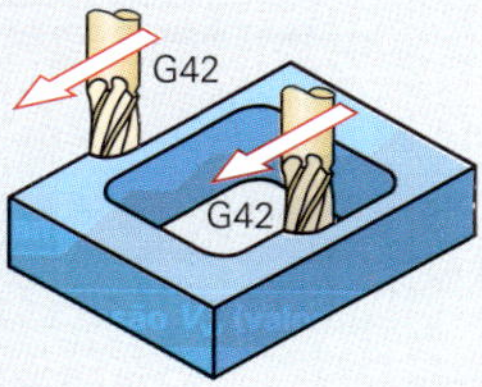

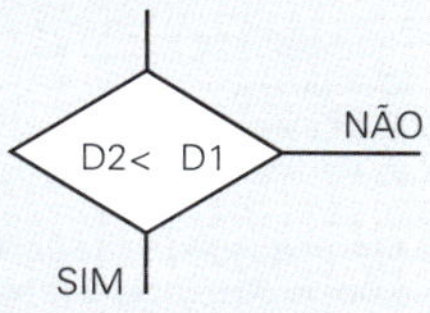

Conceitos básicos da tecnologia de regulação e comando

Conceitos básicos

veja DIN 19226-1 até -5 (1994-02)

Comando	Regulação
No comando, a grandeza de saída, p.ex., a temperatura num forno de têmpera, é influenciada pelas grandeza de entrada, p.ex., a corrente na resistência de aquecimento. A grandeza de saída não influencia a grandeza de entrada. O comando tem um curso de ação aberto.	Na regulação a grandeza regulada, p.ex., a temperatura real de um forno de têmpera, é continuamente comparada com a temperatura especificada como grandeza de referência e, havendo divergência, é ajustada à grandeza de referência. A regulação tem um curso de ação fechado.

Exemplo: Forno de têmpera

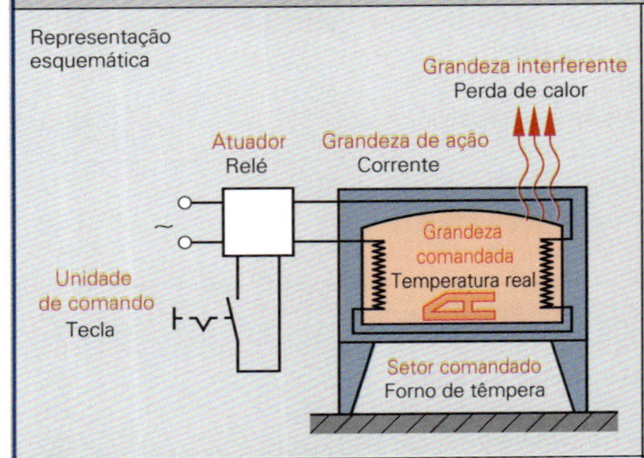

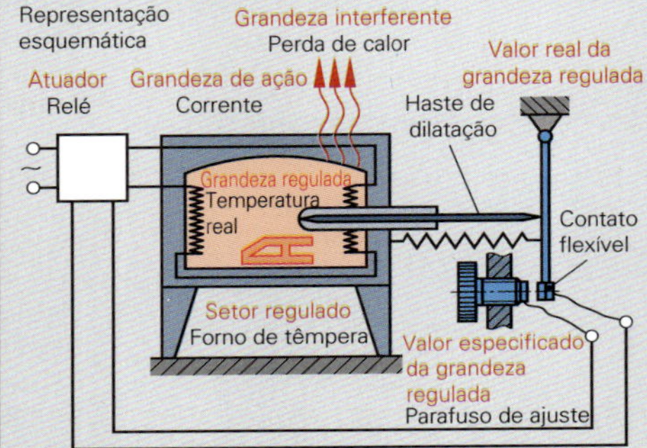

Esquema de ação da cadeia de comando

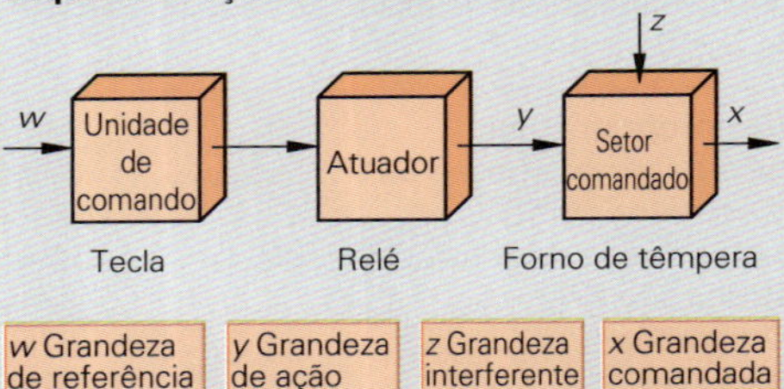

w Grandeza de referência	y Grandeza de ação	z Grandeza interferente	x Grandeza comandada
Temperatura especificada	Corrente	Perda de calor	Temperatura real

Esquema de ação do circuito de regulação (simplificado)

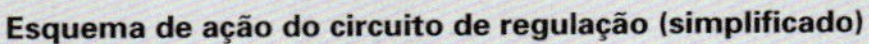

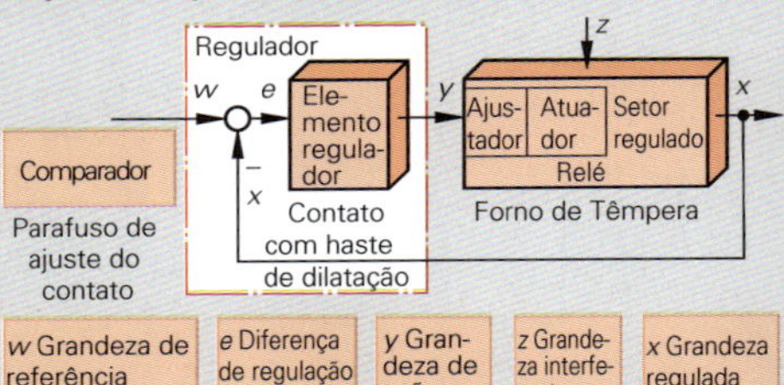

w Grandeza de referência	e Diferença de regulação $e = w - x$	y Grandeza de ação	z Grandeza interferente	x Grandeza regulada
Temperatura especificada		Corrente	Perda de calor	Temp. real

Letras indicativas da função

veja DIN 19227-1 (1993-10)

Exemplo de designação: PDIC

Primeira letra	
D	Densidade
E	Grandezas elétricas
F	Fluxo, taxa de transferência
G	Distância, posição, comprimento
H	Entrada manual, ação manual
K	Tempo
L	Nível (p.ex, nível de enchimento)
M	Umidade
P	Pressão
Q	Grandezas de qualidade
R	Grandezas de radiação
S	Velocidade, rotação
T	Temperatura
W	Peso, massa

Letra complementar	
D	Diferença
F	Proporção
J	Resposta do ponto de medição
Q	Soma, Integral

Letras subsequentes	
A	Aviso de falha
C	Autorregulação
H	Limite superior
I	Indicação
L	Limite inferior
R	Registro

Exemplo: Regulação da diferença de pressão

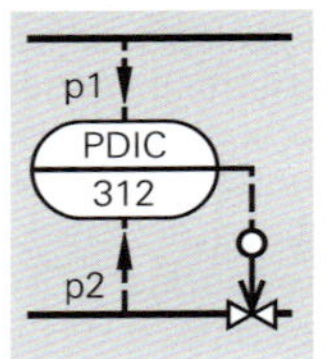

Explicação:
P Pressão
D Diferença
I Indicação
C Autorregulação

em linguagem coloquial: Regulação da diferença de pressão e indicação da diferença de pressão

Símbolos

veja DIN 19227-1 (1993-10)

Local de emissão e de operação

Símbolo	Explicação
	no local, genérico (ou)
	espera
	centro de controle local
	no local, executado por um sistema de controle do processo
	no local, executado por um processador

Atuação no setor

Símbolo	Explicação
	servo atuador, genérico
	Servo atuador; na queda de energia auxiliar a posição é ajustada para o menor fluxo de massa ou de energia
	Servo atuador; na queda de energia auxiliar a posição é ajustada para o maior fluxo de massa ou de energia.
	Servo atuador; na queda de energia auxiliar o atuador permanece na última posição assumida.

Local de medição, local de ajuste

Símbolo	Explicação
	Linha de referência
	Local de medição, sensor
	Atuador, local de atuação

Exemplo:

M

TRC 310

Temperatura T
Registro R
Autorregulação C

Regulação da temperatura e registro em centro de controle local
Ponto de medição 310

Símbolos de aparelhos em função da solução

veja DIN 19227-2 (1991-02)

Registrador

Símbolo	Explicação
T (ou) T	Registrador de temperatura, genérico
P	Registrador de pressão
L	Registrador de nível com boia
W	Registrador para força-peso, balança; com indicação

Regulador

Símbolo	Explicação
	Regulador genérico
PID	Regulador de dois pontos com saída chaveada e característica PID
	Regulador de três pontos com saída chaveada

Aparelhos de ajuste e operação

Símbolo	Explicação
M	Atuador da vávula, servo motor
	Atuador da vávula, acionamento magnético
	Ajustador de sinal (sinal elétrico)

Conversor

Símbolo	Explicação
P / A	Conversor de medida de pressão com saída de sinal pneumática

Símbolo de sinais

Símbolo	Explicação
E	Sinal elétrico
A	Sinal pneumático
∩	Sinal analógico
#	Sinal digital

Emissor

Símbolo	Explicação
	Símbolo básico, Indicador genérico
6 ∩	Impressora analógica, número de canais como dígito
	Monitor

Exemplo: Regulador de temperatura

Regulador PID
Grandeza regulada x
Grandeza de ajuste y
Grandeza de referência w
PID
Amplificador para o sinal de ajuste
Conversor de medida para temperatura e saída de sinal elétrico
Sensor de temperatura
Ajustador de sinal elétrico para ajustagem da grandeza de referência w
Atuador da válvula, servo motor
M
Vapor
Banho de água

Regulador analógico

Regulador analógico (contínuo)

veja DIN 19225 (1981-12) e DIN 19226-2 (1994-02)

No regulador analógico a grandeza regulada *y* pode assumir qualquer valor dentro da faixa de regulagem.

Tipo de regulador	Exemplo regulação do nível, descrição	Função de transposição	Símbolo[1] Diagrama de blocos[2]
		x Grandeza regulada — Função do salto[3] *y* Grandeza de ação — Resposta do salto[4] *e* Diferença de regulação	
Regulador P Regulador de ação proporcional A grandeza de saída é proporcional à grandeza de entrada. Reguladores P possuem uma diferença de regulação permanente.	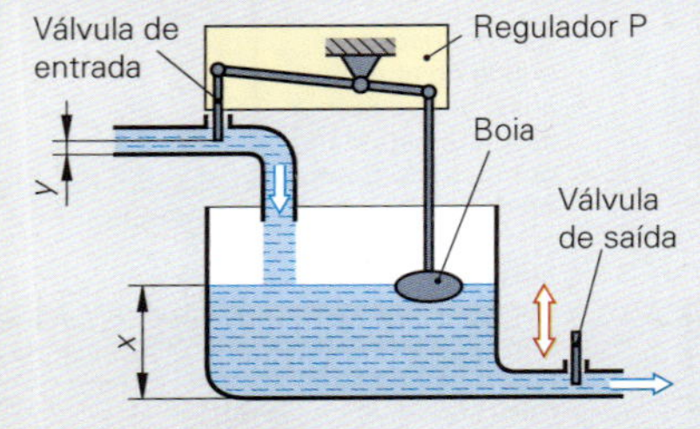 Válvula de entrada, Regulador P, Boia, Válvula de saída	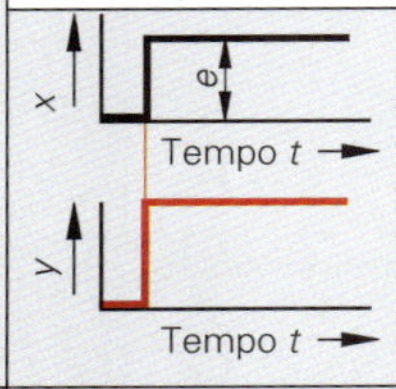 *x*, *e*, Tempo *t* *y*, Tempo *t*	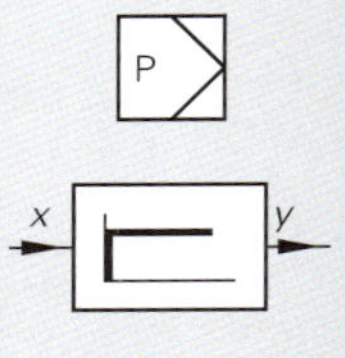 P *x*, *y*
Regulador I Regulador de ação integral Os reguladores I são mais lentos do que os reguladores P, porém, eliminam totalmente a diferença de regulação.	 Regulador *I*	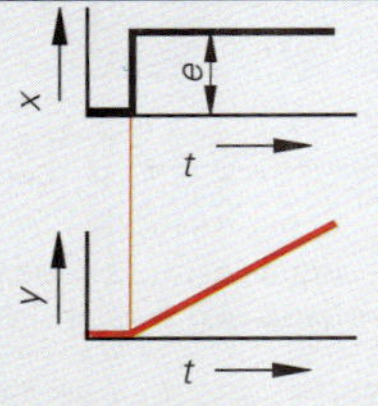 *x*, *e*, *t* *y*, *t*	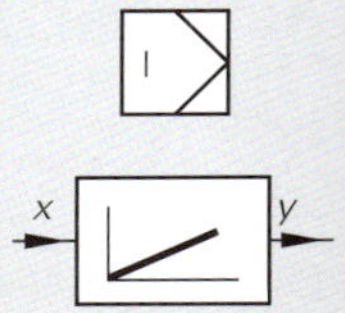 I *x*, *y*
Reguladores PI Regulador de ação proporcional integral Nos reguladores PI são ligados paralelamente um regulador P e um regulador I.	 Seção do regulador P Seção do regulador *I*	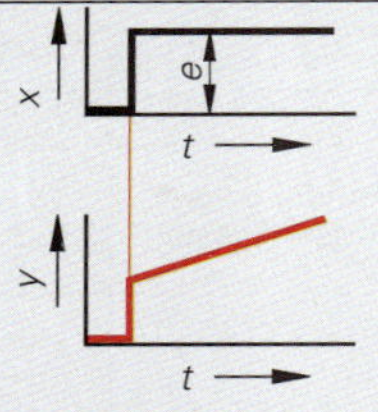 *x*, *e*, *t* *y*, *t*	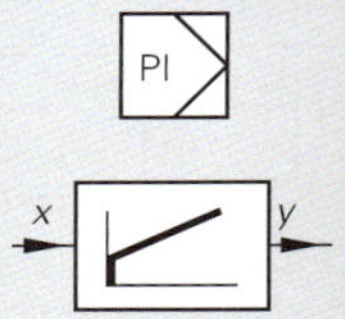 PI *x*, *y*
Regulador D Regulador de ação diferencial	A instalação de regulador D só pode ocorrer em conjunto com um regulador P ou PI, pois, o comportamento D genuíno para diferença de regulação constante não fornece grandeza de ação e, portanto, nenhuma regulação.	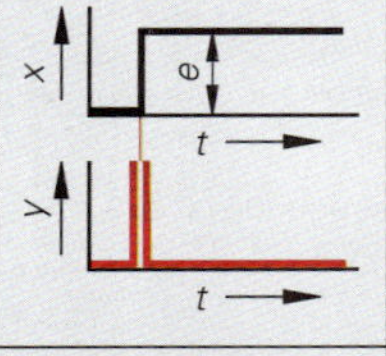 *x*, *e*, *t* *y*, *t*	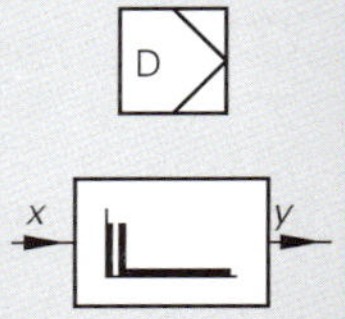 D *x*, *y*
Regulador PD Regulador de ação proporcional diferencial	Reguladores PD são o resultado de uma ligação paralela de regulador P com um elemento D. A seção D altera a grandeza de saída proporcionalmente à velocidade de alteração da grandeza de entrada. A seção P altera a grandeza de saída proporcionalmente à grandeza de entrada. Reguladores PD atuam rapidamente.	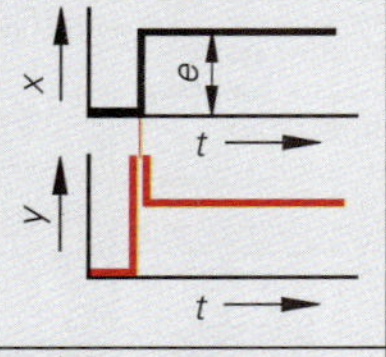 *x*, *e*, *t* *y*, *t*	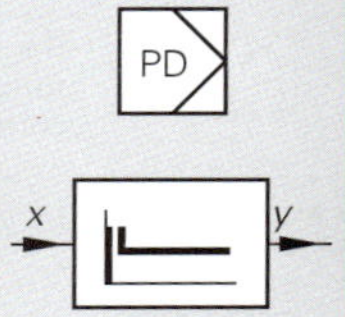 PD *x*, *y*
Regulador PDI Regulador de ação proporcional-diferencial-integral	Reguladores PDI são o resultado de uma ligação paralela de um regulador P, um D e um I. No início, a seção D reage com uma grande alteração do sinal de comando, depois disso essa alteração é reduzida até quase à seção do elemento D para, em seguida, crescer linearmente pela influência da seção I.	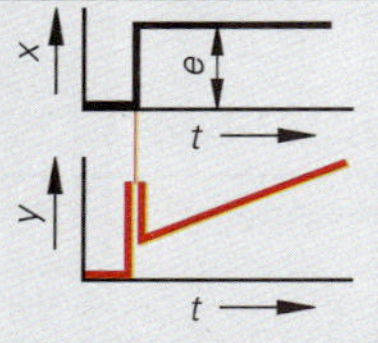 *x*, *e*, *t* *y*, *t*	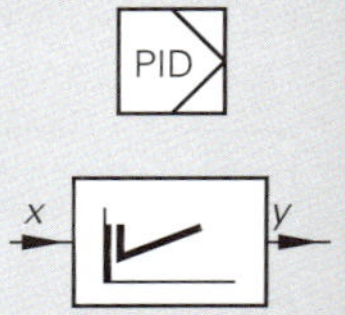 PID *x*, *y*

[1] Símbolos conforme DIN 19227-2
[2] Diagrama de blocos conforme DIN 19226-2
[3] Evolução do sinal na entrada do setor regulado
[4] Evolução do sinal na saída do setor regulado

Reguladores descontínuos e digitais

Regulador de comutação (descontínuo)

veja DIN 19225 (1981-12) e DIN 19226-2 (1994-02)

Reguladores de comutação alteram a grandeza regulada *y* descontinuamente por comutação em estágios.

Tipo de regulador	Exemplo, Descrição	Função de transposição Característica de comutação	Símbolo Diagrama de blocos
Regulador de dois pontos	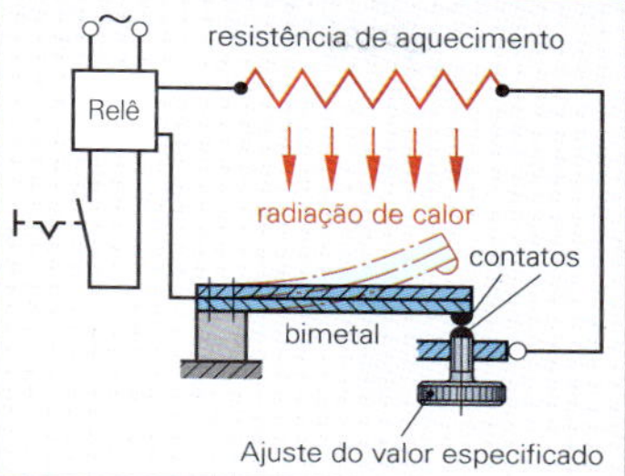resistência de aquecimento Relê radiação de calor contatos bimetal Ajuste do valor especificado	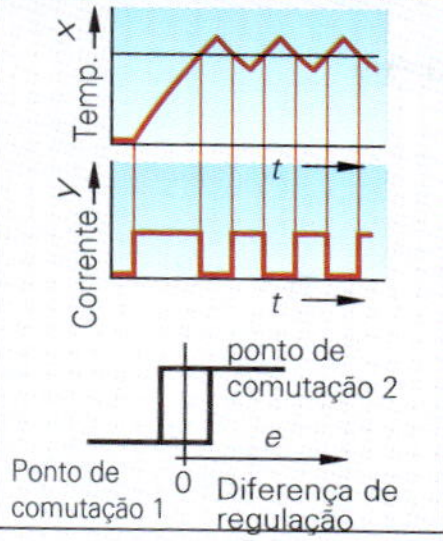x Temp. t y Corrente t ponto de comutação 2 e Ponto de comutação 1 0 Diferença de regulação	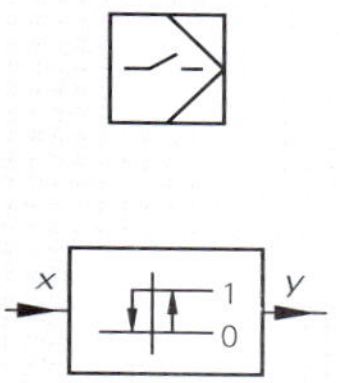x 1 0 y
Regulador de três pontos	**Equipamento de climatização** Num equipamento de climatização, podem ser designados 3 pontos de comutação para as 3 faixas de temperatura: – Aquecimento LIG – Aquecimento/refrigeração DESL – Refrigeração LIG	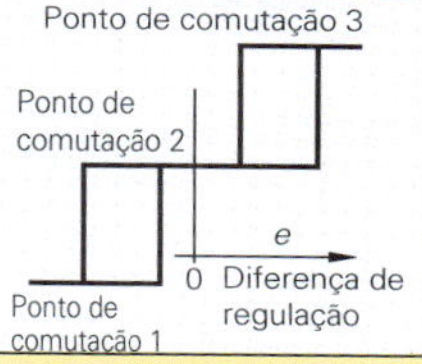Ponto de comutação 3 Ponto de comutação 2 e 0 Diferença de regulação Ponto de comutação 1	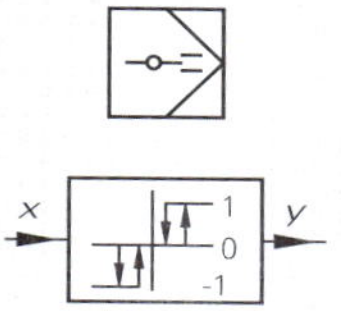x 1 0 -1 y

Regulador digital (regulação por software)

veja DIN 19225 (1981-12) e DIN 19226-2 (1994-02)

O regulador digital funciona como programas executados em computador.

Tipo de regulador	Exemplo (simplificado)	Função de transposição	Explicação
Computador **Comandos programáveis armazenados em memória (SPS)** **Microcontroladores** **Microprocessadores**	**Regulador PID digital** 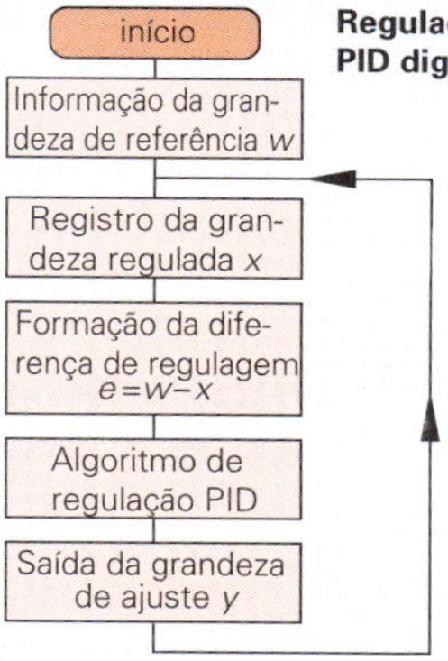início Informação da grandeza de referência w Registro da grandeza regulada x Formação da diferença de regulagem e=w–x Algoritmo de regulação PID Saída da grandeza de ajuste y	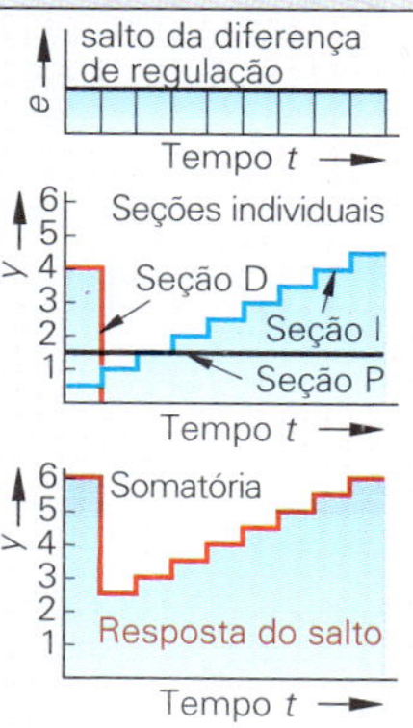salto da diferença de regulação e Tempo t Seções individuais y Seção D Seção I Seção P Tempo t Somatória y Resposta do salto Tempo t	O programa de computador tem as seguintes tarefas: – Formação da diferença de regulação e – Cálculo da grandeza de ajuste y com base no algoritmo de regulação programado Para resposta ao salto são somadas todas as seções P, D e I. A captação dos sinais analógicos e sua conversão em valores digitais, bem como o processamento interno do programa, provocam atraso temporal na grandeza *x* (similar como em um setor T).

Setores de regulação P com atraso temporal (Seção T)

veja DIN 19226-2 (1994-02)

Tipo de regulador	Exemplo (simplificado)	Função de transposição	Explicação
Setor P com atraso de 1ª ordem (Setor P-T_1)	Abastecimento de um reservatório de gás 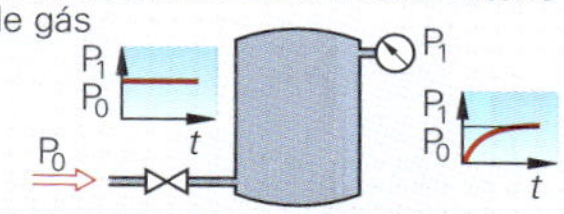P1 P0 t P0 P1 P1 P0 t	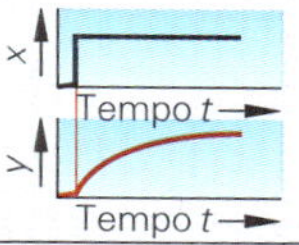x Tempo t y Tempo t	Se um reservatório de pressão é abastecido por um fluxo de gás, a pressão p_1 no reservatório atinge gradualmente a pressão do fluxo de gás.
Setor P com atraso de 2ª ordem (Setor P-T_2)	Abastecimento de dois reservatórios de gás 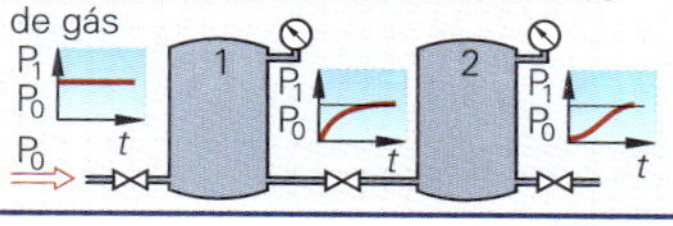P1 P0 t P0 1 P1 P0 t 2 P1 P0 t	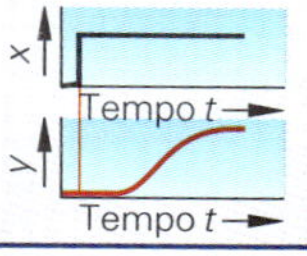x Tempo t y Tempo t	Se dois reservatórios são abastecidos em série, a pressão p_2 no segundo reservatório sobe mais lentamente do que a pressão p_1 no primeiro reservatório.

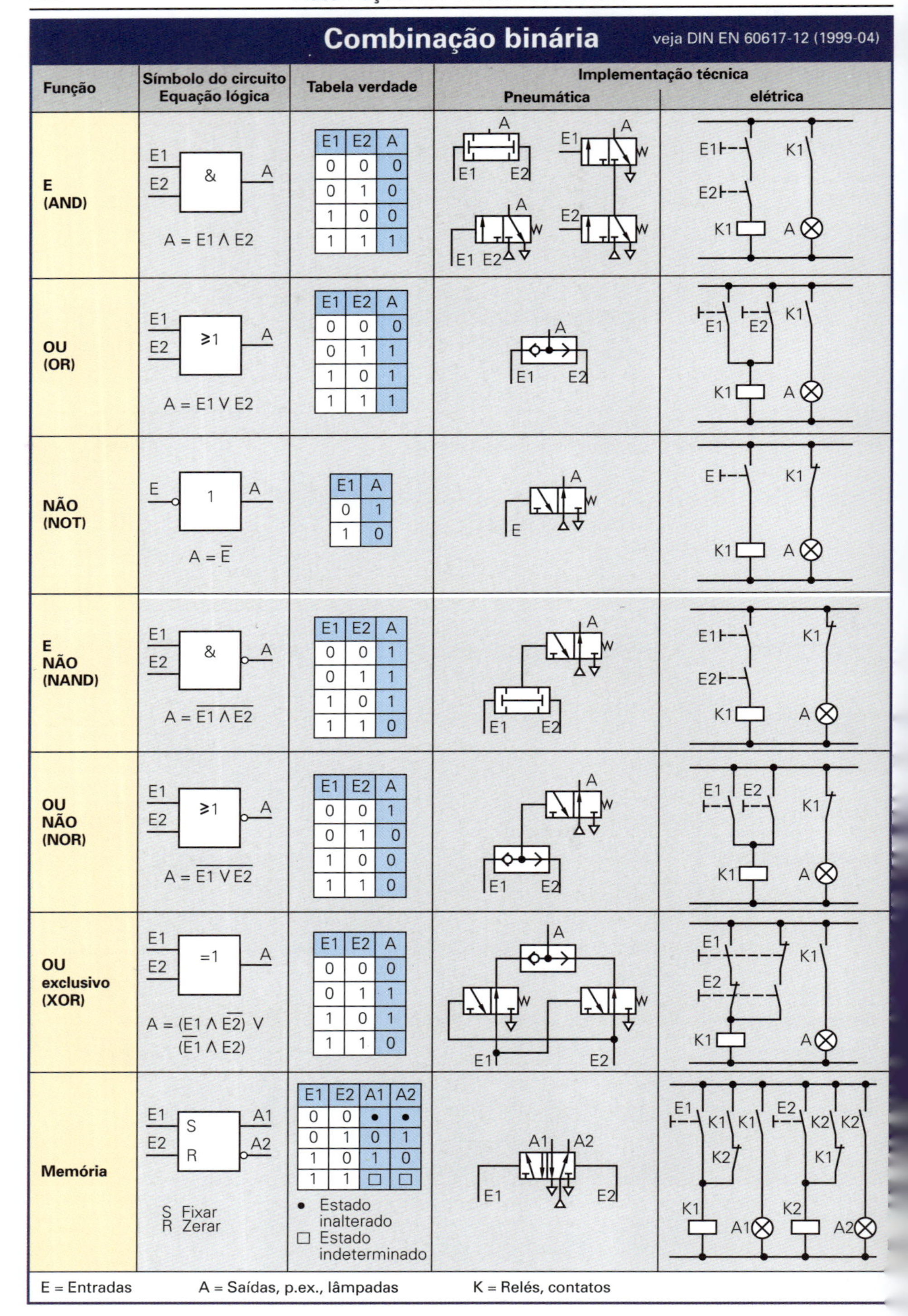

Combinação binária

veja DIN EN 60617-12 (1999-04)

Função	Símbolo do circuito Equação lógica	Tabela verdade	Implementação técnica Pneumática	elétrica
E (AND)	& ; $A = E1 \wedge E2$	E1 E2 A: 0 0 0 / 0 1 0 / 1 0 0 / 1 1 1		
OU (OR)	≥1 ; $A = E1 \vee E2$	E1 E2 A: 0 0 0 / 0 1 1 / 1 0 1 / 1 1 1		
NÃO (NOT)	1 ; $A = \overline{E}$	E1 A: 0 1 / 1 0		
E NÃO (NAND)	& ; $A = \overline{E1 \wedge E2}$	E1 E2 A: 0 0 1 / 0 1 1 / 1 0 1 / 1 1 0		
OU NÃO (NOR)	≥1 ; $A = \overline{E1 \vee E2}$	E1 E2 A: 0 0 1 / 0 1 0 / 1 0 0 / 1 1 0		
OU exclusivo (XOR)	=1 ; $A = (E1 \wedge \overline{E2}) \vee (\overline{E1} \wedge E2)$	E1 E2 A: 0 0 0 / 0 1 1 / 1 0 1 / 1 1 0		
Memória	S R ; S Fixar, R Zerar	E1 E2 A1 A2: 0 0 • • / 0 1 0 1 / 1 0 1 0 / 1 1 □ □ ; • Estado inalterado, □ Estado indeterminado		

E = Entradas A = Saídas, p.ex., lâmpadas K = Relés, contatos

Símbolos de circuitos

veja DIN EN 60617-1 até - 12 (1999-04)

Símbolos genéricos de circuitos

Resistência, genérica

Fusível

Condensador

Indutividade, Bobina

Representação não normalizada

Ímã

Lâmpada, genérica, Representação opcional

Vibrador

Buzina

Elemento galvânico

Conversor, Transformador

Condutores, conectores e conexões

Condutor, genérico

Condutor, móvel, flexível

Condutor, encapado

Condutor de proteção PE

Condutor neutro PN

Condutor neutro com função de proteção PEN

Derivação, representação opcional

Derivação dupla, representação opcional

Conexão com a massa, representação opcional

Aterramento

Conexão com o condutor de proteção

Aparelhos e Máquinas

Aparelho de medição, Máquina

Aparelho de medição, registrador

Transformação, representação opcional

Válvula

Semicondutores

Diodo semicondutor, genérico

Diodo emissor de luz LED (inglês: light emitting diode)

Transistor PNP

Transistor. NPN

Símbolos

Capacidade de variação

genérica

ajustável

regulada

Funções

escalonada

contínua

Efeito térmico

radiação

Tipos de corrente

contínua

alternada com baixa frequência

Alternada com alta frequência

Tipos de ligações

Ligação estrela

Ligação triângulo

Ligação estrela-triângulo

Símbolos de comutadores em projetos de instalações

a) b)

Interruptor a) monopolar b) bipolar

Interruptor com sensor

Interruptor em série

Interruptor paralelo, iluminado

Tomada com contato protegido

Tecla

IP44

Interruptor tripolar, tipo de proteção IP 44

Disjuntor de proteção do condutor

Disjuntor de proteção do motor

Disjuntor de proteção de corrente de fuga

Exemplos de aplicação

Bobina, variável

5

Resistência, ajustável em 5 níveis

Inversor, regulado

Corrente contínua ou alternada

Condutor de três fios com derivação

3 G 1,5

Condutor de 3 fios, com condutor de proteção (G) e seção de 1,5 mm²

M

Motor de corrente contínua

M 3~

Motor trifásico

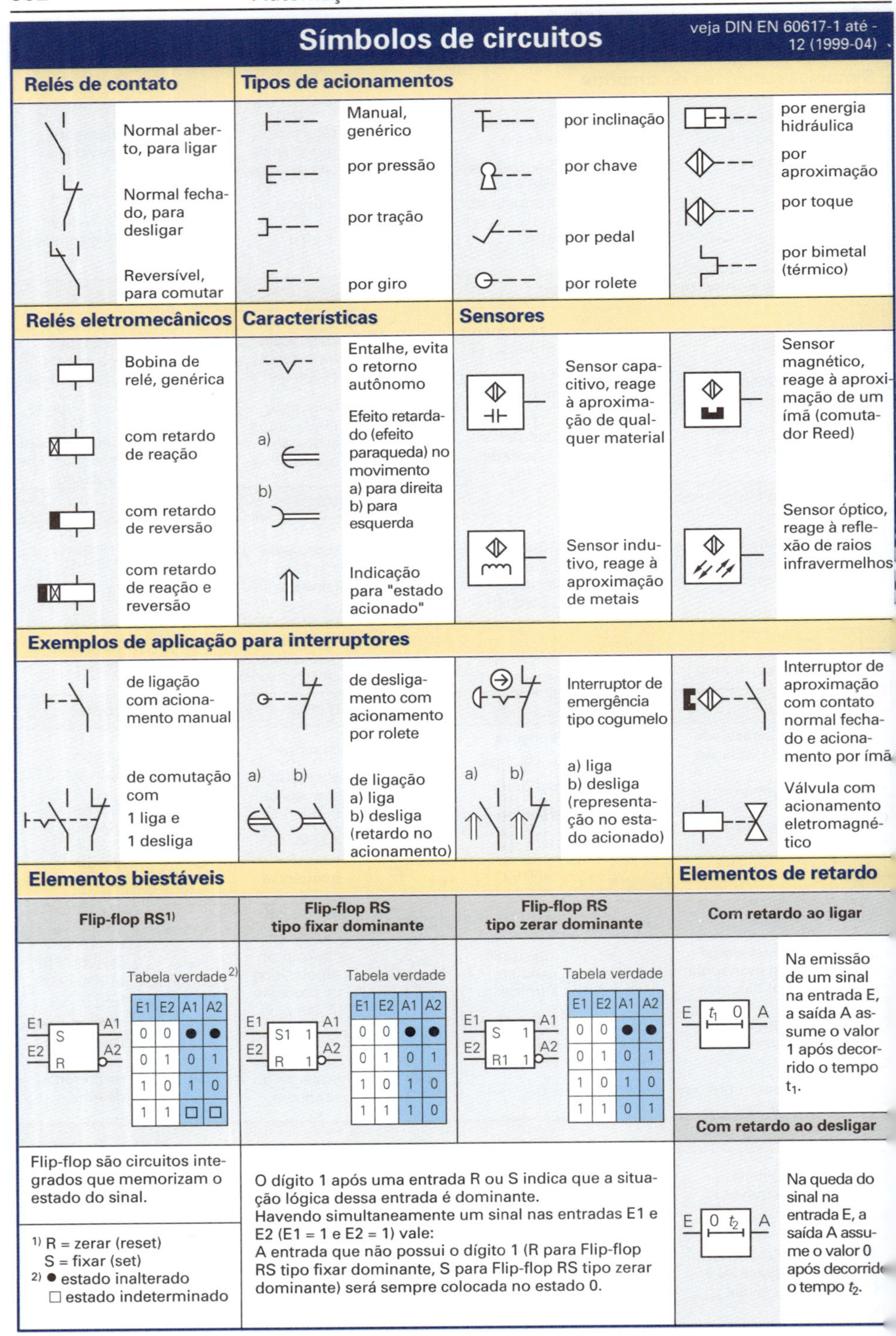

Símbolos de circuitos

veja DIN EN 60617-1 até -12 (1999-04)

Relés de contato

Normal aberto, para ligar

Normal fechado, para desligar

Reversível, para comutar

Tipos de acionamentos

Manual, genérico

por pressão

por tração

por giro

por inclinação

por chave

por pedal

por rolete

por energia hidráulica

por aproximação

por toque

por bimetal (térmico)

Relés eletromecânicos

Bobina de relé, genérica

com retardo de reação

com retardo de reversão

com retardo de reação e reversão

Características

Entalhe, evita o retorno autônomo

a)

b)

Efeito retardado (efeito paraqueda) no movimento a) para direita b) para esquerda

Indicação para "estado acionado"

Sensores

Sensor capacitivo, reage à aproximação de qualquer material

Sensor indutivo, reage à aproximação de metais

Sensor magnético, reage à aproximação de um ímã (comutador Reed)

Sensor óptico, reage à reflexão de raios infravermelhos

Exemplos de aplicação para interruptores

de ligação com acionamento manual

de comutação com 1 liga e 1 desliga

de desligamento com acionamento por rolete

a) b)

de ligação a) liga b) desliga (retardo no acionamento)

Interruptor de emergência tipo cogumelo

a) b)

a) liga b) desliga (representação no estado acionado)

Interruptor de aproximação com contato normal fechado e acionamento por ímã

Válvula com acionamento eletromagnético

Elementos biestáveis

Flip-flop RS[1)]

Tabela verdade[2)]

E1	E2	A1	A2
0	0	●	●
0	1	0	1
1	0	1	0
1	1	□	□

Flip-flop RS tipo fixar dominante

Tabela verdade

E1	E2	A1	A2
0	0	●	●
0	1	0	1
1	0	1	0
1	1	1	0

Flip-flop RS tipo zerar dominante

Tabela verdade

E1	E2	A1	A2
0	0	●	●
0	1	0	1
1	0	1	0
1	1	0	1

Flip-flop são circuitos integrados que memorizam o estado do sinal.

O dígito 1 após uma entrada R ou S indica que a situação lógica dessa entrada é dominante. Havendo simultaneamente um sinal nas entradas E1 e E2 (E1 = 1 e E2 = 1) vale: A entrada que não possui o dígito 1 (R para Flip-flop RS tipo fixar dominante, S para Flip-flop RS tipo zerar dominante) será sempre colocada no estado 0.

1) R = zerar (reset)
S = fixar (set)

2) ● estado inalterado
□ estado indeterminado

Elementos de retardo

Com retardo ao ligar

Na emissão de um sinal na entrada E, a saída A assume o valor 1 após decorrido o tempo t_1.

Com retardo ao desligar

Na queda do sinal na entrada E, a saída A assume o valor 0 após decorrido o tempo t_2.

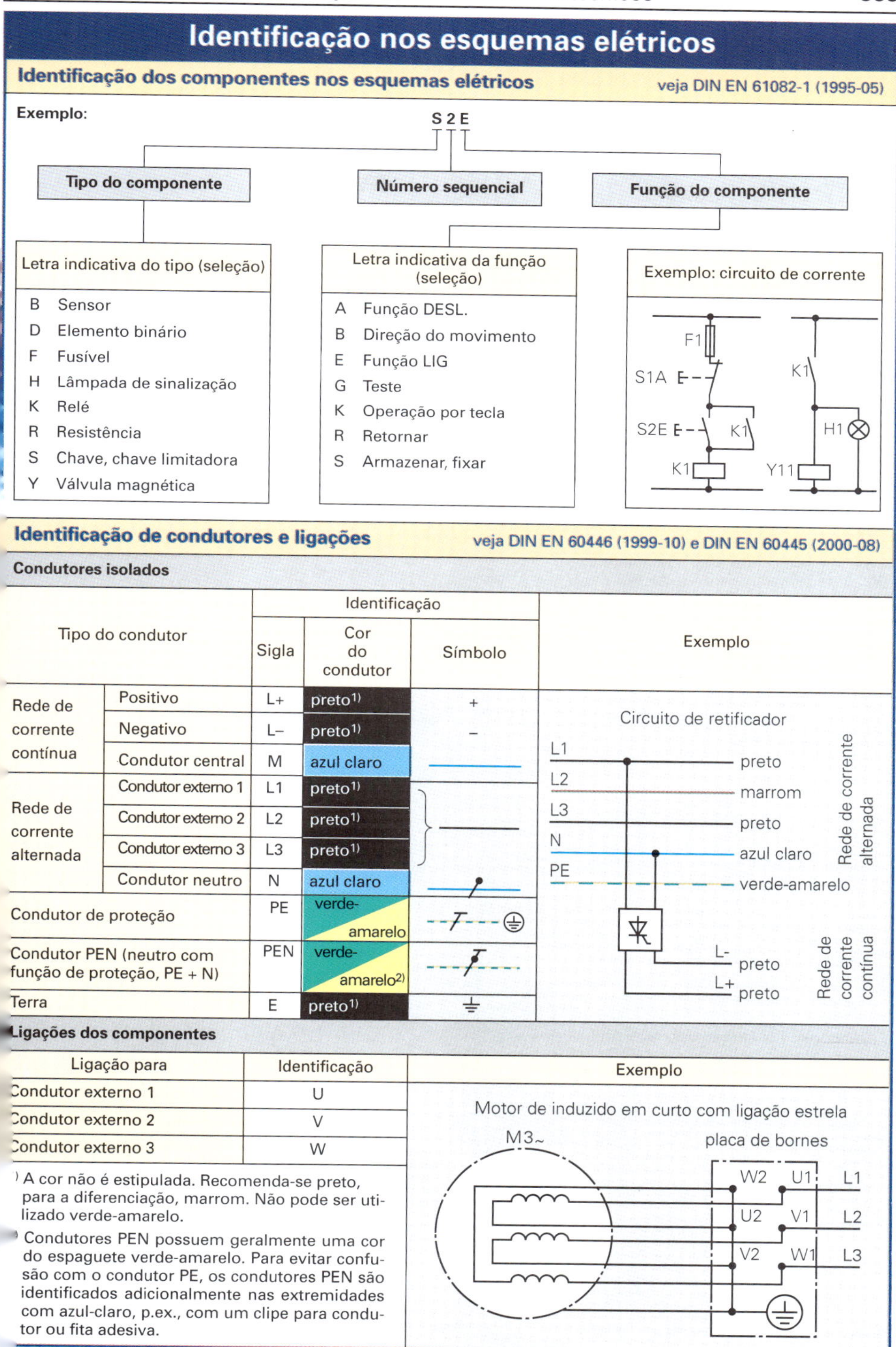

Identificação nos esquemas elétricos

Identificação dos componentes nos esquemas elétricos

veja DIN EN 61082-1 (1995-05)

Exemplo:

Letra indicativa do tipo (seleção)	
B	Sensor
D	Elemento binário
F	Fusível
H	Lâmpada de sinalização
K	Relé
R	Resistência
S	Chave, chave limitadora
Y	Válvula magnética

Letra indicativa da função (seleção)	
A	Função DESL.
B	Direção do movimento
E	Função LIG
G	Teste
K	Operação por tecla
R	Retornar
S	Armazenar, fixar

Exemplo: circuito de corrente

Identificação de condutores e ligações

veja DIN EN 60446 (1999-10) e DIN EN 60445 (2000-08)

Condutores isolados

Tipo do condutor		Identificação: Sigla	Identificação: Cor do condutor	Identificação: Símbolo
Rede de corrente contínua	Positivo	L+	preto[1]	+
	Negativo	L–	preto[1]	–
	Condutor central	M	azul claro	
Rede de corrente alternada	Condutor externo 1	L1	preto[1]	
	Condutor externo 2	L2	preto[1]	
	Condutor externo 3	L3	preto[1]	
	Condutor neutro	N	azul claro	
Condutor de proteção		PE	verde-amarelo	
Condutor PEN (neutro com função de proteção, PE + N)		PEN	verde-amarelo[2]	
Terra		E	preto[1]	

Exemplo

Ligações dos componentes

Ligação para	Identificação
Condutor externo 1	U
Condutor externo 2	V
Condutor externo 3	W

Exemplo

[1] A cor não é estipulada. Recomenda-se preto, para a diferenciação, marrom. Não pode ser utilizado verde-amarelo.

[2] Condutores PEN possuem geralmente uma cor do espaguete verde-amarelo. Para evitar confusão com o condutor PE, os condutores PEN são identificados adicionalmente nas extremidades com azul-claro, p.ex., com um clipe para condutor ou fita adesiva.

Esquemas de circuitos elétricos

veja DIN EN 61082 (1998-09)

Designação dos contatos em relês

Exemplo:
Relé com 2 contatos normal aberto e 2 contatos normal fechado

K1 A1 A2 — 13 14, 23 24, 31 32, 41 42

2º dígito
tipo do contato

1º dígito
Numeração sequencial dos contatos

Normal fechado	Normal fechado c/ retardo	Normal aberto	Normal aberto c/ retardo	Reversível	Reversível com retardo
...1 / ...2	...5 / ...6	...3 / ...4	...7 / ...8	...2 ...4 / ...1	...6 ...8 / ...5

Concepção dos esquemas de circuitos elétricos

Ramos da corrente e repartição dos circuitos de corrente

- Todo componente elétrico recebe um ramo de corrente vertical, sem considerar a disposição espacial dos elementos.
- Os ramos de corrente são numerados sequencialmente da direita para a esquerda.
- O **circuito da corrente de comando** contém os dispositivos para a emissão de sinais e processamento de sinais.
- O **circuito da corrente principal** contém os ativadores necessários para o acionamento dos objetos de trabalho.
- A correspondência espacial, p.ex., de bobinas de relés e contatos de relés, não é representada.

Circuito da corrente de comando — L+, 1, 2, S1, S2, S3, K1, K1, L-

Circuito da corrente principal — 3, 4, K1, K1, Y11, Y13

Identificação dos componentes elétricos

- Os contatos e respectivas bobinas de relé são numerados com o mesmo índice. **Exemplo**: Ramos de corrente 1, 2, 3
- À bobina de relé K1 pertencem 2 contatos normal aberto, ambos identificados como K1. Eles servem para a energização da bobina do relé.
- Todos os contatos de um relé são registrados abaixo do caminho da corrente do relé como um conjunto completo de contatos ou em forma de tabela. Ambas as representações fornecem informação em qual ramo de corrente um contato se encontra.

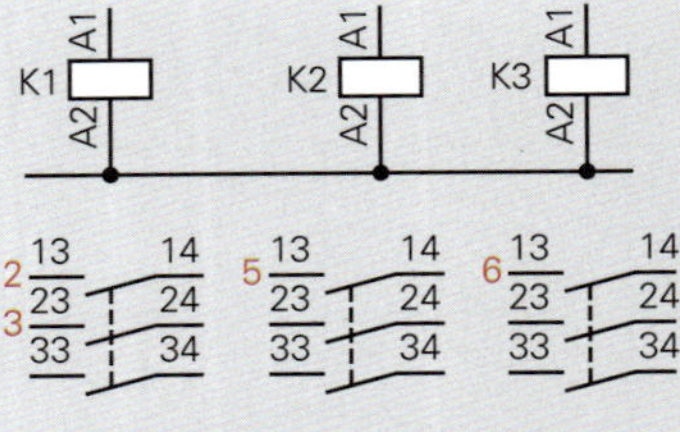

Representação como conjunto de contatos

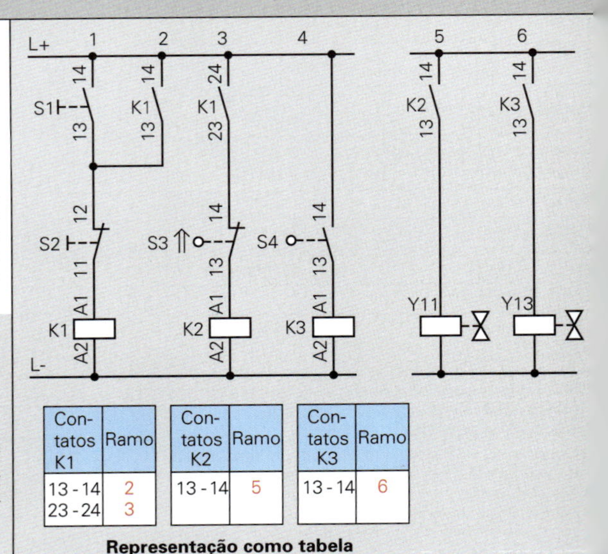

Contatos K1	Ramo
13 - 14	2
23 - 24	3

Contatos K2	Ramo
13 - 14	5

Contatos K3	Ramo
13 - 14	6

Representação como tabela

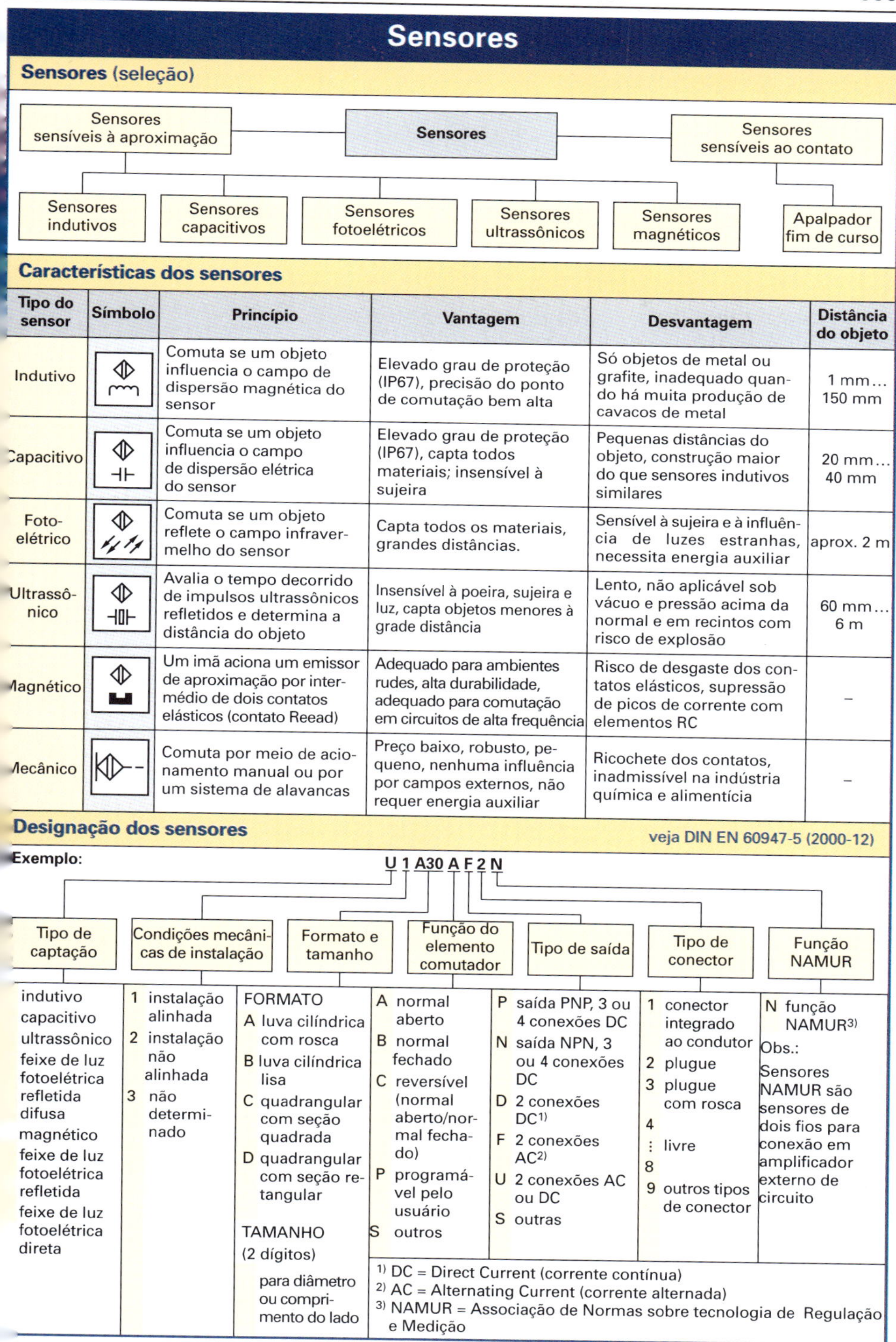

Sensores

Sensores (seleção)

Características dos sensores

Tipo do sensor	Símbolo	Princípio	Vantagem	Desvantagem	Distância do objeto
Indutivo		Comuta se um objeto influencia o campo de dispersão magnética do sensor	Elevado grau de proteção (IP67), precisão do ponto de comutação bem alta	Só objetos de metal ou grafite, inadequado quando há muita produção de cavacos de metal	1 mm... 150 mm
Capacitivo		Comuta se um objeto influencia o campo de dispersão elétrica do sensor	Elevado grau de proteção (IP67), capta todos materiais; insensível à sujeira	Pequenas distâncias do objeto, construção maior do que sensores indutivos similares	20 mm... 40 mm
Fotoelétrico		Comuta se um objeto reflete o campo infravermelho do sensor	Capta todos os materiais, grandes distâncias.	Sensível à sujeira e à influência de luzes estranhas, necessita energia auxiliar	aprox. 2 m
Ultrassônico		Avalia o tempo decorrido de impulsos ultrassônicos refletidos e determina a distância do objeto	Insensível à poeira, sujeira e luz, capta objetos menores à grade distância	Lento, não aplicável sob vácuo e pressão acima da normal e em recintos com risco de explosão	60 mm... 6 m
Magnético		Um imã aciona um emissor de aproximação por intermédio de dois contatos elásticos (contato Reead)	Adequado para ambientes rudes, alta durabilidade, adequado para comutação em circuitos de alta frequência	Risco de desgaste dos contatos elásticos, supressão de picos de corrente com elementos RC	–
Mecânico		Comuta por meio de acionamento manual ou por um sistema de alavancas	Preço baixo, robusto, pequeno, nenhuma influência por campos externos, não requer energia auxiliar	Ricochete dos contatos, inadmissível na indústria química e alimentícia	–

Designação dos sensores

veja DIN EN 60947-5 (2000-12)

Exemplo: U 1 A30 A F 2 N

Tipo de captação	Condições mecânicas de instalação	Formato e tamanho	Função do elemento comutador	Tipo de saída	Tipo de conector	Função NAMUR
indutivo capacitivo ultrassônico feixe de luz fotoelétrica refletida difusa magnético feixe de luz fotoelétrica refletida feixe de luz fotoelétrica direta	1 instalação alinhada 2 instalação não alinhada 3 não determinado	FORMATO A luva cilíndrica com rosca B luva cilíndrica lisa C quadrangular com seção quadrada D quadrangular com seção retangular TAMANHO (2 dígitos) para diâmetro ou comprimento do lado	A normal aberto B normal fechado C reversível (normal aberto/normal fechado) P programável pelo usuário S outros	P saída PNP, 3 ou 4 conexões DC N saída NPN, 3 ou 4 conexões DC D 2 conexões DC[1] F 2 conexões AC[2] U 2 conexões AC ou DC S outras	1 conector integrado ao condutor 2 plugue 3 plugue com rosca 4 ⋮ 8 livre 9 outros tipos de conector	N função NAMUR[3] Obs.: Sensores NAMUR são sensores de dois fios para conexão em amplificador externo de circuito

[1] DC = Direct Current (corrente contínua)
[2] AC = Alternating Current (corrente alternada)
[3] NAMUR = Associação de Normas sobre tecnologia de Regulação e Medição

Medidas de proteção

Medidas de proteção contra choque elétrico

veja DIN VDE 0 100-410 (2003-06)

Proteção contra contato direto e no caso de contato indireto

Proteção por:
- tensão extrabaixa de segurança SELV (inglês: Safety Extra Low Voltage)
- tensão extrabaixa de proteção com corte seguro PELV (inglês: Protective Extra Low Voltage)
- tensão extrabaixa de funcionamento FELV (inglês: Functional Extra Low Voltage)

Proteção contra choque elétrico sob condições normais de operação: contra contato direto

Proteção por:
- isolamento de proteção nas partes ativas, p.ex., cabos
- armadura como isolação, p.ex., carcaça em aparelhos elétricos
- distância, p.ex., capa de proteção, carcaça de grade de arame
- obstáculos, p.ex., grade de proteção, obstáculo

Proteção contra choques elétricos sob condições de falhas: no caso de contato direto

Proteção por:
- desligamento automático ou aviso, p.ex., dispositivo de proteção contra corrente de fuga
- equilíbrio de potencial
- recintos não condutivos, p.ex., por revestimento isolante
- isolamento de proteção, p.ex., carcaça recoberta com material isolante

Proteção adicional: proteção por comutador de corrente de fuga RCD: (inglês: Residual Current Device = disjuntor de corrente residual)

Efeito da corrente alternada sobre o corpo humano

veja IEC 60479-1 (1994)

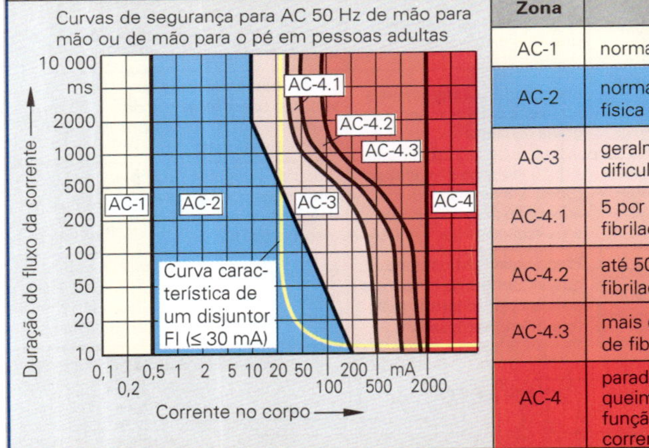

Zona	Consequências físicas
AC-1	normalmente nenhum efeito
AC-2	normalmente nenhuma consequência física danosa
AC-3	geralmente nenhum dano orgânico, dificuldade respiratória (>2s), câimbras
AC-4.1	5 por cento de probabilidade de fibrilação ventricular
AC-4.2	até 50 por cento de probabilidade de fibrilação ventricular
AC-4.3	mais de 50 por cento de probabilidade de fibrilação ventricular
AC-4	parada cardíaca, parada respiratória e queimaduras graves aumentando em função da duração e da intensidade da corrente

Fusíveis de proteção de condutores e seção dos condutores

veja DIN VDE 0 1000-430 (1991-11)

Corrente nominal do fusível I_n em A	Cor indicativa do fusível	Seção mínima em mm² de condutores de cobre para instalação tipo							
		A1		B1		B2		C	
		e número de condutores com carga							
		2	3	3	3	2	3	2	3
10 (13)	vermelho	1,5	1,5	1,5	1,5	1,5	1,5	1,5	1,5
16	cinza	1,5	2,5	1,5	1,5	1,5	1,5	1,5	1,5
20	azul	2,5	2,5	2,5	2,5	2,5	2,5	1,5	2,5

Corrente nominal do fusível I_n em A	Cor indicativa do fusível	Seção mínima em mm² de condutores de cobre para instalação tipo							
		A1		B1		B2		C	
		e nº de condutores com carga							
		2	3	3	3	2	3	2	3
25	amarelo	4	4	2,5	4	4	4	2,5	2,
35	preto	6	6	6	6	6	6	4	4
50	branco	10	16	10	10	10	10	10	1

Tipo de instalação de cabos e condutores isolados

veja DIN VDE 0 298-4 (2003-08)

Tipo		Descrição	Tipo		Descrição
A1		Instalação em paredes com isolação térmica, em conduítes elétricos	B2	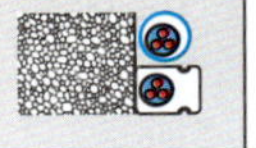	Instalação em conduítes elétricos embutidos ou sobr a parede, em canalete ou atrás de régua de soquete
B1		Instalação em conduítes elétricos embutidos ou sobre a parede ou em canaletes	C		Instalação direta sobre ou dentro da parede

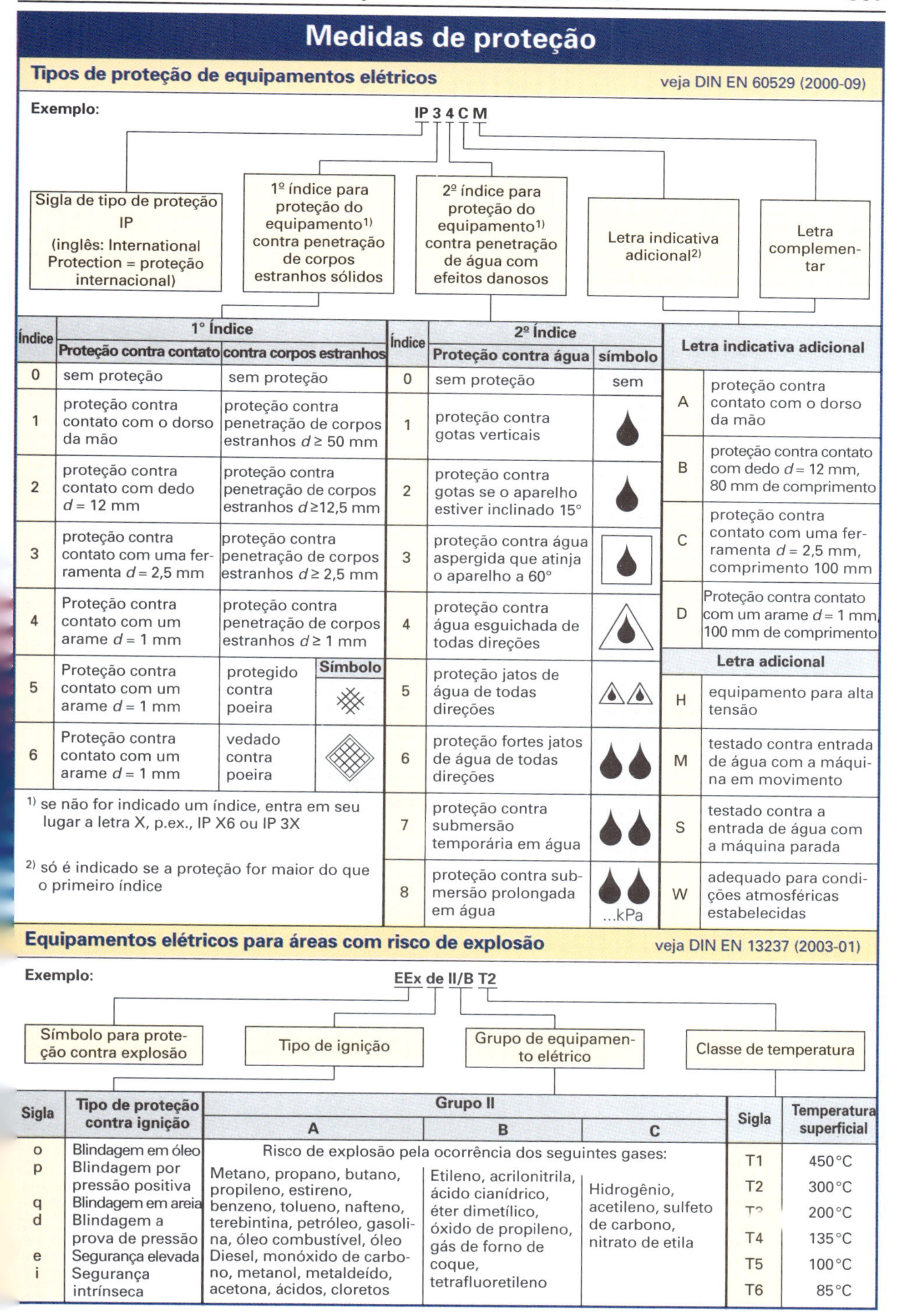

Medidas de proteção

Tipos de proteção de equipamentos elétricos

veja DIN EN 60529 (2000-09)

Exemplo: **IP 3 4 C M**

- Sigla de tipo de proteção IP (inglês: International Protection = proteção internacional)
- 1º índice para proteção do equipamento[1)] contra penetração de corpos estranhos sólidos
- 2º índice para proteção do equipamento[1)] contra penetração de água com efeitos danosos
- Letra indicativa adicional[2)]
- Letra complementar

Índice	1° Índice – Proteção contra contato	1° Índice – contra corpos estranhos	Símbolo
0	sem proteção	sem proteção	
1	proteção contra contato com o dorso da mão	proteção contra penetração de corpos estranhos $d \geq 50$ mm	
2	proteção contra contato com dedo $d = 12$ mm	proteção contra penetração de corpos estranhos $d \geq 12{,}5$ mm	
3	proteção contra contato com uma ferramenta $d = 2{,}5$ mm	proteção contra penetração de corpos estranhos $d \geq 2{,}5$ mm	
4	Proteção contra contato com um arame $d = 1$ mm	proteção contra penetração de corpos estranhos $d \geq 1$ mm	
5	Proteção contra contato com um arame $d = 1$ mm	protegido contra poeira	(símbolo)
6	Proteção contra contato com um arame $d = 1$ mm	vedado contra poeira	(símbolo)

[1)] se não for indicado um índice, entra em seu lugar a letra X, p.ex., IP X6 ou IP 3X

[2)] só é indicado se a proteção for maior do que o primeiro índice

Índice	2º Índice – Proteção contra água	símbolo
0	sem proteção	sem
1	proteção contra gotas verticais	(símbolo)
2	proteção contra gotas se o aparelho estiver inclinado 15°	(símbolo)
3	proteção contra água aspergida que atinja o aparelho a 60°	(símbolo)
4	proteção contra água esguichada de todas direções	(símbolo)
5	proteção jatos de água de todas direções	(símbolo)
6	proteção fortes jatos de água de todas direções	(símbolo)
7	proteção contra submersão temporária em água	(símbolo)
8	proteção contra submersão prolongada em água	(símbolo) ...kPa

Letra indicativa adicional	
A	proteção contra contato com o dorso da mão
B	proteção contra contato com dedo $d = 12$ mm, 80 mm de comprimento
C	proteção contra contato com uma ferramenta $d = 2{,}5$ mm, comprimento 100 mm
D	Proteção contra contato com um arame $d = 1$ mm, 100 mm de comprimento
Letra adicional	
H	equipamento para alta tensão
M	testado contra entrada de água com a máquina em movimento
S	testado contra a entrada de água com a máquina parada
W	adequado para condições atmosféricas estabelecidas

Equipamentos elétricos para áreas com risco de explosão

veja DIN EN 13237 (2003-01)

Exemplo: **EEx de II/B T2**

- Símbolo para proteção contra explosão
- Tipo de ignição
- Grupo de equipamento elétrico
- Classe de temperatura

Sigla	Tipo de proteção contra ignição
o	Blindagem em óleo
p	Blindagem por pressão positiva
q	Blindagem em areia
d	Blindagem a prova de pressão
e	Segurança elevada
i	Segurança intrínseca

Grupo II – A	Grupo II – B	Grupo II – C
Risco de explosão pela ocorrência dos seguintes gases:		
Metano, propano, butano, propileno, estireno, benzeno, tolueno, nafteno, terebintina, petróleo, gasolina, óleo combustível, óleo Diesel, monóxido de carbono, metanol, metaldeído, acetona, ácidos, cloretos	Etileno, acrilonitrila, ácido cianídrico, éter dimetílico, óxido de propileno, gás de forno de coque, tetrafluoretileno	Hidrogênio, acetileno, sulfeto de carbono, nitrato de etila

Sigla	Temperatura superficial
T1	450 °C
T2	300 °C
T3	200 °C
T4	135 °C
T5	100 °C
T6	85 °C

Fluxogramas funcionais, símbolos

veja DIN EN 60848 (2002-12)
DIN 40719-6 (1992-02)

A DIN EN 60848 e DIN EN 40719-6 podem ser usadas paralelamente.

A validade da DIN 40719-6 expirou em 01/04/2005.

O fluxograma funcional é uma linguagem gráfica para o desenvolvimento de operações sequenciais. Todavia, ele não fornece nenhuma informação sobre o tipo dos aparelhos utilizados, disposição dos condutores e instalação dos equipamentos.

Representação gráfica dos elementos de linguagem

Símbolo para uma ação conforme DIN 40719

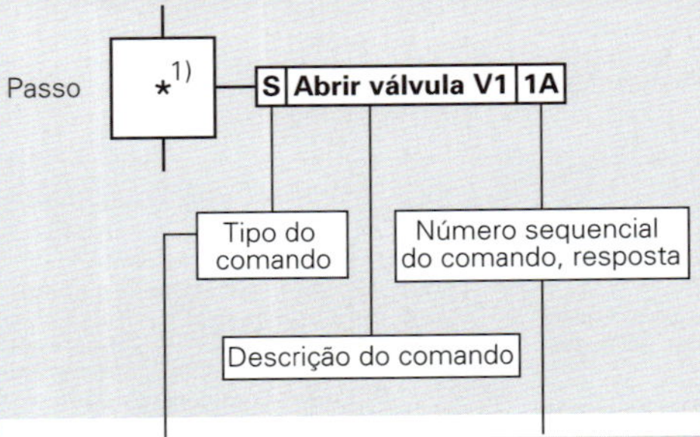

Passo | *[1)] | S | Abrir válvula V1 | 1A

Tipo do comando — Número sequencial do comando, resposta — Descrição do comando

Tipos de comandos	
S armazenado	C condicional
D retardado	F condicionado à liberação
L tempo limitado	N não armazenado
P pulsante	

Respostas
A Emitir comando
R Efeito do comando foi atingido
X Aviso de falha, efeito do comando não foi atingido

[1)] Caráter curinga para número do passo

Símbolos para ações conforme DIN EN 60848

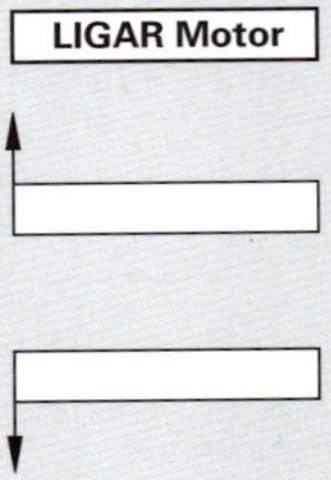

Símbolo	Significado
LIGAR Motor	Ação, comando
(seta para cima)	Ação comando, ativado (armazenado)
(seta para baixo)	Ação comando desativado

Símbolos adicionais

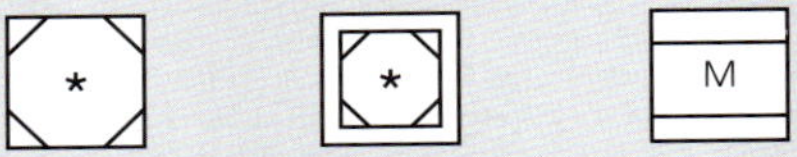

*	*	M
passo abrangente (contém outro ou vários passos)	passo abrangente inicial	passo macro

Símbolos comuns às normas DIN EN 60848 e DIN 40719-6

Ideograma	Explicação	Exemplo	Explicação
Passos			
(quadrado)	passo genérico	 5	passo designado com número de passo 5
 (quadrado duplo)	passo inicial, identifica o comportamento inicial do comando.	 1	passo inicial 1
 (quadrado com ponto)	passo ativado mostra quais passos numa determinada situação do processo estão ativados.	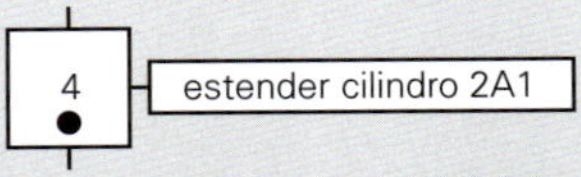 4 — estender cilindro 2A1	passo 4 ativado com comando "estender cilindro 2A1"
Conexões de ação			
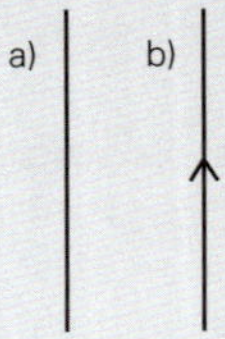 a) b)	arco de ligação a) sequência de cima para baixo b) sequência de baixo para cima	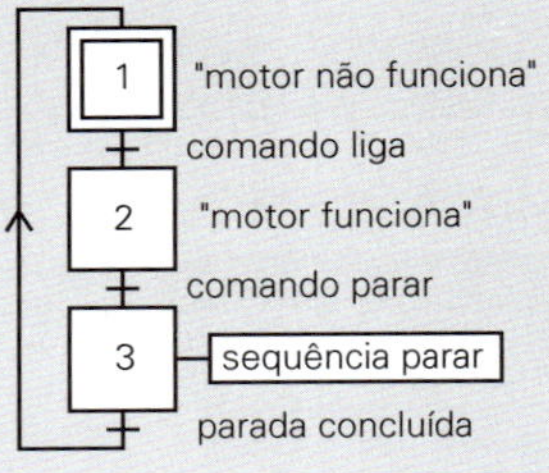 1 "motor não funciona" comando liga 2 "motor funciona" comando parar 3 sequência parar parada concluída	modo de operação de um motor elétrico: após o passo 3, o arco de ligação reconduz ao passo inicial 1.

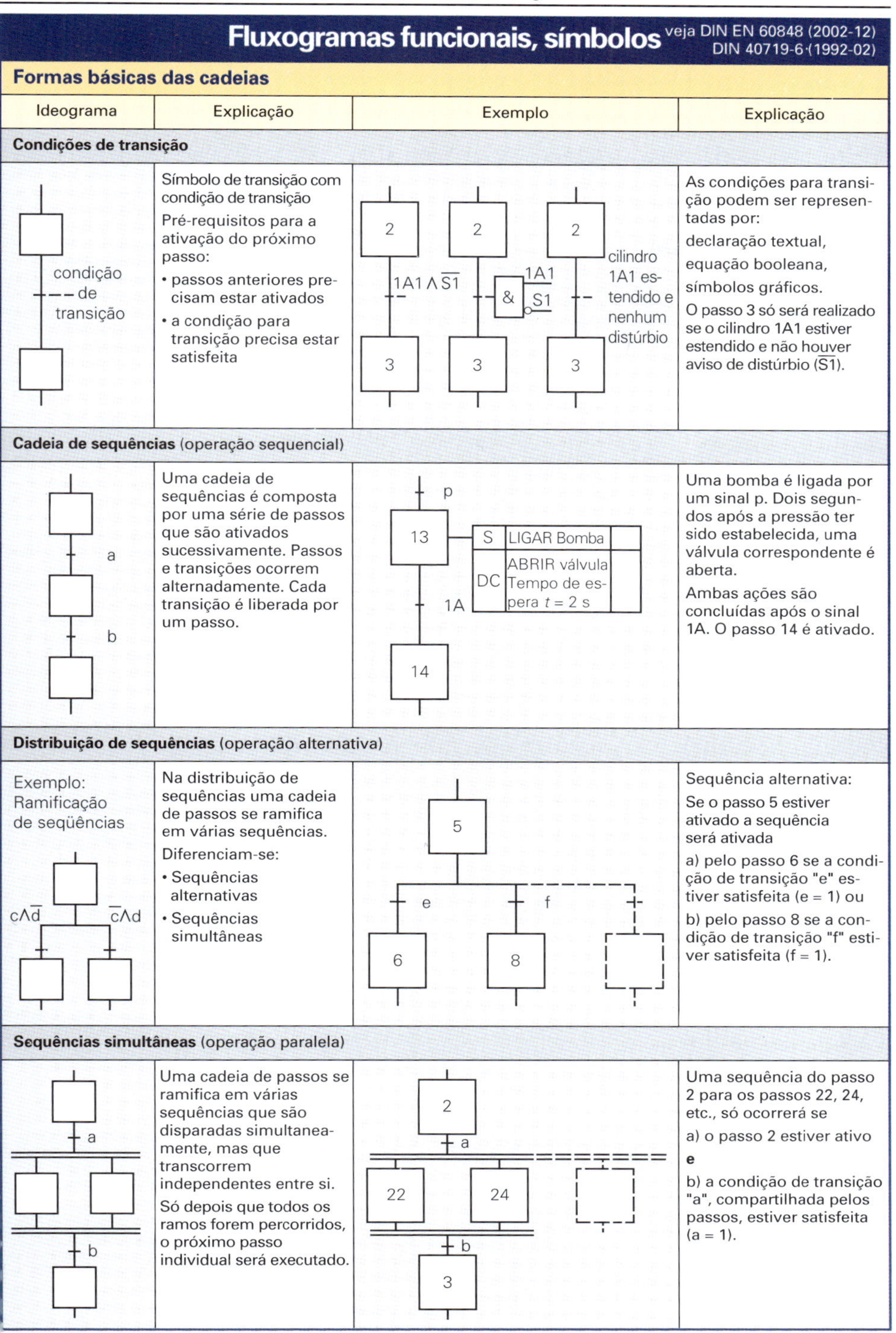

Fluxogramas funcionais, símbolos

veja DIN EN 60848 (2002-12)
DIN 40719-6 (1992-02)

Formas básicas das cadeias

Ideograma	Explicação	Exemplo	Explicação
Condições de transição			
condição de transição	Símbolo de transição com condição de transição Pré-requisitos para a ativação do próximo passo: • passos anteriores precisam estar ativados • a condição para transição precisa estar satisfeita	2 / 1A1 ∧ $\overline{S1}$ / 3 2 / & 1A1 S1 / 3 2 / cilindro 1A1 estendido e nenhum distúrbio / 3	As condições para transição podem ser representadas por: declaração textual, equação booleana, símbolos gráficos. O passo 3 só será realizado se o cilindro 1A1 estiver estendido e não houver aviso de distúrbio ($\overline{S1}$).
Cadeia de sequências (operação sequencial)			
a b	Uma cadeia de sequências é composta por uma série de passos que são ativados sucessivamente. Passos e transições ocorrem alternadamente. Cada transição é liberada por um passo.	p 13 — S: LIGAR Bomba; DC: ABRIR válvula, Tempo de espera $t = 2$ s 1A 14	Uma bomba é ligada por um sinal p. Dois segundos após a pressão ter sido estabelecida, uma válvula correspondente é aberta. Ambas ações são concluídas após o sinal 1A. O passo 14 é ativado.
Distribuição de sequências (operação alternativa)			
Exemplo: Ramificação de seqüências c∧$\overline{d}$ $\overline{c}$∧d	Na distribuição de sequências uma cadeia de passos se ramifica em várias sequências. Diferenciam-se: • Sequências alternativas • Sequências simultâneas	5 e f 6 8	Sequência alternativa: Se o passo 5 estiver ativado a sequência será ativada a) pelo passo 6 se a condição de transição "e" estiver satisfeita (e = 1) ou b) pelo passo 8 se a condição de transição "f" estiver satisfeita (f = 1).
Sequências simultâneas (operação paralela)			
a b	Uma cadeia de passos se ramifica em várias sequências que são disparadas simultaneamente, mas que transcorrem independentes entre si. Só depois que todos os ramos forem percorridos, o próximo passo individual será executado.	2 a 22 24 b 3	Uma sequência do passo 2 para os passos 22, 24, etc., só ocorrerá se a) o passo 2 estiver ativo **e** b) a condição de transição "a", compartilhada pelos passos, estiver satisfeita (a = 1).

Fluxogramas funcionais, exemplo

veja DIN EN 60848 (2002-12) DIN 40719-6 (1992-02)

Exemplo: dispositivo de elevação

As peças devem ser levantadas por um cilindro de elevação e em seguida empurradas sobre uma esteira de roletes por um cilindro de deslocamento.

Por intermédio do acionamento da válvula principal e da tecla de partida o cilindro 1A1 é estendido, levanta a peça e na posição final aciona a chave fim de curso 1S2. Com isso, o cilindro de deslocamento 2A1 é estendido, empurra a peça sobre a esteira de roletes e aciona a chave fim de curso 2S2. O cilindro 1A1 retorna à posição de partida, aciona 1S1 provocando, com isso, o retorno do cilindro 2A1.

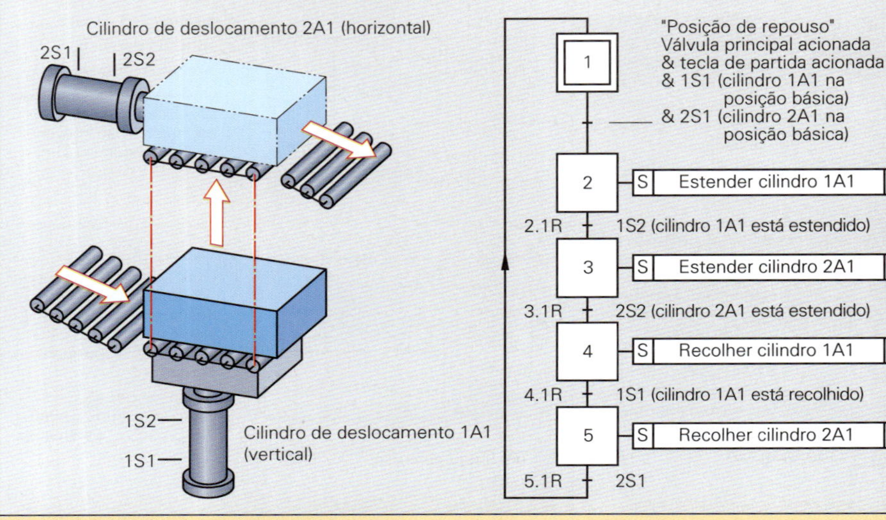

Exemplo: comando de misturador

O corante deve entrar num misturador, ser misturado e depois novamente bombeado para fora. Por intermédio da abertura da válvula Y1 o corante é injetado até uma marcação de nível de abastecimento. Em seguida, o motor M1 é ligado e o corante é misturado por 2 minutos. Após o desligamento do motor do misturador M1 e da ligação do motor da bomba M2 (tempo de operação no mínimo 10 s) o recipiente é esvaziado. O critério para o desligamento do motor da bomba M2 é a queda da potência de acionamento do motor abaixo de 1 kW (reservatório vazio).

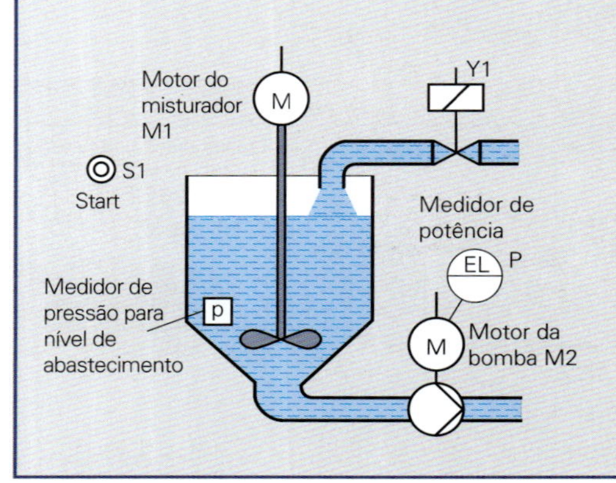

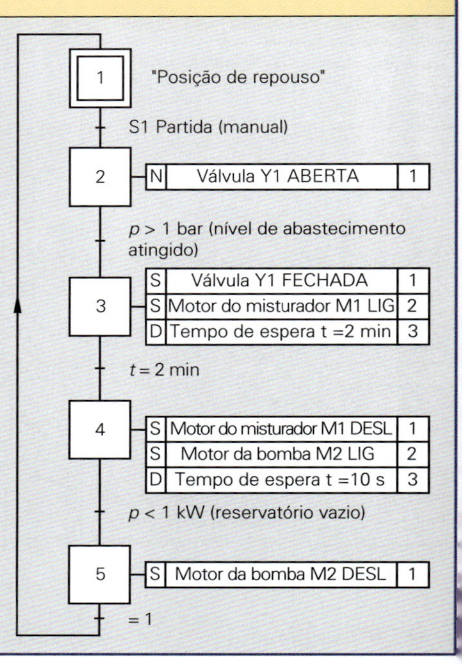

Diagramas funcionais, símbolos

Nos diagramas funcionais são representados graficamente a situação e as alterações na situação das máquinas e equipamentos de fabricação. É feita uma distinção entre diagramas de trajeto e diagramas de situação.

Os diagramas de trajeto representam por meio de símbolos o trajeto de um elemento de trabalho.

Os diagramas de situação descrevem em duas coordenadas a sequência de funções de uma ou mais unidades de trabalho e a integração técnica dos comandos dos respectivos elementos. No eixo vertical é assinalada a situação do elemento, no eixo horizontal o tempo e/ou o passo da sequência de comando.

Símbolos dos diagramas funcionais

Movimentos e funções

Trajetos e movimentos	Linhas de funções	Limites de trajetos e movimentos
Movimento de trabalho em linha reta	Posição de repouso e de partida do elemento	Limite de trajeto genérico
Movimento vazio em linha reta	Para todas situações diferentes da posição de repouso e partida	Limitação de trajeto via sinalizador

Sinalizadores

Acionamento manual	Acionamento mecânico	Acionamento hidráulico ou pneumático
LIGA	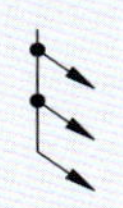 Limitador acionado num local	p 6 bar — Interruptor de pressão ajustado para 6 bar
DESLIGA		
LIGA/DESLIGA	Limitador acionado por um longo percurso	t 2 s — Temporizador, ajustado para 2 s

Interconexões de sinal

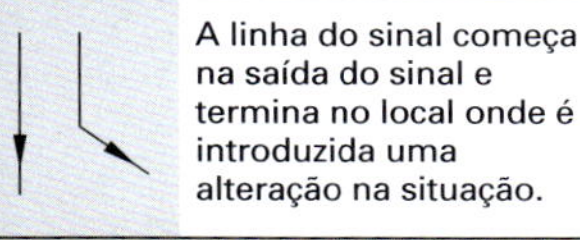

A linha do sinal começa na saída do sinal e termina no local onde é introduzida uma alteração na situação.

A ramificação do sinal é marcada com um ponto.

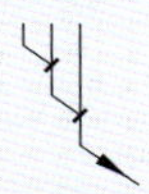

Condição E:
A interconexão do sinal é marcada com um traço largo inclinado.

Execução de um diagrama funcional

Cilindro	Válvula com dois pontos de comutação	Sinalizador acionado manualmente
0 1 2 3 4 / 2 1 — Passo 1: mover do local de saída 1 para o local 2. Passo 2: permanecer. Passo 3: mover do local 2 para o local de partida 1	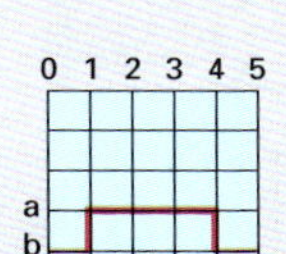 Passo 1: comutar da posição de saída b para a posição a. Passo 2 e 3: permanecer. Passo 4: comutar da posição a para posição de saída b	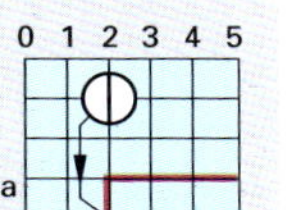 Passo 2: Ligar; atuador comuta de a para b

Exemplo: atuador acionado mecanicamente

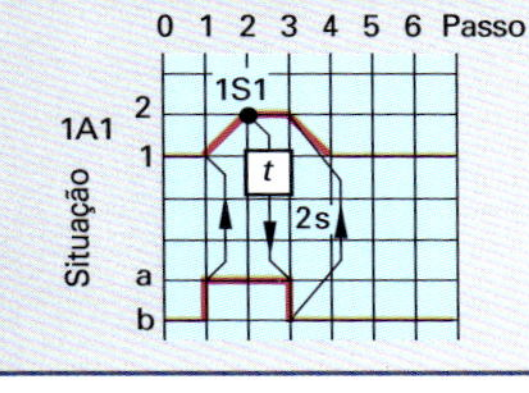

Passo 1:	atuador comuta válvula de via de b para a e provoca a distensão do cilindro 1A1.
Passo 2:	o cilindro aciona o sinalizador 1S1; o sinalizador ativa o temporizador; temporizador dispara (2s)
Passo 3:	temporizador comanda válvula de via de a para b; cilindro 1A1 é recolhido.

Diagramas funcionais, exemplo

Exemplo: dispositivo de elevação pneumático

Diagrama de posição

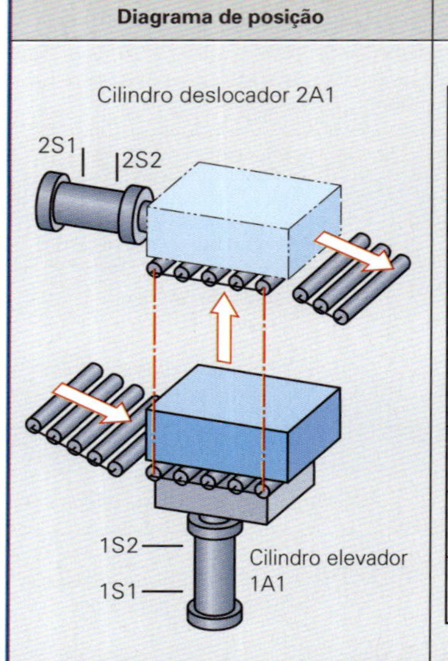

Diagrama funcional

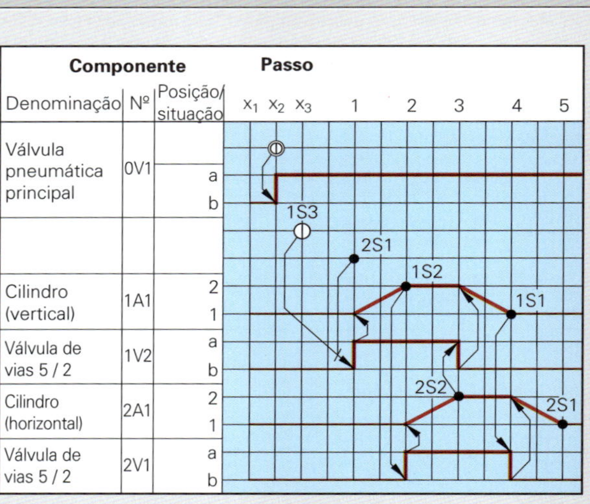

Circuito pneumático

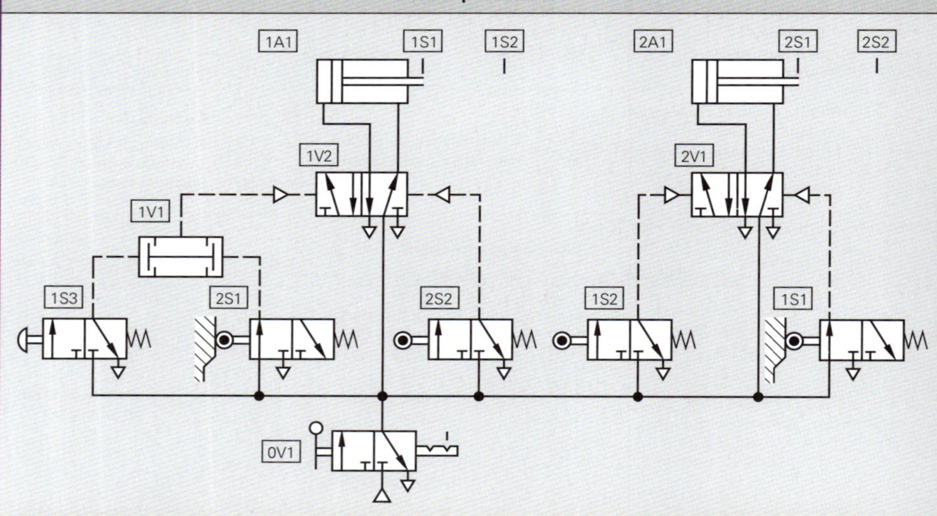

Lista de componentes

Sigla	Denominação	Sigla	Denominação
1A1	Cilindro dupla ação	1S1	Válvula de vias 3 / 2, acionamento por rolete
2A1	Cilindro dupla ação	1S2	Válvula de vias 3 / 2, acionamento por rolete
		1S3	Válvula de vias 3 / 2, acionamento por botão de pressão
0V1	Válvula de vias 3 / 2 com entalhe, acionamento manual	2S1	Válvula de vias 3 / 2 vias, acionamento por rolete
		2S2	Válvula de vias 3 / 2 vias, acionamento por rolete
1V1	Válvula de dupla pressão		
1V2	Válvula de vias 3 / 2, acionamento por pressão		
2V1	Válvula de vias 5 / 2, acionamento por pressão		

Símbolos de circuito

veja DIN ISO 1219-1 (1996-03)

Elementos funcionais

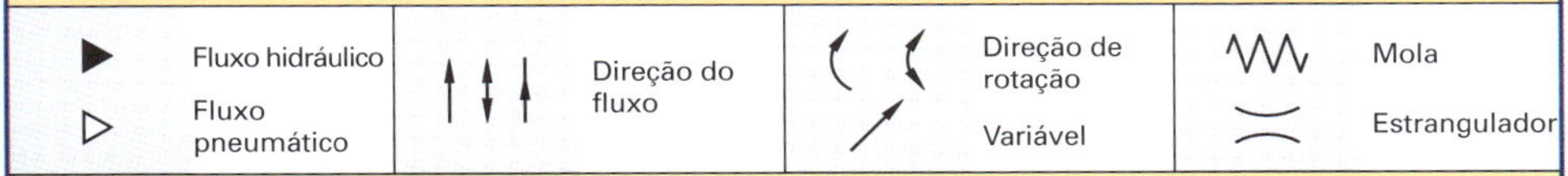

Fluxo hidráulico
Fluxo pneumático
Direção do fluxo
Direção de rotação
Variável
Mola
Estrangulador

Transmissão de energia

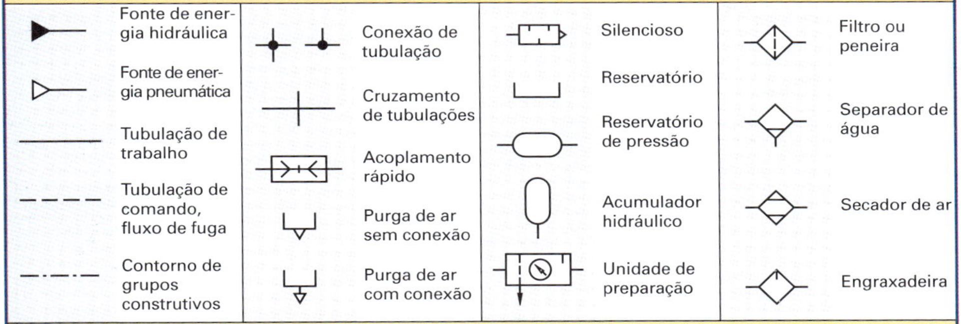

Fonte de energia hidráulica
Fonte de energia pneumática
Tubulação de trabalho
Tubulação de comando, fluxo de fuga
Contorno de grupos construtivos
Conexão de tubulação
Cruzamento de tubulações
Acoplamento rápido
Purga de ar sem conexão
Purga de ar com conexão
Silencioso
Reservatório
Reservatório de pressão
Acumulador hidráulico
Unidade de preparação
Filtro ou peneira
Separador de água
Secador de ar
Engraxadeira

Bombas, compressores, motores

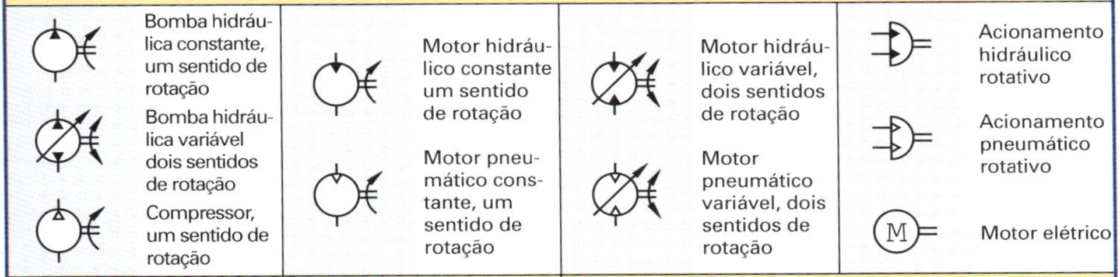

Bomba hidráulica constante, um sentido de rotação
Bomba hidráulica variável dois sentidos de rotação
Compressor, um sentido de rotação
Motor hidráulico constante um sentido de rotação
Motor pneumático constante, um sentido de rotação
Motor hidráulico variável, dois sentidos de rotação
Motor pneumático variável, dois sentidos de rotação
Acionamento hidráulico rotativo
Acionamento pneumático rotativo
Motor elétrico

Cilindros simples

simplificado
Cilindro de ação simples, curso de retorno por força indefinida
simplificado
Cilindro de ação simples, curso de retorno por mola integrada

Cilindros de dupla ação

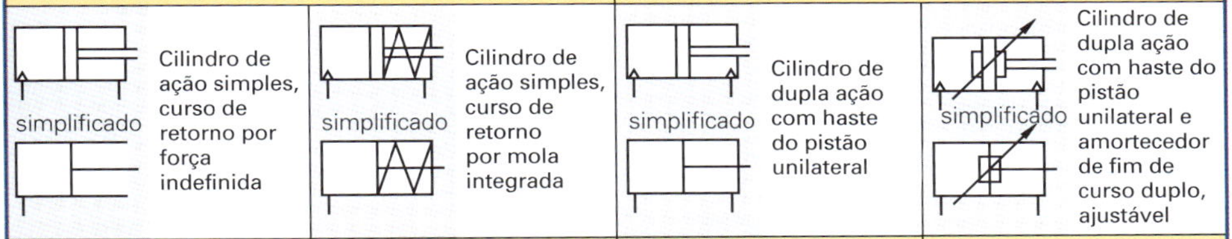

simplificado
Cilindro de dupla ação com haste do pistão unilateral
simplificado
Cilindro de dupla ação com haste do pistão unilateral e amortecedor de fim de curso duplo, ajustável

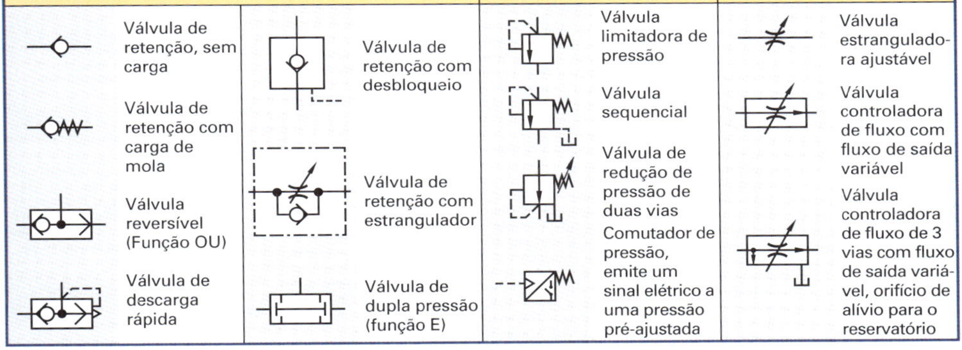

Válvulas de bloqueio

Válvula de retenção, sem carga
Válvula de retenção com carga de mola
Válvula reversível (Função OU)
Válvula de descarga rápida
Válvula de retenção com desbloqueio
Válvula de retenção com estrangulador
Válvula de dupla pressão (função E)

Válvulas de pressão

Válvula limitadora de pressão
Válvula sequencial
Válvula de redução de pressão de duas vias
Comutador de pressão, emite um sinal elétrico a uma pressão pré-ajustada

Válvulas de fluxo

Válvula estranguladora ajustável
Válvula controladora de fluxo com fluxo de saída variável
Válvula controladora de fluxo de 3 vias com fluxo de saída variável, orifício de alívio para o reservatório

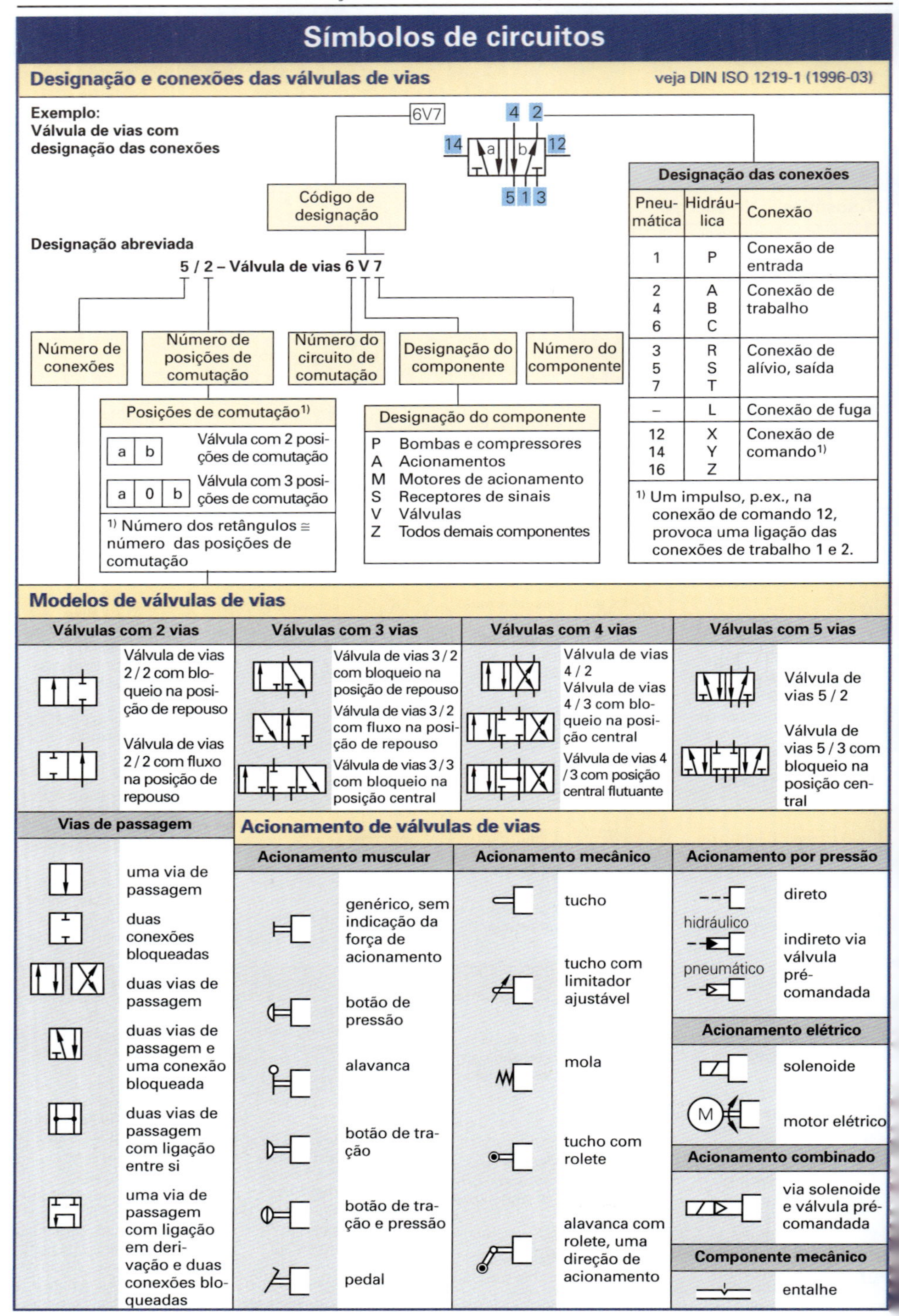

Símbolos de circuitos

Designação e conexões das válvulas de vias

veja DIN ISO 1219-1 (1996-03)

Designação das conexões		
Pneumática	Hidráulica	Conexão
1	P	Conexão de entrada
2 4 6	A B C	Conexão de trabalho
3 5 7	R S T	Conexão de alívio, saída
–	L	Conexão de fuga
12 14 16	X Y Z	Conexão de comando[1]

[1] Um impulso, p.ex., na conexão de comando 12, provoca uma ligação das conexões de trabalho 1 e 2.

Designação do componente	
P	Bombas e compressores
A	Acionamentos
M	Motores de acionamento
S	Receptores de sinais
V	Válvulas
Z	Todos demais componentes

Esquemas de circuitos

veja DIN ISO 1219-2 (1996-11)

Estruturação de circuitos

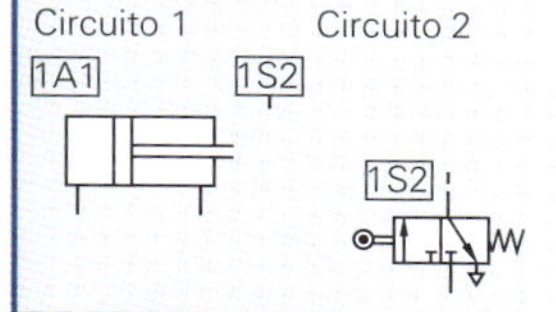

O circuito é subdividido em subcircuitos com funções inter-relacionadas.

A disposição espacial dos componentes não é considerada.

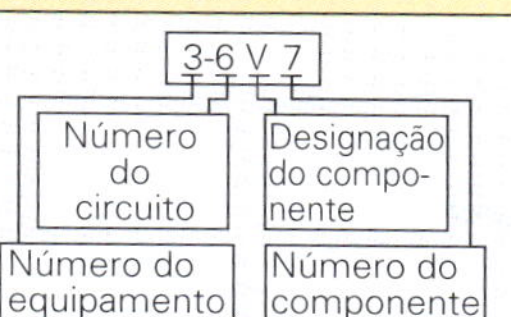

Se um circuito é composto por vários equipamentos é necessário indicar o número de cada equipamento iniciando por 1.

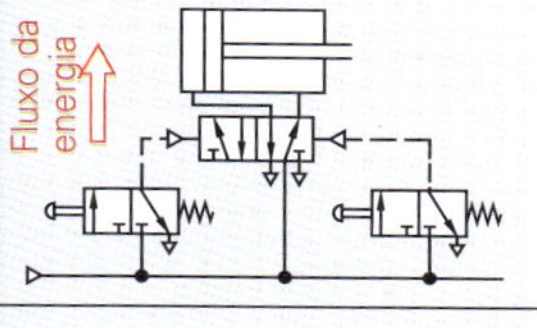

Os componentes são dispostos de baixo para cima na direção do fluxo de energia e da esquerda para a direita.

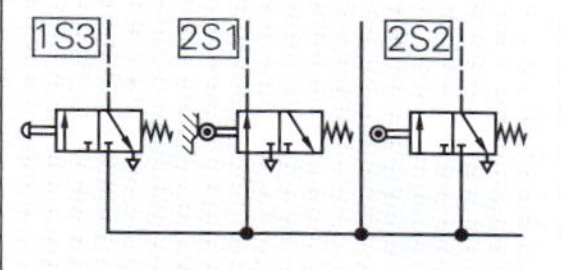

Elementos ou módulos construtivos semelhantes são representados dentro de um circuito na mesma altura.

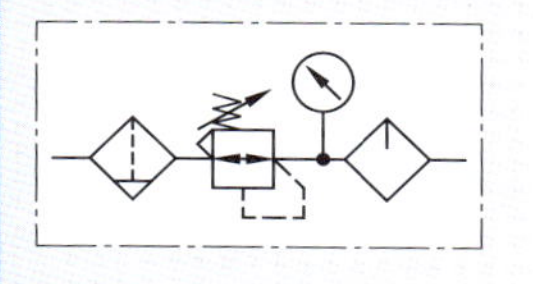

Módulos construtivos, como, p.ex., válvula de retenção com estrangulador ou unidades de preparação são delimitados por uma linha traço-ponto.

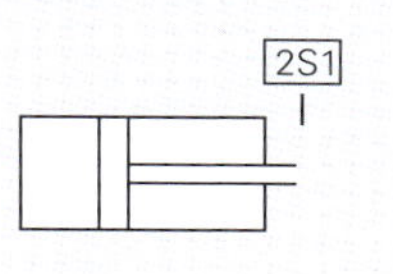

Dispositivos que são ativados por acionamentos, p.ex., limitadores, são representados em seu local de acionamento por um traço de marcação e seu código de designação.

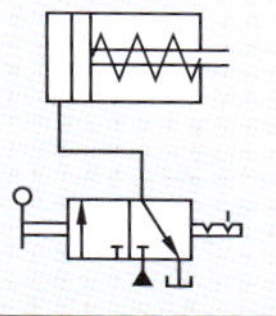

Componentes hidráulicos são representados na posição de saída do equipamento sem indicação de aplicação de pressão.

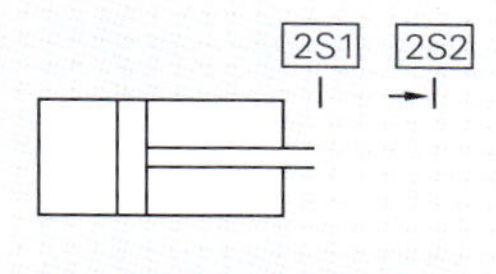

Para alavancas com rolete de acionamento unilateral deve ser incluída adicionalmente uma seta direcional no traço de marcação.

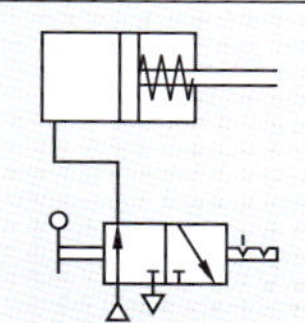

Componentes pneumáticos são representados na posição de saída do equipamento, com indicação de aplicação de pressão.

Componentes de um circuito

Elementos de trabalho	Motores, cilindros, válvulas
Ativadores	Válvulas para acionamento do elemento de trabalho
Elementos de comando	Válvulas para interligação do sinal
Sinalizadores	Componentes para disparar um passo do circuito
Unidade de suprimento	Unidades de preparação, válvula principal

Exemplo: Esquema de circuito com dois cilindros (dispositivo de elevação)

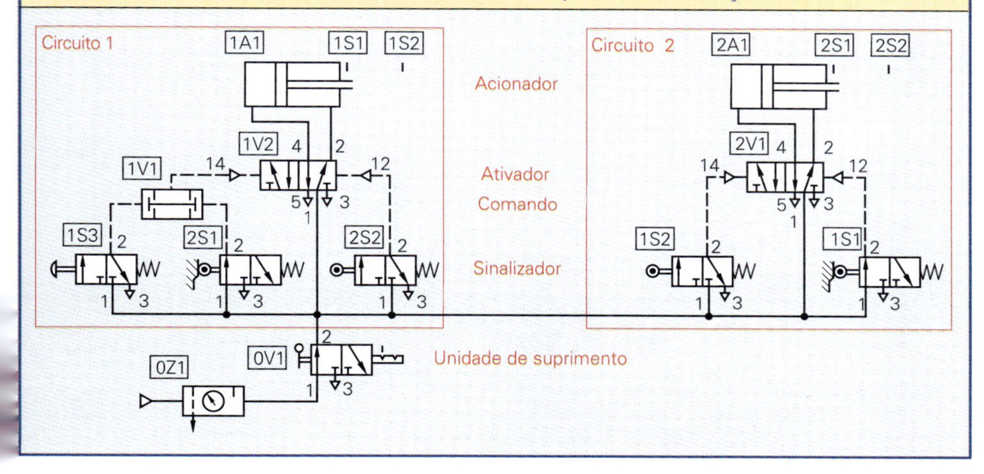

Comandos eletropneumáticos

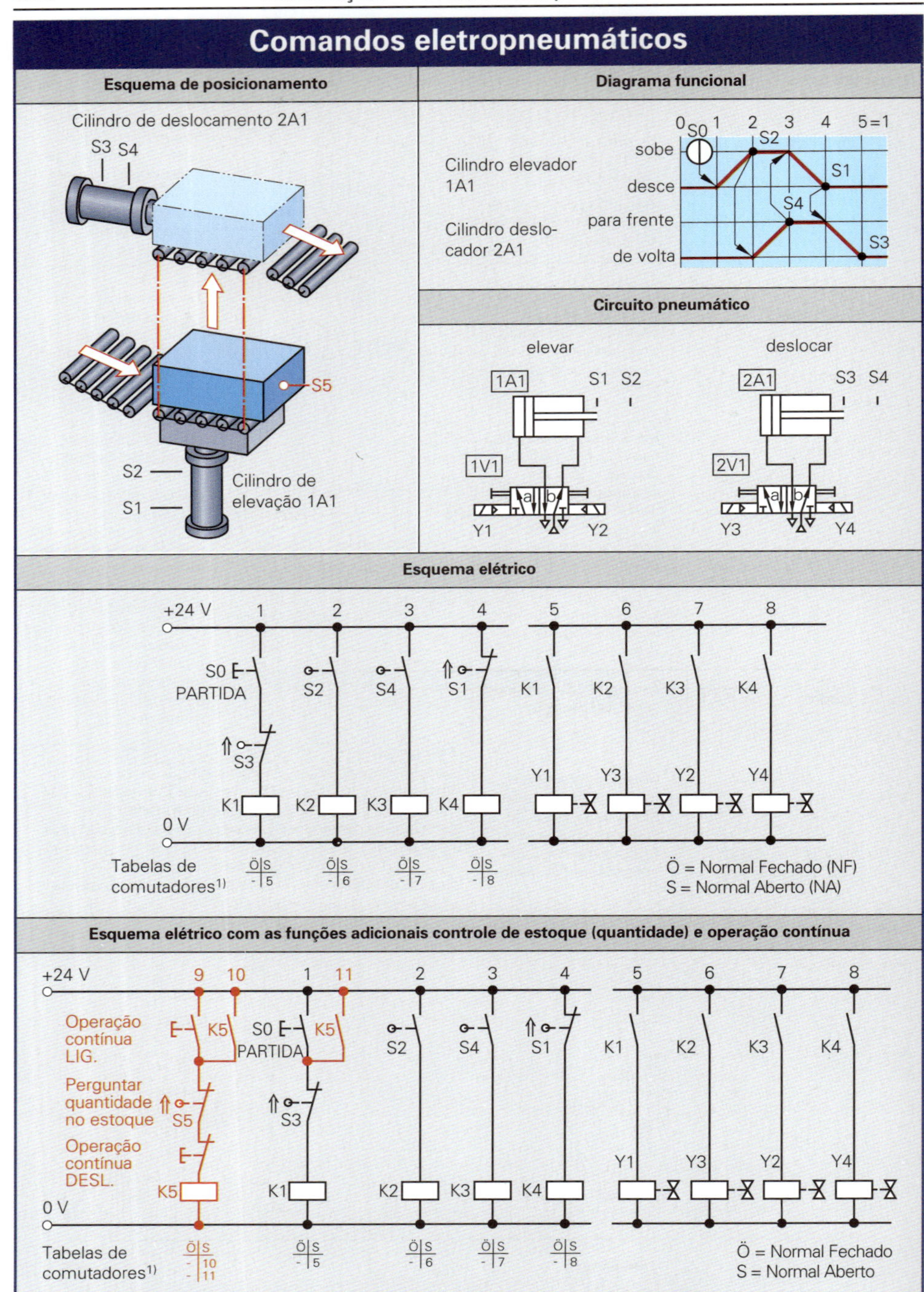

Exemplo para o relé K5: O relé K5 possui um comutador NF nos ramos de corrente 10 e 11.

[1] A tabela de comutadores se assemelha à tabela de contatos (p. 354) e é muito usada na prática, embora não seja normalizada. A tabela indica em qual ramo de corrente se encontra um comutador NF ou NA do relé.

Comandos eletrohidráulicos

Exemplo: unidade de avanço com comando eletrohidráulico

O cilindro hidráulico avança em velocidade rápida (EV), é comutado para avanço de trabalho (AV) pelo comutador S3; no final de curso é comutado pelo comutador S4, após um retardo de 4 segundos, para retrocesso rápido (ER). A velocidade do avanço de trabalho é determinada pela válvula regulável de fluxo (1V4).

Esquema de posicionamento

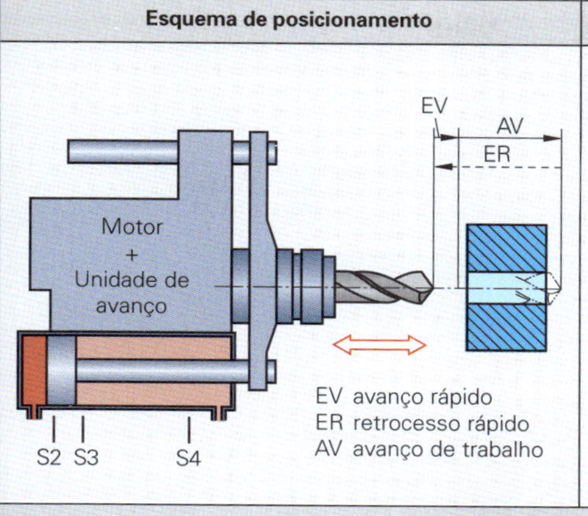

Esquema do circuito hidráulico

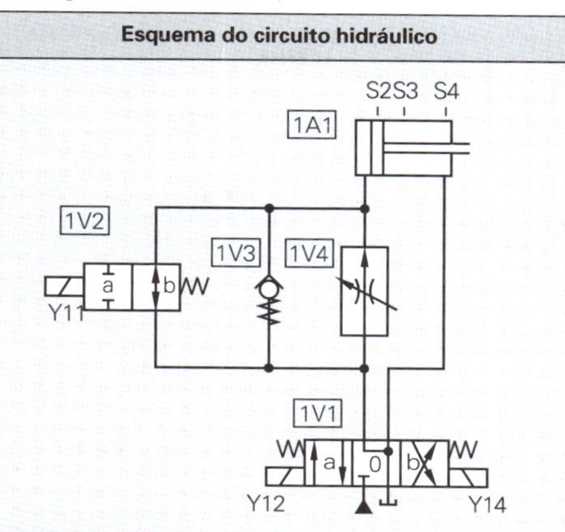

Diagrama funcional

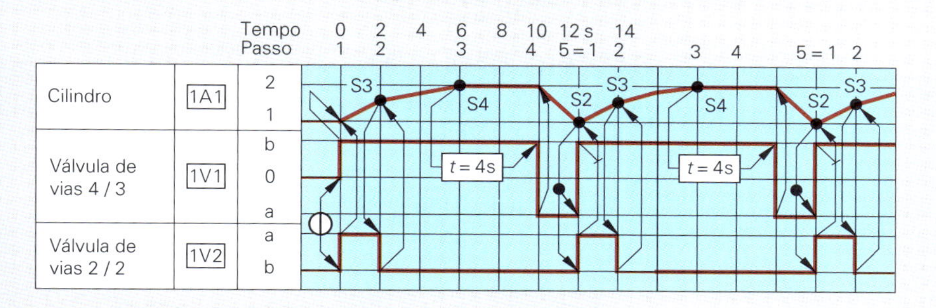

Circuito elétrico

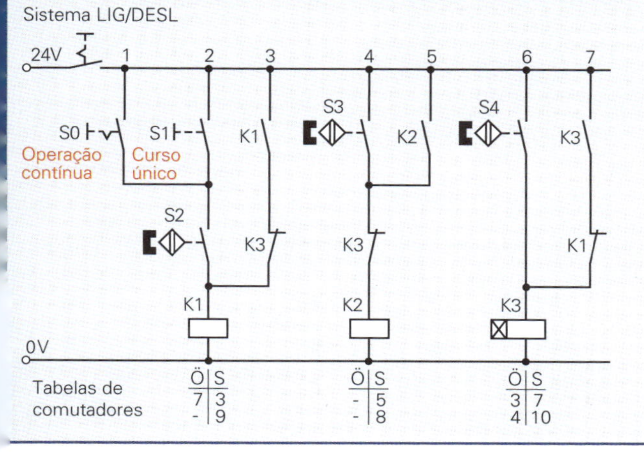

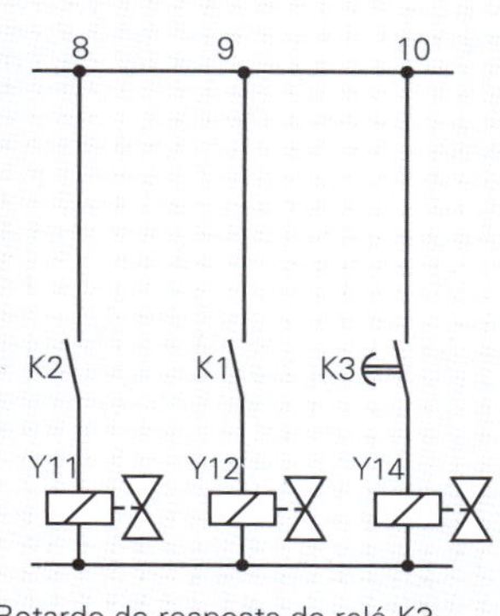

Fluidos hidráulicos

Óleos hidráulicos à base de óleo mineral

veja DIN 51524-1 até -3

Tipo	Norma	Efeito dos componentes		Aplicação
HL	DIN 51524-1 (1985-06)	Aumento da proteção anticorrosão + Aumento da resistência ao envelhecimento	–	Equipamentos hidráulicos até 200 bar, altas exigências térmicas
HLP	DIN 51524-2 (1985-06)		+ Redução do desgaste por adesão no âmbito de atrito misto	Equipamentos hidráulicos com bombas e motores hidráulicos acima de 200 bar de pressão operacional e para altas exigências térmicas
HVLP	DIN 51524-3 (1990-08)		+ Redução do desgaste por adesão no âmbito de atrito misto + Melhoria das características de viscosidade e temperatura	

Propriedades		HL 10 HLP 10	HL 22 HLP 22	HL 32 HLP 32	HL 46 HLP 46	HL 68 HLP 68	HL 100 HLP 100
Viscosidade cinética em mm²/s	a −20 °C	600	–	–	–	–	–
	a 0 °C	90	300	420	780	1400	2560
	a 40 °C	10	22	32	46	68	100
	a 100 °C	2,4	4,1	5,0	6,1	7,8	9,9
Pourpoint[1] igual ou mais baixo do que		30 °C	−21 °C	−18 °C	−15 °C	−12 °C	−12 °C
Ponto de inflamação mais alto do que		125 °C	165 °C	175 °C	185 °C	195 °C	205 °C

[1] Pourpoint (inglês: ponto de fluidez) é a temperatura na qual o óleo ainda flui sob ação da força da gravidade.

Óleo hidráulico DIN 51524 – HLP 46: óleo hidráulico tipo HLP, viscosidade cinética = 46 mm²/s a 40°C

Características de viscosidade e temperatura dos óleos hidráulicos HL e HLP

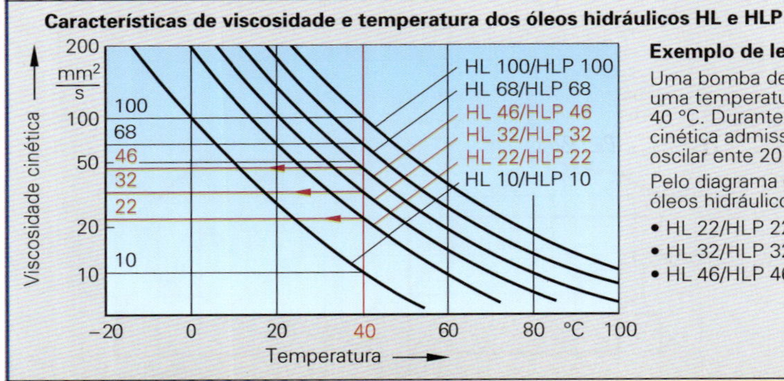

Exemplo de leitura:

Uma bomba de engrenagens trabalha com uma temperatura operacional média de 40 °C. Durante a operação, a viscosidade cinética admissível do óleo hidráulico pode oscilar ente 20 a 50 mm²/s.

Pelo diagrama é possível escolher entre 6 óleos hidráulicos adequados:

- HL 22/HLP 22
- HL 32/HLP 32
- HL 46/HLP 46

Fluídos hidráulicos de baixa inflamabilidade

Tipo	Classe de viscosidade ISO	Adequado para temperaturas °C	Propriedades	Aplicação
HFC	15, 22, 32, 46, 68, 100	−20...+60	Soluções aquosas de monômeros e/ou polímeros, boa proteção contra desgaste	Mineração, máquinas de impressão, soldadoras automáticas, prensas de forjar
HFD		−20...+150	Fluidos sintéticos isentos de água, boa resistência ao envelhecimento, boa capacidade de lubrificação, larga faixa de temperaturas	Equipamentos hidráulicos com altas temperaturas operacionais

Fluidos hidráulicos biodegradáveis

veja VDMA 24569 (1994-03)

Fluido hidráulico	Adequação, propriedades						
	Fluidez a baixas temperaturas	Estabilidade de oxidação a altas temperaturas	Proteção contra oxidação	Compatibilidade com revestimentos internos	Compatibilidade com vedações	Economia	Durabilidade
Ésteres não saturados	◐	◐	●	◔	◕	◐	◕
Ésteres saturados	●	●	●	◕	◕	◔	●
Óleos a base de poliglicol	●	●	◔	◔	◕	◐	◕

Adequação: ● muito boa ◕ boa ◐ mediana ◔ restrita/ruim

Cilindros pneumáticos

Dimensões e força do pistão

Diâmetro do pistão		12	16	20	25	32	40	50	63	80	100	125	160	200
Diâmetro da haste do pistão (mm)		6	8	8	10	12	16	20	20	25	25	32	40	40
Rosca de conexão		M5	M5	$G^1/_8$	$G^1/_8$	$G^1/_8$	$G^1/_8$	$G^1/_4$	$G^3/_8$	$G^3/_8$	$G^1/_2$	$G^1/_2$	$G^3/_4$	$G^3/_4$
Força de compressão [1] a P_e = 6 bar em N	cilindro simples[2]	50	96	151	241	375	644	968	1560	2530	4010	–	–	–
	cilindro dupla ação	58	106	164	259	422	665	1040	1650	2660	4150	6480	10600	16600
Força de tração a P_e = 6 bar em N	cilindro dupla ação	54	79	137	216	364	560	870	1480	2400	3890	6060	9960	15900
Comprimento do curso em mm	cilindro simples[2]	10, 25, 50					25, 50, 80, 100					–		
	cilindro dupla ação	até 160	até 200	até 320	10, 25, 50, 80, 100, 160, 200, 250, 320, 400, 500									

[1] Para um grau de eficiência do cilindro η = 0,88 [2] Sendo considerada a força de compressão da mola

Consumo de ar calculado

Cilindro de ação simples

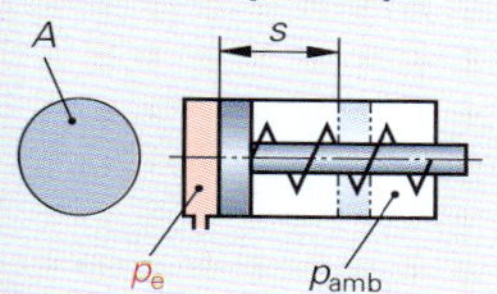

Cilindro de dupla ação

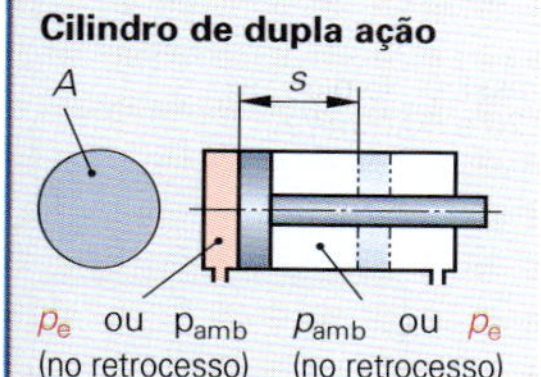

Q Consumo de ar
p_e Pressão efetiva no cilindro
p_{amb} Pressão atmosférica
n Número de cursos
A Área do pistão
q Consumo específico a cada cm de curso
s Curso do pistão

Exemplo:

Cilindro de ação simples com d = 50 mm; s = 100 mm; p_e = 6 bar; n = 120/min; P_{amb} = 1 bar; consumo de ar Q em l/min ?

$$\boldsymbol{Q} = A \cdot s \cdot n \cdot \frac{p_e + p_{amb}}{p_{amb}}$$

$$= \frac{\pi \cdot (5\,\text{cm})^2}{4} \cdot 10\,\text{cm} \cdot 120 \frac{1}{\text{min}} \cdot \frac{(6+1)\,\text{bar}}{1\,\text{bar}}$$

$$= 164934 \frac{\text{cm}^3}{\text{min}} \approx \mathbf{165} \frac{l}{\text{min}}$$

Consumo de ar[1)] cilindro de ação simples

$$Q = A \cdot s \cdot n \cdot \frac{p_e + p_{amb}}{p_{amb}}$$

Consumo de ar[1)] cilindro de dupla ação

$$Q \approx 2 \cdot A \cdot s \cdot n \cdot \frac{p_e + p_{amb}}{p_{amb}}$$

Consumo de ar determinado pelo diagrama

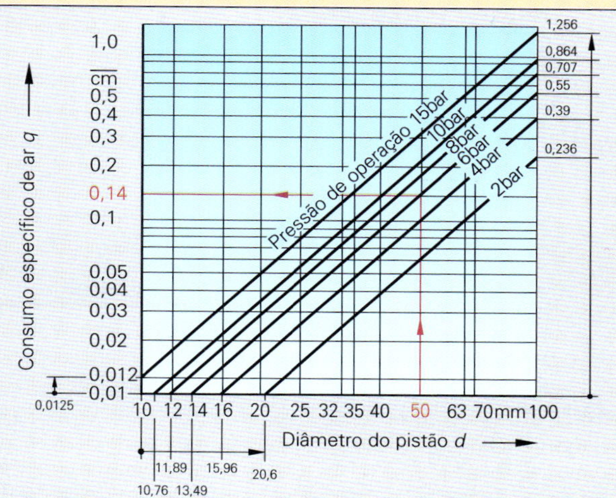

Consumo de ar[1)] cilindro de ação simples

$$Q = q \cdot s \cdot n$$

Consumo de ar[1)] cilindro de dupla ação

$$Q \approx 2 \cdot q \cdot s \cdot n$$

Exemplo:

O consumo de ar de um cilindro de ação simples com d = 50 mm, s = 100 mm e n = 120/min deve ser determinado pelo diagrama para p_e = 6 bar.
Conforme diagrama q = 0,14 l/cm por curso do pistão

[1)] Devido ao enchimento dos espaços mortos o consumo real de ar pode chegar a ser 25% mais alto. Espaços mortos são, p.ex., tubulação de ar comprimido entre válvula de vias e cilindro ou espaços não aproveitáveis na posição final do pistão. A seção transversal da haste do cilindro não foi considerada.

Cálculo de forças

Forças do pistão

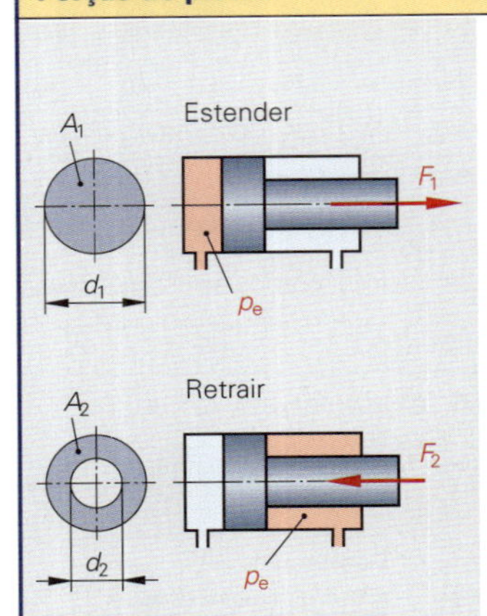

p_e Pressão efetiva
A_1, A_2 Áreas do pistão
F_1 Força do pistão ao estender
F_2 Força do pistão ao retrair
d_1 Diâmetro do pistão
d_2 Diâmetro da haste do pistão
η Grau de eficiência

Exemplo:

Cilindro hidráulico com d_1 = 100 mm, d_2 = 70 mm; η = 0,85 e p_e= 60 bar.
Quão grandes são as forças ativas do pistão?

Estender:

$$\mathbf{F_1} = p_e \cdot A_1 \cdot \eta = 600 \frac{N}{cm^2} \cdot \frac{\pi \cdot (10\,cm)^2}{4} \cdot 0{,}85$$

$$= \mathbf{40055\ N}$$

Retrair:

$$\mathbf{F_2} = p_e \cdot A_2 \cdot \eta$$

$$= 600 \frac{N}{cm^2} \cdot \frac{p \cdot [(10\ cm)^2 - (7\ cm)^2]}{4} \cdot 0{,}85$$

$$= \mathbf{20428\ N}$$

Força efetiva do pistão

$$F = p_e \cdot A \cdot \eta$$

Unidades de pressão:

$$1\ Pa = 1 \frac{N}{m^2} = 10^{-5}\ bar$$

$$1\ bar = 10 \frac{N}{cm^2} = 0{,}1 \frac{N}{mm^2}$$

$$1\ mbar = 100\ Pa = 1\ hPa$$

Prensas hidráulicas

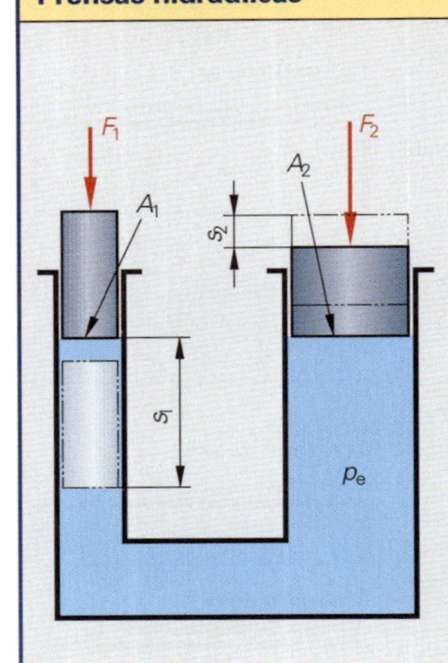

Em fluidos confinados, a pressão se expande uniformemente em todas as direções.

F_1 Força no pistão de pressão
F_2 Força no pistão de trabalho
A_1 Área do pistão de pressão
A_2 Área do pistão de trabalho
s_1 Curso do pistão de pressão
s_2 Curso do pistão de trabalho
i Relação de transmissão hidráulica

Exemplo:

F_1 = 200 N; A_1 = 5 cm²; A_2 = 500 cm²; s_2 = 30 mm; F_2 = ?; s_1 = ?; i = ?

$$\mathbf{F_2} = \frac{F_1 \cdot A_2}{A_1} = \frac{200\ N \cdot 500\ cm^2}{5\ cm^2} = \mathbf{20000\ N} = 20\ kN$$

$$\mathbf{s_1} = \frac{s_2 \cdot A_2}{A_1} = \frac{30\ mm \cdot 500\ cm^2}{5\ cm^2} = \mathbf{3000\ mm}$$

$$\mathbf{i} = \frac{F_1}{F_2} = \frac{200\ N}{20000\ N} = \frac{\mathbf{1}}{\mathbf{100}}$$

Volume comprimido

$$A_1 \cdot s_1 = A_2 \cdot s_2$$

Trabalho em ambos os pistões

$$F_1 \cdot s_1 = F_2 \cdot s_2$$

Relações: Forças, áreas, cursos

$$\frac{F_2}{F_1} = \frac{A_2}{A_1} = \frac{s_1}{s_2}$$

Relação de transmissão

$$i = \frac{F_1}{F_2}$$

$$i = \frac{s_2}{s_1}$$

$$i = \frac{A_1}{A_2}$$

Multiplicador de pressão

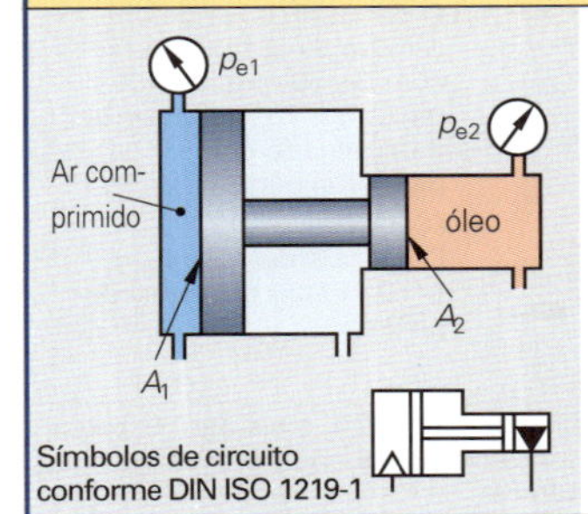

Símbolos de circuito conforme DIN ISO 1219-1

A_1, A_2 Áreas do pistão
p_{e1} Pressão efetiva na superfície do pistão A_1
p_{e2} Pressão efetiva na superfície do pistão A_2
η Grau de eficiência do multiplicador de pressão

Exemplo:

A_1 = 200 cm²; A_2 = 5 cm²; η = 0,88; p_{e1} = 7 bar = 70 N/cm²; p_{e2} = ?

$$\mathbf{p_{e2}} = p_{e1} \cdot \frac{A_1}{A_2} \cdot \eta = 70 \frac{N}{cm^2} \cdot \frac{200\ cm^2}{5\ cm^2} \cdot 0{,}88$$

$$= 2464\ N/cm^2 = \mathbf{246{,}4\ bar}$$

Pressão efetiva

$$p_{e2} = p_{e1} \cdot \frac{A_1}{A_2} \cdot \eta$$

Velocidades, potências

Velocidades de fluxo

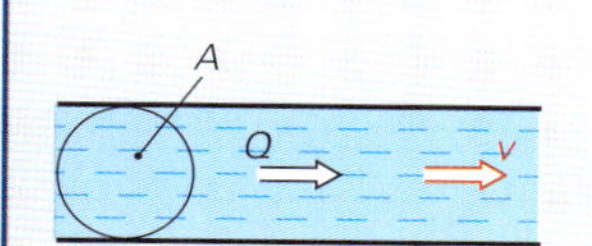

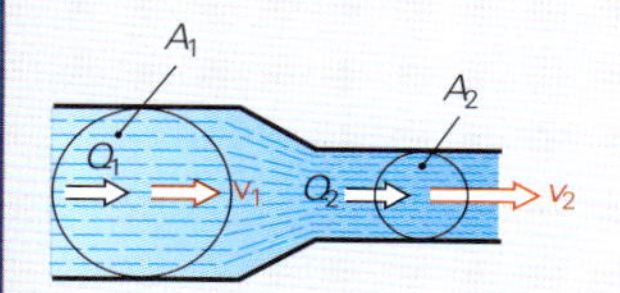

Q, Q_1, Q_2 Vazões
A, A_1, A_2 Áreas das seções transversais
v, v_1, v_2 Velocidades de vazão

Equação de continuidade

Numa tubulação com áreas das seções transversais variáveis flui no tempo *t* a mesma vazão *Q* em todas as seções transversais.

Exemplo:

Tubulação com $A_1 = 19{,}6\ \text{cm}^2$; $A_2 = 8{,}04\ \text{cm}^2$ e $Q = 120\ \text{l/min}$; $v_1 = ?$; $v_2 = ?$

$$\mathbf{v_1} = \frac{Q}{A_1} = \frac{120000\ \text{cm}^3/\text{min}}{19{,}6\ \text{cm}^2} = 6122\ \frac{\text{cm}}{\text{min}} = \mathbf{1{,}02\ \frac{m}{s}}$$

$$\mathbf{v_2} = \frac{v_1 \cdot A_1}{A_2} = \frac{1{,}02\ \text{m/s} \cdot 19{,}6\ \text{cm}^2}{8{,}04\ \text{cm}^2} = \mathbf{2{,}49\ \frac{m}{s}}$$

Vazão

$$Q = A \cdot v$$

$$Q_1 = Q_2$$

Relação da velocidade de fluxo

$$\frac{v_1}{v_2} = \frac{A_2}{A_1}$$

Velocidades do pistão

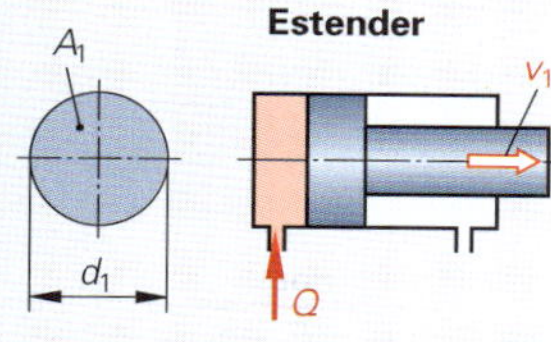

Retrair

Q Vazão
A_1, A_2 Áreas efetivas do pistão
v_1, v_2 Velocidades do pistão

Exemplo:

Cilindro hidráulico com diâmetro $d_1 = 50$ mm; diâmetro da haste do pistão $d_2 = 32$ mm e $Q = 12$ l/min.
Quais são as velocidades do pistão?

Estender:

$$\mathbf{v_1} = \frac{Q}{A_1} = \frac{12000\ \text{cm}^3/\text{min}}{\frac{\pi \cdot (5\ \text{cm})^2}{4}} = 611\ \frac{\text{cm}}{\text{min}} = \mathbf{6{,}11\ \frac{m}{min}}$$

Retrair:

$$\mathbf{v_2} = \frac{Q}{A_2} = \frac{12000\ \text{cm}^3/\text{min}}{\frac{\pi \cdot (5\ \text{cm})^2}{4} - \frac{\pi \cdot (3{,}2\ \text{cm})^2}{4}}$$

$$= 1035\ \frac{\text{cm}}{\text{min}} = \mathbf{10{,}35\ \frac{m}{min}}$$

Velocidade do pistão

$$v = \frac{Q}{A}$$

Potência de bombas e cilindros

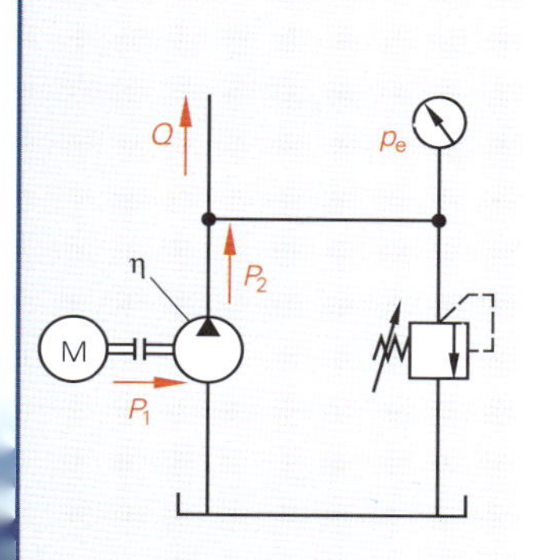

P_1 Potência despendida no eixo de acionamento da bomba
P_2 Potência fornecida na saída da bomba
Q Vazão
p_e Pressão efetiva
η Grau de eficiência da bomba
M Torque
n Rotação
9550 } Fatores de
600 } conversão

Exemplo:

Bomba com $Q = 40$ l/min; $p_e = 125$ bar; $\eta = 0{,}84$; $P_1 = ?$; $P_2 = ?$

$$\mathbf{P_2} = \frac{Q \cdot p_e}{600} = \frac{40 \cdot 125}{600}\ \text{kW} = \mathbf{8{,}333\ kW}$$

$$\mathbf{P_1} = \frac{P_2}{\eta} = \frac{8{,}333}{0{,}84}\ \text{kW} = \mathbf{9{,}920\ kW}$$

Potência despendida

$$P_1 = \frac{M \cdot n}{9550}$$

Potência fornecida

$$P_2 = \frac{Q \cdot p_e}{600}$$

Grau de eficiência

$$\eta = \frac{P_2}{P_1}$$

Fórmulas para potência despendida e potência fornecida com:
P em kW, M em N · m, *n* em 1/min, Q em l/min, p_e em bar

Tubos

Tubo de aço de precisão, sem costura, para hidráulica e pneumática

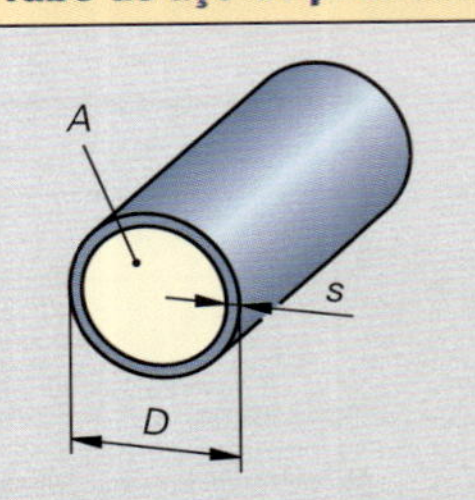

Materiais	E235 (St37.4), E355 (St52.4) conforme DIN 1630			
Propriedades mecânicas	Material	Resistência à tração R_m N/mm²	Limite de elasticidade R_e N/mm²	Alongamento A %
	E235	340...480	235	25
	E355	490...630	355	22
	boa conformação a frio, superfície fosfatada ou zincada e cromada			
Aplicação	para tubulações em equipamentos hidráulicos e pneumáticos para pressão nominal máxima de 500 bar			

Fornecimento: comprimento de 6 m, recozido normalizado. Os tubos apresentam uma qualidade superficial $Ra \leq 4$ µm.

Tubo HLP-E235-NBK-20 x 2: tubo de aço de precisão, sem costura, para hidráulica e pneumática, de E235, recozido normalizado, liso, diâmetro externo 20 mm, espessura da parede 2 mm

Diâmetro externo *D* mm	Espessura da parede *s* mm	Seção transversal *A* cm²	Diâmetro externo *D* mm	Espessura da parede *s* mm	Seção transversal *A* cm²	Diâmetro externo *D* mm	Espessura da parede *s* mm	Seção transversal *A* cm²
4	0,8	0,05	20	2,0	2,01	38	2,5	8,55
4	1,0	0,01	20	2,5	1,77	38	4,0	7,07
5	0,8	0,10	20	3,0	1,54	38	5,0	6,16
5	1,0	0,07	20	4,0	1,13	38	7,0	4,52
6	1,0	0,13	22	1,0	3,14	38	10,0	2,55
6	1,5	0,07	22	2,0	2,54	42	2,0	11,34
8	1,0	0,28	22	3,0	2,01	42	5,0	8,04
8	1,5	0,20	22	3,5	1,77	42	8,0	5,31
8	2,0	0,13	25	1,5	3,80	50	4,0	13,85
10	1,0	0,50	25	2,5	3,14	50	5,0	12,57
10	1,5	0,39	25	3,0	2,84	50	8,0	9,08
10	2,0	0,28	25	3,5	2,55	50	10,0	7,07
12	1,0	0,79	25	4,5	2,01	50	13,0	4,52
12	1,5	0,64	25	6,0	1,33	55	4,0	17,35
12	2,0	0,50	28	1,5	4,91	55	6,0	14,52
14	1,0	1,13	28	2,0	4,52	55	8,0	11,95
14	1,5	0,95	28	3,0	3,80	55	10,0	9,62
14	2,0	0,79	28	3,5	3,46	60	5,0	19,64
15	1,0	1,33	28	4,0	3,14	60	8,0	15,21
15	1,5	1,13	30	2,0	5,31	60	10,0	12,57
15	2,5	0,79	30	2,5	4,91	60	12,5	9,62
16	1,0	1,54	30	3,0	4,52	70	5,0	28,27
16	2,0	1,13	30	5,0	3,14	70	8,0	22,90
16	3,0	0,79	30	6,0	2,55	70	10,0	19,64
16	3,5	0,64	35	2,5	7,07	70	12,5	15,90
18	1,0	2,01	35	3,5	6,16	80	6,0	36,32
18	1,5	1,77	35	4,0	5,73	80	8,0	32,17
18	2,0	1,54	35	5,0	4,91	80	10,0	28,27
18	3,0	1,13	35	6,0	4,16	80	12,5	23,76

Pressão nominal em função da espessura da parede

Diâmetro externo *D* em mm	Pressão nominal *p* em bar					
	64	100	160	250	320	400
	Espessura da parede *s* em mm					
6	1,0	1,0	1,0	1,0	1,0	1,5
8	1,0	1,0	1,0	1,5	1,5	2,0
10	1,0	1,0	1,0	1,5	1,5	2,0
12	1,0	1,0	1,5	2,0	2,0	2,5
16	1,5	1,5	1,5	2,0	2,5	3,0
20	1,5	1,5	2,0	2,5	3,0	4,0
25	2,0	2,0	2,5	3,0	4,0	5,0
30	2,5	2,5	3,0	4,0	5,0	6,0
38	3,0	3,0	4,0	5,0	6,0	8,0
50	4,0	4,0	5,0	6,0	8,0	10,0

Linguagens de programação

Linguagens de programação SPS (resumo)

veja DIN EN 61131 (2003-12)

- Linguagens de texto
  - Lista de instruções AWL
  - Texto estruturado ST
- Linguagens gráficas
  - Plano de contato KOP
  - Linguagem de módulos funcionais FBS

Elementos comuns a todas as linguagens de programação SPS (resumo)

Caracteres limitadores (seleção)

veja DIN EN 61131 (2003-12)

Caract.	Uso
(**)	Início do comentário, final do comentário
+	Sinal indicativo para números decimais, Operador de adição (ST)
–	Sinal indicativo para números decimais, Separador de ano-mês-dia, Operador de subtração, negação (ST), Linha horizontal (KOP e FBS)
:=	Operador de inicialização, Operador de alocação (ST)
#	Separador do número base e de literais de tempo
'	Inicio e fim de sequência de caracteres
$	Inicio de sinais especiais na sequência
.	Separador inteiro/fração, Separador para endereços hierárquicos e elementos estruturados
e ou E	Limitador de expoente real

Caract.	Uso
:	Separador de nome de passo e variável/tipo, Separador de marca instrução (ST), Separador de marca de rede (KOP e FBS)
( )	Operador/modificador de instrução (ST), Argumento de função (ST), Limitador para lista de entrada FBS (ST)
;	Separador para declaração de tipo, Separador para instruções (ST)
"	Separador para área, Separador para área CASE (ST)
,	Separador para listas valor inicial e índices de campo, separador de listas de operandos, listas de argumentos e listas de valores CASE (ST)
%	Prefixo de representação direta[1]
| *ou* !	Linha vertical (KOP)

Variáveis de elemento unitário para local de memória

Variável	Significado	Variável	Significado	Exemplo (AWL)
I	Local de memória entrada	B	Tamanho byte (8 bit)	**ST %QB5[1];** armazena o resultado atual em tamanho byte no local de memória de saída 5
Q	Local de memória saída	W	Tamanho palavra (16 bit)	
M	local de memória registro	D	Tamanho palavra dupla (32 bit)	
X	Tamanho bit (único)	L	Tamanho palavra longa (64 bit)	

Operadores

Nome	Símbolo	Significado
ADD	+	Adição
SUB	–	Subtração
MUL	*	Multiplicação
DIV	/	Divisão
AND	&	E lógico
OR	>=[2]	Ou lógico
XOR	----[3]	Ou exclusivo lógico
NOT	----[3]	Negação
S	----[3]	Fixa operador lógico em "1"
R	----[3]	Fixa operador lógico em "0"
GT	>	Relacional: maior
GE	>=	Relacional: maior ou igual
EQ	=	Relacional: igual
NE	<>	Relacional: diferente
LE	<=	Relacional: menor ou igual
LT	<	Relacional: menor

Tipo de dados elementares

Palavra chave	Tipo de dado	Bits
BOOL	Lógico	1
SINT	Inteiro curto	8
INT	Inteiro	16
DINT	Inteiro duplo	32
LINT	Inteiro longo	64
REAL	Real	32
LREAL	Real longo	64
STRING	Sequência longa de caracteres	–[4]
TIME	Duração	–[4]
DATE	Data	–[4]
BYTE	Sequência de bit de comprimento 8	8
WORD	Sequência de bit de comprimento 16	16
DWORD	Sequência de bit de comprimento 32	32
LWORD	Sequência de bit de comprimento 64	64

[1] A variável elemento único representada diretamente é precedida de um caractere %.
[2] Esse símbolo não é permitido como operador na linguagem de texto.
[3] Sem símbolo
[4] Específico do fabricante

Linguagens de programação

Plano de contatos (KOP)

veja DIN EN 61131 (2003-12)

O plano de contatos representa o fluxo da corrente num sistema de relés eletromecânicos

Símbolo	Descrição	Símbolo	Descrição	Símbolo	Descrição
Linhas e blocos		Contatos		Bobinas	
——	Linha horizontal	*** 1) —| |—	Normal aberto resposta a "1" booleano	*** 1) —( )—	Bobina, atribuição, emissão
|	Linha vertical			*** 1) —(/)—	Bobina negativa, atribuição negada, emissão
—+—	Conexão de linhas	*** 1) —|/|—	Normal fechado resposta a "0" booleano	*** 1) —(S)—	Bobina ativar, armazenamento de uma conexão
—|—|—	Cruzamento sem conexão	*** 1) —|P|—	Contato para reconhecimento de flancos positivos, sinal de "0" para "1"	*** 1) —(R)—	Bobina desativar
*** 1) ▭	Blocos com linhas de conexão			*** 1) —(P)—	Bobina para reconhecimento de flancos positivos , sinal de "0" para "1"
|——	Trilho de corrente esquerdo	*** 1) —|N|—	Contato para reconhecimento de flancos negativos, sinal de "1" para "0"	*** 1) —(N)—	Bobina para reconhecimento de flancos positivos , sinal de "1" para "0"
——|	Trilho de corrente direito				

1) Designação do elemento

Linguagem de módulos funcionais (FBS)

veja DIN EN 61131 (2003-12)

A linguagem de módulos funcionais é composta por módulos funcionais individuais com dados estáticos. Ela é apropriada para funções que se repetem com frequência.

Símbolo	Descrição	Símbolo	Descrição
▭	Os elementos são retangulares ou quadrados. Os parâmetros de entrada são colocados do lado esquerdo, os parâmetros de saída do lado direito.	AND, OR, OR	Os elementos precisam ser ligados por linhas de fluxo do sinal, horizontais e verticais.
FB 1.2 ADD	A função do módulo é indicada como nome ou símbolo no interior do módulo. A designação do módulo fica sobre o elemento.	▭○ / ○▭	A negação de sinais lógicos é indicada por meio de um círculo na entrada ou na saída.

Texto estruturado (ST)

veja DIN EN 61131 (2003-12)

O texto estruturado é uma linguagem de alto nível e tem por modelo a sintaxe da linhagem ISO-PASCAL.

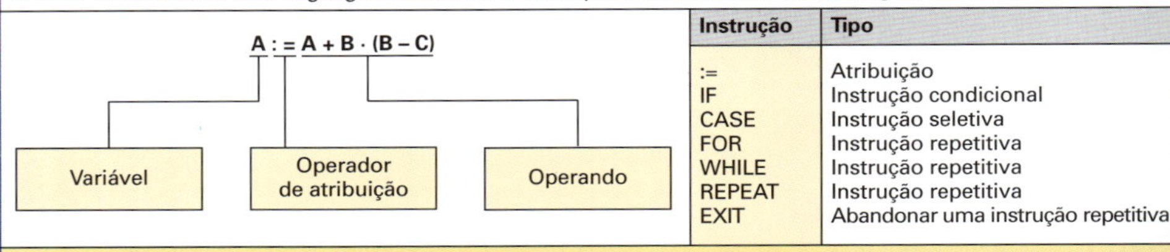

Instrução	Tipo
:=	Atribuição
IF	Instrução condicional
CASE	Instrução seletiva
FOR	Instrução repetitiva
WHILE	Instrução repetitiva
REPEAT	Instrução repetitiva
EXIT	Abandonar uma instrução repetitiva

Comparação entre a linguagem de módulos funcionais (FBS) e o texto estruturado (ST)

Módulos funcionais (exemplo)	Texto estruturado (exemplo)

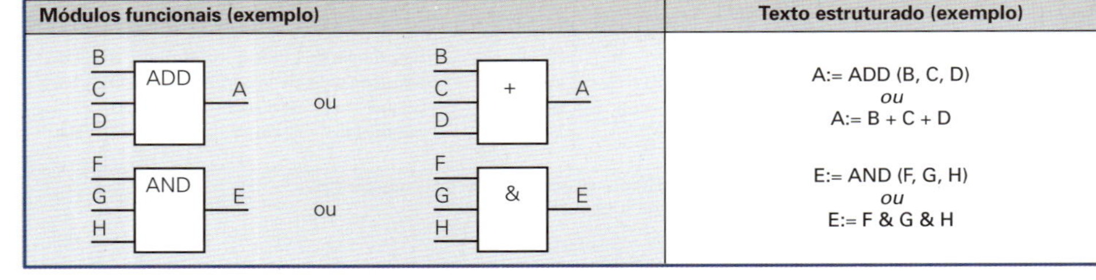

A:= ADD (B, C, D)
ou
A:= B + C + D

E:= AND (F, G, H)
ou
E:= F & G & H

Linguagens de programação

Lista de instruções (AWL) conforme DIN

veja DIN EN 61131 (2003-12)

A lista de instruções é uma linguagem de programação textual, semelhante à linguagem de máquina, como Assembler.

Estrutura de uma instrução

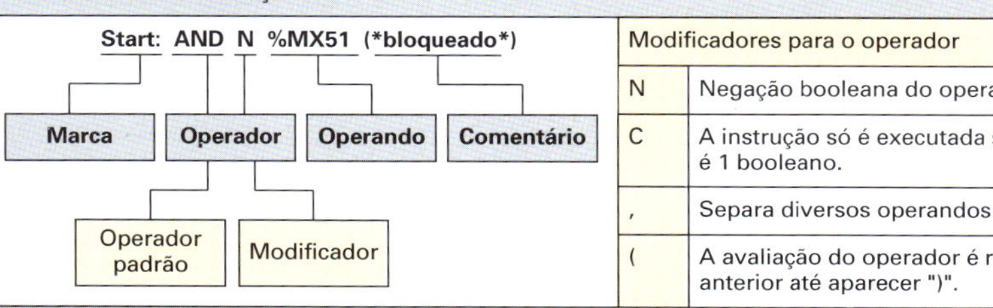

Modificadores para o operador	
N	Negação booleana do operando
C	A instrução só é executada se o resultado avaliado é 1 booleano.
,	Separa diversos operandos
(	A avaliação do operador é retornada à condição anterior até aparecer ")".

Operadores padrões

Operador	Modificador	Significado	Operador	Modificador	Significado
LD	N	Fixa um operando	DIV	(	Divisão
ST	N	Armazenamento no endereço do operando	GT	(	Comparação: >
S	–	Fixa operador booleano em 1	GE	(	Comparação: >=
R	–	Fixa operador booleano de volta a 0	EQ	(	Comparação: =
AND	N,(	E booleano	NE	(	Comparação: <>
&	N,(	E booleano	LE	(	Comparação: <=
OR	N,(	OU booleano	LT	(	Comparação: <
XOR	N,(	Ou exclusivo booleano	JMP	C,N	Salto para marca
ADD	(	Adição	CAL	C,N	Chamada de módulo funcional
SUB	(	Subtração	RET	C,N	Salto de retorno
MUL	(	Multiplicação	)	–	Execução de operações pospostas

Lista de instruções (AWL) conforme VDI[1)]

veja VDI 2880 (1985-09)

Estrutura de uma instrução

Marca 1: RA1.2 "Fixa solenóide Y2 de volta"

Marca | **Operador** | **Operando** | **Comentário**

Operadores para organização do programa		Operadores para tratamento do sinal		Operadores	
L	Carregar	U	Combinação E	ZV	Contar crescente
(	Parêntesis aberto	O	Combinação OU	ZR	Contar decrescente
)	Parêntesis fechado	N	Negação	XO	OU exclusivo
NOP	Operação nula	UN	Combinação E NÃO	**Operandos**	
SP	Salto incondicional	ON	Combinação OU NÃO	E	Entrada
SPB	Salto condicional	=	Atribuição	A	Saída
BA	Chamada de módulo	ADD	Adição	M	Registro
BAB	Chamada de módulo condicional	SUB	Subtração	K	Constante
BE	Final do módulo	MUL	Multiplicação	T	Temporizador
"	Início de comentário	DIV	Divisão	Z	Contador
"	Final de comentário	S	Fixar	P	Módulo de programa
PE	Final do programa	R	Retornar	F	Módulo de função

1) Na prática existem ainda muitos comandos SPS programados de acordo com a diretriz VDI.

Linguagens de programação

Comparação entre as linguagens SPS mais comuns

Funções como partes integrantes dos programas	Lista de instruções (AWL) conf. VDI	Linguagem de módulos funcionais (FBS)	Plano de contatos (KOP)
E (AND) com 3 entradas	U E11 U E12 UN E13 = A10	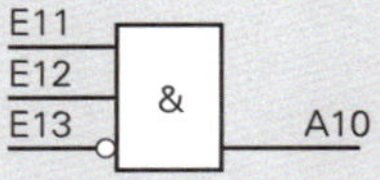	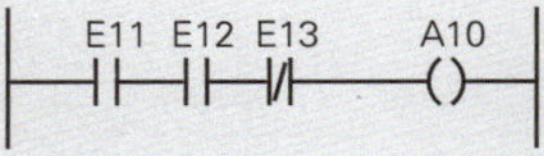
OU (OR) com 3 entradas	U E11 O E12 O E13 = A10	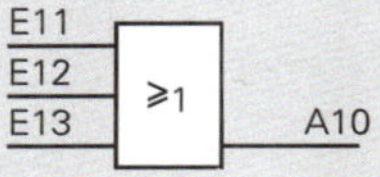	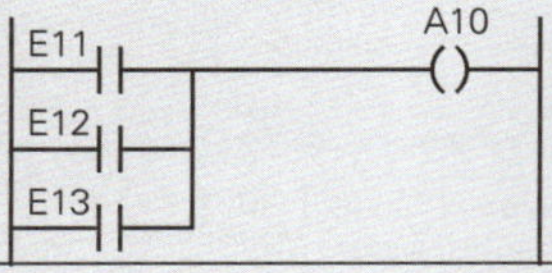
E antes de **OU**	U E11 U E12 O U E13 U E14 = A10	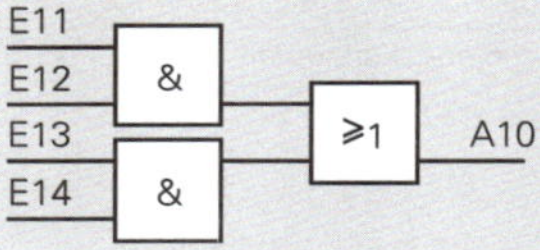	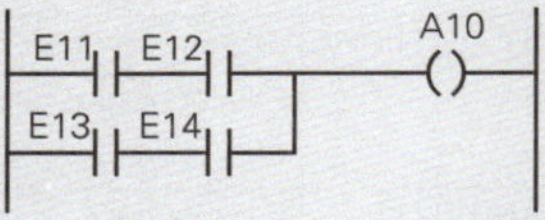
OU antes de **E** com registrador intermediário	U E11 O E12 = M1 U E13 O E14 U M1 = A10	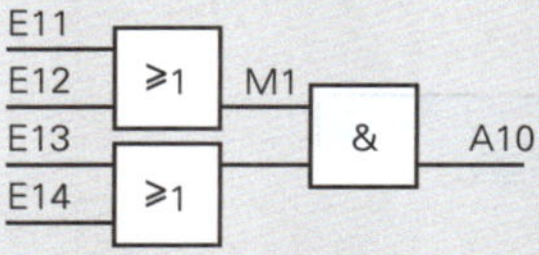	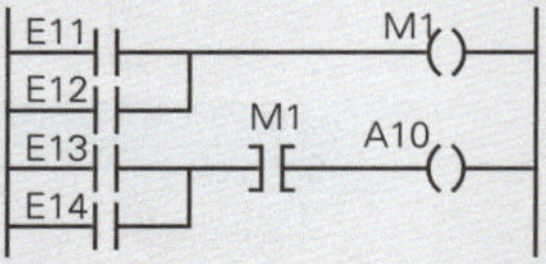
OU exclusivo **(XOR)**	U E11 UN E12 O (UN E11 U E12) = A10	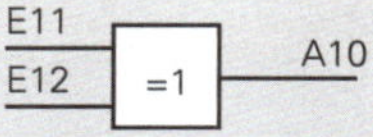	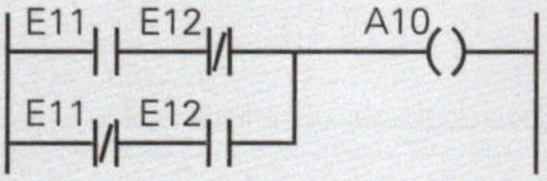
Flip-flop RS fixar predominante	U E12[1)] R A11 U E11 S A11	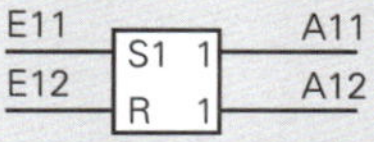	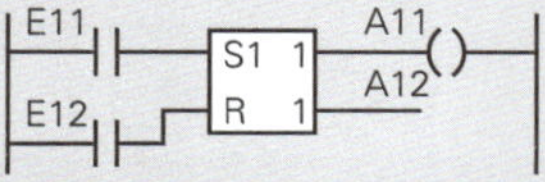
Flip-flop RS zerar predominante	U E11[1)] S A11 U E12 R A11	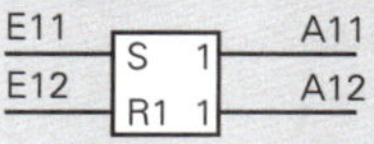	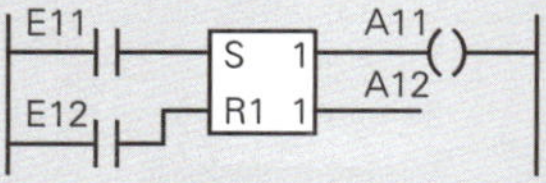
Retardo de ligação	U E11 = T1 U T1 = A10	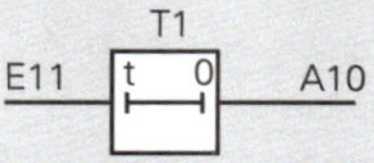	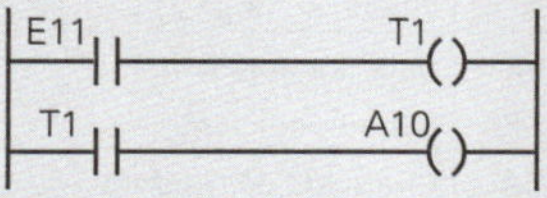
Autocomutação LIG (E12) predominando	U E12 O A10 UN E11 = A10	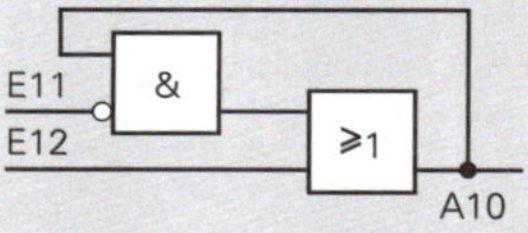	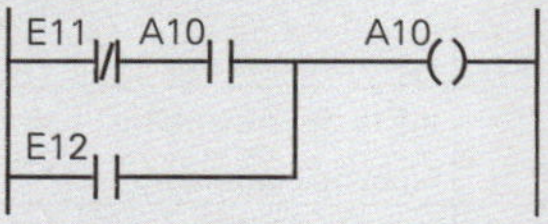

[1)] Para flip-flops vale: Se S = 1 e R = 1, então predomina a última função programada na lista de instruções (AWL).

Dispositivo de elevação programado com SPS

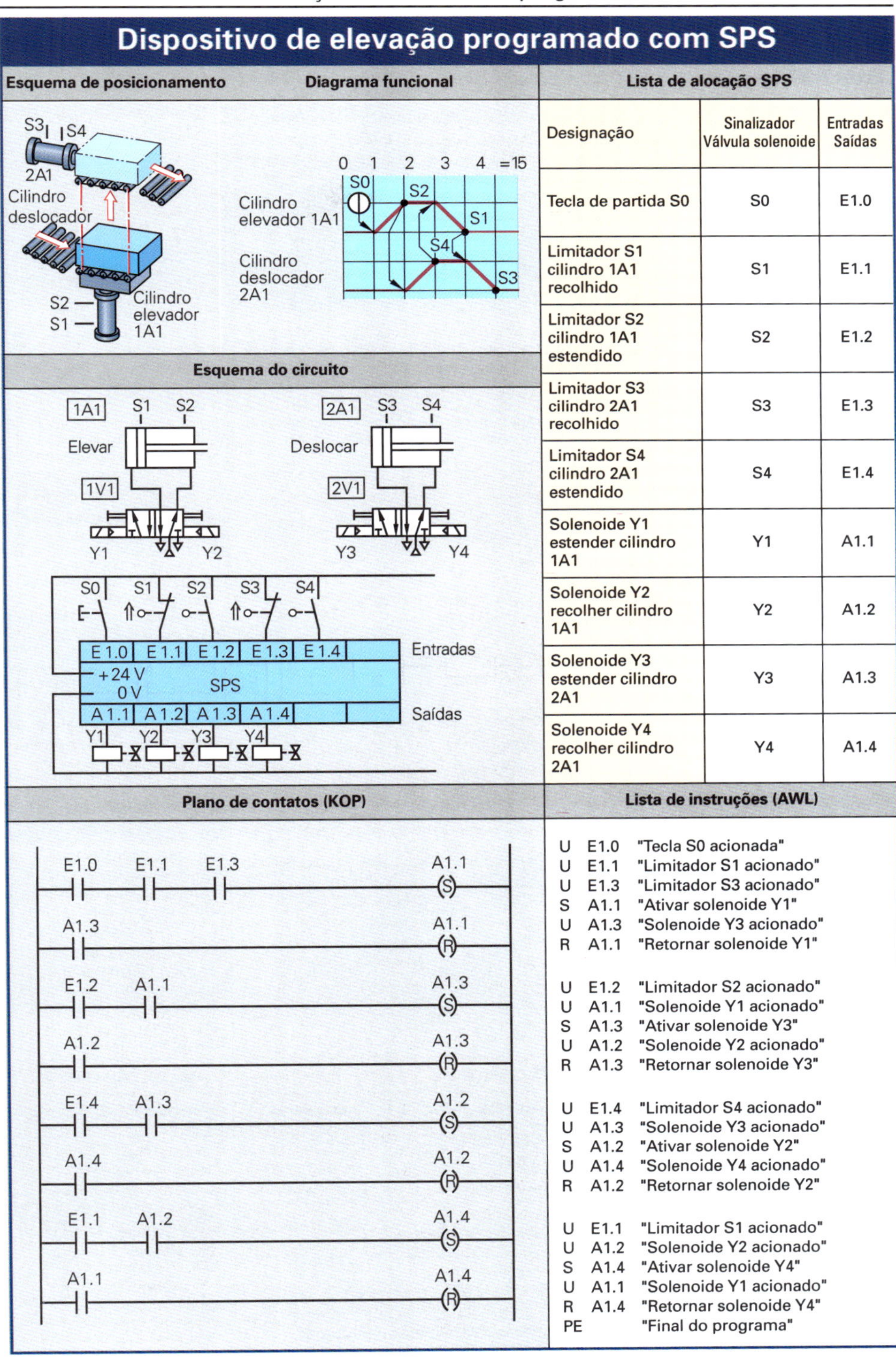

Lista de alocação SPS

Designação	Sinalizador Válvula solenoide	Entradas Saídas
Tecla de partida S0	S0	E1.0
Limitador S1 cilindro 1A1 recolhido	S1	E1.1
Limitador S2 cilindro 1A1 estendido	S2	E1.2
Limitador S3 cilindro 2A1 recolhido	S3	E1.3
Limitador S4 cilindro 2A1 estendido	S4	E1.4
Solenoide Y1 estender cilindro 1A1	Y1	A1.1
Solenoide Y2 recolher cilindro 1A1	Y2	A1.2
Solenoide Y3 estender cilindro 2A1	Y3	A1.3
Solenoide Y4 recolher cilindro 2A1	Y4	A1.4

Lista de instruções (AWL)

```
U   E1.0   "Tecla S0 acionada"
U   E1.1   "Limitador S1 acionado"
U   E1.3   "Limitador S3 acionado"
S   A1.1   "Ativar solenoide Y1"
U   A1.3   "Solenoide Y3 acionado"
R   A1.1   "Retornar solenoide Y1"

U   E1.2   "Limitador S2 acionado"
U   A1.1   "Solenoide Y1 acionado"
S   A1.3   "Ativar solenoide Y3"
U   A1.2   "Solenoide Y2 acionado"
R   A1.3   "Retornar solenoide Y3"

U   E1.4   "Limitador S4 acionado"
U   A1.3   "Solenoide Y3 acionado"
S   A1.2   "Ativar solenoide Y2"
U   A1.4   "Solenoide Y4 acionado"
R   A1.2   "Retornar solenoide Y2"

U   E1.1   "Limitador S1 acionado"
U   A1.2   "Solenoide Y2 acionado"
S   A1.4   "Ativar solenoide Y4"
U   A1.1   "Solenoide Y1 acionado"
R   A1.4   "Retornar solenoide Y4"
PE         "Final do programa"
```

Sistemas de coordenadas e eixos

veja DIN EN ISO 9787 (2000-07)

Eixos robóticos

Sistema de coordenadas	Eixos robóticos principais para posicionamento		Eixos robóticos secundários para orientação
		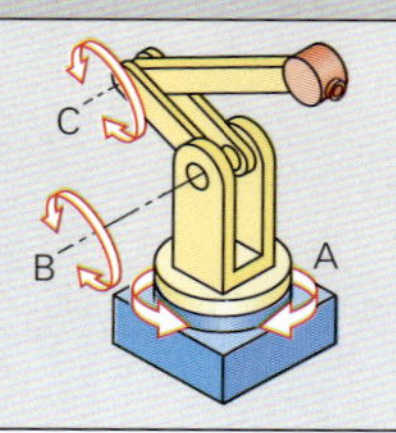	
Para manusear peças ou ferramentas no espaço necessitamos de • 3 graus de liberdade para o posicionamento e • 3 graus de liberdade para a orientação	Para atingir um ponto arbitrário no espaço são necessários 3 eixos robóticos principais.		3 eixos robóticos secundários para orientação • D (rolar) • E (inclinar) • P (girar)
	Robô cartesiano	Robô articulado	
	3 eixos de translação (eixos T) com as designações X, Y e Z	3 eixos rotatórios (eixos R) com as designações A, B e C	

Sistemas de coordenadas

veja DIN EN ISO 9787 (2000-07)

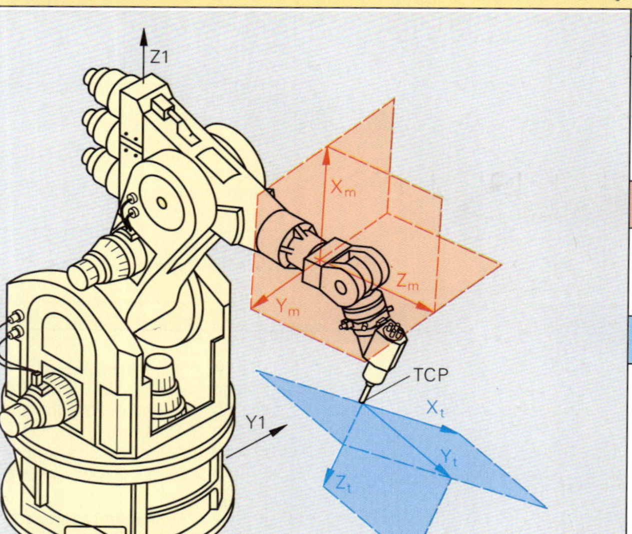

Sistema de coordenadas básico

O sistema de coordenadas básico tem como referência
- os planos X-Y sobre o plano da superfície de base
- o eixo Z no centro do robô.

Sistema de coordenadas de flange

O sistema de coordenadas de flange tem como referência a superfície final do último eixo principal do robô.

Sistema de coordenadas da ferramenta

A origem do sistema de coordenadas da ferramenta está situado no ponto central da ferramenta TCP (Tool Center Point).

A velocidade do ponto central da ferramenta é designada como velocidade do robô e o percurso é designado como rota de movimento do robô.

Símbolos para representação de robôs (seleção)

veja VDI 2861 (1988-06)

Designação	Ideograma	Designação	Ideograma	Exemplo Robô RRR
Eixo de translação (eixo T)[1]		**Eixo de rotação (eixo R)**[2]		eixo secundário
Translação alinhada (telescópica)		Rotação alinhada		3 articulações do braço
Translação não alinhada		Rotação não alinhada		3 articulações da mão
Garra		Eixos secundários (p.ex., para rolar, inclinar e girar)		

[1] Translação = movimento retilíneo

[2] Rotação = Movimento giratório

Estrutura dos robôs

veja DIN EN ISO 9787 (2000-07)

Estrutura mecânica[1]	Cinemática[2] e espaço útil	Exemplo	Observações, área de aplicação
Robô cartesiano 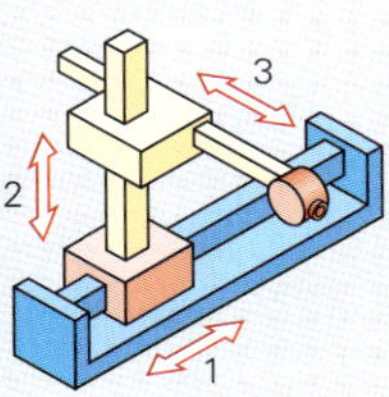	Cinemática TTT 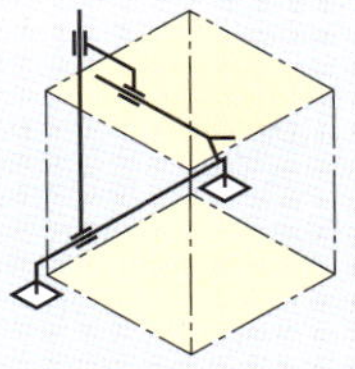	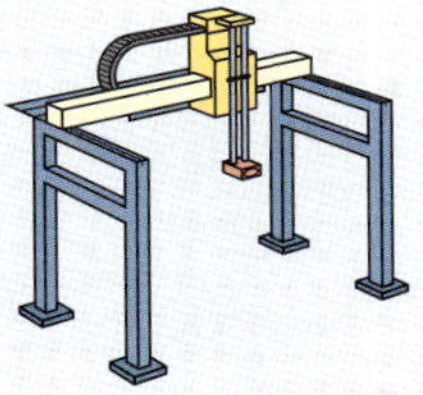	Eixos principais: • 3 de translação Área de aplicação: • locais de trabalho amplos, por isso geralmente em sistema construtivo tipo portal • suprimento de células de fabricação • trabalho em chapas com corte a laser e jato de água • manuseio de paletes
Robô cilíndrico 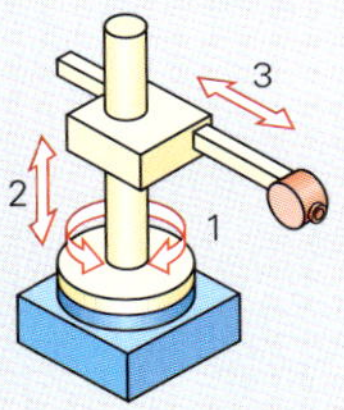	Cinemática RTT 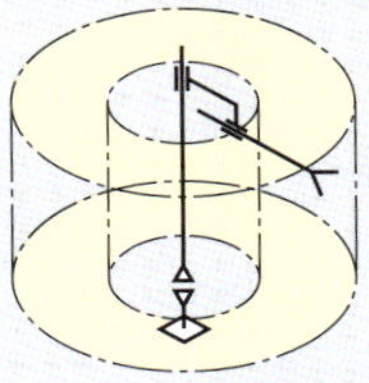	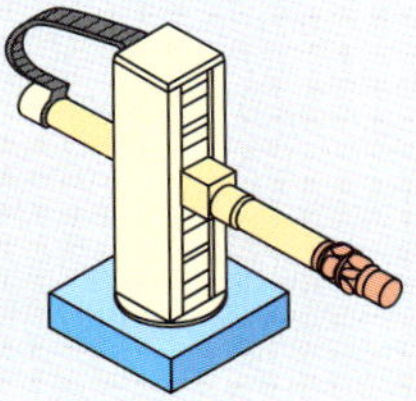	Eixos principais: • 1 rotatório • 2 de translação Área de aplicação: • adequado para massas pesadas • manuseio de peças forjadas e fundidas pesadas • transporte de paletes e estojo de ferramentas • carga e descarga
Robô polar 1 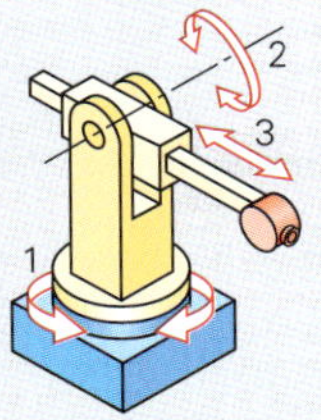	Cinemática RRT 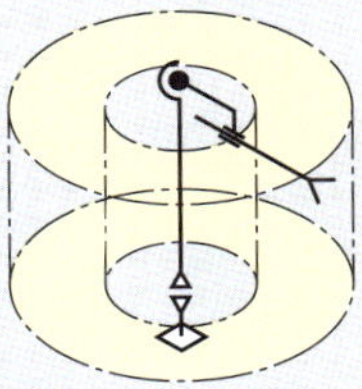	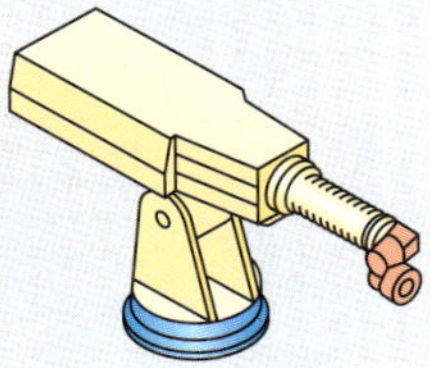	Eixos principais: • 2 rotatórios • 1 de translação Área de aplicação: • eixo 3 do tipo telescópico, consequentemente espaço de trabalho profundo • solda a ponto e costura simples, p.ex., carrocerias de automóveis • carga e descarga em máquinas de fundição por pressão
Robô polar 2 Tipo: robô SCARA[3] 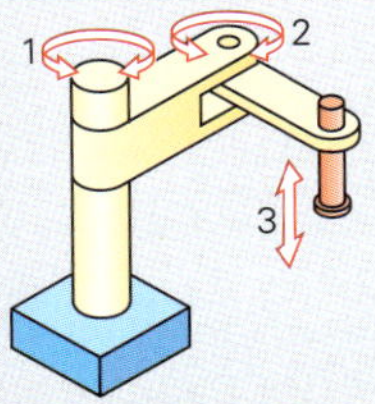	Cinemática RRT 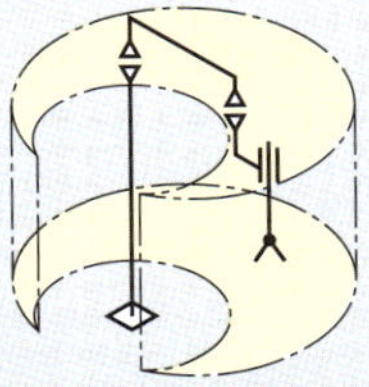	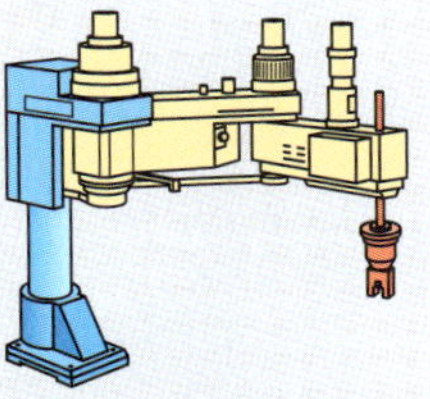	Eixos principais: • 2 rotatórios como eixo articulado giratório horizontal • 1 de translação Área de aplicação: • principalmente em área de montagem vertical • solda a ponto e costura simples • carga e descarga
Robô articulado 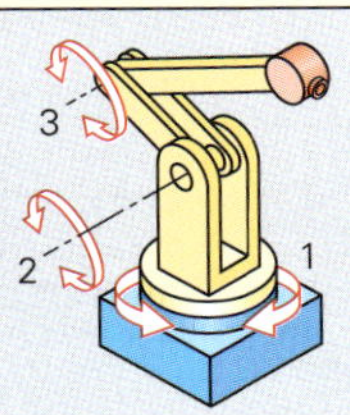	Cinemática RRR 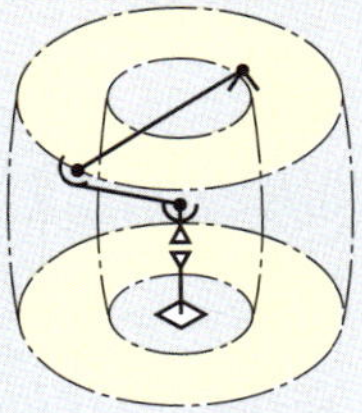	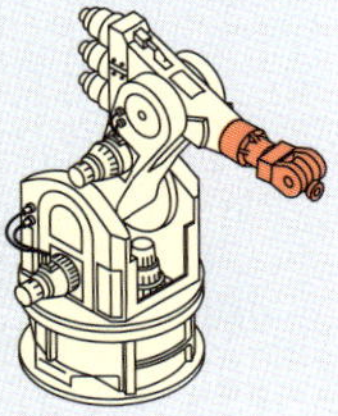	Eixos principais: • 3 rotatórios Área de aplicação: • manuseio e área de montagem • solda com costura complicada • trabalhos de pintura • requer pouco espaço e atinge ampla área de trabalho

[1] Os eixos são designados por números, sendo que o eixo 1 é o primeiro eixo de movimento.
[2] R = eixo de rotação; T = eixo de translação (designações "R" e "T" não são normalizadas).
[3] SCARA inglês: Selective Compliance Assembly Robot Arm = Braço robótico para montagem com flexibilidade seletiva

Garras, segurança do trabalho

Garras

veja DIN EN ISO 14539 (2002-12) e VDI 2740 (1995-04)

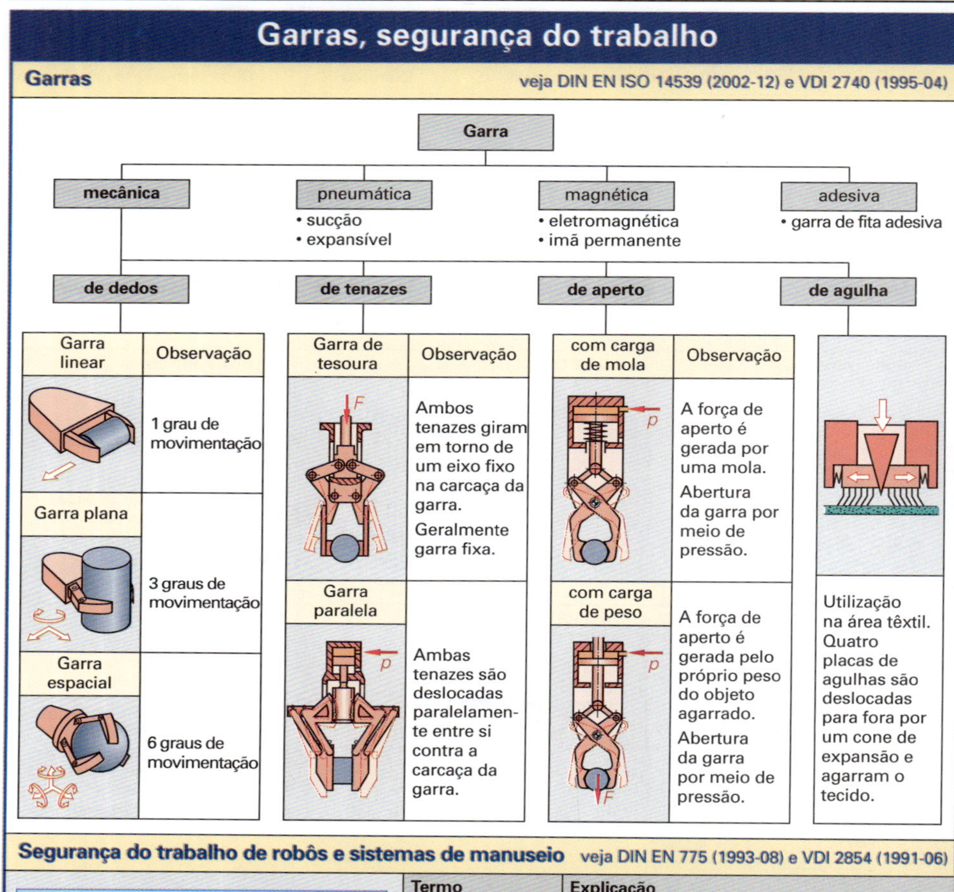

Garra
mecânica
pneumática
• sucção
• expansível
magnética
• eletromagnética
• imã permanente
adesiva
• garra de fita adesiva
de dedos
de tenazes
de aperto
de agulha
Garra linear
Observação
1 grau de movimentação
Garra plana
3 graus de movimentação
Garra espacial
6 graus de movimentação
Garra de tesoura
Observação
F
Ambos tenazes giram em torno de um eixo fixo na carcaça da garra.
Geralmente garra fixa.
Garra paralela
p
Ambas tenazes são deslocadas paralelamente entre si contra a carcaça da garra.
com carga de mola
Observação
p
A força de aperto é gerada por uma mola.
Abertura da garra por meio de pressão.
com carga de peso
p
F
A força de aperto é gerada pelo próprio peso do objeto agarrado.
Abertura da garra por meio de pressão.
Utilização na área têxtil. Quatro placas de agulhas são deslocadas para fora por um cone de expansão e agarram o tecido.

Segurança do trabalho de robôs e sistemas de manuseio

veja DIN EN 775 (1993-08) e VDI 2854 (1991-06)

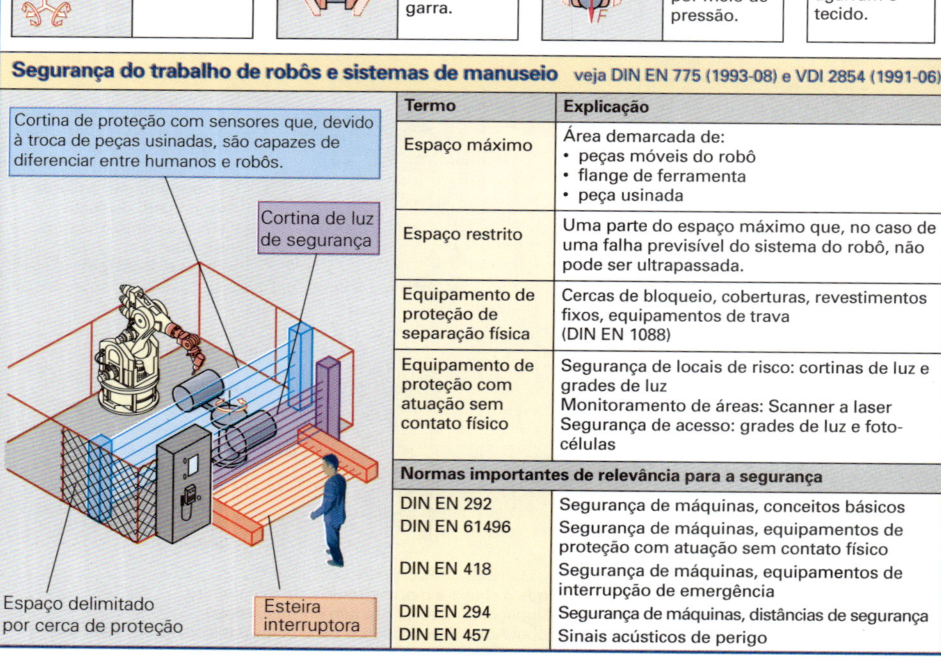

Cortina de proteção com sensores que, devido à troca de peças usinadas, são capazes de diferenciar entre humanos e robôs.
Cortina de luz de segurança
Espaço delimitado por cerca de proteção
Esteira interruptora

Termo	Explicação
Espaço máximo	Área demarcada de: • peças móveis do robô • flange de ferramenta • peça usinada
Espaço restrito	Uma parte do espaço máximo que, no caso de uma falha previsível do sistema do robô, não pode ser ultrapassada.
Equipamento de proteção de separação física	Cercas de bloqueio, coberturas, revestimentos fixos, equipamentos de trava (DIN EN 1088)
Equipamento de proteção com atuação sem contato físico	Segurança de locais de risco: cortinas de luz e grades de luz Monitoramento de áreas: Scanner a laser Segurança de acesso: grades de luz e fotocélulas

Normas importantes de relevância para a segurança	
DIN EN 292	Segurança de máquinas, conceitos básicos
DIN EN 61496	Segurança de máquinas, equipamentos de proteção com atuação sem contato físico
DIN EN 418	Segurança de máquinas, equipamentos de interrupção de emergência
DIN EN 294	Segurança de máquinas, distâncias de segurança
DIN EN 457	Sinais acústicos de perigo

Eixos de coordenadas

veja DIN 66217 (1975-12)

Sistema de coordenadas

Regra da mão direita

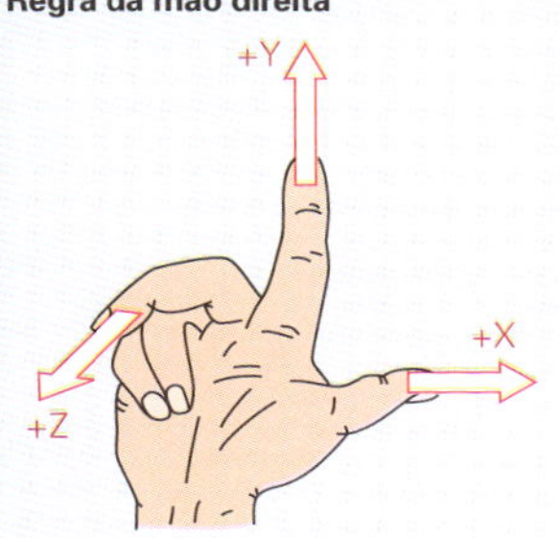

Sistema de coordenadas cartesianas

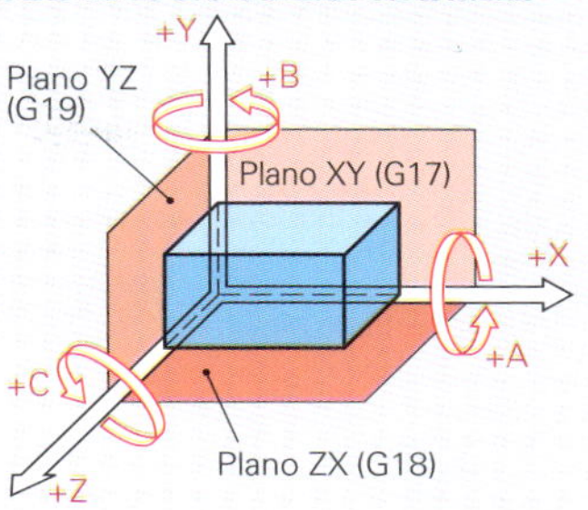

Os eixos de coordenadas X, Y e Z são perpendiculares entre si.

A disposição pode ser representada pelos dedos polegar, indicador e médio da mão direita.

Os eixos rotativos A, B e C remetem aos eixos de coordenadas X, Y e Z.

Observando-se um eixo na direção positiva a rotação no sentido horário é o sentido de rotação positivo.

Eixos de coordenadas na programação

Fresadora vertical

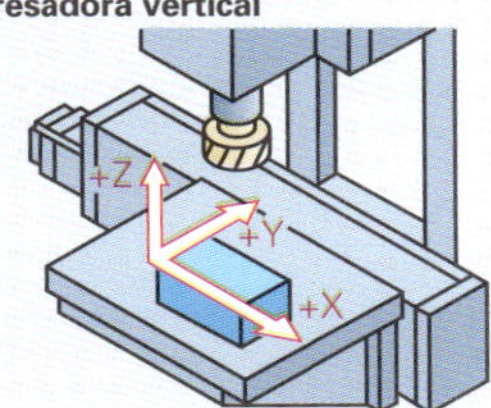

Fresadora horizontal

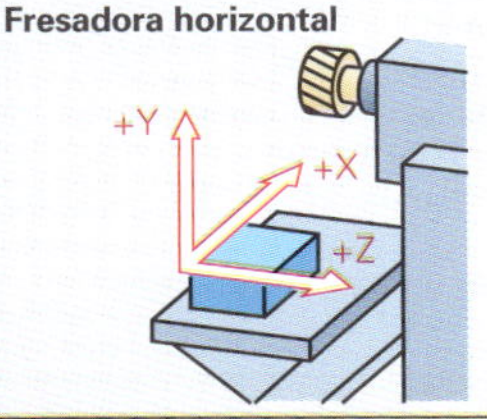

Torno

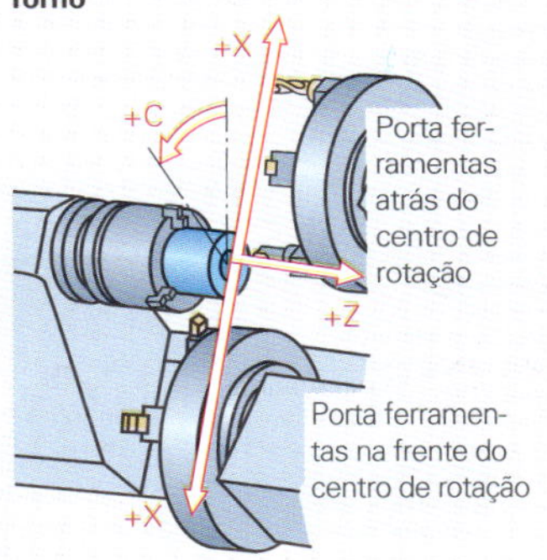

Exemplo:

Torno de 2 carros com fuso principal programável

Os eixos de coordenadas e as direções de movimento deles resultantes são alinhados sobre o barramento principal da máquina CNC e se referem, basicamente, à peça usinada fixada com seu respectivo ponto zero.

Direções de movimento positivas resultam sempre num aumento do valor da coordenada na peça usinada.

O eixo Z evolui sempre na direção do fuso principal.

Para simplificar a programação, assume-se que a peça usinada permanece imóvel e que somente a ferramenta se movimenta.

Pontos de referência

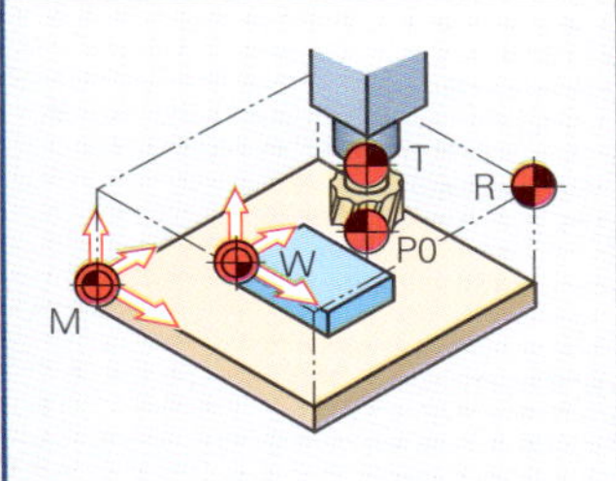

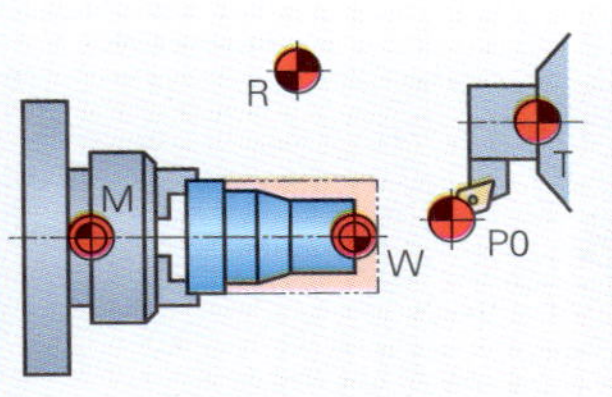

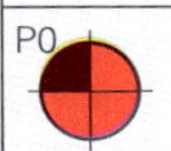

Ponto zero da máquina M

É a origem do sistema de coordenadas da máquina e é estabelecido pelo fabricante.

Ponto zero de programação P0

Fornece as coordenadas do ponto no qual se encontra a ferramenta antes do início do programa.

Ponto de referência R

É a origem do sistema incremental de medição de curso, que se encontra a uma distância do ponto zero da máquina estabelecida pelo fabricante da máquina.

Ponto de referência do porta ferramentas T

Situado no centro na superfície de apoio do suporte da ferramenta. Nas fresadoras é a superfície frontal do fuso de ferramenta, nos tornos a superfície do batente do porta ferramentas no revolver.

[1] não normalizado

Ponto de referência da peça usinada W

É a origem do sistema de coordenadas da peça usinada e é estabelecido pelo programador sob o ponto de vista da técnica de fabricação.

Estrutura do programa

Letras de endereços e caracteres especiais

veja DIN 66025-1 (1993-01)

Letras de endereços (seleção)				Caracteres especiais	
A B C	Movimento giratório no eixo X Movimento giratório no eixo Y Movimento giratório no eixo Z	O S	Livre Rotação do fuso, velocidade de corte constante	%	Início do programa, parada incondicional ao zerar o programa
D[1)] E[1)] F	Memória de compensação da ferramenta Segundo avanço Avanço	T U[1)]	Ferramenta Segundo movimento paralelo ao eixo X	( )	Início de observação Final de observação
G H	Condição de curso Livre	V[1)]	Segundo movimento paralelo ao eixo X	+ –	Mais Menos
I	Parâmetro de interpolação ou passo da rosca paralelo ao eixo X	W[1)]	Segundo movimento paralelo ao eixo X	, .	Vírgula Ponto decimal
J	Parâmetro de interpolação ou passo da rosca paralelo ao eixo Y	X	Movimento na direção ao eixo X	/ :	Supressão de sentença Sentença principal
K	Parâmetro de interpolação ou passo da rosca paralelo ao eixo Z	Y	Movimento na direção do eixo Y		
L M N	Livre Função adicional Número da sentença	Z	Movimento na direção do eixo Z		

1) O significado dessas letras de endereço pode ser alterado no caso de uma aplicação específica.

Estrutura do programa de comando

Estrutura da palavra

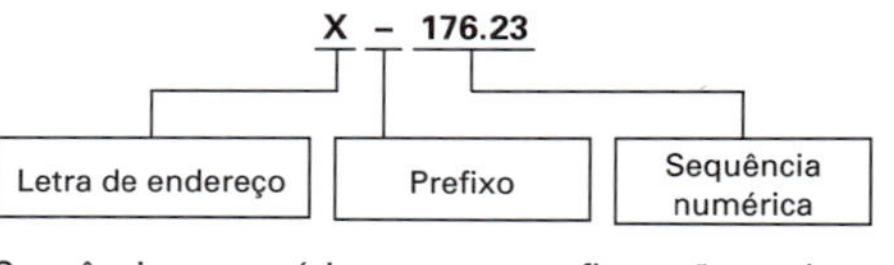

Sequências numéricas sem prefixo são valores numéricos positivos.

Explanação de uma palavra (exemplo):

X-176.23	Coordenada do ponto alvo na direção negativa X com 176,23 mm
T0207	Ferramenta nº 02, memória de compensação n° 07
L3403	Chamada da sub-rotina de número 34, 3 passagens

Estrutura da sentença

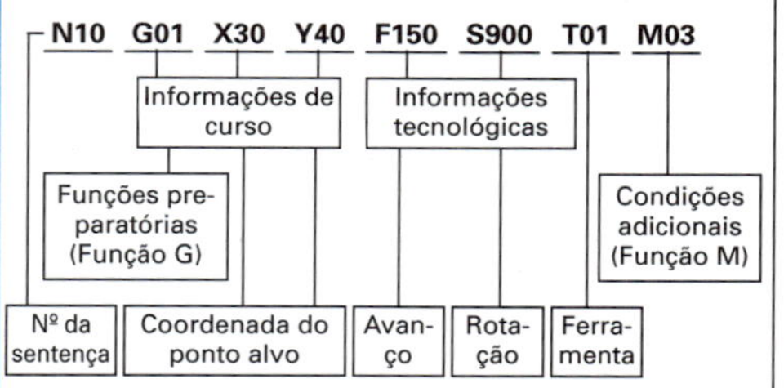

Explanação das palavras:

N10	Número da sentença 10
G01	Avanço, interpolação linear
X30	Coordenada do ponto alvo na direção X
Y40	Coordenada do ponto alvo na direção Y
F150	Avanço 150 mm/min
S900	Rotação do fuso principal 900/min
T01	Ferramenta nº 1
M03	Fuso em sentido horário

Estrutura do programa

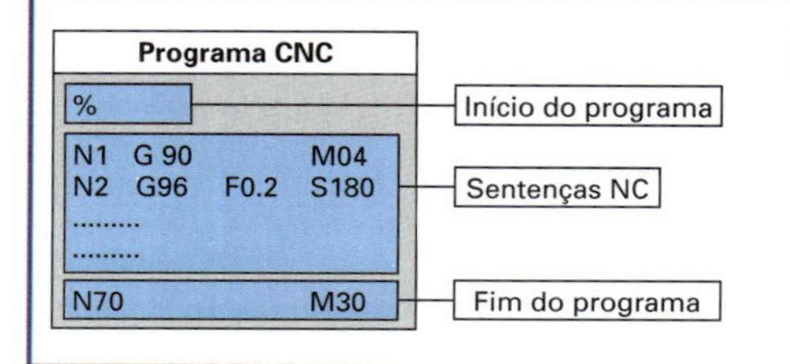

Exemplo:

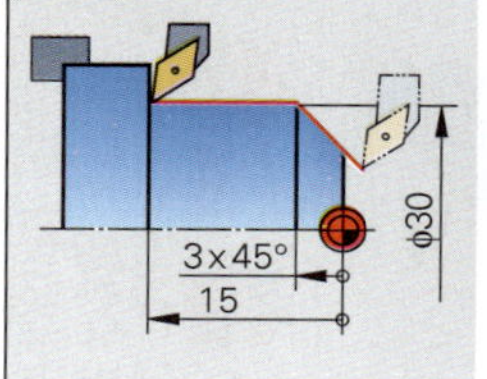

Programa CNC			
% 01			
N1	G90		M04
N2	G96	F0.2	S180
N3	G00	X20	Z2
N4	G01	X30	Z-3
N5			Z-15
N6	G00	X200	Z200
N7			M30

Funções preparatórias, funções adicionais

veja DIN 66025-2 (1988-09)

Funções preparatórias – Condições de curso

Condição de curso	Efetividade	Significado	Condição de curso	Efetividade	Significado
G00	🔵	Posicionar em avanço rápido	G53	🔵	Cancela deslocamento
G01	🔵	Interpolação linear	G54 … ..G59	🔵	Deslocamento 1… .... deslocamento 6
G02	🔵	Interpolação circular horária	G74	🔵	Ir para o ponto de referência
G03	🔵	Interpolação circular anti-horária			
G04	🔴	Tempo de permanência	G80	🔴	Cancela ciclo de trabalho
G09	🔴	Manter exato	G81 … ..G89	🔵	Ciclo de trabalho 1 … … ciclo de trabalho 9
G17	🔵	Opção de plano XY	G90	🔵	Indicação de medida absoluta
G18	🔵	Opção de plano ZX	G91	🔵	Indicação de medida incremental
G19	🔵	Opção de plano YZ			
G33	🔵	Ciclo de rosca, passo constante	G94	🔴	Velocidade de avanço em mm/min
G40	🔵	Cancela compensação da ferramenta	G95	🔵	Avanço em mm
G41	🔵	Ativa compensação da ferramenta, esquerda	G96	🔵	Velocidade de corte constante
G42	🔵	Ativa compensação da ferramenta, direita	G97	🔵	Rotação do fuso em 1/min

Classificação das funções adicionais

Classe	Área de aplicação	Classe	Área de aplicação
0	Funções adicionais universais (para todas as classes)	5[1]	Otimização, Comando Adaptativo (AC)
1	Fresadoras, furadeiras furadeiras de calibres, centros de usinagem	6	Máquinas com vários carros, vários fusos e com equipamento de manuseio agregado
2	Tornos e centros de torneamento	7	Máquinas de estampar e repuxar
3	Retíficas	8[1]	Permanentemente disponível
4	Máquinas de corte a chama, laser e jato de água, eletroerosão com fio	9[1]	Reservado para expansões

[1] Na edição da norma uma definição nessa classe foi tida como desnecessária.

Funções adicionais

Função adicional	Efetividade	Significado	Função adicional	Efetividade	Significado
Funções adicionais universais					
M00	🔴 🟢	Parada programada	M30	🔴 🟢	Final do programa com retorno
M02	🔴 🟢	Final do programa	M48	🔵 🟢	Sobreposições efetivas
M06	🔴	Troca de ferramenta	M49	🔵 🟡	Sobreposições sem efeito
M10	🔵	Prender	M60	🔴 🟢	Troca de ferramenta
M11	🔵	Soltar			

🔵 memorizada[2]; 🔴 na sentença[3]; 🟡 imediata[4]; 🟢 posteriormente[5]

[2] Funções preparatórias ou adicionais que permanecem com efeito até que sejam sobrescritas por uma função preparatória ou adicional do mesmo tipo.
[3] Funções preparatórias ou adicionais que só têm efeito na sentença em que foram programadas.
[4] A função adicional é ativada junto com as demais instruções da sentença.
[5] A função adicional é ativada após a execução das demais instruções da sentença.

Funções adicionais

veja DIN 66025-2 (1988-09)

Função adicional	Efetividade	Significado	Função adicional	Efetividade	Significado
Funções adicionais para fresadoras, furadeiras, furadeira de calibres, centros de usinagem (classe 1)					
M03	🟡 🔵	Fuso em sentido horário	M19	🟢 🔵	Parada do fuso definida
M04	🟡 🔵	Fuso em sentido anti-horário	M34	🟡 🔵	Pressão de aperto normal
M05	🟢 🔵	Parar fuso	M35	🟡 🔵	Pressão de aperto reduzida
M07	🟡 🔵	Liga fluido de refrigeração 2	M40	🟡 🔵	Mudança automática da transmissão
M08	🟡 🔵	Liga fluido de refrigeração 1	M41 … … M45	🟡 🔵	Relação de transmissão1 … … relação de transmissão 5
M09	🟢 🔵	Desliga fluido de refrigeração			
Funções adicionais para tornos e centros de torneamento (classe 2)					
M03	🟡 🔵	Fuso em sentido horário	M54	🟡 🔵	Retorna contraponta
M04	🟡 🔵	Fuso em sentido anti-horário	M55	🟡 🔵	Avança manga do contraponta
M05	🟢 🔵	Parar fuso	M56	🟡 🔵	Desliga arrastador do contraponta
M07	🟡 🔵	Fluido de refrigeração 2 ligado	M57	🟡 🔵	Liga arrastador do contraponta
M08	🟡 🔵	Fluido de refrigeração 1 ligado	M58	🟡 🔵	Desliga velocidade constante do fuso
M09	🟢 🔵	Fluido de refrigeração desligado	M59	🟡 🔵	Liga velocidade constante do fuso
M19	🟢 🔵	Parada do fuso definida	M80	🟡 🔵	Abre luneta 1
M34	🟡 🔵	Pressão de aperto normal	M81	🟡 🔵	Fecha luneta 1
M35	🟡 🔵	Pressão de aperto reduzida	M82	🟡 🔵	Abre luneta 2
M40	🟡 🔵	Mudança automática da transmissão	M83	🟡 🔵	Fecha luneta 2
M41 … ..M42	🟡 🔵	Relação de transmissão1 … … relação de transmissão 5	M84	🟡 🔵	Desliga arrastador da luneta
			M85	🟡 🔵	Liga arrastador da luneta
Funções adicionais para corte a chama, laser e jato de água e para máquinas de eletroerosão a fio (classe 4)					
M03	🟢 🔵	Desliga corte	M23	🟡 🔵	Liga maçarico oblíquo esquerdo
M04	🟡 🔵	Liga corte	M24	🟢 🔵	Desliga maçarico oblíquo direito
M14[1]	🟢 🔵	Desliga regulagem de altura	M25	🟡 🔵	Liga maçarico oblíquo direito
M15[2]	🟡 🔵	Liga regulagem de altura	M26	🟢 🔵	Desliga maçarico central
M16	🟢 🔵	Retorna cabeçote de corte	M27	🟡 🔵	Liga maçarico central
M17	🟢 🔵	Powder Marker Swirl Off	M33	🟢 🔵	Temporizador de retardo
M18	🟢 🔵	Desliga equipamento de marcação	M63	🟡 🔵	Gás auxiliar ar
M19	🟡 🔵	Liga equipamento de marcação	M64	🟡 🔵	Gás auxiliar oxigênio
M20	🟢 🔵	Desliga maçarico de plasma			
M21	🟡 🔵	Liga maçarico de plasma			
M22	🟢 🔵	Desliga maçarico oblíquo esquerdo			

[1] Desligar a regulagem de altura e alinhar o maçarico ou cabeçote de corte na última posição atingida.
[2] Ligar a regulagem de altura, o cabeçote de corte vai para afastamento pré-estabelecido.

🔵 memorizada[3]; 🔴 na sentença[4]; 🟡 imediata[5]; 🟢 posteriormente[6]

[3] Funções preparatórias ou adicionais que permanecem com efeito até que sejam sobrescritas por uma função preparatória ou adicional do mesmo tipo.
[4] Funções preparatórias ou adicionais que só têm efeito na sentença em que foram programadas.
[5] A função adicional é ativada junto com as demais instruções da sentença.
[6] A função adicional é ativada após a execução das demais instruções da sentença.

Correções da ferramenta e do percurso

Tornear	Fresar

Compensação da ferramenta

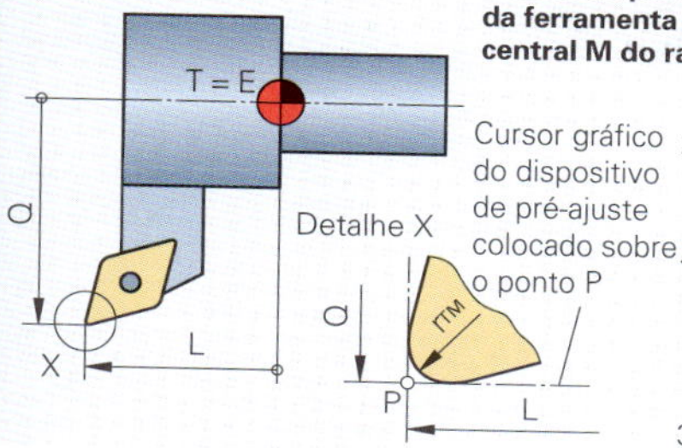

Índices de posição[1] do ponto de corte da ferramenta em função do ponto central M do raio de corte r_ε

Cursor gráfico do dispositivo de pré-ajuste colocado sobre o ponto P

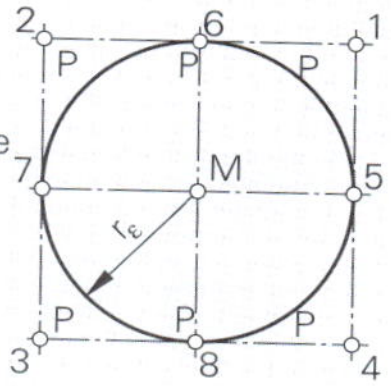

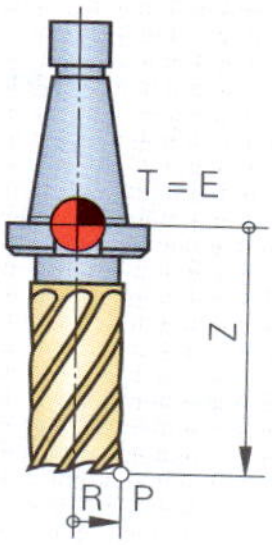

- Q Memória transversal do eixo X
- L Compensação longitudinal do eixo Z
- r_ε Raio de corte
- 1... 8 Índices de posição
- T Ponto de referência do porta ferramenta
- E Ponto de referência da ferramenta
- M Ponto central do raio de corte r_ε
- P Ponto de corte da ferramenta

[1] não normalizado

- Z Comprimento da ferramenta
- R Raio da ferramenta
- T Ponto de referência do porta ferramenta
- E Ponto de referência da ferramenta
- P Ponto de corte da ferramenta

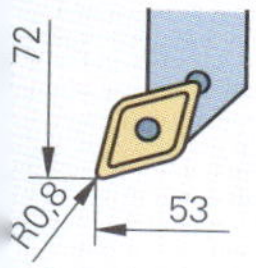

Memória de compensação	
Q	72
L	53
r_ε	0,8
Índice de posição	3

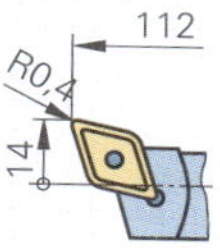

Memória de compensação	
Q	14
L	112
r_ε	0,4
Índice de posição	2

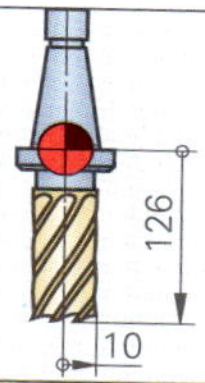

Memória de compensação	
Z	126
R	10

Compensação do percurso (raio de corte)

G41	Ferramenta de torno à esquerda	G42	Ferramenta de torno à direita	G41	Fresa à esquerda

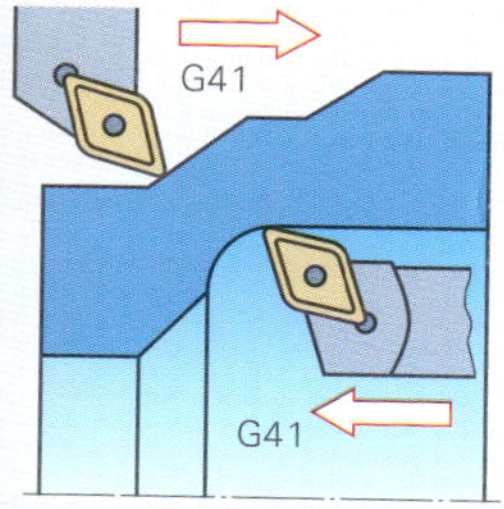

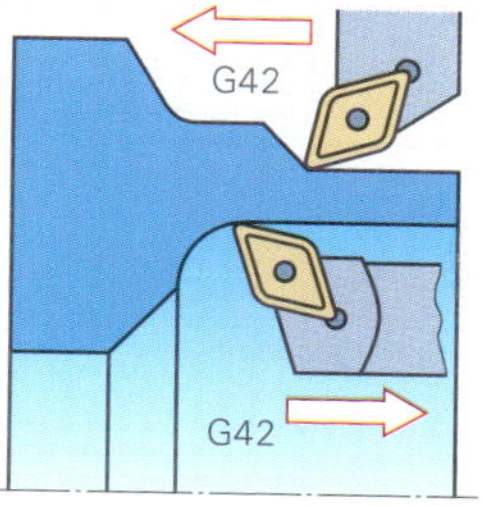

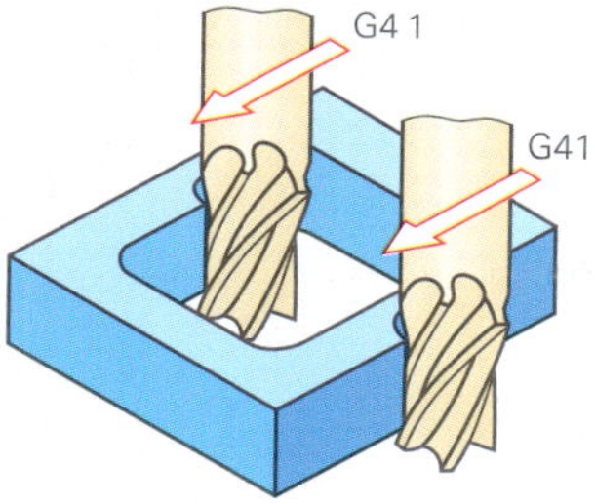

Ferramenta de tornear na frente do eixo da árvore

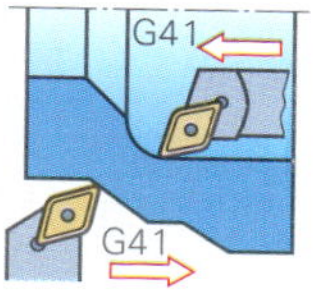

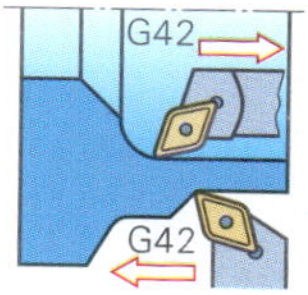

G42	Fresa à direita

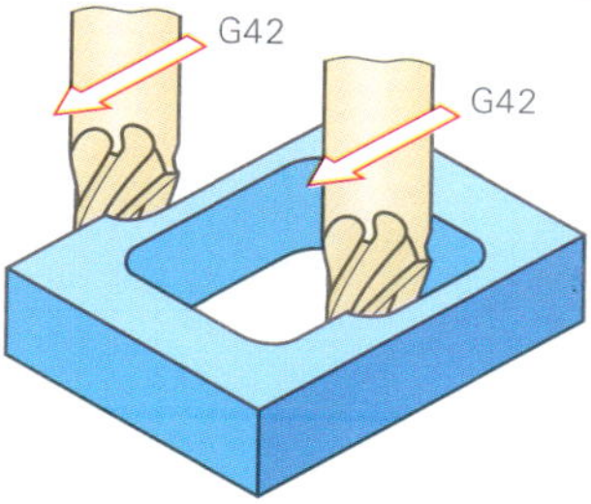

No posicionamento da ferramenta de tornear na frente do centro resulta conforme DIN 66217:

Condicionada pela observação do plano X-Z, a correção do percurso é invertida para o usuário que observa a peça usinada de cima, e também para a programação da correção dele.

As compensações do percurso G41 e G42 são canceladas pela função G40.

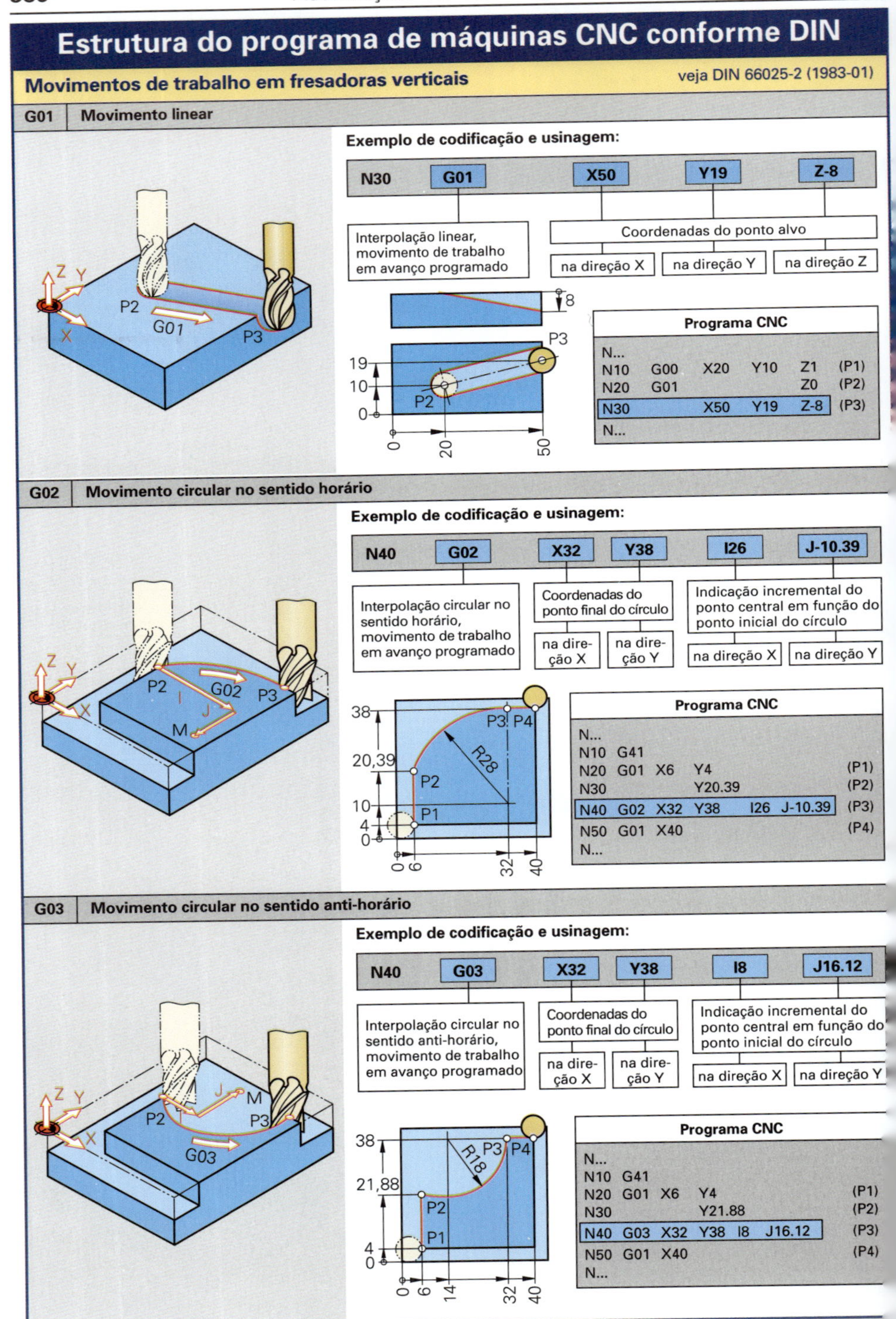

Estrutura do programa de máquinas CNC conforme DIN

Movimentos de trabalho em fresadoras verticais

veja DIN 66025-2 (1983-01)

G01 Movimento linear

Exemplo de codificação e usinagem:

N30 G01 X50 Y19 Z-8

- G01: Interpolação linear, movimento de trabalho em avanço programado
- X50 Y19 Z-8: Coordenadas do ponto alvo — na direção X, na direção Y, na direção Z

Programa CNC

N...					
N10	G00	X20	Y10	Z1	(P1)
N20	G01			Z0	(P2)
N30		X50	Y19	Z-8	(P3)
N...					

G02 Movimento circular no sentido horário

Exemplo de codificação e usinagem:

N40 G02 X32 Y38 I26 J-10.39

- G02: Interpolação circular no sentido horário, movimento de trabalho em avanço programado
- X32 Y38: Coordenadas do ponto final do círculo — na direção X, na direção Y
- I26 J-10.39: Indicação incremental do ponto central em função do ponto inicial do círculo — na direção X, na direção Y

Programa CNC

N...						
N10	G41					
N20	G01	X6	Y4			(P1)
N30			Y20.39			(P2)
N40	G02	X32	Y38	I26	J-10.39	(P3)
N50	G01	X40				(P4)
N...						

G03 Movimento circular no sentido anti-horário

Exemplo de codificação e usinagem:

N40 G03 X32 Y38 I8 J16.12

- G03: Interpolação circular no sentido anti-horário, movimento de trabalho em avanço programado
- X32 Y38: Coordenadas do ponto final do círculo — na direção X, na direção Y
- I8 J16.12: Indicação incremental do ponto central em função do ponto inicial do círculo — na direção X, na direção Y

Programa CNC

N...						
N10	G41					
N20	G01	X6	Y4			(P1)
N30			Y21.88			(P2)
N40	G03	X32	Y38	I8	J16.12	(P3)
N50	G01	X40				(P4)
N...						

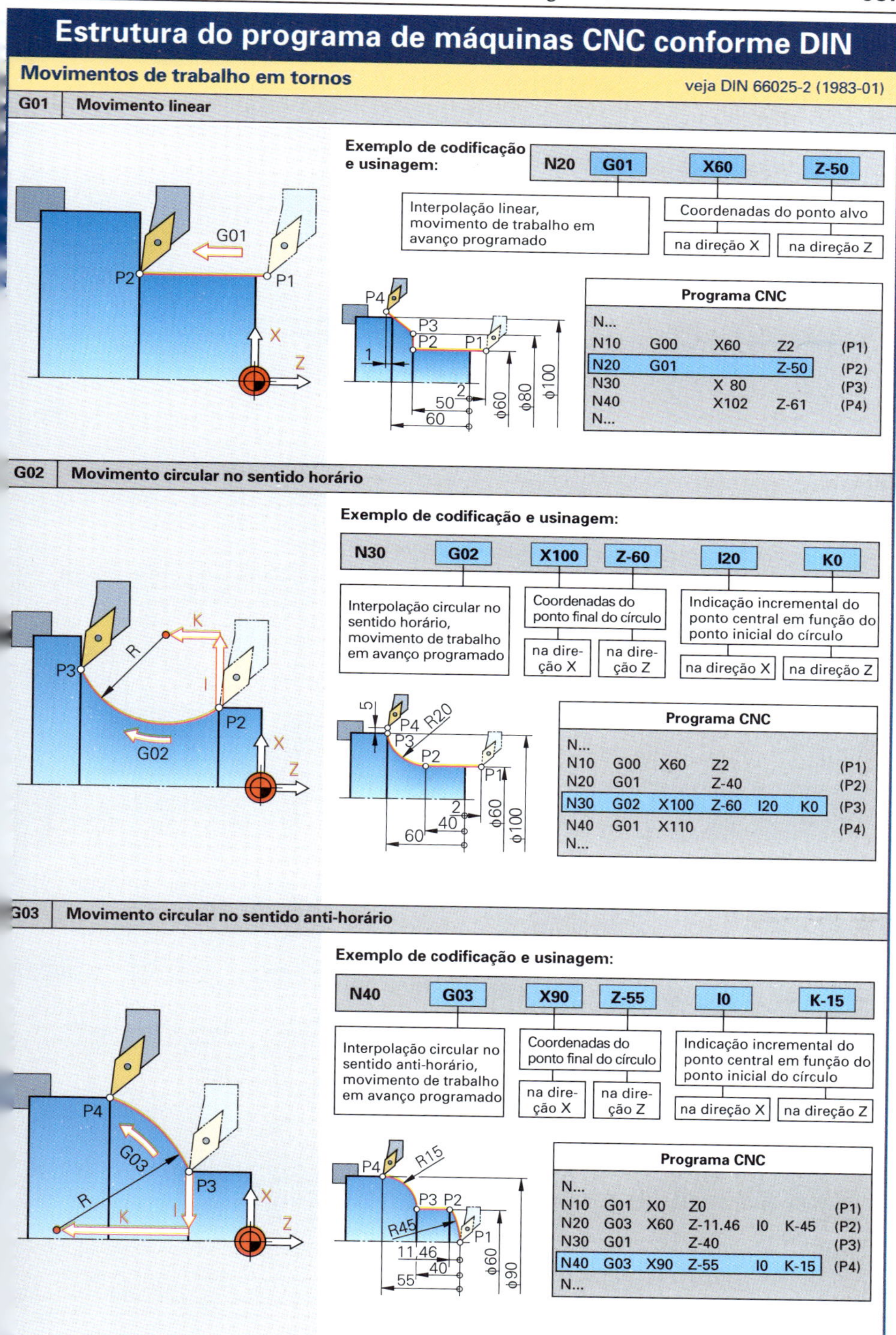

Estrutura do programa de máquinas CNC conforme DIN

Movimentos de trabalho em tornos

veja DIN 66025-2 (1983-01)

G01 Movimento linear

Exemplo de codificação e usinagem:

N20 G01 X60 Z-50

- G01: Interpolação linear, movimento de trabalho em avanço programado
- X60, Z-50: Coordenadas do ponto alvo – na direção X, na direção Z

Programa CNC				
N...				
N10	G00	X60	Z2	(P1)
N20	G01		Z-50	(P2)
N30		X 80		(P3)
N40		X102	Z-61	(P4)
N...				

G02 Movimento circular no sentido horário

Exemplo de codificação e usinagem:

N30 G02 X100 Z-60 I20 K0

- G02: Interpolação circular no sentido horário, movimento de trabalho em avanço programado
- X100, Z-60: Coordenadas do ponto final do círculo – na direção X, na direção Z
- I20, K0: Indicação incremental do ponto central em função do ponto inicial do círculo – na direção X, na direção Z

Programa CNC						
N...						
N10	G00	X60	Z2			(P1)
N20	G01		Z-40			(P2)
N30	G02	X100	Z-60	I20	K0	(P3)
N40	G01	X110				(P4)
N...						

G03 Movimento circular no sentido anti-horário

Exemplo de codificação e usinagem:

N40 G03 X90 Z-55 I0 K-15

- G03: Interpolação circular no sentido anti-horário, movimento de trabalho em avanço programado
- X90, Z-55: Coordenadas do ponto final do círculo – na direção X, na direção Z
- I0, K-15: Indicação incremental do ponto central em função do ponto inicial do círculo – na direção X, na direção Z

Programa CNC						
N...						
N10	G01	X0	Z0			(P1)
N20	G03	X60	Z-11.46	I0	K-45	(P2)
N30	G01		Z-40			(P3)
N40	G03	X90	Z-55	I0	K-15	(P4)
N...						

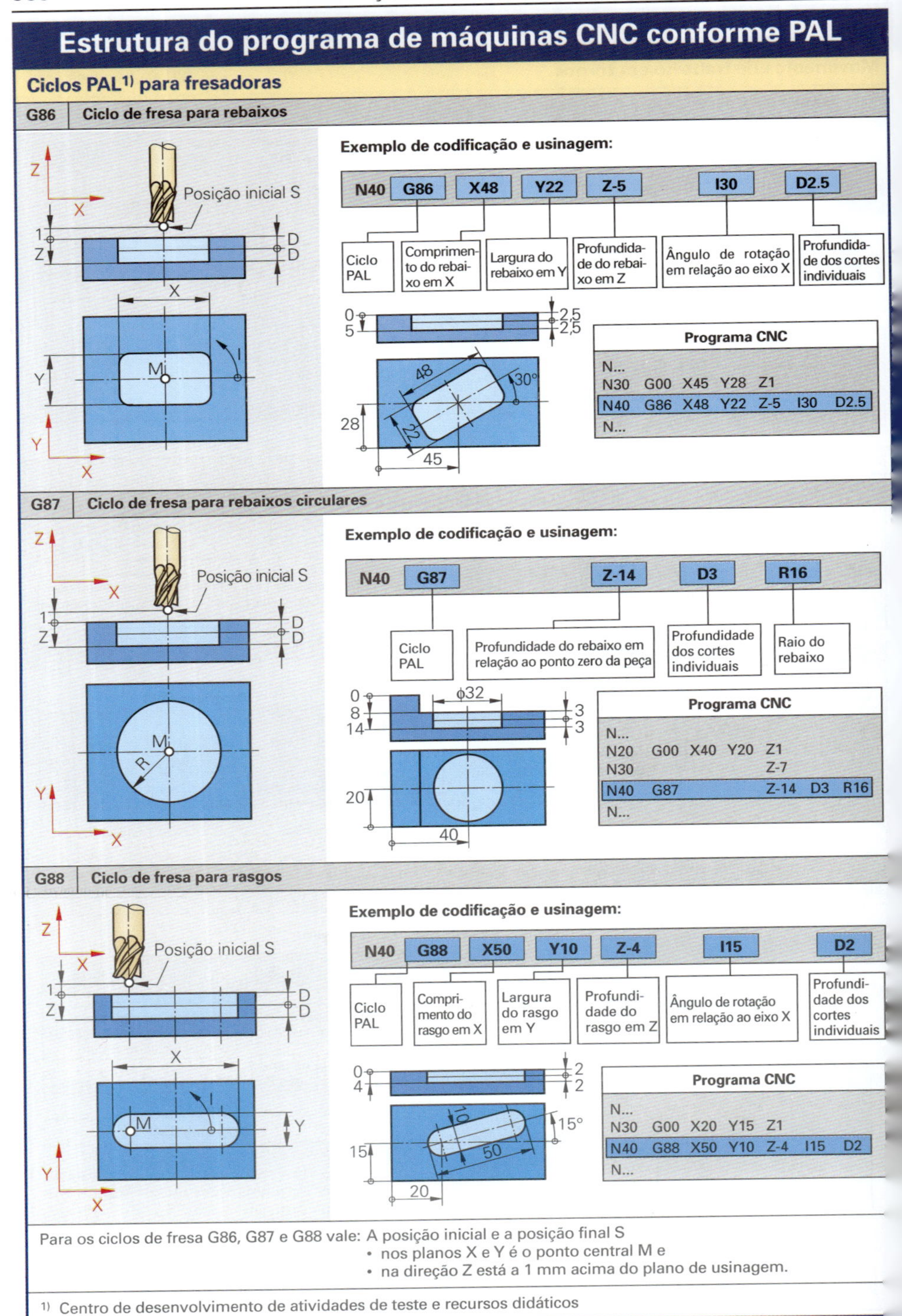
Estrutura do programa de máquinas CNC conforme PAL
Ciclos PAL1) para fresadoras
G86 Ciclo de fresa para rebaixos
Posição inicial S
Exemplo de codificação e usinagem:
N40 G86 X48 Y22 Z-5 I30 D2.5
Ciclo PAL
Comprimento do rebaixo em X
Largura do rebaixo em Y
Profundidade do rebaixo em Z
Ângulo de rotação em relação ao eixo X
Profundidade dos cortes individuais
Programa CNC
N...
N30 G00 X45 Y28 Z1
N40 G86 X48 Y22 Z-5 I30 D2.5
N...
G87 Ciclo de fresa para rebaixos circulares
Posição inicial S
Exemplo de codificação e usinagem:
N40 G87 Z-14 D3 R16
Ciclo PAL
Profundidade do rebaixo em relação ao ponto zero da peça
Profundidade dos cortes individuais
Raio do rebaixo
Programa CNC
N...
N20 G00 X40 Y20 Z1
N30 Z-7
N40 G87 Z-14 D3 R16
N...
G88 Ciclo de fresa para rasgos
Posição inicial S
Exemplo de codificação e usinagem:
N40 G88 X50 Y10 Z-4 I15 D2
Ciclo PAL
Comprimento do rasgo em X
Largura do rasgo em Y
Profundidade do rasgo em Z
Ângulo de rotação em relação ao eixo X
Profundidade dos cortes individuais
Programa CNC
N...
N30 G00 X20 Y15 Z1
N40 G88 X50 Y10 Z-4 I15 D2
N...
Para os ciclos de fresa G86, G87 e G88 vale: A posição inicial e a posição final S
• nos planos X e Y é o ponto central M e
• na direção Z está a 1 mm acima do plano de usinagem.
1) Centro de desenvolvimento de atividades de teste e recursos didáticos

Estrutura do programa de máquinas CNC conforme PAL

Ciclos PAL para fresadoras

G85 | Ciclo para furar em círculo divisor

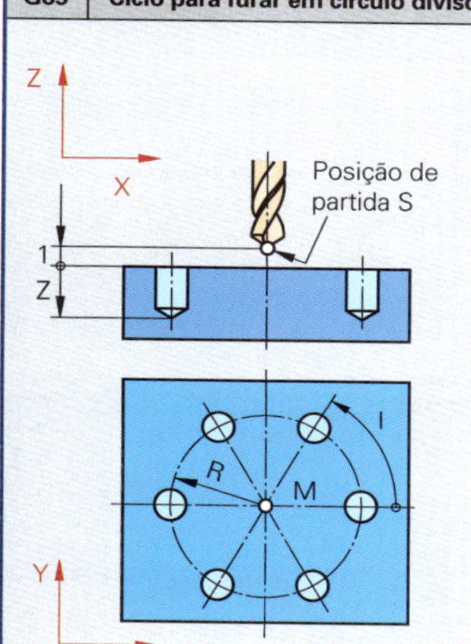

O ciclo PAL G85 só permite furos que sejam distribuídos uniformemente sobre o círculo primitivo.

Exemplo de codificação e usinagem: centralizar com furadeira NC:

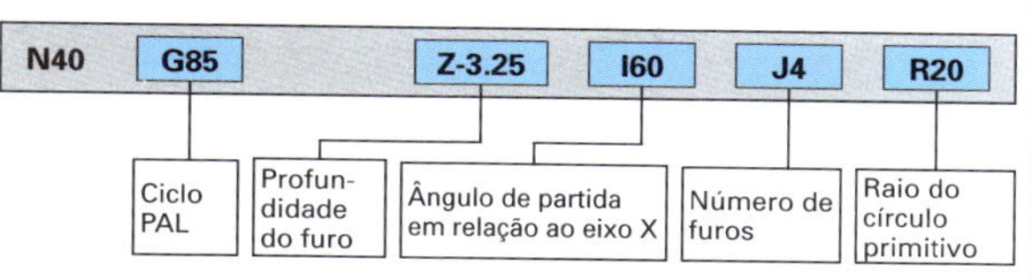

A posição inicial e a posição final S
- nos planos X e Y é o ponto central M e
- na direção Z está a 1 mm acima do plano de usinagem.

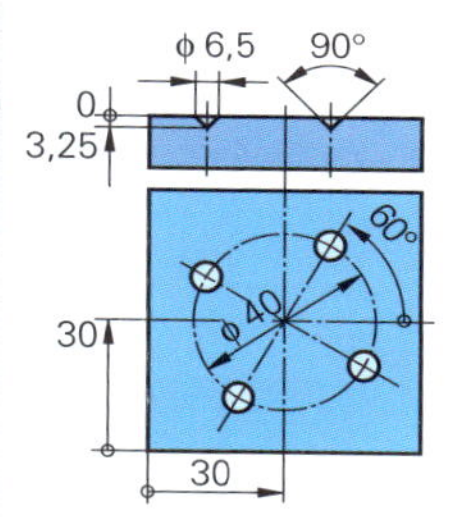

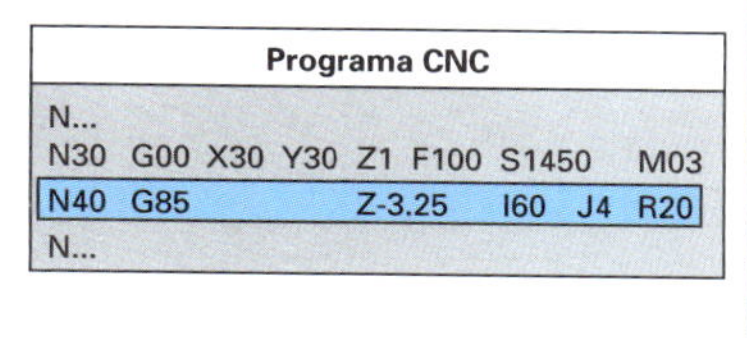

Programa CNC

```
N...
N30  G00  X30  Y30  Z1  F100  S1450    M03
N40  G85            Z-3.25    I60  J4  R20
N...
```

G89 | Ciclo para roscar em círculo divisor

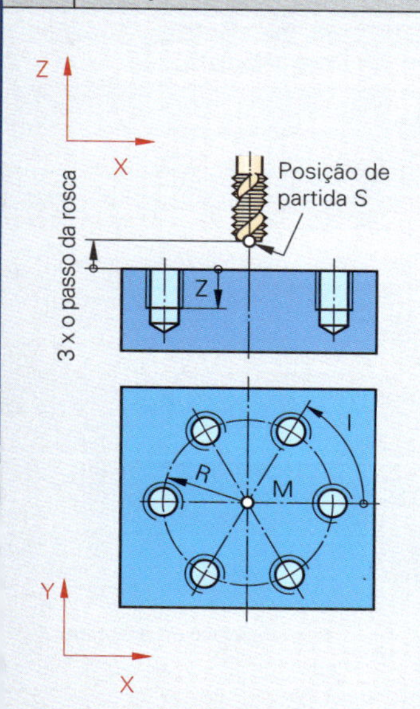

O ciclo PAL G89 só permite furos que sejam distribuídos uniformemente sobre o círculo primitivo.

Para rosca individual R e I deve ser informado como 0 e J como 1.

Exemplo de codificação e usinagem: centralizar, furar, abrir rosca M8:

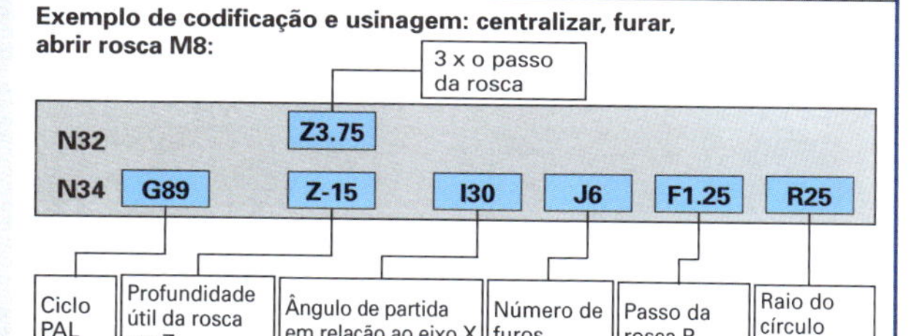

A posição inicial e a posição final S
- nos planos X e Y é o ponto central M e
- na direção Z está a 3 x o passo da rosca acima do plano de usinagem.

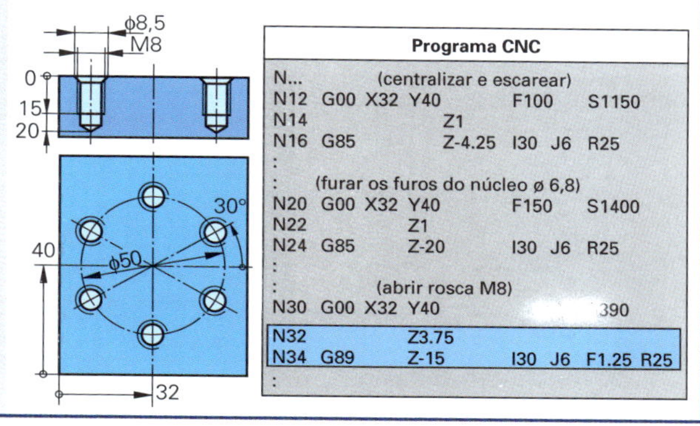

Programa CNC

```
N...         (centralizar e escarear)
N12  G00  X32  Y40           F100    S1150
N14                Z1
N16  G85           Z-4.25    I30  J6  R25
:
:     (furar os furos do núcleo ø 6,8)
N20  G00  X32  Y40           F150    S1400
N22                Z1
N24  G85           Z-20      I30  J6  R25
:
:            (abrir rosca M8)
N30  G00  X32  Y40                    390
N32                Z3.75
N34  G89           Z-15      I30  J6  F1.25  R25
:
```

Estrutura do programa de máquinas CNC conforme PAL

Ciclos PAL para tornos

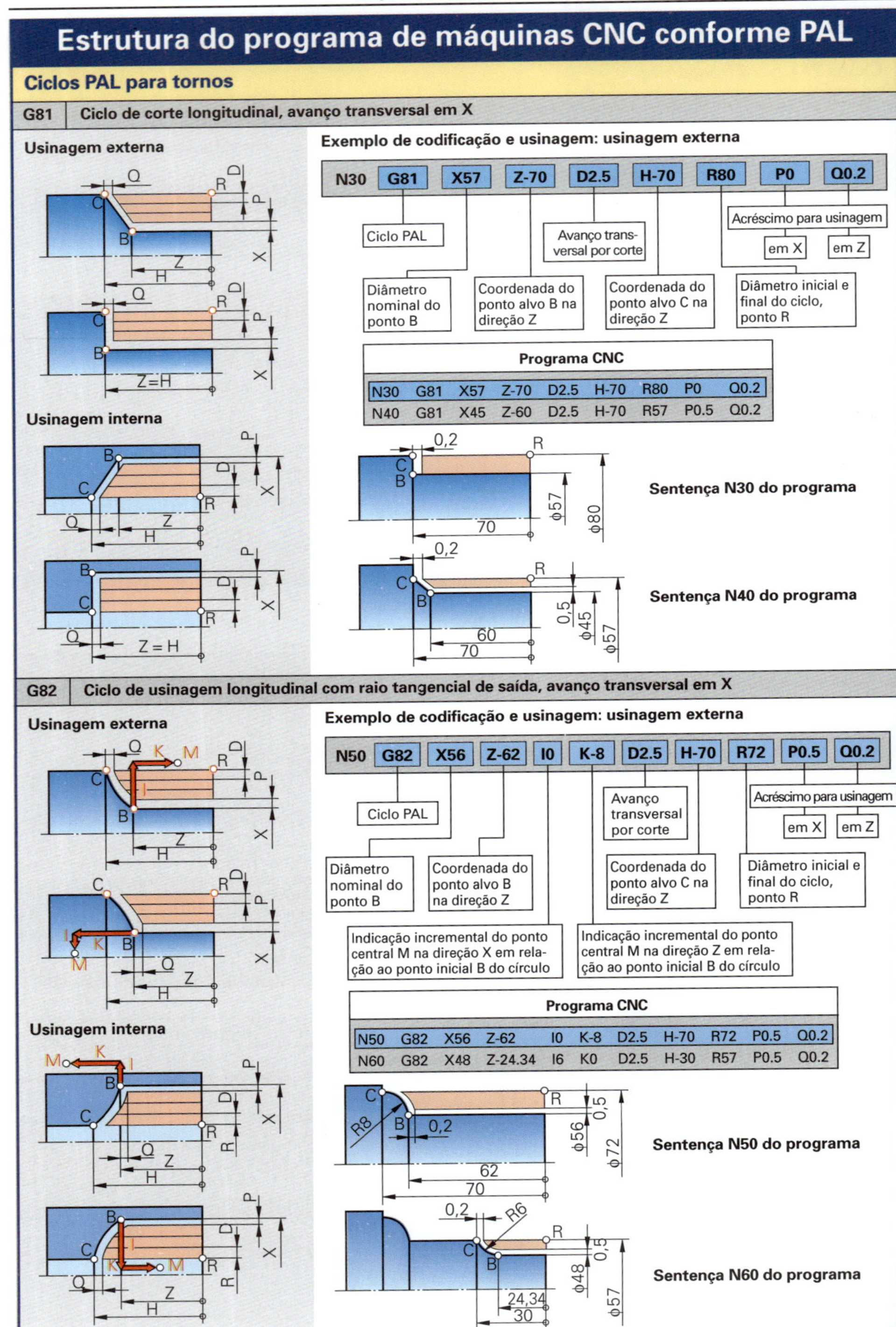

Estrutura do programa de máquinas CNC conforme PAL

Ciclos PAL para tornos

G83 | Ciclo de rosca longitudinal, avanço transversal em X

Rosca externa

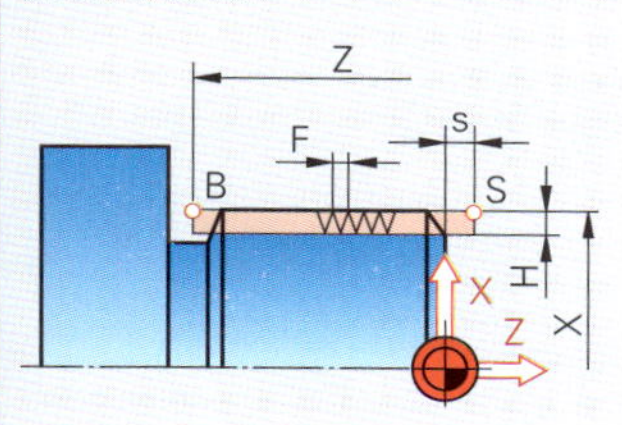

Rosca interna

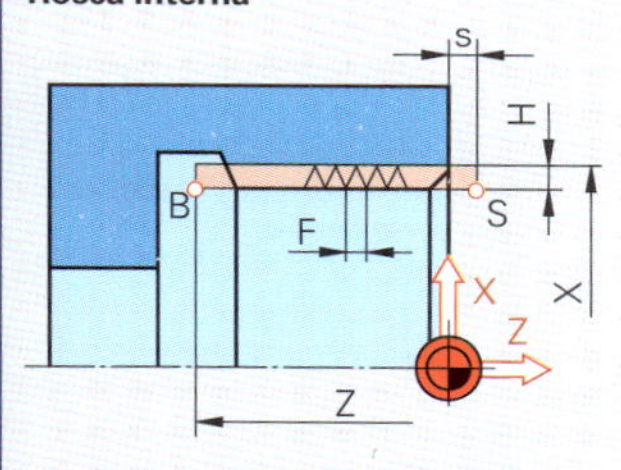

Diagrama para o curso inicial s

Baseado na grandeza característica da máquina $K = 333\ \text{min}^{-1}$.

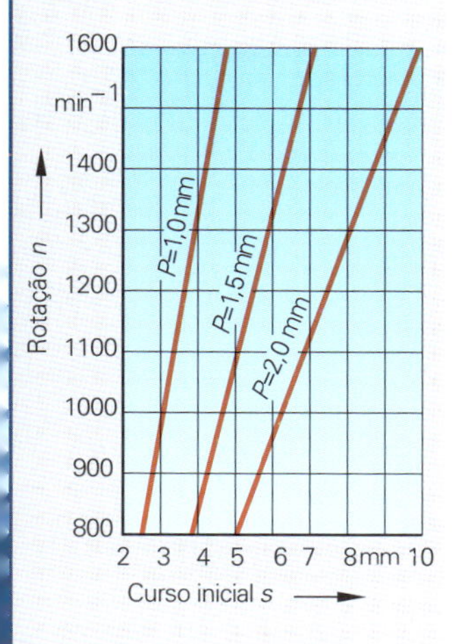

O curso inicial s é determinado pelo:

- passo P
- rotação *n* e
- grandeza característica da máquina *k*

A grandeza característica da máquina *k* leva em conta a massa da torre revolver, que precisa ser freada e acelerada. Ela é diferente para cada máquina e é determinada por intermédio de experiências.

Exemplo de codificação:

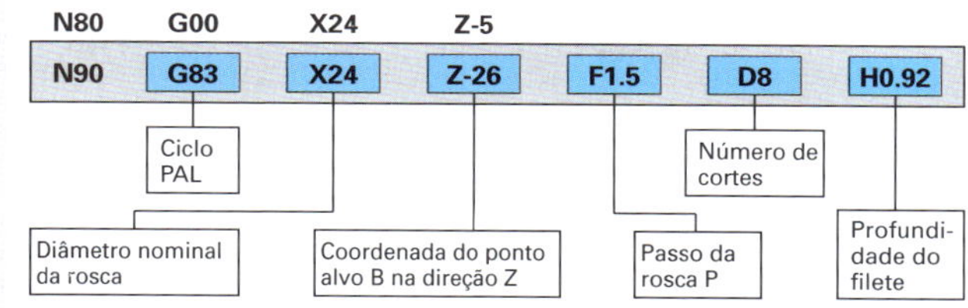

No ciclo de rosca G83 conforme PAL, as coordenadas do ponto inicial e do ponto final S são indicadas em sentença precedente.

P Passo
H Profundidade do filete
K Grandeza característica da máquina
a Profundidade de corte
d Diâmetro nominal
i Número de cortes
s Curso inicial
n Rotação

Profundidade do filete para roscas métricas ISO

Rosca interna

$$H = 0{,}5413 \cdot P$$

Rosca externa

$$H = 0{,}6134 \cdot P$$

Número de cortes *i*

$$i = \frac{H}{a}$$

Curso inicial s

$$s = \frac{P \cdot n}{K}$$

Exemplo: Rosca externa M24 x 1,5, $K = 333\ \text{min}^{-1}$

$H = 0{,}6134 \cdot 1{,}5\ \text{mm} = 0{,}92\ \text{mm}$ => Palavra CNC para a sentença N90:H0.92

$i = \dfrac{0{,}92\ \text{mm}}{0{,}12\ \text{mm}} = 7{,}66$ => escolhido: 8 cortes

=> Palavra CNC para a sentença N90:D8

$s = \dfrac{1{,}5\ \text{mm} \cdot 1500\ \text{min}^{-1}}{333\ \text{min}^{-1}} = 6{,}75\ \text{mm}$ ou consultado no diagrama: $s = 7$ mm

Coordenada Z do ponto inicial e ponto final S: Coordenada Z do início da rosca + curso inicial s

$Z = -12\ \text{mm} + 7\ \text{mm} = -5\ \text{mm}$ => Palavra CNC para a sentença N80:Z-5

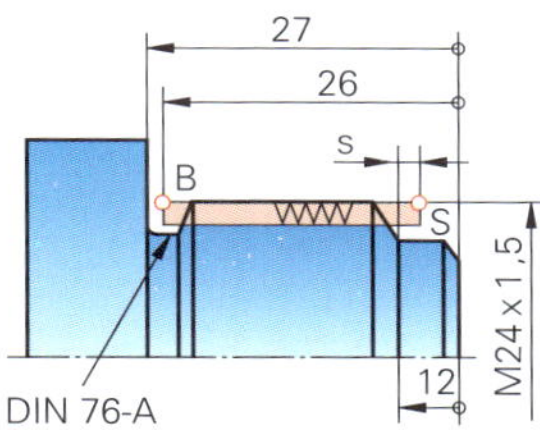

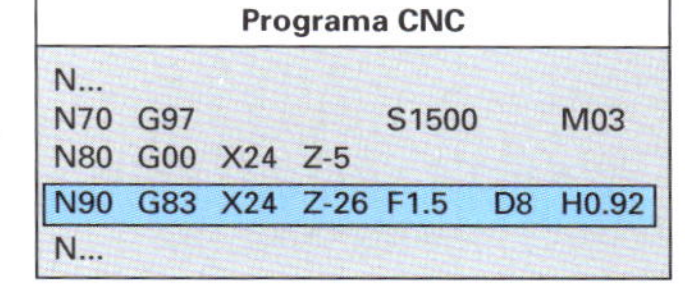

Programa CNC						
N...						
N70	G97			S1500		M03
N80	G00	X24	Z-5			
N90	G83	X24	Z-26	F1.5	D8	H0.92
N...						

Estrutura do programa de máquinas CNC conforme PAL

Ciclos PAL para tornos

G84 | Ciclo de furação com remoção de cavacos

Exemplo de codificação e usinagem: ciclo de furação

N30 G00 X0 Z12

N40 G84 Z-70 F0.05 D-48 H2

- G84: Ciclo PAL
- Z-70: Profundidade do furo em relação ao ponto zero da peça
- F0.05: Avanço
- D-48: Primeira profundidade do furo (incremental)
- H2: Número das remoções de cavacos

No ciclo de rosca G84 conforme PAL, as coordenadas do ponto inicial e do ponto final S são indicadas em sentença precedente.

- Z Profundidade total do furo
- D Primeira profundidade do furo
- H Número das remoções de cavaco
- d Diâmetro da broca
- t Profundidade restante do furo

Primeira profundidade do furo

$$D = 2 \cdot d$$

Profundidade restante do furo

$$t = Z + 0{,}5 \cdot d - D$$

Número de remoções de cavaco

$$H = \frac{t}{d}$$

A primeira profundidade do furo D equivale a 2 x o diâmetro do duro e é indicada de modo incremental em relação ao ponto inicial e final.

Todos as demais profundidades do furo, exceto a última, correspondem ao diâmetro d do furo. A última profundidade do furo é calculada pelo comando CNC.

Exemplo:

$D = 2 \cdot 24$ mm $= 48$ mm => Palavra CNC para a sentença N40:**D-48**

$t = 70$ mm $+ 0{,}5 \cdot 24$ mm $- 48$ mm $= 34$ mm

$H = \frac{34 \text{ mm}}{24 \text{ mm}} = 1{,}4$; escolhido 2 => Palavra CNC para a sentença N40:**H2**

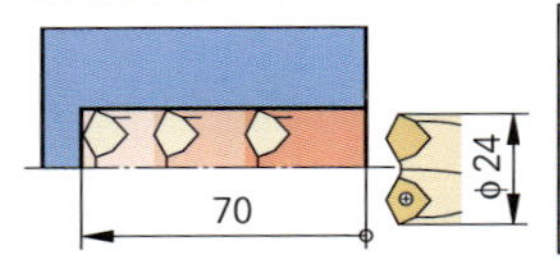

Programa CNC

```
N...
N20  G97            S2500 M03
N30  G00  X0  Z12
N40  G84  Z-70  F0.05  D-48  H2
```

Exemplo de usinagem no torno

Ferramentas utilizadas

Ferramenta lateral $r_\varepsilon = 0{,}8$	T0707
Ferramenta lateral $r_\varepsilon = 0{,}4$	T0909
Ferramenta de abrir roscas	T1111

pré-furado com broca de pastilhas intercambiáveis Ø 30

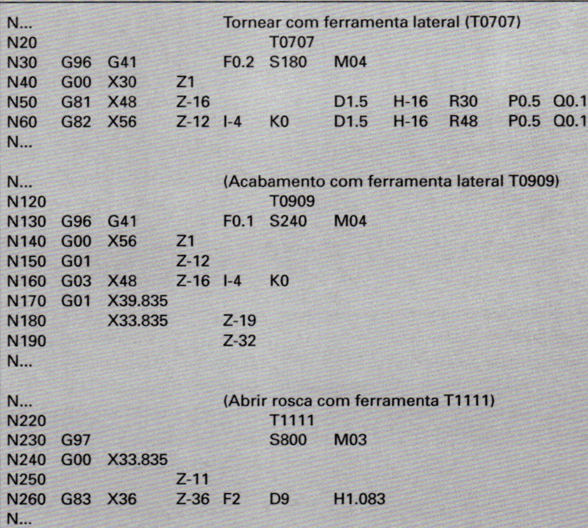

```
N...                                Tornear com ferramenta lateral (T0707)
N20                                 T0707
N30   G96  G41                F0.2  S180   M04
N40   G00  X30      Z1
N50   G81  X48      Z-16                   D1.5  H-16  R30  P0.5  Q0.1
N60   G82  X56      Z-12  I-4     K0       D1.5  H-16  R48  P0.5  Q0.1
N...

N...                                (Acabamento com ferramenta lateral T0909)
N120                                T0909
N130  G96  G41                F0.1  S240   M04
N140  G00  X56      Z1
N150  G01           Z-12
N160  G03  X48      Z-16  I-4     K0
N170  G01  X39.835
N180       X33.835        Z-19
N190                      Z-32
N...

N...                                (Abrir rosca com ferramenta T1111)
N220                                T1111
N230  G97                           S800   M03
N240  G00  X33.835
N250                Z-11
N260  G83  X36      Z-36  F2      D9       H1.083
N...
N...                                             M30
```

Sistemas numéricos

Sistema decimal

Base 10 — Dígitos: 0, 1, 2, 3, 4, 5, 6, 7, 8, 9

Número decimal z_{10} 205

Valor da posição	$10^2 = 100$	$10^1 = 10$	$10^0 = 1$	
Valor	$2 \cdot 100 = 200$	$0 \cdot 10 = 0$	$5 \cdot 1 = 5$	
Valor total z_{10} = (decimal)	200 +	0 +	5	= 205

Sistema binário

Base 2 — Dígitos: 0, 1

Número binário z_2 1010

Valor da posição	$2^3 = 8$	$2^2 = 4$	$2^1 = 2$	$2^0 = 1$	
Valor	$1 \cdot 8 = 8$	$0 \cdot 4 = 0$	$1 \cdot 2 = 2$	$0 \cdot 1 = 0$	
Valor total z_{10} = (decimal)	8 +	0 +	2 +	0	= 10

Sistema hexadecimal

Base 16

Dígitos e letras: 0, 1, 2, 3, 4, 5, 6, 7, 8, 9, A, B, C, D, E, F
Valor decimal: 0, 1, 2, 3, 4, 5, 6, 7, 8, 9, 10, 11, 12, 13, 14, 15

Conversão para número decimal: A2F

Valor da posição	$16^2 = 256$	$16^1 = 16$	$16^0 = 1$	
Valor	$10 \cdot 256 = 2560$	$2 \cdot 16 = 32$	$15 \cdot 1 = 15$	
Valor total z_{10} = (decimal)	2560 +	32 +	15	= 2607

Conversão para número binário:
Cada dígito representa um grupo de 4 bit A2F

Valor do dígito	10	2	15
Grupo de 4 bit (tétrade)	1010	0010	1111
Número binário z_2 =	1010 0010 1111		

Números binários z_2 e hexadecimais z_{16} para os números decimais z_{10} até 255

1ª Tétrade

1. tétrade																				
				b_8	0	0	0	0	0	0	0	0	1	1	1	1	1	1	1	1
				b_7	0	0	0	0	1	1	1	1	0	0	0	0	1	1	1	1
				b_6	0	0	1	1	0	0	1	1	0	0	1	1	0	0	1	1
				b_5	0	1	0	1	0	1	0	1	0	1	0	1	0	1	0	1
b_4	b_3	b_2	b_1		Padrão de bit (números binários)															
2. tétrade				Nº	Números decimais e hexadecimais															
0	0	0	0	z_{10}	0	16	32	48	64	80	96	112	128	144	160	176	192	208	224	240
				z_{16}	00	10	20	30	40	50	60	70	80	90	A0	B0	C0	D0	E0	F0
0	0	0	1	z_{10}	1	17	33	49	65	81	97	113	129	145	161	177	193	209	225	241
				z_{16}	01	11	21	31	41	51	61	71	81	91	A1	B1	C1	D1	E1	F1
0	0	1	0	z_{10}	2	18	34	50	66	82	98	114	130	146	162	178	194	210	226	242
				z_{16}	02	12	22	32	42	52	62	72	82	92	A2	B2	C2	D2	E2	F2
0	0	1	1	z_{10}	3	19	35	51	67	83	99	115	131	147	163	179	195	211	227	243
				z_{16}	03	13	23	33	43	53	63	73	83	93	A3	B3	C3	D3	E3	F3
0	1	0	0	z_{10}	4	20	36	52	68	84	100	116	132	148	164	180	196	212	228	244
				z_{16}	04	14	24	34	44	54	64	74	84	94	A4	B4	C4	D4	E4	F4
0	1	0	1	z_{10}	5	21	37	53	69	85	101	117	133	149	165	181	197	213	229	245
				z_{16}	05	15	25	35	45	55	65	75	85	95	A5	B5	C5	D5	E5	F5
0	1	1	0	z_{10}	6	22	38	54	70	86	102	118	134	150	166	182	198	214	230	246
				z_{16}	06	16	26	36	46	56	66	76	86	96	A6	B6	C6	D6	E6	F6
0	1	1	1	z_{10}	7	23	39	55	71	87	103	119	135	151	167	183	199	215	231	247
				z_{16}	07	17	27	37	47	57	67	77	87	97	A7	B7	C7	D7	E7	F7
1	0	0	0	z_{10}	8	24	40	56	72	88	104	120	136	152	168	184	200	216	232	248
				z_{16}	08	18	28	38	48	58	68	78	88	98	A8	B8	C8	D8	E8	F8
1	0	0	1	z_{10}	9	25	41	57	73	89	105	121	137	153	169	185	201	217	233	249
				z_{16}	09	19	29	39	49	59	69	79	89	99	A9	B9	C9	D9	E9	F9
1	0	1	0	z_{10}	10	26	42	58	74	90	106	122	138	154	170	186	202	218	234	250
				z_{16}	0A	1A	2A	3A	4A	5A	6A	7A	8A	9A	AA	BA	CA	DA	EA	FA
1	0	1	1	z_{10}	11	27	43	59	75	91	107	123	139	155	171	187	203	219	235	251
				z_{16}	0B	1B	2B	3B	4B	5B	6B	7B	8B	9B	AB	BB	CB	DB	EB	FB
1	1	0	0	z_{10}	12	28	44	60	76	92	108	124	140	156	172	188	204	220	236	252
				z_{16}	0C	1C	2C	3C	4C	5C	6C	7C	8C	9C	AC	BC	CC	DC	EC	FC
1	1	0	1	z_{10}	13	29	45	61	77	93	109	125	141	157	173	189	205	221	237	253
				z_{16}	0D	1D	2D	3D	4D	5D	6D	7D	8D	9D	AD	BD	CD	DD	ED	FD
1	1	1	0	z_{10}	14	30	46	62	78	94	110	126	142	158	174	190	206	222	238	254
				z_{16}	0E	1E	2E	3E	4E	5E	6E	7E	8E	9E	AE	BE	CE	DE	EE	FE
1	1	1	1	z_{10}	15	31	47	63	79	95	111	127	143	159	175	191	207	223	239	255
				z_{16}	0F	1F	2F	3F	4F	5F	6F	7F	8F	9F	AF	BF	CF	DF	EF	FF

Exemplo de consulta: o número binário z_2= **10110010** corresponde ao número decimal z_{10} = **178** ou ao número hexadecimal z_{16} = **B2.**

Conjunto de caracteres ASCII[1]

Código ASCII de 7 bit

Código z_{10}	Código z_{16}	Caractere	Código z_{10}	Código z_{16}	Caractere	Código z_{10}	Código z_{16}	Caractere	Código z_{10}	Código z_{16}	Caractere	Código z_{10}	Código z_{16}	Caractere	Código z_{10}	Código z_{16}	Caractere	Código z_{10}	Código z_{16}	Caractere	Código z_{10}	Código z_{16}	Caractere
0	0	NUL	16	10	DLE	32	20	SP	48	30	0	64	40	@	80	50	P	96	60	\	112	70	p
1	1	SOH	17	11	DC1	33	21	!	49	31	1	65	41	A	81	51	Q	97	61	a	113	71	q
2	2	STX	18	12	DC2	34	22	"	50	32	2	66	42	B	82	52	R	98	62	b	114	72	r
3	3	ETX	19	13	DC3	35	23	#	51	33	3	67	43	C	83	53	S	99	63	c	115	73	s
4	4	EOT	20	14	DC4	36	24	$	52	34	4	68	44	D	84	54	T	100	64	d	116	74	t
5	5	ENQ	21	15	NAK	37	25	%	53	35	5	69	45	E	85	55	U	101	65	e	117	75	u
6	6	ACK	22	16	SYN	38	26	&	54	36	6	70	46	F	86	56	V	102	66	f	118	76	v
7	7	BEL	23	17	ETB	39	27	'	55	37	7	71	47	G	87	57	W	103	67	g	119	77	w
8	8	BS	24	18	CAN	40	28	(	56	38	8	72	48	H	88	58	X	104	68	h	120	78	x
9	9	HT	25	19	EM	41	29	)	57	39	9	73	49	I	89	59	Y	105	69	i	121	79	y
10	A	LF	26	1A	SUB	42	2A	*	58	3A	:	74	4A	J	90	5A	Z	106	6A	j	122	7A	z
11	B	VT	27	1B	ESC	43	2B	+	59	3B	;	75	4B	K	91	5B	[	107	6B	k	123	7B	{
12	C	FF	28	1C	FS	44	2C	,	60	3C	<	76	4C	L	92	5C	\	108	6C	l	124	7C	|
13	D	CR	29	1D	QS	45	2D	–	61	3D	=	77	4D	M	93	5D	]	109	6D	m	125	7D	}
14	E	SO	30	1E	RS	46	2E	.	62	3E	>	78	4E	N	94	5E	^	110	6E	n	126	7E	~
15	F	SI	31	1F	US	47	2F	/	63	3F	?	79	4F	O	95	5F	–	111	6F	o	127	7F	DEL

Significado dos caracteres de comando

Código z_{10}	Caractere	Denominação
0	NUL	Nil (ZERO)
1	SOH	Inicio do cabeçalho (START OF HEADING)
2	STX	Início do texto (START OF TEXT)
3	ETX	Fim do texto (END OF TEXT)
4	EOT	Final da transmissão (END OF TRANSMISSION)
5	ENQ	Solicitação de estação (ENQUIRY)
6	ACK	Resposta positiva (ACKNOWLEDGE)
7	BEL	Campainha (BELL)
8	BS	Retrocesso (BACKSPACE)
9	HT	Tabulação horizontal (HORIZONTAL TABULATION)
10	LF	Avanço de linha (LINE FEED)
11	VT	Tabulação vertical (VERTICAL TABULATION)
12	FF	Avanço de formulário (FORM FEED)
13	CR	Retorno do carro (CARRIAGE RETURN)
14	SO	Fixar maiúsculas (SHIFT-OUT)
15	SI	Liberar maiúsculas (SHIFT-IN)
16	DLE	Comutador da transmissão (DATA LINK ESCAPE)
17	DC1	Controle de periférico 1 (DEVICE CONTROL 1)
18	DC2	Controle de periférico 2 (DEVICE CONTROL 2)
19	DC3	Controle de periférico 3 (DEVICE CONTROL 3)
20	DC4	Controle de periférico 4 (DEVICE CONTROL 4)
21	NAK	Resposta negativa (NEGATIVE ACKNOWLEDGE)
22	SYN	Sincronização (SYNCHRONOUS IDLE)
23	ETB	Final da transmissão (END OF TRANSMISSION BLOCK)
24	CAN	Inválido (CANCEL)
25	EM	Fim de registro (END OF MEDIUM)
26	SUB	Substituição (SUBSTITUTE CHARACTER)
27	ESC	Comutar código (ESCAPE)
28	FS	Separador de arquivo (FILE SEPERATOR)
29	GS	Separador de grupo (GROUP SEPERATOR)
30	RS	Separador de registro (RECORD SEPERATOR)
31	US	Separador de unidade (UNIT SEPERATOR)
32	SP	Espaço (SPACE)
127	DEL	Eliminar (DELETE)

Significado dos caracteres especiais (versão internacional de referência)

Código z_{10}	Caractere	Denominação
32		Espaço
33	!	Ponto de exclamação
34	"	Aspas
35	#	Símbolo de número
36	$	Símbolo de moeda
37	%	Percentagem
38	&	E comercial
39	'	Apóstrofo
40	(	Abre parêntesis
41	)	Fecha parêntesis
42	*	Asterisco
43	+	Adição
44	,	Vírgula
45	–	Subtração, hífen
46	.	Ponto
47	/	Barra
58	:	Dois pontos
59	;	Ponto e vírgula
60	<	Menor que
61	=	Igual
62	>	Maior que
63	?	Ponto de interrogação
64	@	A comercial, inglês at
91	[	Abre colchete
92	\	Barra invertida
93	]	Fecha colchete
94	^	Circunflexo, potenciação
95	—	Sublinhado
96	`	Acento grave
123	{	Abre chave
124	|	Barra vertical
125	}	Fecha chave
126	~	Til

Os caracteres de comando (0...32 e 127 decimal) não são reproduzíveis no monitor e na impressora; eles servem para a determinação de comandos do sistema.
Os caracteres 128...255 (decimal) no conjunto de caracteres ASCII estendido ou são codificados do mesmo modo como os caracteres 0...127 ou são empregados para caracteres especiais (gráficos, símbolos, conjuntos de caracteres definidos pelo usuário). O caractere 128, por exemplo, é o símbolo do EURO €.

[1] ASCII = AMERICAN STANDARD CODE FOR INFORMATION INTERCHANGE (Código padrão americano para intercâmbio de informações)

Símbolos para o processamento de informações

Símbolos para fluxogramas de programas

veja. DIN 66001 (1983-12)

Símbolo	Denominação, observação
	Processamento, p.ex., adição, subtração Unidade de processamento, p.ex., pessoa, computador
	Processamento manual, p.ex., ler, escrever Posto de processamento manual
	Ramificação, p.ex., em decisões Unidade seletora, p.ex., comutador
	Início de laço, princípio de uma seção repetitiva do programa
	Fim de laço, final de uma seção repetitiva do programa
	Sincronização no processamento paralelo Unidade de sincronização
	Salto com retorno
	Salto sem retorna
	Interrupção externa
	Comando externo

Símbolo	Denominação, observação
	Dados, genérico Suporte de dados, genérico
	Dados para processamento em máquina Suporte de dados para processamento em máquina
	Dados para processamento manual Armazenamento manual, p.ex., fichas, arquivo
	Dados por escrito, p.ex., documento; Unidade de entrada/saída para documento p.ex., leitora de documento, impressora
	Dados em cartões, p.ex., cartões perfurados Unidade de perfuração de cartões, perfuradora
	Dados em fita perfurada, Unidade de perfuração Leitora, perfuradora
	Dados sem dispositivo: armazenamento com acesso apenas sequencial, p.ex., fita magnética
	Dados sem dispositivo: armazenamento com acesso também direto, p.ex., disquete ou disco rígido

Símbolo	Denominação, observação
	Dados na unidade de armazenamento central Unidade de armazenamento central
	Dados ópticos ou acústicos, p.ex., figura, tom Unidade de saída óptica ou acústica, p.ex., monitor, alto-falante
	Dados manuais, ópticos ou acústicos Unidade de entrada, p.ex., teclado, microfone
	Sequência de processamento, Rota de acesso
	Rota de transmissão de dados
	Limite para o ambiente, p.ex., início
	Interface, unidade de apresentação conectada
	Refinamento, corresponde à ampliação da seção
	Observação para menção de texto explicativo

Representação de linhas de ligação

Direção de atuação

Conexão com o símbolo

Distribuição

Símbolos para programas estruturados (conforme Nassi-Shneiderman)

veja DIN 66261 (1985-11)

Bloco sequencial

Instrução 1
Instrução 2
Instrução 3
Instrução 4

Bloco repetitivo
com condição para início

Condição inicial:
repetir até ...

Instrução 1

Instrução 2

Instrução 3

Bloco repetitivo
com condição para finalização

Instrução 1

Instrução 2

Instrução 3

Condição final:
Se .... , então repetir

Alternativa
Alternativa simples

Condição

satisfeita | não satisfeita

Instrução | nenhuma Instrução (vazia)

Alternativa
Alternativa condicional

Condição

satisfeita | não satisfeita

Instrução | Instrução

Alternativa
Alternativa múltipla

Condição

Condição 1 | Condição 2 | Condição 3

Instrução | Instrução | Instrução

Símbolos para o processamento de informações

Fluxograma do programa e diagrama estrutural

Exemplo: cálculo do círculo
Fluxograma do programa

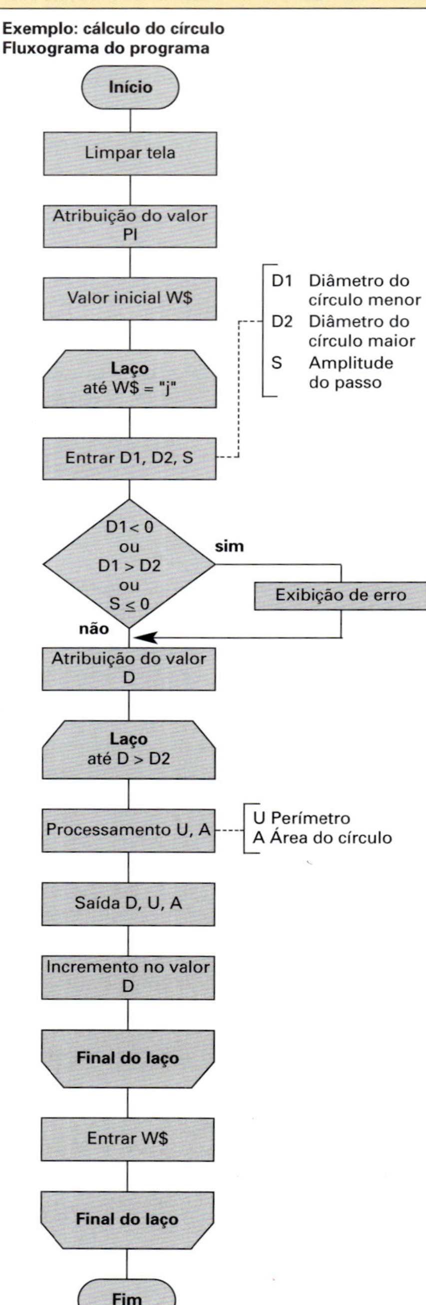

Diagrama estrutural

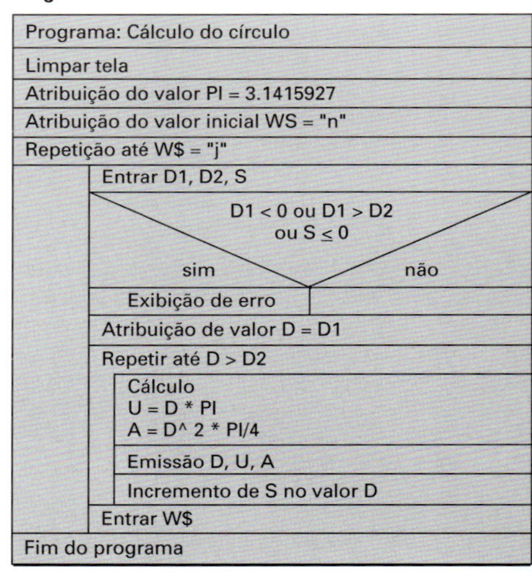

Programa BASIC

```
REM      *** Programa Cálculo do Círculo ***
REM      *** para perímetro e área do círculo ***
CLS
PRINT
CONST PI = 3.1415927 #
W$ = "n"
REM      *** Informação dos valores ***
DO UNTIL W$ = "j"
   PRINT "Valor inicial do diâmetro:";
   INPUT D1
   PRINT "Valor final do diâmetro:";
   INPUT D2
   PRINT "Amplitude do passo:";
   INPUT S
         IF D1 < 0 OR D1 > D2 OR S < = 0
         THEN
         PRINT "Entrada inválida"
         END IF
   REM *** Processamento e Exibição ***
   PRINT "D", "U", "A"
   D = D1
         DO UNTIL D > D2
            U = D * PI
            A = D ^ 2 * PI/4
            PRINT D, U, A
            D = D + S
         LOOP
   REM *** Conclusão ***
   PRINT "Encerrar programa? (s/n)";
   INPUT W$
LOOP
END
```

Comandos do processador de textos Word

Comando	Explicação
Menu Arquivo	
Novo	Cria um documento novo.
Abrir	Abre um documento existente.
Fechar	Fecha o documento atual.
Salvar	Grava o documento atual.
Salvar como	Grava o documento atual com um nome escolhido pelo usuário.
Configurar página	Define margens, orientação da folha, tamanho da folha, alimentação do papel.
Visualizar impressão	Mostra uma imagem da página impressa.
Imprimir	Configura impressora e impressão.
Sair	Termina o Word.
Menu Editar	
Desfazer	Desfaz a última sequência digitada.
Repetir	Repete a última sequência digitada.
Recortar	Apaga o texto selecionado e o armazena na área de trabalho.
Copiar	Copia o texto ou gráfico selecionado na área de trabalho.
Colar	Insere o conteúdo da área de trabalho.
Selecionar tudo	Seleciona o documento completo.
Localizar	Localiza texto ou formatação.
Substituir	Localiza e substitui texto ou formatação.
Ir para	Salta para o texto ou página indicada.
Menu exibir	
Normal	Visualização normal para edição de documentos.
Layout de impressão	Mostra a página do documento como será impressa.
Estrutura de tópicos	Mostra a estrutura hierárquica do documento.
Réguas	Exibe ou oculta as réguas de edição.
Cabeçalho e rodapé	Insere texto acima ou abaixo do texto normal da página.
Zoom	Aumenta ou diminui a visualização do documento na tela.
Menu formatar	
Fonte	Define o tipo e a apresentação dos caracteres.
Parágrafo	Define a apresentação do parágrafo.
Marcadores e numeração	Define a numeração e as marcas para os parágrafos.
Bordas e sombreamento	Define as bordas e o sombreamento.
Tabulação	Define as opções de tabulação.
Direção do texto	Modifica a orientação do texto de horizontal para vertical.

Comando	Explicação
Menu Inserir	
Quebra	Estabelece mudança de coluna ou parágrafo.
Números de páginas	Estabelece posição e alinhamento da numeração da página.
Autotexto	Insere textos predefinidos.
Símbolo	Insere caracteres especiais dos conjuntos de caracteres disponíveis.
Índices	Marca o texto para uma lista de índice, elabora índices.
Figura	Insere uma figura.
Caixa de texto	Insere uma caixa de texto.
Arquivo	Insere um arquivo.
Objeto	Insere um formulário, uma planilha, etc.
Hyperlink	Insere uma conexão para um URL URL = Uniform Resource Locator (endereço da Internet)
Menu Janela	
Nova Janela	Abre uma nova janela com o conteúdo da janela atual.
Organizar tudo	Ordena todos documentos abertos.
Dividir	Divide a janela em duas.
1 Documento1	Lista dos documentos abertos.
Menu Ferramentas	
Ortografia e gramática	Verifica o documento quanto a erros de ortografia e gramática.
Idiomas	Estabelece o idioma para correção.
Mala Direta	Mescla o documento com os dados de um arquivo piloto (banco de dados).
Macro	Agrupa uma série de comandos e instruções num único comando do Word.
Personalizar	Ajusta o aspecto da tela às preferências do usuário.
Opções	Estabelece as configurações do Word.
Menu Tabela	
Desenhar tabela	Permite definir livremente uma tabela.
Inserir	Insere células avulsas (linhas, colunas).
Excluir	Exclui células avulsas (linhas, colunas).
Selecionar	Marca células avulsas (linhas, colunas).
Mesclar células	Reúne diversas células em uma só.
Dividir células	Divide uma célula em várias.
Converter	Converte tabelas em texto e vice-versa.
Propriedades da tabela	Estabelece a altura das linhas, largura das colunas e alinhamento da tabela.

Comandos da planilha Excel

Comando	Explicação
Menu Arquivo	
Novo	Cria uma nova pasta de trabalho, folha de gráfico ou arquivo de macros. Ao abrir uma folha de gráfico os comandos da régua de menus se alteram.
Abrir	Abre uma pasta de trabalho existente.
Fechar	Fecha a pasta de trabalho atual.
Salvar	Salva a pasta de trabalho atual.
Salvar como	Salva a pasta de trabalho atual com o nome e formato de arquivo escolhido pelo usuário.
Configurar página	Define margens da página, orientação da folha, tamanho da folha e linhas de cabeçalho e rodapé.
Área de impressão	Define a área de impressão desejada.
Visualizar página	Mostra uma imagem da pasta impressa.
Imprimir	Configura impressão e imprime.
Sair	Termina o Excel.
Menu Editar	
Desfazer	Desfaz a última sequência digitada.
Repetir	Repete a última sequência digitada.
Recortar	Apaga a área selecionada da tabela e a armazena na área de trabalho.
Copiar	Copia o texto ou gráfico selecionado na área de trabalho.
Colar	Insere gráficos ou série de dados da área de trabalho ou de outros aplicativos.
Preencher	Copia o conteúdo dos campos selecionados para baixo, para direita, para cima ou para esquerda.
Excluir planilha	Exclui planilha da pasta de trabalho.
Mover ou copiar planilha	Move ou copia planilhas avulsas dentro pasta de trabalho.
Localizar	Localiza texto ou formatação.
Substituir	Localiza e substitui texto ou formatação.
Menu Dados	
Classificar	Classifica áreas da planilha em ordem alfabética.
Obter dados externos	Permite a leitura de bancos de dados, tabelas ou textos externos.
Menu Exibir	
Visualizar quebra de página	Mostra o desdobramento de uma planilha em uma ou mais folhas.
Barra de ferramentas	Ativa ou desativa a barra de ferramentas.
Cabeçalho e rodapé	Insere texto na parte superior e inferior de todas páginas de um documento.
Zoom	Aumenta ou diminui a visualização do documento na tela.

Comando	Explicação
Menu Inserir	
Células	Insere uma célula.
Linhas	Insere uma linha inteira.
Colunas	Insere uma coluna inteira.
Planilha	Insere uma nova planilha na pasta de trabalho.
Gráfico	Insere um gráfico na pasta de trabalho.
Quebra de página	Define mudança de página ou coluna.
Função	Insere funções matemáticas para cálculo.
Figura	Insere uma figura.
Objeto	Insere um formulário, uma tabela, um gráfico, etc.
Hyperlink	Insere uma conexão para um URL URL = Uniform Resource Locator (endereço da Internet)
Menu Janela	
Nova Janela	Abre uma nova janela com o conteúdo da janela atual.
Organizar	Estabelece a disposição das janelas das pastas de trabalho abertas.
Dividir	Divide a pasta de trabalho em duas janelas.
Fixar Janela	Fixa uma planilha na tela.
1 Pasta1	Lista de todas pastas de trabalho abertas
Menu Ferramentas	
Verificar ortografia	Verifica a planilha quanto a erros de ortografia.
Compartilhar pasta de trabalho	Permite o trabalho simultâneo de vários usuários em uma pasta.
Proteger	Protege a pasta de trabalho ou as planilhas individuais contra acesso não autorizado.
Auditoria	Procura erros em fórmulas e referências cruzadas.
Macro	Agrupa uma série de comandos e instruções num único comando do Excel.
Personalizar	Ajusta o aspecto da tela às preferências do usuário.
Opções	Estabelece as configurações do Excel.
Menu Formatar	
Células	Estabelece formato, alinhamento, fonte e bordas da célula
Linhas	Estabelece a altura da linha.
Colunas	Estabelece a largura da coluna.
Planilha	Estabelece o nome da planilha.
Formatação condicional	Estabelece a formatação de uma célula dependendo da condição estar satisfeita ou não

Índice das normas e de outros regulamentos citados

1) Essas normas foram canceladas. As normas substitutas estão citadas na página mencionada.

Índice das normas e de outros regulamentos citados

[1] Essas normas foram canceladas. As normas substitutas estão citadas na página mencionada.

Índice das normas e de outros regulamentos citados

[1] Essas normas foram canceladas. As normas substitutas estão citadas na página mencionada.

Índice das normas e de outros regulamentos citados

[1] Essas normas foram canceladas. As normas substitutas estão citadas na página mencionada.

Índice das normas e de outros regulamentos citados

[1] Essas normas foram canceladas. As normas substitutas estão citadas na página mencionada.

Índice remissivo

Índice remissivo

Índice remissivo

Índice remissivo

G

H

I

J

L

Índice remissivo

Índice remissivo

Índice remissivo

Índice remissivo

Índice remissivo

U

V

W